토목구조기술사 합격 바이블

기출문제 풀이집 제2판

이 책은 효율적인 수험준비를 위하여 최근 출제된 12회의 기출문제를 완벽히 분석하였다. 최신 출제경향을 반영함과
동시에 해결방안에 대한 가이드 답안을 제시하여 토목구조기술사의 전반적인 내용을 정리할 수 있도록 구성하였다.

토목구조기술사 합격 바이블
기출문제 풀이집 제2판

안흥환, 최성진 저

씨아이알

제2판 머리말

인류의 수명이 지금처럼 길어진 10대 요인 중 의학의 발전과 더불어 사회기반시설의 발전은 가장 중요한 요인이라고 합니다. 상하수도가 놓이면서 오염으로 인한 전염병 등 질병의 전파가 늦어졌고 도로와 교량이 만들어지면서 환자의 이송이 수월해진 것은 사실입니다. 우리 토목인들은 모르는 사이에 복지를 실현하는 중요한 역할의 최일선에서 수행하고 있다는 사실을 잊고 있었는지도 모릅니다.

홍보 부족으로 국가발전에 기여한 공로를 인정받지 못하고 건설산업에 대한 국민의 인식이 곱지 않은 것이 사실입니다. 국내 건설산업이 포화되어 과거와 같이 일감이 많지 않아 해외로 눈을 돌리지만 일부 대기업만 진출하고 있는 실정이라고 합니다. 하지만 과거와 같은 개발사업의 유형은 아니지만 새로운 건설형태가 나올 것입니다. 과거에 건설되었던 신도시와 전혀 다른 개념의 스마트도시 –단순히 도로, 오·우·상수도, 공원뿐 아니라 다른 도시의 구성요소들이 유기적으로 연결되고 첨단기술과 빅데이터를 이용한 새로운 패러다임의 도시– 가 우리 앞에 현실로 다가왔습니다.

지금은 4차 산업혁명의 시대라고 합니다. 업종의 경계가 없어지고 업종 간 융·복합되고, 심지어 기획 → 설계(디자인) → 홍보 → 판매 → 피드백 순의 시간적 흐름도 순서가 없어지는 시대의 한복판에 서 있습니다. 빅데이터, 사물인터넷(Iot), 인공지능, 공간정보 등을 이용하여 기존의 요소기술을 조합한 새로운 영역을 창출해서 우리 구조엔지니어가 그것들의 플랫폼으로서 역할을 해야 합니다. 부화뇌동할 필요는 없지만 시작은 하여야 하는 시점입니다. 예를 들면 3차원 설계인 BIM 등입니다.

토목구조기술사는 수치적인 감이 있어야 하고 과목도 다양해서 준비하는 과정이 만만치 않습니다. 과거와 달리 지금은 학원이 있기는 하나 학원에 다닌다고 공부를 잘하는 것이 아님을 잘 알고 계실 것입니다. 최소 하루에 4시간 집중해서 6개월은 공부하셔야 시험을 볼 수 있습니다. 기술사를 취득한다고 해서 많은 것이 달라지지는 않지만, 자기만족이라는 성취감과 자신감이라는 귀한 선물을 얻어 세상을 사는 데 힘이 될 것입니다.

기술사가 되면 헬기를 타고 아래를 내려 보듯 과업 전체를 보시기 바랍니다. 그리고 복잡하다고 생각되면 목적물의 기능성, 안전성, 미관, 경제성을 차례로 생각하십시오.

『토목구조기술사 합격 바이블 기출문제 풀이집』을 준비하면서, 안흥환 사무관님께서 바쁜 가운데도 장시간에 걸친 자료 수집, 자주 바뀌는 기준을 정리하는 등 애써주신 덕분에 힘든 과정을 거쳐 좋은 책이 세상에 나오게 되었고 많은 분에게 도움이 되리라 확신합니다.

기술사가 되는 날까지

Never, Never, Never, Give up

2020년 1월

최성진 올림

제1판 머리말

『토목구조기술사 합격 바이블』1, 2권을 발간하고도 벌써 2년의 시간이 지났습니다. 그동안에 국내 토목구조 분야에서의 많은 변화가 있었던 것 같습니다.『토목구조기술사 합격 바이블』1, 2권을 집필할 때의 허용응력설계법과 강도설계법, 한계상태설계법이 혼재된 과도기적 상태였다면 아마도 이제는 한계상태설계법으로의 단일화가 주를 이루어가는 것 같습니다.

토목구조기술사 수험문제에서도 이전에 간간이 보이던 한계상태설계법과 관련된 문항이 점차 그 수를 늘려서 출제하는 경향인 것 같습니다. 출제 경향의 변화는 많은 수험생들이 깊은 고민을 하게 되는 참 어려운 일입니다. 기존에 공부했던 내용과 다른 새로운 개념을 대상으로 다시 공부해야 하는 수험생의 입장에서는 변경이라기보다 새로운 과목이 추가되었다고 느낄 정도로 힘든 일은 분명한 것 같습니다.

제가 처음『토목구조기술사 합격 바이블』의 책을 쓰기로 결정하고 지난 수험생 시절에 정리한 자료들을 문서로 변환하는 등의 작업하는 1년의 기간 동안에 과연 내가 이 책을 왜 쓰고 있을까라는 생각이 많이 들었습니다. 제가 수험생일 때 처음 공부할 자료들이 너무 많았고, 이런 많은 책들을 누군가 정리해서 일목요연하게 볼 수 있는 수험서가 있었더라면 수험생 기간이 조금은 짧을 수 있지 않았을까? 이런 누군가가 내가 한 번 되어보자라는 것이 주 이유였던 것 같습니다.

이번 기출문제 풀이집도 본인이 먼저 발간한『토목구조기술사 합격 바이블』에서 변화된 한계상태설계법과 관련된 출제경향을 보완하고 최근 기출문제에 대한 출제경향과 해결방안에 대한 가이드 답안을 수험생께 제시해서 최대한 수험준비를 충실히 할 수 있는 도움서가 되고자 노력하였습니다. 본 풀이집에 작성된 답안은 실제 시험장에서 작성하는 압축된 답안 형식이기보다는 배경지식에 대한 이해를 돕고, 유사한 기출문제를 접했을 때 응용할 수 있도록 최대한 자세한 내용을 담으려고 노력했습니다. 수험생 여러분께 꼭 도움이 되는 책이 되었으면 하는 바람입니다.

토목구조기술사를 준비하시는 수험생 여러분! 마음속으로 공부해야겠다고 생각했을 때가 바로 시작해야 할 그때입니다. 다음이라는 시간은 오지 않을 수 있습니다. 시작하지 않으면 도전할 수 없고 성취할 수 없습니다. 새로운 시작을 꿈꾸고 있거나 혹은 지금 도전하고 계신다면 항상 처음의 목표와 꿈을 끝까지 포기하지 말고 전진하시기 바랍니다. 잘 준비해서 꼭 합격의 영광을 누리길 기원합니다.

끝으로 저를 인도해주신 하나님께 감사드리며, 항상 저의 곁에서 응원해주는 제 반쪽 사랑하는 수진이와 우리 집의 총명하고 든든한 큰아들 안성재, 항상 격려의 말로 행복을 주는 예쁜 딸 안진아에게 감사와 사랑을 전하며, 이 책의 미진한 부분을 개선할 수 있도록 검토해주신 LH 이영호 박사님과 출판사 대표님을 비롯한 관계자 여러분께 감사의 인사를 드립니다.

2016년 3월
저자 올림

개정판을 준비하면서

개정판을 준비하는 데 많은 시간과 고민이 필요했습니다. 출판 후 시험과 멀어졌던 까닭도 있었고, 그간 시험 문제도 많이 변했기 때문입니다. 한계상태설계법으로의 설계기준 변경은 아직까지도 실무 기술자들에게 익숙하지 않고 개념을 알고 접근하기 어려워하고 있습니다. 이 과정에서 기술사 문제도 이전 기준과 현재 기준이 혼용되어 출제되기도 하고, 도로교 설계기준과 콘크리트 구조기준 사이에서 개념은 같지만 풀이 방법이 다소 다르거나 개념이 다른 문제들도 종종 보이고 있어, 기술사를 준비하는 수험자들에게는 많은 부담이 되고 있다고 생각합니다.

최근의 구조 기술사 문제는 과거와 달리 논술의 비중이 커지고 있습니다. 최근 12회 기출문제에서 논술의 비중은 약 77%를 차지하고 있으며, 최근 개정된 설계기준에 대한 내용이 전체의 약 17%가량 출제되었습니다. 또한 기존 기출 문제에서 개념을 업그레이드해 출제하는 비중이 약 60% 정도를 보이고 있고, 노후 시설물에 대한 유지관리 분야와 안전관리에 관한 문제도 4~5% 정도로 출제 경향이 증가하는 추세에 있습니다. 과목별로는 교량과 관련된 출제비율이 34%로 가장 높았고 재료 및 구조역학문제 19%, RC 분야 18% 순으로 출제되었습니다. 앞으로도 계산문제보다는 설계기준 변경과 사회적 여건에 따라 교량의 유지관리와 안전점검 등에 대한 문제도 꾸준히 출제되지 않을까 생각합니다.

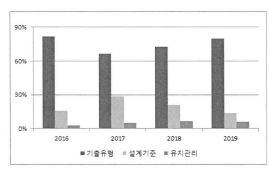

최근 12회(108~119회) 연도별 문제유형 구분

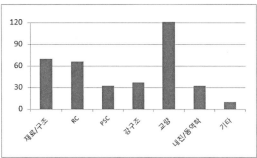

최근 12회(108~119회) 과목별 출제비율

오랫동안 기술사 준비를 하던 분들과 처음 준비하는 분들 모두에게 조금이나마 도움을 드리고자 관련 논문 등을 참고해서 토목구조기술사 합격 바이블 기출문제 풀이집 제2판을 내놓게 되었습니다. 최근의 기출 유형과 출제 경향 등을 파악하여 조금이나마 시험 대비에 도움이 되시길 바랍니다.

끝으로 제2판 발간에 많은 도움을 주신 이영호 박사님, 인천시청 구현호 기술사님, 씨아이알 대표님과 직원 여러분 등 도움을 주신 모든 분들께 감사드리며, 사랑하는 아내와 아들, 딸에게 미안함과 고마움을 같이 전합니다.

마지막으로 토목구조기술사를 준비하는 수험생분들의 합격을 기원합니다.

감사합니다.

2020년 1월

안흥환 올림

CONTENTS

기출문제 가이드라인 풀이

108 회

108 가이드라인 풀이

108회 1-1

사인장 균열
토목구조기술사 합격 바이블 개정판 1권 제2편 RC p.633

전단철근이 없는 철근 콘크리트 보의 사인장 균열에 대하여 설명하시오.

풀 이

▶ **개요(사인장 균열의 정의)**

전단철근이 없는 RC보에서는 휨 철근의 영향으로 인하여 다음과 같은 전단응력 분포를 가진다.

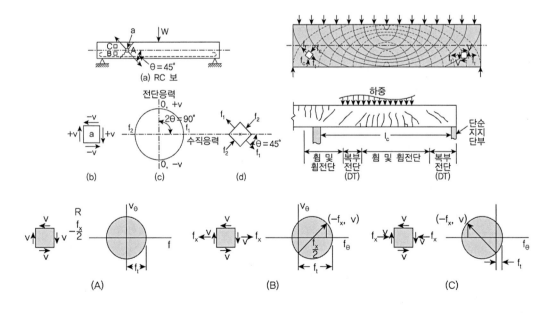

이때의 주응력과 주응력의 방향은 $f_{1,2} = \dfrac{f}{2} \pm \sqrt{\left(\dfrac{f}{2}\right)^2 + v^2}$, $\tan 2\theta = -\dfrac{2v}{f}\left(= \dfrac{2\tau_{xy}}{f_x - f_y}\right)$이고, 인장 주응력 f_1을 **사인장 응력**(Diagonal Tensile Stress)이라고 부르며, 인장강도가 취약한 콘크리트 구조에서 사인장 응력은 부재의 거동에 큰 영향을 미친다. 사인장 응력이 콘크리트의 유효 인장강도에 도달하면 그 직각방향으로 균열이 발생하게 되며, 이 균열을 **사인장 균열**(Diagonal Tensile Crack)이라고 한다.

➤ 사인장 균열의 특징

균열은 먼저 휨응력이 최대인 보의 바닥에서 연직한 방향으로 일어나는 **휨균열**(Flexural Crack)이 나타나고 이어서 지지점 부근에서 휨과 전단에 의해서 **사인장 균열**이 나타난다. 사인장 균열은 균열이 휨에서 시작해서 복부의 경사균열로 발전하는 균열을 **휨–전단균열**(Flexural–Shear Crack)이라 하고, 복부의 중립축 부근에서 전단에 의해서 발생하는 균열을 **복부전단 균열**(Web–Shear Crack)이라고 한다.

1) 사인장 균열은 휨전단 균열강도($v_{cr} = 0.16\sqrt{f_{ck}}$)가 복부전단 균열강도($v_{cr} = 0.29\sqrt{f_{ck}}$)보다 작아서 휨전단 균열이 먼저 발생되며, 휨전단 균열이 발생하는 조건은 전단균열이 수직으로 발생되는 Deep Beam 거동조건(a/d = 1)을 제외한 지점에서 발생하므로 전단에 대한 위험단면의 선정을 RC보에서는 d만큼 떨어진 지점을 위험단면으로 선정한다(여기서 a는 전단지간, d는 보의 유효높이).

2) 구조해석에서 보의 전단력의 크기를 계산해서 이를 근거로 설계를 수행하게 된다. 이때 설계의 기준이 되는 위치, 즉 최대 전단력을 계산하는 위치를 전단에 대한 위험단면(Critical Section)이라고 한다. 받침부로부터 수직 압축력이 보의 단부로 전달되는 일반적인 경우에서는 보의 단부에서의 사인장 균열의 발생이 억제된다. 따라서 받침부 쪽에서 전단력이 더 크더라도 이를 무시하고 받침부에서 d만큼 떨어진 위치의 전단력을 최대로 보고 설계한다.

휨에 대하여 안전하도록 설계된 철근콘크리트 보가 전단력이 크게 작용하는 단면에서 사인장 균열이 발생하여 파괴되는 경우가 있다. 이러한 전단파괴(Shear Failure)는 휨 파괴와는 달리 돌발적으로 파괴되는 취성파괴이다. 따라서 전단파괴에 대해 설계 시 면밀한 검토가 이루어져야 한다.

곡선교　　　　　　　　　　토목구조기술사 합격 바이블 개정판 2권 제5편 교량계획 및 설계 p.1713

단경간 곡선교를 계획할 경우 주안점과 바람직한 해결책에 대하여 설명하시오.

풀 이

➤ 개요

곡선교의 특성상 **비틀림모멘트가 발생**하며 편심으로 **부반력과 전도 방지 대책에 대한 검토가 수반**되어야 한다. 특히 단경간 곡선교의 경우에는 Ramp교에 적용되는 사례가 많으며 Ramp교에서는 부반력 및 전도 방지를 위한 대책으로 받침의 배치에 대한 검토가 중요하다.

주요 사항	단면형식	비틀림모멘트	부반력	전도 방지	받침 배치
내용	비틀림 강성비	비틀림(Torsion)과 뒤틀림(Warping)	부반력 발생 여부 부반력 대책	전도 방지 대책	부반력과 전도 방지를 위한 받침 배치

➤ 곡선교의 구조설계 시 주요 고려사항

1) **단면형식의 결정** : 곡선교는 비틀림모멘트로 인하여 중심각에 따라서 **상부단면 형식 선정 시 주의가 필요**하다. 일반적으로 곡선교의 중심각에 따라 요구되는 **비틀림 강성비**가 다르고 강성비는 I형 병렬 거더교 < 박스거더 병렬교 < 단일박스 거더교 순서로 중심각에 따른 강성비가 증가하므로 이를 고려하여 단면형식을 결정하여야 한다.

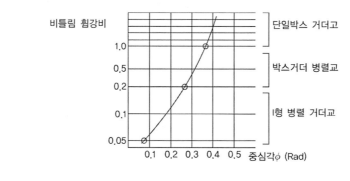

(a) I형 병렬 거더교　　　　(b) 박스거더 병렬교(2형)　　　　(c) 단일박스 거더교

중심각이 5~15°에서는 I형 병렬 거더교가 유리하고, 15~20°에서는 단일박스 거더교가 유리하다. 중심각이 25° 초과 시에는 설계에 무리가 있으며 5° 이하에서는 직선교에 가까워 곡률의 영향을 거의 받지 않는다.

2) 단면력 고려 시 **뒤틀림 모멘트(Warping) 고려** : 박스형 단면은 큰 비틀림 저항성을 갖는 데 반해 I형 거더와 같은 <u>개단면(Open Section)</u>부재는 비틀림 저항성이 작아 비틀림에 의해 큰 변형을 받는 동시에 뒤틀림이 발생한다. 이러한 뒤틀림(뜀, Warping)이 구속되거나 회전각($d\phi/dx$)이 일정하지 않은 경우 길이방향으로 축응력(뒤틀림응력 f_w)이 발생한다.

일반적으로 박스형 거더의 경우에는 격벽(Diaphragm)을 일정 간격 설치하여 뒤틀림을 방지하고 있어 큰 문제가 발생하지 않지만 I형 거더와 같은 비틀림 저항력이 작고 플랜지 폭이 넓은 경우에는 무시할 수 없는 응력이 발생할 수 있다. 충실도가 큰 단면이나 박스형처럼 폐단면에서는 <u>순수비틀림모멘트</u> 쪽이 더 크고, I형 단면처럼 개단면의 박판에서는 <u>뜀비틀림모멘트</u>가 크며 그에 따른 응력도 커지게 된다. 이 두 가지 비틀림모멘트의 분담률은 다음의 <u>비틀림 상수비 α의 크기에 의해</u> 지배되며, 설계상에서는 뒤틀림 응력에 대한 고려 여부를 α를 기준으로 확인하도록 하고 있다.

비틀림 상수비 $\alpha = l\sqrt{\dfrac{GK}{EI_w}}$

여기서, G : 전단탄성계수, K : 순수비틀림 상수, E : 탄성계수, I_w : 뜀비틀림 상수,
　　　　l : 지점 간의 부재길이(mm)

① $\alpha < 0.4$ 　　　　 : 뜀비틀림에 의한 전단응력과 수직응력에 대해서 고려한다.
② $0.4 \le \alpha \le 10$: 순수비틀림과 뜀비틀림 응력 모두 고려한다.
③ $\alpha > 10$ 　　　　 : 순수비틀림 응력에 대해서만 고려한다.

휨모멘트와 순수비틀림 전단응력, 뜀비틀림 전단응력이 발생하는 단면에서는 허용응력설계법에서는 다음과 같이 합성응력을 검산해 안전성을 확보하도록 하고 있다.

합성응력 검산 $f = f_b + f_w$, $v = v_b + v_s + v_w$, $f \le f_a$, $v \le v_a$, $\left(\dfrac{f}{f_a}\right)^2 + \left(\dfrac{v}{v_a}\right)^2 \le 1.2$

여기서, f_b : 휨응력, v_b : 휨에 의한 전단응력, v_s : 순수비틀림 전단응력, f_w : 뒴비틀림 수직응력, v_w : 뒴비틀림 전단응력, f_a, v_a : 허용인장응력과 전단응력

일반적으로 I형 단면 주거더에서는 α값이 0.4 이하, 박스거더의 경우 30~100이다.
곡선교 구조계 전체를 단일 곡선부재로 치환하여 취급하는 경우, 뒴비틀림 응력을 무시하는 범위는 다음과 같다.

$\alpha > 10 + 40\Phi(0 \le \Phi < 0.5)$, $\alpha > 30 \, (0.5 \le \Phi)$, Φ : 곡선부재의 1경간 회전 중심각(radian)

3) 부반력 검토

① 평면사각이 작은 부분에서 부반력이 발생할 수 있으며 이를 고려하여 <u>받침수 산정 및 받침위치를 선정</u>하도록 해야 한다.

② 부반력 발생 시 2-shoe의 사용보다는 <u>1-shoe</u>의 사용이 적절하며 <u>Out-Rigger</u> 형태나 <u>Counter Weight</u>도 고려할 수 있다.

③ 받침의 이동방향은 <u>고정단에서 방사상의 현 방향으로 설치하거나 곡선반경에 대해 접선방향으로 설치</u>한다. 접선방향의 이동방향은 곡률이 일정한 교량에 적합하며 현 방향 설치는 곡률이 일정하거나 변화하는 교량 모두에 적용된다.

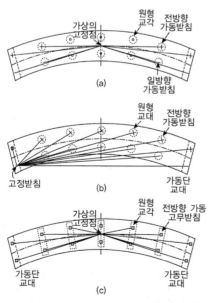

곡선교에서의 받침 배치 방법(이동방향 배치)

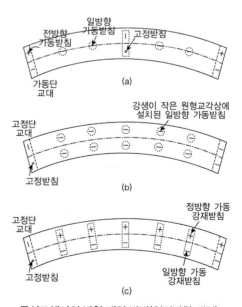

곡선교에서의 받침 배치 방법(회전방향 배치)

4) **전도 방지 검토** : 곡선 외측 받침을 기준으로 전도에 대한 검토를 하여야 한다(사고 사례, 제천신동 IC 부반력 전도).

$$M_o = W_1 L_1 \text{(전도모멘트)}, \quad M_r = W_2 L_2 \text{(저항모멘트)}$$

$$F.S = \frac{M_r}{M_0} > 1.2 \text{(고정하중＋활하중)}, \quad 2.5 \text{(고정하중)}$$

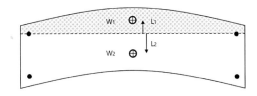

5) **가로보 및 수평 브레이싱 설치**

① 곡선교의 가로보는 비틀림 전달기구 중 가장 중요한 역할을 하기 때문에 충복단면을 사용하여 충분한 강성을 갖도록 하고 주거더와 강결시키는 것을 원칙으로 한다.

② I거더 병렬의 곡선교에서는 상부와 하부에 수평 브레이싱을 설치하는 것을 원칙으로 한다. 이는 교량 전체의 전도 및 좌굴에 대한 안정성을 높이고 플랜지에 발생하는 부가응력을 경감하기 위해서이다.

변위법과 응력법　　　　　　　　　토목구조기술사 합격 바이블 개정판 1권 제1편 재료 및 구조역학 p.165

구조해석방법 중 변위법(Displacement Method)과 응력법(Force Method)에 대하여 설명하시오.

풀 이

> ## 개요

정정구조물은 평형방정식만으로 그 해의 산정이 가능하지만, <u>부정정 구조물은 평형방정식, 적합방</u>
<u>정식 및 재료방정식이 필요하다.</u> 고전적인 구조물의 해석방법은 강성도법과 유연도법의 두 가지로
구분할 수 있다. **강성도법**(Stiffness Method, **변위법** Displacement Method)의 해석은 <u>변위를 미</u>
<u>지수로 하여 해석하는 방법</u>으로 통상적으로 강성도(k)로 표현되며, **유연도법**(Flexibility Method,
응력법 Force Method)의 해석은 <u>힘을 미지수로 한 유연도(f)로 표현</u>된다.

구분	강성도법(변위법)	유연도법(응력법)
해석 방법	처짐각법, 모멘트 분배법, 매트릭스 변위법	가상일의 방법(단위하중법), 최소일의 방법, 3연 모멘트법, 매트릭스 응력법
특징	• 변위가 미지수 • 평형방정식에 의해 미지변위 구함 • 평형방정식의 계수가 강성도(EI/L) • 한 절점의 변위의 개수가 한정적(일반적으로 자 　유도 6개 ; u_x, u_y, u_z, θ_x, θ_y, θ_z)이어서 컴퓨 　터를 이용한 계산방법인 매트릭스 변위법에 많 　이 사용됨	• 힘이 미지수 • 적합조건(변형일치법)에 의해 과잉력을 구함 • 적합조건식의 계수가 유연도(L/EI) • 미지의 과잉력이 다수 있을 수 있으므로 각 구조 　물별로 별도의 매트릭스를 산정하여야 하는 다 　소 불편이 있음

> ## 응력법과 변위법

1) **응력법(유연도법)** : 변위 일치의 방법과 동일하게 <u>부정정력을 미지수로 하여 이를 구한 다음 힘</u>
<u>의 평형관계로부터 격점변위, 부재력 및 반력 등을 구한다.</u>

　① 외적 격점하중, 부재 내력을 정의하고, 부정정력을 지정한다.

　② 평형조건으로부터 평형방정식을 수립한다.

2) **변위법(강성도법)** : <u>격점 변위를 미지수로 선택한 후 평형조건, 힘-변형 관계식(재료방정식) 및</u>
<u>적합조건을 적용하여 구조물의 격점변위, 부재력 및 반력 등을 구한다.</u>

　① 평형조건 $[P] = [A][Q]$　　　　$[A]$: Static Matrix(평형 Matrix)

　② 힘-변형관계식 $[Q] = [S][e]$　　$[S]$: Element Stiffness Matrix(부재강도 Matrix)

　③ 적합조건 $[e] = [B][d]$　　　　$[B] = [A]^T$: Deformed Shape Matrix(적합 Matrix)

합성구조   토목구조기술사 합격 바이블 개정판 1권 제1편 재료 및 구조역학 p.117

강재와 콘크리트 합성구조인 샌드위치 보 부재의 구조적 원리와 특징 및 시공 시 유의사항에 대하여 설명하시오.

풀 이

▶ **개요**

한 가지 이상의 재료로 합성하여 제작된 보를 **합성보**라고 하며, 이 중 재료를 절감하고 무게를 줄이기 위해서 상·하단의 표면에 상대적으로 고강도의 재료의 얇은 바깥층을 두고 내부 Core에 경량의 저강도 중간층을 두어서 합성된 보를 **샌드위치 보**라고 한다.

샌드위치 보는 경량의 무게와 고강도, 고강성의 재료를 활용하여 항해, 우주산업 등 산업 분야에 응용되어 많이 사용되고 있다.

(a) 플라스틱 구조   (b) 벌집구조   (c) 파형구조

샌드위치 보의 예

▶ **샌드위치 보의 구조적 원리와 특징**

샌드위치 보의 표면은 상대적 고강도 재료로 얇은 바깥층은 I형강의 플랜지와 같은 역할을 하며, 내부 Core는 상대적으로 경량이며 저강도의 두꺼운 층을 두어 I형강의 웨브와 같은 역할을 수행한다. 이때 내부의 중간층은 filler의 역할을 수행하며 바깥층의 주름과 좌굴에 대한 안전성을 향상시킬 수 있는 역할을 수행한다. 중간층의 형상에 따라 플라스틱구조(Foam), 벌집구조(Honeycomb), 파형구조(Corrugated)로 구분한다.

보의 기하학적 가정인 '단면은 평면을 유지한다'는 가정을 합성보에서도 그대로 적용하며 2축 대칭인 단면의 경우 모멘트-곡률의 관계식으로부터 유도된 수직응력은 다음과 같다.

$$\sigma_{x1} = -\frac{MyE_1}{E_1I_1 + E_2I_2}, \ \sigma_{x2} = -\frac{MyE_2}{E_1I_1 + E_2I_2} \qquad \text{여기서 1, 2 구분은 부재별 상수 구분}$$

샌드위치 보에서 두 재료의 물성치값의 차이가 클 경우에는 $E_2 \approx 0$으로 가정하며, 이 경우 수직응력은 바깥층이 전부 지지하는 것으로 가정하고, 전단에 대해서는 바깥층이 두께가 얇을 경우 중간층이 전부 지지하는 것으로 가정한다.

1) 수직응력 : 물성치 값의 차가 클 경우

$$E_2 \approx 0, \quad \therefore \ \sigma_{x1} = -\frac{My}{I_1}, \ \sigma_{x2} = 0$$

여기서, $I_1 = \dfrac{b}{12}(h^3 - h_c^3)$

$$\therefore \ \sigma_{top} = -\frac{Mh}{2I_1}, \ \sigma_{bottom} = \frac{Mh}{2I_1}$$

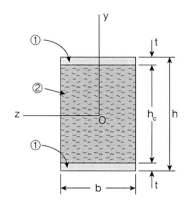

2) 전단응력 : 바깥층의 두께가 얇을 경우

$$\tau_{aver} = \frac{V}{bh_c}, \ \gamma_{aver} = \frac{V}{bh_c G_c}$$

➤ 샌드위치 보 시공 시 유의사항

샌드위치 보의 가정사항은 해석의 가정 특성상 선형탄성 구간에서만 적용이 가능하다. 또한 합성보가 일체 거동하는 것으로 가정하기 때문에 두 부재의 접합부에서의 응력전달이 확실한 구조로 되어 있어야 하며, 강재와 콘크리트 간의 상호연결에 주로 사용되는 Stud 형식에 대하여 설계기준에 따르거나 새로운 연결방식의 경우에는 이에 대한 실험을 통해 재료의 접합성, 일체 거동성, 강성 확보 등의 검증이 필요하다.

개량형 강박스 거더교

최근 가설되고 있는 개량형 강박스 거더교(Steel Box Girder) 중 3가지를 제시하고 각각의 구조적 이론과 특징에 대하여 설명하시오.

풀 이

▶ 개요

개량형 강박스 거더교는 통상적으로 기존의 강박스 거더교(Steel Box Girder)의 강재량을 합리화하는 목적으로 개량한 형태가 주를 이루고 있다. 개량형 강박스 거더교에는 기존 강박스 거더를 개구형이나 다이아프램을 최소화하여 강재량을 합리화하거나 하부에 Tendon 혹은 콘크리트 합성구조를 적용하여 강재의 두께를 줄이는 등의 특성화된 교량 형식이 있다.

▶ 개량형 강박스 거더교

1) DCB(Double Composite Box Girder, 이중합성 강박스) 거더교

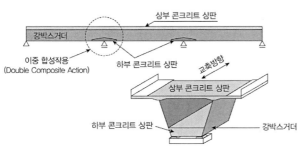

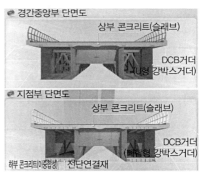

이중합성 연속 강박스 거더는 일반적인 단순합성 박스 거더교의 중간 지점영역에 하부 콘크리트를 추가로 배치함으로써 교량 전장에 걸쳐 콘크리트가 압축력에 저항하도록 한 교량형식이다. DCB거더교는 신개념의 전단연결재를 개발하여 압축플랜지의 보강상세를 개선하고 하부콘크리트 및 지점부 다이아프램을 효율적으로 배치하는 것을 특징으로 한다.

내측지점부 하부플랜지의 종방향 보강재를 전단연결재로 대체하고 이때 하부콘크리트의 타설범위는 2차 고정하중 재하 시의 부모멘트 발생 영역인 주경간장의 약 20%, 하부콘크리트의 타설높이는 탄성하중응력 및 장기거동응력의 변동과 상부하중의 증가분을 고려하여 강박스 거더 높이의 약 10%로 설계되었다. 또한 부모멘트 구간의 강성 증가에 기인하는 정모멘트부의 응력감소량을 반영하여 정모멘트부는 개구제형 강박스 거더 형식을 채용하여 보다 효과적인 강재량 감소를 도모하고 일정한 거더 높이로 시공성과 경관성 향상을 도모한 박스 거더교 형식이다.

2) PUS(Prestressed Concrete Composited U-Shape Steel Girder) 거더

PUS 거더교는 미국, 유럽 등에서 일반적으로 사용되는 개구제형 U형 강박스 거더교에 저비용, 저형고, 장경간이 가능하도록 고강도 콘크리트를 합성하고 부분 프리스트레스를 도입한 하이브리드 형태의 개량형 강박스 거더교 형식이다.

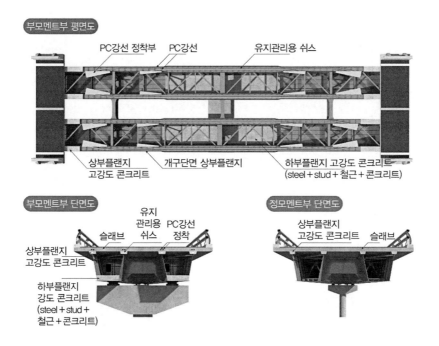

주요 특성으로는 부모멘트 구간 중 최대응력이 발생하는 일부 구간은 폐합단면으로 구성하고 나머지 구간과 정모멘트부 전 구간은 불필요한 상부플랜지를 상·하부플랜지의 응력 수준이 같게 하여 효율성이 높은 단면을 구성하였다. 제형단면을 기본 단면으로 채택하고 있어 단면의 효율성을 고려하고 부모멘트부에 고강도 콘크리트 합성을 통해서 압축응력의 흡수하여 강재량을 절감하고 부모멘트부 슬래브에 프리스트레스를 도입하여 인장응력을 저하시켜 바닥판 균열을 억제하여 공용수명을 연장하려고 하는 특징을 가진다. 부모멘트부 복부에는 고강도 콘크리트를 합성하여 전단응력을 경감하고 단면강성을 증대시켜 강재량을 절감하도록 하는 특성도 가진다.

3) SBarch(Steel Box Girder with Arch Concrete) 합성거더

SB 거더는 개구박스형(U형)과 I형 단면이 효율적으로 결합된 강거더에 아치형태의 콘크리트를 충진하여 이종재료의 상호보완 효과를 극대화하고 처짐과 비틀림에 유리한 장경간 적용 시 강박스 거더교 대비 강재량의 절감이 가능한 개량형 강합성 거더 형식으로 단부 및 지점부에는 박스 단면 형식을 중앙부에는 I형 단면을 사용하며 박스 내부에 충진콘크리트로 압축응력을 분담하고 충진콘크리트에 의한 비틀림 및 진동성능을 향상시킨 특성을 가진 형식이다.

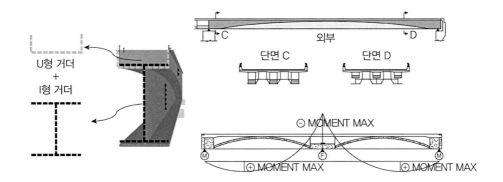

U형 거더
+
I형 거더

외부

단면 C   단면 D

⊖ MOMENT MAX

Ⓜ   Ⓕ   Ⓜ

⊕ MOMENT MAX   ⊕ MOMENT MAX

고강도 철근   토목구조기술사 합격 바이블 개정판 1권 제2편 RC p.536

고강도 철근 사용 시 균열문제에 대하여 설명하시오.

풀 이

▶ 개요

고강도 철근은 항복고원(항복마루, Yield Plateau) 길이가 점점 짧아지다가 항복고원이 분명하게 나타나지 않거나 항복고원 없이 변형률 경화를 나타내기도 하는 특성을 나타낸다. 이러한 특성은 고강도 철근일수록 취성적인 성향을 보여서 저강도 철근보다 작은 변형률에서 파괴되기 때문에 콘크리트 설계기준에서는 특정한 값의 변형률에서 강재의 탄성계수와 같은 기울기로 직선을 그어서 응력-변형률 곡선과 만나는 점을 항복점으로 결정하는 0.2% 오프셋(Offset Method)을 적용하도록 규정하고 있다. 이전 설계기준에서는 특정한 값의 변형률(0.0035)에서 수직선을 그어서 응력-변형률 곡선과 만나는 점을 항복점으로 결정하는 하중연장법(Extension of Load Method)을 적용하였으나 f_y가 550MPa을 초과하는 철근에 대해서는 합리적이지 않기 때문에 기준을 변경하였다.

▶ 고강도 철근 사용 시 균열문제

철근의 사용은 인장부에서 하중에 대한 콘크리트 균열 발생 시에 콘크리트에 작용하는 하중이 철근으로 전가되어 콘크리트 구조의 인장부는 철근저항, 압축부는 콘크리트 저항의 메커니즘이 성립되나 고강도 철근의 사용 시에는 극한변형률이 매우 작아서 콘크리트의 균열이 발생되기 이전에 철근의 파괴 등이 발생할 수 있으며 이로 인한 사전의 파괴징후 등을 관찰하기 어려울 수 있다.

사용성 분야에서도 고강도 철근을 수평부재 주철근으로 사용하면 사용하중상태에서 과도한 반응으로 구조물의 성능 저하 현상이 발생할 수 있다.

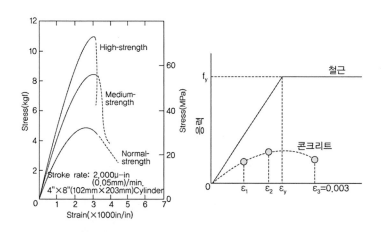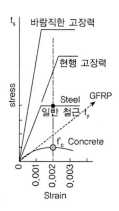

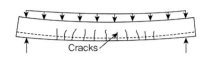 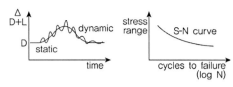

(a) 균열(Cracks)   (b) 처짐(Deflection)   (c) 진동(Vibration)   (d) 피로(Fatigue)

1) 휨연성 : 일반철근 ≒ 바람직한 고장력 ≫ 현행 고장력 철근
2) 처 짐 : 일반철근 ≒ 바람직한 고장력 〈 현행 고장력 철근
3) 균 열 : 일반철근 ≒ 바람직한 고장력 〈〈〈 현행 고장력 철근

고강도 철근의 경우 인장변형률 0.002 이상에서 인장강성의 특성은 기대하기 어렵다. 이는 초기에 발생된 균열 발생 부위에서 인장변형이 집중적으로 유발되고 이로 인하여 해당 부위의 균열폭이 급격하게 증가되기 때문이다. 따라서 고강도 철근의 항복강도는 균열 등을 고려하여 제한되거나 또는 높은 균열손상 제어능력이 있는 섬유보강 시멘트 복합재료와의 혼용이 필요하다(2011 한국콘크리트 학회지, 고강도 철근콘크리트 인장부재의 인장강성 및 균열거동, 윤현도).

또한 현행 설계기준에서 전단강도 모델은 45° 트러스 전단 모델과 골재 맞물림 작용을 고려한 전단 강도 해석을 하고 있다. 45° 트러스 전단 모델은 인장 주철근과도 관계가 있으며 고강도 철근의 항 복변형률과의 차이로 골재 맞물림 작용 효과 감소 등으로 인하여 현 해석모델과 상이하기 때문에 이에 대한 검증이 필요하다.

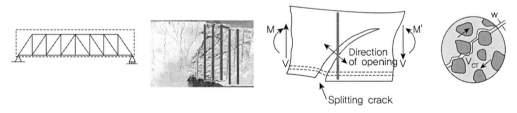

전단 해석모델과 골재 맞물림

프리캐스트 콘크리트 바닥판   토목구조기술사 합격 바이블 개정판 2권 제5편 교량계획 및 설계 p.1735

프리캐스트 콘크리트 바닥판을 사용한 교량의 특징 및 향후 과제에 대하여 설명하시오.

풀 이

➤ 개요

현재 교량에 사용되고 있는 바닥판은, ① 중소 지간용의 현장타설 RC바닥판, ② 장대교 등을 대상으로 한 강바닥판, ③ 품질 향상과 공사의 신속화를 위한 RC 또는 PC 프리캐스트 바닥판 및 ④ 합성바닥판 등으로 구별될 수 있다.

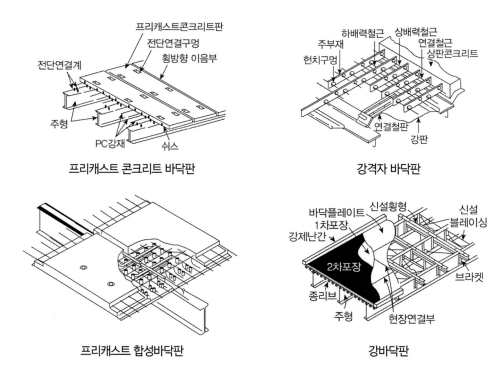

프리캐스트 콘크리트 바닥판

강격자 바닥판

프리캐스트 합성바닥판

강바닥판

도로교의 바닥판은 차량하중을 직접 지지하는 등 통상적으로 다른 구조부재보다도 가혹한 사용 환경하에 있다. 바닥판의 손상은 차량의 대형화 및 통행량의 증가, 피로현상에 대한 사전 조치 미흡 및 재료의 열화 등이 복합적으로 작용하여 발생된다.

또한 건설현장의 작업원 중 숙련된 인력이 부족하고 고령화되어 산업생산성이 저하되는 실정이어서 거푸집 제작, 철근 배근, 콘크리트 타설 등에 많은 인력이 요구되는 현장타설 RC 바닥판은 공기 지연이나 부실시공 등의 우려가 있다.

▶ 프리캐스트 콘크리트 교량 바닥판의 특징

내구성의 증대, 유지 보수 필요성의 감소, 시공의 간편성과 시공기간의 단축 및 교통흐름의 방해 없이 교통을 유지할 수 있다는 점 등이 프리캐스트 콘크리트 바닥판을 이용하는 주요 장점이다. 특히 바닥판과 바닥판의 연결형태가 Female-Male(암수 연결) 형태는 갖는 경우는 이음부의 현장타설을 최소로 하며, 종방향 내부긴장재를 이용하여 압축상태를 유지함으로써 사용성을 확보하고 피로수명을 대폭 향상시킬 수 있는 장점이 있다.

1) 품질 및 공기단축

프리캐스트 바닥판은 공장제작 제품으로 고강도화 및 현장작업의 최소화를 통한 고내구성 바닥판의 시공이 가능하며, 기존의 철근콘크리트 바닥판에서 초기에 발생하는 건조 수축량을 대폭 감소시킬 수 있어 교량 바닥판의 초기 균열을 방지할 수 있으며 현장의 여건에 따라 발생할 수 있는 재료적, 구조적 초기 결함을 대폭 줄일 수 있다.

또한 프리캐스트 바닥판의 시공은 기후의 영향을 많이 받지 않고 동바리 설치와 거푸집 제작, 장기간의 양생 기간을 필요로 하지 않기 때문에 시공기간을 현저히 단축시킬 수 있을 뿐만 아니라 산악지형과 같은 고공의 교량 건설 시 더욱 유리하다(작업자 위험요소 저감, 안전시공). 프리캐스트 콘크리트 바닥판의 시공기간은 현장 RC타설 바닥판의 공사기간과 비교해 다음 그림과 같이 약 50%가량 단축이 가능하다(현장타설 80일, PC 36일).

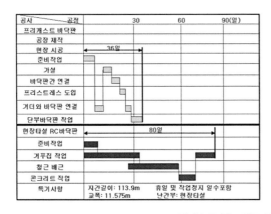 

프리캐스트 콘크리트 바닥판의 공장제작 공기

2) 기계화 시공

현장에서 콘크리트를 타설하는 작업 대신에 미리 제작한 규격화된 프리캐스트 바닥판을 현장에서 크레인 등의 가설장비를 이용하여 가설함으로써 기계화 시공을 달성할 수 있고 인력 절감이 가능하며, 교량제원에 따라 바닥판의 제원을 변동하여 제작할 수 있으므로 적응성이 뛰어나다. 현장타설 바닥판의 경우 작업이 기후조건에도 많은 영향을 받게 되는데, 프리캐스트 바닥판을 사용하게 되면 전천후 시공이 가능하여 공기지연도 방지할 수 있다. 신설교량의 바닥판 가설은 물론 급속시공 및 교차시공을 통한 노후 교량바닥판 교체에 적용할 수 있으며, 통행량 증가에 따라 확폭하는 경우에도 기존 바닥판을 철거한 후 거더만 보수하고 고강도콘크리트 등을 사용하면 고정하중 증가 없이 기존 교량의 확폭 및 내하력 증대가 가능하여 바닥판 가설작업에는 그 적용성이 뛰어나다.

3) 유지관리비용 절감

초기투자비는 통상 현장타설 RC 바닥판에 비해 고가이나 교량바닥판의 내구수명을 기존 현장타설 콘크리트 바닥판보다 약 3배 이상 연장할 수 있어, 고내구성의 특성으로 유지관리비 지출을 최소화할 수 있으므로 전체 교량 바닥판의 생애주기 비용을 비교할 때 기존 공법에 비해 3배 이상의 경제적 절감효과를 얻을 수 있다.

또한 기존의 공법으로 노후바닥판을 교체하는 경우 현장 타설로 현장 작업이 많고 콘크리트의 강도발현에 많은 시간이 소요되며, 프리캐스트 바닥판을 이용해 상·하행차선의 교차시공과 같이 공사 중 계속 교통소통이 가능하게 되므로 도심지 시공 시 및 교통의 전면적 차단 없이 공사가 가능하므로 막대한 사회간접비용 지출을 방지하고 우회도로 건설비용 등을 절감할 수 있다.

기술적으로 RC 바닥판의 반폭 교체 시공인 경우 한쪽 차로 교행에 따른 진동문제로 인하여 콘크리트의 양생 시 문제가 야기될 소지가 많아 향후 교체공사 후에도 바닥판의 초기 손실로 인하여 유지관리 및 바닥판의 수명에 결정적인 영향을 미칠 수 있으므로 구조적으로도 유리하다.

▶ 프리캐스트 콘크리트 교량 바닥판의 향후 과제

프리캐스트 콘크리트 바닥판은 품질관리가 확실하고, 현장공정의 생략으로 공기단축 및 인력 절감이 가능하며 특히 차로별 교차시공으로 공사 중에도 교통 통제 없이 계속 시공할 수 있다는 점 등의 장점을 가지고 있다.

다만 공장제작으로 현장타설 바닥판에 비해 여건에 따른 표준 모듈화가 필요하며, 연결부에 대한 품질 확보 등이 요구된다.

시설물의 자산관리 개념　　　토목구조기술사 합격 바이블 개정판 2권 제5편 교량계획 및 설계 p.2130

기존 시설물에 대한 유지관리 차원의 자산관리 개념에 대하여 설명하시오.

풀 이

자산관리 기법의 교량 적용에 관한 연구(대한토목학회 정기학술대회, 2009)

➤ 개요

구조물의 내용연수(일반적으로 50~100년)의 제한으로 인하여 기존 구조물에 대한 보수 보강 및 교체의 필요성 등이 증가함에 따라 제한된 예산의 효율적 분배 및 적정예산의 수립을 위한 합리적인 의사결정이 필요로 하게 되었다. 이를 위해 합리적 의사결정의 방법으로 사회기반시설을 자산으로 보고 자산관리를 위해 구조물에 발생된 또는 발생될 유지관리조치가 조기에 예산 투입되도록 하며, 재건설 등으로 인한 막대한 비용을 절감하도록 하는 효율적이고 합리적인 의사결정 방법을 말한다.

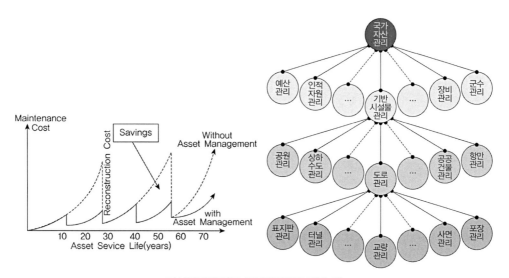

자산관리에 따른 유지관리비용 절감 예

➤ 기존 구조물의 자산관리기법

기존 구조물의 자산관리란 사회기반 시설물을 일종의 자산으로 간주하고 유지관리 계획 및 수행에 따른 의사결정에 자산의 가치(Value) 및 서비스 수준(Level of Service, LOS)을 평가할 수 있는 다양한 성능기준을 적용하여 관리주체가 추구하고자 하는 정책 및 목표를 효과적으로 달성할 수 있도록 하는 관리방법이다.

➤ BMS(교량관리시스템)와 자산관리

국내외에서는 효율적인 교량 유지관리를 위해 일찍부터 교량관리시스템(Bridge Management System, BMS)을 개발하여 사용하고 있으며 BMS와 같은 개별관리시스템은 서로 다른 자산에 대하여 예산분배에 관한 의사결정에 관계된 정보를 상위시스템에 제공한다. 이러한 정보는 네트워크 전반에 걸친 기반시설물의 자산관리 수준을 정하고 효과적인 LOS 관리를 위한 재원의 마련과 예산의 분배를 가능하게 하는 방식으로 새로운 자산관리와 상호 연관되어 적용할 수 있다.

구분	교량관리시스템 (Bridge Management System)	기반시설물 자산관리 (Infrastructure Asset Management)
정의	관리주체가 전체 교량의 모든 정보를 종합적으로 관리할 수 있는 정보화 시스템	시설물의 최적화된 관리를 위한 경영전략
목적	• 효율적인 교량정보 관리 및 활용 • 교량 상태평가를 통한 최적의 교량상태 유지 • 유지관리 예산의 합리적인 분배 및 투자	• 시설물 상태에 대한 공학적, 해석적 분석을 넘어 대상물을 자산으로 인식 평가하여 가치의 유지 및 향상 • 사용자의 최대 만족
주요 기능	• 교량자료(도면, 점검결과, 보수이력) 관리 • 교량사업 투자 우선순위 결정 • 교량유지관리 수요 및 예산 예측	• 자산가치 향상을 위한 관리 최적화 절차 • 서비스 수준 향상을 통한 고객만족
고려 요소	• 교량 인벤토리 정보 • 생애주기 교량 성능 변화 • 생애주기 유지관리비용 • 최적 유지관리 공법/시기 의사결정 • 예산 수립 및 배분의 적절성	• 자산의 가치 • 서비스 수준(안전, 고객만족, 서비스 질과 양, 용량, 신뢰도, 반응도, 환경적 적응성, 비용, 가용성) • 요구 분석(교통 증가, 사용자 경향) • 상태 및 성능 측정 • 파괴모드 및 위험도 분석 • 최적 의사결정(운영 및 유지관리계획, 요구관리기술, 자본투자 및 처분전략) • 재무흐름 분석(재무계획, 업무계획) • 자산관리계획 수립 • 자산에 대한 인식 제고

ILM   토목구조기술사 합격 바이블 개정판 2권 제5편 교량계획 및 설계 p.1878

교량을 압출공법(ILM)으로 가설할 때 압출 중 종방향 교각변위를 제어하는 방안에 대해 설명하시오.

풀 이

▶ILM 개요

ILM은 교대 후방에 설치된 작업장에서 상부구조를 한 세그멘트씩 제작, 연결한 후 교축으로 밀어내어 점진적으로 교량을 가설하는 공법이다. 교량의 평면 선형이 직선 또는 단일 원호일 경우에만 적용 가능하며 교량의 선단부에 추진코를 설치하여 가설 시의 단면력을 감소시키고, 종방향 교각과 마찰력으로 인한 변위가 최소화되도록 한다. 일반적으로 ILM 안정성 검토 시에는 압출 시 안정검토(전도 및 활동), 압출노즈의 구조 안전성 검토(연장 및 강성), 하부플랜지의 펀칭파괴 검토 등을 수반한다.

▶ILM 압출 중 종방향 교각 변위 제어

ILM은 압출하는 방식에 따라 Pushing System, Pulling System, Lifting & Pushing System으로 방식을 분류하며, 압출잭의 위치에 따라서도 집중압출방식과 분산압출방식으로 분류된다. 압출하는 공법의 특성상 ILM은 가설 시의 마찰 등으로 인해 종방향으로의 축력을 유발할 수 있으며, 이로 인해 종방향 교각의 변위가 발생될 수 있다.

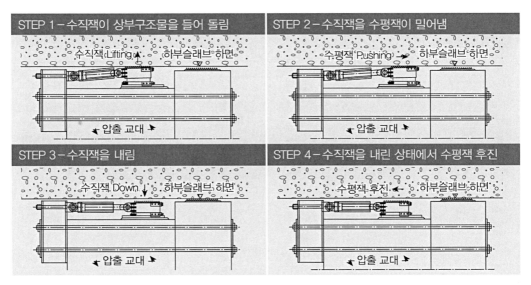

ILM Lifting & Pushing System

일반적으로 종방향 축력을 저감(변위 제어)을 위해서는 현장에서 <u>단계별 구조해석과 계측을 실시</u>하게 되며, 이를 통해 <u>한 번에 압출할 수 있는 경간장을 결정</u>하는 등의 과정을 거치게 된다.

또한 압출 시공 시에 <u>미끄럼 받침</u>을 사용하여 교각에 발생하는 축방향력이 최소화되도록 한다. 사용하는 받침은 가설받침만으로 사용되는 형식과 영구 받침을 겸하는 형식으로 구분할 수 있다.

➤ ILM 압출 중 사고 사례와 시사점

ILM 시공법은 비교적 안전한 장대교량 시공공법으로 알려졌으나 최근 평택 국제대교 사고에서도 볼 수 있듯이 시공 시 주의가 필요하다. 평택 국제대교의 주된 원인은 전단파괴에 있었다고 결론되어졌으나, 교량 받침을 당초 3개소에서 2개소로 교체하며 축력 전달이 커졌을 것으로 추정된다. ILM 공법 검토 시 교번응력으로 인한 안전성 검토와 함께 축방향 하중으로 인한 교각의 변위제어도 간과하지 않아야 할 것이다.

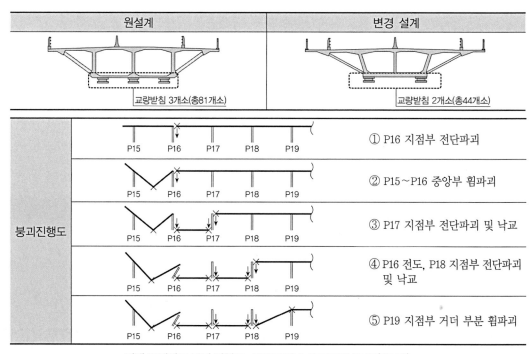

평택 국제대교 붕괴 진행도 : 국토교통부 사고조사보고서(2018)

지중 구조물의 토압

지중 구조물 설계에서 연직토압과 수평토압이 상쇄되지 않아서 과대 설계되는 문제점을 개선하기 위해 콘크리트 구조기준(2012)에서 개정한 내용에 대하여 설명하시오.

풀 이

▶ 개요

2012년 콘크리트 구조기준에서는 지중 구조물 설계에서 <u>연직토압과 수평토압이 상쇄되지 않아서 과대 설계되는 문제점</u>을 개선하기 위해 재하방법을 명시하고 하중계수를 조정하여 개정하였다.

▶ 개정 내용

2007 콘크리트 구조설계 기준(소요강도)		2012 콘크리트 구조 기준(소요강도)
$U=1.4(D+F+\underline{H_v})$	··· (3.3.1)	$U=1.4(D+F)$
$U=1.2(D+F+T)+1.6(L+\alpha_H H_v+H_h)$		$U=1.2(D+F+T)+1.6(L+\alpha_H H_v+H_h)$
$\quad+0.5(L_r$ 또는 S 또는 R)	··· (3.3.2)	$\quad+0.5(L_r$ 또는 S 또는 R)
$U=1.2D+1.0E+1.0L+0.2S$	··· (3.3.5)	$U=1.2(D+\underline{H_v})+1.0E+1.0L+0.2S$
		$\quad+(\underline{1.0H_h}$ 또는 $0.5H_h)$
$U=1.2(D+F+T)+1.6(L+\alpha_H H_v)+0.8$	··· (3.3.6)	$U=1.2(D+F+T)+1.6(L+\alpha_H H_v)+0.8H_h$
$\quad H_h+0.5(L_r$ 또는 S 또는 R)	··· (3.3.7)	$\quad+0.5(L_r$ 또는 S 또는 R)
$U=0.9D+1.3W+\underline{1.6(\alpha_H H_v+H_h)}$	··· (3.3.8)	$U=0.9(D+\underline{H_v})+1.3W+(\underline{1.6H_h}$ 또는 $0.8H_h)$
$U=0.9D+1.0E+\underline{1.6(\alpha_H H_v+H_h)}$		$U=0.9(D+\underline{H_v})+1.0E+(\underline{1.0H_h}$ 또는 $0.5H_h)$

* α_H는 토피의 두께에 따른 연직방향 하중 H_v에 대한 보정계수로 토피의 두께가 얇은 아파트 지하주차장 등은 토피의 두께에 따른 분산 정도가 크고, 지하철 구조물과 같이 토피의 두께가 큰 구조물은 분산 정도가 작은 것을 고려하기 위한 보정계수이다. $\alpha_H=1.0(h≤2m)$, $1.05-0.025h(h>2m$, 단 0.875보다 작지 않아야 한다.)

① (3.3.1)에서 H_v의 영향을 무시한 것은 지중 구조물에서 H_v가 작용하는 경우 반드시 H_h가 작용하므로 H_h를 무시할 수 없으므로 (3.3.1)은 일반적인 구조물에 대해서 적용하도록 하고, H_h의 영향을 고려하는 지중 구조물의 경우 (3.3.2)로 고려하도록 구분하였다.

② 종전의 기준은 지진의 영향을 지중 구조물에 적용할 때 H_h와 H_v의 재하방법을 명시하지 않아 설계자의 혼선을 초래하였기 때문에 (3.3.5)와 (3.3.8)에 H_h와 H_v의 재하방법을 명시하였다. 또한 H_h의 하중계수가 1.0 또는 0.5 두 경우를 모두 고려하여 안전측의 설계가 되도록 하였다.

③ (3.3.6)은 횡압력을 작게 산정할 때 안전측인 설계가 되는 경우에 대한 검토를 위해서 제시된 식으로 토압의 경우 연직 방향력보다 수평 방향력의 불확실성이 크기 때문에 이를 고려하기 위한 것이다.

④ (3.3.7)에서 H_h와 H_v의 불확실성을 고려하여 하중계수값을 수정하고, H_h의 하중계수를 1.6과 0.8 두 경우를 모두 고려하여 안전측의 설계가 되도록 하였다.

중공단면과 개단면 　　　　　　　　　　 토목구조기술사 합격 바이블 개정판 1권 제1편 재료 및 구조역학 p.84

구조용 부재로 중공단면이나 개단면을 사용하는 이유를 다음 단면을 예로 들어 설명하시오.

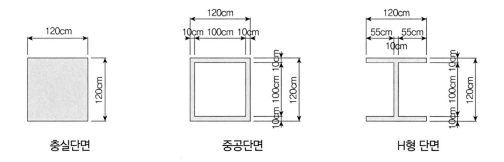

충실단면 　　　　　　　　　　　 중공단면 　　　　　　　　　　　 H형 단면

풀 이

➤ 개요

단면의 효율성에 대한 비교는 축력, 전단과 같은 면적을 기준으로 하는 비교와 함께 단면 2차 모멘트와 소성단면계수, 비틀림 상수를 비교하여 항복과 소성모멘트에 대한 비교와 비틀림 강성에 대해 비교할 수 있으며 이를 통해 각 단면의 효율성을 알 수 있다.

➤ 부재별 단면 상수

1) 충실단면 : $b = 120\text{cm}$, $h = 120\text{cm}$

$$A_1 = bh = 120 \times 120 = 14,400\text{cm}^2, \quad I_1 = \frac{bh^3}{12} = \frac{120 \times 120^3}{12} = 17,280,000\text{cm}^4$$

$$Z_{p1} = \frac{bh^2}{4} = 432,000\text{cm}^3, \quad J_1 = I_x + I_y = \frac{bh}{12}(h^2 + b^2) = 34,560,000\text{cm}^4$$

$$\therefore \ I_1/A_1 = 1,200\text{cm}^2, \ Z_{p1}/A_1 = 30\text{cm}, \ J_1/A_1 = 2,400\text{cm}^2$$

2) 중공단면 : $b = 120\text{cm}$, $h = 120\text{cm}$, $t = 10\text{cm}$

$$A_2 = 120 \times 120 - 100 \times 100 = 4,400\text{cm}^2$$

$$I_2 = \frac{120 \times 120^3}{12} - \frac{100 \times 100^3}{12} = 8,946,667\text{cm}^4$$

$$J_2 = \frac{4A_m^2}{\int_0^{L_m} \frac{ds}{t}} = \frac{4tA_m^2}{L_m} \text{ (두께가 일정한 경우)}$$

$$= \frac{4 \times 10 \times (110 \times 110)^2}{(110 \times 4)} = 13,310,000 \text{cm}^4$$

$$Q_2 = 120 \times 10 \times 55 + 2^{EA} \times 50 \times 10 \times \frac{50}{2} = 91,000 \text{cm}^3$$

$$\therefore \ Z_{p2} = 2Q_2 = 182,000 \text{cm}^3$$

$$\therefore \ I_2/A_2 = 2,033.3 \text{cm}^2, \ Z_{p2}/A_2 = 41.4 \text{cm}, \ J_2/A_2 = 3,025 \text{cm}^2$$

3) H형 단면

$$A_3 = 120 \times 10 \times 2 + 10 \times 100 = 3,400 \text{cm}^2$$

$$I_3 = \frac{120 \times 120^3}{12} - \frac{110 \times 100^3}{12} = 8,113,333 \text{cm}^4$$

$$J_3 = \sum \frac{1}{3}bt^3 = \frac{1}{3} \times \left[(120 \times 10^3) \times 2 + (100 \times 10^3) \right] = 113,333 \text{cm}^4$$

$$Q_3 = 120 \times 10 \times 55 + 50 \times 10 \times \frac{50}{2} = 78,500 \text{cm}^3$$

$$\therefore \ Z_{p3} = 2Q_3 = 157,000 \text{cm}^3$$

$$\therefore \ I_3/A_3 = 2,386.2 \text{cm}^2, \ Z_{p3}/A_3 = 46.2 \text{cm}, \ J_3/A_3 = 33.33 \text{cm}^2$$

▶ 단면 효율성 비교

단면의 효율성을 비교하기 위해 단면2차 모멘트와 소성단면계수를 각 단면의 단위면적으로 비교해
보면, H형 단면(개단면), 중공단면(폐단면), 충실단면(폐단면)순으로 효율이 높음을 알 수 있으며,
이러한 단면의 효율성으로 인해서 개단면이 가장 이상적으로 많이 사용된다.

구분	I/A(휨)	Z/A(소성)	J/A(비틀림)
충실	1,200	30	2,400
중공	2,033.3	41.4	3,025
I형	2,386.2	46.2	33.33

다만 개단면의 경우 비틀림 강성이 작기 때문에 비틀림 강성 보강을 위해서 중공단면이 사용되는
경우도 있으며, 앞서 비교한 바와 같이 개단면보다 휨에 대한 효율은 다소 낮으나 비틀림에 대해서
는 폐단면이 개단면보다 높으므로 재료의 효율성 측면과 비틀림 강성을 모두 고려하여 사용되기도
한다.
일반적으로 직선교에서는 I형 단면의 거더교가 많이 사용되는 반면에 곡선교에서는 박스형 단면이
많이 사용되는 것이 그 예로 볼 수 있다.

다음 그림과 같은 길이(L)인 수평봉 AB의 자유단(A)에 V의 속도로 수평으로 움직이는 질량 m인
블록이 충돌한다. 이때 충격에 의한 봉의 최대 수축량 $\delta_{\max}$와 이에 대응하는 충격계수를 구하시오.
단, $L = 1.0$m, $V = 5.0$m/sec, $m = 10.0$kg, 봉의 축강성 $EA = 1.0 \times 10^5$N, 중력가속도 g = 9.8m/sec^2,
A점은 자유단, B점은 고정단이다. 충돌 시의 정적하중은 mg로 가정한다.

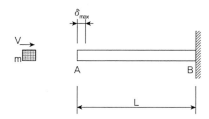

풀 이

➤ **개요**

질량 m을 가지고 속도 V로 이동하는 물체가 충격으로 인해서 발생하는 에너지는 가속도의 제곱에
비례한다. 속도 V가 충돌로 인하여 짧은 시간에 속도 0으로 변화되고, 이 속도 변화로 인한 에너지
는 모두 충격에너지로 변화한다고 가정하면, 가속도 a는 $dV/dt = V$이다.

➤ **충격에너지**

충격에너지 $W = \dfrac{1}{2}ma^2 = \dfrac{1}{2}mV^2$

➤ **정적하중에 의한 변위**

정적하중을 $P = mg$라고 하면, 축방향력에 의한 정적변위 δ_{st}는

$$\delta_{st} = \frac{PL}{AE} = \frac{mgL}{AE} = \frac{10\,(\text{kg}) \times 9.8\,(\text{m/s}^2) \times 1.0}{1.0 \times 10^5\,(N)} = 9.8 \times 10^{-4}\text{m}$$

➤ **동적하중에 의한 최대변위**

봉의 변형에너지는 $U = \dfrac{1}{2}P\delta_{\max} = \dfrac{1}{2}k\delta_{\max}^2 = \dfrac{EA}{2L}\delta_{\max}^2 \left(\because \text{봉의 스프링계수 } k = \dfrac{EA}{L}\right)$

충격에너지＝변형에너지일 때 최대 변위가 발생되므로,

$$W = U : \quad \frac{1}{2}mV^2 = \frac{EA}{2L}\delta_{\max}^2 \quad \therefore \delta_{\max} = \sqrt{\frac{mV^2L}{EA}} = \sqrt{\frac{10 \times 5^2 \times 1.0}{1.0 \times 10^5}} = 0.05\text{m}$$

▶ **충격계수**

$$i = \frac{\delta_{\max}}{\delta_{st}} = \frac{0.05}{9.8 \times 10^{-4}} = 51.02$$

구분	봉의 충격계수	빔의 충격계수
평형식 (위치 E = 변형 E)	$W(h + \delta_{\max}) = \dfrac{1}{2} k \delta_{\max}^2$	$W(h + \delta_{\max}) = \dfrac{1}{2} k \delta_{\max}^2$
유도과정	$\delta_{st} = \dfrac{WL}{EA} = \dfrac{W}{k}, \ k = \dfrac{EA}{L}$ $k\delta_{\max}^2 - 2W\delta_{\max} - 2Wh = 0$ $\delta_{\max}^2 - \dfrac{2WL}{EA}\delta_{\max} - \dfrac{2WL}{EA}h = 0$ $\delta_{\max}^2 - 2\delta_{st}\delta_{\max} - 2\delta_{st}h = 0$ $\therefore \ \delta_{\max} = \delta_{st} + \sqrt{\delta_{st}^2 + 2h\delta_{st}}$ $\qquad = \delta_{st}\left(1 + \sqrt{1 + \dfrac{2h}{\delta_{st}}}\right)$	$\delta_{st} = \dfrac{WL^3}{48EI} = \dfrac{W}{k}, \ k = \dfrac{48EI}{L^3}$ $k\delta_{\max}^2 - 2W\delta_{\max} - 2Wh = 0$ $\delta_{\max}^2 - \dfrac{2W}{k}\delta_{\max} - \dfrac{2W}{k}h = 0$ $\delta_{\max}^2 - 2\delta_{st}\delta_{\max} - 2\delta_{st}h = 0$ $\therefore \ \delta_{\max} = \delta_{st} + \sqrt{\delta_{st}^2 + 2h\delta_{st}}$ $\qquad = \delta_{st}\left(1 + \sqrt{1 + \dfrac{2h}{\delta_{st}}}\right)$
충격계수	$i = \dfrac{\delta_{\max}}{\delta_{st}} = \left(1 + \sqrt{1 + \dfrac{2h}{\delta_{st}}}\right)$	$i = \dfrac{\delta_{\max}}{\delta_{st}} = \left(1 + \sqrt{1 + \dfrac{2h}{\delta_{st}}}\right)$

PSC 솟음 　　　　　　　　　　　　　토목구조기술사 합격 바이블 개정판 1권 제3편 PSC p.1148

다음 그림과 같은 단순보에서 긴장재가 지간 중앙에서 e, 지점에서 0의 편심거리를 가지고 배치되었을 때, 프리스트레스 힘 P에 의한 지간 중앙에 발생하는 솟음의 값을 구하시오. 단, 보의 탄성계수는 E, 단면 2차 모멘트는 I, 지간 길이는 L로 한다.

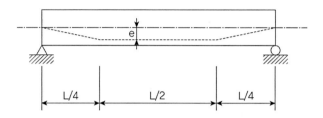

풀 이

> **개요**

PS력을 다음과 같이 하중으로 고려하여 솟음값을 산정한다.

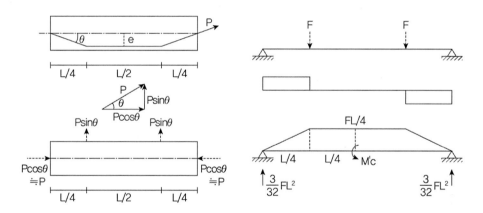

> **PS력에 의한 솟음 산정**

수직분력 $P\sin\theta = P(4e/L) = \dfrac{4Pe}{L}$

수직분력을 F라고 할 때, M/EI의 선도로부터 C점의 처짐값을 산정하면,

$$M_c' = \frac{3FL^2}{32}\frac{L}{2} - \left(\frac{1}{2}\frac{FL}{4}\frac{L}{4}\right)\times\left(\frac{L}{4}\frac{1}{3}+\frac{L}{4}\right) - \left(\frac{1}{2}\frac{FL}{4}\frac{L}{2}\right)\times\left(\frac{1}{2}\frac{L}{2}\frac{1}{2}\right) = \frac{11}{384}FL^3$$

$$\therefore \Delta_{center} = \frac{M_c'}{EI} = \frac{11L^3}{384EI}\times F = \frac{11L^3}{384EI}\left(\frac{4Pe}{l}\right) = \frac{11PeL^2}{96EI}$$

➤ 참고자료(기타 PSC 형상에 따른 솟음 산정)

PSC 형상	초기 솟음(Δ_i)
	$P \cdot e = \dfrac{ul^2}{8}, \ u = \dfrac{8Pe}{l^2}$ $\therefore \Delta_{center(1)} = \dfrac{5l^4}{384EI} \times \left(\dfrac{8Pe}{l^2}\right) = \dfrac{5Pel^2}{48EI}$
	$\sin\theta = 2e/l, \ 2P\sin\theta = 4Pe/l$ $\therefore \Delta_{center(2)} = \dfrac{l^3}{48EI} \times \left(\dfrac{4Pe}{l}\right) = \dfrac{Pel^2}{12EI}$
	$P\sin\theta = P(3e/l) = \dfrac{3Pe}{l}$ $M_c' = \dfrac{Fl^2}{9}\dfrac{l}{2} - \left(\dfrac{1}{2}\dfrac{Fl}{3}\dfrac{l}{3}\right) \times \left(\dfrac{l}{3}\dfrac{1}{3} + \dfrac{l}{3}\dfrac{1}{2}\right)$ $\quad - \left(\dfrac{1}{2}\dfrac{Fl}{3}\dfrac{l}{3}\right) \times \left(\dfrac{1}{2}\dfrac{l}{3}\dfrac{1}{2}\right) = \dfrac{23}{648}Fl^3$ $\therefore \Delta_{center(3)} = \dfrac{M_c'}{EI} = \dfrac{23l^3}{648EI} \times F$ $\quad = \dfrac{23l^3}{648EI}\left(\dfrac{3Pe}{l}\right) = \dfrac{23Pel^2}{216EI}$
	$M = Pe$ $\therefore \Delta_{center(5)} = \dfrac{Ml^2}{8EI} = \dfrac{Pel^2}{8EI}$
	$\therefore \Delta_{center(6)} = \Delta_{center(1)} + \Delta_{center(5)}$ $\quad = \dfrac{5Pe_2l^2}{48EI} + \dfrac{Pe_1l^2}{8EI}$
	$\therefore \Delta_{center(6)} = \Delta_{center(4)} - \Delta_{center(5)}$ $\quad = \dfrac{11Pe_2l^2}{96EI} - \dfrac{Pe_1l^2}{8EI}$

수화열, 온도균열
토목구조기술사 합격 바이블 개정판 1권 제2편 RC p.954

매스콘크리트의 수화열에 의한 온도균열에 대하여 설명하고, 수화열의 발생을 감소시킬 수 있는 방법 및 균열 발생 억제 방법에 대하여 설명하시오.

풀 이

➤ 개요

매스콘크리트는 대체로 슬래브에서 80~100cm 이상, 하단이 구속된 벽에서는 50cm 이상을 일컫는다. 그러나 콘크리트 구조물의 대형화, 복잡화에 의한 대량 급속 공사 시 시멘트 수화열에 의한 온도균열이 구조물 내구성에 영향을 일으키므로 수화열에 의한 균열과 온도 제어가 필요한 구조물은 매스콘크리트로 취급해서 검토해야 한다. 콘크리트의 수화열에 의한 온도균열은 크게 내부 및 외부 구속에 의해서 발생하며 각각의 특성은 다음과 같다.

① **내부 구속응력** 균열 : 부분적인 내부 온도 상승 차이로 인해 변형의 차이가 서로를 구속하여 발생하는 응력으로 발생되며 콘크리트 타설 후 수화열에 의해 내부 온도가 높아지는 반면 콘크리트 표면은 외부공기와의 접촉 등으로 인해 내부보다 빠르게 냉각되어 부분별 온도 상승의 차이가 발생하게 되고 이로 인해 콘크리트 표면부는 내부에 비해 상대적으로 변형률이 작기 때문에 인장응력이 발생하여 균열이 생성된다.

② **외부 구속응력** 균열 : 매스콘크리트와 기초 또는 기 타설된 부분의 온도 차이로 인해 타설된 매스콘크리트의 변형이 구속됨으로써 응력이 발생하게 되고 이로 인해 발생한 외부 구속응력은 콘크리트 타설 후 시간 경과에 따라 수축될 때 기초 및 기 타설된 부분에 구속되어 매스콘크리트 하부가 인장응력을 받게 됨에 따라 균열이 발생된다.

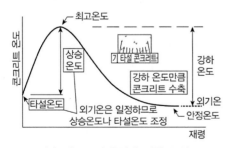

(a) 내부 구속응력에 의한 균열

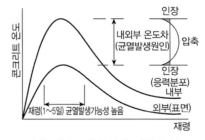

(b) 외부 구속응력에 의한 균열

▶ 수화열 균열 대책

수화열 발생을 감소시키거나 균열 발생을 억제하기 위해서는 설계 시, 배합 시, 시공 시의 단계별로 다음과 같은 대책을 고려할 수 있다.

단계		방법	
설계	설계상 배려	균열유발줄눈 설치	
		철근 배근(균열 분산)	
		별도 방수 보강	
배합	발열량 저감	저발열 시멘트 사용	
		시멘트량 저감	양질의 혼화재료 사용
			슬럼프 작게
			골재치수 크게
			양질의 골재 사용
			강도 판정시기의 연장
시공	온도변화 최소화	양생온도의 제어	
		보온 가열 양생 실시	
		거푸집 존치기간 조절	
		콘크리트 타설시간 간격 조절	
	시공 시 온도 상승 저감	재료 쿨링	
		계획온도 관리	

1) 설계 시

① 콘크리트의 타설량, 균열 발생을 고려하여 균열유발줄눈 설치 : 구조물의 기능을 해치지 않는 범위에서 균열유발줄눈 설치. 줄눈의 간격은 4~5m 기준. 단면 감소는 20% 이상

② 균열제어철근 배근 : 온도해석을 실시하여 균열제어철근 배근

2) 배합 시

① 설계기준강도와 소정의 Workability를 만족하는 범위에서 콘크리트의 온도 상승이 최소가 되도록 재료 및 배합을 결정

② 최소단위 시멘트량 사용(단위시멘트량 $10kg/m^3$에 대해 $1°C$의 온도 상승)

③ 중용열, 고로, 플라이애쉬, 저열시멘트를 사용

④ 굵은 골재 최대치수를 크게 하고 입도분포를 양호하게 함

⑤ 잔골재율(s/a)을 작게 함

3) 비비기 시 및 치기 시 온도조절

① 냉각한 물, 냉각한 굵은 골재, 얼음을 사용(Pre-Cooling)

② 각 재료의 냉각은 비빈 콘크리트의 온도가 현저하지 않도록 균등하게 시행

③ 얼음을 사용하는 경우 얼음은 콘크리트 비비기가 끝나기 전에 완전히 녹아야 함

④ 비벼진 온도는 외기온도보다 10~15℃ 낮게

⑤ 굵은 골재의 냉각은 1~4℃ 냉각공기와 냉각수에 의한 방법

⑥ 얼음 덩어리는 물의 양의 10~40%

4) 타설 시

① 콘크리트 타설의 블록분할 : 발열조건, 구속조건과 공사용 플랜트의 능력에 따라 블록 분할

② 신·구 콘크리트 타설시간 간격 조정 : 구조물의 형상과 구속조건에 따라 결정

5) 거푸집 재료, 구조 및 존치기간 조정

① 발열성 재료 : 온도 상승을 작게 하기 위한 경우(하절기)

② 보온성 재료 : 치기 후 큰 폭의 온도저하가 예상되는 경우, 콘크리트 내부온도와 외부온도의 차가 크다고 예상되는 경우(동절기)

③ 존치기간 : 보온성 재료를 사용하는 경우 존치기간을 길게

④ 거푸집 제거 후 콘크리트 표면이 급랭하는 것을 방지하기 위하여 시트 등으로 표면보호 실시

6) 콘크리트 양생 시

① 온도강하 속도가 크지 않도록 콘크리트 표면 보온 및 보호 조치

② 온도 제어 대책으로 파이프쿨링 실시

▶ 수화열 균열 발생 시 보수

매스콘크리트 시공에 있어서는 콘크리트 구조물이 소요의 품질과 기능을 만족할 수 있도록 사전에 시멘트의 수화열에 의한 온도응력 및 온도균열에 대해 충분히 검토를 한 후에 시공계획을 세워야 하며, 시공 중 온도균열을 억제하기 위하여 철저한 품질관리를 하여야 한다. 또한 온도균열이 발생하는 경우 내구성의 저하를 막기 위하여 보수를 실시하여야 한다.

1) 균열유발줄눈의 보수 : 탄성 실링재에 의한 충전공법, 수지재료에 의한 충전공법
2) 온도균열의 보수 : 수지재료에 의한 표면처리. 수지재료의 주입공법

사장교와 현수교　　　　　　토목구조기술사 합격 바이블 개정판 2권 제5편 교량계획 및 설계 p.1906

사장교와 현수교의 주요 부재별 응력분포를 도시하고 사장교가 지간장의 한계를 가지는 이유에 대하여 설명하시오.

풀 이

> **개요**

일반적으로 케이블을 이용한 구조물인 사장교와 현수교의 구조 개념을 설명할 때에는 <u>사장교의 경우 케이블 지점을 탄성스프링으로 지지되는 지점으로 해석</u>하며, <u>현수교의 경우 행어가 연결된 지점에서 상향력을 가하는 구조물로 가정</u>하여 해석하는데, 이는 두 구조계의 구조적 차이점을 나타낸다.

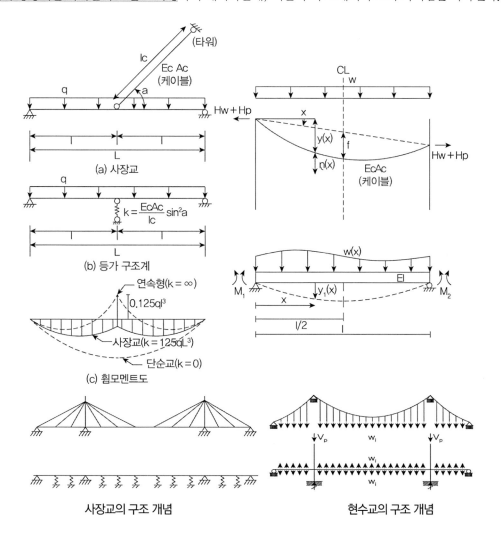

➤ 주요 부재의 응력

1) 사장교

케이블은 축력을 받고, 주탑은 수직하중으로 인한 축력과 편재하로 인한 휨모멘트도 발생하게 된다. 또한 보강형의 경우에는 휨모멘트는 물론 사장교 케이블로 인해서 축력을 받게 된다. 사장교에서는 케이블로 인해 발생하는 축력으로 인해서 좌굴이 발생할 수 있으며 이는 현수교만큼의 지간장을 늘이기 어려운 제약사항의 한 이유가 된다.

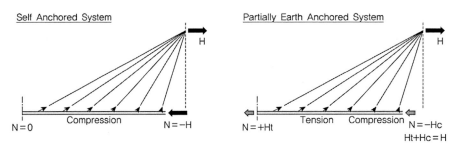

완정식(Fully(Self) Anchored)과 부정식(Partially Anchored)의 보강형의 수평방형 평형관계

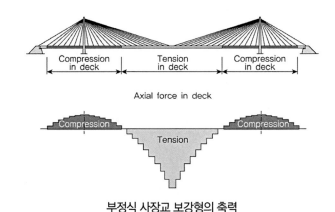

부정식 사장교 보강형의 축력

2) 현수교

주케이블과 행어는 축력을 받고, 주탑은 수직하중으로 인한 축력과 편재하로 인한 휨모멘트가 발생하는 것은 사장교와 유사하다. 다만 현수교의 케이블 정착방식에 따라서 일반적으로 대규모 현수교에 적용되는 타정식의 경우 주케이블을 현수교 단부에 있는 대규모 앵커리지에 정착해서 보강형에 축력이나 단부 부반력이 발생되지 않는 특징이 있다. 그러나 중소규모의 자정식 현수교는 현수교 단부 보강형 내 주케이블을 정착하여 보강형에 축력이 작용하고 단부에 부반력이 발생되는 구조적 특징을 지닌다.

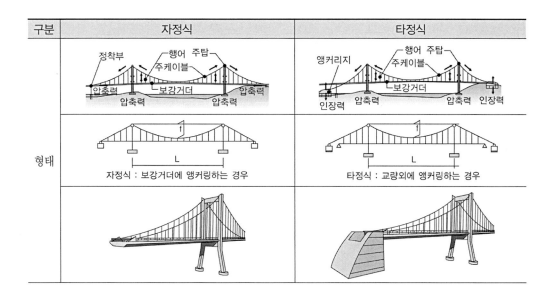

구분	자정식	타정식
형태	자정식 : 보강거더에 앵커링하는 경우	타정식 : 교량외에 앵커링하는 경우

사장교 지간장의 한계 이유

일반적으로 케이블 교량의 장대화를 위해서는 케이블 소재 발전이나 시공기술, 내풍 설계, 고주탑 건설 등의 기술발전이 필요하다. 사장교의 경우에는 일반적인 재료적, 시공적인 문제 이외에도 구조적인 한계로 인해 지간장을 장경간화하기 어려운 점이 있다.

먼저 사장 케이블의 가설방식이 사선으로 형성됨에 따른 보강형의 축력 발생이다. 지간장이 길어질수록 사장 케이블에서 발생하는 보강형 축력은 커지게 되고 이로 인해 보강형에 축력으로 인한 좌굴을 유발시킨다. 콘크리트와 같은 보강형 단면을 사용할 수는 있으나 장경간화될수록 자중의 증가는 부담스러운 측면이 있다. 이 때문에 좌굴에는 강한 단면일 수 있으나 장경간화로 인한 고정하중이 증가되는 단점이 있다.

두 번째로 활하중에 의한 변위가 커진다. 사장교가 장경간이 될수록 주탑의 높이는 높아지고, 이로 인해 주탑의 변위가 커지게 되며 주탑을 중심으로 양측으로 평형을 이루는 시스템에 부담이 생겨 경간 중앙의 처짐이 커지고, 단부에서의 부반력이 커지는 문제가 발생한다.

또한 내풍에 대한 진동문제와 다주탑 사용 시 내부 평형이 어려운 문제점들이 발생할 수 있다.

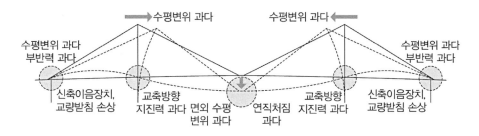

ILM 신축이음

완공 후 신축이음 설치가 필요한 연장이 긴 교량을 일방향 압출공법(ILM)으로 가설하고자 한다. 이때 신축이음부 처리방법 및 고려사항에 대하여 설명하시오.

풀 이

장대교량(ILM)의 신축이음장치(이성원, construction management news 기술논고, 2003.11)

▶ 개요

장대교량 가설공법 중 ILM은 제작소에서 상부구조 Segment를 제작·연결하여 압출을 통해 가설하는 공법으로 공법의 특성상 Segment별 제작 시기가 다르고, 완공된 이후 신축이음을 설치하기 때문에 일반적인 교량의 신축이음부 가설절차보다 세밀하게 시공 중에 신축량 산정을 해야 하는 특성이 있다. 일반적인 신축량 산정식은 다음과 같이 온도변화, 건조수축, 크리프, 활하중에 의한 보의 처짐과 여유량을 고려한다.

$$\Delta L = \Delta L_t + \Delta L_s + \Delta L_c + \Delta L_r + 여유량$$

여기서, $\Delta L_t(온도변화) = \alpha \Delta TL$, $\Delta L_s(건조수축) = \alpha\beta\Delta TL$,

$$\Delta L_s(크리프) = -\frac{P_i}{E_c A_c}\phi\beta L, \quad \Delta L_r(처짐) = \sum(hi \times \theta_i)$$

▶ ILM 신축이음부 처리방법 및 고려사항

1) 공사기간과 신축이음장치 설치시기 감안

공법의 특성상 Segment별 제작시기가 다르기 때문에 설계 시 적용된 신축량에 대한 검증이 필요하다. 일반적으로 거더의 공사기간 및 신축이음장치 설치시기를 사전에 예상하고 예상된 공기에서의 거더의 평균재령을 구한 후 저감계수 β에 의해 잔여 신축량을 산정한다. 산정된 신축량에 따라 적정한 신축이음장치를 선정한다.

콘크리트 재령(월)	0.25	0.5	1	3	6	12	24
건조수축, 크리프 저감계수(β)	0.8	0.7	0.6	0.4	0.3	0.2	0.1

2) 최종 Segment 연장조정

ILM 교량이 매 Segment마다 연결되어 최종 Segment의 시공 후 압출이 완료됨으로써 상부

Girder가 완료된다. 최종 Segment의 연장조정은 Girder의 수축이 정지되었을 때 기결정된 규격의 신축이음장치가 적용되도록 교대와 Girder와의 유간을 맞추는 작업이다. 이는 콘크리트의 건조수축 및 Creep, Pre-Stress에 의한 부재의 탄성변형으로 인해 생기는 구조물의 수축 길이를 고려하여 조정하는 과정이다. 또한 온도변화에 의한 이동량은 온도 하강과 상승에 의한 구조물의 수축과 늘음이 발생하며, 이와 같은 구조물의 신축량은 슈 및 신축이음장치 설계와 설치 시에 이미 고려되고 있으나 연장이 긴 ILM 교량에 있어서는 최종 Segment 시공 시 15℃를 기준으로 수축·신장량을 고려하여 Segment 연장을 조정하여야 한다.

최종 Segment 연장조정을 고려하지 않아 신축이음장치 설치부의 구조물 유간이 적정하지 못할 경우 신축이음장치의 지지조건 불안정으로 내구성이 저하되고, 방수기능 상실에 따른 누수로 교량상부 및 받침, 하부구조에 부식이 발생되어 결국 신축이음장치의 수명단축뿐만 아니라 총체적으로 교량의 구조적 안정성에 상당한 영향을 미칠 수 있다.

✓ 최종 Segment = 상부 Girder 총연장(신축이음 설치유간 제외) − 직전까지의 누계거리 + 수축, 신장량

3) 압출 시 A1, A2 유간 맞춤

최종 Segment 제작 및 양생이 완료되면 Central Tendon 긴장 후 압출장치에 의해 주형을 교축방향으로 밀어내는 압출이 시행된다. 이때 Box Girder 전체 길이는 최종 Segment의 연장 조정된 길이만큼 긴 상태이며, 고정단을 중심으로 A1, A2측 Girder의 제작재령이 상이하므로 향후의 건조수축 및 크리프 수축량이 다르게 된다. 이러한 점을 고려하여 압출 시 A1, A2측의 유간을 차이 나게 하여 압출을 완료하고 고정단을 용접한다. 그러면 늦게 제작된 A2측 Girder는 A1측보다 상대적으로 재령이 짧아 수축이 많이 발생되어 결국 수축이 완료된 상태에서는 A1, A2의 유간이 동일하게 된다.

4) Pre-Setting

최종 Segment의 연장조정, 압출 시 A1, A2의 유간조정이 끝나면 공정상 수개월 후 신축이음장치를 설치한다. Pre-Setting이란 신축이음 설치 이후에 발생되는 온도변화에 의한 수축 및 신장, 크리프 및 건조수축, 활하중에 의한 수축량을 계산하여 제품의 허용 신축범위를 벗어나지 않도록 하는 것으로 정확히는 교량상부 콘크리트 구조물이 수축이 완료되고 15℃일 때 신축이음장치의 유간이 표준상태가 되도록 하는 작업을 말한다.

신축이음 설치 시 온도가 15℃보다 높거나 낮은 상태로 간주할 때 신축이음장치는 표준유간보다 좁히거나 넓히는 방향으로 설치된다. 일반적으로 Pre-Setting 작업은 Jack을 이용하여 수평력을 발생시켜 제품의 유간을 인위적으로 조절하여 계산된 Pre-Setting 값에 맞춤으로써 고무씰의 폭이 변화된다. 이때 주의할 점은 신축이음장치의 가로지지대(Profile)가 수평으로 되지 않고 Edge Profile 간 단차가 발생하는데, 이것을 신축이음장치의 단부회전 및 수직단차라고 하며 제품에서 규정한 회전허용량 및 허용단차가 초과되지 않도록 수평자 등을 사용하여 주의를 기울여야 한다.

종단경사가 큰 교량, 부분적인 활하중 통과 시 또는 교대부의 지점침하 혹은 전도 등으로 인하여 인접 상판 사이에서 수직단차가 발생한다. 이와 같은 상판의 상하 운동 발생 시 써포트빔 상부에 위치한 탄성받침의 전단 및 휨변형과 하부에 위치한 스페리컬 베어링의 구름작용을 통하여 무리 없이 수직방향변위를 수용한다. 또한 하우징을 통해 써포트 빔과 연결된 중간 Profile은 수직단차에 의해 발생된 경사면을 따라 자연스럽게 차륜통과면의 레벨을 맞추어간다. 근래의 신축이음 장치는 설계 당시 이미 인접슬라브 단차에 의한 회전을 가능토록 설계된 형식으로 Pre-Setting 으로 발생되는 단부 회전은 제품의 특성상 문제는 없다. 다만 단부 회전량이 클 경우 지지보를 지지하는 스페리컬 베어링의 이탈 혹은 편압에 의한 스페리컬 베어링의 파손 등이 문제가 될 수 있으므로 허용량으로 제한하고 있다.

서포트 박스 탈락

고무재 탈락

간격유지부재 볼트 판단

교량받침 이동 허용량 초과

ILM 신축이음장치 및 교량받침 손상 사례

가시설 중간파일   토목구조기술사 합격 바이블 개정판 2권 제7편 기타 p.2420

연약한 지반에서 지하차도 터파기 가시설 중 중간파일 존치 시 발생할 수 있는 구조적 문제점과 대책에 대하여 설명하시오.

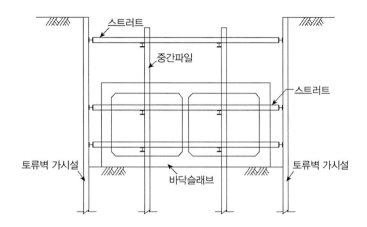

풀 이

➤ 개요

연약한 지반에 가시설 중간파일을 존치할 경우 <u>중간파일은 지반 지점 역할</u>을 하게 된다. 연약한 지반에 특정한 영역에 지점이 있을 경우 하중이 집중되고 이로 인해 부등침하 등이 발생될 수 있다. 일반적으로 <u>지하구조물의 설계 시 지반은 1.0m 간격 이내의 등가의 스프링으로 치환하여 모델링</u>한다. 중간말뚝이 없는 경우에는 등가의 스프링으로 지지되는 구조물로 보고 하중이 분배되는 구조물로 대체될 수 있으나 중간파일이 존치될 경우 그 부위에 하중이 집중되면서 <u>구조물의 휨모멘트도가 달라진다.</u>

➤ 구조적 문제점

1) 만약 중간말뚝을 남겨둘 경우에는 중간말뚝부가 지점 역할을 수행하게 되며 이로 인해서 중간말뚝부에서 지지하는 휨모멘트는 커지고, 주변 스프링부의 모멘트는 작아지게 된다. 중간말뚝이 있는 단면이 휨모멘트에 저항할 만큼 충분한 경우 주변부의 하중부담이 작아져서 경제적인 설계가 가능해진다.

2) 다만 중간말뚝부의 단면이 부모멘트에 충분히 저항하지 못할 경우에는 단면을 증가시키게 되는 요인으로 작용해 비경제적 설계가 될 수 있다. 또한 단면의 증가가 없을 경우 중간말뚝부의 응력 집중으로 인한 단면 파손 등이 발생될 수 있고 비대칭적으로 존치된 경우에는 부등침하 등의 원인이 될 수 있다.

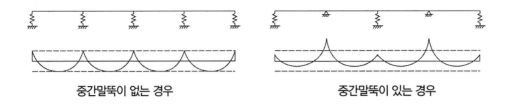

| 중간말뚝이 없는 경우 | 중간말뚝이 있는 경우 |

▶ 주요 대책

1) 단면 강성 증대

중간말뚝으로 인해 변화된 모멘트 선도 등 이력에 따라 응력이 집중되는 지점의 단면을 키우는 등 강성을 증대해준다. 다만 단면의 크기를 키울 경우 시공성 등을 고려하여 단면이 비대해져 비경제적인 설계가 될 수 있다.

또한 중간말뚝부와 저면 간 연결부 방수 처리가 필요하며, 이 경우 기초 말뚝 연결처리 방법을 고려하여 처리할 수 있다.

2) 토사 치환

하중 분배가 불균일하게 발생해 부등침하가 발생되지 않도록 주변의 연약지반을 양질의 토사로 치환하여 지지력을 충분히 확보해야 한다.

3) 신축이음 설치

종방향으로 연속적으로 중간말뚝이 설치되지 않을 수 있고, 이로 인해 전 연장의 강성이 동일하지 않아 종방향으로의 부등침하나 응력집중 등이 발생할 수 있다. 또한 온도변화 등으로 인한 균열 제어를 위해 20~50m 간격으로 신축이음장치를 설치하는 것이 바람직하다. 신축이음장치의 설치 간격은 구조물 종방향 검토를 수행하고 이에 따라 결정한다.

충격하중 　　　　　　　　　　　　　　　　　토목구조기술사 합격 바이블 개정판 1권 제1편 재료 및 구조역학 p.284

다음 그림과 같이 직사각형의 단면의 내민보 ABC가 있다. C점에 $W = 750N$이 h 높이에서 낙하하려고 한다. 이때 부재가 견딜 수 있는 최대 높이 h를 구하시오. 단, 부재의 허용휨응력은 45MPa이고, 탄성계수 E는 12GPa, C점의 정적처짐은 δ_{st}이고, 최대 처짐은 $\delta_{\max} = \delta_{st} + [(\delta_{st})^2 + 2h\delta_{st}]^{\frac{1}{2}}$ 이다.

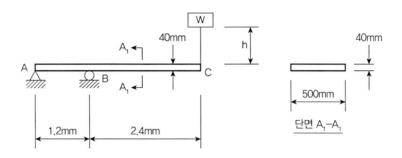

풀 이

➤ 개요

충격하중으로 인한 부재의 최대응력이 부재의 허용응력 이내가 되도록 최대 높이를 산정한다.

➤ 정적 처짐 δ_{st} 산정

단면상수 $I = \dfrac{500 \times 40^3}{12} = 2,666,667\,\mathrm{mm}^4$, $E = 12 \times 10^3 \mathrm{MPa}$

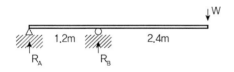

정적하중에 의한 반력 산정 　　　　　　　　　단위하중에 의한 반력 산정

$\sum F_y = 0$; $R_A + R_B = W$

$\curvearrowleft \sum M_A = 0$; $R_B \times 1.2 - W \times 3.6 = 0$ 　　　$\therefore R_B = 3W$, $R_A = -2W$

$\therefore R_B = 2,250N(\uparrow)$, $R_A = 1,500N(\downarrow)$

가상일의 방법에 따라 정적 처짐을 산정한다.

① BC구간 : C단부터 떨어진 거리 x에서의 모멘트 $m1 = x$

② AB구간 : A단부터 떨어진 거리 x에서의 모멘트 m2 $= 2x$

$$\delta_{st} = \int_0^{2400} \frac{x \times Wx}{EI} dx + \int_0^{1200} \frac{2x \times R_A x}{EI} dx = 162 \text{mm}$$

$$\delta_{\max} = \delta_{st} + \sqrt{[(\delta_{st})^2 + 2h\delta_{st}]} = 162 + \sqrt{162 \times (162 + 2h)} = 162 + 18\sqrt{81 + h}$$

$$i = \frac{\delta_{\max}}{\delta_{st}} = \frac{9 + \sqrt{h + 81}}{9}$$

$$M_{\max} = i \times M_{st} = i \times \frac{(WL)}{I}$$

$$\sigma_{\max} = \frac{M_{\max}}{I} y = i \times \frac{(WL)}{I} \times \frac{40}{2} = \frac{9 + \sqrt{h + 81}}{9} \leq 45 \text{MPa} \qquad \therefore \ h \leq 360 \text{mm}$$

처짐각법   토목구조기술사 합격 바이블 개정판 1권 제1편 재료 및 구조역학 p.171

다음 그림과 같은 라멘에서 처짐각법을 이용하여 B점의 반력을 구하고 휨모멘트도를 작성하시오.
단, 점 A는 롤러, 점 B는 고정단이며, 탄성계수 E와 단면2차모멘트 I는 모든 부재에 일정하다.

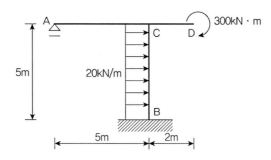

➤ 개요

일반적으로 라멘 구조물의 해석은 변위일치법, 에너지방법, 처짐각법, 모멘트 분배법, 메트릭스법
등을 통해 수행할 수 있으며, 주어진 조건의 처짐각법에 따라 풀이하고 휨모멘트도를 작성한다.

➤ 처짐각법에 따른 구조물 해석

1) 지점조건과 고정단 모멘트

$$M_A = 0, \ \theta_B = 0, \ R_{AC} = 0, \ R_{CB} = \frac{\Delta}{L} = \frac{\Delta}{5} = R$$

$$K_{AC} = K_{BC} = \frac{I}{5} = K, \ K_{CD} = \frac{I}{2} = 2.5K$$

$$C_{CB} = \frac{wL^2}{12} = \frac{20 \times 5^2}{12} = \frac{125}{3}, \ C_{BC} = -\frac{wL^2}{12} = \frac{20 \times 5^2}{12} = -\frac{125}{3}$$

2) 처짐각 방정식

$$M_{ij} = 2EK(2\theta_i + \theta_j - 3R_{ab}) + C_{ij}$$

$$M_{AC} = 2EK(2\theta_A + \theta_C), \ M_{CA} = 2EK(2\theta_C + \theta_A)$$

$$M_{CB} = 2EK(2\theta_C - 3R) + \frac{125}{3}, \ M_{BC} = 2EK(\theta_C - 3R) - \frac{125}{3}$$

3) 절점방정식

$$\sum M_A = 0 \; ; \; M_{AC} = 2EK(2\theta_A + \theta_C) = 0 \quad \text{(1)}$$

$$\sum M_C = 0 \; ; \; M_{CA} + M_{CB} - 300 = 2EK(2\theta_C + \theta_A) + 2EK(2\theta_C - 3R) + \frac{125}{3} - 300 = 0$$

$$2EK(2\theta_C + \theta_A) + 2EK(2\theta_C - 3R) + \frac{125}{3} - 300 = 0 \quad \text{(2)}$$

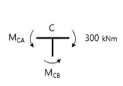
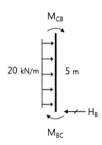

4) 전단방정식

$$\sum F_H = 0 \; ; \; H_B = 20 \times 5 = 100 \text{kN}$$

$$\curvearrowright \sum M_C = 0 \; ; \; \frac{20 \times 5^2}{2} - H_B \times 5 - M_{BC} - M_{CB} = 0 \quad \text{(3)}$$

(1), (2), (3) 식으로부터,

$$\therefore \; EK\theta_A = -47.9167, \; EK\theta_C = 95.8333, \; EKR = 68.75$$

$$M_A = 0, \; M_{CA} = 287.5 \text{kNm}, \; M_{CB} = 12.5 \text{kNm}, \; M_{BC} = -262.5 \text{kNm}$$

$$\sum M_A = 0 \; ; \; V_B \times 5 - H_B \times 5 + 262.5 + \frac{20 \times 5^2}{2} - 300 = 0 \quad \therefore \; V_B = 57.5 \text{kN} \; (\uparrow)$$

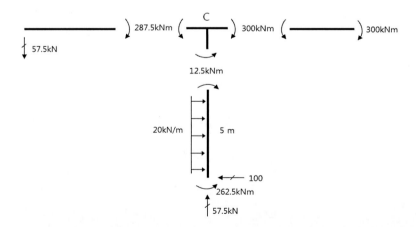

➤ BMD

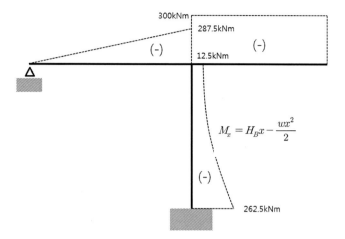

$$M_x = H_B x - \frac{wx^2}{2}$$

콘크리트의 비구조적 균열

토목구조기술사 합격 바이블 개정판 1권 제2편 RC p.891

콘크리트 구조물에서 비구조적인 균열의 발생 원인 및 제어 대책 그리고 균열 발생이 구조물에 미치는 영향에 대하여 설명하시오.

풀 이

> ### 개요

콘크리트의 균열을 일으키는 2가지 근본적인 원인은 ① 작용하중에 의한 응력, ② 구속된 조건에서 건조수축(Shrinkage)이나 온도변화(Temperature Differentials)에 의한 응력과 부등침하(Differential Settlements)로 구분할 수 있으며 구조적인 균열과 비구조적인 균열로 구분할 수 있다. 비구조적 균열에는 대부분 굳지 않은 콘크리트에서부터 발생되며, 크게 건조수축에 의한 균열, 수화열 균열, 소성 침하균열, Map 균열 등이 있으며, 구조물에 사용성과 안정성에 영향을 미칠 수 있어 관리가 필요하다.

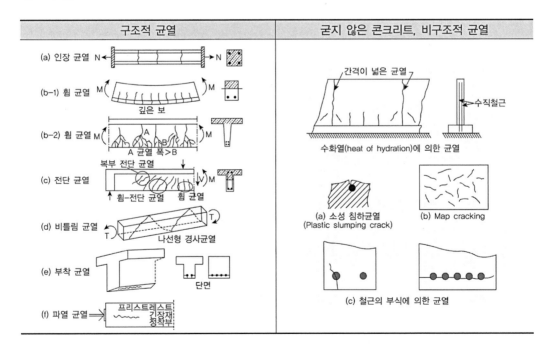

> ### 비구조적 균열 : 건조수축 균열

1) **건조수축 균열 원인** : 건조수축 균열은 경화한 콘크리트 구조물의 구속체 부재에서 콘크리트 조직 내부의 모세관 공극으로 건조환경에 의해 콘크리트 배합의 잉여수 등이 빠져나감에 따라 조

직수축이 이루어져 발생하는 인장응력이 콘크리트의 인장강도를 초과할 때 발생한다. 건조수축은 콘크리트의 배합, 양생조건, 환경, 부재의 크기 등에 의해 영향을 받는다.

2) 건조수축 균열 발생 메커니즘

① 자유수축 : 콘크리트 부재 자체의 내부에서의 내부 구속으로 인해 부재 내의 건조 정도의 차이가 발생하며 수축량의 차이가 발생하여 이로 인해서 부재 표면 부분의 요소에서는 인장력이 내부는 압축력을 받게 된다. 이러한 표면과의 거리차로 인해 건물의 바닥의 긴 방향으로 인장력이 강하게 나타나게 되어 건조수축 균열의 형상이 나타난다.

② 외부 구속 : 콘크리트 부재가 자유롭게 수축되지 못하여 이로 인해 부재 내에 균일한 인장응력 분포가 발생하며 이 응력이 부재의 인장강도를 넘으면 균열이 발생한다.

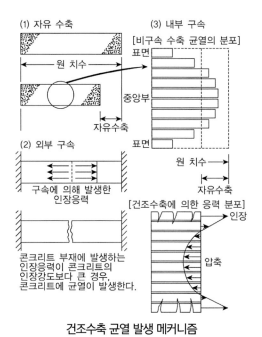

건조수축 균열 발생 메커니즘

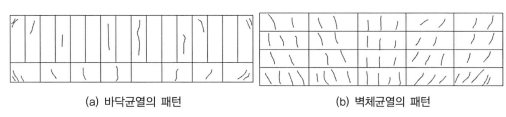

(a) 바닥균열의 패턴 (b) 벽체균열의 패턴

건조수축 균열의 형상

3) 건조수축 균열에 대한 대책

　① 배합방법 개선 : 골재량이 많을수록 구속이 커져 건조수축이 작아지는데, 골재의 최대 크기를 가능한 한 크게 하고 강도는 높게 하며 흡수율은 낮고 입도분포가 양호한 골재를 사용한다. 과도한 슬럼프는 줄이고 물–시멘트비도 최소범위를 사용한다.

　② 철근 보강 : 적당한 양의 철근으로 보강하면 균열의 양을 감소시키고 큰 균열 대신 미세한 균열을 고르게 분포시킬 수 있어 안전성과 사용성을 동시에 확보할 수 있다.

　③ 팽창시멘트의 사용 : 초기 경화 시 콘크리트를 팽창시켜 수축이 보상되어 균열을 억제할 수 있으므로 콘크리트의 수축균열을 최소화하거나 제거하는 데 많이 사용하고 있다.

　④ 유발줄눈 설치 : 적당한 간격으로 유발줄눈을 설치하면 부재 두께 변화에 의한 응력의 집중으로 균열을 의도된 위치에 발생하도록 하여 보수하는 데 경제적이다.

▶ 비구조적 균열 : 수화열 균열(Heat of Hydration Cracking)

1) **수화열 균열 원인** : 콘크리트 경화 시 내부 수화열이 발생하여 부재의 내·외부 온도차에 의해 균열이 발생하는 현상으로 내·외부의 구속이 주요인이다. 내부 구속응력으로 인한 균열은 부분적인 내부 온도 상승 차이로 인해 변형의 차이가 서로를 구속하여 발생하는 응력으로 생기며 콘크리트 타설 후 수화열에 의해 내부 온도는 높아지는 반면 콘크리트 표면은 외부공기와의 접촉 등으로 인해 내부보다 빠르게 냉각되어 부분별 온도 상승의 차이가 발생하게 되고 이로 인해 콘크리트 표면부는 내부에 비해 상대적으로 변형률이 작기 때문에 인장응력이 발생하여 균열이 생성된다. 외부 구속응력 균열은 매스콘크리트와 기초 또는 기타설된 부분의 온도 차이로 인해 타설된 매스콘크리트의 변형이 구속됨으로써 응력이 발생하게 되고 이로 인해 발생한 외부 구속응력은 콘크리트 타설 후 시간 경과에 따라 수축될 때 기초 및 기타설된 부분에 구속되어 매스콘크리트 하부가 인장응력을 받게 됨에 따라 균열이 발생된다.

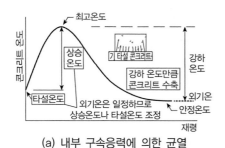

(a) 내부 구속응력에 의한 균열　　　(b) 외부 구속응력에 의한 균열

2) **수화열 균열 대책** : 수화열에 의한 콘크리트 균열은 설계, 배합, 시공단계별로 조정을 통해 최소화할 수 있다.

단계			방법
배합	발열량 저감		저발열 시멘트 사용
		시멘트량 저감	양질의 혼화재료 사용
			슬럼프 작게
			골재치수 크게
			양질의 골재 사용
			강도 판정시기의 연장
시공	온도변화 최소화		양생온도의 제어
			보온 가열 양생 실시
			거푸집 존치기간 조절
			콘크리트 타설시간 간격 조절
	시공 시 온도 상승 저감		재료 쿨링
	계획온도 관리		
설계	설계상 배려		균열유발줄눈 설치
			철근 배근(균열 분산)
			별도 방수 보강

➤ 비구조적 균열 : 침하균열(Settlement Cracks)

1) **침하균열 원인** : 새로 타설된 콘크리트가 블리딩을 일으키고 표면이 건조되면서 소성수축(Plastic Shrinkage) 및 슬럼핑(Slumping) 때문에 철근을 따라 균열이 발생한다.

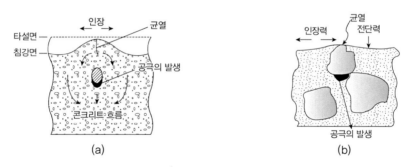

침하균열 발생 모식도(철근, 굵은 골재)

2) **침하균열에 대한 대책**

① 단위수량 및 슬럼프치를 작게 배합설계

② 블리딩의 양이 적은 배합으로 설계

③ 가능한 한 경화속도가 빠르거나 접착력 혹은 점도가 우수한 시멘트 및 혼화제를 사용

④ 타설속도를 늦추고 1회 타설 높이를 낮게 시공

⑤ 철근의 피복두께는 충분히 하고 배근된 철근이 허용오차 이상 이격되지 않도록 철근 배근 시 충분히 결속

⑥ 표면부는 잘 다짐하고 보의 밑 부분은 충분히 콘크리트가 침하될 수 있도록 시간적 여유를 주

고 슬래브와 일체로 상부를 타설하는 등 시공방법에 주의

⑦ 침하균열이 발생하였는지 수시로 검사하고 발생 시 가재 등으로 두드리거나 흙손으로 눌러 균열을 제거

➤ 비구조적 균열 : Map 균열

1) **Map 균열 원인** : 불규칙한 균열형상으로 배합설계를 적절하게 하고 타설 후 처음 한 시간 동안에 표면이 너무 빨리 건조되는 것을 방치한 경우 발생하거나 알칼리 골재반응(Alkali-Silica Reaction, ASR)에 의해서 발생한다.

2) Map 균열(알칼리 골재반응) 대책

① 시멘트에 Na_2O로 표현되는 알칼리양을 줄인다(저알칼리형 포틀랜드 시멘트 사용).

② 반응에 무해한 골재를 사용하거나 고로시멘트, 플라이애쉬 시멘트로 반응을 억제한다.

③ 구조체를 최대한 건조하게 유지하거나 염분의 침투를 방지하기 위해 방수성 마감을 한다(해수에 용해된 알칼리가 ASR 반응을 촉진시킨다).

풍하중　　　　　　　　　　　토목구조기술사 합격 바이블 개정판 2권 제5편 교량계획 및 설계 p.2040

풍하중에 의한 교량의 정적 및 동적거동에 대하여 설명하시오.

풀 이

➤ 개요

풍하중에 의한 교량의 거동은 크게 정적 현상과 동적 현상으로 구분되며, 단경간 교량의 경우 풍하중만을 고려하여 하중에 의한 응답과 좌굴 등을 고려한다. 장경간이나 장대교량의 경우 바람 하중으로 인해 동적진동현상이 발생되며, 강제진동이나 자발진동 등으로 인해 피해가 발생될 수 있다. 다음은 일반적인 풍하중에 의한 정적·동적 현상을 구분한 표이다.

교량의 정적·동적거동현상과 주요 영향요소

거동 구분			영향요소	주요 내용
정적 현상 (바람 하중)	풍하중에 의한 응답		보강형	정적공기력의 작용에 의한 정적변형, 전도, 슬라이딩
	Divergence, 좌굴		보강형	정상공기력에 의한 정적 불안정 현상
동적 현상 (바람 진동)	강제 진동	와류진동 (Vortex-Shedding)	보강형, 주탑, 아치교 행어	물체의 와류방출에 동반되는 비정상 공기력(카르만 소용돌이)의 작용에 의한 강제진동
		버펫팅 (Buffeting)	보강형	접근류의 난류성에 동반된 변동공기력의 작용에 의한 강제진동
	자발 진동	갤로핑 (Galloping)	주탑	물체의 운동에 따른 에너지가 유체에 피드백(Feedback)됨으로써 발생하는 비정상공기력의 작용에 동반되는 자려(Self-Exited) 진동
		비틀림 플러터 (Torsional Flutter)	보강형	
		합성 플러터 (Coupling Flutter)	보강형	
	기타	Rain Vibration	케이블	사장교케이블 등에 경사진 원주에 빗물의 흐름으로 인하여 발생하는 진동
		Wake Galloping	케이블	물체의 후류(Wake)의 영향에 의해 발생하는 진동

➤ 교량의 거동

1) 정적하중과 교량거동

내풍 설계에서는 우선 바람에 의한 정적효과에 대하여 구조물이 충분한 저항력을 가져야 한다. 특히 교량이 장대화됨에 따라 풍하중 효과가 상대적으로 커지게 된다. 바람에 의하여 발생하는 하중은 다음의 6가지 분력으로 구분된다. 이 중 주로 항력(Drag Force), 양력(Lift Force), 비틀림플러터(Pitching)에 대하여 주로 고려한다.

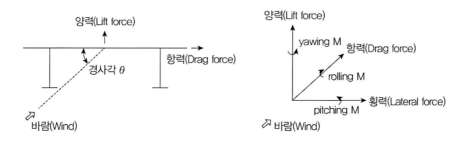

① 기류 방향 분력 : 항력(Drag Force, 수평으로 미는 힘)

② 기류 직각방향 분력 : 양력(Lift Force, 위나 아래로 미는 힘), 횡력(Lateral Force, 옆으로 미는 힘)

③ 회전(뒤트는 힘) : Pitching Moment, Yawing Moment, Rolling Moment

TIP | 양력·항력·비틀림모멘트 계수 |

❑ 양력(Lift Force, F_L), 항력(Drag Force, F_D), 비틀림모멘트 계수

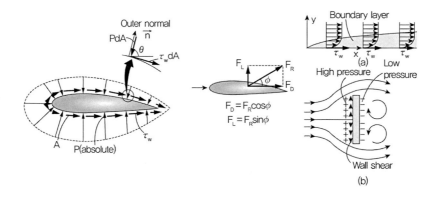

$$dF_D = -PdA\cos\theta + \tau_w dA\sin\theta, \; dF_L = -PdA\sin\theta - \tau_w dA\cos\theta$$

$$F_D = \int_A dF_D = \int_A (-P\cos\theta + \tau_w\sin\theta)dA, \; F_L = \int_A dF_L = \int_A -(P\sin\theta + \tau_w\cos\theta)dA$$

항력과 양력은 유체의 밀도 ρ, 상류속도 V, 물체의 크기, 형상 및 방향과 관련이 있으며, 물체의 항력과 양력의 특성을 나타내는 적절한 무차원수로 다루는 것이 편리하기 때문에 동압$\left(\dfrac{1}{2}\rho V^2\right)$과의 각 분력의 비율로 C_D(항력계수), C_L(양력계수), C_M(비틀림모멘트계수)

$$f(운동에너지) = \frac{1}{2}mv^2 \fallingdotseq \frac{1}{2}\rho V^2$$

$$F = \frac{1}{2}\rho V^2 CA \; ; \; C_L = \frac{F_L}{\frac{1}{2}\rho V^2 A}, \; C_D = \frac{F_D}{\frac{1}{2}\rho V^2 A}, \; A(투영면적)$$

$$M = \frac{1}{2}\rho V^2 C_M AB^2 \; ; \; C_M = \frac{M}{\frac{1}{2}\rho V^2 AB^2}, \; \text{B(폭원)}$$

M : 양력과 항력의 합력이 교량단면의 비틀림 강성 중심을 통과하지 않을 때 발생하는 비틀림모멘트

※ C_L, C_D, C_M : 양각에 관련된 계수, 단면형상과 양각에 따라 변화해 풍동실험을 통해서 결정, V(평균풍속의 정상류)
: 실제 자연풍은 시간적 변동 특성을 가지므로 거스트 계수(G)로 보정

④ 횡좌굴 한계풍속 : 교량에 횡방향 작용하는 정적하중에 의해 발생하는 가장 기본적인 불안정 구조거동은 면외좌굴인 횡좌굴이며 횡좌굴에 대한 한계풍속 V_{cr} 은 다음과 같이 추정한다.

$$V_{cr} = \sqrt{\frac{2q_{cr}}{\rho C_D (A/L)}}, \quad q_{cr} = \frac{28.3\sqrt{EI \cdot G_s J}}{L^3}$$

여기서, L : 경간장, EI : 주형의 약축에 대한 휨강성, $G_s J$: 비틀림 강성

⑤ 비틀림 발산(Torsional Divergence) : 비틀림모멘트에 의해 발생하는 주형의 거동

$$V_{cr} = \sqrt{\frac{2\lambda_1}{\rho(dC_M)(A \cdot B/L)}}$$

여기서, λ_1 : $|K[I] - \lambda[I]| = 0$ 의 Eigenvalue, dC_M : $\left[\dfrac{dC_M}{d\theta}\right]_{\theta=0}$, $[K]$: 비틀림 강성행렬

2) 동적하중과 교량거동

① **와류(Vortex-Shedding) 진동** : 바람이 구조물에 부딪힐 때 구조물 후면에 작은 난류의 소용돌이(Vortex)가 발생되어 구조물이 흔들리는 현상이다.

와류진동은 물체의 배후나 측면에서 생성되는 주기적인 와류에 의해 발생되는 현상이며 일반적으로 뭉뚝한 구조단면 형상을 갖고 구조감쇠나 질량이 작은 구조체에서 발생하기 쉽다. 이 진동은 저풍속역에서 발생하며 어떤 한정된 풍속영역에서 발생하기 때문에 발생 빈도가 높아 구조물의 피로나 시공성, 사용성에 문제가 되는 경우가 있다. 단면 배후에 주기적으로 방출되는 와류의 방출주파수가 구조물의 고유진동과 일치할 때에 발생하기 때문에 일정한 풍속범위에서만 발생하는 일종의 한정적인 진동현상이다. 따라서 이러한 진동의 발생에 의해 교량이 갑자기 붕괴에 도달할 위험은 적으므로 구조부재의 파손 등이 발생하는 일이 없는 범위에서 진동을 허용할 수 있는 현상이다.

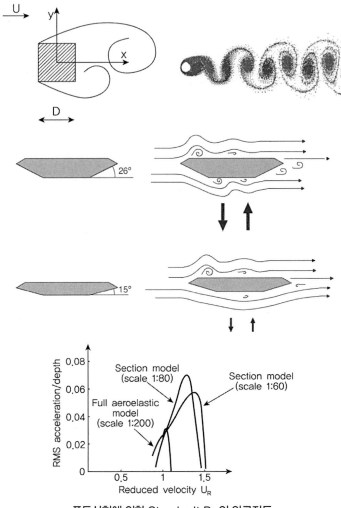

풍동실험에 의한 Storebælt Br.의 와류진동

특징	대책
• 뭉뚝한 단면, 감쇠나 질량이 작은 구조체에서 발생 • 저풍속역에서 발생(한정된 풍속역) • 구조물 피로, 시공성, 사용성에 문제 • 급작스런 붕괴위험은 적음	• 강성 증가 • 단위길이당 질량 증가 • Damping 증가 • 유선형 단면 채택

② **버펫팅(Buffeting)** : 자연적인 바람은 순간순간 풍속과 풍향이 변하는 난류로 순간적인 바람의 변화로 인해 구조물이 강제 진동하는 현상으로 설계기준식에서 거스트 응답계수(G)로 고려한다. 바람의 난류성에 기인하여 구조물에 불규칙적인 변동 공기력이 작용할 때 발생하는 강제진동 현상을 버펫팅 또는 거스트 응답이라고 한다. 이 진동은 대기류와 같이 난류성을 포함한 기류 내에서는 어떠한 구조물, 어떠한 풍속영역에서도 발생할 수 있다는 점이 다른 진동

현상과 다르다. 지간이 짧은 중소지간의 교량에서는 버펫팅에 의한 동적인 하중효과를 거스트 응답계수를 적용시켜 반영하여 간편한 방식으로 적용한다.

③ **갤로핑(Galloping)** : <u>바람의 직각방향으로 구조물이 진동하는 현상으로 케이블 구조물과 주탑에서 발생된다.</u> 케이블구조물의 경우 얼음이 부착하여 단면형태가 바뀌었을 때 낮은 풍속 하에서 상하방향으로 큰 진폭을 가지면 진동하게 되며, 주탑의 경우 현수교, 사장교의 독립주탑이나 굴뚝과 같은 가늘고 긴 구조물에서 발생된다.

갤로핑은 단면비 폭/높이(B/D)가 0.7~2.8인 사각형 단면에서 주로 발생하는 기류 직각방향의 진동으로 물체의 운동에 따른 에너지가 유체에 피드백됨으로써 발생하는 비정상공기력의 작용에 동반되는 자력(Self-Exited)진동이다. Den Hartog의 조건에 따르면 양력계수(C_L)와 양각(α, Angle of Attack)와의 관계 그래프에서의 기울기($dC_L/d\alpha$)가 음의 값을 가질 때 갤로핑이 발생된다. 사각형 단면 주위의 기류 양상에 의해서 양각이 증가하게 되고 이로 인해서 가속화된 박리 기류로 인해 음의 압력이 발생되어 발달하게 된다. 음의 압력은 박리기류 하면에 재부착되는 양각을 정점으로 감소하는데, 정사각형인 경우(B/D=1.0)에는 $\alpha = 15°$가 된다. 재부착된 박리기류는 반대로 양의 압력으로 작용하게 되어 진동이 유발되게 된다. 다만 B/D > 2.8인 단면에서는 박리기류의 재부착으로 갤로핑이 발생되지 않으므로 주형과 같은 단면에서는 문제가 되지 않는다.

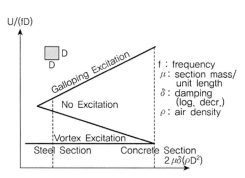

정사각형 주탑의 공기역학적 안정성

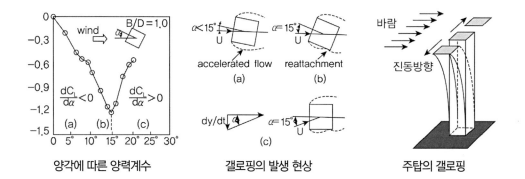

| 양각에 따른 양력계수 | 갤로핑의 발생 현상 | 주탑의 갤로핑 |

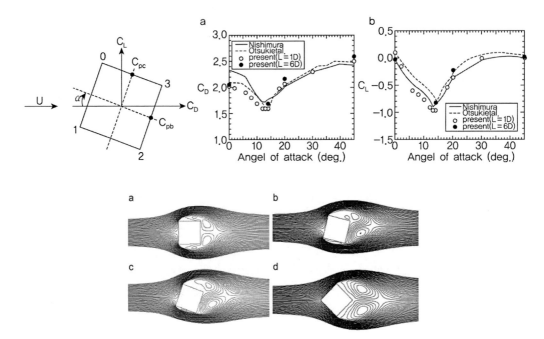

양각에 따른 양력과 항력계수

④ **플러터(Flutter)** : 플러터에는 여러 가지 진동모드가 있으며 교량구조에서는 수직성분의 휨과 비틀림 모드가 함께 발생하는 합성 플러터(Coupling Flutter)와 비틀림 모드만 발생하는 비틀림 플러터(Torsional Flutter)가 주요 모드로 발생한다.

㉠ **수직 플러터** : 구조물이 상하방향으로 진동하는 현상으로 낮은 풍속에서 큰 진폭을 가지고 발생된다. 일반교량에서 발생하는 경우는 드물다.

㉡ **비틀림 플러터** : 기류방향의 수직인 축을 중심으로 한 비틀림 거동의 발산 진동, 일정한 풍속에 도달 시 단면이 갑자기 뒤틀리는 현상으로 설계 시 가장 주의가 필요하다.

비틀림 플러터는 바람에 의해 바람이 부는 방향에 수직인 교축을 중심으로 Pitching Moment에 의해 비틀림 거동의 발산형 진동을 말한다. 이 진동현상은 교량이 내풍 설계에 있어서 가장 주의해야 할 진동현상으로 주로 주형에서 문제가 된다.

교량의 주형과 같은 단면비(B/D)가 큰 단면의 경우 단면의 상류 측 모서리에서 발생하는 박리 전단층은 측면에 재부착하게 되고 이 박리 전단층에 둘러싸인 영역에서는 박리라는 순환류가 존재하게 된다.

이때 이 순환류의 운동에 의해 단면의 측면에는 음의 압력이 발달하게 되며 이 순환류는 기류에 따라 하류 측으로 이동하게 되며 따라서 음의 압력영역도 하류 측으로 이동하게 된다. 이와 같은 음의 압력 영역의 이동은 단면의 상하면에서 어느 정도의 시간차를 가지고 이동하게 되는데, 이와 같은 시간적 위상차에 의해 단면에는 비틀림모멘트가 발생하게 되어 비틀림 플러터가 발생하게 된다(Tacoma Bridge의 붕괴사고의 원인).

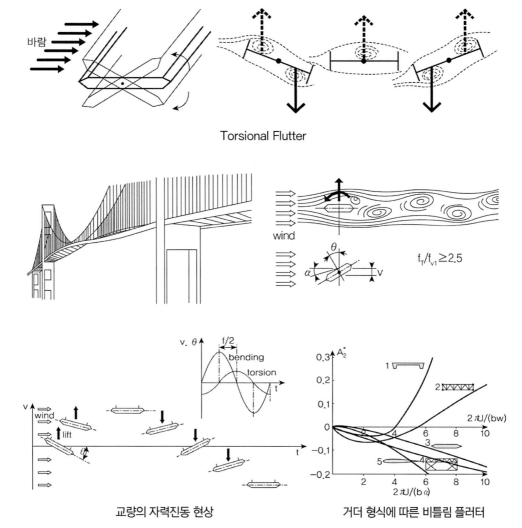

Torsional Flutter

$f_T/f_{v1} \geq 2.5$

교량의 자력진동 현상

거더 형식에 따른 비틀림 플러터

(거더 형식) 1. bluff box deck, 2. trussed deck with instability, 3. stable streamlined box deck, 4. thin airfoil

© **합성 플러터** : 기류직각방향과 비틀림 방향의 진동으로 <u>수직 플러터와 비틀림 플러터가 겹쳐져서 한꺼번에 발생하는 현상</u>이다. 주로 유선형 단면에서 발생된다.

합성 플러터는 바람에 의해 발생하는 발산형 진동 중에서 기류 직각방향과 비틀림 방향의 진동, 즉 갤로핑과 비틀림 플러터가 합성된 2자유도의 진동현상이다. 연직운동과 비틀림 운동의 진동수가 풍속에 따라 변화하다가 어느 풍속에 도달하여 두 진동수가 일치할 때 이 진동이 발생하게 되며 진동 중에는 연직방향과 비틀림 방향의 운동 간에 시간적 위상차를 갖게 된다. 합성 플러터의 발생풍속은 연직과 비틀림 운동의 고유진동수비에 의해 크게 좌우되는데, 고유진동수비가 약 1.1에서 합성 플러터 발생풍속이 최저인 불리한 조건이 되며 이 진동수 비가 1.1보다 증가하거나 또는 감소함에 따라 발생풍속이 증가하는 특징을 보인다. 종래에는 이 진동수비가 1.8~2.0 이상이 되도록 주형의 단면을 설계하는 것이 보통이었으나 근래에는 1.1보다 작게 설계하는 것을 검토 중이다.

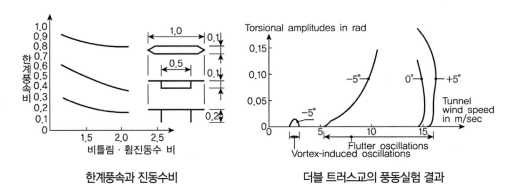

한계풍속과 진동수비   더블 트러스교의 풍동실험 결과

⑤ Wake Instability : <u>상류의 구조물에 의해 교란된 기류가 하류의 구조물에 영향을 미쳐서 하류구조물이 진동하는 현상</u>으로 영종대교 주탑에서 관찰되었다. 주요 발생 구조물은 A형, H형 주탑과 사장교의 병렬 케이블, 나란히 배치된 송전선, 여러 열로 구성된 굴뚝 등에서 나타나는 현상이다.

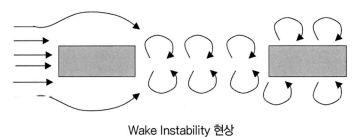

Wake Instability 현상

응력집중　　　　　　　　　　　　　　토목구조기술사 합격 바이블 개정판 1권 제1편 재료 및 구조역학 p.107

다음 그림과 같이 중립축에 지름(d)의 원형구멍이 있는 부재에 굽힘모멘트(M)가 작용하고 있다. 지름의 크기에 따라 최대응력이 발생하는 점의 위치 및 응력을 구하시오. 단, 단면의 폭 t, 높이 h인 직사각형 단면이며, 구멍의 가장자리 B점의 응력집중계수 K(Stress-Concentration Factor)의 값은 2로 가정한다.

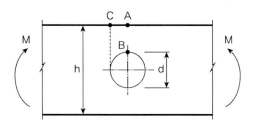

풀 이

▶ 단면 계수

$$I_{A,B} = \frac{t(h^3 - d^3)}{12}, \quad I_C = \frac{th^3}{12}$$

▶ 위치별 응력

1) C점

$$\sigma_C = \frac{M}{I_C} \times \frac{h}{2} = \frac{6M}{th^2}$$

2) A, B점

$$\sigma_A = \frac{M}{I_A} \times \frac{h}{2} = \frac{6Mh}{t(h^3 - d^3)}, \quad \sigma_B = K \times \frac{M}{I_B} \times \frac{d}{2} = \frac{12Md}{t(h^3 - d^3)} \quad \text{여기서 } K = 2\text{로 가정}$$

$\sigma_A = \sigma_B$일 때 $d = \dfrac{h}{2}$

▶ 지름의 크기에 따른 최대응력

1) $d = 0$; 최대응력 $\sigma_A = \sigma_C = \dfrac{6M}{th^2}$　(A, C지점)

2) $0 < d < h/2$; 최대응력 $\sigma_A = \dfrac{6Mh}{t(h^3 - d^3)}$ (A지점)

3) $d = h/2$; $\sigma_A = \sigma_B = K \times \dfrac{M}{I_A} \times \dfrac{d}{2} = \dfrac{48M}{7th^2}$ (A, B지점)

4) $h/2 < d < h$; $\sigma_B = \dfrac{12Md}{t(h^3 - d^3)}$ (B지점)

트러스 부재력 　　　　　　　　　　토목구조기술사 합격 바이블 개정판 1권 제1편 재료 및 구조역학 p.165

다음 그림과 같은 트러스의 부재력을 변형일치방법에 의하여 구하시오. 단, 점 C는 힌지, 점 A는 롤러, 탄성계수(E)와 단면적(A)은 모든 부재에서 동일하다.

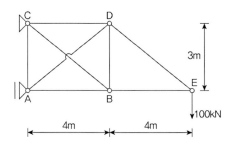

풀 이

▶ 개요

부재수 $b = 8$, 반력성분 $r = 3$, 격점수 $j = 5$ $b + r > 2j$, 외적으로는 정정이므로 내적으로 1차 부정정 구조물이다. F_{AD}를 부정정력으로 보고 단위하중법(변위일치법)에 의해서 풀이한다.

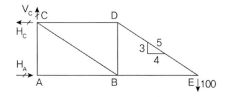 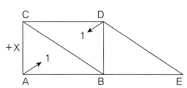

$$\curvearrowright \sum M_C = 0 \; ; \; 100 \times 8 - H_A \times 3 = 0 \quad \therefore \; H_A = 266.667\text{kN}\,(\rightarrow), \; H_C = 266.667\text{kN}\,(\leftarrow)$$

$$\sum V = 0 \; ; \; V_C = 100\text{kN}\,(\uparrow)$$

▶ 부재력 산정

1) 기본 구조물 : 절점법에 따라 부재력 산정(T : 인장, C : 압축)

　① 점 E : $F_{ED} \times \dfrac{3}{5} = 100$ ∴ $F_{ED} = 166.667\,(T)$, $\;F_{EB} = -F_{ED} \times \dfrac{4}{5} = -133.333\,(C)$

　② 점 D : $F_{DB} = -F_{ED} \times \dfrac{3}{5} = -100\,(C)$, $\;F_{DC} = F_{ED} \times \dfrac{4}{5} = 133.333\,(T)$

　③ 점 B : $F_{BC} = -F_{DB} \times \dfrac{5}{3} = 166.667\,(T)$, $\;F_{BA} = -F_{BC} \times \dfrac{4}{5} = -266.667\,(C)$

　④ 점 A : $F_{AC} = 0$

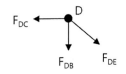
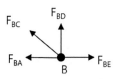

2) 단위하중 구조물 : 절점법에 따라 부재력 산정

① 점 E : $f_{ED} = f_{EB} = 0$

② 점 D : $f_{DC} = -0.8(v)$, $f_{DB} = -0.6(C)$

③ 점 B : $f_{BC} = 1(T)$, $f_{BA} = -0.8(C)$

④ 점 A : $f_{AC} = -0.6(C)$

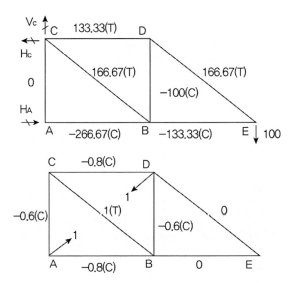

$$\Delta_i = \Delta_{ik} + X\delta_{ik} = 0$$

$$\therefore X = -\frac{\Delta_{ik}}{\delta_{ik}} = -\frac{\sum \dfrac{F_0 f L}{EA}}{\sum \dfrac{f^2 L}{EA}} = -\frac{\sum F_0 f L}{\sum f^2 L} = -83.33\text{kN}$$

부재	$L(m)$	F_0	f	$F_0 f L$	$f^2 L$	$F = F_0 + Xf$(kN)
AB	4	−266.67	−0.8	853.344	2.56	−200
AC	3	0	−0.6	0	1.08	50
BC	5	166.67	1.0	833.35	5	83.33
BD	3	−100	−0.6	180	1.08	−50
BE	4	−133.33	0	0	0	−133.33
CD	4	133.33	−0.8	−426.656	2.56	200
DE	5	166.67	0	0	0	166.67
AD	5	−	1	−	5	−83.33
Σ				1440.038	17.28	

➤ **별해(매트릭스 해석)**

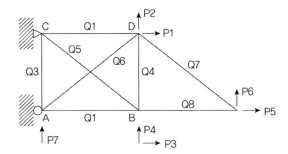

1) Static Matrix A 산정　$[P] = [A][Q]$

$$P_1 = Q_1 + \frac{4}{5}Q_6 - \frac{4}{5}Q_7, \quad P_2 = Q_4 + \frac{3}{5}Q_6 + \frac{3}{5}Q_7, \quad P_3 = Q_2 + \frac{4}{5}Q_5 - Q_8,$$

$$P_4 = -Q_4 - \frac{3}{5}Q_5, \quad P_5 = \frac{4}{5}Q_7 + Q_8, \quad P_6 = -\frac{3}{5}Q_7, \quad P_7 = -Q_3 - \frac{3}{5}Q_6$$

$$[A]_{7 \times 8} = \begin{bmatrix} 1 & 0 & 0 & 0 & 0 & \frac{4}{5} & -\frac{4}{5} & 0 \\ 0 & 0 & 0 & 1 & 0 & \frac{3}{5} & \frac{3}{5} & 0 \\ 0 & 1 & 0 & 0 & \frac{4}{5} & 0 & 0 & -1 \\ 0 & 0 & 0 & -1 & -\frac{3}{5} & 0 & 0 & 0 \\ 0 & 0 & 0 & 0 & 0 & 0 & \frac{4}{5} & 1 \\ 0 & 0 & 0 & 0 & 0 & 0 & -\frac{3}{5} & 0 \\ 0 & 0 & -1 & 0 & 0 & -\frac{3}{5} & 0 & 0 \end{bmatrix}$$

2) Element Stiffness Matrix $[Q] = [S][e]$

$$[S]_{8 \times 8} = EA \begin{bmatrix} \dfrac{1}{4} & & & & & & & \\ & \dfrac{1}{4} & & & & & & \\ & & \dfrac{1}{3} & & & & & \\ & & & \dfrac{1}{3} & & & & \\ & & & & \dfrac{1}{5} & & & \\ & & & & & \dfrac{1}{5} & & \\ & & & & & & \dfrac{1}{5} & \\ & & & & & & & \dfrac{1}{4} \end{bmatrix}$$

3) Load Matrix $[P]$

$$[P]_{8 \times 1} = \begin{bmatrix} 0 \\ 0 \\ 0 \\ 0 \\ 0 \\ -100 \\ 0 \\ 0 \end{bmatrix} \ (kN)$$

4) Global Stiffness Matrix $[K]_{7 \times 7} = [A]_{7 \times 8} [S]_{8 \times 8} [A]_{8 \times 7}^{T}$

5) Displacement $[d]_{7 \times 1} = [K]_{7 \times 7}^{-1} [P]_{7 \times 1}$

6) 부재력 $[Q] = [S][e]$

$$[F] = [S][e] = [S][A]^{T}[d] = \begin{bmatrix} 200 \\ -200 \\ 50 \\ -50 \\ 83.33 \\ -83.33 \\ 166.67 \\ -133.33 \end{bmatrix} \ (kN)$$

RC 부재의 휨강도   토목구조기술사 합격 바이블 개정판 1권 제2편 RC p.586

다음 그림과 같은 $b = 600mm$, $d = 840mm$, $h = 900mm$인 이등변삼각형 단면에 인장철근이 1열 배근된 철근콘크리트 단면의 휨부재 상한한계 휨모멘트 강도(M_n)를 구하시오. 단, 콘크리트의 설계기준 압축강도 $f_{ck} = 28MPa$, 철근의 상복강도 $f_y = 300MPa$, 철근의 탄성계수 $E_s = 200GPa$이고, 철근이 최초 항복할 때까지 콘크리트는 탄성거동하며, 콘크리트의 극한변형률은 $\epsilon_c = 0.003$으로 가정한다.

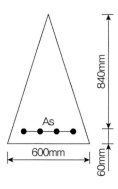

풀 이

▶ **상한한계 철근량 산정**

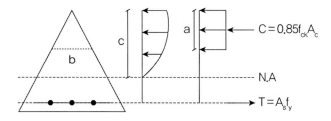

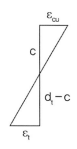

최외각 철근의 순인장변형률 ϵ_t의 최소순인장변형률은($f_y \le 400MPa$일 때의 휨부재의 최소허용인장변형률) 0.004이므로,

$$\epsilon_t = \frac{d_t - c}{c} \times \epsilon_{cu} = \frac{840 - c}{c} \times \epsilon_{cu} = 0.004 \qquad \therefore \ c = 360mm$$

여기서 $f_{ck} = 28MPa$이므로

$\therefore \ a = 0.85$, $c = 306mm$

$$C = T : 0.85 f_{ck} A_c = A_s f_y \qquad A_s = 0.85 \frac{f_{ck}}{f_y} A_c = 0.85 \frac{f_{ck}}{f_y} \left(\frac{1}{2} ab \right)$$

여기서 $b = \dfrac{600}{900} a$이므로, $\therefore A_s = 2476.2 \text{mm}^2$

➤ 상한한계 강도 산정

$\epsilon_t > \epsilon_y$ 이므로 항복상태이므로

$$\therefore M_n = A_s f_y \left(d - \frac{2}{3} a \right) = 2476.2 \times 300 \left(840 - \frac{2}{3} \times 306 \right) = 472.45 \text{kN} \cdot \text{m}$$

잭업 보강재의 안전성 검토

다음 강합성 박스 거더의 잭업 보강재에 대한 안전성을 검토하시오.

① 사용강종 : SM490, 보강재의 압축응력 할증 25%

② 최대지점반력 : R_D(자중반력) = 1400.0kN, R_L(활하중 반력) = 1600.0kN

③ 하중조합 : $1.0R_D + 1.5R_L$

④ 보강재의 두께 : $t_s = 20.0\text{mm}$, Web의 두께 : $t_w = 16.0\text{mm}$

⑤ 전체좌굴에서 강종(SM490)의 허용응력

$$-\frac{l}{r} \le 15 : 190\text{MPa} \qquad -15 < \frac{l}{r} \le 80 : 190 - 1.3\left(\frac{l}{r} - 15\right)\text{MPa} \qquad \frac{l}{r} : \text{세장비}$$

⑥ 국부좌굴에서 강종(SM490)의 허용응력

$$-\frac{b}{11.2} \le t : 190\text{MPa} \qquad -\frac{b}{16} \le t < \frac{b}{11.2} : 24,000\left(\frac{t}{b}\right)^2\text{MPa}$$

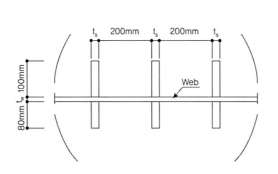
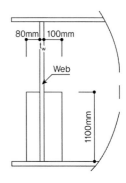

풀 이

▶ 개요

2010년 도로교설계기준 허용응력법에 따라 잭업 보강재의 안전성 평가를 검토한다.

▶ 적용하중

교좌받침 교체를 위한 보강부재의 설계 시 설계반력은 평상시 지점반력을 할증한 값(D+1.5L)으로 검토한다.

$$\therefore P = 1.0R_D + 1.5R_L = 1.0 \times 1,400 + 1.5 \times 1,600 = 3,800\text{kN}$$

➤ 보강재

보강재의 길이 $l = 1,100\text{mm}$

보강재의 폭 $b_{\max} = 100\text{mm}$

보강재의 두께 $t_s = 20\text{mm} > b/16 (= 100/16 = 6.25\text{mm},$ 자유 돌출판의 최소두께)　O.K

보강재의 설치간격 $d = 200\text{mm}$

보강재의 사용열수 $n = 3EA$

웹의 두께 $t_w = 16.0\text{mm}$

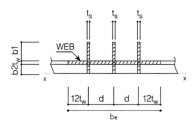

- 단면 유효폭 $d = 200 < 24t_w = 384\text{mm}$ 이므로,

  $\therefore b_e = 24t_w + 2d = 24 \times 16 + 400 = 784\text{mm}$

- 보강재의 단면적(A_s)

  $\therefore A_s = \sum (b \times t_s \times n)$
  $= 100 \times 20 \times 3 + 80 \times 20 \times 3 = 10,800\text{mm}^2$

- 보강재의 유효 단면적(A_s)

  $A_e = b_e \times t_w + A_s = 784 \times 12 + 10,800 = 20,208\text{mm}^2 > 1.7A_s (= 18,360\text{mm}^2)$　N.G

  $\therefore A_e = 1.7A_s = 18,360\text{mm}^2$

➤ 보강재의 단면2차 모멘트

$b_1 \neq b_2$ 이므로 중립축이 web에 있지 않다.

$$y_0 = \frac{\sum Ay}{\sum A_e} = \frac{784 \times 16 \times (80 + 16/2) + 80 \times 20 \times 3 \times (80/2) + 100 \times 20 \times 3 \times (80 + 16 + 50)}{20,208}$$

$= 107.476\text{mm}$ (단면 하단 x–x로부터의 길이)

$$I = \sum \left(\frac{bh^3}{12} + Ad^2 \right)$$

$$= \left(\frac{20 \times 80^3}{12} + 20 \times 80 \times (107.476 - 40)^2 \right) \times 3^{EA} + \left(\frac{784 \times 16^3}{12} + 784 \times 16 \times (107.476 - 80 - 8)^2 \right)$$

$$+ \left(\frac{20 \times 100^3}{12} + 20 \times 100 \times (107.476 - 80 - 16 - 50)^2 \right) \times 3^{EA} = 4.334 \times 10^7 \text{mm}^4$$

➤ 세장비 λ

$$r = \sqrt{\frac{I}{A_e}} = \sqrt{\frac{4.334 \times 10^7}{18,360}} = 48.59, \ \lambda = \frac{kl}{r} = \frac{0.5 \times 1100}{48.59} = 11.32$$

➤ 허용응력 산정

① f_{cag}(국부좌굴을 고려하지 않은 허용축방향 압축응력)

　　　SM490에서 $\lambda \le 15$일 때, $f_{cag} = 190$MPa

② f_{cal}(국부좌굴에 대한 허용응력)

$$\frac{b}{11.2}(= 7.1 \ \text{or} \ 8.9) < t_s (= 20\text{mm}) \quad \therefore f_{cal} = 190\text{MPa}$$

③ f_{ca}(허용축방향 압축응력)

$$f_{ca} = f_{cag} \times \frac{f_{cal}}{f_{cao}} = 190\text{MPa}$$

주어진 조건에서 잭업 보강재는 허용축방향 압축응력을 25% 할증하여 적용할 수 있다.

$$\therefore f_{ca}{}' = 1.25 \times 190 = 237.5\text{MPa}$$

➤ 보강재에서의 압축응력

$$f_c = \frac{R_{\max}}{A_e} = \frac{3,800 \times 10^3}{18,360} = 206.97\text{MPa} < f_{ca}{}'(= 237.5\text{MPa}) \quad \text{O.K}$$

강구조물의 좌굴   토목구조기술사 합격 바이블 개정판 2권 제4편 강구조 p.1247

강구조물의 좌굴현상과 설계상 대책에 대하여 설명하시오.

풀 이

➤ 개요

일반적으로 강구조물의 파괴는 피로에 의한 파괴, 좌굴에 의한 파괴, 극도의 변형으로 인한 파괴로 구분할 수 있으며, 구조물의 좌굴현상은 주요 부재가 압축응력을 받아 그 크기가 부재의 극한치를 초과하면 이에 대응하는 변형상태가 갑자기 변하여 설계하중을 지탱할 수 없어 구조물이 붕괴되는 현상을 말한다. 좌굴이 발생되면 부재는 내하력을 잃고 구조물이 파괴된다.

좌굴은 탄성한도 내에서 발생하는 탄성좌굴(Elastic Buckling, Euler's Buckling)과 탄성범위를 벗어나 불안정한 상태인 비탄성좌굴(Inelastic Buckling)로 구분할 수 있으며, 좌굴이 발생하는 위치가 면내 또는 면외에서 발생하는지에 따라 면내좌굴(In-Plane Buckling)과 면외좌굴(Out of Plane Buckling)로 구분할 수 있다. 또한 좌굴현상이 발생할 때 구조물 전체가 동시에 내하력을 잃는 전체 좌굴(Global Buckling)과 구조계의 개개 부재에서 발생하는 국부좌굴(Local Buckling)로 구분할 수 있다.

➤ 강구조물 부재별 좌굴 현상

1) 압축부재의 좌굴

실제 부재는 제작상의 결함, 초기변형, 잔류응력, 지점조건, 하중의 편심에 따라 강도의 변화가 존재하며 실제부재에서 이러한 요건으로 인하여 좌굴강도가 저하된다. 압축부재는 세장비가 클 경우 재료의 파괴보다는 좌굴로 인한 파괴의 안정성의 문제가 더 크게 되므로 도로교설계기준에서는 세장비에 따라 압축부재의 강도를 정하도록 하고 있다.

기둥의 좌굴은 탄성 좌굴과 비탄성 좌굴로 구분할 수 있으며 일반적으로 Euler의 좌굴응력이 재료의 비례한계에 도달할 때를 기준으로 구분한다.

① AB(단주) : 재료의 항복, 파쇄에 의한 파괴
② BC(중간주) : 비탄성 좌굴에 의한 파괴, 임계하중은 오일러하중보다 작다.

$$\sigma_{cr}{}' = \frac{P_{cr}}{A} = \frac{\pi^2 E_t}{(L/r)^2} \text{ (접선탄성계수 적용)}$$

③ CD(장주) : 오일러 법칙에 따른다.

$$\sigma_{cr} = \frac{P_{cr}}{A} = \frac{\pi^2 E}{(L/r)^2}, \ \lambda_c = \left(\frac{L}{r}\right)_c = \sqrt{\frac{\pi^2 E}{\sigma_{pl}}}$$

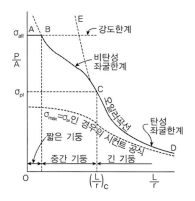

도로교설계기준(허용응력설계법)에서는 압축부재의 좌굴강도를 G. Schulz의 실험식을 통해 세장비에 따라 다음과 같이 적용하고 있다.

$$\bar{f} = \frac{f_{cr}}{f_y} \quad \bar{\lambda} = \frac{\lambda}{\lambda_c} = \frac{1}{\pi}\sqrt{\frac{f_y}{E}}\left(\frac{l}{r}\right) \left(\text{여기서 } \lambda_c \text{는 } f_{cr} = f_y \text{일 때의 세장비} \quad \because f_y = \frac{\pi^2 E}{\lambda_c^2} \right)$$

$$\bar{f} = \begin{cases} 1.0 & \bar{\lambda} \leq 0.2 & \text{(단주)} \\ 1.109 - 0.545\bar{\lambda} & 0.2 < \bar{\lambda} \leq 1.0 & \text{(중간주)} \\ 1.0/(0.773 + \lambda^2) & 1.0 < \bar{\lambda} & \text{(장주)} \end{cases} \quad \therefore f_a = \frac{f_{cr}}{S.F(\approx 1.77)} = \frac{\bar{f} \times f_y}{S.F(\approx 1.77)}$$

2) 휨부재의 좌굴

휨부재의 파괴모드는 소성파괴(Fully Plastic Failure by Excessive Deformation), 국부좌굴(Local Buckling : Web Local Buckling, Flange Local Buckling), 횡비틂좌굴(Lateral-Torsional Buckling)로 구분할 수 있으며, 허용응력설계법에서는 휨모멘트를 받는 H형강 단면의 플랜지부 허용응력은 거더의 횡방향 좌굴응력을 기본 내하력으로 규정하고 있다. LRFD설계에서는 단면을 구분(조밀, 비조밀, 세장단면)하여 강도를 결정하도록 하고 있다. 횡비틂좌굴(또는 횡좌굴)은 단면의 강축면 내에서 휨이 작용할 때 휨이 어느 일정치에 도달하면 부재가 처짐면 내에서 처짐면외로 비틀림을 동반하여 횡방향으로 변형이 발생되어 내하력을 잃는 상태를 말한다.

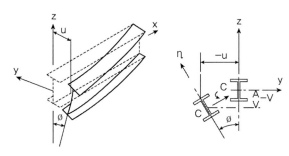

횡비틂좌굴

도로교설계기준(허용응력설계법)에서는 휨부재에 대한 극한휨모멘트와 허용휨압축응력은 I형 단면의 횡방향 좌굴강도(A_w/A_c)를 기본으로 한 휨강도로 정해진다.

① 극한휨모멘트 $M_u = \min[M_{bu}, M_y]$, $M_{bu} = f_{bu}S_c$, $M_y = f_yS_t$

② 허용휨모멘트 $M_a = \min[M_{ba}, M_{ta}]$, $M_{ba} = f_bS_c$, $M_y = f_tS_t$

③ 압축플랜지의 극한 휨압축응력 f_{bu}

$$\frac{f_{bu}}{f_y} = \begin{cases} 1.0 & \alpha \le 0.2 \\ 1 - 0.412(\alpha - 0.2) & \alpha > 0.2 \end{cases}, \ \alpha = \sqrt{\frac{f_y}{f_{cr}}} = \frac{2}{\pi}k\sqrt{\frac{f_y}{E}}\left(\frac{l}{b}\right)$$

$$f_{cr} = \frac{\pi^2 E}{4\left(k\frac{l}{b}\right)^2} \qquad k = \begin{cases} 2.0 & \frac{A_w}{A_c} \le 2.0 \\ \sqrt{3 + \frac{A_w}{2A_c}} & \frac{A_w}{A_c} > 2.0 \end{cases}$$

$$\therefore \ f_b = \frac{f_{bu}}{S.F(\fallingdotseq 1.7)}$$

3) 축방향력과 휨을 동시에 받는 부재의 좌굴

축방향 압축력과 휨을 동시에 받는 부재는 휨모멘트가 강축에 대해 작용하는 것이 보통이다. 이 경우 휨 작용면 내의 휨좌굴과 휨 작용면 외의 휨과 비틀림이 일어나 휨비틂 좌굴이 생길 가능성이 있다. 따라서 2가지의 안전성을 조사해야 하나 일반적으로 작용면외의 좌굴강도가 작다. 도로교설계기준(허용응력설계법)에서는 조합하중에 대하여 다음과 같이 검토하고 있다.

$$\frac{f_c}{f_{ca}} + \frac{f_b}{f_{ba}(1 - f_c/f_E')} < 1.0, \qquad 여기서 \quad f_E' = \frac{1,200,000}{\left(\frac{l}{r_x}\right)^2}$$

4) 판(Plate)의 좌굴

강부재를 구성하는 판이 면내의 순압축력과 휨을 받아 압축응력이 어느 일정치에 도달하면 면외 방향으로 휘는 현상을 국부좌굴이라 하며, 실제 구조물에서는 초기 변형과 잔류응력을 받는다. 판의 좌굴에는 거더의 복부판 및 강관 중에서 많이 나타나며, 거더에서 복부판 부분의 경우에는 후좌굴 현상이 발생된다.

도로교설계기준(허용응력설계법)에서는 압축응력을 받는 평판에 대한 내하력을 다음과 같이 적용하고 있다.

$$\bar{f} = \frac{f_{cr}}{f_y} = \begin{cases} 1.0 & R \le 0.7 \\ \dfrac{1}{2R^2} & R > 0.7 \end{cases}, \qquad f_{cr} = k\frac{\pi^2 E}{12(1-\nu^2)}\left(\frac{t}{b}\right)^2$$

$$R = \sqrt{\frac{f_y}{f_{cr}}} = \frac{1}{\pi}\sqrt{\frac{12(1-\nu^2)}{k}}\sqrt{\frac{f_y}{E}}\left(\frac{b}{t}\right) \qquad k = \begin{cases} 4.0 & \text{양연지지} \\ 0.43 & \text{자유돌출} \end{cases}$$

또한 도로교설계기준에서는 휨응력을 받고 있는 보에서 전체좌굴에 앞서 국부좌굴이 발생되지 않도록 판에 대해서 판·폭 두께비를 제한하는 방식을 적용하고 있다.

$$\therefore R \le R_{cr} : \left(\frac{b}{t}\right)_{limit} \ge \pi R_{cr}\sqrt{\frac{k}{12(1-\nu^2)}}\sqrt{\frac{E}{f_y}}$$

이 방식은 설계 시 국부좌굴을 고려하지 않아도 되므로 설계가 간편해지나 작용응력이 작을 경우에는 재료 강도를 충분히 활용하지 못하는 비경제적인 설계가 될 수 있다. 다른 방법으로는 $R > R_{cr}$인, 즉 판의 국부좌굴을 허용하는 방식으로 재료의 강도를 충분히 활용하여 경제적인 설계가 될 수 있다는 장점이 있는 반면, 웨브의 좌굴 발생으로 인한 Post-Buckling Behavior로 인해 플랜지에 추가적인 압축강도의 발생으로 플랜지의 좌굴강도 저하를 고려해야 한다는 점이다. 미국의 AISC는 이러한 판형의 후좌굴강도를 고려하여 복부판의 휨응력에 의한 국부좌굴을 허용하는 대신에 플랜지의 추가분담률을 고려하여 플랜지의 강도를 감소시키는 방법을 적용하고 있기도 하다.

5) 판형(Plate Girder)의 좌굴

상대적으로 긴 경간의 주형(Girder)은 단면에 발생하는 M, V가 대단히 크기 때문에 소요단면적을 공장제작 생산하는 압연보로 충족시키기 어렵다. 소요단면적의 충족을 위해서는 강판을 조립하여 만들어야 하며 이러한 주형을 Plate Girder, 판형이라고 한다. 국내의 압연보는 H= 900mm, B=300mm로 제한적인 것으로 알려져 있다.

① 판형의 파손 : 판형은 용접이나 고강도 볼트를 이용하여 제작하기 때문에 연결부의 파손이 발생하기 쉬우며 또한 휨모멘트와 전단력에 의해서 좌굴이 발생할 수 있다.

② 휨좌굴 : 조밀단면의 경우 잔류응력을 포함하여 최대응력이 항복점에 도달하면 소성화되며 이때 얇은 Web 판형은 전단변형의 영향도 받기 때문에 직선분포보다 더 큰 응력이 발생한다. 제작 시 초기처짐이나 좌굴에 의해 압축부의 전단면이 유효하지 않기 때문에 최대 압축응력이 최대 인장응력보다 크게 된다. 따라서 판형의 강도는 플랜지의 좌굴을 고려하여야 한다. 압축 플랜지의 좌굴 유형은 압축 플랜지 자체의 좌굴, 횡방향좌굴, 비틀림좌굴, 복부판 연결부 수직좌굴이 발생할 수 있다.

㉠ 횡방향좌굴 : 가로보에 의해 횡방향으로 지지된 지지점 사이에서 일어난 단면 전체의 횡방

향좌굴의 결과에 의해 발생하는 측방향변위이다.

ⓒ 비틀림좌굴 : 주로 국부좌굴 현상으로 한계압축응력이 항복응력과 같거나 그 이상이 되도록 폭 두께 비를 제한하여 방지할 수 있다.

ⓒ 복부판 연결부의 수직좌굴 : 휨에 의한 만곡부에서 플랜지의 응력방향이 변화되고 판형의 곡률 때문에 복부판은 상·하플랜지로부터 곡률반경 중심방향의 압축력을 받는다.

③ 전단좌굴 : 직접적인 지압, 전단력에 의한 좌굴로 보강재로 복부판 보강 시 압축 주응력 방향의 저항력은 상실되나 인장방향 저항력은 확보되어 Pratt Truss 구조형식처럼 복부판이 인장력에만 견디는 인장장(Tension Field)을 형성하여 전단력에 저항하게 된다. 인장장이 발생 시에는 플랜지에 추가 압축력이 발생하여 플랜지의 좌굴강도를 저하시키게 된다. 이를 방지하기 위해서 Web의 국부좌굴 방지를 위한 b/t(폭/두께) 제한 또는 플랜지의 좌굴강도를 저하시키는 허용응력 저하하는 방법이 있다.

▶ 강구조물 좌굴에 대한 설계상의 대책

좌굴에 대한 설계상의 대책은 허용응력의 감소를 통해 부재 안정성을 확보하는 방법과 보강재를 통해 강도 증가, 비지지길이 감소, 세장비 감소, 국부좌굴 방지 등을 통해 강도를 확보하는 방법으로 구분할 수 있다.

1) **허용응력의 저감** : 강구조의 허용압축응력은 기둥의 좌굴강도, 보의 횡좌굴강도를 기본 내하력으로 하여 결정된다. 기본 내하력은 부재의 잔류응력, 초기 변형 등의 불완전 성질을 고려한 실험적 방법으로 구해진다. 허용응력은 기본 내하력에 안전율로 나누어 구한다.

2) **변위 방지 및 구속요건 강화** : 횡좌굴 등 전체좌굴 방지를 위해 변위 방지를 위한 브레이싱 설치, 구속요건을 강화하여 K값을 증가시키는 방법 등을 고려할 수 있다.

3) 각종 **보강재를 이용한 보강 설계** : 강부재의 면외좌굴로 인한 국부좌굴을 방지하기 위하여 각종 보강재를 설치하여 국부좌굴을 방지하도록 한다.

▶ 강구조물 부재별 설계 시 대책

1) **기둥** : 세장비에 의해 허용압축응력이 결정된다. 세장비는 기둥단면과 유효 좌굴길이로 결정되며, 기둥 부재의 양단 지지조건에 따라 좌굴형태 및 유효 좌굴길이가 다르다. 그러므로 부재 설계 시 양단 지지조건과 세장비를 고려하여 허용압축응력을 구할 수 있다.

2) **보** : 압축 플랜지의 고정점 거리(l)와 플랜지 폭(b)의 비(l/b)로 허용휨압축응력이 결정된다. l/b가 크게 되면 횡좌굴 현상에 의해 허용휨압축응력이 크게 저하되므로 상한치를 정하여 그 이하로 제한하는 방법이 적용된다.

3) **판** : 판 좌굴의 대책은 판의 폭, 두께를 제한하거나 보강재를 설치한다. 판 두께의 상한치는 판의 지지상태 및 하중조건에 의해 국부좌굴이 발생하지 않는 범위가 결정된다. 보강재를 설치하는

방법은 국부좌굴과 전체좌굴의 연관성을 고려하여 판에 가로와 세로방향으로 보강재를 설치한다. 보의 복부판에서 휨 및 전단좌굴에 대한 대책은 최소 복부판 두께를 정하고 필요한 간격 및 강도를 갖는 수평, 수직 보강재를 설치한다.

전단지연　　　　　　　　　　　　　토목구조기술사 합격 바이블 개정판 2권 제4편 강구조 p.1243

강교 설계 시 전단지연 현상과 유효 폭 산정 시 주의사항에 대하여 설명하시오.

풀　이

➤ 개요

기초 휨 이론에서 휨 전에 평면이었던 거더의 단면이 휨 이후에도 그대로 유지된다고 가정한다. 그러나 폭이 넓은 플랜지에서는 이 경우가 항상 받아들여지지는 않는다. 즉, 플랜지에서 평면 내 전단변형작용 때문에 복부판에서 멀리 떨어진 플랜지 부분에서 길이 방향의 변위는 복부판 근처의 변위보다 지연된다. 이러한 현상을 **전단지연(Shear Lag)**이라고 한다.

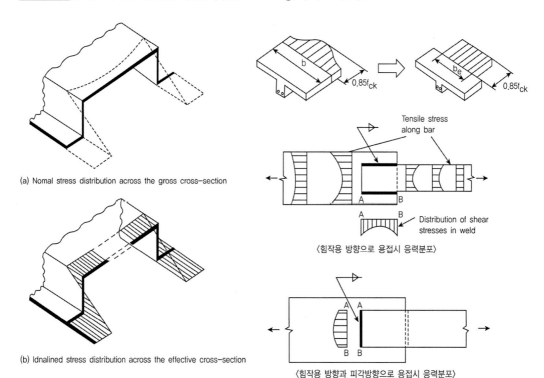

(a) Nomal stress distribution across the gross cross-section

(b) Idnalined stress distribution across the effective cross-section

〈힘작용 방향으로 용접시 응력분포〉

〈힘작용 방향과 피각방향으로 용접시 응력분포〉

전단지연 현상

1) 교량에서의 전단지연 고려

교량의 바닥판은 전단에 대해 무한강성을 갖는 것이 아니기 때문에 복부판으로부터 전달되는 전단력에 대해서 불균등한 전단변형을 일으킨다.

이와 같은 전단지연현상은 폭이 좁은 I형 단면에서는 무시할 수 있지만, 상자형과 같이 플랜지의 폭이 넓은 경우에는 그 영향을 신중히 고려해야 한다. 전단지연현상을 고려한 플랜지의 축응력 분포상태는 거의 포물선에 가깝다. 이와 같은 축응력의 불균등 분포는 단면 내 전단력이 급격하게 변하는 위치(예를 들면 집중하중 밑이나 연속형의 지점 위)에서 특히 크다. 반면에 분포하중이 작용하는 지간부에서는 전단력의 변화가 그렇게 급격하지 않기 때문에 응력의 불균등분포는 지점부에 비교하여 작다.

판이나 쉘 이론에 입각한 해석이 아닌 경우, 응력의 작용 폭을 좁게 가정한 단면으로 대치함으로써 전단지연의 영향을 고려 할 수 있다. 유효폭은 복부판 바로 위 또는 바로 아래에 발생하는 최대 응력이 플랜지에 균일하게 작용하는 것으로 가정하여 구한 플랜지의 이상 폭이다. 이와 같이 유효폭에 의한 응력계산은 플랜지의 불균등한 응력분포를 고려하여 최대응력을 산정하기 위한 일종의 편법이며, 유효폭 범위 밖의 플랜지에 대해서도 좌굴에 대한 안정을 위해 필요한 판 두께 또는 보강재를 둘 필요가 있는 것에 주의 한다. 유효폭 범위 밖의 플랜지에서는 작용응력이 상당히 작은 것은 분명하지만 유효폭 내와 같은 외력이 작용하는 것으로 하여 보강위치를 설계하는 것이 간단할 뿐만 아니라 안전하다.

2) 상자형의 전단지연 현상

플랜지폭이 좁은 I형 단면의 경우에는 기본적인 보 이론에서 가정한 것처럼 휨모멘트에 의한 수직응력이 플랜지의 전폭에 걸쳐서 균등하게 분포한다. 그러나 강 바닥판교나 강재 거더가 콘크리트 슬래브와 합성된 경우, 강 바닥판 또는 콘크리트 슬래브가 상부 플랜지의 역할을 수행하게 되지만, 이때에는 플랜지의 폭이 커지기 때문에 전단지연 현상에 의하여 플랜지의 교축방향 수직응력 분포가 주형 바로 위에서 응력이 최대가 되고 주형에서 멀어질수록 감소하는 포물선 형태로 나타나게 된다. 따라서 강 바닥판 또는 콘크리트 슬래브의 전 폭이 주형과 일체로 작용한다고 보고 단면계수(단면 2차 모멘트 등)를 산정하여 변위나 휨응력 식에 의해 계산하면 불완전한 설계를 초래한다. 이와 같은 경우에는 플랜지의 특정한 폭만이 유효하고 이 폭에서는 최대 휨응력(f_0)과 동일한 응력이 균등하게 분포한다고 보는 '유효폭 개념'을 일반적으로 설계에 적용한다. $f(y)$의 분포는 b/L(폭/길이)값과 주형의 휨모멘트 분포형상(포물선, 삼각형) 등에 의해 지배된다. 지간이 길어질수록 유효폭은 커진다.

3) 유효폭 산정

설계의 목적에서 볼 때 각 플랜지의 실제 폭을 어떤 줄어든 폭으로 바꾸기 위해 넓은 플랜지 거더의 휨과 응력을 계산할 때 변형된 단면에 대한 기본 휨 이론의 적용은 최대 휨과 길이방향의 응력의 옳은 값을 가져다줄 만큼 편리하다. 그 줄어든 폭을 유효폭이라 한다. 플랜지의 유효폭은 지간에 따라 변하고 교량의 평면 치수뿐만 아니라 하중분포, 단면성질, 경계조건에 달려 있다는 것으로 알려져 있다. 설계 부재력을 산정하기 위해 탄성해석과 보 이론을 적용할 때 전단지연 효과를 고려해야 한다. 구조해석에서 휨모멘트, 전단력의 영향을 계산하기 위한 단면의 성질은 전단지연 효과를 고려한 유효플랜지 폭을 사용해야 한다. 구조해석에 사용되는 유효폭을 도로교설계기준에 의거하여 구한 다음 이를 단면계수 산정에 적용하여 모델링 입력자료로 사용한다.

✓ 유효폭의 정의 : 플랜지의 응력크기의 총합이 플랜지상의 최대응력(f_0)이 등분포로 작용한다고 가정할 경우의 응력 크기의 총합과 같게 될 때의 분포 폭을 플랜지의 유효폭이라 한다.

$$b_e = \frac{\int_0^b f(x)\,dx}{f_o}$$

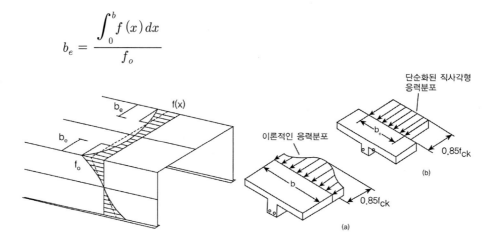

4) 전단지연의 영향요소

① 폭/지간비의 변화 : 지간에 대하여 플랜지 폭을 증가시키면 현저히 증가한다.

② 하중의 형태와 위치 : 길이방향의 불균일한 응력분포는 집중하중부, 지점부에서 빠르게 증가한다.

③ 보강재의 효과 : 유효폭 비는 보강재수가 증가함에 따라 현저히 감소한다.

5) 전단 변형의 차가 큰 곳은 집중하중이 작용하는 곳(연속형의 중간지점, 라멘교각의 우각부)으로, 실제 설계에서 전단지연 현상의 영향은 유효폭을 적용하여 플랜지에 작용하는 최대 축응력이 균일하게 작용하는 것으로 가정해서 설계한다. 유효폭 범위 외의 플랜지에 대해서도 좌굴 안전상 필요한 판 두께를 확보하거나 보강재로 보강하여야 한다.

한계상태설계법 : 캔틸레버부 휨철근량

다음 그림과 같은 교량의 설계조건을 고려할 때, 한계상태설계법에 의한 하중조합 극한한계상태 I, IV에 대한 캔틸레버부의 필요 휨철근량을 구하시오.

조건

$f_{ck} = 27\,\mathrm{MPa}$, $f_y = 400\,\mathrm{MPa}$, 폭 $b = 1,000\,\mathrm{mm}$, 유효깊이 $d = 470\,\mathrm{mm}$

(1), (2), (3)의 콘크리트 단위중량 $= 25\,\mathrm{kN/m^3}$, (4)의 포장 단위중량 $= 23\,\mathrm{kN/m^3}$, (5)의 난간중량 $= 1\,\mathrm{kN/m^3}$, 보도부 군중하중 $= 5.00 \times 10^{-3}\,\mathrm{MPa}$,

극한한계상태 I, $M_u = 1.25\,M_{dc} + 1.5\,M_{dw} + 1.8\,M_l$

극한한계상태 IV, $M_u = 1.50\,M_{dc} + 1.5\,M_{dw}$

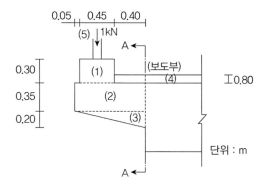

풀 이

▶ 하중의 산정

1) 고정하중 산정(A-A단면)

구분	작용하중(kN)			거리(m)			모멘트(kNm)
(1)	0.30×0.45×25	=	3.375	0.45/2+0.40	=	0.625	2.109
(2)	0.35×0.90×25	=	7.875	0.90/2	=	0.45	3.544
(3)	0.20×0.90×1/2×25	=	2.250	0.90/3	=	0.30	0.675
(4)	0.80×0.40×23	=	7.360	0.40/2	=	0.20	1.472
(5)	1.0	=	1.000	0.45/2+0.40	=	0.625	0.625
계			21.860				8.425

구조부재와 비구조적 부착물(슬래브) 고정하중((1)~(3), M_{dc}) $= 6.328\,\mathrm{kNm}$(단위 m당)

포장과 시설물 2차 고정하중((4)~(5), M_{dw}) $= 2.097\,\mathrm{kNm}$(단위 m당)

2) 활하중 산정

보도부 군중하중= $5.00 \times 10^{-3} \text{N/mm}^2 = 5.00 \text{kN/m}^2 \text{N/mm}^2 = 5.00 \text{kN/m}^2$

$M_l = 5.00 \text{kN/m}^2 \times 0.4 \times 0.2 = 0.4 \text{kNm}$ (단위 m당) 단, 충격계수는 고려하지 않음

3) 주어진 조건에 따라 차량 충돌하중 및 방호벽 풍하중 등에 대해서는 적용하지 않음

> **하중조합**

구분	DC	DW	LL	WS	CT	비고
극한한계상태 I	1.25	1.50	1.80	–	–	✔
극한한계상태 II	1.25	1.50	1.40	–	–	
극한한계상태 III	1.25	1.50	–	1.40	–	
극한한계상태 IV	1.50	1.50	–	–	–	✔
극한한계상태 V	1.25	1.50	1.40	0.40	–	
극단상황한계상태 I	1.25	1.50	0.00	–		
극단상황한계상태 II	1.25	1.50	0.50	–	1.00	
사용한계상태 I	1.00	1.00	1.00	0.30	–	
사용한계상태 II	1.00	1.00	1.30	–	–	
사용한계상태 III	1.00	1.00	0.80	–	–	
사용한계상태 IV	1.00	1.00	–	0.70	–	
피로한계상태	–		0.75	–		

1) 극한한계상태 I

$M_u = 1.25 M_{dc} + 1.5 M_{dw} + 1.8 M_l = 1.25 \times 6.328 + 1.5 \times 2.097 + 1.8 \times 0.40 = 11.78 \text{kN} \cdot \text{m}$

2) 극한한계상태 IV

$M_u = 1.50 M_{dc} + 1.50 M_{dw} = 1.50 \times 6.328 + 1.50 \times 2.097 = 12.64 \text{kN} \cdot \text{m}$

> **필요 휨철근량 산정**

1) 재료강도 및 단면의 형상

$f_{ck} = 27 \text{MPa}, \ f_y = 400 \text{MPa}, \ M_u = 12.64 \text{kN} \cdot \text{m}$

$b = 1,000 \text{mm}, \ d = 470 \text{mm}, \ h = 550 \text{mm}$

2) 재료 계수(도로교설계기준 5.4.2.3)

ϕ_c(콘크리트)$= 0.65, \ \phi_s$(철근)$= 0.90$

3) 단면설계를 위한 응력-변형률 곡선의 콘크리트 강도변화에 따른 계수 산정(도로교설계기준 5.5.1.6)

콘크리트 강도가 40MPa 이하일 경우 n, ϵ_{co}, ϵ_{cu}는 각각 2.0, 0.002, 0.0033으로 한다.

상승곡선부의 형상을 나타내는 지수 $n = 2.0 - \left(\dfrac{f_{ck} - 40}{100}\right) = 2.13 \leq 2.0$ $\therefore n = 2.0$

최대응력에 처음 도달할 때의 변형률 $\epsilon_{co} = 0.002 + \left(\dfrac{f_{ck} - 40}{100,000}\right) = 0.00187 \geq 0.002$

$\therefore \epsilon_{co} = 0.002$

극한변형률 $\epsilon_{cu} = 0.0033 - \left(\dfrac{f_{ck} - 40}{100,000}\right) = 0.00343 \leq 0.0033$ $\therefore \epsilon_{cu} = 0.0033$

압축영역의 평균응력 $f_{c,avg}$과 설계강도 f_{cd}의 비 $\alpha = 1 - \dfrac{1}{1+n}\left(\dfrac{\epsilon_{co}}{\epsilon_{cu}}\right) = 0.80$ (도설해 5.5.1.6)

압축연단으로부터 잰 작용점 깊이와 중립축 깊이 비

$$\beta = 1 - \frac{0.5 - \dfrac{1}{(1+n)(2+n)}\left(\dfrac{\epsilon_{co}}{\epsilon_{cu}}\right)^2}{1 - \dfrac{1}{1+n}\left(\dfrac{\epsilon_{co}}{\epsilon_{cu}}\right)} = 0.40$$

4) 필요 휨철근량 산정

$$C = T \;;\; \phi_c(0.85\alpha f_{ck})bc = \phi_s A_s f_y \quad \therefore c = \frac{\phi_s A_s f_y}{\phi_c(0.85\alpha f_{ck})b} = 0.0302 A_s$$

$$M_r = \phi_s A_s f_y(d - \beta c) = \phi_s A_s f_y(d - \beta \times 0.03 A_s) \quad \leftarrow A_s \text{의 2차 방정식}$$

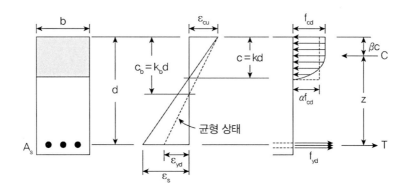

① 극한한계상태 I

$$M_r = M_u \;;\; \phi_s A_s f_y(d - \beta \times 0.0302 A_s) = 11.78 \times 10^6 \quad \therefore A_{s.req} = 1,060\text{mm}^2$$

$$c = \frac{\phi_s A_s f_y}{\phi_c (0.85 \alpha f_{ck}) b} = 31.98 \text{mm}, \ \epsilon_s = (d-c)/c \times \epsilon_{cu} = 0.045 > 0.002 \quad \text{O.K}$$

② 극한한계상태 Ⅳ

$$M_r = M_u \ ; \ \phi_s A_s f_y (d - \beta \times 0.0302 A_s) = 12.64 \times 10^6 \quad \therefore \ A_{s.req} = 1,140 \text{mm}^2$$

$$c = \frac{\phi_s A_s f_y}{\phi_c (0.85 \alpha f_{ck}) b} = 34.39 \text{mm}, \ \epsilon_s = (d-c)/c \times \epsilon_{cu} = 0.042 > 0.002 \quad \text{O.K}$$

부정정 구조물 　　　　　　　　　　　　　토목구조기술사 합격 바이블 개정판 1권 제1편 재료 및 구조역학 p.165

다음 그림과 같은 보 ABC에 등분포하중과 집중하중이 가해졌을 때, B지점에서 연직으로 6.0mm의 침하가 발생하였다. 이때 지점 B의 반력 R_B를 구하시오. 단, 보의 휨강성 EI＝4,000kNm²이다.

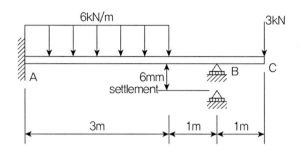

풀 이

▶ 개요

B점의 반력 R_B를 부정정력으로 하여 B점의 처짐식을 통해서 반력을 산정하기 위해 에너지법(최소 일의 방법)을 이용한다.

▶ 구조물 해석

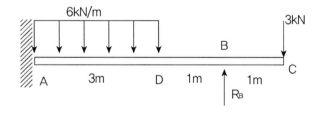

구간	시점	길이(m)	M_x	$\partial M_x / \partial R_B$
CB	C	1	$M_{x1} = 3x$	0
BD	B	1	$M_{x2} = 3(x+1) - R_B x$	$-x$
DA	D	3	$M_{x3} = \dfrac{6x^2}{2} - R_B(x+1) + 3(x+2)$	$-(x+1)$

$$U = \frac{1}{2EI} \sum \int_0^L M^2 dx, \qquad \frac{\partial U}{\partial R_B} = \sum \frac{1}{EI} \int M_x \left(\frac{\partial M_x}{\partial R_B} \right) dx = -6\text{mm}$$

$$\int_0^1 \left(3(x+1) - R_B x\right)(-x)dx + \int_0^3 \left(\frac{6x^2}{2} - R_B(x+1) + 3(x+2)\right)(-x-1)dx$$

$$= -6 \times 10^{-3}EI$$

$$\therefore \left[\frac{R_B x^3}{3} - x^3 - \frac{3x^2}{2}\right]_0^1 - \left[\frac{3x^3}{4} + \frac{(6-R_B)x^3}{3} + \frac{(9-2R_B)x^2}{2} + (6-R_B)x\right]_0^3$$

$$= -6 \times 10^{-3} \times 4000$$

$$\therefore R_B = 7.113\text{kN}(\uparrow)$$

부정정 구조물   토목구조기술사 합격 바이블 개정판 1권 제1편 재료 및 구조역학 p.299

다음 그림과 같이 외부 케이블로 보강된 단순거더의 케이블 장력 T를 구하시오. 단, 자중은 무시하며, 거더의 탄성계수 및 단면2차 모멘트, 단면적은 각각 E_g, I_g, A_g이고, 케이블의 탄성계수 및 단면적은 각각 E_p, A_p이며, $a < L/3$이다.

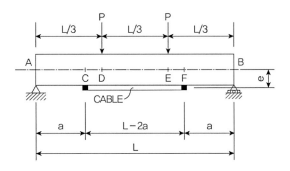

풀 이

▶ 개요

내적 1차 부정정 구조물로 케이블을 부정정력으로 산정하여 에너지 방법을 이용하여 풀이한다.

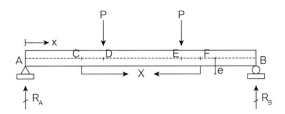

$$R_A = R_B = P$$

① $0 \leq x < a$ $M_x = R_A x = Px$

② $a \leq x < \dfrac{L}{3}$ $M_x = R_A x - Xe = Px - Xe$

③ $\dfrac{L}{3} \leq x < \dfrac{1}{2}L$ $M_x = R_A x - Xe - P\left(x - \dfrac{L}{3}\right) = Px - Xe - P\left(x - \dfrac{L}{3}\right)$

➤ 변형에너지

대칭 구조물이므로

$$U = \Sigma \int \frac{M^2}{2EI} dx + \Sigma \frac{X^2(L-2a)}{2E_p A_p}$$

$$= 2 \times \frac{1}{2EI} \left[\int_0^a (Px)^2 dx + \int_a^{\frac{L}{3}} (Px - Xe)^2 dx + \int_{\frac{L}{3}}^{\frac{L}{2}} \left(\frac{PL}{3} - Xe \right)^2 dx \right]$$

$$+ \left[\frac{X^2(L-2a)}{2E_g A_g} + \frac{X^2(L-2a)}{2E_p A_p} \right]$$

최소일의 원리로부터 $\dfrac{\partial U}{\partial X} = 0$

$$\frac{\partial U}{\partial X} = 0 : \quad \therefore X = \frac{Pe E_p A_p A_g (2L^2 - 9a^2)}{9(L-2a)\left(e^2 E_p A_g A_p + E_g I_g A_g + E_p I_g A_p\right)}$$

보-기둥 접합부 토목구조기술사 합격 바이블 개정판 2권 제4편 강구조 p.1558

다음 그림과 같은 보-기둥 연결부에 수직하중 $V_u = 300$kN을 받는 볼트접합부를 한계상태설계법으로 검토하시오. 단, 기둥 H-400×400×21×21(SM490), 보 H-500×300×11×18(SS400), 연결볼트 M24(F10T), 플레이트는 PL-10×100×325(SS400), 볼트미끄럼강도 220MPa, 볼트공차 2mm, 미끄럼저항계수 $\phi = 0.75$, 치수의 단위는 mm이다.

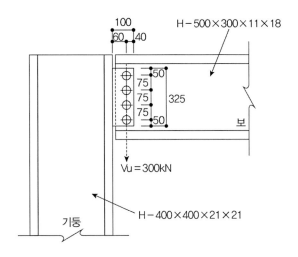

풀 이

➤ 개요

강구조 설계기준에 따라 풀이한다.

➤ 볼트 연결 설계

1) 보-웨브의 볼트 설계

① 볼트 형식 가정 : 4-M24(F10T) 사용

② 볼트의 수직전단력 P_u 산정 $P_u = \dfrac{V_u}{n} = \dfrac{300}{4} = 75$kN

③ 설계미끄럼 강도 산정

$$\phi S_s = \phi n A_b f_{ss} = 0.75 \times 1 \times \left(\frac{\pi \times 24^2}{4} \right) \times 220 = 74.6^{kN} < P_u \qquad \text{N.G}$$

∴ 볼트의 개수를 5개로 하여 검토한다.

2) 보-웨브의 볼트 설계

① 볼트 형식 가정 : 5-M24(F10T) 사용

② 볼트의 수직전단력 P_u 산정 $P_u = \dfrac{V_n}{n} = \dfrac{300}{5} = 60\text{kN}$

③ 설계미끄럼 강도 산정

$$\phi S_s = \phi n A_b f_{ss} = 0.75 \times 1 \times \left(\frac{\pi \times 24^2}{4}\right) \times 220 = 74.6\text{kN} > P_u \quad \text{O.K}$$

3) 플레이트

① 전단항복강도

$$\phi V_n = \phi(0.6 f_y) A_g = 0.9 \times 0.6 \times 235 \times (325 \times 10) = 412.4\text{kN} > 300\text{kN} \quad \text{O.K}$$

② 전단 파단강도

$$\phi V_n = \phi(0.6 f_u) A_n$$
$$= 0.75 \times 0.6 \times 400 \times (325 - 5 \times (24 + 2)) \times 10 = 351\text{kN} > 300\text{kN} \quad \text{O.K}$$

③ 조합응력 검토

ㄱ 전단응력

$$f_{uv} = \frac{V_u}{A} = \frac{300 \times 10^3}{325 \times 10} = 92.3\text{MPa}$$

ㄴ 편심모멘트에 의한 휨응력

$$M = 300 \times 60 = 18\text{kNm}$$

$$S = \frac{bh^2}{6} = \frac{10 \times 325^2}{6} = 1.76 \times 10^5 \text{mm}^3 \quad f_{ub} = \frac{M}{S} = 102\text{MPa}$$

ㄷ 조합응력검토

$$f_u = \sqrt{f_{ub}^2 + 3f_{uv}^2} = \sqrt{102^2 + 3 \times 92.3^2} = 189.6\text{MPa}$$

$$\phi f_y = 0.9 \times 235 = 212\text{MPa} > f_u \quad \text{O.K}$$

▶ 개요

도로교설계기준(한계상태설계법, 2015)에 따라 풀이한다. 마찰연결은 사용한계상태 II에 대해 미끄럼을 방지하여야 하며 극한한계상태에 대해 지압, 전단 및 인장에 대해 저항할 수 있어야 한다.

▶ 볼트 연결 설계

1) 미끄럼 방지 마찰강도 산정

$$R_n = K_h K_s N_s P_t$$

여기서, N_s : 볼트 1개당 미끄러짐면의 수, P_t : 볼트의 설계축력(N),

K_h : 볼트 연결부에서의 구멍크기 계수, K_s : 볼트 연결부에서의 표면상태계수

볼트 직경(mm)	볼트 축력 P_t(kN)		
	F8T	F10T	F13T
20	130	160	215
22	160	200	265
24	190	235	305
27	–	310	–
30	–	375	–

표준구멍	과대 볼트 구멍 또는 짧은 슬롯	재하방향에 직각인 긴 슬롯	재하방향에 평행인 긴 슬롯
1.0	0.85	0.70	0.60

등급 A 표면상태	등급 B 표면상태	등급 C 표면상태
페인트칠하지 않은 깨끗한 흑피 또는 녹을 제거하고 A등급 도장을 한 표면	도장을 하지 않고 녹을 제거한 깨끗한 표면, 녹을 제거한 깨끗한 표면에 등급 B도장을 한 표면	용융 도금한 표면과 거친 표면
0.33	0.40	0.33

주어진 조건에서 볼트의 미끄럼 강도가 220MPa로 주어졌으므로

$$R_n = 220 \times \frac{\pi \times 24^2}{4} = 99.525\text{kN} \ \ (1\text{EA당})$$

전단력을 받는 고장력 볼트(F8T, F10T, F13T)에 대한 $\phi_t = 0.75$이므로

$$R_r = \phi_t R_n = 74.64\text{kN} < V_u/n = 75\text{kN} \quad \text{N.G}$$

2) 플레이트의 지압검토

볼트 구멍의 유효지압 면적은 볼트지름×연결부재 두께

지압력 방향에 평행한 긴 슬롯

볼트 구멍의 순간격 $75 - 24 = 51\text{mm}$

볼트 구멍의 순연단 거리 $50 - 24/2 = 38\text{mm}$ 두 값의 최솟값 $< 2d$

$\therefore$ 지압강도 $R_n = 1.2L_c t F_u \times 4 = 1.2 \times 38 \times 10 \times 235 = 428.640\text{kN}$

$R_r = \phi_{bb} R_n = 0.8 R_n = 342.912\text{kN}$

$1.25\,V_u = 375\text{kN}$ $\therefore R_r < 1.25\,V_u$ N.G

3) 볼트 전단에 대한 검토

전단단면의 나사산에 대한 언급이 없으므로 나사산이 없는 경우로 가정

$$= 0.48 \times \frac{\pi d^2}{4} \times 1000 \times 1 \times 4$$

$R_n = 0.48 A_b F_{ub} N_s$

$\phi_{vy}(0.48 A_b F_{yb}) \times 4 = 703.556\text{kN}$, $\phi_{vu}(0.48 A_b F_{ub}) \times 4 = 651.441\text{kN}$

$\therefore$ 최솟값 $R_r = 651.441\text{kN} > 1.25\,V_u = 375\text{kN}$ O.K

4) 인장 및 블록전단

인장력이 작용하지 않으므로 생략

5) 플레이트의 전단 검토

$R_r = \phi_v(0.58 A_g F_y) = 398.678\text{kN} > 1.25\,V_u = 375\text{kN}$ O.K

기출문제 가이드라인 풀이

109 회

109 가이드라인 풀이

철근 이음   토목구조기술사 합격 바이블 개정판 1권 제2편 RC p.727

철근의 이음 종류와 종류별 이음의 상세에 대해 설명하시오.

풀 이

▶ 개요

철근은 이어대지 않는 것을 원칙으로 하나 철근의 길이는 제한이 있으므로 부득이 이어야 할 때가 많다. 철근의 이음부는 구조상 약점이 되는 곳으로, 최대 인장응력이 발생하는 곳에서는 이음을 하지 않는 것이 좋다. 또 이음부를 한 단면에 집중시키지 말고 서로 엇갈리게 두는 것이 좋다. 철근의 이음방법에는 겹침이음(Lap Splice), 용접이음 또는 슬리브 너트(Sleeve Nut) 등을 사용하는 기계적인 장치를 사용하는 방법이 있으며 일반적으로 겹침이음이 가장 많이 사용된다.

▶ 겹침이음(도로교설계기준 한계상태설계법, 2015)

겹침이음은 이어댈 두 개의 철근의 단부를 겹치고, 콘크리트를 칠 때까지 서로 떨어지지 않도록 하기 위하여 철사로 잡아맨다. 이 상태에서 콘크리트를 타설하고 콘크리트가 경화한 후에는 부착에 의하여 힘을 전달한다. 그러므로 겹침이음의 길이 L은 철근이 전 강도를 발휘할 수 있도록 충분한 길이만큼 겹쳐져야 한다.

다음은 겹침이음의 상세조건이다.

1) 겹침이음의 상세조건

    ① 하나의 철근에서 다른 철근으로의 하중전달이 확실하여야 한다.

    ② 이음부 근처에서 콘크리트의 박리가 발생하지 않아야 한다.

③ 구조물의 성능에 영향을 주는 커다란 균열은 발생하지 않아야 한다.

④ 겹침이음은 서로 엇갈리게 배치하고 응력이 큰 영역에서는 배치하지 않으며 일반적으로 대칭으로 배치한다.

⑤ 겹침이음의 배치는 두 철근 사이의 횡방향 순거리는 $4d_b$ 또는 50mm 이하이어야 한다. 이를 만족하지 못할 경우 겹침이음 길이는 $4d_b$ 또는 50mm를 넘는 순간격만큼 동등한 길이로 증가시켜야 한다.

⑥ 인접한 두 겹침이음의 축방향 거리는 겹침이음 길이(l_0)의 0.3배 이상이 되어야 하며, 인접한 겹침이음의 경우 철근 사이의 순거리는 $2d_b$ 또는 20mm 이상이 되어야 한다.

⑦ ⑤, ⑥의 조건에 부합되는 경우 인장측에서의 철근의 겹침이음 허용비율은 모든 철근이 한 층에 배치되어 있을 경우 100%로 할 수 있다. 만약, 철근이 여러 층에 배치되어 있는 경우에는 50%로 감소시켜야 한다.

⑧ 압축 측의 모든 철근과 배력철근은 한 단면에서 겹침이음이 되어도 된다.

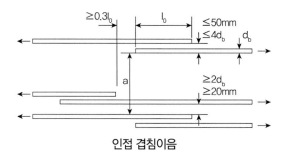

인접 겹침이음

2) 겹침이음의 길이

① 설계 겹침이음의 길이는 다음과 같이 계산한다.

$$l_0 = \alpha_1 \alpha_2 \alpha_3 \alpha_5 \alpha_6 l_b \left(\frac{A_{s,req}}{A_{s,prop}} \right) \geq l_{0,\min}, \ l_{0,\min} > Max \left(0.3\alpha_6 l_b, \ 15d_b, \ 200\text{mm} \right)$$

여기서, α_1, α_2, α_3, α_5의 값은 설계정착길이 영향계수와 같다. 단, α_3 계산 시 $\sum A_{st,\min}$는 $1.0A_s$로 한다.

$\alpha_6 = (\rho_1/25)^{0.5} < 1.5$로 하며, ρ_1은 고려하는 겹침길이의 중앙으로부터 $0.65l_0$ 내에 겹침이음된 철근의 비이다.

총 단면적에 대한 겹침이음철근의 비율(%)	<25	33	50	>50
α_6	1	1.15	1.4	1.5

※ 중간값은 보간법으로 결정. 다음 그림에서 II번 철근과 III번 철근은 고려하는 단면의 외측에 있으므로 이 경우 겹침이음의 비율은 50%이고 α_6 =1.40이다.

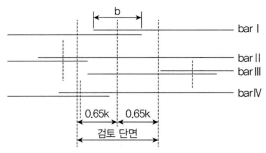

하나의 단면에서 겹침이음된 철근의 비율

② 지름이 35mm를 초과하는 철근은 겹이음을 해서는 안 된다. 지름이 너무 큰 철근의 겹이음은 힘의 전달에 여러 가지 문제가 있다. 그래서 지름이 35mm를 초과하는 철근은 용접에 의한 맞댐이음을 한다. 이때 이음부가 항복강도의 125% 이상의 인장력을 발휘할 수 있어야 한다.

▶ 기계적 이음

1) 기계적 이음의 종류

나사식 이음	압착식 이음
• 철근 끝단에 나사를 가공하여 커플러를 이용하는 방식 • 제작된 너트 부분을 압착한 후 커플러를 이용하는 방식	• 유압프레스에 의한 보강재 압착 • 다이스 인발에 의한 보강재 압착

2) 기계적 이음의 특징

① 경제성 : 철근량이 감소, 작업인부를 줄일 수 있음
② 적용처 : 겹이음 길이가 부족한 곳, 철근배치 공간이 부족한 곳, 큰 인장력을 받는 부분, 겹이음이 제한된 경우 등

나사식 이음	압착식 이음
• 배근간격은 2.5D 이상 • 특별한 시공기술이 요구되지 않음 • 시공이음기구의 취급이 용이함 • 시공기간이 짧음(3분/1개소) • 나사가공을 위한 장비가 필요 • 이음검사 용이 및 재조임 가능 • 배근간격 결정 용이	• 3.2D 이상의 배근간격이 필요 • 시공기술이 요구됨 • 이음시공기구가 무거움 • 이음검사가 어려움

다재하 구조물　　　　　　　　　토목구조기술사 합격 바이블 개정판 2권 제5편 교량계획 및 설계 p.1794

다재하경로 구조물의 정의에 대하여 설명하시오.

풀 이

▶ **다재하경로 구조물의 정의**

한 부재의 파괴로 인해 전체 구조물이 파괴되거나 교량의 설계 기능을 발휘할 수 없도록 하는 인장 부재 또는 인장요소를 가지고 있는 단재하경로 구조물과 달리 3개 이상의 하중경로 여유도가 있어 하나의 하중경로가 파손되어도 파손된 구조체가 받던 하중을 다른 하중경로의 구조체로 재분배될 수 있는 여유도를 가진 구조물을 다재하 구조물이라고 한다.

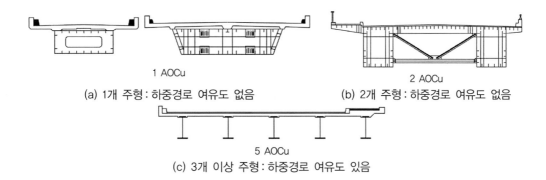

1 AOCu

(a) 1개 주형 : 하중경로 여유도 없음

2 AOCu

(b) 2개 주형 : 하중경로 여유도 없음

5 AOCu

(c) 3개 이상 주형 : 하중경로 여유도 있음

▶ **교량 하중경로의 여유도 : 단재하경로, 다재하경로 구조물**

상부에서 발생하는 하중의 전달경로가 1~2개의 재하경로를 가진 구조물을 단재하경로 구조물이라고 하며, 단재하경로 구조물의 한 부재의 파괴로 인해 전체 구조물이 파괴되거나 교량의 설계 기능을 발휘할 수 없도록 하는 인장부재 또는 인장요소를 **붕괴유발부재(Fracture Critical Member, FCM)** 또는 **무여유도 부재(Non-Redundancy Member)**라고 한다. 붕괴유발부재의 예로는 2주형 거더와 같은 구조물 또는 하나 또는 2개의 거더를 사용한 교량의 플랜지와 복부판, 단일요소의 주 트러스 부재, 행어플레이트와 하나 또는 2개의 기둥벤트의 캡 등이 있다.

단재하 구조	사장교	타이드 아치
2개 이하의 주형이나 트러스 구조	사장케이블	타이드 거더

▶ 구조적 여유도 – 무여유도 구조물, 여유도 구조물

구조적 여유도란 하중이 통과하는 경로와 평행하게 놓인 연속된 경간의 숫자로 결정된다. 구조적으로 무여유도(Non-Redundancy)라 함은 두 개 이하의 경간을 갖고 있는 구조물을 의미한다. 구조적 여유도는 거더의 개수로 분류하는 것이 아니라 연속경간의 형식에 따라 분류한다.

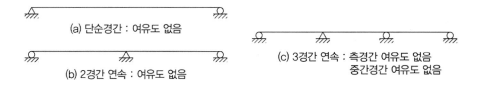

(a) 단순경간 : 여유도 없음

(b) 2경간 연속 : 여유도 없음

(c) 3경간 연속 : 측경간 여유도 없음
중간경간 여유도 없음

▶ 내적 여유도

내적 여유도를 갖고 있다는 뜻은 여러 부재가 복합적으로 구성된 구조물에서 한 부재가 파손되었다 하더라도 그 영향이 다른 부재에 미치지 않는다는 뜻이다. 내적여유도가 있는 부재와 없는 부재의 가장 큰 차이점은 한 부재의 파손이 다른 부재에 어떠한 영향을 주는가에 달려 있다. 예를 들어 리벳으로 제작된 플레이트 거더는 내적 여유도를 갖고 있는데, 그 이유는 플레이트와 앵글이 독립된 부재이기 때문에 리벳 하나가 파손된다 하더라도 앵글이나 플레이트에는 영향을 주지 않는다. 반면 용접으로 제작한 플레이트 거더는 내적 여유도가 없다. 일단 균열이 시작되면 강재가 균열을 막을 수 있을 만큼의 충분한 강도를 갖고 있지 않은 플레이트로 전파된다. 보통 내적 여유도는 부재가 붕괴유발부재인가를 고려하는 데는 고려되지 않으나 그 정도에 따라서 보수 보강을 요한다.

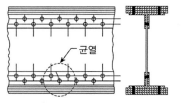

(a) 리벳주형의 균열 : 내적 여유도 있음

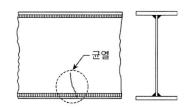

(b) 용접주형의 균열 : 내적 여유도 없음

모멘트–곡률 해석   토목구조기술사 합격 바이블 개정판 2권 제6편 동역학과 내진설계 p.2275

내진설계 시 모멘트–곡률 해석에 대하여 설명하시오.

풀 이

▶ **개요**

최근 연성도 내진설계는 교각의 강성을 항복유효강성을 사용하여 합리적으로 이용하기 위해 기존의 전단면강성(EI_g)의 사용 시 변위가 지나치게 작게 계산되는 문제점을 보완해 모멘트–곡률 해석 ($EI_y = M_y/\phi_y$) 해석 등의 재료비선형 해석의 간편성을 위해 근사적인 해법이다.

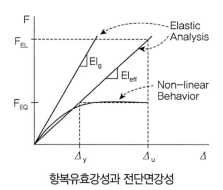

항복유효강성과 전단면강성

모멘트–곡률 해석방법은 푸시오버해석(Push-Over Analysis, 소성붕괴해석, 횡강도법, 역량 스펙트럼해석)과 함께 교각의 연성능력을 평가하는 방법으로 휨성능 곡선의 항복변위와 극한변위의 비에 의해서 평가되며, 일반적으로 휨성능 곡선은 RC 부재의 비선형 구조거동 특성을 고려한 수치해석을 통해서 얻어진다.

▶ **모멘트–곡률 해석**

교각의 모멘트–곡률 해석은 지진하중에 의해 교각기둥의 최대휨모멘트가 발생하는 단부의 기둥단면에 고정하중이 작용하는 상태로 수행한다. 콘크리트와 철근의 재료모델은 교각의 비선형성을 고려하여야 하며 축방향 철근이 이음상세와 횡방향 철근에 의한 횡구속 정도(α_{sh})를 고려하여 콘크리트의 극한변형률 ϵ_{cu}과 최대공급변위 연성도 $\mu_{\Delta,\max}$로 극한상태를 정의하여야 한다.

모멘트 곡률 관계곡선을 이용하여 변위 연성도를 산정하기 위해 원점과 초기항복점(초기항복휨모멘트 M_{yi}, 초기항복곡률 ϕ_{yi})과 극한점(극한휨모멘트 M_u, 극한곡률 ϕ_u)을 이용하여 2개의 직선으로 이상화함으로써 항복점(항복휨모멘트 M_y, 초기항복곡률 ϕ_y)을 구할 수 있다. 이때 원점과 초기항복점을 지나 항복점까지 이어지는 직선의 기울기를 항복유효강성 $EI_{y.eff}$으로 정의한다.

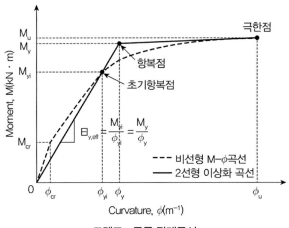

모멘트 - 곡률 관계곡선

이때 초기항복점은 인장 측 최연단 축방향 철근이 최초로 항복하는 상태(항복변형률에 도달한 상태)를 의미하며, 극한점은 압축콘크리트의 최연단 압축변형률이 극한에 도달한 상태(극한변형률에 도달한 상태)를 말한다.

다만 모멘트－곡률 해석은 최대휨모멘트가 발생하는 교각 단부에 대표 단면에 대해서만 비선형성을 고려해 모형화한 후 비선형 단면해석을 수행하므로 해석모델의 작성은 간단하나 해석결과인 모멘트－곡률 관계곡선은 경험식을 적용해 하중－변위 관계곡선으로 변환하여 휨강도를 산정하여야 하는 번거로움이 있다.

뒤틀림 　　　　　　　　　　　토목구조기술사 합격 바이블 개정판 2권 제4편 강구조 p.1319

뒤틀림(Warping)현상을 도식적으로 설명하시오.

풀 이

> ### 개요

원형으로 된 단면과는 달리 박스형 단면이나 I형 단면의 경우에는 비틀림이 작용할 경우, 축방향으로의 변형이 발생하게 된다. 일반적으로 폐합된 박스형 단면(Closed Section)에서의 이러한 변형은 **뒤틀림변형(Distortion)**이라고 하고, I형과 같은 개단면(Open Section)에서의 변형을 뒤틀림변형(또는 **뙴변형 Warping Displacement**)이라고 부른다.

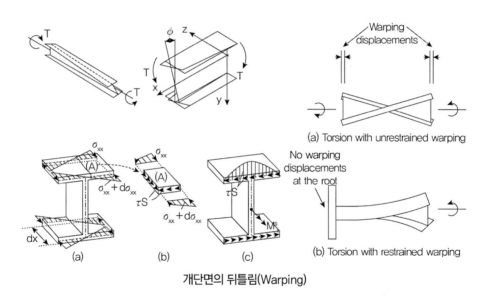

개단면의 뒤틀림(Warping)

> ### 뒤틀림(뙴, Warping)현상

뒤틀림(뙴)으로 인한 현상은 축방향으로 변형이 구속되면 변형 대신에 축방향 응력으로 발생하게 되는데, 이때 발생하는 응력을 뒤틀림 응력(뙴, Warping)으로 정의한다.
일반적으로 박스형 거더의 경우에는 격벽(Diaphragm)을 일정 간격 설치하여 뒤틀림을 방지하고 있어 큰 문제가 발생하지 않지만 I형 거더와 같은 비틀림 저항력이 작고 플랜지 폭이 넓은 경우에는 무시할 수 없는 응력이 발생할 수 있다. 충실도가 큰 단면이나 박스형처럼 폐단면에서는 순수비틀림모멘트 쪽이 더 크고, I형 단면처럼 개단면의 박판에서는 뙴비틀림모멘트가 크며 그에 따른 응력도 커지게 된다. 이 두 가지 비틀림모멘트의 분담률은 다음의 비틀림 상수비 α 의 크기에 의해 지배되며, 설계상에서는 뒤틀림 응력에 대한 고려 여부를 α 를 기준으로 확인하도록 하고 있다.

$$\text{비틀림 상수비 } \alpha = l \sqrt{\frac{GK}{EI_w}}$$

여기서, G : 전단탄성계수, K : 순수비틀림 상수, E : 탄성계수, I_w : 뒴비틀림 상수,

l : 지점 간의 부재길이(mm)

① $\alpha < 0.4$: 뒴비틀림에 의한 전단응력과 수직응력에 대해서 고려한다.

② $0.4 \leq \alpha \leq 10$: 순수비틀림과 뒴비틀림 응력 모두 고려한다.

③ $\alpha > 10$: 순수비틀림 응력에 대서만 고려한다.

TIP | 뒤틀림 모멘트, 뒤틀림 상수 |

원형단면이 아닌 부재가 비틀림 하중을 받게 되면 뒤틀림변형을 동반하게 되며 H형강의 경우 그림과 같이 단면에 작용하는 뒤틀림모멘트는 양쪽 플랜지에 작용하는 힘 V_f의 우력으로 치환할 수 있다. $V_f = T_w / h$로 계산되고 변형된 부재의 전단중심에서의 각 변위를 ϕ라고 하면 횡변위 $u_f = h\phi/2$가 된다. M_f와 u_f의 관계는 모멘트–곡률 관계식으로부터 다음과 같이 표현할 수 있다.

$$M_f = -EI_f \frac{d^2 u_f}{dz^2}$$

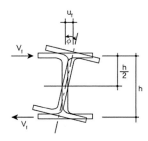
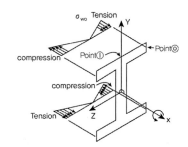

위의 식에서 I_f는 한 플랜지의 y축에 대한 단면2차 모멘트이고 $V_f = dM_f / dz$이므로 단부에서의 뒤틀림 모멘트는 다음과 같이 비틀림 각으로 표시할 수 있다.

$$T_w = V_f h = -EI_f \frac{d^3 u_f}{dz^3} h, \quad u_f = \frac{h}{2}\phi$$

$$\therefore \ T_w = -EI_f \frac{h}{2} \frac{d^3 \phi}{dz^3} h$$

H형강의 뒤틀림상수(Warping Constant)를 $C_w = \dfrac{h^2}{4}I_y$로 정의하면,

$$T_w = -EC_w\frac{d^3\phi}{dz^3}$$

따라서 뒤틀림이 발생하는 H형강과 같은 부재의 비틀림 응력전달은 다음과 같이 순수비틀림과 뒤틀림에 의한 2개의 성분의 합으로 표시한다.

$$T = T_s + T_w = GJ\frac{d\theta}{dz} - EC_w\frac{d^3\phi}{dz^3}$$

109회 1-5

구조해석 요소

구조해석에 사용되는 구조요소에는 1차원 선 요소와 2차원 면 요소가 있다. 선 요소와 면 요소의 종류와 구조적 특성에 대하여 설명하시오.

풀 이

Midas IT 요소의 이해 참조

➤ 개요

유한요소(Finite Element Method) 프로그램을 통해 구조물의 해석을 수행할 때 일반적으로 구조물을 이상화하기 위해 모델링을 할 때 해석의 효율성이나 사용자의 편의성 등을 고려하여 몇 가지의 구조요소 중에 선택할 수 있다. 유한요소 해석 프로그램에서 지원하는 형식에 따라 다르지만 일반적으로 1~3차원의 해석요소가 있으며 다음과 같이 구분된다.

구분	1차원	2차원	3차원	기타
종류	봉(Rod) 바(Bar)	판(Plate), 막(Membrane) 평면변형률(Plane Strain) 쉘(Shell)	솔리드(Solid)	스프링(Spring) 감쇠(Damper)

➤ 요소별 특성

유한요소(Finite Element Method)의 프로그램에서는 대부분 그래프화하여 보여주는 모델링을 지원하고 있다. 일반적으로 절점(Node)과 절점 간 연결을 통해 1차원 선 요소 혹은 프레임 요소를 표현하며, 선 요소 간 연결을 통해 2차원 면 요소 혹은 판 요소로 표현된다. 면 요소는 요소망(Mesh)을 어떻게 구분하느냐에 따라 삼각형 혹은 사각형의 요소로 표현될 수 있다.

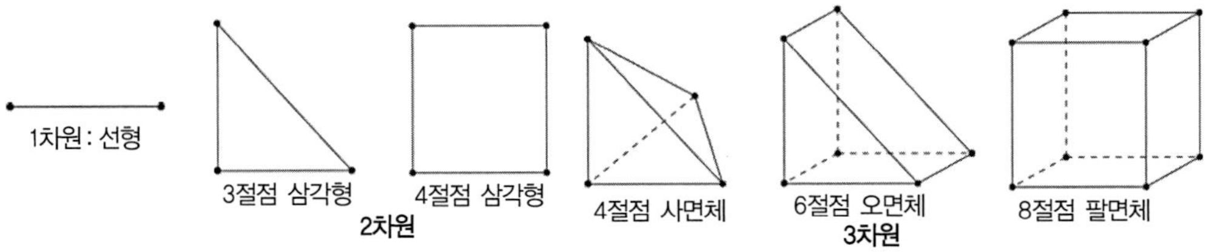

차원별 유한요소 형태

1) 1차원 요소

1차원 요소는 선으로 표현되기 때문에 형상적으로 가장 단순하고 효율적으로 해석을 수행할 수 있는 모델 형태이다. 일반적으로 프레임 요소로 만들어서 해석하는 것이 일반적이다. 다만 선으로 표현되기 때문에 단면의 특성을 별도로 산정하거나 정의해서 1차원 요소와 연결(Assign)해야 한다. 1차원 요소는 단면적에 비해 길이가 긴 모델에 주로 적용하며, 일반적으로 절점(Node)에 휨, 비틀림, 인장, 압축 하중을 적용할 수 있다. 주로 이상화된 구조물의 전체적인 거동과 설계 부재의 적합성을 판단하기 위해 사용된다. 그러나 1차원 요소는 보의 접합부와 같은 특정부분의 국부적인 거동은 고려 대상이 아니다.

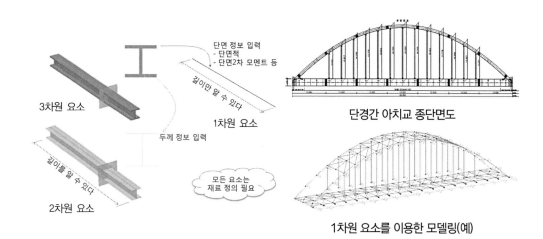

구분	봉(Rod) 요소	바(Bar) 요소
특징	• 축방향 강성과 비틀림 강성을 가진다. • 핀결합으로 회전력을 전달하지 못한다. • 주로 트러스와 같은 구조물 모델에 사용된다.	• 축방향, 비틀림, 모멘트, 전단강성을 가진다. • 강접합 요소로 회전력을 전달한다. • 주로 일반적인 보, 프레임 해석에 사용된다.

2) 2차원 요소

2차원 요소는 주로 박판(薄板) 구조물을 표현하기 위해서 사용된다. 전체 크기나 표면적에 비해 두께가 얇은 구조물을 표현하는 데 사용되며, 1차원 요소와 달리 두께 정보를 제외하고 입체적으로 표현이 가능하다. 일반적으로 2차원 판 요소에 적합한 구조는 구조물의 판의 변길이가 판 두께의 5~10배 이상인 경우가 적합하다.

2차원 면 요소는 크게 판(Plate) 요소와 막(Membrane) 요소로 구분한다. 판 요소는 면내와 면외 방향 모두 힘을 전달하고, 막 요소는 면내 방향 힘만 전달하는 요소로 정의한다. 면내방향 힘은 판 요소를 굽히게 만드는 모멘트가 발생하는 경우이고, 면외방향 힘은 모멘트가 아닌 면내력 또는 막력으로 힘이 전달되는 경우를 의미한다. 막 요소는 원통, 구, 타원 등과 같은 곡면판 구조를 해석할 경우에 적합하며, 휨에 대한 저항력이 없기 때문에 모멘트가 발생하지 않는 경우에 적합하다(판 요소는 5자유도, Shell요소 6자유도 회전 저항성능 없음).

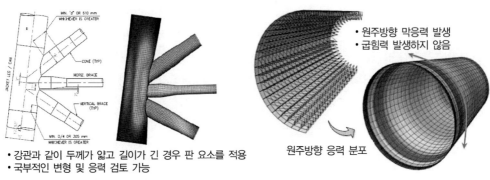

· 원주방향 막응력 발생
· 굽힘력 발생하지 않음

원주방향 응력 분포

· 강관과 같이 두께가 얇고 길이가 긴 경우 판 요소를 적용
· 국부적인 변형 및 응력 검토 가능

강관접합부 상세(판 요소)　　　　　　　　　　**막 요소**

판 요소에서 유용하게 사용할 수 있는 요소에서는 평면변형률 요소와 축대칭 요소가 있다. 물체가 외부로부터 힘을 받아 변형하게 되면 변형의 크기를 나타내는 변형률(Strain)은 거의 대부분 3차원적인 성분들로 구성되지만, 특수한 물체 형상과 외부 하중조건에서는 임의 한 방향으로 변형률이 거의 0이 되는 경우가 있다. 이처럼 임의의 한 방향으로 수직 변형률(Normal Strain)과 전단 변형률(Shear Strain)이 0이 되는 변형률 상태를 특별히 평면 변형률(Plane Strain) 상태라고 부르는데, 물체의 거동이 평면 변형률 상태가 되기 위해서는 물체의 형상, 구속조건 그리고 하중조건이 임의 한 방향으로 일정해야 할 뿐만 아니라 그 방향으로 물체의 길이가 상당히 길어야 한다. 터널이나 댐과 같은 경우가 가장 대표적인 예이다.

회전체는 임의 단면을 특정 축을 중심으로 회전하여 만들어진 것이기 때문에 기하학적 형상이 원주를 따라 동일하다. 만일 이 회전체가 동일한 재질로 만들어진 등방성(Homogeneity) 물질이고, 하중과 구속 경계조건(Boundary Condition)이 원주방향으로 동일하다면 이 물체의 거동 역시 원주방향으로 일정하게 된다. 이러한 특수한 대칭성을 축대칭(Axisymmetry)이라고 하며, 이러한 축대칭 거동은 물체 전체를 대상으로 분석할 필요 없이 회전체의 기초가 되는 2차원 단면만을 고려하는 것이 효과적이다. 축대칭 거동을 나타내는 물체의 역학적 분석을 위해 2차원 단면만을 수치해석(Numerical Analysis) 모델로 생성한 것을 특별히 축대칭 모델이라고 하며, 이렇게 2차원 축대칭 모델을 이용하여 수치적으로 해석하는 작업을 축대칭 해석(Axisymmetric Analysis)이라고 한다.

3) 3차원 요소

일반적으로 솔리드(Solid) 요소라고 하며 3차원적으로 형상 변화 표현이 적합한 구조물의 해석에 사용된다. 골조 구조나 판구조보다는 실린더블록, 고압펌프의 피스톤, 밸브 등과 같이 하나의 덩어리로 이루어진 구조물을 모델화하는 데 주로 사용된다. 구조가 얇은 판이더라도 용접부같이 입체적인 응력집중을 보고자 하는 경우에는 솔리드 요소를 사용해 모델화하기도 한다.

3차원 요소는 실제 구조물과 가장 유사하게 모델화할 수 있다는 장점은 있지만, 그만큼 요소의 수가 많아 저장 데이터가 크고 해석 수행을 위한 계산시간이 오래 걸리는 단점이 있다.

곡선 박판보 　　　　　　　　토목구조기술사 합격 바이블 개정판 2권 제5편 교량계획 및 설계 p.1786

강상형(Steel Box Girder) 곡선 박판보에서 발생하는 응력의 종류에 대하여 설명하시오.

풀 이

▶ 개요

일반적인 구조물의 해석을 위해서는 휨과 전단에 대한 6개의 자유도를 고려한다. 그러나 곡선보와
같은 구조물에서는 휨, 전단 이외에 뒤틀림에 의한 추가적인 응력이 발생할 수 있다. 곡선교에서의
뒤틀림은 개단면(Open Section)의 경우 뒤틀림(뒴, Warping Displacement)의 구속에 의해 단면
내에 축력이 발생될 수 있고 폐단면(Closed Section)의 경우 단면의 뒤틀림 변형(Distortion)구속으
로 추가 응력이 발생될 수 있기 때문이다. 따라서 강상형 곡선 박판보와 같은 구조물은 뒤틀림을 고
려한 7개 자유도를 고려한다.

▶ 곡선 박판보(Thin-Walled Beam)에서 발생하는 응력

곡선교에서의 상부하중은 곡률로 인해 편심하중을 유발하게 되며, 이로 인해 휨과 전단으로 인한
응력이 발생한다. 편심하중은 휨하중(Flexure)과 비틀림하중(Torsion)으로 구분할 수 있으며, 비
틀림하중은 다시 순수한 비틀림 하중과 뒤틀림 하중으로 구분될 수 있다.

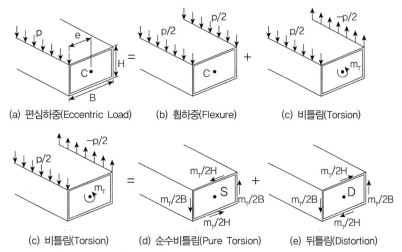

(a) 편심하중(Eccentric Load)　　(b) 휨하중(Flexure)　　(c) 비틀림(Torsion)

(c) 비틀림(Torsion)　　(d) 순수비틀림(Pure Torsion)　　(e) 뒤틀림(Distortion)

※ (a) 편심하중(하중 p와 편심 e의 구조물)은 (b) 순수 휨 하중(하중 p/2 양단부 재하 구조물)과 e만큼의 편심으로 인한 (c) 비틀림(양
단부 p/2 짝힘, 비틀림)의 합력으로 표현될 수 있으며, (c) 비틀림은 다시 (d) 순수비틀림(짝힘(p/2)으로 인해 발생되는 모멘트 m_T를
높이(H)와 폭(B)로 분산하여 전단면에 1/2의 전단력이 분포되는 순수비틀림)과 (e) 뒤틀림(상하면은 1/2의 전단력이 순수비틀림
형상과 상쇄하도록 하고, 벽면에서의 1/2의 전단력은 (d)와 합산되어 (c)와 같도록 분배된 뒤틀림력)으로 표현될 수 있다.

폐단면의 편심하중으로 인한 하중 분배

박판보의 응력

응력의 종류	수직응력	전단응력
휨응력	$f_b = \dfrac{M}{I}y$	$v_b = \dfrac{SQ}{It}$
순수비틀림응력	–	$v_s = \dfrac{T_s}{2Ft}$
뒴비틀림(warping)응력	$f_W = \dfrac{M_W}{I_W}w$	$v_w = \dfrac{T_W}{I_w t}V_w$
뒤틀림(distorsion)응력	$f_{DW} = \dfrac{M_{DW}}{I_{DW}}w_d$	–

일반적으로 강상형 박스와 같은 폐단면에서 발생되는 뒤틀림 응력은 그 크기가 통상 작고 고려하기 어렵기 때문에 브레이싱이나 다이아프램의 간격을 적정하게 설치하여 충분한 강성을 확보해 고려하지 않는 것이 일반적이다(도로교설계기준 한계상태설계법 4.6.1.2).

직선교에 있어서는 비틀림모멘트가 주로 활하중의 편심재하에 의해 발생하는 반면, 곡선교에서는 활하중뿐만 아니라 고정하중에 의해서도 비틀림모멘트가 발생되므로 비틀림 강성이 큰 강상자형을 사용하는 것이 매우 효율적이다. 곡선교는 휨과 비틀림의 합성작용으로 인한 외력에 대한 단면력 산정방법으로는 격자해석법·유한차분법·유한요소법 등을 사용할 수 있다. 격자해석법은 곡선을 작은 직선보 요소로 분할하여 해석하는 방법으로 뒴비틀림(Warping Torsion)의 효과가 고려되지 않기 때문에 그 효과를 무시할 수 있는 상자형에 사용할 수 있다. 유한차분법은 뒴비틀림을 해석상 고려할 수 있는 간단한 방법이나 단일 거더에만 사용할 수 있다. 유한요소법은 매우 복잡한 해석방법으로 잘 사용되지 않고 있다. 곡선교의 응력계산은 직선교의 경우와 같으며, 특히 상자형의 경우 뒴비틀림 응력을 무사할 수 있고 충분한 강성을 가진 격벽(Diaphragm)을 적당한 간격으로 배치함으로써 일그러짐에 의한 뒴응력을 낮은 값으로 제한할 수 있다. 곡선교의 세부설계는 현행 도로교 설계기준에 특별한 규정이 없으므로 직선교에 준하여 실시하는 것이 보통이나 곡률이 매우 작은 경우에는 복부판의 초기형상이 곡선이므로 상당한 좌굴강도의 감소가 예상되기 때문에 설계 시 그에 대한 충분한 고려를 하여야 한다.

교량의 진동   토목구조기술사 합격 바이블 개정판 2권 제5편 교량계획 및 설계 p.2033, 2073

교량의 진동 특성에 대하여 설명하시오.

풀 이

▶ 개요

교량은 지간의 길이에 따라 다소 차이는 있으나, 일반적으로 차량 등의 활하중이나 풍하중, 지진하중 등으로 인해 진동하는 특성이 있다. 이러한 진동은 피로하중을 유발하게 되며, 또한 각각의 구조물의 고유진동수와 공진하게 되면 동적응답의 증폭으로 인해 구조물에 피해가 발생할 수도 있다.

▶ 교량의 진동 특성

1) 교량의 진동 특성

일반적으로 교량의 감쇠비는 콘크리트교가 크고, 감쇠 종료시간은 강교가 길어 강교가 콘크리트교보다 진동피해를 많이 받는다. 콘크리트교는 동탄성계수, 강교는 합성단면을 사용하면 실측치에 가까운 진동수를 계산할 수 있으며, 변위에 의한 충격계수와 변형에 의한 충격계수값은 다르다. 일반적인 교량의 고유진동수는 다음과 같다.

① 노면 상태가 양호한 교량 : 2.3~4.5Hz
② 노면 상태가 불량한 교량 : 2~3Hz, 6.5Hz 이상

2) 차량 하중으로 인한 진동

일반적으로 차량의 주행으로 인한 진동은 도로교에서보다 활하중의 크기가 큰 철도교에서의 영향이 더 크다. 정적 해석 과정에서 차량의 주행으로 인한 동적거동의 영향은 일반적으로 충격계수를 이용하여 고려되며, 장대교량과 같은 주요한 구조물에 대해서는 활하중의 이동하중 해석이나 시간이력 해석을 통해서 구조물의 동적인 거동 특성에 대하여 고려한다.

충격계수(도로교설계기준, 2015)

구분		IM(%)
바닥판, 신축이음장치 모든 한계상태		70
모든 다른 부재	피로한계상태 제외한 모든 한계상태	25
	피로한계상태	15

3) 풍하중으로 인한 진동

바람으로 인해 교량의 진동이 발생할 수 있으며, 단경간에 비해 장경간의 교량이 그 영향이 더

크다. 일반적으로 교량에 발생되는 진동의 형태는 와류진동과 버펫팅과 같은 강제진동과 갤로핑, 플러터와 같은 자발진동 등으로 구분된다. 진동에 대한 대책으로는 주로 교량 구체의 질량과 강성을 증가시키거나 감쇠를 증가할 수 있는 시설을 설치하는 등의 방법이 사용되며, 장대교량의 경우 단면형상 변경과 같은 공기역학적 대책을 이용하기도 한다.

내풍 대책의 구분과 주요 내용

정적 내풍 대책	동적 내풍 대책		
	구조역학적 대책	공기역학적 대책	기타
• 풍하중에 대한 저항의 증가	• 질량 증가(m) 부가질량, 등가질량 증가	• 단면형상의 변경	Air Gap 설치 풍환경 개선
• 풍하중의 저감 – 수풍면적의 저감 – 공기력 계수의 저감	• 강성 증가(k) 진동수 조절$\left(f \propto \sqrt{\dfrac{k}{m}} \right)$	• 공기역학적 댐퍼 – 기류의 박리 억제 (Fairing, Spoiler) – 박리된 기류의 교란 (Fluffer, Shroud) – 박리와류 형성의 공간적 상관의 저하	
	• 감쇠 증가(c) 구조물 자체 감쇠 증가, TMD, TLD 등 설치, 기계적 댐퍼 설치		

4) 지진하중으로 인한 진동

지진하중에 의해서도 질량의 동조에 따라서 그 크기가 커지기 때문에 <u>장경간 교량의 영향이 더 크다</u>. 교량은 지진하중으로부터의 교량의 진동을 최소화하거나 하중을 견디도록 설계하는 것이 일반적이며, 내진설계, 면진설계, 제진설계의 방법이 있다. 단경간 교량의 경우 정적하중으로 치환하는 내진설계를 주로 하는 반면, 장경간 교량의 경우 지진하중에 대한 교량의 진동 특성을 분석하는 다중모드스펙트럼 해석을 수행하기도 한다. 이때 지진력의 모사는 주요 발생 가능한 지진하중이나 표준 스펙트럼을 이용하며 교량의 동적거동모드를 다수 예측하여 공진으로 인한 피해가 발생되지 않도록 설계한다.

성능 설계법

성능 설계법에 대하여 설명하시오.

풀 이

성능기반설계의 개요, 용어 및 기본적 방법(이학, 한국강구조학회학술발표논문집)
성능기반설계에서의 요구성능의 개념 정의 및 필요성(이병국, 한국콘크리트학회, 2008)

▶ 개요

ISO 15686에서는 '성능'을 "일정시점에서 핵심적인 특성에 관한 품질기준"이라고 정의한다. 성능중심설계(Performance-Based Design, PBD)는 구조물의 목적과 그것에 적합한 기능을 명시하고 기능을 갖추기 위해 필요한 성능을 규정하여 규정된 성능을 구조물의 공용기간 중 확보해 그 기능을 만족시키게 하는 설계방법을 말한다.

▶ 성능중심설계

성능중심설계(Performance-Based Design)는 부재의 고강도화, 경량화 및 연성능력의 확보에 따른 경제적인 구조물의 설계를 유도하는 설계법으로 내화, 피로, 처짐, 내풍, 내진, 내구성 등 다양한 분야에 적용할 수 있다. 성능은 구조물의 거동에 관련되기 때문에 일반사람에게 있어서 익숙하지 않을 수 있다. 하지만 공학적 판단, 즉 조사(Check, Verification)를 시행하는 경우에는 성능 쪽이 더 다루기 쉬워진다. 따라서 구조물이 소정의 기능을 갖추고 있는지 아닌지를 직접 조사하는 대신에 성능을 조사하는 성능중심설계(Performance-Based Design)가 제시되었다.

		성능수준			
		완전기능	기능수행	인명안전	붕괴방지
설계지진수준	자주 50%/50년	A	B	C	D
	가끔 20%/50년	E	F	G	H
	드문 10%/50년	I	J	K	L
	아주 드문 5%/50년	M	N	O	P

ATC-40, FEMA-273 지진에 대한 구조물 성능목표

성능중심설계에서 제시하는 적합한 기능과 성능은 구조물의 기능, 경제적 가치, 역사적 가치, 천재지변 등으로 인한 갑작스런 구조물의 기능 정지 시 손실 발생 정도 등에 의해 제안되고 규정된다. 이러한 규정에 의해 각 구조물에 대한 성능의 매트릭스가 가정되며, 이러한 규정은 각 국가별로 다

양하다.

성능 기반설계기준의 반대 개념은 사양설계(Prescriptive Design)기준이다. 기존 설계 개념인 사양설계기준의 장점은 기준에 기술되어 있는 규정에 따르면 되기 때문에 선택에 대해 생각할 필요가 없어 적용이 쉽다는 것이다. 반면 새로운 개념인 성능중심설계는 목적하는 바에 따라 해결책이 달라지며, 여러 가지 방법을 동원하여 목적하는 바를 달성할 수 있고, 기술개발 및 성능평가기술의 우위를 바탕으로 건설시장 개방에 적극적으로 대응할 수 있다는 이점이 있다.

사양설계기준과 성능중심설계 비교

구분	사양설계기준	성능중심설계
장점	• 설계가 용이 • 발주자가 빠르고 쉽게 결과물에 대한 검토수행 • 법률적인 집행 용이	• 요구 성능과 결합 가능한 설계 • 신기술이 비교적 빨리 반영 가능 • 국제건설시장의 흐름과 맞는 기준
단점	• 신기술·신공법 적용 곤란, 설계자 기술개발 한계 • 최적 공사비 설계곤란 • 국제시장 장벽으로 작용하여 문제발생 소지 존재	• 설계자의 위험부담 증가 • 설계에 대한 상세실험 및 검토 등 전문적 접근 필요 • 기준의 정량화 곤란

➤ 국내 사례

국내의 콘크리트구조기준에서도 부록 편에 성능기반설계 기본 고려사항을 신설하여 성능기반형으로 설계되는 콘크리트 구조물에 적용 가능한 성능검증 방법의 개념과 설계원칙을 제시하고 있다.

1) 콘크리트구조기준(2012) 성능기반설계 기본 고려사항

① 콘크리트 구조물의 안전성능, 사용성능, 내구성능 또는 환경성능을 고려하여 필요한 성능지표를 정하고 이들 각각에 대한 정략적 목표 제시(발주자)

② 콘크리트 구조물은 적절한 정도의 신뢰성과 경제성을 확보하면서 목표하는 사용수명 동안 발생 가능한 모든 하중과 환경에 대하여 요구되는 구조적 안전성능, 사용성능, 내구성능과 환경성능을 갖도록 설계

③ 안전성능의 한계상태는 하중, 응력 또는 변형과 관련되는 항목으로 표시

④ 사용성능의 한계상태는 응력, 균열, 변형 또는 진동 등의 항목으로 표시

⑤ 내구성능의 한계상태는 환경조건에 따른 성능 저하인자가 최외측 철근까지 도달하는 시간 또는 콘크리트 특성이 일정 수준 이하로 저하될 때까지의 소요되는 시간으로 정의되는 내구수명으로 표시

⑥ 환경성능의 한계상태는 구조물을 구성하는 재료의 제조, 시공, 유지관리와 폐기 및 재활용 등의 모든 활동으로 인해 발생하는 환경저해요소 등의 항목으로 표시

하중수정계수   토목구조기술사 합격 바이블 개정판 2권 제5편 교량계획 및 설계 p.1647

한계상태설계법에서의 하중수정계수 η_i에 대하여 설명하시오.

풀 이

▶ 하중수정계수

한계상태설계법은 확률론적 신뢰성 이론에 따라 한계상태를 구분하여 각각의 한계상태에 대해서 만족할 수 있도록 하고 있으며, 이때에 하중에 대해서는 하중효과(Q_i)와 하중효과에 적용되는 통계적 산출계수(γ_i)과 구조물의 연성(η_D), 여용성(η_R), 구조물의 중요도(η_I)를 고려한 하중수정계수를 고려하여 구조물의 부재의 저항계수와 비교토록 하고 있다. 하중계수(γ_i)와 저항계수(ϕ)는 기존 강도설계법의 하중계수와 동일한 개념이며, 하중수정계수(η_i)는 재료, 부재의 연결성, 구조물의 중요도를 세부적으로 고려한 개념으로 성능 중심의 세부항목이 반영되었다.

$$\sum \eta_i \gamma_i Q_i \leq R_r$$

여기서, γ_i : 하중계수 η_i : 하중수정계수 ϕ : 저항계수 X_i : 재료의 기준강도
      R_r은 계수저항으로 콘크리트 부재는 $R\{\phi_i X_i\}$, 그 외는 ϕR_n을 적용

▶ 하중수정계수

한계상태설계법(2016)은 확률론적 신뢰성이론에 따라 다음과 같이 한계상태를 구분하여 각각의 한계상태에 대하여 만족하도록 규정하고 있다. 사용한계상태에서의 저항계수는 1.0이며, 극단상황한계상태에서는 규정에 따라 다르게 적용한다. 모든 한계상태는 동등한 중요도를 갖는 것으로 고려되어야 한다.

- 최대하중계수가 적용되는 하중의 경우 $\eta_i = \eta_D \eta_R \eta_I \geq 0.95$

- 최소하중계수가 적용되는 하중의 경우 $\eta_i = \dfrac{1}{\eta_D \eta_R \eta_I} \leq 1.0$

여기서, η_i : 하중수정계수(연성, 여용성, 구조물의 중요도에 관련된 계수)

1) 연성 고려

극한한계상태 및 극단상황한계상태에서 파괴 이전에 현저하게 육안으로 관찰될 정도의 비탄성 변형이 발생될 수 있도록 연성이 요구된다. 콘크리트 구조의 경우 연결부의 저항이 인접구성요

소의 비탄성 거동에 의해 발생하는 최대 하중효과의 1.3배 이상이면 연성요구조건을 만족하는 것으로 간주하며, 에너지 소산장치와 같은 연성을 제공하는 방법도 적용될 수 있다. 발주자가 결정하는 사항으로 일반적으로 1.0이 적용된다.

η_D(Ductility) : 연성에 관련된 계수

$\eta_D \geq 1.05$: 비연성 구조요소 및 연결부, $\eta_D = 1.00$: 통상적인 설계 및 상세,

$\eta_D \geq 0.95$: 추가 연성보강장치가 규정되어 있는 구성요소 및 연결부

2) 여용성 고려

여용성은 부재나 구성요소의 파괴가 교량의 붕괴를 초래하지 않는 성능을 의미하며 다재하 경로 구조와 연속구조로 하는 것이 바람직하다. 여용성 계수는 상부구조뿐만 아니라 하부구조에도 적용할 수 있다. 발주자가 결정하는 사항으로 일반적인 상부구조는 1.0 주거더가 2개인 단재하 구조인 상부구조는 1.05로 구분해서 적용할 수 있다.

η_R(Redundancy) : 여용성에 관련된 계수

$\eta_R \geq 1.05$: 비여용 부재, $\eta_R = 1.00$: 통상적 여용 수준, $\eta_R \geq 0.95$: 특별한 여용 수준

3) 중요도 고려

교량의 형식이나 설치 위치 등을 고려하여 정하는 계수로 발주자가 결정할 수 있도록 하였다. 고속도로의 경우 중요도 계수 1.0과 1.05 적용 시의 교량형식별 영향을 분석한 결과 큰 변화가 없는 것을 감안하여 고속도로 교량의 통상 중요도 계수는 1.0을 적용하고 있다.

η_I(Importance) : 중요도에 관련된 계수

$\eta_I \geq 1.05$: 중요교량, $\eta_I = 1.00$: 일반교량, $\eta_I \geq 0.95$: 상대적으로 중요도가 낮은 교량

TIP | 교량형식별 중요도 계수 η_I(1.0과 1.05)에 따른 영향 |

- 라멘교 : 하중계수 증가로 인하여 부재력이 증가, 저항력/부재력 비율이 다소 저감, 사용철근 변화는 크지 않음
- PSC 거더교 : PSC 거더는 사용한계상태에서 부재단면이 결정되어 하중수정계수의 영향이 없음
- 강합성 거더교 : 강재거더의 경우 극한한계상태에서 부재단면이 결정됨, 플랜지의 두께가 최적설계된 경우에 내부지점부 하부플랜지의 두께 증가가 발생할 수 있음
- 거더교 바닥판 : 경험적설계법 구간은 하중수정계수의 영향이 없음. 캔틸레버 구간은 하중 증가에 따라 저항력/부재력 비율이 다소 저감되나 사용철근의 변화는 크지 않음

합성단면   토목구조기술사 합격 바이블 개정판 2권 제4편 강구조 p.1600

합성 압축부재 단면의 공칭강도 결정 방법에 대하여 설명하시오.

풀 이

▶ 개요

철골과 철근콘크리트를 합성한 SRC(Steel Reinforced Concrete) 구조는 철근 콘크리트와 철골의 각기 단점을 보충하여 장점을 살린 합성구조로서 철골둘레에 철근을 배치하고 콘크리트를 타설한 것으로 역학적으로 일체로 작용토록 한 구조물이다. 합성단면의 가용강도(Available Strength)는 소성응력 분포법이나 변형도적합법을 사용하여 구할 수 있으며 강구조설계기준(2014)과 도로교설 계기준(2015)에서도 이 방법을 채택하였다. 합성단면의 설계는 강재와 콘크리트의 거동을 동시에 고려해야 하며, 강구조설계기준과 콘크리트설계기준 사이의 모순점을 최소화하고 합성설계의 장 점을 나타내도록 하여야 하며 이를 위하여 기둥의 설계에 있어서 콘크리트 구조설계기준에서 사용 되는 단면강도법을 주로 사용한다.

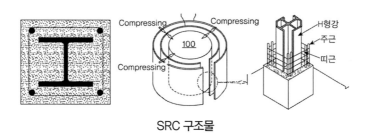

SRC 구조물

▶ 합성 압축부재의 공칭강도 결정 방법

합성압축부재의 공칭강도는 크게 철골을 동량의 철근으로 바꾸어 계산하는 철근 콘크리트 방식과 콘크리트는 무시하고 철근을 철골의 일부로 대치해 철골방식, RC와 철골의 허용단면력을 합산하 는 누가강도방식이 있다. 국내 강구조설계기준의 합성기둥의 한계상태설계법에서는 매입형과 충 전형의 두 가지 형태로 구분하고 각각의 기둥에 대한 적용 제한사항을 두고 있으며, 소성응력 분포 법과 변형률적합법의 2가지 방법을 사용하여 합성 압축부재의 공칭강도를 결정하도록 하고 있다. 이때 콘크리트의 인장강도는 무시하도록 하였다.

1) 합성단면의 공칭강도 산정방법(강구조설계기준, 2014)

　① **소성응력분포법** : 소성응력분포법에서는 강재가 인장 또는 압축으로 항복응력에 도달할 때 콘크리트는 압축으로 $0.85f_{ck}$의 응력에 도달한 것으로 가정하여 공칭강도를 계산한다. 충전

형 원형 강관 합성기둥의 콘크리트가 균일한 압축응력을 받는 경우 구속효과를 고려한다.

② **변형률 적합법** : 변형률 적합법에서는 단면에 걸쳐 변형률이 선형적으로 분포한다고 가정하며 콘크리트의 최대 압축변형률을 0.003mm로 가정한다. 강재 및 콘크리트의 응력 변형률 관계는 공인된 실험을 통해 구하거나 유사한 재료에 대한 공인된 결과를 사용한다.

2) 합성단면의 공칭강도 산정식(강구조설계기준, 2014)

① 매입형 합성기둥의 압축강도 : 축하중을 받는 매입형 합성기둥의 설계압축강도 $\phi_c P_n$은 기둥세장비에 따른 휨좌굴 한계상태로부터 다음과 같이 하며 강도저항계수는 $\phi_c = 0.75$를 적용한다.

$$P_e \geq 0.44 P_0 \qquad P_n = P_0 \left[0.658^{\left(\frac{P_0}{P_e} \right)} \right]$$

$$P_e < 0.44 P_0 \qquad P_n = 0.877 P_e$$

여기서, $P_0 = A_s f_y + A_{sr} f_{yr} + 0.85 A_c f_{ck}$, $P_e = \dfrac{\pi^2 (EI_{eff})}{(KL)^2}$

$$EI_{eff} = E_s I_s + 0.5 E_s I_{sr} + C_1 E_c I_c$$

$$C_1 = 0.1 + 2 \left(\frac{A_s}{A_c + A_s} \right) \leq 0.3$$

② 매입형 합성기둥의 인장강도 : $\phi_t = 0.90$을 적용한다.

$$P_n = A_s f_y + A_{sr} f_{yr}$$

③ 충전형 합성기둥의 압축강도 : 축하중을 받는 충전형 합성기둥의 설계압축강도 $\phi_c P_n$은 기둥세장비에 따른 휨좌굴 한계상태로부터 다음과 같이 하며 강도저항계수 $\phi_c = 0.75$를 적용한다.

$$P_e \geq 0.44 P_0 \qquad P_n = P_0 \left[0.658^{\left(\frac{P_0}{P_e} \right)} \right]$$

$$P_e < 0.44 P_0 \qquad P_n = 0.877 P_e$$

여기서, $P_0 = A_s f_y + A_{sr} f_{yr} + C_2 A_c f_{ck}$, $P_e = \dfrac{\pi^2 (EI_{eff})}{(KL)^2}$

$$C_2 = 0.85 : 각형강관$$
$$\quad = 0.95 : 원형강관(교량 강구조)$$
$$\quad = 0.85 \left(1 + 1.8 \frac{t f_y}{D f_{ck}} \right) : 원형강관(건축물 강구조)$$
$$EI_{eff} = E_s I_s + 0.5 E_s I_{sr} + C_3 E_c I_c$$

$$C_3 = 0.6 + 2\left(\frac{A_s}{A_c + A_s}\right) \leq 0.9$$

④ 충전형 합성기둥의 인장강도 : $\phi_t = 0.90$을 적용한다.

$$P_n = A_s f_y + A_{sr} f_{yr}$$

⑤ 휨과 압축력을 동시에 받는 합성기둥(휨과 축력이 작용하는 1축 및 2축 대칭단면부재)

합성기둥이 축방향 압축력과 x방향 또는 y방향의 휨모멘트를 동시에 받는 경우 다음과 같이 수정 후 조합식에 적용시킨다.

$$\frac{P_u}{\phi_c P_n} \geq 0.2 : \frac{P_u}{\phi_c P_n} + \frac{8}{9}\left(\frac{M_{ux}}{\phi_b M_{nx}} + \frac{M_{uy}}{\phi_b M_{ny}}\right) \leq 1.0$$

$$\frac{P_u}{\phi_c P_n} < 0.2 : \frac{P_u}{2\phi_c P_n} + \left(\frac{M_{ux}}{\phi_b M_{nx}} + \frac{M_{uy}}{\phi_b M_{ny}}\right) \leq 1.0$$

웨브 좌굴 보강 　　　　　　　　토목구조기술사 합격 바이블 개정판 2권 제4편 강구조 p.1309

플레이트 거더의 웨브 좌굴 보강 방법에 대하여 설명하시오.

풀 이

▶ 개요

휨에 대해 거동하는 플레이트 거더교에서는 좌굴은 보의 전체거동에 영향을 주는 횡비틀림좌굴 (Lateral Torsional Buckling, LTB)과 플랜지(Flange Local Buckling, FLB)와 웨브(Web Local Buckling, WLB)에서의 국부좌굴로 구분될 수 있다. 웨브의 경우 보강재를 통해 국부좌굴이 발생되지 않도록 하는 것이 일반적인 웨브의 좌굴 보강방법이다. 웨브의 좌굴은 보강재의 보강으로 인해 좌굴 후 강도(Post Buckling Strength)가 상당한 크기로 발휘되는 특성이 있다. 그러나 이전의 허용응력설계법에서는 국부좌굴을 허용하지 않았기 때문에 웨브 좌굴의 안전율을 작게 설정하는 방법을 주로 사용하였으나, 도로교설계기준(2015)에서는 웨브의 전단좌굴을 고려할 때 인장장 작용 여부에 따라 구분하여 강도를 산정하도록 하고 있다.

일반적으로 플레이트 거더 웨브의 설계는 다음의 두 가지 접근법이 사용된다. ① 좌굴 후 강도를 허용하기 위해 안전율을 상대적으로 낮게 설정한 한계상태를 기준으로 하는 방법 ② 다른 부재들과 마찬가지로 항복이나 극한강도에 대한 안전율을 동등하게 설정한 한계상태를 기준으로 하는 방법

Plate Girder 웨브의 좌굴 형상

구분	Shear Buckling of Web	Compression Buckling of Web	Local Buckling of Web (Due to Vertical Load)
형상			Distributed Concentrated Bending

▶ 웨브의 좌굴 보강방법

좌굴에 대한 설계상의 대책은 허용응력의 감소를 통해서 부재의 좌굴 안정성을 확보하는 방법과 보강재를 통해서 강도 증가, 비지지길이 감소, 세장비 감소, 국부좌굴 방지 등을 통해서 강도를 확보하는 방법으로 크게 구분할 수 있다.

좌굴이 플레이트 거더 웨브의 기본 설계의 개념으로 정의할 때 보수적인 보 이론에 따라 계산된 웨브의 최대 응력은 안전율을 고려한 좌굴응력을 초과하지 않아야 하며, 플레이트 거더 웨브의 좌굴을 결정하는 기하학적 변수는 웨브의 두께(t), 웨브의 깊이(h), 횡방향보강재의 간격(a) 등이 있다.

1) 허용응력설계법

① **허용응력의 저감** : 강구조의 허용압축응력은 기둥의 좌굴강도, 보의 횡좌굴강도를 기본 내하력으로 하여 결정된다. 기본 내하력은 부재의 잔류응력, 초기 변형 등의 불완전 성질을 고려한 실험적 방법으로 구해진다. 허용응력은 기본 내하력에 안전율로 나누어 구한다.

② **각종 보강재를 이용한 보강 설계** : 강부재의 면외좌굴로 인한 국부좌굴을 방지하기 위하여 각종 보강재를 설치하여 국부좌굴을 방지하도록 한다.

2) 한계상태설계법

① **좌굴 후 강도 고려** : 좌굴 후 강도를 허용하기 위해 안전율을 상대적으로 낮게 설정한 한계상태를 기준으로 하는 방법이다.

② **좌굴 후 강도 미고려** : 다른 부재들과 마찬가지로 항복이나 극한강도에 대한 안전율을 동등하게 설정한 한계상태를 기준으로 하는 방법이다.

지진

지진의 규모와 진도에 대하여 설명하시오.

풀 이

▶ 개요

지진파는 크게 지진의 규모(Magnitude)와 진도(Intensity)로 표현되며, 지진의 규모(Magnitude, M)는 절대적인 개념으로 국내의 경우 1~9단계로 구분된 리히터 스케일(Richter Scale)로 표현되며 진앙지로부터 100km 떨어진 지점의 로그스케일로 표현된다.

진도(Intensity)의 경우 피해 정도를 기준으로 표현되는 상대적인 개념의 단위로 국내에서는 1~12단계로 구분된 수정메르칼리 진도(Modified Mercalli Intensity, MMI)로 표현된다.

▶ 지진의 규모, 절대적 개념의 단위

규모(Magnitude, M)는 지진의 강도를 나타내는 절대적 개념의 단위로, 1935년 미국의 지질학자인 리히터(Charles Richter)가 제안했다. 제안자의 이름을 따서 '**리히터 규모**'라고도 부른다. 리히터 규모(M)는 진앙거리 100km의 지점에 배율이 2,800배가 되는 특정 규격의 지진계를 놓고 관측했을 때 기록된 최대 진폭(미크론, 1/1,000mm)에 상용대수(log)를 취함으로써 나타내며, 지진계에 기록된 지진파의 최대 진폭을 측정해 지진에 의해 방출된 에너지의 양을 측정하는데, 진폭과 진동주기의 함수로 다음의 식과 같이 표현된다.

$$M = \log\left(\frac{\text{최대 진폭}}{\text{1회진동시간}}\right) + \text{보정계수}$$

보정계수는 지진계와 진앙 사이의 거리에 비례하는 계수로 S파와 P파의 도달시간 차이로부터 계산된다. 이 경우 진폭이 10배 증가하면 리히터 규모는 1이 증가하므로, 리히터 규모 7의 지진이 갖는 진폭은 리히터 규모 6의 지진보다 진폭이 10배 커진다. 또한 지진 발생 시 방출되는 에너지는 리히터 규모 1이 증가할 때마다 약 32배(정확히는 $10^{3/2}$배)만큼 커지는데, 예를 들어 리히터 규모 7의 지진은 리히터 규모 6의 지진보다 약 32배 큰 에너지를 방출하며 리히터 규모 5의 지진보다는 1,000배 큰 에너지를 방출한다. 지진파 에너지(E)와 규모(M)과의 관계는 일반적으로 Gutenberg와 Richter가 제안한 다음의 식을 사용한다.

$$\log E = 11.8 + 1.5M$$

여기서, M은 단위가 없으며, E는 에너지 단위를 갖게 된다. 앞서 언급한 바와 같이 지진규모가

1.0 증가하면 지진에너지는 약 32배 증가한다.

$$\log E = 11.8 + 1.5M, \ E = 10^{11.8 + 1.5M}$$

$M = 1$일 때, $E_{(M=1.0)} = 10^{11.8 + 1.5 \times 1.0} = 10^{13.3}$

$M = 2$일 때, $E_{(M=2.0)} = 10^{11.8 + 1.5 \times 2.0} = 10^{14.8}$

$\therefore \ \dfrac{E_{(M=2.0)}}{E_{(M=1.0)}} = 10^{1.5} = 31.623 \approx 32$

규모 변화	지반운동(변위)	에너지변화
1.0	10.0배	32.0배
0.5	3.2배	5.5배
0.3	2.0배	3.0배
0.1	1.3배	1.4배

국내 기상청에서는 일본에서 개발된 진앙거리(R, km)와 지반운동의 최대수평성분(A, 남북, 동서 방향최대속도성분의 벡터합)을 이용하여 규모를 결정한다.

$$M = 1.73 \log R + \log A - 0.73$$

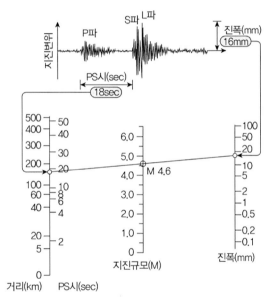

리히터 규모의 결정 방법

▶ 지진의 진도, 상대적 개념의 단위

진도(Intensity)는 어떤 장소에 나타난 지진동의 세기를 사람의 느낌이나 주변의 물체 또는 구조물의 흔들림 정도를 수치로 표현한 것으로 정해진 설문을 기준으로 계급화한 척도이다. 그렇지만 지금은 계측기에 의해서 직접 관측한 값을 진도값으로 채용하는 경우도 많다. 진도는 지진의 규모와 진앙거리, 진원깊이에 따라 크게 좌우될 뿐만 아니라 그 지역의 지질구조와 구조물의 형태 및 인원현황에 따라 달리 평가될 수 있다. 따라서 규모와 진도는 1대 1 대응이 성립하지 않으며 하나의 지진에 대하여 여러 지역에서의 규모는 동일수치이나 진도 계급은 달라질 수 있다. 진도는 계급값을 쓰는 대신 가속도단위(cm/sec²)로 나타내기도 하고, 중력가속도 1g＝980cm/sec²를 사용하기도 한다. 또 cm/sec²는 gal로 표시하며 1g＝980gal이라고도 쓴다. 진도는 상대적 개념이기 때문에 진도계급은 세계적으로 통일되어 있지 않으며 나라마다 실정에 맞는 척도를 채택하고 있다. 기상청은 과거 일본 기상청계급(JMA Scale, 1949)을 사용하여왔으나 2001년 1월 1일부터는 미국에서 시작되어 여러 나라가 사용하는 MMI Scale(Modified Mercalli scale, 1931 ; 1956)을 사용한다.

➤ **지진의 규모(Magnitude)와 진도(Intensity)의 관계**

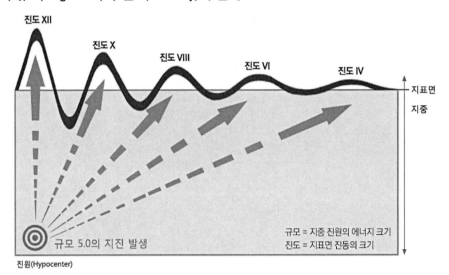

규모와 진도와의 상대적인 값의 비교는 이론적으로는 결정할 수 없고 통계적인 방법으로 결정한다. 지진이 많이 발생하는 미국에서 결정된 관계식은 다음과 같다.

$$M = \frac{2}{3}MMI + 1 \text{(미서부 경험식)}, \qquad M = \frac{1}{2}MMI + 1.75 \text{(미동부 경험식)}$$

$$\log_{10}PGA = 0.3MMI + 0.014 \qquad \text{(Trifunac and Brady)}$$

$$\log_{10}PGA = 0.33MMI - 0.5 \qquad \text{(Gutenberg and Richter)}$$

여기서, M : 규모, MMI : 최대진도, PGA (gal, cm/sec²)

✓ 수정메르칼리 진도 계급표를 참고하여 내진설계 기준 선정 시 붕괴 방지 수준의 최대지반가속도에 해당하는 진도를 상기 산정식에 대입하면, $M = 1 + 2/3 × 7.8 = 6.2$(6.2규모의 지진에 견디도록 설계, 내진설계 기준상의 최대지반가속도 0.224g에 해당하는 MMI 진도계급상의 진도값=7.8)

규모 (M)	진도 (MMI)	가속도 계수(g)	구조물, 자연계 영향	인체 영향
1.0~ 2.9	I	–	특수한 조건에서 극소소위 사람만이 느낌	극소수의 민감함 사람만 느낌
3.0~ 3.9	II	–	건물 위층에 있는 소수의 사람만이 느낌	민감한 사람만이 느낌
	III	–	정지하고 있는 차가 약간 흔들리며 트럭이 지나가는 듯한 진동	실내, 특히 건물 위층에 있는 사람들이 뚜렷하게 느낌
4.0~ 4.9	IV	0.015~0.02	그릇, 창문 등이 흔들리며 벽이 갈라지는 듯한 소리가 남	여러 사람이 느낌
	V	0.03~0.04	그릇과 창문이 깨지기도 하며, 고정되지 않은 물체가 넘어지기도 함	거의 모든 사람이 느낌
5.0~ 5.9	VI	0.06~0.07	무거운 가구가 움직이기도 하며, 건물 벽에 균열이 생기기도 함	모든 사람이 느낌
	VII	0.10~0.15	설계와 건축이 잘 된 건축물에서는 피해를 무시할 수 있으나 보통 건축물은 약간의 피해 발생	모든 사람이 놀라 뛰쳐나옴
6.0~ 6.9	VIII	0.25~0.30	특수 설계된 건축물에 약간의 피해 발생, 굴뚝, 기둥, 기념비, 벽돌이 무너짐	서 있기 곤란하고 심한 공포를 느낌
	IX	0.50~0.55	특수 설계된 건축물에도 상당한 피해 발생, 지하송수관 파손	도움 없이는 걸을 수 없음
7.0 이상	X	0.60 이상	대부분의 건축물이 기초와 함께 부서짐	거의 모든 사람이 이성 상실
	XI	–	남아 있는 건축물이 거의 없으며 지표면에 광범위한 균열 발생	모든 사람이 이성 상실
	XII	–	전면적인 파괴상황, 지표면에 파동이 보임	대공황

변형에너지 　　　　　　　　　　　토목구조기술사 합격 바이블 개정판 1권 제1편 재료 및 구조역학 p.178

다음 그림은 축력, 휨, 전단, 비틀림을 받는 선형 구조물의 미소요소이다. 각각에 대해 변형에너지 U를 산정하는 식을 힘과 변위의 관계를 나타내는 그래프를 그려 설명하시오.

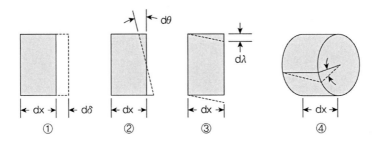

풀 이

▶ 개요

에너지의 방법은 내적 일과 외적 일과의 관계로부터 산출하는 방법으로 일반적으로 최소에너지의 법칙은 평형상태와 관련된다. 부재의 변형으로 인해 축적되는 변형에너지는 각 부재의 형상과 하중조건에 따라 다르게 표현된다. 에너지의 방법은 이러한 부재의 변형으로 인해 축적되는 변형에너지를 통해서 탄성범위 내에서의 문제(변위, 부정정력 산정 등)를 해결할 수 있다. 가상일의 법칙이나 Castigliano's 2nd theorem 등은 모두 에너지의 방법으로부터 유도된 내용이다.

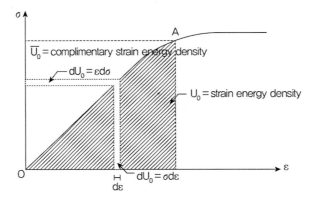

Strain Energy : $U = \int_V U_0 \, dV$

Strain Energy Density : $U_0 = \int_0^\epsilon \sigma \, d\epsilon$

Uniaxial Tension Test : $U_0 = \displaystyle\int_0^\epsilon \sigma d\epsilon = \int_0^\epsilon (E\epsilon)d\epsilon = \dfrac{E\epsilon^2}{2} = \dfrac{1}{2}\sigma\epsilon$

3D : $U_0 = \dfrac{1}{2}(\sigma_{xx}\epsilon_{xx} + \sigma_{yy}\epsilon_{yy} + \sigma_{zz}\epsilon_{zz} + \tau_{xy}\gamma_{xy} + \tau_{yz}\gamma_{yz} + \tau_{zx}\gamma_{zx})$

➤ 변형에너지 산정

1) 축력에 의한 변형에너지 산정

한 단이 고정된 축방향 부재에 대해 하중 P가 지속적으로 천천히 증가할 경우 동적 에너지를 무시할 수 있으며 이때 미소변위 $d\Delta\,(=d\delta)$만큼 신장됨으로 인해 발생한 일의 양 dW는 다음과 같다.

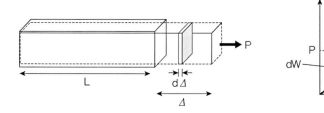

$dW = Pd\Delta$

$\Delta = \dfrac{PL}{EA}$ 이며, 하중과 변위와의 관계로부터 변형에너지 $U = \dfrac{1}{2}P\Delta = \dfrac{P^2L}{2EA}$

하중이나 단면, 탄성계수가 길이방향으로 변화할 경우 $U = \displaystyle\int_0^L \dfrac{P^2}{2EA}dx$

2) 휨에 의한 변형에너지 산정

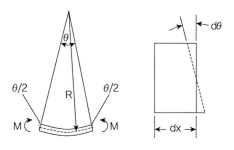

하중 M에 의해 회전각 $d\theta$로 인하여 발생한 일은 $Md\theta$,

$M = \dfrac{EI}{R}, \quad L = R\theta, \quad \theta = \dfrac{ML}{EI}$

$$U = \frac{1}{2} M\theta = \frac{M^2 L}{2EI}$$

하중이나 단면, 탄성계수가 길이방향으로 변화할 경우 $U = \int_0^L \frac{M^2}{2EI} dx$

3) 전단에 의한 변형에너지 산정

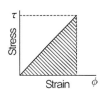 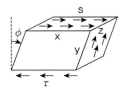

$$\gamma = \frac{d\lambda}{dx} = \tan\phi \fallingdotseq \phi, \quad \gamma = \tau / G, \quad \tau = \frac{VQ}{Ib}$$

$$\therefore U = \frac{1}{2}\tau\phi = \frac{\tau^2}{2G} = \frac{\left(\frac{VQ}{Ib}\right)^2}{2G} = \left(\frac{Q}{Ib}\right)^2 \frac{V^2}{2G}$$

하중이나 단면, 탄성계수가 길이방향으로 변화할 경우

$$W_I = \int_A \left(\frac{Q}{Ib}\right)^2 A \, dA \int_0^L \frac{V^2}{2GA} \, dx \;=\; \chi \int_0^L \frac{V^2}{2GA} \, dx$$

여기서 사용된 χ 를 전단형상계수라고 하며, 다음과 같다.

$$\therefore \chi = \int_A \left(\frac{Q}{Ib}\right)^2 A dA = \frac{A}{I^2} \int_A \frac{Q^2}{b^2} dA$$

4) 비틀림에 의한 변형에너지 산정

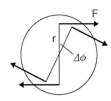 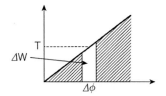

반지름이 r 인 원형 바에서 하중 F 가 커플로 작용할 경우 비틀림력 $T = 2Fr$, 바의 회전으로 인하여 미소 회전각 $\Delta\phi$ 로 인해 하중 F 는 미소변위 $s = r\Delta\phi$

$$\Delta W = 2(Fs) = T\Delta\phi$$

$\phi = \dfrac{TL}{GJ}$ 이며, 하중과 변위와의 관계로부터 변형에너지는

$$U = \frac{1}{2}\phi T = \frac{T^2 L}{2GJ}$$

하중이나 단면, 탄성계수가 길이방향으로 변화할 경우

$$U = \int_0^L \frac{T^2}{2GJ} dx$$

구조물의 처짐 　　　　　　　　　토목구조기술사 합격 바이블 개정판 1권 제1편 재료 및 구조역학 p.165

다음 그림과 같이 B단이 고정되어 있고, 반지름이 R인 원호형 캔틸레버보의 자유단 A에 하중 P가 작용하고 있을 때 자유단 A의 연직처짐 δ_v를 계산하시오. 단, 재료의 탄성계수 $E_s = 210,000$MPa, 반지름 $R = 2$m, 보의 직경 $d = 10$cm, 재료의 포아송비 $\nu = 0.3$, 하중 $P = 10$kN이다.

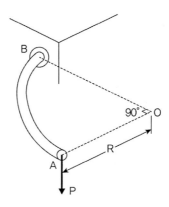

풀 이

➤ **개요**

에너지 법칙(Castigliano의 법칙)을 이용하여 풀이한다.

➤ **단면상수 산정**

$$A = \frac{\pi d^2}{4} = \frac{\pi \times 100^2}{4} = 7,854 \text{mm}^2, \quad I = \frac{\pi d^4}{64} = \frac{\pi \times 100^4}{64} = 4.908 \times 10^6 \text{mm}^4$$

$$G = \frac{E_s}{2(1+\nu)} = \frac{210,000}{2(1+0.3)} = 80,769 \text{MPa}$$

➤ **단면력 및 처짐 산정**

$$V_x = P, \ M_x = P(R - R\cos\theta), \ T_x = PR\sin\theta, \ x = R\theta$$

$$\frac{dV_x}{dP} = 1, \ \frac{dM_x}{dP} = R - R\cos\theta, \ \frac{dT_x}{dP} = R\sin\theta, \ dx = Rd\theta$$

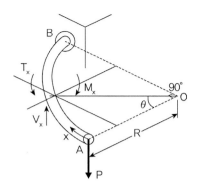

1) 전단에 의한 처짐(δ_1)

$$U_1 = \int \frac{\kappa V^2}{2GA}dx, \ \delta_1 = \frac{\partial U_1}{\partial P} = \frac{\kappa}{GA}\int_0^{\frac{\pi}{2}} PRd\theta \quad \text{여기서 } \kappa = 10/9\,(\text{원형, 전단형상계수})$$

2) 휨모멘트에 의한 처짐(δ_2)

$$U_2 = \int \frac{M^2}{2EI}dx, \ \delta_2 = \frac{\partial U_2}{\partial P} = \frac{1}{EI}\int_0^{\frac{\pi}{2}} PR^3(1-\cos\theta)^2 d\theta$$

3) 비틀림모멘트에 의한 처짐(δ_3)

$$U_3 = \int \frac{T^2}{2GJ}dx, \ \delta_3 = \frac{\partial U_3}{\partial P} = \frac{1}{GJ}\int_0^{\frac{\pi}{2}} PR^3\sin^2\theta d\theta$$

$$\delta_v = \frac{\kappa}{GA}\int_0^{\frac{\pi}{2}} PRd\theta + \frac{1}{EI}\int_0^{\frac{\pi}{2}} PR^3(1-\cos\theta)^2 d\theta + \frac{1}{GJ}\int_0^{\frac{\pi}{2}} PR^3\sin^2\theta d\theta = 96.9\text{mm}\,(\downarrow)$$

4) 전단형상 계수 κ

$$U = \int_V \frac{\tau\gamma}{2}dV = \int_V \frac{\tau^2}{2G}dV = \int_0^l \left[\int_A \frac{1}{2G}\left(\frac{VQ}{Ib}\right)^2 dA\right]dx = \int_0^l \left[\int_A \left(\frac{Q}{Ib}\right)^2 AdA\right]\frac{V^2}{2GA}dx$$

$$= \int_0^l \kappa\frac{V^2}{2GA}dx \ \therefore \ \kappa = \int_A \left(\frac{Q}{Ib}\right)^2 AdA = \frac{A}{I^2}\int_A \frac{Q^2}{b^2}dA$$

κ는 단면의 형상에 따른 계수로 직사각형 단면 6/5, 원형단면 10/9, I형 단면에서는 단면적을 복부의 단면적으로 대치하면 $\kappa = 1.0$이 된다.

RC와 PSC

다음 그림과 같은 단순보 중앙에 집중하중 P만 작용하는 철근콘크리트(RC)보와 집중하중 P와 단면의 도심에 압축력 P_e가 작용하고 있는 프리스트레스트 콘크리트(PSC)보가 있다. 지점 A로부터 1m 떨어진 도심축상에 있는 C점의 평면응력 상태를 각각 그리고 Mohr 원을 통하여 주응력의 크기와 인장균열(Tension Crack)의 방향을 결정하여 어떤 차이가 있는지 서로 비교 설명하라. 또한 이러한 현상을 반영하기 위하여 콘크리트구조기준(KCI 2012)에서 두고 있는 규정에 대하여 설명하시오. 단, 전단응력은 평균전단응력을 사용한다.

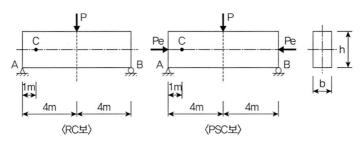

✓ [조건] 지간 $L=8$m, 집중하중 $P=1,000$kN, 압축력 $P_e=2,000$kN, 보의 폭 $b=30$cm, 보의 높이 $h=60$cm

풀 이

➤ **구조물의 해석 개요**

구조물의 자중은 25kN/m로 가정한다.

$$A = 0.3 \times 0.6 = 0.18\text{m}^2, \; w_d = 25\text{kN/m}^3 \times 0.18\text{m}^2 = 4.5\text{N/mm}$$

➤ **RC구조물과 PSC구조물의 응력산정**

단순보의 집중하중으로 인한 A점에서 1m 떨어진 지점 C의 전단력은

$$R_{AL} = V_{CL} = 500\text{kN} \; (\text{중립축에서의 응력산정이므로 휨응력은 무시})$$

단순보의 자중으로 인한 A점에서 1m 떨어진 지점 C의 전단력은

$$R_{AD} = V_{CD} = 13.5\text{kN} \; (\text{중립축에서의 응력산정이므로 휨응력은 무시})$$

1) RC구조물

$$f_R = 0, \; f_v = \frac{513.5 \times 10^3}{0.18 \times 10^6} = 2.85\text{MPa}$$

주응력 산정 $f_{\max(\min)} = \dfrac{f_R + f_v}{2} + \sqrt{\left(\dfrac{f_R}{2}\right)^2 + f_v^2} = \pm 2.85\text{MPa}$

2) PSC구조물

프리스트레스력 $P_e = 2{,}000\text{kN}$를 고려하면,

$$f_R = \frac{P_e}{A} = -11.11\text{MPa(C)}, \quad f_v = \frac{513.5 \times 10^3}{0.18 \times 10^6} = 2.85\text{MPa}$$

주응력 산정 $f_{\max(\min)} = \dfrac{f_R + f_v}{2} + \sqrt{\left(\dfrac{f_R}{2}\right)^2 + f_v^2} = -11.79\text{MPa},\ 0.69\text{MPa}$

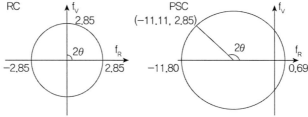

▶ 주응력의 크기와 인장균열(Tension Crack)의 방향

RC보는 45°로 작용하는 주인장응력(f_1)에 의해서 45°방향의 균열이 발생하는 데 비하여, PSC보에 서는 주인장응력(f_1)이 RC의 주인장응력보다 훨씬 작고 따라서 45°보다 큰 각에서 작용하며 이로 인하여 균열이 RC보다 더 뉘여서 발달하게 된다. 따라서 PSC보에서는 사인장 균열이 RC보 보다 더 옆으로 뉘며 전단철근으로 스트럽을 사용할 경우 RC보다 더 많은 Stirrup이 균열과 교차하기 때문에 더 효과적이다. 콘크리트구조기준에서는 이를 고려하여 전단철근의 최대 간격을 RC보에서 는 0.5d, PSC에서는 0.75h로 고려하도록 하고 있다.

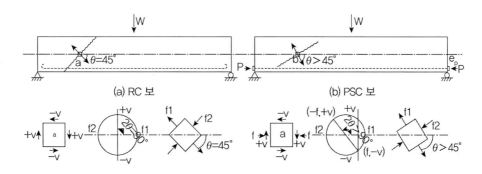

내진설계   토목구조기술사 합격 바이블 개정판 2권 제6편 동역학과 내진설계 p.2293

구조물 내진 설계 시 지진력 산정을 위한 해석방법에 대해 정적, 동적으로 구분하여 상세히 설명하고 설계지진력에 따른 구조물 설계 시 대책 방안에 대하여 설명하시오.

풀 이

▶ 개요

구조물의 내진설계 해석방법은 먼저 일반적으로 재료(Material), 지점(Boundary condition), 기하학적 형상(Geometry) 등에서의 탄성 또는 비탄성인지 여부 및 그 범주를 고려하는지에 따라 탄성해석방법(Elastic Analysis Method)과 비탄성해석방법(Nonlinear Analysis Method)으로 분류될 수 있으며, 지진력에 대해서는 정적하중으로 고려할 것인지 시간에 따라 변하는 하중을 고려할 것인지에 따라서 동적해석방법으로 구분할 수 있다. 통상적으로 도로교설계기준에서는 200m 미만의 교량에 대해서는 동적해석방법인 다중 모드 응답스펙트럼 해석법을 고려하도록 하고 있으며 구조물의 내진설계 시 고려되는 해석방법은 다음과 같다.

① 정적해석-등가정적해석법(Equivalent Static Analysis Method)
② 동적해석법(Dynamic Analysis Method)
    ㉠ 응답스펙트럼 해석법 : 모드해석법(단일, 다중)
    ㉡ 시간이력 해석법 : 시간영역 → 직접적분법, 모드해석
                        진동수영역 → 푸리에 변환법

▶ 구조물의 내진설계 해석방법

1) 정적(탄성)해석법(등가정적해석법, Equivalent Static Analysis Method)

정적 해석법이라고 하는 것은 흔히 등가정적 해석법이라고도 한다. 실제 지진하중을 등가의 정적하중으로 치환하여 정적해석을 수행하는 방법으로 중요도계수, 지역계수, 지반계수, 수정응답계수 등을 고려하여 탄성지진 응답계수(C_s)를 통해 고려된다.

2) 동적해석법

구조물의 진동 모드를 이용하여 응답을 산정하는 방법으로 모드 해석법은 크게 응답스펙트럼 해석법과 시간이력 해석법으로 구분할 수 있다.

① **응답스펙트럼 해석법(Response Spectrum Analysis Method)** : 다자유도계 시스템을 단자유도계 시스템의 복합체로 가정하여 수치적분 과정을 통해 준비된 임의의 주기 또는 진동수 영역 내에서 최대 응답치에 대한 스펙트럼(변위, 속도, 가속도)을 이용하여 조합 해석하는 방

법으로 설계용 응답스펙트럼을 이용하여 내진설계에 주로 이용된다. 응답스펙트럼해석법에서는 임의의 모드에서의 최대 응답치를 각 모드별로 구한 다음 적정한 조합방법을 이용하여 조합함으로써 최대 응답치를 예상할 수 있다. 임의 주기치에 대한 스펙트럼 데이터가 입력되면 해석된 고유주기에 해당하는 스펙트럼 값을 찾기 위해 선형보간법을 사용하기 때문에 스펙트럼 곡선의 변화가 많은 부위에 대하여 가능한 한 세분화된 데이터를 사용한다. 그리고 스펙트럼 데이터의 주기범위는 반드시 고유치 해석 시 산출된 최소, 최대 주기범위를 포함할 수 있도록 입력되어야 한다. 내진해석 시 사용되는 스펙트럼 데이터는 동적계수항과 지반계수항을 고려하여 입력하고 매 해석 시에는 조건에 따라 변할 수 있는 지역계수, 중요도계수만 스케일 factor로 입력하여 사용한다. 산정된 모드별 응답에는 모드 중첩법(Mode Superposition Method)이 적용되는데, SRSS, ABS, CQC 등의 방법을 이용하여 중첩하게 된다.

② **시간이력 해석법(Time History Analysis Method)** : 시간이력 해석법은 구조물에 지진하중이 작용할 경우에 동적평형방정식의 해를 구하는 것으로 구조물의 동적 특성과 가해지는 하중을 사용하여 임의의 시각에 대한 구조물의 거동(변위, 부재력 등)을 계산하는 방법이다. 일반적으로 대규모의 지진이 발생하면 대부분의 구조물은 비탄성 거동을 보이며 이 경우 단순한 응답스펙트럼 해석만으로는 구조물의 응답 특성을 정확히 규명하기 어렵다. 이러한 경우에 시간이력해석을 통하여 구조물의 최대부재력 및 최대변위를 검토할 필요가 있다.

3) 기타 : 비탄성 해석방법

대규모 지진은 구조물과 각 부재의 비탄성 거동을 유발하므로 정확한 구조물의 응답을 구하기 위해서는 비탄성 해석(Inelastic Analysis)이 필요하다. 현재까지는 구조물의 비탄성거동을 가정하여 감소된 지진하중에 대하여 설계하는 법이 사용하고 있으나 이러한 해석 및 설계방법의 한계를 인식하면서 비탄성 해석 및 설계기법이 개발되고 있으며 보다 정확한 해석이 요구되고 있는 기존 구조물의 성능평가를 중심으로 사용되고 있다. 이 해석방법은 실무적으로 사용하기에는 어려운 해석 및 설계방법을 사용하기 때문에 아직 보편적이지는 않다.

① 정적비선형해석(Static Nonlinear Analysis) : 성능스펙트럼법, 직접변위설계법 등
② 동적비선형해석(Dynamic Nonlinear Analysis) : 직접적분법

▶ 구조물 설계 시 대책 방안

설계지진력에 따라서 구조물을 설계하는 방법은 크게 내진설계와 면진설계, 제진설계로 구분할 수 있다. 넓은 의미에서의 내진설계는 내진, 면진, 제진을 모두 포함하지만 국소적인 의미에서의 내진(Seismic Resistance)은 구조물이 지진력에 저항할 수 있도록 설계하는 것을 의미한다. 면진(Seismic isolation)은 지진력을 흡수하지 않고 오히려 구조물의 동적 특성을 통해 지진력을 반사할 수 있도록 구조물을 설계하는 것이며, 제진(Vibration Control)은 입사하는 지진에 대항하여 반대의 하중을 가하거나 감

쇠장치를 사용하여 지진에너지를 소산하는 능동적 개념의 구조물 설계를 말한다.

1) 내진구조

내진구조란 구조물을 지진력에 대한 저항력을 높게 하여 지진 시 구조물에 지진력이 작용하면 이 지진력에 대항하여 구조물이 감당하도록 하는 개념이다. 즉, 부재의 강성 및 강도의 증가 그리고 연성도의 증가를 통해 구조물에 작용하는 지진력에 대한 내성을 높이는 개념이다. 많은 연구를 통하여 내진설계 시 소성설계(Plastic Design) 개념이 도입되어 구조물의 강성이나 인성을 적절히 적용하여 경제성을 도모토록 발전되었다.

2) 면진구조

내진설계에 사용할 지진에 대해서 그 특성을 정확히 파악할 수 없으나 지금까지 관측된 지진파를 통계적으로 분석하여 일반적인 경향을 파악하게 되었으며 관측된 지진 특성은 단주기 성분이 강하고 장주기 성분은 약하다는 특성이 있다. 또한 지진과 구조물의 진동수가 같거나 비슷할 경우에는 공진현상이 발생할 수 있으므로 구조물의 고유주기가 입력지진의 주기성분과 비슷한 경우에 구조물 응답이 증폭하여 큰 피해가 발생할 수 있어 이러한 입력지진의 특성을 이용하여 구조물의 고유주기를 지진의 탁월주기(Predominant Period) 대역과 어긋나게 하여 지진이 구조물에 상대적으로 적게 전달되도록 설계하는 개념이다. 예를 들어 초고층건물이나 교각이 높은 교량의 경우 구조물 자체의 고유주기가 충분히 길기 때문에 자동으로 면진구조물의 역할을 하게 되지만 저층건물이나 교각의 강성이 큰 교량의 경우 지반과의 연결부에 적층고무 등을 삽입하여 구조물의 고유주기를 강제적으로 늘리기도 한다.

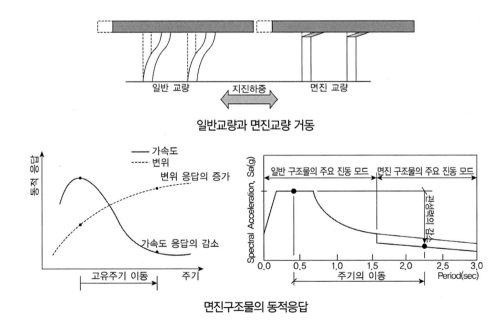

일반교량과 면진교량 거동

면진구조물의 동적응답

3) 제진구조

제진구조는 구조물의 진동 감지 장치를 구조물 자체에서 갖추고 구조물의 내부나 외부에서 구조물의 진동에 대응한 제어력을 가하여 구조물의 진동을 저감시키는 방법과, 구조물의 내부나 외부에서 강제적인 제어력을 가하지는 않으나 구조물의 강성이나 감쇠 등을 입력진동의 특성에 따라 순간적으로 변화시켜 구조물을 제어하는 방법을 적용한 구조를 말한다.

제진구조는 수동적(Passive) 제진과 능동적(Active) 제진으로 크게 구분할 수 있으며 수동적 제진은 외부에서 힘을 더하는 일이 없이 구조물의 진동을 억제하는 것으로 일반적으로 구조물이 진동에너지를 흡수하기 위한 감쇠(Damper) 장치를 구조물의 적정 위치에 설치하는 것이다. 이에 비해 능동적 제진은 외부에서 공급되는 에너지를 이용하여 진동을 저감하는 것으로 전기식 또는 유압식 등의 가력장치(Actuator)를 사용하여 구조물에 제어력을 가하는 것이다.

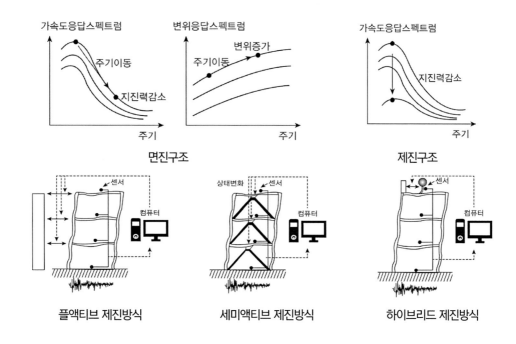

플액티브 제진방식   세미액티브 제진방식   하이브리드 제진방식

파형강판 웨브교   토목구조기술사 합격 바이블 개정판 2권 제5편 교량계획 및 설계 p.1868

파형강판 웨브교의 특징과 교량 계획 시 특히 고려할 사항에 대하여 설명하시오.

풀 이

▶ 파형강판 웨브교 개요

파형강판 웨브교(PSC Bridges with Corrugated Steel Web)는 PSC 박스 거더교의 콘크리트 웨브를 경량인 파형강판으로 대체한 교량으로 콘크리트 상하 바닥판과 파형강판의 웨브를 조합한 복합 구조이며, 강과 콘크리트의 장점을 조합한 PSC의 새로운 구조형식이다. 파형강판 I형교 등 다양한 형식으로 조합되어 사용되기도 한다.

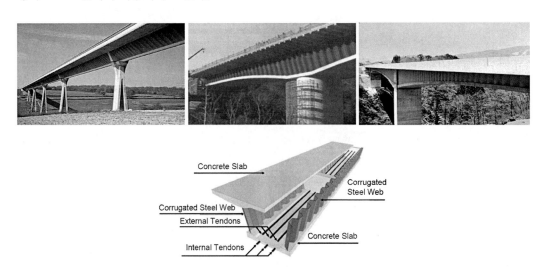

▶ 파형강판 웨브교의 특징

1) 파형을 이용하여 일반판재에 비해 높은 전단좌굴강도를 확보하며, 축력에 저항하지 않는 파형강판의 아코디언 효과로 콘크리트 상·하부 바닥판에 효율적으로 PS 도입할 수 있는 구조이다.

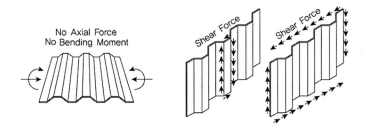

2) 축력과 휨모멘트는 콘크리트가 부담하고 전단력은 파형 웨브가 부담한다.

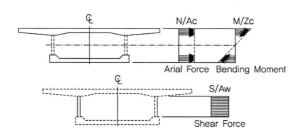

3) 파형강판 웨브교 장단점

① 주형자중의 20~30%를 차지하는 웨브의 자중을 파형을 사용하여 자중 경감, 이로 인하여 장경간화, 건설비 절감, FCM공법의 블록당 중량 저감 및 가설블록의 길이 증가로 공기 단축이 가능

② 파형강판의 공장제작으로 품질관리 용이, 복부의 철근조립 및 콘크리트 타설 생략으로 시공성 및 품질 향상 기대

③ 주형자중 경감으로 하부구조 부담 경감 및 내진에 유리

④ 강재부식을 방지하기 위한 유지관리비 소요가 필요, 비틀림 저항성능 작음

➤ **계획 시 고려사항**

1) 웨브와 바닥판의 접합방법 : 축방향 전단력을 확실히 전달하고 직각방향으로 주형의 박스단면을 확실히 구성하기에 충분한 내하력이 필요하여 교축방향으로 작용하는 수평전단력과 교축직각방향으로 작용하는 휨모멘트에 대한 검토가 필요하다.

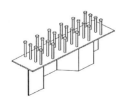 

스터드 방식(Stud Connection)　매입방식(Embedded Connection)　앵글 스터드 방식(Angle Connection)

  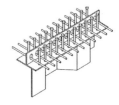

S-PBL 스터드 방식　　　　Twin-PBL 스터드 방식　　　　S-PBL+스터드 방식
(S-PBL Connection)　　　　(T-PBL Connection)　　　　(S-PBL+ Stud Connection)

2) 전단좌굴 검토 : 파형강판으로 인해 판재보다 전단좌굴강도가 현저히 증가한다.

3) 비틀림모멘트에 대한 설계 : 교축방향 강성이 콘크리트 바닥판에 비해 무시할 수 있을 정도로 작고 파형강판 웨브의 휨강성이 콘크리트 상하 바닥판에 비해 매우 작기 때문에 순수휨비틀림모멘트가 발생하는 거동을 보인다. 따라서 단면 변형을 억제하는 전단응력과 플랜지의 솟음 응력을 줄이도록 해야 한다(배면 콘크리트 타설이나 다이아프램 설치 간격 조정).

4) 부식 방지 대책 : 콘크리트와 웨브강판의 접합부에 우수 침투로 인한 부식 방지 대책의 검토가 필요하다. 부식 방지를 위한 강재를 선택한다(무도장강재, 도장, 아연도금).

| 매입방식 연결의 우수침투 방지 | 무도장강재 사용 | 도장 | 아연도금 강재 |

사장현수교 　　　　　　　　　　　　토목구조기술사 합격 바이블 개정판 2권 제5편 교량계획 및 설계 p.2026

사장현수교(Cable-Stayed-Suspension Hybrid Bridge)의 특징과 현수교 및 사장교와 비교한 장점에 대하여 설명하시오.

풀 이

▶ 사장현수교의 개요

사장현수교는 케이블 배치가 사장교와 현수교를 복합한 구조형식으로 Bosphorus Bridge(사장현수교, Hybrid Suspension and Cable stayed System) 이후 장대교량의 대안으로서의 검토가 증가되고 있는 추세이다. 현수교에 비해 하이브리드 사장현수교는 다음의 2가지 기능으로 인해 경제성이 있는 것으로 알려져 있다.

- Stay Cable의 사용이 현수교의 주케이블과 행어에 비해서 적은 케이블이 소요된다.
- 현수교의 강성제한으로 인해 제한적이었던 주탑의 높이가 보다 최적화되어 적용할 수 있다.

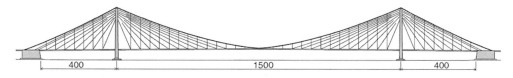

Design for a bridge with a hybrid cable system investigated for the Storebaelt Crossing in 1977

▶ 기존 초장대 교량 시공과 설계에서의 사장교와 현수교의 문제점

1) 현수교 : 주경간장이 길어질수록 주케이블이 단면적이 증가하여 재료비 증가는 물론 타워와 주케이블 간의 접합부 시공이 난해해지는 등의 시공상의 문제점이 있다.
2) 사장교 : 주경간장이 길어질수록 사장케이블이 부담하는 수직부담률이 작아져서 사장케이블 단독으로는 초장대 교량의 시공에 적합하지 않다는 단점이 있다.

▶ 사장현수교 시스템의 특징

사장현수복합케이블 교량은 Deck를 사장케이블과 현수케이블 두 종류의 케이블로 동시에 지지하는 구조물로 Deck의 하중을 주탑과 가까운 범위는 사장케이블이 지지하고 경간중앙의 범위는 현수케이블과 행어로 지지하는 시스템으로 구성되어 있다. 사장케이블과 현수케이블로 동시에 Deck를 지지하게 되면, 사장케이블에 의해서 전체 Deck의 자중을 일정 부분 지지할 수 있으므로 현수 주케이블에 재하되는 자중을 줄여서 주케이블의 직경과 주탑의 부피를 줄일 수 있는 장점이 있으며, 또한 경간 중앙의 범위는 현수케이블로 지지함으로써 장대경간을 사장케이블만으로 시공 시 발생되는 하중지지 시스템의 비효율성과 Deck에 과도한 수평력이 재하되어 모멘트 지지강도의 저하현상 등을 보완할 수 있다.

1) 하이브리드 사장현수교를 적용·검토할 경우에는 순수현수교에 비해 축방향력이 증가할 수 있다 (사장재로 인한 압축력 증가로 좌굴 등 검토 필요). 이 경우 일반적으로 <u>주탑 근처에서 조인트를 통해서 조정한다</u>.

2) 적정한 하이브리드 사장현수교 시스템
    ① 측경간비는 0.25~0.30
    ② 연속상판
    ③ 앵커블록과 앵커블록 간을 연결하는 주케이블 적용
    ④ 상단 케이블과 보강형 사이의 중앙 클램프
    ⑤ 주탑과 보강형을 연결하는 사장케이블

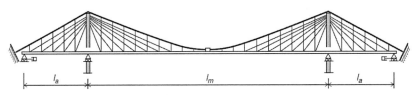

Structural System of a bridge with a hybrid cable system

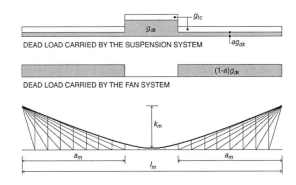

사장재와 현수재의 사하중 부담

세굴 　　　　　　　　　　　　　　토목구조기술사 합격 바이블 개정판 2권 제5편 교량계획 및 설계 p.2116

하천교량의 세굴현상과 세굴형태 및 세굴에 대한 설계과정에 대하여 설명하시오.

풀 이

▶ 개요

유체의 흐름에 의해 교량의 교각 및 교대 주변의 하상재료가 유실되는 현상을 교량세굴이라 하며, 이로 인해 낮아진 하상고와 자연 하상고와의 차이를 세굴심으로 정의한다. 유속과 그로 인해 하상에 작용하는 전단응력은 하천유역 내에 홍수가 발생하였을 때 급격히 증가하며 이로 인해 하천 경계면의 토사는 더 많이 침식되어 이동하게 된다. 특히 하천 내에 위치한 교각이나 교대와 같은 수리학적 구조물은 흐름을 가속시키거나 와류를 형성시키고 흐름 유형의 변화를 발생시켜 구조물 주변의 세굴을 발생시킨다.

▶ 세굴의 설계

1) 세굴의 종류

교각 또는 교대 주변의 총 세굴은 다음의 3가지 세굴성분을 합하여 산정한다.

① **장기하상변동** : 교량의 유무에 상관없이 장기간 또는 단기간에 발생하는 하상고의 변동

② **단면축소세굴** : 교량 등의 인공구조물 또는 자연적인 요인에 의해 하천 내의 통수단면적이 축소하여 발생하는 세굴

③ **국부세굴** : 구조물에 의한 흐름의 방해와 가속된 흐름에 의해 야기된 와류의 발달에 의해 발생

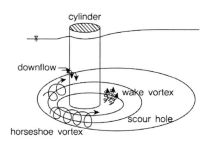

원형교각 주위에서의 와류 발생 형태

2) 세굴 세부 설계과정

세굴분석 수리변수 결정 → 장기하상변동 분석 → 세굴해석방법의 결정 → 단면축소세굴 계산 → 교각 국부세굴 계산 → 교대 국부세굴 계산 → 총세굴심 산정

① 교량기초의 설계에서 기초 저면의 표고는 총세굴심보다 아래에 위치하는 것이 원칙이다.

② 장기하상변동의 세부요소들은 유역 전체에 걸쳐 자연적 또는 인위적으로 특별한 변화가 없는 경우에는 단면축소세굴이나 국부세굴에 비해 매우 적은 양의 세굴이 발생하므로 단면축소세굴과 국부세굴을 중심으로 교량 세굴을 평가하는 것이 일반적이다.

3) 세굴 방지 설계 대책

① 충적하상에서 교량 교각주위의 국부세굴은 피할 수 없으며 따라서 이러한 세굴로 인하여 교량의 안전이 위협받지 않도록 설계과정에서 주의해야 한다. 세굴 방지 대책의 접근방법은 다음의 2가지로 구분할 수 있다. 가장 보편적인 방지 대책으로는 사석보호공법이 적용된다.

  ㉠ 세굴에 대한 하상물질의 저항력을 증가시키는 대책

  ㉡ 유속, 와류 등의 세굴유발인자의 능력을 감소시키는 대책

② 교량세굴의 방지 대책

  ㉠ 세굴 발생 깊이를 측정하여 과다하면 교량사용을 제한

  ㉡ 교대 및 교각 기초 사석보호

  ㉢ 도류제 건설

  ㉣ 하천개량

  ㉤ 교량기초를 세굴의 영향에 저항할 수 있도록 보강

  ㉥ 낙차공

  ㉦ 안전교량 건설 또는 교량경간의 장대화

  ㉧ 테트라포트로 보호

  ㉨ 케이블로 연결된 콘크리트 블록매트로 보호

  ㉩ 부유물에 대한 방호 대책 수립

4) 세굴방호공 설계

① 하천구조물의 세굴로 인한 손상과 붕괴 등 구조물 보호를 위해 세굴방호공을 설치할 수 있다.

② 세굴방호공은 사석보호공, 콘크리트 블록 방호공, 지오백 세굴방호공 등이 있으며 구조적 안정성과 경제성을 고려하여 선정한다.

③ 사석을 이용한 세굴방호공일 경우 2년의 정기적 주기 및 계획홍수량의 80%가 넘는 홍수 발생 시마다 사석의 이동 여부를 확인한다.

④ 세굴방호공의 적용범위는 교각의 한쪽 면으로부터 교각 폭의 2배의 거리까지 양쪽 모두 시공하고 세굴방호공의 최상부는 주변 하상선과 일치하거나 더 낮아야 한다.

⑤ 사석보호공의 두께는 D_{50}의 3배 이상으로 시공하고 실제 설치 시 최소 300mm보다 커야 한다.

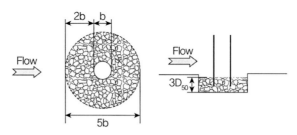

세굴방호공의 적용 범위 : 사석방호공

---

1. 용어의 정의
① 초과홍수 : 유량이 100년 빈도 홍수보다 많고 500년 빈도 홍수보다 적은 홍수 또는 조석흐름
② 교량세굴 검측홍수 : 세굴설계홍수를 초과하는 유량을 야기하는 폭우, 폭풍 해일 또는 조석에 의하여 발생하는 홍수로 어느 정도에도 재현주기 500년을 넘지는 않는다. 교량세굴 검측홍수는 교량기초가 이러한 흐름과 이에 의하여 발생하는 세굴에 대하여 안전하며 안정을 유지할 수 있는가의 조사·평가에 사용한다.
③ 교량세굴 설계홍수 : 교량기초에 최대의 세굴을 야기할 수 있는 재현주기 100년 이하의 홍수흐름, 도로나 교량은 교량세굴 설계홍수 시 침수될 수 있다. 최악의 세굴조건은 압력차에 의한 흐름의 결과인 월류홍수 시 형성될 수 있다.
④ 국부세굴 : 교각, 교대 또는 흐름에 대한 장애물 주의에 국부적으로 발생하는 수로 또는 범람원의 세굴
⑤ 100년 빈도 홍수 : 연 발생 확률이 1% 또는 이를 초과하는 폭우 또는 조석에 의한 홍수
⑥ 500년 빈도 홍수 : 연 발생 확률이 0.2% 또는 이를 초과하는 폭우 또는 조석에 의한 홍수
⑦ 일반 또는 축소단면세굴 : 흐름에 대한 장애물 또는 교각 주위에 국한되지 않는 수로 또는 범람원의 세굴, 수로의 경우 일반/축소단면세굴은 수로의 전폭 또는 대부분에 영향을 주며 일반적으로 흐름의 수축에 의해 발생한다.

2. 교량세굴 검토 : 교량파괴는 대부분 세굴에 의하여 발생한다. 권장되는 세굴설계과정은 규정된 홍수흐름에 의한 세굴을 평가하고 최대심도의 전세굴을 야기할 것으로 예상되는 경우에 대비하여 기초설계를 수행하도록 하고 있다. 다음은 교량기초의 전세굴심도를 산정하는 과정이다.
① 전세굴심도 산정 과정
• 교량 사용수명보다 장기간의 하상 상승 또는 저하에 대한 평가
• 교량 사용수명보다 장기간의 수로평면 형상변경에 대한 평가
• 설계검토로서 예상되는 수로 종단과 평면 형상변경을 반영할 필요가 있는 경우 교량 상·하류의 기존수로와 범람원 단면의 조정
• 기존조건이나 예상되는 미래의 조건과 최대의 세굴을 야기할 것으로 예상되는 홍수 사건들의 조합을 설계조건으로 결정
• 고려할 수 있는 조건과 홍수의 다양한 조합으로 야기되는 교량부지 상·하류 수위의 결정
• 축소단면 세굴과 교각 및 교대에서 발생하는 국부세굴의 크기 결정

- 해석방법의 변수, 수로거동에 대한 입수가능자료 및 과거 홍수 시 기존 구조물의 성능을 참조한 세굴분석결과의 평가, 또한 수로와 그 범람원에서의 현재 또는 미래의 흐름양상 고려, 교량이 이러한 흐름양상에 미치는 영향과 흐름이 교량에 미치는 영향의 시각화, 세굴분석과 수로평면형상의 평가에 의해 제기된 문제점들을 해결하기 위하여 필요하다면 교량설계의 수정
② 전세굴심도에 의거하여 기초설계에 대한 검토를 수행하며, 필요시 다음의 사항을 조정할 수 있다.
- 깊이 세굴되는 면적 또는 인접한 기초에서 중복하여 발생하는 세굴을 방지하기 위해 교각 또는 교대의 재설계 또는 위치 변경
- 완만한 흐름 변화의 제공 또는 수로의 횡방향 이동을 제어하기 위한 도류제방, 제방 또는 기타 도류제의 추가
- 수로면적의 확대
- 부적절한 위치로부터 교량의 위치 변경

3. 설계기준에 따른 교량세굴 검토 기준
① 세굴설계홍수 : 전 세굴깊이에 걸쳐 있는 하상퇴적물은 제거된 것으로 가정하는 것을 설계조건으로 해야 한다. 폭풍해일 설계홍수, 조석 또는 복합홍수는 100년 빈도 홍수 또는 그보다는 재현기간이 작은 월류홍수보다 큰 강도로 정해야 한다. 교량의 극한한계상태 및 사용한계상태 검토 시 고려한다.
② 세굴검측홍수 : 초과홍수에 의해 야기되는 세굴조건에 대해 교량기초의 안정성을 검토해야 한다. 이러한 조건에 대한 안정성 검토에 요구되는 것보다 과도한 여유는 불필요하며 극단상황한계상태를 적용해야 한다.
③ 토사 또는 침식암 위의 확대기초는 세굴 검측홍수로 결정되는 세굴깊이의 아래에 기초하부가 위치해야 한다.
④ 깊은기초는 홍수흐름의 방해와 이에 의한 국부세굴을 가능한 한 최소화하기 위하여 기초의 상부가 산정된 축소단면세굴깊이의 아래에 위치하도록 설계해야 한다.

막응력　　　　　　　　　　　토목구조기술사 합격 바이블 개정판 1권 제1편 재료 및 구조역학 p.119

내부에 균일한 압력 $p = 3\text{MPa}$을 받는 원형탱크(Circular Tank) 구조물이 있다. 직경이 4m, 높이가 3m이고 부재의 두께가 3cm일 때, 2축 막응력(膜應力, Biaxial Membrane Stress)을 산정하는 일반식을 유도하고 이를 이용하여 자오선응력(Meridional Stress) σ_2과 원환응력(Hoop Stress) σ_1를 구하시오.

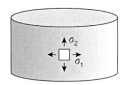

풀 이

▶ 개요

균일한 압력을 받고 있는 압력용기의 평면응력을 산정하는 문제로 원주응력(원환응력, 후프응력 Circumferential Stress, Hoop Stress)와 길이방향응력(자오선응력, 축방향응력, Longitudinal Stress, Axial Stress, Meridional Stress)의 2개의 주응력이 발생한다.

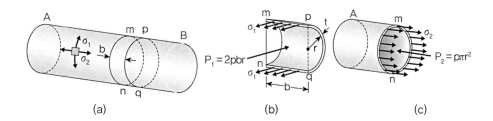

(a)　　　　　　　　(b)　　　　　　　　(c)

▶ 일반식 유도 및 응력산정

1) 원주응력(원환응력, 후프응력 Circumferential Stress, Hoop Stress)

그림 (b)로부터, $\sigma_1(2bt) - p(2rb) = 0$　∴ $\sigma_1 = \dfrac{pr}{t} = \dfrac{3 \times 2000}{30} = 200\text{MPa}$

2) 길이방향응력(자오선응력, 축방향응력, Longitudinal Stress, Axial Stress, Meridional Stress)

그림 (c)로부터, $\sigma_2(2\pi rt) - p(\pi r^2) = 0$　∴ $\sigma_2 = \dfrac{pr}{2t} = \dfrac{3 \times 2000}{2 \times 30} = 100\text{MPa}$

연성도 내진설계   토목구조기술사 합격 바이블 개정판 2권 제5편 교량계획 및 설계 p.2282

연성도 내진설계(도로교설계기준 한계상태설계법, 2012)와 완전연성 내진설계(도로교설계기준, 2010)를 비교하고, 연성도 내진설계의 주요 설계절차를 설명하시오.

풀 이

▶ 연성도 내진설계의 개요

연성도 내진설계는 교각의 소요 연성도(Ductility Demand, Required Ductility)에 따라서 필요한 만큼의 횡방향 구속철근량을 결정하고 배근함으로써 한정연성(Limited Ductility) 구간에서 합리적인 양의 횡방향 철근을 배근하는 설계 개념이다. 다만 축방향 철근의 좌굴 방지를 위한 최소한의 횡방향 철근량과 소요 횡방향 철근량 중 큰 값을 적용하므로 소요 연성도가 매우 작은 단부구간에서는 이전보다 더 많은 양의 횡방향 철근이 배근되나 안정성이 향상된다.

2005년 도로교설계기준이 AASHTO 교량설계기준을 반영함에 따라 완전연성 개념의 설계와 강진지역에서의 설계 개념으로 인해 소성힌지부의 심부구속 철근이 과도하게 배근됨에 따라 국내 지진상황 및 교량형식의 특성에 맞게 중약진 지역의 특성과 한정연성 등의 개념을 도입하여 경제적인 설계가 되도록 하였다.

구분	기존 내진설계	연성도 내진설계
목표연성도	완전연성	한정연성 및 완전연성
휨연성도	R값에 함축적으로 포함	소요 연성도로 직접 고려함
응답수정계수 R	상수(R=1, 2, 3, 5)	변수(소요 연성도에 따라 변화)
고유주기	고려 안 함	고려함
심부구속 철근량 산정식의 변수	• 재료강도(콘크리트, 횡방향 철근) • 단면적 비율	• 재료강도(콘크리트, 횡방향, 축방향 철근) • 축력비 • 곡률연성(소요 연성도) • 축방향 철근비 • 축방향 철근 좌굴 방지
전단강도	재료강도, 연성도와 무관	재료강도, 연성도 고려

▶ 연성도 내진설계와 완전연성 내진설계의 차이점

1) 기존 완전연성 내진설계의 문제점(도로교설계기준, 2010)

    ① 규정 미비 : 콘크리트 교각 철근 상세 일부만 규정하여 강성, 강도 등에 대한 규정이 없다.

    ② 심부구속 철근 : 강진지역의 완전연성 설계를 도입하여 우리나라 같은 중약진 지역과 차이가 있으며 시공이 어려울 정도의 과도한 심부구속 철근을 배치한다.

    ③ 연성파괴 메커니즘 : 응답수정계수를 적용하지 않은 탄성설계수행으로 안정성 문제가 있으

며, 탄성지진력에 대하여 응답수정계수를 일괄적($R = 상수, 0.8\sim5$)으로 적용하여 단면력을 결정한다.

④ 기초 및 받침 설계 : 기초에 적용하는 $R/2$ 규정의 모호성으로 인한 설계 오류 유발 가능성, 과도한 설계 횡하중으로 인하여 설계가 어렵고 비경제적인 설계가 된다.

2) 연성도 내진설계 주요 사항

① **항복유효강성의 적용** : 교각의 강성에 항복점을 연결한 항복 유효강성을 사용하여 합리적으로 반영하였다. 전단면강성(EI_g)의 사용 시 변위가 지나치게 작게 계산되는 문제점을 보완하였다. 단 항복유효강성을 구하기 위해 모멘트−곡률해석($EI_y = M_y/\phi_y$) 등의 재료비선형 해석의 간편성을 위해 근사해법 도입하였다.

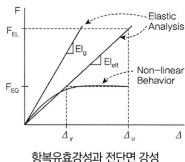

항복유효강성과 전단면 강성

② $P-\varDelta$ **해석법** : 횡방향변위를 고려하는 $P-\varDelta$ 해석법을 도입하여 횡방향 최대변위(항복유효강성으로 유도)의 1.5배에 축력을 곱하여 장주효과에 의한 2차 모멘트를 고려한다.

③ **교각의 설계강도와 강도감소계수 적용** : 철근의 실제항복강도가 설계기준 항복강도에 비해 매우 크며, 지진하중처럼 재하속도가 큰 경우 재료의 강도가 큰 점, 공칭 휨강도 계산 시 강도감소계수($0.7\sim0.85$)를 적용하는 설계 휨강도가 실제 휨강도를 매우 저평가하는 점 등을 고려하였다.

④ **받침과 기초의 설계지진력** : 기존 설계기준에서 연성파괴 메커니즘 유도를 위해서 응답수정계수의 1/2를 적용하여 기초 설계지진력을 결정하도록 하고 있으나, 과도한 설계지진력으로 비효율적인 설계가 되므로 철근 콘크리트 교각의 초과강도를 고려한 최대소성힌지력을 대상으로 설계한다.

⑤ **교각의 최대소성힌지력** : 교각의 휨초과강도를 고려하여 교각, 기초, 말뚝, 받침 등에 작용하는 최대전단력을 산정하여 교각과 상부구조 또는 하부구조와의 연결 부분이 교각의 최대소성힌지력 이상의 설계강도를 갖게 하여 연결부의 취성파괴를 방지하기 위해 최대소성힌지력에 대한 규정을 제정하였다. 휨초과강도가 설계 시 휨강도보다 크게 되는 영향인자를 고려하여 다음의 2가지 방법으로 최대소성모멘트를 결정하도록 하였다.

⊙ 재료 초과강도계수로 콘크리트에 대하여 1.7, 철근에 대하여 1.3을 적용하여 최대소성모멘트를 해석한 후 최대소성힌지를 계산하는 방식

　ⓛ 공칭휨강도에 휨초과강도 계수를 곱하여 최대소성모멘트를 결정한 후 최대소성힌지력을 계산하는 간편하면서 안전측인 방식

⑥ **소요 연성도(응답수정계수)를 고려한 심부구속 철근량 산정** : 기존 도로교설계기준에서는 교각의 거동을 탄성 또는 완전연성의 2가지 경우로 구분하였으며 설계지진하중에서 교각이 탄성범위를 넘게 될 것으로 예측되는 경우 소요 연성도에 관계없이 무조건 완전연성을 만족하도록 심부구속 철근을 배근하여야 한다. 즉, 탄성지진모멘트를 응답수정계수($R = 2, 3, 5$)로 나누어 단면의 설계 강도 이하가 되도록 하고 설계기준에서 규정하고 있는 심부구속 철근을 배근하도록 되어 있어 탄성지진 모멘트가 단면의 설계 강도보다는 크지만 그 차이가 크지 않은 경우 응답수정계수의 적용 시 과도하게 안전측으로 비경제적인 설계가 될 수 있다.

3) **주요 차이점** : 중약진 지역에서 발생하는 이러한 문제점 해결을 위해 철근상세는 내진상세를 유지하면서 횡구속 철근량은 연성 요구량에 따라 감소시키는 방법이 연성도 내진설계법이다.

구분	완전연성 내진설계법	연성도 내진설계법
개념	작용지진력이 탄성영역에 있으면 탄성설계를 하고 작용지진력이 탄성영역을 벗어나면 작용지진력에 일정한 응답수정계수(R)로 나누고 그에 따라 횡방향 철근 배근하는 소성설계 개념 ※ 탄성영역 초과비율에 관계없이 배근	교각의 소요 연성도에 따라 필요한 만큼 횡구속 철근량을 결정함에 따라 한정연성구간에서 합리적인 양의 횡방향 철근을 배근하는 설계 개념
	도로교설계기준(2010) 6.3.4 및 6.8.3	도로교설계기준(2012)
P-M 상관도	 	
응답수정계수	R-Factor(상수)로 적용	$R_{req} = M_{el}/\phi M_n$ (변수)　　M_{el} : 탄성지진모멘트 ϕM_n : 공칭휨강도

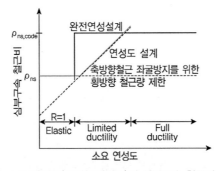

소요 연성도(응답수정계수)와 심부구속 철근량

연성도 내진설계에서는 교각의 소요 연성도(Ductility Demand, Required Ductility)에 따라 필요한 만큼의 횡구속 철근량을 결정하고 배근함으로써 한정연성(Limited Ductility) 구간에서 합리적인 양의 횡방향 철근을 배근하는 설계 개념이다. 기존의 상수의 응답수정계수를 적용하는 것과는 달리 소요 연성도를 고려하여 연성요구량(소요변위연성도 및 소요곡률연성도 등)에 따라 심부구속 철근을 배근하는 방법으로 소요 연성도 산정을 위한 과정이 추가된다.

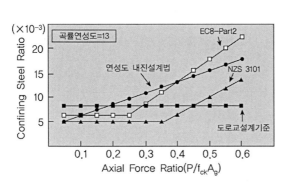

곡률연성도의 심부구속 철근 비교

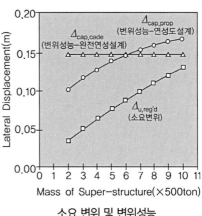

소요 변위 및 변위성능

사장교 　　　　　　　　　　　　토목구조기술사 합격 바이블 개정판 2권 제5편 교량계획 및 설계 p.1914

사장교의 지지방식에 따른 분류와 각 형식의 특성에 대하여 설명하시오.

풀 이

➤ 개요

사장교의 지지방식에 따른 분류는 일반적으로 케이블의 배치수에 따른 분류와 케이블 배치 형식에 따른 분류, 케이블의 지지면수에 따라 분류할 수 있다.

- 케이블 수 : 소수 케이블, 다수 케이블
- 케이블의 지지면수 : 중앙 1면 지지, 양측 2면지지

➤ 케이블 수에 따른 분류(소수 케이블 시스템과 다수 케이블 시스템)

케이블의 수에 따라서 분류하는 방식으로 주로 소수 케이블 시스템은 주로 초기 사장교에서 흔히 볼 수 있는 형식이다. 구조해석 기술의 발달과 시공기술의 발달로 최근에는 일부 사장교를 제외하곤 거의 다수 케이블 시스템 채용하고 있다.

소수 케이블 시스템

다수 케이블의 장단점

장점	단점
• 주형의 최대 휨모멘트가 소수 케이블 시스템에 비해 작다. • 1개의 케이블을 설치하기 위한 정착구조가 간단하다. • 정착구 근처의 국부적 응력집중이 작다. • 케이블 사이의 설치거리가 짧기 때문에 임시 교각을 적게 사용하거나 전혀 사용하지 않을 수 있다. • 케이블 방식처리의 공장실시가 가능하다. • 케이블의 치환이나 보수가 용이, 즉 유지보수가 경제적이다.	• 케이블 부재의 강성이 비교적 작다. • 측경간에 비교적 큰 부반력이 생길 가능성이 있다. • 바람에 의한 케이블 부재의 진동문제가 발생할 수 있다. • 시공이 비교적 복잡하다.

▶ 케이블의 측면배치에 따른 분류

케이블과 주형이 이루는 각도에 따라서 방사형, 팬(Fan)형, 하프(Harp)형으로 구분하거나, 방사형도 팬형의 일부로 보고 팬형과 하프형으로 구분하기도 한다.

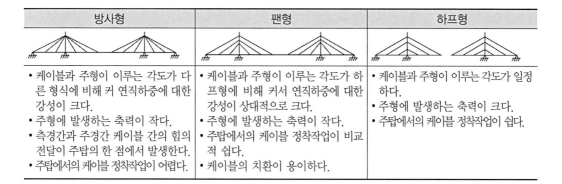

방사형	팬형	하프형
• 케이블과 주형이 이루는 각도가 다른 형식에 비해 커 연직하중에 대한 강성이 크다. • 주형에 발생하는 축력이 작다. • 측경간과 주경간 케이블 간의 힘의 전달이 주탑의 한 점에서 발생한다. • 주탑에서의 케이블 정착작업이 어렵다.	• 케이블과 주형이 이루는 각도가 하프형에 비해 커서 연직하중에 대한 강성이 상대적으로 크다. • 주형에 발생하는 축력이 작다. • 주탑에서의 케이블 정착작업이 비교적 쉽다. • 케이블의 치환이 용이하다.	• 케이블과 주형이 이루는 각도가 일정하다. • 주형에 발생하는 축력이 크다. • 주탑에서의 케이블 정착작업이 쉽다.

일반적으로 동일한 수평력을 부담하기 위해서 현수시스템과 팬 시스템의 주탑의 높이는 동일하나 하프시스템에서는 약 2배가량 높은 주탑이 필요하기 때문에 효율성이 떨어진다.

▶ 케이블의 면수에 의한 분류

주형과 케이블의 연결부의 면수에 따른 분류로 1면 지지 방식과 2면 지지, 3면 지지 방식 등이 있다. 일반적으로 중앙 1면 지지형식과 양측 2면 지지형식의 선정 시에는 주형에 비틀림력의 발생 여부를 분석해야 한다.

1) 중앙 1면 지지형식

케이블 배치구조 시스템이 비틀림력에 대해 저항할 수 없으므로 주형은 비틂 강성이 높은 단면으로 설계해야 한다. 이 형식은 케이블을 상부구조의 중앙선에 정착시키므로 가설 시에는 비교적 쉽게 정착할 수 있는 이점이 있다.

2) 양측 2면 지지형식

주형에 작용하는 비틀림력을 케이블의 축력으로 저항할 수 있도록 만든 구조시스템으로 주형의 비틂 강성이 상대적으로 작아질 수 있다. 실제로 주형의 비틂 강성이 매우 작은 사장교의 가설 실적이 많다.

파셜 프리스트레스트 보 토목구조기술사 합격 바이블 개정판 1권 제3편 PSC p.1070

파셜 프리스트레스트 보(Partially Prestressed Beam)의 구조적 특징과 설계방법에 대하여 설명하시오.

풀 이

▶ 개요

사용하중하에서 부재에 얼마간의 인장응력이 일어나는 것을 허용하여 설계될 때의 보를 **파셜 프리스트레스트 보(Partially Prestressed Beam)**라고 하며, 파셜 프리스트레싱에 대해서는 <u>인장을 받는 부분에 추가적인 철근을 배근</u>하여 사용한다.

▶ 파셜 프리스트레스트 보의 구조적 특징

장점	단점
• 솟음의 조정이 용이하다. • 텐던이 절약된다. • 긴장 정착비가 절약된다. • 구조물의 탄력이 증가한다(연성, Toughness 증가). • 철근이 경제적으로 이용된다.	• 균열이 조기에 발생할 수 있다. • 과대하중에 의해 처짐량이 크다. • 설계하중에 주인장응력이 크게 발생할 수 있다. • 동일 강재량에 비해 극한 휨강도가 감소한다.

1) 파셜 프리스트레스 보의 프리스트레스 힘 조절 방법

   ① 텐던을 적게 사용하는 방법 : 강재절약, 극한강도 감소

   ② 텐던의 일부를 긴장하지 않는 방법 : 정착비 절약, 극한강도 감소

   ③ 모든 텐던을 약간 낮게 긴장하는 방법 : 정착비 절약 없음, 극한강도 감소

   ④ 텐던의 양을 적게 사용하고 완전히 긴장하되 일부는 철근으로 보강하는 방법 : 극한강도 증가, 균열 전 큰 탄력

2) 철근에 의해 보강된 파셜 프리스트레스 보

텐던을 긴장하여 하중의 대부분을 분담케 하고, 하중의 일부에 의해서 생기는 인장응력을 철근이 부담하게 한다. PSC보에 배치된 철근의 역할은 다음과 같다.

   ① 프리스트레스 전달 직후의 보의 강도를 보강한다.

   ② 보의 취급, 운반 및 가설 도중에 발생하는 과대하중에 대한 안전성을 높인다.

   ③ 설계하중이 작용할 때 보의 소요강도를 보강한다.

▶ **파셜 프리스트레스트 보의 설계 방법**

1) **강도이론에 의한 방법** : 설계강도를 소요강도와 같게 되도록 콘크리트 단면과 강재량을 먼저 결정한 후 사용하중하에서 처짐과 균열을 검사하고 필요하면 단면을 수정한다.

　① 고정하중과 활하중을 고려한 계수하중으로 모멘트 M_u를 산정하고, 부재의 공칭 휨강도를 $M_n = M_u/\phi$로 산정한다.

　② 내력 모멘트 팔길이는 PS 강재 도심부터 플랜지 두께의 중심까지의 거리로 가정(직사각형 단면은 0.8h로 가정)하고 파괴 시의 PS 강재응력을 $0.9f_{pu}$로 취하여 긴장재의 소요 단면적을 산정한다.

$$A_p = \frac{M_n}{0.9f_{pu} \times z}$$

　③ 콘크리트 응력분포를 등가 직사각형 분포로 가정하면 압축을 받는 콘크리트 단면이 산정되며 이 값은 복부가 받는 몫을 뺀 상부 플랜지의 면적이 된다. 필요하면 가정단면을 수정한다.

$$A_c{}' = \frac{M_n}{0.85f_{ck} \times z}$$

　④ 복부 폭은 전단강도에 의해 정해지거나 긴장재와 기타 철근의 피복두께를 고려하여 정한다.

　⑤ PS력은 부재의 처짐 특성을 고려하여 선택한다.

　⑥ 부착된 PS 강재 및 스트럽 지지용 철근은 사용하중하에서의 균열을 미세한 균열이 되게 고르게 분포시킨다.

2) **하중평형에 의한 방법** : 총 고정하중과 평형이 될 수 있도록 프리스트레스힘과 편심을 먼저 산정하고 긴장재는 허용인장응력을 다 발휘하는 것으로 보고 긴장재 단면적 구한다.

　① 지간 대 보의 높이의 비(1/h) 또는 설계경험에 의해 보의 높이를 가정한다. 상부 플랜지의 치수는 기능상의 요구 또는 기타를 고려하여 정한다.

　② 복부 폭은 전단강도 또는 긴장재와 스트럽의 피복두께를 고려하여 정한다.

　③ PS력의 크기는 생각하는 하중에 대하여 요구되는 처짐이 일어나도록 정한다. PS력과 총 고정하중이 작용하는 상태에서의 처짐이 0이 되도록 하는 것이 일반적이다. 긴장재의 허용응력을 사용하여 긴장재 단면적 A_p를 계산한다.

　④ 계수하중을 사용하여 소요휨강도 M_u를 산정하고 공칭휨강도 M_n을 산정한다.

　⑤ 소요 모멘트하에서 요구되는 총인장력을 계산한다. 이 인장력은 긴장재 단면적 A_p와 추가로 배근되는 철근 단면적 A_s가 공동으로 부담한다. 예비계산에서 PS 강재는 $0.9f_{pu}$, 철근은 f_y로 가정한다.

　⑥ 보의 휨강도를 검토하고 필요하면 설계를 수정한다.

　⑦ 사용하중하에서 콘크리트 응력을 검사한다. 콘크리트의 인장응력이 휨인장 응력을 초과하면

균열폭을 검사해보아야 한다.

3) 실제로 Full Prestressing과 Partial Prestressing을 분명하게 구분하기는 어렵다. 이것은 설계에 사용된 하중에 의한 구분이지 실제로 설계하중보다 큰 하중이 작용할 때에는 인장응력을 받기 때문이다. 파셜 프리스트레스 보는 연성을 나타내므로 보의 파괴 형태상 유리하고 충격에너지 흡수에도 우수하나 균열이 발생하여 휨강성 저하나 텐던의 부식 등 나쁜 영향을 미칠 수 있다.

PSC 연속보 응력

다음 2경간 연속 PSC보를 유효긴장력 P_e로 긴장(Prestressing)하였다. 보의 전단력도와 휨모멘트도를 변형일치의 방법(Support Displacement Method)으로 작성하고 중간지점 B에서 콘크리트의 상·하연 응력을 각각 구하시오.

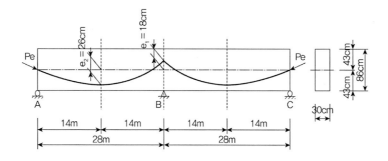

유효긴장력 P_e =1300kN, 보의 지간(Span)장 L =28m, 보의 폭 b =30cm, 보의 높이 h=86cm 지점 B에서의 편심 e_1 =18cm, 지간 중앙에서의 편심 e_2 =26cm

풀 이

▶ 개요

프리스트레스 구조물의 등가 상향력을 구하여 변형일치의 방법(Support Displacement Method)으로 부재의 응력을 산정한다.

▶ 긴장재에 의한 편심모멘트 계산(M_1)

AB구간 중앙의 $M_{1(AB)} = P_e \times (-260\text{mm}) = -338\text{kNm}$

BC구간 중앙의 $M_{1(BC)} = P_e \times (-260\text{mm}) = -338\text{kNm}$

B점에서의 $M_{1(B)} = P_e \times 180 = 234\text{kNm}$

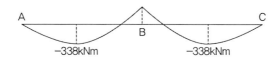

➤ 등가상향력의 계산

$$f_1 = 260 + 180/2 = 350\text{mm}, \quad \frac{f_1}{L} = \frac{0.35}{28} < \frac{1}{12} \qquad \therefore \; P\cos\theta \fallingdotseq P$$

$$\frac{ul^2}{8} = P_e \times f \, \text{로부터}, \; u = \frac{8P_e \times f}{l^2} \, \text{이므로}$$

$$\therefore \; u_1 = \frac{8 \times 1300(\text{kN}) \times 0.35(\text{m})}{28^2(\text{m}^2)} = 4.64\text{kN/m}$$

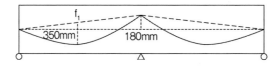

➤ 최종모멘트(M_t)의 계산 : 변형일치법

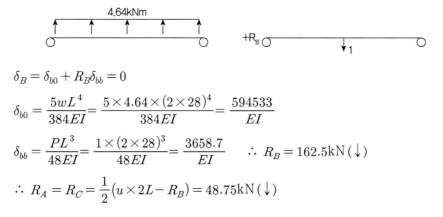

$$\delta_B = \delta_{b0} + R_B\delta_{bb} = 0$$

$$\delta_{b0} = \frac{5wL^4}{384EI} = \frac{5 \times 4.64 \times (2 \times 28)^4}{384EI} = \frac{594533}{EI}$$

$$\delta_{bb} = \frac{PL^3}{48EI} = \frac{1 \times (2 \times 28)^3}{48EI} = \frac{3658.7}{EI} \qquad \therefore \; R_B = 162.5\text{kN}(\downarrow)$$

$$\therefore \; R_A = R_C = \frac{1}{2}\left(u \times 2L - R_B\right) = 48.75\text{kN}(\downarrow)$$

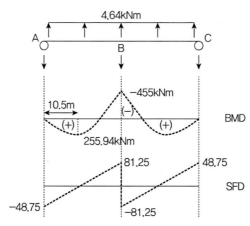

A점에서부터 x거리에 위치한 M_x는

$$M_x = -R_A x + \frac{ux^2}{2} = 2.32x^2 - 48.75x\,\text{kNm}$$

$$\frac{\partial M_x}{\partial x} = 0 \; ; \; x = 10.5\text{m}, \; M_{x=10.5} = -255.94\text{kNm}$$

$$x = 28\text{m}, \; M_B = 455\text{kNm}$$

▶ B점의 상하연 응력

긴장재로 인한 모멘트와 축력에 의해 발생되는 B점의 응력 산정

$$A = 0.3 \times 0.86 = 0.258\text{m}^2, \; I = \frac{0.3 \times 0.86^3}{12} = 0.015901\text{m}^4$$

$$\therefore f_{tB} = \frac{P_e}{A} + \frac{M_B}{I}\frac{h}{2} = -5.039 - 12.304 = -17.343\text{MPa} \; (\text{Compression})$$

$$f_{bB} = \frac{P_e}{A} - \frac{M_B}{I}\frac{h}{2} = -5.039 + 12.304 = 7.265\text{MPa} \; (\text{Tension})$$

에너지법   토목구조기술사 합격 바이블 개정판 1권 제1편 재료 및 구조역학 p.178

다음 그림과 같은 구조물에 하중 P가 서서히 작용할 경우, 이 구조물의 변형에너지와 공액에너지를 구하고 개략적인 힘-변위 관계도를 작성하시오. 구조재료는 선형탄성재료로 강성 EA는 일정하며, 처짐은 미소한 것으로 가정하고 지점 A, B는 핀 연결이며, C점에서 핀으로 연결되어 있다. 자중은 무시한다.

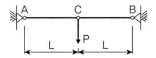

풀 이

> **개요**

에너지의 방법은 내적 일과 외적 일과의 관계로부터 산출하는 방법으로 일반적으로 최소에너지의 법칙은 평형상태와 관련되며, 선형과 비선형 구조물에 모두 탄성 범위 내에서 적용될 수 있다. 그림과 같이 비선형성을 보이는 하중과 처짐과의 관계에서 에너지 손실을 무시한다면 하중이 하는 모든 일은 하중이 제거된 후 다시 회복될 수 있도록 보의 내부에너지로 저장된다. 이때 부재의 변형에 따라 축척되는 내부에너지를 변형에너지(Strain Energy)라고 하며, 하중에 따라 축척되는 내부에너지를 공액에너지(Complementary Energy) 또는 응력에너지(Stress Energy)라고 한다.

$$\text{변형에너지} \ U = W = \int_0^\delta P_1 d\delta_1, \ \text{공액에너지} \ U^* = W^* = \int_0^P \delta_1 dP_1$$

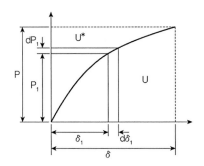

변형에너지는 하중과 처짐 곡선에서 처짐축 사이의 면적이며, 공액에너지는 하중축 사이의 면적으로 나타낸다. 따라서 변형에너지와 공액에너지 간에는 다음의 식이 성립된다.

$$U + U^* = P\delta$$

➤ 변형에너지와 공액에너지 산정

하중 P에 의해서 C점에서 δ만큼의 변위가 발생했다고 가정하고, AC와 BC 부재의 신장량을 Δ, 변화된 길이를 L'라고 정의한다. 이때 처짐 δ는 L에 비해 미소한 것으로 가정한다.

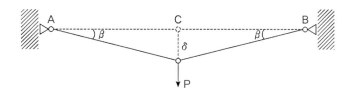

$$L' = L + \Delta = \frac{L}{\cos\beta} = L\sec\beta$$

급수전개에 따라

$$\cos\beta = 1 - \frac{\beta^2}{2!} + \frac{\beta^4}{4!} - \cdots, \ \sec\beta = 1 + \frac{\beta^2}{2!} + \frac{5\beta^4}{4!} + \cdots$$

$$L' = L + \Delta = \frac{L}{\cos\beta} = L\sec\beta = L\left(1 + \frac{\beta^2}{2!} + \frac{5\beta^4}{4!} + \cdots\right)$$

$$\therefore \Delta = \frac{L\beta^2}{2}\left(1 + \frac{5\beta^2}{12} + \cdots\right) \simeq \frac{L\beta^2}{2}$$

이때 $\tan\beta \simeq \beta = \dfrac{\delta}{L}$ 이므로 $\therefore \Delta = \dfrac{\delta^2}{2L}$

부재의 장력 $T = \dfrac{P}{2\sin\beta} \simeq \dfrac{P}{2\beta} = \dfrac{PL}{2\delta}$, 부재의 신장 $\Delta = \dfrac{TL}{EA} = \dfrac{PL}{2\delta}\left(\dfrac{L}{EA}\right) = \dfrac{PL^2}{2EA\delta}$

$\Delta = \dfrac{\delta^2}{2L}$ 식으로부터 $\dfrac{\delta^2}{2L} = \dfrac{PL^2}{2EA\delta}$ $\therefore P = \dfrac{EA\delta^3}{L^3}$, $\delta = \sqrt[3]{\dfrac{PL^3}{EA}}$

따라서 부재의 변형에너지 U는

$$\therefore U = \int_0^\delta P d\delta = \int_0^\delta \left(\frac{EA\delta^3}{L^3}\right) d\delta = \frac{EA\delta^4}{4L^3}$$

부재의 공액에너지 U^*는

$$\therefore U^* = \int_0^P \delta dP = \int_0^P \left(\sqrt[3]{\frac{PL^3}{EA}}\right) dP = \frac{3P^{4/3}L}{4\sqrt[3]{EA}} = \left(\frac{EA\delta^3}{L^3}\right)^{4/3} \frac{3L}{4\sqrt[3]{EA}} = \frac{3EA\delta^4}{4L^3}$$

➤ 힘과 변위 관계식

앞의 유도식으로부터, $P = \dfrac{EA\delta^3}{L^3}$

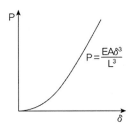

앞서 유도된 공액에너지 U^*는 변형에너지 U는 선형 탄성재료이기 때문에 이론적으로 서로 그 값이 같아야 하나 다르게 나타났다. 이는 실제 유도된 하중과 변위 간에 관계식이 기하학적으로 선형이 아닌 비선형으로 유도되었기 때문에 조건에 가정된 선형관계가 맞지 않기 때문에 공액에너지가 보존되지 않음을 보여준다.

트러스 부재력

토목구조기술사 합격 바이블 개정판 1권 제1편 재료 및 구조역학 p.396

그림과 같은 트러스 상현재 BC에 ΔT만큼 온도가 증가하는 경우, 부재 AC의 부재력을 구하시오.

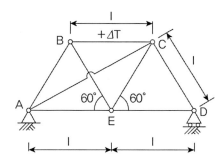

풀 이

▶ **개요**

부재수 $b = 8$, 반력성분 $r = 3$, 격점수 $j = 5$ $b + r > 2j$, 외적으로는 정정이므로 내적으로 1차 부정정 구조물이다. F_{AC}를 부정정력으로 보고 단위하중법(변위일치법)에 의해서 풀이한다.

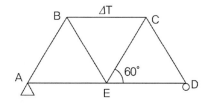
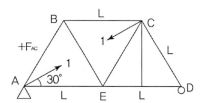

$$\Delta_i = \Delta_T + F_{AC}\delta_{ik} = 0, \; \theta = \tan^{-1}(\sqrt{0.75}/1.5) = 30°$$

▶ **부재력 산정**

1) 기본 구조물 : $\Delta_T = \alpha \Delta TL$

2) 단위하중 구조물

D점에서 $F_{CD} = F_{DE} = 0$

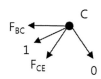

C점에서 $F_{BC} + \cos30° + F_{CE}\cos60° = 0$

$\sin30° + F_{CE}\sin60° = 0$

$\therefore \; F_{CE} = -0.577, \; F_{BC} = -0.577$

A점에서 $F_{AB}\cos60° + \cos30° + F_{AE} = 0$

$$F_{AB}\sin60° + \sin30° = 0$$

$$\therefore F_{AB} = -0.577, \ F_{AE} = -0.577$$

B점에서 $-F_{AB}\cos60° + F_{BE}\cos60° + F_{BC} = 0$

$$F_{AB}\sin60° + F_{BE}\sin60° = 0$$

$$\therefore F_{BE} = 0.577$$

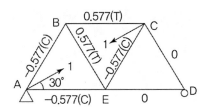

부재	L	f	$f^2 L$	$f\Delta TL$
AB	L	-0.577	$0.333L$	
AE	L	-0.577	$0.333L$	
BC	L	0.577	$0.333L$	$0.577\alpha\Delta TL$
BE	L	0.577	$0.333L$	
CD	L	0	0	
CE	L	-0.577	$0.333L$	
DE	L	0	0	
AC	$1.732L$	1	$1.732L$	
Σ			$3.397L$	$0.577\alpha\Delta TL$

$$\delta_{ik} = \Sigma\frac{f^2 L}{EA} = \frac{3.397L}{EA} \quad \Delta_T = 0.577\,\alpha\,\Delta TL$$

$$\Delta_T + F_{AC}\delta_{ik} = 0 \ ; \quad \therefore \ F_{AC} = -\frac{\Delta_T}{\delta_{ik}} = -0.1699EA\alpha\Delta T \text{ (압축)}$$

내진보강 　　　　　　　　　　　토목구조기술사 합격 바이블 개정판 2권 제6편 동역학과 내진설계 p.2335

공용 중인 고가교량의 내진성 향상을 위한 내진성능평가방법 및 보강절차의 흐름도를 작성하고, 보강 필요시 교량의 보강방안에 대하여 설명하시오.

풀 이

▶ 개요

기존구조물의 내진성능평가는 예비평가를 통해 우선순위를 정하고 교각, 받침, 교대, 기초, 지반액상화 등 내진성능 상세평가를 거쳐서 주요 부위에 대한 보강을 실시하는 순서로 진행된다.

```
자료조사                내진성능 예비평가          내진성능 상세평가
(설계, 건설, 유지보수)  →  (우선순위 결정)      →   (교각/교량받침/받침지지길이/교대/기초/지반액상화)
```

우선도의 설정은 공용연수, 지반조건, 구조형식, 지진활동 정도, 교통량 등을 고려하게 되며 일반적으로 우선도를 정하기 위해서는 지진동강도(S), 취약도(V), 중요도(I)에 대해 다음과 같이 산술화된 평가방법인 중첩계수를 고려하여 산정한다.

$$R = w_s S + w_v V + w_I I$$

▶ 내진성능평가방법

국내 기존구조물 내진성능평가요령(국토부)에 따르면, 예비평가에 따라 내진보강 핵심교량, 내진보강 중요교량, 내진보강 관찰교량으로 그룹화된 경우를 대상으로 상세평가를 수행한다.

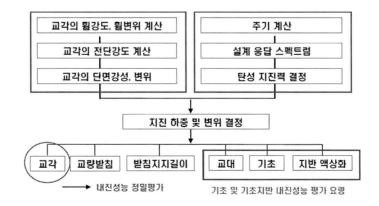

1) 연성도 능력 상세평가 : 시스템 연성도, 부재 변위 연성도, 단면의 회전 및 곡률 연성도를 고려하여

평가한다. 비구속 콘크리트 압축강도, 탄성계수, 인장강도, 철근 항복강도, 철근개수 및 철근비, 횡방향 철근 심부구속효과, 콘크리트 응력 변형률 관계를 고려하여 단면의 모멘트와 곡률관계를 산정한다.

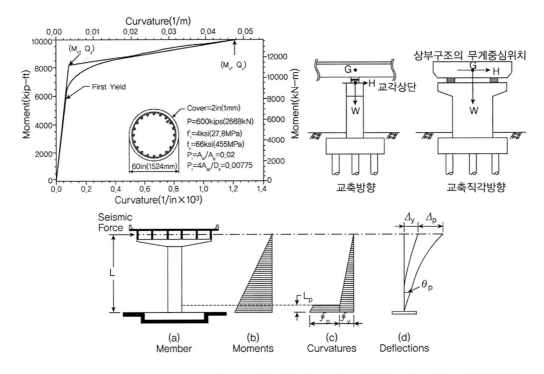

2) 교각단면 강도 상세평가 : 휨강도과 전단강도 산정하여 강도 부족 여부나 교각 주철근이 항복하기 전 전단파괴가 발생하는지 변위 연성도가 일정 수준 확보되는지를 평가한다.

① 휨강도, 전단강도, 변위연성비에 대한 관계를 이용하여 단면강도 결정
② 교각 주철근이 항복하기 전 전단파괴가 발생하면 단면강도는 공칭전단강도
③ 소성힌지영역 내 동일단면 위치에 겹침이음이 있는 경우 변위 연성도는 1.5 이내

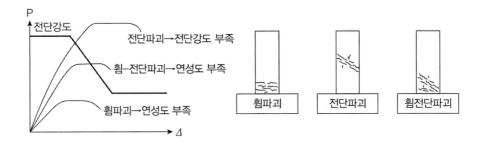

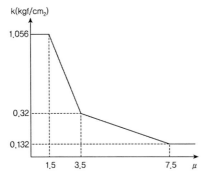

변위연성도 능력에 따른 콘크리트 공칭 전단강도

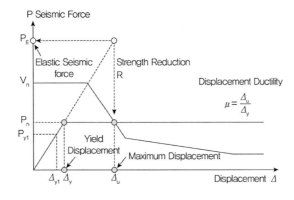

축력에 의한 전단강도

3) 탄성지진력과 등가탄성강도를 고려하여 내진성능 상세평가를 수행한다.

　① 등가탄성강도

$$[P_n^L]_E = P_n^L \times R_E^L \text{ (Longitudinal)} \qquad [P_n^T]_E = P_n^T \times R_E^T \text{ (Transverse)}$$

　② 조합 탄성 지진력

$$[P_E^L]_{comb} = \sqrt{(P_E^L)^2 + (0.3 \times P_E^T)^2} \qquad [P_E^T]_{comb} = \sqrt{(0.3 \times P_E^L)^2 + (P_E^T)^2}$$

　③ 내진성능평가

$$[P_n^L]_E \geq [P_E^L]_{comb} \ \& \ [P_n^T]_E \geq [P_E^T]_{comb}$$

▶ 내진성능 보강절차

내진성 확보를 위한 보강 개념은 기본적으로 작용하는 <u>지진력을 저항할 수 있도록 구조물에 직접적인 구속을 주거나 강성을 증가시키는 방안</u>(개별적인 보강에 의한 내진성능 향상방법)과 <u>외부 지진력이 구조물에 주는 영향이 작아지도록 별도의 장치 등을 사용하는 방안</u>(지진보호장치에 의한 교량 시스템의 내진성능 향상방법)으로 구분할 수 있다. 교량의 내진성능은 교량의 전체적인 기하학적 형상과 지점조건, 상하부 구조 간의 연결 형식, 교각과 기초 간의 연결형식, 각부재의 연결상태 및 강성상태, 내진 관련 장치의 적용과 부분적인 상세처리 등으로 결정된다.

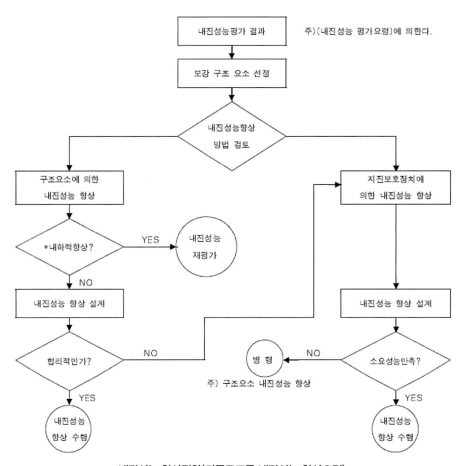

내진성능 향상절차(기존구조물 내진성능 향상요령)

1) 내진보강 방향

① **하중 개념** : 내진 개념으로 작용 외력에 대해 단면이 저항할 수 있도록 한다. 통상 예상 수명동 안 1~2회 발생 가능성이 있는 지진규모에 대해 설계하며 단면강도를 확보하는 데 주안점을 둔다.

② **변위 개념** : 면진 설계의 개념으로 지진력을 소산시키게 한다. 비탄성 거동을 허용하되 붕괴를 방지하는 개념으로 상당히 큰 규모의 지진에 대해서 설계되며 단면강도와 변형성능을 확보하 는 데 주안점을 둔다.

2) 대표적 내진보강 공법

① **작은 규모의 보강** : 받침장치의 보수, 보강 및 낙교 방지 장치의 설치를 주로 하며, 이를 통해 받침 수평저항력 증대 및 낙교 방지 등을 실시한다.

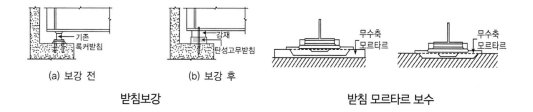

(a) 보강 전   (b) 보강 후

받침보강   받침 모르타르 보수

② **중간 규모의 보강** : 받침장치의 교체, RC 교각의 보강, 지진 저감 장치의 설치를 주로 하며 이를 통해 받침 수평저항력 증대, 교각의 강도 및 변형능력 증대, 지진 수평력 감소 등을 실시한다.

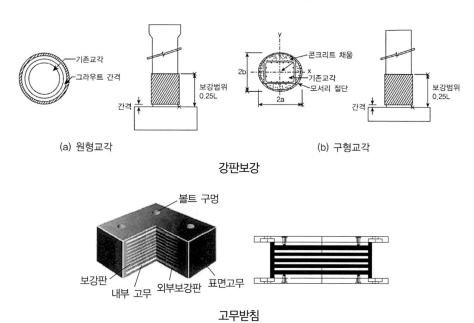

(a) 원형교각   (b) 구형교각

강판보강

고무받침

③ **대규모의 보강** : 기초나 지반의 보강을 실시하며 이를 통해 기초강도 증대, 액상화에 따른 지지력과 수평저항력의 증대를 꾀한다.

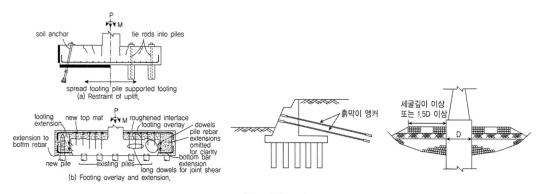

기초, 지반 보강

한계상태설계법 : PSC 거더교

한계상태설계법을 적용하여 PSC거더교를 설계할 때 설계절차와 검토할 항목에 대하여 설명하시오.

풀 이

➤ 개요

한계상태설계법에 따라 PSC 거더교를 설계할 때에는 먼저 설계조건을 결정하여 단면을 가정하고 이에 따라 내구성과 피복두께를 산정한 이후 PSC거더 설계와 바닥판, 가로보 등의 설계, 연속부가 있는 경우 연속부에 대한 검토의 순서로 설계를 진행한다.

설계조건결정 및 단면가정	내구성 및 피복두께 산정	PSC 거더의 설계
• 교량 제원, 등급 등 결정 • 하중조건	• 환경조건에 따른 노출등급 결정 • 콘크리트 피복두께 산정 • 최소콘크리트강도 산정 • 설계등급 결정	• 단면계수 산정 • 하중산정과 하중조합 • 응력산정 및 강연선량 산정 • 극한/극단 한계상태 검토 • 사용한계상태 검토

바닥판/가로보 설계	연속부 검토
• 단면계수 산정 • 하중산정 및 하중조합 • 극한/극단 한계상태 검토 • 사용한계상태 검토	• 단면계수 산정 • 하중산정 및 하중조합 • 극한/극단 한계상태 검토 • 사용한계상태 검토

한계상태설계법에 따른 PSC 거더교 설계흐름도

➤ 절차별 검토항목

1) 설계조건 결정 및 단면가정

한계상태설계법(도로교설계기준, 2015)에서는 이전 설계기준(도로교설계기준, 2010)과 달리 활하중의 변화(DB, DL → KL510), 하중수정계수(η_i 도입) 등이 달라졌으며, 발주자의 요구조건에 따라 교량의 제원과 등급을 결정한다. 또한 하중조건에 따라 한계상태별 하중조합을 고려하여 반영하여야 한다.

2) 내구성 및 피복두께 산정

한계상태설계법(도로교설계기준, 2015)에서는 환경조건에 따른 노출등급을 달리하고 있어 노출등급 결정에 따라 최소 콘크리트 기준 압축강도와 최소피복두께를 산정해야 한다.

3) PSC 거더 설계

단면의 상수를 산정하고 고정하중, 활하중, 텐던배치 및 응력산정을 검토한다. 사용한계상태의 응력한계검토, 처짐 등을 검토하고 극한한계상태에서의 단면휨저항모멘트 산정과 취성 방지검토, 전단강도 보강, 전단연결재 설계와 스트럿-타이 모델을 이용한 정착부 설계를 실시한다.

4) 바닥판/가로보/기타 설계

바닥판은 설계지간을 산정하여 최소두께를 검토하는 설계단면 검토과정을 거쳐 극한한계상태, 극단상황한계상태 및 사용한계상태에 대한 검토를 수행한다. 극한한계상태에서는 응력-변형률 곡선을 이용하여 휨강도를 검토하고 철근량을 산정한다. 차량충돌하중을 고려한 극단상황한계 상태에 대해서도 검토하며, 철근의 인장응력 제한검토, 콘크리트 압축응력 제한검토, 균열폭 산정 등 균열과 한계지간/깊이비를 통해 처짐에 대한 사용한계상태 검토를 수반한다. 바닥판의 외측부와 내측부를 구분하여 설계하고 경험적 설계법 등을 통해 보강철근량을 산정하고 단부에 대해 극한한계상태와 사용한계상태를 검토한다. 마지막으로 차륜하중에 대한 최대전단응력을 산정하여 뚫림전단강도에 대한 검토가 수반된다.

가로보와 부부재 등은 휨강도와 전단강도에 대해 검토되며 연속부의 경우 단계별 재령을 고려한 크리프계수와 건조수축 변형률을 산정하여 2차 응력을 고려한 응력 재분배 등이 검토된다. 최종적으로는 반력과 처짐 검토를 수행하고 반력에 따라 받침용량을 검토한다.

▶ 참고) 도로교설계기준 비교(2010, 2015)

1) 설계조건결정 및 단면가정

도로교설계기준 2010	도로교설계기준 2015
① 설계조건 결정 및 단면가정	① 설계조건 결정 및 단면가정
• 교량형식 및 설계개요 • 단면개요	• 교량형식 및 설계개요 • 단면개요
② 환경조건에 따른 노출등급 결정	② 환경조건에 따른 노출등급 결정
• 해당 없음	• 노출등급 결정 • 노출등급별 최소콘크리트 강도, 최소피복두께 결정
③ 사용부재 및 설계강도 결정	③ 사용부재 및 설계강도 결정
〈부재별 사용재료 및 설계강도 결정〉 (콘크리트) －설계기준강도(재령28일 압축강도) f_{ck} －탄성계수 $E_c = 0.077 m_c^{1.5} \sqrt[3]{f_{cu}}$ －균열등급별 허용인장응력 • 비균열등급 : $f_t \le 0.63 \sqrt{f_{ck}}$ • 부분균열등급 : $0.63\sqrt{f_{ck}} < f_t \le 1.0\sqrt{f_{ck}}$ • 완전균열등급 : (철근) －기준항복강도 f_y －탄성계수 E_s	〈부재별 사용재료 및 설계강도 결정〉 (콘크리트) －표준기준강도(재령28일 압축강도) f_{ck} －평균압축강도 $f_{cm} = f_{ck} + \Delta f$ －평균인장강도 $f_{ctm} = 0.3(f_{cm})^{2/3}$ －기준인장강도 $f_{ctk} = 0.7 f_{ctm}$ －탄성계수 $E_c = 0.077 m_c^{1.5} \sqrt[3]{f_{cu}}$ (철근) －기준항복강도 f_y －탄성계수 E_s

도로교설계기준 2010	도로교설계기준 2015
(PS 강연선) − 기준인장/항복강도 f_{pu}/f_{py} − 탄성계수 E_p − PS 최대허용긴장응력 $\quad f_{0,max} = \min[0.8f_{pu},\ 0.94f_{py}]$ − PS 최대허용긴장응력(긴장 및 정착 직후) $\quad f_{pmo} = \min[0.74f_{pu},\ 0.82f_{py}]$ − 유효 PS력과 지속하중조합 시 PS 강재 응력제한 $\quad 0.45f_{pu}$ − 유효 PS력과 전체하중조합 시 PS 강재 응력제한 $\quad 0.6f_{pu}$	(PS 강연선) − 기준인장/항복강도 f_{pu}/f_{py} − 탄성계수 E_p − PS 최대허용긴장응력 $\quad f_{0,max} = \min[0.8f_{pu},\ 0.9f_{py}]$ − PS 최대허용긴장응력(긴장 및 정착 직후) $\quad f_{pmo} = \min[0.75f_{pu},\ 0.85f_{py}]$ − <u>유효 PS력과 사용한계상태하중조합 V에서의 PS 강재 응력제한 $0.65f_{pu}$</u>

2) 거더설계

도로교설계기준 2010	도로교설계기준 2015
① 단면계수산정 • 총단면 / 순단면 / PS환산단면 • 합성단면(슬래브 환산단면) ← 플랜지 유효폭	**① 단면계수산정** • 총단면 / 순단면 / PS환산단면 • 합성단면(슬래브 환산단면) ← 플랜지 유효폭 ※ <u>전단강도 검토를 위한 전단검토 위치의 Q추가 산정</u>
② 하중산정 및 하중조합 • 횡분배 해석 − 고정하중과 활하중에 대한 거더별 분배 하중 계산 • 종방향 해석 − 분배하중을 거더에 재하하여 종방향 해석 • 부재력 정리 및 하중조합	**② 하중산정 및 하중조합** • <u>고정하중</u> − <u>DC(합성전 고정하중) : 거더자중, 가로보, 슬래브</u> − <u>DW(합성후 고정하중) : 포장, 방호벽</u> • <u>활하중</u> − <u>횡분배계수 산정</u> − <u>단경간 거더 활하중 영향선을 이용한 부재력 산정</u> − <u>횡분배계수×부재력＝내외측 활하중 부재력</u> • 부재력 정리 및 하중조합
③ 허용응력검토 (균열등급결정) • 균열등급별 허용인장응력 결정 − 비균열등급 : $f_t \le 0.63\sqrt{f_{ck}}$ − 부분균열등급 : $0.63\sqrt{f_{ck}} < f_t \le 1.0\sqrt{f_{ck}}$ − 완전균열등급 : $f_t > 1.0\sqrt{f_{ck}}$ (응력검토) • PS에 의한 응력 산정 소요 PS 강연선 개수 산정 → PS 강연선 배치 → PS 긴장력 가정 → PS 즉시 손실량 산정 → 초기응력 결정 → PS 장기손실량 산정 → 유효응력 결정 → PS 긴장재의 신장량 산정 ※ PS최대허용긴장응력 검토(긴장 시, 긴장 후, 지속하중)	**③ 사용한계상태 검토** (사용한계상태 설계등급 결정) • <u>노출환경 및 구조형식 → 최소설계등급결정 → 해당 등급에 따른 사용한계상태 검증</u> (응력검토) • PS에 의한 응력 산정 소요 PS 강연선 개수 산정 → PS 강연선 배치 → PS 긴장력 가정 → PS 즉시 손실량 산정 → 초기응력 결정 → PS 장기손실량 산정 → 유효응력 결정 → PS 긴장재의 신장량 산정 ※ <u>PS최대허용긴장응력 검토</u>

도로교설계기준 2010	도로교설계기준 2015
• PS영향을 고려한 재하단계별 응력검토 : 콘크리트 압축응력 제한 − 전체하중 작용 시 : $0.6f_{ck}(t)$ − 지속하중 상태 : $0.45f_{ck}(t)$	• PS영향을 고려한 재하단계별 응력검토 : 콘크리트 압축응력 제한 − 사용하중조합 I : $0.6f_{ck}$ − 사용한계상태하중조합 V : $0.45f_{ck}$
(균열검토) • PSC 부재의 비균열등급의 허용응력을 충족하므로 별도의 균열폭 검토 생략	(균열검토) • PSC 부재의 영응력 한계상태를 충족하므로 별도의 균열폭 검토 생략
(처짐검토) • 고정하중 및 활하중 처짐계산 • 장기처짐 계산 • 활하중처짐 검토 및 솟음량 계산	(처짐검토) • 고정하중 및 활하중 처짐계산 • 장기처짐 계산 • 활하중처짐 검토 및 솟음량 계산
④ 극한강도 검토	**④ 극한한계상태 검토**

(휨 설계)
• 단면 휨저항 강도 산정
− 중립축 결정(T형보 판별)
− 강재발생응력 f_{ps} 계산
− 단면 휨저항강도 산정
	(휨 설계)
	• 단면 휨저항 강도 산정
	− 단면형상 및 재료상수 결정
	− 중립축 결정($F_s = F_c$) ← 단면형상 판단
	− 응력-변형률 관계를 이용한 강재발생 변형률
	  • 단면 휨에 의한 강재발생 변형률 산정
	  • PS도입에 Pre-strain 포함한 강재 변형률 산정
	− 변형률에 상응하는 강재발생응력 산정 :
	  $f_s(\epsilon_{pre})$, $f_s(\epsilon_s + \epsilon_{pre})$
	− 강재발생력 F_s 산정 및 단면휨저항강도 산정

• 취성 파괴 방지 검토 − 균열모멘트 1.2배 이상의 힘에 저항	• 취성 파괴 방지 검토 − 사용하중조합 II에 의해 관찰이 가능한 휨균열이 발생할 수 있도록 긴장재를 가상으로 감소시켜 남아 있는 긴장재가 사용하중조합 II에 의해 발생하는 휨모멘트를 저항할 수 있도록 하는 방법 − 최소 철근량을 배치하는 방법 : $A_{s,\min} = M_r / z_s f_y$ * 감소된 긴장재에 의한 휨저항강도 산정 시 극단상황한 계상태의 재료계수 $\phi_s = 1.0$을 적용

(전단 설계)
• 콘크리트 전단강도 계산
− 휨전단 균열이 발생할 때의 전단강도 검토
− 복부전단 균열이 발생할 때의 전단강도 검토
  • 강재가 부담할 전단력 계산
  • 스터럽 배치간격 결정
	(전단 설계)
	• 전단보강철근이 없는 부재로 설계 : 휨균열이 발생하지 않는 구간의 전단강도 산정
	− 단면의 깊이 방향으로 복부폭이 변화하는 단면인 경우 최대 주응력은 도심축이 아닌 축에서 발생할 수 있다. 이러한 경우 전단강도의 최솟값은 단면의 여러 위치에서 V_{cd}를 계산하여 산정
	− 합성단계별 하중과 단면계수를 적용
	• 전단보강철근이 배치된 부재로 설계 : 전단철근이 배치된 부재의 전단강도 산정 시 전단철근이 항복한다는 가정하에 표준트러스모델을 이용하여 압축스트럭 각을 변화시켜가면서 콘크리트스트럿의 압축파괴기준에 근접시켜 전단강도 산정

(전단연결재 설계) • 계면에 작용하는 전단응력 산정 • 계면 설계전단강도 산정	(전단연결재 설계) • 계면에 작용하는 전단응력 산정 • 계면 설계전단강도 산정

도로교설계기준 2010	도로교설계기준 2015
(전단연결재 설계) • 계면에 작용하는 전단응력 산정 • 계면 설계전단강도 산정 (전단 설계) • 국소구역의 설계 • 일반구역의 설계 : 스트럿 타이모델, 탄성응력해석, 간 이계산법 등이 적용 가능	(전단연결재 설계) • 계면에 작용하는 전단응력 산정 • 계면 설계전단강도 산정 (전단 설계) • 지압부 설계 • 정착부 파열력과 할렬력 검토 : 스트럿 타이모델

3) 바닥판설계

도로교설계기준 2010	도로교설계기준 2015
① 설계단면 및 하중산정	① 설계단면 및 하중산정

• 설계지간 산정
• 바닥판 최소두께 검토
• 하중 : 고정하중(D), 활하중(L), 차량충돌하중(CT), 방
  호벽에 작용하는 풍하중(WS), 원심하중(CF)
	• 설계지간 산정
	• 바닥판 최소두께 검토
	• 하중 : 고정하중(DC, DW), 활하중(LL), 차량충돌
	  하중(CT), 방호벽에 작용하는 풍하중(WS), 원심하중
	  (CF)
	* 차량충돌하중(CT)은 극단상황한계상태

② 극한강도 및 사용성 검토(외측부)	② 극한한계상태, 극단상황한계상태, 사용한계상태 검 토(외측부)

• 극한강도 검토(휨강도)
  필요철근량 검토 → 최소 철근량 검토 → 최대 철근비
  검토 → 휨강도 검토 및 휨설계 → 수평 철근량 계산
	• 극한한계상태 검토(휨강도)
	  단면형상 및 재료계수 결정 → 응력-변형률 곡선
	  의 콘크리트 강도 변화에 따른 계수 산정 → 필요
	  철근량 검토 → 최소 철근량 검토 → 허용중립축
	  깊이 검토 → 휨강도 검토 및 휨설계 → 수평 철근
	  량 계산

• 사용성 검토
 −균열검토(사용하중조합) : 철근응력산정, 철근배치간격
  검토
 −처짐검토
 −피로검토
	• 사용한계상태 검토
	 −응력한계검토(사용하중조합 I) : 철근의 인장응력
	  제한검토, 콘크리트 압축응력 제한검토
	 −균열 검토 : 최소 철근량 검토, 간접균열 제어, 균
	  열폭 산정 및 검토
	 −처짐검토 : 한계지간/깊이 비 검토

③ 바닥슬래브의 경험적 설계법(내측부)	③ 바닥슬래브의 경험적 설계법(내측부)
• 경험적 설계법 적용성 검토 • 보강철근량 산정	• 경험적 설계법 적용성 검토 • 보강철근량 산정
④ 단부설계	④ 단부설계
• 극한강도 검토(휨, 전단) • 사용성 검토	• 극한한계상태 검토(휨강도) • 사용한계상태 검토
⑤ 차륜하중에 대한 뚫림전단 설계	⑤ 차륜하중에 대한 뚫림전단 설계
• 해당 없음	• 차륜하중에 의한 최대전단응력 산정 • 뚫림전단강도 검토

내풍 설계   토목구조기술사 합격 바이블 개정판 2권 제5편 교량계획과 설계 p.2040

케이블로 지지되는 장대교량 건설이 증가함에 따라 바람에 대한 교량의 내풍안정성 확보가 교량건설의 중요한 요소로 부각되고 있다. 풍하중에 의한 교량의 거동 특성을 기술하고 진동을 억제하는 내풍 대책에는 무엇이 있는지 설명하시오.

풀 이

▶ **개요(풍하중에 의한 교량의 거동 특성)**

교량이 장대화될수록 내진성보다는 내풍성에 의해서 구조물의 안정성이 좌우되는 경우가 많아졌다. 이는 전체 구조시스템에서 보강거더의 휨강성(EI/l), 중량(Mass) 등의 감소로 인하여 시스템의 댐핑이 줄고 주기가 길어짐에 따라 고유진동수(f)가 줄어들어 각종 불안정 진동이 저 풍속에서 발생하기 쉬워졌기 때문이다. 풍하중에 의한 교량의 거동은 크게 정적 현상과 동적 현상으로 구분되며, 장경간이나 장대교량의 경우 바람 하중으로 인해 동적 진동현상이 주로 고려된다. 다음은 일반적인 풍하중에 의한 정적·동적 현상을 구분한 표이다.

교량의 정적·동적 거동현상과 주요 영향요소

거동 구분			영향요소	주요 내용
정적 현상 (바람 하중)	풍하중에 의한 응답		보강형	정적공기력의 작용에 의한 정적 형, 전도, 슬라이딩
	Divergence, 좌굴		보강형	정상공기력에 의한 정적 불안정 현상
동적 현상 (바람 진동)	강제 진동	와류진동 (Vortex-Shedding)	보강형, 주탑, 아치교 행어	물체의 와류방출에 동반되는 비정상 공기력(카르만 소용돌이)의 작용에 의한 강제진동
		버펫팅 (Buffeting)	보강형	접근류의 난류성에 동반된 변동공기력의 작용에 의한 강제진동
	자발 진동	갤로핑 (Galloping)	주탑	물체의 운동에 따른 에너지가 유체에 피드백(Feed-back)됨으로써 발생하는 비정상공기력의 작용에 동반되는 자려(Self-Exited) 진동
		비틀림 플러터 (Torsional Flutter)	보강형	
		합성 플러터 (Coupling Flutter)	보강형	
	기타	Rain Vibration	케이블	사장교케이블 등에 경사진 원주에 빗물의 흐름으로 인하여 발생하는 진동
		Wake Galloping	케이블	물체의 후류(Wake)의 영향에 의해 발생하는 진동

▶ **내풍 대책**

교량의 진동을 억제하는 내풍 대책은 크게 정적하중에 대한 저항방식과 동적하중에 대해 질량, 강성, 감쇠 증가를 하는 구조역학적 대책, 단면 형상 변화에 따라 내풍효과를 줄여주는 공기역학적인 대책 등으로 구분될 수 있다.

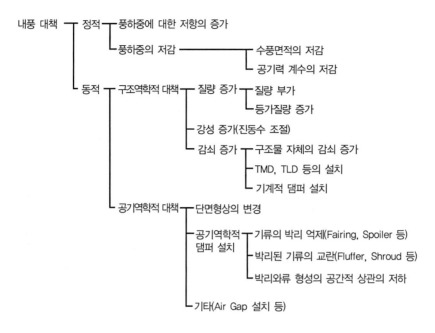

내풍 대책의 구분과 주요 내용

정적 내풍 대책	동적 내풍 대책		기타
	구조역학적 대책	공기역학적 대책	
• 풍하중에 대한 저항의 증가	• 질량 증가(m) 부가질량, 등가질량 증가	• 단면형상의 변경	Air Gap 설치 풍환경 개선
• 풍하중의 저감 – 수풍면적의 저감 – 공기력 계수의 저감	• 강성 증가(k) 진동수 조절 $\left(f \propto \sqrt{\dfrac{k}{m}} \right)$ • 감쇠 증가(c) 구조물 자체감쇠 증가, TMD, TLD 등 설치, 기계적 댐퍼 설치	• 공기역학적 댐퍼 – 기류의 박리 억제 (Fairing, Spoiler) – 박리된 기류의 교란 (Fluffer, Shround) – 박리와류 형성의 공간적 상관의 저하	

1) 정적거동에 의한 내풍 대책

정적거동에 의한 내풍 대책은 먼저 풍하중에 대한 구조물의 저항 및 강도의 증가 대책으로 풍하중의 작용에 대한 구조물의 안정성을 확보하기 위해서 충분한 강성을 구조물이 가지도록 하는 것이다. 정적거동의 대책으로는 다음의 3가지로 구분할 수 있다.

① 단면 강도 증대 : 충분한 강성을 가지는 단면 선택
② 수풍면적이 저감
③ 공기력 계수 저감

2) 동적거동에 의한 내풍 대책(구조역학적 대책)

① 구조 역학적 대책의 목적

    ㉠ 구조물 진동 특성을 개선하여 진동의 발생 그 자체를 억제

    ㉡ 진동 발생풍속을 높이는 방법

    ㉢ 진동의 진폭을 감소시켜 부재의 항복이나 피로파괴 억제

② 구조물의 진동 특성을 개선하는 방법

    ㉠ **질량의 증가** : 구조물 질량의 증가는 와류진동 등의 진폭을 감소시키며, 갤로핑의 한계풍속을 증가시킨다. 그러나 한편으로는 질량의 증가에 따라 고유진동수가 낮아지게 되어 진동의 발생풍속 증가에 도움이 되지 않는 경우도 있으므로 신중한 검토가 필요하다.

    ㉡ **강성의 증가**(진동수의 조절) : 구조물 강성의 증가는 고유진동수를 상승시킴으로써 와류진동 및 플러터의 발생풍속의 증가를 가져다준다. 강성이 높은 구조형식으로 변경한다든지 적절한 보강부재를 첨가하는 것을 고려할 수 있으나 강성 증가에는 한계가 있어 현저한 내풍안정성 향상을 기대하기 어렵다.

    ㉢ **감쇠의 증가** : 구조감쇠의 증가는 와류진동이나 거스트 응답 진폭의 감소 또는 플러터 한계풍속의 상승을 목적으로 한 것으로 그 제진효과를 확실히 기대할 수 있다. 교량 내부에 적당한 감쇠장치를 첨가하여 기본구조의 변경 없이 제진효과를 얻을 수 있다는 점에서 여러 가지 구조역학적 대책 중에서 가장 많이 사용되는 방법이다. 감쇠장치의 종류에는 오일댐퍼를 비롯하여 TMD(Tuned Mass Damper), TLD(Tuned Liquid Damper), 체인댐퍼 등과 같은 수동댐퍼가 많이 사용되었으나 최근에는 AMD(Active Mass Damper)와 같은 제어 효율이 높은 능동적 댐퍼도 많이 개발되고 있다.

3) 동적거동에 의한 내풍 대책(공기역학적 대책)

공기역학적 방법은 교량단면에 작은 변화를 주어 작용공기력의 성질 또는 구조물 주위의 흐름양상을 바꾸어 유해한 진동현상이 발생되지 않도록 하는 방법이다. 교량의 주형이나 주탑 단면은 일반적으로 각진 모서리를 가진 뭉뚝(Bluff)한 단면이 많은데 이러한 단면에서는 단면의 앞 모서리부에서 박리된 기류가 각종 공기역학적 현상과 밀접한 관계를 가지고 있다. 따라서 앞 모서리에서의 박리를 제어함으로 진을 도모하는 방법이 주로 채택된다.

① **기류의 박리 억제** : 단면에 보조부재를 부착하여 박리 발생을 최소화시켜 구조물의 유해한 진동을 일으키는 흐름상태가 되지 않도록 기류를 제어하는 방법으로 Fairing, Deflector Spoiler, Flap 등이 사용된다. 하지만 이러한 부착물에 의한 내풍안정성 향상효과는 단면 형상에 따라 다르며 때로는 진폭이 증가되거나 원래 단면에서 발생하지 않던 새로운 현상을 일으킬 수 있으므로 풍동실험을 통한 고찰이 요구된다.

② **박리된 기류의 분산** : 기류의 박리 억제가 어렵거나 Fairing 등에 의한 효과가 없는 경우에는 단면의 상하면의 중앙부에 Baffle Plate라 불리는 수직판을 설치하여 박리버블의 생성을 방

해하여 상하면의 압력차에 의한 비틀림 진동의 발생을 억제할 수 있다.

③ 기타 : 현수교의 트러스 보강형 등에 있어서는 바닥판에 Grating과 같은 개구부를 설치하면 단면 상하부의 압력차가 작아지게 되어 연성플러터 또는 비틀림 플러터에 대한 안정성을 향상시킬 수 있다.

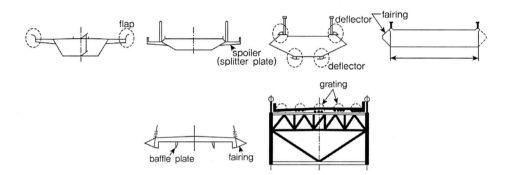

4) 케이블의 내풍/진동 제어 대책

① 케이블의 진동제어 방법은 크게 <u>공기역학적 방법, 감쇠 증가에 의한 방법, 고유진동수 변화에 의한 방법</u>이 있다.

② <u>공기역학적 방법</u>은 사장교 케이블의 표면에 <u>나선형 필렛(Helical Fillet), 딤플(Dimple), 축방향 줄무늬(Axial Stripe)</u> 등 돌출물을 설치하는 것으로 케이블의 공기역학적 특성을 바꿀 수 있다. 이때 돌출물 설치에 따른 진동제어를 풍동실험을 통해 검증하여야 하며 필요한 경우 변화된 공기역학적 계수값을 실험을 통해 산정하여야 한다.

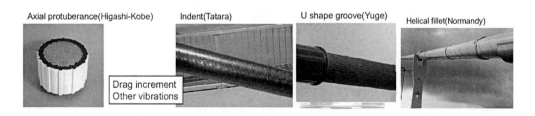

③ <u>감쇠량 증가에 의한 방법</u>에 주로 사용되는 <u>케이블 댐퍼</u>로는 주로 수동댐퍼가 사용되며 형식으로는 점성댐퍼, 점탄성댐퍼, 오일댐퍼, 마찰댐퍼, 탄소성댐퍼 등이 있다. 케이블에 사용되는 댐퍼는 상시 진동하므로 적용되는 댐퍼의 피로내구성 및 반복작용에 의한 온도 상승으로 저하되는 감쇠성능이 검증되어야 하며, 온도 의존성이 큰 댐퍼의 경우 설계 시 적정 온도범위와 설계온도 가정이 중요하다. 설계된 댐퍼는 실내실험을 통해 설계 물성치와 제작된 댐퍼의 물성치를 비교하여 그 성능을 확인하여야 한다.

④ 선형댐퍼를 사용하는 경우 케이블 진동모드에 따라서 댐퍼에 의한 부가 감쇠비가 달라지므로 댐퍼설계 시 진동 제어를 하고자 하는 케이블의 모드를 정하는 것이 좋다. 풍우진동의 경우

관측에 의하면 케이블은 2차 모드로 진동하는 것이 지배적인 것으로 알려져 있다. 따라서 이러한 경우 댐퍼는 2차 모드에서 최적의 감쇠비가 나타나도록 설계하는 방법을 채택할 수 있다.

⑤ 비선형 댐퍼는 변위에 따라 부가 감쇠비가 달라지고 미소변위에서는 작동하지 않는 특성이 있으므로 이에 대해서는 작동개시 범위 및 최대 부가 감쇠비 변위 등을 합리적으로 산정하여 설계하여야 한다. 특히 케이블의 진동 제한 진폭 기준이 제시되어 있다면 이 진폭에서는 설계 감쇠비보다 큰 부가 감쇠비가 얻어지도록 설계하여야 한다.

⑥ 고유진동수를 변화시키는 방법으로는 보조 케이블에 의한 진동 제어 방법이 있으며 사장교 케이블을 서로 엮어 매는 것으로 부가 감쇠의 효과도 있으나 케이블의 진동길이를 감소시켜 고유진동수를 높이는 역할을 한다. 고유진동수가 변화될 경우 케이블의 공진을 막을 수 있고 바람에 의한 진동 시 임계풍속을 증가시키는 역할을 하나 이 방법은 유지관리 시 유의하여야 하고 미관을 해칠 수 있는 단점이 있으며, 사장교 케이블의 자유로운 변형을 구속하므로 응력집중에 대해 충분히 검토해야 한다.

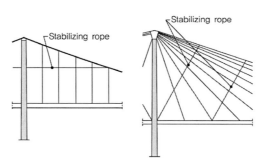

인천대교 사장교 보조 케이블 시스템

지진 피해요인과 대비   토목구조기술사 합격 바이블 개정판 2권 제6편 동역학과 내진설계 p.2249

지진으로 인한 구조물의 피해요인과 이를 최소화하기 위해 고려하여야 할 사항에 대하여 설명하시오.

풀 이

▶ 개요

지진 발생 시 예상되는 피해 유발요인은 다음과 같이 분류할 수 있다.

- 구조물에 의한 요인
- 지반에 의한 요인
- 기타 요인

▶ 지진으로 인한 구조물의 피해요인 및 고려사항

1) **구조물에 의한 요인** : 지진 피해는 구조물의 파손이나 붕괴 또는 구조물의 피해에 부차적으로 발생하는 화재, 교통 및 통신망의 두절, 급수관이나 가스관의 파손 등이 있다. 일반적으로 부차적으로 일어나는 피해는 구조물의 내진 설계와 지진 발생 시 신속한 대응으로 어느 정도 예방할 수 있다. 지진으로 인한 구조물의 피해 유발요인은 다음과 같다.

   ① 기둥의 취성파괴 : 지진의 진동기간이 긴 경우에 축방향의 철근 간격이 너무 작거나 띠철근의 간격이 클 때 발생한다.

   ② 구조물의 비대칭성 : 구조물의 질량이나 강성이 비대칭인 경우 비틀림 발생으로 파괴가 일어나기 쉽다.

   ③ 짧은 기둥 : 조적벽이나 깊이가 큰 보에 의해 기둥의 변형구간이 짧아지면 연결 부위에서 파괴가 일어나기 쉽다.

   ④ 인접층 강성의 급격한 변화 : 강성의 급격한 변화는 응력집중을 초래하여 파괴를 유발한다.

   ⑤ 좌굴 : 주로 철골구조물의 경우 과다한 축하중이 부재의 좌굴이나 국부좌굴을 유발하여 피해가 발생할 수 있다.

   ⑥ P-Delta 효과 : 중력방향의 하중이 크고 구조물의 유연성이 큰 경우 P-Delta 영향으로 구조물의 피해가 발생할 수 있다.

   ⑦ 강성 변화(Soft Story) : 구조물 하부의 강성을 상부에 비해 작게 설계했을 경우 하부의 파괴가 발생할 수 있다.

2) **지반에 의한 요인** : 지반에 의한 요인으로는 구조물의 부등침하, 구조물 지반 상호작용(SSI), 지반

운동의 증폭효과, 지반의 액상효과 등이 있다.

① 부등 침하 : 지반의 부등침하는 직접적인 피해뿐만 아니라 구조물의 거동에 비대칭을 유발하여 피해를 크게 할 수 있다.

② 구조물과 지반의 상호작용 : 지반의 고유진동수가 구조물의 고유진동수와 비슷하면 공진 현상에 의해 피해가 증가되며 연약 지반에서는 고층 건물이, 암반에서는 저층의 건물이 더 크게 지진의 영향을 받는다.

③ 지반운동의 증폭효과 : 지반이 연약하면 지반의 운동이 하부의 암반운동보다 증폭되어 더 심한 피해를 유발할 수 있다.

④ 지반의 액상화 현상 : 지반이 모래질로 되어 있을 때 발생하는 현상으로 구조물의 전도 등의 피해를 초래하게 된다.

3) 기타요인 : 과거 지진이나 부실한 구조물의 설계와 시공이 피해 요인

① 과거 지진에 의한 피해 : 과거의 지진으로 인한 피해를 아직 보수하지 못했거나 제대로 보수하지 않았을 경우 피해는 가중된다.

② 부실한 설계 및 시공 : 지진의 효과를 제대로 고려하지 않고 설계를 하거나 부실한 시공을 하게 되면 많은 피해를 초래할 수 있다.

4) 지진 발생 시 교량의 주요 피해 및 원인

부위	주요 피해	피해 및 발생 원인
상부	낙교	사교에서 주로 발생, 강성중심과 무게중심의 불일치로 인한 과대변위 받침파손과 지지길이 부족으로 인한 낙교, 지반액상화에 의한 낙교
받침	본체의 파손	받침본체 파손(록커받침 취약), 받침 지지길이 부족으로 낙교
	상하부 연결부 파손	앵커볼트 길이부족으로 인발 또는 파단, 모르타르 손상 및 파괴
	이동 제한 장치 손상	이동제한장치 및 부상 방지 장치 손상
	낙교 방지 장치 손상	케이블 구속장치 피해, 낙교 방지핀 피해, 스토퍼 파손
교각	휨파괴	연성부족으로 소성힌지부 휨파괴, 주철근 겹침이음부 휨파괴, 주철근 매입길이 부족으로 인발, 띠철근 및 나선철근 부족으로 취성파괴
	휨-전단파괴	소성힌지부 전단강도 부족으로 휨-전단파괴
	전단파괴	전단강도 부족으로 전단 취성파괴
	기타	유효길이 부족으로 파괴, 나팔형 교각 파괴, 주철근 단락부 파손
교대	본체 및 지반이동 피해	지반액상화에 따른 교대의 이동과 전도
기초	말뚝기초 및 지반이동 피해	액상화에 따른 횡지지력 부족 및 잔류수평변위 발생으로 말뚝본체 및 푸팅 파괴, 직접기초나 우물통 기초는 손상이 경미
지반	침하, 이동 피해	액상화로 인한 침하 및 이동 피해
기타	교각두부, 이음부 손상	수평력 집중에 따른 교각두부 파손
	강교/강교각 변형	강교/강교각의 좌굴 및 변형
	신축이음장치 파손	과도한 상부구조 변위차로 인한 충돌로 신축이음부 파손

▶ 지진피해 최소화를 위한 고려사항

구조물의 지진피해 최소화를 위해서는 신규 구조물의 경우 내진설계를 통해 지진에 대한 인성과 에너지 흡수 능력을 키울 수 있도록 기존 구조물의 경우 내진성능평가를 통해 구조물에서 요구하는 수준(방괴 방지 수준 또는 기능 수행 수준)을 만족할 수 있도록 내진보강을 하도록 하여야 한다. 내진 보강 시에는 기본적으로 작용하는 지진력을 저항할 수 있도록 구조물에 직접적인 구속을 주거나 강성을 증가시키는 방안(개별적인 보강에 의한 내진성능 향상방법)과 외부 지진력이 구조물에 주는 영향이 작아지도록 별도의 장치 등을 사용하는 방안(지진보호장치에 의한 교량시스템의 내진성능 향상방법)으로 구분할 수 있다.

1) 내진보강 방향
　① 하중 개념 : 내진 개념으로 단면으로 저항
　　㉠ 작용 외력에 저항할 수 있는 개념
　　㉡ 예상 수명동안 1-2회 발생 가능성이 있는 지진규모에 대해 설계
　　㉢ 보강방향 : 단면강도의 확보
　② 변위 개념 : 면진 개념, 지진력의 소산
　　㉠ 비탄성 거동을 허용하되 붕괴를 방지하는 개념
　　㉡ 상당히 큰 규모의 지진에 대해서 설계
　　㉢ 보강방향 : 단면강도 및 변형 성능의 확보 요망

2) 대표적 내진보강 공법
　① 작은 규모의 보강
　　㉠ 보강방안 : 받침장치의 보수, 보강 및 낙교 방지 장치의 설치
　　㉡ 보강효과 : 받침 수평저항력 증대 및 낙교 방지
　② 중간 규모의 보강
　　㉠ 보강방안 : 받침장치의 교체, RC교각의 보강, 지진 저감 장치의 설치
　　㉡ 보강효과 : 받침 수평저항력 증대, 교각의 강도 및 변형능력 증대, 지진수평력 감소
　③ 큰 규모의 보강
　　㉠ 보강방안 : 기초의 보강, 지반보강
　　㉡ 보강효과 : 기초 강도 증대, 액상화에 따른 지지력, 수평 저항력 증대

PSC 방향변환블록   토목구조기술사 합격 바이블 개정판 1권 제3편 PSC p.1177

PS 강재의 방향변환블록(Deviation Block) 설계 시 고려사항에 대하여 설명하시오.

풀 이

▶ 개요

외부프리스트레스를 도입하는 콘크리트 구조물은 일반적으로 프리스트레스 콘크리트 구조물보다 텐던 선형이 단순하고 시공이 용이하며 복부치수 등 단면 제원을 줄일 수 있고 텐던 그라우팅에 관련된 문제점이 거의 발생하지 않으며 사용 중에 텐던 상태를 상세 조사할 수 있는 등의 장점을 가지고 있다. 그러나 외부 프리스트레스 방식에서는 콘크리트 구조물에 프리스트레스를 주기 위해 배치하는 PS텐던을 주형단면을 구성하는 부재 밖에 배치한다. 텐던의 위치 확보 또는 정착을 위해 방향변환블록과 격벽을 설치하며 텐던 보호를 위해 보호관을 이용한다.

방향변환블럭   긴장재 보호관   격벽

외부프리스트레스 구조 개요도

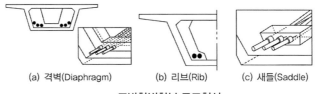

(a) 격벽(Diaphragm)   (b) 리브(Rib)   (c) 새들(Saddle)

프방향변환부 구조형식

▶ 방향변환블록(Deviation Block) 설계 시 고려사항

1) 정착부 격벽 설계

① 외부프리스트레스 정착부 격벽 설계를 위해서는 정착부의 파열응력(Bursting Stress), 박리응력(Spalling Stress), 휨, 전단 등에 대해 검토해야 한다.

② 파열응력이나 박리응력에 대해서는 거동의 차이가 있지만 기존의 방법을 사용하면 된다. 그러나 휨 및 전단 등에 대해서는 해석방법 선택의 어려움이 있다.

③ 3차원 입체요소(Solid Element)를 사용하여 유한 요소 해석을 수행하면 좋은 결과를 얻을 수 있으나 해석이 복잡하다는 단점이 있다.

④ 실무에서는 일반적으로 평판이론을 가미한 단순들보 해석이나 2차원 STM 모델(프랑스)을 사용하고 있으며 격자해석법(일본)을 사용할 수도 있다.

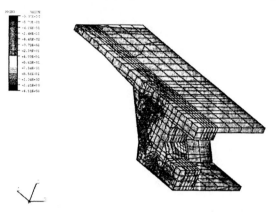

FEM 유한요소해석 예 : 국부모델 정착면의 최대 주응력

2) 외부프리스트레스 방향변환부 설계

① 방향변환부(Deviator)는 외부 공간에 노출되어 있는 텐던을 편향시켜 배치하는 경우 케이블의 형상을 유지하고 프리스트레싱에 의한 인장력을 주형에 전달하는 중요한 구조부재이다.

② 방향변환부는 케이블의 긴장 효율을 저하시키지 않도록 설계해야 할 뿐만 아니라 케이블의 배치오차, 방향변환장치의 설치 오차 등의 시공상의 오차문제에 대해서 조정 가능한 구조이어야 한다.

③ 방향변환부의 조건사항

ㄱ 케이블 긴장 시의 인장력에 충분히 저항하고 이 힘을 구조체에 전달할 수 있어야 한다.

ㄴ 편향된 케이블에 심한 굴절이 발생하지 않도록 해야 한다.

ㄷ 제 구조요소에 손상을 주지 않고 케이블의 해체, 교환이 가능해야 한다.

④ 방향변환부의 배치는 텐던의 편향 형상에 의해 결정되며 이에 따라서 방향변화부의 위치, 간격 및 각 방향변환부에서 편향시킬 텐던의 개수 등이 결정된다.

⑤ 방향변환부의 설계에 가장 큰 영향을 미치는 요인은 각 방향변환부에서 수직방향으로 편향되는 텐던의 개수이며 수평방향으로 곡선형을 이루는 상판의 경우에는 텐던 긴장 시에 발생하는 수평방향 분력을 설계 시에 고려해야 한다.

⑥ 일반적으로 방향변환부의 설계는 주로 새들(Saddle)을 대상으로 이루어진다. 이는 새들에 의한 방향변환이 다른 방향변환부에 비해서 가장 취약한 구조이기 때문이며 격벽(Diaphragm) 또는 리브(Rib) 등의 설계 시 새들의 설계기준을 적용함으로써 안전측의 설계를 할 수 있다.

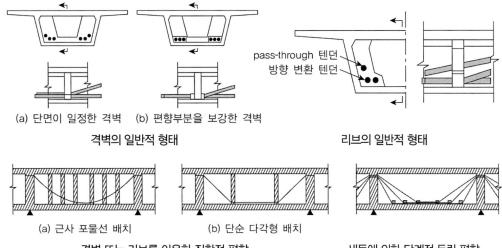

(a) 단면이 일정한 격벽	(b) 편향부분을 보강한 격벽

격벽의 일반적 형태　　　　**리브의 일반적 형태**

(a) 근사 포물선 배치　　(b) 단순 다각형 배치

격벽 또는 리브를 이용한 집합적 편향　　**새들에 의한 단계적 독립 편향**

⑦ 방향변환부의 양단에서는 긴장재의 인장력이 작용하므로 이 힘을 구조부재에 전달할 수 있어야 한다. 방향변환부에 작용하는 힘에 대해서 횡방향 검토를 실시하는 경우에는 복부위치에 지점을 가지는 교량모델에 외부케이블의 연직분력을 작용시킨다. 이 경우 외부케이블의 연직분련 전 후면에서의 국부적인 인장응력도에 대한 보강이 필요하다.

⑧ 국부적으로 배치된 긴장재에 작용하는 추가응력은 배치오차로 인해 휨반경이 국부적으로 작아져 발생하는 추가 휨응력과 장력변동에 따른 긴장재의 충진재 또는 보호관의 마찰응력 등이 있다.

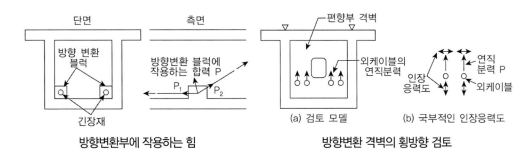

방향변환부에 작용하는 힘　　**방향변환 격벽의 횡방향 검토**

⑨ 외부케이블 구조의 방향변환부의 설계는 긴장재의 어떠한 장력변동이나 작용방향에 대해서도 구조적 변형을 일으키지 않고 주형 콘크리트와 분리되지 않도록 한다.

토목구조기술사 합격 바이블

기출문제 가이드라인 풀이

110회

110회 1-1

트러스   토목구조기술사 합격 바이블 개정판 2권 제5편 교량계획 및 설계 p.1850

이상적인 트러스(Ideal Truss)에 대한 기본 가정을 설명하시오.

풀 이

▶ 개요(정의)

몇 개의 직선부재를 한 평면 내에서 마찰 없는 힌지로 연속된 삼각형의 뼈대구조로 조립한 구조를 이상적인 트러스라고 한다. 일반적으로 절점에서의 힌지거동은 트러스 부재의 세장비가 크기 때문에 모멘트의 전달이 거의 없다고 가정한다. 그러나 이상적인 트러스는 인장재, 압축재로 구성되지만 실제 트러스에서는 절점부가 볼트연결 등으로 강결되기 때문에 휨비틀림 등의 2차 부재력이 발생될 수 있다. 트러스교는 일반 형교와 현수교의 중간 경간에 사용되었으나 최근에는 사장교의 등장으로 많이 사용되지 않고 있다.

▶ 트러스의 기본 가정

1) 각 부재는 직선재이며, 부재의 중심축은 절점에서 만난다.
2) 각 부재의 절점은 마찰이 없는 핀으로 결합되어 있다.
3) 하중과 반력은 트러스의 격점에서만 작용하며 트러스와 동일평면상에 있다.
4) 부재에서 축력만 발생한다.
5) 각 부재의 변형은 무시한다.

➤ 트러스 구조의 특성

1) 단일 부재의 크기와 중량이 거더교 형식에 비해 작기 때문에 제작, 운반, 가설 등의 취급이 용이하다.

2) 부재의 모든 격점은 마찰이 없는 핀 결합으로 가정하므로 부재력은 축방향력만 발생한다. 그러나 실제는 리벳, 볼트, 용접 등 강결 구조이므로 2차 응력이 발생하나 그 영향력이 미미한 것이 보통이다.

3) 타형식의 교량에 비해 비교적 가벼운 강재 중량으로 큰 내하력을 얻을 수 있으며 트러스교의 높이를 임의로 정할 수 있어 상당히 큰 휨모멘트에 저항할 수 있다.

4) 상현재의 위에 노면을 설치할 수 있어 Double Deck 구조의 적용이 용이하다.

5) 내풍성이 좋고 강성 확보가 용이하여 장대교량의 보강형으로 적합하다.

6) 부재 구성이 복잡하고 현장작업량이 많으므로 가설비가 비싸며 유지관리비가 고가다.

7) 비교적 작은 중량의 부재를 순차적으로 조립하여 큰 강성을 얻는 것이 가능하기 때문에 F.C.M 공법의 채용이 다른 교량형식보다 유리하다.

➤ 실제 트러스에 발생되는 인한 2차 응력

트러스의 실제 구조물은 이상적인 핀 결합 가정과 달리 트러스 격점에서 Eye Bar의 이완 및 결손, 마모 등으로 마찰이 발생하고, 연결판(Gusset Plate) 사용으로 부재가 강결합되어 있어 부재 신축 시 부재 간의 각 변화가 발생하게 된다. 이러한 각의 변화는 트러스 부재의 축력 외에도 추가적인 휨모멘트가 발생하게 되는데, 이와 같이 변형이나 응력집중에 의해서 추가적으로 발생되는 응력을 2차 응력이라고 한다.

1) 2차 응력의 발생 원인

① 격점에서 거세트 플레이트에 의해 부재 강결합
② 부재의 중심에 대해 축방향력이 편심하여 작용
③ 부재의 자중에 의한 영향
④ 횡연결재의 변형에 의한 영향

2) **2차 응력의 대처 방안** : 편심최소, 격점의 강성영향 최소, 처짐 억제

① 트러스의 격점은 강결의 영향으로 인한 2차 응력이 가능한 한 작게 되도록 설계하여야 하며, 이를 위해서는 주트러스 부재의 부재높이는 부재 길이의 1/10보다 작게 하는 것이 좋다.
② 편심이 발생되지 않도록 주의하고 또는 편심이 최소화되도록 부재의 폭을 최소화한다.
③ 격점의 강성(Gusset Plate)으로 인한 영향을 최소화할 수 있도록 Compact하게 설계한다.
④ 일반적으로 부재의 2차 응력의 값은 무시할 정도로 작지만, 2차 응력으로 인한 영향이 무시할 수 없을 정도일 경우에는 2차 응력을 고려한 부재의 응력검토를 수행하도록 하여야 한다.

미소변위, 유한변위이론 　　　　　　　토목구조기술사 합격 바이블 개정판 1권 제1편 재료 및 구조역학 p.40

미소변위이론과 유한변위이론에 대하여 설명하시오.

풀 이

▶ 개요(미소변위와 유한변위이론)

연속체의 해석을 위해서 변형이 미소한 것으로 가정하고 근사적으로 변형 전의 힘의 평형조건이 지속된다고 가정하며, 변위 성분의 1차 미분항까지만 표현한 것을 **미소변위이론(Theory of Infinite Small Deformation)**이라고 한다. 통상적으로 미소변위이론을 적용하는 구조체는 균질하고 등방성을 갖는 탄성론적 이론에 기반을 둔다. 이와 다르게 변형 전의 힘의 조건이 변화하고 변위성분의 미분항을 모두 고려하여 소성론적 이론에 기반을 둔 것을 **유한변위이론(Theory of Finite Deformation)**이라고 한다.

▶ 미소변위이론과 유한변위이론의 사용

1) 미소변위이론

구조역학에서 미소변위이론이 적용되어 사용되는 분야는 보의 탄성해석에서 유도되는 처짐방정식 $EIy'' = -M$, 뉴턴의 운동방정식을 이용한 동역학적인 자유진동방정식 $m\ddot{x} + c\dot{x} + kx = 0$, 기둥의 좌굴방정식 $M = -EIy'' = Py$ 등이 있다. 일반적으로 미소변위이론은 변위의 크기가 무시할 정도로 작기 때문에 1차 미분항까지만 고려된다.

2) 유한변위이론

특별한 형식의 케이블지지구조나 케이블망 구조와 같이 큰 변형이 발생되는 구조물은 일반 구조물과는 달리 미소변위이론으로 산정된 해가 실제 거동과 다르게 된다. 즉, 구조해석 시 변형의 영향을 무시한 미소변위이론으로는 의미 있는 해를 구할 수 없으며, 이 경우에는 변형 후의 형상에 대하여 평형방정식을 구성하는 대변위 이론을 적용해야 한다. 이때 유한변위이론은 주어진 하중조건에 대해 정적 해석을 수행한 다음, 각 요소에 발생한 부재력 또는 응력을 사용하여 기하강성행렬(Geometric Stiffness Matrix)을 구성하고, 원래의 강성행렬과 조합하여 수정된 강성행렬을 만들어 주어진 조건을 만족할 때까지 해석을 반복 수행하게 된다. 유한변위이론에서 하중과 변위의 관계는 다음과 같다.

$$\{F\} = \{\,[K1] + [K2] + [K3]\,\}\{U\}$$

[K1] : 선형 강성행렬, [K2] : 초기 부재력에 의한 기하강성행렬,

[K3] : 하중에서 발생한 부재력에 의한 기하강성행렬

유한변위이론에서 [K3]항의 영향을 무시하여 선형화하여 보다 간단히 정의된 이론이 선형화 유한변위이론이다. 동적해석과 같이 계산량이 많은 경우에 대해서는 해석시간을 단축할 수 있는 장점이 있다. 유한변위이론과 대변위 이론의 차이점은 대변위 이론에서 변형에 의한 좌표변화를 고려한 강성행렬을 사용하는 데 있다. 유한변위이론에서는 변형 후의 형상을 고려하지 않으므로 변환행렬[T]이 변형전 좌표를 기준으로 한 기지값이지만, 대변위 해석에서는 변환행렬[T]이 변형 후의 좌표를 기준으로 결정되며 반복연산 과정을 필요로 한다.

응력궤적

응력궤적(Stress Trajectories)에 대하여 설명하시오.

풀 이

▶ 개요

<u>같은 크기를 갖는 주응력의 방향을 나타낸 궤적</u>을 **응력궤적(Stress Trajectories)**이라고 한다. 일반적으로 실선은 인장응력을 점선은 압축응력을 나타내며, 곡선의 방향을 보고 파괴되거나 균열이 발생되는 등 불안정해지는 위치를 결정하는 데 이용한다.

▶ 보의 응력궤적

휨응력 $\sigma = \dfrac{My}{I}$ 과 전단응력 $\tau = \dfrac{VQ}{Ib}$ 의 산정을 통해 요소의 위치별 주응력의 방향과 크기를 산정하고 그 방향을 연결한다. A점에서는 휨에 의한 압축력만 작용되며, B점은 인장력이 작용된다. 중심점인 C점에서는 전단력이 작용되게 되며, B, C점에서는 휨응력과 전단응력의 합력으로 작용된다. 따라서 주응력의 위치는 위치별로 달라지며 주응력의 방향과 크기에 따라 연결한 선은 다음 그림과 같이 단면의 위치에 따라 변화한다.

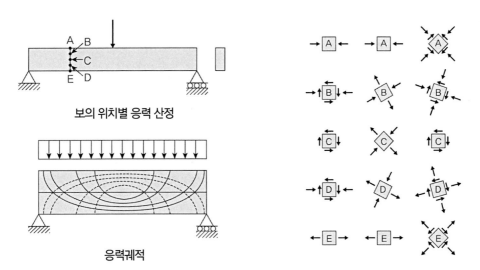

보의 위치별 응력 산정

응력궤적

인장연화   토목구조기술사 합격 바이블 개정판 1권 제2편 RC p.544

인장연화(Tension Softening)에 대하여 설명하시오.

풀 이

▶ 인장연화 개요

인장연화(Tension Softening)는 인장력을 받는 부재에서 균열 등으로 인해 강도가 감소하는 현상을 의미한다. 특히 콘크리트에서 균열은 인장강도의 감소 등의 인장연화 현상을 유발하는 대표적인 예다. RC구조물은 복합재료로 인하여 그 거동이 압축거동과 인장거동이 상이하며 압축강도에 비해 인장강도가 현저히 작고 횡 압축력의 크기에 따라 다른 파괴 양상(취성 또는 연성파괴)이 발생한다.

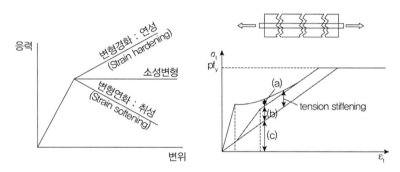

철근콘크리트의 응력-변형률 관계 : (a) 인장연화응력 (b) 부착응력 (c) 철근응력

▶ RC구조물의 인장연화

RC구조물의 파괴 거동 특성을 나타내기 위해서는 압축파괴, 인장균열, 전단파괴뿐만 아니라 다축 압축에 의한 강도 증가, 인장균열에 의한 압축강도의 감소 등의 하중작용조건에 따른 콘크리트의 거동변화를 고려하여야 한다. 인장연화 현상을 표현하는 인장연화곡선은 파괴진행영역에서의 인장응력과 균열폭의 관계로 정의되며, 파괴역학적 파라미터의 하나로써 곡선 내 면적으로부터 파괴에너지를 구할 수 있고, 균열 후 거동을 쉽게 확인할 수 있으며, 균열 진전 저항성을 파악할 수 있는 특성을 가진다. 따라서 인장연화곡선은 고강도의 콘크리트나 섬유보강 콘크리트 등의 역학적 성능을 표현하는 데 아주 유용하게 이용된다.

초고성능 콘크리트 등 성능 개선을 위한 기술개발을 위해서는 기존의 RC의 콘크리트와 철근은 일체 거동한다는 가정에서 벗어나 각 재료의 특성을 반영하여 구체적인 거동 특성에 대한 고찰이 필요하다. 콘크리트의 인장연화는 일반적으로 직접인장 실험방법이나 노치가 있는 보의 3점 재하 휨인장 실험방법 등을 통해 변화곡선을 산정하여 모델링하는 등의 재료의 특성 고려하는 연구들이 많이 진행되고 있다.

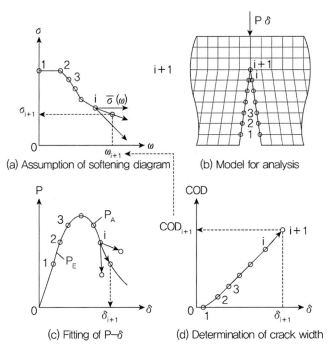

(a) Assumption of softening diagram

(b) Model for analysis

(c) Fitting of P−δ

(d) Determination of crack width

Tension Softening curve by Poly-linear approximation method

➤ 철근콘크리트 부재의 영향

이러한 소성이론과 파괴역학에 근거한 철근콘크리트의 거동은 다음과 같은 특징이 있다.

1) 철근콘크리트에서 철근은 균열을 억제하고 균열 발생 후에는 균열 콘크리트의 연결역할(Bridge Effect)을 한다.

2) 인장균열이 집중되면서 파괴가 발생하는 무근콘크리트와 달리 철근콘크리트는 균열이 분산되어 발생한다.

3) 균열 발생 단면에서는 철근이 모든 인장력을 부담하지만 계속적인 균열 발생과 함께 균열 단면사이의 콘크리트는 부착에 의해 철근으로부터 전달되는 인장력의 일부를 부담하게 되며 철근콘크리트의 응력−변형률 관계에서 인장강성을 증가시키는 콘크리트의 인장강화(Tension Stiffening) 현상이 발생한다.

4) 인장강화현상은 콘크리트의 인장연화응력(Tension Softening)과 부착응력의 합으로 정의할 수 있다.

5) 철근콘크리트 부재 내의 국부적인 파괴 및 에너지 소산작용 등을 적절한 나타내기 위해서는 철근과 콘크리트의 상호작용, 특히 부착(Bond)거동에 대한 모델이 요구된다.

후좌굴   토목구조기술사 합격 바이블 개정판 2권 제4편 강구조 p.1272

후좌굴(Post Buckling)에 대하여 설명하시오.

풀 이

▶ 개요

일반적인 기둥과 달리 Plate Girder의 Qeb은 보강재 등으로부터 구속되어 있다. 후 좌굴 현상(Post Buckling Behavior)은 이러한 구속조건 등으로 인해서 좌굴이 발생된 이후에도 극한상태에 도달하지 않고 일정 수준 이상의 강도를 나타내는 현상을 말한다. Plate Girder의 Web에서는 이러한 후 좌굴 현상으로 면내의 인장력이 발생되는데 이를 인장장(Tension Field)이라고 한다.

▶ 후좌굴 현상

1) 판의 좌굴 후 거동(Post Buckling Behavior)의 발생 원리

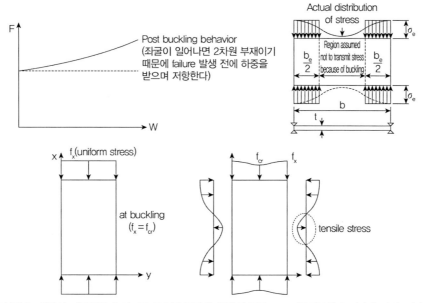

✓ 판이 등분포하중이 좌굴하중에 이르면 구속된 구간은 응력의 집중으로 좌굴하중을 초과하게 되며, 전단지연으로 인해 중앙부의 응력은 단부보다 작은 응력분포를 가지게 된다. 구속된 판에서는 좌굴 후에도 구속효과로 인해 강도가 증가되는 좌굴 후 거동현상이 발생된다.

① 응력이 서로 다른 것은 늘어나는 면에 대해서 직선적으로 변형되기 위한 응력이다.

$$\therefore \sum \int f_Y = 0 \text{ (수평방향 힘의 합력은 0)}$$

② 여기서 발생되는 인장력은 수직응력에 영향을 주어서 Post Buckling Strength가 발생한다. 양 끝단에서는 Supported되었기 때문에 강성(Stiffness)이 강하다. 따라서 가운데 부분에서는 f_{cr} 이상의 하중은 받지 못하고 양 끝단에서 하중을 받는다.

③ Y방향의 인장응력 : 횡방향변위에 저항하는 판의 강성(지지조건)은 좌굴 후 강도에 영향을 준다.

④ 종방향 끝단 인근 판의 좌굴 발생 후 변형 형상은 횡방향변형에 큰 강성을 가지며, 좌굴 후의 증가하중의 대부분을 부담한다.

⑤ 좌굴 후 강도(Post Buckling Strength)

   ㉠ 면외 방향의 좌굴 변형으로 등분포되지 않은 응력 분포로 나타난다.

   ㉡ 인장응력으로 인하여 추가적인 강도가 발생된다.

   ㉢ 좌굴 후 강도는 b/t 비율이 클수록 크게 나타난다.

   ㉣ 지점이 지지된 부재(Stiffened Element)가 지지되지 않은 부재(Unstiffened Element)보다 좌굴 후 강도가 크다.

▶ 플레이트 거더의 인장장

판형의 상하 플랜지와 복부판의 수직보강재로 둘러싸인 Panel 부분에 큰 전단력이 작용할 경우 복부판에 전단응력이 크게 발생되어 전단 좌굴 후에도 바로 파괴되지 않는데, 이는 상하 플랜지와 복부판의 수직 보강재가 각각 Pratt Truss의 현재와 수직재로 작용하여 약 45° 방향으로 주름이 생기면서 인장응력이 작용하는 인장력장(Tension Field)이 발생하게 된다. 이 인장응력장은 트러스에 사재와 같은 개념으로 작용하여 들보작용의 전단력 이외 추가적인 전단력을 저항할 수 있기 때문에 좌굴 후에도 하중을 지탱할 수 있게 되는 것이다.

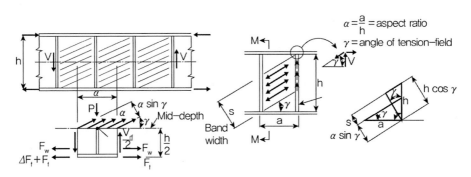

보강재를 고려한 복부판 단면력 해석

구조물 판정   토목구조기술사 합격 바이블 개정판 1권 제1편 재료 및 구조역학 p.166

평면상(2D)에 있는 구조물에 대한 구조해석을 위해서 구조물을 판별할 때, 안정, 불안정 그리고 안정인 구조물에서 내·외적 정정과 부정정에 대하여 설명하시오.

풀 이

▶ 구조물 판별 개요

평면상에 구조물이 외적 하중에 의해서 구조물의 위치(외적 불안정)가 바뀌거나, 구조물의 형태(내적 불안정)가 바뀔 때 불안정한 구조물이라고 판별한다. 반대로 위치나 형태가 바뀌지 않는다면 안정한 구조물이라고 한다.

안정한 구조물은 정정 구조물과 부정정 구조물로 구분되며, 힘의 평형조건(Equilibrium)을 이용하여 미지의 반력을 구할 수 있다면 정정 구조물이라고 하고, 힘의 평형조건보다 반력성분의 수가 더 많은 경우 부정정 구조물이라고 판별한다.

한 구조물의 반력성분 수를 r, 조건방정식 수를 c라고 하면 구조물의 외적 안정에 대해서는 다음의 관계가 성립된다.

$$r < (3+c) : 외적 불안정, \ r = (3+c) : 외적 정정, \ r > (3+c) : 외적 부정정$$

▶ 부정정 차수 산정

부정정 차수는 외적 부정정 차수와 내적 부정정 차수의 합으로 구성되어 있으며, 내적 부정정 차수는 부재 내의 힌지 절점 수와 연결부재에 따른 차수의 합으로 구성된다.

부정정 차수(n) = 외적 부정정 차수(n_e) + 내적 부정정 차수(n_i)

내적 부정정 차수(n_i) = 부재 내의 힌지 절점 수 + 연결 부재에 따른 차수

✓ (보) 내부 힌지 −1, (라멘) 내부 힌지 −1, 양단고정 +3, 일단고정 타단힌지 +2, 양단힌지 +1 (트러스) 삼각형을 이루고 남은 부재 하나당 +1

부정정 차수의 산정은 최초로 부정정 구조물을 해석하는 단계로 여용력(Redundant Force) 산정을 위해 사용되며 다음의 두 가지 방법에 따라 산정한다.

1) 방법 1 : (보, 라멘) $n = r + m + s - 2k$ (트러스) $n = r + m - 2k$

n : 부정정 차수, r : 반력의 수, m : 부재의 수, s : 강절점의 수, k : 절점의 수(내부힌지, 자유단 포함)

2) 방법 2 : (보) $n = r - (3 + c)$

   (라멘) $n = [r - (3 + c)] + [3m - (3j - 3)]$

   (트러스) $n = [r - (3 + c)] + [m - (2j - 3)]$

n : 부정정 차수, r : 반력의 수, m : 부재의 수, j : 절점의 수, c : 조건 방정식 수

힘의 평형   토목구조기술사 합격 바이블 개정판 1권 제1편 재료 및 구조역학 p.165

힘의 평형(Equilibrium)을 이용하여 하중을 전달하는 부재(Load-Carrying Member)를 완전하게 해석할 때 만족시켜야 할 3가지 조건에 대하여 설명하시오.

풀 이

▶ 개요

완성 구조물은 정정, 부정정 구조물로 구분된다. 정정구조물은 평형방정식만으로 그 해가 가능하지만, 부정정 구조물과 같은 구조물의 해석을 위해서는 평형방정식(Equilibrium Equation), 적합방정식(Compatibility Equation), 부재의 힘-변위 관계식(Member Force-Deformation Relations)이 필요하다.

▶ 구조물 해석을 위한 3가지 조건

고전적인 구조물의 해석방법은 강성도법과 유연도법의 두 가지 방법으로 구분할 수 있다. 강성도법(Stiffness Method, 변위법 Displacement Method)의 해석은 변위를 미지수로 하여 해석하는 방법으로 통상적으로 강성도(k)로 표현되며, 적합조건(Compatibility Condition)을 만족시켜야 한다. 유연도법(Flexibility Method, 응력법 Force Method)의 경우는 유연도(f)로 표현되며, 정적 평형(Static Equilibrium)을 만족시켜야 한다.

구분	강성도법(변위법)	유연도법(응력법)
해석 방법	처짐각법, 모멘트 분배법, 매트릭스 변위법	가상일의 방법(단위하중법), 최소일의 방법, 3연 모멘트법, 매트릭스 응력법
특징	• 변위가 미지수 • 평형방정식에 의해 미지변위 구함 • 평형방정식의 계수가 강성도(EI/L) • 한 절점의 변위의 개수가 한정적(일반적으로 자유도 6개; u_x, u_y, u_z, θ_x, θ_y, θ_z)이어서 컴퓨터를 이용한 계산방법인 매트릭스 변위법에 많이 사용됨	• 힘이 미지수 • 적합조건(변형일치법)에 의해 과잉력을 구함 • 적합조건식의 계수가 유연도(L/EI) • 미지의 과잉력이 다수 있을 수 있으므로 각 구조물별로 별도의 매트릭스를 산정하여야 하는 다소 불편이 있음

변위법(강성도법)의 해석의 예를 들면 격점 변위를 미지수로 택한 후 평형조건, 힘-변형관계식 및 적합조건을 적용하여 구조물의 격점 변위, 부재력 및 반력 등을 산정하며, 이때에 앞선 3가지 조건식이 필요하다.

1) **평형조건(평형방정식)** : 외부에서 작용하는 하중과 재료 내부에 발생되는 응력의 관계

$$[P] = [A][Q], \qquad [A] : \text{Static Matrix(평형 Matrix)}$$

2) 힘-변형관계식(재료방정식) : 변형률과 응력의 관계

$[Q] = [S][e]$ $[S]$: Element Stiffness Matrix(부재강도 Matrix)

3) 적합조건(적합방정식) : 재료의 변위와 변형률의 관계

$[e] = [B][d]$ $[B] = [A]^T$: Deformed Shape Matrix(적합 Matrix)

4) 매트릭스 해석 시 3가지 조건을 이용한 해석 방법

$$[P] = [A][Q] \rightarrow [Q] = [S][e] \rightarrow [e] = [B][d] \ ([B] = [A]^T)$$
$$\rightarrow [P] = [A][S][B][d] = [A][S][A]^T[d]$$

비틀림   토목구조기술사 합격 바이블 개정판 1권 제2편 RC p.675

적합 비틀림과 평형 비틀림에 대하여 설명하시오.

풀 이

▶ 개요

RC 부재와 같이 인장에 취약한 부재는 비틀림이 작용할 경우 균열 발생으로 인해 강성이 크게 감소하여 취성파괴 양상을 보일 수 있다. 비틀림은 순수하게 비틀림모멘트가 작용해 비틀림모멘트가 힘의 평형조건을 유지해야 하는 경우인 평형 비틀림(정정 비틀림, 1차 비틀림)과 부정정 구조물과 같이 균열 등 변형이 발생되어 변형의 적합조건을 만족시켜야 하는 경우인 적합 비틀림(부정정 비틀림, 2차 비틀림)으로 구분될 수 있다.

평형비틀림

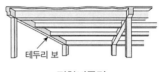

테두리 보

적합비틀림

▶ 콘크리트 설계기준에서의 비틀림

평형 비틀림과는 달리 적합 비틀림의 경우 균열이 생긴 후에 내부에서 힘의 재분배를 통해서 비틀림모멘트가 줄어들 수 있다. 또한 주변의 다른 부재가 충분한 강도를 가지고 있다면 설계부재의 비틀림모멘트 크기가 줄어들 수 있다. RC 부재 설계 시 평형 비틀림은 콘크리트의 인장강도를 $\sqrt{f_{ck}}/3$ 로 고려하여 균열 비틀림모멘트를 다음과 같이 고려할 수 있다.

$$v = \frac{T}{2A_0}, \ \tau = \frac{v}{t} = \frac{1}{3}\sqrt{f_{ck}} \qquad\qquad \therefore \ T_{cr} = \frac{1}{3}\sqrt{f_{ck}}(2A_o)t$$

적합 비틀림의 경우 내력 재분배로 인해 감소되는 값을 다음과 같이 고려할 수 있다.

$$T_u^* = T_u - \phi T_{cr} = T_u - \phi\left(\frac{1}{3}\sqrt{f_{ck}}\frac{A_{cp}^2}{p_{cp}}\right) \le \phi T_n$$

✓ 비틀림은 박벽관 입체 트러스 이론에 따라 전단응력은 부재 둘레를 둘러 감은 두께 t에 걸쳐서 일정한 것으로 보고 그림과 같은 박벽관으로 되어 있다고 본다. 관의 벽 안에서 비틀림모멘트는 전단흐름(Shear Flow) q에 의해 저항된다. 이때의 q는 관의 둘레 길이에 따라 일정한 것으로 본다. 박벽관 입체 트러스 이론은 비틀림모멘트 T_{cr}에 의해서 나선형 균열이 발생하며 발생된 균열을 따라 나선형 콘크리트를 사재(Spiral Concrete Diagonal)로 보고 폐쇄스트럽은 횡방향 인장타이(Tension Tie), 종방향 철근은 인장현(Tension Chord)으로 이루어진 입체트러스(Space Truss)로 취급하는 이론이다.

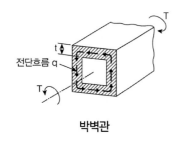

박벽관   전단흐름 경로로 둘러싸인 면적

$$T = 2qx_0y_0/2 + 2qx_0y_0/2 = 2qx_0y_0 = 2qA_0, \ (\because \ A_0 = x_0y_0) \quad \tau = \frac{q}{t} = \frac{T}{2A_0t}$$

균열 비틀림모멘트 $T_{cr} = \frac{1}{3}\sqrt{f_{ck}}\frac{A_{cp}^2}{p_{cp}}$ (f_{pc} : P_e에 의한 단면 도심에서 콘크리트 압축응력)

여기서, $A_{cp} = xy$(전체면적), $p_{cp} = 2(x+y)$(둘레길이)

팽창콘크리트

팽창콘크리트(Expansion Concrete)에 대하여 설명하시오.

풀 이

▶ 개요

팽창콘크리트는 콘크리트의 수축량을 제어하여 원천적으로 인장응력을 줄이는 것을 목적으로 개발된 콘크리트로 자기치유(Self-Healing) 콘크리트라고도 한다. 팽창재의 사용량 등 팽창되는 정도에 따라 화학적 프리스트레스용과 수축보상용으로 분류되며, 수축보상용은 무수축 콘크리트와 수축저감형 콘크리트로 분류된다.

팽창재의 종류와 구성성분

종류	성분	팽창원	사용방법
K형	• Calcium Sulfa Aluminate(3CaO·Al$_2$O$_3$·CaSO$_4$) • CaO　　　　　•CaSO$_4$	Ettringite	Portland Cement에 혼입 10%
M형	• Alumina Cement OR Calcium Aluminate(수화물) • CaSO$_4$	Ettringite	Portland Cement에 혼입 10%
S형	Portland cement의 3CaO·Al$_2$O$_3$와 CaSO$_4$ 증량	Ettringite	Cement로 사용
O형	CaO	Calcium Hydroxide Ca(OH)$_2$	Portland Cement에 혼입 10%

▶ 팽창콘크리트(Expansion Concrete)

일반적으로 콘크리트의 균열은 소성수축, 건조수축, 화학수축, 자기수축, 수화열, 소성침하, 부동침하 및 조기시공하중 등이 원인이며, 이 균열원인 중 콘크리트의 수축 원인에 의한 균열 발생이 약 80% 이상으로, 콘크리트 수축량은 부피의 0.04~0.06%를 차지한다고 보고되고 있다(한국콘크리트 학회, 최신콘크리트공학). 팽창콘크리트는 이러한 균열을 원천적으로 제어하는 데 효과적인 콘크리트로 콘크리트 수축 저감과 균열 제어를 위해 활용이 가능하다.

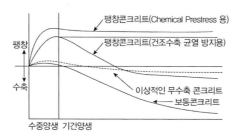

팽창재의 균열 저감 효과

한계풍속

한계풍속에 대하여 설명하시오.

풀 이

➤ 개요

케이블 교량과 같은 장대교량에서의 풍하중은 진동현상으로 인해 구조물에 큰 영향을 미치며 갤로핑(Galloping), 플러터(Flutter)와 같은 발산진동의 경우 주탑이나 보강거더에 풍속으로 인한 운동으로 에너지가 다시 피드백되어 비정상 공기력의 작용이 동반되는 진동이 발생된다. 설계기준에서는 이러한 진동에 대해 안정성 검토를 위해 한계풍속에 대한 개념으로 검토하도록 규정하고 있다.

거동 구분			영향요소	주요 내용
동적 현상 (바람 진동)	강제 진동	와류진동 (Vortex-Shedding)	보강형, 주탑, 아치교 행어	물체의 와류방출에 동반되는 비정상 공기력(카르만 소용돌이)의 작용에 의한 강제진동
		버펫팅 (Buffeting)	보강형	접근류의 난류성에 동반된 변동공기력의 작용에 의한 강제진동
	자발 진동	갤로핑 (Galloping)	주탑	물체의 운동에 따른 에너지가 유체에 피드백(Feed-back)됨으로써 발생하는 비정상공기력의 작용에 동반되는 자력(Self-Exited) 진동
		비틀림 플러터 (Torsional Flutter)	보강형	
		합성 플러터 (Coupling Flutter)	보강형	

➤ 한계풍속 산정

한계풍속은 발산진동(플러터, 갤로핑 등)으로 인한 동적 불안정 현상만을 검토하기 위한 풍속으로 기상자료, 구조해석, 풍동실험 등의 불확실성에 의한 교량의 붕괴 가능성을 줄이고자 일정한 안전율을 확보하기 위한 풍속이다. 도로교설계기준(한계상태설계법, 2015)에서는 다음과 같이 규정하고 있다.

$$V_{cr}(한계풍속) > C_{SF}V_R$$ 여기서, V_R : 설계 또는 시공기준풍속, C_{SF} : 안전계수

완성계에 대해서 기준풍속은 설계기준풍속 V_D를 사용하고, 시공 중에 대해서 기준풍속은 시공기준풍속 V_C를 사용한다. 안전계수 C_{SF}는 1.3 이상을 적용한다.

건조수축   토목구조기술사 합격 바이블 개정판 1권 제2편 RC p.532

건조수축의 영향인자와 방지 대책에 대하여 설명하시오.

풀 이

▶ 개요

콘크리트는 타설 후 시간이 지남에 따라 표면부터 건조해지면서 수축되는 건조수축이 발생되며, 이로 인해 표면에서는 인장응력, 내부에서는 압축응력이 발생하게 된다. 표면의 인장응력이 인장강도를 초과하게 되면 균열이 발생하게 된다. 이러한 <u>건조수축은 단위 시멘트량과 단위수량의 영향을 크게 받으며, 그 밖에 골재의 종류와 최대치수, 시멘트의 종류와 품질, 다지기 방법과 양생상태, 부재의 단면치수의 영향을 받는다.</u>

▶ 건조수축 영향인자

콘크리트의 건조수축은 단위 시멘트량과 단위수량의 영향을 크게 받으며, 그 밖에 골재의 종류와 최대치수, 시멘트의 종류와 품질, 다지기 방법과 양생상태, 부재의 단면치수의 영향을 받는다.

1) 재령에 따른 영향

콘크리트의 건조수축은 재령 1년의 수축량이 12년간 수축량의 80%이다.

2) 부재의 치수

일반적으로 건조가 이루어지는 부분은 표면으로부터 극히 몇 cm 이내의 부분이고 그 이상의 깊이에서는 건조되지 않는다.

3) 물-시멘트(W/C)비, 단위 시멘트량의 영향

① W/C비가 클수록 건조수축량은 증가한다.
② 단위 시멘트량이 증가할수록 수축량은 증가한다.

4) 노출면적에 따른 영향

① 가상두께 : 콘크리트의 체적/노출표면적으로써 가상 두께가 얇다는 것은 공기 중에 노출되는 면적이 크다는 것이다. 공기 중에 노출되는 면적이 클수록 수축량은 증가한다.
② 가상두께의 크기에 따라 장기 건조수축량을 보면 가상두께가 두꺼울수록 장기 수축량이 증가하고 얇을수록 장기 수축량이 감소하게 된다.

5) 상대습도의 영향

① 상대습도가 50%와 70%에 있는 건조수축률의 비는 2 : 1이라는 보고가 있다.

② 상대습도가 10% 이하가 되는 경우 건조수축량은 급격히 증가한다.

6) 양생 조건에 따른 영향

① 습윤 양생기간이 길어질수록 건조수축량은 감소한다.

② 양생 중 풍속이 클수록 증가한다.

7) 거푸집 존치기간의 영향

존치기간이 길수록 건조수축량은 감소한다.

8) 장기하중 작용일수에 의한 영향

하중의 지속시간이 길수록 건조수축량은 증가한다.

9) 철근구속에 의한 영향

철근량이 증가할수록 구속의 효과가 커 건조수축량은 감소한다.

▶ 건조수축의 피해와 방지 대책

1) 건조수축의 피해

① 콘크리트가 건조할 때 표면에서부터 건조되므로 표면은 인장응력, 내부는 압축응력이 발생되며 표면의 인장응력이 인장강도를 초과하면 균열이 발생한다.

② 건조가 계속되어 철근 주변까지 도달하면 철근이 건조수축을 방해하여 콘크리트에는 인장응력, 철근에는 압축응력을 유발하여 균열이 발생된다.

③ 슬래브와 같은 넓은 면적의 구조체는 대부분 표면 균열로 발생된다.

④ 벽체와 같은 구조물은 대부분 관통균열로 발생된다.

2) 건조수축의 방지 대책

① 골재 : 굵은 골재 최대치수를 크게 하고 입도분포를 양호하게 한다.

② 배합설계 : W/C(물시멘트비), W(단위수량), C(단위시멘트량), S/a(잔골재율)를 작게 한다.

③ 철근배근 : 이형철근을 등간격으로 하되, 철근개수와 철근량을 증가시킨다.

④ 양생 : 철저한 습윤 양생 기간의 증대, 수분증발을 방지하기 위한 봉함 양생을 실시한다.

하천횡단 　　　　　　　　　　토목구조기술사 합격 바이블 개정판 2권 제5편 교량계획 및 설계 p.1690

하천을 횡단하는 교량의 다리밑 공간 결정 방법에 대하여 설명하시오.

풀 이

➤ **개요**

하천을 횡단하는 교량은 하천 유수흐름에 영향을 최소화할 수 있도록 설계되어야 하며, 불가피하게 하천 내에 교각 등을 설치할 경우 이로 인한 수위 상승과 배수 등의 검토와 홍수 시 이물질 등의 충돌로 인한 피해가 발생되지 않도록 설계되어야 한다. 또한 홍수 시 교량의 침수 등을 방지하기 위해 계획된 홍수위보다 교량 상부구조가 높게 설치되어야 하며 이러한 규정은 하천설계기준에 따라서 일정 수준 이상 여유고를 두도록 규정하고 있다.

➤ **하천 교량의 다리밑 공간 결정 방법**

1) 하천통과구간의 경간분할

① 유속이 급변하거나 하상이 급변하는 지역에는 교각을 설치하지 않는다.

② 주 수로지역에서는 경간을 크게 분할한다.

③ 하천단면을 줄이지 않도록 하고 교각설치로 인한 수위 상승과 배수를 검토한다.

④ 유로가 일정하지 않은 하천에서는 가급적 장경간을 선택한다.

⑤ 기존 교량에 근접하여 신설교량을 건설할 때는 경간분할을 같게 하거나 하나씩 건너뛰는 교각 배치를 하는 것이 좋다.

2) **교량 다리밑 공간 확보**(하천설계기준)

하천설계기준에 따라 하천을 횡단하는 경우 계획홍수량에 따라 홍수위로부터 교각이나 교대 중 가장 낮은 교각에서 교량 상부구조를 받치고 있는 받침장치 하단부까지의 높이인 여유고를 확보하여야 한다.

계획홍수량(m^3/sec)	여유고(m)
200 미만	0.6 이상
200~500	0.8 이상
500~2,000	1.0 이상
2,000~5,000	1.2 이상
5,000~10,000	1.5 이상
10,000 이상	2.0 이상

3) 경간장(하천설계기준)

① 교량의 길이는 하천폭 이상으로 한다.

② 경간장은 치수상 지장이 없다고 인정되는 특별한 경우를 제외하고 다음의 값 이상으로 한다. 다만 70m 이상인 경우는 70m로 한다.

$$L = 20 + 0.005Q \ (Q : 계획홍수량 \ m^3/sec)$$

③ 다음 항목에 해당하는 교량의 경간장은 하천관리상 큰 지장이 없을 경우 ②와 관계없이 다음의 값 이상으로 할 수 있다.

   ㉠ $Q < 500m^3/sec$, B(하천폭)$< 30.0m$ 인 경우 : $L \geq 12.5m$

   ㉡ $Q < 500m^3/sec$, B(하천폭)$\geq 30.0m$ 인 경우 : $L \geq 15.0m$

   ㉢ $Q = 500 \sim 3,000m^3/sec$ 인 경우 : $L \geq 20.0m$

④ 하천의 상황 및 지형학적 특성상 위의 경간장 확보가 어려운 경우 치수에 지장이 없다면 교각 설치에 따른 하천폭 감소율(교각 폭의 합계/설계홍수위 시 수면의 폭)이 5%를 초과하지 않는 범위 내에서 경간장을 조정할 수 있다.

4) 교대 및 교각 설치의 위치

교대 및 교각은 부득이한 경우를 제외하고 제체 내에 설치하지 않아야 한다. 제방 정규단면에 설치 시에는 제체 접속부의 누수 발생으로 인한 제방 안정성을 저해할 수 있으며 통수능이 감소로 인한 치수의 어려움이 발생할 수 있다. 따라서 교대 및 교각의 위치는 제방의 제외지 측 비탈끝으로부터 10m 이상 떨어져야 하며, 계획홍수량이 $500m^3/sec$ 미만인 경우 5m 이상 이격하도록 하고 있다.

체적변화

다음 그림과 같이 원이 5%($\Delta/D \times 100 = 5\%$)만큼 변형이 발생하여 타원이 되었다면, 이 원의 단면적은 몇 % 정도의 변화가 발생하는지 설명하시오.

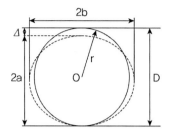

풀 이

▶ 원의 면적

$$\frac{\Delta}{D} = 0.05, \ 2a = 0.95 \times (2r) \quad \therefore \ a = 0.95r, \ b = 1.05r$$

$$S_1 = \pi r^2$$

▶ 타원의 면적

$$\frac{x^2}{b^2} + \frac{y^2}{a^2} = 1 \quad \therefore \ y = \frac{a}{b}\sqrt{b^2 - x^2}$$

$$S_2 = 4\int_0^b y dx = 4\int_0^b \frac{a}{b}\sqrt{b^2 - x^2}\,dx = ab\pi$$

▶ 면적 변화

$$\frac{S_2}{S_1} = \frac{ab\pi}{\pi r^2} = \frac{0.95r \times 1.05r \times \pi}{\pi r^2} = 0.9975 \qquad \therefore \ 0.25\% \ 감소한다.$$

파형강판교량

지중매설 연성관의 한 종류인 파형강판교량(Soil-Steel Bridge)의 파괴형태(Failure Mode)에 대하여 설명하시오.

풀 이

> ## 개요

파형강판 구조물은 콘크리트 구조물에 비해 시공성이 간편하고 시공기간이 짧아 많이 사용되는 형식의 교량이다. 그러나 RC 부재에 비해 두께가 얇아 시공 중 주의가 필요하며, 강재의 특성상 좌굴에 취약한 특성이 있다.

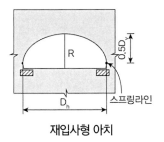

재입사형 아치

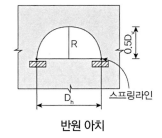

반원 아치

> ## 파형강판교량의 파괴형태

국내 강구조설계기준(하중저항계수설계법, 2014)에서는 파형강판에 대한 구조물의 안전성 검토를 강도한계상태 및 사용한계상태에 대하여 검토하도록 규정하고 있다. 파형강판교량의 파괴 형태는 강도한계상태는 압축좌굴, 시공 중 압축력과 휨모멘트에 의한 소성힌지 발생, 대골형의 경우 완공후 압축력과 휨모멘트에 의한 소성힌지 발생 및 이음부 파괴에 대한 것이고, 사용한계상태는 시공중 변형에 대한 것으로 구분한다.

1) **압축좌굴** : 강재의 특성상 활하중, 충격하중 등에 의해 좌굴이 발생될 수 있다. 특히 지간에 비해 토피가 낮은 구조물은 차량진행방향 하중분포폭을 구조물의 전 지간으로 가정할 경우 압축력이 과대평가될 수 있다. 강구조 설계기준에서는 아치형 파형강판 구조물의 압축좌굴 안정성 검토를 다음의 식에 따라 검토하도록 규정하고 있다.

$$f_c = \frac{T_f}{A} \leq f_b$$

여기서, T_f : 설계압축력, A : 파형강판 단면적, f_b : 설계좌굴강도

2) **소성힌지 발생** : 파형강판 구조물은 시공 시와 완공 시에 대해 휨모멘트와 압축력의 복합작용으로 인해 소성힌지가 발생될 수 있으며 강구조설계기준에서는 아치형의 휨모멘트와 압축력에 의한 소성힌지 발생 여부에 대해 검토하도록 규정하고 있다.

① 시공 중 검토 : $\left(\dfrac{P}{P_{pf}}\right)^2 + \left|\dfrac{M}{M_{pf}}\right| \leq 1$

② 완공 후 검토 : $\left(\dfrac{T_f}{P_{pf}}\right)^2 + \left|\dfrac{M_f}{M_{pf}}\right| \leq 1$

여기서, P, M은 시공 중 작용하는 압축력과 휨모멘트

P_{pf}와 M_{pf}는 파형강판의 소성압축강도($P_{pf} = \phi_{hc}AF_y$, $M_{pf} = \phi_{hc}ZF_y$)

T_f와 M_f는 설계 압축력과 완공 후 작용하는 휨모멘트

3) **이음부 파괴** : 파형강판 구조물은 볼트 연결부에서 이음부 파괴가 발생될 수 있으며, 설계기준에서는 아치형의 이음부에 충분한 강도를 보유하여 파괴되지 않도록 규정하고 있다.

$T_f < \phi_j S_s$ 　　여기서, S_s는 이음부 공칭강도

4) **시공 중 변형** : 시공 중 편토압이 발생되거나 뒷채움이 부족해 하중이 균등하게 분포되지 않는 경우에는 시공 중 변형이 발생될 수 있으며 이로 인해 응력이 집중되어 파손될 수 있다. 이를 방지하기 위해서 시공 중에는 편토압이 발생되지 않도록 균등하게 단계별 뒷채움을 실시하고, 설계기준에서는 뒤채움조건에 따라 구조적 뒷채움의 범위를 규정하고 있다.

강구조설계기준, 파형강판의 횡방향 구조적 뒤채움 범위

뒤채움 조건		구조물 스프링라인 외측으로 최소 횡방향 거리
절토 조건	원지반이 구조적 뒤채움보다 양호한 절토조건	2.0m와 $D_h/2$ 중 작은 값
	원지반이 구조적 뒤채움보다 취약한 절토조건	5.0m와 $D_h/2$ 중 작은 값, 그러나 구조물 높이와 $D_v/2$ 중 작은 값보다는 큰 값
성토조건		5.0m와 $D_h/2$ 중 작은 값, 그러나 구조물 높이와 $D_v/2$ 중 작은 값보다는 큰 값
박스형 파형강판		

구조물의 비선형거동 토목구조기술사 합격 바이블 개정판 1권 제1편 재료 및 구조역학 p.5

구조재료의 비선형거동에서 비선형 탄성(Nonlinear Elastic), 소성(Plastic), 점탄성(Viscoelastic), 점소성(Viscoplastic)에 대한 응력-변형률 관계 그래프를 그리고 설명하시오.

풀 이

▶ 재료의 비선형 거동

1) 비선형 탄성(Nonlinear Elastic)과 소성(Plastic)

재료의 **탄성(Elasticity)**과 **비탄성(Inelasticity)**은 외부의 하중이 가해져 변형이 발생된 이후 재료가 원래의 형태로 돌아오는지 여부로 구분되며, **선형(Linear)**과 **비선형(Nonlinear)**은 탄성재료가 외부하중과 변형의 관계가 직선적으로 변화하는지 여부에 따라 선형 또는 비선형재료로 구분할 수 있다. 비선형의 경우는 선형재료와 달리 힘의 크기와 그에 따른 변위의 변화량은 비례한다는 선형관계가 성립되지 않는 경우이며 그 원인은 기하학적 원인, 재료적인 원인, 경계조건 등이 있다.

비선형 탄성은 재료가 탄성적이지만 하중과 변위와의 관계가 선형적으로 변화하지 않는 경우를 말하며 재료가 비선형이면서도 가해진 하중을 제거했을 때 잔류변형이나 파괴로 인해서 원래의 형상으로 돌아오지 않는 재료를 비선형 비탄성재료 또는 비선형 소성재료로 구분한다.

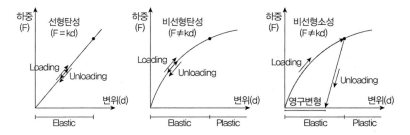

2) 점탄성과 점소성

점성(Viscosity)을 지닌 탄성 물체의 특징으로 콘크리트와 고무가 대표적인 재료이다. 하중을 받는 동안 변형률에 비례하여 응력이 증가하다가 하중을 제거하는 시점부터 변형률은 일정하게 유지되지만 응력이 서서히 감소하는 특성을 가진다. 이러한 특성을 특별히 **응력이완(Stress Relaxation)**이라고 부른다. 점탄성 재료에 대한 역학적 모델은 스프링에 감쇠기를 직렬로 연결한 것으로 표현된다.

항복응력(Yield Stress)을 초과하는 하중상태에서 소성변형(Plastic Deformation)영역에 있는 경우에도 하중을 제거하면 응력이 감소하는 현상이 발생하는 경우를 **점소성(Viscoplastic)**이라고 한다. 주로 고분자물질이 이에 해당된다.

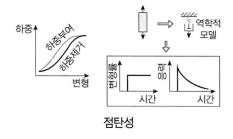

점탄성

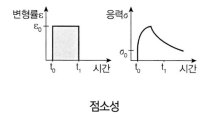

점소성

PSC 휨균열   토목구조기술사 합격 바이블 개정판 1권 제3편 PSC p.1046

PSC 부재에 사용하중에 의한 휨응력이 발생할 경우 휨균열의 폭에 관계되는 요인과 균열 제어에 대한 기준을 설명하시오.

풀 이

▶ 개요

PSC 부재는 콘크리트에 프리스트레스를 도입하면 소성재료인 콘크리트가 탄성체로 전환되어 프리스트레스로 인하여 콘크리트에 인장력이 작용하지 않으므로 균열 발생이 없어 탄성재료로 거동한다는 개념이다. 따라서 PSC는 사용하중 하에서는 균열이 발생하지 않고, 초과하중으로 균열이 발생하더라도 초과하중이 제거되면 균열은 사라진다는 개념을 갖고 있다.

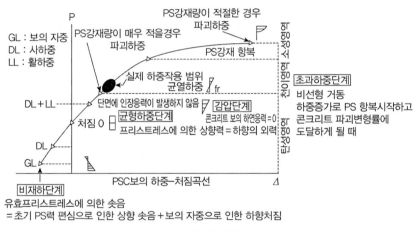

PSC의 휨 거동

PSC 부재는 균열이 발생 전에는 하중-응력, 하중-변형관계가 직선 관계가 성립되어 완전 탄성체에 가까운 거동을 보이기 때문에 응력과 처짐에 대한 검토 시 콘크리트의 총 단면이 유효하다고 보고 탄성이론에 의해 계산한다. 그러나 단면의 인장 측의 최대응력이 콘크리트의 휨 인장강도(파괴계수)에 도달하면 균열이 발생했다고 보고, 콘크리트의 인장저항 없어지므로 철근콘크리트와 비슷한 거동 나타내며, 단면 특성이 하중의 크기와 함께 변화하므로 하중-응력, 하중-처짐이 비선형관계가 된다.

▶ 휨균열폭 관계 요인과 균열 제어 기준

PSC 휨부재는 균열 발생 여부에 따라 그 거동이 달라지며 응력의 계산이나 사용성의 검토에 이러한 점을 고려하도록 하고 있다. 콘크리트 구조설계기준에서는 PSC 휨부재를 균열의 정도에 따라 다음 과 같이 3가지로 등급을 구분하고 구분된 등급에 따라 응력 및 사용성을 검토하도록 규정한다. 여 기서 등급의 구분은 미리 압축을 가한 인장구역(Precompressed Tensile Zone)에서 사용하중으로 계산된 인장연단 응력 f_t 에 따라서 분류한다.

구분	PSC 부재			RC 부재
	비균열등급	부분균열등급	균열등급	
사용하중에 의한 연단 인장응력	$f_t \le 0.63\sqrt{f_{ck}}$	$0.63\sqrt{f_{ck}} < f_t \le 1.0\sqrt{f_{ck}}$	$f_t > 1.0\sqrt{f_{ck}}$	조건 없음
거동	비균열 상태	비균열과 균열의 중간상태	균열상태	균열상태
사용하중에 서의 응력계산 시 단면성질	비균열 전단면	비균열 전단면	균열단면	조건 없음

허용응력	적용구분	허용응력(MPa)		비고	
	PS 도입 직후	휨압축응력	$0.60f_{ci}$		조건 없음
		휨인장응력	$0.25\sqrt{f_{ci}}$	단부 이외	초과 시 추가강재 배치
			$0.50\sqrt{f_{ci}}$	단부	
	사용하중 작용 시	휨압축응력	$0.45f_{ck}$	유효 PS + 지속하중	
			$0.60f_{ck}$	유효 PS + 전체하중	

구분	비균열등급	부분균열등급	균열등급	RC 부재
처짐계산 시 근거	비균열 전단면 전단면 2차 모멘트(I_g)	균열단면 유효단면 2차 모멘트(I_e)	균열단면 유효단면 2차 모멘트(I_e)	유효단면 2차 모멘트(I_e)
균열 제어	조건 없음	조건 없음	$s = \min\left[375\left(\dfrac{210}{f_s}\right) - 2.5c_c,\ 300\left(\dfrac{210}{f_s}\right)\right]$	
균열 제어를 위한 f_s 계산	–	–	균열단면 해석	$\dfrac{M}{A_s},\ \dfrac{2}{3}f_y$
표피철근	불필요	불필요	$h > 900^{mm}$일 때 $h/2$지점까지 양측면 배근 $D10 \sim D16$철근 $A_s \le 280\text{mm}^2/\text{m}$ 배근	

균열등급의 PSC 부재에서는 RC와 마찬가지로 피복두께를 고려하여 적절한 철근간격을 배치하도 록 하여 간접적으로 균열을 제어하도록 규정하고 있다.

이는 실험적 연구에 따라 사용하중이 작용할 때 균열 폭은 철근의 응력에 따라 직접적으로 변화하 며 인장영역에 잘 분포된 굵기가 가는 여러 개의 철근배치가 굵은 몇 가닥의 철근을 배치하는 것보 다 균열을 조정하는 데 더 효과적으로 나타났기 때문이다.

신축이음

교량의 신축이음을 최소화하기 위한 방안에 대하여 설명하시오.

풀 이

▶ 개요

신축이음장치는 온도에 의한 교량의 신축량과 콘크리트의 건조수축 및 크리프와 활하중 등에 의한 교량의 수평이동과 회전을 흡수해 차량의 주행을 원활하게 하는 역할을 한다. 그러나 신축이음장치는 불연속면에 위치하여 차량하중의 반복적인 충격력에 노출되어 있고 이 충격이 증폭되어 소음발생과 더불어 후타재 및 신축이음부의 손상이 많이 발생하게 된다. 또한 연결부의 복잡한 배근과 교대면과의 사이의 불연속면에 스티로폼 등으로 시공되어 교면의 우수가 직접 하부로 전달되어 교량의 내구성 또한 저하시키는 원인이다.

▶ 신축이음장치의 파손 원인

신축이음장치의 일반적인 파손의 유형은 후타 콘크리트의 균열 및 탈락, 신축이음장치의 누수, 신축량 과다로 인한 파손, 유간부족으로 인한 파손, 신축장치 정착부의 파손, 반복적인 충격하중에 의한 피로 파괴, 고무와 강재의 접속부 파손 등의 형태로 발생한다.

후타 콘크리트의 균열·탈락　　신축이음장치의 누수　　신축량 과다로 인한 파손　　유간부족으로 파손

신축장치 정착부의 파손　　반복 충격하중으로 피로파괴　　고무와 강재 접속부 파손　　본체 솟음 및 단차

교량일부 신축이음 미설치　신축이음 앵글 파손 및 탈락　무수축 몰탈 열화 및 파손　이음부 누수로 하부구조 열화

신축이음장치의 파손 유형

▶ 신축이음장치의 최소화 방안

신축이음 장치의 잦은 파손에 대해 소음/진동 저감, 횡방향변위의 수용, 피로파괴 방지, 누수 발생 억제 등의 방향으로의 개선이 필요하며, 무조인트 교량과 같이 신축이음장치를 아예 없애거나 최소화하는 것이 유지관리측면에서는 유리하다.

1) **무조인트 교량** : 상부구조 온도변화에 의한 신축을 일반 조인트 교량형식의 기계적인 신축이음 장치가 아닌 접속슬래브와 본선 포장부 사이에 맹조인트형식으로 설치되는 신축조절장치(Cycle Control Joint)와 교대 뒤채움 강성으로 조절하는 Jointless Bridge 형식을 지칭한다.

구분	일체식 교대 교량 (Integral Abutment Bridge)	반일체식 교대 교량 (Semi-Integral Abutment Bridge)
개요도	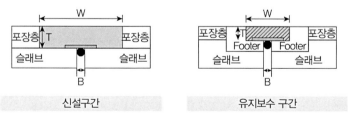	
특징	상부구조와 교대부가 일체로 시공된 단경간 또는 다경간 구조로 교대부는 시공단계에 따라 기초교대와 벽체교대로 구분하며 교량의 온도변화에 따른 변위와 거더 단부 회전에 대해 유연성을 가진 일렬 말뚝(H말뚝)으로 지지되는 교량 형식	상부구조를 벽체교대로 일체화시키고, 온도신축에 의한 상부구조물의 수평이동을 할 수 있도록 벽체교대 하부와 구체 상면에 교좌장치를 두어 상부와 하부구조물이 분리 시공된 단경간 또는 다경간 구조형식의 교량

2) **아스팔트 충진 신축이음장치** 등 기술개발 : 지하차도 등에 사용되는 아스팔트 충진 신축이음장치 등을 적용하여 차량의 주행성, 방수성능 등 확보하는 신축이음장치를 최소화할 수 있다. 다만 현재의 아스팔트 충진 신축이음장치는 충진재의 압밀 또는 융기가 발생하므로 차량하중의 접지면에 차량의 주행성, 방수성능 확보를 위하여 불연속면에 적용하기 위해서는 신축량 10~60mm 정도 매우 적은 구간에 적용해야 하는 제한이 있다.

아스팔트 충진 신축이음장치의 유형

이음설계   토목구조기술사 합격 바이블 개정판 2권 제4편 강구조 p.1543

다음 그림과 같은 지압이음의 경우에 한계상태설계법을 적용하여 최대 사용하중을 구하시오. 단, F12T M22(F_{ub}=1,200MPa), F12T 볼트 SS400(F_y=235MPa, F_u=400MPa), 사용 활하중은 고정하중의 3배이다.

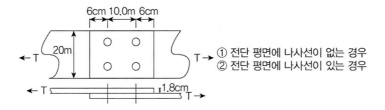

풀 이

▶ 개요

지압연결부에 작용하는 하중은 볼트의 전단력과 연결부재의 지압력 및 마찰력에 의해서 전달되며, 연결부의 파괴형태는 볼트의 전단파괴, 연결부재의 찢어짐 또는 볼트 구멍의 과대한 변형 등으로 발생된다. 최종 파괴하중은 볼트 체결력과는 무관하다.

도로교설계기준(한계상태설계법, 2015)에서 지압연결은 축방향 압축을 받는 연결부 또는 브레이싱 연결부에 대해서만 허용하도록 규정하고 있다. 이때 이음은 극한한계상태에서 설계강도를 만족하여야 한다.

▶ 강도 검토

1) 볼트의 전단강도(도로교설계기준, 2015 ; 연결부 길이가 1,270mm 이하)

① 전단 평면에 나사선이 없는 경우

$$R_r = \phi R_n = \phi \times 0.48 A_b F_{ub} N_s = 0.65 \times 0.48 \times \frac{\pi \times 22^2}{4} \times 1200 \times 4 = 569.29\text{kN}$$

② 전단 평면에 나사선이 있는 경우

$$R_r = \phi R_n = \phi \times 0.38 A_b F_{ub} N_s = 0.65 \times 0.38 \times \frac{\pi \times 22^2}{4} \times 1200 \times 4 = 450.69\text{kN}$$

✓ 도로교설계기준, 전단력을 받는 고장력 볼트 F8T, F10T, F13T ϕ_t=0.80, 전단력을 받는 일반볼트 ϕ_s=0.65

2) 볼트 구멍의 지압강도

볼트 구멍들의 순간격 100mm > $2d$(= 2×22)

$$R_n = 2.4dtF_u = 2.4 \times 22 \times 18 \times 400 = 380.16 \text{kN}$$

$$\therefore R_r = \phi_{bb}R_n = 0.8 \times 380.16 \times 4 = 1216.52 \text{kN}$$

3) 연결부재의 인장강도(도로교설계기준, 2015)

① 전단면 항복

$$P_r = \phi_y P_{ny} = \phi_y f_y A_g = 0.95 \times 235 \times (18 \times 200) = 803.70 \text{kN}$$

② 순단면 파단

$$P_r = \phi_u P_\nu = \phi_u f_u A_n U = 0.80 \times 400 \times [200 - 2 \times (24 + 3.2)] \times 18 = 838.66 \text{kN}$$

▶ 최대 사용하중 산정

1) 전단 평면에 나사선이 없는 경우 $R_r = \min[569.29, 1216.52, 803.70] = 569.29 \text{kN}$

사용활하중이 고정하중의 3배이므로 $D + L = (3 + 1/3)L$ $\therefore L \leq 426.97 \text{kN}$

∴ 고정하중과 사용활하중을 포함한 최대 사용하중은 569.29kN, 최대 사용활하중은 426.97kN

2) 전단 평면에 나사선이 있는 경우 $R_r = \min[450.69, 1216.52, 803.70] = 450.69 \text{kN}$

사용활하중이 고정하중의 3배이므로 $D + L = (3 + 1/3)L$ $\therefore L \leq 338.02 \text{kN}$

∴ 고정하중과 사용활하중을 포함한 최대 사용하중은 450.69kN, 최대 사용활하중은 338.02kN

RC옹벽 안정성

다음 그림과 같은 RC옹벽의 안정성을 콘크리트구조기준(2012)을 적용하여 검토하시오.

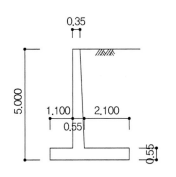

콘크리트 단위 중량 $25kN/m^3$

뒷채움 토사 단위 중량 $16kN/m^3$

뒷채움 토사 내부마찰각 $35°$

마찰계수 0.5

상재 활하중 $10kN/m^2$

허용지지력 $190kN/m^2$

지진 시 미고려

(단위 : m)

풀 이

▶ 개요

콘크리트 구조기준에 따른 옹벽의 안정성 검토는 외적 안정성(External Stability)에 대해서는 ① 활동(Sliding) ② 침하(Settlement) ③ 전도(Overturning) ④ 지지력(Bearing Capacity)에 대한 검토를 수반하며, 내적 안정성(Internal Stability)에 대해서는 ① 전단(Shear Force) ② 휨모멘트(Bending Moment)에 대한 검토를 수행한다.

콘크리트 구조기준(2012)에서 규정하는 안정조건은 다음과 같다.

1) 활동에 대한 저항력은 옹벽에 작용하는 수평력의 1.5배 이상

2) 전도 및 지반지지력에 대한 안정조건은 만족하지만 활동에 대한 안정조건을 만족시키지 못할 경우 전단키(활동방지벽)이나 횡방향 앵커 등을 설치하여 활동저항력 증가

3) 전도에 대한 저항휨모멘트는 횡토압에 의한 전도휨모멘트의 2.0배 이상

4) 지반에 유발되는 최대 지반반력이 지반 허용지지력을 초과하지 않아야 한다.

5) 지반의 침하에 대한 안정성 검토는 다음의 두 가지 중 하나로 검토할 수 있다.

   ① 지반반력의 분포경사가 비교적 작은 경우에는 최대 지반반력 q_{max} 이 지반의 허용지지력 q_a 이하가 되도록 한다.

   ② 지반의 지지력은 지반공학적 방법 중 선택 적용할 수 있으며 지반의 내부마찰각, 점착력 등과 같은 특성으로부터 지반의 극한지지력을 추정할 수 있다. 이 경우 허용지지력 q_a 는 $q_u/3$ 로 취하여야 한다.

➤ RC옹벽의 안정성 검토

주어진 조건에 따라 RC옹벽의 외적 안정성에 대해서만 검토하며, Rankine 토압을 고려한다.

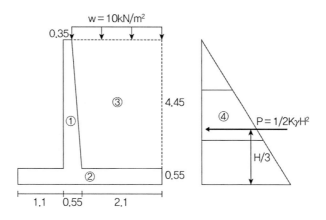

1) 자중 및 하중 산정

$$K = \frac{1 - \sin\phi}{1 + \sin\phi} = 0.271, \quad \sigma_h = K\gamma H = 21.68, \quad P_H = \frac{1}{2}K\gamma H^2$$

구분		면적	단위하중(kN/m³)	자중 및 하중(kN)
옹벽 ①	w1	$(0.35 + 0.55) \times 4.45 \times \frac{1}{2} = 2.0025$	25	50.063
옹벽 ②	w2	$0.55 \times 3.75 = 2.0625$	25	51.563
토사 ③	w3	$(2.3 + 2.1) \times 4.45 \times \frac{1}{2} = 9.79$	16	156.640
토압 ④		$\frac{1}{2} \times 5 \times 21.68$	16	54.200
상재하중		$(0.55 - 0.35) + 2.1$	10	23.000

2) 활동(Sliding) 안정성 검토

$$W = w_1 + w_2 + w_3 = 258.266\text{kN}$$

$$P_H = 54.2\text{kN}$$

$$\mu(W + P_V) \geq 1.5 P_H \quad (\mu : \text{저판과 지반 사이의 마찰력})$$

또는 $H_0 = \sum H, \quad H_r = \mu\sum W, \quad S.F = H_r/H_0 \geq 1.5$

$$\therefore \ S.F = \frac{\mu W}{P_H} = 2.38 > 1.5 \quad \text{O.K}$$

3) 전도(Overturning) 안정성 검토

합력의 작용점이 앞굽의 가장자리 O 위로 지나면 반시계방향 모멘트가 작용하므로 옹벽이 넘어가려는 전도에 대해 검토한다.

$$M_r - M_0 = \sum W \times m - \sum H \times n = \sum W \times x$$

$$\therefore \ x = \frac{\sum W \times m - \sum H \times n}{\sum W} \ (M_r : \text{저항모멘트}, \ M_o : \text{전도모멘트})$$

$$S.F = 2.0, \quad M_r \geq 2.0 M_0 : \sum W \times m \geq 2.0 (\sum H \times n), \quad S.F = \frac{M_r}{M_0}$$

$$\sum W \times m = 50.063 \times (1.1 + 0.45/2) + 51.563 \times 3.75/2 + 156.640 \times (1.1 + 0.45 + 2.2/2)$$
$$+ 23 \times (1.1 + 0.35 + 2.3/2) = 637.91 \text{kNm}$$

$$\sum H \times n = 54.2 \times 5/3 = 90.33 \text{kNm}$$

$$x = \frac{\sum W \times m - \sum H \times n}{\sum W} = 2.12 \text{m}$$

$$\therefore \ S.F = \frac{\sum Wm}{\sum Hn} = 7.06 > 2.0 \qquad O.K$$

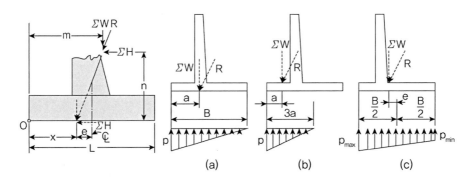

(a)　　　　(b)　　　　(c)

4) 지지력(Bearing Capacity) 안정성 검토

$$e = B/2 - x = -0.245$$

기초저판의 반력 $\dfrac{\sigma_{\max}}{\sigma_{\min}} = \dfrac{P}{A} \pm \dfrac{M}{I} y = \dfrac{\sum W}{B \times 1} \pm \dfrac{(\sum W)e}{\dfrac{1 \times B^3}{12}} \times \dfrac{B}{2} = \dfrac{\sum W}{B} \pm \dfrac{6e(\sum W)}{B^2}$

$$= \frac{\sum W}{B}\left(1 \pm \frac{6e}{B}\right) = 95.87 \text{kN/m}^2 < \sigma_a = 190 \text{kN/m}^2 \quad O.K$$

곡선교   토목구조기술사 합격 바이블 개정판 2권 제5편 교량계획과 설계 p.1713

강박스교를 상부형식으로 하는 곡선교를 계획하였다. 계획단계 시 고려사항과 전도 및 부반력에 대한 대책을 설명하시오.

풀 이

▶ 개요

곡선교는 구조물의 특성상 비틀림모멘트가 발생되고 이로 인한 편심으로 부반력이 발생될 수 있다. 특히 곡선교에서는 받침의 배치가 일반 직선교와 달리 적용되고 받침 배치가 잘못될 경우 전도의 위험이 있기 때문에 주의가 필요하다.

▶ 곡선교 계획 시 전도 및 부반력 등 주요 고려사항

곡선교의 특성상 비틀림모멘트가 발생하며 편심으로 부반력과 전도 방지 대책에 대한 검토가 수반되어야 한다. 특히 단경간 곡선교는 Ramp교에 적용되는 사례가 많으며 Ramp교에서는 부반력 및 전도로 인한 문제가 발생되는 사례가 있다. 다음은 일반적으로 곡선교 계획 시 고려해야 할 주요 사항이다.

주요 사항	단면형식	비틀림모멘트	부반력	전도 방지	받침 배치
내용	비틀림 강성비	비틀림(Torsion)과 뒤틀림(Warping)	부반력 발생 여부 부반력 대책	전도 방지 대책	부반력과 전도 방지를 위한 받침 배치

1) 단면형식의 결정

곡선교는 비틀림모멘트로 인하여 중심각에 따라서 상부단면 형식 선정 시 주의가 필요하다. 일반적으로 곡선교의 중심각에 따라 요구되는 비틀림 강성비가 다르고 강성비는 I형 병렬거더교 < 박스 거더 병렬교 < 단일박스 거더교 순서로 중심각에 따른 강성비가 증가하므로 이를 고려하여 단면형식을 결정하여야 한다.

중심각이 5~15°에서는 I형 병렬거더교가 유리하고, 15~20°에서는 단일박스 거더교가 유리하다. 중심각이 25° 초과 시에는 설계에 무리가 있으며 5° 이하에서는 직선교에 가까워 곡률의 영향을 거의 받지 않는다.

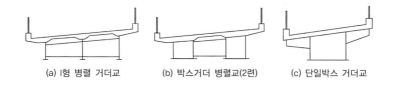

(a) I형 병렬 거더교   (b) 박스거더 병렬교(2련)   (c) 단일박스 거더교

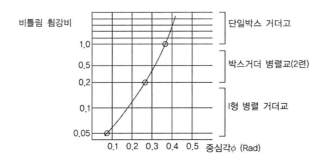

2) 단면력 고려 시 뒤틀림 모멘트(Warping) 고려

박스형 단면은 큰 비틀림 저항성을 갖는 데 반해 I형 거더와 같은 개단면(Open Section)부재는 비틀림 저항성이 작아 비틀림에 의해 큰 변형을 받는 동시에 뒤틀림이 발생한다. 이러한 뒤틀림(뤔, Warping)이 구속되거나 회전각($d\phi/dx$)이 일정하지 않은 경우 길이방향으로 축응력(뒤틀림 응력 f_w)이 발생한다.

일반적으로 박스형 거더의 경우에는 격벽(Diaphragm)을 일정 간격 설치하여 뒤틀림을 방지하고 있어 큰 문제가 발생하지 않지만 I형 거더와 같은 비틀림 저항력이 작고 플랜지 폭이 넓은 경우에는 무시할 수 없는 응력이 발생할 수 있다. 충실도가 큰 단면이나 박스형처럼 폐단면에서는 순수비틀림모멘트 쪽이 더 크고, I형 단면처럼 개단면의 박판에서는 뤔비틀림모멘트가 크며 그에 따른 응력도 커지게 된다. 이 두 가지 비틀림모멘트의 분담률은 다음의 비틀림 상수비 α의 크기에 의해 지배되며, 설계상에서는 뒤틀림 응력에 대한 고려 여부를 α를 기준으로 확인하도록 하고 있다.

비틀림 상수비 $\alpha = l\sqrt{\dfrac{GK}{EI_w}}$

여기서, G : 전단탄성계수, K : 순수비틀림 상수, E : 탄성계수, I_w : 뤔비틀림 상수, l : 지점 간의 부재길이(mm)

① $\alpha < 0.4$: 뤔비틀림에 의한 전단응력과 수직응력에 대해서 고려한다.
② $0.4 \leq \alpha \leq 10$: 순수비틀림과 뤔비틀림 응력을 모두 고려한다.
③ $\alpha > 10$: 순수비틀림 응력에 대해서만 고려한다.

휨모멘트와 순수비틀림 전단응력, 뤔비틀림 전단응력이 발생하는 단면에서는 허용응력설계법에서는 다음과 같이 합성응력을 검산해 안전성을 확보하도록 하고 있다.

합성응력 검산 $f = f_b + f_w,\ v = v_b + v_s + v_w,\ f \leq f_a,\ v \leq v_a,\ \left(\dfrac{f}{f_a}\right)^2 + \left(\dfrac{v}{v_a}\right)^2 \leq 1.2$

여기서, f_b : 휨응력, v_b : 휨에 의한 전단응력, v_s : 순수비틀림 전단응력, f_w : 뒴비틀림 수직응력, v_w : 뒴비틀림 전단응력, f_a, v_a : 허용인장응력과 전단응력

일반적으로 I형 단면 주거더에서는 α값이 0.4 이하, 박스 거더의 경우 30~100이다.
곡선교 구조계 전체를 단일 곡선부재로 치환하여 취급하는 경우 뒴비틀림 응력을 무시하는 범위는 다음과 같다.

$$\alpha > 10 + 40\Phi(0 \leq \Phi < 0.5), \ \alpha > 30(0.5 \leq \Phi), \ \Phi : 곡선부재의 1경간 회전 중심각(\text{radian})$$

3) 부반력 검토

① 평면사각이 작은 부분에서 부반력이 발생할 수 있으며 이를 고려하여 받침수 산정 및 받침위치를 선정하도록 해야 한다.

② 부반력 발생 시 2-shoe의 사용보다는 1-shoe의 사용이 적절하며 Out-Rigger 형태나 Counter Weight도 고려할 수 있다.

③ 받침의 이동방향은 고정단에서 방사상의 현 방향으로 설치하거나 곡선반경에 대해 접선방향으로 설치한다. 접선방향의 이동방향은 곡률이 일정한 교량에 적합하며 현 방향 설치는 곡률이 일정하거나 변화하는 교량 모두에 적용된다.

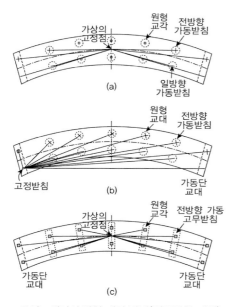

곡선교에서의 받침 배치 방법(이동방향 배치)

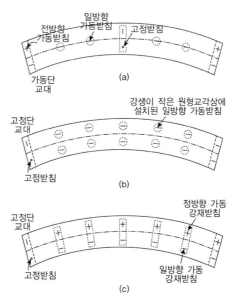

곡선교에서의 받침 배치 방법(회전방향 배치)

4) 전도 방지 검토

곡선 외측 받침을 기준으로 전도에 대한 검토를 하여야 한다(사고 사례, 제천신동IC 부반력 전도).

$$M_o = W_1 L_1 \text{(전도모멘트)}, \ M_r = W_2 L_2 \text{(저항모멘트)}$$

$$F.S = \frac{M_r}{M_0} > 1.2 \text{(고정하중+활하중)}, \ 2.5 \text{(고정하중)}$$

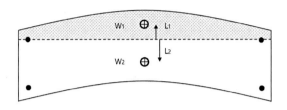

5) 가로보 및 수평 브레이싱 설치

① 곡선교의 가로보는 비틀림 전달기구 중 가장 중요한 역할을 하기 때문에 충복단면을 사용하여 충분한 강성을 갖도록 하고 주거더와 강결시키는 것을 원칙으로 한다.

② I거더 병렬의 곡선교에서는 상부와 하부에 수평 브레이싱을 설치하는 것을 원칙으로 한다. 이는 교량전 체의 전도 및 좌굴에 대한 안정성을 높이고 플랜지에 발생하는 부가응력을 경감하기 위해서이다.

붕괴유발부재   토목구조기술사 합격 바이블 개정판 2권 제5편 교량계획과 설계 p.1794

강교 설계 시 붕괴유발부재를 정의하고 여유도에 대하여 설명하시오.

풀 이

> **개요**

붕괴유발부재(Fracture Critical Member, FCM) 또는 무여유도 부재(Non-Redundancy Member), 단재하경로 구조물은 한 부재의 파괴로 인해 전체 구조물이 파괴되거나 교량의 설계 기능을 발휘할 수 없도록 하는 인장부재 또는 인장요소를 말한다. 붕괴유발부재의 예로는 2주형 거더와 같은 구조물 또는 하나 또는 2개의 거더를 사용한 교량의 플랜지와 복부판, 단일요소의 주트러스 부재, 행어 플레이트와 하나 또는 2개의 기둥벤트의 캡 등이 있다.

> **붕괴유발부재의 여유도**

1) 하중경로 여유도 – 단재하구조물, 다재하 구조물

3개 이상의 거더 또는 빔으로 설계된 교량을 하중경로 여유도가 있는 구조물 또는 다재해 구조물이라 한다. 한 거더 또는 빔이 파손될 경우 파손된 거더가 받던 하중을 다른 거더로 재분배될 수 있는 여유도. 3개 이상의 거더가 있는 주형에 여유도가 있는 것으로 평가한다.

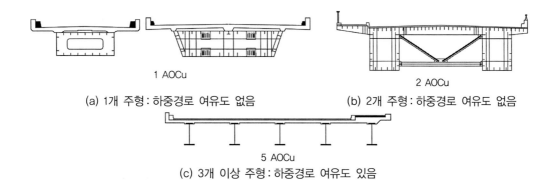

1 AOCu

2 AOCu

(a) 1개 주형 : 하중경로 여유도 없음   (b) 2개 주형 : 하중경로 여유도 없음

5 AOCu

(c) 3개 이상 주형 : 하중경로 여유도 있음

2) 구조적 여유도 – 무여유도 구조물, 여유도 구조물

구조적 여유도란 하중이 통과하는 경로와 평행하여 놓인 연속된 경간의 숫자로서 결정된다. 구조적으로 무여유도(Non-Redundancy)라 함은 두 개 이하의 경간을 갖고 있는 구조물을 의미한다. 구조적 여유도는 거더의 개수로 분류하는 것이 아니라 연속경간의 형식에 따라 분류한다.

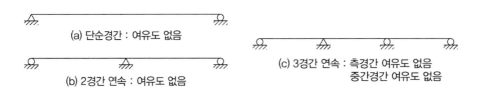

(a) 단순경간 : 여유도 없음

(b) 2경간 연속 : 여유도 없음

(c) 3경간 연속 : 측경간 여유도 없음
중간경간 여유도 없음

3) 내적 여유도

내적 여유도를 갖고 있다는 뜻은 여러 부재가 복합적으로 구성된 구조물에서 한 부재가 파손되었다 하더라도 그 영향이 다른 부재에 미치지 않는다는 뜻이다. 내적여유도가 있는 부재와 없는 부재의 가장 큰 차이점은 한 부재의 파손이 다른 부재에 어떠한 영향을 주는가에 달려 있다. 예를 들어 리벳으로 제작된 플레이트 거더는 내적 여유도를 갖고 있는데, 그 이유는 플레이트와 앵글이 독립된 부재이기 때문에 리벳 하나가 파손된다 하더라도 앵글이나 플레이트에는 영향을 주지 않는다. 반면 용접으로 제작한 플레이트 거더는 내적 여유도가 없다. 일단 균열이 시작되면 강재가 균열을 막을 수 있을 만큼의 충분한 강도를 갖고 있지 않은 플레이트로 전파된다. 보통 내적 여유도는 부재가 붕괴유발부재인가를 고려하는 데는 판단되지 않으나 그 정도에 따라서 보수·보강을 요한다.

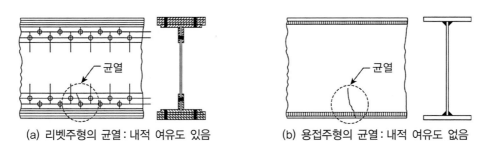

(a) 리벳주형의 균열 : 내적 여유도 있음   (b) 용접주형의 균열 : 내적 여유도 없음

▶ 붕괴유발부재의 기준

AASHTO LRFD 기준에서는 붕괴유발부재요소의 인장부에 용접되고 인장응력 작용방향으로 100mm 이상의 길이를 갖는 부착물도 붕괴유발부재로 간주하도록 하고 있다. 붕괴유발부재는 도면상에 확실하게 표시하도록 하고 다음과 같이 붕괴조절계획(Fracture Control Plan)을 세우도록 하여 붕괴에 대한 방지를 미리 준비토록 하여야 한다.

내풍 대책 토목구조기술사 합격 바이블 개정판 2권 제5편 교량계획과 설계 p.2040

교량의 동적거동에 대한 내풍 대책을 설명하시오.

풀 이

▶ 개요(교량의 거동 특성)

교량이 장대화될수록 내진성보다는 내풍성에 의해서 구조물의 안정성이 좌우되는 경우가 많아졌다. 이는 전체 구조시스템에서 보강거더의 휨강성(EI/l), 중량(Mass) 등의 감소로 인하여 시스템의 Damping이 줄고 주기가 길어짐에 따라 고유진동수(f)가 줄어들어 각종 불안정 진동이 저풍속에서 발생하기 쉬워졌기 때문이다. 풍하중에 의한 교량의 거동은 크게 정적 현상과 동적 현상으로 구분되며, 장경간이나 장대교량의 경우 바람 하중으로 인해 동적진동현상이 주로 고려된다. 다음은 일반적인 풍하중에 의한 정적·동적 현상을 구분한 표이다.

교량의 정적·동적 거동현상과 주요 영향요소

거동 구분			영향요소	주요 내용
정적현상 (바람 하중)	풍하중에 의한 응답		보강형	정적공기력의 작용에 의한 정적변형, 전도, 슬라이딩
	Divergence, 좌굴		보강형	정상공기력에 의한 정적 불안정 현상
동적 현상 (바람 진동)	강제 진동	와류진동 (Vortex-Shedding)	보강형, 주탑, 아치교 행어	물체의 와류방출에 동반되는 비정상 공기력(카르만 소용돌이)의 작용에 의한 강제진동
		버펫팅 (Buffeting)	보강형	접근류의 난류성에 동반된 변동공기력의 작용에 의한 강제진동
	자발 진동	갤로핑 (Galloping)	주탑	물체의 운동에 따른 에너지가 유체에 피드백(Feed-back)됨으로써 발생하는 비정상공기력의 작용에 동반되는 자려(Self-Exited) 진동
		비틀림 플러터 (Torsional Flutter)	보강형	
		합성 플러터 (Coupling Flutter)	보강형	
	기타	Rain Vibration	케이블	사장교케이블 등에 경사진 원주에 빗물의 흐름으로 인하여 발생하는 진동
		Wake Galloping	케이블	물체의 후류(Wake)의 영향에 의해 발생하는 진동

▶ 내풍 대책

교량의 진동을 억제하는 내풍 대책은 크게 정적하중에 대한 저항방식과 동적하중에 대해 질량, 강성, 감쇠 증가를 하는 구조역학적 대책, 단면 형상 변화에 따라 내풍효과를 줄여주는 공기역학적인 대책 등으로 구분될 수 있다.

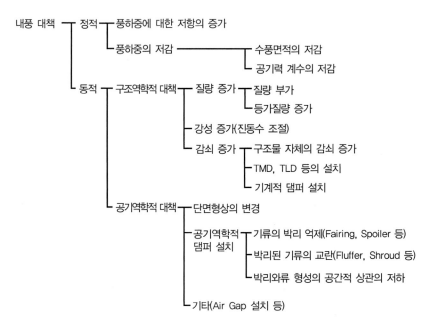

내풍 대책의 구분과 주요 내용

정적 내풍 대책	동적 내풍 대책		
	구조역학적 대책	공기역학적 대책	기타
• 풍하중에 대한 저항의 증가	• 질량 증가(m) 부가질량, 등가질량 증가	• 단면형상의 변경	Air Gap 설치 풍환경 개선
• 풍하중의 저감 – 수풍면적의 저감 – 공기력 계수의 저감	• 강성 증가(k) 진동수 조절$\left(f \propto \sqrt{\dfrac{k}{m}}\right)$	• 공기역학적 댐퍼 – 기류의 박리 억제 (Fairing, Spoiler) – 박리된 기류의 교란 (Fluffer, Shround) – 박리와류 형성의 공간적 상관의 저하	
	• 감쇠 증가(c) 구조물자체감쇠 증가, TMD, TLD 등 설치, 기계적 댐퍼 설치		

1) 정적거동에 의한 내풍 대책

정적거동에 의한 내풍 대책은 먼저 풍하중에 대한 구조물의 저항 및 강도의 증가 대책으로 풍하중의 작용에 대한 구조물의 안정성을 확보하기 위해서 구조물이 충분한 강성을 가지도록 하는 것이다. 정적거동의 대책으로는 다음의 3가지로 구분할 수 있다.

① 단면 강도 증대 : 충분한 강성을 가지는 단면 선택
② 수풍면적이 저감
③ 공기력 계수 저감

2) 동적거동에 의한 내풍 대책(구조역학적 대책)

① 구조역학적 대책의 목적

  ㉠ 구조물 진동 특성을 개선하여 진동의 발생 그 자체를 억제

  ㉡ 진동 발생풍속을 높이는 방법

  ㉢ 진동의 진폭을 감소시켜 부재의 항복이나 피로파괴 억제

② 구조물의 진동 특성을 개선하는 방법

  ㉠ 질량의 증가 : 구조물 질량의 증가는 와류진동 등의 진폭을 감소시키며, 갤로핑의 한계풍속을 증가시킨다. 그러나 한편으로는 질량의 증가에 따라 고유진동수가 낮아지게 되어 진동의 발생풍속 증가에 도움이 되지 않는 경우도 있으므로 신중한 검토가 필요하다.

  ㉡ 강성의 증가(진동수의 조절) : 구조물 강성의 증가는 고유진동수를 상승시킴으로써, 와류진동 및 플러터의 발생풍속의 증가를 가져다준다. 강성이 높은 구조형식으로 변경한다든지 적절한 보강부재를 첨가하는 것을 고려할 수 있으나 강성 증가에는 한계가 있어 현저한 내풍안정성 향상을 기대하기 어렵다.

  ㉢ 감쇠의 증가 : 구조감쇠의 증가는 와류진동이나 거스트 응답 진폭의 감소 또는 플러터 한계풍속의 상승을 목적으로 한 것으로 그 제진효과를 확실히 기대할 수 있다. 교량 내부에 적당한 감쇠장치를 첨가하여 기본구조의 변경 없이 제진효과를 얻을 수 있다는 점에서 여러 가지 구조역학적 대책 중에서 가장 많이 사용되는 방법이다. 감쇠장치의 종류에는 오일댐퍼를 비롯하여 TMD(Tuned Mass Damper), TLD(Tuned Liquid Damper), 체인댐퍼 등과 같은 수동댐퍼가 많이 사용되었으나 최근에는 AMD(Active Mass Damper)와 같은 제어효율이 높은 능동적 댐퍼도 많이 개발되고 있다.

3) 동적거동에 의한 내풍 대책(공기역학적 대책)

공기역학적 방법은 교량단면에 작은 변화를 주어 작용공기력의 성질 또는 구조물 주위의 흐름양상을 바꾸어 유해한 진동현상이 발생되지 않도록 하는 방법이다. 교량의 주형이나 주탑 단면은 일반적으로 각진 모서리를 가진 뭉뚝(Bluff)한 단면이 많은데 이러한 단면에서는 단면의 앞 모서리부에서 박리된 기류가 각종 공기역학적 현상과 밀접한 관계를 가지고 있다. 따라서 앞 모서리에서의 박리를 제어함으로써 제진을 도모하는 방법이 주로 채택된다.

① 기류의 박리 억제 : 단면에 보조부재를 부착하여 박리 발생을 최소화시켜 구조물의 유해한 진동을 일으키는 흐름상태가 되지 않도록 기류를 제어하는 방법으로 Fairing, Deflector Spoiler, Flap 등이 사용된다. 하지만 이러한 부착물에 의한 내풍안정성 향상효과는 단면 형상에 따라 다르며 때로는 진폭이 증가되거나 원래 단면에서 발생하지 않던 새로운 현상을 일으킬 수 있으므로 풍동실험을 통한 고찰이 요구된다.

② 박리된 기류의 분산 : 기류의 박리 억제가 어렵거나 Fairing 등에 의한 효과가 없는 경우에는

단면의 상하면의 중앙부에 Baffle Plate라 불리는 수직판을 설치하여 박리버블의 생성을 방해하여 상하면의 압력차에 의한 비틀림 진동의 발생을 억제할 수 있다.

③ 기타 : 현수교의 트러스 보강형 등에 있어서는 바닥판에 Grating과 같은 개구부를 설치하면 단면 상하부의 압력차가 작아지게 되어 연성플러터 또는 비틀림 플러터에 대한 안정성을 향상시킬 수 있다.

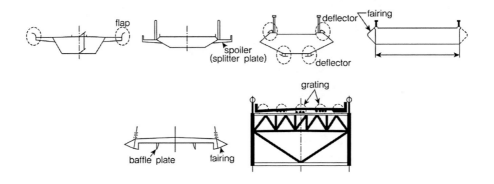

강재 파손 특성과 방지 대책　　　토목구조기술사 합격 바이블 개정판 2권 제4편 강구조 p.1214, 1247

플레이트 거더교에서 발생하는 강재의 파손 특성과 파손 방지에 대한 대책을 설명하시오.

풀 이

▶ 개요

플레이트 거더교는 강교에 비교 강재량이 적게 소요되면서 재료를 효율적으로 사용할 수 있는 장점이 있는 반면 강교에 비해 곡선교에 적용성이 떨어지며 브레이싱, 가로보 등 부부재가 많아 용접 등으로 인한 시공성 저하, 유지관리 불리 등의 단점이 있는 교량 형식이다. 강재를 사용하는 플레이트 거더교는 강재 재료의 특성상의 파괴형태로 보면, 외적 하중으로 인한 연성파괴, 반복된 하중으로 인한 피로파괴, 저온 하의 충격하중으로 인한 취성파괴, 고온하의 지속하중으로 인한 크리프 및 릴렉세이션, 수중 다습한 환경이나 지속하중 재하 시 수소취화(강 속 수소에 의해 강재에 생기는 연성 또는 인성이 저하되는 현상)에 의한 지연파괴, 알칼리 환경하에 지속하중으로 인한 응력부식 등의 파괴가 발생할 수 있다. 전체 구조물로의 파괴는 피로, 좌굴, 극한 변형으로 인한 파괴로 구분될 수 있다. 여기에서는 구조물로서의 파손 특성과 방지 대책에 대해 설명하겠다.

▶ 플레이트 거더교의 파손 특성

1) **피로에 의한 파괴** : 피로파괴란 강구조 부재에 일정하중이나 반복하중이 지속적인 외력으로 작용하면 부재의 구조적인 응력집중부 또는 용접이음형상이나 용접결함 등의 응력집중부에서 소성변형이 발생하고 이로 인하여 허용응력 이하의 작은 하중에서도 균열이 발생하며 이 균열이 성장하여 최종적으로 설계강도보다 낮은 응력에서 파단되는 현상을 말한다. 응력집중이 발생하는 지점에서 작은 크기의 반복응력에도 피로에 의한 균열이 발생할 수 있으며 대략적인 경험에 의하면 금속재료의 경우 이러한 균열이 발생하기 위해서는 응력집중이 발생하는 곳에서 이 응력이 항복응력의 50% 이상이 되어야 하지만 사전 균열이나 결함이 있는 경우 작은 크기의 응력에도 균열이 발생하여 성장할 수 있다. 일단 균열이 발생하면 주로 하중이 작용하는 방향과 직교하는 방향으로 균열은 성장하며 이에 따라 유효단면은 감소하고 결국 부재는 취성 또는 연성파괴에 이른다.

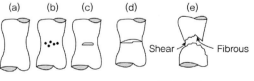

피로파괴

2) 좌굴에 의한 파괴 : 구조물의 좌굴현상은 주요 부재가 <u>압축응력을 받아 그 크기가 부재의 극한치를 초과하면 이에 대응하는 변형상태가 갑자기 변하여 설계하중을 지탱할 수 없어 구조물이 붕괴되는 현상</u>을 말한다. 플레이트 거더교에서 좌굴이 발생되면 부재는 내하력을 잃고 구조물이 파괴된다. 플레이트 거더의 좌굴로 인한 파괴는 다음과 같이 구분된다.

① 판형의 파손 : 판형은 용접이나 고강도 볼트를 이용하여 제작하기 때문에 연결부의 파손이 발생하기 쉬우며 또한 휨모멘트와 전단력에 의해서 좌굴이 발생할 수 있다.

② 휨좌굴 : 조밀단면의 경우 잔류응력을 포함하여 최대응력이 항복점에 도달하면 소성화되며 이때 얇은 Web 판형은 전단변형의 영향도 받기 때문에 직선분포보다 더 큰 응력이 발생한다. 제작 시 초기처짐이나 좌굴에 의해 압축부의 전단면이 유효하지 않기 때문에 최대 압축응력이 최대 인장응력보다 크게 된다. 따라서 판형의 강도는 Flange의 좌굴을 고려하여야 한다. 압축 플랜지의 좌굴유형은 압축 Flange 자체의 좌굴, 횡방향 좌굴, 비틀림 좌굴, 복부판 연결부 수직좌굴이 발생할 수 있다.

㉠ 횡방향 좌굴 : 가로보에 의해 횡방향으로 지지된 지지점 사이에서 일어난 단면 전체의 횡방향 좌굴의 결과에 의해 발생하는 축방향변위이다.

㉡ 비틀림 좌굴 : 주로 국부좌굴현상으로 한계압축응력이 항복응력과 같거나 그 이상이 되도록 폭-두께 비를 제한하여 방지할 수 있다.

㉢ 복부판 연결부의 수직좌굴 : 휨에 의한 만곡부에서 Flange의 응력방향이 변화되고 판형의 곡률 때문에 복부판은 상·하 플랜지로부터 곡률반경 중심방향의 압축력을 받는다.

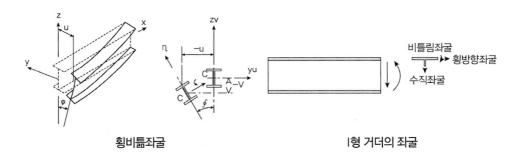

횡비틀림좌굴   I형 거더의 좌굴

③ 전단좌굴 : 직접적인 지압, 전단력에 의한 좌굴로 보강재로 복부판 보강 시 압축 주응력 방향의 저항력은 상실되나 인장방향 저항력은 확보되어 Pratt Truss 구조형식처럼 복부판이 인장력에만 견디는 인장장(Tension Field)을 형성하여 전단력에 저항하게 된다. 인장장이 발생 시에는 Flange에 추가 압축력이 발생하여 Flange의 좌굴강도를 저하시키게 된다.

3) 극한 변형으로 인한 파괴 : 피로나 좌굴, 혹은 설계하중을 초과한 하중, 저온 하의 충격하중, 응력 부식 등에 의해서 극도의 변형이 발생될 수 있으며 이로 인해 플레이트 거더교의 파괴를 초래할 수 있다.

▶ 방지 대책

1) 피로에 의한 파괴

    ① 설계 시 허용반복하중과 피로수명 결정

    ② 피로허용 응력 범위 결정

    ③ S-N Curve를 고려한 허용압축응력 저감

    ④ 각종 세부구조 보강

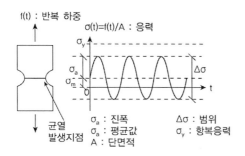 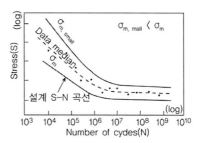

2) 좌굴에 의한 파괴 : 좌굴에 대한 대책은 허용응력의 감소를 통해서 부재의 안정성을 확보하는 방법과 보강재를 통해서 강도 증가, 비지지길이 감소, 세장비 감소, 국부좌굴 방지 등을 통해서 강도를 확보하는 방법으로 크게 구분할 수 있다.

    ① 허용응력의 저감 : 강구조의 허용압축응력은 기둥의 좌굴강도, 보의 횡좌굴강도를 기본 내하력으로 하여 결정된다. 기본 내하력은 부재의 잔류응력, 초기 변형 등의 불완전 성질을 고려한 실험적 방법으로 구해진다. 허용응력은 기본 내하력에 안전율로 나누어 구한다.

    ② 각종 보강재를 이용한 보강 설계 : 강부재의 면외좌굴로 인한 국부좌굴을 방지하기 위하여 각종 보강재를 설치하여 국부좌굴을 방지하도록 한다.

    ③ 보 : 압축 플랜지의 고정점 거리(l)와 플랜지 폭(b)의 비(l/b)로 허용휨압축응력이 결정된다. l/b가 크게 되면 횡좌굴 현상에 의해 허용휨압축응력이 크게 저하되므로 상한치를 정하여 그 이하로 제한하는 방법이 적용된다.

    ④ 판 : 판 좌굴의 대책은 판의 폭, 두께를 제한하거나 보강재를 설치한다. 판 두께의 상한치는 판의 지지상태 및 하중조건에 의해 국부좌굴이 발생하지 않는 범위가 결정된다. 보강재를 설치하는 방법은 국부좌굴과 전체좌굴의 연관성을 고려하여 판에 가로와 세로방향으로 보강재를 설치한다. 보의 복부판에서 휨 및 전단좌굴에 대한 대책은 최소 복부판 두께를 정하고 필요한 간격 및 강도를 갖는 수평, 수직 보강재를 설치한다.

합성보　　　　　　　　　　　토목구조기술사 합격 바이블 개정판 1권 제1편 재료 및 구조역학 p.113

다음 그림과 같이 보의 단면이 2가지 재료로 구성된 합성보(Composite Beam)가 있다. 이 보의 휨 공식(Flexure Formula)에 대하여 설명하시오. 단, $E_2 > E_1$이다.

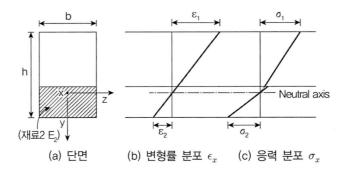

(a) 단면　　　(b) 변형률 분포 ϵ_x　　(c) 응력 분포 σ_x

풀 이

▶ 개요

주어진 합성보는 일체로 거동하며, 미소변위 이론에 따라 보의 기하학적 가정을 그대로 사용한다. 단면은 평면을 유지한다고 가정한다.

▶ 휨 공식

x축 방향에 대한 보의 휨은 다음과 같다.

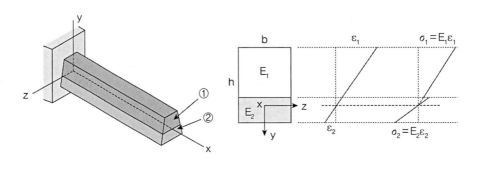

$$\epsilon_x = -\frac{y}{\rho} = -\kappa y$$

여기서, $E_2 > E_1$이므로, $\sigma_{x1} = -E_1\epsilon = -E_1\kappa y$, $\sigma_{x2} = -E_2\epsilon = -E_2\kappa y$

중립축에서 단면에 작용하는 축력의 합은 0이므로,

$$\int_1 \sigma_{x1} dA + \int_2 \sigma_{x2} dA = 0 \qquad \therefore E_1 \int_1 y dA + E_2 \int_2 y dA = 0$$

주어진 조건에서 2축 대칭인 단면이므로, 중립축은 도심축과 일치한다.

$$M = \int_A \sigma_x y dA = -\kappa E_1 \int_1 y^2 dA - \kappa E_2 \int_2 y^2 dA = -\kappa (E_1 I_1 + E_2 I_2)$$

$$\therefore \sigma_{x1} = -\frac{M y E_1}{E_1 I_1 + E_2 I_2}, \quad \sigma_{x2} = -\frac{M y E_2}{E_1 I_1 + E_2 I_2}$$

전단중심(Shear Center or Center of twist)을 정의하고, 다음 그림과 같은 부재단면에서 전단중심의 위치를 나타내시오.

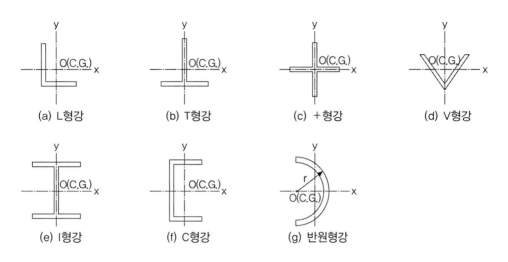

   (a) L형강   (b) T형강   (c) +형강   (d) V형강

   (e) I형강   (f) C형강   (g) 반원형강

풀 이

➤ 개요

단면에 휨이 작용할 때 비틀림이 없이 보가 휨 작용만 하는 중심점을 전단중심(Shear Center or Center of Twist)라고 정의한다. 대칭단면의 경우 통상적으로 도심 축과 일치하나 비대칭 단면의 경우에는 별도의 전단응력 산정을 통해 전단중심을 산정하여야 한다.

① 2축 대칭 보 : 전단중심 S와 도심 C가 일치한다.
② 1축 대칭 보 : 전단중심 S와 도심 C는 대칭축 상의 서로 다른 점에 위치한다.
③ 중심선이 1점에서 교차하는 개단면의 경우 그 교점이 전단중심이다.
④ 어느 축도 대칭이 아닌 단면의 전단 중심은 축상 존재하지 않는 경우가 많아 따로 산정한다.

➤ 부재별 전단중심

1) L형강 : 중심선이 1점에서 교차하는 개단면은 그 교점에 전단중심이 위치한다.

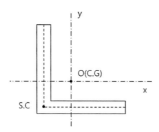

2) T형강 : 1축 대칭 보로 전단중심 S와 도심 C는 대칭축(y축) 상의 서로 다른 점에 위치하며, 특히, 중심선이 1점에서 교차하는 개단면은 그 교점에 하중이 작용해야 비틀림이 작용하지 않는다.

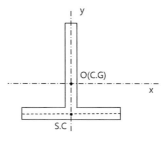

3) +형강 : 2축 대칭 보로 전단중심 S와 도심 C가 일치한다.

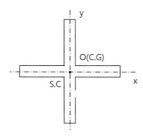

4) V형강 : 1축 대칭 보로 전단중심 S와 도심 C는 대칭축(y축)상의 서로 다른 점에 위치하며, 특히, 중심선이 1점에서 교차하는 개단면은 그 교점에 하중이 작용해야 비틀림이 작용하지 않는다.

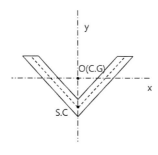

5) I형강 : 주어진 I형강은 2축 대칭 보로 가정한다. 2축 대칭 보의 경우 전단중심 S와 도심 C가 일치한다. 1축 대칭 I형강인 경우 전단중심 S와 도심 C는 대칭축 상의 서로 다른 점에 위치한다.

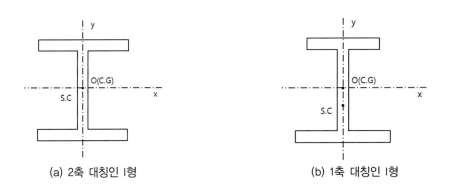

(a) 2축 대칭인 I형   (b) 1축 대칭인 I형

6) C형강 : 1축 대칭 보로 전단중심 S와 도심 C는 대칭축(x축)상의 서로 다른 점에 위치한다.

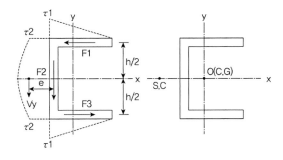

$$Q_x = \frac{bt_f h}{2}$$

플랜지 최대 전단응력 $\tau_1 = \dfrac{V_y Q_x}{I_x t_f} = \dfrac{bh V_y}{2I_x}$, 웨브 상단 $\tau_2 = \dfrac{V_y Q_x}{I_x t_w} = \dfrac{bt_f h V_y}{2t_w I_x}$

중립축에서 면적의 1차 모멘트 $Q_x = \dfrac{bt_f h}{2} + \dfrac{ht_w}{2}\left(\dfrac{h}{4}\right) = \dfrac{h}{2}\left(bt_f + \dfrac{ht_w}{4}\right)$

$$\therefore \ \tau_{\max} = \frac{V_y Q_x}{I_x t_w} = \frac{h V_y}{2I_x}\left(bt_f + \frac{ht_w}{4}\right)$$

플랜지의 전단력 $F_1 = \left(\dfrac{\tau_1 b}{2}\right)t_f = \dfrac{hb^2 t_f V_y}{4I_x}$

웨브의 전단력 $F_2 = \tau_2 ht_w + \dfrac{2}{3}(\tau_{\max} - \tau_2)ht_w = \left(\dfrac{t_w h^3}{12} + \dfrac{bh^2 t_f}{2}\right)\dfrac{V_y}{I_x} = V_y$

$F_1 h - F_2 e = 0, \quad \therefore \ e = \dfrac{b^2 h^2 t_f}{4I_x} = \dfrac{3b^2 t_f}{ht_w + 6bt_f}$

7) 반원형강 : 1축 대칭 보로 전단중심 S와 도심 C는 대칭축(x축)상의 서로 다른 점에 위치한다.

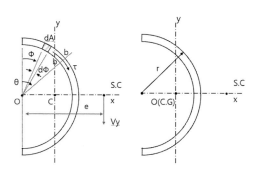

$$Q_x = \int y\,dA = \int_0^\theta (r\cos\phi)(tr\,d\phi) = r^2 t \sin\theta$$

단면 bb에서의 전단응력 $\tau = \dfrac{V_y Q_x}{I_x t} = \dfrac{V_y r^2 \sin\theta}{I_x}$,　여기서 $I_x = \dfrac{\pi r^3 t}{2}$

$$\therefore\ \tau = \frac{2 V_y \sin\theta}{\pi r t}$$

$\theta = 0$, π 일 때 $\tau = 0$, $\theta = \dfrac{\pi}{2}$ 일 때 $\tau_{\max}$

O점에 대한 dA요소의 모멘트 $dM_0 = r(\tau\,dA) = \dfrac{2 V_y \sin\phi}{\pi t}\,dA = \dfrac{2r V_y \sin\phi}{\pi}\,d\phi$

$$\therefore\ M_0 = \int dM_0 = \int_0^\pi \frac{2r V_y \sin\phi}{\pi}\,d\phi = \frac{4r V_y}{\pi}$$

$M_0 = V_y e,\quad \therefore\ e = \dfrac{M_0}{V_y} = \dfrac{4r}{\pi}$

사교   토목구조기술사 합격 바이블 개정판 2권 제5편 교량계획 및 설계 p.1710

사교로 계획된 거더교에서 교대 설계 시 유의사항에 대하여 설명하시오.

풀 이

▶ 개요

사교는 편심재하뿐만 아니라 교축중심에 실린 하중에 의해서도 주거더에 비틀림이 발생한다. 이로 인해서 가로보의 휨모멘트 증가 및 둔각부의 응력집중 현상, 예각부의 부반력 등이 발생하므로 이에 대한 대책 마련, 검토가 필요하다.

▶ 사교의 특징

1) 직교와 달리 사각이 커지는 만큼 주거더의 휨모멘트는 작아지고 가로보의 휨모멘트는 증가한다. 이는 주거더의 비틀림 강성이 클수록 뚜렷하다.

2) 사교의 휨모멘트 최대는 외측 주거더 지간중앙보다는 둔각부로 옮겨지는 경향으로 최대휨모멘트의 분포가 비대칭성을 갖는다.

3) 사각이 크면 주거더 단부의 바닥판의 응력분포가 복잡해져서 손상이 발생하기 쉬우며, 받침 반력에 큰 영향을 주는 경우가 많으므로 설계 시 고려가 필요하다.

4) 거더 단부의 바닥판이 중요한 역할을 하는 합성 거더의 사각은 30° 이하로 하는 것이 바람직하다.

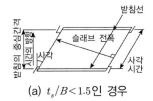

(a) $t_s/B < 1.5$인 경우

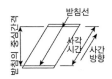

(b) $t_s/B \geq 1.5$인 경우

(c) $I_s/B < 1.5$인 경우

(d) $I_s/B \geq 1.5$인 경우

➤ **사교 교대 설계 시 유의사항**

1) **상부구조** : 사교는 편심재하로 인해 교대 예각부에 부반력이 발생할 수 있으며, 둔각부에는 응력이 집중되는 현상이 발생될 수 있다. 이로 인해 하중분배가 적절하게 될 수 있도록 브레이싱 설치 등에 대한 검토와 함께 받침 배치 시 신중한 검토가 필요하다. 받침 배치의 경우 이동방향과 회전 방향이 일치하지 않기 때문에 전 방향으로 회전이 가능한 받침을 사용하는 것이 유리하다.

① 받침의 이동방향은 교량의 중앙선에 평행하게 설치되어야 하며, 신축에 의해 발생하는 수평력 완화를 위해 사각의 교대나 교각에 대해 직각방향이어서는 안 된다.

② 고정단의 일방향 가동단은 사각방향으로 설치하는 것이 원칙이나 PSC합성 거더교를 포함한 거더교는 교축 직각방향으로 배치하고 있다.

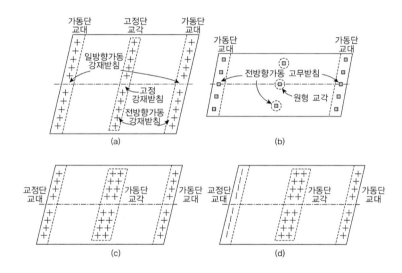

2) **하부구조**(경사교대)

① 토압 : 교량의 경사각 θ가 작으면 교대의 안정도와 단면력이 교축방향보다 교대 배면 직각방향이 위험하게 된다. 사각으로서 계산하고자 하는 방향은 도로폭이나 교대의 높이, 혹은 교대에 작용하는 상부구조로부터의 반력의 크기, 받침구조 등에 따라 달라지므로 두 방향 모두에 대해서 검토하는 것이 좋다. 그러나 교대배면은 성토로서 메워지는 경우가 많으며 토압은 교대배면에 직각방향으로 작용하므로 보통의 경우에는 교대배면 직각방향만에 대하여 검토하면 되는 경우가 많다. 교대배면 직각방향에 대해 계산하는 경우 토압은 경사교대에 있어서 배면의 지형상태가 일정하지 않은 경우가 많아서 교대에 작용하는 토압은 교대폭방향에 대하여 일정하지 않다. 또 토압의 작용방향과 교축방향이 일치하지 않는다. 이 때문에 교대의 안정 및 응력계산은 입체적인 해석을 필요로 하여 복잡하게 되므로 계산을 간략화하고 또한 충분한 설계가 되기 위해 교대배면에 작용하는 토압은 그림의 P가 교대폭방향으로 일정하게 작용하는 것으로 생각해도 좋다. 이 경우 교대의 중심 O와 토압의 합력 $\sum P$의 작용선이 동일 연직

면내에 있지 않기 때문에 A단의 연직반력 및 단위면적당의 활동력이 B단보다 크게 될 것으로 생각된다. 경사각 θ가 75°보다 큰 경우에는 특별히 위와 같이 생각할 필요는 없으나 75°보다 경사각이 작고 또한 교대폭이 좁은 경우 또는 토압의 합력 $\sum P$가 큰 경우 등에는 계산으로 안전이 충분히 확인된 경우 이외는 앞의 것을 고려해서 <u>AC부터 확대기초를 사선부와 같이 확대하는 것이 좋다.</u> A부의 확대기초를 확대하지 않는 경우에는 <u>토압합력 작용선의 편심으로 교대가 회전하지 않는지를 확인해야 한다.</u>

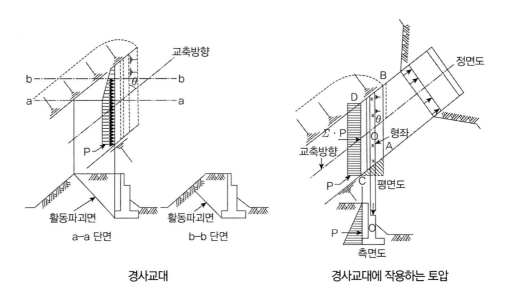

경사교대   경사교대에 작용하는 토압

② 상부구조로부터의 수평하중 : 지진 시에 상부구조로부터의 교대배면 직각방향의 수평하중은 지진력이 동방향으로 작용하는 것으로 하여 산출한다. 그 계산방법은 상부구조의 형식, 받침의 종류, 구조 등에 따라 다르다. 경사각이 너무 작지 않고 상부구조도 단순보와 같은 경우에는 간편하게 생각하여 경사교대의 토압방향에 상부구조로부터의 교축방향의 지진 시 수평하중을 그대로 작용시켜도 좋다. 그러나 경사각이 작거나 혹은 상부구조가 게르버보나 연속보 등의 경우에는 가동받침에도 경사각 θ의 영향에 의한 수평력이 발생한다. 이것을 엄밀하게 풀기 위해서는 상부구조의 형식이나 받침의 종류, 구조 등에 의한 미지의 문제점이 많아 계산이 복잡하므로 편의상 교대배면 직각방향에 작용하는 수평력을 다음과 같이 계산한다.

고정단 하부구조에 작용하는 수평력 : $F_F = W_d \times k_h - \sum F_{M1}$

가동단 하부구조에 작용하는 수평력 : $F_M = F_{M1} + F_{M2}$

여기서, W_d : 상부구조의 전 고정하중(kN), k_h : 설계수평진도, R : 생각하고 있는 하부구조에 작용하는 지진 시의 상부로부터 연직반력(kN), μ_s : 가동받침의 마찰계수

$$F_{M1} = Rk_h\cos^2\theta$$

$$F_{M2} = Rk_h\sin^2\theta \, (k_h\sin\theta \le \mu_s \, 일 \, 경우)$$

$$= Rf_s\sin\theta \, (k_h\sin\theta > \mu_s \, 일 \, 경우)$$

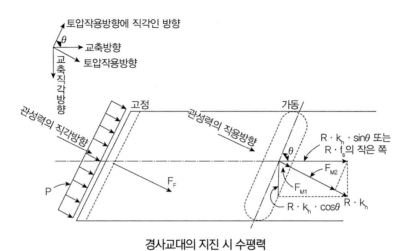

경사교대의 지진 시 수평력

연약지반 암거

다음 그림과 같이 연약지반상에 도로 횡단암거를 설치하고자 할 때 예상문제점 및 대책에 대하여 설명하시오.

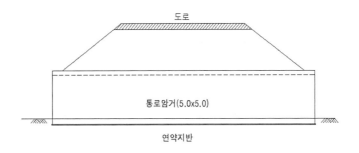

풀 이

▶ 개요

연약지반은 통상적으로 N치가 10 이하인 지반(점토질 지반 N치 4~6, 사질토 N치 10 이하)을 말하며, 연약지반 위에 설치된 구조물은 장기침하로 인해 구조물의 손상을 초래할 수 있다. 일반적으로 연약지반상의 구조물은 구조물 설치 전에 치환이나 프리로딩 등 압밀침하를 유도한 후 허용잔류침하량 이내에서 시공하거나 구조물에 말뚝을 설치하여 지반 침하와 상관없이 완성된 구조물에 침하가 발생되지 않도록 설치한다.

▶ 예상 문제점

1) **침하** : 연약지반 내의 통로암거를 설치하는 경우 탄성 침하량과 압밀 침하량으로 인한 부등침하가 발생할 수 있다. 또한 연약지반에 굴착을 행하면 응력감소로 인한 팽창으로 굴착저면에 리바운드(rebound)가 발생할 수 있다.

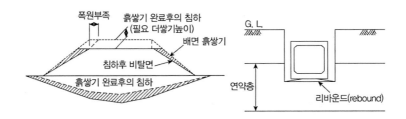

2) **부등침하로 인한 공동현상과 응력집중** : 하부의 부등침하로 인해 하부에 공동현상이 발생될 수 있으며, 부등처짐으로 인한 상대각으로 응력이 집중되는 문제가 발생될 수 있다.

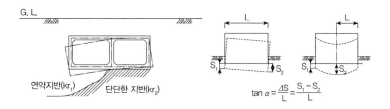

$$\tan \alpha = \frac{\Delta S}{L} = \frac{S_1 - S_2}{L}$$

3) **종방향의 단면력 변화** : 종 방향으로의 지반 지지력의 차이가 있는 경우 경계부에서의 응력집중이 발생되며, 이로 인해 단면해석과 달리 종방향으로 단면력의 변화가 발생될 수 있다.

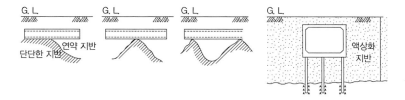

4) 지진 시 **액상화로 인한 부상 및 증폭** : 지진 발생으로 지반이 액상화되는 경우 암거의 중량이 배제된 흙의 중량보다 가벼운 경우 암거에 큰 양압력이 작용되어 부상될 수 있다. 반면 암거가 무거운 경우는 지지력을 잃어 침하될 수 있다. 또한 지진력의 증폭으로 우각부에 응력이 집중될 수 있다.

> ▶ **대책**

사전에 탄성 침하량과 압밀 침하량에 대한 검토를 수행하고, 침하 대책으로 지반치환, 여성토, 내공 확대 및 말뚝기초 등을 고려할 수 있다. 특히 종방향으로의 단면력이 변화하는 경우에는 신축이음 간격을 조정하거나 단면을 키우는 방법을 고려할 수 있다.

구분	사전 압밀침하	치환공법	파일 공법
공법 개요도			
공법 특징	지반을 미리 성토해 지반압밀을 선행시켜 시공 후의 침하를 미연에 방지(침하촉진 및 지반강도 증가)	구조물 하부의 연약층을 일부 혹은 전부를 제거하고 양질의 토사로 치환	구조물 하중을 말뚝기초로 전달하는 구조로 하부기초지반에 말뚝을 타설하여 기초지반 열악성을 극복
장점	시공이 간편, 압밀침하 후 시공으로 안정성 확보	단기간에 지반 확보, 연약층 심도가 낮은 곳에 적절	공사기간 단축, 재질 균등성 확보, 침하 안정성 확보
단점	공기가 길고, 되메우기 다짐 불량 시 취약지점 발생	제거한 연약층 사토장소 필요, 별도의 배수공 선정 필요	항타 시 소음, 암거 인접지역 부등침하, 공사비 증가

사장교 　　　　　　　토목구조기술사 합격 바이블 개정판 2권 제5편 교량계획 및 설계 p.1942

사장교에서 부반력 산정방법과 부반력이 발생할 경우 그 대책에 대하여 설명하시오.

풀 이

▶ 개요(사장교의 부반력)

일반적으로 사장교는 케이블의 장력이나 중앙경간의 처짐 등을 고려하여 측경간비가 중앙경간장에 비해 짧도록 구성되어 있다. 사장교의 지간비는 시스템의 처짐양상을 결정할 뿐만 아니라 앵커 케이블의 장력 및 변화폭에 영향을 주므로 케이블 피로설계에 중요 변수가 되기 때문에 일반적으로 고정하중의 비율이 높은 콘크리트 도로교의 경우 0.42 정도의 지간비를 적용하고 활하중 비율이 높은 철도교의 경우에는 0.34까지 적용한다. 또한 사장교는 외부하중이 보강형에서 Stay Cable을 통해 주탑과 Anchor Cable에 이르는 하중전달 구조에서 앵커 케이블이 인장상태에 있어야만 안정성을 유지할 수 있으며 앵커 케이블이 인장상태를 유지하기 위한 조건은 활하중 p가 전혀 없는 상태일 때 측경간이 주경간장의 1/2이어야 하며 활하중을 고려할 때는 주경간장이 더 커지게 된다.

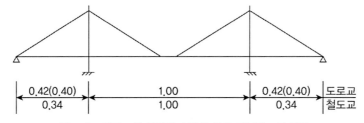

콘크리트 사장교의 측경간비 괄호 안은 강사장교인 경우

따라서 사장교에서는 단부교각에서 정반력의 수직력보다는 앵커케이블에 의한 부반력이 발생될 가능성이 매우 크며, 이러한 부반력이 발생될 경우에 이에 대한 대책을 마련하는 것이 필요로 하다.

▶ 부반력 산정방법

도로교설계기준에서는 다음의 값 중 불리한 값을 사용하여 설계하도록 하고 있다.

$$Max(2R_{L+i} + R_D, \ R_D + R_W) \qquad L : \text{활하중}, \ D : \text{고정하중}, \ W : \text{풍하중}$$

그러나 지침에서는 별도의 부반력 조합이 존재하는 것이 아니라 사용하중조합과 극한강도조합에서의 부반력 값을 그대로 적용하고 있어 별도의 조합을 수행하지 않는다. 이러한 내용은 초과하중이라는 개념을 도입한 케이블 강교량 설계지침과는 또 다르며 케이블 강교량 설계지침에서 정의하고 있는 초과하중 조합에 의한 부반력 산정식은 다음과 같다.

① 활하중과 충격계수 100% 증가시킨 하중조합에서 산출된 부반력 100%
② 사용하중조합에서 산출된 부반력의 150%

▶ 부반력 제어 대책

부반력의 제어는 자중을 늘이거나 줄이는 방법이나 다른 구조물의 자중을 이용하는 방법이 주로 사용된다. 상부구조물의 자중을 증가시키는 방법에는 Counterweight를 재하하는 방법이 있으며, 상부구조물 중앙경간부의 자중을 경감시키기 위해 복합사장교를 이용하는 방법이 있다. 또한 하부구조물의 자중을 이용하는 방법에는 서해대교에서 사용한 방법인 접속교의 자중을 이용하는 방법, Tie-Down Cable이나 Link Shoe, Anchor Cable을 이용하여 교대나 지반의 자중을 이용하는 방법으로 구분된다.

1) Counterweight 재하방법 : 박스교와 같은 상부구조물에 측경간의 보강형 내부에 구조적인 또는 비구조적인 중량물을 설치하여 하중을 증가시키는 방법이다. 이 방법의 경우 공간적인 제약이 있을 수 있으며, 하중의 증가로 인하여 보강형의 단면의 증대나 측경간 케이블의 단면 증대, 질량 증대로 내진설계 시 하중 증가, 유지관리 불리 등의 문제가 있을 수 있다.
2) 복합사장교의 적용 : 중앙지간의 보강형을 중량이 가벼운 강재로 치환하고 측경간은 콘크리트 단면을 이용하는 방법이다. 이 방법의 경우 콘크리트와 강재의 접합부에 대한 설계에 주의를 요한다.
3) 접속교의 자중을 재하 : 서해대교에 적용된 방법으로 접속교의 자중을 이용하여 보강형의 자중을 증가시키는 방법이다. 가설시의 접속교 설치방법에 주의가 요구된다. 서해대교의 경우 가설 브래킷과 크레인을 이용하여 설치하였다.

Counterweight 재하

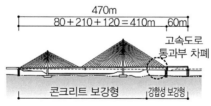
복합 사장교의 적용

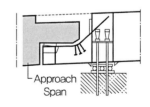
접속교 자중 이용방법

4) Tie-Down Cable : 교각과 보강형을 케이블로 연결하여 부반력을 교각에 전달하는 방법으로 일반적으로 가장 많이 쓰이는 방법이다. 보강형의 이동량이 크면 케이블이 꺾이는 문제가 발생할 수 있으며, 교각이 낮은 교량의 경우 케이블이 짧아 2차 응력이 과도하게 발생되는 문제가 발생할 수 있다.

5) Link Shoe : 보강형과 교대에 Link Shoe를 설치하여 교대의 자중으로 부반력에 저항하는 방법으로 교대부 쪽에 이동량이 크거나 회전각이 클 때 적합하다. 다만 교체가 어려우므로 유지관리 시 불리한 단점이 있다.

6) Anchor Cable : 교대 밑으로 설치된 지중 앵커와 보강형을 케이블로 연결하여 하부 지반과 교대의 자중으로 저항하는 방법이다. 지반조건에 따라 설치 여부가 결정되므로 이에 대한 고려가 필요하다.

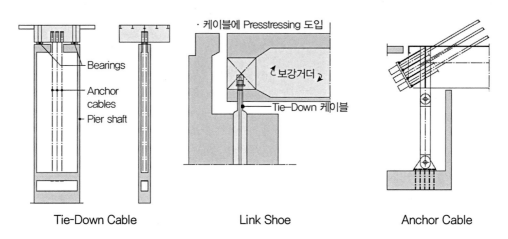

| Tie-Down Cable | Link Shoe | Anchor Cable |

주요 부반력 제어방법의 비교

구분	Counter-Weight	Tie-Down 케이블	Link-Shoe
개 요 도	· 보강거더 단부측 자중증가	· 케이블에 Presstressing 도입	· Steel 또는 주강제품(Pin 연결)
특징	• 보강거더 내에 콘크리트 내부채움으로 부반력 제어 • 내부점검통로 공간을 고려한 콘크리트 타설부위 결정 필요 • 구조상세가 단순하고 거동이 명확 • 유지관리 단순화	• 교대측에 발생되는 부반력을 케이블로 제어하는 시스템 • 규모가 작아 보강거더 내부 등 협소한 공간에 배치 및 접근 용이 • Tie-Down 케이블의 꺾임 현상에 대한 대책 필요	• Link Shoe 본체 강성으로 부반력에 대응하는 시스템 • 규모가 커 공간 확보가 불리하고, 단일부재로 저항하므로 교체 곤란 • Link Shoe 설치지점부 단부 보강거더 보강 필요

빔교와 거더교

강교량의 상부구조형식에서 빔교와 거더교의 차이점, 장단점 등을 중심으로 비교 설명하시오.

풀 이

▶ 개요

교량 상부구조형식에서 빔(Beam)과 거더(Girder)는 명확하게 구분하기 어렵다. 거더는 주하중을 전달하는 주형으로의 의미가 크다. 한편, 크로스 빔(Cross Beam)과 같이 빔의 경우 주형의 의미로도 사용되지만 부부재의 명칭에서도 사용되기 때문에 보다 작은 주형 형식을 빔교라고 부르는 것이 일반적이다. 통상적으로 주거더에서는 I형 단면과 같은 개단면 형식을 빔(Beam)교라 하고, 박스(Box)형식과 같은 형식을 거더(Girder)라고 칭한다. 그러나 플레이트 거더교처럼 I형 단면을 거더교라고 칭하듯 명확하게 구분되지는 않는다. 주어진 문제의 의미를 개단면(Open Section) 형식과 폐단면(Closed Section) 형식의 장단점을 비교하는 것으로 고려하여 풀이한다.

▶ 개단면과 폐단면 강교량의 비교

1) **제작성** : 박스형 폐단면에 비해 I형과 같은 개단면은 공장에서 제작이 쉽고 단순하다. 폐단면의 경우 단면 내에 RIB 등이 포함되어 제작되며, 개단면의 경우 수직·수평 보강재가 단면 외에 국부좌굴 등을 고려하여 제작된다.

2) **비틀림 강성** : 개단면의 경우 일정 곡률 이상의 곡선교에서는 적용이 제한되는 반면, 폐단면의 경우 개단면에 비해 곡선교 적용이 자유롭다. 일반적으로 곡선교에서는 폐단면을 주로 사용한다. 곡선교의 중심각에 따라 요구되는 비틀림 강성비가 다르며, 강성비는 I형 병렬거더교 < 박스 거더 병렬교 < 단일박스 거더교 순서로 중심각에 따른 강성비가 증가한다.

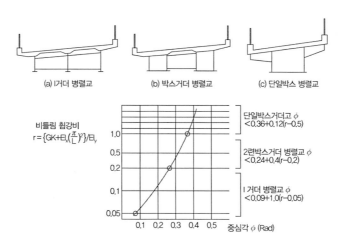

3) **뒤틀림에 의한 응력 또는 변형** : 곡선교의 경우 개단면의 경우 뒤틀림(Warping)이 발생되며, 폐단면의 경우 Distortion과 같은 단면 내에 변형이 발생된다. 박스형 거더의 경우 Diaphragm을 일정 간격 설치하여 이러한 뒤틀림으로 인한 단면 내 변형을 방지하도록 하고 있다.

4) **주형 거치 시 전도 위험** : 개단면의 경우 가로보 등 횡분배 부재가 연결되기 전까지 전도의 위험이 있어 별도의 전도 방지 대책이 필요한 반면, 폐단면의 경우 개단면에 비해 폭원이 넓기 때문에 별도의 전도 방지 대책이 필요 없다.

5) **가로보 배치** : 개단면의 경우 강성이 작기 때문에 횡분배를 고려하여야 하며, 이를 위해서는 일정 구간 횡분배를 위한 가로보 등을 배치하여 일체거동을 할 수 있게 하여야 한다. 반면, 폐단면의 경우 주형 자체의 강성이 크고 단일 주형으로 사용되는 경우도 많기 때문에 개단면에 비해 가로보 등의 설치가 적다.

6) **주형의 수와 적용 폭원** : 개단면의 경우 주형의 수가 폐단면에 비해 많기 때문에 시공성이 떨어질 수 있고, 폭원이 작은 교량에 적용하는 게 유리한 반면, 폐단면의 경우 주형 수가 적고 광폭의 교량에 적용하는 것이 더 유리하다.

구분	개단면(Open Section, 빔교)	폐단면(Closed Section, 거더교)
특징	• 주형의 제작이 단순하다. • 단면 이외의 보강재가 필요하다. • 가로보 등 별도의 횡분배 부재가 필요하다. • 폐단면에 비해 비틀림 강성이 작다. • 일정 곡률 이상 곡선교에 적용이 제한된다. • 곡선교 적용 시 뒤틀림(Warping) 발생한다. • 상부 거치 시 전도 방지 대책이 필요하다. • 폭원이 작은 교량에 유리하다.	• 주형 제작 시 개단면에 비해 복잡하다. • 단면 내에 보강재가 포함되어 제작된다. • 개단면에 비해 횡분배 부재가 최소화된다. • 개단면에 비해 비틀림 강성이 크다. • 개단면에 비해 곡선교 적용이 자유롭다. • 곡선교 적용 시 단면 변형(Distortion) 발생한다. • 거치 시 별도의 전도 방지 대책이 필요 없다. • 광폭의 교량에 유리하다.

구조물 해석　　　　　　토목구조기술사 합격 바이블 개정판 1권 제1편 재료 및 구조역학 p.113

다음 그림과 같이 하중 P가 복부판을 포함하는 연직면에서 수직으로 작용할 때, 최대 휨응력을 구하시오.

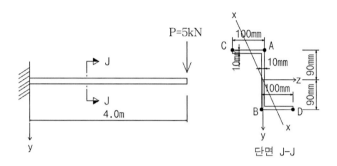

단면 J-J

풀 이

▶ 개요

비대칭 단면의 최대 휨응력 산정을 위하여 단면의 상수를 산정하여 부재의 응력을 구한다.

▶ 단면해석

$$M_z = PL = 2 \times 10^7 \text{Nmm}, \ M_y = 0$$

$$I_z = \frac{100 \times 90^3}{3} \times 2 - \frac{90 \times 80^3}{3} \times 2 = 1.788 \times 10^7 \text{mm}^4$$

$$I_y = \frac{180 \times 10^3}{12} + 2 \times \left(\frac{10 \times (100-5)^3}{3} - \frac{10 \times 5^3}{3} \right) = 5.73 \times 10^6 \text{mm}^4$$

$$I_{yz} = \int yz \, dA = A \, \overline{y} \, \overline{z} = 2 \times 100 \times 10 \times (50-5)(90-5) = 7.65 \times 10^6 \text{mm}^4$$

▶ 최대 휨응력 산정

$M_y = 0$이므로 비대칭보의 휨응력 산정식으로부터

$$\sigma_x = \frac{(M_y I_z + M_z I_{yz})z - (M_z I_y + M_y I_{yz})y}{I_y I_z - I_{yz}^2} = \frac{M_z(I_{yz}z - I_y y)}{I_y I_z - I_{yz}^2}$$

① A점 : $z = 5, \ y = -90$ 　　　　$\therefore \ \sigma_x = \frac{M_z(I_{yz}z - I_y y)}{I_y I_z - I_{yz}^2} = 252.2 \text{MPa(T)}$

② B점 : $z = -5$, $y = 90$ 　　　　$\therefore \sigma_x = \dfrac{M_z(I_{yz}z - I_y y)}{I_y I_z - I_{yz}^2} = -252.2\mathrm{MPa}(C)$

③ C점 : $z = -95$, $y = -90$ 　　　$\therefore \sigma_x = \dfrac{M_z(I_{yz}z - I_y y)}{I_y I_z - I_{yz}^2} = -96.1\mathrm{MPa}(C)$

④ D점 : $z = 95$, $y = 90$ 　　　　$\therefore \sigma_x = \dfrac{M_z(I_{yz}z - I_y y)}{I_y I_z - I_{yz}^2} = 96.1\mathrm{MPa}(T)$

$\therefore$ A(인장), B(압축)점에서 최대 휨응력 252.2MPa이 발생한다.

▶ 중립축

중립축은 수직응력 $\sigma_x = 0$일 때이므로

$$(M_y I_z + M_z I_{yz})z - (M_z I_y + M_y I_{yz})y = 0$$

$$\therefore \tan\beta = \frac{y}{z} = \frac{M_y I_z + M_z I_{yz}}{M_z I_y + M_y I_{yz}} = \frac{I_{yz}}{I_y} = 1.335 \quad \therefore \beta = 53.17°$$

TIP ｜비대칭 단면의 휨｜

가정된 중립축으로부터 시작해서 해석

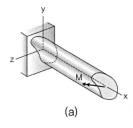
(a)

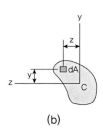
(b)

① 중립축

　z축을 중립축이라고 가정하면, $\sigma_x = -E\kappa_y y$

　x축 방향의 힘의 평형조건으로부터 $\displaystyle\int_A \sigma_x dA = -\int_1 E\kappa_y y dA = 0 \left(\displaystyle\int_A y dA = 0\right)$

　y축을 중립축이라고 가정하면, $\sigma_x = -E\kappa_z z$

　x축 방향의 힘의 평형조건으로부터 $\displaystyle\int_A \sigma_x dA = -\int_1 E\kappa_z z dA = 0 \left(\displaystyle\int_A z dA = 0\right)$

② 응력계산

　z축을 중립축이라고 가정하면,

$$M_z = -\int_A \sigma_x y dA = \kappa_y E\int_A y^2 dA = \kappa_y E I_z, \quad M_y = -\int_A \sigma_x z dA = \kappa_y E\int_A yz dA = \kappa_y E I_{yz}$$

　y축을 중립축이라고 가정하면,

$$M_y = -\int_A \sigma_x y dA = \kappa_z E\int_A z^2 dA = \kappa_z E I_y, \quad M_z = -\int_A \sigma_x y dA = \kappa_z E\int_A yz dA = \kappa_z E I_{yz}$$

③ 비대칭보의 해석 과정
  - 단면의 도심 C를 결정한다.
  - 도심 C가 중심인 주축 $y-z$축을 설정한다.
  - 하중을 $y-z$축 방향으로 분력을 구한다.

$$M_y = M\sin\theta, \quad M_z = M\cos\theta \qquad \sigma_x = \frac{M_y}{I_y}z - \frac{M_z}{I_z}y = \frac{M\sin\theta}{I_y}z - \frac{M\cos\theta}{I_z}y$$

  - 중립축은 수직응력 $\sigma_x = 0$일 때이므로

$$\sigma_x = \frac{M\sin\theta}{I_y}z - \frac{M\cos\theta}{I_z}y = 0$$

  - 중립축과 z축 사이의 각 β는

$$\tan\beta = \frac{y}{z} = \frac{I_z}{I_y}\tan\theta$$

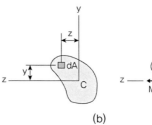

④ 비대칭 단면의 휨 일반이론

$y-z$축이 주축이 아닌 임의의 축인 경우의 일반해석

$$\sigma_x = -\kappa_y Ey - \kappa_z Ez$$

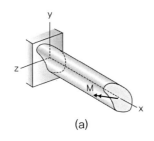

(a)

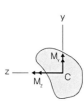

(b)

힘의 평형조건

$$\sum F_x = \int \sigma_x dx = -\kappa_y E\int ydA - \kappa_z E\int zdA = 0$$

모멘트의 평형조건

$$M_y = \int \sigma_x zdA = -\kappa_y E\int yzdA - \kappa_z E\int z^2dA = -\kappa_y EI_{yz} - \kappa_z EI_y$$

$$M_z = -\int \sigma_x ydA = \kappa_y E\int y^2dA + \kappa_z E\int yzdA = \kappa_y EI_z + \kappa_z EI_{yz}$$

연립하면,

$$\kappa_y = \frac{M_z I_y + M_y I_{yz}}{E(I_y I_z - I_{yz}^2)}, \quad \kappa_z = -\frac{M_y I_z + M_z I_{yz}}{E(I_y I_z - I_{yz}^2)}$$

$$\therefore \ \sigma_x = -\kappa_y Ey - \kappa_z Ez = \frac{(M_y I_z + M_z I_{yz})z - (M_z I_y + M_y I_{yz})y}{I_y I_z - I_{yz}^2}$$

중립축은 수직응력 $\sigma_x = 0$일 때이므로

$$(M_y I_z + M_z I_{yz})z - (M_z I_y + M_y I_{yz})y = 0 \qquad \therefore \ \tan\beta = \frac{y}{z} = \frac{M_y I_z + M_z I_{yz}}{M_z I_y + M_y I_{yz}}$$

경관설계   토목구조기술사 합격 바이블 개정판 2권 제5편 교량계획 및 설계 p.1698

교량의 경관설계에 대하여 설명하시오.

풀 이

➤ **개요**

교량은 기능성, 구조적 안정성, 유지관리의 편의성, 경제성, 시공성 등을 종합적으로 고려하여 설계 및 시공되어야 하며, 교량의 기능적, 구조적 요구조건 이외에 지역주민과 도로이용자에게 시각적으로 안정감을 주고 환경과 조화를 이룰 수 있도록 아름답게 설계되어야 하는데, 이를 **교량의 경관설계(Aesthetic Design)**라고 한다.

➤ **경관설계 시 고려사항**

교량 경관설계는 교량 자체의 미학적 가치를 중시하는 내적 요구와 교량 주변 환경과의 관계를 중시하는 외적요구를 고려하여야 한다. 경관설계에서는 기본적으로 미적 조형원리와 상징성이 주요 고려사항이며 대상물이 갖는 상징성을 제외하고 아름다움의 조건을 설명하는 것을 미적 조형원리라고 한다.

① 조형미 : 비례(Proportion), 내부 및 외부 조화(Harmony), 대칭(Symmetry), 균형(Balance)
② 기능미 : 간결성(Simplicity), 명료성(Clearance)
③ 조화 : 내적, 외적 조화, 교량의 색채

경관설계 고려사항

1) 비례(Proportion)

① 사물의 부분과 부분 또는 전체의 수치적 관계로서 길이나 면적의 비례관계를 의미하며 구조물의 비례는 구조적 안정감은 물론 시각적 아름다움을 주는 조형원리로 작용한다.

② 경간분할 : 교량설계에서의 경간분할은 중앙경간과 측경간의 분할, 교장에 따른 교고 또는 거더의 높이, 교각과 교각 간격 설정 등에 활용될 수 있다.

일반적으로 미관설계 시 3경간 교량의 경우 3 : 5 : 3, 4경간 교량의 경우 3 : 4 : 4 : 3으로 계획하거나 평지지대에 장경간 교량의 경우 등분포로 경간분할하는 것이 조형원리에 적합하다. 교고가 비교적 낮은 하천횡단 교량의 경우 경간수는 홀수가 적합하며 특히 경간장의 구성은 중앙경간장에서 측경간으로 갈수록 경간장을 감소시키는 것이 시각적으로 안정감을 주는 것으로 알려져 있다.

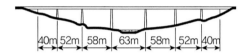

2) 균형(Balance)과 대칭(Symmetry)

균형은 구조물에 작용하는 힘이 평형상태를 이루는 역학적 개념으로서 역학적인 균형이 시각적인 균형으로 인지되는 조형원리의 기본 개념으로 비례와 관계가 있다.

대칭은 좌우대칭의 정적균형(Static Symmetry)과 비대칭의 동적균형(Dynamic Symmetry)으로 구분되며, 정적균형은 단순하고 명확하며 안정감 있는 조형미로써 구조물의 대칭축을 중심으로 등거리에 동일한 형상이 좌우에 위치한다.

비대칭의 동적균형은 운동과 성장의 역동적이고 현대적인 조형미를 이룬다. 일반적인 교량형식의 설계단계에서는 좌우대칭의 정적균형을 고려하고 있으나 단조로움을 줄 수 있다. 상징성을 부여하고 세련된 교량의 설계를 위해서는 비대칭 사장교와 같은 동적 균형미를 고려할 수도 있다.

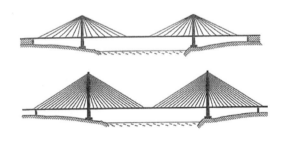

3) 조화(Harmony)

교량은 내적조화와 외적조화가 이루어지는 것이 바람직하며, 내적조화란 교량을 구성하는 부재가 교량의 다른 구성요소와 조화를 이루는 것을 의미하며 외적조화는 교량의 주변을 구성하는 다양한 요소들과의 조화를 이루는 것을 말한다.

교량구조물은 경간장, 거더의 높이, 교각의 크기 등을 적절하게 설정하여 시각 및 공간적인 조화를 확보하는 것이 좋다. 교량과 주변 환경과의 조화는 주변 환경대비 구조물의 규모나 크기가 좌우한다.

도심지에서는 날렵한(Slender) 단면으로 구성하는 것이 조화측면에서 바람직하나 상부와 하부구조는 조화와 균형을 이루어야 한다.

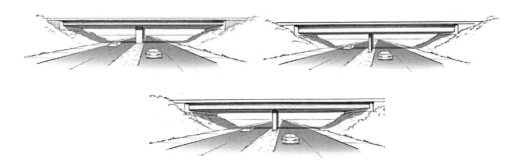

▶ 미관을 고려한 교량계획

교량 경관설계에서 교량 상부구조 형식의 선정은 교량 자체의 경관은 물론 전체 경관을 좌우하는 요소이다. 경관을 고려한 교량설계에서 교량형식의 선정은 다음의 두 가지 요인을 참고하여 결정하는 것이 좋다.

1) 교량의 전체경관(자연경관 포함)의 한 요소로 가정하여 교량이 강조되지 않도록 하는 교량형식을 선정하는 방법. 이 경우 교량의 구조형식은 비교적 단순한 형식이 적합하다.

2) 교량의 전체 경관에서 강조할 수 있도록 교량형식을 선정하는 방법이다. 이 경우 교량 자체의 경관미를 강조하게 되므로 교량의 형식은 다소 복잡하게 되며 교량의 가설지역의 상징적인 구조물로 계획하거나 랜드마크화하고자 할 때 적합하다.

▶ 미관을 고려하여 교량계획을 해야 할 지형

일반적으로 미관을 고려한 교량의 계획은 도심지 내의 유동인구가 많은 지역이거나 자연경관을 보호해야 하는 지역에 위치하는 특수교량의 경우에 많이 적용되고 있다.

자연경관 보호가 필요한 산림지 등에서는 주변 여건에 순응하는 형식의 경관설계가 주를 이루며, 도심지 내의 중소규모 교량의 경우에도 교량구조물로 인한 경관 저해를 최소화할 수 있는 지역 여건에 맞는 형식의 교량형태가 주를 이룬다.

기출문제 가이드라인 풀이

111회

111 가이드라인 풀이

최대소성힌지력

교량의 내진설계에서 최대소성힌지력의 개념을 설명하시오.

풀 이

➤ 개요

최대소성힌지력은 교각의 소성힌지구역에서 설계기준 재료강도를 초과하는 재료의 초과강도와 심부구속효과로 인하여 발휘될 수 있는 최대소성모멘트(휨초과강도, 최대휨강도)를 전단력으로 변환한 신뢰도 95% 수준의 횡력을 말한다.

➤ 최대소성힌지력

철근콘크리트 교각에서 최대소성모멘트(휨초과강도, 최대휨강도)는 설계 시의 휨강도보다 크게 되도록 영향을 주는 가능한 모든 영향인자들을 고려하여 결정되며 이를 휨초과강도라고도 한다. 교각 소성힌지 단면의 휨강도를 증가시키는 주요 영향인자들은 다음과 같다.

1) 설계기준 항복강도를 초과하는 설계의 실제 항복강도
2) 철근의 변형률 경화(Strain-Hardening)에 따른 추가적인 철근의 인장강도 증가
3) 설계기준 압축강도를 초과하는 콘크리트의 배합강도와 재령효과(Aging Effect)에 의한 콘크리트 압축강도의 증가
4) 횡방향 철근의 심부구속 효과에 의한 콘크리트 극한변형률과 압축강도의 증가
5) 시공할 때 배근되는 부가적인 철근과 설계에서 고려되지 않는 요인들로 인한 강도의 증가

교각의 최대소성모멘트 결정 방법은 각국의 재료·시공 환경별로 다르기 때문에 국내에서는 재료 초과 강도계수를 적용한 1,500개 교각단면에 대해 모멘트-곡률 해석을 통해 통계분석(95% 신뢰도 수준)을 통해 도로교설계기준 한계상태설계법(2015)에서 제시하고 있다. 재료 초과강도계수 1.7 (콘크리트), 1.3(철근)을 적용하여 휨초과강도를 해석한 후 최대소성힌지력을 계산하는 방식과 공칭휨강도에 휨초과강도계수를 곱하여 휨초과강도를 결정한 후 최대소성힌지력을 계산하는 간편식을 모두 제시하고 있으며, 두 방식 중 하나를 선택할 수 있도록 하였다. 간편식의 경우 설계에 사용한 응답수정계수가 1.0인 경우 휨초과강도계수 λ_0이 1.3이 되며, 설계에 사용한 응답수정계수가 5.0인 경우에는 휨초과강도계수 λ_0는 1.5가 된다.

▶ 도로교설계기준(2015) 최대소성힌지력 산정 방법

1) 휨초과강도 해석 후 산정방식

설계기준 압축강도의 1.7배인 콘크리트 압축강도와 설계기준 항복강도의 1.3배인 축방향 철근 항복강도를 적용하고 소성힌지구역 횡방향 철근의 심부구속 효과와 축하중의 영향을 고려한 단면의 휨강도로써 모멘트-곡률 해석을 수행한다.

2) 간편식

콘크리트 설계기준압축강도가 60MPa 이하이고 계수 축하중이 $0.3 f_{ck} A_g$ 이하이며 축방향 철근비가 0.03 이하인 교각의 경우에는 모멘트-곡률 해석을 수행하는 대신 압축응력분포를 이용한 축력-휨강도 해석으로 구한 공칭휨강도에 휨초과강도계수 λ_0를 곱하여 휨초과강도를 결정할 수 있다. 이때 R은 설계에 사용한 응답수정계수이다.

$$\lambda_0 = 1.25 + 0.05R$$

강구조물 이음의 병용
토목구조기술사 합격 바이블 개정판 2권 제3편 강구조 p.1363

볼트이음과 용접이음을 같은 이음 개소에서 병용하는 경우에 유의해야 할 점을 설명하시오.

풀 이

> **개요**

강구조물은 균질한 재료 특성을 갖는 장점이 있으나 제작상의 한계로 인해 목적 구조물을 만들기 위해서는 부재 간 이음이 필수적이다. 강구조물의 이음은 볼트이음과 용접이음으로 구분되며 이음 부재 설계 시에는 다음의 사항을 준수하여야 한다.

1) 부재의 연결은 작용응력에 대해 설계하는 것을 원칙으로 한다.
2) 주요 부재의 연결은 적어도 모재의 강도에 75% 이상의 강도를 갖도록 설계하여야 한다. 다만 전 단력에 대해서는 작용응력으로 설계하여도 좋다.
3) 부재의 연결부 구조는 다음의 사항을 만족하도록 설계하여야 한다.
　① 연결부의 구조가 단순하여 응력의 전달이 확실하게 하여야 한다.
　② 구성하는 각 재편에 있어서 가급적 편심이 일어나지 않도록 하여야 한다.
　③ 응력집중이 생기지 않도록 하여야 한다.
　④ 해로운 잔류응력이나 2차 응력이 생기지 않도록 하여야 한다.
4) 연결부에서 단면이 변하는 경우 작은 단면을 기준으로 연결 제규정을 적용한다.

> **볼트이음과 용접이음 병용 시 유의사항**

볼트이음과 용접이음은 이음의 특성상 힘의 전달방식(연속형, 불연속형)이 다르고, 안전도의 균질 성(현장 또는 공장 이음, 제작 등) 등이 다르기 때문에 병용해서 사용할 경우 다음의 사항에 유의해 야 한다.

1) 그루브용접(Groove, 홈용접)을 사용한 맞대기 이음과 고장력 볼트 마찰이음의 병용 또는 응력방 향에 평행한 필렛용접과 고장력 볼트 마찰이음을 병용하는 경우 이들이 각각 응력을 분담하는 것 으로 본다. 다만 분담상태에 대해서는 충분한 검토를 하여야 한다.
2) 응력방향과 직각을 이루는 필렛용접과 고장력 볼트 마찰이음을 병용해서는 안 된다.
3) 용접과 고장력 볼트 지압이음을 병용해서는 안 된다.
4) 용접선에 대해 직각방향으로 인장응력을 받는 이음에는 전단면 용입 홈용접을 사용함을 원칙으 로 하며 부분 용입 홈용접을 써서는 안 된다.
5) 플러그 용접과 슬롯용접은 주요 부재에 사용해서는 안 된다.

신축이음

신축이음장치의 파손원인을 설명하시오.

풀 이

▶ 개요

신축이음장치는 온도에 의한 교량의 신축량과 콘크리트의 건조수축 및 크리프와 활하중 등에 의한 교량의 수평이동과 회전을 흡수해 차량의 주행을 원활하게 하는 역할을 한다. 그러나 신축이음장치는 불연속면에 위치하여 차량하중의 반복적인 충격력에 노출되어 있고 이 충격이 증폭되어 소음발생과 더불어 후타재 및 신축이음부의 손상이 많이 발생하게 된다. 또한 연결부의 복잡한 배근과 교대면과의 사이의 불연속면에 스티로폼 등으로 시공되어 교면의 우수가 직접 하부로 전달되어 교량의 내구성 또한 저하시키는 원인이다.

▶ 신축이음장치의 파손 유형

후타 콘크리트의 균열·탈락   신축이음장치의 누수   신축량 과다로 인한 파손   유간 부족으로 파손

신축장치 정착부의 파손   반복 충격하중으로 피로파괴   고무와 강재 접속부 파손   본체 솟음 및 단차

교량일부 신축이음 미설치   신축이음 앵글 파손 및 탈락   무수축 몰탈 열화 및 파손   이음부 누수로 하부구조 열화

신축이음장치의 파손 유형

신축이음장치의 일반적인 파손의 유형은 후타 콘크리트의 균열 및 탈락, 신축이음장치의 누수, 신축량 과다로 인한 파손, 유간 부족으로 인한 파손, 신축장치 정착부의 파손, 반복적인 충격하중에 의한 피로 파괴, 고무와 강재의 접속부 파손 등의 형태로 발생한다.

▶ 주요 파손 유형별 원인

한국도로공사(2013년) 조사결과에 따르면, 신축이음 장치의 주요 손상유형은 본체 손상과 후타재 손상이 많으며 본체손상의 경우 이물질 퇴적, 고무재 손상, 누수, 부식, 유간부족, 파손 및 변형의 순으로 발생했다. 후타재 손상의 경우 균열, 파손, 단차, 마모의 순으로 세부 원인을 구분한다.

강재형 신축이음장치의 파손 원인 : LH공사 2014, 신축이음장치 설계 및 개선방안

형식	파손 유형	원인
레일형	주요 부재의 피로파괴	• 설계하중 부적절, 하중지지 부재 단면이 작고 지지보 간격이 과다 • 시공 중 용접불량 및 고정 볼트 풀림
	연결부 및 정착부 파손	교통차량 통과 시 힌지, 핀 등에 진동 및 충격으로 풀림현상 발생
	유간부족으로 인한 파손	시공 중 구조물 유간 계산 잘못으로 발생하며 교량 받침까지 영향
	후타 콘크리트의 균열 및 파손	후타 콘크리트 시공 중 다짐 불충분과 양생 불량으로 발생
핑거형	방수장치 파손	방수쉬트의 노화 및 설치 불량으로 발생
	고정볼트 풀림 파손	인장력을 받는 고정볼트 시공 중 불량으로 발생
	핑거부분 파손	상부구조의 단차 또는 횡방향 거동에 의해 핑거 부분에 파손 발생

▶ 신축이음장치의 개선

신축이음장치는 개선은 소음/진동 저감, 횡방향변위의 수용, 피로파괴 방지, 누수 발생 억제 등의 방향으로의 개선이 필요하며, 무조인트 교량과 같이 신축이음장치를 최소화하는 것도 유지관리측면에서 유리하다.

기존의 레일형 신축이음장치의 소음·진동이 큰 단점을 핑거형 특성을 반영한 소음저감형 레일형 신축이음장치로의 개선과 내구성과 소음면에서는 유리한 핑거형에 교량의 횡방향변위를 수용할 수 있도록 하는 성능 개선, 기존의 고무시트나 고정볼트의 노화와 부식으로 인한 누수로 하부구조물 손상되는 현상을 교체가 가능한 누수 방지 장치 등으로 개선, 접지면을 강재로 보강해 내구성을 향상시키는 등의 개선이 지속되고 있다.

저소음 레일형 신축이음   전방향 가동 핑거형 신축이음   교체 가능한 누수 방지 장치   접지면이 강재인 모노셀

곡선교   토목구조기술사 합격 바이블 개정판 2권 제5편 교량계획 및 설계 p.1713

곡선교에서 뒤틀림(Distorsion)과 뒴(Warping)을 설명하시오.

풀 이

> **개요**

곡선교의 특성상 편심하중으로 인해 비틀림모멘트가 발생하며 이로 인해 곡선 보와 같은 구조물에
서는 휨, 전단 이외에 뒤틀림에 의한 추가적인 응력이나 변위가 발생할 수 있다. I형보와 같은 개단
면(Open Section)의 경우 뒴의 구속에 의해 단면 내에 축력이 발생될 수 있고 강상형과 같은 폐단면
(Closed Section)의 경우 단면의 뒤틀림 변형(Distortion)구속으로 추가 응력이 발생될 수 있다.

> **뒤틀림과** 뒴

뒤틀림과 뒴은 혼용되어 사용되기도 하나, 일반적으로 뒤틀림은 변형(Displacement)을, 뒴(Warping)
은 변형억제로 인해 발생되는 응력을 말한다. 국내 설계기준에서는 뒤틀림과 뒴이 통상 그 값이 작
고 고려하기 어렵기 때문에 브레이싱이나 다이아프램의 간격을 적정하게 설치하여 충분한 강성을
확보해 고려하지 않는 것이 일반적이다.

곡선교에서의 상부하중은 곡률로 인해 편심하중을 유발하게 되며, 이로 인해 휨과 전단으로 인한
응력이 발생한다. 편심하중은 휨하중(Flexure)과 비틀림하중(Torsion)으로 구분할 수 있으며, 비
틀림하중은 다시 순수한 비틀림 하중과 뒤틀림 하중으로 구분될 수 있다.

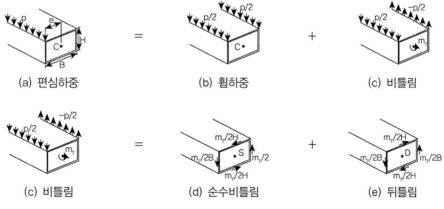

폐단면의 편심하중으로 인한 하중 분배

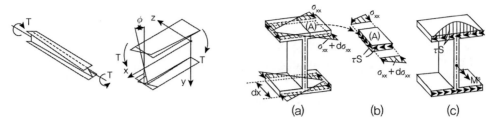

개단면의 비틀림으로 인한 뷈

풍우진동 　　　　　　　　토목구조기술사 합격 바이블 개정판 2권 제5편 교량계획 및 설계 p.2047

케이블의 풍우진동(Rain-Wind Vibration) 발생 조건을 설명하시오.

풀 이

▶ 개요

케이블의 풍우진동은 비가 오는 상태에서 부는 바람에 의해 케이블 표면에서의 빗물 흐름이 바람에
노출되어 케이블 단면 형상을 변화시킴으로 인해 발생하는 진동을 말하며, 빗물이 케이블 표면을
따라 흘러내려 발생시키는 케이블의 길이방향 물줄기에 의한 케이블 단면의 비대칭 형상에 기인하
며 바람방향의 수직성분 공기력의 차이로 발생한다.

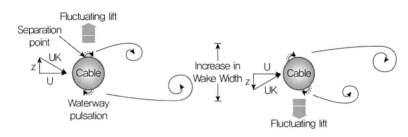

케이블의 풍우진동

▶ 발생 조건과 대책

풍우진동은 주로 바람방향으로 아래로 기울어진 케이블에서 발생하며 발생풍속은 비의 양과 케이
블의 표면 상태에 따라 달라진다. 케이블 표면에 공기역학적 처리를 하지 않은 경우에는 풍우진동
이 발생될 수 있으며, Dimple이나 돌기 등의 공기역학적 처리를 수행한 경우에는 풍우진동을 억제
할 수 있다. 일반적으로 풍우진동에 대한 안정조건은 스크루톤 수(S_c)와 관련이 있으며 매끈한 원
형단면의 경우 일반적으로 제어기준과 제진 대책은 다음과 같다.

1) 제어기준 식 : $S_c = \dfrac{m\xi}{\rho D^2} > 10$ (케이블의 표면에 공기역학적 처리 시, Dimple이나 돌기처리 5)

2) 제진 대책 : 케이블 표면을 돌기 등으로 처리하여 안정성을 확보한다(Dimple, Helical Ribs).

풍우진동 방지를 위한 케이블의 표면처리

구조물 내용연수

토목구조물의 내용연수에 대한 일반사항, 경제적 내용연수, 기능적 내용연수 및 물리적 내용연수를 설명하시오.

풀 이

▶ 개요

내용연수는 일반적으로 성능 저하로 인하여 해당 목적물을 사용할 수 없게 되기까지의 연도를 의미한다. 토목구조물에서의 내용연수는 중요한 시설인 교량 같은 경우 통상 100년을 목표로 내구성 설계나 내진 등을 검토하고 있다. 내용연수는 목적물의 보수·교체 등 유지관리에 필요한 비용을 평가하는 분석기간으로 사용되며 성능이 저하된 목적물을 철거하는 데 판단되는 기준으로도 사용된다. 일반적으로 내용연수는 물리적, 기능적, 사회적, 경제적 내용연수로 구분될 수 있다.

▶ 내용연수의 구분

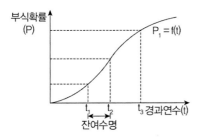

부식확률에 따른 물리적 잔여수명 추정

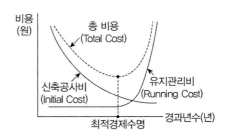

비용에 따른 최적경제수명 추정

1) 물리적 내용연수

구조물 전반에 걸쳐 물리적 노후가 상당히 진행되었고, 수선도 불가능해 사용할 수 없을 때까지 경과한 시간을 말한다. 물리적 노후에 영향을 미치는 요인에는 오랜 기간의 사용에 따른 자연적 마모, 파손과 자연적인 풍화, 화학적 부식, 풍수해 등에 의한 손상, 설계 및 시공 불량에 의한 노후화 촉진 등이 있다. 물리적 내용연수는 보수나 보강에 의해 어느 정도 수명을 연장할 수 있으나 RC구조는 대개의 경우 구조체 주철근 부식으로 내하력이 저하될 때에는 보수가 어려운 것으로 보는 경우가 많다. 콘크리트의 중성화와 철근부식 이론에 의한 구조체의 물리적 내용연수를 추정하는 방법 등이 많이 사용된다.

2) 기능적 내용연수

초기의 설계조건에서 얻을 수 있는 기능이 새로운 변화에 대응할 수 없을 정도로 그 효용이 저하된 경우의 내용연수를 말한다.

3) 사회적 내용연수

외부환경에 적응이 불가능하여 생기는 효용의 저하로 발생한 사회적 측면의 노후화로 볼 수 있다. 예를 들어 도로 건설로 인해 편입되는 시설물 등의 철거 등이 이에 속한다. 사회적 내용연수는 주로 외부의 조건 및 환경에 의해 좌우된다.

4) 경제적 내용연수

건설비 또는 그 자금에 대한 상환과 수익과의 관계로 산정되는 상환연수와 감가상각적인 입장에서 산정된 상각연수와의 균형에서 결정된 내용연수이다. 유지관리나 보수에 관한 비용증대와 경제효과의 감소도 포함된다. VE 등에서 LCC평가나 타당성 검토 시에서의 가치 평가 등에서 많이 이용된다.

소수 거더교   토목구조기술사 합격 바이블 개정판 2권 제5편 교량계획 및 설계 p.1783

소수 거더교의 특징을 설명하시오.

풀이

▶ 개요

소수주형교는 종래의 다주형교와 비교해 주거더의 개수를 최소화하여 합리화하고, 보강재의 사용을 최소화하며, PS가 도입과 같이 장지간 바닥판을 사용하여 교량형식을 합리화함으로써 교량 제작비의 저감, 유지관리비의 저감 및 공사기간을 단축할 수 있는 경제적인 교량형식이다.

▶ 소수 거더교의 특징

소수 거더교는 강교의 경제성 도모 및 합리화를 위해 채용되는 형식으로 횡방향으로 프리스트레스트를 도입하여 바닥판의 내구성을 증진시키면서 주거더 간격을 종래의 3m 정도에서 6m 이상으로 크게 하여 주거더의 개수를 최소화하였다.

소수 거더교의 특징

장점	단점
• 기본적인 플레이트 거더의 장점 유지 • 2개의 주형만 사용하므로 미관 유리 • 다수의 거더교에 비해 상대적으로 거더 수가 줄어 제작상 유리 • 후판의 사용으로 국부좌굴에 대한 안전도가 높아 보강재 생략 또는 절감	• 바닥판의 지간과 캔틸레버 길이가 길어져 장지간 바닥판 성능 확보 방안 필요 • 다주형교에 비해 형고가 높음 • 피로검토 시 단재하 경로를 적용하여야 하므로 허용피로응력범위가 줄어서 다소 불리

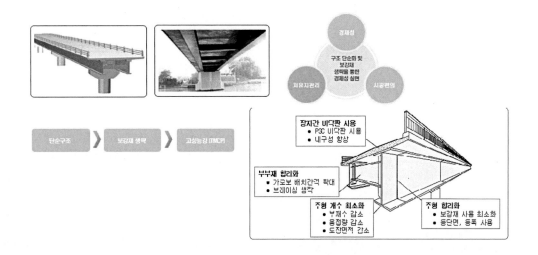

➤ 일반 판형교와의 비교

1) 강재 제작기술의 발달과 후판적용 및 용접기술의 발달로 주거더의 개수가 일반 판형교에 비해 감소되었다.

2) 고강도 강재의 적용으로 판 두께를 최소화시켜 구조물의 경량화, 절단, 천공 등 기계 가공이 용이해지고 비파괴검사 시 정밀도 향상, 구조 합리화 및 단순화로 경제성을 향상시켰다.

3) 주거더 단면 단순화로 수평, 수직 보강재가 최소화되었다.

4) 가로보 구조의 단순화로 설치간격이 최대화되었다.

5) Precast 또는 현타 후 횡방향 PS도입 등으로 바닥판이 장지간화하였다(8~10m까지 사례 있음).

6) 제작비, 유지관리비가 저렴한 강교설계와 미관에 유리하다.

구분		일반 판형교		소수주형 판형교
단면도				
주형수	많음	2,3차선 교량기준 5~7개 주형	적음	주형개수를 2~3개 제한 가설이 간단하고 경관이 수려함
강판 두께	박판	여러 개의 박판 주형을 사용하여 전체강성을 확보하였으며 집중하중의 영향으로 비경제적 설계	후판	주형수를 줄여 하중을 주형에 효과적으로 분배하는 대신 후판의 사용으로 전체강성을 확보
강종	일반강재	일반강재 사용으로 단위강재중량에 대한 강성이 작음	고장력강	고강도 강재(TMCP강)를 사용하여 구조물 중량을 감소시켜 강재의 사용효율 및 내구성을 극대화하고 형고를 낮추어 미관 개선
용접	복잡	주형의 맞댐 용접으로 품질관리가 어렵고 주형개수가 많아 용접개소수 및 연장이 길어져 시공성 불리	단순	주형의 맞댐 이음이 없고 이음부위에서 채움판에 의해 플랜지 두께를 변화시켜 품질관리 우수, 주형 및 부재 개수가 적어 용접개소수 및 연장이 일반 판형교의 50% 이하로 작업이 단순하고 시공성이 좋음
품질관리 및 유지보수	보통	부재수 및 용접개소수가 많아 품질관리 및 유지보수 어려움	양호	부재수 및 용접개소수가 적어 품질관리 및 유지보수 양호
경제성	불량	강재 사용량과 제작비가 높아 경제성이 불량	우수	강재사용량과 제작비가 낮아 경제성 우수
가설	불량	부재수가 많아 가설에 장시간을 요하며 시공성이 불량	우수	가설 부재수가 적어 시공성이 우수하고 가설시간이 짧아 공기단축 공사에 적합
미관	보통	주형수가 많고 하부구조 규모가 커서 미관 불량	양호	주형수가 작고 하부구조 규모수가 작아 미관 양호

부모멘트 구간 최소바닥판 철근

도로교설계기준 한계상태설계법(2015)에서 부모멘트 구간의 최소 바닥판 철근에 대하여 설명하시오.

풀 이

▶ 개요

도로교설계기준 한계상태설계법(2015)에서는 부모멘트 구간의 최소 바닥판 철근을 D19 이하의 철근을 바닥판 총단면적의 1.5% 이상 배근하여 바닥판의 균열을 제어하도록 규정하고 있다. 이때 철근의 최소 항복강도는 400MPa 이상이어야 한다.

▶ 부모멘트 구간의 최소 바닥판 철근

도로교설계기준 한계상태설계법(2015년)에서는 사용하중조합 II에 의한 바닥판의 교축방향 인장응력이 설계인장강도인 $f_{ctd} = \phi_c \alpha_{ct} f_{ctk}$ 를 초과하는 경우 교축방향 철근 단면적은 계산에 의해 결정하되 적어도 바닥판 총 단면적의 1.5% 이상 되도록 규정하고 있다.

D19보다 작은 철근을 1.5% 이상 사용하는 이유는 바닥판의 균열을 제어하기 위해서 충분히 작은 간격으로 철근을 배근하기 위해서이며, 항복강도가 적어도 400MPa 이상 되는 철근을 배근하여야 부모멘트의 비탄성 재분배가 발생하더라도 탄성영역에 머물 수 있을 것으로 기대할 수 있기 때문이다. Haaijer(1987)의 연구에 의하면 이러한 조건에서 활하중이 제거되면 탄성회복이 가능할 것으로 예상되며 이에 따라 균열이 봉합될 것이라고 하였다.

이전 규정인 1%의 축방향 철근 요구사항에 비해 강화된 설계기준으로 이동 활하중 하에서는 고정하중에 의한 변곡점 외부에 상당한 크기의 인장응력이 발생될 수 있고, 단계적으로 콘크리트 바닥판을 타설하는 경우 최종상태에서는 정모멘트를 주고받는 이미 충분한 강도가 발현된 굳은 바닥판 구간에 시공 중 부모멘트가 발생되기도 하며, 온도 및 건조수축도 이들에 의한 응력이 없다면 인장응력이 발생하지 않을 바닥판에 인장응력을 유발하기 때문이다. 이러한 이유 때문에 바닥판의 단계적인 타설 하중을 포함한 계수 시공하중 또는 사용하중조합 II에 의한 바닥판의 축방향 인장응력이 ϕf_r을 넘는 구간에는 1.5%의 축방향 철근을 배치하도록 하고 있다.

최소 바닥판 철근은 바닥판 전폭에 걸쳐서 등간격 및 2단으로 배근하며, 철근의 간격은 300mm를 넘지 않도록 하여야 한다.

가시설물 하중   토목구조기술사 합격 바이블 개정판 2권 제7편 기타 p.2414

가설공사표준시방서(2016)에서 가시설물 설계에 적용되는 수직하중, 수평하중 및 특수하중의 종류를 설명하시오.

풀 이

▶ 하중의 종류

1) 수직하중 : 고정하중(D), 활하중(L)(설계차량하중(L_w), 작업하중(L_i))

2) 수평하중 : 풍하중(W), 지진하중(E), 콘크리트 측압(P), 수압(F), 토압(H), 타설시 충격 또는 시공오차 등의 의한 최소 수평하중(M)

3) 특수하중(S) : 편심하중, 콘크리트 내부 매설물의 양압력, 포스트텐션 시에 전달되는 하중, 작업하중 이외의 충격하중(I), 진동다짐에 의한 하중, 안전시설의 특수한 설비를 설치한 경우, 적설하중, 교통하중, 인접건물하중

4) 불균등하중

   ① 불균등하중은 가시설물 인양 시 발생하는 하중으로 지지상태를 고려하여 적용하여야 한다.

   ② 가시설물을 3점 이상으로 다점지지하는 경우에는 각 지지점의 상대변위를 불균등하중으로 고려한다.

   ③ 불균등하중은 각 지지점의 상대변위가 없다고 판정해서 산출한 지지반력에 적절한 계수를 곱해서 구함을 원칙으로 한다.

   ④ 인양고리는 가시설물 자중 이외에 2점 방식은 가시설물 자중의 50%, 4점 방식은 100%의 불균등하중을 고려하여야 한다. 다만 수평조절장치 등을 사용하고 힘의 균형을 고려한 경우에는 이 규정을 따르지 않아도 된다.

▶ 하중의 조합

1) 거푸집 및 동바리, 비계 및 기타 가시설물

	하중조합	허용응력증가계수
1	$D + L_i + M$	1.00
2	$D + L_i + M + W$	1.25
3	$D + L_i + M + S$	1.50

2) 가설흙막이공

   ① 배면지반의 경사 또는 지층 구조 자체의 경사에 의한 외력, 지진하중, 발파에 의한 충격하중

등을 고려한다.

② 침하현상이 있는 지층에 설치한 말뚝은 지반과 말뚝의 상대변위차에서 기인한 부마찰력을 하중으로 고려한다.

③ 기초의 지지력과 안정성 검토에는 고정하중과 활하중, 일시하중을 작용하중으로 하되 침하량 검토에는 고정하중을 작용하중으로 한다.

④ 콘크리트 기초구조물 설계는 콘크리트구조기준에서 제시한 하중계수와 하중조합을 고려하여 설계한다.

3) 가설교량 및 노면 복공

	하중조합	허용응력 증가계수	비고
1	$D + L_w$	1.00	
2	$D + L_w + I$	1.25	
3	$D + L_w + W$	1.25	ω : 차량하중
4	$D + L_w + I + \omega + F + W$	1.50	W : 풍하중
5	$D + \omega + F + W$	1.50	

정착길이 보정계수

콘크리트구조기준(2012년)에 따른 인장이형철근 정착길이 산출 시 적용되는 보정계수를 설명하시오.

풀 이

▶ 개요

콘크리트구조기준(2012)에서는 기본정착길이 l_{db}에 보정계수를 고려하는 방법과 정밀한 식에 따라 산정하는 두 가지의 방법으로 구분해서 제시하고 있으며, 이렇게 구한 정착길이 l_d는 항상 300mm 이상이어야 한다.

▶ 보정계수를 고려한 정착길이 산출

기존의 콘크리트 설계기준의 내용을 대부분 준용하였다. 다만 보정계수 철근크기 계수(γ)와 경량 콘크리트 계수(λ)를 기본정착길이에 포함시켜 산정토록 계산의 순서만 다소 조정되었다.

$$정착길이(l_d) = 기본정착길이(l_{db}) \times 보정계수(\alpha, \ \beta)$$

$$기본정착길이(l_{db}) = \frac{0.6 d_b f_y}{\lambda \sqrt{f_{ck}}}, \quad l_d = l_{db} \times 보정계수(\alpha, \ \beta) \geq 300\text{mm}$$

조건	D19 이하	D22 이상
• 정착되거나 이어지는 철근 순간격이 d_b 이상, 피복두께 d_b 이상이면서 l_d 전 구간에 콘크리트 구조기준에서 제시된 최소 철근량 이상의 스트럽 또는 띠철근을 배치한 경우 • 또는 정착되거나 이어지는 철근의 순간격이 $2d_b$ 이상이고 피복두께가 d_b 이상인 경우	$0.8\alpha\beta$	$\alpha\beta$
기타	$1.2\alpha\beta$	$1.5\alpha\beta$

종류	구분	보정계수	비고
α	철근 위치계수	1.3	상부철근(철근 하부에 30cm 이상 콘크리트가 타설되는 경우)
		1.0	하부철근(이외의 경우)
β	철근 도막계수	1.5	피복두께 $3d_b$ 또는 철근 순간격이 d_b 미만인 에폭시 철근
		1.2	기타 에폭시 도막 철근
		1.0	아연도금 철근
		1.0	도막되지 않은 철근
λ	경량콘크리트 계수	0.75	f_{sp}가 없는 전경량 콘크리트
		$f_{sp}/(0.56\sqrt{f_{ck}}) \leq 1.0$	f_{sp}가 있는 경량 콘크리트
		0.85	f_{sp}가 없는 모래 경량 콘크리트

※ 보통 중량콘크리트 $\lambda = 1.0$, $\alpha\beta$는 1.7보다 클 필요는 없다.

PS 지연파괴 토목구조기술사 합격 바이블 개정판 1권 제3편 PSC p.1017, 2권 제4편 강구조 p.1217

프리스트레스트 콘크리트 부재에 사용되는 PS 강재의 지연파괴(Delayed Fracture)를 설명하시오.

풀 이

➤ 지연파괴 개요

일반적으로 PC 부재는 균열이 발생하지 않으며 또는 균열이 발생하더라도 하중이 없어지면 금방 아물게 되는 특성이 있으므로 PC 강재의 부식에 대한 염려는 RC보다 덜하다. 그러나 허용응력 이하로 긴장해놓은 PC 강재가 긴장 후 몇 시간 또는 수십 시간이 경과한 후에 별안간 끊어지는 수가 있다. 이러한 현상을 지연파괴라 한다.

➤ 원인 및 대책

1) 원인 : 지연파괴는 수중, 다습한 환경, 산성 환경하의 지속하중 재하 시 수소의 의한 취화(수소취화)로 인해 발생된다고 하며, 일반적으로 수소원자가 외부로부터 금속조직 내로 침투 후 확산하여 미소공간과 같은 비교적 입계에 존재하는 결함에서 수소분자가 되어 큰 가스압을 발생시켜 파괴에 이르는 수소가스 면압설이 가장 유력하다고 알려졌다.

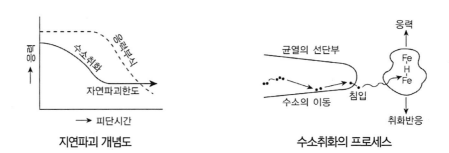

지연파괴 개념도   수소취화의 프로세스

① 재료에 하중을 가하고 그 상태의 하중을 일정하게 유지할 때 외견상으로는 거의 소성변형을 일으키지 않고 어느 시간 후에 갑자기 취성파괴하는 현상으로 철강의 소재, 기기, 구조물 등이 제조 후 불특정한 시간에 대해 돌연 발생하는 파괴현상이다.

② 거시적으로 보아 부재에 정적하중이 작용하고 있을 때 그 크기가 항복점보다 훨씬 낮은 응력이라 할지라도 장시간 부하될 경우에 외견상 소성변형을 동반함이 없이 돌연히 취성적으로 파괴하는 현상을 지연파괴라고 한다. 환경유발파괴(Environment Assisted Cracking)라고도 한다.

③ 발생하는 응력이 취성파괴나 연성파괴를 일으키는 레벨보다 훨씬 작고 또 그 시간변동 성분도 피로균열을 일으키는 것보다 훨씬 작은데 돌연파괴가 발생한다. 지연파괴의 부하응력과

시간 사이의 특성은 피로에서의 S-N선에 가까운 형태로 되기 때문에 정적인 피로파괴라고도 불린다.

④ 철강재료에 생기는 지연파괴의 메커니즘으로는 응력부식파괴(Stress Corrosion Cracking), 수소취성파괴(Hydrogen Embrittlement Cracking)가 지연파괴의 속하며 각각의 프로세스는 독립하거나 또는 철과 물이 공존하는 환경에서는 동시에 진행된다.

⑤ 수소취화의 프로세스 개념 : 수소는 원자반지름이 작기 때문에 철강 속에 쉽게 침입하고 결정격자를 통과한다. 용접이음에서는 피복제 등에서 수분 또는 수소가 들어오며 응력이 작용한 상태에서 수소가스환경에 접촉되고 있어도 수소가 침입하고 취하가 생긴다. 또 철과 수분의 부식반응의 결과로서 수소가 생기고 그것이 다시 철 속에 침입하게 된다.

⑥ 강교량에서의 지연파괴 사례로는 마찰접합용 고장력 볼트 지연파괴(F11T)나 미국 Point Pleasant 낙교사고 발생한 아이바 응력부식에 의한 지연파괴가 대표적이다.

2) 대책 : 부식 환경, 재료 원인, 인장응력 발생의 복합적인 작용에 의해서 발생되므로 부식이 발생되지 않도록 공장제조에서부터 현장에서 사용할 때까지 PC 강재가 비를 맞지 않도록 하고 불결하지 않은 곳에 보관하는 등의 세심한 보호를 하여야 하며, 재료의 용접이나 가공 시에도 잔류응력이나 열환경 변화에 따라 열응력이 남지 않도록 하는 것이 중요하다. 또한 점식(Pitting)과 같이 과도한 녹이나 작은 흠이 발생해 응력집중이 되지 않도록 하는 것이 중요하다.

점식이 있거나 과도한 흠이 있는 강재는 가려내고 되도록 프리스트레스력을 도입한 직후 그라우팅을 실시하거나 방청 작업을 하는 등의 조치가 요구된다. 주요 지연파괴 대책은 다음과 같다.

① 표면 도장처리 철저
② 응력집중부와 급격한 단면변화를 최소화
③ 볼트 노출부가 부식되지 않도록 관리
④ 용접 상세 선택 시 주의
⑤ 강교에 사용하는 고장력 볼트는 F10T 이하를 사용

내후성강

강교에 내후성강 적용 시 환경적 측면의 제한조건을 설명하시오.

풀 이

▶ 개요

내후성 강재는 강재의 표면에 미리 녹을 발생시켜서 외부와 강재 표면을 차단시켜 부식을 방지하고 강재로 별도의 도장이나 도금이 필요 없는 강재재료다. 그러나 습윤 상태로 되는 경우가 많은 장소 또는 염분입자의 비산범위 내에 있는 장소에서는 사용할 수 없다는 사용 환경상의 제약이 있다.

▶ 내후성 강재의 특징

일반적으로 강재는 대기 중에서 부식되기 수위나 대기 중에서 부식에 잘 견디고 녹슬음의 진행이 지연되도록 개선시킨 강재를 내후성 강재(SMA)라 한다. 특히 P, Cu, Cr, Ni, V계의 내후성 고장력 강은 내후성이 우수하여 무도장으로 사용할 수 있는데, 도장 없이 사용하는 내후성 고장력강을 내후성 무도장 강재라고 분류한다. 내후성 확보에 효과적인 Cu, Cr, Ni 등이 함유되어 대기에 노출되면 강재 표면에 치밀한 안정녹을 형성한다.

✓ 내후성 강재는 무도장 강재의 경우 W로 표시하며, 도장을 실시하여 사용하는 경우 P로 표기한다.

1) 내후성 강재의 원리

   대기에 강재가 노출되면 일반강과 유사하게 녹이 발생하나 기간이 경과함에 따라서 그 녹의 일부가 서서히 모재에 밀착한 녹층을 형성하는 녹안정화가 진행되고 이 녹층이 부식진행 유발인자인 산소와 물이 모재로 침투하는 것을 막는 보호막이 되어 부식의 진전이 억제된다.

2) 특징

   ① 내식성이 우수하다(일반강에 비해 4~8배).
   ② 저온에서 인성(Toughness)이 좋다.
   ③ 내부식성이 우수하다
   ④ 녹슬음이 지연된다.
   ⑤ 무도장으로 사용이 가능하다.
   ⑥ 두께 증가 시 용접성이 저하되는 특징이 있다(볼트 연결).
   ⑦ 외부 녹 발생 시 부식시공의 오해가 발생할 수 있다.

3) 내후성 강재 적용 시 유의사항

① 용접성의 저하 : 내후성 강재는 내후성을 증가시키기 위해 인(P)의 양을 증가시켰기 때문에 강재두께가 두꺼울수록 용접성이 떨어지는 단점을 가지고 있어 가능한 용접연결을 지양하고 볼트 연결을 사용하여야 한다. 적용되는 볼트는 강재와 동일한 내후성강용 고장력 볼트를 사용하여야 한다.

② 환경에 따른 제한조건 : 해수지역에서는 녹층 안정화가 지연되어 적용성이 제한될 수 있다.

③ LCC 비교 : 강교량의 가장 큰 취약점인 부식 문제를 어느 정도 극복할 수 있으며 초기도장 및 재도장의 생략으로 인한 초기 건설비용 및 유지관리 비용의 감소라는 경제성 측면에서 효과를 기대할 수 있다.

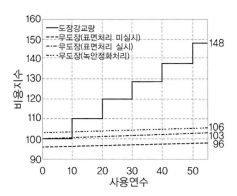

실리카흄

콘크리트 배합 시 사용되는 실리카흄(Silica Fume)의 특징 및 구조적 적용성을 설명하시오.

풀 이

실리카흄 및 실리카흄 콘크리트의 특성과 이용(김형태, 콘크리트학회지, 1991)
실리카흄을 혼입한 고강도 콘크리트의 파괴 특성에 관한 연구(박제선, 대한토목학회, 1995)

➤ 개요

실리카흄은 석탄발전소와 제련소 등에서 발생하는 Flyash나 Slag 등의 산업부산물로 원재료는 규사와 석탄이다. 근래에 고강도 콘크리트의 활용을 통해 부재 단면의 축소, 자중의 감소, 시공성 향상, 공기의 단축을 위해 많이 사용되고 있으며 콘크리트의 고강도화를 위해 일반적으로 실리카흄을 적정량 혼입하고 AE감수제와 고성능 유동화제를 사용하여 물-시멘트비를 낮추면서도 소요의 작업성(Workability)을 확보하는 콘크리트 제조방법으로 사용되고 있다.

➤ 실리카흄의 특징과 구조적 적용성

실리카흄의 화학조성은 생산되는 합금이나 실리콘 종류에 따라 다르나 통상 90% 이상의 SiO_2를 포함하고 있으며 대부분 비정형이다. 분말도가 높고 실리카량이 많아서 매우 효율적인 포졸란 재료로 콘크리트 배합 시에 사용될 경우 강도 및 내구성 증진을 위한 혼화재로 사용된다.

실리카흄 사용목적에 따른 효과

사용목적	사용량(%)	효과	비고
시멘트 대체	5~10	• 실리카흄 1kg에 대해 시멘트 3~4kg 감량 • 슬럼프 손실은 고성능 감수제 사용으로 보전	수화열이 적어져 균열 방지 효과 있음
혼화제	25	• 고강도 확보 • 내화학성 증진	수밀성 증진

1) 슬럼프 : 실리카흄은 비표면적이 크고 수산화칼슘과 단시간에 반응하여 겔상태의 물질을 생성하기 때문에 슬럼프가 나빠지고 시간에 따른 슬럼프 손실이 크게 된다. 따라서 소요의 슬럼프를 얻기 위해서는 필요한 단위 수량을 증가하거나 고성능감수제를 병용해야 한다.

2) 공기연행 : 비표면적이 크고 미연소된 탄소가 함유되어 있어 AE제가 흡착되기 때문에 공기의 연행은 어렵다. 따라서 실리카흄의 사용량이 증가함에 따라 콘크리트 내에 소요의 공기량을 얻기 위해서는 AE제의 사용량이 증가한다.

3) 블리딩 : 실리카흄은 친수성이 높기 때문에 물과 닿은 후 단시간에 반응하여 그 수화물이 시멘트 입자 사이에 겔 층을 형성하여 자유수의 이동이 억제된다. 따라서 이로 인해 블리딩이 현저히 떨어지게 된다.

4) 압축강도 : 실리카흄을 혼입한 몰탈 및 콘크리트의 강도 발현성이 좋다. 실리카흄, 시멘트의 종류, 첨가율, 양생방법 및 재령에 따라 다르나 재령 3~28일 사이에 강도증진 효과가 나타난다. 실리카흄의 사용목적이 시멘트 대체재와 강도 및 내구성 증진을 위한 혼화재로서 대별된다.

5) 탄성계수 : 실리카흄을 혼합할 경우 골재보다 탄성계수가 낮은 시멘트풀의 양이 증가하게 된다. 따라서 동일한 압축강도 수준에서는 실리카흄을 혼입한 경우가 더 낮은 탄성계수를 보인다.

6) 건조수축과 크리프 : 실리카흄 콘크리트의 건조수축은 물시멘트비에 관계없이 보통의 콘크리트와 비슷하며, 크리프의 경우 수중양생 시에는 별 차이가 없으나 기건상태에서는 실리카흄 콘크리트의 단위 크리프량이 크게 나타난다.

7) 내구성 : 실리카흄의 혼입률이 15% 이하에서는 충분한 내동결융해성을 가지며 20% 이상의 경우에는 오히려 내동결융해성이 떨어지는 특성을 가진다. Flyash나 천연포졸란처럼 콘크리트내의 알칼리 골재반응에 의한 유해한 팽창을 방지시킨다. 또한 실리카흄 콘크리트는 수밀성을 증진시키기 때문에 철근 부식에 영향을 미치는 염소이온의 침투가 적게 나타난다.

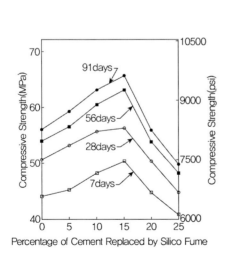

실리카흄 혼입률에 따른 압축강도, w/c=34%

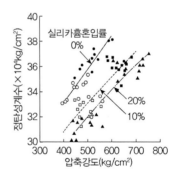

실리카흄 혼입률에 따른 탄성계수

재령 7일		재령 28일	
기호	실리카흄 혼입률	기호	실리카흄 혼입률
−○−	0%	−●−	0%
--□--	10%	--■--	10%
--△--	20%	--▲--	20%

➤ 실리카흄 활용 분야

실리카흄의 혼입 콘크리트는 고강도 및 높은 수밀성을 확보할 수 있는 분야에서 활용이 가능하다. 특히 최근의 고강도 콘크리트 개발에서 많이 활용되고 있다.

High Strength	Low Permeability
• Prefabrication of Concrete Element • Energy Saving(No Heat Curing) • Anchoring : Grouting Materials • Injection Mortars • Fiber Reinforced Materials • Shotcrete • Press Tools • Casting Machinery Parts	• Bridge Deck Construction, Repair • Parking Structure • Waterproof Constructions • Corrosion Protection • Encapsulating Nuclear Waste • Abrasion Resistant Concrete • Underwater Concrete

FCM   토목구조기술사 합격 바이블 개정판 2권 제5편 교량계획 및 설계 p.1881

FCM으로 건설 중인 교량의 가고정부가 파손되는 경우, 예상되는 파손원인과 가고정부 검토 시 고려
해야 할 하중에 대하여 설명하고 다음의 조건에서 설치할 강봉의 수와 콘크리트 블록의 단면적을 구
하시오. 단, 최대 불균형 모멘트 $M = 250,000kNm$, 총 작용 연직력 $N = 130,000kN$이며, 강봉의
$P_u = 1,070kN$이고 강봉 도심 간의 거리는 3.5m이며, 콘크리트 블록의 설계기준 압축강도 $f_{ck} = $
60MPa이다.

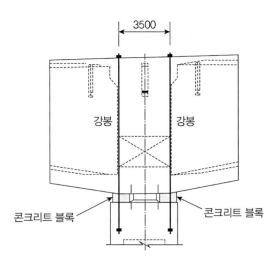

풀 이

➤ **개요**

FCM 공법은 기시공된 교각에 주두부를 시공하고 여기에 작업차를 설치하여 교각을 중심으로 좌우
의 균형을 맞추어가며 3~5m 길이의 세그멘트를 순차적으로 이어 붙여나가는 공법이다. 일반적으
로 동바리의 설치가 어려운 깊은 계곡이나 하천, 해상 등에 장경간의 교량을 가설할 경우에 적용이
가능하며 현장타설 캔틸레버 공법과 프리캐스트 캔틸레버 공법이 있다.

➤ **가고정부 파손원인**

일반적으로 많이 사용되는 모멘트 저항교각을 하부구조형식으로 선정 시에 가설고정 지주 등이 필
요하다. 가고정부의 파손이 발생된 경우는 한쪽 캔틸레버의 고정하중이 너무 크거나 이동식 운반건
설장비 하중과 충격하중, 인양순서의 과오, 풍하중 등 대부분 시공 중 발생하는 모멘트 불균형 하중
에 의해서 발생된다.

이러한 불균형 하중으로 인한 문제가 발생되지 않도록 FCM 공법 시공 시에는 다음과 같이 불균형

하중에 대해 고려하도록 하고 있다.

- 균형캔틸레버공법에서 생기는 하중의 차이로 한쪽 캔틸레버 작용하는 고정하중의 2%
- 시공 중 불균형 활하중(한쪽에 5MPa, 반대쪽에 2.5MPa)
- 가설에 필요한 이동식 운반건설장비 하중
- 세그먼트 인양 시 동적 효과로 충격하중으로 10% 적용
- 세그먼트 불균형, 인양순서 과오, 비정상적인 조건에 의한 하중
- 풍하중 상향력을 한쪽에서 2.5MPa 재하
- 세그먼트의 급격한 제거 및 재하를 고려 정적하중의 2배의 충격하중 적용

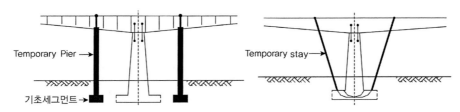

모멘트 저항교각 : 가설고정 지주 설치

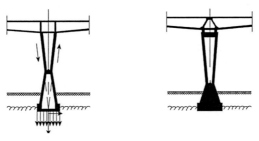

연성 양주 교각 : 강결구조와 받침구조

➤ 강봉수와 콘크리트 블록의 단면적 산정

1) 강봉수 산정

$M = 250,000 \text{kNm}$, $N = 130,000 \text{kN}$이며, $P_u = 1,070 \text{kN}$, $L = 3.5 \text{m}$, $f_{ck} = 60 \text{MPa}$

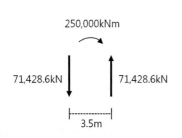

불균형 모멘트로 인한 강봉의 축력

$\therefore F = M_{\max}/L = 71,428.6 \text{kN}$

강봉의 1개의 극한강도 $P_u = 1,070 \text{kN}$

$\therefore n = F/P_u = 66.8$

따라서 편측 67개 전체 134개의 강봉을 설치한다.

2) 콘크리트 블록 단면적 산정

콘크리트 블록에 작용하는 총 연직력 $N = 130,000$kN, 편심하중으로 인해 발생하는 연직력은 71,428.6kN이므로 최대 지압응력은 201,428.6kN이다.

▶ 지압판의 소요단면적(A_{req}) 산정

2012 콘크리트구조기준에 따라 검토한다. 또한 지압하중이 전달되는 기둥부의 면적은 재하면에 비해 충분히 커서 하중이 원활히 전달된다고 보고, 기초판의 표면에서의 지압강도의 제한이 없다고 가정한다.

$$V_u \leq \phi P_{nb} = \phi(0.85\,f_{ck}\,A_{req}),\ \phi = 0.65\ \therefore\ A_{req} \geq \frac{V_u}{\phi(0.85\,f_{ck})} = 6,076,277\text{mm}^2$$

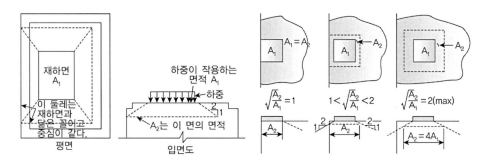

탄성받침   토목구조기술사 합격 바이블 개정판 2권 제5편 교량계획 및 설계 p.2089

상하부 플레이트와 고무패드가 분리된 탄성받침의 문제점 및 개선 대책에 대하여 설명하시오.

풀 이

▶ 개요

탄성받침은 설치 시 온도보정을 할 수 없어 설치시기에 따라 여러 형태의 변형이 발생될 수 있으며, PC빔과 같은 좁은 단면에서 긴장력을 도입하는 경우 빔의 비틀림 현상, 캠버에 의한 불균일한 처짐, 콘크리트의 건조수축 및 크리프에 의한 수축변형, 교대의 측방유동 등 거동 중에 발생하는 미끄럼 및 들뜸, 롤오버 등으로 인해 탄성패드가 상하부 플레이트에서 이탈되는 현상이 발생되는 문제가 있을 수 있다.

▶ 탄성받침의 문제점

1) 탄성받침의 일반적인 문제점

① 설치 시 온도보정이 불가능하여 시공시점과 다른 온도 변화 차이와 콘크리트 건조수축 등에 의한 받침의 전단변형 발생

② 전단 변형에 의하여 들뜸 현상이 발생하여 상하부 플레이트와 고무 패드의 접착 면적 감소(마찰저항 감소)

③ 상하부 플레이트와 고무패드가 완전분리형으로 수직하중이 다소 작은 경우에는 받침에 작용하는 마찰력에 의해서 수평전단 강도가 결정되며, 온도에 의한 변형에 저항을 하지 못해 이러한 경우 기본적으로 미끄럼 현상이 자주 발생

④ 미끄럼 현상으로 교량의 내진성능 확보 미약

2) 상하부 플레이트와 고무패드가 분리된 탄성받침의 문제점

① **미끄럼 현상** : 탄성받침과 상하철판이 분리된 탄성받침이 성립되는 이유는 탄성받침에 아무리 변형이 발생하더라도 상하철판과 탄성받침의 마찰력이 전단변형 및 회전변형에 따른 수평분력이 마찰력보다는 반드시 적다는 논리가 성립되기 때문이다. 최근에 가동단, 일방향 및 고정단과 같이 교량받침의 형식을 구분하기 위하여 에폭시 도장을 선택한 이후로는 미끄럼 현상이 발생하는 경우가 증가하는 경향이 있다. 탄성받침과 철판과의 마찰력을 현저하게 저하시키는 요인으로 작용하기 때문이다. 탄성받침과 접촉하는 상하부 철판에는 미끄럼 도장을 생략하거나 이동 방지 대책을 수립하여 초기단계에서 미끄럼이 발생하지 않도록 적절한 조치를 취할 필요가 있다. 특히 PC빔교와 같이 상부슬래브가 타설되기 전 단계에서 충분한 설계

고정하중이 상재하지 못한 경우에는 미끄럼 현상의 발생 빈도가 높다.

② **들뜸 현상** : 탄성받침의 허용회전각이란 고무에서 인장력을 받지 않도록 수직하중에 의한 처짐량이 회전에 의해 회복되는 크기로 정의되어 있으며 일반적으로 0.02Rad 정도가 된다. 따라서 수직하중의 크기에 큰 경우에는 처짐량이 크게 발생하여 허용회전각이 크게 나타나는 경향이 있다. 교량받침과 접촉하는 면적이 넓은 PC박스 형태와 같은 교량구조물에 있어서는 교량받침에 요구되는 0.02Rad 정도의 회전각은 시공과정에서 만족하기 쉽지만, PC빔과 같이 교량받침과 접촉하는 면적이 좁은 교량형식에 있어서는 설치오차를 고려하면 만족하기 어려운 점이 있다. 그러나 분리형 탄성받침에 있어서 상부구조물의 편심에 의한 들뜸현상은 편심을 받는 콘크리트와 같이 구조물의 안전에 치명적인 영향을 받지는 않으며, 받침의 수직저항력 및 고무의 열화메커니즘을 고려하면 안전에 대한 영향보다는 단지 외관상의 문제일 뿐이다. 일반적으로 현장에 설치된 제품의 점검결과에 의하면 들뜸 현상에 대한 첫 번째 원인은 수평도를 정확히 유지하기 어려운 PC빔의 변형에 따른 편기현상으로서 이를 바로 잡기 위해서는 PC빔에 매설된 철판과 탄성받침의 상판을 연결하기 전에 구배 처리된 솔 플레이트로 수평을 보정하는 작업이 선결되어야 하며, 두 번째 원인으로서는 상하철판의 평탄도에 의한 들뜸 현상도 있을 수 있으므로 제품검사를 철저히 수행할 필요가 있다.

③ **롤오버 현상** : 분리형 탄성받침은 수평하중을 작용하면 롤오버 현상이 발생하는 것은 극히 정상적인 현상이다. 그러나 설치된 탄성받침에 이러한 롤오버 현상이 발생하는 것이 바람직하지 않으며 실제로는 수직하중이 작용하고 있으므로 과도한 전단변형이 발생하지 않는 단계에서는 눈에 두드러지게 나타나지는 않는다. 우리나라의 탄성받침에 대한 KS기준을 보면, 최소 압축응력을 정의하고 있는 이유도 최소한의 수직하중이 작용해야 설계수평변위 70% 이내에서 롤오버 현상을 예방하기 위함이라고 할 수 있다. 최소한의 수직하중이 작용하고 있더라도 롤오버 현상이 발생하는 다른 이유로는 회전변위를 들 수 있다. 교량상판의 회전에 의해 탄성받침에 회전변위가 발생하면 한 변에서는 압축응력이 증가하고, 반대편에서는 인장응력이 발생한다. 이러한 단부에서의 인장응력에 의해 탄성받침에는 들림 현상이 발생하며, 탄성받침과 같이 상하철판과 고무받침이 분리되어 있는 경우에는 흔히 발생할 가능성을 갖고 있는 현상이며, 롤오버의 발생을 억제하기 위하여 최단부의 상하부에는 변형하기 어려운 두꺼운 철판을 사용하는 형태도 있다.

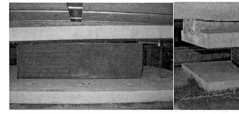  

| 탄성받침 들뜸 현상 | 탄성받침 미끄럼 현상 | 탄성받침 롤오버 현상 |

▶ 개선 대책

상하부 플레이트와 고무패드가 분리된 탄성받침의 문제점 해결을 위해서는 일체형을 사용하는 것이 유리하다.

1) **볼트 체결식 일체형 탄성받침** : 볼트 체결을 위한 철판을 추가하여 일체형으로 설치하는 방식으로 받침 높이가 철판높이만큼 증가되는 단점이 있다.

2) **접착식 일체형 탄성받침** : 접착제를 이용하여 접착하는 방식으로 유지보수가 용이한 장점이 있다.

3) **미끄럼 방지 스토퍼 설치** : 스토퍼를 설치하여 받침의 전단변형으로 인한 미끄럼 방지, 유지보수가 용이한 방식이다.

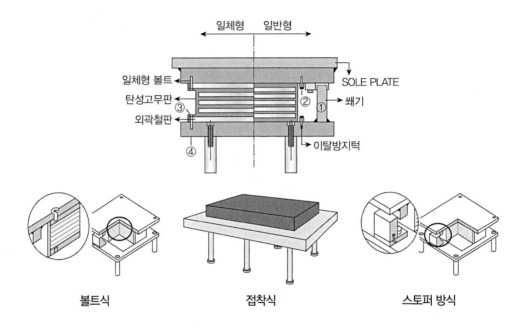

볼트식   접착식   스토퍼 방식

바닥판 피로손상

판형교 위에 설치된 철근콘크리트 도로교 바닥판의 피로손상 과정 및 대책에 대하여 설명하시오.

풀 이

도로교 RC바닥판의 피로파괴에 관한 연구(권혁문, 콘크리트 학회지, 1993)

➤ 개요

판형교 위에 설치된 철근콘크리트 도로교 바닥판은 차량하중이 직접 전달되고 제설재 등 부식성 환경에 직접 노출되는 교량의 주요 부재로 상대적으로 손상이 많이 발생하는 부위이다. 일반적으로 보수, 보강 등 교량의 성능 개선과 유지를 위한 조치를 취하기까지의 수명이 가장 짧은 것으로 보고되고 있다.

➤ 피로손상 과정

판형교는 주거더 사이를 바닥판이 지지하는 형식으로 차량이 점차 대형화되고 통행량이 증가함에 따라 피로손상과 재료 열화 등이 복합적으로 작용하여 파손이 발생되는 현상이 잦아지고 있다. 이 때문에 바닥판은 피로에 대한 성능 검증이 매우 중요하며 국부하중을 받아 펀칭 전단형으로 파괴되는 특성을 갖는다. 피로강도는 정적 강도를 저하시키며 이로 인해 균열 내로 우수가 침투해 정적내력을 더 저하시키는 역할을 하기 된다. 일방향 RC 슬래브의 경우 200만 회 피로강도는 정적강도의 약 1/2로 저하하고 균열 내 우수가 침투한 경우는 정적내력의 약 1/5로 저하한다는 보고가 있다. 바닥판을 관통한 균열에 우수가 스며들었을 때는 피로수명이 약 50~250배로 감소한다고 보고되고 있다.

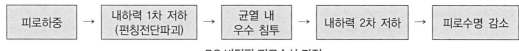

RC 바닥판 피로손상 과정

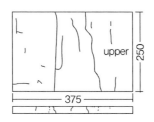

RC바닥판의 균열 패턴(상면)

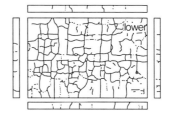

RC바닥판의 균열 패턴(하면)

➤ 피로손상 대책

1) **철근량 증가** : 실제 대형화되고 통행량이 증가되는 추세에 맞게 활하중을 증가시켜서 이에 대한 철근량을 증가시키는 방법이 있다. 도로교설계기준(2015)에서는 이전에 설계기준에 비해 차량 활하중을 실제 국내 현실에 맞게 KL-510 하중으로 개정하였고, 충격하중계수를 조정하였다. 또한 피로하중에 대한 빈도를 일평균트럭하중(ADTTSL)의 빈도를 고려하도록 하고 있다.

2) **고강도 콘크리트 사용** : 피로성능 향상을 위해 고강도 콘크리트 사용을 고려할 수 있다. 고강도 콘크리트는 피로하중 누적에 따른 바닥판의 잔류하중에 충분히 견딜 수 있도록 할 수 있다. 80MPa급 고강도 콘크리트 바닥판의 경우 바닥판의 최소두께를 약 10% 감소시키고 피로 하중이 누적되어도 전단에 대해서 충분히 안전하다는 실험결과가 있다(80MPa급 고강도 콘크리트를 적용한 RC바닥판의 피로성능평가, 배재현, 한국안전학회지 2017).

3) **바닥판 최소두께의 증가** : 현행 도로교설계기준(2015)의 최소 바닥판 두께는 220mm로 규정되어 있다. 대형차량이나 통행량이 많은 교량의 경우 강도의 증가 대신 바닥판의 두께를 증가시켜서 펀칭전단파괴가 방지되도록 할 수 있다.

자기수축과 건조수축

콘크리트의 자기수축(Autogenous Shrinkage) 발생 메커니즘과 구조물에 미치는 영향, 건조수축 (Dry Shrinkage)과의 차이점을 설명하시오.

풀 이

콘크리트 건조수축과 자기수축의 이해(권승희, 김진근, 콘크리트 학회지, 2016.11)

▶ 개요

수축(Shrinkage)은 사용성과 내구성에 직접 연관되는 균열의 주요 원인이며, 시간에 따라 지속해서 변형을 유발함으로써 구조물에 예기치 못한 문제를 일으키는 경우가 많다. 수축은 발생 시기와 기간에 따라서 소성수축, 자기수축, 건조수축, 탄화수축으로 구분될 수 있다.

▶ 콘크리트 수축의 구분

1) **소성수축** : 콘크리트 타설 초기 경화가 완전히 이루어지지 않은 소성상태에서 블리딩 수를 포함한 표면 수가 건조되면서 콘크리트가 수축하는 현상이다.

2) **자기수축** : 물/시멘트비가 낮은(42% 이하) 상황에서 미수화 시멘트의 지속적인 수화로 인해 발생한 내부 수분 손실(자체건조, Self-Desiccation)이 원인이며, 최근 고강도 콘크리트의 사용이 보편화하면서 중요성이 크게 대두되고 있다.

3) **건조수축** : 내부의 수분이 외부로 빠져나가면서 발생하게 되며, 초기재령부터 매우 장기간에 걸쳐 일어난다. 일반적으로 다른 수축에 비해 발생량이 매우 커 실제 구조물의 사용성 및 내구성에 상당한 영향을 미치게 된다.

4) **탄화수축** : 건조수축에 의해 국부적으로 압축응력을 받는 부분의 수산화칼슘($Ca(OH)_2$)이 수분에 용해된 후 이산화탄소(CO_2)와 반응하여 생성된 탄산칼슘($CaCO_3$)이 응력을 받지 않은 영역으로 이동하여 침전하면서 발생하는 것으로 추정하고 있다.

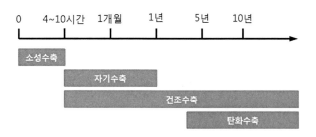

콘크리트 수축의 종류에 따른 발생 시기와 기간

▶ **콘크리트 건조수축과 자기수축의 발생 메커니즘과 구조물의 영향**

1) 건조수축과 자기수축의 발생 메커니즘 비교

건조수축은 내부의 수분이 밖으로 빠져나가면서 모세관압력(Capillary Pressure), 분리압(Disjoining Pressure), 표면장력(Surface Tension)의 변화가 발생하여 수축을 유발하는 현상으로 표면부에서 먼저 습도가 감소하기 시작하며, 중심부로 갈수록 수분이 밖으로 빠져나가 외부 습도와 평형을 이루기까지 더 많은 시간이 필요하다. 따라서 전단면이 습도 평형에 이르기 전까지 단면 내 수분분포의 불균형으로 인해 표면부가 더 많이 수축하려 하고, 외부 구속이 없더라도 표면부에 인장응력이 발생한다.

이에 비해 자기수축은 물/시멘트비가 낮을수록 경화 초기에 수화되지 않은 시멘트 입자의 양이 많아 미수화된 시멘트 입자들은 콘크리트 내부의 수분을 소진하면서 수화반응을 점진적으로 일으키며 발생하는 자체건조 현상이다. 이러한 지연된 수화반응을 통한 내부 수분 손실로 수축이 발생되며, 자기 수축의 경우 건조수축과 달리 전 단면에서 일정한 수분 손실이 일어나며 수축 변형률도 모든 위치에서 같게 나타난다.

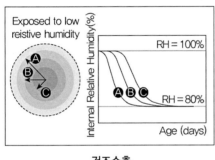

건조수축

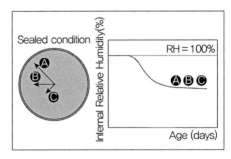

자기수축

2) 영향인자

콘크리트 배합을 구성하는 모든 요소를 영향인자로 볼 수 있다. 일반적으로 건조수축은 강도가 높을수록 물/시멘트비가 낮을수록 작아지는 경향을 보이며 자기수축은 이와 반대 경향을 보인다. 건조수축의 경우 재료 외적인 요인이 매우 크게 영향을 미친다. 대표적으로 부재의 크기와 외부 상대습도를 들 수 있다. 건조수축의 최종 발생량은 같지만 부재의 크기가 커질수록 건조수축의 발현속도가 많이 감소한다. 또한 실내 실험에서 측정되는 건조수축에 비해 실제 부재의 건조수축은 매우 느리게 발생되며, 부재 크기에 따라 건조수축 발생곡선이 수평으로 이동하게 된다. 상대습도의 경우 습도가 낮을수록 건조수축 최종 발생량이 증가하며, 건조수축 발현곡선이 상대습도에 따라 수직 방향으로 이동하게 된다.

자기수축은 부재 크기 및 외부 습도에 영향을 받지 않으며, 재료적인 원인에 크게 영향을 받는다. 자기수축은 시멘트 수화와 관련되기 때문에 물/시멘트비와 골재 사용량이 주요 영향인자로 볼 수 있다.

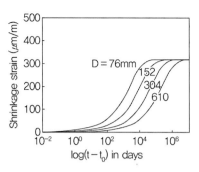
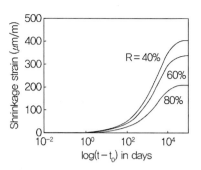

부재 크기에 따른 건조수축 변형률 | 외부 상대습도에 따른 건조수축 변형률

3) 구조물에 미치는 영향

수축은 장기적인 변형으로 일반적으로 크리프 또는 릴렉세이션과 동시에 발생하게 되며, 구조물에 미치는 영향으로 대표적으로 내·외부 구속에 의한 균열이 있다. 기타 프리스트레스트 부재에서의 장기적인 긴장력 손실, 초고층 건물 기둥의 부등 축소량, 보와 슬래브의 처짐 등에 영향을 준다.

균열과 관련해서 건조수축의 경우 표면부 수분이 먼저 외부로 빠져나가면서 발생하게 되며, 내부 구속으로 인해 표면부에 인장응력이 작용하게 된다. 내부 구속만으로도 표면부에 다수의 미세균열이 발생하게 되고, 내부수분의 지속적인 확산으로 균열의 진전이 이루어진다.

자기수축에 의한 균열은 건조수축과 다른 형태로 발생하게 된다. 건조수축에 의한 균열이 주로 표면에서부터 발생하여 진전한다면, 자기수축은 모든 위치에서 같은 수축변형률을 나타내기 때문에 부재 내부에 라도 철근과 같이 변형을 구속하는 요소가 있을 때 균열이 발생할 수 있다. 자기수축이 큰 경우 내부로부터 시작된 균열이 표면까지 이어지면서, 균열이 전단면을 통과하는 관통균열이 발생할 수 있으므로 각별한 주의가 필요하다.

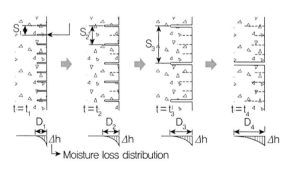
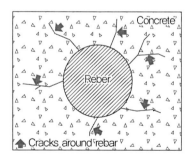

건조수축에 의한 표면균열 발생 형태 | 자기수축에 의해 발생하는 철근 주변 균열

트러스   토목구조기술사 합격 바이블 개정판 1권 제1편 재료 및 구조역학 p.396

다음 구조물에서 최소일의 원리를 이용하여 모든 부재력을 구하고, 가상일의 원리를 이용하여 C점의 수직변위(v_c)와 수평변위(u_c)를 구하시오. 단, 모든 부재의 축방향 강성은 EA이다.

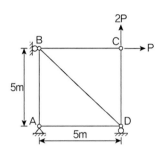

풀 이

➤ **개요**

C점에서 작용하는 하중을 P1, P2로 하고 가상일의 원리를 이용하여 풀이한다.

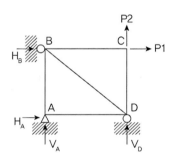

➤ **구조물 해석**

$$\sum V = 0 : V_A + V_D + P_2 = 0$$

$$\sum H = 0 : H_A + H_B + P_1 = 0$$

$$\sum M_A = 0 : 5H_B + 5P_1 - 5P_2 - 5V_D = 0$$

$$\therefore \ V_D = H_B + P_1 - P_2$$

$$V_A = -H_B - P_1$$

$$H_A = -H_B - P_1$$

A점에서 $F_{AB} = -V_A = H_B + P_1$, $F_{AD} = -H_A = H_B + P_1$

C점에서 $F_{BC} = P_1$, $F_{CD} = P_2$

B점에서 $F_{BD} = \dfrac{1}{\cos 45°} F_{AB} = \sqrt{2} F_{AB} = -\sqrt{2}(H_B + P_1)$

부재	L	F	$\dfrac{\partial F}{\partial H_B}$	$\dfrac{\partial F}{\partial P_1}$	$\dfrac{\partial F}{\partial P_2}$	$F\left(\dfrac{\partial F}{\partial H_B}\right)L$	$F\left(\dfrac{\partial F}{\partial P_1}\right)L$	$F\left(\dfrac{\partial F}{\partial P_2}\right)L$
AB	5	$H_B + P_1$	1	1	0	$5(H_B + P_1)$	$5(H_B + P_1)$	0
BC	5	P_1	0	1	0	0	$5P_1$	0
CD	5	P_2	0	0	1	0	0	$5P_2$
AD	5	$H_B + P_1$	1	1	0	$5(H_B + P_1)$	$5(H_B + P_1)$	0
BD	$5\sqrt{2}$	$-\sqrt{2}(H_B + P_1)$	$-\sqrt{2}$	$-\sqrt{2}$	0	$-10\sqrt{2}(H_B + P_1)$	$-10\sqrt{2}(H_B + P_1)$	0

$$\delta_B = 0 \; ; \; \sum \frac{FL}{EA}\left(\frac{\partial F}{\partial H_B}\right) = 0 \quad \therefore H_B = -P_1$$

$$\therefore F_{AB} = 0, \ F_{AD} = 0, \ F_{BC} = P_1 = P, \ F_{CD} = P_2 = 2P, \ F_{BD} = 0$$

➤ **처짐 산정**

1) 수직 처짐

$$\therefore v_C = \sum \frac{FL}{EA}\left(\frac{\partial F}{\partial P_2}\right) = \frac{5P_2}{EA} = \frac{10P}{EA} (\uparrow)$$

2) 수평 처짐

$$\therefore u_C = \sum \frac{FL}{EA}\left(\frac{\partial F}{\partial P_1}\right) = \frac{5P_1}{EA} = \frac{5P}{EA} (\rightarrow)$$

장대교량 형식 비교 　　토목구조기술사 합격 바이블 개정판 2권 제5편 교량계획 및 설계 p.1891

FCM P.S.C Box교, Extradosed교, Cable-Stayed교의 구조적 개념, 하중분담과 개략적인 형고비를 비교하여 설명하시오.

풀 이

▶ 교량별 구조적 개념

장대교량을 가설하는 방식 중 내부에 텐던을 배치하는 PSC BOX에 비해 <u>외부에 텐던을 배치해 주거더의 강성과 텐던의 프리스트레스력으로 저항하도록 하는 방식이 Extradosed교의 개념</u>이다. 이에 비해 사장교(Cable-Stayed Bridge)의 경우 대편심의 케이블을 도입해서 사재가 주로 저항하도록 하는 개념으로 구분된다.

<u>ED교는 사재에 의해 보강된 교량이라는 점에서 사장교와 유사하나 주거더의 강성으로 단면력에 저항하고 사재에 의한 대편심 모멘트를 도입, 거동을 개선한 구조형식이므로 ED교의 주거더는 거더교에 가까운 특징을 가진다.</u>

교량별 구조적 저항 개념과 특성 비교

PSC교	ED교	사장교
Internal Prestressing으로 기존 하중에 저항	주거더의 강성과 External Prestressing으로 저항	추가하중을 대편심 케이블의 도입으로 보완
• 상징성 적음 • 높은 교면 • 교면아래가 중후함(무거움)	• 상징성 있음 • 중간형고 • 상하부 일체감(상하부 균형)	• 상징성 높음 • 낮은 교면 • 교면 위가 번잡함
 주거더 내 배치 PC강재 형고 : L/16~L/40	 경사케이블 주거더 내 배치 PC강재 T　T P V H	 사재 T　T P V H

▶ 형고비 등 특성

ED교는 거더 유효높이 이상으로 PS 강재의 편심을 확보할 수 있어 PSC 거더교에 비해 경량화 및 장지간화가 가능하며 PSC 사장교에 비해 사재의 응력 변동 폭이 작고 주탑 높이를 낮출 수 있어 100~200m 정도의 지간에서 유리하다. 보다 큰 지간을 요구하는 경우에는 사장교를 사용하는 것이 일반적이다. PSC교의 경우 L/15~L/17의 형고비를 가지며 ED교의 경우 L/30~L/35(지점), L/50~ L/60(지간)의 형고비를 갖는다. 사장교의 경우에는 형고비가 2.0~2.5로 지간에 비례하지는 않는다.

교량별 형고비와 특성

구분		PSC교	ED교	사장교
구조특성	주형	• 형고비가 지간에 따라 변화 L/15~L/17 • 높은 교각이 설치되는 지역에서는 연성 확보가 가능하므로 경제성 및 미관을 증진시킬 수 있는 중소지간의 경우에 적합 • 경간장 증대 시 형고 현저히 증가	• 형고비가 지간에 따라 변화 L/30~L/35(지점), L/50~L/60 (지간) • 상부에 작용하는 대부분의 하중을 분담 • 사장교와 거더의 중간 형태로 거더교에 비해 형고 낮음	• 형고비가 2.0~2.5로 지간에 비례하지 않음 • 케이블 지지점간의 하중을 분담하는 보강형 역할 • 형고를 낮게 하여 형하공간 최대 확보 가능
	주탑	–	• 탑고비 : L/8~L/12 • 주로 관통구조에 의한 새들 정착	• 탑고비 : L/3~L/5 • 주로 분리구조에 의한 앵커 정착
	케이블	–	• 주거더인 PSC 거더의 보조역할 • 부모멘트가 크게 작용하는 지점부 단면에 압축력과 정모멘트 도입(케이블이 수평에 가깝게 유지하는 것이 유리) • 활하중에 의한 응력 변동 폭이 작아 피로가 비교적 작음 • 응력 변동 폭 15~38MPa • 허용응력도 $f_{fa} = 0.6f_{pu}$ • Relaxation에 의한 긴장력 손실 검토	• 케이블이 보강형을 탄성지지 • 상부에 작용하는 하중의 상당부분을 케이블의 연직분력으로 분담(케이블 연직도가 클수록 효율적) • 활하중에 의한 응력 변동 폭이 커서 피로에 대한 검토 필요 • 응력 변동 폭 50~130MPa • 허용응력도 $f_{fa} = 0.4f_{pu}$ • 별도의 자체적인 긴장력 손실 없음
시공성	주형	–	• 주거더의 강성이 크기 때문에 변형이 작고 시공관리 용이 • 지점부 단면이 변단면이 되는 경우 Form에 의한 시공 복잡	• 주거더의 강성이 작기 때문에 변형이 쉽고 정밀한 시공관리가 필요 • 주거더 높이가 일정하여 Form에 의한 시공이 유리
	케이블	–	• 시공 중 사재의 장력조정이 어려움 • 사재 재긴장에 의한 거더응력 및 변위의 개선이 어려움	• 주거더 응력의 제한 값을 확보하기 위해 시공 중 장력조정 • 사재 재긴장에 의한 주거더 응력 및 변위의 개선이 용이
공사비	주형	장지간 채택 시 형고의 증가로 공사비 증가	100~200m 정도 지간에서 경제적	형고가 작으므로 장지간 경제적
	주탑	–	주탑이 낮으므로 경제적	주탑의 높아 공사비 증대
	케이블	–	• 사재량이 적고 일반적인 정착구를 가진 PS 강재 사용으로 경제적 • 주탑이 낮아 가설비용 절감	• 사재량이 많고 피로를 고려한 고가의 사재이용으로 공사비 증가 • 주탑이 높이 가설비 증대
	기초	경간장의 증대 시 형고 및 자중이 현저하게 증가하여 하부공의 하중부담 증대로 기초공 규모 증대	상부공의 중심위치기 낮아서 기초공 규모가 작고 경제적	주탑이 높고 중심위치가 높으므로 내진상에 기초공 규모가 증대

복공판   토목구조기술사 합격 바이블 개정판 1권 제1편 재료 및 구조역학 p.286

지하철 공사 현장에서 가로보의 지간 중앙에 복공판이 떨어졌을 때 다음을 구하시오.

조건

- 복공판의 중량(W)은 5.0kN이며, 낙하고(h)는 1.0m이다. 에너지 손실은 무시하며 가로보의 경간장(L)은 5.0m로 단순 지지되어 있다.
- 가로보의 규격은 H-300×300×10×15이고 강축으로 설치되었으며, 탄성계수(E)는 200,000MPa이다.

1) 복공판의 최대 낙하속도
2) 가로보 중앙지점에서 처짐
3) 충격하중 및 정하중에 의한 휨응력
4) 충격하중과 정하중에 의한 휨응력의 비

풀 이

➤ 풀이

1) 복공판의 최대 낙하속도

$$mgh = \frac{1}{2}mv^2 \quad \therefore v = \sqrt{2gh} = 4.427 \mathrm{m/s}$$

2) 가로보 중앙지점에서 처짐

$$I = \frac{300^4}{12} - \frac{290 \times 270^3}{12} = 199,327,500 \mathrm{mm}^4$$

정적하중으로 인한 처짐 산정 $\delta_{st} = \dfrac{WL^3}{48EI} = 0.327 \mathrm{mm}$

충격하중에 의한 처짐 산정 $W(h + \delta_{\max}) = \dfrac{1}{2}k\delta_{\max}^2$

$$\delta_{st} = \frac{WL^3}{48EI} = \frac{W}{k}, \quad k = \frac{48EI}{L^3}$$

$$\therefore k\delta_{\max}^2 - 2W\delta_{\max} - 2Wh = 0, \quad \delta_{\max}^2 - 2\delta_{st}\delta_{\max} - 2\delta_{st}h = 0$$

$$\therefore \delta_{\max} = \delta_{st} + \sqrt{\delta_{st}^2 + 2h\delta_{st}} = \delta_{st}\left(1 + \sqrt{1 + \frac{2h}{\delta_{st}}}\right) = 25.9 \mathrm{mm}$$

충격계수 $i = \dfrac{\delta_{\max}}{\delta_{st}} = 79.2$

구분	봉의 충격계수	빔의 충격계수
평형식 (위치E = 변형E)	$W(h + \delta_{max}) = \dfrac{1}{2} k \delta_{max}^2$	$W(h + \delta_{max}) = \dfrac{1}{2} k \delta_{max}^2$
유도과정	$\delta_{st} = \dfrac{WL}{EA} = \dfrac{W}{k}, \quad k = \dfrac{EA}{L}$ $k\delta_{max}^2 - 2W\delta_{max} - 2Wh = 0$ $\delta_{max}^2 - \dfrac{2WL}{EA}\delta_{max} - \dfrac{2WL}{EA}h = 0$ $\delta_{max}^2 - 2\delta_{st}\delta_{max} - 2\delta_{st}h = 0$ $\therefore \delta_{max} = \delta_{st} + \sqrt{\delta_{st}^2 + 2h\delta_{st}}$ $\quad = \delta_{st}\left(1 + \sqrt{1 + \dfrac{2h}{\delta_{st}}}\right)$	$\delta_{st} = \dfrac{WL^3}{48EI} = \dfrac{W}{k}, \quad k = \dfrac{48EI}{L^3}$ $k\delta_{max}^2 - 2W\delta_{max} - 2Wh = 0$ $\delta_{max}^2 - \dfrac{2W}{k}\delta_{max} - \dfrac{2W}{k}h = 0$ $\delta_{max}^2 - 2\delta_{st}\delta_{max} - 2\delta_{st}h = 0$ $\therefore \delta_{max} = \delta_{st} + \sqrt{\delta_{st}^2 + 2h\delta_{st}}$ $\quad = \delta_{st}\left(1 + \sqrt{1 + \dfrac{2h}{\delta_{st}}}\right)$
충격계수	$i = \dfrac{\delta_{max}}{\delta_{st}} = \left(1 + \sqrt{1 + \dfrac{2h}{\delta_{st}}}\right)$	$i = \dfrac{\delta_{max}}{\delta_{st}} = \left(1 + \sqrt{1 + \dfrac{2h}{\delta_{st}}}\right)$

3) 충격하중과 정하중에 의한 휨응력

정적하중으로 인한 최대응력 $\quad \sigma_{st} = \dfrac{M_{st}}{I}y = \dfrac{WL}{4I}y = 4.7 \text{MPa}$

정적하중으로 인한 최대응력 $\quad \sigma_{max} = i \times \dfrac{M_{st}}{I}y = 372.2 \text{MPa}$

4) 충격하중과 정하중에 의한 휨응력의 비

$\dfrac{\sigma_{max}}{\sigma_{st}} = i = 79.2$

평면변형과 평면응력   토목구조기술사 합격 바이블 개정판 1권 제1편 재료 및 구조역학 p.37

평면변형(Plane Strain)과 평면응력(Plane Stress)에 대하여 설명하고, 토목구조에서 적용되는 사례에 대하여 설명하시오.

풀 이

▶ 개요

탄성해석 시에 2차원적 해석이나 탄성평판해석을 만족하도록 다루어진다. 통상 이러한 해석에서 Plane Stress와 Plane Strain이 포함되는데, 이 두 방법은 구속조건이나 응력과 변위에서의 가정사항에 따라서 달라진다.

▶ 토목구조의 사례

Plane Stress는 2차원적으로 xy평면에 수직한 응력 σ_z, τ_{xz}, τ_{yz}은 0이라고 가정하는 것으로 <u>기하학적으로 한 방향이 다른 방향에 비해서 월등히 작은 경우</u>에 해당하며, 하중이 두께방향으로 균등하게 작용하는 경우에 해당되며, **Plane Strain**는 2차원적으로 xy평면에 수직한 변형률 ϵ_z, γ_{xz}, γ_{yz}은 0이라고 가정하는 것으로 기하학적으로 한 방향이 다른 방향에 비해서 <u>월등히 큰 경우에 해당</u>하며, 하중은 xy방향으로 작용하고 z방향으로는 변하지 않는 경우에 해당된다.

1) Plane Stress : 전형적인 경계조건의 문제의 경우

    ① 두께방향으로 균등한 분포하중을 받거나 집중하중을 받는 경우

    ② 한 지점에서 고정단이거나 한 면이 고정단이거나 롤러지점인 경우에 해당된다.

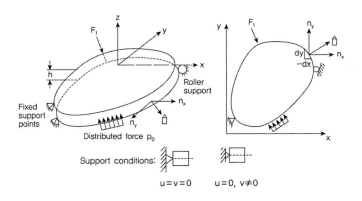

2) Plane Strain : 댐이나 터널 또는 옹벽 등과 같이 기하학적으로 다른 방향이 월등히 커서 그 방향으로 변화가 없는 경우이다. 전형적인 Plane Strain 경계조건 문제는 2방향 탄성해석문제이다.

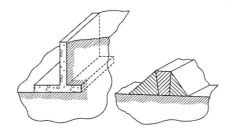

➤ 관계식 유도

1) Stress

$\sigma_x,\ \sigma_y,\ \tau_{xy}$

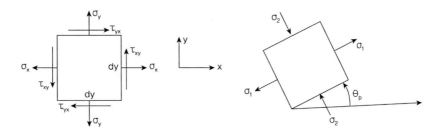

$$\text{주응력 } \sigma_{1,2} = \frac{\sigma_x + \sigma_y}{2} \pm \sqrt{\left(\frac{\sigma_x - \sigma_y}{2}\right)^2 + \tau_{xy}^2}\ ,\ \tan 2\theta_p = \frac{2\tau_{xy}}{\sigma_x - \sigma_y}$$

등방의 재료인 경우 다음과 같이 가정할 수 있다.

$$\sigma_z = \tau_{xz} = \tau_{yz} = 0,\ \gamma_{xz} = \gamma_{yz} = 0$$

$$\{\sigma\} = [D]\{\epsilon\}\ \ [D] = \frac{E}{1-\nu^2}\begin{bmatrix} 1 & \nu & 0 \\ \nu & 1 & 0 \\ 0 & 0 & \dfrac{1-\nu}{2} \end{bmatrix}$$

Strain in Plane Stress

$$\{\epsilon\} = [C]\{\sigma\}\ \ \begin{bmatrix} \epsilon_x \\ \epsilon_y \\ \gamma_{xy} \end{bmatrix} = \frac{1}{E}\begin{bmatrix} 1 & -\nu & 0 \\ -\nu & 1 & 0 \\ 0 & 0 & 2(1+\nu) \end{bmatrix}\ \ [C]^{-1} = [D]$$

Differential Equation for Plane Stress Including Body and Inertia Force

$$G\left(\frac{\partial^2 u}{\partial x^2} + \frac{\partial^2 u}{\partial y^2}\right) + G\frac{1-\nu}{1+\nu}\frac{\partial}{\partial x}\left(\frac{\partial u}{\partial x} + \frac{\partial v}{\partial y}\right) + X = \rho\frac{\partial^2 u}{\partial t^2}$$

$$G\left(\frac{\partial^2 v}{\partial x^2} + \frac{\partial^2 v}{\partial y^2}\right) + G\frac{1-\nu}{1+\nu}\frac{\partial}{\partial y}\left(\frac{\partial u}{\partial x} + \frac{\partial v}{\partial y}\right) + Y = \rho\frac{\partial^2 v}{\partial t^2} \quad G = \frac{E}{2(1+\nu)}$$

2) Strain

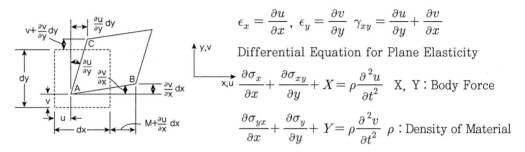

$$\epsilon_x = \frac{\partial u}{\partial x}, \ \epsilon_y = \frac{\partial v}{\partial y} \ \gamma_{xy} = \frac{\partial u}{\partial y} + \frac{\partial v}{\partial x}$$

Differential Equation for Plane Elasticity

$$\frac{\partial\sigma_x}{\partial x} + \frac{\partial\sigma_{xy}}{\partial y} + X = \rho\frac{\partial^2 u}{\partial t^2} \quad X, Y : \text{Body Force}$$

$$\frac{\partial\sigma_{yx}}{\partial x} + \frac{\partial\sigma_y}{\partial y} + Y = \rho\frac{\partial^2 v}{\partial t^2} \quad \rho : \text{Density of Material}$$

등방의 재료인 경우 다음과 같이 가정할 수 있다.

$$\epsilon_z = \gamma_{xz} = \gamma_{yz} = 0, \ \tau_{xz} = \tau_{yz} = 0$$

$$\{\sigma\} = [D]\{\epsilon\} \ [D] = \frac{E}{(1+\nu)(1-2\nu)}\begin{bmatrix} 1-\nu & \nu & 0 \\ \nu & 1-\nu & 0 \\ 0 & 0 & \frac{1-2\nu}{2} \end{bmatrix}$$

Differential Equation for Plane Stress Including Body and Inertia Force

$$G\left(\frac{\partial^2 u}{\partial x^2} + \frac{\partial^2 u}{\partial y^2}\right) + \frac{G}{1-2\nu}\frac{\partial}{\partial x}\left(\frac{\partial u}{\partial x} + \frac{\partial v}{\partial y}\right) + X = \rho\frac{\partial^2 u}{\partial t^2}$$

$$G\left(\frac{\partial^2 v}{\partial x^2} + \frac{\partial^2 v}{\partial y^2}\right) + \frac{G}{1-2\nu}\frac{\partial}{\partial y}\left(\frac{\partial u}{\partial x} + \frac{\partial v}{\partial y}\right) + Y = \rho\frac{\partial^2 v}{\partial t^2} \qquad G = \frac{E}{2(1+\nu)}$$

폭열, 화재손상 평가방법

토목구조기술사 합격 바이블 개정판 1권 제2편 RC p.964

폭열(Spalling)현상에 의한 고강도 콘크리트 구조물의 성능 저하 및 화재손상 평가방법에 대하여 설명하시오.

풀 이

> ## 개요

콘크리트 부재가 화재로 인해 고온에 노출되면 일정 시간은 잘 견디지만 화재 동안 큰 온도 차이가 발생하기 때문에 표면의 콘크리트가 팽창해서 화재가 진압되고 온도가 떨어지면 균열이나 박리현상이 일어날 수 있다. 또한 높은 온도의 화재에 노출된 경우에는 처음 10~20분간 폭발적인 박리(Explosive Spalling) 현상이 발생할 수 있으며, 이러한 현상은 콘크리트의 함수량과 다공성 및 작용하중의 크기와 열팽창에 대한 구속 등의 요인에 의해서 좌우된다. 고강도 콘크리트(High Strength Concrete, HSC)는 다공성이 매우 낮으며 열팽창에 대한 구속이 크기 때문에 보통의 콘크리트보다 폭열현상이 나타날 가능성이 크고 이로 인하여 박리 등으로 구조물에 심각한 영향을 미칠 수 있다.

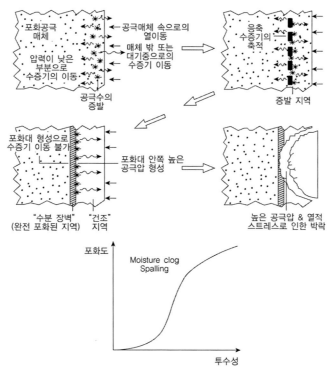

✓ 폭열현상의 주요 영향인자 – 함수율(함수율이 높을수록 증가), 골재종류(선팽창계수가 높은 골재일수록 증가), 가열속도(가열속도가 빠를수록 증가), 구속조건(양단구속일수록 표층부 압축응력 발생으로 폭열 발생 증가), 단면크기(단면의 크기가 클수록 완화), 콘크리트의 배합(세공분포상태에 따라서 공극량이 작을수록 폭열위험 증가)

▶ 내화(폭렬)로 인한 콘크리트의 성능 저하

1) **콘크리트의 강도변화** : 온도 상승에 의한 콘크리트의 강도에 미치는 영향은 300℃ 이하에서는 적고 그 이상에서는 확실히 강도의 감소가 발생한다. 불연재료인 콘크리트는 가열에 의해 시멘트 경화물과 골재와는 각각 다른 팽창 수축거동을 일으키며, 또한 단부의 구속에 의해 생긴 열응력에 따라 균열이 발생된다. 이러한 균열과 열로 인한 시멘트 경화물의 변질 및 골재 자체의 열적 변화에 의하여 콘크리트 강도와 탄성계수는 저하된다. 그 저하강도는 사용재료 종류, 배합, 재령 등에 따라 다르다.

즉, 500℃ 이상의 열을 받으면 콘크리트의 강도 저하율은 50% 이하가 되고 탄성계수도 약 80% 저하된다. 또한 저하된 강도는 화재 후 어느 정도의 기간이 경과되면 강도가 자연 회복되며, 수열 온도가 500℃ 이내이면 어느 정도로 재사용이 가능한 상태로 회복된다.

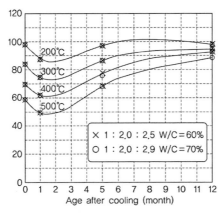

가열된 콘크리트의 압축강도 회복률

2) **강성(Stiffness) 변화** : 콘크리트의 탄성계수에 미치는 온도의 영향을 일반적으로 150~400℃ 사이에서는 탄성계수가 현저히 감소됨을 알 수 있다. 이것은 콘크리트 중의 모세관 수와 겔 수의 증발과 수화생성물의 흡착수가 탈수되면서 시멘트 페이스트와 골재의 부착경감이 원인이라 할 수 있다.

3) **건조수축(Shrinkage)과 크리프(Creep) 증가**

4) **콘크리트 색상 변화** : 콘크리트의 온도가 상승하면 콘크리트의 색이 변하게 되는데, 300℃까지는 색의 변화가 없고 300~600℃까지는 분홍색 또는 적색을 나타내며, 600℃ 이상에서는 회색과 황갈색을 나타낸다.

5) PSC 부재의 피해 : PSC 콘크리트가 고온의 영향을 받는 경우에는 프리스트레스가 되지 않은 콘크리트에 비하여 강도의 감소가 적다는 연구보고도 있다.

6) 강재의 피해 : 철과 강은 고온 강도가 매우 복잡하게 변화한다. 항복점과 탄성계수는 온도의 상승에 따라 대체적으로 직선적으로 감소한다. 특히, 강재의 탄성계수는 500℃ 이하에서는 선형

적으로 완만하게 감소하고 500℃ 이상에서는 급격히 감소한다. 일반적으로 온도가 증가함에 따라서 강재의 강도는 감소하지만, 온도가 약 200℃ 정도까지 상승하여도 구조용 강재나 PSC 강재는 초기 강도의 90% 이상을 보유하고 있다.

7) **철근과의 부착력 저하** : 고온에서 시멘트 풀은 탈수하여 수축하고 골재는 팽창하기 때문이다.

8) 인공 경량골재의 경우 강도저하가 작다.

9) 60~70℃ 정도의 온도에서는 거의 영향을 받지 않는다.

▶ 화재손상 평가방법

1) 콘크리트 **표면의 변색**상황 : 변색상황으로 개략적 수열온도가 추정된다.

온도범위	300℃ 미만	300~600℃	600~950℃	950~1200℃	1200℃ 이상
변색상황	그을음	핑크색	회백색	담황색	용융상태

2) **페놀프탈레인 용역**에 의한 중성화 깊이 : 중성화되지 않은 부분은 500℃ 이하로 추정된다.

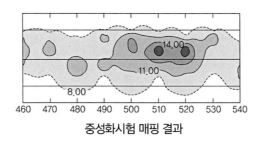

중성화시험 매핑 결과

3) 중성화 깊이와 탄산가스량 : 화재에 의한 중성화의 경우 가열에 의해 $CaCO_3$가 CO_2를 방출하게 되므로, 화재현장에서 채취한 중성화부분의 시료의 CO_2가 15% 이상이면 화재피해를 받은 것으로 추정된다.

4) 탄산가스 재흡수량

$Ca(OH)_2 + CO_2 \rightarrow CaCO_3 + H_2O(\uparrow)$ 온도별 탄산가스 재흡수량 측정량과 비교하여 수열온도 추정

5) **X-Ray에 의한 반응생성물 분석**

콘크리트 경화물의 반응생성물은 복잡한 시멘트 수화생성물의 복합체로 구성되어 있어서 정확한 분석이 곤란하나, X-Ray 회절분석과 시차열분석이 잘 일치하는 4.93Ao 부근의 Portlandite[$Ca(OH)_2$]와 3.03Ao 부근의 Calcite[$CaCO_3$] 등 이 두 가지 반응생성물의 분석으로 열손상 정도 (화재온도)를 추정할 수 있다. 즉 콘크리트의 알칼리성과 강도발현을 주도하는 수산화칼슘 [$Ca(OH)_2$]은 약 500℃ 정도의 고온을 받게 되면 CaO와 H_2O로 분해되며, 시멘트의 주성분인 탄산칼슘[$CaCO_3$]은 약 800℃ 부근에서 CaO와 CO_2로 분해되는 것으로 알려져 있다. 따라서 화재

를 입은 콘크리트의 X-Ray 회절분석에 의해 콘크리트 중의 시멘트수화물(CaO)의 변화를 정량적으로 추정하면 화재온도와 온도의 작용시간을 추정할 수 있다. 시멘트수화물[CaO]을 확인하는 방법은 손상을 받은 각 부위별 표면에서부터 깊이별로 채취한 콘크리트 시편을 가능한 시멘트 부분만을 채취하여 미분말로 분쇄하고, X-Ray 회절분석기를 이용하여 2θ를 5~70° 범위에서 콘크리트의 열손상(화재온도) 정도에 따른 반응생성물에 대한 회절강도의 변화추이를 분석 평가한다.

6) 시차열분석(Differential Scanning Calorimetry, DSC)에 의한 화재온도 분석

콘크리트는 시멘트의 수화반응에 의해 많은 수화생성물을 함유하고 있으며 이들 수화생성물은 온도의 변화에 따라 결정구조가 변화되며, 변화할 때에 에너지를 흡수 또는 방출한다. 또한 수화물의 결합수와 흡착수 등이 이탈하는 과정에서도 열변화 등을 일으키기 때문에 미리 열변화를 일으킨 시료를 열분석할 경우 그 온도에서는 특별한 에너지의 흡수나 방출은 발생하지 않는다. 따라서 열변화를 일으키지 않은 시료를 열분석하고 열변화를 일으킨 시료를 열분석하여 비교 분석함으로써 콘크리트의 화재온도를 추정할 수 있다.

일반적으로 Portlandite[Ca(OH)$_2$]는 열에 의해 500°C 부근에서 CaO와 H$_2$O로 또한 Calcite [CaCO$_3$]는 800°C 부근에서 CaO와 CO$_2$로 분해하는 것으로 알려져 있다. 이 두 가지 물질에 대하여 각 시편을 R.T~1,000°C까지의 열적변화를 추적 비교 분석한다.

7) 주사전자 현미경(Scanning Electron Microscope, SEM)에 의한 미세구조 분석

주사형 현미경에 의한 콘크리트의 열화상태의 판정은 콘크리트 미세조직의 치밀성, 다공성, 모세관 및 겔공극의 분포 정도, 미세균열의 발생 현황, 팽창성 물질의 생성에 의한 균열 발생 등을 관찰함으로써 콘크리트의 건전성을 평가할 수 있다. 특히 화재에 의한 콘크리트의 열화 정도를 고찰하기 위해서는 고온에 의한 수화생성물의 분해 정도에 따른 균열 발생 정도를 관찰하는 것이 중요하다.

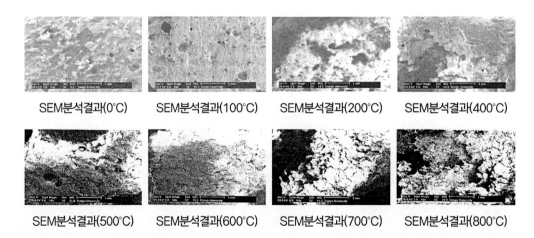

SEM분석결과(0°C) SEM분석결과(100°C) SEM분석결과(200°C) SEM분석결과(400°C)

SEM분석결과(500°C) SEM분석결과(600°C) SEM분석결과(700°C) SEM분석결과(800°C)

프리텐션 균열

프리텐션 I형 거더 정착부에서 하중 작용 전에 발생하기 쉬운 균열의 유형 및 이 균열의 저감방안을 설명하시오.

풀 이

> ### 개요

프리텐션 PSC 부재는 강연선의 유효 긴장력을 강연선과 이를 둘러싸고 있는 콘크리트의 부착응력에 의해 콘크리트에 전달함으로써 콘크리트 부재의 단점인 인장응력의 발생을 감소시키고자 하는 부재이다. 그러나 프리텐션 중 I형 거더와 같이 세장한 경우 단부에 국부적으로 프리스트레스트가 집중되는 하중에 전단 지연이나 국부적 휨으로 인해 균열이 발생되기 쉬우며, 이로 인해 일반적으로 수평균열, 수직균열, 경사 균열 등이 발생될 수 있다.

> ### 프리텐션 I형 거더 정착부 균열 유형

프리텐션 I형 거더 정착부 인근에서는 콘크리트 단면부족으로 인한 수평균열(Horizontal Cracks)과 하부플랜지에서 긴장력이 전달되는 과정에서 발생하는 수직균열(Vertical Cracks), 방사균열(Radial Cracks), 경사균열(Angular Cracks), 스트랜드균열(Strand Cracks) 등이 발생된다. 이러한 정착부에서의 균열 원인은 재킹 힘을 해제하는 과정에서 강연선에서 부재로 힘이 전달되는 과정에서 발생된다.

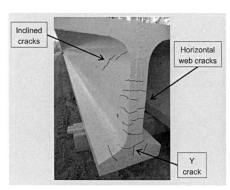

정착부 균열

단부에서 발생되는 수평균열

1) **정착부 인근 수평균열** : 수평 균열은 대개 중심축 근처에서 발생되며 I형이나 역 T형 거더의 경우 웨브와 하부플랜지의 접합부에 가깝게 발생된다. 이러한 수평균열의 원인은 인장력에 견딜 수 있는 콘크리트의 단면이 작기 때문에 발생된다.

2) 수직균열 : 하부플랜지에서 긴장력이 전달되는 과정에서 작은 균열이 발생된다. 수평균열과 합쳐져서 Y형 균열이 발생되기도 한다.

3) 경사균열 : 전단지연이나 국부적 휨으로 인해 발생된다.

▶ 정착부 균열 저감방안

1) **재킹 힘 해제속도 조절** : 갑작스럽게 빔에 힘이 전달되지 않고 콘크리트 거더에 변형된 압축력을 수용할 수 있는 시간을 충분히 주어 균열이 발생되지 않도록 조절한다.

2) 정착부 단부 정착길이 내에 웹에 **수직방향 철근이나 나선형 보강철근을 설치**한다.

3) 정착부에서 **강연선 정착을 분산해 하중을 분산**시킨다.

프레임 해석   토목구조기술사 합격 바이블 개정판 1권 제1편 재료 및 구조역학

다음 그림과 같이 정팔각형 프레임 구조물에 하중이 작용하는 경우에 대하여 축력선도(Axial Force Diagram), 전단력선도(Shear Force Diagram), 휨모멘트선도(Bending Moment Diagram)를 구하고 개략적인 변형도(Deformed Configuration)을 그리시오. 단, 정팔각형 중심에서 모든 꼭짓점까지 거리는 10m이다.

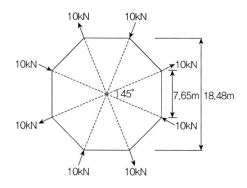

풀 이

> **개요**

정팔각형 구조로 하중이 교번으로 작용한다. 부재의 대칭성을 고려하여 구조물을 단순화하여 해석한다.

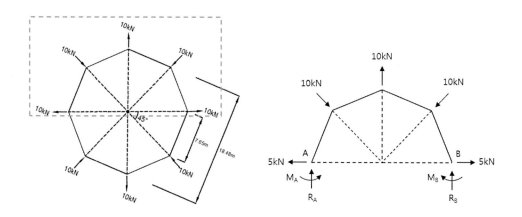

$$R_A = R_B = \frac{1}{2}(-10 + 2 \times 10\sin 45) = 2.07\text{kN}(\uparrow)$$

➤ 부재력 산정

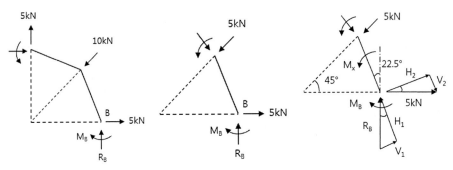

$$V_1 = R_B \sin\frac{\pi}{8}, \quad H_1 = R_B \cos\frac{\pi}{8}, \quad V_2 = 5\sin\frac{\pi}{8}, \quad H_2 = 5\cos\frac{\pi}{8}$$

$$\therefore \text{축력 } F = 2.07\cos\frac{\pi}{8} - 5\sin\frac{\pi}{8} = 0, \quad \text{전단력 } V = 2.07\sin\frac{\pi}{8} + 5\cos\frac{\pi}{8} = 5.412\text{kN}$$

$$M_x = (-V_1 - H_2)x + M_B = -\left(R_B\sin\frac{\pi}{8} + 5\cos\frac{\pi}{8}\right)x + M_B$$

$$\text{변형에너지 } U = 8\int_0^{7.65} \frac{M_x^2}{2EI}dx,$$

$$\therefore \frac{\partial M_x}{\partial M_B} = 0 \; ; \; M_B = 20.7\text{kNm}$$

➤ AFD, SFD, BMD

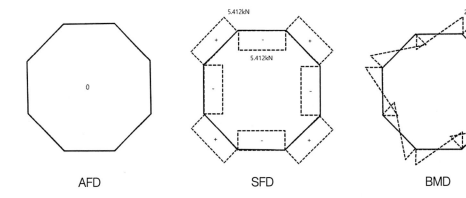

AFD   SFD   BMD

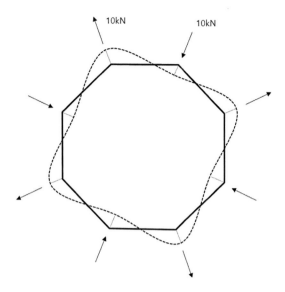

RC교 안전진단

철근콘크리트 교량의 안전진단 과업수행 절차와 필요한 시험항목에 대하여 설명하시오.

풀 이

안전점검 및 정밀안전진단 세부지침해설서(한국시설안전공단, 2011)

➤ 개요

안전진단은 진단의 규모나 정도, 진단의 빈도 및 진단할 요소나 부위 등에 따라 구분된다. 일반적으로 안전진단은 안전점검과 정밀안전진단으로 구분된다. 안전점검 및 정밀안전진단의 목적은 현장조사 및 각종시험에 의해 시설물의 물리적·기능적 결함과 내재되어 있는 위험요인을 발견하고, 이에 대한 신속하고 적절한 보수·보강 방법 및 조치방안 등을 제시하여 시설물의 안전을 확보하기 위해 실시한다.

➤ 정밀 안전진단의 수행 절차

1종 및 그 외 필요한 교량을 대상으로 정기검사, 정밀검사, 긴급점검 등을 통해 정밀안전진단이 필요하다고 판단될 경우에 정밀안전진단을 실시한다. 정밀안전진단은 상태평가와 안전성 평가로 구분되며, 안전성 평가는 내구성과 내하력에 대해 평가한다. 다음은 일반적인 정밀안전진단의 수행절차이다.

사전조사 및 현장조사계획 수립
• 현장답사, 관련 자료 수집 • 조사계획 수립 및 검토

외관상태 조사	내구성 조사	내하력 조사
• 콘크리트 구조물 • 강재구조물	• 콘크리트 강도, 중성화, 염화물 함량, 철근 탐사 등 • 강재 용접부 비파괴 검사	• 부재의 정·동적 변형률(변위)의 측정 • 가속도 측정

조사결과 검토 및 분석
• 조사결과 정리 및 기록 • 손상 및 결함 원인 분석

상태 평가		안정성 평가
• 사용성, 내구성 검토 • 상태평가등급 산정		• 안전성 검토 및 분석 • 안전성 평가등급 산정

종합평가 및 보수보강 방안 제시
• 상태 및 안전성 종합평가 • 보수·보강방안 검토/결정

▶ **안전진단 수행 절차별 시험항목**

1) **외관상태 조사** : 콘크리트의 균열, 박리, 층분리/박락, 철근노출, 백태, 누수, 파손, 처짐, 변형 등의 외관 조사를 실시한다. 이때 필요시 내구성 조사에 필요한 파괴시험 강도와 중성화깊이 시험을 실시한다. 기초의 경우 기초의 노출, 세굴, 침하 등을 조사한다.

2) **내구성 조사** : 콘크리트 구조물의 노후 및 손상 정도를 보다 엄밀하게 평가하기 위해서 외관상태 조사 이외의 각종 실험을 실시한다. 비파괴 시험강도와 중성화 깊이 시험과 함께 필요시 파괴시험 강도와 염화물 함량에 대한 조사도 실시한다.

　① **비파괴 검사** : 콘크리트 강도는 타설된 콘크리트와 동일한 시료로부터 채취한 시험체를 이용해 판정하지만 그 강도는 타설 조건이나 양생조건에 따라 다르기 때문에 구조물의 실제 강도를 구하기 위해 실시한다. 비파괴검사는 국부파괴검사와 병행되며 구조물을 손상시키지 않고 광범위하게 조사할 수 있는 장점이 있다. 검사 방법에 따라 슈미트 해머를 이용한 반발경도법, 초음파 속도를 이용한 초음파 측정법과 두 가지를 조합한 조합법이 있다.

| 반발경도 측정 | 초음파속도 측정기 | 콘크리트 코아 채취 |

　② **철근배근 탐사** : 구조체 콘크리트를 깨어내고 철근을 노출시켜 직접조사하거나 구조체를 파괴하지 않고 비파괴로 검사하는 방법이 있다. 일반적으로 전자 레이더법이 가장 많이 쓰이며, 전자 유도법, 자기 유도법, 방사선법에 의한 철근 탐사 방법이 있다.

　③ **철근 부식도 시험** : 외부환경이나 구조물 자체의 원인으로 인해 발생되는 콘크리트의 내부 철근 부식 유무를 평가하기 위해서 실시되며 가장 널리 이용되는 방법은 자연전위측정법이다. 콘크리트 구조물 내에 강재가 부식되면 부식전지가 형성되어 양극반응을 나타내는 부식부와 음극반응을 나타내는 비부식부로 구분되며 이때 자연전위도 변화한다. 이 전위를 계측하여 부식 유무를 판정한다.

　④ **탄산화 시험** : 경화된 콘크리트는 시멘트 수화생성물인 수산화칼슘($Ca(OH)_2$) 등에 의해 강한 알칼리성을 나타내며 이는 콘크리트 내부에 있는 철근 표면에 수화산화물 피막을 형성해 철근의 부식을 방지한다. 그러나 수산화칼슘이 공기 중 이산화탄소와 반응하면 탄산칼슘($CaCO_3$)으로 변화되며 표면으로부터 점차 탄산화가 진행된다. 탄산칼슘으로 변화되면 알칼리성을 상실하게 되는 탄산화로 인해 중성화가 된다. 탄산화가 철근 표면까지 도달하면 부동태 피막이 파괴되며 부식 방응이 발생된다. 탄산화 시험은 탄산화된 위치의 환경조건, 마감재의 종류와

두께, 탄산화 깊이, 철근의 피복 두께와 종류, 직경, 방향, 콘크리트 내부의 철근 부식 상황에 대해 조사하게 되며, 페놀프탈레인법에 따라 코아 채취된 시료의 변색으로 중성화 깊이를 측정한다.

⑤ **염화물 함유량 시험** : 구조물에 해풍, 해수 및 제설제 등 염화물을 함유한 외부 환경조건에 의하거나 바다모래, 경화촉진제 등으로 염화칼슘 등을 사용한 경우 영향을 받을 수 있다. 염화물은 염화나트륨, 염화칼슘, 염화칼륨 등 물에 쉽게 용해되어 이온상태로 강재에 영향을 미치는 종류와 $3CaO-Al_2O_3-10-12H_2O$와 같이 시멘트 성분에 결합해서 관여하기 어려운 것들로 다양하다. 따라서 염화물은 주위 조건에 영향을 받아 쉽게 변화하고 단독적으로 분리해서 정량화해 조사하기 어려우며 모든 염분 및 가용성 염분에 대한 처리 규정에 따라 실시한다.

3) **내하력 조사** : 내하력 평가는 구조물에 작용하는 공용하중의 조사와 비파괴시험에 의한 부재강도의 조사, 정·동적재하시험에 의한 변형률과 변위, 진동 특성을 조사하며 이를 기초해 구조물이 작용외력에 대한 저항능력을 평가한다. 내하력 평가방법은 일반적으로 허용응력법, 강도판정법, 하중저항계수판정법, 신뢰성방법에 의한 방법으로 구분된다.

① **재하시험** : 이론적인 방법으로 평가된 교량의 내하력을 보완하는 데 적용된다. 일반적으로 교량의 내하력은 교량의 거동에 영향을 줄 수 있는 심각한 손상이나 결함, 재료적 열화현상이 없다면 이론적 방법보다 더 높게 평가된다. 재하시험을 평가하는 주요 목적은 교량의 실제 정적, 동적거동을 평가하고, 처짐 및 진동 등의 사용성과 교량의 결함원인의 분석 및 규명, 해석에 의한 방법보다 내하력이 작은 경우 실제 거동을 반영해 내하력 결정을 위해 시행된다.

② **정적재하시험** : 먼저 설계하중을 고려하여 시험 트럭하중을 선정한다. 일반적으로 트럭의 축 중량 규제로 인해 1등급교에 재하되는 재하차량의 최대중량은 250kN으로 설계하중 총 중량의 60% 정도 수준이다. 교통통제 후 무 재하 상태에서 변위 등을 측정하며 정적하중을 재하한 후 3회 연속 측정하여 계측 값을 확인한다. 차량 제거 후에 초깃값과 비교하여 탄성 복원과 잔류변형의 유무 등을 확인한다.

③ **동적재하시험** : 동적재하시험은 시험차량의 주행속도에 따른 동적응답으로부터 실제 교량의 충격계수와 진동평가를 위한 시험과 동적 특성을 구하는 시험으로 구분된다. 시험차량은 주요 위치의 동적처짐과 변형률을 기록할 수 있도록 주행하며, 주행속도는 10km/h를 기준으로 10km/h씩 증가하면서 가능한 최고 속도까지 속도별로 주행시켜 가속도 측정을 통해 시험차량의 주행 시 진동에 의한 동적 특성을 분석한다.

지진에너지   토목구조기술사 합격 바이블 개정판 2권 제6편 동역학과 내진설계 p.2246

도로교설계기준에 있어서 내진등급에 따른 설계지진 가속도(g)와 이에 대응하는 지진규모(M)를 설명하고 지진에너지(E)의 비율을 계산하시오.

풀 이

▶ 개요

도로교설계기준에서는 지진구역계수와 구조물에 따른 위험도 계수를 평균재현주기 500년과 1000년으로 구분하여 가속도 계수를 산정하도록 하고 있다. 또한 지표면 아래의 지반에 따라 지반계수도 고려하도록 하고 있다.

TIP | 가속도계수와 지반계수 |

① 가속도 계수($A = I \times Z$) = 위험도계수 × 지진구역계수
② 지진구역계수(Z) : 평균재현주기 500년 지진지반운동에 해당하는 지진구역계수로 I구역(0.11), 2구역(0.07)
③ 위험도계수(I) : 평균재현주기별 최대 유효지반가속도의 비를 의미하며 재현주기 500년(1.0), 1000년(1.4)
④ 지반계수(S) : 지표면 아래 30m 토층에 대한 전단파속도, 표준관입시험, 비배수전단강도의 평균값을 기준으로 구분

지반종류	지반종류	S	지표면 아래 30m 토층에 대한 평균값		
			전단파속도(m/s)	표준관입시험(N)	비배수전단강도(kPa)
I	경암, 보통암	1.0	760 이상	−	−
II	매우조밀토사, 연암	1.2	360~760	> 50	> 100
III	단단한 토사	1.5	180~360	15~50	50~100
IV	연약한 토사	2.0	180 미만	< 15	< 50
V	부지 고유의 특성평가가 요구되는 지반				

▶ 내진등급에 따른 설계지진 가속도와 지진규모, 지진에너지

지진파는 크게 지진의 규모(Magnitude)와 진도(Intensity)로 표현되며, 지진의 규모(M, Magnitude)는 절대적인 개념으로 국내의 경우 1~9단계로 구분된 리히터 스케일(Richter Scale)로 표현되며 진앙지로부터 100km 떨어진 지점의 로그스케일로 표현된다.

진도(Intensity)의 경우 피해 정도를 기준으로 표현되는 상대적인 개념의 단위로 국내에서는 1~12단계로 구분된 수정메르칼리 진도(Modified Mercalli Intensity, MMI)로 표현된다.

규모와 진도와의 상대적인 값의 비교는 이론적으로는 결정할 수 없고 통계적인 방법으로 결정한다.

지진이 많이 발생하는 미국에서 결정된 관계식은 다음과 같다.

$$M = \frac{2}{3}MMI + 1 \, (\text{미서부 경험식}), \quad M = \frac{1}{2}MMI + 1.75 \, (\text{미동부 경험식})$$

$$\log_{10}PGA = 0.3MMI + 0.014 \ (\text{Trifunac and Brady})$$

$$\log_{10}PGA = 0.33MMI - 0.5 \ (\text{Gutenberg and Richter})$$

여기서, M : 규모, MMI : 최대진도, PGA (gal, cm/sec²)

$$\log_{10}E = 11.8 + 1.5M$$

✓ 수정메르칼리 진도 계급표를 참고하여 내진설계 기준 선정 시 붕괴 방지 수준의 최대지반가속도에 해당하는 진도를 상
기 산정식에 대입하면, $M = 1 + 2/3 \times 7.8 = 6.2$(6.2 규모의 지진에 견디도록 설계, 내진설계 기준상의 최대지반가속도
0.224{RMg}에 해당하는 MMI 진도계급상의 진도값=7.8)

국내 도로교설계기준에서는 내진등급을 I, II등급으로 구분하고 있으며, 위험도 계수와 지역계수로
구분되고 있다. 위험도 계수와 지역계수를 고려한 가속도 계수는 구조물의 응답의 크기와 연관된
유효최대지반가속도(EPA)이며, 경험식에서의 지진파의 크기와 연관된 최대지반가속도(PGA)와
다르다. 일반적으로 EPA는 응답스펙트럼의 기본이 되는 단주기 구조물의 가속도 응답을 2.5로 나
눈 것으로 문제에서의 비교를 위해 2.5를 적용하여 내진등급별 진도와 규모, 지진에너지를 산정하
였다.

내진등급	위험도계수(I) ❶	지역계수(Z) ❷	가속도(g) ❸=❶×❷	PGA (cm/s²) ❹=(❸×981) ×2.5	진도(MMI) ❺=(log❹- 0.014)/0.3	규모(M) ❻=$\frac{1}{2}$❺+1.75	지진에너지(E) $10^{(11.8+1.5\times❻)}$
I등급	1.4	0.11(1구역)	0.154	377.3	8.54	6.02	6.76×10^{20}
		0.07(2구역)	0.098	240.1	7.89	5.7	2.24×10^{20}
II등급	1.0	0.11(1구역)	0.11	269.5	8.06	5.78	2.95×10^{20}
		0.07(2구역)	0.07	171.5	7.4	5.45	9.55×10^{19}

※ 1등급 1구역의 경우 가속도는 0.154g이므로 최대지반가속도는 2.5배로 가정하면, PGA=(0.154×9.81m/s²)×(100cm/m)×2.5=
377.3cm/s²이므로 경험식으로부터 진도 MMI=(log377.3-0.014)/0.3=8.54, 경험식으로부터 규모 M=$\frac{1}{2}$×8.54+1.75=6.02,
따라서 지진에너지는 logE=11.8+1.5M으로부터 산정하면 6.78×10²⁰이다.

II등급 2구역에 비해 1등급 1구역의 지진에너지는 약 7배가량 높게 평가되는 것을 알 수 있으며, 일
반적으로 지진에너지는 규모(M) 1의 차이에 32배 차이가 발생되며, 규모 2의 차이는 1,000배의 차
이가 발생된다.

다음과 같은 교량 상부 슬래브 캔틸레버부의 가설동바리에 대하여 사재에 발생되는 응력을 구하시오. 단, 가설동바리의 자중은 무시하고, 콘크리트 슬래브 단위중량은 25kN/m³이며 수평재에 등분포하게 작용한다고 가정한다. 수평재와 수직재 및 사재는 강재(SS400) $L-60 \times 60 \times 5$이고, 부재들은 1개의 M20볼트로 연결되어 0.9m 간격으로 설치되었으며, 슬래브 거푸집은 $t=2mm$인 강재이다.

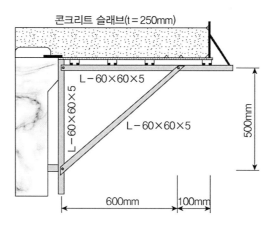

풀 이

▶ 개요

가설동바리에 작용하는 하중은 콘크리트 슬래브의 자중만을 고려한다. 기타 작업하중 등은 별도로 고려하지 않는 것으로 가정한다.

▶ 구조물 단순화 해석

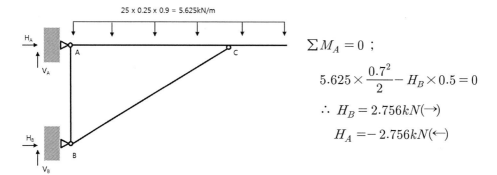

$$\sum M_A = 0 \; ;$$

$$5.625 \times \frac{0.7^2}{2} - H_B \times 0.5 = 0$$

$$\therefore H_B = 2.756kN(\rightarrow)$$

$$H_A = -2.756kN(\leftarrow)$$

B점에서

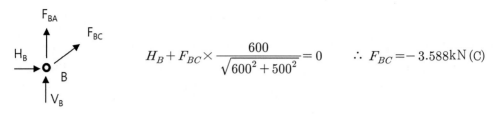

$$H_B + F_{BC} \times \frac{600}{\sqrt{600^2 + 500^2}} = 0 \qquad \therefore F_{BC} = -3.588 \text{kN} \, (\text{C})$$

➤ 사재 응력 산출

$$A = 60 \times 5 + 55 \times 5 = 575 \text{mm}^2 \qquad \therefore \sigma_{BC} = \frac{F_{BC}}{A} = 6.240 \text{MPa} \, (\text{C})$$

무도장 내후성 강

토목구조기술사 합격 바이블 개정판 2권 제4편 강구조 p.1232

무도장 내후성 강교량에 대하여 설명하시오.

풀 이

> **개요**

내후성 강재는 강재의 표면에 미리 녹을 발생시켜서 외부와 강재 표면을 차단시켜 부식을 방지하고 강재로 별도의 도장이나 도금이 필요 없는 강재재료다. 그러나 습윤 상태로 되는 경우가 많은 장소 또는 염분입자의 비산범위 내에 있는 장소에서는 사용할 수 없다는 사용 환경상의 제약이 있다.

> **내후성 강재의 특징**

일반적으로 강재는 대기 중에서 부식되기 쉬우나 대기 중에서 부식에 잘 견디고 녹슬음의 진행이 지연되도록 개선시킨 강재를 내후성 강재(SMA)라 한다. 특히 P, Cu, Cr, Ni, V계의 내후성 고장력 강은 내후성이 우수하여 무도장으로 사용할 수 있는데, 도장 없이 사용하는 내후성 고장력강을 내후성 무도장 강재라고 분류한다. 내후성 확보에 효과적인 Cu, Cr, Ni 등이 함유되어 대기에 노출되면 강재 표면에 치밀한 안정녹을 형성한다.

✓ 내후성 강재는 무도장 강재의 경우 W로 표시하며, 도장을 실시하여 사용하는 경우 P로 표기한다.

1) 내후성 강재의 원리

　대기에 강재가 노출되면 일반강과 유사하게 녹이 발생하나 기간이 경과함에 따라서 그 녹의 일부가 서서히 모재에 밀착한 녹층을 형성하는 녹안정화가 진행되고 이 녹층이 부식진행 유발인자인 산소와 물이 모재로 침투하는 것을 막는 보호막이 되어 부식의 진전이 억제된다.

2) 특징

　① 내식성이 우수하다(일반강에 비해 4~8배).
　② 저온에서 인성(toughness)이 좋다.
　③ 내부식성이 우수하다
　④ 녹슬음이 지연된다.
　⑤ 무도장으로 사용이 가능하다.
　⑥ 두께 증가 시 용접성이 저하되는 특징이 있다(볼트 연결).
　⑦ 외부 녹 발생 시 부식시공의 오해가 발생할 수 있다.

3) 내후성 강재 적용 시 유의사항

① 용접성의 저하 : 내후성 강재는 내후성을 증가시키기 위해 인(P)의 양을 증가시켰기 때문에 강재두께가 두꺼울수록 용접성이 떨어지는 단점을 가지고 있어 가능한 용접연결을 지양하고 볼트 연결을 사용하여야 한다. 적용되는 볼트는 강재와 동일한 내후성강용 고장력 볼트를 사용하여야 한다.

② 환경에 따른 제한조건 : 해수지역에서는 녹층 안정화가 지연되어 적용성이 제한될 수 있다.

③ LCC 비교 : 강교량의 가장 큰 취약점인 부식 문제를 어느 정도 극복할 수 있으며 초기도장 및 재도장의 생략으로 인한 초기 건설비용 및 유지관리 비용의 감소라는 경제성 측면에서 효과를 기대할 수 있다.

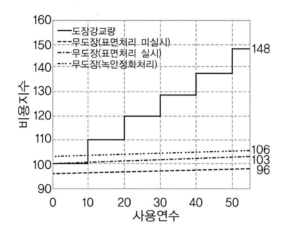

충전강관 후 좌굴

토목구조기술사 합격 바이블 개정판 2권 제4편 강구조 p.1298

콘크리트 충전강관(Concrete Filled Tube) 기둥의 후좌굴(Post Local Buckling) 거동을 설명하시오.

풀 이

콘크리트 충전 각형강관 기둥의 폭두께비 제한에 관한 연구(최영환, 강구조 학회지, 2012.8)
CFT기둥과 DSCT기둥의 휨거동 비교 실험 연구(한택희, 방재학회지, 2018.8)

➤ 개요

콘크리트 충전강관(CFT)은 콘크리트와 강재의 각기 단점을 보충한 합성형 구조로 일반적인 강관 기둥
에 비해 내부 콘크리트 충전으로 인한 구속효과로 좌굴에 더 유리하다. 후좌굴(Post local buckling)
은 좌굴 후에도 주변의 구속조건 등으로 인해서 극한상태에 도달하지 않고 일정 수준 이상의 강도
를 나타내는 현상을 말한다.

➤ CFT의 후 좌굴과 설계기준

구조적인 측면에서 CFT의 가장 큰 장점은 콘크리트의 횡변위가 강관에 의해 억제되어 콘크리트가
3축 응력상태에 있게 되어 구속효과로 인해 강도와 연성이 크게 증가되는 것과 강관 내부에 콘크리
트가 존재하기 때문에 강관의 국부좌굴이 콘크리트로 인해 지연되는 것이다. 순수 강관은 서로 인
접한 면에서 한 쪽은 안쪽방향으로 다른 쪽은 바깥방향으로 좌굴이 나타나는 반면 CFT는 안쪽방향
의 좌굴이 콘크리트로 인해 방지되어 바깥방향으로 좌굴이 일어나며 이렇게 좌굴모드가 변화되는
동안 강도와 연성이 증가하게 된다.

순수강관의 국부좌굴

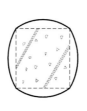

CFT의 국부좌굴

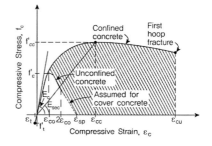

구속된 콘크리트의 압축과 변형률 관계

압축력을 받는 강재의 안정성은 크게 전체좌굴(Global Buckling)과 국부좌굴(Local Buckling)로
나눌 수 있다. 국내 설계기준에서도 얇은 판의 강재를 사용할 때는 국부좌굴을 고려하도록 하고 있
다. 재료가 고강도화됨에 따라 동일한 하중을 지지하기 위해 자연스럽게 얇은 판의 강재를 사용할
수 있으므로 이는 전체좌굴보다는 국부좌굴에 의한 영향이 더 커질 수 있음을 의미한다.

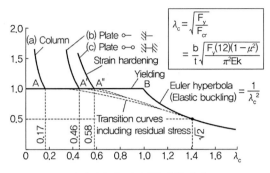

전체좌굴과 국부좌굴과의 관계

전체좌굴과 국부좌굴과의 관계는 세장비에 따른 부재((a) column)와 플레이트((b)와 (c))의 압축력에 대한 거동의 차이로부터 이해할 수 있다. 플레이트 좌굴응력은 다음의 식에 의해 결정된다.

$$F_{cr.plate} = \frac{k\pi^2 E}{12(1-\nu^2)}\left(\frac{t}{b}\right)^2$$

이때 k는 좌굴계수로 응력의 종류, 단부조건, 형상비(a/b)에 의해서 결정된다. 단면을 이루는 플레이트의 세장비가 너무 크게 되면 부재가 좌굴되기 이전에 플레이트에서 좌굴(국부좌굴)이 발생하게 되므로 이의 상관관계를 고려하여야 하는 것이다. 전체좌굴이 발생하기 이전에 국부좌굴이 발생하면 그에 따라 부재의 강도가 그만큼 감소하게 되므로 강구조에서는 일반적으로 이를 방지하기 위해 부재에서의 전체좌굴이 발생할 때까지 국부좌굴이 발생하지 않도록 판의 폭-두께비를 확보한다. 현재 강구조 설계기준(2014)에서는 충전형 합성부재에 대한 폭두께비 제한을 다음과 같이 구분하고 있다.

강구조설계기준(2014) 충전형 합성부재 압축 강재요소의 폭두께비 제한

구분	폭두께비	λ_p(조밀/비조밀)	λ_r(비조밀/세장)	λ_{max}(최대허용)
각형강관	b/t	$2.26\sqrt{\dfrac{E}{F_y}}$	$3.00\sqrt{\dfrac{E}{F_y}}$	$5.00\sqrt{\dfrac{E}{F_y}}$
원형강관	D/t	$\dfrac{0.15E}{F_y}$	$\dfrac{0.19E}{F_y}$	$\dfrac{0.31E}{F_y}$

➤ CFT의 후 좌굴

콘크리트 충전강관(Concrete filled tube) 기둥은 구속효과에 의해 일반 강관에 비해 좌굴강도가 높고 좌굴 후에도 일정 강도 이상을 발휘한다. 구속조건으로 좌굴 계수 k값이 다르게 변화하기 때문이다. 현재 강구조설계기준에서는 충전형 강관에 대해 폭두께비 제한을 두고 있어 전체좌굴이 발생되기 이전에 국부좌굴이 발생되지 않는 조건으로 설계되도록 규정하고 있다. 그러나 CFT는 양단

단순지지조건과 양단고정조건의 좌굴계수(k)의 비율을 단순 적용하기에는 서로 거동이 다른 시스템(순수강관과 합성강관)을 비슷하게 유추하여 산정하였기 때문에 현행 한계폭두께비가 CFT에 적절하다고 보기에는 다소 어려움이 있으며, 보다 많은 연구가 필요하다.

TIP | Plate의 좌굴 후 거동 원리 |

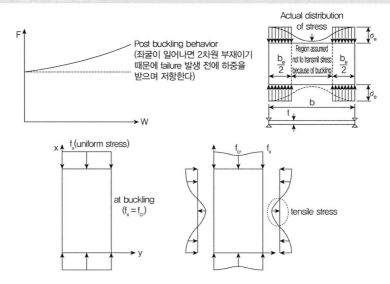

① 응력이 서로 다른 것은 늘어나는 면에 대해서 직선적으로 변형되기 위한 응력이다.

$$\therefore \Sigma \int f_Y = 0 \text{ (수평방향 힘의 합력은 0)}$$

② 여기서 발생되는 인장력은 수직응력에 영향을 주어서 Post Buckling Strength가 발생한다. 양끝단에서는 Supported되었기 때문에 강성(Stiffness)이 강하다. 따라서 가운데 부분에서는 f_{cr}이상의 하중은 받지 못하고 양끝단에서 하중을 받는다.

③ Y방향의 인장응력 : 횡방향변위에 저항하는 판의 강성(지지조건)은 좌굴 후 강도에 영향을 준다.

④ 종방향 끝단 인근 판의 좌굴 발생 후 변형 형상은 횡방향변형에 큰 강성을 가지며, 좌굴 후의 증가 하중의 대부분을 부담한다.

⑤ 좌굴 후 강도(Post Buckling Strength)

• 면외 방향의 좌굴 변형으로 등분포되지 않은 응력 분포로 나타난다.

• 인장응력으로 인하여 추가적인 강도가 발생된다.

• 좌굴 후 강도는 b/t비율이 클수록 크게 나타난다.

• 지점이 지지된 부재(Stiffened Element)가 지지되지 않은 부재(Unstiffened Element)보다 좌굴 후 강도가 크다.

해상풍력 구조물

토목구조기술사 합격 바이블 개정판 2권 제7편 기타 p.2435

해상풍력 지지구조물(기초)의 설계단계와 설계단계별 고려항목을 설명하시오.

풀 이

> ### 개요

해상풍력발전기는 크게 Rotornacelle assembly라 부르는 구성물과 지지구조물(Supporting Structure) 2개로 구분되며, 이 지지구조물은 타워(Tower), 하부구조(Sub Structure)와 기초(Foundation)로 구분된다. 하부구조물의 형식으로는 일반적으로 모노파일, 중력식이 가장 많이 이용되며 최근에는 재킷, 트라이포트, 트라이파일이 적용되고 있다.

> ### 하부구조 및 기초 형식

1) 모노파일(Monopile) : 직경 4~6m의 강관형태의 말뚝, 말뚝과 타워를 연결하는 전이부(Transition Piece)로 구성된다. 말뚝은 항타나 굴착을 통하여 설치되며 전이부와 그라우팅으로 연결된다. 수심 20m 이하에서 경제적인 구조로 알려져 있다. 수심이 높은 경우에는 파일의 직경이 커지게 되어 강재량이 증가되고 시공장비의 확보에도 제약이 있어 경제성이 떨어지는 특징이 있다.

2) 중력식(Gravity Base) : 자중으로 전도모멘트에 저항하는 구조로 낮은 수심(10m 부근)에서 적용되었으나 30m에 적용된 사례도 있다. 주로 육상에서 제작되어 해상크레인을 이용하여 설치하며 상대적으로 공사비가 저렴하나 해체 시에 불리하다.

3) 자켓(Jacket) : 석유 및 가수 시추산업에서 사용된 구조로 20~80m의 대수심에 적용되는 구조물이다. 직경 0.5~1.5m의 원형강관을 용접하여 조립하고 직경 0.8~2.5m의 파일에 고정시킨다. 용접부위가 많아 피로에 지배되는 경우가 많다.

4) 트라이포드(Tripod) : 자켓과 유사하게 직경 1.0~5.0m의 원형강관을 용접하여 제작하며 직경 0.8~2.5m의 파일에 고정시킨다. 트라이포드는 자켓에 비해 강재가 더 많이 소요되나 제작성이나 시공성이 좋다.

5) 트라이 파일(Tri-Pile) : 3개의 강관파일을 수면 위로 노출되도록 설치한 후 특수하게 제작한 전이부로 연결한 형태의 구조물이다. 수심 25~40m에서 적용이 가능하며 최대 50m까지도 적용 가능한 것으로 알려져 있다. 직경 3.35m의 말뚝에 거치되며 모듈러시스템으로 48시간 이내에 설치가 가능하다. 설치 시 레벨링이 용이하고 유지관리가 용이한 특징이 있다.

6) High-Rise Pile Cap : 중국 상하이 풍력발전단지에 적용된 형식으로 현장타설말뚝기초는 교량의 기초형식과 유사하며 교량기초의 시공 사례가 많은 형식이다.

7) 부유식(Floating) : 아직 연구단계로 노르웨이에 시험 시공되었다. 향후 더 깊은 심해로 확대된다면 이러한 형식이 사용가능할 것으로 예상된다.

구분	Monopile	Gravity base	Jacket	Tripod	Tri-pile	High rise pile cap
개요도	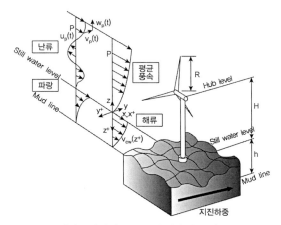					
적용사례	Utgrunden(SE) Horns Rev(DK) Blyth(UK) North Hoyle(UK) Scroby Sands(UK) Barrow(UK) Kentish Flats(UK)	Vindeby(DK) Tuno Knob(DK) Middlegrundn (DK) Nysted(DK) Lilgrund(SE) Thornton Bank (BE)	Beatrice(UK) Alpha Ventus (DE)	Alpha Ventus(DE)	Hooksie(DE) BARD(De)	동해대교 해상풍력단지 (중국)

▶ 해상풍력 지지구조물의 설계단계별 고려항목

해상풍력발전 수중기초 구조물의 수명은 25년으로 가정하며 최대의 효과가 발생하는 하중이 재하되도록 정적, 동적하중에 의한 하중조합에 의해 설계한다. 해상풍력 구조물에 발생하는 동적하중은 일반적으로 파랑하중, 타워에 작용하는 구조 및 기초에 발생하는 해류, 회전자−증속기(나셀) 및 타워에 발생하는 바람, 운영 시 발생하는 하중, 작동 시 구조물과 회전자−블레이드 사이의 상호작용이다. 설계 시에는 고유진동수는 가진 진동수에 의한 공진현상이 최소화되도록 하여야 한다. 풍력발전기에서는 동적하중이 발생하고 이 하중은 해저지반에 영향을 미치므로 상황에 따라 지반−구조물 상호작용에 대한 연구도 필요하다.

해상풍력발전 구조물에 작용하는 하중

전체 구조물 해석 및 기본설계를 위하여 고려되어야 할 하중은 고정하중, 풍하중, 증속기로부터 발생되는 각종 기계하중, 블레이드에 발생되는 공기력하중, 풍하중, 파랑하중, 해류하중, 수면하중, 충격하중, 지진하중 등이 있다. 일반적으로 작용하중은 발생 빈도에 따라 크게 4가지로 분류할 수 있다.

1) 발생 빈도에 따른 작용하중

① 지속적인 하중 : 증속기 내에서 발생되는 각종 기계하중, 타워와 증속기의 중력하중(수직방향), 로터의 회전하중, 풍하중(수평방향), 조력하중(수직방향), 외부수압, 물의 온도

② 주기적인 하중 : 블레이드의 중력하중과 빙하의 충돌에 의한 하중

③ 랜덤한 하중 : 바다의 상태에 따른 하중, 난류에 의한 하중

④ 일시적인 하중 : 터빈의 급정지에 따른 하중, 배선관의 파괴에 따른 하중, 돌풍에 의한 하중, 극한의 파도 및 쇄파에 의한 하중, 지진하중

2) 풍하중

바람은 해수면 위의 상부구조물인 플랫폼, 타워, 블레이드에 작용하여 진동을 발생시키며, 바람의 세기는 파랑이나 해류와 마찬가지로 영향을 주어 해저면 기초면에서 발생하는 모멘트 계산의 중요한 영향인자이다. 해수면 바람은 돌풍과 지속풍으로 나눌 수 있는데, 돌풍은 일시적인 큰 풍속이며 해양구조물과 기초설계에는 설계풍속으로 지속풍을 사용한다.

3) 파랑하중

파랑은 일정한 파장, 파고, 주기를 갖는 파형으로 해양 구조물 기초설계나 구조물 각 부재의 설계에 직접적인 힘을 가해 부재의 크기나 길이 설계에 결정적 요인으로 작용한다. 파랑의 특징은 불규칙성으로 스펙트럼 모델이 어떤 해상상태를 표시하는 척도가 되는데, 이때는 구조물 해석도 통계적으로 수행되어야 한다. 어떤 파랑 모델을 설계에 적용하느냐는 숨심, 구조물 형상, 적용파고 등에 따라 달라지며 선택된 파를 설계파라고 하는데, 설계파의 변수로는 파고, 파주기, 수심의 3가지로 대별된다. 설계파로부터 구조물의 각 부재에 작용하는 물입자의 속도와 가속도를 계산하여 모리슨 방정식으로부터 항력과 관성력의 합에 의해 최종적으로 파력을 등가절점력으로 산정한다.

4) 해류하중

파랑이 물입자의 진도에 의한 파형의 흐름이라면 해류는 물 입자가 여러 요인에 의해 수평방향으로 직접 이동하는 흐름이다. 따라서 이 흐름이 구조물과 만나면 일정한 수평력을 가하게 된다. 해류를 발생시키는 요인은 대규모적인 것과 국지적인 것으로 분류하며 대규모적인 요인은 항풍과 지구 회전에 의한 것, 온도차나 염도차에 의한 것이 있고, 국지적 요인에는 해저 퇴적물에 의한 것, 파랑에 의한 것, 조석, 바람이나 태풍에 의한 것이 있다. 해류에 의한 물입자의 속도는 해

파에 의한 물입자의 속도와 벡터로 합해져 모리슨 방정식을 이용하여 구조물에 작용하는 하중을 구한다.

5) 수면하중

수면의 승강 현상에 의해 발생하는 하중으로 주로 천체의 움직임에 의하여 발생하거나 국지적으로 바람이나 파랑, 압력의 차이로 생기는 현상에 의해서 발생하는 하중이다. 따라서 이 모든 것을 더하여 설계 최대 수심을 결정하게 된다. 보통 최대 수심에서 최대 파고가 구조물에 접근했을 경우를 가정하여 외력 산정과 플랫폼의 높이 등을 결정하여야 한다. 최대 수심과 최소수심의 수직 선상 범위를 계산하여 구조물의 경우 최대 부식범위를 산정하고 고착성 해양 생물의 두께 산정 등에 적용하여야 한다.

6) 파랑으로부터의 슬래밍 하중

부재가 수중에 있을 때 파랑 슬래밍에 의해 물보라치는 지역에 있는 수평부재에 충격으로 작용하는 하중이다. 양 끝단이 고정된 수평부재는 끝단 모멘트와 경간중앙 모멘트에 대해 각각 1.5와 2.0의 동적충격계수를 갖도록 권고된다.

7) 지진하중

해상풍력 구조물 설계 시 하부 지질 구조를 면밀히 검토하여 지진 시 동시 다발적으로 생길 수 있는 단층현상, 퇴적물 이동현상 등을 고려한 내진설계가 필요하다.

소성역 크기

균열선단에서의 소성역 크기(Plastic Zone Size) 중 단순 소성역 크기(Monotonic Plastic Zone Size)와 반복 소성역 크기(Cyclic Plastic Zone Size)에 대하여 설명하시오.

풀 이

> **개요**

균열 선단에서는 구조 해석 시에 응력이 집중되면서 무한대가 된다. 그러나 실제 재료에서는 응력이 어느 정도 높아지면 항복을 일으켜 균열선단에 소성역이 형성된다.

> **소성역 크기**

균열 선단 부근에 항복응력을 초과하게 되면 재료가 소성변형을 일으킨다. 그러나 소성 변형의 크기는 주변의 탄성 한계에 있는 재료에 의해서 그 크기가 제한되며 구조물의 조건에 따라 다르게 나타난다. 예를 들어 평면응력 조건의 경우 얇은 두께로 응력이 커질 수 있고, 평면변형 조건의 경우 z방향으로의 구속으로 소성영역 크기는 평면응력조건의 경우보다 작다. 마찬가지로 하중의 조건에 따라서도 소성역의 크기를 구분할 수 있다.

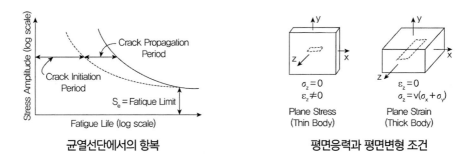

균열선단에서의 항복　　　　　　**평면응력과 평면변형 조건**

단순 하중하의 소성역의 크기(단순 소성역, Monotonic Plastic Zone Size)는 작은데 반해 반복되는 주기적인 하중하의 소성역의 크기(반복 소성역, Cyclic Plastic Zone Size)는 단순 하중에 비해 4배 더 작다. 공칭인장하중이 감소됨에 따라서 균열 선단 근처의 소성역은 주변 탄성체에 의해 압축되며 반대 하중에 의해 균열선단에서의 응력 변화는 항복응력의 2배가 된다.

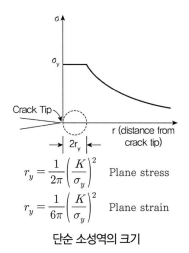

$$r_y = \frac{1}{2\pi}\left(\frac{K}{\sigma_y}\right)^2 \quad \text{Plane stress}$$

$$r_y = \frac{1}{6\pi}\left(\frac{K}{\sigma_y}\right)^2 \quad \text{Plane strain}$$

단순 소성역의 크기

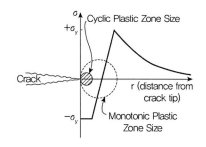

$$r_y = \frac{1}{2\pi}\left(\frac{K}{2\sigma_y}\right)^2 = \frac{1}{8\pi}\left(\frac{K}{\sigma_y}\right)^2 \quad \text{Plane stress}$$

$$r_y = \frac{1}{6\pi}\left(\frac{K}{2\sigma_y}\right)^2 = \frac{1}{24\pi}\left(\frac{K}{\sigma_y}\right)^2 \quad \text{Plane strain}$$

반복 소성역의 크기

응력확대계수가 임계값(K_c)에 도달하면 불안정한 파단이 발생된다. 응력확대계수의 임계값은 재료의 파괴 인성(Fracture Toughness)으로 파괴 인성은 항복응력이 적용응력의 한계값으로 적용되는 것처럼 응력 강도의 제한 값으로 적용할 수 있다.

TIP | 균열선단의 소성역의 크기 산정 |

균열선단에 형성되는 소성역의 크기를 먼저 대략적으로 알기 위해서는 소성변형이 일어나더라도 탄성영역에서의 응력분포는 변하지 않는다고 가정하고, 적당한 항복조건을 사용하여, 그 항복조건을 만족하는 점의 궤적을 구해보는 것도 하나의 방법일 것이다.

McClintock와 Irwin(1965)은 von Mises의 항복조건을 만족하는 점의 궤적을 다음 그림과 같이 구했다. 즉 von Mises의 항복조건 식에 균열선단의 응력을 대입하여 얻은 것이다.

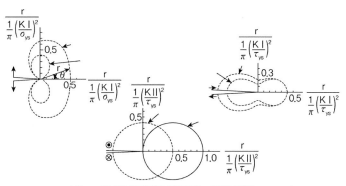

von Mises의 항복조건을 만족하는 점의 궤적, $\mu = 1/3$

$$(\sigma_{xx} - \sigma_{yy})^2 + (\sigma_{yy} - \sigma_{zz})^2 + (\sigma_{zz} - \sigma_{xx})^2 + 6(\tau_{xy}^2 + \tau_{yz}^2 + \tau_{zx}^2) = 6\tau_{ys}^2 = 2\sigma_{ys}^2$$

그림의 결과는 포아송 비 $\mu = 1/3$의 경우이며, 좌표축은 각 변위양식(Mode)에 대해 다음과 같이 무차원화되어 있다.

$$\frac{r}{\frac{1}{\pi}\left(\frac{K_{\mathrm{I}}}{\sigma_{ys}}\right)^2}, \quad \frac{r}{\frac{1}{\pi}\left(\frac{K_{\mathrm{II}}}{\tau_{ys}}\right)^2}, \quad \frac{r}{\frac{1}{\pi}\left(\frac{K_{\mathrm{III}}}{\tau_{ys}}\right)^2}$$

그러나 실제 소성변형이 일어나면, 응력분포가 변하게 되고, 따라서 소성역의 형상, 크기도 변하므로 실제로는 그림과 같이는 되지 않는다. 실제의 소성역의 크기 및 형상은 재료의 변형 특성을 고려한 탄소성 해석의 의해 구하지 않으면 안 된다.

Mode III에 대한 수치해석해가 Koskinen(1963)이란 연구자에 의해서 얻어져 있으며, 그 결과는 그림의 c)의 실선과 같이 된다. 그림으로부터 알 수 있는 바와 같이 탄소성 해석에 의한 소성역(실선)은 탄성해로부터 얻은 소성역(점선)을 오른쪽으로 $\frac{1}{2\pi}\left(\frac{K_{\mathrm{III}}}{\tau_{ys}}\right)^2 \equiv r_p$ 만큼 이동시킨 모양이 되어 있다.

Irwin(1963)이란 연구자는 이 결과로부터, 균열선단에서 소성변형이 일어날 경우, 균열의 길이가 실제 길이 a보다 r_p만큼 긴 가상적(假想的)인 균열 $a_f = a + r_p$를 생각하여, 이 가상(假想) 균열에 대한 탄성해를 이용하면, 균열선단에서의 소성역의 크기 및 탄성영역에서의 응력분포를 구할 수 있다는 것을 지적했다. Mode I, Mode II의 경우에 대해서도, 편의상 Mode III의 경우의 결과를 그대로 확장하여, 소성역의 크기를 추정하는 것이 일반적이다.

기출문제 가이드라인 풀이

112회

112회 1-1

교량받침　　　　　　　　토목구조기술사 합격 바이블 개정판 2권 제5편 교량계획 및 설계 p.2083

교량받침 설계 시 고려할 사항에 대하여 설명하시오.

풀 이

▶ 개요

교량의 받침은 상부구조에 작용하는 하중을 하부구조에 전달하는 기능을 갖는 기계장치로서 교량의 내구성, 안정성에 관련된 중요한 구조요소이다. 또한 고정하중, 활하중 등에 의해서 상부구조에 발생되는 변위뿐만 아니라 온도변화 및 크리프에 의해서도 교량의 변위, 변형이 발생하므로 이 변위를 흡수하는 구조로 하거나 변위에 의해 발생되는 하중에 저항할 수 있도록 하여야 한다.

▶ 받침 설계 일반 사항

교량받침은 일반적으로 받침, 굴림, 미끄러짐의 요구기능이 수행되어야 하며, 도로교설계기준(2015)에서는 다음의 일반사항을 고려하도록 하고 있다.

1) 받침은 상부구조에서 전달된 하중을 하부구조에 전달하고, 부반력에 대해 안전하게 설계되어야 하며, 상·하부구조에 유해한 구속력을 발생시키지 않아야 한다.
2) 받침은 지진, 바람, 온도변화 등에 대해 안전해야 한다.
3) 받침은 필요시 점검, 유지관리 및 교체가 가능하도록 해야 한다.
4) 받침은 최소의 반력을 발생시키면서 지정된 이동이 가능하도록 설계되어야 한다. 가능한 세팅을 피해야 한다.
5) 받침은 상부구조의 형식, 지간길이, 지점반력, 내구성, 시공성 등에 의해 그 형식과 배치가 결정

된다. 특히 곡선교나 사교에서는 지점반력의 작용기구, 신축과 회전방향을 충분히 검토하여야한다.

▶ 받침 설계 시 주요 고려 사항

1) 받침 선정 시 유의사항 : 수직하중, 수평하중, 이동량과 방향, 회전량과 방향, 마찰계수, 상하부 구조 형식과 치수, 지점에서의 소요 받침수, 지반조건과 침하가능성, 교량의 총연장, 받침 상하부 구조의 접속부의 보강, 유지관리를 고려하여 선정한다.

2) 설계 시 수직·수평 하중과 이동량 산정 : 온도변화, 크리프와 건조수축, 프리스트레싱, 휨변형, 재료의 피로, 침하 및 지반이동, 차량의 가속 또는 제동하중, 원심력, 지진, 풍하중, 가설하중을 고려하여 하중과 이동량을 산정한다.

3) 이동량 산정

① $\Delta l = \Delta l_t + \Delta l_{sh} + \Delta l_{cr} + \Delta l_r + (\Delta l_p)$: 신축이음과 동일

② 가동받침의 상하부 위치 결정

$$l_m = l + \Delta l_d + \Delta l_t{}' + \Delta l_{sh} + \Delta l_{cr} + \Delta l_p$$
$$\delta = l_m - l = \Delta l_d + \Delta l_t{}' + \Delta l_{sh} + \Delta l_{cr} + \Delta l_p$$

여기서, Δl_d : 받침 설치완료 후 작용하는 고정하중에 의한 이동량

$\Delta l_t{}'$: 표준온도를 기준으로 한 온도변화에 의한 이동량

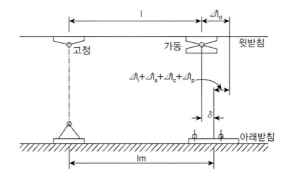

4) 받침 배치 시 주의사항

① **사교** : 사각이 매우 심한 경우에 부반력이 발생될 수 있다. 둔각부에 하중 집중되므로 단부보강이 필요하며, 받침규격 선정 시 최대 받침반력 산정에 주의해야 한다. 전 방향 회전 가능한 받침(탄성받침)이나 받침의 이동방향은 교량의 중앙선에 평행하게 배치하고, 사각의 교대나 교각에 대해 직각방향이어서는 안 된다.

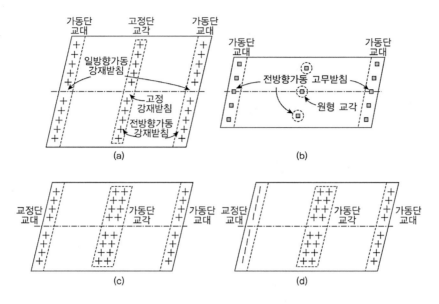

② **곡선교** : 가동받침의 이동방향은 고정받침의 방사상의 현 방향으로 설치하거나 곡선반경에 대해 접선방향으로 설치해야 한다. 일반적으로 현 방향 배치는 가성 고정점을 중심으로 배치되어 곡률변화에 상관없이 적용되나, 곡률이 일정한 교량은 접선방향으로 배치할 수 있다.

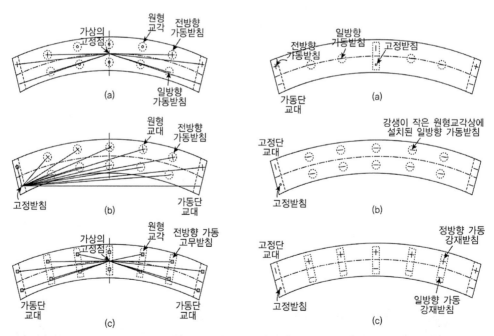

곡선교에서의 받침 배치법(이동방향, 현 방향 배치)   곡선교에서의 받침 배치법(회전방향, 접선방향 배치)

③ 폭이 넓은 교량은 교축직각방향의 신축을 고려하여 배치해야 한다.

④ 1개의 받침을 사용하거나, Out-Rigger, 지점위치 변경, Counter Weight 적용 등을 고려하여 부반력이 발생하지 않도록 받침 배치를 하여야 한다.

플랜지 유효폭

토목구조기술사 합격 바이블 개정판 2권 제4편 강구조 p.1243

교량 구조 해석 시 플랜지 유효폭 결정 방법을 도로교설계기준(2015)에 근거하여 설명하시오.

풀 이

> **개요**

기초 휨 이론에서 휨 전에 평면이었던 거더의 단면이 휨 이후에도 그대로 유지된다고 가정한다. 그러나 폭이 넓은 플랜지에서는 플랜지에서 평면 내 전단 변형작용 때문에 복부판에서 멀리 떨어진 플랜지 부분에서 길이 방향의 변위는 복부판 근처의 변위보다 지연되는 <u>전단지연 현상으로 플랜지에서의 종방향 수직응력은 횡방향으로 균일하게 분포하지 않는다.</u> 플랜지의 유효폭 개념은 종방향 응력이 횡방향으로 등분포되어 있다는 가정으로 유효폭에 작용하는 등분포 응력에 의한 합력과 실제 플랜지에 작용하는 응력의 합력이 정역학적으로 동일한 크기의 힘이 되도록 산정한 폭이다.

$$b_e = \frac{\int_0^b f(x)\,dx}{f_o}$$

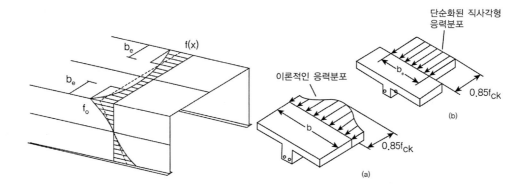

> **도로교설계기준 유효폭 결정 방법**

1) 콘크리트 슬래브의 유효폭

내측 거더	외측거더
$b_e = \min[①, ②, ③]$ ① 등가지간장의 1/4 ② 슬래브 평균두께의 12배＋Max(복부두께, 주거더 상부플랜지폭의 1/2) ③ 인접한 보 사이의 평균간격	$b_e = \min[①, ②, ③,$ 내측거더 유효폭의 1/2] ① 등가지간장의 1/8 ② 슬래브 평균두께의 6배＋Max(복부두께 1/2, 주거더 상부플랜지폭의 1/4) ③ 내민 부분의 폭

2) 상자형 콘크리트 보

일반적으로 부재의 단면력 및 처짐 계산을 위한 종방향 해석에서는 플랜지 전폭이 유효하다고 간주하고 계산하고, 그 부재력을 이용한 응력 검토 시에는 설계기준에 의거한 유효폭을 적용하는 것이 타당하다.

도로교설계기준(2015)에서는 다음의 조건을 만족하는 상자형 콘크리트보의 경우 실제 플랜지의 폭을 유효폭으로 가정할 수 있도록 규정하였다.

$$b \leq 0.1 l_i, \ b \leq 0.3 d_0$$

여기서, d_0 : 상부구조물의 높이, l_i : 단일지간 거더 $1.0l$,

연속거더(외측지간 $0.8l$, 내측지간 $0.6l$), 캔틸레버 부분 $1.5l$

시스템		b_m/b
단일지간 거더 $l_i = 1.0l$		
연속거더	외측지간 $l_i = 0.8l$	
	외측지간 $l_i = 0.6l$	
캔틸레버 부분 $l_i = 1.5l$		

3) 직교이방성 강바닥판

구분	a_0	$a_0 + e_0$
바닥판의 강성 계산과 고정하중에 의한 휨 효과 계산을 위한 리브의 단면 성질	$a_0 = a$	$a_0 + e_0 = a + e$
윤하중에 의한 휨 효과 계산 시 사용하는 리브의 단면 성질	$a_0 = 1.1a$	$a_0 + e_0 = 1.3(a + e)$

건조수축철근, 온도철근

일상의 온도변화에 노출되는 콘크리트 표면 부분에서의 건조수축철근과 온도철근을 더한 총 철근량에 대하여 도로교설계기준(2015)을 근거하여 설명하시오.

풀 이

➤ 개요

도로교설계기준(2015)에서는 일상의 온도변화에 노출되는 콘크리트 표면과 매스콘크리트에 대해 건조수축 및 온도변화에 대한 총 철근량의 최솟값에 대해 두께에 따라 2가지로 구분하여 제시하고 있다.

➤ 건조수축 및 온도 철근

도로교설계기준(2015)에서는 매스콘크리트의 특성을 반영하기 위해 부재의 두께에 따라 최솟값을 달리 적용하였다. 이로 인해 이전 규정에 비해 건조수축 및 온도철근은 두께가 300mm 이상의 부재에서는 철근량이 상당히 증가되게 되며, 300mm 이하의 부재에서는 감소하는 특성을 갖는다.

부재 두께에 따른 건조수축 및 온도철근 규정(도로교설계기준, 2015)

구분	두께 1,200mm 이하 부재	두께 1,200mm 초과 부재
철근량	$A_s \geq 0.75 A_g / f_{yd}$ 여기서, A_g : 부재 총단면적, f_{yd} : 철근의 설계기준 항복강도	$\sum A_b \geq \dfrac{s(2d_c + d_b)}{100}$ 여기서, A_b : 최소 철근 단면적, s : 철근간격, d_c : 부재표면에서 가장 근접한 철근의 콘크리트 피복두께, d_b : 철근지름 단, $2d_c + d_b < 75mm$
제한규정	• 단면의 양면에 균등 배치(단, 두께 150mm 미만은 1열 배치 가능) • 철근간격 ≤ 부재두께 3배, 450mm • 구조물 벽체와 기초에는 양방향 간격 300mm 이하로 배치하되 $\sum A_b \leq 0.0015 A_g$	• 단면의 양면에 균등 배치 • D19 이상 철근 사용 • 철근간격 ≤ 450mm

장대레일축력   토목구조기술사 합격 바이블 개정판 2권 제5편 교량계획 및 설계 p.1679

철도교의 상로 트러스 및 하로 트러스 형식에 따른 장대레일축력에 대하여 비교 설명하시오.

풀 이

➤ 개요

장대레일은 레일 간 이음매를 용접 등을 통해 200m 이상 연속화시킨 철도 레일로 이음매에서 발생하는 차륜과 레일간의 충격으로 인한 레일의 마모현상, 소음과 진동, 승차감의 약화 등 궤도 파괴의 주된 요인을 제거한 레일 방식이다. 장대레일은 열차진동 저감과 무진동, 승차감 향상뿐만 아니라 궤도의 보수비 절감 등 효과가 있으나, 장대화됨에 따라 온도변화로 인한 축력이 증가되어 좌굴 안정성에는 취약한 특성이 있다.

특히 교량구간에 설치되는 장대레일의 경우 일반 토공구간에 비해 온도변화의 폭이 크기 때문에 레일에서 발생하는 온도하중으로 인한 축력과 함께 교량과 레일 간의 상대변위로 인해 발생하는 레일의 축력이 증가할 수 있어 이에 대한 세밀한 검토가 필요하다.

➤ 트러스의 장대레일축력

1) 교량상에서의 장대레일의 축력

공학적으로 레일의 길이가 200m 이상이 되면 좌굴장이 수렴되기 때문에 무한대의 길이로 간주되며, 신축이 발생하는 신축이음매 구간과 달리 장대레일의 중앙부에서는 신축하려는 힘이 체결장치와 침목에 의해 축력에 저항하기 때문에 균형을 이루며 이동이 상쇄되므로 부동 구간이 형성된다.

부동구간의 레일의 축력 $= EA\beta\Delta t$

그러나 장대레일을 교량에 부설하면 온도변화에 따라 거더가 신축하기 때문에 교량 상판의 변형으로 장대레일에 부가응력이 발생하며, 교량상의 장대레일은 횡 저항력을 확보하기가 어렵기 때문에 무도상 교량의 경우는 특히 장대레일을 적용하기가 곤란한 실정이다.

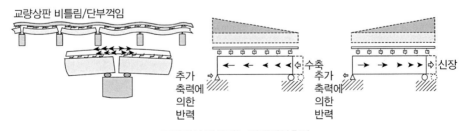

교량에서 발생되는 장대레일축력

교량상에서 장대레일화 시 레일과 거더의 온도 신축에 의해 레일 축력과 교량받침에서 종방향력이 발생된다. 초기상태는 거더의 신축을 고려하지 않고 장대레일에 온도축력만 발생되며 거더의 온도가 상승되면 신장되면서 거더와 침목, 침목과 레일 사이의 체결력에 의해 레일을 오른쪽으로 압축하게 된다. 이때 레일에 발생된 온도축력에 거더에서 발생된 추가 축력이 발생되며 동시에 고정단 교량받침에 종방향력이 반력으로 작용된다. 온도가 하강할 때는 반대로 작용된다.

2) 상·하로 트러스 교량의 장대레일축력

트러스 형식 교량에서 발생하는 장대레일의 축력은 장대레일의 온도하중과 교량의 신축에서 기인한 레일 축력과 동일하나 상로와 하로 형식에 따라 차이가 있는 상판의 휨에 의해서 발생하는 레일의 축력이 구분된다. 하로 트러스에 비해 상로 트러스의 경우 상판 휨으로 인한 영향을 더 받게 되며, 이로 인해 상로 트러스의 경우 온도가 상승될 때에는 축력을 감소시키는 역할을 하지만 온도가 하강될 경우에는 축력을 증가시키는 요인으로 작용될 수 있다.

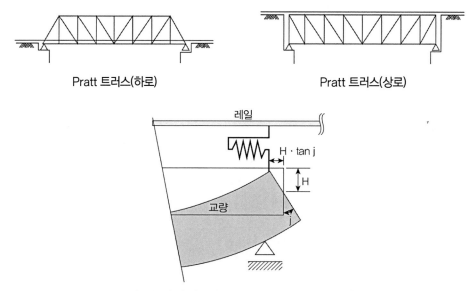

Pratt 트러스(하로)   Pratt 트러스(상로)

트러스 형태 및 상판 휨에 따른 레일 축력 발생 모형도

접속슬래브

교대 배면부에 설치하는 접속슬래브의 구조적 역할과 침하원인을 설명하시오.

풀 이

> **개요**

접속슬래브는 교대와 배면부 뒷 채움부 간의 부등침하 효과를 감소시켜 교량과 접속 포장 간의 단차를 방지하고 포장체의 파손과 주행성 저하를 방지하는 데 그 목적이 있다.

> **접속슬래브의 구조적 역할과 침하원인**

교량 접속슬래브 설치지점에서 발생되는 부등단차의 일차적으로 원지반과 교대 성토층의 침하로 인해 유발된다. 침하가 발생되는 원인은 성토층의 다짐불량, 부적절한 재료의 사용, 높이 10m 이상의 고성토 등으로 보고된다. 이외에도 계절에 따른 온도 변화, 침식에 의한 성토재의 손실, 부적당한 시공방법(이음 불량, 배수 및 다짐 불량, 부적당한 성토재 사용), 기초지반의 침하 및 과다한 차량하중 등으로 인해 유발된다.

교량 접속부에서의 이러한 부등침하는 교량 접속부의 손상과 주행성 저하의 문제점을 유발한다. 교대는 기반암에서 산단 지지되는 말뚝으로 지지되므로 침하가 거의 발생되지 않지만 성토체는 크리프 침하가 발생된다. 따라서 시간이 경과될수록 교대와 배면 성토층의 단차량은 커지게 된다. 이러한 단차를 최소화하려는 목적으로 접속슬래브가 설치되며 설치되는 교량 접속부의 부등침하 기준은 유지보수 단계에서 부등 침하량과 노면의 경사도를 기준으로 한다.

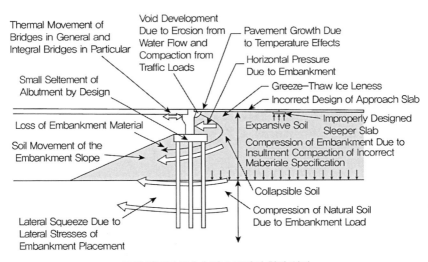

교대 배면부 접속슬래브 구간의 침하 원인

➤ 접속슬래브 구간의 설계

일반적으로 접속슬래브 구간은 단순보로 보고 설계하는 것이 일반적이나 하부 뒷채움구간을 스프링으로 모델링하거나 지반침하로 인해 강제변위가 발생된 경우와 이와 함께 스프링으로 지지되는 경우 등으로 모델링하여 검토될 수 있다.

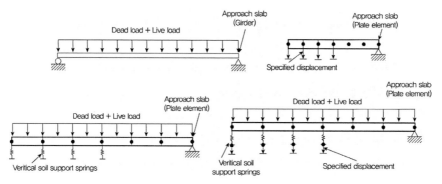

교대 배면부 접속슬래브 해석 모델링

ED교 주탑부 케이블정착시스템   토목구조기술사 합격 바이블 개정판 2권 제5편 교량계획 및 설계 p.1891

엑스트라도즈교의 주탑부 케이블정착시스템에서 분리정착과 관통고정정착을 설명하시오.

풀 이

> **개요**

ED교는 부모멘트 구간에서 PS 강재로 단면에 도입되는 축력과 모멘트를 증가시키기 위해 PS 강재의 편심량을 인위적으로 증가시킨 교량이다. 일반적으로 단면 내에 위치하던 PS 강재를 낮은 주탑의 정부에 External tendon 형태로 배치해 부재의 유효높이 이상으로 대편심 모멘트를 도입한 교량이다. ED교는 사재에 의해 보강된 교량이라는 점에서 사장교와 유사하나 주거더의 강성으로 단면력에 저항하고 사재에 의한 대편심 모멘트를 도입, 거동을 개선한 구조형식이므로 ED교의 주거더는 거더교에 가까운 특징을 가진다.

ED과와 구조 개념 비교

PSC교	ED교	사장교
Internal Prestressing으로 기존 하중에 저항	주거더의 강성과 External Prestressing으로 저항	추가하중을 대편심 케이블의 도입으로 보완
주거더 내 배치 PC강재 형고 : L/16~L/40	경사케이블 주거더 내 배치 PC강재 T · T P V H	사재 T · T P V H

> **케이블 정착방법**

케이블을 주탑에 관통시켜 새들에 정착하고 좌우에 케이블의 장력차를 고정하는 **관통 고정방식**과 케이블을 분리해서 교차하거나 연결해서 정착시키는 **분리고정방식**이 있다. 일반적으로 관통 고정방식은 사재의 최소 휨반경에 주탑이 제약되는 단점이 있는 반면 케이블의 정착거리를 작게 하는 장점을 가진다.

분리고정방식은 별도로 분리해서 정착하기 때문에 점검이 용이하나, 정착부의 단면보강이나 장력 조정 등 유지관리를 위해 중공단면으로 만들어 주탑의 단면이 커질 수 있다.

구분	관통 고정 방식	분리 고정 방식		
	새들 정착	교차정착	분리정착	연결정착
형상				
특징	• 충실단면으로 케이블을 관통시켜 배치 • 주탑 출구부 등에 좌우 케이블의 장력차를 고정 • 케이블 정착거리를 작게 할 수 있음 • 사재의 최소 휨 반경에 주탑이 제약	• 충실단면으로 케이블을 정착 • 케이블 정착 cap에 따른 비틀림의 검토 필요	• 중공단면으로 케이블을 교차 정착시키지 않음 • 케이블 장력으로 발생되는 단면 내 인장에 저항하기 위해서 강재나 PS 강재로 단면보강 • 케이블 정착거리 작게 할 수 있음 • 케이블 정착구 점검 용이	• 중공단면으로 케이블을 교차 정착시키지 않음 • 케이블 장력으로 인한 인장력을 강재 Beam으로 저항하여 주탑의 인장응력을 예방 • 단면이 다소 커짐

비대칭 사장교　　　　　　토목구조기술사 합격 바이블 개정판 2권 제5편 교량계획 및 설계 p.1941

1주탑 비대칭 사장교의 특징을 설명하시오.

풀 이

▶ 개요

사장교는 사장케이블(Stay Cable)의 인장강도와 주탑(Pylon) 및 보강형(Stiffened Girder)의 휨
압축강도를 효과적으로 결합시켜 구조적 효율을 높인 교량형식으로 케이블의 강성과 장력을 조절
함으로써 보강형에 발생되는 휨모멘트를 현저하게 감소시킬 수 있어 경제적인 설계가 가능한 교량
형식이다. 특히 1주탑 비대칭 사장교는 경관상 유리한 특성이 있어 지역의 랜드마크로서 시공되는
사례가 많다.

1주탑 비대칭 사장교

▶ 1주탑 비대칭 사장교의 특징

비대칭성을 통해 경관성을 살리면서도 편측의 경간장을 길게 하면서 무게중심을 크게 벗어나지 않
도록 구성되는 비대칭 사장교의 경우 구조적으로도 합리적인 설계가 될 수 있다. 또한 1주탑의 사용
은 텐던의 배치를 간소화하는 등의 장점을 가진다.

반면, 1주탑을 사용하는 사장교는 광폭의 교량에서는 적용성에 한계가 있으며, 중앙에 1열로 배치
하는 경우 별도의 텐던 배치공간이 필요하다. 또한 비대칭 사장교는 일반적으로 사용되는 측경간비
0.42~0.34에 비해 더 작기 때문에 경간부에서 부반력 등이 발생될 수 있으며 부반력 제어를 위해
Counterweight 재하, Tie-down cable 설치, 앵커리지 등 별도의 제어 대책 마련이 필요하다.

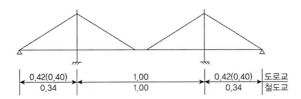

일반 콘크리트 사장교의 측경간비(괄호 안은 강사장교인 경우)

현수교 센터락

현수교에서 중앙부에 설치되는 센터락(Center Lock)의 역할에 대하여 설명하시오.

풀 이

▶ 개요

현수교의 구성요소 중 변위를 제어하도록 도입할 수 있는 요소 중 하나인 센터락은 현수교 중앙에 설치해 일반적인 상황과 지진 시 교량의 교축방향(종방향)의 움직임을 잡아주는 역할을 수행한다.

▶ 현수교에서의 변위제어 시스템

장대교량인 현수교는 지진뿐만 아니라 내풍에 취약하며, 이로 인해 변위제어가 중요한 문제이다. 센터락의 경우 주로 교량의 중앙에서 주케이블과 보강형을 강결시켜 흔들림을 잡아주도록 한다. 그 외에도 주탑상부에 Extra Strand를 설치하거나 보강거더에 타이다운로프나 링크슈, 윈드슈, 스토퍼 등을 설치할 수 있다.

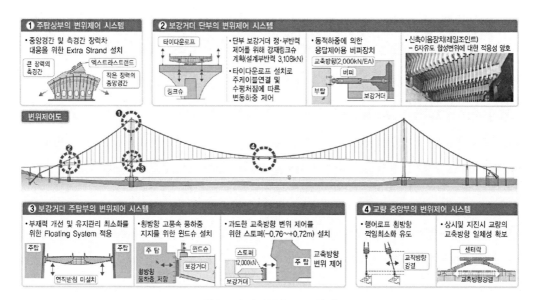

현수교의 변위제어 시스템(예)

레일리 감쇠행렬 토목구조기술사 합격 바이블 개정판 2권 제6편 동역학과 내진설계 p.2211

레일리(Rayleigh) 감쇠행렬을 구하는 방법을 설명하시오.

풀 이

➤ 개요

감쇠자유진동에서 자유진동모드행렬을 감쇠행렬에 양변에 곱하였을 때 다음과 같이 대각성분만을 갖는 행렬을 구할 수 있을 경우 '비례감쇠(Proportional damping)' 또는 '고전적 감쇠(Classical damping)'라고 한다.

$$\{\Psi^{(i)}\}\mathrm{T}[C]\{\Psi^{(j)}\} = c_{ii}\delta_{ij}$$

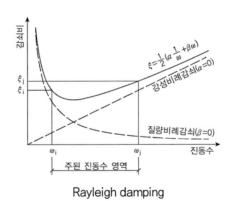

Rayleigh damping

레일리는 감쇠행렬이 다음과 같이 구조물의 질량행렬과 강성행렬의 선형합(linear superposition)으로 구성될 수 있다고 가정하였다.

$$[C] = \alpha[M] + \beta[K]$$

이때 α와 β는 임의의 비례상수이며, k번째 모드에 대한 감쇠비 관계는 다음과 같다.

$$\xi_k = \frac{c}{c_{cr}} = \frac{C_n}{2\sqrt{M_n K_n}} = \frac{1}{2}\left(\alpha\frac{1}{\omega_k} + \beta\omega_k\right)$$

즉, 주요한 2개의 모드인 i번째 모드와 j번째의 모드에 대한 감쇠비를 ξ_i와 ξ_j라고 할 때, α와 β는 다음 식을 통해 구할 수 있다. 감쇠가 작은 구조물의 경우 보통 α와 β는 보다 작은 값으로 구해진다.

$$\begin{bmatrix} \xi_i \\ \xi_j \end{bmatrix} = \frac{1}{2} \begin{bmatrix} 1/\omega_i & \omega_i \\ 1/\omega_j & \omega_j \end{bmatrix} \begin{bmatrix} \alpha \\ \beta \end{bmatrix}$$

➤ 질량비례감쇠

감쇠행렬 $C = \alpha M$

모드감쇠비 $\xi = \dfrac{c}{c_{cr}} = \dfrac{C_n}{2\sqrt{M_n K_n}} = \dfrac{\alpha}{2}\dfrac{1}{\omega_n}$ ∴ 비례계수 $\alpha = 2\xi_i \omega_i$

➤ 강성비례감쇠

감쇠행렬 $C = \beta K$

모드감쇠비 $\xi = \dfrac{c}{c_{cr}} = \dfrac{C_n}{2\sqrt{M_n K_n}} = \dfrac{\beta}{2}\omega_n$ ∴ 비례계수 $\beta = \dfrac{2\xi_j}{\omega_j}$

➤ Rayleigh 감쇠

감쇠행렬 $C = \alpha M + \beta K$

모드감쇠비 $\xi = \dfrac{c}{c_{cr}} = \dfrac{C_n}{2\sqrt{M_n K_n}} = \dfrac{\alpha}{2}\dfrac{1}{\omega_n} + \dfrac{\beta}{2}\omega_n$

비례계수 $\dfrac{1}{2} \begin{bmatrix} 1/\omega_i & \omega_i \\ 1/\omega_j & \omega_j \end{bmatrix} \begin{bmatrix} \alpha \\ \beta \end{bmatrix} = \begin{bmatrix} \xi_i \\ \xi_j \end{bmatrix}$

$\xi_i = \xi_j$ 일 경우,

$$\alpha = \xi \frac{2\omega_i \omega_j}{\omega_i + \omega_j}, \quad \beta = \xi \frac{2}{\omega_i + \omega_j}$$

충격하중 　　　　　　　　　　토목구조기술사 합격 바이블 개정판 2권 제5편 교량계획 및 설계 p.1650

도로교설계기준(한계상태설계법)에 규정된 충격하중에 대하여 설명하시오.

풀 이

> **개요**

충격하중(IM)은 움직이는 차량에 의해 생기는 바퀴하중의 충격을 감안하여 정적 바퀴하중에 적용하는 증분값이다. 움직이는 바퀴하중에 의해 생기는 동적하중에는 다음의 두 가지 원인이 있다.

1) 바닥판 연결부, 균열, 함몰, 들뜸 등의 불연속면을 일련의 바퀴가 달릴 때 일어나는 동적응답인 햄머링 효과

2) 긴 파장의 노면요철에 기인하는 통행하중에 대한 교량의 전체적인 동적응답, 흙채움의 침하에 의한 노면요철이나 교량과 차량의 진동주파수가 유사하여 생기는 공진현상

> **충격하중**

도로교설계기준(한계상태설계법, 2015)은 원심력과 제동력 이외의 표준트럭하중에 의한 정적효과는 충격하중의 비율에 따라 증가시키도록 하고 있으며, 이전의 일괄적인 충격계수와 달리 구조물과 트럭하중과의 직접 저촉으로 인하여 파손 등을 유발시키는 부재에 대하여 강화하여 적용토록 하고 있다. 다만 충격하중은 보도하중이나 표준차로하중에는 적용되지 않는다.

1) 모든 부재(신축이음장치 제외)

구분		IM(%)
모든 다른 부재 (신축이음제외)	피로한계상태 제외한 모든 한계상태	25
	피로한계상태	15

예외규정 1. 상부구조물로부터 수직반력을 받지 않는 옹벽 2. 전체가 지표면 이하인 기초부재

2) 신축이음장치 IM : 모듈러형식 0.3, 핑거형 1.0

3) 매설된 부재(암거나 매설된 구조물에 대한 충격하중)

$$IM = 40(1.0 - 4.1 \times 10^{-4} D_E) \geq 0\% \quad \text{여기서, } D_E : \text{구조물을 덮고 있는 최소 깊이(mm)}$$

4) 목재 부재 : 3)에서 제시된 충격하중을 50%로 줄일 수 있다.

바우싱거 효과

바우싱거 효과(Bauschinger Effect)의 반복하중과 교대하중을 구분하여 설명하시오.

풀 이

▶ 개요

물체에 힘을 점진적으로 작용시키면 비례한도(Proportional Limit)라 불리는 응력 값까지는 물체의 늘어난 변형률(Strain)과 내부 저항력인 응력(Stress)은 비례 관계에 있다. 그리고 이 지점보다 더 큰 힘을 가하게 되면 항복점(Yielding Point)이라 불리는 응력값에 도달하여 힘을 제거하여도 물체는 어느 정도 영구적인 변형을 일으킨다. 이론적으로 항복값은 물체가 잡아당기는 힘을 받을 때나 압축시키는 힘을 받는 두 경우에 있어 동일한 크기여야 한다. 하지만 물체를 항복점을 초과하여 하중을 가한 다음 역으로 압축시키는 교번하중을 받는 경우, 압축하중에 의한 항복은 이론적인 항복 값보다 낮은 압축응력에서 발생한다. 이러한 현상을 **바우싱거 효과**라고 부른다. 따라서 물체는 인장과 압축을 반복해서 받게 되면 보다 낮은 하중에서도 영구적인 변형을 일으킬 뿐더러 쉽게 파괴될 수 있다.

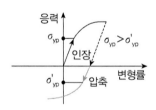

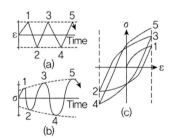

교대하중 바우싱거 효과 - 변형연화   반복하중 바우싱거 효과 - 변형강화

▶ 반복하중과 교대하중

1) **교대(교번)하중** : 강재와 같은 금속재질에 항복응력을 초과하는 하중을 인장에서 압축 혹은 압축에서 인장으로 교대해서 교번하중을 가하면, 바우싱거 효과로 인해 같은 변형률에 대해 응력이 감소한다. 소성변형으로 인해 반대방향으로 하중을 재하하면 항복하중이 감소한다. 하중이 작용된 반대방향의 항복응력이 저하되기 때문에 이 현상을 변형연화(Strain Softening) 또는 가공연화(Work Softening)라고도 한다.

2) **반복하중** : 교대(교번)하중을 반복적으로 재하하는 반복하중을 가하면, 소성 변형으로 인해 동일 방향의 하중에 대해서는 같은 변형률에 대해서 항복하중이 증가하는 경향이 나타난다. 이 현상을 변형강화(Strain Hardening)라고도 한다.

크리프 응력 재분배   토목구조기술사 합격 바이블 개정판 1권 제2편 RC p.527

크리프에 의한 응력 재분배에 대하여 설명하시오.

풀 이

➤ 개요

정정 구조계에서는 크리프 및 건조수축에 의한 하중변화는 단면 구성요소 내부에서 하중 재분배를
의미하나 부정정 구조계에서는 크리프 및 건조수축으로 인하여 단면력과 반력이 모두 변화하게 된
다. 이는 하중의 재분배가 발생하면서 응력의 변화가 발생하기 때문이다. 크리프에 의한 구조물의
거동은 구조계의 변화나 타설 시기상의 차이로 인해서 발생한다.

➤ 크리프에 의한 응력 재분배

1) 구조계의 변화에 의한 하중 재분배

단순구조의 캔틸레버가 먼저 가설된 이후 지점 B에 지점을 놓을 경우 점 B에서의 초기 반력은
0이 된다. 크리프에 의해 보가 처짐으로써 반력이 발생되며, 이로 인해 보의 모멘트 분배가 M_i
에서 M_f로 변하게 된다. 그림에서 M_s는 최종 구조계에 대한 부정정 해석으로부터 얻은 모멘트
이며 크리프에 의한 모멘트 변화량 ΔM_c는 다음과 같이 표현될 수 있다.

$$\Delta M_c = (M_s - M_i) \times \frac{\phi}{(1 + n\phi)}$$

여기서, ϕ : 크리프계수($= \epsilon_{cr}/\epsilon_{el}$), n : 크리프 변형을 산정하기 위한 계수

크리프에 의한 모멘트 재분배는 초기 구조계의 모멘트와 상관없이 항상 최종 구조계의 모멘트에
근접하려는 쪽으로 변화한다.

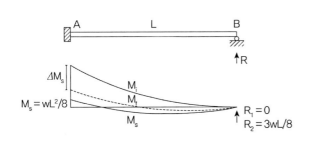

캔틸레버보

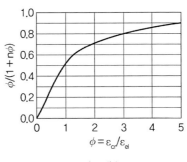

크리프계수

2) **타설 시기의 차이**로 인한 콘크리트 크리프의 반력 분배(R_ϕ)

타설 시기상의 차이로 인한 콘크리트 크리프 부정정력 분배하중, 엄밀해석을 위해서는 구조계별 변화 시마다 콘크리트 재령으로부터 구조계의 각 부분의 크리프계수를 구하여 단면력을 산출하여야 하나, 계산의 복잡성을 고려하여 근사적으로 반력의 변화를 계산하여 부정정력을 산출할 수 있다.

$$\Delta R_\phi = (R_0 - R_l)(1 - e^{-\phi})$$

여기서, R_0 : 최종구조계를 한 번에 시공한다고 할 때의 반력
R_l : 최종구조계 완성되기 전의 구조에서의 반력

▶ 크리프에 의한 응력변화 검토

1) 구조계의 변화가 없는 경우

구조물 전체를 한 번에 동바리 상에서 시공하여 시공 중과 시공 후의 구조계의 변화가 없는 경우 콘크리트의 크리프에 의한 영향은 일반적으로 고려하지 않는다. 이는 크리프에 의한 변형만 증가되고 단면력은 발생하지 않기 때문이다. 다만 장경간의 아치교 등에서 부재 축선의 이동을 고려하여 단면력을 계산하는 경우에는 크리프에 의한 변형이 단면력에 영향을 미치므로 주의해야 한다.

2) 구조계의 변화가 있는 경우

구조물 전체를 한 번에 시공하지 않아 시공 전후의 구조계에 변화가 있는 경우에는 타설 시기상의 차이로 인한 콘크리트 크리프의 반력 분배와 같이 부정정력을 검토하여야 한다.

사용수명과 설계수명

도로교설계기준(한계상태설계법)에 규정된 사용수명과 설계수명을 설명하시오.

풀 이

> **개요**

도로교설계기준(한계상태설계법)에 규정된 사용수명은 교량을 구성하는 구조부재가 사용될 것으로 기대되는 기간을 의미하며, 설계수명은 풍하중, 지진하중 등 변동하중의 통계적 산출 근거 기간을 의미하며 도로교설계기준(한계상태설계법)의 경우 100년 또는 200년을 기준으로 하고 있다.

> **부재별 사용수명**

1) 교체 가능 부재 : 교체 가능성이 있으므로 교량의 설계 수명보다 작은 20년, 30년 또는 50년의 사용수명으로 설계할 수 있는 부재를 일컬으며, 현수교 행어로프, 사장교 케이블, 케이블 밴드, 신축이음장치, 포장 및 도장 등이 이에 속한다.

2) 보수가능부재 : 보수, 보강을 통하여 강도를 개선시킬 수 있는 교량의 설계수명보다 작은 20년, 30년 또는 50년의 사용수명으로 설계할 수 있는 부재를 일컬으며, 케이블 교량의 경우 거더, 앵커리지 등이 이에 속한다.

3) 영구부재 : 통상적인 유지관리를 통하여 교량의 설계수명과 동일한 100년 또는 200년의 사용수명을 갖는 부재를 일컬으며, 케이블 교량의 경우 현수교 주 케이블, 주탑, 주탑기초, 주탑새들, 스프레이 새들 등이 이에 속한다.

> **교량별 설계수명**

도로교설계기준에서의 기본 설계수명은 100년 혹은 200년으로 설정되어 있다. 설계수명은 교량의 공학적, 사회적, 경제적 역할을 고려하여 발주자가 결정한다.

1) 특등급 교량 : 발주자의 지정으로 매우 높은 중요도 수준을 가지도록 설계되는 교량이며, 도로교설계기준의 하중계수 및 구조별로 주어진 저항계수를 적용하여 만족하도록 설계한다. 특등급 교량의 설계수명은 100년 혹은 200년으로 설정할 수 있으며, 설계수명에 따라 정의되는 풍하중 및 지진하중을 적용한다.

2) 1등급 교량 : 도로교설계기준의 기본적인 중요도 수준을 가지는 교량이며, 설계기준에서 정의하는 하중계수 및 구조별로 주어진 저항계수를 적용하여 만족하도록 설계한다. 교량의 설계수명은 100년 혹은 200년으로 설정할 수 있으며, 설계수명에 따라 정의되는 풍하중 및 지진하중을 적용한다.

➤ 도로교설계기준(한계상태설계법, 케이블교량편) 부재별 설계수명, 목표신뢰도 지수, 저항수정계수

1등급 케이블 교량

한계상태 (하중조합)	부재 종류		부재 사용수명	목표신뢰도 지수			저항수정계수(ϕ_{rm})	
				사용수명 기준	설계수명 100년 기준	설계수명 200년 기준	설계수명 100년 기준	설계수명 200년 기준
극한한계상태 하중조합 I, II, IV, V, VII	주부재 부부재	영구부재	설계수명	3.7	3.7	3.7	1.0	1.0
		보수가능부재	20년		3.29	3.09	1.07	1.07
		교체가능부재	30년		3.40	3.21	1.05	1.05
			50년		3.54	3.35	1.03	1.03
극한한계상태 하중조합 III, VI	주부재 부부재	영구부재	설계수명	3.1	3.1	3.1	1.0	1.0
		보수가능부재	20년		2.58	2.33	1.15	1.23
		교체가능부재	30년		2.71	2.48	1.11	1.18
			50년		2.88	2.65	1.06	1.13

합성구조물 　　　　　　　　　　　　　토목구조기술사 합격 바이블 개정판 1권 제1편 재료 및 구조역학 p.333

다음 각 보의 지점반력을 구하고 전단력도와 휨모멘트도를 도시하시오. 단, 모든 부재의 EI는 일정하고 AB부재와 CD부재는 직각으로 교차하며 E점은 강결구조이다.

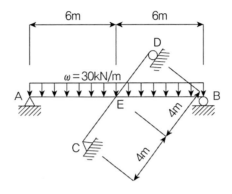

풀 이

▶ **개요**

E점에서의 작용력을 부정정력으로 하여 에너지 법칙이나 변위일치법을 이용하여 풀이할 수 있다. 에너지의 방법을 이용해서 풀이한다.

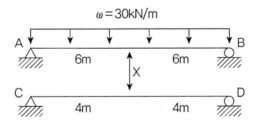

1) AB부재

$$R_A = R_B = \frac{1}{2}(wL - X), \ M_x = R_A x - \frac{wx^2}{2}$$

2) CD부재

$$R_C = R_D = \frac{X}{2}, \ M_x = R_C x$$

➤ 에너지법에 의한 해법

변형에너지

$$U = \Sigma \int \frac{M_x^2}{2EI} dx = 2 \times \left[\int_0^6 \frac{M_x^2}{2EI} dx + \int_0^4 \frac{M_x^2}{2EI} dx \right]$$

$$\frac{\partial U}{\partial X} = \frac{\partial}{\partial X} \left[\int_0^6 \frac{\left(\frac{1}{2}(30 \times 12 - X)x - 15x^2 \right)^2}{EI} dx + \int_0^4 \frac{\left(\frac{X}{2}x \right)^2}{EI} dx \right] = 0$$

$$\therefore X = 173.571 \text{kN}$$

$$R_A = R_B = \frac{1}{2}(wL - X) = 93.2145 \text{kN}(\uparrow), \quad R_C = R_D = \frac{X}{2} = 86.7855 \text{kN}(\uparrow)$$

➤ 전단력도와 휨모멘트도

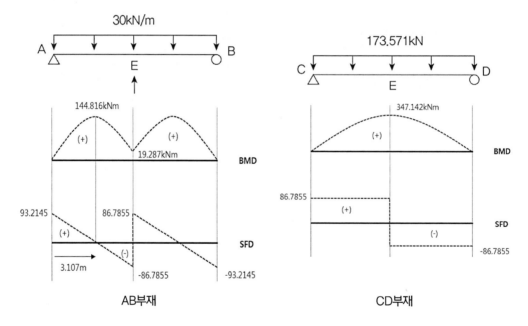

AB부재   CD부재

한계상태와 신뢰도 지수   토목구조기술사 합격 바이블 개정판 2권 제5편 교량계획 및 설계 p.1661

도로교설계기준(한계상태설계법)에 관하여 다음의 사항을 설명하시오.

1) 한계상태(Limit State)
2) 신뢰도 지수(Reliability Index, β)
3) 강재의 평균항복강도와 변동계수가 각각 400MPa, 3%이고, 평균부재응력과 응력의 변동계수가 각각 360MPa, 2.5%일 때 신뢰도 지수(β)를 구하시오(단, 재료의 항복강도와 부재응력은 독립적이고 정규분포이다).

풀 이

▶ 한계상태 개요

한계상태(Limit State)란 설계수명 동안 하중을 안전하게 지지할 수 있으면서도 시공이 가능하고 그 기능을 발휘할 수 있는 상태를 말하며, 도로교설계기준에서는 확률론적 신뢰성이론에 따라 다음과 같이 한계상태를 구분하여 각각의 한계상태에 대하여 만족하도록 규정하고 있다.

1) **사용한계상태** : 정상적인 사용조건 하에서 응력, 변형 및 균열 폭을 제한하는 것을 규정
2) **피로와 파단한계상태** : 피로한계상태는 기대응력범위의 반복횟수에서 발생하는 단일 피로설계트럭에 의한 응력범위를 제한하는 것으로 규정하며, 파단한계상태는 재료인성 요구사항으로 규정
3) **극한한계상태** : 교량의 설계수명 이내에 발생할 것으로 기대되는 통계적으로 중요하다고 규정한 하중조합에 대하여 국부적/전체적 강도와 안정성을 확보하는 것으로 규정
4) **극단상황한계상태** : 지진 또는 홍수 발생 시 또는 세굴된 상황에서 선박, 차량 또는 유빙에 의한 충돌 시의 상황에서 교량의 붕괴를 방지하는 것으로 규정

▶ 신뢰도 지수(Reliability Index, 안전도지수 Safety Index, β)

확률적인 안전도의 정의로 전술한 파괴확률 대신에 상대적인 안전여유를 나타내는 신뢰성 지수(Reliability Index), 즉 안전도지수(Safety Index)를 사용하는데 기본적인 정의는 다음과 같다. R 과 S의 각각의 평균 μ_R, μ_S, 분산을 σ_R^2, σ_S^2을 갖는 정규분포일 경우 안전여유 $Z = R - S$는 다음과 같은 평균과 분산을 가진다.

$$\mu_Z = \mu_R - \mu_S, \ \sigma_Z^2 = \sigma_R^2 + \sigma_S^2, \ \beta = \frac{\mu_Z}{\sigma_Z} = \frac{(\mu_R - \mu_S)}{\sqrt{\sigma_R^2 + \sigma_S^2}}$$

$$P_f = P(R - S \le 0) = P(Z \le 0) = \phi\left[\dfrac{-(\mu_R - \mu_S)}{\sqrt{\sigma_R^2 + \sigma_S^2}}\right] = \phi(-\beta), \ \beta : \text{신뢰성지수}$$

또는 $Z = \ln(R/Q)$ 확률분포도에서 $\ln(R/Q)$의 평균으로부터 한계상태점은 $Z = 0$까지의 거리를 표준편차 $\sigma_{\ln R/Q}$의 β배로 나타내는 경우 β를 신뢰성 지수로 정의한다.

$$P_f = P[Z \le 0] = P[\ln R/Q \le 0] \quad \text{이때 } \beta = \dfrac{\ln R_m - \ln Q_m}{\sqrt{V_R^2 + V_Q^2}}$$

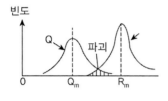

$R, \ Q$의 확률분포

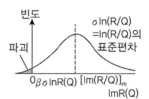

신뢰성 지수 β

▶ 신뢰도 지수 산정

변동계수= 표준편차/평균

$$\therefore \ \sigma_R = 0.03 \times 400 = 12\text{MPa}, \ \sigma_Q = 0.025 \times 360 = 9\text{MPa}$$

$$\therefore \ \beta = \dfrac{\mu_z}{\sigma_z} = \dfrac{\mu_R - \mu_S}{\sqrt{\sigma_R^2 + \sigma_Q^2}} = \dfrac{400 - 360}{\sqrt{12^2 + 9^2}} = 2.67$$

신축이음 이동량   토목구조기술사 합격 바이블 개정판 2권 제5편 교량계획 및 설계 p.2080

교량신축이음 설계 시 이동량 산정에 적용할 항목과 기준에 대하여 설명하시오.

풀 이

▶ 개요

신축이음장치는 상부구조의 신축 또는 이동량을 흡수하고 교면 평탄성을 유지하여 차량의 주행성을 확보하기 위해 상부구조에 설치되는 기계적 신축이음(조인트)과 연결장치로 구성된다. 신축이음은 교축방향으로의 온도변화, 크리프와 건조수축, 이동량과 회전변위, 구조적 여유량을 만족하여야 한다.

▶ 신축이음 선정 시 고려사항

1) **교량의 종류** : 교량에 따라 설치방법의 차이
2) **이동량** : 온도변화, 건조수축, 크리프, 활하중, 사각 및 교대의 활동 등을 고려
3) **내구성** : 차량의 충격하중에 직접 노출되므로 강도와 내구성 고려
4) **주행성** : 신축이음의 내구성과 연관, 차량의 주행성능 고려
5) **배수성과 수밀성** : 내구성, 부식성능 확보
6) **시공성** : 시공의 난이도, 시공방법에 따른 내구성, 평탄성, 수밀성, 배수성 변화 고려
7) **경제성** : LCC 고려한 경제성 검토

▶ 신축이음 이동량 산정 시 항목 및 기준

구분	도로교설계기준	도로설계요령	도로공사 설계지침
기본 이동량	$\Delta l_t + \Delta l_{sh} + \Delta l_{cr} + \Delta l_r$ (온도+건조수축+크리프+회전)	$\Delta l_t + \Delta l_{sh} + \Delta l_{cr}$ (온도＋건조수축＋크리프)	100m 이하 : $\Delta l_t + \Delta l_{sh} + \Delta l_{cr}$ 100m 이상 : $\Delta l_t + \Delta l_{sh} + \Delta l_{cr} + \Delta l_r$
여유량	설치여유량 : ±10mm 부가여유량 : ±20mm	기본이동량의 20%＋10mm	100m 이하 : 기본이동량의 20%+10mm 100m 이상 : 여유량만 규정
특징	• 빔의 회전 고려 • 여유량 정량(±30mm)	• 여유량 정률(20%)과 정량(10mm) • 보통지방과 한랭지방으로 구분	100m 이하 : 도로설계요령의 보통지방 100m 이상 : 도로교설계기준과 동일

1) **온도변화** : 연중 최고온도차와 선팽창계수에 의해 계산한다. 이동량에 가장 큰 영향을 미치는 요인으로 전체 이동량의 50% 이상, 교량 내 온도차는 미미하므로 무시한다.

$$\Delta l_t = \alpha \Delta Tl = \alpha(T_{max} - T_{min})l$$

✓ 신축이음장치 설치될 때 예상되는 온도 T_{set}에 대한 최대 신장량(Δl_t^+)과 수축량(Δl_t^-)

$$\Delta l_t^+ = \alpha(T_{\max} - T_{set})l, \ \Delta l_t^- = \alpha(T_{\min} - T_{set})l, \ \Delta l_t = \Delta El_t^+ - \Delta l_t^-$$

여기서, T_{set} : 신축이음장치가 설치될 때의 온도(48시간의 평균온도)

2) **건조수축과 크리프** : RC는 건조수축만 고려, PSC는 건조수축과 크리프 모두 고려

$$\Delta l_{sh} = -\alpha \Delta Tl \times \beta, \ \Delta T = -20\,^{\circ}\mathrm{C}$$

$$\Delta l_{cr} = -\epsilon_c \times l \times \phi \times \beta = -\frac{P_i}{A_c E_c}\beta \phi l \ (\phi = 2.0)$$

3) **교량처짐에 의한 단부 회전** : 보가 높거나 변형이 쉬운 교량의 단부회전에 의한 변위

$$\Delta l_r = -h\theta_e, \ \Delta v = a\theta_e \qquad (\theta_e : 강교(1/150), 콘크리트교(1/300))$$

여기서, h : 보의 높이의 2/3, a : 받침의 중심에서 단부까지의 수평거리

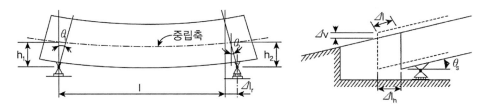

✓ 지점의 회전변위는 최대처점에 대한 지간의 비로 표시되는 강성(l/δ)으로부터 근사적으로 구할 수 있다.

l/δ	400	500	600	700	800	900	1,000	1,500	2,000
θ_e	1/100	1/125	1/150	1/175	1/200	1/225	1/250	1/375	1/500

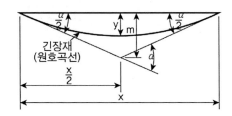

$$m \fallingdotseq 2y \fallingdotseq 2\delta, \ \frac{\alpha}{2} = \theta_e$$

$$\theta_e \times \frac{l}{2} = 2\delta \ \therefore \ \theta_e = 4 \times \frac{\delta}{l}$$

4) **교량의 종단경사에 의한 변위** : 종단경사가 큰 교량의 경우 온도에 의한 수평변위에 의해 수직방향으로 단차 발생

5) **지점이동의 영향** : 교각과 교대에 예상되는 수평이동량을 여유간격의 계산에 고려

6) **사교 및 곡선교의 변위** : 사교와 곡선교의 교량단부의 접선방향변위에 의한 비틀림은 신축이음장치에 전단력을 발생시키므로 신축이음장치의 형식선정 및 설계, 시공 시 주의(접선방향변위 $\Delta s = \Delta l \times \sin\theta_c$, 법선방향변위 $\Delta d = \Delta l \times \cos\theta_c$)

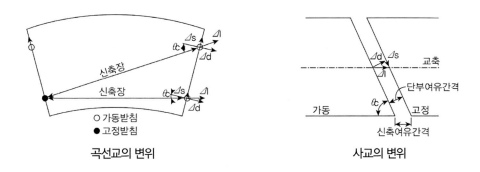

곡선교의 변위

사교의 변위

7) 지진에 의한 영향 : 지진에 의한 인접구조물과의 상대변위를 신축장치가 흡수

비감쇠 일자유도   토목구조기술사 합격 바이블 개정판 2권 제6편 동역학과 내진설계 p.2147

비감쇠 일자유도계(Undamped Single Degree of Freedom System) 구조물의 고유진동수(ω)를 구하는 식을 유도하시오. 단, 질량 m, 스프링상수 k로 표기하시오.

풀 이

▶ 개요

구조물 고유의 단위시간당 진동횟수를 고유진동수라고 하며 일반적으로 구조물의 질량과 강성이 주어지면 특정한 값을 가진 진동수의 진동만을 허용하는 고유진동을 하며 이때의 진동수를 고유진동수(Natural Frequency)라고 한다. 비감쇠의 경우 감쇠가 없는 경우로 일(단)자유도계의 운동방정식으로부터 $c = 0$을 도입하여 유도한다.

▶ 비감쇠 일 자유도계 구조물의 고유진동수 산정

자유진동을 하는 구조물의 운동방정식 $m\ddot{x} + c\dot{x} + kx = 0$

Undamped System에서 $c = 0$으로부터 $m\ddot{x} + kx = 0$

$m\ddot{x} + kx = 0$

Homogeneous Solution $x_h = Ae^{\lambda t}$으로부터,

$\ddot{x} = \lambda^2 Ae^{\lambda t}$, $x = Ae^{\lambda t}$를 대입하면

$(m\lambda^2 + k)Ae^{\lambda t} = 0$, 해가 존재하기 위해서는

$\therefore m\lambda^2 + k = 0$이므로, $\lambda^2 = -\dfrac{k}{m}$, $\lambda = i\omega_n = \pm i\sqrt{\dfrac{k}{m}}$ $\therefore \omega_n = \sqrt{\dfrac{k}{m}}$

$\therefore$ 고유진동수(f_n) : $f_n = \dfrac{1}{T} = \dfrac{\omega_n}{2\pi} = \dfrac{1}{2\pi}\sqrt{\dfrac{k}{m}}$ (cycle/sec, Hz)

구조물의 운동방정식 산정

$x = A_1 e^{i\omega_n t} + A_2 e^{-i\omega_n t}$ 여기서, $e^{\pm i\omega_n t} = \cos\omega_n t \pm i\sin\omega_n t$

$\therefore x = A\cos\omega_n t + B\sin\omega_n t = \dfrac{\dot{x}}{\omega_n}\cos\omega_n t + x_0\sin\omega_n t = \sqrt{\left(\dfrac{\dot{x}}{\omega_n}\right)^2 + x_0^2} \times \cos(\omega_n t - \theta)$

From B.C : $t = 0$, $x = x_0$, $\dot{x} = \dot{x_0}$ $\rightarrow$ $A = \dfrac{\dot{x}}{\omega_n}$, $B = x_0$

현장용접

강교량에서 현장용접이 주로 적용되는 부재 위치를 제시하고, 설계단계에서 고려할 사항에 대해서 설명하시오.

현장용접 품질관리 매뉴얼 개발에 관한 연구(한국도로협회, 2017)

➤ 개요

기술 발달로 장경간의 강교 가설이 증가하면서 운반상의 문제로 강교량 블록을 현장에서 용접하는 사례가 점차 증가하고 있다. 그러나 국내에는 현장용접에 관련해 구체적인 용접환경, 품질관리, 용접검사 등에 관해 관련 시방 기준이 다소 미흡한 실정이다.

➤ 현장용접 주요 적용 부재

주로 블록 간에 연결을 위해 현장용접을 적용한다. 플레이트 거더의 경우 웨브와 웨브의 이음, 플랜지와 플랜지간 이음부에서 현장용접이 적용된다. 강박스의 경우에도 길이방향으로 연결하는 웨브-웨브 이음부와 플랜지-플랜지 이음부에 현장용접이 적용된다.

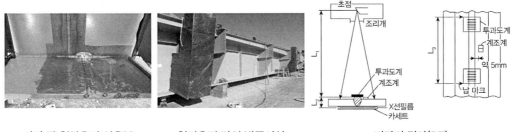

거더 간 현장용접 이음부   현장용접 간이 방풍시설   비파괴 검사(RT)

➤ 설계단계에서 고려 사항

1) 현장용접 접합부 배치

일반적으로 강박스나 플레이트 거더를 현장에서 길이방향으로 연결하는 웨브-웨브 이음부와 플랜지-플랜지 이음부는 100mm 정도 서로 어긋난 곳에 위치를 배치하도록 한다. 현장용접의 불확실성 때문에 길이방향으로 현장용접 배치를 한 단면에서 하지 않도록 하기 때문이다. 그러나 종방향으로 거더를 연결하는 이음선의 배치는 거더를 공장에서 제작한 후 현장으로 이동과정에서 변형 등으로 현장용접부 오차관리에 어려움이 있을 수 있다. 최근 이러한 문제 때문에 현장에서 용접되는 단면을 플랜지와 웨브를 동일 단면으로 하고 용접부 상세의 오차관리와 품질 확보를 통해 해결해야 된다는 의견도 있다. 이러한 동일 단면으로 지정하는 경우에는 현장에서 용접되는 완전용입 그루브용접부는 100% 비파괴검사를 통하여 관리하지만 강도측면에서 모재에 비해 취약하지 않도록 관리를 철저히 해야 한다.

2) 현장용접 시공도 작성

설계단계나 혹은 시공 전 사전 승인단계에서 현장용접 시공도를 KS 표준용접기호를 사용하여 작성해야 한다. 현장용접의 위치, 용접규모 등을 포함하여 공사기록 도면에는 용접공의 개별 신원을 명기하도록 하고, 현장품질 관리에 대한 내용도 포함하는 등의 관리가 되도록 해야 한다.

3) 현장 상황을 고려한 가이드 설정

공장 용접에 비해 현장용접은 온도나 습도, 바람의 영향 등 공장에 비해 열악하다. 또한 자동화된 SAW용접 설비에 비해 인력으로 용접하는 사례가 다수다. 따라서 현장용접이 실시되는 용접개소마다 이동식 간이 방풍시설을 설치하고 기후조건에 따라 용접을 불가한 상황을 지정하거나 현장용접이 가능한 강재두께, 용접의 방법, 용접 방향(현행 기준에서는 상향 용접 불가) 등 품질 확보를 위한 현장용접 기준을 제시하여야 한다.

4) 품질검사 기준

비파괴 검사 등 공장용접과 함께 현장용접에 대한 품질검사 기준을 제시하고 품질검사기준에 따라 관리하도록 하여야 한다. 특히, 현장용접 중 오차관리를 위해 열교정, 그라인딩, 가우징, 절단 또는 육성용접 등의 방법으로 수정하는 것은 이미 제작된 구조물에 손상을 입힐 수 있고, 수정 작업 결과로 얻을 수 있는 성과에도 한계가 있다. 따라서 설계 시에 용접부 상세와 제작 시 용접열에 의한 변형, 수정 작업에 따른 문제점들에 대해 세심한 배려가 있어야 한다.

해상 사장교

해상에서 사장교 가설 시 강재 주탑, 보강거더 및 케이블 가설공법에 대하여 설명하시오.

풀 이

> ## 개요

사장교는 케이블의 강성과 장력을 조절하여 보강거더에 발생되는 휨모멘트를 현저하게 감소시켜 장대화할 수 있는 교량 형식으로 외관이 수려한 특징을 갖는다. 사장교에 주로 적용되는 주탑의 형식은 다이아몬드형, A형, 역Y형, H형 등이 있으며, 보강거더는 사용 재료에 따라 강상형, 강합성형, PSC, 복합형 등이 있다. 케이블은 배치 방법에 따라 방사형, 하프형, Fan형 등으로 구분되며 주변 환경과 조화를 이루도록 적용할 수 있는 것이 특징이다.

> ## 해상 사장교 가설공법

우리나라의 특성상 연육교나 연도교에 사장교를 많이 적용하고 있으며, 200~800m 지간의 교량에서 사장교를 적용하였다. 해상에서의 가설공법은 통행제한으로 인해 육지와 가까운 곳에 두 개의 주탑을 두고 장지간의 스판으로 연결하거나 일정 지간장 이상에서는 해상에서 우물통 기초 등을 설치하여 FCM, PSM 등의 가설 방법 등을 통해 연결하는 방법이 주로 이용된다.

1) 강재 주탑

해상에서의 강재 주탑은 가설은 대부분 콘크리트 주탑에 비해 자중이 감소되기 때문에 대블록 가설 공법이 주로 사용된다. 강재 주탑이 적용된 케이블 교량 중 화태대교, 영종대교, 완도대교 등이 해상크레인을 이용한 대블록 가설공법이 적용되었다. 대블록 가설공법은 일괄 가설공법으로 적용되는 경우와 분할되어 현장에서 연결하는 경우로 구분된다. 강재 주탑은 콘크리트 주탑에 비해 일괄로 가설하기가 용이하기 때문에 공기가 단축되는 장점이 있다.

| 진도대교 | 완도대교 | 화태대교 |

2) 보강거더

해상에서의 보강거더 가설공법은 주로 <u>FCM형식</u>이 이용된다. 이는 해상 고소작업의 공정을 최소화하고 가설 시 선박의 통제나 해상오염 및 어업권 피해 등의 문제로 가설 장비가 경량이고 Deck 상에서 신속한 가설작업이 요구되기 때문이다. 통상 주변 제작장에서 제작된 보강거더는 해상 바지선과 데릭 크레인 등을 이용해 해상에서 양방향으로 연결되는 과정을 진행한다.

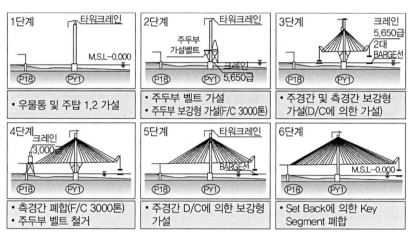

고하대교 가설계획(다산컨설턴트, 박광현)

(a) 보강형 운반 및 접안

(b) Lifting Beam 체결

(c) 소블록 인양 개시

(d) 소블록 보강형 인양

인천대교 소블록 보강형 인양 가설(유신회보, 조용민 외)

3) 케이블

케이블 가설은 케이블 릴을 해상에서 인양하고, 운반된 케이블 릴을 위치별 이동해 설치하고 케이블 전개, 주탑 측에 케이블 인입, 보강형 측에 케이블 인입, 케이블 장력도입, 장력보정을 통한 형상관리 순으로 진행된다. 해상에서 케이블 릴을 인양하는 과정에서는 통상적으로 해상 바지선과 데릭 크레인 등을 이용한다. 케이블 전개 시에는 Winch나 Un-reeler, Cart 등을 이용해 교상에서 전개 이동하며, 주탑으로 케이블을 인입하기 위해서는 주탑에 비계를 설치하고 탑정 크레인 등을 통해 상부로 인입한다. 보강형 측에는 긴장을 위해 Center Hole Jack 등을 설치한다.

(a) 케이블릴 인양   (b) 케이블 운반 및 케이블릴 설치

(c) 케이블 전개   (d) 케이블 주탑측 인입   (e) 케이블 보강형측 인입

인천대교 케이블 가설 계획(유신회보, 조용민 외)

 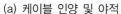   

(a) 케이블 인양 및 야적   (b) Cable Reel 설치   (c) Un-Reeling Roller 설치   (d) Cable & Socket Cart

케이블 인양, 언릴러 및 전개용 부속시설

(a) 긴장장비 Adapter 설치   (b) Ram Chair, Center Hole Jack 조립   (c) Ram Chair 인양   (d) Center Hole Jack 설치

보강형 측 케이블 인입을 위한 가설

강재앵커 　　　　　　　　　　　　　　토목구조기술사 합격 바이블 개정판 1권 제2편 RC p.735

콘크리트 구조물에 설치되는 강재앵커의 파괴형태 및 설계방법에 대하여 설명하시오.

풀 이

> **개요**

앵커볼트의 파괴는 앵커의 묻힘 부분과 연관된 강도(콘크리트 파괴) 등에 의해서 발생하는 파괴모드를 모두 고려하여야 한다.

> **콘크리트 구조물 강재 앵커의 파괴형태**

앵커볼트의 파괴는 강재의 파괴(인장, 전단) 또는 콘크리트의 파괴(프라이아웃, 측면파열 등) 등으로 구분된다. 강재강도와 관계되는 파괴모드는 인장파괴와 전단파괴이나 의도적으로 연성강재요소가 강도를 지배하도록 한 경우를 제외하면 앵커의 묻힘요소와 관련되는 콘크리트 파괴가 주를 이룬다. 앵커의 묻힘요소와 관계되는 파괴모드에는 콘크리트 파괴, 앵커의 뽑힘, 측면파열, 콘크리트 프라이아웃, 쪼개짐 등이 있다.

파괴모드를 앵커에 작용하는 하중상태에서 나타내면,

1) 인장하중에 의한 파괴모드 : 강재 파괴, 뽑힘 파괴, 콘크리트 파괴, 콘크리트 측면 파괴, 쪼개짐
2) 전단하중에 의한 파괴모드 : 강재 파괴, 프라이아웃, 콘크리트 파괴

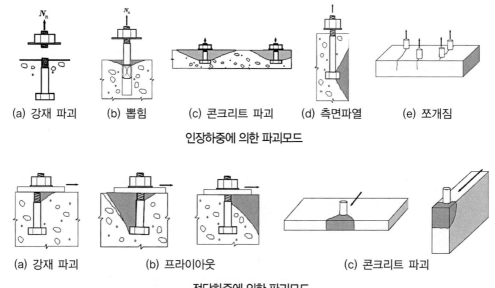

(a) 강재 파괴　　(b) 뽑힘　　(c) 콘크리트 파괴　　(d) 측면파열　　(e) 쪼개짐

인장하중에 의한 파괴모드

(a) 강재 파괴　　(b) 프라이아웃　　(c) 콘크리트 파괴

전단하중에 의한 파괴모드

앵커의 강도에 대한 안전을 확보하기 위해 필요한 강도감소계수(ϕ)는 앵커에 작용하는 하중조건, 앵커의 파괴모드, 시공상태, 앵커의 종류 등 다양한 영향인자를 고려하여 결정한다. 대부분의 앵커 강재가 뚜렷한 항복점을 나타내지 않기 때문에 철근 콘크리트 부재의 설계에 사용되는 강재의 항복 강도(f_{ya})보다는 극한강도(f_{uta})를 적용하는 것을 기본으로 한다.

▶ 콘크리트 구조물 강재 앵커의 설계방법

1) 강도설계법에 따른 콘크리트 앵커볼트의 강도감소계수

강도설계법에 따라 콘크리트 앵커볼트를 설계할 때에는 다음의 강도감소계수를 적용토록 규정 하고 있다.

강재요소의 강도에 의해 지배되는 앵커의 강도감소계수

하중 종류	연성강재요소	취성강재요소
인장하중	0.75	0.65
전단하중	0.65	0.60

앵커의 경우 인장보다는 전단에 대해 작은 강도감소계수를 적용하는데, 이는 기본적인 재료 차이를 반영한 것이 아니라 앵커 그룹의 연결부에서 전단이 불균일하게 분포될 가능성을 고려한 것이다.

콘크리트 파괴, 측면파열, 앵커 뽑힘 또는 프라이아웃에 의해 지배되는 앵커의 강도감소계수

조건		조건 A(1)	조건 B(2)
i) 전단하중		0.75	0.70
ii) 인장 하중	선설치 헤드스터드, 헤드볼트 또는 갈고리볼트	0.75	0.70
	별도 시험에 의해 각 범주에 속하는 후설치 앵커 — 범주 1(낮은 설치 민감도와 높은 신뢰성)	0.75	0.65
	범주 2(중간 설치 민감도와 중간 신뢰성)	0.65	0.55
	범주 3(높은 설치 민감도와 낮은 신뢰성)	0.55	0.45

1. 조건 A는 구조 부재 내에서 콘크리트의 잠재적인 프리즘 형태의 파괴를 구속하기 위하여 설치한 보조철근이 파괴면 과 교차될 때 적용 가능하다.
2. 조건 B는 이와 같은 보조철근이 없거나 뽑힘강도 또는 프라이아웃강도가 지배적일 때 적용한다.

2) 강도설계법에 따른 앵커의 강도 산정

① 인장하중을 받는 앵커의 강재 파괴강도 : $N_{sa} = nA_{se}f_{uta}f_{uta} \leq \max[1.9f_{ya},\ 860\text{MPa}]$

② 인장하중을 받는 앵커의 콘크리트 파괴강도

단일앵커 $N_{cb} = \dfrac{A_{Nc}}{A_{Nco}}\psi_{ed,N}\ \psi_{c,N}\ \psi_{cp,N}\ N_b$

앵커그룹 $N_{cbg} = \dfrac{A_{Nc}}{A_{Nco}}\psi_{ec,N}\ \psi_{ed,N}\ \psi_{c,N}\ \psi_{cp,N}\ N_b$

③ 인장하중을 받는 앵커의 뽑힘 파괴강도 : $N_{pn} = \psi_{c,P}\,N_p$

④ 인장하중을 받는 앵커의 측면파열 강도 : $N_{sb} = 13c_{a1}\sqrt{A_{brg}}\,\sqrt{f_{ck}}$ (갈고리 볼트는 해당 없음)

⑤ 전단하중을 받는 앵커의 강재 파괴강도 : $V_{sa=n}\,A_{se}f_{uta}$(stud), $V_{sa=n}\,0.6\,A_{se}f_{uta}$(bolt)

⑥ 전단하중을 받는 앵커의 콘크리트 파괴강도

$$\text{단일앵커}\quad V_{cb} = \frac{A_{Vc}}{A_{Vco}}\psi_{ed,V}\psi_{c,V}\,V_b$$

$$\text{단일앵커}\quad V_{cbg} = \frac{A_{Vc}}{A_{Vco}}\psi_{ec,V}\psi_{ed,V}\psi_{c,V}\,V_b$$

⑦ 전단하중을 받는 앵커의 프라이아웃 강도 :

$$V_{cp} = k_{cp}\,N_{cb}\quad V_{cpg} = k_{cp}\,N_{cbg}\,h_{ef} < 65\text{mm}(k_{cp}=1.0),\,h_{ef}\geq 65\text{mm}(k_{cp}=2.0)$$

⑧ 인장과 전단을 동시에 받을 경우

  ㉠ $V_{ua} \leq 0.2\phi V_n$ 인 경우, 전체 인장강도를 사용 $\phi N_n \geq N_{ua}$

  ㉡ $N_{ua} \leq 0.2\phi N_n$ 인 경우, 전체 전단강도를 사용 $\phi V_n \geq V_{ua}$

  ㉢ $V_{ua} > 0.2\phi V_n$ 이고 $N_{ua} > 0.2\phi N_n$ 인 경우 $\dfrac{N_{ua}}{\phi N_n} + \dfrac{V_{ua}}{\phi V_n} \leq 1.2$

  인장-전단 상관식 $\left(\dfrac{N_{ua}}{N_n}\right)^{\zeta} + \left(\dfrac{V_{ua}}{V_n}\right)^{\zeta} \leq 1.0$ ζ는 1에서 2 사이의 값

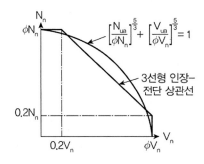

T형보 단면강도 토목구조기술사 합격 바이블 개정판 1권 제2편 RC p.583

한계상태설계법에서 아래 콘크리트 T형 단면에 대한 극한한계상태 단면강도를 산출하시오. 단, $f_{ck} = 30$MPa, $f_y = 350$MPa, $A_s = 3,096$mm^2, $E_s = 200$GPa, $\Phi_s = 0.90$, $\Phi_c = 0.65$이다.

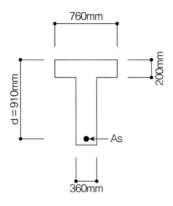

풀 이

➤ 개요

극한한계상태에서 등가 사각형 응력블록을 적용하여 설계할 때 응력 블록의 깊이 a가 플랜지 두께 t_f보다 같거나 적을 경우에도 사각형 단면으로 간주하여 설계할 수 있다.

➤ 응력블록 깊이 산정

응력블록의 깊이 a를 콘크리트 압축 합력 C와 철근의 인장력 T가 같다는 평형조건으로부터,

$$a = \frac{f_{yd}A_s}{f_{cd}b_f}, \quad a \leq t_f : b_f \text{의 폭을 갖는 사각단면으로 해석}, \quad a > t_f : \text{T형 단면으로 해석}$$

$$f_{cd} = 0.85\,\phi_c f_{ck} = 0.85 \times 0.65 \times 30 = 16.6\text{MPa}$$

$$f_{yd} = \phi_s f_y = 0.90 \times 350 = 315\text{MPa}$$

$$a = \frac{f_{yd}A_s}{f_{cd}b_f} = \frac{315 \times 3096}{16.6 \times 760} = 77.3\,\text{mm} < t_f = 200\,\text{mm} \quad \therefore \text{사각단면으로 해석}$$

$f_{ck} = 30$MPa이므로 $\alpha = 0.8$, $\beta = 0.4$를 적용한다.

압축력 $C = \alpha f_{cd}bc = 0.8 \times 16.6 \times 760 \times c$

인장력 $T = f_{yd}A_s = 315 \times 3,096 = 975,240$N

$$C = T \; ; \; c = \frac{975240}{0.8 \times 16.6 \times 760} = 96.627\text{mm}$$

내부 모멘트 팔길이 : $z = d - \beta c = 910 - 0.4 \times 96.627 = 871.349\text{mm}$

$$\therefore \; M_d = Tz = 975,240 \times 871.349 = 849.774\text{kNm}$$

TIP | 한계상태설계법(도로교설계기준, 2015)에 따른 T형보 설계 |

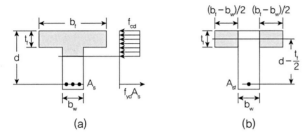 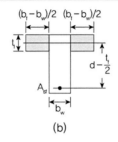 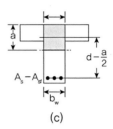

(a)　　　　　　　　　　(b)　　　　　　　　　　(c)

등가 사각형 응력블록을 이용한 해석이 주로 사용된다. 극한한계상태에서 등가 사각형 응력블록을 적용하여 설계할 때 응력블록의 깊이 a가 플랜지 두께 t_f보다 같거나 적을 경우에도 사각형 단면으로 간주하여 설계할 수 있다. 응력블록의 깊이 a를 콘크리트 압축 합력 C와 철근의 인장력 T가 같다는 평형조건으로부터,

$$a = \frac{f_{yd}A_s}{f_{cd}b_f}, \quad a \le t_f : b_f 의 \text{ 폭을 갖는 사각단면으로 해석}, \quad a > t_f : \text{T형 단면으로 해석}$$

T형 단면 해석 시

① 플랜지 콘크리트에 상응하는 철근 A_{sf}

$$A_{sf} = \frac{f_{cd}(b_f - b_w)t_f}{f_{yd}} \quad \therefore \; M_{d1} = f_{yd}A_{sf}\left(d - \frac{t_f}{2}\right)$$

② 사각형 단면 부분 $A_s - A_{sf}$

$$a = \frac{f_{yd}(A_s - A_{sf})}{f_{cd}b_w} \quad \therefore \; M_{d2} = f_{yd}(A_s - A_{sf})\left(d - \frac{a}{2}\right)$$

③ 전체 설계휨강도

$$M_d = M_{d1} + M_{d2} = f_{yd}A_{sf}\left(d - \frac{t_f}{2}\right) + f_{yd}(A_s - A_{sf})\left(d - \frac{a}{2}\right)$$

강아치교 일괄가설 공법 　　　토목구조기술사 합격 바이블 개정판 2권 제5편 교량계획 및 설계 p.1832

단경간 하로 강아치교 가설공법 중 다축운반 이동장비(Transporter)에 의한 일괄가설공법의 특성
및 기술적 검토사항을 설명하시오.

풀 이

> **개요**

상로식 아치교는 상판이 아치리브의 위쪽에 설치되어 있어 깊은 계곡이나 지면과 계획고와의 높이
차가 심한 곳에 채용되는 형식이다. 강재로 제작된 하로 강 아치교의 경우 공장 또는 현장에서 일체
로 조립한 거더를 대형 운반기계와 가설기계를 이용하여 일괄적으로 가설하는 대블록 가설공법 적
용이 가능하다.

> **다축운반 이동장비 이용한 일괄가설공법 특성**

일반적으로 대블록 가설공법은 공기단축이 가능하고 가설중 구조적으로 불안정하게 되는 기간이
짧아 내풍, 내진 안정성이 높다. 해상의 경우 플로팅 크레인(F/C)이나 대선을 이용해 설치할 수 있으
며 하부 도로로 구성되어 있는 경우 크레인을 통한 일괄가설이나 다축운반 이동장비(Transporter)
에 의한 가설 방법을 활용할 수 있다.

플로팅 크레인(F/C) 가설

크레인 일괄가설

다축운반 이동장비 가설

다축운반 이동장치는 축당 하중을 분담토록 하여 강교를 제작장에서부터 현장까지 직접 운반이 가능하기 때문에 혼잡한 시가지 구간에서 벤트를 설치하지 않고 완성된 구조물의 일괄 거치가 가능하며, 부분 조립 시 발생할 수 있는 오차와 품질저하를 방지할 수 있는 장점이 있다. 또한 사용되는 트랜스포터는 기본단위가 4축과 6축으로 되어 있고 각 기본 단위별 혼성조합이 가능하며 각 축별로 높이 조정과 360° 회전이 가능하기 때문에 완성된 구조물 이동에 제한이 적다.

➤ 기술적 검토사항

트랜스포터 반입 및 설치

강아치교 운반

강아치교 거취

강아치교 거치 완료

설치 과정
① 강교제작장의 강아치교 하부 좌우의 가설벤트 사이로 트랜스포터를 진입시키고 좌우 및 각 UNIT별로 하중 분담 및 강아치교 중심선을 확정시킨다.
② 강아치교를 가설위치로 천천히 이동시킨다.
③ 트랜스포터 배드를 상승시키고 교각 코핑 위의 가설잭 위로 안착한다.
④ 트랜스포터 배드를 하강시키고 가설벤트와 함께 제작장으로 이동한다.

1) 트랜스 포터의 하중분담과 중심선 : 목적 구조물의 중량과 중심축을 고려하여 이동 시 전도나 하중 집중이 발생되지 않도록 트랜스 포터별 하중분담과 강아치교의 중심선을 확정하여 고르게 하중이 분배되도록 포터를 배치하여야 한다.

2) 도로 등 통제 : 이동 중 충돌하중 등을 방지하기 위해 하부 이동 구간과 설치 구간에서 차량을 통제하고 우회도로 설치 등을 사전에 검토하여야 한다.

3) 축 중량 : 기존의 이동용 차량이 축 중량 초과로 인해 분해 이동되는 특성을 감안해 트랜스 포터의 축 중량이 도로법에 따른 1개 축 중량을 넘지 않도록 포터의 개수를 배치하여야 한다.

4) 이동 중 변형 방지를 위한 보강재 설치 : 트랜스 포터 이동 등 충격하중으로 인해 목적 구조물에 변형이나 응력집중이 발생되지 않도록 보강재 설치 등을 검토하여야 한다.

콘크리트 부재 지배단면 변형률

토목구조기술사 합격 바이블 개정판 1권 제2편 RC p.557

콘크리트구조기준(2012)에 근거하여, 콘크리트 부재에서 지배단면에 따른 변형률 조건과 강도감소 계수에 대하여 설명하시오.

풀 이

▶ 개요

콘크리트구조기준(2012)에서는 압축연단 콘크리트가 극한 변형률인 0.003에 도달할 때 최외단 인 정철근의 순인장변형률 ϵ_t 의 변형률에 따라 지배단면을 압축지배단면, 인장지배단면, 변화구간단 면의 3가지로 구분하고 있다.

▶ 콘크리트 부재의 지배단면에 따른 변형률 조건

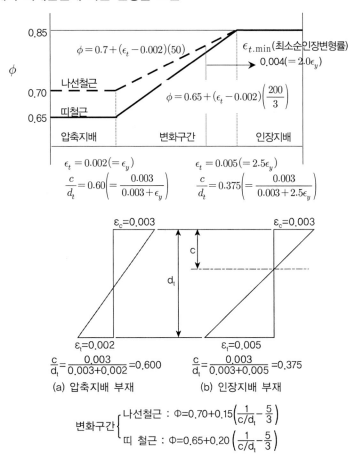

1) **압축지배단면**($\epsilon_c = 0.003$일 때, $\epsilon_t \leq \epsilon_y$인 단면) : 압축연단 콘크리트가 극한변형률인 $\epsilon_c = 0.003$에 도달할 때, 최외단 인장철근의 순인장변형률 ϵ_t가 압축지배 변형률 한계 이하인 단면을 말한다. 압축지배변형률 한계는 균형변형률 상태에서 인장철근의 순인장변형률과 같다. 이 지배단면인 경우 파괴가 임박했음에도 나타내는 징후가 없이 급격히 파괴되는 취성파괴가 발생할 수 있다. 일반적으로 휨부재는 인장지배단면이고 압축부재는 압축지배단면이지만 휨부재 중에서도 인장철근의 단면적이 상대적으로 큰 경우와 압축부재 중에서도 축력이 작고 휨모멘트가 큰 경우에는 압축지배단면과 인장지배단면의 변화구간에 있게 된다.

$$f_y = 400\,\text{MPa}일\ 때\ \epsilon_t < \epsilon_y = 0.002,$$

또는 $\dfrac{c}{d_t}$가 한계 이상 $f_y = 400\,\text{MPa}$일 때 $\dfrac{c}{d_t} \geq 0.6\left(= \dfrac{\epsilon_c}{\epsilon_c + \epsilon_y}\right)$인 단면

2) **인장지배단면**($\epsilon_c = 0.003$일 때, $\epsilon_t \geq 2.5\epsilon_y$, 0.005인 단면) : 압축연단 콘크리트가 극한변형률인 $\epsilon_c = 0.003$에 도달할 때, 최외단 인장철근의 순인장변형률 ϵ_t가 0.005의 인장지배변형률 한계 이상인 단면을 말한다. 이때 철근의 항복강도가 400MPa 이상인 경우 인장지배변형률 한계를 철근 항복변형률의 2.5배로 한다. 이 지배단면의 경우 과도한 처짐이나 균열이 발생하여 파괴징후를 사전에 파악할 수 있는 연성파괴가 발생한다.

$$f_y \leq 400\,\text{MPa}일\ 때\ \epsilon_t \geq 0.005,\ f_y > 400\,\text{MPa}일\ 때\ \epsilon_t \geq 2.5\epsilon_y,$$

또는 $\dfrac{c}{d_t}$가 한계 이하 $f_y = 400\,\text{MPa}$일 때 $\dfrac{c}{d_t} \geq 0.375\left(= \dfrac{\epsilon_c}{\epsilon_c + 2.5\epsilon_y}\right)$인 단면

3) **변화구간**($\epsilon_c = 0.003$일 때 $\epsilon_y < \epsilon_t < 2.5\epsilon_y$인 단면) : 압축연단 콘크리트가 극한변형률인 $\epsilon_c = 0.003$에 도달할 때, 최외단 인장철근의 순인장변형률 ϵ_t가 압축지배변형률 한계와 인장지배변형률 한계 사이인 단면을 말한다. 다만 이 경우 최소허용인장변형률 이상이어야 연성을 확보할 수 있다.

최외단 인장철근의 순인장변형률 ϵ_t가

$0.002(= \epsilon_y) < \epsilon_t < 0.005(= 2.5\epsilon_y)$, 괄호 안은 $f_y > 400\,\text{MPa}$인 경우

또는 $\dfrac{c}{d_t}$가 $0.375\left(= \dfrac{\epsilon_c}{\epsilon_c + 2.5\epsilon_y}\right) < \dfrac{c}{d_t} < 0.6\left(= \dfrac{\epsilon_c}{\epsilon_c + \epsilon_y}\right)$인 단면

철근의 최소허용인장변형률($\epsilon_{t.\min}$)은 프리스트레스되지 않은 RC 휨부재와 $0.1f_{ck}A_g$보다 작은 계수 축하중을 받는 RC 휨부재의 순인장변형률 ϵ_t가 최소허용인장변형률 $\epsilon_{t.\min}$ 이상이면 연성파괴를 확보한다.

$$\epsilon_{t.\min} = 0.004 \, (f_y \le 400\text{MPa}), \quad 2.0\epsilon_y \, (f_y > 400\text{MPa})$$

➤ 지배단면에 따른 강도감소계수

강도감소계수(ϕ_i)는 재료의 실제 강도를 정확히 알 수 없기 때문에 부재의 치수, 시공 정도, 구조적 거동 등의 주요 변수를 가정하여 실측된 재료와 부재강도의 통계자료를 이용하여 강도저감계수를 결정한다. 강도감수계수를 적용하는 사유는 다음과 같다.

1) 재료강도의 가변성, 시험재하 속도의 영향, 현장강도와 공시체 강도의 차이, 건조수축의 영향에 따른 설계 시 예상값과의 차이
2) 철근의 위치, 철근의 휘어짐, 부재의 치수의 오차 등과 같은 제작 시의 오차로 예상과 실제 부재의 차이
3) 직사각형 응력블록, 최대변형률 0.003 등과 같은 가정과 식의 단순화에 의한 오차

콘크리트구조기준(2012)에서 규정한 지배단면에 따른 강도감수계수는 다음과 같다.

지배단면 구분	순인장변형률 조건	강도감수계수
압축지배단면	ϵ_y 이하	0.65
변화구간단면	ϵ_y~0.005(또한 $2.5\epsilon_y$)	0.65~0.85
인장지배단면	0.005 이상 ($f_y > 400$MPa 이상인 경우 $2.5\epsilon_y$ 이상)	0.85

변화구간에서 강도감소계수 ϕ값의 보정

$$\frac{c}{d_t} = \frac{\epsilon_c}{\epsilon_c + \epsilon_t} \quad \therefore \quad \epsilon_t = \epsilon_c\left(\frac{d_t - c}{c}\right) = \epsilon_c\left(\frac{d_t}{c} - 1\right)$$

(나선철근) $\phi = 0.70 + \dfrac{0.85 - 0.70}{0.005 - 0.002}(\epsilon_t - 0.002) = 0.7 + 50(\epsilon_t - 0.002)$

$$= 0.7 + 50\left(\epsilon_c\left(\frac{d_t}{c} - 1\right) - 0.002\right) = 0.7 + 0.15\left[\frac{1}{c/d_t} - \frac{5}{3}\right]$$

(띠 철근) $\phi = 0.65 + \dfrac{0.85 - 0.65}{0.005 - 0.002}(\epsilon_t - 0.002) = 0.65 + \dfrac{200}{3}(\epsilon_t - 0.002)$

$$= 0.65 + 0.20\left[\frac{1}{c/d_t} - \frac{5}{3}\right]$$

소하천 횡단 교량　　　　　　토목구조기술사 합격 바이블 개정판 2권 제5편 교량계획 및 설계 p.1690

소하천을 횡단하는 교량의 계획 및 형식 선정 시 고려할 사항에 대하여 설명하시오.

풀 이

➤ 개요

하천을 횡단하는 교량은 하천의 유수흐름에 지장을 주지 않고 하천의 통수단면을 최대한 확보할 수 있도록 계획되어야 한다. 특히, 교량의 경간장 분할과 다리밑 공간에 대해 충분히 확보하여야 하며 하천설계기준에 따라 부득이 하천 내에 교각 등이 설치되는 경우 이로 인한 유수 흐름의 영향과 백워터 상승 등에 대해 검토가 수반되어야 한다.

➤ 하천횡단 교량의 계획

소하천의 경우 대부분 20m 내외의 하천으로 하천 내에 교각 등을 두지 않는 것이 일반적이나 지방하천이나 국가하천과의 교류부에서 교량 경간의 분할 등이 검토되어질 수 있다. 또한 홍수위 등을 감안하여 형하고를 충분히 확보할 수 있어야 하며, 하천설계기준에 따라 결정한다.

1) 하천횡단 교량의 경간분할 시 검토사항

　① 유속이 급변하거나 하상이 급변하는 지역에는 교각설치 배제
　② 저수로 지역에서는 경간을 크게 분할
　③ 하천 단면을 줄이지 않도록 하고 교각설치로 인한 수위 상승과 배수를 검토
　④ 유목, 유빙이 있는 하천, 하천 협소부에서는 교각수를 최소화
　⑤ 유로가 일정하지 않은 하천에서는 가급적 장경간 선택
　⑥ 기존교량에 근접하여 신설교량을 건설할 때는 경간분할을 같게 하거나 하나씩 건너뛰는 교각 배치를 검토

2) 하천횡단 교량의 경간장 기준

　① 교량의 길이는 하천폭 이상으로 한다.
　② 경간장은 치수상 지장이 없다고 인정되는 특별한 경우를 제외하고 다음의 값 이상으로 한다. 다만 70m 이상인 경우는 70m로 한다.
　　　$L = 20 + 0.005Q$ (Q : 계획홍수량 m3/sec)
　③ 다음 항목에 해당하는 교량의 경간장은 하천관리상 큰 지장이 없을 경우 ②와 관계없이 다음의 값 이상으로 할 수 있다.
　　㉠ $Q < 500\,\text{m}^3/\text{sec}$, B(하천폭) $< 30.0\,\text{m}$인 경우 : $L \geq 12.5\,\text{m}$

ⓛ $Q < 500\,\mathrm{m}^3/\mathrm{sec}$, B(하천폭) $\geq 30.0\,\mathrm{m}$인 경우 : $L \geq 15.0\,\mathrm{m}$

ⓒ $Q = 500 \sim 3{,}000\,\mathrm{m}^3/\mathrm{sec}$인 경우 : $L \geq 20.0\,\mathrm{m}$

④ 하천의 상황 및 지형학적 특성상 위의 경간장 확보가 어려운 경우 치수에 지장이 없다면 교각 설치에 따른 하천폭 감소율(교각 폭의 합계/설계홍수위 시 수면의 폭)이 5%를 초과하지 않는 범위 내에서 경간장을 조정할 수 있다.

3) 교대 및 교각 설치의 위치 : 교대, 교각은 부득이한 경우를 제외하고 제체 내에 설치하지 않아야 한다. 제방 정규단면에 설치 시에는 제체 접속부의 누수 발생으로 인한 제방 안정성을 저해할 수 있으며 통수능이 감소로 인한 치수의 어려움이 발생할 수 있다. 따라서 교대 및 교각의 위치는 제방의 제외지측 비탈 끝으로부터 10m 이상 떨어져야 하며, 계획홍수량이 $500\,\mathrm{m}^3/\mathrm{sec}$ 미만인 경우 5m 이상 이격하도록 하고 있다.

4) 교량 밑 공간 확보 : 하천설계기준에 따라 하천을 횡단하는 경우 계획홍수량에 따라 홍수위로부터 교각이나 교대 중 가장 낮은 교각에서 교량상부구조를 받치고 있는 받침장치 하단부까지의 높이 인 여유고를 확보하여야 한다.

계획홍수량($\mathrm{m}^3/\mathrm{sec}$)	여유고(m)
200 미만	0.6 이상
200~500	0.8 이상
500~2,000	1.0 이상
2,000~5,000	1.2 이상
5,000~10,000	1.5 이상
10,000 이상	2.0 이상

보행육교 진동, 경관   토목구조기술사 합격 바이블 개정판 2권 제5편 교량계획 및 설계 p.1698

보도전용 횡단육교 설계 시 진동 및 경관 측면에서 고려할 사항에 대해 설명하시오.

풀 이

▶ 개요

보도교는 설치장소에 따라 도로와 철도를 횡단하는 횡단보도교, 건물과 건물을 연결하는 연결보도교(pedestrian deck), 하천을 횡단하는 보도교 등으로 구분될 수 있다. 도시계획시설기준에 관한 규칙에 따르면 보도교의 최소 폭은 1.5m로 규정하고 있어 보도교는 일반적으로 지간장에 비해 폭원이 좁은 세장한 형식의 구조로 진동에 취약한 특성이 있다.

▶ 진동 특성 및 고려 사항

보도교에서 보행자 하중은 주 하중으로, 도로교설계기준에서는 5×10^{-3}MPa(바닥판, 바닥틀 설계)를 기본으로 하며 주거더의 경우 지간장에 따라 $3.5 \times 10^{-3} \sim 3.0 \times 10^{-3}$MPa을 등분포하중으로 고려하도록 하고 있다.

보도교가 세장한 구조이기 때문에 보행자의 동적진동 등의 영향을 받기 쉬우며 보행 하중의 동적 특성은 평균적으로 2Hz이고 편차가 극히 적은 정규분포에 가까운 형태를 보이고 있어 진동에 의한 영향을 최소화하기 위해서는 진동감쇠를 크게 하고 보도교의 최소진동수를 보행 주파수와 일치시키지 않도록 주 구조계의 고유진동수가 2Hz 전후를 피하는 저동조(Low Tuning) 또는 고동조(High Tuning) 기초 공진설계를 수행하여야 한다. 일반적으로 $1m^2$당 1인의 일반상황에서 보행자가 2Hz의 강제주기력을 교량에 주는 경우에 최대 가속도가 0.1g 이하가 되는 것이 바람직한 것으로 알려져 있다.

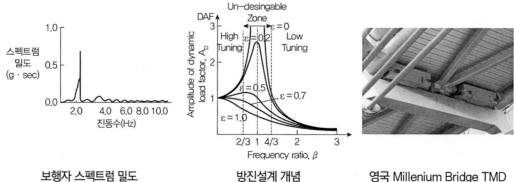

보행자 스펙트럼 밀도   방진설계 개념   영국 Millenium Bridge TMD

▶ 경관설계

보도교는 도로교나 철도교와는 달리 사용자가 근접하여 직접 접촉하며 가까이서 느낄 수 있기 때문에 경관설계가 다른 교량에 비해 더 중요하다. 또한 근래에 지역의 랜드 마크로서 활용되는 사례도 많기 때문에 보도교에 대한 경관설계의 중요성이 더 부각되고 있다.

교량의 경관설계는 교량의 기능성, 구조적 안정성, 유지관리의 편의성, 경제성, 시공성 등을 종합적으로 고려하여 설계 및 시공되어야 한다. 교량의 기능적, 구조적 요구조건 이외에 지역주민과 도로이용자에게 시각적으로 안정감을 주고 환경과 조화를 이룰 수 있도록 아름답게 설계되어야 하는 것이 경관설계(Aesthetic Design)의 기본적인 개념이다.

경관 설계 시 주요 고려사항으로는 조형미와 기능미, 조화로 구분될 수 있으며 각각의 조형원리에 구성되는 검토사항은 다음과 같다.

1) 조형미 : 비례(Proportion), 내부 및 외부 조화(Harmony), 대칭(Symmetry), 균형(Balance)
2) 기능미 : 간결성(Simplicity), 명료성(Clearance)
3) 조화 : 내적, 외적 조화, 교량의 색채

경관설계 시 주요 고려사항

케이블 교체 및 파단   토목구조기술사 합격 바이블 개정판 2권 제5편 교량계획 및 설계 p.1923

케이블 교량설계 중 케이블 교체 및 파단 시 고려할 사항에 대하여 케이블 강교량 설계지침과 연계하여 설명하시오.

풀 이

▶ 개요

국내 설계기준에서는 케이블 교량의 특성상 주부재인 케이블(사장재 및 행어)의 교체, 파단 시에 대해 설계단계에서부터 반드시 고려하도록 하고 있다. 케이블 강교량 설계지침에서는 허용응력 증가계수를 고려하도록 하고 있으며, 2015 도로교설계기준 한계상태설계법에서는 각각 변동하중과 극단하중으로 고려하여 하중조합을 통해 고려하도록 하고 있다.

▶ 케이블 교체 및 파단 시 고려사항

1) **케이블 교체** : 케이블 강교량 설계지침에서는 교체되는 해당 케이블 인접의 최소 1개 설계차로를 통제하고 'D+(L+I)+케이블 교체 시 작용력'을 고려하여 검토하도록 규정하고 있다. 2015 도로교설계기준 한계상태설계법에서는 케이블 교체를 변동하중으로 구분하고 극한한계상태 하중조합 Ⅶ를 통해 검토하도록 하고 있다. 다음은 케이블 강교량 설계지침의 검토과정이다.

① 하중조합에 따른 장력을 구하고 케이블 제거 후 앞에서 구한 장력을 반대로 주탑과 거더에 작용시키는 등의 합리적인 방법으로 교량에 미치는 영향을 검토한다.

② 케이블 교체 시 잔여 케이블의 장력은 하중조합의 장력+케이블 제거로 추가된 장력을 고려한다.

③ 케이블 교체 시 허용응력은 25% 증가하여 고려한다.

2) **케이블 파단** : 케이블 강교량 설계지침에서는 전체 차로에 활하중 재하된 상태에서 'D+ 0.5(L+I)+케이블 파단 시 작용력'을 고려하도록 하고 있다. 이때 활하중에 0.5 적용은 케이블 파단조건이 쉽게 일어나지 않는 것을 고려하였다. 2015 도로교설계기준 한계상태설계법에서는 케이블 파단을 극한하중으로 분류하고 극단상황한계상태 하중조합을 통해 검토하도록 하고 있다. 다음은 케이블 강교량 설계지침의 검토과정이다.

① 케이블 제거 후 D+L만 재하로 구한 정적 장력의 2배를 반대로 구조계에 작용하여 동적 증폭효과를 고려하거나 동적 해석을 통해 그 영향을 검토하여야 한다.

② 동적 해석을 수행하여 그에 따른 영향을 검토하는 경우에도 정적 장력의 1.5배 이상 동적 효과를 적용하여야 한다.

③ 선형해석에 의한 중첩의 원리 이용 시 다음 두 구조계의 결과를 중첩한다.
   ㉠ 고정하중과 활하중의 영향은 제거된 원 구조계
   ㉡ 파단에 의한 효과는 케이블 제거된 변형 구조계
④ 케이블 파단 시 허용응력은 50% 증가시킨다.

고속철도교   토목구조기술사 합격 바이블 개정판 2권 제5편 교량계획 및 설계 p.1679

고속철도교 설계 시 도로교와 상이하게 적용하는 설계하중을 구분하여 설명하고, 주행 안전성, 동특성 및 궤도 안전성과 관련한 특수 검토항목을 설명하시오.

풀 이

▶ 개요

철도교는 도로교와 달리 활하중이 더 크기 때문에 동적하중에 의한 영향이 더 크게 받는다. 뿐만 아니라 도로교와는 달리 궤도를 통해서 차량이 이동하기 때문에 궤도와 교량 간의 상호 영향관계가 중요한 인자로 고려되어야 한다. 일반적으로 도로교와 철도교 차이는 다음과 같다.

1) **연속교와 단순교** : 도로교는 연속교로 구조효율성 극대화, 철도교는 단순교로 사고로 인한 교량 붕괴 시 복구 신속성을 감안

2) **하중** : 철도교가 도로교의 약 5배가량 크며, 철도교는 레일의 위로 하중 위치가 고정되어 있음. 철도교는 하중의 연속성과 속도로 인하여 공진성 검토가 중요한 인자(동적안정성 검토 필요)

3) **고속열차의 특수한 검토** : 궤도의 틀림(면틀림, 궤간틀림 등), 승차감, 공진 등 검토

4) **장대레일의 연속화로 인한 하중 검토** : 교량과 장대레일 간의 인터액션(Interaction), 좌굴 등에 대한 검토 필요

5) 철도교는 유지관리, 피로문제로 인하여 케이블 교량 지양

▶ 철도교와 도로교 설계하중 비교

1) 도로교와 철도교는 크게 주하중, 부하중, 부하중 또는 부하중에 상당하는 특수하중으로 구분되고 있으며 도로교에서는 총 21개의 설계하중이 철도교에서는 장대레일 종하중, 차량 횡하중, 시동 및 제동하중, 탈선하중 등이 추가로 고려되어 24개의 설계하중이 존재한다.

2) 도로교와 철도교의 가장 큰 차이는 활하중의 차이에 있으며, 도로교에 비해 철도교의 활하중이 더 크기 때문에 동적거동에 의한 영향이 더 크게 작용한다.

3) 도로교의 경우 활하중의 등급을 1~3등급으로 구분하여 기존의 DB하중과 2015 도로교설계기준에서 변경된 KL-510 하중을 적용하며, 철도교 하중의 경우 철도차량에 따라 HL-25, LS-22, EL-18하중으로 분류한다.

4) 고정하중의 경우 도로교의 경우에는 포장하중이 추가되며, 철도교의 경우 레일, 침목, 도상 등의 2차 고정하중이 추가된다.

5) 충격계수의 경우 도로교에서는 하나의 공식으로 적용되는 반면 철도교의 경우 교량의 형식별로 충격계수를 산정하도록 하고 있다.

6) 추가적으로 철도교에서 고려하는 주 하중은 원심 하중과 장대레일 종하중이 있으며, 도로교의 경우 원심하중의 영향이 작아 곡선교에서 특수하중으로 구분하나 철도교의 경우 선로 캔트 등의 영향으로 원심하중이 매우 커서 슈뿐만 아니라 교각의 단면력 산정 시에도 활용한다. 장대레일 종하중은 온도 등의 변화에 따른 레일 신축이 교량 상부에 전달하는 수평력으로 1궤도당 10kN/m 의 하중이 레일면상에 작용하는 것을 고려한다.

7) 부하중의 경우 풍하중, 설하중 등은 도로교와 비슷하나 철도교에서는 철도의 사행운동을 고려하기 위해 차량 횡하중과 탈선하중을 추가로 적용한다.

8) 도로의 경우에는 등급에 따른 차선하중과 차량하중을 적용하며, 철도의 경우에는 추가적인 고정하중(도상/레일/침목)을 고려하고 차선하중과 차량하중 대신에 LS-22 하중 등을 등급에 관계 없이 적용한다. 철도차량의 이동 시 발생하는 차량 횡하중, 시제동하중 및 원심하중이 도로교에 비해서 비중 있게 다뤄지고 있으며, 레일 특성에 따른 장대레일의 종 방향 하중에 추가적으로 고려되는 점이 두 하중의 큰 차이점이다. 즉, 고정하중에 비해 활하중이 철도 하중에서는 훨씬 크게 작용하고 있으며 이러한 설계하중의 차이로 도로교와 철도교는 상부구조 형식별로 적용지간 장이 다르게 적용된다.

2011 철도시설기준 철도교 하중

영구하중	운행하중
• 고정하중(자중) • 2차 고정하중(레일, 침목, 도상, 콘크리트 도상) • 환경적인 작용하중(토압, 수압, 파압, 설하중) • 간접적인 작용하중(PS하중, 크리프, 건조수축, 지점변위)	• 표준열차하중(HL하중, LS22, EL18) • 충격하중 • 수평하중(차량횡하중, 캔트, 원심하중, 시동하중, 제동하중)
기타하중	특수하중
• 풍하중 • 온도변화의 영향 • 장대레일 종하중 • 2차 구조부분, 장비, 설비 하중 • 기타하중 : 마찰저항하중 등	• 충돌하중 • 탈선하중 • 가설 시의 하중 • 지진의 영향

▶ 주행 안전성, 동특성 및 궤도 안전성과 관련한 특수 검토항목

철도교는 도로교와 달리 주행열차에 의한 동적하중이 궤도를 통하여 교량으로 전달되고, 이때 궤도 구조의 동적거동 특성에 따라 하부구조물에 전달되는 하중의 크기가 달라진다. 현행 철도교 설계 시에는 궤도구조를 합리적으로 모형화하기에 번거로움이 있어 2차 고정하중으로 고려하여 반영하고 있다. 철도교에서는 주행열차에 대한 철도교량의 동적안정성 검토 시 공진 발생 여부, 동적거동에 따른 승차감의 불안정성, 궤도구조 사용성과의 인터페이스 등에 대한 검토가 수반되어야 한다. 철도시설기준에서는 충격계수, 연직처짐, 단부회전각, 상판의 면틀림, 연직처짐, 객차의 연직가속도 등을 통해 주행안전성과 동특성을 검증하도록 하고 있다.

철도교 주행안전성과 동특성 검증항목

종류	검증항목
정적 구조 안전성	주부재 응력(충격계수)
설계변수 관련	고유진동수, 감쇠비
주행안전성과 구조적 안정성	연직처짐, 상판의 연직가속도, 단부회전각, 상판의 면틀림
승차감(진동 사용성)	연직처짐, 객차 연직가속도

고속철도의 장대레일은 교량상에 부설하면 온도변화에 따라 거더가 신축하기 때문에 <u>교량 상판의 변형으로 장대레일에 부가응력이 발생</u>하며, 교량 상의 장대레일은 횡저항력을 확보하기가 어렵기 때문에 이에 대해 철도교에서는 <u>차량 종하중과 횡하중을</u> 고려하도록 하고 있다.

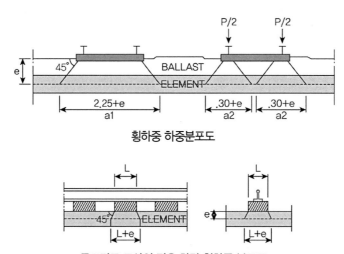

횡하중 하중분포도

콘크리트 도상의 경우 차량 횡하중 분포도

광폭 판형교   토목구조기술사 합격 바이블 개정판 2권 제5편 교량계획 및 설계 p.1783

왕복 4차로의 광폭 2주형 판형교를 설계할 때 주요 검토사항과 교량 가설계획에 대하여 설명하시오.

풀 이

▶ 개요

판형교는 교량의 폭이나 지간 등의 조건에 따라서 다양한 형식으로 사용할 수 있다. 다주형 판형교의 경우 가장 일반적으로 많이 사용하는 형식으로 형고를 작게 할 수 있는 장점이 있으나, 소형 부재들이 많고 주형이 교량 폭 전체에 거쳐 위치하게 되므로 교각이 커지게 되는 등 미관상 불리한 면이 있다. 반면, 2주형 판형교는 2개의 주형만을 사용하므로 미관상 유리하며, 다주형교에 비해 상대적으로 부재 수가 줄어들어 제작에도 유리하다.

▶ 광폭 2주형 판형교

광폭에 2주형 판형교를 적용하기 위해서는 바닥판의 지간과 캔틸레버의 길이가 길어지게 되어 장지간 바닥판의 성능을 확보할 필요가 있으며, 다주형교에 비해 형고가 커져야 한다.

기존 판형교의 경우 얇은 강판을 주로 사용하고 보강재를 사용하여 보완하는 형식이지만 광폭의 2주형 판형교를 적용하기 위해서는 바닥판의 지간 간격을 최대한 넓게 하여 주형의 수를 감소하고, 두꺼운 강재를 사용하여 각종 보강재, 가로보, 수평 브레이싱 등의 구조 부재를 단순화 또는 생략함으로써 사용 재료, 제작 공수, 운반, 가설, 유지 관리 측면에서 철저한 합리화하여야 한다. 이러한 형식은 국내에서 후판을 활용한 소수 거더교가 많이 적용되고 있다.

일반 판형교와 2주형 판형교의 비교

광폭 2주형 판형교

▶ 광폭 2주형 판형교 주요 검토사항 및 가설계획

1) 교량의 여유도

소수거더교는 일반적으로 2거더 시스템으로 설계되며 다수거더교와 다르게 거더의 최소화, 가로보와 수평 브레이싱의 단순화 또는 생략을 통해 경제성, 시공성, 유지관리측면에서 합리화를 도모한 거더 형식이므로 주요 부재가 소성상태 또는 다른 원인으로 하중을 지지할 수 없는 경우 교량전체가 붕괴로 이어질 수 있는 <u>구조적 여유도(Redundancy)가 낮은 형식이다. 단순교의 경우 여유도 확보를 위해 주거더의 휨 인장응력을 허용응력 대비 낮추어 설계하고 효과적인 여유도 확보를 위해 거더 하부플랜지 위치에 수평 브레이싱을 설치한다.</u> 연속교의 경우 일반적으로 충분한 구조적 여유도를 확보하고 있으므로 설계 시 여유도를 검토하지 않아도 된다.

2) 곡선 적응성

소수 주형거더는 <u>비틀림 저항성능이 박스 거더 단면에 비해 떨어지기 때문에 박스 거더교에 비해 불리한 측면이 있으나</u> 도로교설계기준에서 제시하고 있는 곡률반경이 일정 정도 이상인 경우에는 적용이 가능하다.

3) 주거더의 배치와 형고, 가로보의 간격

① 주거더의 배치 : 일반적으로 주거더 간격은 최대 7m로 하는 것이 좋다. 프랑스의 경우 주거더 간격은 2차선의 경우 5m, 3차선의 경우 6.75m를 적용하고 있으며, 일본의 경우 바닥판 설계 휨모멘트식의 적용범위가 6m로 제한되어 있으나 최근에는 바닥판 지간이 11m인 교량 (Warashinagawa bridge)이 건설되었다. 유럽이나 일본에서 바닥판 캔틸레버부는 일반적으로 주거더 간격의 0.4~0.5배 길이를 가지며, 국내의 도로교설계기준의 휨모멘트 산정식은 7.3m로 제한되어 있으며 연구결과도 8m 이하에서 바닥판 휨모멘트 산정식이 안전 측으로 예측되어 주거더를 7m로 한정하는 것이 안전 측이다.

② 주거더의 형고 : RIST보고서에 따르면 강중량 최소 방식을 전제로 한 경우는 주거더 높이/경간비는 1/13~ 1/15 정도가 되지만, 부재의 후판화 및 제작성, 현장 시공성을 종합적으로 평가해 주거더의 높이를 정하는 것이 필요하며, 강중량뿐만 아니라 제작성을 고려한 경우 최적 주거더 높이/지간비는 1/17~1/18로 하는 것이 좋다.

③ 가로보의 간격 : 압축플랜지의 고정점간 거리를 확보하기 위하여 가로보의 간격을 조정하며 최대 6m 정도로 하는 것이 좋다. 이때 시공 시 안정성에 대한 검토를 수행하여야 하며 국내 도로교설계기준에서는 경험적으로 얻은 6m를 가로보 간격의 최대치로 규정하고 있으며 유럽이나 일본의 경우 모멘트 영역에 따라 5~10m까지 가로보 간격을 변화시키고 있다.

4) 소수주형교의 바닥판 : 소수주형교의 바닥판은 소수주형교의 장점을 최대한 살려주는 안전하면서도 시공성이 우수한 바닥판의 형식이어야 하며, 공용 시 피로손상을 최소화하는 내구성이 확보될 수 있어야 한다. 기존의 플레이트 거더교의 경우 주형간격이 대부분 3m 이내이므로 비교적 설계와 시공이 용이하나 소수주형교의 경우 대부분 주형의 간격이 5m 이상이며, 해외의 경우 최대 15m에 이르는 것도 있는 등 기존의 바닥판과 다른 형태를 가진다. <u>주로 프리캐스트 바닥판이나 횡방향 PS텐던을 이용한 방법</u> 등이 이용되고 있다.

내풍 설계   토목구조기술사 합격 바이블 개정판 2권 제5편 교량계획 및 설계 p.2033

케이블교량의 내풍 설계 흐름도를 작성하고 동적 해석 시 유의사항과 내풍 대책에 대하여 설명하시오.

풀 이

> **내풍 설계 개요**

케이블 교량의 내풍 설계는 교량의 동적 특성에서 비롯한 내풍안정성에 대해 검토되어야 한다. 일반적으로 교량이 설치되는 지역의 풍환경과 풍속 자료 수집에서부터 시작하여, 정적설계, 풍동실험 및 공탄성 해석 등 동적응답의 추정, 이에 따른 부재의 안정성과 사용성에 대한 검토의 순으로 내풍 설계가 이루어진다.

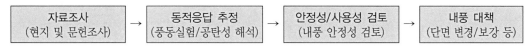

내풍 설계 흐름도

> **내풍 설계 및 유의사항**

1) 자료 조사 : 케이블 교량이 건설될 지역의 풍 환경 및 문헌 조사를 통해 기본 풍속과 설계풍속을 결정한다. 기본풍속은 개활지 지상 10m 높이에서 재현주기 T년에 해당하는 10분 평균 풍속으로 정의하며, 설계기준풍속은 대상 지역의 기본풍속과 교량의 고도, 주변의 지형과 환경 등을 고려하여 결정한다.

2) 동적응답 추정 : 내풍으로 인한 플러터 발산 등 구조물의 동적응답 검토를 위해 풍동실험 및 공탄성 해석을 수행한다.

풍동실험(Wind Tunnel test)은 교량단면에 맞는 각종 풍압계수(C_L, C_D, C_M) 산정을 위해 실시된다. 풍동실험 시에는 기하학적 모형과 실제 바람과 풍동기류, 바람과 구조물 간의 상호작용에 대한 상사법칙이 성립하도록 하는 것이 중요하다.

공탄성 해석은 플러터로 인한 발산 문제를 검토하기 위해 수행되며 날개모양의 단면을 갖도록 교량 상판을 설계하는 예가 많다. 날개모양의 상판은 일자유도 불안정성 문제(갤로핑)는 없지만 이자유도 불안정성 문제(비틀림 플러터) 문제가 발생할 수 있다. 초장대 교량의 경우 강성의 증가로 문제 해결이 어렵기 때문에 공기역학적 최적화를 통해 불안정성 문제를 해결하여야 한다. 주로 공기역학적으로 좋은 특성을 가지는 날개 단면 형상의 박스 거더와 양 측면에 부속장치를 추가하여 설계조건을 만족하도록 하고 있다.

풍동실험의 상사비

구분	길이	진동수	질량	질량관성모멘트	감쇠율	풍속
모형/실교량	$1/n$	$\sqrt{n}$	$1/n^2$	$1/n^4$	1	$1/\sqrt{n}$

풍동실험명 및 방법

구분	측정항목	실험명	모형화	실험방법
정적 실험	공기력계수 C_L, C_D, C_M	정적공기력 측정실험	교량상판 (강체부분모형)	2차원모형+Load Cell
	평균압력계수 C_p	풍압 측정실험	교량상판 (강체부분모형)	2차원모형+차압센서
동적 실험	연직변위, 비틀림변위, 공기역학적 감쇠 등	Spring지지 모형실험	교량상판 (강체부분모형)	2차원모형+Coil Spring
		Taut strip 모형실험	교량상판 (탄성체모형)	상판외형재+피아노선(또는 강봉)
		전경간 모형실험	상판+Cable+주탑 (탄성체모형)	상판외형재+강봉+주탑+cable

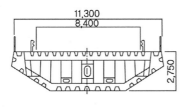

진도대교 단면제원

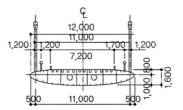

남해대교 단면제원

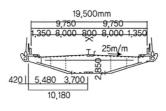

노르망디교 단면제원

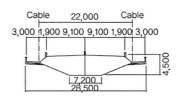

Humber교 단면제원

3) **안정성 및 사용성 검토** : 정적 풍하중과 바람에 의한 진동, 동적풍하중 등에 대해 각 부재의 안정성과 사용성에 대해 검토한다. 바람에 대한 진동은 버펫팅, 와류진동, 풍우진동, 갤로핑, 주탑이나 인접 케이블에 의한 웨이크 갤로핑 등 바람에 의한 진동 발생 가능성과 주탑이나 보강거더의 진동에 의한 지점가진 진동에 대해 충분한 검토를 수행하여야 한다.

검토결과 필요한 경우 공기역학적 제진 대책, 댐퍼 설치, 보조케이블 설치 등의 제진 대책을 수립하여야 한다.

▶ 내풍 대책

교량의 진동을 억제하는 내풍 대책은 크게 정적하중에 대한 저항방식과 동적하중에 대해 질량, 강성, 감쇠 증가를 하는 구조역학적 대책, 단면 형상 변화에 따라 내풍효과를 줄여주는 공기역학적인 대책 등으로 구분될 수 있다.

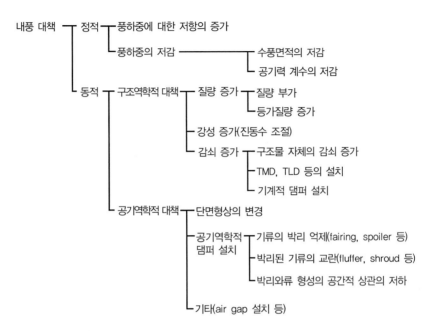

내풍 대책의 구분과 주요 내용

정적 내풍 대책	동적 내풍 대책		
	구조역학적 대책	공기역학적 대책	기타
• 풍하중에 대한 저항의 증가	• 질량 증가(m) 부가질량, 등가질량 증가	• 단면형상의 변경	

• 풍하중의 저감
– 수풍면적의 저감
– 공기력 계수의 저감
	• 강성 증가(k)
	진동수 조절 $\left(f \propto \sqrt{\dfrac{k}{m}} \right)$
	• 감쇠 증가(c)
	구조물 자체 감쇠 증가, TMD, TLD 등 설치, 기계적 댐퍼 설치
		• 공기역학적 댐퍼
		– 기류의 박리 억제
		  (fairing, spoiler)
		– 박리된 기류의 교란
		  (fluffer, shround)
		– 박리와류 형성의 공간적 상관의 저하
			air gap
			설치
			풍환경
			개선

1) 정적거동에 의한 내풍 대책

정적거동에 의한 내풍 대책은 먼저 풍하중에 대한 구조물의 저항 및 강도의 증가 대책으로 풍하중의 작용에 대한 구조물의 안정성을 확보하기 위해서 충분한 강성을 구조물이 가지도록 하는 것이다. 정적거동의 대책으로는 다음의 3가지로 구분할 수 있다.

① 단면 강도 증대 : 충분한 강성을 가지는 단면 선택

② 수풍면적이 저감

③ 공기력 계수 저감

2) 동적거동에 의한 내풍 대책 (구조역학적 대책)

① 구조역학적 대책의 목적

㉠ 구조물 진동 특성을 개선하여 진동의 발생 그 자체를 억제

㉡ 진동 발생풍속을 높이는 방법

㉢ 진동의 진폭을 감소시켜 부재의 항복이나 피로파괴 억제

② 구조물의 진동 특성을 개선하는 방법

㉠ 질량의 증가 : 구조물 질량의 증가는 와류진동 등의 진폭을 감소시키며, 갤로핑의 한계풍속을 증가시킨다. 그러나 한편으로는 질량의 증가에 따라 고유진동수가 낮아지게 되어 진동의 발생풍속 증가에 도움이 되지 않는 경우도 있으므로 신중한 검토가 필요하다.

㉡ 강성이 증가(진동수의 조절) : 구조물 강성의 증가는 고유진동수를 상승시킴으로써 와류진동 및 플러터의 발생풍속의 증가를 가져다준다. 강성이 높은 구조형식으로 변경한다든지 적절한 보강부재를 첨가하는 것을 고려할 수 있으나 강성 증가에는 한계가 있어 현저한 내풍안정성 향상을 기대하기 어렵다.

㉢ 감쇠의 증가 : 구조감쇠의 증가는 와류진동이나 거스트 응답 진폭의 감소 또는 플러터 한계풍속의 상승을 목적으로 한 것으로 그 제진 효과를 확실히 기대할 수 있다. 교량 내부에 적당한 감쇠장치를 첨가하여 기본구조의 변경 없이 제진효과를 얻을 수 있다는 점에서 여러 가지 구조역학적 대책 중에서 가장 많이 사용되는 방법이다. 감쇠장치의 종류에는 오일댐퍼를 비롯하여 TMD(Tuned Mass Damper), TLD(Tuned Liquid Damper), 체인댐퍼 등과 같은 수동댐퍼가 많이 사용되었으나 최근에는 AMD(Active Mass Damper)와 같은 제어효율이 높은 능동적 댐퍼도 많이 개발되고 있다.

3) 동적거동에 의한 내풍 대책(공기역학적 대책)

공기역학적 방법은 교량단면에 작은 변화를 주어 작용공기력의 성질 또는 구조물 주위의 흐름양상을 바꾸어 유해한 진동현상이 발생되지 않도록 하는 방법이다. 교량의 주형이나 주탑 단면은 일반적으로 각진 모서리를 가진 뭉뚝(Bluff)한 단면이 많은데 이러한 단면에서는 단면의 앞 모서리부에서 박리된 기류가 각종 공기역학적 현상과 밀접한 관계를 가지고 있다. 따라서 앞 모서리에서의 박리를 제어함으로써 제진을 도모하는 방법이 주로 채택된다.

① 기류의 박리 억제 : 단면에 보조부재를 부착하여 박리 발생을 최소화시켜 구조물의 유해한 진동을 일으키는 흐름상태가 되지 않도록 기류를 제어하는 방법으로 Fairing, Deflector Spoiler, Flap 등이 사용된다. 하지만 이러한 부착물에 의한 내풍안정성 향상효과는 단면 형상에 따라 다르며 때로는 진폭이 증가되거나 원래 단면에서 발생하지 않던 새로운 현상을 일으킬 수 있

으므로 풍동실험을 통한 고찰이 요구된다.

② 박리된 기류의 분산 : 기류의 박리 억제가 어렵거나 Fairing 등에 의한 효과가 없는 경우에는 단면의 상하면의 중앙부에 Baffle Plate라 불리는 수직판을 설치하여 박리버블의 생성을 방해하여 상하면의 압력차에 의한 비틀림 진동의 발생을 억제할 수 있다.

③ 기타 : 현수교의 트러스 보강형 등에 있어서는 바닥판에 Grating과 같은 개구부를 설치하면 단면 상하부의 압력차가 작아지게 되어 연성플러터 또는 비틀림 플러터에 대한 안정성을 향상시킬 수 있다.

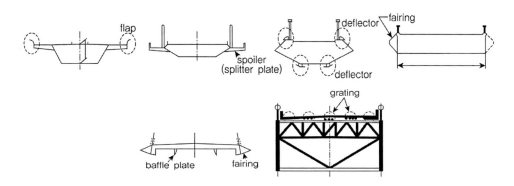

4) 케이블의 내풍 대책

케이블의 내풍 대책 방법도 크게 공기역학적 방법, 감쇠 증가 방법, 고유진동수 변화로 구분된다.

① 공기역학적 방법은 사장교 케이블의 표면에 나선형 필렛(Helical fillet), 딤플(Dimple), 축방향 줄무늬(Axial Stripe) 등 돌출물을 설치하는 것으로 케이블의 공기역학적 특성을 바꿀 수 있다. 이때 돌출물 설치에 따른 진동제어를 풍동실험을 통해 검증하여야 하며 필요한 경우 변화된 공기역학적 계수값을 실험을 통해 산정하여야 한다.

② 감쇠량 증가에 의한 방법에 주로 사용되는 케이블 댐퍼로는 주로 수동댐퍼가 사용되며 형식으로는 점성댐퍼, 점탄성댐퍼, 오일댐퍼, 마찰댐퍼, 탄소성댐퍼 등이 있다. 케이블에 사용되는 댐퍼는 상시 진동하므로 적용되는 댐퍼의 피로내구성 및 반복작용에 의한 온도 상승으로 저하되는 감쇠성능이 검증되어야 하며, 온도 의존성이 큰 댐퍼의 경우 설계 시 적정 온도범위와 설계온도 가정이 중요하다. 설계된 댐퍼는 실내실험을 통해 설계 물성치와 제작된 댐퍼의 물성치를 비교하여 그 성능을 확인하여야 한다.

③ 선형댐퍼를 사용하는 경우 케이블 진동모드에 따라서 댐퍼에 의한 부가 감쇠비가 달라지므로 댐퍼설계 시 진동 제어를 하고자 하는 케이블의 모드를 정하는 것이 좋다. 풍우진동의 경우 관측에 의하면 케이블은 2차 모드로 진동하는 것이 지배적인 것으로 알려져 있다. 따라서 이러한 경우 댐퍼는 2차 모드에서 최적의 감쇠비가 나타나도록 설계하는 방법을 채택할 수 있다.

④ 비선형 댐퍼는 변위에 따라 부가 감쇠비가 달라지고 미소변위에서는 작동하지 않는 특성이 있으므로 이에 대해서는 작동개시 범위 및 최대 부가 감쇠비 변위 등을 합리적으로 산정하여 설계하여야 한다. 특히 케이블의 진동 제한 진폭 기준이 제시되어 있다면 이 진폭에서는 설계 감쇠비보다 큰 부가 감쇠비가 얻어지도록 설계하여야 한다.

⑤ 고유진동수를 변화시키는 방법으로는 보조 케이블에 의한 진동 제어 방법이 있으며 사장교 케이블을 서로 엮어 매는 것으로 부가 감쇠의 효과도 있으나 케이블의 진동길이를 감소시켜 고유진동수를 높이는 역할을 한다. 고유진동수가 변화될 경우 케이블의 공진을 막을 수 있고 바람에 의한 진동 시 임계풍속을 증가시키는 역할을 하나 이 방법은 유지관리 시 유의하여야 하고 미관을 해칠 수 있는 단점이 있으며, 사장교 케이블의 자유로운 변형을 구속하므로 응력집중에 대해 충분히 검토해야 한다.

응답변위법　　　　　　　　　　　　토목구조기술사 합격 바이블 개정판 2권 제6편 동역학과 내진설계 p.2323

지하공동구 내진설계기준에서 지중 구조물의 응답변위법 설계 개념 및 설계 방법을 설명하시오.

풀 이

➤ 개요

응답변위법은 지진에 의한 지하구조물의 거동을 해석하기 위한 해석방법으로서, 구조물과 지반의 구조해석모형에 구조물이 없는 자유장 지반에서의 수평상대변위, 가속도, 응력을 입력으로 작용하여 구조해석을 수행하는 방법이다.

➤ 설계 개념과 방법

지중 구조물은 지상 구조물과 달리 중공된 상태가 많아 단위체적당 중량이 작으며, 지반으로 인해 진동의 제약으로 감쇠가 크고 변위의 형상이 지반의 진동과 유사한 특징을 갖게 된다. 이로 인하여 지진 시 지중 구조물의 응답은 구조물의 질량에 의한 관성력보다는 주변지반에서 발생하는 지반의 상대변위에 영향을 받는다.

응답변위법(Seismic Deformation Mathod)은 지중 구조물의 내진설계를 위해 1970년대에 일본에서 고안된 방법으로 지진 시 발생하는 지반의 변위를 구조물에 작용시켜서 지중 구조물에 발생하는 응력을 정적으로 구하며 구조물과 지반의 구조해석모형을 구조물은 프레임 요소, 지반은 스프링 요소로 모델링하며 구조물이 없는 자유장 지반에서의 수평상대변위, 가속도, 응력을 입력하여 구조해석을 수행한다. 관성력을 구하는 것이 아니라 지진운동으로 인한 주변지반의 변위를 먼저 구하고 주변지반의 변위에 의해 지중 구조물에도 거의 같은 변위가 발생한다고 가정하여 이 변위에 의한 구조물의 응력을 구하는 방법이다.

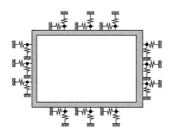

지중 구조물과 지반모델

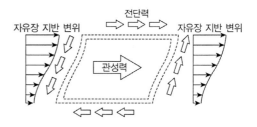

작용하중과 지중 구조물의 거동

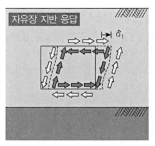 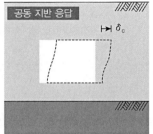 

응답변위법의 개념

1) 설계절차

① 단면을 설정한 후 지반조건에 따른 지진계수(가속도계수) 산정

② 지반의 최대 변위진폭 결정(가속도 응답스펙트럼에서 속도응답스펙트럼으로 변환 시 각 성능수준별 속도응답스펙트럼 산정 주의)

③ 지반조건에 따라 지반반력계수 산정

④ 설정된 단면의 상시하중과 지진 시 하중에 의한 단면력 계산

⑤ 계산된 단면력과 상시하중에 의한 설계단면력 비교하여 최적 단면 산정

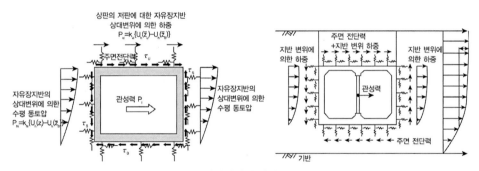

응답변위법의 개념도

2) 안정성 평가기준

지하구조물의 내진설계에서 시공 중 또는 완성 후에 구조물에 작용하는 고정하중, 활하중, 토압 그리고 지진하중 등 각종하중 및 외적작용의 영향을 고려하여야 한다. 구조물의 모든 구조요소는 서로 다른 하중조건하에서 균일한 안전율을 유지할 수 있도록 설계되어야 한다. 이는 각 구조부재의 강도가 하중계수를 고려한 예상하중을 지지하는 데 충분하고 사용하중 수준에서 구조의 사용성이 보장되는 것을 요구한다.

소요강도(U) $\leq$ 설계강도($\phi \times$ 공칭강도)

강도설계법에서는 구조물의 안전여유를 2가지 방법으로 제시하고 있다.

① 소요강도(U)는 사용성에 예상을 초과한 하중 및 구조해석의 단순화로 인하여 발생되는 초과 요인을 고려한 하중계수를 곱함으로써 계산한다.
② 구조부재의 설계강도는 공칭강도에 1.0보다 작은 값인 강도감소계수 ϕ를 고려한다.

고정하중, 활하중 및 지진하중, 횡토압과 횡방향 지하수압이 작용하는 경우 기능 수행 수준과 붕괴 방지 수준으로 구분하여 내진성능에 따라 고려하도록 하고 있다.

메나제 힌지

철근콘크리트 아치 구조물에 적용되는 활절(Hinge) 중 메나제 힌지(Mesnager Hinge)의 특징과 설계방법에 대하여 설명하시오.

풀 이

Concrete hinges-Historical development and contemporary use(Steffen & Gregor, 2010)
Concrete hinges in bridge engineering(Steffen Marx & Gregor Schacht, 2015)

➤ 개요

철근 콘크리트에 힌지기능을 도입해 휨 전달을 최소화하려는 목적으로 도입된 콘크리트 힌지의 한 종류이다. 콘크리트 구조에 힌지를 도입하면 휨 강성에 대한 강성증가를 최소화할 수 있어 효율적인 구조로 메나제 힌지는 힌지기능으로서는 불완전하지만, 힌지부의 굽힘강성이 부재의 굽힘강성에 비해 상당히 작으면 실용적인 구조형식으로 볼 수 있다.

➤ 메나제 힌지의 특징

메나제 힌지는 일정 정도의 회전을 허용하는 힌지구조이나 완전한 회전을 허용하는 것이 아니기 때문에 불완전한 힌지(Imperfect Hinges)라고도 한다. 메나제 힌지는 충격 하중하에서도 전단에 대한 능력 보유를 보장하기 위해 전단과 축력의 비(V/N)가 일정 비율 이상에서 사용 가능하며, <u>회전이 가능하도록 유도하면서 철근을 보호하고 콘크리트가 축력을 전달하게 하기 위해서 일정 부분 이상의 콘크리트 목 두께를 설치하는 것을 특징으로 한다.</u> 높은 전단하중이나, 충격에 의한 전단 위험이 있는 경우, 높은 회전을 요구하는 경우에는 교차 구간에 철근을 보강하여야 한다.

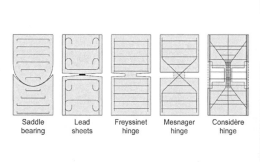

콘크리트 힌지 유형

콘크리트 힌지 적용 사례

▶ 메나제 힌지의 설계방법

콘크리트 힌지와 관련해 국내에서는 별도의 기준은 없으나 유럽에서는 활발히 사용되고 있다. 독일 설계기준의 콘크리트의 목의 두께는 기둥 두께의 0.3 이하이어야 하며, 목 두께 부분의 최소와 최대 면적을 제한하고 있다. 또한 최대 회전능력은 축력에 따라 제한하고, 모멘트와 회전에 따라 특징을 분류하도록 하고 있다. 횡방향 인장응력에 대한 규정과 전단력, 횡방향 휨모멘트, 인장력에 대한 제한 규정에 따라 설계하도록 규정하고 있다.

독일 콘크리트 힌지(Freyssinet hinges) 설계 규정

1. Constructive rules
$a \leq 0.3d$, $t \leq 0.2a \leq 2\,\mathrm{cm}$, $\tan\beta \leq 0.1$, $b_R \geq 0.7a \geq 5\,\mathrm{cm}$

2. Minimum area of the throat

$$A_{G,\min} = ab = \frac{N_{d,\max}}{\sqrt{3}\,f_{cd}\left[1+\lambda\left(1-\alpha_d\dfrac{E_{c0m}}{12800\,\sqrt{3}\,f_{cd}}\right)\right]},\quad \lambda = 1.2-4\frac{a}{d}\leq 0.8 \qquad [\mathrm{MN}\,;\,\mathrm{m}^2\,;\,\mathrm{MN/m}^2\,;\,\text{‰}]$$

3. Maximum area of the throat

$$A_{G,\max} = ab = 12800\frac{N_d}{\alpha_d E_{c0m}} \qquad\qquad\qquad [\mathrm{MN}\,;\,\mathrm{m}^2\,;\,\mathrm{MN/m}^2\,;\,\text{‰}]$$

4. Maximum rotation

$$\alpha_{Rd} = 12800\frac{N_d}{abE_{c0m}} \geq \alpha_d = 0.5\alpha_G+\alpha_Q \qquad\qquad [\mathrm{MN}\,;\,\mathrm{m}^2\,;\,\mathrm{MN/m}^2\,;\,\text{‰}]$$

5. Moment–rotation characteristic

$$m = \frac{M_y}{N_d a}\begin{cases} m_I & 0\leq m\leq 1/6, & 0\leq\Psi\alpha_d\leq 9\text{‰}, & m_I = \dfrac{\Psi\alpha_d}{54}, & \Psi = \dfrac{9E_{c0m}A_G}{20000N_d} \\[2ex] m_{II} & 1/6\leq m\leq 1/3, & 9\text{‰}\leq\Psi\alpha_d\leq 36\text{‰}, & m_{II} = \dfrac{1}{2}-\sqrt{\dfrac{1}{\Psi\alpha_d}} \end{cases}$$

6. Transverse tensile forces

$Z_{1,d} = 0.3N_{d,\max}$, $\quad Z_{2,d} = 0.3(1-b/c)\,N_{d,\max}$, $\quad Z_{3,d} = 0.03a/b\,N_{d,\max}$, 이때 $\sigma_{sd} = 250\,\mathrm{MPa}$

7. Shear forces, transverse bending moments and tensile forces

$Q_{y,d} > 1/4N_d$	허용 안 됨
$Q_{y,d} \leq 1/8N_d$	추가적인 보강이 없는 경우
$Q_{y,d} \leq 1/4N_d$	콘크리트 목 중앙에 강봉 다웰바, 앵커링이 30φ 초과된 경우 설계는 $A_s\,(\mathrm{cm}^2)\geq\dfrac{Q_{y,d}[kN]}{8}$
$M_{y,d} \leq 1/6\mathrm{b}N_d$	추가적인 조치가 없는 경우
$M_{y,d} \geq 1/6\mathrm{b}N_d$	힌지의 끝단에 이동 가능한 바로 보강되고 바의 끝단은 너트로 연결되고 나선형 철근으로 국부 인장응력에 저항이 가능한 경우
tensile forces	축방향 프리스트레스트 $P\approx 1.2N_{d,zug}$

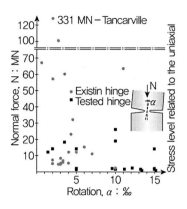

콘크리트 힌지의 축력 - 회전능력 실험
(Schacht and Marx, 2010)

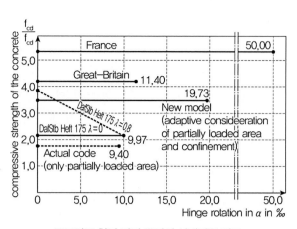

콘크리트 힌지 관련 유럽의 설계기준 비교

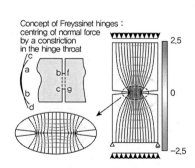

콘크리트 힌지의 응력궤적

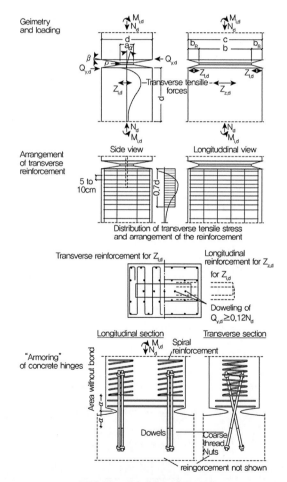

독일 콘크리트 힌지 설계 규정

토목구조기술사 합격 바이블

기출문제 가이드라인 풀이

113 회

113회 1-1

강재용접　　　　　　　　　　　토목구조기술사 합격 바이블 개정판 2권 제4편 강구조 p.1367

강재 용접이음에서 플러그(Plug)용접과 슬롯(Slot)용접을 설명하시오.

풀 이

> ### 개요

용접이음은 연결부재가 필요하지 않아 구조물을 단순, 경량화시킬 수 있는 특징을 가진다. 구조물을 연속적으로 접합시켜 응력전달이 원활하고 인장이음이 확실하다는 특징이 있으며 다만 현장에서 용접 이음 시에는 신뢰성이 저하되어 허용응력의 90%를 적용하도록 하고 있다. 또한 용접부의 응력집중으로 피로, 부식, 좌굴강도 저하 등의 현상이 발생할 수 있으며 용접 시 변형으로 인한 2차 응력이 발생할 수 있다. 고온으로 인한 용착금속부의 열변화의 영향으로 잔류응력이 발생할 수 있다.

장점	단점
• 강중량이 절약(거셋판, 용접판, 볼트머리 불필요) • 사용성이 큼(강관 기둥부 연결 등) • 강절 구조에 적합 • 응력전달이 원활하고 안정성이 높음 • 소음이 적고 인장이음이 확실함 • 소형 폐단면과 곡선부에 적용 가능 • 설계 변경 및 오류수정 용이	• 용접부 응력집중현상이 발생 • 용접부 변형으로 2차 응력 발생 가능 • 고온으로 잔류응력이 발생

> ### 플러그용접과 슬롯용접

용접이음의 종류는 홈용접(Groove Welding), 필렛용접(Fillet Welding, 모살용접), 플러그(Plug)용접과 슬롯(Slot)용접으로 구분된다.

1) 홈용접 : 맞댐용접이라고도 하며 양쪽 부재의 끝을 용접이 양호하도록 끝단면을 비스듬히 절단하여 용접하는 방법이다. 용접의 범위에 따라 완전용입용접과 부분용입용접으로 구분된다.

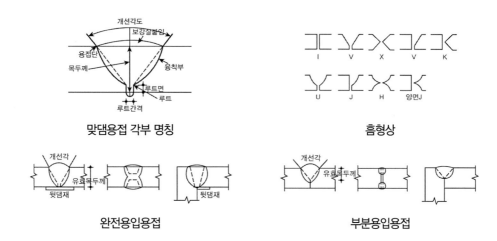

맞댐용접 각부 명칭   흠형상

완전용입용접   부분용입용접

2) 필렛용접 : 용접부는 대부분 전단에 의해 파단되므로 거의가 용접유효면적에 대해 전단응력으로 설계되는 용접으로 구조물의 접합부에 상당히 많이 사용되는 방법이다.

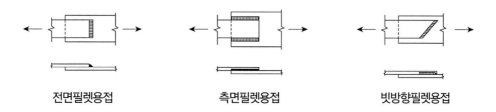

전면필렛용접   측면필렛용접   빗방향필렛용접

3) 플러그용접과 슬롯용접 : 겹친 두 장의 판 한쪽에 원형 또는 슬롯구멍을 뚫고 그 구멍주위를 용접하는 방법으로 겹침 이음의 전단응력을 전달할 때 겹침 부분의 좌굴 또는 분리를 방지하기 위해서 필렛용접길이가 확보되지 않을 때 활용될 수 있다. 플러그용접과 슬롯용접은 주요 부재에 사용해서는 안 된다.

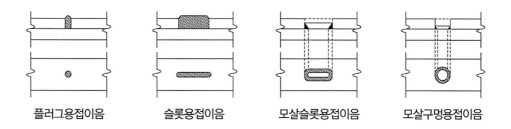

플러그용접이음   슬롯용접이음   모살슬롯용접이음   모살구멍용접이음

라이즈 비   토목구조기술사 합격 바이블 개정판 2권 제5편 교량계획 및 설계 p.1838

아치교량에서 라이즈(Rise) 비가 구조물에 미치는 영향을 설명하시오.

풀 이

▶ **개요**

아치교량의 미관과 경제성을 고려할 때 가장 중요한 요소는 라이즈 비이며 통상 아치의 기본설계 시에는 아치의 라이즈 비를 매개변수로 하여 자중의 영향을 고려하여 설계하는 것이 통상적인 설계의 방법이다. 라이즈 비는 아치의 길이와 라이즈(높이)의 비를 의미하며 통상적인 아치의 설계에서는 1/5~1/10 범위에서 사용되고 있다.

아치의 라이즈 비 : f/L

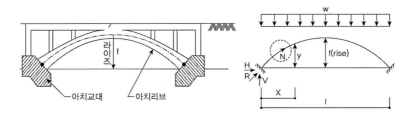

일반적으로 아치리브의 축선은 2차 포물선 또는 원곡선을 사용한다. 2차 포물선을 사용할 경우에는 다음과 같다.

$$d(N\cos\phi) = 0, \ d(N\sin\phi) + wdx = 0 \text{으로부터,} \quad \tan\phi = dy/dx$$

$$\therefore \ y = \frac{4f}{L^2}x(L-x)$$

▶ **구조물에 미치는 영향**

1) 일반적으로 아치의 강중은 라이즈 비(f/L)와 사하중과 활하중의 비(w/p)에 의해 많은 영향을 받는다. 또한 라이즈 비가 변함에 따라 그에 따른 형고의 높이 또한 변화하게 된다.

2) 통상의 아치 설계 시 1/5~1/10의 범위는 일본의 도로교시방서의 활하중 규정에 따른 것으로 국내 설계기준 하중조건에 따라 검토 시에는 최적의 라이즈 비는 1/4~1/5가 효과적이다.

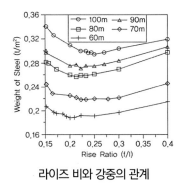

라이즈 비와 강중의 관계

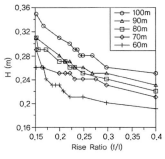

라이즈 비와 보강형 형고의 관계

3) 경간 100m의 아치교에서 라이즈 비 1/4를 기준으로 이보다 라이즈 비가 작으면 아치리브와 기타 부부재들이 강중이 감소되는 양보다 보강형의 형고가 높아져 전체강중이 증가하는 경향을 보이며, 라이즈 비가 1/4보다 커지면 보강형의 형고가 낮아져 강중이 감소되는 양보다 아치리브와 기타 부재들의 강중이 증가하는 양이 많아져 전체 강중이 증가한다. 따라서 라이즈 비와 보강형 형고와의 관계는 최적강중일 때의 라이즈 비 f/L에서의 보강형 형고가 그 의미를 갖는다.

최적강중의 라이즈 비에서 형고높이 h

지간(m)	100m	90m	80m	70m	60m
f/L	1/4	1/4.5	1/4.7	1/4.5	1/5
h(m)	2.8	2.7	2.7	2.5	2.3

4) F. Schleicher에 의하면 랭거교에서 보강거더의 높이 h는 일반거더보다 낮게 할 수 있으며 그 높이를 L/30~L/50이라고 제안했으며, G. Schaper에 의하면 L/25~L/40이 적정하다고 한다.

5) 아치교는 라이즈 비가 너무 높으면 강중이 증가하고 아치의 좌굴안정성(면외좌굴)에 영향을 주며, 너무 낮아도 강중이 증가하는 데 최적의 라이즈 비는 60~100m의 경간장을 가지는 랭거아치교의 경우 1/4~1/5를 갖는다. 또한 아치교의 경간당 라이즈 비와 형고는 라이즈 비가 커짐에 따라 형고 높이는 작아진다.

강재 전단지연 감소계수　　　토목구조기술사 합격 바이블 개정판 2권 제4편 강구조 p.1433

도로교설계기준(한계상태설계법, 2016)에서 강재 인장부재의 볼트연결부 전단지연을 고려하기 위한 감소계수(U)를 설명하시오.

풀 이

➤ 개요

도로교설계기준에서는 볼트연결부의 공칭강도(Nominal strength)를 전단면이 항복하는 경우와 유효단면이 파괴되는 경우로 구분하고 있으며, <u>유효단면이 파괴되는 경우에 연결부 전단지연으로 인한 인장부재의 유효 순단면적 개념을 적용하기 위해 감소계수를 적용하도록</u> 하고 있다.

도로교설계기준(한계상태설계법, 2015) 공칭강도 산정 한계상태

1) 전단면 항복 : $T_n = F_y A_g$ (F_y : 항복강도, A_g : 전단면), 도·설(2015) $\phi_y = 0.95$
2) 유효단면의 파괴 : $T_n = F_u A_e$ (F_u : 인장강도, A_e : 유효단면($= U A_n$)), 도·설(2015) $\phi_u = 0.80$

➤ 볼트연결부 감소계수(U)

Shear Leg의 영향을 고려하기 위해 유효 순 단면적 개념을 도입하였다. 접합부 부근에서는 접합의 형태에 따라 응력의 분포가 달라질 수 있다. 접합의 중심과 인장재 중심이 일치하지 않아서 편심이 발생하는 접합부에서는 인장력은 먼저 접합에 사용된 면을 통해서 전단응력의 형태로 점차 전체 단면으로 전달된다. 이때 전체가 인장력을 받게 되나 접합에 상용되지 않은 면에는 인장력이 불균등하게 생기는데, 이러한 현상을 Shear Leg라 한다. Shear Leg 현상은 인장부재 중심축과 인장력의 축이 일치하지 않을 때 발생되며 두 축 사이의 거리 $\bar{x}$ 가 클수록 심해지며 접합부의 길이 l이 길어질수록 그 영향이 줄어든다.

1) $A_n = A_g - n(d+3)t, \quad A_g - \left[n(d+3) - \left(\frac{p^2}{4g} \right) \right] t$

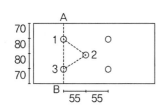

① 파단선 $A-1-3-B$
$$A_n = (300 - 2 \times (20+3)) \times 6 = 1{,}524 \, \text{mm}^2$$
② 파단선 $A-1-2-3-B$
$$A_n = (300 - 3 \times (20+3)) \times 6 + \frac{55^2}{4 \times 80} \times 2 \times 6$$
$$\therefore A_n = 1{,}499 \, \text{mm}^2$$

2) U(감소계수)

$$U = 1 - \frac{\overline{x}}{L} \leq 0.9$$

여기서, $\overline{x}$: 편심연결된 요소의 도심으로부터 하중전달면까지의 거리($\overline{x}$ 는 x_1, x_2 중 큰 값),
    L : 격점의 길이

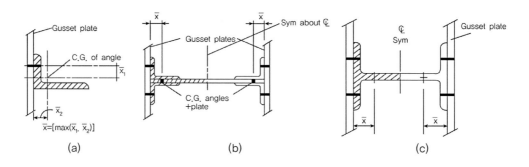

3) U(조건에 따른 감소계수, 도로교설계기준 2015)

구분	조건	U
볼트	볼트나 용접 연결 단면 내에서 각 연결요소에 직접적으로 인장력이 전달되는 단면	1.0
	플랜지폭이 복부판 높이의 2/3 이상인 압연 I형 단면 및 I형 단면으로부터 한쪽 플랜지가 제거된 T형 단면에서 응력방향으로 한 접합선당 3개 이상 볼트로 플랜지에서 연결된 부재	0.90
	이 외의 부재 중 3개 이상 볼트 연결	0.85
	응력방향으로 한 접합선당 2개의 볼트를 사용한 모든 부재	0.75

슬립 밴드   토목구조기술사 합격 바이블 개정판 1권 제1편 재료 및 구조역학 p.9

축하중을 받는 강봉에서 슬립 밴드(Slip Bands)를 설명하시오.

풀 이

➤ 개요

축하중을 받는 강봉에서 인장보다 전단에 취약한 재료는 전단응력이 응력을 지배하여 인장하중이나 압축하중을 받을 때 중심축과 대략 45°로 재료가 파괴되는 띠를 볼 수 있다. 이 띠(Bands)를 슬립 밴드(Slip Bands) 또는 루더스 밴드(Luders Bands), 피오버트 밴드(Piobert's Bands)라고 한다.

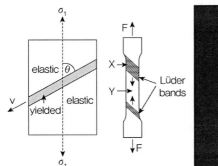
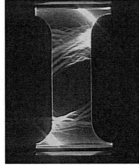
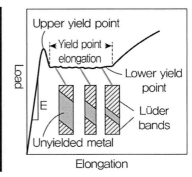

강재의 루더스 밴드

➤ 슬립 밴드의 특징

1) 인장보다 전단에 취약한 재료에 발생한다.

2) 응력이 항복응력에 도달했을 때 발생한다.

3) 전단응력이 최대인 평면을 따라 발생한다.

4) 주로 축방향력과 45° 각도로 발생한다.

5) 인장과 압축에서의 파괴도 축방향과 45° 각도에서 발생한다.

동적응답 해석　　　　　　　　　토목구조기술사 합격 바이블 개정판 2권 제6편 동역학과 내진설계 p.2292

도로교의 탄성 동적응답 해석 시 고려사항을 설명하시오.

풀 이

➤ 개요

구조물의 해석방법은 일반적으로 재료(Material), 지점(Boundary condition), 기하학적 형상(Geometry) 등에서의 탄성 또는 비탄성인지 여부 및 그 범주를 고려하는지에 따라 탄성해석방법(Elastic Analysis Method)과 비탄성해석방법(Nonlinear Analysis Method)으로 분류될 수 있다. 또한 정적하중으로 고려할 것인지 시간에 따라 변하는 하중을 고려할 것인지에 따라서 동적 해석방법으로 구분할 수 있으며 통상적으로 도로교설계기준에서는 내진설계 시 200m 미만의 교량에 대해서는 탄성 동적응답해석법인 모드 해석법을 고려하도록 하고 있다.

➤ 탄성 동적응답 해석 시 고려사항

등가정적 해석법과 달리 동적응답 해석법은 시간에 따라 변화하는 구조물의 응답과 하중을 고려한다. 따라서 구조물의 동적응답을 얼마나 잘 묘사하는지가 중요하다. 일반적으로 동적응답 해석법은 응답스펙트럼 해석법인 **모드해석법**(단일, 다중)과 **시간이력 해석법**으로 구분된다. 모드 해석법의 경우 구조물에 주된 진동 모드를 결정하고 이에 대한 외력에 대한 동적응답의 해를 구하는 방법으로 모드의 수를 얼마나 구분하는지에 따라 단일 모드와 다중 모드로 구분된다.

응답스펙트럼 해석법은 다자유도계 시스템을 단자유도계 시스템의 복합체로 가정하여 수치적분 과정을 통해 준비된 임의의 주기 또는 진동수 영역 내에서 최대 응답치에 대한 스펙트럼(변위, 속도, 가속도)을 이용하여 조합 해석하는 방법으로 설계용 응답스펙트럼을 이용하여 내진설계에 주로 이용된다. 응답스펙트럼해석법에서는 임의의 모드에서의 최대 응답치를 각 모드별로 구한다음 적정한 조합방법을 이용하여 조합함으로써 최대 응답치를 예상할 수 있다. 임의 주기치에 대한 스펙트럼 데이터가 입력되면 해석된 고유주기에 해당하는 스펙트럼값을 찾기 위해 선형보간법을 사용하기 때문에 스펙트럼 커브의 변화가 많은 부위에 대하여 가능한 한 세분화된 데이터를 사용한다. 그리고 스펙트럼 데이터의 주기범위는 반드시 고유치 해석 시 산출된 최소, 최대 주기범위를 포함할 수 있도록 입력되어야 한다. 내진해석 시 사용되는 스펙트럼 데이터는 동적계수항과 지반계수항을 고려하여 입력하고 매 해석 시에는 조건에 따라 변할 수 있는 지역계수, 중요도계수만 스케일 factor로 입력하여 사용한다. 산정된 모드별 응답에 대해서는 모드중첩법(Mode superposition method)이 적용되는데, SRSS, ABS, CQC 등의 방법을 이용하여 중첩을 하게 된다. 도로교설계기준에서는 CQC방법을 이용한 조합을 원칙으로 하고 있다.

케이블 교량과 같이 시간에 따라 비선형적인 요소가 많거나 특별히 매우 중요한 교량에 대해서는 시간이력해석법을 이용할 수 있다. 시간이력 해석법은 구조물에 지진하중이 작용할 경우에 동적평형방정식의 해를 구하는 것으로 구조물의 동적 특성과 가해지는 하중을 사용하여 임의의 시각에 대한 구조물의 거동(변위, 부재력 등)을 계산하는 방법이다. 일반적으로 대규모의 지진이 발생하면 대부분의 구조물은 비탄성 거동을 보이며 이 경우에 대해서는 단순한 응답스펙트럼 해석만으로는 구조물의 응답 특성을 정확히 규명하기 어렵다. 이러한 경우에 시간이력해석을 통하여 구조물의 최대부재력 및 최대변위를 검토할 필요가 있다.

도로교의 탄성 동적응답 해석 시에는 적절한 해석방법을 정하는 것이 매우 중요하다. 다중모드해석법이나 시간이력해석법의 경우 해석을 위한 시간 소요가 길고 복잡하며, 별도의 지진파형 등을 조합해야 하는 등의 많은 노력이 필요하기 때문에 구조물의 중요도 등에 따라 적절한 해석 방법을 선정하는 것이 필요하다.

동적 해석 방법별 특징

해석방법		주요 특징
응답 스펙트럼 해석법	단일 모드 해석법	• 구조물의 형상이 단순하여 기본 모드가 구조물의 동적거동을 대표할 수 있는 경우 • 교량의 기본 주기로부터 탄성지진력 및 변위를 예측 • 동역학에 대한 깊은 지식이 없어도 쉽게 적용 가능한 간략한 해석법이며 수 계산이 가능 • 형상이 단순한 단순교나 연속교에 적용 가능 • 일반적으로 다른 해석법에 비해 응답값이 크게 산정됨 • 구조물의 형상이 복잡하여 기본 모드 이외의 모드들에 의한 영향이 큰 경우는 적용이 어려움
	복합 모드 해석법	• 기본 모드 이외의 모드들이 구조물의 동적거동에 대한 기여도가 큰 경우에 사용 • 여러 개의 진동모드가 구조물 전체의 거동에 기여 • 선형해석프로그램을 이용하여 해석 • 일반적으로 중간 정도 지간의 연속교에 적용하며 해석모델을 잘 선택할 경우, 장대교와 특수교량에도 적용 가능 • 시간이력해석법에 비해 시간과 노력을 적게 들이고도 정밀한 해석결과를 얻을 수 있음 • 기하학적인 형상이 복잡하여 직교좌표축으로 모드를 분리하기 힘든 교량에 대해서는 적절한 응답값을 기대하기 어려움
시간이력 해석법		• 하중의 지속기간이 짧을 경우 • 모드 간의 구분이 명확하지 않아 Coupling 모드가 나타나기 쉬운 경우 • 높은 안전성이 요구되어 비선형 해석을 필요로 하는 경우 • 입력 데이터로 실측된 지진파형이나 인공파형이 필요 • 선형 또는 비선형 해석 프로그램을 이용하여 해석 • 응답해석에 필요한 모드의 개수가 많을 경우 효과적(모드 중첩법) • 동적비선형 해석 가능(직접 분석법) • 예상되는 지반운동을 정확히 예측하기가 어렵기 때문에 기존의 지진기록이나 합성된 지진기록을 사용하여야 하므로 해석 및 결과분석에 많은 시간과 노력이 필요

스트럿 타이

도로교설계기준(한계상태설계법, 2016)에서 콘크리트교의 스트럿–타이 모델 이용 시 균열이 발생한 압축영역 콘크리트 스트럿의 설계강도(횡방향 인장철근 0.4% 미만)를 설명하시오.

▶ 개요

횡방향 인장변형의 크기에 따라서 콘크리트의 압축강도가 비선형적으로 감소한다. 도로교설계기준(2016)에서는 횡방향 인장철근의 양이 횡방향 인장응력의 크기에 비례하여 정해진 것으로 가정하여 횡방향 인장철근의 양에 따라 균열이 발생한 압축영역의 스트럿 설계강도를 감소하도록 규정하고 있다.

▶ 압축영역 콘크리트 스트럿의 설계강도

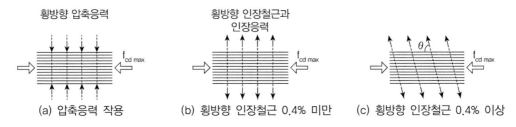

(a) 압축응력 작용 (b) 횡방향 인장철근 0.4% 미만 (c) 횡방향 인장철근 0.4% 이상

1) 횡방향 압축응력이 작용하거나 횡방향 응력이 작용하지 않는 콘크리트 스트럿

$$f_{cd,\max} = 0.85\phi_c f_{ck}$$

2) 균열이 발생한 압축영역의 가상의 횡방향 인장철근이 0.4% 미만인 압축영역

$$f_{cd,\max} = 0.6(1 - f_{ck}/250)\phi_c f_{ck}$$

3) 균열이 발생한 압축영역의 가상의 횡방향 인장철근이 0.4% 이상인 압축영역

$$\theta > 75° \quad : \quad f_{cd,\max} = 0.85(1 - f_{ck}/250)\phi_c f_{ck}$$
$$60 < \theta \leq 75° \quad : \quad f_{cd,\max} = 0.70(1 - f_{ck}/250)\phi_c f_{ck}$$
$$\theta \leq 60° \quad : \quad f_{cd,\max} = 0.60(1 - f_{ck}/250)\phi_c f_{ck}$$

동적가진력   토목구조기술사 합격 바이블 개정판 2권 제6편 동역학과 내진설계 p.2294

교량의 동적 해석 모델링 시 고려하여야 할 구조물과 동적가진력의 특성을 설명하시오.

풀 이

▶ **개요**

동적 해석은 정적 해석과 달리 시간에 따라 변하는 작용하중(외력)과 이에 의한 시간에 따라 변하는 구조물의 응답(변위, 속도, 가속도, 응력 등)을 다룬다. 교량과 같은 구조물은 하나 이상의 중요한 변위형상을 갖고 있을 수 있으며 이 경우 다양한 변위 형상을 고려하기 위해서 구조물을 단자유도계가 아닌 다자유도계로 근사해야 할 필요가 있다. 그러나 동적 해석은 일정 시간 동안 구조물의 응답을 구한 후 최댓값, 평균값, 주기 등의 동적 특성을 조사하므로 많은 해석시간이 소요되기 때문에 도로교설계기준에서는 단순교의 경우 등가정적 해석법을 이용할 수 있도록 하고, 장경간교의 경우 응답스펙트럼 해석법과 같은 동적 해석을 이용하도록 하고 있다.

▶ **동적모델링을 고려하는 교량 구조물**

도로교설계기준에서는 재료(Material), 지점(Boundary condition), 기하학적 형상(Geometry) 등의 고려와 함께 시간에 따라 변하는 하중의 영향을 고려하기 위해 동적 해석을 위한 교량을 200m 미만의 교량에 대해서는 단일 모드 응답스펙트럼 해석법을 기본으로 하고 다중모드 해석법도 고려하도록 하고 있다. 이는 실제 구조물을 다자유도계로 모형화할 경우 보통 많은 자유도를 사용하게 되며, 자유도가 증가함에 따라 동적 해석에 소요되는 시간은 기하급수적으로 증가하므로 효율적인 동적 해석을 수행하기 위해서 적절한 자유도를 선정하여 해석모형을 작성하는 것이 필요하기 때문이다. 이러한 동적 해석 과정에서 자유도를 줄이는 효과적인 방법 중에 하나로 도로교설계기준에서 제시하고 있는 방법이 구조물의 중요한 자유진동 모드 벡터들을 이용하는 '모드 중첩법(Mode superposition method)'이다.

▶ **동적가진력의 특징**

동적 해석을 수행할 때에는 시간에 따라 변하는 구조물과 하중의 특성을 고려하도록 하고 있는데, 이는 진동으로 인해 동적하중이 가진될 수 있기 때문이다. 유연도가 높은 교량을 제외하고 일반적인 교량에서는 차량이나 풍하중에 의한 진동 특성은 고려하고 정적하중으로 고려된다. 그러나 내진설계 시에는 질량 분포, 강성도의 분포, 감쇠 특성, 가진되는 진동수의 특성, 지속 시간, 작용방향 등의 동적가진력의 특성을 포함하도록 하고 있다. 응답과 관련해서 모든 모드 형상이 나타내기 위해서는 충분한 자유도를 사용해야 하며 질량의 실제 분포 특성 등을 근사화해야 한다.

아치리브 세장비   토목구조기술사 합격 바이블 개정판 2권 제5편 교량계획 및 설계 p.1836

콘크리트구조기준(2012)에 따라 아치 리브를 설계할 때, 세장비에 따른 좌굴 안정성을 설명하시오.

풀 이

▶ **개요**

아치는 일반적으로 매우 큰 압축력을 받는 부재이지만, 축선이 곡선으로 되어 있기 때문에 그 좌굴의 형태는 하중의 재하상태, 부재의 형상이나 단면치수 등에 따라 달라지며, 휨좌굴, 휨 및 비틀림을 동시에 받는 좌굴 등으로 복잡하게 되어 있다. 따라서 일반적으로 경간이 긴 아치는 좌굴에 대한 안정성이 중요하기 때문에 좌굴에 대한 안정성을 세장비에 따라 검토하도록 하고 있으며, 응력 검토뿐만 아니라 면내 및 면외 방향의 좌굴에 안정성도 확인하도록 하고 있다.

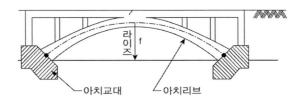

▶ **세장비에 따른 좌굴 안정성 검토 규정**

1) 아치리브의 세장비 : $\lambda = l_{tr} \sqrt{\dfrac{A_{l/4} \cos\theta_{l/4}}{I_m}}$

   여기서, l_{tr} : 환산부재 길이, $l_{tr} = \delta l$ (mm)

        $A_{l/4}$: 경간 $l/4$ 위치에서 아치리브의 단면적(mm²)

        $\theta_{l/4}$: 경간 $l/4$ 위치에서 아치축선의 경사각

        I_m : 아치리브의 평균단면2차모멘트(mm⁴)

        δ : f/l에 따른 계수

f/l	0.1	0.15	0.2	0.25	0.3	0.35	0.4	0.45	0.5
고정	0.360	0.375	0.396	0.422	0.453	0.495	0.544	0.596	0.648
1힌지	0.484	0.498	0.514	0.536	0.562	0.591	0.623	0.662	0.706
2힌지	0.524	0.553	0.594	0.647	0.711	0.781	0.855	0.915	1.059
3힌지	0.591	0.610	0.635	0.670	0.711	0.781	0.855	0.956	1.059

   l : 기초의 고정도를 고려한 경간(mm)
    • 2힌지 또는 3힌지 아치의 경우는 아치 경간

- 고정아치의 경우는 아치경간＋2× 최하단 아치리브 깊이 × $\cos\theta$ (θ는 받침부에서 아치축선의 경사각)

2) **면내좌굴 검토 규정** : 세장비에 따라 좌굴 검토

① $\lambda \leq 20$: 좌굴검사 필요 없음

② $20 < \lambda \leq 70$: 유한변형을 편심하중에 의한 휨모멘트로 치환, 극한 휨모멘트의 안정성 검토

확대휨모멘트 $M_D = M_E \dfrac{1}{1 - H/H_{cr}}$,   여기서 $H_{cr} = \left[4\pi^2 \left(1 - 8 \left(\dfrac{f}{L} \right)^2 \right) \right] \dfrac{EI_y}{L^2}$

③ $70 < \lambda \leq 200$: 유한변형에 의한 영향에 콘크리트 재료 비선형성 고려, 좌굴 안정성 검토

④ $200 < \lambda$: 구조물로 적당하지 않음

3) **면외좌굴 검토** : 아치 리브를 직선기둥으로 보고 단부의 수평력을 축방향력으로 좌굴검토

소규모 아치의 간략식은 $H_{cr} = \gamma \times \dfrac{EI}{L^2}$ (γ : 면내좌굴에 관한 파라미터)

건조수축과 철근 상세

도로교설계기준(한계상태설계법, 2016)에서 두께 1,200mm 이하인 부재에 배근되는 건조수축 및 온도변화에 대한 철근 상세를 구하시오.

풀 이

▶ 개요

도로교설계기준(2015)에서는 일상의 온도변화에 노출되는 콘크리트 표면과 매스콘크리트에 대해 건조수축 및 온도변화에 대한 총 철근량의 최솟값에 대해 두께에 따라 2가지로 구분하여 제시하고 있다.

▶ 건조수축 및 온도 철근

도로교설계기준(2015)에서는 매스콘크리트의 특성을 반영하기 위해 부재의 두께에 따라 최솟값을 달리 적용하였다. 이로 인해 이전 규정에 비해 건조수축 및 온도철근은 두께가 300mm 이상의 부재에서는 철근량이 상당히 증가되며, 300mm 이하의 부재에서는 감소하는 특성을 갖는다.

부재 두께에 따른 건조수축 및 온도철근 규정(도로교설계기준, 2015)

구분	두께 1,200mm 이하 부재	두께 1,200mm 초과 부재
철근량	$A_s \geq 0.75 A_g / f_{yd}$ 여기서, A_g는 부재 총단면적, f_{yd}는 철근의 설계기준 항복강도	$\sum A_b \geq \dfrac{s(2d_c + d_b)}{100}$ 여기서, A_b는 최소 철근 단면적, s는 철근간격, d_c는 부재표면에서 가장 근접한 철근의 콘크리트 피복두께, d_b 철근지름(단, $2d_c + d_b < 75mm$)
제한규정	• 단면의 양면에 균등 배치(단, 두께 150mm 미만은 1열 배치 가능) • 철근간격 ≤ 부재두께 3배, 450mm • 구조물 벽체와 기초에는 양방향 간격 300mm 이하로 배치하되 $\sum A_b \leq 0.0015 A_g$	• 단면의 양면에 균등 배치 • D19 이상 철근 사용 • 철근간격 ≤ 450mm

케이블 교량

케이블 교량에서 보수 가능부재와 교체 가능 부재를 설명하시오.

풀 이

▶ 개요

도로교설계기준(한계상태설계법)에서는 케이블 교량의 부재를 크게 영구부재, 보수가능부재, 교체가능부재로 구분하고 각각의 부재에 대해 설계수명에 대한 규정과 이에 따른 목표신뢰도 지수, 저항수정계수를 달리 적용하도록 하고 있다.

▶ 부재별 정의

도로교설계기준(한계상태설계법, 케이블교량편) 부재별 설계수명, 목표신뢰도 지수, 저항수정계수 - 1등급 교량

한계상태 (하중조합)	부재 종류		부재 사용수명	목표신뢰도 지수			저항수정계수(ϕ_{rm})	
				사용수명 기준	설계수명 100년 기준	설계수명 200년 기준	설계수명 100년 기준	설계수명 200년 기준
극한한계상태 하중조합 I, II, IV, V, VII	주부재 부부재	영구부재	설계수명	3.7	3.7	3.7	1.0	1.0
		보수 가능 부재	20년		3.29	3.09	1.07	1.07
		교체 가능 부재	30년		3.40	3.21	1.05	1.05
			50년		3.54	3.35	1.03	1.03
극한한계상태 하중조합 III, VI	주부재 부부재	영구부재	설계수명	3.1	3.1	3.1	1.0	1.0
		보수 가능 부재	20년		2.58	2.33	1.15	1.23
		교체 가능 부재	30년		2.71	2.48	1.11	1.18
			50년		2.88	2.65	1.06	1.13

1) **영구부재** : 통상적인 유지관리를 통하여 교량의 설계수명과 동일한 100년 또는 200년의 사용수명을 갖는 부재를 일컬으며, 케이블 교량의 경우 현수교 주케이블, 주탑, 주탑기초, 주탑새들, 스프레이 새들 등이 이에 속한다.

2) **보수 가능 부재** : 보수, 보강을 통하여 강도를 개선시킬 수 있는 교량의 설계수명보다 작은 20년, 30년 또는 50년의 사용수명으로 설계할 수 있는 부재를 일컬으며, 케이블 교량의 경우 거더, 앵커리지 등이 이에 속한다. 교량의 설계수명에 따라 정의된 풍하중과 지진하중에 대하여 설계하되, 교량의 설계수명보다 작은 사용수명을 적용함에 따른 목표신뢰도 지수의 감소 효과로 대개 1보다 큰 저항수정계수를 적용하므로 경제적인 설계 효과를 얻을 수 있도록 하였다.

3) **교체 가능 부재** : 교체 가능성이 있으므로 교량의 설계 수명보다 작은 20년, 30년 또는 50년의 사용수명으로 설계할 수 있는 부재를 일컬으며, 현수교 행어로프, 사장교 케이블, 케이블 밴드, 신축이음장치, 포장 및 도장 등이 이에 속한다. 보수 가능 부재와 마찬가지로 교량의 설계수명에 따라 정의된 풍하중과 지진하중에 대하여 설계하되, 교량의 설계수명보다 작은 수명을 적용함에 따른 목표신뢰도지수의 감소 효과로 대개 1보다 큰 저항수정계수를 적용하므로 경제적인 설계효과를 얻을 수 있도록 하였다.

인장부재 세장비   토목구조기술사 합격 바이블 개정판 2권 제4편 강구조 p.1433

도로교 설계기준(한계상태설계법, 2016)에서 강교 설계 시 인장부재의 세장비 기준을 설명하시오.

풀 이

> **개요**

도로교 설계기준에서는 강구조물의 과대 처짐이나 진동 등을 제어하기 위해서 인장부재에 대해 세장비 제한 규정을 두고 있다.

> **인장부재 세장비 제한규정**

교량강구조의 경우 아이바, 봉강, 케이블 및 판을 제외한 모든 인장부재의 세장비는 다음을 만족해야 한다.

1) 교번응력을 받는 주부재 $\lambda = \left(\dfrac{l}{r}\right)_{\max} \leq 140$

2) 교번응력을 받지 않는 주부재 $\lambda = \left(\dfrac{l}{r}\right)_{\max} \leq 200$

3) 2차 부재 $\lambda = \left(\dfrac{l}{r}\right)_{\max} \leq 240$

설계 안전 검토보고서

건설기술진흥법에 따라 작성하는 설계 안전 검토보고서를 설명하시오.

풀 이

설계안정성 검토 업무 매뉴얼(국토교통부, 2017)

➤ 개요

건설공사에서 발생하는 재해를 감소시키기 위해 국내 건설공사 안전관리제도는 기존 시공자 중심의 안전관리 제도에서 모든 건설공사 참여자(발주자, 설계자, 시공자 등)들이 참여하는 형태로 변화하면서, 관련법에 따라 안전관리계획을 수립해야 하는 건설공사의 실시설계단계부터 사전에 위험성을 평가하고 저감 대책을 세우는 설계 안전성 검토제도가 도입되었다.

➤ 설계 안전 검토서 주요 내용

설계단계에서 사전에 위험요소를 저감시키기 위한 설계 안전성 검토 절차는 사전준비, 위험요소 인식, 인적 및 물적 피해의 판단, 위험성의 평가, 저감 대책의 수립 및 저감 대책 적용에 따른 위험성 평가, 저감 대책의 이행 및 기록의 순으로 이루어진다. 설계자는 설계 안전성 검토 결과를 설계 안전 검토보고서로 작성하여 발주자에게 제출하도록 하고 있다.

1) **사전준비** : 설계 전 발주자가 설정한 안전관리 수준과 건설재해 목표 등 설계 안정성 검토 목표를 확인하고 관련 자료 수집과 분석을 수행한다.

2) **위험요소 인식** : 건설안전 전문가 등을 활용해 브레인스토밍과 같은 의사결정 방법을 통해 위험요소를 도출한다. 시공순서 및 공법을 판단하여 작업자의 입장에서 위험요소를 도출하고, 설계도면으로 위험요소를 파악하기 힘든 시공방법과 시공순서에 대해서는 건설안전 전문가 및 관련 공종 전문가들과 심도 있게 협의해 시공 중 목적물과 작업자들에게 위험성이 잔존하는 부분은 설계도면에 표기(Note)하여 작업자들이 인지하도록 하여야 한다. 기타 외국의 설계 안전성 검토 사례 등을 참고하여 위험요소를 도출할 수도 있다.

3) **인적 및 물적 피해의 판단** : 설계도면에 제시된 공법과 작업자 위치 및 작업내용, 작업방법에 따라 사고의 발생 가능성과 심각성이 달라지므로 위험요소로 인해 발생되는 사고의 유형을 인적 및 물적 유형으로 분류한다.

　① 물적 피해 유형 : 무너짐, 넘어짐, 화재, 폭발, 파열, 화학물질 누출 등

　② 인적 피해 유형 : 떨어짐, 넘어짐, 깔림, 부딪침, 맞음, 끼임, 절단, 베임, 감전, 교통사고 등

4) **위험성의 평가** : 발상빈도와 심각성에 대해 추정하고 위험성 평가 매트릭스 등을 통해 허용 가능한 위험성 수준을 평가한다.

위험성 허용 여부 기준 매트릭스

심각성 \ 발생 빈도	1	2	3	4
1	1	2	3	4
2	2	4	6	8
3	3	6	9	12
4	4	8	12	16

☐ 허용 ▢ 조건부 허용 ▨ 허용 불가

5) **저감 대책의 수립** : 허용 불가로 판정된 위험요소에 대해 저감 대책을 수립하여야 하며, 가능한 한 복수의 저감 대책들을 도출·평가하여 최선의 저감 대책을 선정하도록 한다. 위험성 저감 대책 수립 시에는 HOC(Hierarchy of Controls)의 원칙을 고려하여야 한다. HOC의 원칙은 저감 대책을 세울 때 제거, 대체, 기술적 제어, 관리적 통제, 개인보호 장비 착용의 순서로 위험요소 저감의 효과가 크다는 것이며, 그 내용은 다음과 같다. 설계 단계에서는 제거와 대체, 기술적 제어에 해당하는 대책을 수립하여야 하며, 관리적 통제와 개인보호 장비에 의한 대책은 시공단계의 대책으로 사용될 수 있으며 설계단계에서는 최소화하거나 지양하여야 한다.

① 제거(Elimination) : 계획 또는 시공방법 변경을 통한 위험요소의 제거
② 대체(Substitution) : 재료의 대체 등과 같이 대체를 통해 위험요소의 저감
③ 기술적 제어(Engineering Control) : 기술적인 방법으로 위험요소로부터 격리시키거나 방호 조치를 취함
④ 관리적 통제(Administrative Control) : 교육과 작업 공정 계획, 감독 등을 통한 위험요소의 저감 대책으로서 설계단계에서는 가능하면 지양하여야 함
⑤ 개인보호 장비(Personal Protective Equipment) : 최후의 수단으로서 의미를 가지며, 설계 단계에서의 대책으로는 지양하여야 함

합성 강기둥 　　　　　　　　　　　토목구조기술사 합격 바이블 개정판 2권 제4편 강구조 p.1600

콘크리트를 충전한 합성 강기둥의 구조적 특징을 설명하시오.

풀 이

➤ **개요**

콘크리트를 충전한 합성 강기둥은 콘크리트 충전강관(CFT, Concrete Filled steel Tube) 또는 철골 철근콘크리트(SRC, Steel Reinforced Concrete)라고 하며 콘크리트와 강재의 각기 단점을 보충하여 장점을 살린 일종의 합성구조다.

➤ **구조적 특징**

구분	RC구조물과 비교	강구조물과 비교
장점	① 단면치수의 감소로 경제적 ② 인성이 증가되어 내진성이 우수 ③ 자중 감소 기대 ④ 철근량 감소 ⑤ 극한하중 작용 시 철골의 소성저항능력으로 안전성 확보 ⑥ 구조체의 신뢰성 향상 ⑦ 철골 우선시공으로 시공성 향상	① 방청, 방화 등 유지관리 불필요함 ② 강성이 커서 변형량이 작아짐 ③ 소음, 진동 경감 ④ 공사비 감소
단점	① 콘크리트와 부착력이 낮아 분리 가능 ② 철골비율이 높으면 콘크리트 균열폭 증가 ③ RC구조에 비해 고가 ④ 강재비율이 높으면 콘크리트 타설 곤란 ⑤ 철근 설계 복잡	① 자중의 증대 ② 철근 조립 후 콘크리트 타설로 공사기간 증가

1) 구조적 특징

　① RC구조에 비해 <u>변위 및 내진성능 향상</u> : RC에 비하여 인성이 대단히 크다.

　② <u>강관으로 인한 내부 콘크리트 구속으로 변위에너지 증가</u> : 강관의 구속효과에 따라 내부 콘크리트의 강도 상승(내진보강 개념 → 소성힌지 형성)

　③ <u>국부좌굴 방지 및 연성도 증가</u> : 강관의 국부좌굴 방지를 위하는 데 내부콘크리트는 효과적이고 변형성능도 좋아진다.

　④ <u>내화성능 향상</u> : 충전형의 경우 내부에 콘크리트가 충전되어 있음으로써 내화피복이 일반 강구조에 비하여 경제적으로 할 수도 있다.

　⑤ <u>시공성 개선</u> : 충전형에서는 콘크리트 치기용 기둥 거푸집이 필요 없다.

　⑥ <u>부착강도와 균열의 문제점 해결이 관건</u> : 철골과 콘크리트의 부착강도 저하로 인하여 균열 및

부착성능이 저하될 수 있다.

⑦ 합리적인 설계법 필요 : 섬유요소(Fiber Element)를 이용한 프레임 요소 비선형 해석이 대안이 될 수 있을 것으로 생각된다.

2) 내진 특성

① 부재의 연성능력(Ductility Capacity)이 RC 부재보다 크다.
→RC 부재의 내진성능 개선, RC 부재의 전단파괴 가능성이 있는 부재의 보강용
② 부재의 감쇠력이 RC 부재보다 크다.
→SRC ξ=5~7%, RC ξ=3~5%(감쇠 증가로 변위응답이 작고 내진에 유리함)

3) 사용용도

① RC구조에서 내진성이 약한 경우
② 강구조물에서 강성이 부족한 경우
③ 장기간 보를 지지하는 기둥
④ 전단파괴가 예상되는 기둥
⑤ 응력과 변형집중이 예상되는 경우

초음파 탐사

초음파 탐상기를 이용한 콘크리트 균열깊이 측정방법 중 T법, Tc-To법, BS법의 측정방법 및 적용 가능한 조건에 대하여 설명하시오.

풀 이

안전점검 및 정밀안전진단 세부지침 해설서(한국시설안전공단, 2011)

▶ 초음파 측정 개요

초음파를 이용한 콘크리트 균열깊이 측정방법은 경화된 콘크리트의 건전부와 균열부에서 측정되는 초음파의 전달시간의 차이가 있어 전달속도가 다른 점을 이용하여 균열의 깊이를 평가하는 방식이다. 전달시간을 기초로 균열깊이를 추정하는 방법은 일반적으로는 T법, $T_c - T_o$법, BS법이 주로 이용된다. 이들 방법은 송신 탐촉자로부터 발신된 초음파가 균열선단을 향해 직진하여 균열선단에서 회절한 후 수신 탐촉자를 향해 직진하는 경로를 밟는 것으로 가정하고, 그 기하학적 조건(직각삼각형의 피타고라스 정리)으로부터 균열깊이를 역산해 구하는 것이다. 따라서 초음파 측정이 적용되기 위해서는 다음 조건을 만족해야 한다.

1) 전파시간이 정확하게 측정 가능할 것
2) 균열깊이를 추정할 때 가정한 전파경로를 따라 초음파를 포착하는 것이 만족되어야 한다.

▶ 균열깊이 측정 평가방법

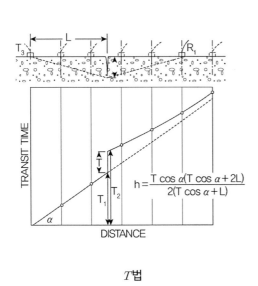

$$h = \frac{T \cos \alpha (T \cos \alpha + 2L)}{2(T \cos \alpha + L)}$$

T법

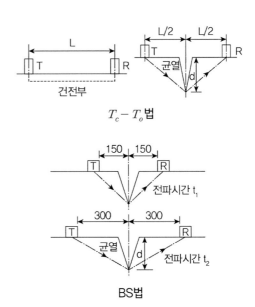

$T_c - T_o$법

BS법

1) **T법** : T법은 발진자(T_x)를 고정하고, 수신자(R_x)를 10~15cm 간격으로 이동시켜 전파거리와 전달시간의 관계(주시곡선)로부터 균열 위치의 불연속 시간 T를 도면상에서 다음 식을 이용하여 균열 깊이를 구한다.

$$h = \frac{t\cos\alpha(t\cot\alpha + 2L)}{2(t\cot\alpha + L)} \quad \text{또는} \quad h = \frac{L}{2}\left(\frac{T_2}{T_1} - \frac{T_1}{T_2}\right)$$

2) **$T_c - T_o$법** : 수신자와 발신자를 균열의 중심으로 등간격 x로 배치한 경우의 전파시간 T_c와 균열이 없는 부근 $2x$에서의 전파시간 T_s로부터 균열 깊이 h를 추정하는 방법으로 균열면이 콘크리트의 표면과 직각으로 발생되어 있으며, 균열 주의의 콘크리트는 어느 정도 균질한 것이라고 가정하여 유도한 것이다. 이 방법의 균열깊이 탐사 결과는 15% 정도의 오차를 가지고 있으며, 균열에서 발·수신자까지의 거리 x는 탐촉자까지의 거리이다.

$$h = x\sqrt{\left(\frac{T_c^2}{T_s^2} - 1\right)}$$

3) **BS법** : BSI 1881 Part No. 203에 규정된 방법으로 발, 수신자를 균열 개구부에서 a1=15cm인 경우의 전파시간 T_1, a2=30cm로 배치했을 때 전파시간 T_2를 이용하여 균열깊이 d를 추정하는 방법으로 콘크리트 내부에 존재하는 철근의 영향으로 측정 결과의 오류를 나타낼 수 있으므로 주의가 요구된다.

$$d = 150\sqrt{\left(\frac{4T_1^2 - T_2^2}{T_2^2 - T_1^2}\right)}$$

▶ 균열깊이 측정의 제약조건

1) 균열깊이가 1,000mm 이상이 되면 수신하는 초음파전달속도가 현저하게 쇠퇴하기 때문에 일반적인 초음파측정기로는 측정이 곤란하다.

2) 표층부 철근의 배근깊이가 100mm 이하가 되면 철근 배근깊이 이상인 표면균열의 깊이를 측정하는 것이 곤란하다.

3) 콘크리트의 품질불량 및 콘크리트 내부에 곰보나 공동(구멍) 등 다짐불량의 가능성이 있으면 정확한 측정이 곤란하다.

4) 균열 내부에 물, 이물질이 있는 대상이나 미세균열이 밀집되어 있는 경우 측정이 곤란하다.

5) 발생된 균열이 개폐되는 경향을 나타내고 있으면 측정이 곤란하다.

6) 측정 대상과 측정 정밀도

　① 평탄한 측정면에 직각한 균열깊이 : 200mm 이하의 경우 ±5%

　② 평탄한 측정면에 직각한 균열깊이 : 1,000mm 이하의 경우 ±3%

　③ 경사균열의 균열깊이 길이 : ±15%

곡선 긴장재

도로교설계기준(한계상태설계법, 2016)에서 곡선의 영향을 고려한 긴장재의 부재 상세를 설명하시오.

풀 이

▶ 개요

곡선 긴장재는 긴장재 곡률면내에 곡률중심방향으로 면내력을 유발하며 강연선 다발이나 강선 다발로 구성된 곡선 긴장재는 긴장재 곡률면의 직각방향으로 면외력을 유발한다. 이 때문에 도로교 설계기준에서는 곡선 거더의 면외력에 대한 저항강도를 증가시키기 위하여 <u>덕트에 대한 콘크리트 피복두께를 증가시키거나 횡구속 철근을 추가하는 등의 규정</u>을 두고 있다.

▶ 곡선의 영향을 고려한 긴장재의 부재 상세 기준

면외력은 돌출정착부와 곡선 복부에 발생한다. 적절한 보강을 하지 않으면 긴장재 반향변환력에 의해 곡선 긴장재 안쪽의 피복 콘크리트가 파손되거나 불균형 압축력에 의해 곡선 긴장재 바깥쪽의 콘크리트가 밀려날 수 있다. 면내력에 의한 인장응력은 작은 경우에는 콘크리트의 인장강도로 지지될 수 있다. 다발강연선 포스트텐션 긴장재의 면외력은 강연선이나 강선이 덕트 내에서 퍼짐에 따라 발생된다. 면외력이 작을 때에는 콘크리트 전단강도로 지지될 수 있으나 그렇지 않을 경우 나선 철근으로 면외력을 저항하도록 보강하는 것이 효과적이다.

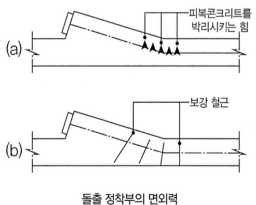

돌출 정착부의 면외력

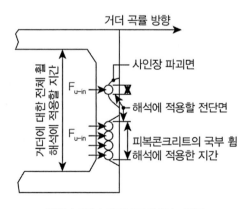

곡선거더의 수평곡선 긴장재의 면외력

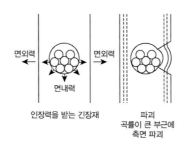

면외력

면외력

면내력

인장력을 받는 긴장재

파괴
곡률이 큰 부근에
측면 파괴

면외력의 영향

다음은 도로교설계기준(한계상태설계법, 2016)의 긴장재 부재 상세 기준이다.

1) 곡선 긴장재는 철근으로 횡구속시켜야 한다. 횡구속 철근은 사용한계상태에서의 철근응력이 $0.6f_y$를 초과하지 않도록 하여야 하며 f_y의 가정값은 420MPa 이하이어야 한다. 횡구속 철근의 간격은 덕트 외측지름의 3배 또는 600mm 이하이어야 한다.

2) 긴장재가 곡선 복부나 플랜지에 배치되거나 오목한 모서리나 내부 공동에 인접하여 곡선배치된 경우, 콘크리트 피복두께를 증가시키거나 횡구속철근을 배치하여야 한다. 오목한 모서리나 내부 공동은 인근 덕트와의 거리가 덕트 지름의 1.5배 이상이어야 한다.

3) 긴장재가 양방향으로 곡선을 이룰 때에는 면내력과 면외력을 벡터합으로 더하여야 한다.

① 면내력의 영향 검토

㉠ 긴장재의 배치방향의 변화로 발생하는 면내력은 다음과 같다.

$$F_{u-in} = \frac{P_u}{R}$$

여기서, F_{u-in} : 긴장재의 단위길이당 곡률면내 방향변환력(N/mm), P_u : 계수 긴장력(N), R : 검토 대상 위치의 긴장재의 곡률 반지름(mm)

㉡ 최대 방향변환력은 예비의 긴장재를 포함한 모든 긴장재가 인장을 받고 있다는 기본가정하에서 결정되어야 한다.

㉢ 방향변환력에 의한 박리(pull-out)에 저항하는 콘크리트 피복의 전단강도

$$V_r = V_d, \ \ V_d = 0.33d_c\sqrt{\phi_c f_{ci}}$$

여기서, V_d : 단위길이당 전단저항면 2면의 설계전단강도(N/mm),

d_c : 덕트의 최소 콘크리트 피복두께+덕트 지름의 1/2(mm),

ϕ_c : 콘크리트 재료계수, f_{ci} : 초기 재하 시 또는 긴장 시의 콘크리트 압축강도 (MPa)

ⓔ 계수 면내 방향변환력이 콘크리트 피복의 설계전단강도를 초과하면, 면내 방향변환력에 저항할 수 있도록 완전히 정착된 철근이나 긴장재로 묶어서 보강하여야 한다.

ⓜ 여러 단으로 쌓은 덕트가 곡선 거더에 사용되는 경우 콘크리트 피복두께의 휨강도를 검토하여야 한다.

ⓗ 곡선거더에 대해서는 면내력에 의한 전체적인 휨의 영향을 검토하여야 한다.

ⓢ 약 90°로 교차하지 않는 긴장재의 곡선 덕트에서 한 긴장재에 의한 면내력 방향이 다른 긴장재 쪽을 향하도록 배치되어 있을 경우 덕트는 횡구속되어야 한다.

② 면외력의 영향

ⓣ 강연선의 쐐기작용에 의하여 덕트에 작용하게 되는 면외력은 다음과 같이 산정할 수 있다.

$$F_{u-out} = \frac{P_u}{\pi R}$$

여기서, F_{u-in} : 긴장재의 단위길이당 곡률 면내 방향변환력(N/mm)

ⓛ 콘크리트 피복의 설계전단강도 V_d가 충분하지 않은 경우, 총 면외력에 저항하도록 곡선구간을 국부적인 횡구속 철근으로 보강하여야 한다. 이때의 보강은 나선철근을 사용하는 것이 좋다.

앵커지지 벽체

앵커지지 벽체(Anchored Walls)의 구조적 파괴에 대한 안전성에 대하여 설명하시오.

풀 이

▶ 개요

앵커지지 벽체는 그라우팅된 앵커요소, 연직벽 요소 및 전면판으로 구성되어 토사 또는 암반을 지지하는 임시 또는 영구 구조물로 사용될 수 있다. 앵커지지 벽체의 적용 여부를 결정할 때는 앵커 정착장 주변의 지반 및 암반조건이 정착력을 발휘하는 데 적합한지를 검토하여야 한다. 도로교설계기준(한계상태설계법, 2016)에서는 앵커지지 벽체의 안전성을 평가할 때에는 사용한계상태에서의 변위와 안정성, 지반파괴에 대한 안전성, 앵커지지 벽체의 구조적 파괴에 대한 안전성에 대해 검토하도록 규정하고 있다.

사용한계상태에서의 변위와 안정성에 대한 검토는 변위로 인해 인접 구조물에 영향을 미치지 않는지 확인하여야 하며, 이때 사면안정해석을 통해 전체 안정성에 대해 검토한다. 지반파괴에 대한 안전성은 앵커의 인발저항력과 수동저항력에 대한 검토를 하도록 하고 있다.

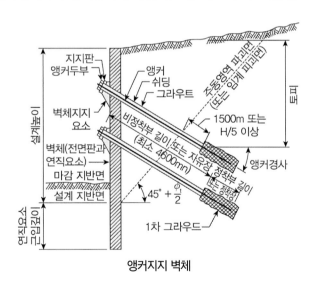

앵커지지 벽체

▶ 앵커지지 벽체의 구조적 파괴에 대한 안전성

앵커, 연직벽체 요소, 전면판에 대해 구조적 파괴 안정성을 검토한다. 검토 시에는 활하중, 고정하중, 토압, 수압과 자중, 지진하중 등을 고려한다.

1) **앵커 안전성** : 분할영역법과 힌지법을 주로 이용해 앵커의 하중을 결정하고 수평간격과 크기를 정해 안전성을 확보한다. 이때 위의 두 방법은 굴착 저면의 토사가 반력 R에 저항할 수 있는 충분한 강도를 갖는다고 가정한다. 만약 수동저항력을 제공하는 굴착 저면의 토사가 약하여 반력 R을 충분히 지지할 수 없을 경우에는 최하단에 있는 앵커가 반력과 앵커하중 모두 지지하도록 설계하여야 한다. 위의 방법 이외에 앵커 벽체를 작은 선단 반력을 갖는 연속보로 간주하여 탄성기초 위의 보로 가정하는 지반-구조물 상호작용해석을 적용할 수 있다. 이 방법은 모든 하중이 최하단 앵커에 의해 지지된다는 매우 보수적인 가정에 기초한다.

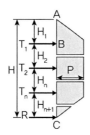

분할 영역법
$T_1 = H_1 + H_2/2$ 길이에 해당하는 하중
$T_2 = H_2/2 + H_n/2$ 길이에 해당하는 하중
$T_n = H_n + H_{n+1}/2$ 길이에 해당하는 하중
$R = H_{n+1}/2$ 길이에 해당하는 하중

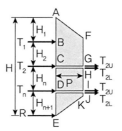

힌지법
$\sum M_C = 0$ 조건으로부터 T_1 계산
$T_{2u} = (ABCGF)$ 에 해당하는 전체토압 $- T_1$
$\sum M_D = 0$ 조건으로부터 T_{2L} 계산
$T_{nu} = (CDIH)$ 에 해당하는 전체토압 $- T_{2L}$
$\sum M_E = 0$ 조건으로부터 T_{nL} 계산
$R = $ 전체토압 $- T_1 - T_2 - T_n$
$T_2 = T_{2u} + T_{2L}$
$T_n = T_{nu} + T_{nL}$

2) **연직 벽체 요소** : 길이방향으로 연속적인 구조체로서 타입말뚝, 케이슨, 현장타설말뚝, 오거타설말뚝 등 미리 파놓은 구멍에 설치된 그리고 벽체의 수동영역에 구조용 콘크리트 및 노출부에 버림 콘크리트로 채워진 말뚝과 건입부 등을 포함한다. 연속 연직벽체요소는 연직방향 연결부로 인하여 전단력이나 모멘트가 인접부로 전달되지 않더라도 길이와 폭 방향에 대하여 연속지지로 간주한다. 특히 연약지반에 지지되는 경우 벽체 앞면의 히빙을 방지할 수 있도록 벽체의 전면 바닥면 아래로 충분히 근입하여야 한다. 900mm 정도까지 근입하거나 선단지지력이나 안정성이 확보될 만큼 충분히 근입한다.

3) **전면판** : 전면판은 지반의 아칭현상을 고려하거나 요소와 요소를 단순지지로 가정하거나 또는 여러 개의 요소에 걸쳐 연속지지로 가정하여 설계한다.

구분	연속보(3경간)		단순보(1경간)	
	지반 아칭 有	지반 아칭 無	지반 아칭 有	지반 아칭 無
최대 휨모멘트	$M_{max} = 0.183pl^2$	$M_{max} = 0.1pl^2$	$M_{max} = 0.083pl^2$	$M_{max} = 0.125pl^2$

피로검토 　　　　　　　　　　　　　　　토목구조기술사 합격 바이블 개정판 1권 제2편 RC p.909

직사각형 단면의 단순보(폭 $b = 300mm$, 유효깊이 $d = 540mm$, 인장부 단철근량 A_s = D25-3ea = $1,520mm^2$)가 사용 고정하중모멘트 50kNm, 충격을 포함한 사용 활하중 모멘트 90kNm을 받고 있다. 콘크리트구조기준(2012)에 따라 피로에 대하여 검토하시오. 단, 콘크리트 설계기준 압축강도 $f_{ck} = 24MPa$, 철근 항복강도 $f_y = 400MPa$, $n = 8$이다.

풀 이

▶ **개요**

콘크리트구조기준(2012) 피로검토 규정은 충격을 포함한 활하중에 의해서 철근에 발생하는 응력의 범위가 다음의 규정한 응력의 범위를 초과하는 경우에 한해 검토하도록 하고 있다.

- SD300 : 130MPa 이하
- SD350 : 140MPa 이하
- SD400 : 150MPa 이하

▶ **콘크리트의 응력범위 산정**

$$E_c = 8,500 \sqrt[3]{f_{cu}} = 8,500 \sqrt[3]{24 + 4} = 25,811MPa, \text{ given } n = 8$$

1) 중립축 산정

$$bx \times \frac{x}{2} = nA_s(d_t - x)$$

$$\frac{1}{2} \times 300 \times x^2 - 8 \times 1,520 \times (540 - x) = 0$$

$$\therefore x = 172.58mm$$

2) 간략식 이용 응력 범위 산정

$$f_{s.max} = \frac{M_{max}}{A_s\left(d - \frac{x}{3}\right)} = \frac{90 \times 10^6}{1,520 \times \left(540 - \frac{172.58}{3}\right)} = 122.72MPa$$

$$f_{s.min} = \frac{M_{min}}{A_s\left(d - \frac{x}{3}\right)} = \frac{50 \times 10^6}{1,520 \times \left(540 - \frac{172.58}{3}\right)} = 68.18MPa$$

$$\therefore f_{s.max} - f_{s.min} = 54.54MPa < 150MPa \quad \text{O.K(피로에 대해 검토할 필요 없다)}$$

공칭휨모멘트–균열모멘트

토목구조기술사 합격 바이블 개정판 1권 제2편 RC p.868

직사각형 단면(폭b×높이h)의 단철근 철근콘크리트 보에 최소 철근만이 배근되어 있는 상태이다. 콘크리트구조기준(2012)에 따라 이 보의 공칭휨모멘트(M_n)와 균열모멘트(M_{cr}) 간의 관계를 설명하시오. 단, $f_{ck}=40$MPa, 경량콘크리트계수 $\lambda=1.0$, 유효깊이 d는 높이의 0.9배로 가정한다.

풀 이

▶ 개요

콘크리트구조기준(2012)에서는 철근 콘크리트 부재는 부재의 연성파괴를 보장하기 위해서 무근콘크리트 부재의 휨강도 이상이 되도록 최소 철근의 양을 규정하고 있다. 무근콘크리트의 보의 휨강도를 균열모멘트 M_{cr}로 정의하며 최소 철근량이 배근된 철근콘크리트의 보의 공칭휨강도 M_n은 균열모멘트보다는 커야 한다.

▶ 공칭휨모멘트와 균열모멘트 관계

1) 공칭휨모멘트 M_n

최소 철근이 배근된 단철근 철근콘크리트는 철근이 먼저 항복하므로 철근량에 의해 결정된다.

$$\therefore M_n = A_s f_y \left(d - \frac{a}{2} \right)$$

2) 균열모멘트 M_{cr}

외부에서 모멘트 M이 작용하고 있을 때 중립축에서 인장 측까지의 거리를 y_t라 하고, 이 지점의 콘크리트의 응력을 f_t라고 하면, $f_t = \dfrac{M}{I} y_t$로 정의된다. 이때 콘크리트의 응력 f_t가 휨인장강도(파괴계수) f_r을 초과하면 균열이 발생한다.

$$\therefore M_{cr} = f_r \frac{I}{y_t} = \frac{0.63 \lambda \sqrt{f_{ck}} \, bh^3/12}{h/2} = \frac{0.63 \sqrt{f_{ck}} \, bh^2}{6} \quad (\because \lambda = 1.0)$$

3) 공칭휨모멘트 $M_n \geq$ 균열모멘트 M_{cr}

$$M_n = A_s f_y \left(d - \frac{a}{2} \right) \geq M_{cr} = \frac{0.63 \sqrt{f_{ck}} \, bh^2}{6} \quad \therefore A_s \geq \frac{0.63 \sqrt{f_{ck}} \, h^2}{6 d f_y (d - a/2)} bd = K \frac{bd}{f_y}$$

여기서, $K = \dfrac{0.63\sqrt{f_{ck}}\,h^2}{6d(d-a/2)} = \dfrac{0.63\sqrt{40}\times h^2}{6\times 0.8h(0.8h-0.5a)} = \dfrac{1.6602h}{(1.6h-a)}$

$\therefore d = 0.8h$, $f_{ck} = 40\mathrm{MPa}$

콘크리트 구조기준에서는 최소 철근값 규정을 다음과 같이 규정하고 있다.

$$A_{s,\min} \geq Max\left[\frac{1.4}{f_y}bd,\ \frac{0.25\sqrt{f_{ck}}}{f_y}bd\right]$$

여기서, $a ≒ 0.41h$인 경우 콘크리트 구조기준에서 제시하고 있는 $\dfrac{1.4}{f_y}bd$ 규정이 산출되는 것을 알 수 있다. 즉, 콘크리트 구조기준에서는 최소 철근량 규정을 무근 콘크리트 부재의 휨강도 이상이 되도록 유도되었다.

그러나 실제 철근콘크리트 부재에서는 충분한 양의 인장철근을 배근하고 있어 부재의 단면적에 비례하는 최소 철근량 규정 이상이 배치되며, 해석에 의해 필요한 철근량의 4/3 인장철근을 배치할 경우에는 최소 철근량 규정을 적용하지 않을 수도 있다.

볼트 안전성

가장자리의 영향을 받지 않는 단일 갈고리 앵커 볼트가 그림과 같이 설치(콘크리트 타설 전 설치)되어 있다. 상향 인장력 30kN 작용 시 콘크리트 파괴를 구속하기 위한 별도의 보조철근은 배근하지 않아 기초판에 균열이 발생하였다. 이때 갈고리 앵커 볼트의 안전성을 콘크리트구조기준(2012)에 따라 검토하시오.

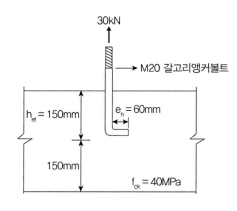

[가정조건]

1. 갈고리 앵커 볼트(M20)는 연성강재이며, 단면적 $A_{se} = 245\text{mm}^2$, 인장강도 $f_{uta} = 400\text{MPa}$
2. 갈고리 앵커 볼트에 작용하는 계수인장강도 (콘크리트구조기준 적용) : 30kN
3. 콘크리트의 설계기준 압축강도 : 40MPa

풀 이

➤ 소요강도

$$N_{ua} = 30\text{kN}$$

➤ 설계강도 ≥ 소요강도

$$\phi N_n \geq N_{ua}$$

여기서, ϕN_n : 인장을 받는 앵커의 파괴모드에서 산정된 가장 작은 설계강도

➤ 앵커의 강재강도

$\phi N_{sa} \geq N_{ua}$: 하중계수를 사용할 경우 연성강재 요소의 인장에 대한 강도감소계수는 $\phi = 0.75$

$$N_{sa} = n A_{se} f_{uta}$$

$n = 1$: 단일앵커, $A_{se} = 245\text{mm}^2$, f_{uta}(인장강도) $= 400\text{MPa}$

$$\phi N_{sa} = 0.75 \times 245 \times 400 = 73.5\text{kN} > N_{ua} = 30\text{kN} \quad \text{O.K}$$

▶ 콘크리트의 파괴강도

$\phi N_{cb} \geq N_{ua}$: 콘크리트파괴를 구속하기 위한 별도의 보조철근을 배근하지 않는 경우 강도감소계수는 $\phi = 0.70$

$$N_{cb} = \frac{A_{Nc}}{A_{Nco}} \times \psi_{ed.N} \times \psi_{e.N} \times \psi_{cp.N} \times N_b$$

여기서, $\dfrac{A_{Nc}}{A_{Nco}} = 1.0$ 가장자리의 영향을 받지 않음, $\psi_{ed.N} = 1.0$ 가장자리의 영향을 받지 않음,

$\psi_{e.N} = 1.0$ 사용하중상태에서 콘크리트에 균열 발생, $\psi_{cp.N} = 1.0$ 선설치앵커,

$N_b = k_c \sqrt{f_{ck}} \, h_{ef}^{1.5}$ (선설치앵커 $k_c = 10$, 후설치 앵커 $k_c = 7.0$)

$\qquad = 10 \times \sqrt{40} \times 150^{1.5} / 1000 = 116.2 \text{kN}$

$\therefore \; \phi N_{cb} = 0.70 \times 1.0 \times 1.0 \times 1.0 \times 1.0 \times 116.2 = 81.3 \text{kN} > N_{ua}$ O.K

▶ 앵커의 뽑힘강도

$\phi N_{pn} \geq N_{ua}$ 여기서 강도감소계수는 $\phi = 0.70$

$$N_{pn} = \psi_{c.P} N_P$$

여기서, $\psi_{c.P} = 1.0$ 사용하중상태에서 콘크리트에 균열 발생,

$N_P = 0.9 f_{ck} e_h d_a = 0.9 \times 40 \times 60 \times 24 / 1000 = 43.2 \text{kN}$

이때 e_h는 $3 d_a \leq e_h \leq 4.5 d_a$의 조건을 만족한다. O.K

▶ 콘크리트 측면 파열강도 Check

갈고리 볼트는 콘크리트 측면 파열파괴에 대해 고려할 필요가 없다.

▶ 콘크리트 쪼갬파괴 Check

선설치 갈고리볼트에 대해서는 검토할 필요가 없다.

$\therefore$ 설치된 갈고리 볼트는 30kN 계수인장하중 저항에 적합하다.

Prestressed Reinforced Concrete   토목구조기술사 합격 바이블 개정판 1권 제3편 PSC p.1070

PRC(Prestressed Reinforced Concrete) 구조에 대해 설명하고 PRC 구조를 RC(Reinforced Concrete) 구조, PC(Prestressed Concrete) 구조와 비교하시오.

풀 이

▶ PRC 구조 개요

PRC(Prestressed Reinforced Concrete) 구조는 <u>프리스트레스트 콘크리트(PC)의 일종으로 PC와 RC의 중간적인 형태</u>를 말한다. PC 구조는 사용 한계 상태에서의 균열의 발생을 허용하지 않지만, PRC 구조는 사용 한계 상태에서의 균열의 발생을 허용하고 도입한 프리스트레스 철근에 의해 균열을 제어하는 구조 형식이다. 파셜프리스트레스트 콘크리트(Partially Prestressed Concrete)라고도 하며, <u>PC 구조에 비해 철근이 증가하고 있지만 PC 구조의 양을 줄일 수 있기 때문에 적절하게 적용할 경우 시공성, 경제성 등을 향상시킬 수 있는 특징이 있다. 텐던을 긴장하여 하중의 대부분을 분담케 하고, 하중의 일부에 의해서 생기는 인장응력을 철근이 부담하게 한다.</u> 이때 철근의 역할은 ① 프리스트레스 전달 직후의 보의 강도를 보강한다. ② 보의 취급, 운반 및 가설도중에 발생하는 과대하중에 대한 안전성을 높인다. ③ 설계하중이 작용할 때 보의 소요강도를 보강한다.

1) PRC의 특징

장점	단점
① 솟음의 조정이 용이하다. ② 텐던이 절약된다. ③ 긴장 정착비가 절약된다. ④ 구조물의 탄력이 증가한다(연성, toughness 증가). ⑤ 철근이 경제적으로 이용된다.	① 균열이 조기에 발생할 수 있다. ② 과대하중에 의해 처짐량이 크다. ③ 설계하중에 주인장응력이 크게 발생할 수 있다. ④ 동일강재량에 비해 극한 휨강도가 감소한다.

2) PRC(파셜 프리스트레스 보)의 프리스트레스 힘 조절방법

　① 텐던을 적게 사용하는 방법 : 강재절약, 극한강도 감소

　② 텐던의 일부를 긴장하지 않는 방법 : 정착비 절약, 극한강도 감소

　③ 모든 텐던을 약간 낮게 긴장하는 방법 : 정착비 절약 없음, 극한강도 감소

　④ 텐던의 양을 적게 사용하고 완전히 긴장하되 일부는 철근으로 보강하는 방법 : 극한강도 증가, 균열 전 큰 탄력

3) PRC(파셜 프리트스레싱) 휨 설계

　① 강도이론에 의한 방법 : 설계강도를 소요강도와 같게 되도록 콘크리트 단면과 강재량을 먼저

결정한 후 사용하중하에서 처짐과 균열을 검사하고 필요하면 단면을 수정한다.

② 하중평형에 의한 방법 : 총 사하중과 평형이 될 수 있도록 프리스트레스힘과 편심을 먼저 산정하고 긴장재는 허용인장응력을 다 발휘하는 것으로 보고 긴장재 단면적을 구한다.

▶ PRC 구조 비교

RC를 개선해 전단면이 유효하게 사용될 수 있도록 콘크리트에 인장응력이 발생되지 않는 구조인 PC는 상대적으로 단면이 작아 자중이 적고, 균열을 허용하지 않는 특성을 갖는다. 그러나 긴장재의 배치를 통해 인장응력이 발생하지 않도록 하는 방식에는 긴장력의 크기 등의 한계로 인해 일정부분 균열이 발생될 수 있다. 따라서 균열을 일부 허용하면서 그 균열에 대한 제어를 철근에 부담시키도록 하는 방식이 PRC 형식으로 일종의 PC를 개선한 방식으로 볼 수 있다.

구분		PRC	PC	RC
저항 방식		콘크리트＋철근＋텐던	콘크리트＋텐던	콘크리트＋철근
		긴장재 모멘트 팔 길이 중요 부족 시 철근이 부담	긴장재 모멘트 팔 길이 중요	콘크리트는 압축력, 철근은 인장력 부담, 중심간 거리로 저항
균열		균열 허용	비균열상태 혹은 비균열과 균열의 중간상태	균열 허용
		사용하중에서 응력계산 시 균열단면으로 고려	사용하중에서 응력계산 시 비균열단면으로 고려	별도 조건 없음
		균열 제어를 위해 균열단면 해석을 실시하고, 표피철근 배치	별도 조건 없음	균열 제어를 위해 균열단면 해석을 실시하고, 표피철근 배치
단면 특징		부재 복부 폭이 줄어 자중 경감	부재 복부 폭이 줄어 자중 경감	상대적으로 복부 폭이 큼
		RC보에 비해 탄성적이고 복원성이 높음	RC보에 비해 탄성적이고 복원성이 높음	상대적으로 복원성이 낮음
		RC에 비해 강성이 작아서 변형이 크고 진동하기 쉬움	RC에 비해 강성이 작아서 변형이 크고 진동하기 쉬움	PC에 비해 진동이 작음

내구성 설계   토목구조기술사 합격 바이블 개정판 1권 제2편 RC p.922

염해를 받는 콘크리트 구조물에 대한 확률론적 내구성 설계방법의 개념을 설명하시오.

풀 이

▶ 개요

콘크리트의 염해를 유발하는 염화물은 <u>내부적인 원인(해사, 시멘트, 배합수, 화학혼화제 등)</u>과 외부 침투 염화물(해양환경의 해수, 해수방울, 해염입자, 제설제 환경)로 인해서 발생된다. 이러한 환경의 구조물은 염에 의한 성능 저하 현상인 콘크리트 성능 저하와 철근의 부식이 발생할 수 있다.

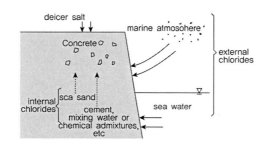

| 염해 유발요인 침투 경로 | 시간에 따른 콘크리트 성능 저하 패턴 |

▶ 확률론적 염해 내구성 설계방법

CEB-FIP New Approach(1997)에서 처음 제시된 방법으로 내구 한계상태에 대한 정량화 및 확률론적으로 접근한 방법이다. 콘크리트 구조물의 내구설계를 위한 한계상태(Durability Limit State)로서 의도된 사용기간 개념(Intended Service Period Concept)과 수명 개념(Life Time Concept)의 두 가지를 제시하여 <u>의도 사용기간 개념에 의한 조건은 설계 사용기간(T) 중에 일정한 신뢰성을 가지고 극한상태로 도달하지 않도록 하는 개념</u>이다.

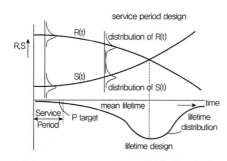

Service Period Design과 Life Time Design

$$P_{f,t} = P[R(t) - S(t) < 0] < P_{target}$$

여기서, $P_{f,t}$: 0-T 기간 안에 구조물이 파괴될 확률

이때 환경의 정의와 내구수명 설계과정에 따라 콘크리트의 품질, 지배환경의 설정, 한계상황의 설정을 설계 특성으로 반영할 수 있다. 기본적인 설계 개념은 일반적인 구조 설계과정과 마찬가지로 성능기반의 하중저항계수설계법(LRFD)에 근거하고 있다. 이러한 개념하에 특정 사용기간, 즉 목표 내구 수명 동안에 구조물이 각종 열화 요인에 대해 성능을 유지할 수 있도록 재료 배합 및 구조 상세를 적용하게 된다.

콘크리트 50년 사용 수명에 대한 허용규준

보수 비용에 대한 위험도 완화 비용 수준	신뢰 수준	파괴 확률
낮음	3.72	0.0001
보통	2.57	0.005
높음	1.28	0.10

➤ 국내 염해 내구성 설계기준

콘크리트 구조 내구성 설계기준(2016, 국토부)에서 노출 범주 및 등급에 따라 내구성 허용기준을 제시하고 있으며, 콘크리트의 내구성 평가 시에 내구성능 예측 값에 환경계수를 적용한 소요 내구성 값을 내구성능 특정 값에 내구성 감소계수를 적용한 설계 내구성 값과 비교하는 방식으로 평가하도록 하고 있다.

1) 콘크리트 내구성 평가 원칙

$$\gamma_P A_P \leq \phi_K A_K$$

여기서, γ_P : 콘크리트 구조물에 관한 환경계수, ϕ_K : 내구성 감소계수, A_P : 내구성능 예측값
A_K : 내구성능 특성값

2) 염해 내구성 평가

$$\gamma_p C_d \leq \phi_K C_{lim}$$

여기서, γ_P : 염해의 환경계수로 일반적으로 1.11, ϕ_K : 내구성 감소계수로 일반적으로 0.86, C_d : 철근 위치에서 염소이온농도의 예측값, C_{lim} : 철근부식이 시작될 때의 임계염소이온농도($=0.004\,C_{bind}$)

구조물에서 지진하중을 제어하는 시스템(내진, 제진, 면진)에 대한 개념과 적용 사례를 설명하시오.

풀 이

> ## 개요

넓은 의미에서의 내진설계는 내진, 면진, 제진을 모두 포함하지만 국소적인 의미에서의 내진(Seismic Resistance)은 구조물이 지진력에 저항할 수 있도록 튼튼하게 설계하는 것을 의미한다. 면진(Seismic Isolation)은 지진력을 흡수하지 않고 오히려 구조물의 동적 특성을 통해 지진력을 반사할 수 있도록 구조물을 서계하는 것이며, 제진(Vibration Control)은 입사하는 지진에 대항하여 반대의 하중을 가하거나 감쇠장치를 사용하여 지진에너지를 소산하는 능동적 개념의 구조물 설계를 말한다.

> ## 각각의 개념과 적용 사례

1) 내진구조

내진구조란 구조물을 아주 튼튼히 건설하여 지진 시 구조물에 지진력이 작용하면 이 지진력에 대항하여 구조물이 감당하도록 하는 개념이다. 즉, 부재의 강성 및 강도의 증가 그리고 연성도의 증가를 통해 구조물에 작용하는 지진력에 대한 내성을 높이는 개념이다. 많은 연구를 통하여 내진설계 시 소성설계(Plastic Design) 개념이 도입되어 구조물의 강성이나 인성을 적절히 적용하여 경제성을 도모토록 발전되었다. 교량의 고정단이 배치된 교각의 경우에 해당되며 최근 연성도 내진설계 기법이 도입되고 있다.

2) 면진 구조

내진설계에 사용할 지진에 대해서 그 특성을 정확히 파악할 수 없으나 지금까지 관측된 지진파를 통계적으로 분석하여 일반적인 경향을 파악하게 되었으며 관측된 지진 특성은 단주기 성분이 강하고 장주기 성분은 약하다는 특성이 있다. 또한 지진과 구조물의 진동수가 같거나 비슷할 경우에는 공진현상이 발생할 수 있으므로 구조물의 고유주기가 입력지진의 주기성분과 비슷한 경우에 구조물 응답이 증폭하여 큰 피해가 발생할 수 있어 이러한 입력지진의 특성을 이용하여 구조물의 고유주기를 지진의 탁월주기(Predominant Period) 대역과 어긋나게 하여 지진과 구조물에 상대적으로 적게 전달되도록 설계하는 개념이다. 예를 들어 초고층건물이나 교각이 높은 교량의 경우 구조물 자체의 고유주기가 충분히 길기 때문에 자동으로 면진구조물의 역할을 하게 되지만 저층건물이나 교각의 강성이 큰 교량의 경우 지반과의 연결부에 적층고무 등을 삽입하여 구조물의 고유주기를 강제적으로 늘리기도 한다. 탄성받침, LRB 등이 적용된 교량이 이에 해당된다.

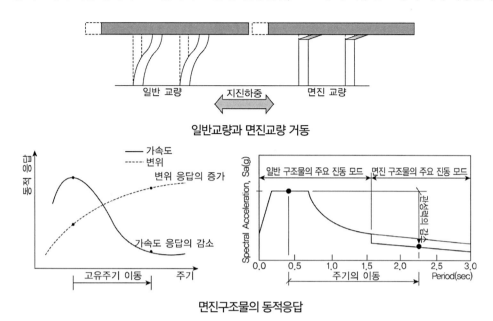

일반교량과 면진교량 거동

면진구조물의 동적응답

3) 제진구조

제진구조는 <u>구조물의 진동 감지 장치를 구조물 자체에서 갖추고 구조물의 내부나 외부에서 구조물의 진동에 대응한 제어력을 가하여 구조물의 진동을 저감시키는 방법</u>과, 구조물의 내부나 외부에서 강제적인 제어력을 가하지는 않으나 <u>구조물의 강성이나 감쇠 등을 입력진동의 특성에 따라 순간적으로 변화시켜 구조물을 제어하는 방법</u>을 적용한 구조를 말한다.

제진구조는 수동적(Passive) 제진과 능동적(Active) 제진으로 크게 구분할 수 있으며 수동적 제진은 외부에서 힘을 더하는 일이 없이 구조물의 진동을 억제하는 것으로 일반적으로 구조물이 진동에너지를 흡수하기 위한 감쇠(Damper) 장치를 구조물의 어딘가에 설치하는 것이다. 이에 비해 능동적 제진은 외부에서 공급되는 에너지를 이용하여 진동을 저감하는 것으로 전기식 또는 유압식 등의 가력장치(Actuator)를 사용하여 구조물에 힘을 더하는 것이다.

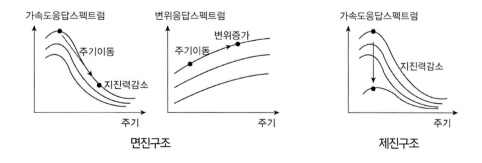

면진구조   제진구조

① 수동적 제진(Passive Vibration Control) : 수동적 제진은 감쇠작용을 하는 감쇠기를 건물의 내외부에 설치하여 지진 또는 강풍 시 건물의 진동에너지를 흡수하는 것이다. 감쇠기의 설치는 건축물의 경우 건물의 하부, 상부, 각층, 인접 건물 사이 등에 설치한다. 감쇠기가 설치되는 위치에 따라서 시스템의 특성이 달라지며 에너지를 흡수하는 방식에 차이가 있다. 감쇠기의 설치위치는 각층의 벽이나 가새 그리고 기둥 및 보의 접합 부분에 설치한 감쇠기에 의한 에너지를 흡수하는 방식과 구조물의 옥상층에 구조물의 고유주기와 같은 고유주기를 갖는 추, 스프링 및 감쇠장치로 이루어진 장치(Mass Damper)를 설치하는 방식이 대표적이며 면진 구조물도 건물의 하부에 설치한 면진장치에 의하여 구조물을 장주기화하는 것과 동시에 감쇠기에 의해 에너지를 흡수하고 있으므로 넓은 의미에서 수동적 제진의 일종이라 볼 수 있다.

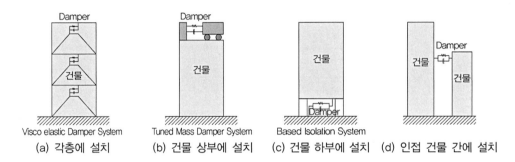

| (a) 각층에 설치 | (b) 건물 상부에 설치 | (c) 건물 하부에 설치 | (d) 인접 건물 간에 설치 |

② 능동적 제진(Active Vibration Control) : 수동적 제진은 어떠한 감쇠기를 설치해 구조물이 흔들리는 것을 제어하는 기술이라면 능동적 제진은 구조물의 진동에 맞춰 가력장치에 의해 능동적으로 힘을 구조물에 더하여 진동을 제어하는 방법으로 수동제진보다 큰 제진효과를 얻을 수 있다. 능동적 제진은 어떠한 알고리즘에 따라서 적극적으로 구조물에 힘을 더함으로써 건물에서 발생하는 진동을 저감하는 기술이다. 구조물이나 외력의 정보를 토대로 하여 적당한 제어력을 건물에 부과하게 되는데, 힘을 부과하는 방식에 따라 완전능동 방식, 반능동 방식, 복합방식으로 구분할 수 있다.

㉠ 완전능동(Full Active) 방식 : 이 시스템은 제진의 에너지를 전부 외부에서 주는 것이고 제진효과도 크지만 외부에너지를 많이 필요로 하기 때문에 장치의 비용이 높아진다. 또 오랜 기간 동안에 걸쳐 장치의 성능을 유지하여 신뢰성을 확보해놓기 위한 유지(Maintenance)가 필수이다.

㉡ 반능동(Semi Active) 방식 : 이 시스템은 장치의 강성이나 감쇠를 구조물의 진동에 맞춰 변화시키는 방법으로 외부 에너지는 장치의 상태 변화에만 사용되고 구조물의 에너지 흡수 자체는 수동제진과 같은 메커니즘으로 행해진다.

㉢ 복합(Hybrid) 방식 : 이 시스템은 능동적 제진 방식과 수동적 제진 방식을 병행한 것으로 양자의 성질을 동시에 가지고 있다. 능동제진의 기구로서는 질량감쇠기를 이용한 것이나 가새, 텐던 등을 이용한 것이 제안되고 있으며, 실제의 건물에 많이 적용되고 있다.

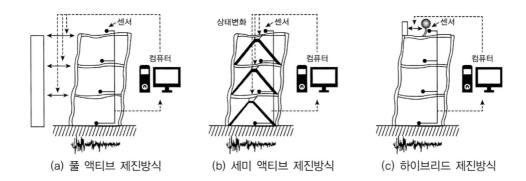

|(a) 풀 액티브 제진방식|(b) 세미 액티브 제진방식|(c) 하이브리드 제진방식|

일반적으로 능동 제진 시스템은 다음과 같은 구성장치로 이루어진다.

- 구조물의 진동상태 또는 외력의 정보 등을 얻는 감지장치(Sensor)
- 필요한 구동력을 구하는 제어장치(Controller)
- 구동력을 구조물에 주는 가력장치(Actuator)

건축 분야에서는 제진 시스템에 대해서 어느 정도 현실화되어 일부 적용되고 있으며, 다만 컴퓨터 등을 이용하여 지진에 대항하는 힘을 반대로 작용시키면 구조물의 가진 가능성이 있으므로 장치의 작동 신뢰성 확보 등이 필요하다는 점을 고려하여야 한다.

건조수축   토목구조기술사 합격 바이블 개정판 1권 제2편 RC p.530

건조수축 상태의 단면적이 일정하고 길이가 L인 철근콘크리트 부재가 비구속 상태와 완전 구속 상태일 때, 각각의 콘크리트 응력 값을 구하고 거동을 비교하여 설명하시오. 단, 콘크리트 면적에 대한 철근 단면적의 비 $A_s/A_c = 0.02$, 콘크리트 자유건조수축 변형률 $\epsilon_{sh} = 250 \times 10^{-6}$, 철근의 탄성계수 $E_s = 200\text{GPa}$, 콘크리트의 탄성계수 $E_c = 28\text{GPa}$, 콘크리트의 설계기준 압축강도 $f_{ck} = 30\text{MPa}$이다.

풀 이

➤ 개요

철근 콘크리트가 건조수축이 발생되면, 외부적으로 비구속된 상태에서는 철근에 의해 내부 구속이 발생되어 콘크리트는 내부의 철근에 의해 내부 인장력을 받게 된다. 외부적으로 완전 구속된 경우에는 변형이 제한됨에 따라 내부 콘크리트와 철근이 인장력을 분담해서 받게 된다.

➤ 콘크리트 응력값

탄성계수비 $n = \dfrac{E_s}{E_c} = 7.14$, $A_s = 0.02\,A_c$ $\therefore A_s E_s = 0.02\,A_c \times 7.14 E_c = 0.143\,A_c E_c$

1) 비구속 상태

     RC 부재가 내적구속으로 동일하게 하중을 분담한다.

       $\therefore P_c = P_s = 0.5P$

       $\therefore f_c = \dfrac{P_c}{A_c} = 3.5\text{MPa}$

2) 구속 상태

     RC 부재가 선형 탄성 거동한다고 가정하고, 1축 구속된 상태에 대해서 비교하면, 철근과 콘크리트는 병렬로 연결된 구조물로 볼 수 있다.

     건조수축으로 인해 콘크리트에 발생하는 응력 $f_{sh} = E_c \epsilon_{sh} = 28 \times 10^3 \times 250 \times 10^{-6} = 7\text{MPa}$

     하중으로 환산하면, $P = f_{sh} A_c = 7 A_c$

       $\delta = \delta_c = \delta_s$, $P = P_c + P_s$

       $P = P_c + P_s = \left(\dfrac{A_c E_c}{L} + \dfrac{A_s E_s}{L} \right)\delta = k_e \delta$ $\therefore k_e = \dfrac{A_c E_c + A_s E_s}{L} = 1.143 \dfrac{A_c E_c}{L}$

이때 콘크리트의 응력은

$$\delta = \delta_c : \frac{P}{k_e} = \frac{P_c}{k_c}, \quad P_c = \frac{k_c}{k_e}P = 1.143P = 8A_c \quad \therefore f_c = \frac{P_c}{A_c} = 8\text{MPa}$$

▶ 구속 여부에 따른 비교

외부적으로 구속되지 않은 상태에서 시간에 따라 콘크리트의 건조수축이 발생하게 되면, 철근으로 보강되어 있는 RC구조에서는 콘크리트는 외부로 수축하려는 성질을 철근이 내부 구속에 의해 인장력을 받게 된다. 그러나 변형에 대한 외부적 제한이 없기 때문에 콘크리트의 건조수축으로 인한 순수 변형량에서 철근의 내부 구속으로 인해 변화하지 못한 부분에 대해서만 콘크리트와 철근이 서로 하중을 분담하는 특성을 갖는다.

외부적으로 구속된 상태에서는 변형이 모두 구속되기 때문에 RC 부재가 부담하게 되며, 그 값은 구속되지 않을 때의 하중에 비해 크게 된다.

철근 콘크리트에서는 시간의 경과에 따라서 크리프와 건조수축으로 인하여 응력이 변화하는데, 일반적으로 유효 탄성계수법(Effective Modulus Method)을 고려하여 산정한다.

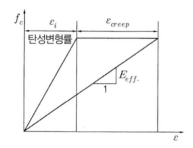

$$\therefore E_{eff} = \frac{f_c}{\epsilon}$$

콘크리트의 탄성계수가 시간에 따라 변화하기 때문에 철근과 콘크리트의 하중분담비율도 달라지고 이에 따라서 각각의 응력이 변화하는 특성이 있다.

(콘크리트의 응력) $\quad f_c = \dfrac{P_c}{A_c} = \dfrac{PE_{eff}}{A_c E_{eff} + A_s E_s}$

(철근의 응력) $\quad f_s = \dfrac{P_s}{A_s} = \dfrac{PE_s}{A_c E_{eff} + A_s E_s}$

형상계수   토목구조기술사 합격 바이블 개정판 1권 제1편 재료 및 구조역학 p.84

외경 $D = 508$mm, 두께 $t = 12$mm의 강관말뚝에 대한 항복모멘트(M_y), 소성모멘트(M_p) 및 형상계수($f = M_p/M_y$)를 구하시오. 단, 강관의 항복강도 $f_y = 350$MPa이다.

풀 이

▶ 항복모멘트(M_y) 산정

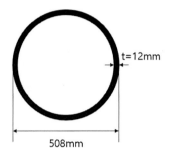

$$I = \frac{\pi}{64} \times \{508^4 - (508 - 2 \times 12)^4\} = 183143040\,\pi$$

$$S = \frac{I}{y} = I \times \frac{2}{D} = 2.265 \times 10^6\,\text{mm}^3$$

$$\therefore\ M_y = f_y \times S = 792.82\text{kNm}$$

▶ 소성모멘트(M_p) 산정

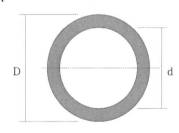

$$A = \frac{\pi}{4} \times (508^2 - (508 - 2 \times 12)^2) = 5952\,\pi$$

$$Z_p = \frac{A}{2}(y_1 + y_2) = \frac{1}{2}\frac{\pi}{4}(D^2 - d^2)\left(2 \times \frac{2}{3\pi}\frac{(D^3 - d^3)}{(D^2 - d^2)}\right) = \frac{D^3 - d^3}{6} = 2951768$$

$$\therefore\ M_p = f_y \times Z_p = 1033.47\text{kNm}$$

▶ 형상계수($f = M_p/M_y$)

$$f = \frac{M_p}{M_y} = \frac{f_y \times Z_p}{f_y \times S} = \frac{Z_p}{S} = 1.034$$

합성기둥　　　　　　　　　　　　　　토목구조기술사 합격 바이블 개정판 2권 제4편 강구조 p.1623

그림과 같이 1,000×1,000mm의 강-콘크리트 합성기둥에 압축력 $P = 22,000$kN, 수평축(y축)에 대한 모멘트 $M = 4,000$kNm가 작용할 때 강재 및 콘크리트에 발생하는 최대 응력을 구하시오. 단, 강재의 두께는 20mm이고 전단 연결재가 충분히 배치되어 강-콘크리트는 완전합성작용을 하며 강재와 콘크리트의 탄성계수는 각각 200GPa, 30GPa이고 단면치수는 mm이다.

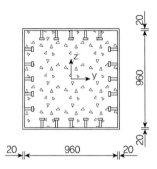

풀 이

> **개요**

주어진 조건에서 스터드는 강재와 콘크리트의 완전합성작용에만 기여하는 것으로 보고, 단면 상수 산정 등에서는 무시한다. 합성기둥의 설계방법은 현행 강구조 설계기준에서 소성응력분포법이나 변형률적합법의 2가지 방법을 사용하도록 하고 있으나 주어진 문제의 조건상 두 부재 모두 탄성 범위 내에서 거동하는 것으로 가정한다.

> **단면 성질**

1) 콘크리트 $A_c = 960^2 = 921,600\,\text{mm}^2$, $I_c = 960^4/12 = 7.078 \times 10^{10}\,\text{mm}^4$

2) 강재 $A_s = 1,000^2 - 960^2 = 78,400\,\text{mm}^2$, $I_s = 1,000^4/12 - 960^4/12 = 1.255 \times 10^{10}\,\text{mm}^4$

> **하중 분담**

완전 합성 구조물이므로 두 부재의 변위는 같고 각각이 부담하는 하중의 합은 외력과 같다.

1) 압축력

$$P = P_c + P_s = 22,000\text{kN}$$

$$\delta_c = \delta_s \; ; \quad \frac{P_c L}{E_c A_c} = \frac{P_s L}{E_s A_s} \quad \therefore \; P_c = 14038.4\text{kN} , \; P_s = 7961.6\text{kN}$$

2) 모멘트

$$M = M_c + M_s = 4{,}000\text{kN}$$

$$\delta_c = \delta_s \; ; \quad \frac{M_c}{E_c I_c} = \frac{M_s}{E_s I_s} \quad \therefore \; M_c = 1833.12\text{kN} , \; M_s = 2166.88\text{kN}$$

➤ 부재별 최대응력 산정

1) 콘크리트 $f_{c,m} = \dfrac{P_c}{A_c} + \dfrac{M_c}{I_c} y_c = 27.66\text{MPa}$

2) 강재 $\quad f_{s,m} = \dfrac{P_s}{A_s} + \dfrac{M_s}{I_s} y_s = 187.88\text{MPa}$

PSC 그라우팅

내부부착 긴장재를 갖는 포스트텐션 PSC 교량의 그라우트 미충전이 의심되는 경우 조사방법을 설명하시오.

풀 이

기존 PSC 교량의 텐던 상태평가 기술개발(한국건설기술연구원, 2014)

➤ 개요

그라우트는 외부의 유해물질(염소이온, 물 등)로부터 강연선의 노출을 막는 <u>보호막</u>으로 일반적인 RC구조물의 부식이 철근의 산화(Oxidation)를 통한 녹물 발생, 박리현상 등 사용성 위주의 문제를 발생시키는 것에 비하여, PC구조물의 부식은 <u>수소취화현상</u>(Hydrogen Embrittlement)을 통한 직접적인 강연선의 취성파괴로 교량의 안전성과 직결된다. 이러한 안정성문제 해결방안으로 <u>그라우트는 강연선의 부식을 방지하는 가장 효과적인 수단</u>으로 인식되고 있다.

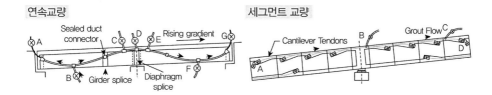

그러나 그라우트의 블리딩, 팽창률, 점도(유동성) 등에 의해 잔류공기가 배출되지 않아 그라우트 미충전으로 공극이 발생되는 구간에 강연선의 파단 등의 피해 사례가 발생할 수 있다.

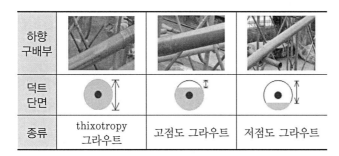

점도에 따른 그라우트 충전

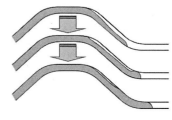

저점도 그라우트 잔류공기 발생 메커니즘

➤ 그라우팅 조사방법

공용 중인 교량의 그라우팅 공극의 조사는 구조물의 파손을 최소화하기 위해서 주로 비파괴적인 방법이 사용된다. 탄성파를 이용한 동적 비파괴 기술이나 전자기파를 이용한 방법이 주로 사용된다.

1) 초음파법(Ultrasonic Method)

초음파법의 기본원리는 탄성파를 구조체의 한쪽 면에서 가진하고 손상 또는 공극에서의 반사파의 도달시간을 가지고 손상 또는 공극위치를 파악하는 것이다. 초음파법은 주로 2가지 측정법이 있다 ① 초음파 속도의 감쇠를 이용한 방법과 ② 반사파를 이용한 방법이다. 두 방법은 공극의 존재 및 위치파악은 가능하지만 측정되는 범위 내에 기타 철근 및 덕트관 등의 영향을 받을 수 있기 때문에 PSC 구조물에서의 텐던 그라우팅 공극을 찾기에는 많은 어려움이 있다. 그러나, 콘크리트의 동탄성계수를 찾는 방법으로는 적절한 것으로 판단되고 콘크리트의 정탄성계수와 동탄성계수의 관계, 정탄성계수와 강도와의 상관관계 등이 합리적인 범위 내에 있다고 가정한다면 초음파법은 콘크리트의 품질 검토를 위해서는 효율성이 높다.

① 충격반향기법(Impact-Echo, IE) : 콘크리트 구조체 표면에 응력파(탄성파)를 생성하여 가진된 표면과 내부의 공극 또는 바닥에서의 반사파의 연속적인 왕복신호를 가지고 내부 공극의 위치와 바닥의 위치를 파악할 수 있다.

② 전단파법(Ultrasonic Shear Wave, USW) : 기존의 압축파를 이용한 초음파 조사방법과 유사하게 20kHz 이상의 주파수 영역 대를 사용하여 시험체에 전단파를 보내고 내부 결함이나 기하학적 경계면에서의 반사파를 측정하는 단일면에서의 송·수신을 통한 전통적인 초음파 펄스-에코법(Pulse-Echo)이다.

③ 유도 초음파법(Guided Ultrasonic Wave, GUW) : 유도초음파를 이용하는 시험은 매개체에 일정한 각도로 초음파를 입사시켜 초음파의 반사, 굴절 및 중첩 등을 통하여 일정한 거리를 지나면서 매개체를 따라 진행하는 파가 만들어지는 것을 이용한다. 즉, 초음파가 진행하는 동안 구조체(매개체)의 용접부, 부식, 균열, 두께 감소 등 결함에서 반사되어 돌아오는 파의 크기, 형태, 특성을 분석하여 구조물 건전성을 진단하는 데 이용하는 방법이다.

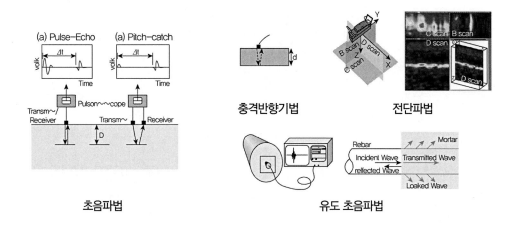

충격반향기법 전단파법

초음파법 유도 초음파법

2) 기타

① **표면파법(Surface Wave)** : 본래 SASW(Spectrum Analysis of Surface Wave) 및 MASW (Multi Analysis of Surface Wave)는 다양한 층상 구조로 이루어진 대상물에 대하여 충격에 의해 가진된 표면파가 다양한 파장에 따라 침투되는 깊이가 다르다는 원리에 의해 만들어진 지반 물리 탐사법이다. 층상 구조체에 있어서 표면파의 다양한 주파수(파장)의 성분들은 다른 속도로 침투하기 때문에 표면파는 진행되는 각 층의 물리적 성분의 함수로 나타낼 수 있다. 현재까지 SASW와 MASW는 지층의 분포, 아스팔트 혹은 콘크리트 포장층을 확인하는 데 성공적으로 적용되어왔으며 최근에는 콘크리트 구조물의 건전성에 대한 비파괴 검사로도 확대되고 있다. 표면파법을 이용하면 초음파법에 의한 P파 및 표면파 속도보다 정확한 탄성파의 속도를 분석할 수 있으며 위상속도분산곡선을 통하여 Impact-Echo 모드에 해당되는 주파수 영역까지 한 번에 알아낼 수 있는 장점을 가지고 있다. SASW보다는 다중 센서를 적용하는 MASW를 사용한다면 PSC 구조물의 공극의 존재유무 및 위치파악과 보다 정확한 탄성파 속도 측정으로 탄성계수의 정확성이 개선될 수 있다.

② **충격파 응답법(Impulse Response, IR)** : 충격파 응답법은 주로 P파의 반사에 기인한 표면 반사기법이다. 이 시험법은 2kHz까지의 과도 진동(Transient Vibration)을 유도할 수 있는 충격 해머에 의하여 작동된다. 충격에너지(Input)와 그에 따른 반응(Output)이 표면에서 측정되고 푸리에 변환에 의한 힘과 시간에 따른 함수로(Input) 푸리에 변환에 의한 응답-시간에 함수를(Output) 나눠주면 충격 응답이 계산된다. 충격 응답 함수는 구조물의 특성을 나타내며 기하학적, 지지조건 그리고 손상의 유무에 따라서 변화한다. 충격파 응답법은 모빌리티의 함수로 면적이 넓은 콘크리트 구조물의 강성 및 주기적 거동을 측정하여 손상 영역을 파악할 수 있으며 탄성계수와의 상관관계를 도출해 낼 수 있는 장점을 가지는 비파괴검사 방법이다. 아직 적용 사례가 많지 않으나 다른 탄성파 시험에 비해 일관성 있는 데이터 얻어진다는 장점을 가지고 있으므로 PSC 구조물의 그라우팅 공극, 탄성계수 등과 모빌리티 함수와의 상관관계를 도출해낼 수 있다면 앞으로 좋은 검사방법으로 활용될 수 있다.

③ **지표면 레이더 투과법(GPR)** : 유전 성질과 감쇠(Dielectric Properties & Attenuation)에서의 변화를 통해 구조물의 열화를 평가하는 펄스-에코(Pulse-Echo)법이다. GPR은 교량에서 철근의 위치, 철근과 콘크리트 사이의 부착상태, 포장층의 두께 등을 평가하는 데 적용되어 왔다. 움직이는 안테나를 통해 파에너지를 포장층에 투과하는 전자기파를 이용한다. 이런 전자기파는 포장 구조체를 통과하고 유전 성질이 다른 물질과의 경계면에서의 반사되는 반향(Echo)을 생성하고 이런 반향들의 도달 시간과 진폭들이 구조물의 두께와 함수율(수분) 등의 성질을 파악하는 데 이용되는 것이다. GPR 방법은 유전 성질의 차이로 인한 매질 경계에서의 전자기파의 반사를 탐지하는 기법으로서 이를 바탕으로 매질이 달라지는 콘크리트와 철근 혹은 콘크리트와 텐던 경계를 구분하여 철근과 텐던의 위치 파악 및 주변 공극의 존재 여부를 알아낼 수 있다. 이는 이미 상용화된 GPR 장비를 바탕으로 적용 사례가 많이 존재한다. 하지

만 GPR 기술의 물리적 특성상 텐던의 부식 및 탄성계수의 측정은 더 많은 연구가 필요하다.

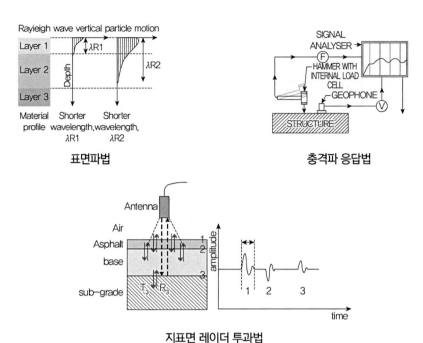

표면파법

충격파 응답법

지표면 레이더 투과법

PSC 정착구 　　　　　　　　　　　　토목구조기술사 합격 바이블 개정판 1권 제3편 PSC p.1112

PSC교 정착구 해석방법에 대하여 비교 설명하시오.

풀 이

➤ PSC 정착구역 개요

PSC 정착구에서는 프리스트레스 힘의 작용방향으로 매우 큰 파열응력(Bursting Stress)이 단부 안쪽 짧은 거리에 작용하고 하중면 가까이에는 매우 큰 할렬 응력(Spalling Stress)이 작용한다. 일반적으로 구조물의 일부구간에 하중의 집중이나 단면형상이 변화가 있을 경우 그 근처에서 응력상태의 교란이 발생하여 응력피크(Stress Peak)를 일으킨다.

PSC에서도 정착구역(Anchorage Zone)에서도 이로 인하여 균열, 박리, 국부적 파괴를 야기할 수 있다. St. Vernant의 원리에 따라 부재 단부로부터 안쪽으로 보의 높이 h만큼 들어간 구역에서부터 응력분포가 선형적이 되며, 이전 구역에서는 비탄성거동을 하는 D구역으로 PSC 보(포스트텐션)에서 긴장재를 정착시키는 부재의 단부부분을 단블록(End Block)이라고 한다.

정착구역에서는 프리스트레스 힘으로 인한 높은 응력집중 때문에 비교적 낮은 하중상태에서도 콘크리트는 비탄성 거동을 나타내어 단부의 보강철근이 유효하게 작용하기 전에 콘크리트는 균열을 일으킨다.

단블록에서는 파열인장과 할렬인장에 대비한 폐쇄스트럽의 배치와 폐쇄스트럽 정착을 위한 모서리 종방향 철근이 필요하며 이들을 구속철근이라고 한다.

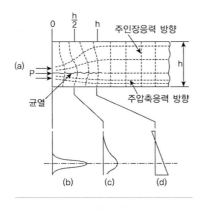

포스트텐션 보 단부응력

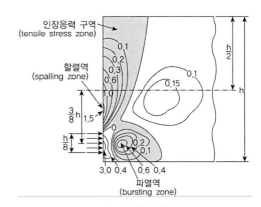

포스트텐션 정착구역의 응력

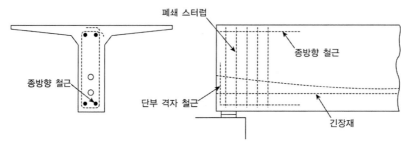

포스트텐션 보 정착구역의 보강

> ## PSC 정착구역 해석방법

PSC 정착구역은 국소구역과 일반구역으로 구분되며, 압축응력, 파열응력, 할렬응력, 종방향 단부 인장력을 고려하여 설계한다. 정착구역에 대한 해석방법은 선형응력 해석이나 STM 모델, 간이계 산법을 통해 수행한다.

1) 정착구역의 구분

    ① 국소구역(Local Zone) : 정착장치 및 이와 일체가 되는 구속철근과 이들을 둘러싸고 있는 콘 크리트 사각기둥(Rectangular Prism)을 말하며 국소구역의 길이는 국소구역의 최대폭과 정 착길이 중 큰 값으로 취한다.

    ② 일반구역(General Zone) : 국소구역을 포함하는 정착구역

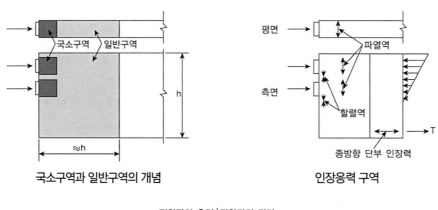

국소구역과 일반구역의 개념   인장응력 구역

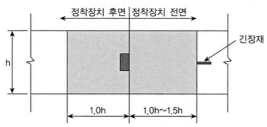

부재단부에서 떨어진 위치의 정착장치에 대한 일반구역

2) 해석응력

① 압축응력 : 특수 정착장치의 앞부분 콘크리트, 정착구역 내부나 앞부분의 기하학적 또는 하중의 불연속이 응력집중을 유발할 수 있는 곳 등에 대해 검토한다.

② 파열응력 : 정착장치 앞부분에 긴장재축에 횡방향으로 작용하는 정착구역 내의 인장력으로, 파열력에 대한 저항력, $\phi A_s f_y$ 또는 $\phi A_p f_{py}$은 나선형이나 폐쇄된 원 또는 사각띠의 형태로 된 철근 또는 PS 강재에 의해 지탱된다. 이들 보강재는 전체계수파열력에 저항할 수 있도록 설치한다.

③ 할렬응력 : 중앙에 집중하여 힘이 작용하거나 편심으로 힘이 작용하는 정착구역 그리고 여러 개의 정착구를 사용하는 정착구역에서 발생한다.

④ 종방향 단부 인장력은 정착하중의 합력이 정착구역에 편심 재하를 야기할 때 발생한다. 단부 인장력은 탄성 응력 해석, 스트럿-타이 모델, 간이계산법에 의해 계산한다.

3) 정착구역 해석방법

① **선형응력 해석(Linear Stress Analysis)** : 선형탄성해석과 함께 유한요소해석을 포함한다. 유한요소법은 콘크리트 균열에 대한 정확한 모델개발의 어려움에 의해 제약받는다.

　㉠ 보강철근 산정

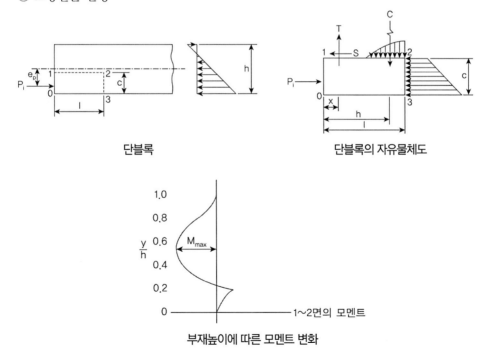

단블록　　　　　　　단블록의 자유물체도

부재높이에 따른 모멘트 변화

$$T = \frac{M_{\max}}{h-x}, \quad A_t = \frac{T}{f_{sa}}$$

ⓛ 콘크리트의 지압응력(f_b)

$$(긴장재\ 정착\ 직후)\ f_b = 0.7f_{ci}\sqrt{\frac{A_b{'}}{A_b} - 0.2} \le 1.1f_{ci}$$

$$(프리스트레스\ 손실\ 후)\ f_b = 0.5f_{ck}\sqrt{\frac{A_b{'}}{A_b}} \le 0.9f_{ck}$$

여기서, A_b : 정착판의 면적, $A_b{'}$: 정착판의 도심과 동일한 도심을 가지도록 정착판의 닮은 꼴을 부재단부에 가장 크게 그렸을 때 그 도형의 면적

② **평형조건에 근거한 소성모델(STM)** : 평형의 원리에 따라 프리스트레스 힘을 트러스 구조로 이 상화하여 해석하는 방법이다. 콘크리트 구조물이나 부재의 저항능력은 구조물의 소성이론 중 하부한계정리(Lower Bound Theorem)를 적용하여 보수적으로 추정할 수 있다. 만약 충분한 연성이 구조계 내에 존재한다면 스트럿-타이 모델은 정착구역의 설계조건을 만족시킬 수 있 다. 다음 그림은 Schlaich가 제안한 두 개의 편심된 정착구를 갖는 정착구역의 경우에 대한 선 형 탄성응력장과 이에 적용되는 STM 모델이다. 콘크리트의 제한된 연성 때문에 응력분포를 고려한 탄성해와 크게 차이나지 않는 STM 모델이 적용되어야 하며, 이 방법은 정착구역에서 요구되는 응력의 재분배를 줄이며 균열이 가장 발생하기 쉬운 곳에 철근을 보강하도록 해준다.

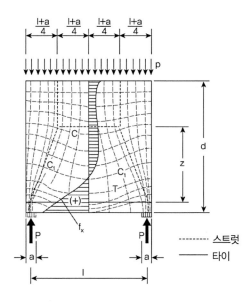

다음은 몇 개의 전형적인 정착구역에 대한 하중상태에서의 STM 모델이다.

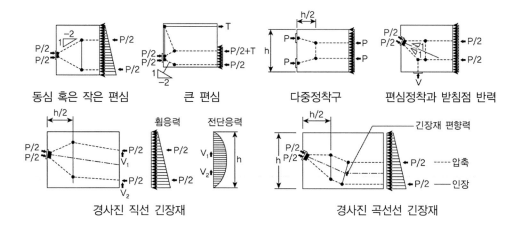

동심 혹은 작은 편심 큰 편심 다중정착구 편심정착과 받침점 반력

경사진 직선 긴장재 경사진 곡선선 긴장재

㉠ 정착구역에서 전체 국소구역은 가장 중요한 절점 또는 절점그룹으로 구성되어 있다. 정착
장치 하의 지압응력을 제한함으로써 국소지역의 적합성을 보장하므로 정착장치의 승인시
험에 의해 검증되면 무시할 수 있다. 따라서 STM 모델 시 국소구역의 절점들은 정착판의
앞 a/4만큼 떨어진 곳을 선택해도 좋도록 규정한다.

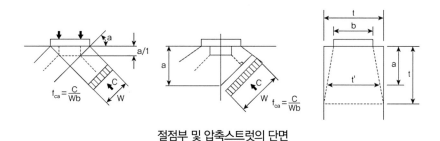

절점부 및 압축스트럿의 단면

㉡ STM 모델은 탄성응력분포에 기초하여 구성할 수 있다. 그러나 적용한 STM 모델이 탄성응
력분포와 비교하여 차이가 많을 경우 큰 소성변형이 예상되며 콘크리트의 사용강도를 감
소시켜야 한다. 또한 다른 하중의 영향으로 콘크리트에 균열이 발생해도 콘크리트 강도를
감소시켜야 한다.

㉢ 인장하에서 콘크리트 강도를 신뢰할 수 없기 때문에 인장력을 저항하는 데 콘크리트의 인
장강도를 완전히 무시한다.

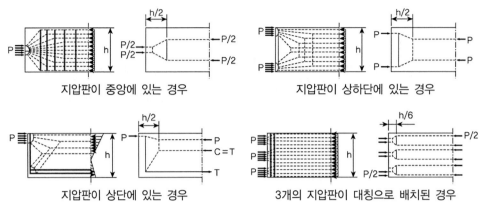

지압판이 중앙에 있는 경우   지압판이 상하단에 있는 경우

지압판이 상단에 있는 경우   3개의 지압판이 대칭으로 배치된 경우

정착구역의 STM 모델

③ **간이계산법**(Simplified Equation) : 근사해법으로 불연속부 없이 직사각형 단면에 안전측의 결과를 보여주는 방식이다. 다만 부재의 단면이 직사각형이 아니거나, 일반구역 내부 또는 인접한 부위의 불연속으로 인하여 힘의 흐름경로에 변화를 유발하는 경우, 최소 단부거리가 단부 방향의 정착장치 치수의 1.5배 미만인 경우, 여러 개의 정착장치가 서로 근접되지 않아 한 개의 정착그룹으로 볼 수 없는 경우에는 간이 계산법을 사용할 수 없다.

㉠ 압축응력의 계산

㉡ 파열력의 계산 : 정착장치가 1개 이상인 경우 긴장순서를 고려하여야 한다.

$$T_{burst} = 0.25 \sum P_{pu}\left(1 - \frac{h_{anc}}{h}\right), \quad d_{burst} = 0.5(h - 2e_{anc})$$

여기서, $\sum P_{pu}$: 개개의 긴장재에 대한 P_{pu}의 합

h_{anc} : 검토 방향에서 하나의 정착장치 또는 가까운 정착장치 그룹의 깊이(mm)

e_{anc} : 정착장치 또는 근접한 정착장치 그룹의 단면중심에 대한 편심(mm)

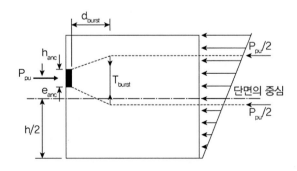

강박스 거더교

강교에 사용되는 폐단면 강박스(Closed Steel Box) 거더와 개구제형 강박스(Top-Open Trapezodial Steel Box) 거더의 특징을 비교하여 설명하시오.

풀 이

개구제형 강합성형 교량 설계지침 소개(정운용, 한국강구조학회지, 2003)

➤ **개요**

도로교설계기준(한계상태설계법, 2016)의 개정에 따라 개구제형 강박스 거더의 사용이 활발해 졌다. 개구제형 강박스 거더는 폐단면 강박스 거더에 비해 강재의 중량, 용접량, 도장면적을 절감할 수 있는 형식으로 보강재를 최소화하여 합리적인 설계가 가능한 형식이다.

➤ **폐단면 거더와 개구제형 거더의 비교**

구분	폐단면 강박스 거더	개구제형 강박스 거더
형상		
경제성	• 강재 과다 소요 • 용접 및 도장량 과다	• 강재중량 절감(▲) • 용접량과 도장면적 감소(▲)
시공성	• 내부 작업환경 불량 • 제반 작업량 및 용접 작업량 과다 • 운반 및 가설 시 변형이 매우 적음(▲)	• 개방형으로 내부 작업환경 양호(▲) • 제반 작업량 및 용접 작업량 절감(▲) • 박스 거더 상부바닥판 타설 시 거푸집 제거 곤란
유지관리	• 복잡한 구조로 교량점검량 과다 • 연결부 과다로 내구성 저하	• 단순한 구조로 교량점검량 감소(▲) • 설계 합리화로 내구성 향상(▲)
미관 및 환경성	• 획일적 설계로 미관 저해 • 박스 내부 도장 및 용접작업 시 작업환경 불량 • 재도장 시 도장량 과다로 환경피해 우려	• 다양하고도 미적인 설계가능 • 개방단면으로 박스 내부 도장 및 용접환경 양호(▲) • 도장량 감소에 따라 재도장 시 환경피해 감소(▲)

개구제형 고는 경제성, 제작성, 유지관리, 미관 등의 다양한 측면에서 폐단면 거더교에 비해 상대적 장점을 가지고 있다. 폐합성 박스 거더에 비해 개구제형은 적은 양의 강재가 소요되기 때문에 제작비가 적고, 하부플랜지 폭이 좁기 때문에 부모멘트 구간에서 하부압축플랜지에 설치하는 종방향보 강재의 수를 감소시킬 수 있는 이점이 있다.

그러나 개단면의 특성상 개구제형은 비틀림에 취약하다. 콘크리트 바닥판으로 상부 플랜지가 폐합되기 이전의 시공상태에서 비틀림모멘트에 의해 단면의 비틀림이나 뒤틀림 변형이 발생할 수 있고,

연직방향으로 작용하는 사하중에 의하여 상부플랜지가 벌어지는 현상이 발생될 수 있다. 이를 방지하기 위해서 상부플랜지에 적절한 간격의 수평 브레이싱을 설치해서 벌어짐을 억제하고 순수비틀림에 대한 강성을 증가하기 위해 다이아프램의 설치가 필요하다. 설계 시부터 운반, 조립 및 콘크리트 바닥판의 타설 중에 작용할 수 있는 하중조건을 모두 고려하여야 한다.

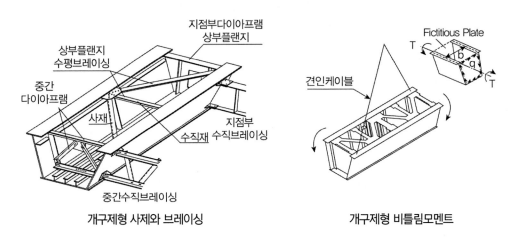

개구제형 사제와 브레이싱   개구제형 비틀림모멘트

폐단면 강박스 거더의 경우 상부 바닥판 타설 시 별도의 거푸집이 필요 없으나 개구제형의 경우 별도의 거푸집이 필요하며, 타설 후 거푸집 제거가 곤란한 특성을 가진다.

말뚝 결합방법   토목구조기술사 합격 바이블 개정판 2권 제5편 교량계획 및 설계 p.2101

강관말뚝과 확대기초의 A Type, B Type 결합방법에 대하여 비교 설명하고, B Type을 응용한 공법들을 열거하시오.

풀 이

확대기초와 강관말뚝 간의 결합부 보강방법(박종면, 한국강구조학회지, 2003)

➤ 개요

상부 구조물에서 작용하는 하중이 말뚝본체를 경유하여 지반에 전달되는 역할을 수행하는 강관말뚝과 확대기초의 결합부는 서로 다른 재료가 만나는 부분으로 말뚝 기초 중 가장 취약한 부분이 될 수 있다. 말뚝머리부 결합방식은 강 결합과 힌지 결합방식으로 구분되며 구조물의 형식과 기능, 확대기초의 형태와 치수, 말뚝의 종류, 시공조건, 시공난이도 등을 고려하여 결정한다. 다만 교량기초의 경우에는 강 결합으로 설계하는 것을 원칙으로 하고 있으며 이는 수평 변위량에 따라 설계가 지배되는 경우에 유리하고 부정정 차수가 높기 때문에 내진상의 안정성이 유리하기 때문이다.

말뚝머리 결합조건의 특징

구분	강결합	힌지결합
수평하중에 의한 말뚝 지표면 수평변위량	수평 변위량은 일반적으로 작고, 확대기초가 회전하지 않는 경우에는 힌지 결합의 약 50% 정도이다.	수평 변위량은 일반적으로 강결합의 경우보다 약 2배가 크다.
수평하중에 의한 말뚝 본체에 발생하는 휨모멘트	• 말뚝본체의 최대휨모멘트가 크고, 말뚝머리부에서 발생한다. • 지중에 매입된 말뚝에서 확대기초가 회전하지 않는 경우에는 힌지결합의 1.55배이다.	말뚝본체의 최대 휨모멘트는 강결합의 경우보다 작고, 비교적 얕은 지중부에서 발생한다.
말뚝기초의 구조특성	• 힌지결합에 비하여 부정정 차수가 높다. • 결합부의 소성거동으로 안정성이 확보된다.	• 강결합에 비하여 부정정 차수가 낮다. • 힌지결합으로 소성거동 확보가 불가능하다.

➤ 결합방법에 대한 비교

강관 말뚝과 확대기초의 강결합하는 방법은 시공방식에 따라 A Type, B type의 2가지로 구분된다.

1) **방법 A** : 확대기초 속에 말뚝을 일정한 길이만 매입시키고 매입된 부분이 말뚝머리에 작용하는 휨모멘트를 저항하는 방법으로 매입길이는 말뚝지름 이상으로 하고 강관말뚝, PSC 말뚝, PHC 말뚝, RC 말뚝에 적용할 수 있다.

2) **방법 B** : 확대기초 속으로 매입되는 말뚝의 길이를 최소한으로 하고 철근을 말뚝머리에 보강하여

말뚝머리에 작용하는 휨모멘트를 철근이 저항하는 방법으로 말뚝머리부 근입 길이는 10cm로 하고 강관말뚝, PSC 말뚝, PHC 말뚝, RC 말뚝 이외에 현장타설말뚝에도 적용할 수 있다.

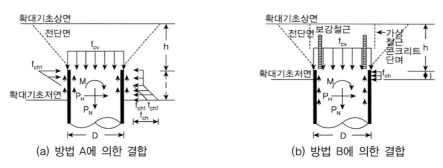

(a) 방법 A에 의한 결합   (b) 방법 B에 의한 결합

말뚝머리 강결합 TYPE

A Type, B type은 각각 장단점이 있다. 역학적으로는 A Type은 말뚝머리부의 펀칭전단에 대한 위험은 크나 근입깊이가 커서 압축력, 인발력, 수평력에 대한 강결도가 크고, 국부파괴에 대한 안전도가 높다. 그러나 근입된 강관말뚝으로 인해 확대기초 하부 주철근 배근이 복잡하게 되어 시공에 어려움이 있다. 반대로 B Type은 강결도는 A Type에 비해 낮으나 하부 주철근이 간섭되지 않아 배근이 단순해진다. 또한 확대기초의 두께가 A Type에 비해 작게 되는 특징이 있다.

말뚝머리 강결합 Type 비교

구분	A Type		B Type	
강결도	강결도가 B보다 높음 인발력 능력＝압입력 능력		강결도가 B보다 높음 인발력 능력 < 압입력 능력	
확대기초 철근배근	하부 주철근 간섭(보강철근 필요) 배근 복잡		하부 주철근 미간섭 배근 단순	
확대기초 두께	펀칭전단에 대응하는 두께 필요 두께가 B보다 큼		펀칭전단에 대응하는 두께 필요 보강철근의 정착 고려 두께가 A보다 작음	
구조상세	덮개판 방법	속채움 방법	덮개판 방법	속채움 방법

말뚝머리 결합부에서 외력전달은 압입력 또는 인발력은 말뚝주면과 확대기초 콘크리트의 전단 저항 또는 말뚝머리부에 대한 확대기초 콘크리트의 지압저항에 의하여 지지시킨다. 수평력은 매

입된 말뚝의 전면에서 확대기초 콘크리트의 지압저항에 의하여 지지시킨다. 휨모멘트의 경우 A Type의 경우 매입된 말뚝의 전·후면에서 확대기초 콘크리트에 지압저항에 의하여 B Type의 경우 결합용 철근을 포함한 가상철근콘크리트 기둥의 휨 저항에 의하여 지지시킨다.

▶ B Type 응용 공법

1) **볼트식 덮개판 머리보강 방법** : 1983년 도로교 표준시방서의 현장용접식 덮개판 머리보강 방식에서 용접 시 문제점을 해소하기 위해 고장력 볼트를 이용해 연결하는 방법

현장용접식+자보강 덮개판 방법	볼트식 덮개판 머리보강 방법
원형덮개판(확대기초 콘크리 지압응력을 고르게 분포)과 십자보강판(국부변형 방지)을 용접으로 강관말뚝에 설치하고 보강수직철근을 말뚝의 외경에 용접하여 강관말뚝머리를 보강하는 방법	• 현장용접부 문제점 해결을 위해 고장력 볼트로 연결하는 방법 • 공장제작으로 품질 및 시공성 개선, 공기 단축

2) **볼트식 속채움 머리보강 방법** : 1983년 도로교 표준시방서의 현장용접식 콘크리트 속채움 보강 방식에서 고장력 볼트를 이용해 미끌림 방지턱 모살용접의 문제점을 해소한 방식

현장용접식 콘크리트 속채움 보강방법	볼트식 속채움 머리보강 방법
강관 내부에 2단 강재 미끌림 방지턱을 현장용접해 보강철근망 삽입 후 내부 콘크리트 타설로 속채움	현장용접부 문제점 해결을 위해 고장력 볼트로 연결하는 방법

브래킷

브래킷(Bracket)의 파괴유형과 설계방법에 대하여 설명하시오.

풀 이

▶ 개요

브래킷과 내민받침은 전단경간–깊이의 비(a/d)가 1을 넘지 않는 캔틸레버로 전단 설계된 휨부재보다는 오히려 단순트러스나 깊은 보의 거동을 나타낸다. 따라서 전단경간–깊이의 비가 1보다 큰 캔틸레버와는 다른 파괴 양상에 의해 지배될 수 있다. 일반적으로 브래킷과 내민받침은 전단마찰이론이나 Strut Tie Model 방식을 통해 설계한다. 브래킷과 내민받침은 지지되는 보의 장기 건조 수축과 크리프에 의해서 상당한 수평력이 전달된다. 응력궤적으로부터 하중 작용점과 내민받침의 상면에서 인장응력은 거의 일정하며 궤적도의 간격도 거의 균등하므로 총 인장력도 거의 일정하다. 내민받침의 경사면을 따른 압축력도 대략 일정하여 경사 압축대가 발달함을 알 수 있다. 내민받침의 모양은 응력상태에 영향을 미치지 않는다. 따라서 선형 아치 메커니즘을 근거로 간단하게 설계가 가능하며 전단력은 주로 strut의 연직성분에 의해 지지된다.

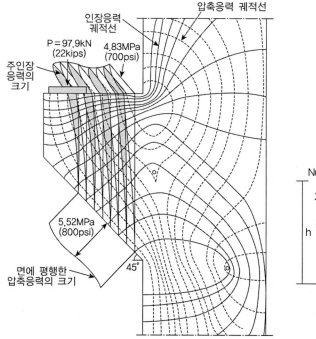

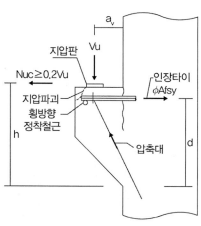

➤ 파괴유형

브래킷과 내민받침은 기둥과의 사이의 경계면에 전단과 주인장철근의 항복, 압축대에서의 파쇄 및 쪼갬 또는 지압판 밑에서 국부적인 지압이나 전단에 의한 파괴 등이 나타날 수 있다. 따라서 지압판 바로 밑에서 휨 인장철근의 전체강도가 발휘되어야 하며, 경사 스트럿의 수평력이 브래킷의 외측단에 있는 주 철근에 적절히 전달되어야 스트럿이 발달할 수 있다.

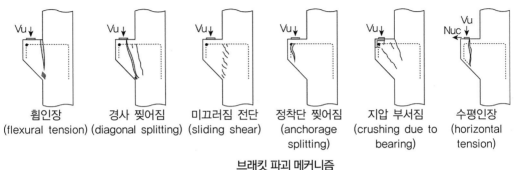

브래킷 파괴 메커니즘

1) **휨 인장 파괴** : 휨 보강 철근의 큰 변형과 함께 압축대 끝부분의 콘크리트가 분쇄

2) **경사 찢어짐 파괴** : 전단압축 때문에 휨균열이 형성된 뒤에 경사 압축대를 따라 경사 찢어짐 파괴 발생

3) **미끄러짐 전단파괴** : 길이가 짧고 경사가 급한 일렬의 경사균열이 발달하여 내민받침과 기둥면이 분리

4) **정착단 찢어짐 파괴** : 하중의 자유단이 너무 가까이 작용할 경우 적절히 정착되지 않은 휨보강 철근을 따라 찢어짐 파괴 발생, 예기치 않은 편심이 이유인 경우가 많음

5) **지압 부서짐** : 너무 작거나 강성이 작은 지압판 또는 내민받침의 폭이 너무 좁을 때 지압판 밑의 콘크리트가 지압파괴

6) **수평인장 파괴** : 내민받침의 바깥면이 너무 얇고 예기치 않은 수평하중이 작용할 때

➤ 설계방법

콘크리트구조기준(2012)에서는 브래킷과 내민받침의 설계를 전단경간–깊이의 비(a/d)에 따라서 구분해서 할 수 있도록 하고 있다. $a/d \leq 1$인 경우 전단마찰로 설계하고, $a/d \leq 2$인 경우에는 STM으로 설계할 수 있도록 하였다. 이는 a/d가 1을 넘을 때에는 사인장 균열의 경사가 덜 급하기 때문에 수평스트럽만 사용하는 것이 적절하지 못하기 때문에 a/d가 1 이하인 경우에 대해 실험적으로 확인해 별도의 규정을 마련하였기 때문이다. 받침부 면의 단면이 계수 전단력 V_u와 계수 휨모멘트 $V_u a_v + N_{uc}(h-d)$, 계수 수평인장력 N_{uc}에 동시에 견디도록, STM 설계법이나 전단마찰 설계기준에 따라 띠철근이나 폐쇄 스트럽, 주인장철근을 배치해 정착시킨다.

1) 휨과 수평력을 고려한 전단마찰 설계

① 휨철근량(A_f) 산정

$$M_u = V_u \times d_1 + N_{uc} \times d_2 = V_u a_v + N_{uc}(\text{h-d})$$

$$M_n = A_f f_y\left(d - \frac{a}{2}\right), \quad a = \frac{A_f f_y}{0.85 f_{ck} b}, \quad M_n = A_f f_y\left(d - \frac{1}{2} \times \frac{A_f f_y}{0.85 f_{ck} b}\right) \quad \text{find } A_f$$

② 인장철근량(A_n) 산정

$$\phi A_n f_y = N_{uc} \quad \text{find } A_n$$

이때, 크리프, 건조수축, 온도변화 등 수평인장력을 고려하여 $N_{uc} \geq 0.2 V_u$으로 한다.

③ 전단마찰철근량(A_{vf}) 산정과 유효깊이 d의 결정

$$V_n = \mu A_{vf} f_y \leq \min\left[0.2 f_{ck} A_c, (3.3 + 0.08 f_{ck}) A_c, 11 A_c\right] \qquad \text{(보통 중량)}$$

$$\leq \min\left[(0.2 - 0.07 a_v/d) f_{ck} A_c, (5.6 - 2.0 a_v/d) f_{ck} A_c\right]$$

$$\text{(전경량 · 모래경량)}$$

$$\therefore d \geq \frac{V_u/\phi}{0.2 f_{ck} b_w [\text{or } etc]}, \quad \phi = 0.75$$

④ 철근량 산정

㉠ 주철근량 $A_s = \text{Max}\left[A_f + A_n, \ A_n + \frac{2}{3} A_{vf}\right]$

㉡ 수평철근량 $A_h = \frac{1}{2}[A_s - A_n]$

㉢ 수평철근은 $\frac{2}{3}d$ 내에 균등하게 배근한다.

⑤ 지압면의 외측단 깊이는 $0.5d$ 이상으로 한다. 이는 지압면 밑에서 내민받침이나 브래킷의 바깥쪽 경사면으로 파급되는 사인장 균열 때문에 파괴가 일찍 일어나지 않도록 하기 위함이다.

⑥ 폐쇄스트럽이나 띠철근의 전체 단면적 $A_h \geq 0.5(A_{sc} - A_n)$

㉠ A_{sc} : 내민받침의 주인장철근의 단면적

㉡ A_n : 수평력 N_{uc}에 저항하는 철근 단면적

㉢ 여기서 A_h는 $2d/3$ 거리 내에서 균등 배치한다.

⑦ 휨모멘트와 바깥방향으로의 수평력으로 인한 균열로 갑작스런 파괴를 방지하기 위한 주인장

철근의 최소 철근비 $\rho_{\min} = \dfrac{A_s}{bd} \geq 0.04\dfrac{f_{ck}}{f_y}$

⑧ 주인장철근의 정착

　　㉠ 인장타이를 앵글에 용접

　　㉡ 직경이 동일한 수평철근에 용접

　　㉢ 수평으로 구부린 고리를 배치

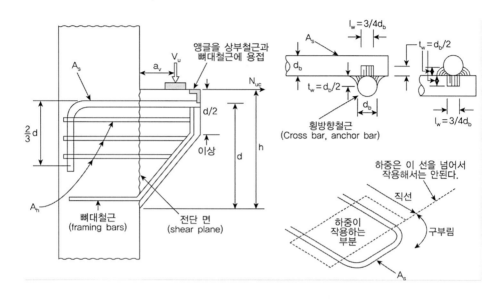

PSC 핵거리와 휨효율   토목구조기술사 합격 바이블 개정판 1권 제3편 PSC p.1050

다음 그림의 PSC 거더 단면 A, B에 대하여 상, 하핵(Core) 거리와 휨 효율 계수를 구하고 구조성능을 비교 설명하시오.

단면 A(단위 cm)	단면 B(단위 cm)
220 24 112 / 160 24 43 24 43 110	70 16 180 / 220 24 23 20 23 66

➤ 개요

PS력이 작용할 경우 인장응력이 발생하지 않도록 하는 강선의 작용한계점은 도심 상부와 도심 하부 2곳에 존재하며 이를 각각 상핵점 및 하핵점이라 하고 상핵점과 하핵점 사이에 긴장력이 작용하는 경우 단면에는 인장응력이 발생치 않으며 이 영역을 핵심이라 한다.

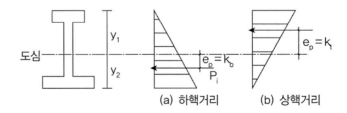

(a) 하핵거리   (b) 상핵거리

1) 하핵거리 k_b : PS만 작용 시 단면의 상부응력이 0이 되는 편심거리

$$f_t = \frac{P_i}{A_c} - \frac{P_i e_p}{I} y_1 = \frac{P_i}{A_c}\left(1 - \frac{e_p}{r_c^2} y_1\right) = 0 \quad \therefore e_p = k_b = \frac{r_c^2}{y_1}$$

2) 상핵거리 k_t : PS만 작용 시 단면의 하부응력이 0이 되는 편심거리

$$f_b = \frac{P_i}{A_c} + \frac{P_i e_p}{I} y_2 = \frac{P_i}{A_c}\left(1 + \frac{e_p}{r_c^2} y_2\right) = 0 \quad \therefore e_p = k_t = -\frac{r_c^2}{y_2}(\ominus : \text{도심상단 위치 의미})$$

3) 휨 효율계수 : 일반적으로 콘크리트 단면에 대한 단면계수의 비 Z/A_c가 단면의 휨 효율의 척도로 사용되며 이는 상핵거리와 하핵거리를 의미한다. 이 단면계수의 비를 무차원화하여 하나의 식으로 표현한 것을 휨 효율계수(Q : Efficiency Factor of Flexure)라고 한다.

$$Z_1 = \frac{I_c}{y_1}, \ Z_2 = \frac{I_c}{y_2} \ \therefore \ \frac{Z_1}{A_c} = \frac{I_c}{A_c y_1} = \frac{r_c^2}{y_1} = k_b, \ \frac{Z_2}{A_c} = \frac{I_c}{A_c y_2} = \frac{r_c^2}{y_2} = k_t$$

$$\frac{k_b}{y_2} = \frac{r_c^2}{y_1 y_2} = Q, \quad \frac{k_t}{y_1} = \frac{r_c^2}{y_1 y_2} = Q, \quad Q = \frac{r_c^2}{y_1 y_2} \times \frac{y_1 + y_2}{h} = \frac{k_t + k_b}{h} \ \ (h = y_1 + y_2)$$

▶ 상, 하핵거리와 휨 효율계수

1) 단면 A

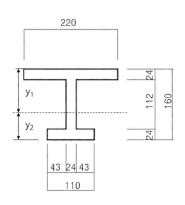

$$A = 220 \times 24 + 112 \times 24 + 110 \times 24 = 10,608 \, \text{cm}^2$$

$$y_2 = \frac{220 \times 24 \times 148 + 112 \times 24 \times 80 + 110 \times 24 \times 12}{10608}$$

$$= 96.9231 \, \text{mm}$$

$$y_1 = 63.0769 \, \text{mm}$$

$$I = \frac{220 \times 24^3}{12} + (220 \times 24) \times 148^2 + \frac{24 \times 112^3}{12} +$$

$$(24 \times 112) \times 80^2 + \frac{110 \times 24^3}{12} + (110 \times 24) \times 12^2$$

$$= 136,426,496 \, \text{mm}^4$$

$$r_c^2 = \frac{I}{A} = 12860.7$$

$$\therefore \ \text{하핵거리} \ e_p = k_b = \frac{r_c^2}{y_1} = 203.89 \, \text{mm}, \ \text{상핵거리} \ e_p = k_t = -\frac{r_c^2}{y_2} = -132.69 \, \text{mm}$$

$$\text{휨 효율계수} \ Q = \frac{r_c^2}{y_1 y_2} = 2.104$$

2) 단면 B

$$A = 70 \times 16 + 180 \times 20 + 66 \times 24 = 6304 \, \text{cm}^2$$

콘크리트 도심

$$y_2 = \frac{70 \times 16 \times 212 + 180 \times 20 \times 114 + 66 \times 24 \times 12}{6304} = 105.782 \, \text{mm}$$

$$y_1 = 114.218\,\text{mm}$$

$$I = \frac{70 \times 16^3}{12} + (70 \times 16) \times 212^2 + \frac{20 \times 180^3}{12}$$

$$+ (20 \times 180) \times 114^2 + \frac{66 \times 24^3}{12} + (66 \times 24) \times 12^2$$

$$= 1.0717 \times 10^8\,\text{mm}^4$$

$$r_c^2 = \frac{I}{A} = 17000.5$$

$$\therefore \text{하핵거리 } e_p = k_b = \frac{r_c^2}{y_1} = 148.84\,\text{mm}, \quad \text{상핵거리 } e_p = k_t = -\frac{r_c^2}{y_2} = -160.712\,\text{mm}$$

$$\text{휨 효율계수 } Q = \frac{r_c^2}{y_1 y_2} = 1.407$$

▶구조성능 비교

B단면에 비해 A단면의 휨 효율계수가 약 50% 정도 더 크다. 일반적으로 콘크리트 단면에 대한 단면계수의 비 Z/A_c가 단면의 휨 효율의 척도로 사용되며 이는 상핵거리와 하핵거리를 의미한다. 이 단면계수의 비를 무차원화하여 하나의 식으로 표현한 것이 휨 효율계수이므로, B단면이 A단면에 비해 재료를 더 효율적으로 사용한 것으로 볼 수 있다. 두 단면 모두 핵거리가 부재의 크기보다 크기 때문에 콘크리트 응력이 허용응력을 초과하지 않고 긴장재 도심을 단면 내에 둘 수 있다. 다만 비대칭 단면은 상핵거리와 하핵거리를 동시에 최대로 하는 것이 바람직한데 A단면의 경우 B단면에 비해 하핵거리는 크지만 상핵거리는 작기 때문에 A단면은 정모멘트 부에 B단면은 부모멘트부에 배치하는 것이 더 효율적이다.

토목구조기술사 합격 바이블

기출문제 가이드라인 풀이

114회

성능기반 설계기준

성능기반 설계기준을 설명하시오.

풀 이

성능기반설계의 개요, 용어 및 기본적 방법(이학, 한국강구조학회학술발표논문집)
성능기반설계에서의 요구성능의 개념 정의 및 필요성(이병국, 한국콘크리트학회, 2008)

▶ 개요

ISO 15686에서는 '성능'이란 "일정시점에서 핵심적인 특성에 관한 품질기준"이라고 정의한다. 성능중심설계(Performance-Based Design, PBD)는 구조물의 목적과 그것에 적합한 기능을 명시하고 기능을 갖추기 위해 필요한 성능을 규정하여 규정된 성능을 구조물의 공용기간 중 확보해 그 기능을 만족시키게 하는 설계방법을 말한다.

▶ 성능중심설계

성능중심설계(Performance-Based Design)는 부재의 고강도화, 경량화 및 연성능력의 확보에 따른 경제적인 구조물의 설계를 유도하는 설계법으로 내화, 피로, 처짐, 내풍, 내진, 내구성 등 다양한 분야에 적용할 수 있다. 성능은 구조물의 거동에 관련되기 때문에 일반사람에게 있어서 익숙하지 않을 수 있다. 하지만 공학적 판단, 즉 조사(Check, Verification)를 시행하는 경우에는 성능 쪽이 더 다루기 쉬워진다. 따라서 구조물이 소정의 기능을 갖추고 있는지 아닌지를 직접 조사하는 대신에 성능을 조사하는 성능중심설계가 제시되었다.

		성능수준			
		완전기능	기능수행	인명안전	붕괴방지
설계지진수준	자주 50%/50년	A	B	C	D
	가끔 20%/50년	E	F	G 신축건물에 허용되지 않는 성능	H
	드문 10%/50년	I 주요시설물 또는 위험시설물의 성능목표	J	K 기본안전목표	L
	아주 드문 5%/50년	M 필수요구시설물의 성능목표	N	O	P

ATC-40, FEMA-273 지진에 대한 구조물 성능목표

성능중심설계에서 제시하는 적합한 기능과 성능은 구조물의 기능, 경제적 가치, 역사적 가치, 천재지변 등으로 인한 갑작스런 구조물의 기능 정지 시 손실 발생 정도 등에 의해 제안되고 규정된다. 이러한 규정에 의해 각 구조물에 대한 성능의 매트릭스 가정의 되며, 이러한 규정은 각 국가별로 다양하다.

성능 기반설계기준의 반대 개념은 사양설계(Prescriptive Design) 기준이다. 기존 설계 개념인 사양설계기준의 장점은 기준에 기술되어 있는 규정에 따르면 되기 때문에 선택에 대해 생각할 필요가 없어 적용이 쉽다는 것이다. 반면 새로운 개념인 성능중심설계는 목적하는 바에 따라 해결책이 달라지며, 여러 가지 방법을 동원하여 목적하는 바를 달성할 수 있고, 기술개발 및 성능평가기술의 우위를 바탕으로 건설시장 개방에 적극적으로 대응할 수 있다는 이점이 있다.

사양설계기준과 성능중심설계 비교

구분	사양설계기준	성능중심설계
장점	• 설계가 용이 • 발주자가 빠르고 쉽게 결과물에 대한 검토 수행 • 법률적인 집행 용이	• 요구 성능과 결합 가능한 설계 • 신기술이 비교적 빨리 반영 가능 • 국제건설시장의 흐름과 맞는 기준
단점	• 신기술·신공법 적용 곤란, 설계자 기술개발의 한계 • 최적 공사비 설계 곤란 • 국제시장 장벽으로 작용하여 문제 발생 소지 존재	• 설계자의 위험부담 증가 • 설계에 대한 상세실험 및 검토 등 전문적 접근 필요 • 기준의 정량화 곤란

➤ 국내 사례

국내의 콘크리트구조기준에서도 부록편에 성능기반설계 기본 고려사항을 신설하여 성능기반형으로 설계되는 콘크리트 구조물에 적용 가능한 성능검증 방법의 개념과 설계원칙을 제시하고 있다.

1) 콘크리트구조기준(2012) 성능기반설계 기본 고려사항

　① 콘크리트 구조물의 안전성능, 사용성능, 내구성능 또는 환경성능을 고려하여 필요한 성능지표를 정하고 이들 각각에 대한 정략적 목표 제시(발주자)

　② 콘크리트 구조물은 적절한 정도의 신뢰성과 경제성을 확보하면서 목표하는 사용수명 동안 발

생 가능한 모든 하중과 환경에 대하여 요구되는 구조적 안전성능, 사용성능, 내구성능과 환경 성능을 갖도록 설계

③ 안전성능의 한계상태는 하중, 응력 또는 변형과 관련되는 항목으로 표시

④ 사용성능의 한계상태는 응력, 균열, 변형 또는 진동 등의 항목으로 표시

⑤ 내구성능의 한계상태는 환경조건에 따른 성능 저하인자가 최외측 철근까지 도달하는 시간 또는 콘크리트 특성이 일정 수준 이하로 저하될 때까지의 소요되는 시간으로 정의되는 내구수명으로 표시

⑥ 환경성능의 한계상태는 구조물을 구성하는 재료의 제조, 시공, 유지관리와 폐기 및 재활용 등의 모든 활동으로 인해 발생하는 환경저해요소 등의 항목으로 표시

경험적 설계　　　　　　　　　토목구조기술사 합격 바이블 개정판 2권 제5편 교량계획 및 설계 p.1717

교량에서 교축직각 방향 부재에 의해 지지되는 콘크리트 바닥판의 경험적 설계를 설명하시오.

풀　이

▶ **개요**

콘크리트 바닥판의 경험적 설계법은 교량 바닥판의 거동이 휨 거동이 아닌 바닥판 단면에 면내 압축력이 발생하는 아치작용에 근거한다는 이론으로 한다. 아치작용은 정모멘트 구간의 균열이 발생하면 바닥판의 중립축이 상승하고 바닥판을 지지하는 거더나 바닥틀의 횡구속력에 의해 면내 압축력이 발생하여 바닥판의 휨강성을 더욱 증가하게 되며, 이 작용으로 인해 바닥판은 휨 파괴가 발생하지 않고 펀칭전단파괴가 발생한다. 이때 파괴각도는 일반적으로 면내 압축력에 의하여 45°보다 크며 통상 파괴하중은 횡하중의 10배 이상이다.

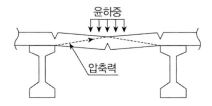

▶ **콘크리트 바닥판의 경험적 설계법**

1) 적용범위

　① 3개 이상의 강재 주거더 또는 콘크리트 지지보와 합성으로 거동하고 바닥판의 지간방향이 차량 진행방향의 직각인 경우에 적용

　② 바닥판의 설계 두께는 바닥판의 흠집, 마모, 보호피복 두께를 제외한 수치로 다음의 조건을 만족시켜야 한다.

　　㉠ 콘크리트는 현장 타설되고 습윤 양생

　　㉡ 전체적으로 바닥판의 두께가 일정

　　㉢ 바닥판 두께에 대한 유효지간의 비가 6~15

　　㉣ 바닥판 상하부 철근의 외측 면 사이의 두께가 150mm 이상

　　㉤ 유효지간은 표준차선폭(3.6m) 이하

　　㉥ 바닥판의 최소두께는 240mm 이상

　　㉦ 캔틸레버부의 길이는 내측바닥판의 5배 이상이거나 3배 이상이면서 구조적으로 연속한 콘크리트 방호벽과 합성

◎ 콘크리트 28일 압축강도가 27MPa 이상

ⓩ 철근콘크리트 바닥판은 거더와 완전 합성거동

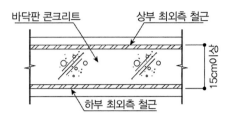

③ 바닥판과 주거더를 합성시키는 전단연결재가 충분히 배치

④ 캔틸레버부나 연속부 지점에서는 적용 불가

2) 철근의 배근

① 4개층이 철근을 배근하며, 피복두께 요구조건의 허용범위에서 최대한 바깥표면에 배근한다.

② 지간방향 하부철근량 : 콘크리트 바닥판 단면의 0.4% 이상

지간방향 상부철근량 : 콘크리트 바닥판 단면의 0.3% 이상

지간의 직각방향 하부철근량 : 콘크리트 바닥판 단면의 0.3% 이상

지간의 직각방향 상부철근량 : 콘크리트 바닥판 단면의 0.3% 이상

③ SD40 이상의 철근을 배근하며 철근은 직선으로 배근하고 겹침 이음만 사용한다.

④ 철근의 중심간 간격은 100~300mm 이내로 한다.

⑤ 사교의 경사각이 20° 이상인 경우 단부 바닥판의 철근은 바닥판의 유효지간 위치까지 2배의 최소 철근량을 배근한다.

3) 유효지간

① 콘크리트교

㉠ 헌치가 없는 보, 벽체와 일체인 경우 : 순경간

㉡ 헌치가 있는 보 : 헌치고려 두께가 바닥판 두께의 1.5배되는 위치에서 순경간 산정

㉢ 프리스트레스트 콘크리트보

(상부플랜지폭 : 바닥판 두께)비 < 4의 경우 : 인접 상부플랜지 끝단~끝단(L_2)

(상부플랜지폭 : 바닥판 두께)비 > 4의 경우 : 인접 상부플랜지 돌출폭의 중앙점~중앙점(L_1)

② 강교 : 인접한 상부 플랜지 돌출폭 중앙점 사이의 거리

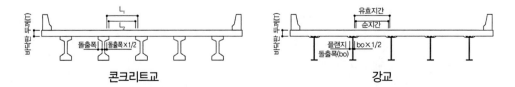

내풍   토목구조기술사 합격 바이블 개정판 2권 제5편 교량계획 및 설계 p.2033

교량의 내풍 대책을 설명하시오.

풀 이

➤ 개요(풍하중에 의한 교량의 거동 특성)

교량이 장대화될수록 내진성보다는 내풍성에 의해서 구조물의 안정성이 좌우되는 경우가 많아졌다. 이는 전체 구조시스템에서 보강거더의 휨강성(EI/l), 중량(mass) 등의 감소로 인하여 시스템의 Damping이 줄고 주기가 길어짐에 따라 고유진동수(f)가 줄어들어 각종 불안정 진동이 저 풍속에서 발생하기 쉬워졌기 때문이다.

풍하중에 의한 교량의 거동은 크게 정적현상과 동적 현상으로 구분되며, 장경간이나 장대교량의 경우 바람 하중으로 인해 동적진동현상이 주로 고려된다. 다음은 일반적인 풍하중에 의한 정적·동적 현상을 구분한 표이다.

➤ 내풍 대책

교량의 진동을 억제하는 내풍 대책은 크게 정적하중에 대한 저항방식과 동적하중에 대해 질량, 강성, 감쇠 증가를 하는 구조역학적 대책, 단면 형상 변화에 따라 내풍효과를 줄여주는 공기역학적인 대책 등으로 구분될 수 있다.

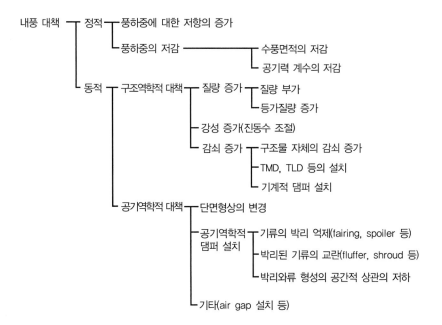

내풍 대책의 구분과 주요 내용

정적 내풍 대책	동적 내풍 대책		
	구조역학적 대책	공기역학적 대책	기타
• 풍하중에 대한 저항의 증가	• 질량 증가(m) 부가질량, 등가질량 증가	• 단면형상의 변경	air gap 설치 풍환경 개선
• 풍하중의 저감 – 수풍면적의 저감 – 공기력 계수의 저감	• 강성 증가(k) 진동수 조절$\left(f \propto \sqrt{\dfrac{k}{m}}\right)$ • 감쇠 증가(c) 구조물자체 감쇠증가, TMD, TLD 등 설치, 기계적 댐퍼 설치	• 공기역학적 댐퍼 – 기류의 박리 억제 (fairing, spoiler) – 박리된 기류의 교란 (fluffer, shroud) – 박리와류 형성의 공간적 상관의 저하	

1) 정적거동에 의한 내풍 대책

정적거동에 의한 내풍 대책은 먼저 풍하중에 대한 구조물의 저항 및 강도의 증가 대책으로 풍하중의 작용에 대한 구조물의 안정성을 확보하기 위해서 충분한 강성을 구조물이 가지도록 하는 것이다. 정적거동의 대책으로는 다음의 3가지로 구분할 수 있다.

① 단면 강도 증대 : 충분한 강성을 가지는 단면 선택
② 수풍면적이 저감
③ 공기력 계수 저감

2) 동적거동에 의한 내풍 대책(구조역학적 대책)

① 구조역학적 대책의 목적
　㉠ 구조물 진동 특성을 개선하여 진동의 발생 그 자체를 억제
　㉡ 진동 발생풍속을 높이는 방법
　㉢ 진동의 진폭을 감소시켜 부재의 항복이나 피로파괴 억제
② 구조물의 진동 특성을 개선하는 방법
　㉠ 질량의 증가 : 구조물 질량의 증가는 와류진동 등의 진폭을 감소시키며, 갤로핑의 한계풍속을 증가시킨다. 그러나 한편으로는 질량의 증가에 따라 고유진동수가 낮아지게 되어 진동의 발생풍속 증가에 도움이 되지 않는 경우도 있으므로 신중한 검토가 필요하다.
　㉡ 강성의 증가(진동수의 조절) : 구조물 강성의 증가는 고유진동수를 상승시킴으로써 와류진동 및 플러터의 발생풍속의 증가를 가져다준다. 강성이 높은 구조형식으로 변경한다든지 적절한 보강부재를 첨가하는 것을 고려할 수 있으나 강성 증가에는 한계가 있어 현저한 내풍안정성 향상을 기대하기 어렵다.
　㉢ 감쇠의 증가 : 구조감쇠의 증가는 와류진동이나 거스트 응답 진폭의 감소 또는 플러터 한계풍속의 상승을 목적으로 한 것으로 그 제진효과를 확실히 기대할 수 있다. 교량 내부에 적

당한 감쇠장치를 첨가하여 기본구조의 변경 없이 제진효과를 얻을 수 있다는 점에서 여러 가지 구조역학적 대책 중에서 가장 많이 사용되는 방법이다. 감쇠장치의 종류에는 오일댐퍼를 비롯하여 TMD(Tuned Mass Damper), TLD(Tuned Liquid Damper), 체인댐퍼 등과 같은 수동댐퍼가 많이 사용되었으나 최근에는 AMD(Active Mass Damper)와 같은 제어 효율이 높은 능동적 댐퍼도 많이 개발되고 있다.

3) 동적거동에 의한 내풍 대책(공기역학적 대책)

공기역학적 방법은 교량단면에 작은 변화를 주어 작용공기력의 성질 또는 구조물 주위의 흐름양상을 바꾸어 유해한 진동현상이 발생되지 않도록 하는 방법이다. 교량의 주형이나 주탑 단면은 일반적으로 각진 모서리를 가진 뭉뚝(Bluff)한 단면이 많은데 이러한 단면에서는 단면의 앞 모서리부에서 박리된 기류가 각종 공기역학적 현상과 밀접한 관계를 가지고 있다. 따라서 앞 모서리에서의 박리를 제어함으로써 제진을 도모하는 방법이 주로 채택된다.

① 기류의 박리 억제 : 단면에 보조부재를 부착하여 박리 발생을 최소화시켜 구조물의 유해한 진동을 일으키는 흐름상태가 되지 않도록 기류를 제어하는 방법으로 Fairing, Deflector Spoiler, Flap 등이 사용된다. 하지만 이러한 부착물에 의한 내풍안정성 향상효과는 단면 형상에 따라 다르며 때로는 진폭이 증가되거나 원래 단면에서 발생하지 않던 새로운 현상을 일으킬 수 있으므로 풍동실험을 통한 고찰이 요구된다.

② 박리된 기류의 분산 : 기류의 박리 억제가 어렵거나 Fairing 등에 의한 효과가 없는 경우에는 단면의 상하면의 중앙부에 Baffle Plate라 불리는 수직판을 설치하여 박리버블의 생성을 방해하여 상하면의 압력차에 의한 비틀림 진동의 발생을 억제할 수 있다.

③ 기타 : 현수교의 트러스 보강형 등에 있어서는 바닥판에 Grating과 같은 개구부를 설치하면 단면 상하부의 압력차가 작아지게 되어 연성플러터 또는 비틀림 플러터에 대한 안정성을 향상시킬 수 있다.

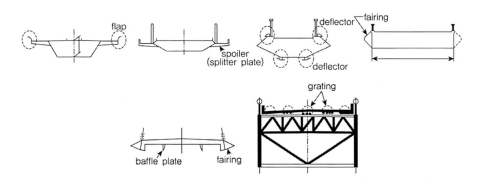

4) 케이블의 내풍/진동 제어 대책

① 케이블의 진동제어 방법은 크게 공기역학적 방법, 감쇠 증가에 의한 방법, 고유진동수 변화에

의한 방법이 있다.

② 공기역학적 방법은 사장교 케이블의 표면에 나선형 필렛(Helical fillet), 딤플(Dimple), 축방향 줄무늬(Axial Stripe) 등 돌출물을 설치하는 것으로 케이블의 공기역학적 특성을 바꿀 수 있다. 이때 돌출물 설치에 따른 진동제어를 풍동실험을 통해 검증하여야 하며 필요한 경우 변화된 공기역학적 계수값을 실험을 통해 산정하여야 한다.

Axial protuberance(Higashi-Kobe)   Indent(Tatara)   U shape groove(Yuge)   Helical fillet(Normandy)

Drag increment
Other vibrations

③ 감쇠량 증가에 의한 방법에 주로 사용되는 케이블 댐퍼로는 주로 수동댐퍼가 사용되며 형식으로는 점성댐퍼, 점탄성댐퍼, 오일댐퍼, 마찰댐퍼, 탄소성댐퍼 등이 있다. 케이블에 사용되는 댐퍼는 상시 진동하므로 적용되는 댐퍼의 피로내구성 및 반복작용에 의한 온도 상승으로 저하되는 감쇠성능이 검증되어야 하며, 온도 의존성이 큰 댐퍼의 경우 설계 시 적정 온도범위와 설계온도 가정이 중요하다. 설계된 댐퍼는 실내실험을 통해 설계 물성치와 제작된 댐퍼의 물성치를 비교하여 그 성능을 확인하여야 한다.

④ 선형댐퍼를 사용하는 경우 케이블 진동모드에 따라서 댐퍼에 의한 부가 감쇠비가 달라지므로 댐퍼설계 시 진동 제어를 하고자 하는 케이블의 모드를 정하는 것이 좋다. 풍우진동의 경우 관측에 의하면 케이블은 2차 모드로 진동하는 것이 지배적인 것으로 알려져 있다. 따라서 이러한 경우 댐퍼는 2차 모드에서 최적의 감쇠비가 나타나도록 설계하는 방법을 채택할 수 있다.

⑤ 비선형 댐퍼는 변위에 따라 부가 감쇠비가 달라지고 미소변위에서는 작동하지 않는 특성이 있으므로 이에 대해서는 작동개시 범위 및 최대 부가 감쇠비 변위 등을 합리적으로 산정하여 설계하여야 한다. 특히 케이블의 진동 제한 진폭 기준이 제시되어 있다면 이 진폭에서는 설계 감쇠비보다 큰 부가 감쇠비가 얻어지도록 설계하여야 한다.

⑥ 고유진동수를 변화시키는 방법으로는 보조 케이블에 의한 진동 제어 방법이 있으며 사장교 케이블을 서로 엮어 매는 것으로 부가 감쇠의 효과도 있으나 케이블의 진동길이를 감소시켜 고유진동수를 높이는 역할을 한다. 고유진동수가 변화될 경우 케이블의 공진을 막을 수 있고 바람에 의한 진동 시 임계풍속을 증가시키는 역할을 하나 이 방법은 유지관리 시 유의하여야 하고 미관을 해칠 수 있는 단점이 있으며, 사장교 케이블의 자유로운 변형을 구속하므로 응력집중에 대해 충분히 검토해야 한다.

비틀림 상수비　　　　　　　　　　토목구조기술사 합격 바이블 개정판 2권 제5편 교량계획 및 설계 p.1713

강상형(Steel Box Girder)단면의 비틀림 상수비(α)를 설명하시오.

풀 이

▶ 개요

박스형 단면은 큰 비틀림 저항성을 갖는 데 반해 I형 거더와 같은 개단면(Open Section)부재는 비틀림 저항성이 작아 비틀림에 의해 큰 변형을 받는 동시에 뒤틀림이 발생한다. 이러한 뒤틀림(뒴, Warping)이 구속되거나 회전각($d\phi/dx$)이 일정하지 않은 경우 길이방향으로 축응력(뒤틀림응력 f_w)이 발생한다.

▶ 비틀림 상수비

일반적으로 박스형 거더의 경우에는 격벽(Diaphragm)을 일정 간격 설치하여 뒤틀림을 방지하고 있어 큰 문제가 발생하지 않지만 I형 거더와 같은 비틀림 저항력이 작고 플랜지 폭이 넓은 경우에는 무시할 수 없는 응력이 발생할 수 있다. 충실도가 큰 단면이나 박스형처럼 폐단면에서는 순수비틀림모멘트 쪽이 더 크고, I형 단면처럼 개단면의 박판에서는 뒴비틀림모멘트가 크며 그에 따른 응력도 커지게 된다. 이 두 가지 비틀림모멘트의 분담률은 다음의 비틀림 상수비 α 의 크기에 의해 지배되며, 설계상에서는 뒤틀림 응력에 대한 고려 여부를 α를 기준으로 확인하도록 하고 있다.

$$비틀림 \ 상수비 \ \alpha = l\sqrt{\frac{GK}{EI_w}}$$

여기서, G : 전단탄성계수, K : 순수비틀림 상수, E : 탄성계수,
　　　I_w : 뒴비틀림 상수, l: 지점 간의 부재길이(mm)

① $\alpha < 0.4$　　　　: 뒴비틀림에 의한 전단응력과 수직응력에 대해서 고려한다.
② $0.4 \leq \alpha \leq 10$: 순수비틀림과 뒴비틀림 응력 모두 고려한다.

③ $\alpha > 10$　　　　　: 순수비틀림 응력에 대서만 고려한다.

휨모멘트와 순수비틀림 전단응력, 뒴비틀림 전단응력이 발생하는 단면에서는 허용응력설계법에서는 다음과 같이 합성응력을 검산해 안전성을 확보하도록 하고 있다.

$$\text{합성응력 검산 } f = f_b + f_w, \quad v = v_b + v_s + v_w, f \leq f_a, \quad v \leq v_a, \quad \left(\frac{f}{f_a}\right)^2 + \left(\frac{v}{v_a}\right)^2 \leq 1.2$$

여기서, f_b : 휨응력, v_b : 휨에 의한 전단응력, v_s : 순수비틀림 전단응력, f_w : 뒴비틀림 수직응력,
　　　　v_w : 뒴비틀림 전단응력, f_a, v_a : 허용인장응력과 전단응력

일반적으로 I형 단면 주거더에서는 α값이 0.4 이하, 박스 거더의 경우 30~100이다.
곡선교 구조계 전체를 단일 곡선부재로 치환하여 취급하는 경우, 뒴비틀림 응력을 무시하는 범위는 다음과 같다.

$$\alpha > 10 + 40\Phi \ (0 \leq \Phi < 0.5), \quad \alpha > 30 \ (0.5 \leq \Phi),$$

여기서, Φ : 곡선부재의 1경간 회전 중심각(radian)

곡선교는 비틀림모멘트로 인하여 중심각에 따라서 상부단면 형식 선정 시 주의가 필요하다. 일반적으로 곡선교의 중심각에 따라 요구되는 비틀림 강성비가 다르고 강성비는 I형 병렬거더교 < 박스거더 병렬교 < 단일박스 거더교 순서로 중심각에 따른 강성비가 증가하므로 이를 고려하여 단면형식 결정이 선행되어야 한다. 중심각이 5~15°에서는 I형 병렬거더교가 유리하고, 15~20°에서는 단일박스 거더교가 유리하다. 중심각이 25° 초과 시에는 설계에 무리가 있으며 5° 이하에서는 직선교에 가까워 곡률의 영향을 거의 받지 않는다.

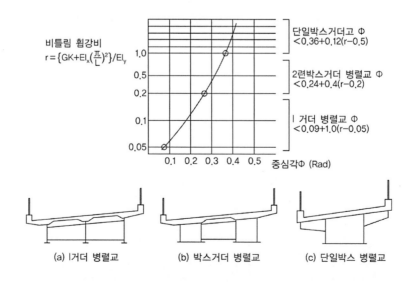

(a) I거더 병렬교　　　(b) 박스거더 병렬교　　　(c) 단일박스 병렬교

구조물 해석   토목구조기술사 합격 바이블 개정판 2권 제6편 동역학과 내진설계 p.2141

구조물의 정적 해석과 동적 해석의 차이점을 설명하시오.

풀 이

▶ 개요

구조물 해석 시 구조물의 거동에 따라 선형과 비선형으로 구분되며, 이때 관성력을 고려하는지 여부에 따라 정적과 동적으로 구분될 수 있다.

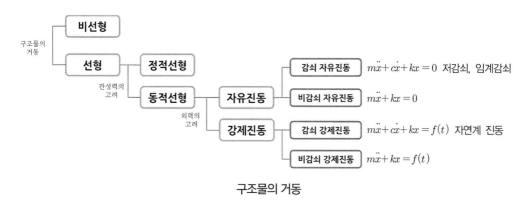

구조물의 거동

▶ 정적 해석과 동적 해석의 차이점

동적 해석은 정적 해석과 달리 시간에 따라 변하는 작용하중(외력)과 이에 의한 시간에 따라 변하는 구조물의 응답(변위, 속도, 가속도, 응력 등)을 다룬다. 따라서 정적해석에서는 한 개의 고정된 해를 구하지만 동적 해석에서는 일정 시간 동안 구조물의 응답을 구한 후 최댓값, 평균값, 주기 등의 동적 특성을 조사하므로 많은 해석시간이 소요된다. 구조물에 동적 하중이 작용할 경우 동적 해석에서는 구조물의 응답에 따라 변하는 관성력을 추가로 고려하여야 한다. 정적 하중(Static Load)은 고정하중, 상재하중 등 그 특성이 시간에 따라 변하지 않는 하중이지만 동적 하중(Dynamic Load)은 지진하중, 충격하중 등 하중의 크기, 방향, 위치 등의 시간에 따라 변하므로 결과적으로 구조물의 응답도 시간에 따라 변하는 동적 성분이 된다. 일반적으로 동적 해석은 직접적분법과 같은 Direct Method나 모드분리법과 같은 Modal Method가 사용된다.

응력이력곡선

구조용 강재의 응력이력곡선에 대하여 설명하시오.

풀 이

➤ 개요

강재의 응력이력곡선(Hysteresis Loop)은 하중이 반복적으로 재하할 때와 제거할 때의 강재 재료의 물리적 응답의 경로를 그린 그림을 의미한다. 응력이력곡선은 통상적으로 피로에 대한 평가나 강재의 소성변형모델 등에서 주로 사용된다. 강재에 힘을 점진적으로 작용시키면 비례한도(proportional limit)라 불리는 응력 값까지는 강재의 늘어난 변형률(strain)과 내부 저항력인 응력(stress)은 비례 관계에 있다. 그리고 이 지점보다 더 큰 힘을 가하게 되면 항복점(yielding point)라 불리는 응력 값에 도달하여 힘을 제거하여도 물체는 어느 정도 영구적인 변형을 일으킨다. 이론적으로 항복 값은 물체가 잡아당기는 힘을 받을 때나 압축시키는 힘을 받는 두 경우에 있어 동일한 크기여야 한다. 하지만 바우싱거 효과(Bauschinger effect)로 인해 항복점을 초과하여 하중을 가한 다음 역으로 압축시키는 교번하중을 받는 경우, 압축하중에 의한 항복은 이론적인 항복 값보다 낮은 압축응력에서 발생한다.

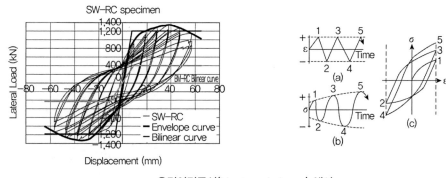

응력이력곡선(Hysteresis Loop) 예시

➤ 응력이력곡선의 활용

1) 피로설계 S-N선도 : 구조물에 반복하중 작용 시 구조물의 응력집중부에 소성변형으로 균열이 발생, 진전, 파괴되는 현상을 피로파괴라 하며, 상대적으로 아주 작은 하중에서 파괴된다. 피로 발생에는 응력의 반복, 인장응력, 소성변형이 동시에 존재하는 것이 필요조건이 된다. S-N선도는 피로설계를 위해 응력 S와 반폭횟수 N을 log 도표에 나타낸 것으로 응력을 반복횟수에 따라 표현한 일종의 응력이력곡선의 한 범주로 볼 수 있다.

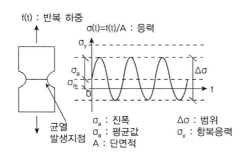

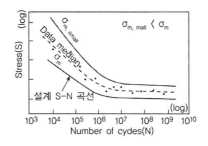

2) 반복소성모델 : 구조물의 소성 후 거동까지 확인하기 위해 반복하중에 의한 강재의 변형강화 등을 고려한 탄성-소성모델을 만드는 데에도 응력이력곡선이 이용된다.

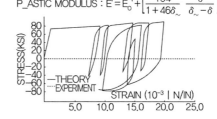

Masing 모델   Mroz모델   Dafalias-Popov 모델

감쇠자유진동   토목구조기술사 합격 바이블 개정판 2권 제6편 동역학과 내진설계 p.2147

감쇠자유진동에 대하여 설명하시오.

풀 이

➤ 개요

단자유도계의 운동방정식은 다음과 같다.

$$m\ddot{x} + c\dot{x} + kx = f(t)$$

여기서, $f(t) = 0$ 인 경우의 진동을 자유진동(Free Vibration)이라고 하며, 자유진동이 발생하는 이유는 초기조건(Initial Condition)이 0이 아니기 때문이며, 주로 자유진동의 응답은 외력보다는 구조물의 특성이 주로 반영되기 때문에 구조물의 자유진동 응답을 분석하여 구조물의 동적 특성을 추정하는 데 사용한다. 단자유도계 구조물의 동적운동방정식은 외력의 여부에 따라 또는 감쇠의 여부에 따라 구분하며, 감쇠가 없는 경우($c = 0$)와 감쇠가 있는 경우($c \neq 0$) 경우를 각각 비감쇠(Undamped)와 감쇠(Damped)로 구분하며, 감쇠진동의 경우 감쇠값의 크기에 따라 저감쇠(Under-Critical Damped)와 과감쇠(Over-Critical Damped)로 구분되며, 저감쇠와 과감쇠의 경계가되는 감쇠값을 임계감쇠(Critical Damped, c_{cr})라고 한다.

➤ 감쇠자유진동

1) 특징

① 관성력, 감쇠력, 탄성력으로 저항하는 구조물에 초기하중만 작용하고 이후 시간에 따른 하중이 증가하지 않을 때의 구조물의 진동을 감쇠자유진동(Damped Free Vibration)이라 한다.

② 감쇠란 구조물의 동적응답 크기를 감소시키는 성질을 말하며 구조물을 구성하고 있는 재질의 특성과 부재의 접합상태 등의 대내외적 조건에 따라 동적응답이 달라진다. 감쇠진동은 감쇠력의 크기에 따라 임계감쇠, 과감쇠 및 저감쇠로 분류한다.

③ 운동방정식
$$m\ddot{x} + c\dot{x} + kx = 0$$

General Solution : $x_h = Ae^{\lambda t} \rightarrow \dot{x_h} = A\lambda e^{\lambda t}, \ddot{x_h} = A\lambda^2 e^{\lambda t}$

$(m\lambda^2 + c\lambda + k)Ae^{\lambda t} = 0, \qquad \therefore m\lambda^2 + c\lambda + k = 0$

$$\lambda = \frac{-c \pm \sqrt{c^2 - 4mk}}{2m}$$

2) 감쇠자유진동의 감쇠 크기에 따른 동적거동

① Critical Damped Free Vibration(임계감쇠자유진동, $c = c_{cr}$, $\xi = 1$)

$m\ddot{x} + c\dot{x} + kx = 0, \quad x = Ae^{\lambda t} \rightarrow (m\lambda^2 + c\lambda + k)Ae^{\lambda t} = 0$ 으로부터

$$c = c_{cr} = 2\sqrt{mk}, \qquad \lambda = \frac{-c \pm \sqrt{c^2 - 4mk}}{2m} = -\frac{c}{2m}$$

$$x = (A + Bt)e^{-\left(\frac{c_{cr}}{2m}\right)} = (A + Bt)e^{-\omega_n t}$$

From B.C $\quad A = x_0, \quad B = \dot{x_0} + x_0\omega_n$

$\therefore x = e^{-\omega_n t}(x_0 + (\dot{x_0} + x_0\omega_n)t)$

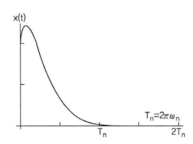

② Under Damped Free Vibration(저감쇠자유진동, $c < c_{cr}$, $\xi < 1$)

$m\ddot{x} + c\dot{x} + kx = 0, \quad \ddot{x} + \frac{c}{m}\dot{x} + \frac{k}{m}x = \ddot{x} + 2\xi\omega_n\dot{x} + \omega_n x = 0,$

$$\left(\because \xi = \frac{c}{c_{cr}} = \frac{c}{2\sqrt{mk}} = \frac{c}{2m\sqrt{\frac{m}{k}}} = \frac{c}{2m\omega_n} \right)$$

일반해 $x = Ae^{\lambda t}$

$(\lambda^2 + 2\xi\omega_n\lambda + \omega_n)Ae^{\lambda t} = 0$ 으로부터 $\quad \lambda_{1,2} = -\xi\omega_n \pm i\omega_n\sqrt{1 - \xi^2} = -\xi\omega_n \pm i\omega_d$

$\therefore x = A_1 e^{\lambda_1 t} + A_2 e^{\lambda_2 t} = Ae^{-\xi\omega_n t}(C\cos\omega_d t + D\sin\omega_d t)$

$\quad = e^{-\xi\omega_n t}\left(x_0\cos\omega_d t + \frac{\dot{x_0} + x_0\xi\omega_n}{\omega_d}\sin\omega_d t \right) = A_0 e^{-\xi\omega_n t}\cos(\omega_d t - \theta)$

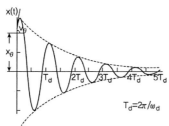

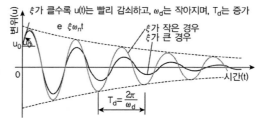

③ Over Damped Free Vibration(과감쇠자유진동, $c > c_{cr}$, $\xi > 1$)

$$m\ddot{x} + c\dot{x} + kx = 0, \qquad \ddot{x} + \frac{c}{m}\dot{x} + \frac{k}{m}x = \ddot{x} + 2\xi\omega_n\dot{x} + \omega_n^2 x = 0,$$

$$\left(\because \xi = \frac{c}{c_{cr}} = \frac{c}{2\sqrt{mk}} = \frac{c}{2m\sqrt{\dfrac{m}{k}}} = \frac{c}{2m\omega_n} \right)$$

일반해 $x = Ae^{\lambda t}$

$(\lambda^2 + 2\xi\omega_n\lambda + \omega_n^2)Ae^{\lambda t} = 0$ 으로부터 $\lambda_{1,2} = -\xi\omega_n \pm \omega_n\sqrt{\xi^2 - 1}$

$\therefore x = A_1 e^{\lambda_1 t} + A_2 e^{\lambda_2 t}$

$$\left(A_1 = \frac{\dot{x}_0 + x_0\omega_n(\xi - \sqrt{\xi^2 - 1})}{2\omega_n\sqrt{\xi^2 - 1}}, \quad A_2 = \frac{\dot{x}_0 + x_0\omega_n(\xi + \sqrt{\xi^2 - 1})}{2\omega_n\sqrt{\xi^2 - 1}} \right)$$

$$= e^{-\omega_n t}\left(A\cosh(\omega_n\sqrt{\xi^2 - 1})t + B\sinh(\omega_n\sqrt{\xi^2 - 1})t \right)$$

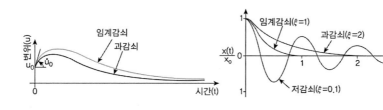

1방향 슬래브의 경간 결정에 대하여 설명하시오.

풀 이

➤ 개요

콘크리트 구조기준(2012)에서는 1방향 슬래브는 대응하는 두변으로만 지지된 경우와 4변이 지지되고 장변의 길이가 단변의 길이의 2배를 초과하는 경우로 정의한다.

1방향 슬래브의 구조적 거동은 표면에 연직분포하중이 작용하면 원통형처럼 휘며, 곡률은 한방향으로 동일한 반면에 장변 방향으로는 곡률이 발생하지 않는 특징이 있다. 곡률이 발생하지 않으면 휨모멘트도 없기 때문에 장변 방향의 휨모멘트는 발생되지 않고 단변 방향으로만 휨모멘트가 발생하게 된다. 따라서 폭이 매우 넓고 깊이가 있는 사각형 단면과 동일한 거동을 하며, 1방향 슬래브는 나란한 단변 방향 보들의 집합으로 구성되어 있다고 간주할 수 있다.

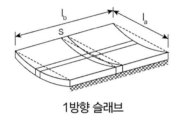
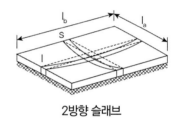

1방향 슬래브   2방향 슬래브

➤ 1방향 슬래브의 경간

1방향 슬래브는 수평부재인 슬래브에서 받침 지압판이나 일체로 연결된 보의 폭의 영향을 고려한 유효경간을 사용해 부재력을 결정해야 한다. 회전 구속이 없는 지압판으로 지지된 슬래브의 유효경간은 지압판 중심선 사이 거리로 하고, 보와 일체로 된 슬래브의 유효경간은 받침보의 폭 b_w의 1/2과 슬래브 두께 t_f의 1/2 중 작은 값에 해당하는 거리만큼 순경간을 지난 점에 받침점이 있다고 간주한 경간 길이가 된다. 유효 경간을 사용하여 해석한 결과가 슬래브의 부재력이 되지만 단면설계를 위한 부 모멘트는 최대 휨모멘트 대신에 보와 일체로 된 경우에는 보 측면에서 취하며, 폭이 t인 단순 지압판인 경우에는 최대 휨모멘트에서 Vt/8만큼 감소시킨 값으로 설계할 수 있다.

1) 콘크리트 구조기준(2012)

    ① 받침부와 일체로 되어 있지 않은 부재는 순경간에 보나 슬래브의 두께를 더한 값을 경간으로 하고 그 값이 받침부 중심 간 거리를 초과하지 않아야 한다.

    ② 골조 또는 연속 구조물의 해석에서 휨모멘트를 구할 때 사용하는 경간은 받침부의 중심 간 거

리로 한다.

③ 받침부와 일체로 된 3m 이하의 순경간을 갖는 슬래브는 그 지지 보의 폭을 무시하고 순경간을 경간으로 하는 연속보로 해석한다.

2) 도로교설계기준(한계상태설계법, 2016) : 도로교설계기준 한계상태설계법에서는 Eurocode2(EN 1992 : 2004)의 구조 해석 시의 부재의 유효경간 식을 준용해 보와 슬래브의 유효경간 l_{eff}를 다음 식과 같이 규정하고 있다.

$$l_{eff} = l_n + a_1 + a_2$$

여기서, l_n : 받침점 면 사이의 순경간, a_1, a_2 : 지지조건에 따라 정해지는 값

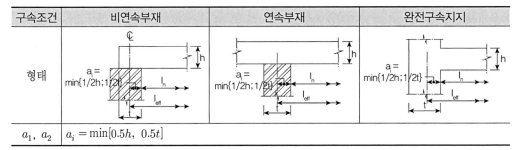

구속조건	비연속부재	연속부재	완전구속지지
형태	$a_i = min\{1/2h ; 1/2t\}$	$a_i = min\{1/2h ; 1/2t\}$	$a = min\{1/2h ; 1/2t\}$
a_1, a_2	$a_i = min[0.5h,\ 0.5t]$		

구속조건	독립캔틸레버	연속캔틸레버	받침지지
형태	$a_i = 0$	$a_i = min\{1/2h ; 1/2t\}$	
a_1, a_2	$a_i = 0$	$a_i = min[0.5h,\ 0.5t]$	$a_i =$ 받침중심선에서 내측 지지선

피로 　　　　　　　　　　　　　　　　토목구조기술사 합격 바이블 개정판 1권 제2편 RC p.909

콘크리트의 피로에 대하여 설명하시오.

풀 이

➤ 개요

교통량의 증가로 인해 교량은 극심한 반복하중을 받게 되어 피로가 문제화되고 있다. <u>피로는 일시적인 과재 하중보다는 계속되는 반복하중으로 인해 구조 재료의 누가 손상을 통해 급격한 취성파괴 양상을 보이며 피로 파괴위험을 유발한다.</u> 설계기준에서는 충격을 포함한 활하중에 의해서 철근에 발생하는 응력의 범위를 규정하고 이 범위를 초과하는 경우 피로검토를 하도록 규정하고 있다.

➤ 피로설계 규정

1) 콘크리트 구조기준(2012)

　① 충격을 포함한 활하중에 의해서 철근에 발생하는 응력의 범위가 다음의 규정한 응력의 범위를 초과하는 경우에 대해 피로 검토가 필요하다.

　　㉠ SD300 : 130MPa 이하

　　㉡ SD350 : 140MPa 이하

　　㉢ SD400 : 150MPa 이하

　② 피로검토가 필요한 경우 보 및 슬래브의 피로는 휨 및 전단에 대해 검토한다.

　③ 사용하중하에서 활하중의 반복 작용에 의하여 발생되는 피로현상을 감소하기 위한 제한으로 피로검토가 필요한 구조부재의 높은 응력을 받는 부분에서 철근을 구부리는 것을 피해야 한다.

　④ 피로검토를 위한 철근의 응력 산정

　　㉠ 최대응력의 산정 : 사하중과 충격을 포함한 활하중으로 인한 모멘트

　　㉡ 최소응력의 산정 : 사하중으로 인한 모멘트

　　㉢ 탄성계수비를 이용한 응력산정 방법 : n → 중립축 및 균열단면 2차 모멘트 → 응력

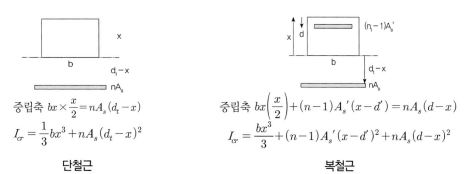

중립축 $bx \times \dfrac{x}{2} = nA_s(d_t - x)$

$I_{cr} = \dfrac{1}{3}bx^3 + nA_s(d_t - x)^2$

단철근

중립축 $bx\left(\dfrac{x}{2}\right) + (n-1)A_s{}'(x - d\,') = nA_s(d - x)$

$I_{cr} = \dfrac{bx^3}{3} + (n-1)A_s{}'(x - d\,')^2 + nA_s(d - x)^2$

복철근

⑤ 간략식을 이용한 응력산정 방법

$$f_{s.\max(\min)} = \frac{M_{\max(\min)}}{A_s\left(d - \dfrac{x}{3}\right)} \ : \text{힘의 삼각형의 중심간 거리 이용}$$

2) 도로교설계기준(한계상태설계법, 2016)

규칙적인 교번하중이 작용하는 부재에 대해 피로한계상태를 검증하여야 하며 이 검증은 해당부재를 구성하는 철근에 대해서 수행하여야 한다. 다중 거더 구조를 가지는 상부구조의 콘크리트 바닥판에서는 검증할 필요가 없다. 하중계수를 곱하지 않은 고정하중 및 프리스트레스 및 피로하중의 1.5배가 조합된 하중에 의해 유발된 응력이 인장이면서 그 크기가 $0.25\sqrt{f_{ck}}$를 초과하는 경우에는 균열단면 성질을 사용하여 피로한계상태를 검증하여야 한다.

① 철근
  ㉠ 고응력영역에 있는 직선철근과 가로방향 용접이 없는 직선 용접철근의 피로하중조합 유발된 응력
  $$f_{fat} : f_{fat} = 166 - 0.33f_{\min}$$
  ㉡ 고응력영역에 있는 가로방향 용접이 있는 직선 용접철근의 피로하중조합 유발된 응력
  $$f_{fat} : f_{fat} = 110 - 0.33f_{\min}$$
  여기서, f_{fat} : 피로응력범위, $f_{\min}$: 피로하중조합에 의한 최소 활하중 응력(인장 +)
  휨철근에 대한 고 응력영역은 최대모멘트 발생단면에서 좌우로 지간의 1/3을 취하여야 한다.
② 프리스트레싱 긴장재
  ㉠ 곡률반경 9,000mm 이상인 긴장재 : 125MPa 이하(피로응력범위)
  ㉡ 곡률반경 3,600mm 이하인 긴장재 : 70MPa 이하(피로응력범위)
  ㉢ 곡률반경 3,600~9,000mm인 긴장재는 선형보간법 이용

처짐   토목구조기술사 합격 바이블 개정판 1권 제2편 RC p.868

특별한 기준이 없을 경우 도로교설계기준(한계상태설계법, 2016)에서 처짐 기준에 대하여 설명하시오.

풀 이

➤ 개요

처짐은 사용성 검토의 주요 인자로 설계기준에서는 계산의 편리성을 위해 최소두께 규정을 통해 별도의 처짐을 계산하지 않아도 되도록 하거나 구조물의 형식에 처짐기준을 두고 고려하도록 하고 있다.

➤ 처짐기준

콘크리트 구조기준에서는 정해진 구조물의 최소두께를 적용하는 경우에는 별도의 처짐을 계산하지 않고 만족하는 것으로 볼 수 있도록 하였다. 다만 처짐을 계산할 때는 부재의 강성에 대한 균열과 철근의 영향을 고려하여 탄성 처짐공식을 사용하여 계산토록 규정하고 있다. 도로교설계기준에서는 상부구조물의 형식에 따라 처짐기준을 제시하고 있다.

1) 휨부재의 최소두께 및 높이 규정

	최소두께 $t_{\min}$			
	단순지지	1단 연속	양단 연속	켄틸레버
1방향슬래브	$l/20$	$l/24$	$l/28$	$l/10$
보	$l/16$	$l/18.5$	$l/21$	$l/8$

※ $f_y \neq 400MPa$인 경우에는 $t_{\min}$에 $(0.43+f_y/700)$을 곱한다.

2) 계산된 처짐이 제한값을 초과하지 않도록 하는 규정

구분	처짐	처짐한계
외부환경	활하중에 의한 탄성처짐	$l/180$
내부환경		$l/360$
처짐에 의해 손상되기 쉬운 지붕구조 또는 바닥구조	지속하중 장기처짐+활하중 탄성처짐	$l/480$
처짐에 의해 손상되기 어려운 지붕구조 또는 바닥구조	(전체 처짐)	$l/240$

3) 도로교설계기준에서의 처짐제어

① 단순 또는 연속경간을 갖는 부재는 사용활하중과 충격으로 인한 처짐이 경간의 1/800을 초과하지 않아야 한다. 부분적으로 보행자에 의해 사용되는 도시지역의 교량에 대해서는 처짐비가 1/1000을 초과해서는 안 된다.

② 사용활하중과 충격으로 인한 캔틸레버의 처짐은 캔틸레버 길이의 1/300을 초과해서는 안 된다. 다만 보행자용인 경우 1/375를 초과해서는 안 된다.

③ 깊이가 일정한 도로교 상부구조 부재의 최소깊이

상부구조 형식	최소깊이(m), S는 경간장	
	단순경간	연속경간
주철근이 차량진행방향과 평행한 슬래브	1.2(S+3)/30	(S+3)/30
T형 거더	0.070S	0.065S
박스형 거더	0.060S	0.055S
보행구조 거더	0.033S	0.033S

내구수명 　　　　　　　　　　　　　　　토목구조기술사 합격 바이블 개정판 1권 제2편 RC p.938

콘크리트 구조물의 내구수명 결정요인과 목표내구수명에 대하여 설명하시오.

풀 이

▶ 목표내구수명의 개요

콘크리트 구조물의 목표내구수명(intended service life)이란 해당 콘크리트 구조물의 중요도, 규모, 종류, 사용기간, 유지관리 수준 및 경제성 등을 고려하여 설정된 구조물이 내구성능을 유지해야하는 기간을 의미하며, 국내 콘크리트 표준시방서 내구성편(2004)에서는 목표내구수명을 3등급으로 구분하여 정하고 있다.

콘크리트 표준시방서 내구성편(2004) 목표내구수명

구조물 내구등급	구조물의 내용	목표내구수명
1등급	특별히 높은 내구성이 요구되는 구조물	100년
2등급	높은 내구성이 요구되는 구조물	65년
3등급	비교적 낮은 내구성이 요구되는 구조물	30년

▶ 내구수명 결정요인

내구성 평가에는 염해, 탄산화, 동결융해, 화학적 침식, 알칼리 골재반응 등 주된 성능 저하 원인을 고려하며, 환경지수와 내구지수를 비교하여 목표 내구 수명에 내구성이 확보되는지를 검토한다.

1) 내구성 설계의 기본절차

　　설계내구수명 설정 → 환경지수 E_r 산정(E : environment) → 설계조건 설정 → 기본사양 검토 → 내구한계연수 D_r 산정(D : durable) → 설계의 적합성 검토($E_r \leq D_r$)

　　✓ $E_r \leq D_r$을 만족하지 않으면 다시 시작

2) 외부환경조건 콘크리트 열화현상으로 고려된 주 인자 : 염해·탄산화·동해·황산염

3) 기본검토항목

　　① 재료·배합 분야
　　② 시공 분야 : 계량/비빔/타설/양생
　　③ 설계 분야 : 이음/철근배근/거푸집·동바리/품질관리/균열 제어/피복

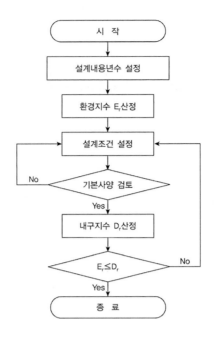

시 작

설계내용년수 설정

환경지수 E_t 산정

설계조건 설정

기본사양 검토 — No

Yes

내구지수 D_t 산정

$E_t \leq D_t$ — No

Yes

종 료

4) 내구지수와 환경지수 산정방법

① 환경지수 : 구조물이 놓여있는 환경조건 및 요구되는 Maintenance Free 기간을 고려하여 정하는 지수로써, 표준환경지수와 환경지수 증분치의 합으로 나타낸다.

$$환경지수(E_T) = 표준환경지수(E_S) + 환경지수\ 증분치(\textstyle\sum \Delta E_T)$$

여기서, 표준환경지수 E_S : 50년간 Maintenance Free인 경우 85

100년간 Maintenance Free인 경우 128

$\sum \Delta E_T$: 염해, 탄산화, 동해, 황산염 침해 및 복합열화에 대한 환경지수 증분치

② 내구지수 : 재료, 설계, 시공의 각 분야에서 세부 항목으로 나누어 내구성에 미치는 정도를 정량적으로 평가하는 것으로 재료 분야, 설계 분야, 시공 분야로 구성되어 있으며, 내구지수는 기본내구지수와 내구지수 증분치의 합으로 나타낸다.

$$내구지수(D_T) = 기본내구지수(D_0) + 내구지수\ 증분치(\textstyle\sum \Delta D_T)$$

③ 내구성 검토 : 콘크리트 구조물의 내구성에 대한 검토는 부재 각 부분에서 내구지수(D_T)가 환경지수(E_T) 이상인 것을 확인하는 절차에 의해 실시된다.

$$D_T \geq E_T$$

보도하중

도로교설계기준(한계상태설계법, 2016)에서 보도하중에 대하여 설명하시오.

풀 이

➤ 개요

도로교설계기준(한계상태설계법, 2016)에서는 보도하중을 등분포하중으로 고려하여 설계하도록 규정하고 있다. 특히 이전 설계와는 달리 주거더를 설계하는 경우에는 지간장의 길이에 따라 다르게 적용하도록 구분하였다.

➤ 도로교설계기준(한계상태설계법, 2016) 보도하중

1) 바닥판과 바닥틀 설계 시 보도에 5×10^{-3} MPa 보도하중을 설계차량 활하중과 동시에 적용한다.
2) 주거더를 설계하는 경우 보도하중은 지간장의 길이에 따라 등분포하중으로 재하한다.

지간장 L(m)	L≤80	80<L≤130	L>130
등분포하중(MPa)	3.5×10^{-3}	$(4.3-0.01L) \times 10^{-3}$	3.0×10^{-3}

3) 보도나 보행자 또는 자전거 교량에서 유지관리용 또는 이에 부수되는 차량통행이 예상되는 경우 이 하중을 설계에 고려하고 이때 이 차량에 대해서는 충격하중은 고려하지 않는다.

➤ 설계 사항

일반적으로 보도교는 도로교설계기준에 의해 설계되며, 통상적으로 2등급 혹은 3등급 교량 수준으로 적용된다. 이때 응급차량이나 유지관리용 차량 통행을 목적으로 차량통행을 감안하여 차량하중을 적용하기도 한다. 보도교의 경우 통상 세장한 구조로 진동 등에 취약할 수 있으므로 사용성에 문제가 없도록 주의가 필요하다.

내후성시험

콘크리트 촉진 내후성시험에 대하여 설명하시오.

풀 이

▶ 개요

촉진 내후성시험은 재료의 물성변화를 파악하기 위하여 <u>인위적으로 특정 조건에 노출시켜 영향 여부를 판단하는 시험</u>으로 특히 기후의 영향으로 변형 여부를 판단하는 시험을 말한다. 내후성시험의 기본요소는 빛에너지(태양광), 온도, 물이며, 기본요소와 함께 오염물질, 생화학적 현상, 산성비, <u>염분</u> 등의 이차적인 효과들이 재료의 노화를 일으키며 상승작용을 하게 된다.

▶ 콘크리트 촉진 내후성시험

콘크리트 분야에서는 낮은 휨강도와 인장강도, 동결융해, 중성화, 염화 등의 다소 취약한 분야에 적용될 수 있으며, 근래에 폴리머 콘크리트나 광촉매를 사용한 콘크리트 블록 등 다양한 혼합콘크리트의 물성변화를 파악하기 위해 실시되기도 한다.

옥외 폭로시험은 실사용 조건과 유사한 조건에서 제품의 내후성을 확인할 수 있다는 점에서 이상적인 방법이지만 적합한 장소를 물색하는 과정에서부터 내후성 시험결과를 얻기까지 비용과 시간이 많이 필요하다. 따라서 원하는 환경을 모사하여 단기간에 결과를 얻어내는 시험 방법이 이 실험실 내후성시험(Laboratory Weatheritest) 또는 촉진 내후성 시험이다.

1) 폴리머콘크리트 촉진 내후성시험 사례 : 고분자의 폴리머 수지를 이용한 혼합콘크리트의 자외선 노출에 따른 노화영향을 확인하기 위해서 태양복사량, 온도, 수분의 영향을 확인한 결과 좌외선 노출에 따라 강도가 변화함을 알 수 있다.

 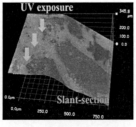 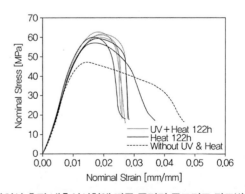

폴리머 콘크리트 자외선 노출 촉진 내후성시험　　자외선 촉진 내후성시험에 따른 폴리머 콘크리트 강도변화

2) 슬리지와 광촉매제를 이용한 콘크리트 보도블록 기온변화에 따른 백화, 대기정화 성능실험 : 태양복사량, 온도, 수분의 변화에 따른 촉진 내후성시험에 따라 형태변화 유무 등에 대한 실험을 통해 영향 파악, 일부 백화현상 발생

내진성능평가　　　　　　　　토목구조기술사 합격 바이블 개정판 2권 제6편 동역학과 내진설계 p.2340

역량 스펙트럼법(Capacity Spectrum Method)에 의한 기존 구조물의 내진성능평가방법을 단계별로 구분하여 설명하시오.

풀 이

➤ **개요**

비선형 해석(Push-Over Analysis)으로 얻을 수 있는 대상 구조물 전체의 공급역량곡선(Demand-Capacity Curve)과 구조물의 설계지진레벨에 대한 소요응답스펙트럼(Demand Curve)을 동일한 그래프상에 도식적으로 비교하여 내진성능을 비교, 평가하는 방법으로 구조물 비선형 거동에 따른 소요역량 스펙트럼과 구조물 성능곡선을 가속도 변위 응답스펙트럼(Acceleration Displace-ment Response Spectrum)상에 함께 도시하여 성능점을 도식적으로 찾는 방법이다.

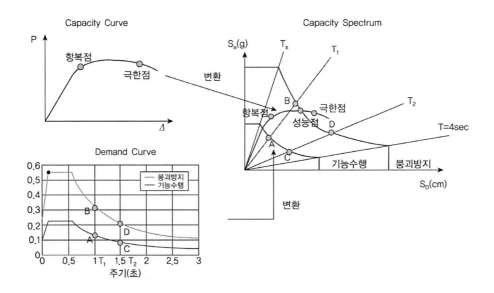

➤ **기존 구조물 내진성능평가 단계별 방법**

1) **공급역량 스펙트럼** : 교각의 단면강도와 수평변위를 응답가속도(S_a)와 응답변위(S_d)의 식으로 변환한다.

$$S_a = P_n / W(P_n : 단면강도, \ W : 유효중량) \quad S_d = \triangle_{상부}(\triangle_{상부} : 교각상부 위치의 변위)$$

2) **소요역량 스펙트럼** : 응답가속도-주기 관계식으로 표현되는 설계응답스펙트럼을 응답가속도 (S_a)와 응답변위(S_d)의 관계식으로 변환한다. 이때 원점을 통과하는 방사형태의 직선상의 점은

주기가 동일하며 주기 T는 $T = 2\pi\sqrt{S_d/S_a}$ 의 관계식으로 표현된다.

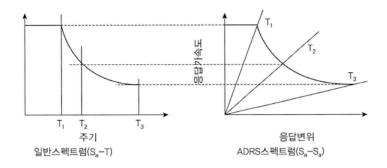

일반스펙트럼(S_a-T)

ADRS스펙트럼(S_a-S_d)

$$\text{일반스펙트럼}(S_a - T) : S_d = \frac{1}{4\pi^2}S_a T^2$$

$$\text{ADRS스펙트럼}(S_a - S_d) : T = 2\pi\sqrt{\frac{S_d}{S_a}}$$

3) 내진성능평가

① 공급역량 스펙트럼상에 항복점, 극한점, 성능점을 결정한다.

② 소요역량 스펙트럼은 기능 수행 수준과 붕괴 방지 수준으로 나타낸다.

③ 성능점은 공급역량곡선과 소요역량 스펙트럼의 교차점이며, 이 점에서는 공급역량의 이력 감쇠비와 소요역량의 감쇠비가 같게 된다. 안전측 평가를 위해서는 소요역량의 감쇠비를 공급역량의 이력감쇠비보다 작게 선정하여 성능점을 결정할 수도 있다.

④ 기능 수행 수준 : 공급역량곡선의 항복점의 위치가 기능 수행 수준 스펙트럼의 외부에 놓이면 내진성능을 만족하는 것으로 한다(내측인 경우 강도 증가를 위한 내진성능 향상 요구).

⑤ 붕괴 방지 수준 : 공급역량곡선의 극한점의 위치가 붕괴 방지 수준 스펙트럼의 외부에 놓이면 내진성능을 만족하는 것으로 한다(내측인 경우 연성도 증가를 위한 내진성능 향상 요구).

⑥ 붕괴 방지 수준의 소요스펙트럼과 공급역량곡선의 교차점이 성능점이 되고 이는 붕괴 방지 수준의 설계지진하중 시 교각의 응답변위 크기를 나타낸다(성능점에서의 최대 응답변위와 받침 지지길이와 비교하여 낙교 등의 검토 수행).

고강도 PSC   토목구조기술사 합격 바이블 개정판 1권 제3편 PSC p.1012

프리스트레스트 콘크리트(PSC) 거더에서 강연선 강도를 1,870MPa에서 2,400MPa의 고강도로 상향할 때 장단점 및 검토할 사항을 설명하시오.

풀 이

▶ 개요

프리스트레스트 콘크리트(PSC)에서는 PS 강재의 릴렉세이션, 콘크리트의 건조수축, 크리프 등으로 말미암아 처음에 도입한 <u>프리스트레스가 시간이 지남에 따라 감소한다.</u> 초기 프리스트레스가 감소한 후에도 PSC가 성립하기 위해서는 소요의 유효프리스트레스가 남아 있어야 하며 이를 위해서 PS 강재를 높은 인장응력으로 긴장해두어야 하기 때문에 일반적으로 고강도 강재를 강연선으로 사용한다.

▶ 고강도 강연성 상향 시 장단점 및 검토사항

<u>PSC강재는 각종 손실에 의해서 소멸되고도 상당히 큰 프리스트레스 힘이 남도록 긴장할 수 있는 인장강도가 큰 고장력 강재를 사용하여야 한다.</u> 따라서 PS 강연선의 인장강도가 더 커지면 유효프리스트레스력이 더 커서 PS도입에 더욱 효과적이다. 그러나 응력이 집중되면 그만큼 피로강도나 응력부식, 지연파괴 등에서는 더 불리한 특성이 있기 때문에 이에 대한 세심한 검토와 설계가 필요하다.

1) **프리스트레스의 유효율**(높은 인장강도) : PSC에서는 릴렉세이션, 건조수축, 크리이프 등으로 초기 프리스트레스의 손실 이후의 잔류된 프리스트레스트에 대한 검토가 필요하다. 고강도 강연선이 더 높다.

$$R = \frac{f_{se}}{f_{pi}} = 1 - \frac{\Delta f_p}{f_{pi}}$$

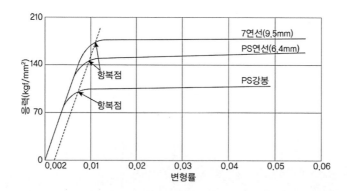

2) **높은 항복비** : 항복응력/인장강도의 비를 항복비라고 하는데, PSC 강재는 항복비가 80% 이상 되어야 하며, 될 수 있으면 85% 이상인 것이 좋다. 이것은 PSC 강재의 응력-변형도 곡선이 상당히 큰 응력까지 직선이어야 한다는 것을 의미한다.

3) **적은 릴렉세이션** : PSC 강재를 어떤 인장력으로 긴장한 채 그 길이를 일정하게 유지하면 시간이 지남에 따라 PSC 강재의 응력이 감소하는데 이러한 현상을 릴렉세이션이라고 한다. 릴렉세이션이 크면 프리스트레스가 감소하므로 장기간에 걸친 릴렉세이션이 작아야 한다. PSC 강선 및 강연선의 릴렉세이션은 3% 이하를 요구한다.

4) **적당한 연성과 인성(靭性)** : 파괴에 이르기까지 높은 응력에 견디며 큰 변형을 나타내는 재료의 성질을 인성(Ductility)이라고 하며, 인성이 큰 재료는 연신율(Elongation)도 크다. 고강도강은 일반적으로 연강에 비하여 연실율과 인성이 낮으나 PSC 강재에는 어느 정도의 연신율이 요구된다. 또 PSC 강재는 조립과 배치를 위한 구부림 가공, 정착장치나 접속장치에 접착시키기 위한 구부림 가공, 접착시킬 때 일어나는 휨이나 물림 등에 의하여 강도를 저하시키지 않기 위해서는 연신율이 될 수 있는 대로 큰 것이 좋다.

5) **응력부식에 대한 저항성** : 높은 응력을 받는 상태에서 급속하게 녹이 슬거나, 녹이 보이지 않더라도 조직이 취약해지는 현상을 응력부식이라 하며, PSC 강재는 항상 높은 응력을 받고 있으므로 응력부식에 대한 저항성이 커야 한다.

6) **콘크리트와의 부착성** : 부착형의 PSC 강재는 부착강도가 커야 하며, 프리텐션 방식에서는 특히 중요한 사항이다. 부착강도를 높이기 위해서는 몇 개의 강선을 꼰 PSC 강연선이나 이형 PSC 강재를 사용하는 것이 좋다.

7) **피로강도** : 도로교나 철도교와 같이 하중 변동이 큰 구조물에 사용할 PSC 강재는 피로강도에 대해 검토해야 한다.

8) **직선(直線)성** : 곧은 상태로 출하되는 PSC 강봉은 문제가 없지만, 타래로 감아서 출하되는 PSC 강재는 풀어서 사용하는데, 이때 도로 둥글게 감기지 않고 곧게 잘 펴져야 한다. 즉 직선성이 좋아야 하는데, 시공 시 중요한 사항이며, 타래의 지름이 소선의 지름의 150배 이상인 것이 좋다.

다음과 같은 외팔보에서 연직방향 자유진동에 대한 운동방정식을 유도하고, 고유진동수를 구하시오. 여기서 보의 강성은 EI로 가정하고, 보의 자중은 무시한다. 이때 외팔보의 $E = 210,000\text{MPa}$, $I = 1.2 \times 10^{-4}\,\text{m}^4$이며, 스프링의 $K_s = 10\text{kN/m}$이다. 외팔보의 길이 $L = 10\text{m}$, 스프링에 달린 구의 무게 $W = 10\text{kN}$이다.

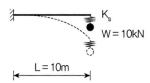

풀 이

▶ 등가스프링계수(k_e)

캔틸레버 보의 강성을 k_2라고 하면,

$$\delta = \frac{FL^3}{3EI}, \quad F = \frac{3EI}{L^3}\delta, \quad k_2 = \frac{3EI}{L^3}$$

캔틸레버 보와 스프링은 직렬연결 구조이며 각 스프링에 작용하는 하중(W)은 같다.

$$F_1 = F_2 = W, \quad \delta = \delta_1 + \delta_2$$

$$\frac{1}{k_e} = \frac{1}{k_s} + \frac{1}{k_2} \quad \therefore\ k_e = \frac{k_s k_2}{k_s + k_2}$$

$$k_2 = \frac{3EI}{L^3} = 75.6\ \text{N/mm},\ k_s = 10\text{N/mm} \qquad \therefore\ k_e = \frac{k_s k_2}{k_s + k_2} = 8.8318\text{N/mm}$$

▶ 자유진동 운동방정식

자유진동을 하는 구조물의 운동방정식 : $m\ddot{x} + c\dot{x} + kx = 0$으로부터, Undamped System으로 가정한다. $c = 0$

$$\ddot{x} + \frac{k}{m}x = 0 \quad \rightarrow \quad \ddot{x} + \omega^2 x = 0 \quad x = \sin\omega t, \quad \ddot{x} = -\omega^2 \sin\omega t \quad \therefore\ \omega = \sqrt{\frac{k}{m}}$$

① 각속도(ω) : $\omega = 2\pi f = \dfrac{2\pi}{T} = \sqrt{\dfrac{k}{m}} = \sqrt{\dfrac{kg}{W}}$ (rad/sec)

② 단자유도계의 고유진동수(f_n) : $f_n = \dfrac{1}{T} = \dfrac{\omega}{2\pi} = \dfrac{1}{2\pi}\sqrt{\dfrac{k}{m}}$ (cycle/sec, Hz)

③ 다자유도계의 고유진동수(f_n) : $\{[k] - \omega^2[m]\}\{\phi\} = \{0\}$ → $\det|[k] - \omega^2[m]| = 0$

➤ 고유진동수 산정

m $= W/g = 10,000/9.81 = 1019.368\mathrm{kg}$

고유진동수 $f = \dfrac{1}{2\pi}\sqrt{\dfrac{k_e}{m}} = \dfrac{1}{2\pi}\sqrt{\dfrac{k_e g}{W}} = \dfrac{1}{2\pi}\sqrt{\dfrac{8.8318 \times 9.81 \times 10^3}{1000^N}} = 1.481\mathrm{cycle/sec}$

고유주기 $\quad T = \dfrac{1}{f} = 0.675\,\mathrm{sec/1\text{-}cycle}$

질량참여율 해석방법

구조물의 고유치 해석에 의한 질량참여율 해석방법에 대하여 설명하시오.

풀 이

> **개요**

구조물의 고유치는 구조물이 가지고 있는 고유한 성질로 주로 동해석 시 고유진동수 해석(Dynamic Analysis Natural Frequency)이나 좌굴(Buckling)해석 시 이용되며, 고유주파수(Eigen-frequency), 고유모드(Eigen-Mode), 형상함수(Shape Function) 등을 산정할 때 주로 많이 사용된다. 동역학적 운동방정식은 모드중첩법(Mode Superposition Method) 또는 직접적분법(Direction Integration Method)을 이용하여 해를 구할 수 있으며, 고유치 문제에 대한 일반적인 해법 식은 다음과 같다. <u>고유치 해석을 통해 산정된 모델 중 질량참여율이 높을수록 공진 등 해석 시 주요 모드로 고려될 수 있으며, 일반적으로 질량참여율이 90% 이상 되는 모드를 주요 모드로 고려한다.</u>

$$([K] - w_n^2 [m])\{\phi\} = \{0\}$$

> **질량참여율 해석방법**

고유치 해석은 구조물 고유의 동적 특성을 분석하는 데 사용되며 자유진동해석(Free Vibration Analysis) 이라고 한다. <u>고유치 해석을 통해 구해지는 구조물의 주요한 동적 특성은 고유모드(또는 모드형상), 고유주기(또는 고유진동수), 모드 기여계수(Modal Participation Factor)</u> 등이며 이들은 구조물의 질량과 강성에 의해 정해진다.

고유모드(Vibration Modes)는 구조물이 자유진동(또는 변형) 할 수 있는 일종의 고유형상이며, 주어진 모양으로 변형시키기 위해 소요되는 에너지(또는 힘)가 제일 적은 것부터 순차적으로 1차 모드 형상(또는 기본진동형상), 2차 모드형상, …, n차 모드형상이라고 한다.

외팔보의 진동모드를 예를 들면, 단일 자유도계의 운동방정식에서 하중과 감쇠항을 영으로 가정한다. 자유진동 방정식을 만들게 되면 선형 2차 미분방정식이 된다.

기본 방정식 $[m][\ddot{y}] + [k][y] = [0]$

변위와 시간을 uncoupling하고 진동을 조화함수로 가정하면,

$$y = q_n(t)[\phi] = (A sin\omega_n t + B cos\omega_n t)[\phi]$$
$$\ddot{y} = (-\omega_n^2 A sin\omega_n t - \omega_n^2 B cos\omega_n t)[\phi] = -\omega_n^2 q_n(t)[\phi]$$

$$\therefore ([K] - \omega_n^2[m])[\phi]q_n(t) = [0]$$

여기서 $q_n(t) \neq 0$이므로, $([K] - \omega_n^2[m])[\phi] = [0]$: 고유치 문제

$$\therefore \left| [K] - \omega_n^2[m] \right| = 0 : \text{Characteristic equation}$$

상기의 등식이 항상 만족하기 위해서는 좌변의 괄호 내의 값이 0이 되어야 하므로 고유치는

$$\omega_n^2 = \frac{k}{m}, \ \omega = \sqrt{\frac{k}{m}}, \ f = \frac{\omega}{2\pi}, \ T = \frac{1}{f}$$

여기서, ω^2 : 고유치(Eigenvalue), ω : 회전고유진동수(Rotational Natural Frequency),
f : 고유진동수(Natural Frequency), T : 고유주기(Natural Period)

그리고 모드기여계수는 해당 모드의 영향을 총 모드에 대한 비율로 나타낸 것으로 다음 식과 같이 표현된다.

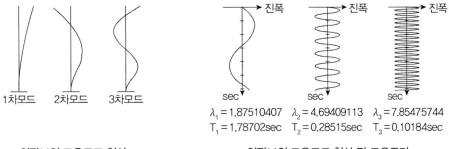

1차모드	2차모드	3차모드				

$\lambda_1 = 1.87510407$ $\lambda_2 = 4.69409113$ $\lambda_3 = 7.85475744$
$T_1 = 1.78702\text{sec}$ $T_2 = 0.28515\text{sec}$ $T_3 = 0.10184\text{sec}$

외팔보의 고유모드 형상

외팔보의 고유모드 형상 및 고유주기

$$\Gamma_m = \frac{\sum M_i \phi_{im}}{\sum M_i \phi_{im}^2} : \text{모드기여계수(Modal Participation Factor)},$$

여기서, m : 임의 모드차수(Mode Number), M_i : 임의 I위치의 질량(Mass),
ϕ_{im} : 임의 I위치의 m차 모드벡터(Mode Shape)

내진설계기준에서는 해석에 포함되는 <u>모드별 유효질량(Effective Modal Mass)의 합이 전체 질량의 90% 이상 확보하도록</u> 요구한다. 이는 해석결과에 영향을 주는 대부분의 주요 모드를 포함하도록 하기 위한 것이다. <u>모드별 유효질량(Effective Modal Mass) M_m</u> 은 다음과 같은 식에 따라 산정된다.

$$M_m = \frac{[\sum \phi_{im} M_i]^2}{\sum \phi_{im}^2 M_i}$$

응력법과 변위법   토목구조기술사 합격 바이블 개정판 1권 제1편 재료 및 구조역학 p.165

매트릭스 구조해석 방법 중 응력법과 변위법을 비교하고 해석절차를 각각 설명하시오.

풀 이

> ### 개요

고전적인 구조물의 해석방법은 강성도법과 유연도법의 두 가지 방법으로 구분할 수 있다. 강성도법 (Stiffness Method, 변위법 Displacement Method)의 해석은 변위를 미지수로 하여 해석하는 방법으로 통상적으로 강성도(k)로 표현되며, 유연도법(Flexibility Method, 응력법 Force Method)의 해석 은 유연도(f)로 표현된다.

구분	강성도법(변위법)	유연도법(응력법)
해석 방법	처짐각법, 모멘트 분배법, 매트릭스 변위법	가상일의 방법(단위하중법), 최소일의 방법, 3연 모멘트법, 매트릭스 응력법
특징	• 변위가 미지수 • 평형방정식에 의해 미지변위 구함 • 평형방정식의 계수가 강성도(EI/L) • 한 절점의 변위의 개수가 한정적(일반적으로 자유도 6개 ; u_x, u_y, u_z, θ_x, θ_y, θ_z)이어서 컴퓨터를 이용한 계산방법인 매트릭스 변위법에 많이 사용됨	• 힘이 미지수 • 적합조건(변형일치법)에 의해 과잉력을 구함 • 적합조건식의 계수가 유연도(L/EI) • 미지의 과잉력이 다수 있을 수 있으므로 각 구조물별로 별도의 매트릭스를 산정하여야 하는 다소 불편이 있음

> ### 매트릭스 구조해석 해석절차

유연도 Matrix와 강성도 Matrix 사이에는 역의 관계가 성립하기 때문에 어느 방법을 선택하든지 기본적으로 방법상의 차이는 없으나 다만 방정식의 수가 달라지기 때문에 컴퓨터를 활용한 계산의 방법에 차이가 있다. 변위법은 기본적으로 격점의 변위를 미지수로 하기 때문에 미지수가 한정적이 나 응력법에서는 부정정력이 미지수이므로 부정정력의 수가 부정정 차수에 따라 달라지는 차이가 있다. 따라서 수치해석프로그램의 대부분은 변위법을 이용한 방법이 주로 적용되고 있다.

1) 변위법(강성도법) : 격점 변위를 미지수로 택한 후 평형조건, 힘-변형관계식 및 적합조건을 적용 하여 구조물의 격점 변위, 부재력 및 반력 등을 구한다.

    ① 평형조건 $[P] = [A][Q]$, $[A]$: Static Matrix(평형 Matrix)

    ② 힘-변형관계식 $[Q] = [S][e]$ $[S]$: Element Stiffness Matrix(부재강도 Matrix)

$$\text{(보, 라멘) } [S] = \begin{bmatrix} \dfrac{4EI}{L} & \dfrac{2EI}{L} \\ \dfrac{2EI}{L} & \dfrac{4EI}{L} \end{bmatrix} \qquad \text{(트러스) } [S] = \begin{bmatrix} \dfrac{EA}{L} \end{bmatrix}$$

③ 적합조건 $[e] = [B][d]$ $[B] = [A]^T$: Deformed Shape Matrix(적합 Matrix)

$$[P] = [A][Q] \rightarrow [Q] = [S][e] \rightarrow [e] = [B][d] \ ([B] = [A]^T)$$
$$\rightarrow [P] = [A][S][B][d] = [A][S][A]^T[d]$$

④ Global Stiffness Matrix $[K] = [A][S][A]^T$ 산정

⑤ Displacement $[d] = [K]^{-1}[P]$ 산정

⑥ Internal Force $[Q] = [Q_0] + [S][A]^T[d]$ 산정

2) **응력법(유연도법)** : 변위 일치의 방법과 동일하게 부정정력을 미지수로 하여 이를 구한 다음 평형 관계로부터 격점 변위, 부재력 및 반력 등을 구한다.

① 외적 격점 하중, 부재 내력을 정의하고, 부정정력 지정한다.

② 평형조건으로부터 평형 방정식 수립한다.

③ 요소 유연도 매트릭스를 구한 후 구조물 유연도 매트릭스를 구한다.

④ 격점 변위를 격점 하중의 힘으로 표시한다.

RC 해석

다음 그림과 같은 단면에서 1) 보의 파괴상태, 2) 단면의 휨 공칭강도를 구하고 적정 여부를 판단하시오. 단, 콘크리트의 설계기준강도 $f_{ck} = 21\text{MPa}$, 철근의 항복강도 $f_y = 350\text{MPa}$, 사용철근량 $A_s = 2,570\text{mm}^2$, 철근의 탄성계수 $E_s = 200,000\text{MPa}$, $n = 7$, 극한모멘트 $M_u = 350\text{kN}\cdot\text{m}$, 콘크리트의 극한변형률 $\epsilon_c = 0.003$으로 가정한다.

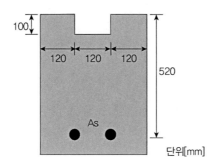

풀 이

> **개요**

상부블록에 의한 압축력을 C_1, 상부블록을 제외한 압축력을 C_2, 철근의 인장력을 T라고 하면,

$$C_1 = 0.85 f_{ck} A_c = 0.85 \times 21 \times 100 \times 240 = 428,400\text{N}$$

$$T = A_s f_y = 2,570 \times 350 = 899,500\text{N} \ \rightarrow \ C_1 < T$$

$$\therefore \text{ 콘크리트 가상 압축블록의 깊이 } a > 100\text{mm}$$

> **콘크리트 보의 파괴상태와 공칭 휨강도 산정**

1) 인장부 철근 항복 가정

인장부 철근이 항복한다고 가정하면,

상부블록에 의한 압축력	$C_1 = 0.85 f_{ck} A_c = 0.85 \times 21 \times 100 \times 240 = 428,400$
상부블록을 제외한 압축력	$C_2 = 0.85 \times 21 \times (a - 100) \times 360$
철근에 의한 인장력	$T = A_s f_y = 2,570 \times 350 = 899,500$

$$C_1 + C_2 = T : 428,400 + 6,426(a - 100) = 899,500$$

$$\therefore \ a1 = 173.312\text{mm}, \ c = 203.896\text{mm}$$

$$\frac{c}{d_t} = \frac{\epsilon_{cu}}{\epsilon_{cu} + \epsilon_s} \quad \therefore \epsilon_s = \frac{\epsilon_{cu}}{c} \times (d_t - c) = \epsilon_{cu}\left(\frac{d_t}{c} - 1\right) = 0.004651 > 2.5\epsilon_y = 2.5 \times 0.00175$$

∴ 가정 O.K, 인장지배 단면

2) 보의 공칭 휨강도 산정

인장지배단면이므로 $\phi = 0.85$

$$\phi M_n = \phi A_s f_y\left(d - \frac{a}{2}\right) = 0.85 \times 2570 \times 350 \times (520 - 173.312/2)$$

$$= 331.324\text{kNm} < M_u = 350\text{kN}\cdot\text{m}$$

∴ 극한모멘트에 비해 보의 공칭 휨강도가 부족하므로 부재단면을 키우거나 철근량을 늘려야 한다.

연성파괴　　　　　　　　토목구조기술사 합격 바이블 개정판 1권 제2편 RC p.559 제3편 PSC p.1067

휨을 받는 콘크리트 보에서 보의 급작스런 파괴, 즉 취성파괴를 방지하고 연성파괴를 유도하기 위해 두고 있는 규정을 철근콘크리트(RC) 보와 프리스트레스트 콘크리트(PSC) 보로 나누어 설명하시오.

풀 이

➤ 개요

휨을 받는 콘크리트 보에서 급작스럽게 파괴되는 취성파괴는 사전인지나 확인이 불가하기 때문에 바람직하지 않은 설계로, 콘크리트 부재에서는 취성파괴를 방지하고 연성파괴를 유도하기 위해서 철근이나 프리스트레스트의 강재량을 제한하는 규정을 두고 있다.

➤ 연성파괴 유도

강재가 과보강되면 강재가 파괴되기 전에 콘크리트가 먼저 파괴되게 되며 이로 인해 취성파괴가 발생한다. 연성파괴를 위해서는 콘크리트 단면이 극한변형률 $\epsilon_c = 0.003$에 도달할 때 강재로 보강된 인장부분에서도 강재가 항복하도록 균형파괴를 유도한다.

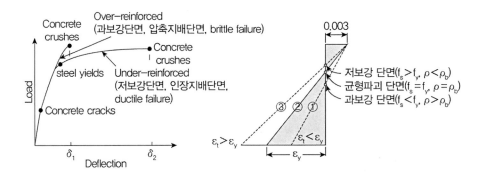

1) 철근콘크리트(RC) 보

철근콘크리트(RC) 보에서는 압축지배단면, 인장지배단면, 변화구간의 3가지 구간으로 구분하여 강도수정계수를 달리 적용하고 연성파괴를 유도한다. 연성파괴를 유도하기 위해 저보강된 경우에는 일정부분 강도 발현을 위한 최소 철근비 규정을 두고 있으며, 과보강된 경우에는 콘크리트가 먼저 급속하게 파괴되는 것을 방지하기 위해 최대 철근비 규정을 두고 있다.

① 인장지배단면은 콘크리트가 한계변형률($\epsilon_{cu} = 0.003$) 도달 이전에 철근이 항복에 도달($\epsilon_s \geq \epsilon_y$)하여 철근이 먼저 항복한다.

② 중립축이 최초에 압축측 연단에 가까이 있어 하중증가에 따라 중립축이 위로 상승하며 이로

인하여 철근이 변형률이 빠르게 증가한다(철근 먼저 항복).

③ 철근 먼저 항복하므로 파괴 시 충분한 연선을 가지고 파괴 징후를 알 수 있다.

④ 다만 아주 저보강 단면(Lightly Reinforced Section)의 경우 분쇄파괴(Brittle Failure)가 발생하는데, 이는 콘크리트 인장응력이 파괴계수($f_r = 0.63\sqrt{f_{ck}}$) 초과 시 균열이 발생하며 인장응력을 철근에 전가 철근의 단면적이 너무 적으면 인장력에 저항하지 못하고 과다하게 늘어지면서(Snap) 파괴가 발생한다. 이러한 파괴를 방지하고 연성파괴를 유도하기 위해서 상한한계인 최외단 순인장변형률($\epsilon_{t.min}$) 이상 되도록 하고 하한한계로 최소 철근비 규정을 준수해야 한다(하한한계 : Snapping 방지, 상한한계 : 철근 과다 방지, Brittle Failure 방지).

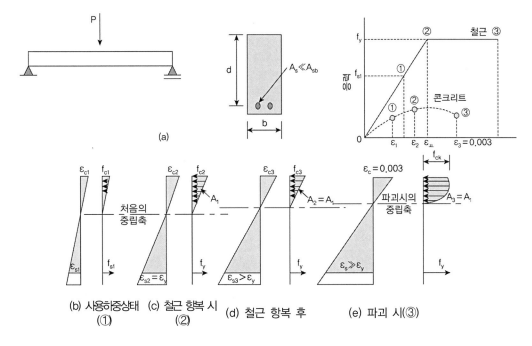

(b) 사용하중상태　(c) 철근 항복 시　(d) 철근 항복 후　　(e) 파괴 시(③)
　　①　　　　　　　②

⑤ 분쇄파괴를 방지하기 위한 최소 철근비 : ACI기준에서 최소 철근비($\rho_{s.min}$)는 소요면적보다 큰 면적을 사용한 경우로, $M_n \geq 2.5 M_{cr}$로 규정한다.

$$M_{cr}(\text{무근}) = T_c\left(\frac{2}{3}h\right) = \left(\frac{1}{2}f_r\frac{h}{2}b_w\right)\left(\frac{2}{3}h\right) = \frac{f_r b_w h^2}{6} \;(\text{또는}) \; M_{cr} = f_r\frac{I_g}{y_t} = \frac{f_r b_w h^2}{6}$$

$$M_n = A_s f_y d \simeq M_{cr} = \frac{f_r b_w h^2}{6} \qquad \therefore A_s = \frac{f_r b_w h^2}{6 f_y d}$$

여기서, $f_r = 0.63\sqrt{f_{ck}}$, $h \simeq d$

$$A_s = \frac{0.63\sqrt{f_{ck}}}{6f_y}b_w d \rightarrow [\ \times 2.5 (\mathrm{S.F})] \qquad\qquad \therefore\ A_{s.\min} = \frac{0.25\sqrt{f_{ck}}}{f_y}b_w d$$

$$\rightarrow [f_{ck}=28MPa,\ \times 2.5(\mathrm{S.F})]\quad \therefore\ A_{s.\min} = \frac{1.4}{f_y}b_w d$$

$$\therefore\ \rho_{s.\min} = \max\left[\frac{1.4}{f_y},\quad \frac{0.25\sqrt{f_{ck}}}{f_y}\right]$$

⑥ 최대철근비(최소허용인장변형률)

$$\epsilon_t \neq \epsilon_y,\ \frac{c}{d_t} = \frac{\epsilon_c}{\epsilon_c + \epsilon_t},$$

$$\rho_{\max} = 0.85\beta_1\frac{f_{ck}}{f_y}\frac{c}{d_t} = 0.85\beta_1\frac{f_{ck}}{f_y}\left(\frac{\epsilon_c}{\epsilon_c+\epsilon_t}\right) = \frac{\epsilon_c+\epsilon_y}{\epsilon_c+\epsilon_{t_{\min}}}\rho_b$$

2) 프리스트레스트 콘크리트(PSC)보

PSC의 휨 파괴는 철근콘크리트(RC)보와 마찬가지로 균열과 동시에 PS 강재가 파단하는 균형파괴, PS 강재응력이 항복강도 도달 후 콘크리트가 압축파괴되는 저보강 PSC 파괴, PS 강재응력이 항복강도 도달 이전에 콘크리트가 압축 파괴되는 과보강 PSC파괴로 구분되며, 과보강 PSC일수록 콘크리트가 먼저 파괴되기 때문에 취성파괴가 현상이 발생된다. RC와 마찬가지로 저보강 PSC의 경우에도 PS 강재량이 매우 적을 경우에 급격하게 파단이 발생될 수 있어 최소강재량 규정을 두고 있으며, 과보강으로 인한 취성파괴 방지를 위해 최대강재량 규정을 두고 있다.

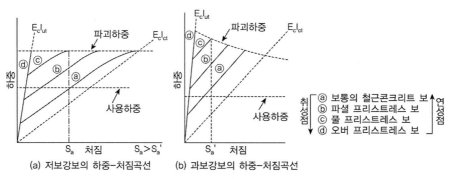

저보강보와 과보강보의 파괴형태

① PS 강재 응력이 항복강도보다 큰 경우에도 콘크리트가 압축파괴에 도달하여 연성파괴가 발생되는 보를 저보강보라 하며, 균열 발생 후 균열 환산단면적의 휨강성과 평행하게 휨강성이 변하다가 파괴되는 특성이 있다.

② PS 강선량이 매우 작은 경우 균열이 발생하며 보가 급격히 파괴될 수 있다. 적당량의 PS 강선을 사용하는 경우 PS 강재가 항복 후에도 소정의 변형이 발생한 후 파괴된다.

③ PS 강재가 항복강도에 이르기 전에 콘크리트가 먼저 파괴되어 취성파괴 현상을 보이는 보를 과보강보라 하며 파괴하중에 이르기까지 비균열 환산단면적의 휨강성을 유지하다가 사전 징조 없이 갑자기 취성파괴를 일으키는 특징이 있다.

④ 과보강보의 경우 파괴를 야기하는 하중의 크기가 변한다. 균열이 발생된 후 균열환산단면적의 휨강성과 평행하게 휨강성이 변하다가 파괴되는 경향을 보여 파괴의 전조가 나타나지 않는 취성파괴를 한다.

⑤ PSC 휨부재의 최소강재량 : 강재량이 단면에 비하여 너무 작으면 갑작스러운 파괴를 야기시킨다. 이는 균열이 발생하자마자 갑작스러운 파괴를 야기할 수 있어 바람직하지 못하기 때문에 균열이 발생하더라도 일정구간 하중에 견딜 수 있도록 하여 처짐을 수반한 후 파괴의 징후를 보이도록 연성파괴 유도를 위해 필요하다.

'PS 강재와 철근의 전체 강재량이 계수모멘트 M_u를 전달하는 데 필요로 하는 양보다 작아서는 안 된다 → 균열하중의 1.2배 이상의 계수하중에 견디도록 설계'

$$M_u \left(= \phi M_n\right) \geq 1.2 M_{cr}$$

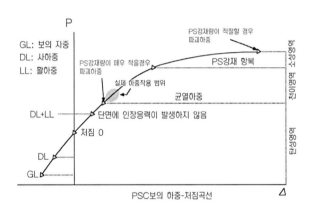

PSC보의 하중-처짐곡선

⑥ PSC 휨부재의 최대강재량 : 연성파괴를 유도하기 위한 목적으로 콘크리트 단면에 대한 강재비(Percentage of reinforcement)를 규정한다. 최대강재량 이내인 경우 저보강 PSC로 분류하고 최대강재량 이상인 경우 과보강 PSC로 분류한다.

 ㉠ 긴장재만 가지는 보 $\omega_p \leq 0.32 \beta_1 \left(\omega_p = \rho_p \dfrac{f_{ps}}{f_{ck}}, \ \rho_p = \dfrac{A_p}{b d_p}\right)$

 ㉡ 긴장재와 철근을 가지는 직사각형 단면 보 $\omega_p + \dfrac{d}{d_p}(\omega - \omega') \leq 0.36 \beta_1$

 ㉢ 긴장재와 철근을 가지는 I형, T형보 $\omega_{pw} + \dfrac{d}{d_p}(\omega_w - \omega_w') \leq 0.36 \beta_1$

일체식 교대와 반일체식 교대　　　　토목구조기술사 합격 바이블 개정판 2권 제5편 교량계획 및 설계 p.1760

일체식 교대와 반일체식 교대의 특징을 비교하고 적용성을 설명하시오.

풀 이

고속도로 무조인트 교량의 현재와 미래(최광수, 한국토목학회지, 2018)

➤ 개요

일체식 교대, 반일체식 교대, Slab Extension은 무조인트 교량의 종류로 상부구조의 계절적 온도 변화에 의한 신축을 일반 조인트 교량의 신축이음장치가 아닌 접속슬래브와 본선 포장부 사이에 줄 눈형식으로 설치되는 신축조절장치(CCJ, Cycle Control Joint)와 뒤채움 및 말뚝재료의 강성 등으 로 조절하는 교량을 말한다.

➤ 무 조인트 교량의 특징

무조인트 교량을 "장기적인 외부환경 변화에 대응한 유지관리 비용을 최소화하기 위한 목적으로 교 량 상부구조, 즉 슬래브 또는 바닥판(deck)에서 단순히 신축이음을 설치하지 않은 교량을 총칭"하 는 것으로 정의하고 있다. 교량 전체 연장에 걸쳐 바닥판이 연속화 되므로 온도, 건조수축 및 크리 프 변형에 의한 상부구조의 신축량을 교량 구조체에서 직접 수용하거나 본선 포장체와 접속하는 접 속슬래브의 끝단에 별도의 신축조절장치를 설치함으로써 수용하게 된다. 교량 받침 및 신축이음 장 치가 모두 없는 '일체식 교대', 신축이음장치만 없는 '반일체식 교량', 고정단 신축이음장치만 없는 'Slab Extention'으로 크게 구분된다.

1) 무 조인트 교량의 장점

　① 낮은 초기 투자비용 및 유지관리 비용
　② 신축이음부 누수에 의한 바닥판 하부 열화 방지로 내구수명 증대
　③ 차량 주행성 향상
　④ 쉽고 빠른 교량 건설
　⑤ 교량 점검의 용이성
　⑥ 단순한 교량 상세
　⑦ 교좌장치 제거(반일체식 및 슬래브익스텐션 예외)
　⑧ 사각, 곡률 및 지진 등에 보다 안정적인 구조
　⑨ 부력 저항성 증대

구분	완전 일체식 교대 교량	반일체식 교대 교량	Slab Extension
개요			
일체 여부	교량받침, 신축이음장치 없음	신축이음장치 없음	신축이음장치 없음
평면선형	직선거더 및 평행 배치	직선거더 및 평행 배치	제약 없음
종단/사각	5% 이내 / 30°	제약 없음 / 30°	제약 없음
지반조건	앞성토 필요 말뚝길이 6.0m 이상 연약지반 적용 곤란	제약 없음 (교량받침＋독립형 교대)	제약 없음 (교량받침＋독립형 교대)
적용연장	콘크리트교 120m 강교 90m	콘크리트교 225m 강교 135m	고정단 교대에만 적용

1) 완전 일체식 교대 교량(Full Integral Abutment Bridge)

일체식교대 교량은 완전일체식과 반일체식교대 교량으로 구분하는데, 그 차이는 온도 및 하중에 의한 변위 수용과 하중을 하부구조로 전달하는 방식에 있다. 완전일체식교대 교량은 교대와 상부구조가 강결 또는 힌지 연결된 구조로 온도에 의한 신축변위 및 토압에 의한 회전변위를 낮은 교대부 벽체와 H형강 말뚝을 약축 방향으로 배치하여 거동을 유연(Flexible)하게 함으로써 수용한다. 교량받침이 불필요하므로 유지관리가 가장 좋은 형식이나, 온도변위나 사각 또는 곡선반경 등에 의한 회전변위를 적절하게 수용할 수 있도록 하부벽체와 말뚝의 설계 및 시공에 보다 많은 노력을 요하며, 그 구조적 특성으로 인해 반일체식교대 교량에 비해 상대적으로 짧은(연장 150m 내외)의 교량에 적용한다.

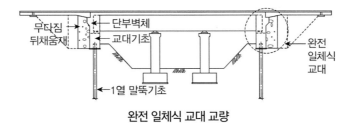

완전 일체식 교대 교량

2) 반일체식 교대 교량(Semi Integral Abutment Bridge)

반일체식교대 교량은 상부와 하부구조가 분리된 특성을 갖는다. 상부구조의 단부는 격벽으로 계획되어 온도 신축에 의한 배면 수동토압에 저항하도록 한다. 전통적인 교대형식에 비해 낮은 교대를 갖게 되므로 교량기초부에 전달되는 토압이 현저하게 감소하고 경제성이 향상된다. 완전일

체식교대교량은 말뚝에서 변위를 수용하여야 하므로 절토부에는 적용이 어렵지만 반일체식교대
교량은 하부지반조건의 영향을 받지 않는다. 사각, 곡률반경 등의 영향도 크게 받지 않으므로 한
국도로공사에서는 최근 반일체식교대 교량을 500m까지 적용이 가능하도록 하였다.

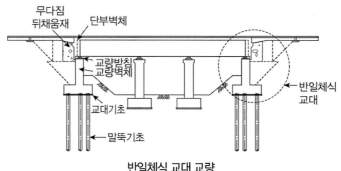

반일체식 교대 교량

3) Slab Extension

슬래브 익스텐션 교량은 반일체식교대 교량과 유사한 형식이다. 반일체식 교대 교량은 기존 교
대형식에서 흉벽을 거더 단부 격벽으로 대체하였으나 슬래브 익스텐션 교량은 흉벽까지 기존 교
대방식과 동일하게 설치하며 기계식 신축이음장치를 제거하기 위해 바닥판을 흉벽 상단까지 연
장하여 설치한다. 따라서 온도에 의한 신축거동 시 반일체식교대 교량에 비해 수동토압을 받는
면적이 줄어들게 되므로 회전변위가 축소되어 큰 사각을 갖는 교량에도 적용이 가능하다. 일반
적으로 사각이 30°를 초과하는 경우에 적용한다.

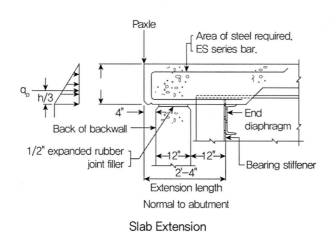

Slab Extension

4) 심리스교량

심리스교량 시스템은 다른 무조인트형식에 비해 비교적 최근에 소개된 개념이다. 교량을 무조인
트화하기 위해서는 온도에 의한 신축거동을 흡수할 수 있는 장치를 접속슬래브 끝단에 설치하며

신축량에 따라 신축조절장치의 형식을 결정한다. 그러나 심리스교량은 그 명칭에서 알 수 있듯이 신축조절장치를 설치하지 않는 완전한 무조인트 시스템이다. 심리스교량은 구조적인 형식 측면에서는 완전일체식교대 교량과 유사하다. 그러나 기존 무조인트 형식에서 적용하는 접속슬래브와 일체화된 전이구간(transition zone)의 개념을 도입함으로써 거더의 신축거동을 수용하게 되며 본선포장과 접합되는 전이영역의 끝단에서는 약 10mm 이하의 줄눈 설치로 마감하게 된다. 온도하강에 의한 수축 시 전이영역에서 균열을 일정패턴으로 유도함으로써 수축변위를 흡수한다. 호주 시드니의 The Westlink M7(WM7)에 총연장 120m의 2경간 연속교에 적용되었다.

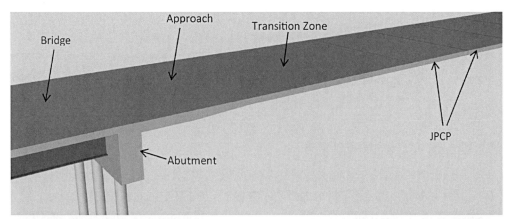

심리스교량 시스템과 전이영역

정착구역 균열   토목구조기술사 합격 바이블 개정판 1권 제3편 PSC p.1112

프리텐션 부재 정착구역의 균열 제어 설계방안을 설명하시오.

풀 이

➤ 개요

프리텐션 PSC 부재는 강연선의 유효 긴장력을 강연선과 이를 둘러싸고 있는 콘크리트의 부착응력에 의해 콘크리트에 전달함으로써 콘크리트 부재의 단점인 인장응력의 발생을 감소시키고자 하는 부재이다. 그러나 프리텐션 중 I형 거더와 같이 세장한 경우 단부에 국부적으로 프리스트레스트가 집중되는 하중에 전단지연이나 국부적 휨으로 인해 균열이 발생되기 쉬우며, 이로 인해 일반적으로 수평균열, 수직균열, 경사균열 등이 발생될 수 있다.

➤ 프리텐션 I형 거더 정착부 균열 유형

프리텐션 I형 거더 정착부 인근에서는 콘크리트 단면부족으로 인한 <u>수평균열(Horizontal Cracks)</u>과 하부플랜지에서 긴장력이 전달되는 과정에서 발생하는 <u>수직균열(Vertical End Cracks)</u>, 방사균열 <u>(Radial Cracks)</u>, 경사균열<u>(Angular Cracks)</u>, 스트랜드 균열<u>(Strand Cracks)</u> 등이 발생된다. 이러한 정착부에서의 균열 원인은 재킹 힘을 해제하는 과정에서 강연선에서 부재로 힘이 전달되는 과정에서 발생된다.

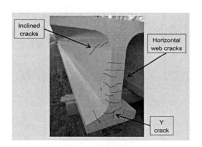

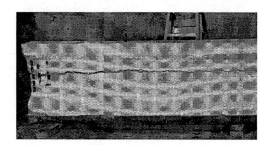

정착부 균열   단부에서 발생되는 수평균열

1) **정착부 인근 수평균열** : 수평 균열은 대개 중심 축 근처에서 발생되며 I형이나 역 T형 거더의 경우 웨브와 하부플랜지의 접합부에 가깝게 발생된다. 이러한 수평균열의 원인은 인장력에 견딜 수 있는 콘크리트의 단면이 작기 때문에 발생된다.

2) **수직균열** : 하부플랜지에서 긴장력이 전달되는 과정에서 작은 균열이 발생된다. 수평균열과 합쳐져서 Y형 균열이 발생되기도 한다.

3) **경사균열** : 전단지연이나 국부적 휨으로 인해 발생된다.

➤ 정착부 균열 제어 설계방안

PSC 정착구에서는 프리스트레스 힘의 작용방향으로 매우 큰 파열응력(Bursting Stress)이 단부 안쪽 짧은 거리에 작용하고 하중면 가까이에는 매우 큰 할렬응력(Spalling Stress)이 작용한다. 파열인장과 할렬인장에 대비한 폐쇄스트럽의 배치와 폐쇄스트럽 정착을 위한 모서리 종방향 철근을 배근한다.

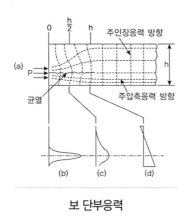

보 단부응력

포스트텐션 정착구역의 응력

1) 정착구역 해석 및 보강철근 산정

① 선형응력 해석(Linear Stress Analysis) : 선형탄성해석과 함께 유한요소해석을 포함한다. 유한요소법은 콘크리트 균열에 대한 정확한 모델개발의 어려움에 의해 제약받는다.

　㉠ 보강철근 산정

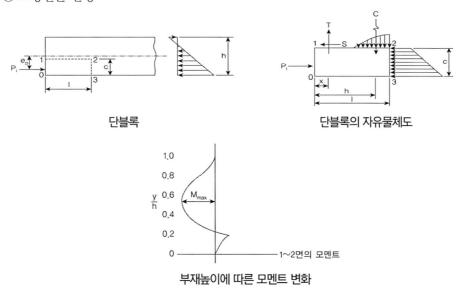

단블록　　　　　　　　　　단블록의 자유물체도

부재높이에 따른 모멘트 변화

$$T = \frac{M_{\max}}{h-x}, \ A_t = \frac{T}{f_{sa}}$$

ⓒ 콘크리트의 지압응력(f_b)

(긴장재 정착 직후) $f_b = 0.7 f_{ci} \sqrt{\dfrac{{A_b}'}{A_b} - 0.2} \leq 1.1 f_{ci}$

(프리스트레스 손실 후) $f_b = 0.5 f_{ck} \sqrt{\dfrac{{A_b}'}{A_b}} \leq 0.9 f_{ck}$

여기서, A_b : 정착판의 면적, ${A_b}'$: 정착판의 도심과 동일한 도심을 가지도록 정착판의 닮은꼴을 부재단부에 가장 크게 그렸을 때 그 도형의 면적

② 평형조건에 근거한 소성모델(STM) : 평형의 원리에 따라 프리스트레스 힘을 트러스구조로 이상화하여 해석하는 방법이다. 콘크리트 구조물이나 부재의 저항능력은 구조물의 소성이론 중 하부한계정리(Lower Bound Theorem)를 적용하여 보수적으로 추정할 수 있다. 만약 충분한 연성이 구조계 내에 존재한다면 스트럿-타이 모델은 정착구역의 설계조건을 만족시킬 수 있다. 다음 그림은 Schlaich가 제안한 두 개의 편심된 정착구를 갖는 정착구역의 경우에 대한 선형 탄성응력장과 이에 적용되는 STM 모델이다. 콘크리트의 제한된 연성 때문에 응력분포를 고려한 탄성해와 크게 차이나지 않는 STM 모델이 적용되어야 하며, 이 방법은 정착구역에서 요구되는 응력의 재분배를 줄이며 균열이 가장 발생하기 쉬운 곳에 철근을 보강하도록 해준다.

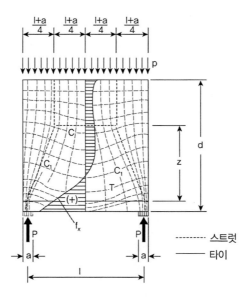

다음은 몇 개의 전형적인 정착구역에 대한 하중상태에서의 STM 모델이다.

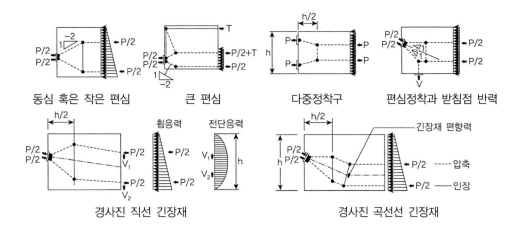

동심 혹은 작은 편심	큰 편심	다중정착구	편심정착과 받침점 반력

경사진 직선 긴장재   경사진 곡선선 긴장재

㉠ 정착구역에서 전체 국소구역은 가장 중요한 절점 또는 절점그룹으로 구성되어 있다. 정착장치하의 지압응력을 제한함으로써 국소지역의 적합성을 보장하므로 정착장치의 승인시험에 의해 검증되면 무시할 수 있다. 따라서 STM 모델 시 국소구역의 절점들은 정착판의 앞 a/4만큼 떨어진 곳을 선택해도 좋도록 규정한다.

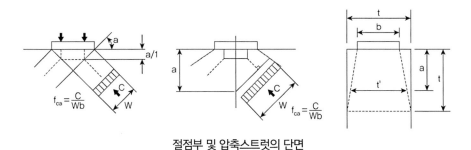

절점부 및 압축스트럿의 단면

㉡ STM 모델은 탄성응력분포에 기초하여 구성할 수 있다. 그러나 적용한 STM 모델이 탄성응력분포와 비교하여 차이가 많을 경우 큰 소성변형이 예상되며 콘크리트의 사용강도를 감소시켜야 한다. 또한 다른 하중의 영향으로 콘크리트에 균열이 발생해도 콘크리트 강도를 감소시켜야 한다.

㉢ 인장하에서 콘크리트 강도를 신뢰할 수 없기 때문에 인장력을 저항하는 데 콘크리트의 인장강도를 완전히 무시한다.

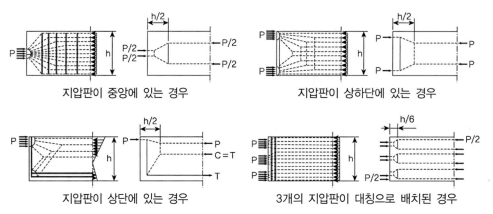

지압판이 중앙에 있는 경우   지압판이 상하단에 있는 경우

지압판이 상단에 있는 경우   3개의 지압판이 대칭으로 배치된 경우

정착구역의 STM 모델

③ 간이계산법(Simplified Equation) : 근사해법으로 불연속부 없이 직사각형 단면에 안전측의 결과를 보여주는 방식이다. 다만 부재의 단면이 직사각형이 아니거나, 일반구역 내부 또는 인접한 부위의 불연속으로 인하여 힘의 흐름경로에 변화를 유발하는 경우, 최소 단부거리가 단부 방향의 정착장치 치수의 1.5배 미만인 경우, 여러 개의 정착장치가 서로 근접되지 않아 한 개의 정착그룹으로 볼 수 없는 경우에는 간이 계산법을 사용할 수 없다.

㉠ 압축응력의 계산

㉡ 파열력의 계산 : 정착장치가 1개 이상인 경우 긴장순서를 고려하여야 한다.

$$T_{burst} = 0.25 \sum P_{pu} \left(1 - \frac{h_{anc}}{h}\right), \quad d_{burst} = 0.5(h - 2e_{anc})$$

여기서, $\sum P_{pu}$: 개개의 긴장재에 대한 P_{pu}의 합

h_{anc} : 검토 방향에서 하나의 정착장치 또는 가까운 정착장치 그룹의 깊이(mm)

e_{anc} : 정착장치 또는 근접한 정착장치 그룹의 단면중심에 대한 편심(mm)

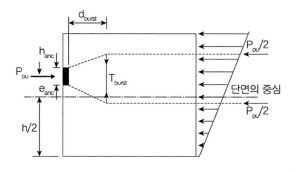

안전점검

주행차량이 적재높이 위반으로 가설된 강박스 거더(Steel Box Girder)에 충돌하여 복부 강판에 아래 그림과 같은 찢어짐과 변형이 발생하였다. 구조물의 주요 안전점검 부위별 점검범위 및 보수보강 방안을 설명하시오.

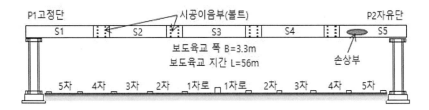

풀 이

▶ **개요**

강박스 거취 후 충돌로 인해 사고가 발생되어 상부 바닥판은 설치되지 않은 것으로 가정한다.

▶ **주요 안전점검 부위별 점검범위**

1) **사전 안전조치** : 하부 차로에 대한 통제와 안전조치를 선행해 비산이나 낙하로 인한 2차 피해를 먼저 예방한다. 가설벤트 등을 설치해 가설된 강박스 거더의 전도나 낙하 등에 대비한다.

2) **손상부 주변의 점검** : 손상된 복부판 주변의 찢어짐과 변형의 영향 범위를 조사하고, 변형으로 인해 플랜지의 좌굴, 볼트 연결부의 손상, 브레이싱 변형, 연결 용접부, 가로보 연결부 들뜸 등 연결된 주변에 2차적인 변형이나 손상이 함께 발생되었는지 여부를 조사한다.

충돌로 변형된 강박스 사례

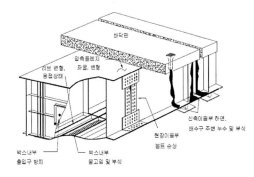

강박스 거더 주요 점검 부위

3) **받침부 및 교각(교대) 손상 점검** : 충돌하중으로 인해 받침부에 손상으로 균열이나 들뜸, 밀림 등이 발생되었는지 확인하고, 이로 인해 교각이나 교대에 균열, 기울어짐 등이 발생되었는지 여부를 검토한다. 충격이 크게 발생되었을 경우에는 기초부에 영향이 있는지 여부도 검토한다.

| 받침 연단부 균열 | 받침부 들뜸 | 교각 측면 균열 |

➤ 주요 보수 보강 방법

주요 부재에 대해 하중이 전달되는 방향에 따라 조사하고 조사결과에 따라 보수보강방법을 선정하여야 한다. 주어진 조건에 따라서 주거더부 웨브에 변형과 찢어짐이 발생된 부분에 대해서만 보수보강을 할 경우에 한하여 보수보강방법을 제시한다.

1) **교체공법**

교체공법은 손상된 부분만 제거하고 새로운 부재와 연결해 손상 받지 않은 부분과 같은 정도의 기능으로 회복하는 공법으로 부분교체 공법과 부재를 전면적으로 회복시키는 전면공법이 있다.
① 고력볼트 절단 : 볼트 절단 시나 기존부재 철거 시 다른 부재에 영향을 미치지 않도록 주의
② 가설부재 철거 : 교체와 관련되어 있는 가설부재는 조심하여 철거
③ 신구부재 접합면 처리 : 철거부재와 새로운 부재가 연결되는 접합부에 이물질 등 정리
④ 가볼트 조립 : 볼트를 이용하여 부재를 가조립
⑤ 신설 부재위치 확정 : 가조립 후 이상이 없으면 신설부재의 위치를 확정
⑥ 볼트 조임 : 기존 부재와 신설 부재를 볼트를 이용하여 체결
⑦ 도장 : 강재 부식 방지를 위해 도장을 실시하고 마감

2) **보수공법**

보수공법은 균열이 발생된 부분에 용접 보수를 실시하거나 Stop-Hole을 설치해 국부적인 응력집중을 해소와 균열의 전진을 방지하고 변형된 부분에 가열교정공법을 통해 원래의 형태로 복원하는 방식이다. 부식 등에 대비해 도장보수 등도 같이 실시한다.
① Stop-Hole 보수공법 : 구멍을 설치해 국부적인 응력집중 해소, 균열 진전을 일시적으로 방지
② 용접보수공법 : 균열이 발생된 부위를 가우징으로 제거한 후 재 용접하여 보수하는 공법, 손상부에 첨접판을 대고 용접하는 방법 등이 있으며 현장조건에 결함에 따라 적용한다.

③ 보강판 고력볼트 체결공법 : 작업조건이 나빠 용접할 수 없는 구간에서 단면 결손이 발생될 경우 단면의 보강효과를 기대하는 목적으로 적용되는 공법이다.

④ 교정공법 : 변형된 부재를 상온에서 교정하면 상당한 소성변형이 발생되므로 교정 후(소성변형 후) 인성저하를 고려해서 가열교정공법을 적용하는 것이 일반적이다.

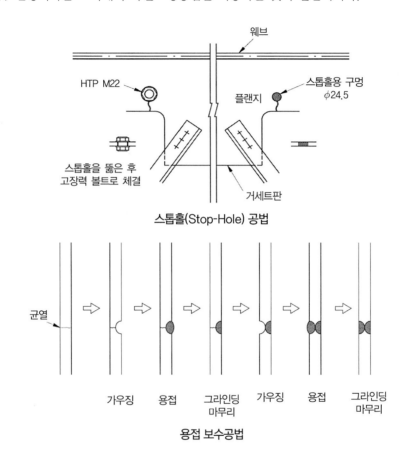

스톱홀(Stop-Hole) 공법

용접 보수공법

보강판 고력볼트 체결공법

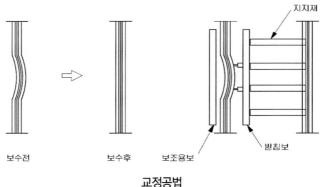

보수전   보수후   보조용보   받침보

지지재

교정공법

3) 부재증설 공법

증설공법은 응력부족에 대해 부재를 증설해 보강하는 방식으로 부재 증설시의 응력상태를 충분히 검토한 후 시행하여야 한다. 부재의 증설은 사하중이 증가되므로 증설되는 부재가 구조물의 상부에 위치할 때는 그 부재를 지지하는 하부구조의 증설 또는 교환 등의 보강방법을 고려해야 한다. 구조물 전체의 힘의 방향도 바뀌므로 그에 따른 구조물의 거동과 응력 상태를 검토하는 것도 중요하다. 부재 증설 시 신설부재가 접합되어 기존 부재에 미치는 영향을 고려해야 하며, 증설되는 부재의 중심축이 기존의 부재 중심축과 일치하는지 또는 신구 접합부재의 접합부에서 용접에 의한 응력집중, 열 영향 등과 볼트 구멍에 의한 단면결손이 기존 부재에 어떤 영향을 미치는지를 고려해 부재 증설 후의 보강효과를 확실히 해야 한다. 부재증설 시 작업공간의 확보, 기존 시설과의 간섭문제 등도 충분히 고려해야 한다.

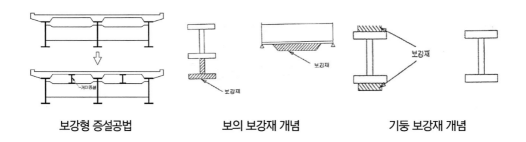

보강형 증설공법   보의 보강재 개념   기둥 보강재 개념

내하력 평가 　　　　　　　　　　토목구조기술사 합격 바이블 개정판 2권 제5편 교량계획 및 설계 p.2119

교량의 내하력 평가 시 동적재하시험 데이터를 얻는 방법을 설명하고 그 결과를 내하력, 보수보강
효과 및 구조물의 노후화 평가에 활용하는 방안을 설명하시오.

풀 이

▶ 개요

내하력 평가는 구조물에 작용하는 공용하중의 조사와 비파괴시험에 의한 부재강도의 조사, 정·동
적재하시험에 의한 변형률과 변위, 진동 특성을 조사하며 이를 기초해 구조물이 작용외력에 대한
저항능력을 평가한다. 내하력 평가방법은 일반적으로 허용응력법, 강도판정법, 하중저항계수판정
법, 신뢰성방법에 의한 방법으로 구분된다.

▶ 동적재하시험

재하시험은 이론적인 방법으로 평가된 교량의 내하력을 보완하는 데 적용된다. 일반적으로 교량의
내하력은 교량의 거동에 영향을 줄 수 있는 심각한 손상이나 결함, 재료적 열화현상이 없다면 이론
적 방법보다 더 높게 평가된다. 재하시험을 평가하는 주요 목적은 교량의 실제 정적, 동적거동을
평가하고, 처짐 및 진동 등의 사용성과 교량의 결함원인의 분석 및 규명, 해석에 의한 방법보다 내
하력이 작은 경우 실제 거동을 반영해 내하력 결정을 위해 시행된다.

1) 정적재하시험 방법

먼저 설계하중을 고려하여 시험 트럭하중을 선정한다. 일반적으로 트럭의 축 중량 규제로 인해
1등급교에 재하되는 재하차량의 최대중량은 250kN으로 설계하중 총 중량의 60% 정도 수준이
다. 교통통제 후 무재하 상태에서 변위 등을 측정하며 정적하중을 재하한 후 3회 연속 측정하여
계측값을 확인한다. 차량 제거 후에 초기 값과 비교하여 탄성 복원과 잔류변형의 유무 등을 확인
한다.

2) 동적재하시험 방법

동적재하시험은 시험차량의 주행속도에 따른 동적응답으로부터 실제 교량의 충격계수와 진동평
가를 위한 시험과 동적 특성을 구하는 시험으로 구분된다. 시험차량은 주요 위치의 동적 처짐과
변형률을 기록할 수 있도록 주행하며, 주행속도는 10km/h를 기준으로 10km/h씩 증가하면서 가
능한 최고 속도까지 속도별로 주행시켜 가속도 측정을 통해 시험차량의 주행 시 진동에 의한 동적
특성을 분석한다.

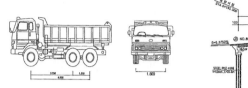

| 시험용 차량 선정 | 동적재하시험(10~50km/h) |

➤ 구조물의 평가에 활용하는 방안

동적재하시험은 교량의 사용성 및 동적거동 특성을 평가하기 위하여 실시하며, 일반적으로 처짐계(LVDT) 및 변형률 게이지를 이용하는 방법과 가속도계(Accelerometer)를 이용하는 방법 등이 있다. 동적재하시험을 통해서 충격계수에 대한 실측과 합리적 해석모델의 검증을 위해 고유진동수를 검증하는 데 주로 많이 활용된다.

1) 충격계수

동적재하시험을 통한 실측 충격계수와 시방서에 의한 계산 충격계수를 비교하기 위한 실측 충격계수 산정은 속도별로 재하 시 얻은 의시정적 최대처짐으로 속도별 최대처짐을 각각 나누면 속도별 동적증폭률(1+i)이 계산된다. 이 방법은 교량의 노면 상태, 차량의 주행속도, 지간장, 사하중과 활하중의 비, 구조적 특성 등의 다양한 인자들로 인하여 의사정적으로 보기 어려운 점이 있어 측정결과에 영향을 미치는 현장 특성 요인을 감안하여 속도별 동적파형을 Low Pass Filtering 하여 각각의 정적파형을 구한 후 속도별로 동적파형의 최대치를 정적파형의 최대치로 나누어 동적증폭계수를 산정하는 방법을 많이 사용한다. 동적주행시험의 각 속도별 동적응답곡선에서 Low Pass Filtering을 통한 최대정적응답곡선을 기준으로 하여 최대동적응답치와 비교하여 실측 충격계수를 산정한다.

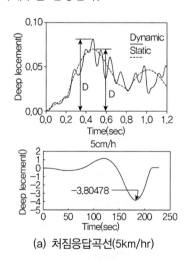

$$D(증폭계수) = \frac{(y_{dynamic})_{\max}}{(y_{static})_{\max}}$$

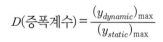

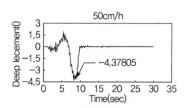

(a) 처짐응답곡선(5km/hr)   (b) 처짐응답곡선(50km/hr)

2) 고유진동수 실측

고유진동수를 평가하기 위하여 가속도계를 설치하고 동적주행시험 및 주행 충격시험에서 측정된 주행 속도별 가속도 신호를 FFT 분석하여 power spectrum을 얻고 이로부터 교량의 고유진동수를 측정한다. 동적재하시험을 통해 분석된 고유진동수는 구조해석 휨 모드상의 계산 고유진동수와 비교하여 대상교량의 해석모델이 합리적으로 표현된 것인지를 판단하는 데 사용된다.

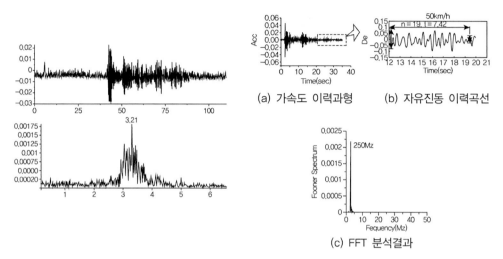

(a) 가속도 이력과형   (b) 자유진동 이력곡선

(c) FFT 분석결과

가속도 FFT 분석 예

▶ 구조물의 내하력 평가방법의 활용

1) 허용응력 개념에 의한 내하력 평가방법

허용응력 개념에 의해 공용하중의 내하율을 산정하는 방법은 주로 강도로교에 적용되고 있으며, 먼저 주형, 횡형, 바닥판 등 각 구조요소에 대한 기본 내하력을 산정하고 허용응력, 노면성상 교통상황 및 기타조건에 따른 계수를 곱하여 산출된 최소치를 공용하중으로 결정하는 방법이다. 이때 공용 내하력 평가 시에 실측치를 반영해 응력을 보정하는 데 활용된다.

① 기본 내하력

$$P = \frac{f_a - f_d}{f_{DB}} \times P_{DB} = 응력의\ 여유분/활하중\ 응력 \times PDB$$

여기서, P : 기본 내하력(tonf), PDB : 설계하중, f_a : 재료의 허용응력,
f_d : 고정하중에 의한 응력, f_{DB} : 설계하중(DB하중)에 의한 응력

② 공용 내하력 평가 : $P' = P \times K_s \times K_r \times K_t \times K_0$

여기서, P : 기본 내하력, K_s : 응력 보정계수, K_r : 노면상태 보정계수,

K_t : 교통상태 보정계수, K_0 : 기타 보정계수

③ 보정계수

㉠ 응력보정계수(K_s) : 일반적으로 관용이론으로 구한 교량의 부재응력은 실제의 현장재하시험에서 얻은 값보다 크다. 따라서 이 비율만큼 공용하중을 증가시켜줌으로써 계산치와 실측의 차이로 인한 오차를 보정할 수 있다. 이 2가지 응력의 비를 K_s라 한다.

$$K_s = \frac{\epsilon(\text{계산치})}{\epsilon(\text{실측치})} \times \frac{1 + i(\text{계산치})}{1 + i(\text{실측치})}$$

㉡ 노면상태 보정계수(K_r)

노면상태	K_r
약간 요철이 있는 노면	1.00
포장에 다소 박리가 있고 차량통과 시 약간의 진동이 있는 경우	0.95
포장에 박리가 심하고 그 부분에서 차량통과 시 차체에 진동이 많은 경우	0.90
포장파손이 심하여 차량통과 시 차체의 진동이 심한 경우	0.85

㉢ 교통상태 보정계수($K_t = (\alpha_1 \times \alpha_2) \geq 0.8\alpha_2$)

교통상태		α
차량통행상황 (α_1)	도로 전면에 걸쳐 교통체증이 없는 경우	1.0
	도로 전면의 빈도가 1일 10회 이상인 경우	0.9
	도로 전면의 빈도가 빈번한 경우	0.8
대형차 혼입률 (α_2)	대형차 혼입률이 10% 미만인 경우	1.0
	대형차 혼입률이 10~40%인 경우	0.9
	대형차 혼입률이 40% 이상인 경우	0.8

㉣ 기타 보정계수($K_0 = (\alpha_3 \times \alpha_4)$)

노면상태		K_r
장래의 공용 기대연수(α_3)	5년 미만인 경우	1.0
	5년 이상인 경우	0.9
교량등급(α_4)	2, 3등급교	1.0
	1등급교	0.9

2) **강도 개념**에 의한 내하력 평가방법

강도 개념에 의한 내하력 평가방법은 그 기본 개념은 허용응력 개념에 의한 공용하중 결정 방법과 같지만, 파괴에 대한 안전을 조사하는 데 특징이 있으며 주로 콘크리트 교량에 적용된다. 마찬가지로 공용내하력 평가 시 실측치를 반영해 응력을 보정하는 데 활용된다.

① 내하율의 평가

$$\text{내하율(RF)} = \frac{\phi M_n - \gamma_d M_d}{\gamma_l M_l (1+i)} = \text{허용 가능한 모멘트 여유량/활하중 모멘트}$$

여기서, ϕM_n : 극한저항 모멘트(강구조물은 $\phi=1.0$, RC, PSC 구조물의 횡부재 $\phi=0.85$),
M_d : 고정하중 모멘트, M_l : 설계 활하중에 의한 모멘트(도로교 DB, DL하중, 철도교 LS하중), γ_l : 활하중계수, γ_d : 고정하중계수, i : 충격계수

② 공용내하력
$$P = K_s \times RF \times P_r$$

여기서, $K_s = \dfrac{\varepsilon(\text{계산치})}{\varepsilon(\text{실측치})} \times \dfrac{1+i(\text{계산치})}{1+i(\text{실측치})}$,
P_r : 설계 활하중(도로교 DB, DL하중, 철도교 LS하중)

③ 환산 실험 하중에 의한 내하력 평가방법

$$P' = 24 \times \frac{\text{실측최대동적응력범위}}{DB24\text{에 의한 계산 응력}} \times \frac{1}{1-CAF}$$

여기서, CAF : 정적응력 및 처짐에 대한 합성작용계수(1−실측치/계산치)
이 방법은 교량의 실제 상태를 고려했으나 연속교와 같은 경우는 과대평가되는 경우가 있다.

액상화 평가

교량에서 액상화 평가를 위한 평가기준 및 방법을 설명하고 평가 흐름도를 작성하시오.

풀 이

▶ 개요

지진에 의한 동적전단변형이 발생하면 간극수압이 상승하고 이로 인해서 유효응력이 감소되고 그 결과 포화 사질토가 외력에 대한 전단저항을 잃게 되는 현상을 말한다. 일반적으로 액상화는 포화된 모래가 단일하중 또는 진동하중으로 인해 전단저항이 감소하게 되어 전단응력과 같은 크기로 줄어들어 액체처럼 유동하는 현상을 말한다. 교량에서는 액상화로 인해 상부 낙교 등의 피해가 발생할 수 있으며 교량의 액상화 피해가 예상되는 경우 지반의 액상화 발생 가능성에 대해 검토하도록 하고 있다.

▶ 액상화 평가를 위한 평가기준 및 방법

1) 액상화 평가기준

도로교설계기준(2016)에서는 액상화 평가 시 지진가속도는 구조물에 내진등급에 따라 결정하며, 설계지진 규모는 지진구역 I, II 모두 리히터 규모 6.5를 적용하도록 하고 있다. 지반의 액상화 평가는 교량의 내진등급과 관계없이 예비평가, 간편 예측법, 상세예측법의 3단계로 구분하여 수행하고, 예비평가는 수집한 관련 자료에 근거하여 지반의 액상화 가능성에 대해 개괄적으로 판단하고 액상화 가능성이 없을 경우 생략하도록 하고 있다. 액상화 평가가 필요한 지역의 경우 대상 지반에 대해 지진응답해석을 수행한다. 지진응답해석은 변형률 수준별 전단탄성계수(G/G_{max}) 및 감쇠비(D)를 이용하여 장주기 및 단주기를 포함한 실지진 및 인공지진 가속도 시간이력에 대해 수행하여야 한다. 상세평가가 필요할 경우 실내 변형특성 평가시험 결과를 이용해 지진응답해석을 수행하고 액상화 전단저항응력비는 진동삼축 시험결과를 이용한다. 기초지반 위의 성토구조물인 경우 성토부에 대해서는 액상화 평가가 반드시 실시되어야 한다.

2) 액상화 평가방법

액상화 평가가 필요할 경우 표준관입시험의 N값, 콘관입시험의 qc값과 전단파 속도 Vs값 등과 같은 현장시험결과를 이용한 간편 예측법 또는 실내 반복시험을 이용한 상세 예측법 등을 적용한다. 이때 액상화 발생 가능성은 현장에서 액상화를 유발시키는 전단저항응력비(CBR)를 지진에 의해 발생되는 진동전단응력비(CSR)로 나눈 값으로 정의되는 안전율로 평가한다. 간편예측법을 통해 획득한 안전율이 1.5 이상인 지반은 액상화에 대해 안전하다고 판단하며, 1.0 미만의 경우에는 액상화가 발생된다. 액상화 발생 시 액상화를 고려한 설계와 필요시 대책 공법을 적용한다. 안전율이 1.0~1.5인 경우에는 상세평가를 수행한다.

① 입도에 의한 예측·판정 : 입도에 의한 흙의 분류를 통해 균등계수의 대소를 구분하고, 이에 따른 액상화 가능성을 예측·판정한다. 균등계수의 대소는 3.5가 기준이 된다.

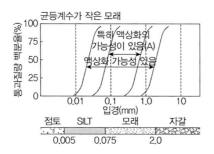

균등계수가 3.5보다 작은 사질토 액상화 가능성

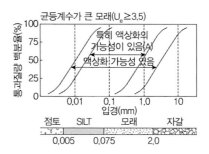

균등계수가 3.5보다 큰 사질토 액상화 가능성

② SPT-N값 이용 : 액상화 지역의 지반거동을 해석적이나 물리적으로 모형화하기 어려우므로 Seed와 Idriss의 간편법에 기초해 액상화에 대한 안전율을 산정한다. 액상화에 대한 안전율은 지진 시 발생하는 지반 내 한 점의 진동전단응력비($\tau_d/\sigma_v{'}$)와 액상화 전단저항응력비($\tau_l/\sigma_v{'}$)를 비교하여 산정한다. 지진 시 예상되는 지진 전단응력(τ_d)과 지반의 액상화 저항 전단응력(τ_l)을 깊이에 따라 산정하고 v_d가 v_l보다 커지는 깊이에서 액상화가 발생한다.

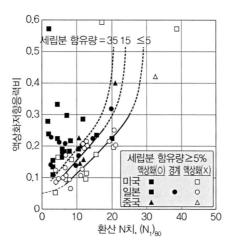

환산 SPT-N치에 기초한 액상화 전단저항응력비 산정곡선(규모 7.5)

③ CPT-qc값 이용 : 액상화 평가 이전에 시료채취가 이루어져 평가하고자 하는 흙에 대한 입도분포 및 세립분 함량에 대한 자료를 이미 가지고 있는 경우에 사용하는 방법이다. 액상화 저항 전단저항응력비(CBR)로 판정한다.

④ 전단파속도 이용 : 지반의 전단파 속도를 이용해 액상화 전단저항응력비를 산정한다.

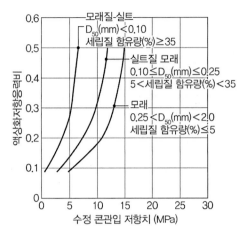

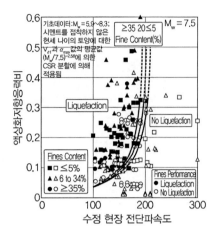

수정콘관입저항치 이용 전단저항응력비 산정(M = 7.5) 수정현장전단파속도 이용 전단저항응력비 산정(M = 7.5)

3) 액상화 평가흐름도

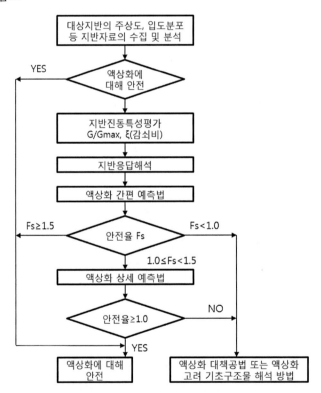

> **액상화 방지 대책**

밀도의 증가	점착력 증대	전단변형 억제
Vibro Floatation, SCP, 폭파다짐, 동다짐	생석회 말뚝	Slurry Wall, Sheet Pile

FCM   토목구조기술사 합격 바이블 개정판 2권 제5편 교량계획 및 설계 p.1881

변폭 비대칭 FCM 교량의 불균형 모멘트 발생 요인과 그 제어 방안을 설명하시오.

풀 이

변폭 비대칭 FCM 교량의 불균형 모멘트 제어 방안(이서진, 한국토목학회지, 2017)

➤ 개요

FCM 교량은 기시공된 교각에 주두부를 시공하고 여기에 작업차를 설치하여 교각을 중심으로 좌우의 균형을 맞추어 가며 3~5m 길이의 세그먼트를 순차적으로 이어 붙여나가는 공법으로 동바리의 설치가 어려운 깊은 계곡이나 하천, 해상 등에 장경간의 교량을 가설할 경우에 적용 가능한 공법이다.

➤ 일반적 FCM 교량의 불균형 모멘트 발생 요인과 그 제어 방안

1) 발생 요인과 제어 방안 : 일반적으로 FCM 공법은 세그먼트 타설 순서, 작업 하중, 풍하중 등에 의하여 불균형 모멘트가 유발된다. 도로교설계기준에서는 이러한 하중을 규정하고 현장 여건에 부합하는 하중을 적용해 상부구조와 교각을 강결시키는 가고정 강봉과 콘크리트 블록을 설계에 적용해 불균형 모멘트를 제어하도록 하고 있다.

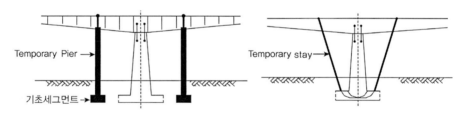

모멘트 저항교각 : 가설고정 지주 설치

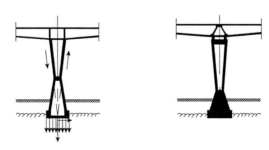

연성 양주 교각 : 강결 구조와 받침 구조

2) 일반적 FCM 교량의 불균형 하중 고려 내용

① 균형캔틸레버공법에서 생기는 하중의 차이로 한쪽 캔틸레버 작용하는 고정하중의 2%

② 시공 중 불균형 활하중(한쪽에 5MPa, 반대쪽에 2.5MPa)

③ 가설에 필요한 이동식 운반건설장비 하중

④ 세그먼트 인양 시 동적 효과로 충격하중으로 10% 적용

⑤ 세그먼트 불균형, 인양순서 과오, 비정상적인 조건에 의한 하중

⑥ 풍하중 상향력을 한쪽에서 2.5MPa 재하

⑦ 세그먼트의 급격한 제거 및 재하를 고려 정적하중의 2배의 충격하중 적용

▶ 변폭 비대칭 FCM 교량의 불균형 모멘트 발생 요인과 그 제어 방안

1) 발생 요인 : 일반적으로 FCM의 세그먼트 타설 순서, 작업 하중, 풍하중 등에 의한 균형 모멘트와 함께 변폭 비대칭 FCM에서는 자중에 의한 불균형 모멘트가 주요 원인으로 작용된다. 특히 구조적으로 자중의 비대칭은 시공 중은 물론 완공된 구조체에도 문제를 유발할 수 있다.

비대칭은 주두부를 기준으로 좌우 캔틸레버 구조형식으로 가설하는 FCM형식에서 좌우의 무게가 다르기 때문에 동일한 캔틸레버 길이에서도 불균형 모멘트가 발생하는 구조이다. 마찬가지로 변폭은 단일 단면에서의 폭의 변화로 인해 세그먼트의 크기가 달라지므로 이로 인해 불균형 모멘트가 발생한다.

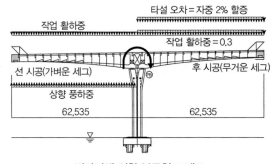

변단면에 의한 불균형 모멘트

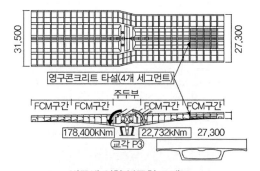

변폭에 의한 불균형 모멘트

2) 제어방안 : 변단면 구간 시공 중에 자중에 의한 상시 불균형 모멘트가 발생하기 때문에 캔틸레버 시공이 완료되어 연속화될 때 불균형 모멘트가 남아서 교량 공용 시 구조적인 문제를 유발할 수 있다. 특히 시공 중 발생하는 불균형 모멘트를 적절히 분배시키지 않으면 2열 교량받침인 경우 직접적으로 영향을 주어 공용 시 교량받침 용량을 초과하는 문제가 발생될 수 있다.

① **주두부 가고정 강봉** 추가 배치 : 강봉의 안전율을 향상시키기 위해 강봉을 추가 배치하여 시공 중 상부구조물의 전도에 대한 안전성도 확보한다. 또한 콘크리트 블록은 허용지압응력을 콘크리트 설계기준강도를 고려하여 적용하고 폐합 철근으로 블록의 지압성능을 향상 시킨다.

② **카운터웨이트(Counterweight)** 적용 : 불균형 모멘트에 의해 종방향의 교량받침으로 전달되는 반력 불균형을 최소화하기 위해 임시 및 영구 카운터웨이트를 적용할 수 있다. 카운터웨이트는 시공 중 구조물의 안정화 성능을 향상시키는 직접적인 방안으로 사장교와 같은 장대교량에서 주로 적용된다.

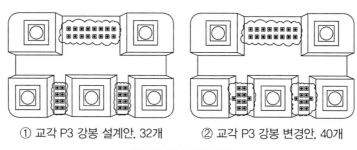

① 교각 P3 강봉 설계안, 32개   ② 교각 P3 강봉 변경안, 40개

가고정 강봉 추가 배치

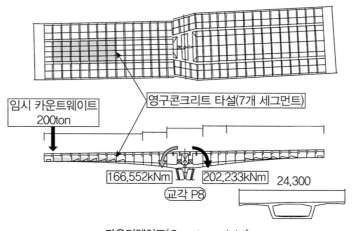

영구콘크리트 타설(7개 세그먼트)

임시 카운트웨이트
200ton

166,552kNm   202,233kNm   24,300

교각 P8

카운터웨이트(Counterweight)

③ **Key Seg 접합순서 및 하부텐던 분할인장** : 종방향 교량받침의 반력 불균형을 줄이기 위하여 Key Seg 접합순서 및 하부텐던 분할인장을 적용할 수 있다. 하부텐던은 구조적으로 연속교에서 상향력을 유발하기 때문에 캔틸레버가 무거운 쪽 Key Seg를 연결할 때 하부텐던을 인장하

면 무거운 쪽 캔틸레버에 상향변위를 발생시켜 무거운 쪽 교량받침의 반력을 감소시킬 수 있다. 단면폭이 작은 쪽부터 먼저 Key Segment를 접합하여 종방향 교량받침의 민감도를 낮춘다. 또한 연속화된 이후에 긴장하는 하부텐던은 종방향 교량받침의 반력에 직접적으로 영향을 주기 때문에 분할하여 인장력을 도입하는 것을 검토할 수 있다.

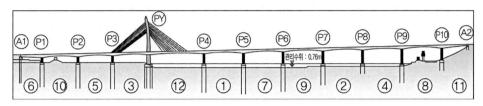

부산 낙동대교 Key Seg 연결순서

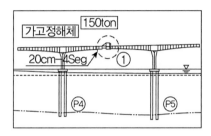 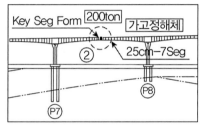

부산 낙동대교 하부텐던 분할 긴장

잔존피로수명

강교량에서 공용 중 차량하중에 의한 변동응력으로 잔존피로수명을 평가하는 방법을 설명하시오.

풀 이

등가손상지수와 WIM데이터를 이용한 잔존피로수명 예측(최진웅, 한국방재학회, 2017)
도시철도 장기 사용레일 잔존피로수명 평가(성덕룡, 한국철도학회, 2012)

➤ 개요

강교량은 외부의 환경적 요인으로 인해 부식 등의 열화가 발생될 수 있으며, 하중 작용으로 인한 파손, 좌굴, 피로 등의 손상이 발생한다. 그러나 다양한 열화와 손상 가운데 강교량의 공용수명은 반복적인 하중작용으로 인한 피로의 영향이 지배적으로 나타난다. 따라서 국내외 설계기준에서는 설계단계부터 피로한계에 대한 검토를 통하여 피로에 대한 영향을 고려하고 있다. 특히, 화물차량 교통량 증가 및 과적재 차량으로 인하여 현저하게 부재의 피로수명이 단축될 수 있어 공용 중인 교량에 대한 잔존피로수명 평가는 교량의 보수·보강 등의 결정을 위해서 매우 중요하다.

➤ 잔존피로수명 평가방법

잔존피로수명에 대한 평가방법은 전통적으로 누적손상기법(Cumulative Damage Method, CDM), 응력확률밀도함수를 이용한 방법이 주로 사용한다. 다만 누적손상기법은 실제 교통 데이터를 활용하는 방법으로 계산이 다소 복잡해 현장 적용에 다소 어려운 부분이 있다. 따라서 최근에는 Eurocode(2006)에서 사용하는 등가손상기법(Equivalent Damage Method, EDM)에 대한 연구도 활발히 진행되고 있다.

1) **누적손상기법** : 교통량 및 차량하중 등 실제 교통데이터를 활용해 피로수명을 평가하는 방법 대표적인 방법이다. 누적손상기법은 S-N 곡선의 일정응력진폭 범위와 파괴까지 적용된 반복재하 횟수의 관계를 바탕으로 대상교량의 부재의 피로손상을 평가하는 기법이다. 즉, S-N 곡선을 이용하여 응력범위에서 파괴에 이르기까지의 반복재하 횟수 N_i 사이의 관계를 얻을 수 있으며, 실제 적용된 응력 횟수 n_i가 전체 피로용량 가운데 어느 정도 차지하는지를 알기 위하여 손상 비율 (Damage Fraction) D로 나타낸다.

$$D_{tot} = \sum D_i = \sum \frac{n_i}{N_i}$$

이때 시간이력에 따른 응력진폭을 반복 횟수와 대표응력진폭으로 변환하고, 변환된 반복 횟수와 응력진폭별 피로 손상도를 계산한다.

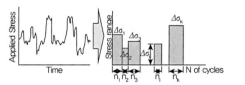

시간에 따른 진폭을 반복 횟수와 대표응력진폭으로 변환   피로한도 이하 응력범위에 대한 피로해석

① 피로 검증을 위한 교량 특정 데이터 설정
② 관련 하중 효과에 대한 영향선 계산
③ 피로하중모델을 영향선에 적용 후 시간이력 응답 산출
④ Cycle-counting method를 이용한 응력 히스토그램 작성
⑤ 적정 피로 카테고리 및 S-N 곡선 선정
⑥ 피로손상도 계산 및 200만회 반복 횟수에 대한 등가응력 계산

2) **응력확률밀도함수를 이용한 피로수명 산정법** : 정규 분포도를 고려하는 방법으로 누적손상기법 과 같이 선형누적피해법칙에 따라 수명을 산정한다.

$$\int_{-\infty}^{+\infty} \frac{N_{total} f(s)}{N} ds = 1$$

여기서, N : 총 피로수명(cycles), $N = 10^{\frac{s-b}{a}}$ (응력 s의 반복수로 a는 계수, b는 정수),

$f(s) = \frac{1}{\sqrt{2\pi}\sigma} e^{-\frac{1}{2}\left(\frac{s-m}{\sigma}\right)^2}$ (응력 s의 확률밀도함수로 σ : 표준편차, m : 평균),

a : S-N 선도의 기울기, b : S-N 선도의 Y축 절편

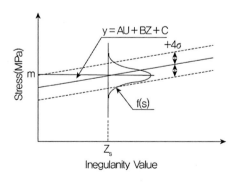
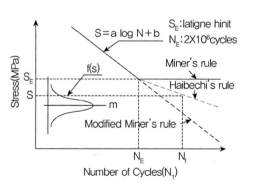

레일표면요철지수와 레일 휨응력 상관관계(철도 예시)   응력확률밀도함수를 이용한 피로해석방법

3) **등가손상기법** : 교통 시뮬레이션을 통해 평가되는 등가손상기법은 등가손상지수와 응력범위, 실제 교통량 및 하중정보의 입력만으로 피로수명을 평가할 수 있는 방법이다. 실제 하중에 의해서 발생되는 응력변동범위와 피로하중에 의해서 발생되는 응력변동범위의 비율을 나타내는 등가손상지수를 이용한다. 피로차량에 의한 응력변동범위 ΔF_{fat}를 산정하고 실제 교통 환경이 반영된 등가손상지수 λ를 획득하여 최종적으로 실제하중에 의해서 발생되는 응력변동범위 ΔF_{E2}을 산정하는 방법이다.

등가손상기법은 먼저 피로저항에 대한 계수 γ_{Mf}와 설계에 사용된 200만 회 반복 횟수에 대한 피로강도 $\Delta \sigma_c$를 계산한다. 이후 피로하중모델에 따른 일정진폭을 갖는 등가응력범위에 대한 부분안전계수 γ_{Ff}를 계산하고 영향선을 이용하여 피로하중모델로 인해 발생하는 응력범위 $\Delta \sigma_{E,2}$를 계산한다. 이후 등가손상지수 λ를 계산하고 최종적으로 피로검토 및 잔존 피로수명을 계산한다.

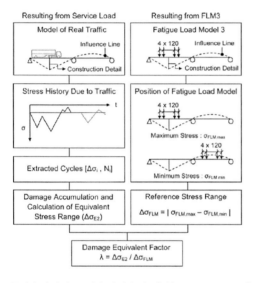

등가손상기법, 등가손상지수의 개념(Maddah, 2013)

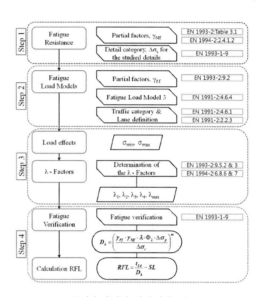

등가손상기법 평가절차 예시

압출공법(ILM)에 의한 세그멘탈 교량의 설계 및 시공 시 고려할 사항에 대해 설명하시오.

풀 이

➤ **개요**

압출공법(ILM)은 교대 후방에 설치된 작업장에서 한 세그멘트씩 제작, 연결한 후 교축으로 밀어내어 점진적으로 교량을 가설하는 공법으로 교량의 평면 선형이 직선 또는 단일 원호일 경우에만 적용 가능하며 교량의 선단부에 추진코를 설치하여 가설시의 단면을 감소시킴과 동시에 가설용 강재를 별도로 설치하여 이에 저항토록 한다. 이 공법은 작업조건이 좋은 작업장에서 제작하므로 품질에 대한 신뢰도가 높고 공기가 빠르며 교각의 높이가 높을 경우에는 경제성이 매우 높다. 압출방식에 따라 Pushing System, Pulling System, Lifting & Pushing System으로 분류되며, 또한 압출잭의 위치에 따라 집중압출방식과 분산압출방식으로 분류된다.

➤ **설계 및 시공 시 고려할 사항**

설계, 시공 시 주요 사항으로는 압출 시 안정검토(전도 및 활동), 압출 노즈의 설계검토(연장 및 강성), 하부플랜지의 펀칭파괴 검토 등이 있다.

1) **압출 시 안정검토**

① **전도**에 대한 검토 : 압출 노즈 선단이 제2지점인 교각1에 도달하기 직전에 제1지점에 관한 안전율을 검토하여 전방으로 전도되지 않도록 안전율을 1.3 적용한다.

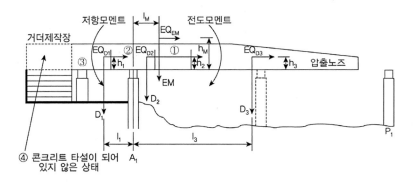

② **활동**에 대한 검토 : 압출작업의 초기단계에서 주형이 활동하게 되면 전도할 위험이 있으므로 충분한 안정성을 갖도록 검토한다.

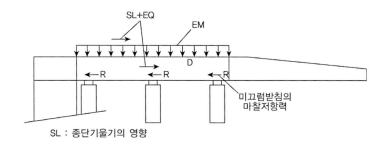

SL+EQ, EM, D, R, R, R, 미끄럼받침의 마찰저항력

SL : 종단기울기의 영향

2) **압출 노즈** 설계 시 유의사항 : ILM 시공 시 주형은 정 부모멘트를 번갈아 받아 교번응력이 발생한다. 이를 위해 1차 강재로 축방향 압축력을 도입하는 데 도입하는 축방향 압축력은 한계가 있으므로 통상적으로 응력 경감을 위해 압출 노즈를 사용한다. 압출 노즈의 길이는 시공 시 주형의 응력에 영향을 주는 주요한 요인으로 <u>최대 경간장 통과 시에 발생하는 주형의 단면력, 한 번에 압출시켜야 하는 경간장</u> 등을 고려하여 결정한다.

① 교량의 종단 및 평면선형(직선, 곡선) : 평면상의 곡선교의 경우 압출 노즈도 곡선이 바람직하나 압출 노즈의 제작 및 전용이 곤란하므로 압출 노즈 Shift 양이 100mm 미만인 경우 응력에 문제가 없을 것으로 예상되어 직선형으로 사용해도 무방하다.

② 압출 노즈 길이와 주형의 단면력 관계 : 압출 노즈의 길이와 박스 거더 단면력과의 관계는 일반적으로 압출 노즈 길이를 시공 시 최대 경간장의 0.6~0.7배 정도로 하는 것이 적당하다(부모멘트 크기와 연관).

③ 압출 노즈의 단위길이당 중량과 길이에 따른 휨모멘트 : 상대 휨 강성계수(압출 노즈 휨강성/박스 거더 휨강성)도 박스 거더 단면력 변화에 큰 영향을 미치는 인자로 압출 시공 시 박스 거더에 과대한 단면력이 생기지 않도록 수직 휨, 수평 휨, 좌굴에 대하여 소요강성을 가져야 한다. 지진 시에도 수평력에 필요한 횡 강성을 가져야 한다.

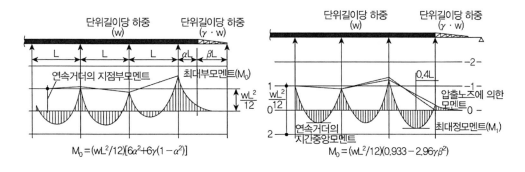

단위길이당 하중 (w), 단위길이당 하중 ($\gamma \cdot w$), L, L, L, αL, βL, 연속거더의 지점부모멘트, 최대부모멘트(M_0), $\dfrac{wL^2}{12}$

$$M_0 = (wL^2/12)[6\alpha^2 + 6\gamma(1-\alpha^2)]$$

단위길이당 하중 (w), 단위길이당 하중 ($\gamma \cdot w$), 0.4L, 압출노즈에 의한 모멘트, $\dfrac{wL^2}{12}$, 연속거더의 지간중앙모멘트, 최대정모멘트(M_1)

$$M_0 = (wL^2/12)(0.933 - 2.96\gamma\beta^2)$$

④ 비틀림 강성 : ILM 교량 단면의 비틀림 강성은 상당히 커서 제작 등에 의한 오차가 압출 노즈에 작용하는 반력의 불균형을 증가시키므로 압출 노즈의 수직 휨 및 복부판의 좌굴에 대하여 충분한 보강을 하여야 한다.

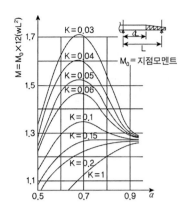

$$K = \frac{E_s I_s (\text{압출 노즈})}{E_c I_c (\text{박스 거더})}$$

⑤ 압출 노즈와 박스 거더의 연결부 설계 : 연결부는 휨모멘트와 전단력에 대하여 안전하도록 설계하여야 한다. 휨모멘트에 의하여 연결부 접합면에서 발생하는 휨압축응력은 콘크리트 허용 휨압축응력 이하여야 한다.

⑥ 압출 단계별 박스 거더의 응력 변화 검토 : 프리스트레스 도입 직후, 압출 시공 시의 상태, 2차 프리스트레스 도입 직후, 건조수축, 크리프 등이 완료된 상태 등에 대하여 응력을 검토한다.

⑦ 받침 : 압출 시공 시 사용되는 미끄럼 받침은 가설받침으로만 사용되는 형식과 가설받침과 영구받침을 겸하는 형식이 있으므로 두 형식 모두 하중으로부터 안전하게 설계되어야 한다.

3) **하부플랜지의 펀칭 보강** : 받침의 위치가 계속 변하므로 지점의 반력에 의하여 하부플랜지에 펀칭파괴가 발생할 수 있으므로 하부플랜지의 보강철근 배치 및 헌치 단면 증대, 받침 배치 위치 선정 등에 대한 검토가 수반되어야 한다.

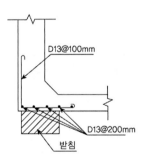

영향선

다음 2경간 연속보 중앙지점 B의 모멘트에 대한 영향선을 작성하여 경간의 4등분점인 1~3의 영향선 종거값을 구하고, KL-510 표준차로하중이 지날 때 지점 B에 발생하는 최대 휨모멘트를 구하시오. 단, 보의 EI값은 동일하고 활하중의 재하차로는 1차로이며, 충격은 고려하지 않는다.

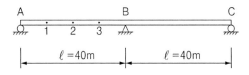

풀 이

➤ **개요**

부정정 구조물의 영향선은 일반적으로 부정정 구조물 해석법(변위일치법, 에너지의 방법, 3연 모멘트법, 처짐각법, 모멘트 분배법, 매트릭스법 등)을 이용하여 산정하여 풀이할 수 있는데, 통상 정량적 영향선을 파악하고자 할 때에는 Müller-Breslau의 원리가 주로 사용된다. 3경간 연속보에서의 해석방법은 3연 모멘트법을 통해서 해석하는 방식이 가장 편리하므로 3연 모멘트법을 이용하여 풀이한다.

➤ **영향선**

1) 하중이 AB구간에 있을 경우

$$2M_B(40+40) = -\frac{x(40-x)(40+x)}{40} \qquad \therefore M_B = \frac{x}{6400}(x-40)(x+40)$$

$$\text{Find } M_B(\max) : \frac{\partial M_B}{\partial x} = 0 \qquad \therefore x = 23.094 \ (\because x > 0)$$

$$\therefore M_{B(\max)} = -3.849 \ (x = 23.094)$$

2) 하중이 BC구간에 있을 경우

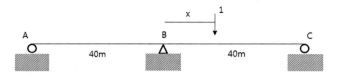

$$2M_B(40+40) = -\frac{x(40-x)(80-x)}{40} \qquad \therefore M_B = \frac{x}{6400}(x-40)(80-x)$$

$$\text{Find } M_B(\max) : \frac{\partial M_B}{\partial x} = 0 \qquad \therefore x = 16.906 \ (\because 0 \leq x \leq 40)$$

$$\therefore M_{B(\max)} = -3.849 \ (x = 16.906)$$

3) 영향선 종거와 최대 휨모멘트

영향선 종거 $M_{B(x=10)} = -2.34, \ M_{B(x=20)} = -3.75, \ M_{B(x=30)} = -3.28$

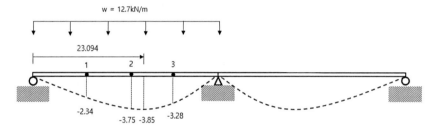

여기서, KL-510 표준차로하중(w)은 지간장 60m 이하에서 균등하게 분포되는 하중으로 고려하도록 하고 있으므로, 지점 B에 발생하는 최대 휨모멘트는

$$\therefore M_{B, \max_{IL}} = w \times \int_0^{40} M_B(x) = 1,270 \text{kNm}$$

소성힌지 　　　　　　　　　　　　토목구조기술사 합격 바이블 개정판 1권 제1편 재료 및 구조역학 p.49

다음 그림에서 1) 탄성한도 내에서 휨모멘트 작성 2) A점, C점이 소성힌지가 될 때의 하중과 탄성하중의 비를 구하시오.

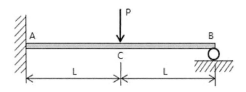

풀 이

▶ 개요

1차 부정정 구조물로 변형일치의 방법이나 단위하중법, 모멘트 분배법, 3연 모멘트법 등을 통해서 부정정력을 산정할 수 있다. 주어진 보에서 축력이나 전단력에 의한 에너지는 무시한다고 가정한다.

▶ 부정정력 및 BMD 산정

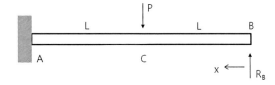

① $0 \leq x \leq L$ 　　　　　$M_x = R_A x$

② $L \leq x \leq 2L$ 　　　　$M_x = R_A x - P(x - L)$

$$U = \frac{1}{2EI} \sum \int_0^L M^2 dx$$

$$\therefore \ \frac{\partial U}{\partial R_A} = 0 \ ; \ R_A = \frac{5}{16}P(\uparrow), \ R_B = \frac{11}{16}P(\uparrow), \ M_A = \frac{3}{8}PL$$

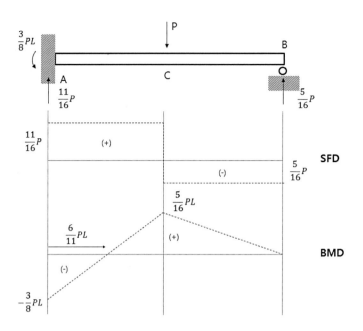

▶ 소성하중 산정

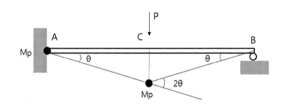

붕괴 시 소성모멘트를 M_p라 하면,

$dW_E = dW_I$로부터

$$M_p\theta + M_p(2\theta) = P(L\theta)$$

$$\therefore P_u = \frac{3M_p}{L}$$

▶ 소성하중과 탄성하중의 비

M_y는 $M_{max} = M_A = \dfrac{3}{8}PL$이므로 $P_e = \dfrac{8M_y}{3L}$

$$\therefore \frac{P_u}{P_e} = \frac{3M_p}{L} \times \frac{3L}{8M_y} = \frac{9}{8}\frac{M_p}{M_y} = \frac{9}{8}\frac{Z_p}{S} = \frac{9}{8}f$$

소성모멘트(M_p)와 항복모멘트(M_y)의 비는 소성단면계수 Z_p와 단면계수 S와의 비로 나타낼 수 있으며, 이를 형상계수(f, Shape Factor)라고 한다.

$$f = \frac{M_p}{M_y} = \frac{f_y \times Z_p}{f_y \times S} = \frac{Z_p}{S} \qquad \therefore M_p = M_y \times f$$

소성 중립축과 공칭 휨모멘트

토목구조기술사 합격 바이블 개정판 2권 제4편 강구조 p.1630

지간 10m의 보에서 그림과 같이 3m의 보 중심간 간격을 가지는 완전 강합성보의 소성 중립축과 공칭휨모멘트를 하중저항계수설계법에 의해 구하시오. 단, 콘크리트의 슬래브 두께 t_s =200mm, 설계기준강도 f_{ck} =24MPa, 항복강도 F_y =325MPa이며, 강재의 규격은 H-1100×300×18×32이다.

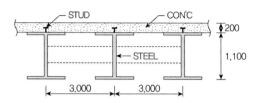

풀 이

➤ 개요

강구조설계기준(2014)에 따라 검토한다. 주어진 조건에서 콘크리트 바닥판의 유효폭은 내측보의 유효폭 산정방법에 따라 다음의 값 중 최솟값인 2.5m를 적용한다.

1) 유효 지간길이의 1/4=2.5m
2) 바닥판 평균두께의 12배에 웨브두께와 상부플랜지 폭의 1/2 중 큰 값을 합한 값=2.55m
3) 인접한 보와의 평균간격=3.0m

➤ 소성중립축 산정

합성보가 소성한계상태에 도달할 때에는 Whitney의 등가응력블록 가정에 따라 콘크리트 응력은 $0.85f_{ck}$의 균일한 압축응력블록으로 슬래브 상면으로부터 하면까지 분포된다고 가정한다. 응력의 분포는 소성중립축의 위치에 따라 다음의 3가지 경우로 구분할 수 있다.

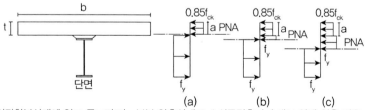

(a) : 강재는 완전 인장항복상태에 있고 콘크리트는 부분 압축상태로 소성중립축이 슬래브 안에 있을 경우, 콘크리트의 인장응력은 무시, 충분한 전단연결재로 연결되어 완전합성거동을 이룰 경우 보통 대부분의 응력분포
(b) : 콘크리트 응력분포가 슬래브 전 두께에 걸쳐 분포되며 강형 플랜지의 일부분이 압축상태인 경우로 슬래브의 압축력이 증가됨
(c) : 소성중립축이 강재 복부에 존재하는 경우

소성중립축 위치에 따른 응력분포

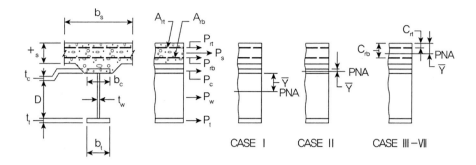

1) 요소별 단면력

① 콘크리트 P_s

$$P_s = \text{Min}[A_s f_y, \ 0.85 f_{ck} A_c, \ \sum Q_n] = 0.85 f_{ck} A_c$$
$$= 0.85 \times 24 \times 2500 \times 200 = 10,200 \, \text{kN}$$

여기서, $\sum Q_n$: 전단연결재의 총 전단강도

② 상·하부플랜지 $P_c = P_t = F_y b_c t_c = 325 \times 300 \times 32 = 3,120 \, \text{kN}$
③ 웨브 $P_w = F_y D t_w = 325 \times (1,100 - 32 \times 2) \times 18 = 6060.6 \, \text{kN}$

2) 소성중립축 위치 검토

강구조설계기준(2014)에 따라 단계적 검토 수행

① (CASE I)소성 중립축 위치 웨브 가정 : $P_t + P_w \geq P_c + P_s + P_{rb} + P_{rt}$ N.G

여기서, P_{rb}, P_{rt} 는 콘크리트 내의 철근

② (CASE II)소성 중립축 위치 상부플랜지 가정 : $P_t + P_w + P_c \geq P_s + P_{rb} + P_{rt}$ O.K

3) 소성중립축 위치 산정

$$\overline{Y} = \left(\frac{t_c}{2} \right) \left[\frac{P_w + P_t - P_s - P_{rt} - P_{rb}}{P_c} + 1 \right]$$
$$= \frac{32}{2} \times \left[\frac{6060.6 + 3120 - 10200}{3120} + 1 \right] = 10.77 \, \text{mm}$$

▶ 공칭 휨모멘트

대부분 정모멘트를 받을 때 강재 전단면이 항복되고 콘크리트가 압축상태로 파괴될 때의 공칭휨강
도에 도달하게 된다. 이때 합성단면의 응력분포를 소성응력분포(Plastic Stress Distribution)라
고 하며 휨강도에 대한 AISC 시방규정은 다음과 같다.

- 조밀한 복부를 갖는 형강에 대해 공칭강도 M_n은 소성응력 분포상태로부터 구한다(조밀한 복부를 갖는 형강 : $h/t_w \leq 3.76 \sqrt{E/f_y}$).
- 비조밀 복부를 갖는 형강에 대해 공칭강도 M_n은 강재가 처음 항복할 때인 탄성응력 분포상태로부터 구한다(비조밀한 복부를 갖는 형강 : $h/t_w > 3.76 \sqrt{E/f_y}$).
- LRFD의 경우 설계강도는 $\phi_b M_n$으로 $\phi_b = 0.90$을 적용하고 ASD의 경우 허용강도는 M_n / SF로 $SF = 1.67$을 적용한다.

1) 좌굴 검토

(FLB)   슬래브에 구속되어 있으므로 고려하지 않는다.

(WLB) $\lambda = \dfrac{h}{t_w} = \dfrac{1100}{18} = 61.11 < \lambda_p = 3.76 \sqrt{\dfrac{E}{F_y}} = 94.43$ $\therefore$ 조밀단면

(LTB) $L_b < L_p$ 거더가 횡지지(슬래브와 크로스 빔)되어 있기 때문에 고려하지 않는다.

2) 휨강도 산정

$$M_d = \phi M_p$$

$$M_p = \frac{P_c}{2t_c}\left[\overline{Y^2} + (t_c - \overline{Y})^2\right] + \left[P_s d_s + P_{rt} d_{rt} + P_{rb} d_{rb} + P_w d_w + P_t d_t\right]$$

$$= \frac{3120}{2 \times 32} \times [10.77^2 + (32 - 10.77)^2] + 10{,}200 \times 110.77 + 6060.6 \times (550 - 10.77)$$

$$+ 3{,}120 \times (1{,}100 - 10.77 - 32/2) = 7{,}774\,\text{kNm}$$

$$\phi = 0.9$$

$$\therefore M_d = 6996.6\,\text{kNm}$$

강구조 설계기준 2014, 소성중립축과 모멘트 산정

경우	소성중립축	조건	$\overline{Y}$, M_p
I	웨브	$P_t + P_w \geq P_c + P_s + P_{rb} + P_{rt}$	$\overline{Y} = \left(\dfrac{D}{2}\right)\left[\dfrac{P_t - P_c - P_s - P_{rt} - P_{rb}}{P_w} + 1\right]$ $M_p = \dfrac{P_w}{2D}\left[\overline{Y^2} + (D - \overline{Y})^2\right]$ $\qquad + [P_s d_s + P_{rt} d_{rt} + P_{rb} d_{rb} + P_c d_c + P_t d_t]$
II	상부플랜지	$P_t + P_w + P_c \geq P_s + P_{rb} + P_{rt}$	$\overline{Y} = \left(\dfrac{t_c}{2}\right)\left[\dfrac{P_w + P_t - P_s - P_{rt} - P_{rb}}{P_c} + 1\right]$ $M_p = \dfrac{P_c}{2t_c}\left[\overline{Y^2} + (t_c - \overline{Y})^2\right]$ $\qquad + [P_s d_s + P_{rt} d_{rt} + P_{rb} d_{rb} + P_w d_w + P_t d_t]$

경우	소성중립축	조건	$\overline{Y}, \ M_p$
III	콘크리트바닥판 (P_{rb}아래)	$P_t + P_w + P_c \geq \left(\dfrac{c_{rb}}{t_s}\right)P_s + P_{rb} + P_{rt}$	$\overline{Y} = (t_s)\left[\dfrac{P_c + P_w + P_t - P_{rt} - P_{rb}}{P_s}\right]$ $M_p = \left(\dfrac{\overline{Y}^2 P_s}{2t_s}\right)$ $+ [P_{rt}d_{rt} + P_{rb}d_{rb} + P_c d_c + P_w d_w + P_t d_t]$
IV	콘크리트바닥판 (P_{rb}부분)	$P_t + P_w + P_c + P_{rb} \geq \left(\dfrac{c_{rb}}{t_s}\right)P_s + P_{rt}$	$\overline{Y} = c_{rb}$ $M_p = \left(\dfrac{\overline{Y}^2 P_s}{2t_s}\right) + [P_{rt}d_{rt} + P_c d_c + P_w d_w + P_t d_t]$
V	콘크리트바닥판 ($P_{rb},\ P_{rt}$사이)	$P_t + P_w + P_c + P_{rb} \geq \left(\dfrac{c_{rt}}{t_s}\right)P_s + P_{rt}$	$\overline{Y} = (t_s)\left[\dfrac{P_{rb} + P_c + P_w + P_t - P_{rt}}{P_s}\right]$ $M_p = \left(\dfrac{\overline{Y}^2 P_s}{2t_s}\right)$ $+ [P_{rt}d_{rt} + P_{rb}d_{rb} + P_c d_c + P_w d_w + P_t d_t]$
VI	콘크리트바닥판 (P_{rt}부분)	$P_t + P_w + P_c + P_{rb} + P_{rt} \geq \left(\dfrac{c_{rt}}{t_s}\right)P_s$	$\overline{Y} = c_{rb}$ $M_p = \left(\dfrac{\overline{Y}^2 P_s}{2t_s}\right) + [P_{rb}d_{rb} + P_c d_c + P_w d_w + P_t d_t]$
VII	콘크리트바닥판 (P_{rt}위)	$P_t + P_w + P_c + P_{rb} + P_{rt} < \left(\dfrac{c_{rt}}{t_s}\right)P_s$	$\overline{Y} = (t_s)\left[\dfrac{P_{rb} + P_c + P_w + P_t - P_{rt}}{P_s}\right]$ $M_p = \left(\dfrac{\overline{Y}^2 P_s}{2t_s}\right)$ $+ [P_{rt}d_{rt} + P_{rb}d_{rb} + P_c d_c + P_w d_w + P_t d_t]$

토목구조기술사 합격 바이블

기출문제 가이드라인 풀이

115회

고장력볼트

고장력볼트 F10T와 F13T의 차이점에 대하여 설명하시오.

풀 이

> ## 개요

고장력볼트는 담금질과 뜨임 등 열처리를 통해 높은 인장강도를 가지는 재질로 되어 있으며 하중의 전달방법에 따라 마찰연결(Friction Type), 지압연결(Bearing Type), 인장연결(Tension Type)로 분류된다.

> ## 고장력볼트 F10T와 F13T의 차이점

고장력볼트의 F는 마찰연결을 의미하며, 마찰연결은 하중의 전달이 볼트체결에 의한 부재간의 마찰력에 의해서만 이루어지고, 미끄러짐에 의한 볼트의 지압응력이 생기지 않는 연결형식을 말한다. F10T와 F13T의 차이는 동일한 마찰연결에 사용되는 고장력볼트라는 점에서는 동일하나 인장강도에서의 차이가 나타난다. F10T의 경우 인장강도 F_u는 1,000MPa, F13T의 인장강도는 1,300MPa이다. 대부분의 고장력볼트 연결은 마찰연결에 해당되며, 마찰연결용 고장력 볼트의 종류에는 F8T, F10T, F13T 가 있다. F11T는 지연파괴가 있어 사용하지 않는 것이 바람직하다. 고력볼트접합은 고력볼트를 강력히 조여서 얻어지는 응력을 응력전달에 이용하는 시스템으로 고력볼트접합은 큰 힘을 전달할 수 있으며 높은 접합강성을 유지할 수 있는 접합방식이다. 고력볼트접합의 구조적 장점은 다음과 같다.

- 강한 조임력으로 너트의 풀림이 생기지 않는다.
- 응력방향이 바뀌더라도 혼란이 발생하지 않는다.
- 응력집중이 적으므로 반복응력에 강하다.
- 고력볼트에 전단 및 판에 지압응력이 생기지 않는다.
- 유효단면적당 응력이 작으며 피로강도에 강하다.

고장력 볼트의 강도, 도설 2015, 강구조 2014

강도		F8T	F10T	F13T	SS(SM)400 일반볼트
F_y		640	900	1,170	235
F_u		800	1,000	1,300	400
공칭인장강도 F_{nt}(인장강도 0.75배)		600	750	975	300
지압접합 공칭전단강도 F_{nv}	나사부 전단면에 포함 (인장강도 0.4배)	320	400	520	160
	나사부 전단면에 불포함 (인장강도 0.5배)	400	500	650	200

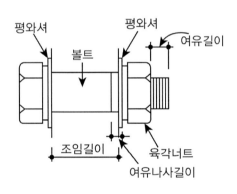

고력볼트 각 부의 명칭

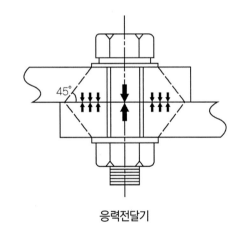

응력전달기

강합성 거더

도로교설계기준(한계상태설계법)의 하이브리드 강합성 거더에 대하여 설명하시오.

풀 이

▶ 개요

도로교설계기준(한계상태설계법)에서는 하이브리드 거더를 상·하부플랜지에 사용한 강판과 다른 (일반적으로 낮은) 최소항복강도를 갖는 강판을 복부판으로 사용한 거더로 정의하고 있으며, 하이브리드 강합성 거더를 사용하여 설계할 경우 세장비 제한 등 비조밀단면에 대해서는 플랜지의 강도를 감소계수 R_h를 통해 감소하여 사용하도록 하고 있다.

▶ 하이브리드 강합성 거더의 플랜지 강도감소계수

도로교설계기준(2015)에서는 강재의 항복강도가 460MPa 이하이고, 거더의 높이가 일정하고, 복부판에 수평보강재가 없고 인장플랜지에 구멍이 없는 경우에는 조밀단면의 복부판 세장비 규정에서부터 휨강도 검토를 수행하며, 그 외의 경우에는 정모멘트를 받는 합성단면은 비조밀단면의 플랜지 휨강도 규정을 적용하여 각 플랜지의 휨강도를 구하고, 기타 단면은 비조밀단면 압축플랜지 세장비 규정을 검토하도록 하고 있다.

이때 하이브리드 강합성 거더의 경우 소성모멘트 산정 시 하이브리드 단면의 영향이 고려되기 때문에 조밀단면이 아닌 경우에 대해 플랜지의 강도저감계수 R_h를 고려한다.

$$M_r = \phi_f M_n, \quad F_r = \phi_f F_n \quad \text{여기서 } \phi_f = 1.0$$

1) 균질단면의 경우 : $R_h = 1.0$

2) 정모멘트를 받는 합성단면

$$R_h = 1 - \left\{ \frac{\beta\psi(1-\rho)^2(3-\psi+\rho\psi)}{6+\beta\psi(3-\psi)} \right\}$$

여기서, $\rho = F_{yw}/F_{yb}$, $\beta = A_w/A_{fb}$, $\psi = d_n/d$

　　　　d_n : 하부플랜지 외측겸에서부터 단기 합성단면의 중립축까지 거리(mm)

　　　　d : 강재단면 높이

　　　　F_{yb} : 하부플랜지 항복강도, F_{yw} : 복부판의 항복강도

　　　　A_w : 복부판의 단면적(mm^2), A_{fb} : 하부플랜지의 단면적(mm^2)

3) 비합성단면과 부모멘트를 받는 합성단면 : 합성하이브리드 단면의 중립축 또는 비합성 하이브리드 단면의 중립축이 복부판 중앙으로부터 복부판 높이의 10% 안에 있을 때

$$R_h = \frac{M_{yr}}{M_y}$$

여기서, M_y : 복부판 항복을 무시할 경우 항복 모멘트,

　　　　M_{yr} : 복부판 항복을 고려할 경우 항복모멘트

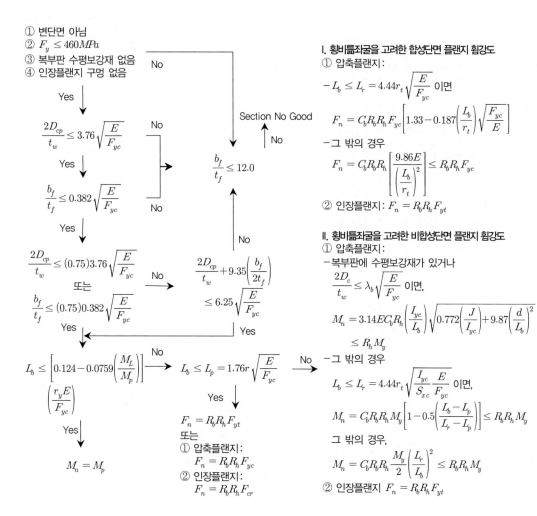

① 변단면 아님
② $F_y \leq 460MPa$
③ 복부판 수평보강재 없음
④ 인장플랜지 구멍 없음

Yes

$$\frac{2D_{cp}}{t_w} \leq 3.76\sqrt{\frac{E}{F_{yc}}}$$

Yes

$$\frac{b_f}{t_f} \leq 0.382\sqrt{\frac{E}{F_{yc}}}$$

Yes

$$\frac{2D_{cp}}{t_w} \leq (0.75)3.76\sqrt{\frac{E}{F_{yc}}}$$

또는

$$\frac{b_f}{t_f} \leq (0.75)0.382\sqrt{\frac{E}{F_{yc}}}$$

Yes

No → $\frac{b_f}{t_f} \leq 12.0$

No → Section No Good ← No

No → $\frac{2D_{cp}}{t_w} + 9.35\left(\frac{b_f}{2t_f}\right) \leq 6.25\sqrt{\frac{E}{F_{yc}}}$

Yes

$$L_b \leq \left[0.124 - 0.0759\left(\frac{M_L}{M_p}\right)\right]\left(\frac{r_y E}{F_{yc}}\right)$$

Yes

$$M_n = M_p$$

No → $L_b \leq L_p = 1.76r\sqrt{\frac{E}{F_{yc}}}$

Yes

$$F_n = R_b R_h F_{yt}$$
또는
① 압축플랜지 :
$$F_n = R_b R_h F_{yc}$$
② 인장플랜지 :
$$F_n = R_b R_h F_{cr}$$

No →

I. 횡비틂좌굴을 고려한 합성단면 플랜지 휨강도
① 압축플랜지 :

　$-L_b \leq L_r = 4.44r_t\sqrt{\frac{E}{F_{yc}}}$ 이면

$$F_n = C_b R_b R_h F_{yc}\left[1.33 - 0.187\left(\frac{L_b}{r_t}\right)\sqrt{\frac{F_{yc}}{E}}\right]$$

　-그 밖의 경우

$$F_n = C_b R_b R_h\left[\frac{9.86E}{\left(\frac{L_b}{r_t}\right)^2}\right] \leq R_b R_h F_{yc}$$

② 인장플랜지 : $F_n = R_b R_h F_{yt}$

II. 횡비틂좌굴을 고려한 비합성단면 플랜지 휨강도
① 압축플랜지 :
　-복부판에 수평보강재가 있거나

$$\frac{2D_c}{t_w} \leq \lambda_b\sqrt{\frac{E}{F_{yc}}}$$ 이면,

$$M_n = 3.14 E C_b R_h\left(\frac{I_{yc}}{L_b}\right)\sqrt{0.772\left(\frac{J}{I_{yc}}\right) + 9.87\left(\frac{d}{L_b}\right)^2}$$
$$\leq R_h M_y$$

　-그 밖의 경우

$$L_b \leq L_r = 4.44r_t\sqrt{\frac{I_{yc}}{S_{xc}}\frac{E}{F_{yc}}}$$ 이면,

$$M_n = C_b R_b R_h M_y\left[1 - 0.5\left(\frac{L_b - L_p}{L_r - L_p}\right)\right] \leq R_b R_h M_y$$

　그 밖의 경우,

$$M_n = C_b R_b R_h \frac{M_y}{2}\left(\frac{L_r}{L_b}\right)^2 \leq R_b R_h M_y$$

② 인장플랜지 $F_n = R_b R_h F_{yt}$

닐센 아치교   토목구조기술사 합격 바이블 개정판 2권 제5편 교량계획 및 설계 p.1824

닐센 아치교의 구조적 장점에 대하여 설명하시오.

풀 이

> **개요**

타이드 아치, 랭거교, 로제교 등의 Arch 형식의 교량에 수직재를 Warren Truss형으로 조립하여 유연한 사인장재인 로드(Rod), 강봉, 케이블, 로프 등을 수직재로 대신한 고차 부정정의 아치형식의 교량을 총칭하여 닐센 아치교(Nilsen Arch)라고 한다.

> **닐센 아치교의 구조적 장점과 특징**

닐센 아치교는 유연한 경사재가 교량의 전단변형 억제에 기여하여 아치 리브의 휨모멘트를 축방향력을 증가시키지 않고 저감할 수 있는 형식으로 일반적인 아치교에 비해 처짐이 작으며 장경간에 유리하다. 또한 로제식(Lohse) 아치교의 복재를 중복 사재로 하여 전체적인 강성을 크게 하는 방식으로 사재의 경사, 경사각을 적절하게 선정하면 사재는 인장력에 대해서만 설계할 수 있으므로 사재를 케이블로 사용할 수 있어 미관이 우수하다.

다만 사재가 아치교의 전단변형에 크게 기여하기 때문에 이동하중에 의한 처짐 변동이 작은 구조물에 적합하나 구조역학적으로는 고차 부정정이므로 구조해석 작업이 매우 복잡하며, 일반적으로 아치교의 휨 진동 1차(2차) 진동모드가 역대칭형이 되는 데 비해 닐센계 교량은 대칭형이 되어 반대가 된다. 1차 고유진동수는 일반적인 아치교의 1.5~4배이고 진동에 대한 강성비는 진동수비의 제곱승이므로 동적강성은 정적강성보다 크다. 따라서 닐센계 교량이 진동면에서 더 유리한 특성을 갖는다.

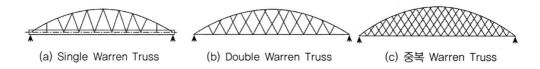

(a) Single Warren Truss   (b) Double Warren Truss   (c) 중복 Warren Truss

1) 강재의 휨모멘트는 일반적으로 사재의 지점길이 감소로 아치교와 비교할 때 크게 감소한다.
2) 사재의 간격, 경사각을 적당히 선정함으로써 사재의 인장력에 대해서만 계산할 수 있다.
3) 최대 처짐이 일반적인 아치교보다 매우 적다.
4) 일반적인 아치교의 휨 진동의 1차 모드가 역 대칭인데 반해 닐센계 아치교의 휨 진동 1차 모드가 대칭형이어서 진동면에서 유리하다.
5) 케이블의 트러스 작용으로 휨모멘트가 감소하고 풍하중과 좌굴에 대해 안정성이 높다.
6) 케이블 정착부 등으로 설계 계산이 복잡하다.
7) 사재가 아치교 전단변형에 크게 기여하기 때문에 이동하중에 의한 처짐 변동이 작은 구조물이다.

유효탄성계수　　　　　　　　　　　토목구조기술사 합격 바이블 개정판 1권 제2편 RC p.525

콘크리트 유효탄성계수에 대하여 설명하시오.

풀 이

> **개요**

일반적으로 콘크리트의 탄성계수는 최대강도의 50%지점과 원점과의
기울기를 나타내는 할선 탄성계수를 이용한다. 그러나 콘크리트는 시
간의 경과에 따라 크리프로 인한 변형도 발생되기 때문에 크리프 변
형률과 탄성 변형률을 동시에 표현하기 위해서 유효탄성계수를 활용
한다.

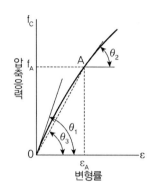

할선 탄성계수

$$E_c = \left(\frac{f_A}{\epsilon_A}\right) = \tan\theta_3 \quad (E_{ci} = 8{,}500\sqrt[3]{f_{cu}})$$

> **크리프와 유효탄성계수**

크리프(Creep) 변형은 하중의 증가 없이 시간이 경과함에 따라 변형이 계속되는 상태를 말하며, 크
리프 변형에 영향을 미치는 요인으로는 물-시멘트비(w/c)가 클수록, 단위시멘트량이 많을수록,
온도가 높을수록, 상대습도가 낮을수록, 콘크리트의 강도와 재령이 작을수록 크게 발생하며, 고온
증기양생을 할수록 작게 발생한다. 기타 시멘트의 종류, 골재의 품질, 공시체의 치수의 영향을 받는
다. 크리프 변형률은 작용응력(또는 그로 인해 일어난 탄성 변형률)에 비례하며, 그 비례상수는 압
축응력의 경우나 인장응력의 경우나 모두 같다(Davis-Glanville의 법칙). 따라서 크리프 변형률은
계수를 이용하여 탄성 변형률의 비율로 표현할 수 있다.

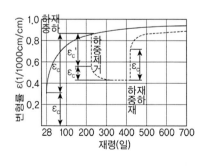

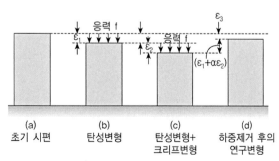

$$\epsilon_c = C_u \epsilon_e = C_u \frac{f_c}{E_c} \qquad \therefore \ C_u = \frac{\epsilon_c}{\epsilon_e}$$

콘크리트 유효탄성계수(Effective Modulus Method)는 탄성 변형률 이외의 크리프나 건조수축 등을 고려하여 최종 변형률 발생점에서의 유효한 탄성계수를 표현하는 방법으로 다음과 같이 유도된다.

$$\epsilon_{total} = \epsilon_e + \epsilon_{cr} = \epsilon_e + C_u \epsilon_e = (1 + C_u)\epsilon_e$$

$$\therefore \ E_{eff} = \frac{f_c}{\epsilon}$$

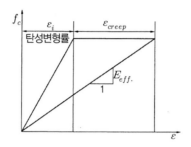

최종적으로 변화된 콘크리트의 탄성계수로 인하여 철근과 콘크리트의 하중분담비율은 초기에 달라지고 각각의 응력은 변화하게 된다.

(콘크리트의 응력) $f_c = \dfrac{P_c}{A_c} = \dfrac{P E_{eff}}{A_c E_{eff} + A_s E_s}$

(철근의 응력) $\ \ f_s = \dfrac{P_s}{A_s} = \dfrac{P E_s}{A_c E_{eff} + A_s E_s}$

탄소섬유케이블

탄소섬유케이블에 대하여 설명하시오.

풀 이

탄소섬유케이블을 이용한 철근콘크리트 건물의 내진보강 공법(하지명, 한국구조물진단유지관리공학회, 2013)

▶ 개요

탄소섬유케이블(Carbon Fiber Composite Cable, CFCC)은 탄소섬유와 열경화성 수지를 복합화하여 성형한 케이블을 말한다.

▶ 탄소섬유케이블

탄소섬유의 우수한 소재성능을 최대한 보유하도록 하였기 때문에 기존 케이블의 성능과 함께 선형에 가깝기 때문에 코일감기가 가능하여 긴 케이블 제작이 가능한 것이 특징이다. 탄소섬유의 우수한 소재성능을 최대한 발휘하게 하였기 때문에 고강도(PC강에 의한 선재보다 동등 이상의 강도를 가짐), 고탄성(PC강에 의한 선재와 거의 동일한 탄성률을 가짐), 경량(비중은 1.5이며, 강재의 약 1/5배), 고내식성(산 및 알칼리에 우수한 내식성을 가지고 있음), 비자기성, 저선팽창성(선팽창계수는 강재의 약 1/20배), 유연성(선재에 가깝기 때문에 용이하게 코일감기가 가능함), 고인장 피로성능(PC강에 의한 선재를 상회하는 피로성능을 가지고 있음) 등의 특징을 가지고 있다. 국내에서는 건축물의 내진성능 향상을 위한 X-브레이싱 내진보강공법에 사용이 활발하게 진행되고 있다.

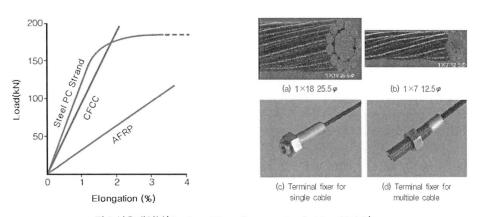

(a) 1×18 25.5φ (b) 1×7 12.5φ

(c) Terminal fixer for single cable (d) Terminal fixer for multiple cable

탄소섬유케이블(Carbon Fiber Composite Cable, CFCC)

최대비틀림에너지　　　　　　　토목구조기술사 합격 바이블 개정판 2권 제4편 강구조 p.1219

최대비틀림에너지에 대하여 설명하시오.

풀 이

▶ 개요

물체는 외부로부터 힘이나 모멘트를 받게 되면 어느 정도까지는 견디지만 얼마 이상의 크기가 되면 외력을 지탱하지 못하고 파괴된다. 이러한 파괴를 예측하는 기준이 되는 조건을 항복조건(Yield Criterion)이라고 부른다.

이러한 항복조건의 대표적이 기준으로 von Mises 항복조건과 Tresca 항복조건이 있으며, von Mises응력이란 von Mises 항복조건에 사용되는 응력으로 하중을 받고 있는 물체의 각 지점에서의 비틀림에너지(Maximum Distortion Energy)를 나타내는 값이다.

▶ 연성재료의 파괴기준과 최대비틀림에너지

금속과 같은 연성재료(Brittle Material)의 항복(Yielding)에 의한 파괴를 예측하는 이론으로서 최대 전단응력 이론(Maximum Shear Stress Theory 혹은 Tresca 이론)과 더불어 가장 보편적으로 사용되고 있다.

물체가 힘을 받으면 그 내부에는 일종의 저항력인 응력(Stress)이 발생하게 되고, 이 응력은 정수압과 비틀림 성분으로 분해할 수 있다. 전자는 물체의 형상을 전혀 찌그러뜨리지 않고 다만 전체 체적의 변화만 야기한다. 반면 후자는 물체 전체의 체적변화에는 영향을 끼치지 않고 형상만을 찌그러트린다. 그리고 물체의 항복과 그에 따른 파괴는 전적으로 후자에 의해 야기된다.

최대비틀림에너지 이론은 물체 내에서 등가응력이라 불리는 본 미제스 응력(von Mises Stress)의 최댓값이 물체의 항복응력에 도달하였을 때 파괴가 시작된다고 예측하는 이론이다. 이 이론은 물체 내부에 축적된 비틀림 에너지로 파괴를 예측하는 것이라는 관점에서 최대전단응력 이론과 차이가 있다. 그리고 실용적인 측면에서 최대 전단응력 이론보다 파괴를 판단하는 응력값이 다소 높은 것으로 알려져 있다. 연성재료의 파괴기준은 다음과 같다.

- 최대 수직응력 이론(Maximum Normal Stress)
- 최대 전단응력 이론(Tresca의 파괴기준)
- 최대 비틀림 에너지 이론(von Mises의 재료파괴기준)

▶ 최대비틀림에너지, von Mises의 재료파괴기준(Maximum Distortional Energy)

von Mises의 재료파괴기준은 연성의 재료에 사용되는 파괴기준으로 재료의 단위체적당 뒤틀림 변형에너지가 항복응력상태에서의 단위체적당 뒤틀림 변형에너지를 초과하면 파괴되는 것으로 본다.

Strain energy density

$$U_0 = \frac{1}{2}[\sigma_x \epsilon_x + \sigma_y \epsilon_y + \sigma_z \epsilon_z + \tau_{xy} \gamma_{xy} + \tau_{yz} \gamma_{yz} + \tau_{zx} \gamma_{zx}]$$

$$= \frac{1}{2E}[\sigma_x^2 + \sigma_y^2 + \sigma_z^2 - 2\nu(\sigma_x \sigma_y + \sigma_y \sigma_z + \sigma_z \sigma_x)] + \frac{1}{2G}[\tau_{xy}^2 + \tau_{yz}^2 + \tau_{zx}^2]$$

주응력 축에서는 σ_1, σ_2, σ_3만 존재하므로

$$U_0 = \frac{1}{2E}[\sigma_1^2 + \sigma_2^2 + \sigma_3^2 - 2\nu(\sigma_1 \sigma_2 + \sigma_2 \sigma_3 + \sigma_3 \sigma_1)]$$

체적변화에 대한 변형에너지 밀도 U_V와 비틀림에 대한 변형에너지 밀도 U_D로 구분하면,

$$U_0 = U_V + U_D = \frac{(\sigma_1 + \sigma_2 + \sigma_3)^2}{18K} + \frac{(\sigma_1 - \sigma_2)^2 + (\sigma_2 - \sigma_3)^2 + (\sigma_3 - \sigma_1)^2}{12G}$$

여기서, $K = \dfrac{E}{3(1 - 2\nu)}$, $G = \dfrac{E}{2(1 + \nu)}$

$\quad U_V = \dfrac{(\sigma_1 + \sigma_2 + \sigma_3)^2}{18K}$: Volumetric change associated with Volume change

$\quad U_D = \dfrac{(\sigma_1 - \sigma_2)^2 + (\sigma_2 - \sigma_3)^2 + (\sigma_3 - \sigma_1)^2}{12G}$: distortional strain energy density

고강도 강재

프리스트레스트 콘크리트구조에서 고강도 강재를 사용한 이유에 대하여 설명하시오.

풀 이

➤ 개요

PSC에 사용되는 강재는 낮은 릴렉세이션과 응력부식의 저항성, 콘크리트의 부착강도, 피로강도와 직선성이 요구되며 이와 함께 높은 인장강도와 항복비, 높은 연성과 인성이 요구된다. 이는 각종 손실에도 불구하고 콘크리트에 프리스트레스가 도입되도록 하기 위함이다.

➤ 고강도 강재 사용 이유

PSC에서는 PS 강재의 릴렉세이션, 콘크리트의 건조수축, 크리프 등으로 말미암아 처음에 도입한 프리스트레스가 시간이 지남에 따라 감소한다. 이와 같이 초기 프리스트레스가 감소한 후에도 PSC가 성립하기 위해서는 소요의 유효프리스트레스가 남아 있어야 하며 이를 위해서 PS 강재를 높은 인장응력으로 긴장해 두어야 하므로 고강도 강재가 필요하다.

1) 일반적인 강재를 사용하여 인장을 하면 초기 변형률이 작으며($\epsilon = f_i / E_s$), 이를 크리프나 건조 수축에 의한 변형률과 비교하면 거의 비슷한 값이 된다. 두 값이 비슷하면 초기 긴장력에 의한 변형률이 거의 0에 가까워져 유효 프리스트레스가 남지 않게 되면서, 손실률이 커지게 된다.

2) PSC 강재의 경우에는 초기 인장강도가 커서 초기 변형률이 크며, 크리프와 건조수축에 의한 손실 변형률을 고려해도 상당한 변형률을 유지하게 된다. 즉, 손실률이 작다는 것을 의미한다. 그러므로 PSC 강재는 고강도 강재가 필요하게 된다.

3) 프리스트레스의 유효율

$$R = \frac{f_{se}}{f_{pi}} = 1 - \frac{\Delta f_p}{f_{pi}}$$

여기서, R : 프리스트레스 유효율(Effective Prestress Ratio) 또는 잔류 프리스트레스계수
(Residual Prestress Factor)

4) 응력-변형률도

초기 긴장 후 동일한 변형률 손실이 발생할 때에 손실량은 고강도 강재가 다소 많을지라도 프리스트레스 유효율에서는 높음을 알 수 있다.

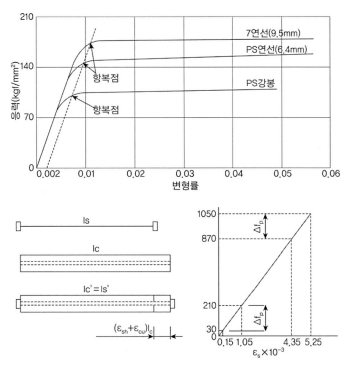

프리스트레스용 강재의 응력변형률도

5) 일반강재를 긴장재로 사용하여 초기긴장을 할 경우 프리스트레싱에 의한 철근의 늘음길이가 건조수축과 크리프에 의한 단축량과 비슷해져서 PS 손실률이 커져서 효율이 떨어진다. 마찬가지로 PS 강봉과 PS 강연선을 비교하면, PS 강봉에 비해 PS 강연선의 인장강도가 더 크므로 인장강도를 더 크게 작용시키면 그 늘음길이가 더 커져서 건조수축과 크리프에 의한 단축량을 제외하고도 PS 강봉에 비해 PS 강연선의 잔류변형률이 커서 프리스트레싱 효율이 더 좋아지게 된다.

6) 최초에 긴장재에 준 인장응력이 클수록 유효인장응력과 최초에 준 인장응력의 비가 커져서 프리스트레싱 효율이 좋아진다. 이는 최초에 긴장재에 줄 수 있는 인장변형률이 클수록 콘크리트의 크리프와 건조수축에 의한 변형률을 빼고 남는 변형률이 최초에 준 변형률에 비하여 큰 값이 된다. 즉, 프리스트레싱의 효율을 좋게 하려면 최초에 긴장재에 준 인장응력이 커야 하고, 이것이 PSC에서 고강도 강재를 긴장재로 사용해야 하는 이유이다.

7) PSC 강재는 각종 손실에 의해서 소멸되고도 상당히 큰 프리스트레스 힘이 남도록 긴장할 수 있는 인장강도가 큰 고장력 강재를 사용하여야 한다. PS 강봉에 비해 PS 강연선이 인장강도가 더 크기 때문에 유효 프리스트레스력이 더 커서 PS도입에 더욱 효과적이며, 다만 PS 강봉에 비해 재료 자체의 단가가 비싸기 때문에 경제성 측면에서는 다소 떨어질 수도 있다.

크리프   토목구조기술사 합격 바이블 개정판 1권 제2편 RC p.525

콘크리트의 크리프(Creep)에 대하여 설명하시오.

풀 이

▶개요

크리프는 하중의 증가 없이 시간이 경과함에 따라 변형이 계속되는 상태를 말한다. 크리프 변형에 영향을 미치는 요인으로는 물–시멘트비(w/c)가 클수록, 단위 시멘트량이 많을수록, 온도가 높을수록, 상대습도가 낮을수록, 콘크리트의 강도와 재령이 작을수록 크게 발생하며, 고온 증기양생을 할수록 작게 발생한다. 기타 시멘트의 종류, 골재의 품질, 공시체의 치수의 영향도 받는다.

▶콘크리트의 크리프의 특징

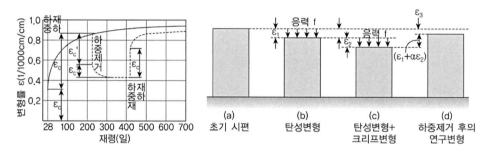

1) 크리프 변형은 초기 28일 동안에 1/2가 발생하며, 이후 3~4개월 이내 3/4, 2~5년 후에 모든 변형이 완료된다.

2) 보통의 RC구조물은 주로 자중에 의해 크리프 현상이 일어나지만, PSC구조물에서는 프리스트레스에 의하여 크리프 현상이 일어난다.

3) 크리프에 의한 응력 재분배 : 시간 경과에 따라 크리프와 건조수축에 의해 변형이 발생되면 부재 내 구성요소 간에 하중이 재분배된다. 정정구조계의 경우 단면 구성요소 내부에서 하중 재분배를 의미하며, 부정정 구조계에서는 크리프 및 건조수축으로 인하여 단면력과 반력이 모두 변화하게 된다. 이는 하중의 재분배가 발생하면서 응력의 변화가 발생하기 때문이다. 크리프에 의한 구조물의 거동은 구조계의 변화나 타설 시기상의 차이로 인해서 발생한다.

    ① 구조계의 변화에 의한 하중 재분배 : 그림과 같은 단순구조의 캔틸레버가 먼저 가설된 이후 지점 B에 지점을 놓을 경우 점 B에서의 초기 반력은 0이 된다. 크리프에 의해 보가 처짐으로써 반력이 발생되며, 이로 인해 보의 모멘트 분배가 M_i에서 M_f로 변하게 된다. 그림에서 M_s는 최종 구조계에 대한 부정정 해석으로부터 얻은 모멘트이며 크리프에 의한 모멘트 변화량 ΔM_c

는 다음과 같이 표현될 수 있다.

$$\Delta M_c = (M_s - M_i) \times \frac{\phi}{(1 + n\phi)}$$

여기서, ϕ : 크리프계수($=\epsilon_{cr}/\epsilon_{el}$), n : 크리프 변형을 산정하기 위한 계수

크리프에 의한 모멘트 재분배는 초기 구조계의 모멘트와 상관없이 항상 최종 구조계의 모멘트에 근접하려는 쪽으로 변화한다.

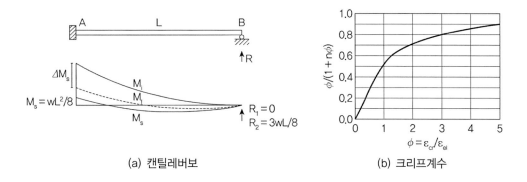

(a) 캔틸레버보   (b) 크리프계수

② 타설 시기상의 차이로 인한 콘크리트 크리프의 반력 분배(R_ϕ) : 타설 시기상의 차이로 인한 콘크리트 크리프 부정정력 분배하중, 엄밀해석을 위하여는 구조계별 변화 시마다 콘크리트 재령으로부터 구조계의 각 부분의 크리프계수를 구하여 단면력을 산출하여야 하나, 계산의 복잡성을 고려하여 근사적으로 반력의 변화를 계산하여 부정정력을 산출할 수 있다.

$$\Delta R_\phi = (R_0 - R_l)(1 - e^{-\phi})$$

여기서, R_0 : 최종 구조계를 한 번에 시공한다고 할 때의 반력,
    R_l : 최종 구조계 완성되기 전의 구조에서의 반력

설계기준강도와 배합강도 　　　　　　토목구조기술사 합격 바이블 개정판 1권 제2편 RC p.518

설계기준강도(f_{ck})와 배합강도(f_{cr})에 대하여 설명하시오.

풀 이

▶ **개요**

　　설계기준강도(f_{ck})는 콘크리트 부재 설계 시 계산하는 기준이 되는 콘크리트 강도를 의미하며, 일반적으로 재령 28일의 압축강도를 기준으로 한다. 그러나 실제 배합 시에는 통계적으로 편차가 발생하기 때문에 설계기준강도에 정당한 계수를 고려하여 할증한 압축강도를 구하고 이를 기준으로 배합 설계 시 소요강도의 물 시멘트비 등을 산정하는데, 설계기준강도를 기준으로 배합을 위해 할증한 압축강도를 배합강도라고 한다.

▶ **설계기준강도(f_{ck})와 배합강도(f_{cr})**

1) **설계기준강도(f_{ck})** : 부재의 설계를 위한 기준이 되는 콘크리트 강도로 재령 28일 압축강도를 기준으로 한다. 재령 28일 압축강도를 기준으로 하는 이유는 다음과 같다.

　① 초기 재령에서는 매우 빠른 속도로 강도 발현하여 점차 강도의 증진이 둔화된다.

　② 실제의 구조물에서는 공시체의 양생조건과 동일한 양생방법을 기대할 수 없다. 따라서 표준 공시체 강도를 현저하게 웃도는 강도를 기대할 수 없으므로 실제 사용하는 것이 수개월 후라도 재령 28일 기준의 압축강도로 하는 것이 안전하다.

　③ 보통 콘크리트와 달리 구조물의 사용 시기, 적용하중 종류, 부재치수를 고려하여 다르게 적용하는 사례도 있다(댐 구조물은 91일 기준강도, 공장제품은 14일 기준강도).

　④ 28일 강도 측정 시 시간소요 등의 불편함으로 인해서 품질관리를 위해 다음 방법이 제안되고 있다.

　　㉠ 3일, 7일 조기강도에서 28일 강도 추정하는 방법

　　㉡ 촉진 양생강도에서 28일 강도를 추정하는 방법

　　㉢ w/c에 의해 콘크리트 품질관리

2) **배합강도(f_{cr})** : 구조물에 사용된 콘크리트 압축강도가 설계기준강도보다 작아지지 않도록 현장 콘크리트 품질변동 등을 고려하여 설계기준강도보다 크게 설정한 배합에 기준이 되는 강도로 일정 기준강도보다 강도가 낮을 확률이 1% 이하가 되도록 결정한다. 콘크리트 구조기준(2012)에서 배합강도의 결정 방법은 다음과 같이 규정하고 있다.

　① 콘크리트 배합을 선정할 때 기초하는 배합강도 f_{cr}은 다음의 규정에 따라 계산된 표준편차를

이용하여 계산한다. 이때 배합강도는 설계기준압축강도가 35MPa 이하인 경우와 이상인 경우로 구분하여 적용한다.

㉠ $f_{ck} \leq 35MPa$

$$f_{cr} = \max[f_{ck} + 1.34s, \ (f_{ck} - 3.5) + 2.33s]$$

㉡ $f_{ck} > 35MPa$

$$f_{cr} = \max[f_{ck} + 1.34s, \ 0.9f_{ck} + 2.33s]$$

② 배합강도 f_{cr}은 표준편차의 계산을 위한 현장강도 기록자료가 없을 경우나 압축강도 시험횟수가 14회 이하인 경우 다음에 따라 결정하여야 한다.

㉠ $f_{ck} < 21^{MPa}$ $f_{cr} = f_{ck} + 7\,(\text{MPa})$

㉡ $21^{MPa} \leq f_{ck} \leq 35^{MPa}$ $f_{cr} = f_{ck} + 8.5\,(\text{MPa})$

㉢ $f_{ck} > 35^{MPa}$ $f_{cr} = 1.1f_{ck} + 5.0\,(\text{MPa})$

③ 배합강도의 결정에서의 표준편차의 의미 : 강도에 영향을 미치는 요인이 여러 가지이기 때문에 시편의 강도는 통계적으로 상당한 양의 편차를 보인다. 따라서 공시체 시험에서 얻어진 콘크리트의 평균강도가 설계기준강도와 비슷한 정도로는 충분하지 않다. 이는 표본의 반이 설계기준 강도보다 낮은 값이 되기 때문이며 이로서는 충분히 안전하다고 할 수 없다. 평균강도는 설계기준강도보다 확실하게 높아야 한다. 따라서 어떤 주어진 최솟값(설계기준강도)보다 작아도 되는 표본의 수를 단지 일부로 제한함으로써 전체적으로 적절한 강도를 유지하도록 하여야 한다. 실제 강도시험에서 얻은 값을 평균소요배합강도(f_{cr})라고 한다. 다음의 그림에서 빗금 친 부분이 설계기준강도보다 작은 부분에 해당하는 표본수를 나타내는데, 세 경우 모두 그 수가 같으나 편차 s가 제일 작은 경우가 품질관리가 제일 잘되었다고 할 수 있다.

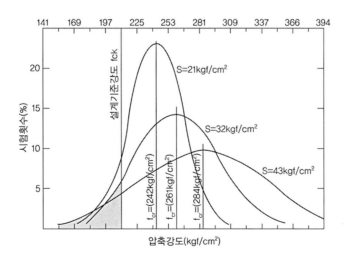

Secant 공식   토목구조기술사 합격 바이블 개정판 1권 제1편 재료 및 구조역학 p.353

기둥의 Secant 공식에 대하여 설명하시오.

풀 이

▶ **개요**

이상적인 기둥은 압축응력만을 받는 구조체로 일정 한계 이상의 압축력을 받게 되면 횡방향으로 변위가 발생하는 좌굴이 발생하게 된다. 그러나 실제 기둥은 제조상의 한계로 인해 초기틀림이나 축하중의 편심 등이 존재하게 되며 이로 인해 기둥에서는 편심하중으로 인한 휨모멘트도 발생하게 된다. Secant 공식은 기둥부재에서 편심을 가진 압축력이 작용할 때 임계하중을 나타내는 공식이다.

▶ **Secant 공식의 유도**

$$M = P(y+e), \quad EIy'' = -P(y+e)$$

$$y'' + k^2 y = -k^2 e, \quad k^2 = \frac{P}{EI}$$

General(Homogeneous) Solution $y_h = A\cos kx + B\sin kx$

Particular Solution $y_p = -e$

$$y = y_h + y_p = A\cos kx + B\sin kx - e$$

From B.C

① $x = 0, \ y = 0 : A = e$

② $x = L, \ y = 0 : e\cos kL + B\sin kL - e = 0$

$$B = \frac{e(1-\cos kL)}{\sin kL} = \frac{e\left(1-\cos^2\frac{kL}{2}+\sin^2\frac{kL}{2}\right)}{2\sin\frac{kL}{2}\cos\frac{kL}{2}} = e\tan\frac{kL}{2}$$

$$\therefore \ y = e\cos kx + e\tan\frac{kL}{2}\sin kx - e$$

$x = \dfrac{L}{2}$ 일 때,

$$\delta = e\cos\frac{kL}{2} + e\tan\frac{kL}{2}\sin\frac{kL}{2} - e = e\left[\frac{\cos^2\frac{kL}{2}+\sin^2\frac{kL}{2}}{\cos\frac{kL}{2}} - 1\right] = e\left[\sec\frac{kL}{2}-1\right]$$

$$\therefore \ M_{\max} = P(\delta + e) = Pe \sec \frac{kL}{2}$$

$$\therefore \ f_{\max} = \frac{P}{A} + \frac{M}{I}c = \frac{P}{A} + \frac{Pe \sec \dfrac{kL}{2}}{I}c = \frac{P}{A}\left[1 + \frac{ec}{r^2} \sec \frac{kL}{2}\right]$$

여기서, c는 중립축에서 단부까지의 거리

PSC 재료 　　　　　　　　　　　　　　　　토목구조기술사 합격 바이블 개정판 1권 제3편 PSC p.1008

프리스트레스트 콘크리트 구조물에서 재료가 갖추어야 할 최소 조건에 대하여 설명하시오.

풀 이

▶ 개요

프리스트레스트 콘크리트 구조물은 콘크리트의 전단면을 유효하게 내력을 발휘할 수 있도록 하는 구조적 이점을 위해서 고강도의 콘크리트와 강재를 활용해야 하기 때문에 사용재료에 대한 요구 품질이 RC에 비해 높은 특성을 가진다.

장점	단점
• 고강도 콘크리트를 사용하므로 내구성이 좋다. • RC보에 비해 복부의 폭을 얇게 할 수 있어 부재의 자중이 줄어든다. • RC보에 비해 탄성적이고 복원성이 높다. • 전단면을 유효하게 이용한다. • 조립식 강절 구조로 시공이 용이하다. • 부재에 확실한 강도와 안전율을 갖게 한다.	• RC에 비해 강성이 작아서 변형이 크고 진동하기 쉽다. • 내화성이 불리하다. • 공사가 복잡하므로 고도의 기술을 요한다. • 부속 재료 및 그라우팅의 비용 등 공사비가 증가된다.

▶ 프리스트레스트 콘크리트 재료의 요구조건

1) 콘크리트의 요구품질

① 압축강도가 높아야 한다.

② 건조수축과 크리프가 작아야 한다.

③ PSC의 설계기준 강도 f_{ck} : 포스트텐션방식(30MPa 이상), 프리텐션방식(35MPa 이상)

2) PS 강재의 요구품질

① 높은 인장강도 : PSC에서는 릴렉세이션, 건조수축, 크리프 등으로 각종 손실이 발생하며, 초기 프리스트레스의 손실 이후에도 PSC가 성립하기 위해서는 초기에 높은 인장응력으로 긴장해 두어야 하므로 고강도강재가 필요하다.

② 높은 항복비 : PSC 강재는 항복비(항복응력/인장강도의 비)가 80% 이상 되어야 하며, 될 수 있으면 85% 이상인 것이 좋다. 이것은 PSC 강재의 응력-변형도 곡선이 상당히 큰 응력까지 직선이어야 한다는 것을 의미한다.

③ 낮은 릴렉세이션 : PSC 강재를 어떤 인장력으로 긴장한 채 그 길이를 일정하게 유지하면 시간이 지남에 따라 PSC 강재의 응력이 감소하는데, 이러한 현상을 릴렉세이션이라고 한다. 릴렉세이션이 크면 프리스트레스가 감소하므로 장기간에 걸친 릴렉세이션이 작아야 한다. PSC

강선 및 강연선의 릴렉세이션은 3% 이하, 강봉은 1.5% 이하를 요구한다.

④ 연성(Ductility)과 인성(Toughness) : 파괴에 이르기까지 높은 응력에 견디며 큰 변형을 나타내는 재료의 성질을 연성이라고 하며, 인성이 큰 재료는 연신율(Elongation)도 크다. 고강도 강은 일반적으로 연강에 비하여 연실율과 인성이 낮으나 PSC 강재에는 어느 정도의 연신율이 요구된다. 또 PSC 강재는 조립과 배치를 위한 구부림 가공, 정착장치나 접속장치에 접착시키기 위한 구부림 가공, 접착시킬 때 일어나는 휨이나 물림 등에 의하여 강도를 저하시키지 않기 위해서는 연신율이 될 수 있는 대로 큰 것이 좋다.

⑤ 응력부식 저항성 : 높은 응력을 받는 상태에서 급속하게 녹이 슬거나, 녹이 보이지 않더라도 조직이 취약해지는 현상을 응력부식이라 하며, PSC 강재는 항상 높은 응력을 받고 있으므로 응력부식에 대한 저항성이 커야 한다.

⑥ 콘크리트와 부착강도 : 부착형의 PSC 강재는 부착강도가 커야 하며, 프리텐션 방식에서는 특히 중요한 사항이다. 부착강도를 높이기 위해서는 몇 개의 강선을 꼰 PSC 강연선이나 이형 PSC 강재를 사용하는 것이 좋다.

⑦ 피로강도 : 도로교나 철도교와 같이 하중 변동이 큰 구조물에 사용할 PSC 강재는 피로강도를 조사해두어야 한다.

⑧ 직선성 : 곧은 상태로 출하되는 PSC 강봉은 문제가 없지만, 타래로 감아서 출하되는 PSC 강재는 풀어서 사용하는데, 이때 도로 둥글게 감기지 않고 곧게 잘 펴져야 한다. 즉 직선성이 좋아야 하는데, 시공 시 중요한 사항이며, 타래의 지름이 소선의 지름의 150배 이상인 것이 좋다.

압축인성 　　　　　　　　　　　　　　토목구조기술사 합격 바이블 개정판 1권 제1편 재료 및 구조역학 p.11

압축인성(Compressive Toughness)에 대하여 설명하시오.

풀 이

➤ 개요

인성(Toughness)은 파괴에 저항하는 능력을 의미하며, 축방향력을 받는 부재의 응력-변형률 곡선 상의 하부 면적에 해당되며, 에너지를 흡수하는 능력으로 평가될 수 있다.

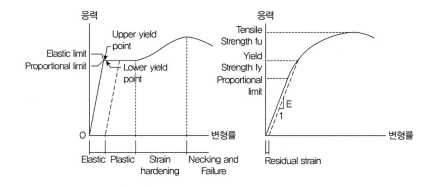

➤ 압축인성(Compressive Toughness)

재료의 인성은 재료가 파괴될 때까지 견디는 변형에 대한 수용능력으로 평가될 수 있으며, 압축인성의 경우 대표적인 콘크리트의 파괴까지의 에너지 흡수능력으로 볼 수 있다.

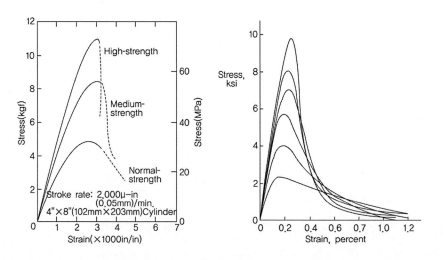

일반적으로 콘크리트는 강도가 강할수록 급격하게 파괴되는 특성이 있어 일정 규모 이상의 변형능력 확보 후 파괴되도록 인성과 함께 연성 확보가 중요한 성질을 갖는다. 이를 위해 콘크리트에 탄소 섬유(Fiber) 혼입을 통해 확보하려는 노력 등이 시도되고 있다.

용접이음   토목구조기술사 합격 바이블 개정판 2권 제4편 강구조 p.1363

용접이음의 안전율에 영향을 미치는 인자에 대하여 설명하시오.

풀 이

▶ 개요

용접이음은 연결부재가 필요하지 않아 **구조물을 단순·경량화시킬 수 있는 특징**을 가진다. 구조물을 **연속적으로 접합시켜 응력전달이 원활하고 인장이음이 확실**하다는 특징이 있으며 다만 현장에서 용접이음 시에는 신뢰성이 저하되어 허용응력의 90%를 적용하도록 하고 있다. 또한 용접부의 응력집중으로 피로, 부식, 좌굴강도 저하 등의 현상이 발생할 수 있으며 용접 시 변형으로 인한 2차 응력이 발생될 수 있다. 고온으로 인한 용착금속부의 열변화의 영향으로 잔류응력이 발생할 수 있다.

장점	단점
• 강중량이 절약(거셋판, 용접판, 볼트머리 불필요) • 사용성이 큼(강관 기둥부 연결 등) • 강절 구조에 적합 • 응력전달이 원활하고 안정성이 높음 • 소음이 적고 인장이음이 확실함 • 소형 폐단면과 곡선부에 적용이 가능 • 설계 변경 및 오류수정 용이	• 용접부 응력집중현상이 발생 • 용접부 변형으로 2차 응력 발생 가능 • 고온으로 잔류응력이 발생

▶ 용접이음 안전율 영향 인자

일반적으로 용접연결의 강도는 모재나 용착된 용접금속의 강도에 의해 좌우된다. 용접이 되는 방식, 하중의 작용방향, 용접의 면적, 용접부위에 따른 파괴형태, 잔류응력 등에 영향을 받는다.

1) **용접방식** : 완전용입 그루브용접, 부분용입 그루브용접, 필렛용접, 슬롯용접, 플러그 용접 등 용접의 방식에 따라 용접이음의 강도가 달라질 수 있다. 도로교설계기준(한계상태설계법, 2015)에서는 이러한 특성을 반영하여 용접 방식에 따라 극한한계상태에서의 저항계수를 다르게 적용하도록 규정하고 있다.

2) **하중 작용방향** : 용접부는 압축, 인장, 전단, 휨 등을 받을 수 있으며 이에 따라 용접부의 강도도 다르게 적용된다. 도로교설계기준(한계상태설계법, 2015)에서는 이러한 특성을 반영하여 하중 작용에 따라 저항계수를 다르게 적용한다.

3) **용접부위 파괴형태** : 용접부의 파괴는 이음부 파괴, 연결부 파괴, 연결판의 파괴 등 파괴형태가

다양하게 나타날 수 있으며, 여러 파괴형태 중 가장 작은 값을 기준으로 설계를 하여야 한다.

4) **잔류응력** : 용접시공에서는 용접 접합부 부근에 국부적 가열, 냉각으로 열팽창 변형의 불균일 분포와 고온소성변형, 용착강의 응고수축으로 응력이 발생되므로 상온에서 냉각된 후에도 잔류응력이 존재하게 된다. 이러한 잔류응력은 구조물의 취성파괴 유발, 피로파괴 유발, 부식저항 성능 저하, 좌굴강도 저하 등의 영향을 미친다.

기둥 해석   토목구조기술사 합격 바이블 개정판 1권 제2편 RC p.815

그림과 같이 지름 $h = 420\text{mm}$인 원형 나선철근 기둥에 축방향 철근 6-D25($d_b = 25.4\text{mm}$)으로 보강되어 있다. 기둥의 설계강도 ϕP_n 및 소요 나선철근간격 s를 구하시오. 단, 나선철근 D13($d_b = 12.7\text{mm}$), $f_{ck} = 30\text{MPa}$, $f_{yt} = 400\text{MPa}$ 및 나선철근 심부의 지름 $d_c = 340\text{mm}$, $\phi = 0.7$이다.

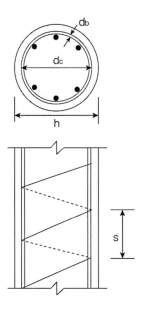

▶ 기둥의 설계 강도

$$A_{st} = 6 \times \frac{\pi}{4} d_b^2 = 3{,}040.24 \text{mm}^2$$

$$A_g = \frac{\pi}{4} h^2 = 138{,}544 \text{mm}^2$$

$$A_c = A_g - A_{st} = 135{,}504 \text{mm}^2$$

$$P_n = 0.85 f_{ck} A_c + A_s f_y = 0.85 \times 30 \times 135{,}504 + 3{,}040.24 \times 400 = 4671.45 \text{kN}$$

$$\therefore \ \phi P_n = 0.7 \times 4671.45 = 3{,}270 \text{kN}$$

➤ 축방향 철근비 검토

$$\rho = \frac{A_{st}}{A_g} = 0.022 \qquad \therefore \ 0.01 \leq \rho \leq 0.08 \qquad\qquad O.K$$

➤ 나선철근 간격 검토

심부구속 철근(콘크리트로 인해서 심부에서 구속된 철근)은 최종적인 파괴에 이르기 전까지 상당한 추가의 하중에 저항하는 커다란 연성을 지닌다. 이 때문에 설계기준에서는 심부구속 철근량을 규정하도록 하고 있다.

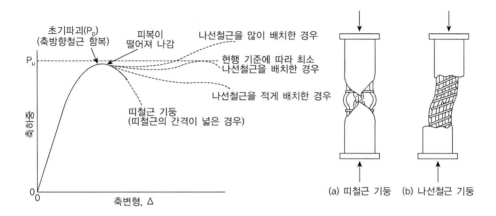

지진하중에 대해 실험결과 띠철근보다 나선철근이 콘크리트를 구속해서 강도와 연성의 증가가 뛰어남이 나타났으며, 이는 직사각형 모양의 띠철근은 띠철근의 모서리 부분에만 구속력을 주고 모서리 이외의 직선 부분에서는 콘크리트가 팽창하면 밖으로 휘기 때문이며, 나선철근의 경우 원형으로 균등한 구속력을 전체 기둥에 주기 때문에 효과적이다(띠철근과 나선철근의 강도저감계수 차이의 이유).

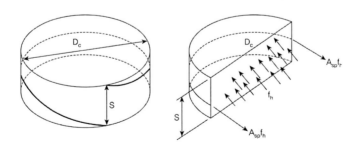

$$2A_{sp}f_y = f_h D_c s$$

$$\frac{A_{sp}}{D_c s} = \frac{f_h}{2f_y} \tag{1}$$

기둥 심부에서의 콘크리트의 압축강도 증가량(실험식) $f_1 = f_{ck} + 4.1f_h$

피복파괴로 인해서 없어진 지지력을 구속효과에 의한 강도증진으로 보상한다는 조건은 다음과 같이 표현된다. A_c 는 심부 콘크리트 단면적(나선철근의 중심선 기준 안쪽 면적)이다.

피복이 떨어져나가기 전의 피복 부분의 압축강도 $0.85 f_{ck}(A_g - A_c)$

피복이 떨어져나간 후 나선철근 구속력으로 증가한 심부강도 $A_c(4.1f_h)$

$$\therefore 0.85 f_{ck}(A_g - A_c) = A_c(4.1f_h) \tag{2}$$

$$\rho_s = \frac{V_{spiral}}{V_{core}} = \frac{A_{sp}\pi D_c}{\dfrac{\pi D_c^2}{4}s} = \frac{4A_{sp}}{sD_c}$$

From (1), (2)

$$\rho_s = \frac{2f_h}{f_y} = \frac{2}{f_y}\frac{0.85 f_{ck}(A_g - A_c)}{4.1 A_c} = 0.425\frac{f_{ck}}{f_y}\left(\frac{A_g}{A_c} - 1\right) \approx 0.45\frac{f_{ck}}{f_y}\left(\frac{A_g}{A_c} - 1\right)$$

1) 최소 철근량 산정

$$A_c = \frac{\pi D_c^2}{4} = 90{,}792\,\mathrm{mm}^2$$

$$\rho_{s,\min} \geq 0.45\left(\frac{A_g}{A_c} - 1\right)\frac{f_{ck}}{f_y} = 0.45 \times \left(\frac{138544}{90792} - 1\right)\frac{30}{400} = 0.017751$$

$$\rho_s = \frac{V_{spiral}}{V_{core}} = \frac{A_{sp}\pi D_c}{\dfrac{\pi D_c^2}{4}s} = \frac{4A_{sp}}{sD_c} \quad \therefore s \leq \frac{4A_{sp}}{\rho_{\min}D_c} = \frac{4 \times \dfrac{\pi \times 12.7^2}{4}}{0.017751 \times 340} = 83.9578\,\mathrm{mm}$$

∴ 나선철근의 중심 간격을 80mm로 검토한다.

2) 나선철근 제한규정

① 나선철근은 지름이 9mm 이상으로 그 간격이 균일하고 연속된 철근이나 철선으로 구성되어야 한다.   O.K

② 나선철근비 ρ_s 는 다음 식에 의해 계산된 값 이상이어야 한다.

$$\rho_s = 0.45\left(\frac{A_g}{A_c} - 1\right)\frac{f_{ck}}{f_y}$$

여기서, f_y 는 나선철근의 설계기준 항복강도로 400MPa 이하이어야 한다.   O.K

③ 나선철근의 순간격은 25mm 이상 또는 굵은 골재 최대치수의 4/3배 이상이어야 하며, 중심 간격은 주철근 직경의 6배 이하로 하여야 한다.

$$25\text{mm} \le (80 - 12.7) \le 7 \times 25 \qquad\qquad \text{O.K}$$

④ 나선철근의 정착은 나선철근의 끝에서 추가로 심부 주위를 1.5 회전시켜 확보한다.

⑤ 나선철근은 확대기초 또는 다른 받침부의 상면에서 그 위에 지지된 부재의 최하단 수평철근까지 연장되어야 한다.

⑥ 나선철근의 이음은 철근 또는 철선지름의 48배 이상, 300mm 이상의 겹침이음이거나 용접이음 또는 기계적 연결이어야 한다.

⑦ 나선철근은 설계된 치수로부터 벗어남이 없이 다룰 수 있고 배치할 수 있도록 그 크기가 확보되어야 하고 또한 이에 맞게 조립되어야 한다.

포켓기초

교량용 콘크리트의 포켓기초에 대하여 설명하시오.

풀 이

➤ 개요

포켓기초는 프리캐스트 기초와 기둥부재를 연결하기 위한 부재로 기둥부재를 삽입하기 위한 Pocket 속에 기초부재를 삽입한 후 기초와 기둥을 일체화시키는 구조를 말한다. 교량에서 포켓기초는 말뚝과 말뚝머리 연결, 말뚝머리와 기둥 연결에서 가끔 사용되며, 프리캐스트 요소의 이음재로 현장타설 콘크리트가 주로 사용된다.

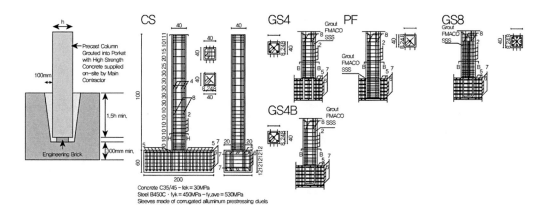

➤ 포켓기초의 특징

포켓기초는 Precast 부재를 활용함으로써 시공속도의 향상 및 공장제작으로 제품의 품질성능의 확보 등의 일반적인 Precast 부재의 시공적 특성을 가진다. 일반적으로 Precast 부재로 포켓기초에는 고강도의 콘크리트를 사용하며 포켓형상, 압축력 도입 여부에 따라 그 특성이 달라질 수 있다. 포켓형식은 프리캐스트 바닥판과 강거더의 합성 시에도 사용되고 있으며 이러한 포켓형식은 시공의 합리성 및 단순성, 시공성능 향상 등의 특성을 위해서 많이 사용하고 있는 추세이다.

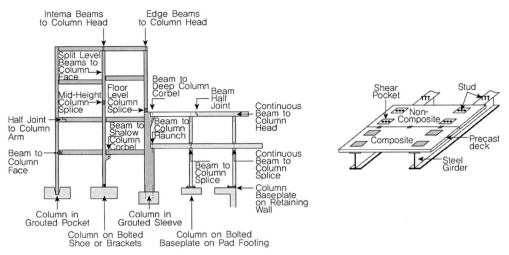

포켓기초 | 프리캐스트 바닥판과 강거더의 합성 시 전단포켓

➤ 도로교설계기준(한계상태설계법, 2015) 포켓기초 요구사항

1) 콘크리트 포켓기초는 기둥의 수직력, 휨모멘트와 수평전단력을 지반에 전달할 수 있어야 한다. 포켓은 기둥 아래와 주위에 콘크리트를 제대로 채울 수 있게 충분히 커야 한다.

2) 표면에 요철을 갖는 포켓의 경우 : 요철 또는 전단키가 있는 포켓은 기둥과 일체로 작용하는 것으로 간주할 수 있으나 전단연결에 대한 검토가 있어야 한다. 특히 휨과 축력에 대해 충분한 계면전단 저항이 있을 때 뚫림전단에 대해서 일체로 된 기둥/기초로 가정하고 검토할 수 있다.

① 휨모멘트 전달에 의해 수직 인장력이 발생하는 곳에서는 겹침이음된 철근의 분리를 고려한다면 기둥과 기초의 겹침철근에 대해 세심한 상세가 필요하다. 겹침이음의 길이는 설계겹침이음 길이 $l = \alpha_1 \alpha_2 \alpha_3 \alpha_5 l_b A_{s,req}/A_{s,prv} \geq l_{0,\min}$는 적어도 기둥과 기초의 철근 사이의 수평간격만큼 증가시켜야 하며, 적절한 수평철근을 배치해야 한다.

② 기둥과 기초 사이의 전단력의 전달이 충분하다면 뚫림전단 설계는 일체로 된 기둥/기초와 같이 하여야 하며, 그러지 않으면 뚫림전단은 요철면이 없는 포켓에서와 같이 검토한다.

3) 표면에 요철면이 없는 포켓의 경우 : 요철면이 없을 때 힘과 모멘트는 포켓 측면의 반력과 이에 따른 마찰력에 의해 전달된다. 이러한 거동은 장부 작용과 같다. 기둥과 포켓이 필요한 철근은 이들 각각에 작용하는 힘에 따라 따로따로 상세가 정해져야 하며, 특히 포켓요소에서는 고정단 모멘트가 유발되어 높은 전단력이 작용하므로 이에 대한 검토가 요구된다.

① 기둥에서 기초로 힘과 모멘트의 전달은 채움 콘크리트와 이에 따른 마찰력을 통한 압축력 F_1, F_2, F_3로 이루어진다고 가정해도 좋다. 이때 $l \geq 1.2h$이어야 한다.

② 마찰계수 μ는 0.3보다 크게 취해서는 안 된다.

③ 다음에 대해서는 특별히 고려하여야 한다.

ⓐ 포켓 벽 상부에서 F_1에 대한 배근 상세

ⓑ 측벽을 따라 기초에 F_1의 전달

ⓒ 기둥과 포켓 벽에서의 주철근의 장착

ⓓ 포켓 내에서의 기둥의 전단 저항력

ⓔ 기둥에 작용하는 힘에 의한 기초 슬래브의 뚫림 강도, 그 계산은 프리캐스트 요소 아래에 현장타설 콘크리트가 있는 경우를 고려한다.

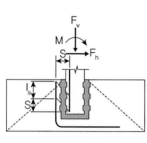

요철면이 있는 경우

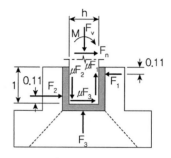

요철면이 없는 경우

가동이음

콘크리트 구조물의 가동이음 형태를 열거하고, 그 이음의 기능적 고려사항에 대하여 설명하시오.

풀 이

> **개요**

콘크리트의 이음형태는 <u>시공이음, 신축이음, 수축줄눈, 균열유발줄눈</u> 등이 있으며 <u>가동이 가능한</u>
<u>이음은 신축이음(Expansion Joint)</u>이다. 콘크리트에서 가동이 가능한 이음 형태는 온도변화로 인
한 수축과 팽창으로 구조물의 거동제한으로 인해 발생하는 균열을 제어하고 기초가 침하할 경우 등
에 대비하기 위해서 콘크리트 벽체 등에 많이 사용되는 방식이다.

> **콘크리트의 가동이음**

1) 옹벽 등 벽체 : 신축 등에 자유롭게 가동이 가능하도록 하는 구조로 주로 지수판을 많이 이용한다.
   PVC지수판, 동지수판, 수팽창 고무지수판 등이 있으며 주로 PVC지수판을 가장 많이 사용한다.
   지수판과 다웰바, 백업재 등을 이용해 연결된다.

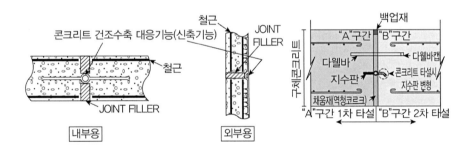

2) 지하차도 등 : 하중이 재하되는 지하차도와 같은 구조물의 바닥은 온도로 인한 신축과 함께 표층
   에서의 파손이 없도록 내구성과 신축성이 필요하다. 교량에서 많이 사용되는 신축이음장치 이외
   에도 최근에는 탄성 폴리머와 철판을 이용해 강화된 신축이음도 많이 사용된다. 벽체와 비교해
   하중 전달구간에 철판을 통해서 강화하고 탄성신축재료 등을 이용해 표층처리를 해 가동이 가능
   하면서 차량 하중 등에 저항할 수 있는 구조형식이다.

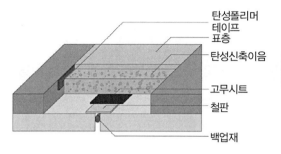
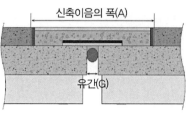

탄성폴리머
테이프
표층
탄성신축이음
고무시트
철판
백업재

신축이음의 폭(A)
유간(G)

강교의 강재   토목구조기술사 합격 바이블 개정판 2권 제4편 강구조 p.1234

강교에서 일반적으로 사용되고 있는 일반구조용 압연강재, 용접구조용 압연강재, 용접구조용 내후성 열간압연강재 및 교량구조용 압연강재의 재료적 특성에 대하여 설명하시오.

풀 이

▶ 개요

강재는 타 재료에 비해 고강도로 우수한 연성을 가지며 극한 내하력이 높고 인성이 커 충격에 강하며 조립이 용이한 특징을 가진다. 일반적으로 도로교설계기준에서는 구조용으로 적용되는 탄소강에 대해서 다음과 같이 4가지로 구분하여 적용하도록 하고 있다.

1) 일반구조용 압연강재(SS) : SS400
2) 용접구조용 압연강재(SM) : SM400, SM490, SM520, SM570, SM490Y
3) 용접구조용 내후성 열간 압연강재(SMA) : SMA400, SMA490, SMA 570
4) 교량구조용 압연강재(HSB) : HSB500, HSB600

▶ 강재별 특성

1) 일반구조용 압연강재(SS)

   ① 토목, 건축, 선박, 차량 등의 구조물에 가장 일반적으로 사용된다.
   ② S, P에 대한 제한값(0.05 이하)이 높으나 C, Si, Mn 등의 규정이 없다.
   ③ 휨 시험에서 휨 반지름도 크게 규정된다.
   ④ 강도조건만 요구되는 곳에는 SS재의 적용이 가장 적절하며 강도에 따라 강종을 선택한다.

2) 용접구조용 압연강재(SM)

   ① SS재와 같이 널리 사용되며 특히 우수한 용접성이 요구될 때 사용된다.
   ② 화학성분은 S, P값은 0.04 이하, C, Si, Mn에 대한 규정치는 강재의 종류별로 정해지며 용접구조용 강재의 특성을 좌우한다. 강도를 높이기 위해서는 C값을 증가시키고, 용접성을 증가시키기 위해서는 Mn값을 증가시킨다.
   ③ 강도분류와 함께 인성치를 기준으로 범위를 분류한다.

3) 용접구조용 내후성 열간 압연강재(SMA)

   ① 철골, 교량 등 대형구조물의 구조용 강재로서 내부식성이 요구되는 경우에 사용한다.
   ② Cr, Cu를 기본으로 Ni, Mn, V, Ti 등을 첨가하여 제조한다.

4) 교량구조용 압연강재(High Performance Steel for Bridge, HSB)

   ① 내후성, 인성, 내라밀라테어링, 강도 등을 증진시켜 교량에 적합한 강재이다.

   ② 항복특성 및 용접성이 우수하다.

   ③ 다양한 교량 설계와 제작조건에 대응이 유리하다.

   ④ 저온인성이 좋다.

   ⑤ 고강도, TMCP, 고인성, 저예열, 내라밀라테어링, 내후성 등의 특징을 고루 갖추고 있다.

PSM   토목구조기술사 합격 바이블 개정판 2권 제5편 교량계획 및 설계 p.1889

프리스트레스트 콘크리트교량 가설공법 중 PSM(Precast Segment Method)의 특징과 설계 시 유의사항에 대하여 설명하시오.

풀 이

▶ 개요

PSM 공법은 콘크리트 구조부재를 작은 세그먼트 또는 블록으로 분할하고 이것을 긴장재에 의하여 압착 접합하여 하나의 큰 부재를 만드는 공법으로 공장 또는 현장 부근 제작장에서 Segment를 제작하고 제작된 프리캐스트 세그먼트를 운반하여 소정위치에 들어 올려 포스트텐션 장치에 의해서 압착하여 접합시키는 공법으로 대표적인 가설공법으로는 Balanced Cantilever Method, Span by span Method, Progressive Method가 있다.

Free Cantilever Method   Span by Span Method   Progressive Method

▶ PSM의 특징과 설계 시 유의사항

1) PSM 공법의 특징 : PSM공법은 동바리가 필요 없어 계곡이나 하천 등에 적용이 유리하다. 일반적으로 PSM공법의 형고비는 중앙비와 지점부 모두 17 정도이며, 세그먼트를 하나씩 붙여가는 특성으로 인해 공장에서 제작되어 품질관리가 좋은 특성을 가진다.

장점	단점
• 동바리가 필요 없어 깊은 계곡이나 하천, 해상, 교통량 많은 지역 적용 • 하부구조 가설도중 상부구조 Segment 제작하므로 상부공기 단축 • Segment를 선제작하여 크리프, 건조수축 영향 최소화 • 공장생산으로 품질관리 양호 • 2차선교량일 경우 1.7km 이상인 경우 공사비 절감효과가 있음(미국의 경우)	• 에폭시를 사용할 경우 기후의 영향을 받아 혹한기 시공이 어려움 • 높은 정도, 고난도 시공관리가 요구됨 • 접합면에서 철근이 불연속하므로 인장응력에 한계가 있DMA

2) PSM 공법 설계 시 유의사항 : 현장 여건별로 세그먼트를 가설하는 공법에 대한 사전검토나 세그먼트를 제작하는 방법, 시공 중 불균형 하중에 대한 고려, 세그먼트 분할 계획, 그에 따른 응력과 보강, 접합부의 응력 등에 대한 검토가 설계 시부터 유의하여 검토되어야 한다.

① 현장 여건별 PSM 가설공법

구분	Balanced Cantilever Method	Span by Span Method
개요	크레인 또는 가동 인양기에 의하여 미리 제작된 Precast Segment를 교각을 중심으로 양측에서 순차적으로 연결하여 Cantilever를 조성하고 지간 중앙부를 연결하는 공법	가동식 가설 Truss를 교각과 교각 사이에 설치하고 미리 제작된 Precast Segment를 그 위에 정렬한 후 PS를 가하여 인접지간과 연결하는 공법
가설 장비	독립적인 장비에 의한 가설(Crane), 상부구조에 설치된 장비로 인한 가설(인양기)	가설 Truss
장점	• 가설을 위한 별도의 형가공간 불필요 • 각 교각에서 동시가설로 인한 공기 단축 가능(가설장비 다수 필요)	• 단경간의 장대교량에 경제적(가설 Truss 반복 사용) • 경제적인 단면설치 가능(가설 시 작용 단면력이 작음) • 가설속도가 빠름
단점	• 시공 중 Free Cantilever 모멘트로 인한 다소의 단면 증가 • 처짐관리가 어려움(정확한 Segment 제작 및 시공 요구)	• 가설 Truss로 인한 별도의 형하공간 필요 • 곡선반경 제약($R \geq 300m$) • 장경간 가설은 비경제적 • 가설 Truss 장비 고가 • 각 교각부 동시 가설 곤란

② Segment의 제작방법(Long Line/Short Line 공법)

구분	롱라인 공법(Long line)	숏라인 공법(Short Line)
개요	상부구조 형상 전체의 제작대에 Casting Bed 설치 후 거푸집을 이동시키면서 각각의 Segment를 제작하는 방법으로 한 개 또는 여러 개의 거푸집을 이동시키면서 제작	상부구조 형상을 고정된 제작대에서 한 Segment씩 제작하는 방법
특징	• 변단면 교량에 유리 • Casting bed 설치를 위한 넓은 공간 필요 • 거푸집 해체 후 Segment 이동시킬 필요 없음 • 제작 및 가설 정밀도 확보 가능 • 공정 단순 • 제작비 다소 고가	• 일정단 등단면 교량에 유리 • Casting Bed에 좁은 공간 가능 • 거푸집 해체 후 Segment 이동 • 제작에 정밀 요함 • 공정 복잡 • 제작비 저렴

③ 시공 중 발생하는 불균형 하중에 대한 고려 필요(Balanced Cantilever Method) : 시공 중 불균형 활하중(한쪽에 5MPa, 반대쪽에 2.5MPa), 가설에 필요한 이동식 운반건설장비 하중, 세그먼트 인양 시 동적 효과로 충격하중, 세그먼트 불균형, 인양순서 과오, 비정상적인 조건에 의한 하중, 풍하중 상향력을 한쪽에서만 재하, 세그먼트의 급격한 제거 및 재하를 고려 정적하중의 2배의 충격하중 적용 등을 고려한다.

④ 시공기간, 인양조건 등을 고려한 세그먼트 분할 계획과 시공단계별 응력검토 및 보강을 검토하여야 하며, 접합부에 대한 전단 및 휨모멘트 등 응력에 대해 검토한다.

⑤ 접합을 위한 텐던 배치 및 주 텐던 배치계획에 대해서도 설계 시 검토가 필요하다.

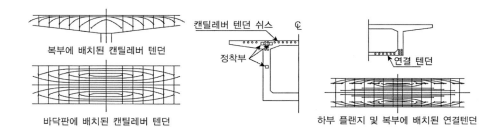

복부에 배치된 캔틸레버 텐던

바닥판에 배치된 캔틸레버 텐던

캔틸레버 텐던 쉬스

정착부

연결 텐던

하부 플랜지 및 복부에 배치된 연결텐던

변형에너지　　　　　　　　　토목구조기술사 합격 바이블 개정판 1권 제1편 재료 및 구조역학 p.169

다음 그림과 같은 구조에 100×100×100mm 크기의 콘크리트 구조체가 고정되어 있을 때 체적변화량 ΔV와 변형에너지 U를 결정하시오. 단, 탄성계수 $E=20,000$MPa, 포아송비 $v=0.1$, $F=$ 90kN이다.

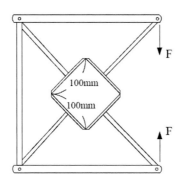

풀 이

➤ **개요**

절점에서 발생하는 하중에 대해 트러스 구조의 절점법에 따라 부재별 단면력을 산정하고, 이에 따른 체적변형률을 산정하여 변형에너지를 구한다. 콘크리트 구조체 방향으로 고정된 부재는 45°의 각을 갖는 것으로 가정한다.

➤ **구조체의 단면력 산정**

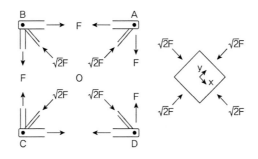

A점에서 $\sum V=0$, $\sum H=0$; $F_{AO} = F/\cos 45° = \sqrt{2}\,F$(C), $F_{AB} = F$(T)

같은 방법으로 부재력을 산정하면, 외부의 부재는 F의 인장력을 받고, 콘크리트 구조체를 고정하는 부재는 $\sqrt{2}\,F$의 압축력을 받는다. 따라서 콘크리트 구조체도 $\sqrt{2}\,F$의 압축력을 받는다.

➤ 구조체의 체적변형률과 변형에너지

1) 콘크리트 구조체의 응력

$$\sigma_x = \sigma_y = \frac{\sqrt{2}\,F}{A} = 12.7279\mathrm{MPa}(압축), \ \sigma_z = 0$$

2) 콘크리트 구조체의 변형률

$$\epsilon_x = \frac{\sigma_x}{E} - \frac{\nu}{E}(\sigma_y + \sigma_z) = \frac{\sigma_x}{E} - \frac{\nu\sigma_y}{E} = 0.000573$$

$$\epsilon_y = \frac{\sigma_y}{E} - \frac{\nu\sigma_x}{E} = 0.000573$$

$$\epsilon_z = -\frac{\nu}{E}(\sigma_x + \sigma_y) = -0.000127$$

3) 콘크리트 구조체의 체적변형률

$$\epsilon = \epsilon_x + \epsilon_y + \epsilon_z = \frac{\sigma_x}{E} - \frac{\nu\sigma_y}{E} + \frac{\sigma_y}{E} - \frac{\nu\sigma_x}{E} - \frac{\nu}{E}(\sigma_x + \sigma_y)$$

$$= \frac{1}{E}(\sigma_x + \sigma_y) - \frac{2\nu}{E}(\sigma_x + \sigma_y) = \frac{(\sigma_x + \sigma_y)(1 - 2\nu)}{E} = \frac{2\sqrt{2}\,F(1 - 2\nu)}{AE} = 0.001018$$

$$\therefore \ \Delta V = V_0 \times \epsilon = 100^3 \times 0.001018 = 1018.23\mathrm{mm}^3$$

4) 콘크리트 구조체의 변형에너지

$$\therefore \ U = \frac{1}{2}V(\sigma_x\epsilon_x + \sigma_y\epsilon_y + \sigma_z\epsilon_z) = 7{,}290\mathrm{Nmm}$$

구조물 해석 토목구조기술사 합격 바이블 개정판 1권 제1편 재료 및 구조역학 p.350

그림과 같은 구조에서 기둥 BC의 길이 $L = 3.7$m일 때, 좌굴에 의해 B점에 횡변위가 발생하지 않도록 하기 위한 허용가능 최대수평하중 H_{max}를 결정하시오. 단, 허용응력은 다음 근사공식을 사용한다. $\sigma_{allow} = \dfrac{\sigma_Y}{2}\left(1 - 0.5 \times \left(\dfrac{\lambda}{\lambda_c}\right)^2\right)$, E = 200,000MPa, $\sigma_Y = 350$MPa이다.

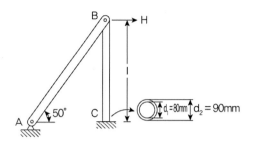

풀 이

▶ 개요

기둥의 허용응력을 기준으로 가능한 최대수평하중을 산정한다.

▶ 최대수평하중 산정

1) 단면계수

$$A = \frac{\pi}{4}(90^2 - 80^2) = 1,335.18 \text{mm}^2$$

$$I = \frac{\pi}{64}(90^4 - 80^4) = 1.21 \times 10^6 \text{mm}^4$$

2) 부재력

B점에서의 수평·수직의 합력은 0으로부터,

$$F_{AB} = \frac{H}{\cos 50} = 1.556H(\text{T}), \quad F_{BC} = H\tan 50 = 1.192H(\text{C})$$

3) 기둥의 세장비

$$r = \sqrt{\frac{I}{A}} = 30.104 \qquad \therefore \lambda = \frac{l_e}{r} = \frac{0.7l}{r} = 86.035$$

4) 한계세장비

한계세장비(λ_c)는 σ_{cr}이 σ_y와 같을 때의 세장비이며, 도로교설계기준(2008) 압축부재의 안전율 1.77을 고려하면,

$$\sigma_{cr} = \frac{\pi^2 E}{\lambda_c^2} = \frac{\sigma_y}{S.F} \quad \therefore \lambda_c = \pi \sqrt{\frac{1.77E}{\sigma_y}} = 99.912$$

5) 허용응력 산정

$$\sigma_{allow} = \frac{\sigma_Y}{2}\left(1 - 0.5 \times \left(\frac{\lambda}{\lambda_c}\right)^2\right) = 110.12\text{MPa}$$

6) 최대수평하중 산정

$$\frac{F_{BC}}{A} \leq \sigma_a = 110.12\text{kN}, \ 1.192H \leq 147.030\text{kN} \ \therefore \ H \leq 123.347\text{kN}$$

부재의 좌굴하중과 비교

$$F_{BC} = P_{cr} = \frac{\pi^2 EI}{l_e^2} = \frac{\pi^2 \times 200000 \times 1.21 \times 10^6}{(0.7 \times 3700)^2} = 356.054\text{kN}, \ H \leq 298.703\text{kN} \quad \text{O.K}$$

$$\therefore H_{\max} = 123.347\text{kN}$$

염해   토목구조기술사 합격 바이블 개정판 1권 제2편 RC p.922

염해 환경하에 있는 콘크리트 구조물의 내구수명을 산정하기 위한 염화물 이온 확산계수, 표면염화물량, 임계염화물량 및 내구수명평가에 대하여 설명하시오.

풀 이

➤ 개요

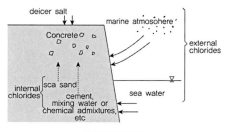

염해 유발원인

염해피해

콘크리트의 염해를 유발하는 염화물은 내부적인 원인(해사, 시멘트, 배합수, 화학혼화제 등)과 외부 침투 염화물(해양환경의 해수, 해수방울, 해염입자, 제설제 환경)로 인해서 발생된다. 이러한 환경의 구조물은 염에 의한 성능 저하 현상인 콘크리트 성능 저하와 철근의 부식이 발생할 수 있으며 해수의 주성분인 황산염은 시멘트수화물에 있는 수산화칼슘과 반응하여 석고를 만들고 이에 따라 체적팽창이 수반되며, 더욱이 석고는 시멘트를 구성하는 알미늄산삼석회와 반응하여 에트린가이트를 생성하고 이 에트린가이트는 솔리드의 체적을 증가시켜서 결국 균열 및 표면붕괴 등의 현상을 유발시키게 된다. 이와 동시에 염화물은 철근을 부식시키게 되어 이로 인한 박리 등의 성능 저하 현상이 발생된다.

➤ 염해 환경하의 콘크리트 구조물의 내구수명 평가

내염설계는 염화물이 콘크리트 내부로 침투, 철근위치에서 임계염화물량에 도달하는 데까지 걸리는 기간을 100년으로 설정하고, 주요 영향인자로는 표면염화물량, 확산계수, 콘크리트 재료/배합, 피복두께, 임계염화물량 등이다. 성능기반설계(Performance Based Design, PBD)의 일종으로 구조물이 위치할 지역적 특성을 고려하여 요구 성능에 맞추어 구조물을 설계한다.

1) 콘크리트 구조물의 내구성 평가 : 염화물 이온의 침투에 의한 콘크리트 구조물의 철근 부식에 대한 평가로 다음과 같이 평가하도록 구성하고 있다.

$$\gamma_p C_d \leq \phi_K C_{lim}$$

여기서, γ_p : 염해에 대한 환경계수로 일반적으로 1.11, ϕ_k : 염해에 대한 내구성 감소계수로 일반적으로 0.86, C_{lim} : 철근부식이 시작될 때의 임계 염화물 이온농도로 일반적 1.2kg/m³

C_d : 철근 위치에서 염화물 이온농도의 예측값

염화물 이온농도의 예측은 다음과 같이 콘크리트 구조물의 설계내구기간 t, 콘크리트 표면에서의 염화물 이온농도 C_0, 염화물 이온확산계수 D_p를 활용하여 평가한다.

$$C(x,t) - C_i = (C_0 - C_i)\left(1 - exf\left(\frac{x}{2\sqrt{D_d\,t}}\right)\right)$$

여기서, $C(x,t)$: 위치 x(cm), 시간 t(year)에서의 염화물 이온농도(kg/m³), exf : 오차함수이며

$exf(s) = \dfrac{2}{\pi^{1/2}}\displaystyle\int_0^s e^{-\eta^2}d\eta$, D_d : 염화물 이온의 유효확산계수(m²/year)

2) **콘크리트 구조물의 설계 내구기간 t** : 염해에 대한 내구성 설계에서는 먼저 염해를 받는 구조물의 설계내구기간을 설정한다. 일반적으로 철근 콘크리트 구조물의 설계내구기간은 구조물의 사용에 지장이 있는 내용한계에 도달하기까지의 기간으로 물리적 내용한계, 사회적 내용한계, 의장적 내용한계로 구분할 수 있다. 물리적 내구수명은 다수 부재가 보수 보강을 필요로 하는 수준까지 열화되고 구조물 외부에서 반수이상이 철근 부식에 의한 균열이나 피복 콘크리트가 박락한 상태이다. 사회적 내구수명은 경제성과 구조물의 중요성에 따라 결정된다. 일반적으로 철근 콘크리트 구조물의 설계내구기간은 다음과 같다.

구조물 등급	구조물의 내용	설계내구기간(녀)
1등급	특별히 고도의 내구성이 요구되는 구조물	100
2등급	일반 구조물	70
3등급	비교적 짧은 내구수명을 갖는 구조물	40

3) **콘크리트 표면에서의 염화물 이온농도 C_0** : 설계내구기간을 설정에 따라 주변의 환경조건(구조물의 콘크리트 표면에서의 염화물 이온농도(kg/m³)를 적용하며, 해안선으로부터의 거리에 따라 콘크리트 구조물의 콘크리트 표면에서의 염화물 이온농도를 의미한다.

비말대	해안선으로부터의 거리(km)				
	해안선 근처	0.1	0.25	0.5	1.0
13.0	9.0	4.5	3.0	2.0	1.5

4) **염화물 이온 확산계수 D_d** : 콘크리트 염해에 대한 내구성 평가를 위해 염화물 이온의 확산계수를 평가하도록 하고 있다.

$$\gamma_p D_p \le \phi_k D_k$$

여기서, γ_p : 염해에 대한 환경계수로 일반적으로 1.11, ϕ_k : 염해에 대한 내구성 감소계수로 일반적으로 0.86, D_k : 콘크리트의 염화물 이온 환산계수의 특성값$(cm^2/year)$, D_p : 콘크리트의 염화물 이온 환산계수의 예측값$(cm^2/year)$

콘크리트 염화물 이온확산계수의 예측값 D_p는 평가 대상 콘크리트에 대한 실제 시험이나 실측된 자료를 통해 산출한다. 실험을 통해 산출하는 경우 물-시멘트 비 또는 물-결합재 비에 따른 확산계수 예측값은 다음과 같이 나타낼 수 있다.

$$\log D_p = a(W/C)^2 + b(W/C) + c$$

5) 임계염화물 농도

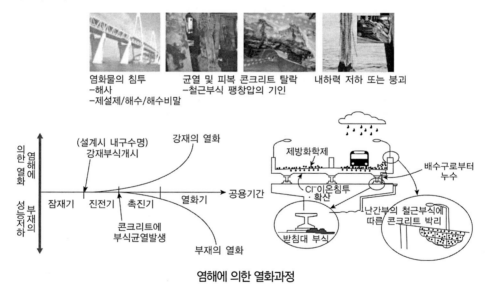

염해에 의한 열화과정

염해를 받는 철근콘크리트구조물의 성능 저하에 대한 각 기간에 대해 구분하면, 철근 부식이 개시하기까지의 잠복기, 부식개시에서 부식균열 발생까지의 진전기, 부식균열의 영향으로 부식속도가 대폭으로 증가하는 가속기 및 부재의 대폭적인 단면 감소에 의해 내하력 등의 성능이 본격적으로 저하하는 열화기로 기간을 구분할 수 있다.

철근 위치에서의 염화물 이온농도가 철근 부식을 일으키는 한계농도에 도달하는 기간까지를 내구수명이라 정의하고, 이에 대한 철근부식 임계염화물량의 농도는 실험 등을 통해 1.2~1.4kg/m^3의 값을 가지는 것으로 알려졌으며 철근부식 임계염화물 이온농도(C_{lim})를 하한치인 1.2kg/m^3를 기준으로 한다.

파괴거동

소성힌지 보강철근이 없는 철근콘크리트 기둥과 충전식 강관기둥에서 압축하중 재하 시와 휨모멘트 재하 시의 파괴거동에 대하여 설명하시오.

풀 이

원형 콘크리트 충전 강관(CFT) 기둥의 P-M상관 곡선 평가(문지호, 대한토목학회, 2014)

➤ 개요

RC교각은 축방향 철근량과 횡방향 철근량의 비율, 축력의 크기, 전단지간과 두께의 비율(M/VD, 또는 형상비)에 따라 파괴거동이 다르게 나타난다. 지진하중과 같이 수평하중으로 인한 휨모멘트 등이 증가하는 경우의 교각과 같은 기둥에서는 소성힌지구간에 심부구속 철근을 보강하도록 하고 있으며, 심부구속 철근이 배근됨으로 인해 콘크리트의 단면 손실을 적게 함으로써 강도와 연성을 증가시키는 역할을 수행하게 된다. 충전식 강관기둥의 경우 외부에 감싸진 강관으로 인해 단면손실이 거의 없기 때문에 충분한 연성효과를 가질 수 있다.

➤ 기둥의 파괴거동

1) 소성힌지 보강철근이 없는 철근 콘크리트 기둥의 압축하중 : 보강철근이 없거나 적은 경우 RC구조의 기둥에서는 축하중이 파괴하중 이상으로 증가하게 되면 콘크리트의 외부 피복이 파열되면서 떨어져 나가게 되고 이로 인해서 단면손실로 인해 급격한 파괴 형상이 진행된다. 따라서 소성힌지 발생 구간과 같이 파괴가 우려되는 구간에는 심부구속 철근과 같은 보강철근을 배치하여야 일부 피복이 떨어져도 내부 콘크리트를 구속해서 충분한 강도와 연성을 발휘할 수 있다.

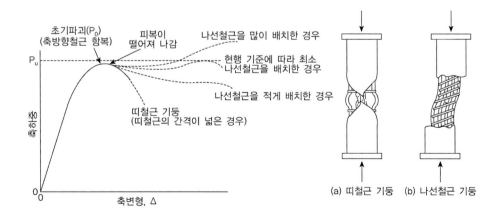

2) 소성힌지 보강철근이 없는 철근 콘크리트 기둥의 휨하중 : 기둥에서 편심하중이나 상·하부 강결로 인해 휨모멘트가 전달될 수 있으며, 이 경우 압축과 휨모멘트의 상관관계에 따라 파괴형상이 달라진다. 모멘트의 크기에 따라 균형파괴(압축부 콘크리트가 $\epsilon_{cu} = 0.003$일 때, 인장부 $\epsilon_t = \epsilon_y$인 경우) 이상으로 모멘트의 영향을 더 받는 경우 인장지배를 받으며 휨파괴와 유사한 파괴 형태를 띠게 된다. 압축지배를 받을 경우 압축하중으로 인한 기둥파괴형상을 보이게 된다.

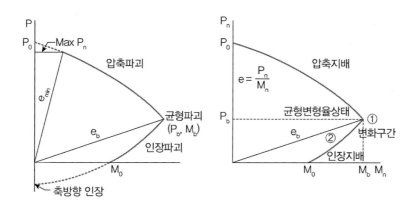

3) 충전식 강관기둥에서 압축하중 재하 시 : 충전식 강관기둥으로 외부가 구속된 콘크리트는 구속으로 인해서 압축강도가 현격히 증가된다. 이러한 특성을 고려해 교각의 내진보강 시에도 외부 강판 피복 등의 보강공법에도 많이 이용된다. 충전된 강관기둥의 파괴형태는 외부의 강판이 부풀어 오르며 면외좌굴이 발생하게 되고 이에 따라 강관 내벽에서콘크리트 슬립현상을 수반해 45° 방향의 사인장 파괴가 발생된다.

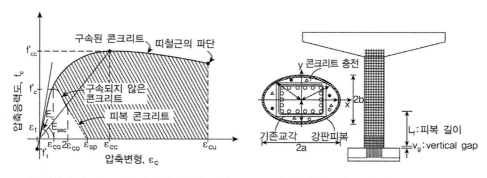

압축상태에 있는 콘크리트의 응력-변형률 모형　　　휨에 대해 강판보강된 직사각형 단면 교각

4) 충전식 강관기둥에서 휨모멘트 재하 시 : 소성응력분배법에 따라 충전식 강관기둥의 휨과 압축력이 동시에 작용할 때 AISC와 EC4에서 콘크리트의 압축력은 $0.95f_c{}'$과 $1.0f_c{}'$의 값으로 평가된다. 외부강관 구속효과에 따라 콘크리트의 강도가 0.85보다 큰 값으로 평가되며, 강관은 전 구간에 걸쳐 항복응력 f_y에 도달한다고 가정하기 때문에 강도가 RC에 비해 크게 됨을 알 수 있다. 강재

의 항복응력을 f_y로 제한하여 평가하나 실제로는 강재의 항복 이후에도 변형률 경화로 인해 응력이 증가하게 되며 이에 따라 휨모멘트에 대한 강성이 증가한다. 파괴의 거동은 RC보와 유사한 P–M상관도와 같은 파괴 형상을 보이며, 강관의 파괴 특성상 세장비에 따라 휨모멘트로 국부좌굴과 전체좌굴의 형상에 의해 파괴된다. 강관의 좌굴이 발생된 이후에는 콘크리트에도 휨과 전단파괴가 발생된다.

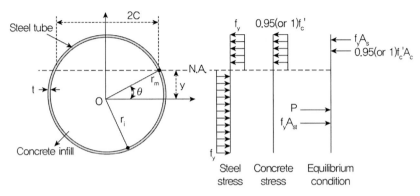

CFT기둥의 소성응력분배법에 따른 하중분담

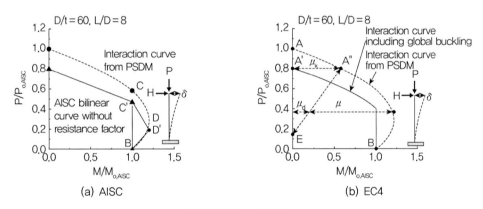

CFT기둥의 P-M상관도

설계지진력   토목구조기술사 합격 바이블 개정판 2권 제6편 동역학과 내진설계 p.2163

그림과 같은 교각의 교축직각방향 해석모형에 대하여 기둥의 설계지진력을 구하시오. 단, 교량 가설지역 조건은 내진 I등급, 지진구역 I, 지반종류 II이며, 콘크리트 탄성계수 $E_c = 2.35 \times 10^4 \text{MPa}$이다.

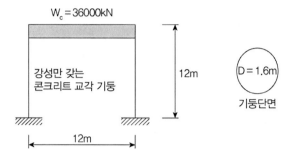

풀 이

➤ 등가스프링계수(k_e)

고정단-고정단 교각의 스프링 계수 $k_1 = \dfrac{12EI}{L^3}$

$$I = \frac{\pi d^4}{64} = \frac{\pi \times 1.6^4}{64} = 0.3217 \text{m}^4$$

$$k_1 = \frac{12 \times 2.35 \times 10^4 \times 0.3217 \times 10^{12}}{(12 \times 10^3)^3} = 52,499.5 \text{N/mm}$$

병렬구조이므로, $k_e = 2k_1 = 104,999 \text{N/mm}$

TIP │ 강성 또는 스프링 계수│

fix-fix

A B

↓ Δ

$$M_{AB} = 2E\left(\frac{I}{L}\right)\left(-3\frac{\Delta}{L}\right) = -\frac{6EI}{L^2}\Delta$$

$$R_A = \frac{1}{L}\left(2 \times \frac{6EI}{L^2}\Delta\right) = \frac{12EI}{L^3}\Delta$$

$$\therefore k = \frac{12EI}{L^3}$$

➤ 구조물의 고유주기 산정

$$T = 2\pi\sqrt{\frac{m}{k_e}} = 2\pi\sqrt{\frac{W_e}{gk_e}} = 2\pi\sqrt{\frac{36,000 \times 10^3}{9.81\,(\text{m/s}^2) \times 104,999 \times 10^3}} = 1.175\,\text{cycle/sec}$$

➤ 탄성지진 응답계수(C_s)

내진 I등급이며, 지진구역 I이므로 가속도계수(A) $= 0.11 \times 1.4 = 0.154$

지반종류 II(조밀토사, 연암)이므로 지반계수(S) $= 1.2$

등가정적하중 해석으로 가정하면 $C_s = \dfrac{1.2AS}{T^{2/3}}(= 0.199) \leq 2.5A\,(= 0.385)$ $\therefore C_s = 0.199$

➤ 설계지진력

$$H = Wa = W \times C_s = 7164\text{kN}$$

병렬구조로 강성이 동일하므로 한 교각당 작용하는 수평지진력은 $V = H/2 = 3{,}582\text{kN}$

수평지진력에 의해 발생하는 모멘트 $M = \dfrac{V \times h}{R} = \dfrac{3582 \times 12}{5} = 8{,}596.8\text{kNm}$ (다주 $R = 5$)

말뚝기초 내진설계

교량용 말뚝기초의 내진설계를 위한 구조 해석방법에 대하여 설명하시오.

풀 이

> **개요**

기초 구조물의 내진해석은 등가정적 해석방법과 동적 해석방법 등을 사용한다. 다만 일반적으로 지반-말뚝의 상호작용을 고려하지 않는 경우가 더 보수적인 결과를 주기 때문에 동적 해석방법은 특수한 상황에서만 주로 사용된다.

1) **등가정적 해석방법** : 등가정적 해석방법은 지진하중을 등가의 정적하중으로 고려한 후 정적 설계법과 동일한 방법을 적용하여 구조물의 내진 안정성을 평가하는 방법이다. 지진하중은 주로 수평방향이 재배적이므로 상부구조체 도심에 수평하중을 발생시킨다. 이 수평지진하중에 의해 기초 바닥면에는 전단력과 모멘트가 발생하고 연직하중은 정적하중보다 증가하거나 감소하게 된다. 등가정적 해석을 수행할 경우 지지력 등에 대한 안전율은 정적설계보다 작은 값을 적용한다.

2) **동적 해석방법** : 동적 해석방법은 일반적으로 응답스펙트럼법, 시간이력해석법 등이 적용되나 재료의 특성, 구조물의 모델링, 입력지진동의 산정 등에 따라 매우 다양하므로 실제 현상을 적절히 재현할 수 있는 방법을 선택해야 한다.

> **말뚝기초 내진설계 방법**

1) **등가정적 해석방법** : 말뚝기초의 등가정적 해석법은 기초지반과 상부구조물의 특성을 고려하여 지진하중을 말뚝머리에 작용하는 등가의 정적하중으로 치환한 후 정적 해석을 수행한다. 구조물의 평형조건을 만족하도록 지진 시 기초의 지진하중, 즉 연직반력, 수평반력 및 모멘트를 결정한다.

① 구조물의 내진등급, 지진구역, 지반의 분류를 결정하고 지표면에서의 최대가속도 크기 또는 표준응답스펙트럼을 구한다. 지반조사 및 입력지진파 자료가 있는 경우 등가선형해석 등의 지반응답해석을 수행하여 지진하중을 보다 엄밀하게 산정할 수 있다.

② 기초에 작용하는 하중은 기초가 지지하는 상부구조물을 고려하여 등가정적 해석(구조물 자중×지진계수) 또는 응답스펙트럼 해석을 수행하여 산정한다.

③ 기초 지반에 대한 액상화 평가를 수행하고 액상화에 대해 안전하면 등가정적 해석을 수행한다.

④ 무리말뚝 해석 및 단일말뚝 해석을 수행하기 위하여 말뚝의 강성, 말뚝단면 및 무리말뚝의 배열에 대한 정보와 지층구성, 지반강도 변형 특성과 같은 지반정보가 필요하다. 다만 단일말뚝의 경우 등가정적 해석단계를 바로 고려한다.

⑤ 기초에 작용하는 하중을 말뚝 두부에 작용시키고 무리말뚝 해석을 수행하여 각 단일말뚝에 작용하는 하중을 산정한다.

⑥ 무리말뚝 해석에서 가장 큰 하중을 받는 단일말뚝을 내진성능평가를 위한 말뚝으로 선정한다.

⑦ 선정된 단일말뚝에 대해 등가정적 해석을 수행한다. 깊은 기초에 대한 등가정적 해석 시 말뚝-지반 상호작용을 해석하는 방법은 지반의 비선형 거동을 고려할 수 있는 p-y곡선법과 탄성해석법인 Chang의 방법이 주로 이용된다. 이외에도 Brinch Hansen법, Broms법 등이 수평저항력을 구하는 데 이용될 수 있다.

⑧ 깊은 기초의 경우에는 내진성능 수준에 따라 내진설계 요구사항이 달라진다. 기능 수행 수준일 경우에는 말뚝의 변위량을 검토하여야 하며 붕괴 방지 수준일 경우에는 말뚝의 모멘트와 변위량을 검토하여야 한다. 그러나 말뚝 자체의 응력과 말뚝 두부의 응력은 두 기능 수행 수준에서 모두 검토하여야 한다. 기초가 내진설계 요구사항을 만족시키면 내진성능 보강이 불필요하므로 평가를 종료시키고 만족시키지 못할 경우 상세 내진성능평가를 수행하여 내진성능 보강 여부를 결정한다.

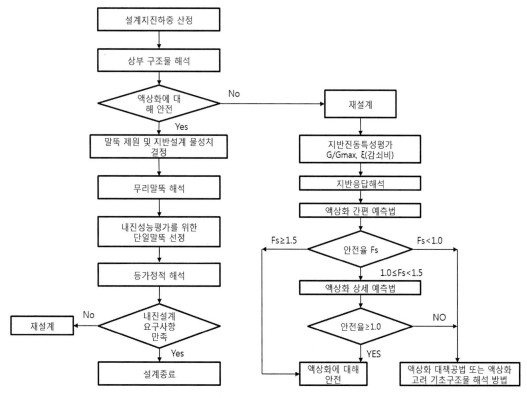

말뚝기초 지진해석 절차

2) 동적 해석방법 : 기초구조물은 상부고조와 상호관계를 고려하여 설계하므로 교량, 건축구조물 등 구조물 형식별 각 설계기준의 내진설계 편과 상호 부합하도록 해석을 수행한다. 기초구조물에서 독자적인 동적 해석이 필요한 경우는 말뚝기초에서 지반-구조물 상호작용을 동시에 고려하는 경우이며 이때는 동적 해석방법 중에서 지반가속도-시간이력 관계 해석법을 이용한다. 지진 시 구조물의 동적거동을 보다 정확하게 반영하기 위하여 기초를 고정단이 아닌 스프링으로 치환하여 기초와 지반의 상호작용을 고려하여 해석할 수 있다. 기초구조물에 대한 동적 해석에서는 현장시험과 실내시험에서 얻은 지반의 특성치를 적용한다.

아치 해석   토목구조기술사 합격 바이블 개정판 1권 제1편 재료 및 구조역학 p.421, 425

그림과 같이 동일한 등분포하중을 받는 3힌지 포물선 아치와 원호아치에서 D점의 단면력을 각각 구하고, 두 구조형식의 구조적 특성을 비교하여 설명하시오.

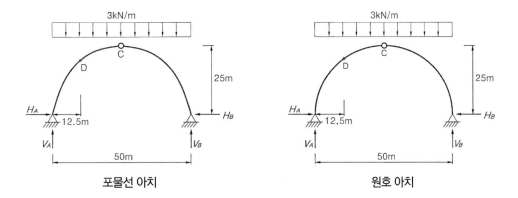

포물선 아치   원호 아치

풀 이

▶ 단면력 산정 : 포물선 아치

일반적으로 사용되는 포물선 아치는 2차 방정식 곡선으로 가정한다. 대칭 구조이므로 $y = ax^2$ 로 가정한다.

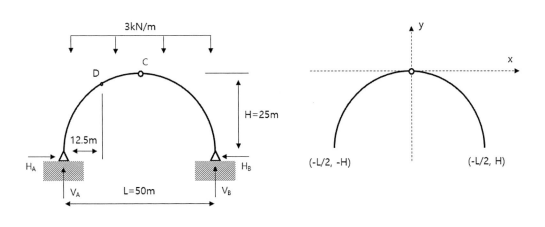

$$x = L/2, \ y = \frac{aL^2}{4} = -H \quad \therefore b = -\frac{4H}{L^2} \quad \therefore y = -\frac{4H}{L^2}x^2$$

2) 반력산정

$$\sum F_y = 0 \ : \ V_A = V_B = \frac{wL}{2} = 75\text{kN}(\uparrow)$$

$$\sum F_x = 0 \ : \ H_A = - H_B$$

$$\sum M_C = 0 \ : \ V_A \times \frac{L}{2} - H_A \times H - \frac{wL}{2} \times \frac{L}{4} = 0$$

$$\therefore \ H_A = \frac{wL^2}{8H} = 37.5\text{kN}(\rightarrow), \ H_B = -\frac{wL^2}{8H} = -37.5\text{kN}(\leftarrow)$$

3) D점에서의 단면력

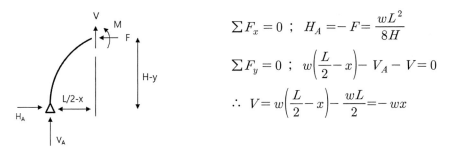

$$\sum F_x = 0 \ ; \ H_A = -F = \frac{wL^2}{8H}$$

$$\sum F_y = 0 \ ; \ w\left(\frac{L}{2} - x\right) - V_A - V = 0$$

$$\therefore \ V = w\left(\frac{L}{2} - x\right) - \frac{wL}{2} = -wx$$

원점에서 x만큼 떨어진 점에서 $\sum M_x = 0$으로부터,

$$M = V_A\left(\frac{L}{2} - x\right) - H_A(H - y) - \frac{w}{2}\left(\frac{L}{2} - x\right)^2$$

$$= \frac{wL}{2}\left(\frac{L}{2} - x\right) - \frac{wL^2}{8H}\left(H - \frac{4H}{L^2}x^2\right) - \frac{w}{2}\left(\frac{L}{2} - x\right)^2 \ \therefore \ M = 0$$

2차방정식에서 기울기는 $\tan\theta \approx \theta = |y'| = \frac{8H}{L^2}x$

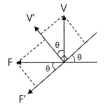

전단력

$$V' = V\cos\theta + F\sin\theta = \cos\theta(V + F\tan\theta)$$

$$= \cos\theta\left(-wx + \frac{wL^2}{8H} \times \frac{8H}{L^2}x\right) = 0$$

$$\therefore \ \text{임의의 점에서의 전단력과 모멘트는 모두 0이다.}$$

축력 $F' = -V\sin\theta + F\cos\theta = \cos\theta(\text{F} - \text{V}\tan\theta) = \cos\theta\left(\frac{wL^2}{8H} + \frac{8wH}{L^2}x^2\right)$

여기서, $H = \frac{L}{2}$이므로 $F' = \cos\theta\left(\frac{wL}{4} + \frac{4w}{L}x^2\right)$

D점에서 $x = -\dfrac{L}{4}$ 이므로 기울기는 $\tan\theta \approx \theta = |y'| = \dfrac{8H}{L^2}x = 1$

$$\therefore \ F' = \dfrac{wL}{2}\cos\theta = 40.523\text{kN}$$

➤ 단면력 산정 : 원호 아치

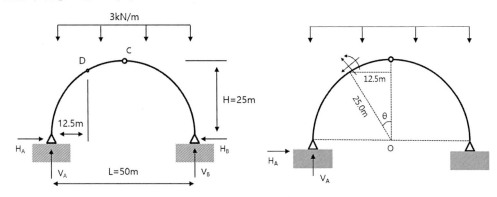

1) 반력산정

$$\sum F_y = 0 \ ; \ V_A = V_B = \dfrac{wL}{2}$$

$$\sum F_x = 0 \ ; \ H_A = -H_B$$

$$\sum M_C = 0 \ ; \ V_A \times \dfrac{L}{2} - H_A \times \dfrac{L}{2} - \dfrac{wL}{2} \times \dfrac{L}{4} = 0 \qquad \therefore \ H_A = \dfrac{wL}{4}, \ H_B = -\dfrac{wL}{4}$$

2) D점에서의 단면력

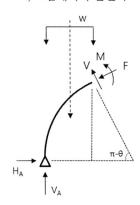

$$\sin\theta = \dfrac{1}{2} \quad \therefore \ \theta = 30°$$

D점에서의 모멘트 합력으로부터

$$M_D = V_A \times \dfrac{L}{4} - H_A \times \dfrac{\sqrt{3}}{4}L - \dfrac{wL}{4} \times \dfrac{L}{8} = \left(\dfrac{3 - 2\sqrt{3}}{32}\right)wL^2$$

$$\therefore \ M_D = -108.774\text{kNm}\,(\curvearrowright)$$

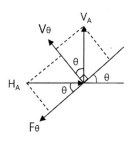

$$\sum F_x = 0 \; ; \; F_\theta = H_A \cos\theta + V_A \sin\theta$$
$$\sum F_y = 0 \; ; \; V_\theta = H_A \sin\theta - V_A \cos\theta$$
$$\sin\theta = \frac{1}{2}, \; \cos\theta = \frac{\sqrt{3}}{2}$$

$$\therefore \; F_\theta = 69.976 \text{kN (C)}, \; V_\theta = -46.2019 \text{kN}$$

➤ 두 구조물의 구조적 특성 비교

아치는 수직으로 작용한 외력 때문에 양단의 지점에서 중앙으로 향하는 비교적 큰 수평반력을 발생시키고 이 수평반력은 각 단면에서의 휨모멘트를 현저하게 감소시키며 전단력도 감소시키는 역할을 한다. 이 때문에 아치에서는 부재의 단면력은 주로 축방향 압축력이라고 생각하는 아치구조의 특성이다.

그러나 아치 부재의 축선의 형상에 따라 모멘트와 전단력, 축력이 다르게 나타났으며, 특히 2차 포물선 아치가 수평길이에 수직등분포하중을 전 길이에 받을 경우에는 각 단면력은 축방향 압축력만 발생하며, 원호에 비해 2차 포물선 아치가 더 효율적으로 외력에 저항하는 구조임을 알 수 있다.

RC 해석 토목구조기술사 합격 바이블 개정판 1권 제2편 RC p.568

그림과 같이 폭 $b = 300\text{mm}$, 유효깊이 $d = 450\text{mm}$를 가진 보에 3-D29($d_b = 28.6\text{mm}$) 인장철근으로 보강되어 있을 때 단철근 직사각형 단면보의 설계 휨강도를 도로교설계기준(한계상태설계법, 2016)에 의해 구하시오. 단, $f_{ck} = 30\text{MPa}$, $f_y = 400\text{MPa}$, $\phi_c = 0.65$, $\phi_s = 0.95$, 압축 합력의 크기를 나타내는 계수 $\alpha = 0.80$, 작용점 위치를 나타내는 계수 $\beta = 0.41$이다.

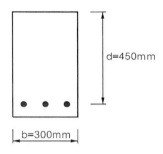

풀 이

➤ 설계 휨강도 산정

$$f_{cd} = 0.85\,\phi_c f_{ck} = 0.85 \times 0.65 \times 30 = 16.6\text{MPa}$$
$$f_{yd} = \phi_s f_y = 0.95 \times 400 = 380\text{MPa}$$

압축력 $C = \alpha f_{cd} bc = 0.8 \times 16.6 \times 300 \times c$

인장력 $T = f_{yd} A_s = 380 \times \dfrac{\pi}{4} \times 28.6^2 \times 3 = 731,992.4\text{N}$

$$C = T \ ; \ c = \frac{731992.4}{0.8 \times 16.6 \times 300} = 183.73\text{mm}$$

내부 모멘트 팔길이 : $z = d - \beta c = 450 - 0.41 \times 183.73 = 374.67\text{mm}$

$$\therefore \ M_d = Tz = 731,992.4 \times 374.67 = 274.26\text{kNm}$$

콘크리트 내구성　　　　　　　　토목구조기술사 합격 바이블 개정판 1권 제2편 RC p.918

콘크리트 구조물에서 내구성 저하에 따른 철근 부식 발생 메커니즘과 방지 대책에 대하여 설명하시오.

풀 이

▶ **개요**

일반적으로 철근은 알칼리성 상태에서는 부식을 막는 보호막(Passive Film)을 표면에 형성한다. 콘크리트는 이러한 부식을 막는 알칼리를 만드는데, 이것은 포틀랜드 시멘트가 수화하고 굳어지면서 발생하는 많은 양의 칼슘 수화물 때문이다. 그러므로 콘크리트 속의 철근은 콘크리트 자체가 손상되지 않고 높은 pH가 유지되는 경우 산소와 습기가 철근에 도달하더라도 부식되지 않는다. 그러나 콘크리트의 중성화, 염화물의 출현, 균열, 수분공급, 표층콘크리트의 박리 및 기타요인에 의해 철근의 보호막이 파괴되고 부식이 발생한다.

▶ **철근 부식 발생 메커니즘과 방지 대책**

1) 철근 부식 발생 메커니즘

중성화 및 철근 부식에 의한 내구성 저하 : 탄산가스, 이산화탄소, 산성비, 산성토양의 접촉으로 콘크리트의 알칼리 성분이 pH 11 이하로 떨어지게 되면 철근이 부식되고, 철근 부식에 의한 체적 팽창으로 균열이 발생한다.

콘크리트 중성화 : $Ca(OH)_2 + CO_2 \rightarrow CaCO_3 + H_2O$
　　　　　　　 (pH 12~13)　　　 (pH 8.5~9.5)
(콘크리트 중성화 → 철근 부식 → 체적 팽창 → 균열 발생 → 내구성 저하)

철근의 부동태를 파괴하는 유해한 성분에는 할로겐이온(Cl^-, Br^-, I^-), 황산이온(SO_4^{2-}), 황화물이온(S^{2-}) 등의 음이온이 있다. 이들 중에 염화물 이온은 그 작용이 가장 강하고 더구나 콘크리트 속의 철근 부식에 대한 가장 유해한 이온이다. 염화물 이온은 부동태 피막의 약점에 흡착하여 피막을 국부적으로 파괴하므로 철근 표면에 공식(孔蝕, Pitting)을 일으키는 원인이 된다.

철(Fe)은 주로 산소와 결합하여 광석중의 안정한 상태로 존재하나, 여기에 전기에너지와 열에너지를 가하여 열역학적으로 불안정한 상태로 된 것이 금속철이다. 따라서 금속철은 그 환경중의 물, 공기 등과 반응하여 원래의 안정한 상태로 되돌아가려는 성질을 갖는데, 이러한 특성을 부식 현상이라 할 수 있다. 일반적으로 금속의 부식은 건식(Dry Corrosion)과 습식(Wet Corrosion)으로 대별할 수 있다. 건식은 금속이 고온에서 산소, 유황, 할로겐 등의 가스에 접하여 그 금속의 산화물, 유화물, 할로겐물 등의 반응물을 생성시키는 것이고, 습식은 수분이 존재하는 상태에서

금속이 부식되는 경우에 일어나는 것으로 상온에서 발생하는 통상의 부식은 거의 습식이다. 콘크리트 내부의 철근에 발생하는 부식도 습식의 하나로서 이 부식현상은 다음과 같은 전기화학적 반응으로 설명할 수 있다.

$$Fe \rightarrow Fe^{2+} + 2e^-$$

$$O_2 + 2H_2O + 4e^- \rightarrow 4OH^-$$

$$2Fe + O_2 + 2H_2O \rightarrow 2Fe^{2+} + 4OH^- \rightarrow 2Fe(OH)_2$$

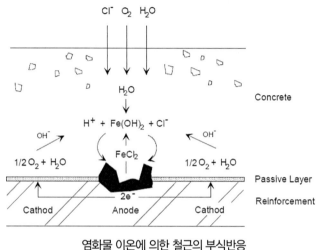

염화물 이온에 의한 철근의 부식반응

2) 철근 부식 방지 대책

① 콘크리트의 중성화(탄화작용) 제어 대책 : 적정한 시멘트의 사용, 염화물, 점토분 등 유해물이 적은 골재를 사용, 피복두께 증가, 물-시멘트비(W/C)를 작게, 단위수량을 적게, 양생을 좋게 한다.

② 염화물 제어 대책 : 해사의 염화물 함유량을 허용치 이하로 제어(모래중량에 대해 NaCl 0.04% 이하), 양질의 콘크리트로 시공, 피복두께 증가, 콘크리트 표면 보호, 양질의 POZO-LAN을 사용한다.

소성힌지   토목구조기술사 합격 바이블 개정판 1권 제1편 재료 및 구조역학 p.42

그림과 같은 하중을 받는 1단지지 타단고정보의 소성붕괴하중 q_c와 소성힌지 위치 $\overline{x}$를 구하시오.

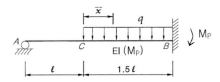

풀 이

▶ 소성붕괴하중 산정

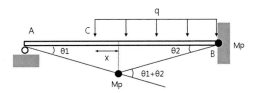

적합조건으로부터, $(l+\overline{x})\theta_1 = (1.5l-\overline{x})\theta_2, \quad \therefore \ \theta_1 = \dfrac{1.5l-\overline{x}}{l+\overline{x}}\theta_2$

$$W_I = M_p\theta_2 + M_p(\theta_1+\theta_2) = 2M_p\theta_2 + M_p\theta_1 = 2M_p\theta_2 + \frac{1.5l-\overline{x}}{l+\overline{x}}M_p\theta_2$$

$$= \frac{3.5l+\overline{x}}{l+\overline{x}}M_p\theta_2$$

$$W_E = (\text{면적})\times q = q\left[\frac{1}{2}\overline{x}\left(\theta_1 l + \theta_1(l+\overline{x})\right) + \frac{1}{2}\theta_2(1.5l-\overline{x})^2\right]$$

$$= q\left[\frac{1}{2}\overline{x}\theta_1(2l+\overline{x}) + \frac{1}{2}\theta_2(1.5l-\overline{x})^2\right] = \frac{q\theta_2}{2}\times\frac{l(1.5l-\overline{x})(2.5\overline{x}+1.5l)}{l+\overline{x}}$$

$$W_I = W_E \ : \ \frac{3.5l+\overline{x}}{l+\overline{x}}M_p\theta_2 = \frac{q\theta_2}{2}\times\frac{l(1.5l-\overline{x})(2.5\overline{x}+1.5l)}{l+\overline{x}}$$

$$\therefore \ q = \frac{2(3.5l+\overline{x})}{l(1.5l-\overline{x})(2.5\overline{x}+1.5l)}M_p$$

상한계 정리로부터 소성붕괴하중 q_c는 최솟값을 가져야 하므로,

$$\frac{\partial q}{\partial x} = 0 \ ; \quad \therefore \ \overline{x} = 0.3079l \ \text{이때의} \ q_c = \frac{2.8146}{l^2}M_p$$

사장교 케이블　　　　　　　　토목구조기술사 합격 바이블 개정판 2권 제5편 교량계획 및 설계 p.1898

사장교 주케이블 및 닐센아치교 케이블로 사용되는 평행소선케이블(Parallel Wire Cable)과 평행연선케이블(Parallel Strand Cable)의 구조 개요, 특성 및 부식 방지 방법에 대해 설명하시오.

풀 이

▶ 개요

교량에 사용되는 케이블은 일반적으로 Locked Coil 케이블, Wire 케이블, Strand 케이블, Bar 케이블 등으로 구분할 수 있다. 소선(Wire)은 단선을 의미하며, 연선(Strand)은 소선을 2가닥 이상 꼬아 형성한 선을 말한다.

▶ 평행소선케이블(Parallel Wire Cable)과 평행연선케이블(Parallel Strand Cable)의 특성

구분	Locked Coil Cable	Parallel Wire Cable	Parallel Strand Cable	Parallel Bar
모양				
E	$E=1.6\times10^5$	$E=2.0\times10^5$	$E=2.0\times10^5$	$E=2.0\times10^5$
특징	• 피로강도 약함 • 현장제작 불가 • 부식 방지 곤란 • 포장 및 운송이 고가 • Steel Socket 연결	• 피로강도 강함 • 현장제작 불가 • 포장 및 운송이 고가 • Hi-Am Socket, 고가	• 피로강도 강함 • 현장제작 가능 • Wedge 사용, 저렴	• 피로강도 약함 • 현장제작 가능 • Anchor Bolt 정착
교체	소선별 교체 불가	초기 설치 장비 사용 교체 불가	소선별 교체 가능	소선별 교체 가능

일반적으로 케이블 교량에 적용되는 케이블의 요구특성은 인장강도, 탄성계수, 신축 특성이 크고, 가설이 용이하면서 피로에 대한 저항성이 크고 부식 방지가 용이한 특성이 요구된다. 평행소선케이블(Parallel Wire Cable)의 경우 피로강도가 강한 특성을 가지나 현장에서 제작이 곤란하고, 교체

가 곤란하다는 특성이 있는 반면, 평행연선케이블(Parallel Strand Cable)의 경우 현장제작이 가능하면서도 소선별 교체가 가능한 특성을 가진다.

평행소선케이블(Parallel Wire Cable)의 경우 케이블 교량 가설 시 AS공법 또는 PWS공법으로 가설되며, 평행연선케이블(Parallel Strand Cable)의 경우 7 wire strand는 PS콘크리트 강선으로 많이 사용되고 직경 5mm 소선 7가닥으로 구성된 Strand로 직경은 통상 15mm가 된다. Multi-Strand Stay Cable의 경우 7 Wire Strand를 다수 사용하여 큰 케이블을 만든 방식이다.

➤ 케이블 형식 검토

구분	PWS 방식	Multi-Stand 방식
적용예		
특징	• 정착구의 공장제작으로 품질관리 및 설치 용이 • 케이블 가설공정이 단순하여 시공이 용이 • 수풍면적이 작아 내풍성능이 우수	• 스트랜드 단위의 가설로 가설장비가 소규모 • 공정이 복잡하여 공기지연의 원인 제공 • 소선 간 장력조정 등 복잡
검토결과	• 내풍성능이 우수하고 공장제작으로 품질관리에 유리한 PWS 케이블 선정	

➤ 부식 방지 방법

케이블의 역학적 거동을 영구적으로 지속시키기 위해서는 부식 방지가 필요하며, 케이블에 사용되는 부식 방지는 Rigid Type과 Flexibility Type이 있다.

1) **Rigid Type Protection(Grouting 방법)** : 시멘트 모르터를 튜브 안에 주입시켜 케이블과 튜브 외부의 대기를 분리시킴으로써 부식을 방지하는 방법으로 케이블이 길고 높은 곳에 가설되는 경우에는 시공이 어렵고 신뢰성이 떨어진다.

2) **Flexibility Type Protection(Non-Grouting 방법)** : 긴장재 자체를 각각 도금하는 방법과 튜브 안을 유연성이 큰 채움재, 즉 Grease, Epoxy Tar, Wax 등으로 채우는 방법으로 케이블의 모든 방식 작업이 공장에서 이루어지므로 현장에서 가설이 용이하며 신뢰성을 높일 수 있다. Strand 케이블을 이용할 경우 각각의 Strand에 대해 부식 방지를 하는 방법(Individual protection)도 있다.

3) 종래의 케이블의 부식 방지는 현장에서 수행하는 Grouting 방법보다는 공장에서 Grease, Epoxy Tar, Wax 등을 채우는 Non-grouting 방법이 주로 적용되고 있다.

Cable Clamp with Exhaust Opening

Wrapped with Polyethylene Strips

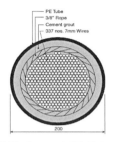

PWS Grouted PE Tube

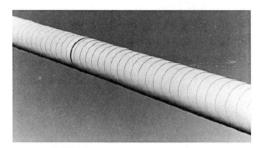

PWS Wrapped by Plastic Cover

케이블의 여러 부식 방지 방법

평행소선케이블과 평행연선케이블의 경우 주로 긴장재를 각각 도금하고 필라멘트 테이프를 감은 후 HDPE 코팅과 왁스 충전 등으로 부식 방지를 처리한다.

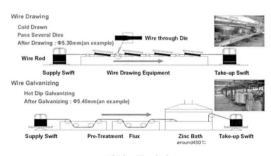

아연도금 과정

필라멘트 테이프 처리

HDPE 피복

소선과 정착구 충진

휨부재 좌굴 토목구조기술사 합격 바이블 개정판 2권 제4편 강구조 p.1467, 1479

휨부재의 횡좌굴현상을 설명하고 조밀단면으로 강축 휨을 받는 2축 대칭 H형강 부재의 횡 지지길이 변화에 따른 영역별 휨강도 산정방법에 대하여 설명하시오.

풀 이

▶ 개요

휨부재는 일반적으로 수직하중에 대해 경제적으로 설계함에 따라 보의 단면은 복부에 평행한 수직축(약축)에 대한 휨과 비틀림에는 상대적으로 약한 성질을 갖는다. 휨변형 발생 시 휨모멘트가 어느 한계값에 도달하면 압축 플랜지는 압축응력에 의해 횡방향으로 좌굴하게 되고 보의 단면은 비틀림 변형이 발생하며 휨강도는 감소한다. 이러한 현상을 횡좌굴(Lateral Buckling) 또는 횡비틀림좌굴(Lateral Torsional Buckling)이라고 한다.

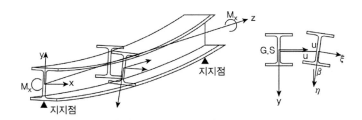

▶ 휨강도 산정방법

횡좌굴을 방지하고 휨강도를 증가시키기 위해서는 압축플랜지의 횡방향변위를 구속할 수 있는 브레이싱이나 슬래브 등에 의해 보를 횡방향으로 지지해야 한다. 이때 횡방향 지지점 사이의 거리를 비지지길이(unbraced length) L_b라고 한다. 비지지길이에 따라 휨부재는 다른 거동을 보인다.

1) 비지지길이에 따른 휨부재의 거동

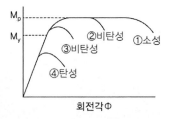

단순보의 L_b/r_y에 따른 휨 거동

①은 세장비가 매우 작아 소성모멘트에 도달 또는 초과, 변형 능력이 매우 큰 거동을 보인다.

②는 보의 세장비가 ①보다는 큰 경우로 소성모멘트에는 도달하나 회전 변형 능력이 크지 않은 비탄성 거동을 보인다. 플랜지에 비탄성변형이 생긴 상태에서 횡좌굴이 발생하며 이때의 휨강도는 소성모멘트가 된다.

③은 보의 세장비가 다소 큰 경우로 비탄성좌굴에 의해 소성모멘트보다는 작고 항복모멘트보다는 큰 휨강도를 갖는다. 보의 플랜지에 있는 잔류응력의 영향으로 비탄성거동을 보이고 횡좌굴을 일으켜 한계상태에 도달한다. 이때의 휨강도는 비탄성좌굴강도가 된다.

④는 보의 횡방향 지지길이가 매우 큰 경우로 보는 탄성횡좌굴에 의해 한계상태에 도달하며 최대모멘트는 항복모멘트에 도달하지 못하며 휨강도는 탄성좌굴강도가 된다.

2) 탄성 횡좌굴 모멘트

보의 단면중심의 x, y방향의 변위를 u, v라 하고 단면 비틀림각을 β라 하면

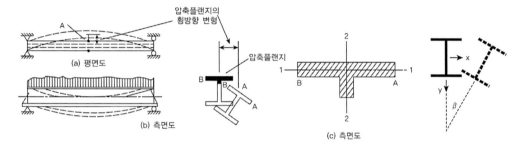

단부가 횡방향으로 지지된 보

면내 휨에 대해 $EI_x \dfrac{d^2 v}{dz^2} + M_x = 0$

면외 휨에 대해 $EI_y \dfrac{d^2 u}{dz^2} + \beta M_x = 0$

비틀림에 대해 $EC_w \dfrac{d^3 \beta}{dz^3} - GJ \dfrac{d\beta}{dz} + \dfrac{du}{dz} M_x = 0$ $\left(C_w = \dfrac{h^2}{4} I_y : \text{Warping constant} \right)$

$\therefore M_{cr} = \sqrt{EI_y GJ \left(\dfrac{\pi}{L} \right)^2 + E^2 I_y C_w \left(\dfrac{\pi}{L} \right)^4} = \dfrac{\pi}{L} \sqrt{EI_y GJ + \left(\dfrac{\pi E}{L} \right)^2 I_y C_w}$

$f_{cr} = \dfrac{M_{cr}}{S} \equiv \dfrac{\pi}{LS} \sqrt{EI_y GJ + \left(\dfrac{\pi E}{L} \right)^2 I_y C_w}$

단면형상, 횡지지길이, 지점조건, 하중패턴, 하중작용위치에 영향을 받으며 Open Section의 경우 비틀림강성(GJ)이 매우 낮아서 횡비틀림좌굴에 취약하다.

▶ 강축 휨을 받는 2축 대칭 H형강 부재의 횡 지지길이 변화에 따른 영역별 휨강도 산정방법

휨에 의해 지배되는 빔, 거더, 들보(Joist), 트러스는 약축의 판보다는 큰 강도와 강성을 갖는다. 적절한 브레이싱으로 보강되지 않을 경우에는 내부판이 보유하고 있는 최대 저항력에 도달하기 이전에 횡비틀림좌굴(Lateral Torsional Buckling)에 의해 파괴된다. 이러한 좌굴파괴현상은 브레이싱이 없거나 완공 후 구조물과 다른 형태로 보강된 공사 중에 발생되기 쉽다.

횡비틀림좌굴은 구조적 유용성의 한계상태로 하중저항성능은 변화가 없음에도 주로 면내에서의 빔의 변형이 발생되었던 구조가 횡방향으로의 변위와 뒤틀림의 조합으로 변경된다.

적절한 간격으로 횡 브레이싱을 설치하거나 비틀림 강성이 큰 박스단면이나 다이아프램과 같은 횡비틀림저항을 할 수 있는 개단면 보를 사용할 경우 횡비틀림좌굴을 방지할 수 있다. <u>횡비틀림좌굴 강도의 주요 영향요소로는 횡 브레이싱의 간격, 하중의 종류와 위치, 단부조건, 단면의 크기, 지점의 연속성, 보강재의 여부, 와핑(Warping)저항성, 단면성능, 잔류응력의 크기와 분포, 프리스트레스힘, 기하학적 초기결함, 하중의 편심, 단면의 뒤틀림 등이 있다.</u>

횡비틀림좌굴거동은 다음 그림과 같이 비지지된 길이와 연관된 한계모멘트로 표현되며, 다음 그래프에서 실선은 완전히 직선인 보에서의 관계를 나타내고, 점선은 초기결함이 존재할 경우를 나타낸다. 그래프는 다음 3가지 범위로 구분된다. 1) 탄성 좌굴구간(Elastic Buckling, 긴 보가 지배적), 2) 비탄성 좌굴구간(Inelastic Buckling, 보의 일부가 항복한 후 발생), 3) 소성영역(Plastic Behavior, 비지지된 길이가 소성모멘트에 도달하기 이전에 좌굴이 발생)

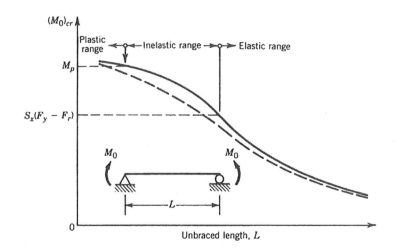

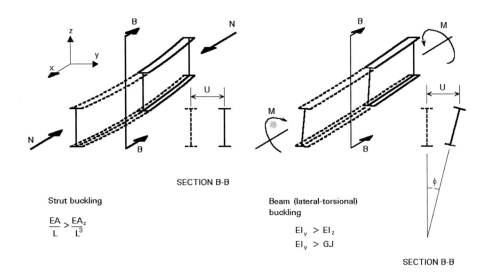

SECTION B-B

Strut buckling

$$\frac{EA}{L} > \frac{EA_z}{L^3}$$

Beam (lateral-torsional) buckling

$$EI_y > EI_z$$
$$EI_y > GJ$$

SECTION B-B

1) 탄성 횡비틀림좌굴(Elastic Lateral−Torsional Buckling, Elastic LTB)

① 단순지지 2축 대칭 동일단면 보(Simply Supported Doubly Symmetric Beams of Constant Sections)

Uniform Bending

$$M_{cr} = \frac{\pi}{L} \sqrt{EI_y GJ} \sqrt{1 + W^2}$$

여기서 $W = \frac{\pi}{L} \sqrt{\frac{EC_w}{GJ}}$

보의 단부는 횡방향변위($u=0$)와 뒤틀림($\beta = \phi = 0$)은 제한되고 횡방향 회전($u''=0$)과 와핑($\phi''=0$)은 가능

Nonuniform Bending

$$M_{cr} = C_b M_{cr}$$

$$M_{cr} = C_b M_{0cr}$$

C_b : Equivalent Uniform Moment Factor

$$C_b = \frac{12.5 M_{\max}}{2.5 M_{\max} + 3M_A + 4M_B + 3M_C}$$

M_0 $\qquad$ κM_0 $\qquad -1 \leq K \leq 1$

L

② 고정지지된 2축 대칭 동일 단면 보(End−Restrained Doubly Symmetric Beams of Constant Sections)

Nethercot and Rockey(1972)

	I	II	III	IV	V
	Simply Supported $u = \phi = u'' = \phi'' = 0$	Warping Prevented $u = \phi = u'' = \phi' = 0$	Lateral Bending Prevented $u = \phi = u' = \phi'' = 0$	Fixed End $u = \phi = u' = \phi' = 0$	Lateral Support at Center, Retsraint : Equal at Both Ends

$$M_{cr} = CM_{cr}$$

$C = A/B$ Top Flange Loading

$\quad = A \qquad$ Mid-Height Loading

$\quad = AB \quad$ Bottom Flange Loading

Loading	Restraint	A	B
↓	I	1.35	$1 - 0.180W^2 + 0.649W$
	II	$1.43 + 0.485W^2 + 0.463W$	$1 - 0.317W^2 + 0.619W$
	III	$2.0 - 0.074W^2 + 0.304W$	$1 - 0.207W^2 + 1.047W$
	IV	$1.916 - 0.424W^2 + 1.851W$	$1 - 0.466W^2 + 0.923W$
	V	$2.95 - 1.143W^2 + 4.070W$	1
	I	1.13	$1 - 0.154W^2 + 0.535W$
	II	$1.2 + 0.416W^2 + 0.402W$	$1 - 0.225W^2 + 0.571W$
	III	$1.9 - 0.120W^2 + 0.006W$	$1 - 0.100W^2 + 0.806W$
	IV	$1.643 - 0.405W^2 + 1.771W$	$1 - 0.339W^2 + 0.625W$
	V	$2.093 - 0.947W^2 + 3.117W$	$1.073 + 0.044W$

2) 강구조설계기준(2014) : 조밀단면, 강축 휨을 받는 2축 대칭 H형강 부재

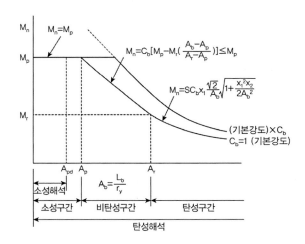

① 소성 휨모멘트 : $M_n = M_p = Z_x F_y$

② 횡비틀림 좌굴강도

- $L_b \leq L_p \qquad : M_n = M_p$ (횡좌굴강도를 고려하지 않는다)

- $L_p < L_b \leq L_r \quad : M_n = C_b \left[M_p - (M_p - 0.7 F_y S_x) \left(\dfrac{L_b - L_p}{L_r - L_p} \right) \right] \leq M_p$

- $L_b > L_r \qquad : M_n = F_{cr} S_x \leq M_p$

여기서, $F_{cr} = C_b \times \dfrac{\pi^2 E}{(L_b/r_{ts})^2} \sqrt{1 + 0.078 \dfrac{Jc}{S_x h_0} \left(\dfrac{L_b}{r_{ts}}\right)^2}$, $L_p = 1.76 r_y \sqrt{\dfrac{E}{F_y}}$

$L_r = 1.95 r_{ts} \dfrac{E}{0.7 F_y} \sqrt{\dfrac{Jc}{S_x h_0}} \sqrt{1 + \sqrt{1 + 6.76 \left(\dfrac{0.7 F_y S_x h_0}{EJc}\right)^2}}$

$r_{ts}^2 = \dfrac{\sqrt{I_y C_w}}{S_x}$, $c = 1$(2축 대칭 H형강), $\dfrac{h_0}{2} \sqrt{\dfrac{I_y}{C_w}}$ (ㄷ형강)

h_0 : 상하부플랜지 간 중심거리

교량해석

그림과 같이 단경간 40m인 강합성 박스 거더교의 콘크리트 방호벽 상단에 방음벽을 추가로 설치할 경우 다음 물음에 답하시오. 단 그림에 표기된 치수는 mm단위이며, 극한한계상태 하중계수는 다음과 같다.

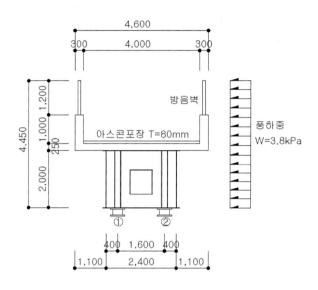

하중의 종류	극한한계상태 하중계수	
	최대	최소
DC : 구조부재와 비구조적 부착물	1.25	0.9
DW : 포장과 시설물	1.5	0.65
WS : 구조물에 작용하는 풍하중	1.4	1.5

1) 상부 고정하중과 풍하중에 의해 받침 ①, ②에 발생하는 연직반력을 도로교설계기준(한계상태설계법, 2016)에 의해 구하시오. 단, 강재 거더 중량 15kN/m, 콘크리트 단위중량 24.5kN/m³, 방음벽 중량 1.5kN/m 및 아스콘 포장 단위중량 23kN/m³이다.

2) 받침 ①, ②의 연직반력 비대칭성을 줄이기 위해 받침을 강박스 복부재 하단으로 이동하여 받침 ①, ②의 간격을 당초 1.6m에서 2.4m로 넓혔을 때 연직반력 변화 및 강박스 보강방안에 대하여 설명하시오.

➤ 하중의 산정

구분		작용하중(kN/m)	하중계수		중심에서 거리(m)		모멘트 (kNm)
DC	슬래브	$0.25 \times 4.6 \times 24.5 = 28.175$	1.25	35.21875	–	= 0	–
DC	방호벽	$0.3 \times 1.0 \times 2 \times 24.5 = 0.6$	1.25	0.75	$4.6/2-0.3/2 = 2.15$		1.29
DC	강재거더	$15.0 = 15.0$	1.25	18.75	–	= 0	–
DW	방음벽	$1.5 = 1.5$	1.50	2.25	$4.6/2-0.3/2 = 2.15$		3.225
DW	아스콘	$0.08 \times 4.0 \times 23.0 = 7.36$	1.50	11.04	–	= 0	–
WS	풍하중	$4.45 \times 3.8 = 16.91$	1.40	23.674	$4.45/2 = 2.225$		37.625

➤ 하중조합에 따른 연직반력 산정

도로교설계기준(한계상태설계법, 2016) 극한한계상태 III에 따라 검토한다.

구분	DC	DW	LL	WS	CT	비고
극한한계상태 I	1.25	1.50	1.80	–	–	
극한한계상태 II	1.25	1.50	1.40	–	–	
극한한계상태 III	**1.25**	**1.50**	**–**	**1.40**	**–**	✔
극한한계상태 IV	1.50	1.50	–	–	–	
극한한계상태 V	1.25	1.50	1.40	0.40	–	
극단상황한계상태 I	1.25	1.50	0.00	–		
극단상황한계상태 II	1.25	1.50	0.50	–	1.00	
사용한계상태 I	1.00	1.00	1.00	0.30	–	
사용한계상태 II	1.00	1.00	1.30	–	–	
사용한계상태 III	1.00	1.00	0.80	–	–	
사용한계상태 IV	1.00	1.00	–	0.70	–	
피로한계상태	–		0.75	–	–	

반력합계

$$R_1 + R_2 = 1.25 \times (28.175 + 0.6 + 15.0) + 1.5 \times (1.5 + 7.36) = 68.0088 \text{kN}$$

받침 ①에서 모멘트 합력

$$\sum M_1 = 0 \; ; \; R_2 \times 1.6 - 35.21875 \times (1.6/2) - 0.75 \times (3.1 - 0.15) + 0.75 \times (1.5 - 0.15)$$
$$- 18.75 \times 1.6/2 - 2.25 \times (3.1 - 0.15) + 2.25 \times (1.5 - 0.15) - 11.04$$
$$\times (1.6/2) + 23.674 \times 4.45/2 = 0$$
$$\therefore R_2 = 32.636 \text{kN}(\downarrow), \; R_1 = 100.645 \text{kN}(\uparrow)$$

➤ 받침이동에 따른 연직반력 산정

받침 ①에서 모멘트 합력

$$\sum M_1 = 0 \; ; \; R_2 \times 2.4 - 35.21875 \times (2.4/2) - 0.75 \times (3.5 - 0.15) + 0.75 \times (1.1 - 0.15)$$
$$- 18.75 \times 2.4/2 - 2.25 \times (3.5 - 0.15) + 2.25 \times (1.1 - 0.15) - 11.04$$
$$\times (2.4/2) + 23.674 \times 4.45/2 = 0$$

$$\therefore R_2 = 28.3787 \text{kN} (\downarrow), \; R_1 = 96.3875 \text{kN} (\uparrow) \; \therefore \text{약 4kN 정도의 반력이 감소한다.}$$

➤ 강박스 보강방안

강박스 거더에 부반력이 발생할 경우에는 1개의 박스 거더에 1개의 받침을 설치하거나 Counter-Weight, Out-Rigger 등에 대한 검토나 하중의 적정한 분배를 위해 충분한 가로보와 격벽 설치하여 부반력 대책을 수립한다.

그러나 주어진 구조물 형식에서 1개의 받침의 사용은 1개의 박스 거더에 전도 문제로 인해 적용이 곤란하며, 자중을 증가시키는 Counter-Weight나 받침의 거취를 박스단면 외에 적용하는 Out-Rigger 방식이 적절할 것으로 생각된다. 이때 교량 받침부에는 수직 보강재 등을 설치하여 하중이 적정하게 전달될 수 있도록 한다.

Counter Weight   Out-Rigger

토목구조기술사 합격 바이블

기출문제 가이드라인 풀이

116회

116 가이드라인 풀이

116회 1-1

최적설계

토목구조물의 최적설계(Optimum Design)에서 문제의 정식화에 대하여 설명하시오.

풀 이

강 아치교의 고등해석과 최적설계(최세휴, 한국강구조학회지, 2005)

▶ 최적설계 개요

최적설계는 주어진 설계요구조건을 만족시키면서 성능을 최대화 또는 원하지 않는 성능을 최소화시킬 수 있는 설계를 찾는 것으로 최적설계를 찾아가는 과정에서 설계의 파라미터, 즉 설계변수의 구체적인 크기의 결정이 중요하다.

주어진 설계요구조건은 수학적으로 표현이 가능해야 하며, 설계변수의 함수이어야 한다. 수학적으로 표현하는 과정을 최적설계에서 문제의 정식화라고 하며, 정식화가 잘 될 경우 구체적인 설계치수를 얻을 수 있거나 좋은 설계방향을 제시할 수 있다.

▶ 문제의 정식화

토목구조물 설계 시의 최적설계는 구조물의 치수(Size Optimum)와 형상(Shape Optimum)에 대한 최적설계를 고려할 수 있으며, 치수최적설계에서의 설계변수는 구조형식, 단면의 크기, 성질, 두께 등을 설계변수로 고려할 수 있다. 전형적인 문제의 정식화는 변위, 응력, 고유진동수 등 역학적인 성능을 만족시키면서도 중량을 최소화할 수 있는 함수를 만들어내는 것으로 볼 수 있다. 형상최적설계에서도 마찬가지로 구조의 형상과 절점의 위치를 설계변수로 하여 역학적 성능을 만족하는 범위에서 중량을 최소화시키는 문제를 정식화할 수 있을 것이다.

예를 들어 강 아치교의 최적설계의 과정에서 최적화 문제의 정식화는 목적함수와 제약조건식으로 구분할 수 있으며, 목적함수는 전체중량으로 보고, 제약조건식은 구조시스템의 하중저항능력에 대한 제약조건과 처짐에 대한 제약조건으로 구분해서 정식화할 수 있다.

1) 목적함수

$$OBJ = \rho \sum_{i=1}^{N} V_i$$

여기서, V_i : i번째 부재의 체적, ρ : 단위체적당 중량

2) 제약조건식

정식화된 함수에 대해 단면점증법 등과 같이 부재의 단면을 가장 가벼운 단면을 초기단면으로 선택한 후 해석을 수행하면서 단면을 단계별로 하나씩 증가시켜 구조시스템 강도를 만족시키는 설계를 찾아가는 과정을 반복하는 등의 최적화 알고리즘을 통해 원하는 구조물의 최적설계를 수행하여야 한다.

① 하중저항능력 $G(1) = \phi R_n - \eta \sum \gamma_i Q_i \geq 0$

② 처짐 $G(2) = \dfrac{L}{800} - (\Delta_{\max})_l \geq 0$ 여기서 $(\Delta_{\max})_l$ 차량하중에 의한 최대처짐

③ 처짐 $G(3) = \dfrac{L}{1000} - (\Delta_{\max})_d \geq 0$ 여기서 $(\Delta_{\max})_d$ 보도하중에 의한 최대처짐

필렛용접   토목구조기술사 합격 바이블 개정판 2권 제4편 강구조 p.1367

도로교설계기준(한계상태설계법, 2016)에 따라 강교에서 부재 연결 시 적용되는 필렛(Fillet)용접의 최대, 최소 치수 및 최소 유효길이 규정에 대하여 설명하시오.

풀 이

▶ 개요

필렛(Fillet)용접은 거의 직교하는 2개의 면을 결합하는 삼각형의 크기로 표시하는 용접으로, 종국적으로 용접부에 대해 전단에 의해서 파단되므로 거의가 용접 유효면적에 대해 전단응력으로 설계되는 용접으로 구조물의 접합부에 상당히 많이 사용되는 방법이다.

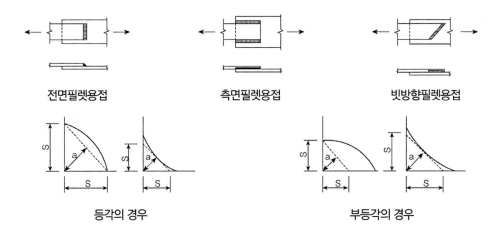

전면필렛용접   측면필렛용접   빗방향필렛용접

등각의 경우   부등각의 경우

▶ 도로교설계기준 필렛용접 치수 규정

연결부의 설계 시 가정하는 필렛용접의 치수는 설계하중이 압축과 인장은 모재의 설계강도, 전단은 $R_r = 0.6\phi_{e2}F_{exx}$를 초과하지 않도록 정한다.

1) 필렛용접의 최대·최소치수

   ① 최대치수 : 연결되는 부재의 연단을 따라 용접한 필렛용접의 최대치수는 두께가 6mm 미만인 부재는 그 부재의 두께로 하며, 두께가 6mm 이상인 부재는 부재두께보다 2mm 작은 값으로 한다.

   ② 최소치수 : 필렛용접의 최소치수는 연결부의 두꺼운 부재의 두께에 따라 6~8mm로 한다. 필렛용접의 최소치수는 강도개념이 아닌 적은 양의 용접으로 인한 두꺼운 부재의 담금질 효과를 근거로 한다. 용접금속의 급랭은 인성의 손실을 초래한다. 두꺼운 부재의 용접에서 용접금속

의 수축제한은 용접균열을 발생시킬 수 있다. 수동용접으로 용접 1패스에 의해 용착시킬 수 있는 필렛용접의 최대두께는 8mm이다. 그러나 예열과 층간 온도는 유지해야 한다.

연결부의 두꺼운 부재의 두께(T, mm)	필렛용접의 최소치수(mm)
T≤20	6
20<T	8

③ 최소 유효길이 : 필렛용접의 최소유효길이는 용접치수의 4배로 하며, 40mm보다 길어야 한다.

HSB

토목구조기술사 합격 바이블 개정판 2권 제4편 강구조 p.1234

교량 구조용 압연강재인 HSB(High Performance Steel for Bridge)에 대하여 설명하시오.

풀 이

▶ 개요

교량맞춤형 고성능 강재 HSB는 개선된 고성능 강재의 특성을 동시에 보유한 통합 성능 개선형 고성능 강재를 지칭하며 고강도, 고용접성, 고인성, 내후성 등을 동시에 보유한 강재로 구조 단순화, 제작성 향상, 초기 건설비용 및 유지관리비용 절감, 장수명화를 도모하기 위해서 제작되었다.

▶ HSB의 특징과 활용

1) HSB의 특징 : 강재의 생산자 측면이 아니고 사용자 관점에서 목표성능을 설정하였다.

① 내후성, 인성, 내라밀라테어링, 강도 등을 증진시켜 교량에 적합한 강재이다.
② 항복특성 및 용접성이 우수하다.
③ 다양한 교량 설계와 제작조건에 대응이 유리하다.
④ 충격흡수에너지 성능을 −20°C에서 47J 이상으로 상향 설정하여 저온인성이 좋다.
⑤ 고강도, TMCP, 고인성, 저예열, 내라밀라테어링, 내후성 등의 특징을 고루 갖추고 있다.
⑥ TMCP 제조법을 적용하였으며 생산범위인 판 두께 100mm까지 항복강도가 일정하다.
⑦ 용접 예열작업이 불필요하도록 화학성분을 조정하였다.

2) HSB의 활용

① 하이브리드(Hybrid) 설계법 적용 : 강도가 다른 2개의 강재를 한 단면 내에서 최적의 경제성을 확보할 수 있도록 혼용하여 주로 응력이 큰 지점부에서 고강도강을 적용하는 방법
② 구조의 단순화 : 경제성 개선을 위해 고성능 강재와 후판을 적용하여 용접이 많은 보강재를 최소화하는 구조 적용
③ 기존 강교량의 합리화 : 큰 강박스 거더교를 지양하고 고성능 강재를 적용한 개구 제형교, 소수 거더교와 유사한 세폭의 박스 거더교 등을 적용
④ 이중합성 구조의 도입 : 강거더의 상부플랜지와 상판을 전단연결재로 결합한 통상의 연속 합성 거더교에 대해 압축력이 크게 작용하는 중간지점 영역의 강거더 하부플랜지 및 복부판 일부를 RC판을 연결해 합성시키는 이중합성교의 중간지점 영역의 거더의 강성이 경제적으로 증가시킬 수 있어 형고를 낮출 수 있고 중간지점 부근의 강형 하부플랜지의 극후판화를 제한할 수 있으며 교량 전체의 강성이 증가하므로 연속합성 박스 거더교 등의 지간을 장대화시킬 수 있다.

대변위 이론

도로교설계기준(한계상태설계법, 2016)에 따라 구조해석 시 대변위 이론에 대하여 설명하시오.

풀 이

> 개요

케이블 교량과 같이 선형 해석만으로 구조물의 안정성을 확인하기 어려운 경우에는 비선형성(Nonlinear) 등을 고려해야 한다. 비선형의 경우는 선형재료와 달리 힘의 크기와 그에 따른 변위의 변화량은 비례한다는 선형관계가 성립되지 않는 경우이며 그 원인은 기하학적 원인, 재료적인 원인, 경계조건 등이 있다. 구조물의 해석에서는 선형해석의 경우와 달리 하중에 따라 중첩의 원리가 성립되지 않기 때문에 주의가 필요하다.

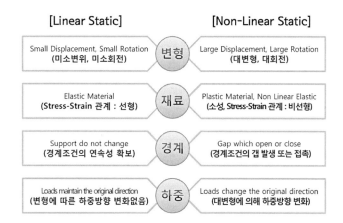

> 도로교설계기준(한계상태설계법, 2016) 대변위 이론

도로교설계기준에서는 구조물의 변형으로 인해 하중 영향이 크게 변할 경우 평형방정식에 변형효과를 고려하도록 대변위 이론에 대해 규정하고 있다. 대변위 해석은 안정성해석과 함께 변형효과와 부재의 초기처짐 문제도 고려하도록 하고 있는데, 콘크리트 장주 해석 시 구조형상이 크게 변화시킬 수 있는 이력 의존적 재료의 특성이나, 프레임구조나 트러스에서 인접한 부재에 발생하는 인장과 압축력의 상호작용 효과 등에 대해 고려하도록 언급하고 있다. 비선형 영역에서는 설계하중만 사용하며 하중영향의 중첩은 허용되지 않는다. 비선형 해석 시 하중을 가하는 순서에 따라 해석 결과가 달라지기 때문에 실제 교량의 하중조건에 부합하도록 하중을 재하하여야 한다.

콘크리트 장주의 경우 적절하게 정식화된 대변위 해석을 수행하면 설계에 필요한 모든 하중효과를 산정할 수 있다. 이 경우 모멘트 확대계수법을 사용할 필요가 없게 된다. 압축력은 부재의 초기처짐과 하중으로 인한 변형을 증가시키고 이와 함께 부재의 중심선에 대한 축방향의 편심을 증가시킨다. 이러한 상호작용으로 인한 상승효과는 부재의 강성 저하를 야기시킨다. 일반적으로 이러한 현상을 이차 비선형 효과(second-order effect)라 부른다.

인장을 받는 경우는 압축의 반대 현상이 발생한다. 압축응력이 오일러 좌굴 응력값에 접근함에 따라 이 효과는 더욱 커진다. 이차 비선형 효과는 하중 작용점을 이동시키기 때문에 하중 편심량이 증가된다. 이러한 효과는 기하학적 비선형 거동을 나타내며 일반적으로 수렴조건을 만족시킬 때까지 평형방정식을 반복적으로 풀어서 해석할 수 있다. 설계자는 사용하는 유한요소의 특성, 사용한 가정 그리고 프로그램에서 사용할 수 있는 수치해석법 등을 충분히 알고 있어야 한다.

대변위 이론은 본질적으로 비선형이기 때문에 변위는 하중에 비례하지 않고 중첩의 원리는 사용될 수 없다. 그러므로 비선형해석의 경우 하중을 가하는 순서가 중요하다. 고정하중 다음에 활하중을 재하하는 것과 같이 실제 재하순서를 고려하여 구조물에 하중을 재하시켜야 한다. 구조물에 대변위가 발생하는 경우 하중 크기에 따른 강성 변화를 고려하기 위하여 하중을 단계적으로 재하시켜야 한다.

비선형 해석을 수행할 경우 선형해석을 통해 기본값을 구해두고 주어진 문제해석에 사용할 계산절차를 수 계산이 가능한 단순 구조물에 적용해보는 것이 바람직하다. 이러한 과정을 통해 설계자는 복잡한 비선형해석에서는 쉽게 파악되지 않는 구조물 전체 거동을 쉽게 이해할 수 있다.

변형형상에서 모멘트에 의한 휨 평형조건은 연립방정식을 반복적으로 풀거나 변형형상을 사용하여 정식화된 엄밀 해를 사용하여 만족시킬 수 있다.

고장력강   토목구조기술사 합격 바이블 개정판 2권 제4편 강구조 p.1227

고장력강의 설계 및 제작 시 유의사항에 대하여 설명하시오.

풀 이

▶ 개요

고강도강, 고장력강은 일반강에 비해 인장강도를 향상시킨 강을 지칭하는 것으로서 일반적으로 490MPa 이상 980MPa 이하의 인장강도를 갖는 용접 구조용강을 말하는데, 최근에는 570MPa 이상의 인장강도를 갖는 강재를 지칭하는 경우가 대부분이다. 고장력강의 사용목적은 부재단면 및 하부구조 단면 감소로 구조물 경량화, 제작 및 가설 작업의 단축 및 간소화, 시공의 단순화 및 급속화를 위해서 많이 도입되고 있으나, 일반적으로 고강도강은 에너지 흡수능력의 저하되고 강도증진을 위해 탄소량의 증가로 인한 용접성 저하 등의 문제가 발생할 수 있으므로 이에 대한 이해득실을 검토하여 적용하여야 한다.

▶ 고장력강의 장점

① 부재 단면 감소로 재료가 감소되어 경제적이다.
② 구조물이 경량화되어 가설기기의 용량이 줄고, 블록 단위 가설이 용이해 시공속도가 증가한다.
③ 판 두께의 감소로 후판 시공 시 용접상 문제점을 피할 수 있다.
④ 단면 감소로 제작 시 절단량, 용접량이 감소되어 경제성을 기하고 작업의 간소화를 기대할 수 있다.
⑤ 장대지간의 교량건설이 가능하고 구조 형식 선정 시 자유도가 증가한다.
⑥ 날렵한 구조설계가 가능하여 미관이 우수하다.
⑦ 상부 구조물이 경량화되어 하부구조의 부담감소로 경제적이다.

▶ 고장력강의 단점

고장력강을 사용하면 단면 감소에 의한 강성저하로 처짐 및 진동이 크고, 항복비가 높으며, 용접성이 좋지 못하다.

1) 강성저하

① 고장력강의 사용은 단면축소에 따른 강성의 저하로 처짐과 변형에 따른 2차 응력을 유발하며 진동에 취약하여 사용성이 떨어지므로 이에 대한 고려가 필요하다.
② 설계기준상의 처짐 제한규정으로 단면강성이 결정되므로 고장력강의 사용이점이 감소되므로 이에 대한 고려가 필요하다.

③ 설계기준상의 압축부재에서 허용압축응력이 단면크기의 세장비에 관계되어 고장력강 사용 시 이점이 감소되므로 이에 대한 고려가 필요하다.

2) 항복비

항복비가 높으면 항복 후 신장 능력이 작아져 예측 못한 하중에 대해 강재 파단의 신장에 의한 에너지 흡수가 불가능해질 수 있으므로 이에 대한 고려가 필요하다.

3) 용접성

강재는 강도가 높을수록, 판 두께가 두꺼울수록 용접성이 나빠져서 설계기준상 후판에서는 이를 고려하여 허용응력을 저감시키도록 하고 있어 설계단계에서 강종 선정 시 강재강도와 판 두께에 대해 용접성을 고려하여 선정하여야 한다.

4) 경제성

고장력강으로 사용할 경우 최소 판 두께 사용은 시방서 규정과 형상유지를 위해 만족할 경우 경제적 이득이 있으나, 강재 사용량을 경감시킬 경우 강재단가와 제작단가의 관계로 인해 경제적이지 못한 경우도 있다.

▶ 고장력강 설계 및 제작 시 유의사항

1) 유의사항 : 설계 단계에서는 고장력강의 장단점을 고려하여 적용성을 검토하여야 하며, 제작 시에도 용접이나 볼트 연결 등의 시공 시 강재의 특성에 맞게 주의 깊은 관리가 요구된다. 강재의 선정 시 고장력강의 필요에 따라 적용할 경우 도로교설계기준상의 강성의 저하나 허용응력의 저하 등을 고려하여 고장력강의 요구조건에 부합되는 HSB(High performance Steel for Bridge) 등의 적용성을 검토할 수 있으며 이 경우 TMCP 제조법 및 내라밀라테어링 성질, 내후성, 내부식성, 저온인성, 굽힘가공성 등의 교량의 요구특성에 맞는 강재를 사용할 수 있도록 이해득실을 반드시 고려하여 적용하도록 하여야 한다.

2) 고장력강에 요구되는 성질
   ① 인장강도, 항복강도 및 피로강도가 높아야 한다.
   ② 용접성, 가공성이 좋아야 한다.
   ③ 내식성이 양호해야 한다.
   ④ 경제적이어야 한다.

가상일의 방법

가상일의 방법에 대하여 설명하시오.

풀 이

➤ 개요

가상일의 방법은 에너지의 원리를 이용한 방법으로 구조물에 작용한 하중에 의해 하여진 외적인 일은 그 구조물에 저장된 내적인 탄성에너지와 같다는 에너지 보존의 정리에 근거를 둔 방법이다. 구조물의 처짐을 계산할 수 있는 에너지 방법의 하나이며 단위하중법이라고도 한다. 트러스, 보, 라멘 등의 처짐에 적용할 수 있으며 트러스의 처짐에 적용성이 가장 좋다.

가상일 방법은 구조물에서 하중과 내력은 서로 평형을 유지하며, 구조물의 재료는 탄성한도 내에서 거동한다는 가정하에서 유도된다.

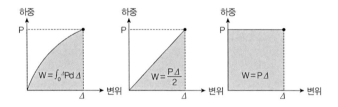

➤ 가상일의 방법 유도

임의의 구조물에 외력 P_1, P_2, …가 서서히 작용하여 작용선 방향으로 각각 변위 Δ_1, Δ_2, …를 이동하는 경우(그림 (a)), 구조물의 임의의 점 i의 처짐 Δ_i를 알아내기 위해서 그림 (b)와 같이 점 i에 원하는 처짐 방향으로 가상의 힘($Q=1$)을 서서히 작용시킨다. 이때 가상의 힘($Q=1$)은 무시할 만큼 작기 때문에, 이로 인하여 일어나는 가상의 변형도 매우 작다.

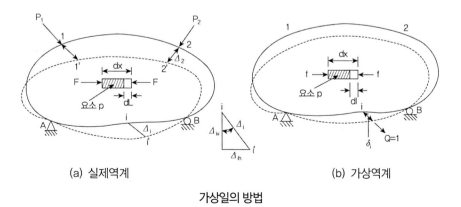

(a) 실제역계   (b) 가상역계

가상일의 방법

위 그림 (a)의 실제역계에서, $\dfrac{1}{2}P_1\Delta_1 + \dfrac{1}{2}P_2\Delta_2 = \dfrac{1}{2}\sum FdL$

위 그림 (b)의 가상역계에서, $\dfrac{1}{2}(1)\delta_i = \dfrac{1}{2}\sum f\,dl$

(b)의 경우가 먼저 일어났다고 가정하면, 다시 말해서 가상의 힘이 먼저 i점에 서서히 작용하고 난 다음에 실제의 외력 P_1, P_2, …가 점 1과 2에 서서히 작용하였다고 하면 다음과 같은 관계가 성립된다.

$$\dfrac{1}{2}(1)(\delta_i) + \left[\dfrac{1}{2}P_1\Delta_1 + \dfrac{1}{2}P_2\Delta_2 + (1)(\Delta_i)\right] = \dfrac{1}{2}\sum f\,dl + \left[\dfrac{1}{2}\sum FdL + \Sigma(f)(dL)\right]$$

여기서, Δ_i는 외력에 의해 일어난 i점의 변위이다.

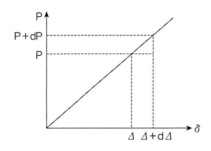

▶ 가상일의 방법의 기본 방정식

위의 식으로부터 다음과 같은 식을 얻을 수 있다.

$$(1)(\Delta_i) = \sum f\,dL$$

여기서, $Q = 1$: Δ_i의 방향으로 작용시킨 외적인 가상력

$\quad\quad\;\; f$: 가장 단위하중 Q로 인한 가상내력, 특정 요소 p에 dL방향으로 작용

$\quad\quad\;\; \Delta_i$: 작용하중으로 인한 점 i의 처짐

$\quad\quad\;\; dL$: 작용하중으로 인한 특정 요소 p의 내부 변형

위 식은 가상일의 방법에 관한 기본방정식이며, 실제 하중으로 인한 처짐을 (가상력 $Q = 1$로 인한 내력)×(실제 하중으로 인한 내부 변형)의 합으로 표시한 것으로, 가상의 힘을 $Q = 1$로 하였다고 해서 단위하중법(Unit Load Method)이라고도 한다.

➤ 각 부재별 가상일의 방법

1) 가상일의 방법의 일반식

$$(1)\,(\Delta_i) + W_R = \sum \frac{fFL}{EA} + \int_0^L \frac{mM}{EI}dx + \int_0^L \frac{tT}{GJ}dx$$
$$+ \kappa \int_0^L \frac{vV}{GA}dx + \left[\sum f(\alpha \Delta TL) + \int_0^L m\frac{\alpha \Delta t}{c}dx \right]$$

2) 보의 처짐

$$(1)\,(\Delta_i) = \int_0^L \frac{mM}{EI}dx + \int_0^L m\frac{\alpha \Delta t}{c}dx$$

3) 트러스의 처짐

$$(1)\,(\Delta_i) = \sum f\frac{FL}{EA} + \sum f\alpha \Delta TL$$

4) 외력, 온도, 침하에 의한 처짐산정(트러스)

$$\Delta_i = \Delta_{ik} + X\delta_{ik}$$

여기서, Δ_{ik} : 기본구조물의 처짐, X : 과잉력, δ_{ik} : 단위하중에 의한 처짐

① 외력에 의한 처짐 : $\Delta_{iO} = \sum \dfrac{FfL}{AE}$

② 온도에 의한 처짐 : $\Delta_{iT} = \sum (\alpha \Delta TL)f$

③ 침하에 의한 처짐 : $\Delta_{iS} + W_R = 0$

여기서, W_R : i 점에 단위하중이 작용한 기본구조물에서 각 지점의 반력 성분에 지점침하량
을 곱한 값들의 합

④ 오차에 의한 처짐 : $\Delta_{iE} = \sum f(\Delta L)$, $\Delta_L = \dfrac{Fl}{EA}$

비파괴검사 　　　　　　　　　　　　　　토목구조기술사 합격 바이블 개정판 2권 제4편 강구조 p.1240

강교 비파괴검사의 종류와 특징에 대하여 설명하시오.

풀 이

안전점검 및 정밀안전진단 세부지침 해설서 공통편(한국시설안전공단, 2011)

➤ 개요

강재의 비파괴 검사는 구조물 용접부의 이음부 결함상태를 조사하고 결함에 대한 등급분류를 통해 그 영향을 평가하는 데 목적을 둔다. 기본적으로 외관조사(VT, Visual Test)를 통해 적절한 비파괴 검사 방법을 선정하여 조사한다.

➤ 파괴검사의 종류와 특징

1) **육안검사(Visual Test, VT)** : 육안으로 표면부에 결함을 조사하는 방법이다. 수시로 검사가 가능하며 소요시간이 짧은 특성을 갖는다. 표면만을 제한적으로 검사할 수 있기 때문에 정밀한 조사를 위해서는 다른 비파괴검사와 병행이 필요하다. 일반적으로 육안검사를 먼저 실시하고 결함이 발견된 부위에 대해서는 정밀조사를 실시한다.

2) **초음파탐상시험(Ultrasonic Test, UT)** : 초음파의 파동특성을 이용하여 강재 용접부의 내부결함, 면상결함, 균열, 용입불량 등을 조사한다. 일반적으로 펄스파를 이용해 짧은 시간 내의 진동을 시험체로 보내고 수신하는 순간까지의 경과시간을 측정하여 결함이나 후면 등의 반사원까지의 거리, 즉 결함의 위치를 알 수 있다. 일반적으로 사용되는 초음파시험은 결함의 면적이 크면 그에 비례해 커지는 에코 높이로 결함의 크기를 추정한다.

　용접부 표면처리　　　매질(글리세린) 도포　　　두께 측정　　　용접부 검사(UT)

3) **자분탐상시험(Magnetic Test, MT)** : 자성체의 표면에 있는 불연속부를 검출하기 위해 자성체를 자화시키고 자분을 적용시켜 누설자장에 의해 자분이 모이거나 붙어서 불연속부의 윤곽을 형성해 위치, 크기, 형태 등을 검사하는 비파괴 검사이다. 자속은 자기의 흐름으로 나타나며, 자성체 중에서 자속은 쉽게 흐르지만 비자성체 중에서 자속은 흐르기 어렵다. 자속이 흐르는 길에 결함이 있으면 결함은 일반적으로 자성체의 불연속으로서 기체, 비금속 게재물 등 비자성체가 들어 있기 때문에 자속이 흐르기 어려워진다. 그러므로 자속은 결함이 가로막게 되면 결함이 있는 곳에서 결함을 피해가려는 모양으로 넓게 흐른다. 이로 인하여 얇은 표층부의 자속은 자성체의 표면 위의 공간으로 새어나간다. 이 결함부의 공간으로 새어나가는 자속을 누설자속이라 하고, 자성체 중에서 결함이 있는 곳으로 흐르는 자속이 많을수록, 자속을 가로막는 결함의 면적이 클수록, 또 결함의 위치가 자성체의 표면에 가까울수록 결함 누설 자속은 많아진다. 자성체 중의 자속이 공기 중으로 새어나오는 곳에 N극이, 들어가는 곳에 S극이 형성되며, 이 자극의 강도는 결함 누설 자속이 많을수록 강해진다. 자화된 자성체의 표면에 색깔이 있는 자성체 미립자 즉 자분을 살포할 경우 자성체의 표면에 자속을 가로지르는 결함이 있으면 결함 누설 자속 내에 들어간 자분은 자화되어 자극을 가지는 작은 자석이 되며, 자분 서로가 얽혀 결함부의 자극에 응집 흡착한다. 이 결함부에 응집 흡착하여 생긴 자분의 모양을 결함 자분 모양이라 하며, 그 것의 폭은 결함의 폭에 비해 크게 확대되고 또 자성체 표면의 색과 콘트라스트가 높은 색의 자분을 사용함으로서 식별이 아주 쉬워진다. 이상과 같이 자성체인 어떤 시험체를 자화하여 자속을 흐르게 하고 자분을 탐상면에 뿌려서 결함부에 자분이 모여들어 형성된 결함 자분모양을 찾아내 그것을 평가함으로써 시험체 표층부에 존재하는 결함을 검출하는 과정을 자분탐상기를 이용하게 된다.

표면처리(그라인더)

자분용 화이트 도포

용접부 검사(MT)

강재 자분탐상기

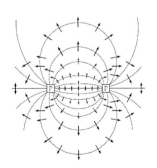
자극 간 및 자극 주변의 검출하기 쉬운 결함의 방향

자분탐상 결과 균열부 촬영

4) **방사선 투과시험(Radiographic Test, RT)** : 한 방향 측에 방사선 발생장치를 배치하여 그 반대측에 X선 필름(방사선투과촬영에 사용하는 필름의 총칭)이 장전된 카세트를 구체면에 밀착하여 촬영한다. X선은 물체를 투과하는 과정에서 지수 함수적으로 그 세기의 강함을 잃어 가므로 투과사진을 촬영할 때는 시험체의 두께에 따라 X선의 에너지의 세기 및 조사(노출)시간을 제어해야한다. 에너지는 전압(관전압)에 의해, 세기는 전류(관전류)에 의해서, 또한 노출시간은 타이머에의해 각각 제어할 수 있으며, 일반적인 휴대형의 공업용 X선 장치로는 관전류가 고정되어 있기때문에 관전압 및 타이머에 의해 촬영조건을 제어하고 있다. 일반적으로 스틸사진이 피사체의반사상을 찍는 데 반하여 투과사진은 피사체의 투영상이다. 단, X선을 광원(선원)으로 한 경우, X선은 피사체도 투과하기 때문에 그 투과사진은 반투명한 피사체에 뒤에서 빛을 비추었을 때 반투명한 스크린상에 얻어지는 투영상과 같다. 또한 태양광과 같이 평행광선이면 피사체의 실태의투영상 및 피사체 사이의 정확한 상대위치가 얻어지지만, X선을 광원으로 한 경우는 X선은 점광원으로부터 발생하는 반사광이기 때문에 얻어지는 투과사진은 기하학적으로 확대된 투영상이된다. 따라서 투과사진으로부터 얻어지는 정보는 피사체의 윤곽과 상대적인 밀도 및 피사체사이의 확대된 상대적인 위치관계이며, 피사체 표면의 정보는 얻어지지 않는다.

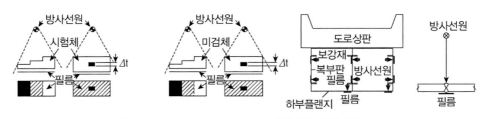

방사선 투과시험 탐상모식도 　　　　　　 방사선 투과 촬영방법

구분	VT (Visual Test)	PT (Penetration Test)	UT (Ultrasonic Test)	MT (Magnetic Test)	RT (Radiographic Test)
검사	육안검사, 표면부 결함 조사	침투탐상, 표면부 결함 조사	초음파를 이용 표면/내부 결함 조사	자분탐상, 표면부 결함 조사	방사선투과, 내부 결함 조사
장점	수시검사 가능, 경제적, 소요시간이 적음	장비가 간편, 이동성 편리, 장비가격 저렴	3차원적 검사 수행, 한쪽 접촉면을 통해 내부 검사 가능, 현장휴대검사 적합	검사속도 빠름, 검사비용 저렴, 간편 장비, 편리한 이동성, 검출 능력 높음	내부 결함 검사 가능, 현상 필름 영구 보존
단점	표면에만 제한적으로 적용	표면 결함만 적용, 검사시간 장시간 소요	검사표면 가공 필요, 검사자 경험 필요, 최소두께 필요	강자성체만 적용, 자성 제거 필요, 검사자 경험 필요	방사선으로 환경문제, 시험 장비 고가, 별도 판독자 필요
예시					

피로한계상태

도로교설계기준(한계상태설계법, 2016)에서 콘크리트교의 피로한계상태를 검증할 필요가 없는 구조물과 구조요소에 대하여 설명하시오.

풀 이

▶개요

도로교설계기준(한계상태설계법, 2016)에서 콘크리트교는 사용 수명동안 작용하는 하중에 의해 구조요소에 유발되는 응력으로 활하중에 의해 반복되는 교번응력(repetitive cyclic stress)과 상시하중에 의한 비 교번응력을 받게 된다. 따라서 교번응력을 주로 받는 부재에 대해서는 발생할 수 있는 피로 파괴를 방지해기 위해 피로한계상태를 검토해야 한다. 그러나 교번응력이 없거나 현저하지 않는 경우에는 피로를 검토하지 않아도 되며, 이러한 구조물과 구조요소에 대해 규정하고 있다.

▶피로한계상태를 검증할 필요가 없는 구조물과 구조요소

규칙적인 교번하중이 작용하는 구조요소와 부재에 대하여 피로한계상태를 검증하여야 하며 이 검증은 해당 부재를 구성하고 있는 철근에 대해서만 수행하여야 한다. 피로는 다중 거더 구조를 가지는 상부구조의 콘크리트 바닥판에서는 검증할 필요가 없다. 사용 상태에서 교량의 콘크리트 바닥판에서 측정된 응력은 피로를 유발시키는 응력 수준에 비해 아주 작은 크기이다. 조밀한 간격으로 배치된 거더에 지지되는 바닥판에 윤하중이 작용하면 대부분의 윤하중이 바닥판 내부 아치 작용으로 지지되기 때문이다. 피로를 검토하지 않아도 되는 구조물과 구조요소는 다음과 같다.

1) 풍하중에 매우 민감한 경우를 제외한 보도교
2) 최소 토피 높이가 각각 1.0m와 1.5m인 도로교와 철도교로 쓰이는 묻힌 아치 또는 라멘 구조
3) 기초
4) 상부구조에 강결되지 않은 교각과 기둥
5) 도로와 철로로 쓰이는 제방의 옹벽
6) 슬래브와 중공 교대를 제외한 상부구조에 강결되지 않은 도로교와 철도교의 교대 등은 피로를 검토할 필요가 없다.
7) 자주 작용하는 하중과 $P_{k,\infty}$ 하에서 콘크리트 연단에 압축응력만 작용하는 영역에서 커플러 또는 용접 연결이 있는 PC강선과 철근
8) 설계등급 A 또는 B에 따라 설계된 교량에서 커플러 또는 용접 연결이 없는 PC강선과 통상의 종방향 철근

가동받침 이동량　　　　　　　토목구조기술사 합격 바이블 개정판 2권 제5편 교량계획 및 설계 p.2080

도로교설계기준(한계상태설계법, 2016)에서 가동받침의 이동량 산정에 대하여 설명하시오.

풀 이

▶개요

도로교설계기준(한계상태설계법, 2016)에서 가동받침의 이동량은 <u>온도변화, 처짐, 콘크리트의 크리프 및 건조수축, 프리스트레싱</u> 등으로 발생되는 상부구조의 이동량을 고려하도록 하고 있다.

▶가동받침의 이동량 산정

$$\Delta l = \Delta l_t + \Delta l_{sh} + \Delta l_{cr} + \Delta l_r + (\Delta l_p)$$

1) 온도변화 : 연중 최고온도차와 선팽창계수에 의해 계산하며, 이동량에 가장 큰 영향을 미치는 요인으로 전체 이동량의 50% 이상이다. 교량 내 온도차는 미미하므로 무시한다.

$$\Delta l_t = \alpha \Delta Tl = \alpha (T_{\max} - T_{\min})l$$

2) 건조수축과 크리프 : RC는 건조수축만 고려하나, PSC는 건조수축과 크리프 모두 고려한다.

$$\Delta l_{sh} = -\alpha \Delta Tl \times \beta, \ \Delta T = -20\,^{\circ}C$$

$$\Delta l_{cr} = -\epsilon_c \times l \times \phi \times \beta = -\frac{P_i}{A_c E_c}\beta\phi l \ (\phi = 2.0)$$

3) 교량 처짐에 의한 단부 회전 : 보가 높거나 변형이 쉬운 교량의 단부회전에 의한 변위

$$\Delta l_r = -h\theta_e, \ \Delta v = a\theta_e \ (\theta_e : 강교(1/150), 콘크리트교(1/300))$$

여기서, h : 보의 높이의 2/3, a : 받침의 중심에서 단부까지의 수평거리

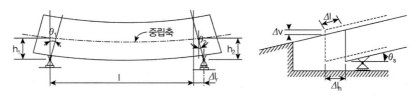

✓ 지점의 회전변위는 최대처짐에 대한 지간의 비로 표시되는 강성(l/δ)으로부터 근사적으로 구할 수 있다.

l/δ	400	500	600	700	800	900	1,000	1,500	2,000
θ_e	1/100	1/125	1/150	1/175	1/200	1/225	1/250	1/375	1/500

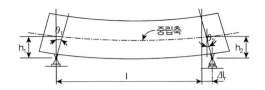

$$m \coloneqq 2y \coloneqq 2\delta, \ \frac{\alpha}{2} = \theta_e$$

$$\theta_e \times \frac{l}{2} = 2\delta \ \therefore \ \theta_e = 4 \times \frac{\delta}{l}$$

4) 여유 이동량 : 가동받침의 이동량은 계산 이동량 외에 설치 할 때의 오차와 하부구조의 예상 밖의 변위 등에 대처할 수 있도록 여유량을 고려하여야 한다. 이 여유량은 교량의 규모에 따라서 달라지므로 ±50℃의 온도변화에 상당하는 이동량으로 하고, 최대 ±50mm 이내로 하고 있다.

균열유발줄눈

철근콘크리트 벽체형 구조물 시공 시 균열유발줄눈(Control Joint)의 역할과 설치방법에 대하여 설명하시오.

풀 이

> ### 개요

균열유발줄눈(Control Joint)은 콘크리트의 균열을 콘크리트 타설 전 미리 정해진 위치에서 집중시킬 목적으로 소정의 간격으로 콘크리트 구조체에 단면 결손부를 만들고 균열을 인위적으로 발생하도록 한 것이다.

> ### 균열유발줄눈의 역할과 설치방법

1) 균열유발줄눈의 역할 : 콘크리트에서의 균열 발생을 저감하기 위한 여러 가지 조치 이후에도 발생하는 최소한의 균열은 일정한 지점으로 유도하여 보수 가능하도록 하는 것이 현실적으로 바람직하다. 이를 위해서 균열유발줄눈은 콘크리트 타설 전 미리 정해진 위치에서 균열을 유발하도록 하고 있다. 균열유발줄눈을 둘 경우에는 구조물의 기능을 해치지 않도록 그 구조 및 위치를 정해야 하며 균열유발줄눈에 발생한 균열이 내구성 등에 유해하다고 판단될 때에는 보수를 해야 한다.

2) 설치 방법 : 일반적으로 Massive한 벽모양의 구조물 등에 발생하는 온도균열을 재료 및 배합만에 의한 대책으로는 제어하기 어려운 경우가 많다. 이러한 경우 구조물의 길이 방향에 일정 간격으로 단면 감소 부분을 만들어 그 부분에 균열을 유발시켜 기타 부분에서의 균열 발생을 방지함과 동시에 균열 개소에서의 사후 조치를 쉽게 하는 방법이 있다. 예정 개소에 균열을 확실하게 유도하기 위해서는 유발줄눈의 단면 감소율을 20% 이상으로 할 필요가 있다.

국내 콘크리트표준시방서(1997)의 균열유발줄눈 설치 규정은 단면 감소율은 20~30% 이상, 간격은 부재높이의 1~2배 또는 4~5m 정도를 기준으로 하고 있다. 하지만, 필요한 간격은 구조물의 치수, 철근량, 치기온도, 치기방법 등에 의해 큰 영향을 받으므로 이들을 고려하여 정할 필요가 있다. 균열 유발 후 균열 유발부로부터의 누수, 철근의 부식 등을 방지할 경우에는 적당한 보수를 해야 한다. 이와 같은 방법을 사용할 경우 벽체형상의 구조물 등에서는 비교적 쉽게 균열 제어가 가능하지만, 구조상의 약점부가 될 수 있으므로 그의 구조 및 위치 등은 면밀한 검토를 통하여 정할 필요가 있다. 균열유발줄눈을 설치하여 효과를 얻을 수 있는 구조물로서는 벽체상 형식인 지하철에서의 개착식 터널, 옹벽 등을 들 수 있다.

강관 연결

강관 가지연결에 대하여 설명하시오.

풀 이

▶ **개요**

강관 간의 연결부는 T형 혹은 Y형 형태의 연결이 발생될 수 있으며, 주강관과 지강관이 연결되어 분기되는 연결구간을 조인트(Joint) 혹은 가지연결이라고 한다. 압축과 휨을 받는 연결된 강관구조는 조인트에 대한 강도평가가 이루어져야 하며, AISC, Eurocode에서는 주강관과 지강관의 세장비를 고려하여 조인트구간의 설계기준을 제시하고 있다.

▶ **강관 가지연결**

수직강관을 서로 연결하여 강성을 유지해주기 위해 설치하는 수평재의 연결 부분을 조인트라고 하며, 멀티기둥 구조시스템에서는 강도검토가 이루어져야 하는 구조요소이다. 조인트에서 강관기둥 부를 주강관(Chord)라고 하고 수평자는 지강관(Brace)이라고 하며, 연결 형태에 따라 T 또는 Y, K, X조인트로 분류된다. 강관 조인트의 설계기준은 기하학적 조인트 종류와 파괴형상모드, 작용하중의 조합 종류에 따라 분류하고 있다. T형 조인트의 지강관에 축방향 하중 및 모멘트 하중이 작용할 때 주강관 펀칭전단(Chord Punching Shear) 파괴모드가 발생하거나, 주강관 소성화(Chord Plastification) 파괴모드에 의해 강도가 결정되는 경우로 구분될 수 있다.

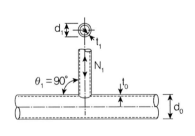

T형 원형 조인트

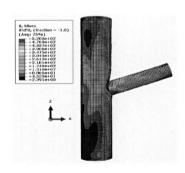

Von mises 응력과 변형형상

AISC에서는 T형 조인트에서 지강관의 축방향 공칭강도 P_n과 면내 휨모멘트 공칭강도 M_n을 다음과 같이 제시하고 있다.

$$P_n = \frac{f_{yo}t_0^2}{\sin\theta_i}(3.1 + 15.6\beta^2)\gamma^{0.2}Q_f, \quad M_n = \frac{f_{yo}t_0^2}{\sin\theta_i}(5.39\beta d_i)\gamma^{0.5}Q_f$$

여기서, f_{y0} : 주강관 항복응력, t_0 : 주강관 두께, θ_i : 두 관의 각도, $\beta = d_i/d_0$, $\gamma = d_0/2t_0$,

　　d_0 : 주강관, d_i : 지강관의 외부직경, Q_f : 주강관이 압축이면 $1 - 0.3(1 + U)$, 인장 : 1

　　이다.

자유낙하 　　　　　　　　　　　　　　토목구조기술사 합격 바이블 개정판 2권 제5편 교량계획 및 설계 p.284

고무 와셔(Rubber Washer)가 달려 있는 강봉에서 질량 4kg의 물체가 1m의 높이에서 자유낙하할 때 직경 15mm 강봉에 발생하는 최대응력을 구하시오. 단, 강봉의 탄성계수 $E=200\mathrm{GPa}$, 고무 와셔의 스프링계수 $k=4.5\mathrm{N/mm}$, 강봉 막대와 물체의 마찰효과는 무시한다.

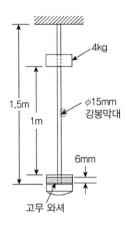

풀 이

▶ **개요**

자유낙하로 인해 높이 에너지가 내부 바와 고무에 변형에너지로 전환된다고 가정한다. 중력가속도는 $9.81\mathrm{m/s^2}$으로 가정한다.

▶ **최대응력 산정**

질량 4kg의 하중으로 가해질 때 고무 와셔의 정적 변위는 　$\delta_{st}=\dfrac{W}{k}=\dfrac{4\times9.81}{4.5}=8.72\,\mathrm{mm}$

고무 와셔의 두께 6mm 이상의 변형이 발생되므로, 고무에 축적되는 변형에너지는 6mm까지로 본다. 위치에너지＝변형에너지로부터

$$W(h+\delta_{\max}+\delta_r)=\frac{1}{2}k_b\delta_{\max}^2+\frac{1}{2}k\delta_r^2$$

$$k_b=\frac{EA}{L}=200\times10^3\times\frac{\pi\times15^2}{4}\times\frac{1}{1500}=23{,}561.9\,\mathrm{N/mm},$$

$$\delta_{st}=4\times9.81\times(1000+\delta_{\max}+6)=\frac{1}{2}\times23{,}561.9\times\delta_{\max}^2+\frac{1}{2}\times4.5\times6^2$$

$$\therefore\ \delta_{\max}=1.83\,\mathrm{mm},\qquad\sigma_{\max}=E\epsilon=244\,\mathrm{MPa}$$

신뢰성 지수 　　　　　　　토목구조기술사 합격 바이블 개정판 2권 제5편 교량계획 및 설계 p.1661

지간 10m 단순보에 고정하중으로 등분포하중($w = 1\,\text{kN/m}$)이 작용하고 활하중으로 집중하중($P = 10\text{kN}$)이 작용하고 있다. 보의 중앙부(B)에서 고정하중모멘트(D), 활하중모멘트(L)가 발생할 때 목표신뢰성지수 3.0($\beta_T = 3.0$)을 만족하는 최소 저항모멘트(R)를 구하시오. 단, 파괴모드는 보의 중앙에서 발생하는 최대모멘트가 저항모멘트를 초과하면 파괴된다고 가정한다.

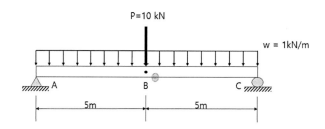

확률변수	고정하중모멘트(D)	활하중모멘트(L)	저항모멘트(R)
분포 특성	표준정규분포	표준정규분포	표준정규분포
불확실량(C.O.V)	0.1	0.25	0.15
평균 공칭비	1.0	1.0	1.0

풀 이

▶ 계수모멘트 산정

활하중에 의한 계수모멘트는 $M_L = \dfrac{PL}{4} = 25\text{kNm}$

고정하중에 의한 계수모멘트는 $M_D = \dfrac{wL^2}{8} = 12.5\text{kNm}$

불확실량(변동계수, Coefficient of Variation)는 $\text{COV} = \dfrac{\sigma_X}{\mu_X}$ 로 정의되므로,

활하중 분산 $\sigma_L = 0.25 \times 25 = 6.25\,\text{kNm}$, 고정하중 분산 $\sigma_D = 0.1 \times 12.5 = 1.25\,\text{kNm}$

▶ 저항모멘트(R)의 평균(μ_R) 산정

$$\mu_Q = \mu_L + \mu_D = 25 + 12.5 = 37.5\,\text{kNm}, \quad \sigma_Q = \sqrt{\sigma_L^2 + \sigma_D^2}$$

$$\beta = \frac{\mu_z}{\sigma_z} = \frac{\mu_R - \mu_Q}{\sqrt{\sigma_R^2 + \sigma_Q^2}} = \frac{\mu_R - 37.5}{\sqrt{(0.15\mu_R)^2 + \sqrt{1.25^2 + 6.25^2}}} = 3.0 \qquad \therefore\ \mu_R = 69.82\,\text{kNm}$$

강구조물 균열

강구조물 균열의 발생, 진전, 파괴과정에 대하여 설명하시오.

풀 이

COD(Crack Opening Displacement)측정에 의한 강재표면의 피로균열 진전속도 평가(김광진, 구조물진단학회, 2011)

> ### ➤ 개요

최근의 강구조물은 고강도 강재의 사용과 경량화에 의해 구조물에 작용하는 활하중의 부하 비중이 크고, 미적경관을 중요시하는 사회적 요구에 따라 더욱 복잡해지는 경향을 보이고 있다. 여기서 활하중의 비중 증가는 강구조 부재에 작용하는 응력범위를 증가시키고, 복잡한 구조형상은 다양한 형태의 응력집중을 유발시킴으로써 피로손상 가능성 또한 높아질 수 있다.

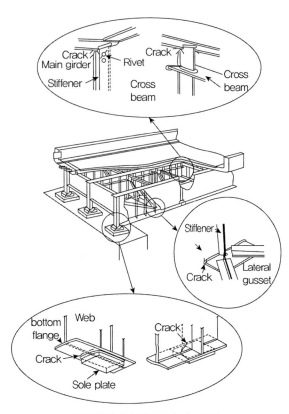

강교량에서의 전형적인 피로균열

강구조물의 피로균열과 같은 현상은 설계단계에서 고려하지 못한 2차 응력의 발생, 과적차량, 제작

오차나 용접불량 등이 주요 원인이다. 그리고 고강도 강재의 사용으로 사하중의 경감에 따른 활하중의 비중 증가는 구조를 더욱 피로에 취약하게 만들어 지속적인 열화요인이 될 것이다. 일반적인 강구조물의 피로설계 및 조사에는 반복응력을 받는 부재와 이음부의 상세범주에 따른 피로설계곡선(S-N 선도)이 널리 사용되고 있다. 그러나 S-N 선도를 이용하는 방법은 피로균열이 존재하지 않는 이음부의 피로수명을 간편하게 평가할 수 있다는 장점이 있지만, 단순 인장반복응력의 작용과 기존에 제시된 상세범주에 대해서만 한정적으로 적용할 수 있다. 근래의 강구조물의 균열에 대한 진전속도 평가의 파라미터는 $\Delta COD/\sqrt{r}$ 을 이용한 방법에 대해 연구가 활발히 진행 중에 있다.

▶ 강구조물 균열의 발생, 진전, 파괴과정

1) **강구조물의 균열** : 강구조물에서 발생하는 균열은 대부분 반복하중 등 피로에 의한 균열이 주된 원인이며, 그 외에도 고강도강인 경우 용접 시 저온균열, 지연, 응력부식에 의해 균열과 함께 파괴형상이 나타날 수 있다.

2) **균열의 진전과 파괴과정** : 균열 지점에서 반복하중에 따라 균열이 점차 진전되며 최종적으로는 파괴에 이른다. 피로균열은 절단균열(Saw Cut Crack)과는 다르게 균열이 진전한 후 균열선단 후방으로 잔류인장변형(Residual Plastic Deformation)이 형성된다. 이것 때문에 피로균열의 COD는 절단균열보다는 작게 된다. 모든 균열길이 a에서 균열선단으로부터 거리 r에 따른 ΔCOD의 크기는 $\sqrt{r}$ 에 비례한다.

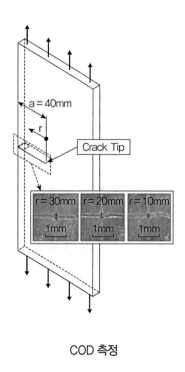

COD 측정

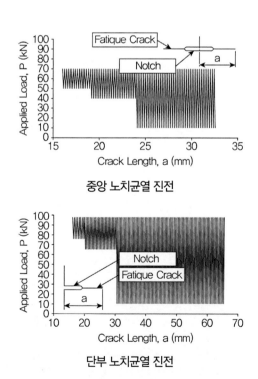

중앙 노치균열 진전

단부 노치균열 진전

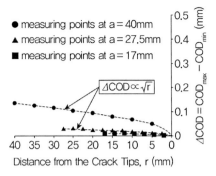

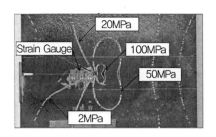

Opening Shapes of the Fatigue Crack   Stress State in the Vicinity of the Strain Gauges

$$\epsilon = \Delta L / L, \ \Delta COD = \epsilon L_g \qquad \text{여기서, } L_g \text{는 게이지 길이(mm)}$$

$$\Delta COD / \sqrt{r} = \frac{\chi + 1}{2\pi G} \Delta K \sqrt{2\pi} \qquad \text{여기서, } \chi = \frac{3 - \nu}{1 + \nu}(\text{평면응력}), \ 3 - 4\nu(\text{평면변형률})$$

균열의 진전속도 da/dN은 응력확대계수범위 ΔK가 이용된다.

$$da/dN = C(\Delta K)^m, \ da/dN = C[(\Delta K)^m - (\Delta K_{th})^m]$$

여기서, C와 m은 재료상수, ΔK_{th}는 균열진전 하한계

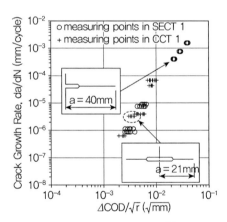

균열 진전속도와 $\Delta COD / \sqrt{r}$ 관계

PSC 전달길이와 정착길이 토목구조기술사 합격 바이블 개정판 1권 제3편 PSC p.1111

프리텐션방식(Pre-Tensioning System)의 부재에서 전달길이와 정착길이에 대하여 설명하시오.

풀 이

▶ 개요

PSC보에는 PS 강재가 콘크리트 속에서 미끄러지려는 힘이 있으며 이 힘이 강재와 콘크리트 사이에 부착응력과 전단응력을 일으킨다. 미끄러지려는 경향은 두 재료 사이의 부착력, 마찰력 및 기계적 결합력에 의해서 저항된다. 부착응력에는 휨 부착응력(Flexural Bond Stress)과 전달 부착응력(Transfer Bond Stress)의 두 종류가 있다. 휨 부착응력은 서로 이웃한 단면에서의 휨모멘트의 차로 인한 긴장재의 인장력의 변화 때문에 발생하며, 균열 발생 전에는 매우 작으나 균열 발생 후에는 매우 크다. 그러나 PSC 설계 시에는 국부적인 부착파괴가 일어나더라도 긴장재의 단부 정착이 유지되는 동안은 전반적인 파괴가 발생하지 않기 때문에 휨 부착응력을 고려할 필요는 없다.

▶ 전달길이와 정착길이

1) **전달길이**(Transfer Length, 도입길이) : 부재단으로부터 소정의 프리스트레스가 도입된 단면까지의 거리. 프리스트레스 힘을 부착에 의해 PS 강재로부터 콘크리트에 전달하는 데 필요로 하는 길이를 말한다. 전달길이는 PS 강재의 인장력의 대소, PS 강재의 지름, PS 강재의 단면형태(강선, 강연선), PS 강재의 표면상태, 콘크리트의 품질, 재킹 힘의 해제속도 등에 좌우된다.

$$l_t = 0.145\left(\frac{f_{pe}}{3}\right)d_b, \text{ (설계기준) } l_t \approx 50d_b(\text{강연선}), \ 100d_b(\text{단일강선})$$

2) **정착길이** : 유효 프리스트레스 f_{pe}는 사용하중하에서는 일정하지만 초과하중하에서는 PS 강재의 응력은 인장강도 f_{pu}에 가까운 파괴응력 f_{ps}까지 증가한다. 이와 같이 PS 강재가 그 파괴응력 f_{ps}에 도달하는 데 필요로 하는 부착 길이를 정착길이라고 한다. 부착에 의해서 정착력이 강재의 파괴 시까지 견디는 데 필요로 하는 길이를 말한다.

$$l_d = l_t + l_t{'} = 0.145\left(\frac{f_{pe}}{3}\right)d_b + 0.145(f_{ps} - f_{pe})d_b = 0.145\left(f_{ps} - \frac{2}{3}f_{pe}\right)d_b$$

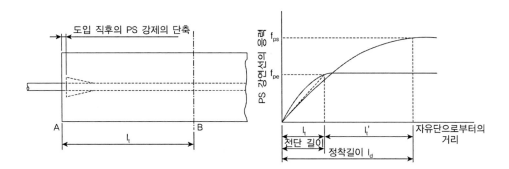

구조해석-메쉬

유한요소 해석 시 메쉬(Mesh)의 개수, 조밀도, 형상, 차수에 대하여 설명하시오.

풀 이

유한요소법의 기본 개념(Midas Korea)
설계자를 위한 해석입문 : 정확도는 메쉬로 결정된다(민승재, 한국 CAD/CAM 학회지, 2006)

▶ **개요**

연속된 무한의 구조체를 해석의 편의를 위해서 유한한 요소로 잘게 쪼개서 해석하는 방법을 유한요소해석(Finite Element Method, FEM)이라고 한다. 유한요소해석은 복잡한 구조물을 정확한 이론해로 구하기 어렵기 때문에 수치적으로 근사해법을 구하는 방법으로 유한개의 요소(Element)로 분할해서 개별의 요소의 특성을 조합해 근사적 해법을 만들어내는 방법이다. 이때 이 요소를 분할하는 것을 사각형 혹은 삼각형으로 요소망으로 분할한 것을 메쉬(Mesh)라고 한다.

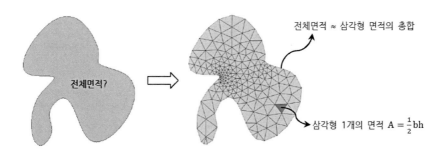

전체면적 ≈ 삼각형 면적의 총합

전체면적?

삼각형 1개의 면적 $A = \frac{1}{2}bh$

▶ **메쉬의 개수, 조밀도, 형상, 차수**

요소망, 메쉬는 정다면체, 정다각형에 가까운 형상일수록 해석결과가 정확해 지며, 조밀도가 높을수록 연속되는 구조물을 정확히 표현할 수 있기 때문에 정확도가 향상된다. 그러나 무한한 메쉬의 생성은 해석시간의 과다하게 소요되고 고사양의 연산처리가 필요하기 때문에 적정하게 선정하는 것이 중요하다.

1) 메쉬의 개수 : 연속된 구조물을 메쉬가 분할한 부분의 절점에서 계산결과를 알 수 있기 때문에 적정한 개수의 메쉬 분할은 정확한 해석결과를 산출하는 데 중요하다. 일반적으로 메쉬 수가 많을수록 정해에 수렴해 가지만, 해석시간 과다 등의 문제가 발생할 수 있다.

2) 메쉬의 조밀도 : 응력이 집중되는 구간에서는 메쉬의 조밀도를 높게 하고 매끄럽게 응력이 전달되는 과정을 묘사하기 위해서는 요소망의 크기의 변화도 매끄럽게 변화되어야 한다. 개수와 마찬가지로 조밀도가 높을수록 해석 결과가 좋기 때문에 국부적으로 응력이 집중되는 구간은 조밀도를

높게 하고 그와 연결되는 구간은 점차적으로 매끄럽게 조밀도를 낮추어 가면서 모델을 만드는 것이 좋다.

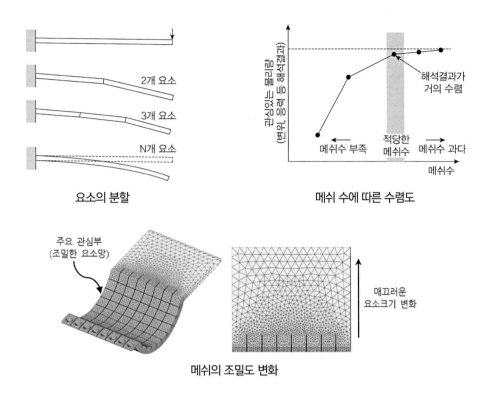

요소의 분할

메쉬 수에 따른 수렴도

메쉬의 조밀도 변화

3) 메쉬의 형상 : 메쉬의 형상은 정다면체, 정다각형에 가까운 형상일수록 그 정확도가 높다. 따라서 형상이 뒤틀어지거나 고르지 않은 메쉬의 형상으로의 분할은 해석프로그램의 오류나 오차가 발생되기 쉽다.

4) 메쉬의 차수 : 일반적으로 메쉬에는 1차 요소와 2차 요소가 있다. 1차 요소는 꼭짓점의 절점만으로 요소의 변형을 표현하는 것에 비하여 2차 요소는 꼭짓점과 꼭짓점 사이에 존재하는 절점도 이용하여 요소의 변형을 계산한다. 예를 들어 솔리드 사면체 요소의 경우 1차 요소의 절점은 4개이지만 2차 요소는 10개의 절점을 갖고 있다. 따라서 2차 요소가 변형을 보다 잘 표현하고 정확도가 높은 결과를 얻을 수 있다. 2차 요소로 단순지지 보에 작용하는 변형량을 해석하면 육면체 1차 요소의 경우 지배방정식을 이산화하지 않고 구한 해석해와 거의 동일한 값을 얻을 수 있는 반면에 사면체 1차 요소는 40% 정도 변형량이 적게 계산된다. 그러나 2차 요소가 1차 요소에 비해 절점수가 많기 때문에 요소 크기를 적게 할수록 해석모델 전체의 절점수가 급격히 증가하여 계산시간이 길어진다. 따라서 차수에 따른 요소 크기의 설정에 주의가 필요하다. 또한 중간절점에서 요소 모서리가 접히기 때문에 요소형상이 왜곡되어 메쉬품질을 악화시켜 계산이 불가능하게 되거나 2차 요소로 구성된 여러 개의 부품이 접촉된 해석이 어렵게 되는 등 문제도 발생할 수 있다.

  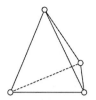 

○ 절점

(a) 뒤틀림이 적은 메쉬　(b) 뒤틀림이 큰 메쉬　　(a) 1차 요소　　(b) 2차 요소

RC 처짐

다음과 같은 가정조건에서 경간 8m의 직사각형(300mm×600mm) 단순보의 단기처짐과 재령 3개월과 재령 5년에 대한 장기처짐을 콘크리트구조기준(2012)에 따라 계산하시오.

(가정조건)
① 콘크리트 $f_{ck}=21$MPa, 철근 $f_y=300$MPa, 탄성계수 $E_s=200,000$ MPa, $E_c=24,900$ MPa
② 직사각형보에 사용된 철근의 인장철근비 $\rho=0.0072$, 압축철근비 $\rho'=0.0023$
③ 전체 단면의 단면2차모멘트 $I_g=5.4\times10^9$mm^4, 균열단면의 단면2차모멘트 $I_{cr}=1.77\times10^9$mm^4
④ 고정하중(자중포함)=6.16kN/m, 활하중=4.35kN/m(50%가 지속하중으로 작용)
⑤ 장기추가처짐계수 $\lambda_\Delta=\xi/(1+50\rho')$, 시간경과계수 ξ(3개월=1.0, 5년=2.0)

풀 이

▶ 개요

사용하중하의 최대모멘트와 균열모멘트를 비교하여 RC보의 유효단면2차 모멘트를 산정한다.

▶ 사용하중에 의한 모멘트 산정

1) 고정하중에 의한 모멘트

보의 자중 $w_D=6.16$kN/m

보의 중앙에서의 최대 모멘트는 $M_D=\dfrac{w_d l^2}{8}=\dfrac{6.16\times8^2}{8}=49.28$kNm

2) 활하중에 의한 모멘트

활하중 $w_L=4.35$kN/m

보의 중앙에서의 최대 모멘트는 $M_L=\dfrac{w_L l^2}{8}=\dfrac{4.35\times8^2}{8}=34.8$kNm

3) 모멘트 산정

$M_D=49.28$kNm, $M_{D+L}=49.28+34.8=84.08$kNm

$M_{sus}=49.28+0.5\times34.8=66.68$kNm

▶ 균열모멘트 M_{cr} 산정

$$f_r = 0.63\sqrt{f_{ck}} = 0.63 \times \sqrt{21} = 2.887\text{MPa}$$

$$I_g = \frac{bh^3}{12} = \frac{300 \times 600^3}{12} = 5.4 \times 10^9 \text{mm}^4, \ y = \frac{h}{2} = 300\text{mm}$$

$$f_r = \frac{M_{cr}}{I_g}y \text{로부터}, \quad \therefore \ M_{cr} = f_{cr}\frac{I_g}{y} = 2.887 \times \frac{5.4 \times 10^9}{300} = 51.97\text{kNm}$$

$$\therefore \ M_{D+L}, \ M_{sus} > M_{cr} \text{이므로 균열 발생}$$

▶ 유효단면 2차 모멘트 I_e 산정 및 처짐량 산정

$$E_c = 8500\sqrt[3]{(21+4)} = 24854.2\text{MPa}, \ n = E_s/E_c \fallingdotseq 8, \ I_{cr} = 1.77 \times 10^9 \text{mm}^4$$

1) 고정하중에 의한 즉시처짐(Δ_D)

$$M_{cr} < M_d \ \therefore \ I_g \text{ 사용}$$

$$\therefore \ \Delta_D = \frac{5w_D l^4}{384 E_c I_g} = \frac{5 \times 6.16 \times 8000^4}{384 \times 24854.2 \times 5.4 \times 10^9} = 2.45\text{mm}$$

2) 전체하중 재하 시

$$M_{D+L} > M_{cr} \qquad \therefore \ I_e \text{ 사용}$$

$$\frac{M_{cr}}{M_{D+L}} = 0.618$$

$$I_e = \left(\frac{M_{cr}}{M_{D+L}}\right)^3 I_g + \left[1 - \left(\frac{M_{cr}}{M_{D+L}}\right)^3\right] I_{cr} = 2.63 \times 10^9 \text{mm}^4$$

$$\therefore \ \Delta_{D+L} = \frac{5w_{D+L} l^4}{384 E_c I_e} = \frac{5 \times 10.51 \times 8000^4}{384 \times 24854.2 \times 2.63 \times 10^9} = 8.58\text{mm}$$

3) 지속하중 재하 시

$$M_{sus} > M_{cr} \quad \therefore \ I_e \text{ 사용}$$

$$\frac{M_{cr}}{M_{D+L}} = 0.78$$

$$I_e = \left(\frac{M_{cr}}{M_{sus}}\right)^3 I_g + \left[1 - \left(\frac{M_{cr}}{M_{sus}}\right)^3\right] I_{cr} = 3.49 \times 10^9 \text{mm}^4$$

$$\therefore \ \Delta_{sus} = \frac{5w_{sus} l^4}{384 E_c I_e} = \frac{5 \times 8.335 \times 8000^4}{384 \times 24854.2 \times 3.49 \times 10^9} = 5.13\text{mm}$$

4) 활하중에 의한 즉시 처짐 확인

$$\Delta_l = \Delta_{(d+l)} - \Delta_d = 8.58 - 2.45 = 6.13\text{mm} < \Delta_{allow} = \frac{l}{180} = 44.44\text{mm} \quad \text{O.K}$$

➤ 장기처짐 산정

장기추가처짐계수 $\lambda_\Delta = \xi / (1 + 50\rho')$, 시간경과계수 ξ(3개월= 1.0, 5년= 2.0)

직사각형보에 사용된 철근의 인장철근비 $\rho = 0.0072$, 압축철근비 $\rho' = 0.0023$

1) 3개월 후

$$\lambda_\Delta = \xi / (1 + 50\rho') = 0.897$$

$$\Delta_{sus} \times \lambda_{3m} = 5.13 \times 0.897 = 4.6\text{mm}$$

$$\therefore \Delta$$

2) 5년 후

$$\lambda_\Delta = \xi / (1 + 50\rho') = 1.794$$

$$\Delta_{sus} \times \lambda_{5y} = 5.13 \times 1.794 = 9.20\text{mm}$$

$$\therefore \Delta$$

➤ 총 처짐량 검토

$$\Delta_t = \Delta_{long} + \Delta_l = 15.33\text{mm} > \Delta_{allow} = \frac{l}{240} = 33.33\text{mm} \quad \text{O.K}$$

온도하중　　　　　　　　　　　　　토목구조기술사 합격 바이블 개정판 1권 제1편 재료 및 구조역학 p.165

온도 20℃에서 두 봉의 끝 간격이 0.4mm이다. 온도가 150℃에 도달했을 때, (1) 알루미늄 봉의 수직응력, (2) 알루미늄 봉의 길이 변화를 구하시오.

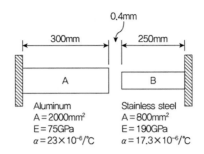

풀 이

▶ 개요

온도로 인한 응력은 변위가 구속될 때 발생하므로, 일정 온도까지는 변위가 자유롭게 발생하다가 그 이상의 온도에서 응력이 발생한다. 따라서 변위 구속에 따라 온도구간을 구분하여 산정한다.

▶ 변위가 구속될 때의 온도 산정

두 봉이 만날 때의 온도를 ΔT라고 하면,

$$\sum \alpha \Delta TL = 0.4mm$$

$$23 \times 10^{-6} \times \Delta T \times 300 + 17.3 \times 10-6 \times \Delta T \times 250 = 0.4 \qquad \therefore \Delta T = 35.63°$$

▶ 변위 구속 이후의 응력과 길이 변화

두 봉이 35.63° 이후부터 150° 까지 만나서 변위가 구속되며, 알루미늄의 α값이 더 크므로 스테인리스 스틸방향으로 길이가 변화된다. 스테인리스 스틸에 의한 구속력을 X라고 가정하면, 온도변화로 인한 신장과 함께 구속력 X로 인한 신축이 동시에 발생하고, 그 변화한 양은 동일하므로

$$23 \times 10^{-6} \times (150 - \Delta T) \times 300 - \frac{XL_A}{E_A A_A} = \frac{XL_S}{E_S A_S} - 17.3 \times 10^{-6} \times (150 - \Delta T) \times 250$$

$$\therefore X = 352.22kN$$

1) 알루미늄 봉의 축 응력

$$\therefore \ \sigma_A = \frac{X}{A_A} = 176.11 \text{MPa(C)}$$

2) 알루미늄 봉의 길이 변화

① 구속이 없을 때까지의 변화

$$\delta_1 = 23 \times 10^{-6} \times \Delta T \times 300 = 0.246 \text{mm}$$

② 구속된 이후 변화

$$\delta_2 = 23 \times 10^{-6} \times (150 - \Delta T) \times 300 - \frac{X L_A}{E_A A_A} = 0.085 \text{mm}$$

$$\therefore \ \delta = \delta_1 + \delta_2 = 0.331 \text{mm} (\rightarrow)$$

구조물 해석　　　　　　　　　토목구조기술사 합격 바이블 개정판 1권 제1편 재료 및 구조역학 p.165

내부 힌지(D점)를 갖는 연속보의 A, B점의 휨모멘트와 D점의 처짐을 구하시오.

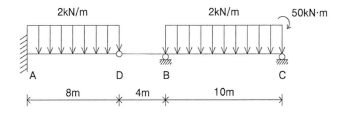

풀 이

▶ 개요

1차 부정정 구조물이므로 A점의 모멘트를 부정정력으로 놓고 풀이한다.

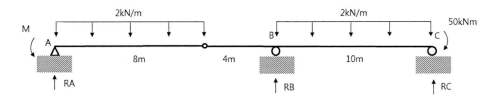

▶ 구조물의 해석

$$\sum F_y = 0 \; ; \; R_A + R_B + R_C = 16 + 20 = 36 \text{kN}$$

$$\sum M_D = 0 (좌측) \; ; \; R_B \times 4 - 2 \times 10 \times (5+4) + R_C \times 14 + 50 = 0, \; \therefore 4R_B + 14R_C = 130$$

$$(우측) \; ; \; M - R_A \times 8 + 2 \times \frac{8^2}{2} = 0, \; \therefore R_A = 8 - \frac{M}{8}$$

$$\therefore R_A = 8 - \frac{M}{8}, \; R_B = \frac{13(M+144)}{72}, \; R_C = \frac{-M+36}{18}$$

구간	길이(m)	V_x	M_x	$\dfrac{\partial M_x}{\partial M}$
AD	8	$-\left(8 - \dfrac{M}{8}\right) + 2x$	$-M + \left(8 - \dfrac{M}{8}\right)x - x^2$	$-1 - \dfrac{x}{8}$
DB	4	$-\dfrac{M}{8} + 8$	$\left(\dfrac{M}{8} - 8\right)x$	$\dfrac{x}{8}$
BC	10	$2x - \dfrac{11M}{36} - 18$	$\left(\dfrac{M}{8} - 8\right)x + \dfrac{13(M+144)}{72}(x-4) - (x-4)^2$	$\dfrac{11x}{36} - \dfrac{13}{18}$

$$\sum \frac{1}{EI} \int M_x \left(\frac{\partial M_x}{\partial M} \right) dx = 0 \; ; \; \frac{16169M}{486} + \frac{631}{9} = 0 \quad \therefore M = -2.1074 \mathrm{kNm}$$

$$\therefore R_A = 8.263 \mathrm{kN}, \; R_B = 25.620 \mathrm{kN}, \; R_C = 2.117 \mathrm{kN},$$

$$M_A = -2.1074 \mathrm{kNm}, \; M_B = -33.0537 \mathrm{kNm}$$

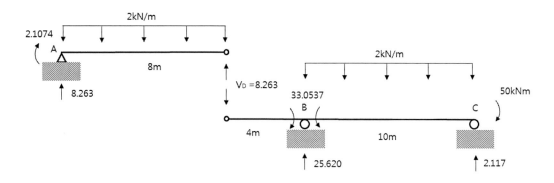

▶ **D점의 처짐**

$$\therefore \delta_D = -\frac{wL^4}{8EI} + \frac{V_D L^3}{3EI} + \frac{M_A L^2}{2EI} = \frac{453.655}{EI} (\uparrow)$$

철근 피복   토목구조기술사 합격 바이블 개정판 1권 제2편 RC p.942

도로교설계기준(한계상태설계법, 2016)에서 철근콘크리트 구조의 철근 피복두께 규정에 대하여 설명하시오.

> **풀 이**

> **개요**

도로교설계기준(한계상태설계법, 2016)에서 철근콘크리트 구조의 철근 피복두께는 내구성을 고려하여 부착, 내구성을 고려하여 철근의 부식 방지, 내화성 등을 고려하도록 하고 있다.

> **최소 철근피복두께 규정**

1) 콘크리트 피복두께는 철근의 표면과 그와 가장 가까운 콘크리트 표면 사이의 거리로 공칭피복두께($t_{c,nom}$)는 최소피복두께($t_{c,min}$)와 설계편차 허용량($\Delta t_{c,dev}$)의 합으로 나타낸다. 부착과 환경조건에 대한 요구사항을 만족하는 $t_{c,min}$ 중 큰 값을 설계에 사용하여야 한다.

$$t_{c,min} = \max[t_{c,min,b},\ t_{c,min,dur} + \Delta t_{c,dur,\gamma} - \Delta t_{c,dur,st} - \Delta t_{c,dur,add},\ 10mm]$$

여기서, $t_{c,min,b}$: 부착에 대한 요구사항을 만족하는 최소피복두께(mm)

강재 종류	$t_{c,min,b}$(공칭 최대골재치수가 32mm보다 크면 5mm 증가)
일반	철근지름
다발	등가지름
포스트텐션부재	• 원형덕트 : 덕트의 지름 • 직사각형 덕트 : 작은 치수 혹은 큰 치수의 1/2배 중 큰 값으로서 50mm 이상. 단, 두 종류의 덕트에 대해 피복두께가 80mm 이하
프리텐션부재	• 강연선 및 원형 강선 : 지름의 2배 • 이형 강선 : 지름의 3배

※ $t_{c,min,dur}$: 환경조건에 대한 요구사항을 만족하는 최소피복두께(mm)

강재 종류	노출등급에 따른 $t_{c,min,dur}$						
	E0	EC1	EC2/EC3	EC4	ED1/ES1	ED2/ES2	ED3/ES3
철근	20	25	35	40	45	50	55
프리스트레싱 강재	20	35	45	50	55	60	65

2) $\Delta t_{c,dur,\gamma}$은 고부식성 노출환경에서 다음 규정에 의한 피복두께 증가값(mm)으로 염화물 또는 해수에 노출되는 고부식성 환경에 대한 추가적인 안전을 확보하기 위하여 최소피복두께를 다음

의 $\Delta t_{c,dur,\gamma}$ 만큼 증가시켜야 한다.

$$\Delta t_{c,dur,\gamma} = 5mm(ED1/ES1),\ 10mm(ED2/ES2),\ 15mm(ED3/ES3)$$

3) 노출등급에 따른 최소 콘크리트 압축강도보다 다음의 값 이상 큰 강도를 사용하는 경우 시공과정에서 철근 위치의 변동이 없는 슬래브 형상의 부재인 경우 콘크리트를 제조할 때 특별한 품질관리방안이 확보되었다고 승인받은 경우에는 최소피복두께를 각각 5mm 감소시킬 수 있다.

① E0 등급이나 탄산화에 노출된 경우(EC 등급) : 5MPa
② 염화물이나 해수에 노출된 경우(ED, ES 등급) : 10MPa

4) 스테인리스 철근을 사용하거나 다른 특별한 조치를 취한 경우에는 $\Delta t_{c,dur,st}$ 만큼 최소피복두께를 감소시킬 수 있다. 다만 이러한 경우 부착강도를 비롯한 모든 관련된 재료적 특성에 의한 영향을 고려해야 한다. $\Delta t_{c,dur,st}$ 는 일반적으로 0mm를 적용하되, 실험 데이터와 신뢰할 수 있는 내구성 예측 기법에 따른 타당한 근거를 제시한 경우에는 0mm보다 큰 값을 적용할 수 있다.

5) 코팅과 같은 추가 표면처리를 한 콘크리트의 경우 $\Delta t_{c,dur,add}$ 만큼 최소피복두께를 감소시킬 수 있다. $\Delta t_{c,dur,add}$ 는 일반적으로 0mm를 적용하되, 실험 데이터와 신뢰할 수 있는 내구성 예측 기법에 따른 타당한 근거를 제시한 경우에는 0mm보다 큰 값을 적용할 수 있다.

6) 프리캐스트나 현장 타설 콘크리트와 같은 다른 콘크리트 부재에 접하여 콘크리트를 타설할 경우 철근에서 표면까지의 최소피복두께는 다음 요구조건을 만족하면 다음 표의 부착에 대한 최소피복두께 값으로 감소시킬 수 있다.

① 콘크리트 강도가 25MPa 이상이다.
② 콘크리트 표면이 외기에 노출된 시간이 짧다(28일 미만).
③ 접촉면이 거칠게 처리되어 있다.

강재 종류	최소피복두께($t_{c,min,b}$)
일반	철근지름
다발	등가지름
포스트텐션부재	• 원형 덕트 : 덕트의 지름 • 직사각형 덕트 : 작은 치수 혹은 큰 치수의 1/2배 중 큰 값으로 50mm 이상인 값, 단 두 종류의 덕트에 대하여 피복두께가 80mm보다 큰 경우는 없음
프리텐션부재	• 강연선 및 원형 강선 : 지름의 2배 • 이형 강선 : 지름의 3배

7) 노출 골재 등과 같은 요철 표면의 경우 최소피복두께는 적어도 5mm를 증가시켜야 한다.

8) 방수처리나 표면처리를 하지 않은 노출 콘크리트 바닥판의 피복두께는 마모에 대비하여 최소 10mm만큼 증가시켜야 한다.

▶ 환경조건 규정

노출등급	환경조건	해당노출 등급이 발생할 수 있는 사례
1. 부식이나 침투위험 없음		
E0	• 철근이나 매입금속이 없는 콘크리트 : 동결융해, 마모나 화학적 침투가 있는 곳을 제외한 모든 노출 • 철근이나 매입금속이 있는 콘크리트 : 매우 건조	공기 중 습도가 매우 낮은 건물 내부의 콘크리트
2. 탄산화에 의한 부식		
EC1	건조 또는 영구적으로 습윤한 상태	• 공기 중 습도가 낮은 건물의 내부 콘크리트 • 영구적 수중 콘크리트
EC2	습윤, 드물게 건조한 상태	• 장기간 물과 접촉한 콘크리트 표면 • 대다수의 기초
EC3	보통의 습도인 상태	• 공기 중 습도가 보통이거나 높은 건물의 내부콘크리트 • 비를 맞지 않은 외부 콘크리트
EC4	주기적인 습윤과 건조상태	EC2 노출등급에 포함되지 않는 물과 접촉한 콘크리트 표면
3. 염화물에 의한 부식		
ED1	보통의 습도	공기 중의 염화물에 노출된 콘크리트 표면
ED2	습윤, 드물게 건조한 상태	염화물을 함유한 물에 노출된 콘크리트 부재
ED3	주기적인 습윤과 건조상태	• 염화물을 함유한 물보라에 노출된 교량부위 • 포장
4. 해수의 염화물에 의한 부식		
ES1	해수의 직접적인 접촉 없이 공기 중의 염분에 노출된 해상 대기 중	해안 근처에 있거나 해안가에 있는 구조물
ES2	영구적으로 침수된 해중	해양 구조물의 부위
ES3	간만대 혹은 물보라 지역	해양 구조물의 부위
5. 동결융해작용		
EF1	제빙화학제가 없는 부분포화상태	비와 동결에 노출된 수직 콘크리트 표면
EF2	제빙화학제가 있는 부분포화상태	동결과 공기 중 제빙화학제에 노출된 도로 구조물의 수직 콘크리트 표면
EF3	제빙화학제가 없는 완전포화상태	비와 동결에 노출된 수평 콘크리트 표면
EF4	제빙화학제나 해수에 접한 완전포화상태	• 제빙화학제에 노출된 도로와 교량 바닥판 • 제빙화학제를 함유한 비말대와 동결에 직접 노출된 콘크리트 표면 • 동결에 노출된 해양 구조물의 물보라 지역
6. 화학적 침식		
EA1	조금 유해한 화학환경	천연 토양과 지하수
EA2	보통의 유해한 화학환경	천연 토양과 지하수
EA3	매우 유해한 화학환경	천연 토양과 지하수

무조인트 시스템   토목구조기술사 합격 바이블 개정판 2권 제5편 교량계획 및 설계 p.1760

장대교량의 신축이음 최소화를 위한 무조인트 시스템에 대하여 설명하시오.

풀 이

고속도로 무조인트 교량의 현재와 미래(최광수, 한국토목학회지, 2018)

▶ 개요

일체식 교대, 반일체식 교대 Slab Extension은 무조인트 교량의 종류로 상부구조의 계절적 온도변화에 의한 신축을 일반 조인트 교량의 신축이음장치가 아닌 접속슬래브와 본선 포장부 사이에 줄눈형식으로 설치되는 신축조절장치(CCJ, Cycle Control Joint)와 뒤채움 및 말뚝재료의 강성 등으로 조절하는 교량을 말한다.

▶ 무조인트 교량의 특징

무조인트 교량을 '장기적인 외부환경 변화에 대응한 유지관리 비용을 최소화하기 위한 목적으로 교량 상부구조, 즉 슬래브 또는 바닥판(deck)에서 단순히 신축이음을 설치하지 않은 교량을 총칭'하는 것으로 정의하고 있다. 교량 전체 연장에 걸쳐 바닥판이 연속화되므로 온도, 건조수축 및 크리프 변형에 의한 상부구조의 신축량을 교량 구조체에서 직접 수용하거나 본선 포장체와 접속하는 접속슬래브의 끝단에 별도의 신축조절장치를 설치함으로써 수용하게 된다. 교량 받침 및 신축이음 장치가 모두 없는 '일체식 교대', 신축이음장치만 없는 '반일체식 교량', 고정단 신축이음장치만 없는 'Slab Extension'으로 크게 구분된다. 무조인트 교량의 장점은 다음과 같다.

① 낮은 초기 투자비용 및 유지관리 비용
② 신축이음부 누수에 의한 바닥판 하부 열화 방지로 내구수명 증대
③ 차량 주행성 향상
④ 쉽고 빠른 교량 건설
⑤ 교량 점검의 용이성
⑥ 단순한 교량 상세
⑦ 교좌장치 제거(반일체식 및 슬래브 익스텐션 예외)
⑧ 사각, 곡률 및 지진 등에 보다 안정적인 구조
⑨ 부력 저항성 증대

▶ 무조인트 교량별 특징

구분	완전 일체식 교대 교량	반일체식 교대 교량	Slab Extension
개요	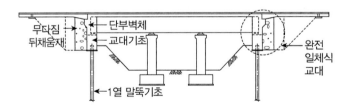		
일체 여부	교량받침, 신축이음장치 없음	신축이음장치 없음	신축이음장치 없음
평면선형	직선거더 및 평행 배치	직선거더 및 평행 배치	제약 없음
종단 / 사각	5% 이내 / 30°	제약 없음 / 30°	제약 없음
지반조건	앞성토 필요 말뚝길이 6.0m 이상 연약지반 적용 곤란	제약 없음 (교량받침＋독립형 교대)	제약 없음 (교량받침＋독립형 교대)
적용연장	콘크리트교 120m 강교 90m	콘크리트교 225m 강교 135m	고정단 교대에만 적용

1) 완전 일체식 교대 교량(Full Integral Abutment Bridge)

일체식 교대 교량은 완전일체식과 반일체식 교대 교량으로 구분하는데, 그 차이는 온도 및 하중에 의한 변위 수용과 하중을 하부구조로 전달하는 방식에 있다. 완전 일체식 교대 교량은 교대와 상부구조가 강결 또는 힌지 연결된 구조로 온도에 의한 신축변위 및 토압에 의한 회전변위를 낮은 교대부 벽체와 H형강 말뚝을 약축 방향으로 배치하여 거동을 유연(Flexible)하게 함으로써 수용한다. 교량받침이 불필요하므로 유지관리가 가장 좋은 형식이나, 온도변위나 사각 또는 곡선반경 등에 의한 회전변위를 적절하게 수용할 수 있도록 하부벽체와 말뚝의 설계 및 시공에 보다 많은 노력을 요하며, 그 구조적 특성으로 인해 반일체식 교대 교량에 비해 상대적으로 짧은(연장 150m 내외)의 교량에 적용한다.

2) 반일체식 교대 교량(Semi Integral Abutment Bridge)

반일체식 교대 교량은 상부와 하부구조가 분리된 특성을 갖는다. 상부구조의 단부는 격벽으로 계획되어 온도 신축에 의한 배면 수동토압에 저항하도록 한다. 전통적인 교대형식에 비해 낮은 교대를 갖게 되므로 교량기초부에 전달되는 토압이 현저하게 감소하고 경제성이 향상된다. 완전 일체식 교대 교량은 말뚝에서 변위를 수용하여야 하므로 절토부에는 적용이 어렵지만 반일체식 교대 교량은 하부지반조건의 영향을 받지 않는다. 사각, 곡률반경 등의 영향도 크게 받지 않으므로 한국도로공사에서는 최근 반일체식 교대 교량을 500m까지 적용이 가능하도록 하였다.

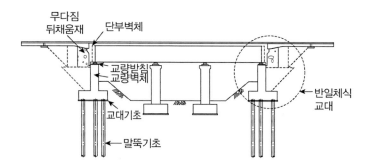

3) Slab Extension

슬래브 익스텐션 교량은 반일체식교대 교량과 유사한 형식이다. 반일체식교대 교량은 기존 교대 형식에서 흉벽을 거더 단부 격벽으로 대체하였으나 슬래브 익스텐션 교량은 흉벽까지 기존 교대 방식과 동일하게 설치하며 기계식 신축이음장치를 제거하기 위해 바닥판을 흉벽 상단까지 연장하여 설치한다. 따라서 온도에 의한 신축거동 시 반일체식교대 교량에 비해 수동토압을 받는 면적이 줄어들게 되므로 회전변위가 축소되어 큰 사각을 갖는 교량에도 적용이 가능하다. 일반적으로 사각이 30°를 초과하는 경우에 적용한다.

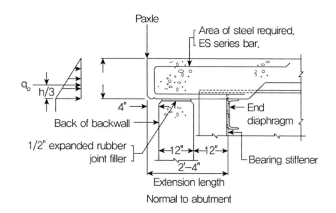

4) 심리스교량

심리스교량 시스템은 다른 무조인트형식에 비해 비교적 최근에 소개된 개념이다. 교량을 무조인트화하기 위해서는 온도에 의한 신축거동을 흡수할 수 있는 장치를 접속슬래브 끝단에 설치하며 신축량에 따라 신축조절장치의 형식을 결정한다. 그러나 심리스교량은 그 명칭에서 알 수 있듯이 신축조절장치를 설치하지 않는 완전한 무조인트 시스템이다. 심리스교량은 구조적인 형식 측면에서는 완전일체식교대 교량과 유사하다. 그러나 기존 무조인트 형식에서 적용하는 접속슬래브와 일체화된 전이구간(Transition Zone)의 개념을 도입함으로써 거더의 신축거동을 수용하게 되며 본선포장과 접합되는 전이영역의 끝단에서는 약 10mm 이하의 줄눈 설치로 마감하게 된다. 온도하강에 의한 수축 시 전이영역에서 균열을 일정패턴으로 유도함으로써 수축변위를 흡수한다. 호주 시드니의 The Westlink M7(WM7)에 총연장 120m의 2경간 연속교에 적용되었다.

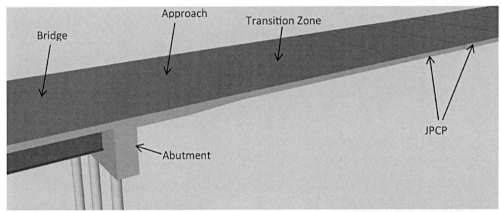

심리스교량 시스템과 전이영역

PSC 균열   토목구조기술사 합격 바이블 개정판 1권 제3편 PSC p.1112

그림은 PSC보의 단부를 나타낸 것이다. PS 강연선에 의해 포스트텐션 도입 시 균열이 발생하였다. A~E 까지의 균열을 발생 원인별로 분류하고 대책을 설명하시오.

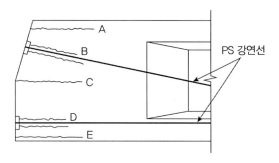

풀 이

▶ 개요

구조물의 일부 구간에 하중의 집중이나 단면형상이 변화가 있을 경우 그 근처에서 응력상태의 교란 이 발생하여 응력피크(Stress Peak)를 일으킨다. 포스트텐션 보에서 정착구역(Anchorage Zone) 에서도 이로 인하여 균열, 박리, 국부적 파괴를 야기할 수 있다. 특히 프리스트레스 힘의 작용방향 으로 매우 큰 파열응력(Bursting Stress)이 단부 안쪽 짧은 거리에 작용하고 하중면 가까이에는 매 우 큰 할렬응력(Spalling Stress)이 작용한다.

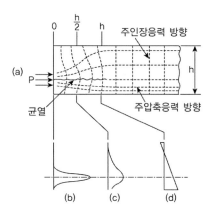

포스트텐션 보 단부응력

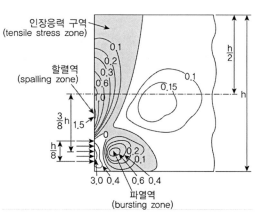

포스트텐션 정착구역의 응력

▶ 균열별 원인

1) A, E균열 : 프리스트레스 힘의 작용이 콘크리트에 전달이 지연되면서 발생하는 할렬균열이다. 응력의 집중은 St. Vernant의 원리에 따라 부재 단부로부터 안쪽으로 보의 높이 h만큼 들어간 구역에서부터 응력분포가 선형적으로 분포하기 때문에 응력 전달이 지연됨에 따라 발생된다.

2) B, D균열 : 프리스트레스 힘의 작용이 직접 전달되는 면을 따라 발생한 파열균열이다. 강선의 방향을 따라 집중된 응력을 콘크리트의 인장력이 받아주지 못하면서 발생한다.

3) C균열 : 위아래 텐던의 프리스트레스 힘의 차이로 발생하는 분할균열이다. 프리스트레스력의 차이가 크거나 시공단계에서 순차적으로 프리스트레스력을 가하지 않아서 발생한다.

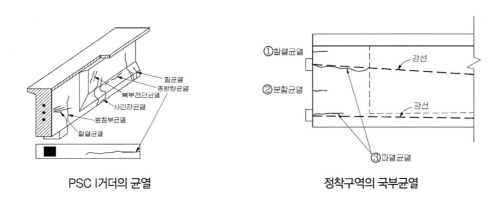

PSC I거더의 균열   정착구역의 국부균열

▶ 균열별 대책

정착구역에서는 프리스트레스 힘으로 인한 높은 응력집중 때문에 비교적 낮은 하중상태에서도 콘크리트는 비탄성 거동을 나타내어 단부의 보강철근이 유효하게 작용하기 전에 콘크리트는 균열을 일으킨다. 따라서 할렬균열(A, E)과 파열균열(B, D)에 저항하기 위해 정착구역에 폐쇄스터럽 철근을 배근하고 폐쇄스터럽 철근 정착을 위해 모서리에 종방향 철근을 배근하여 구속시킨다. 이와 함께 분할균열(C)에 대한 대처와 보강철근이 유효하게 작용하게 하기 위해서 긴장 시 단계적으로 순차 긴장을 실시한다.

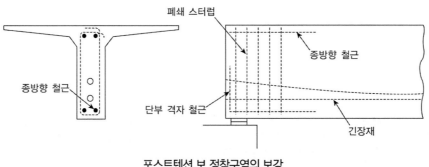

포스트텐션 보 정착구역의 보강

구조물 해석 토목구조기술사 합격 바이블 개정판 1권 제1편 재료 및 구조역학 p.396, p.1929

총 무게가 2kN인 케이블 AC에 무게가 수평방향으로 일정하게 분포된다고 할 때, 케이블의 Sag h와 A점 및 C점의 처짐각을 구하시오. 단, BC 부재는 강체 거동을 하는 것으로 가정한다.

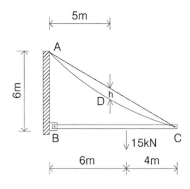

풀 이

▶ 반력 및 Sag 산정

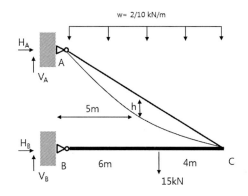

$\sum M_B = 0$;

$H_A \times 6 + 0.2 \times 10 \times 5 + 15 \times 6 = 0$

$\therefore H_A = -16.67 \text{kN} (\leftarrow)$

케이블 일반정리 $Hy_m = M_m$ 으로부터,

$$16.67h = \frac{0.2 \times 10^2}{8} \quad \therefore \ h = 0.15\text{m}$$

▶ 처짐각 산정

처짐각 산정을 위해 케이블 곡선을 케이블의 현수방정식(Catenary Equation)으로부터 유도된 포물선 케이블 방정식을 이용한다.

Catenary Equation : $y = \dfrac{T_0}{w}\cosh\left(\dfrac{w}{T_0}x + C_1\right) + C_2$

포물선 케이블 방정식 $y = -\dfrac{w}{2T_0}x(L-x) + \dfrac{y_1 - y_2}{L}x + y_0 = -\dfrac{w}{2H}x^2 + C_1 x + C_2$

$\quad T_0 = H = 16.67\text{kN},\ w = 0.2$

$\quad$ B.C $x = 0,\ y = 0 \quad \therefore\ C_2 = 0$

$\qquad x = -10,\ y = 6 \quad \therefore\ C_1 = -0.51$

$\quad \therefore\ y = -0.006x^2 - 0.51x,\quad y' = -0.012x - 0.51$

$\quad y'_{x=-10} = -0.63\text{rad} \quad \therefore\ \theta_A = \dfrac{180}{\pi} \times 0.63 = 36.1°$

$\quad y'_{x=0} = -0.51\text{rad} \quad \therefore\ \theta_B = \dfrac{180}{\pi} \times 0.51 = 29.2°$

TIP | 케이블 현수방정식(Catenary Equation) |

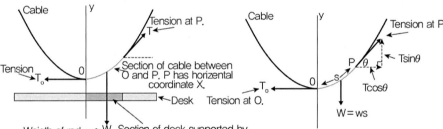

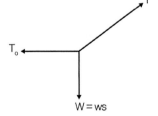

① $\dfrac{ds}{d\theta} = \dfrac{T_0}{w}\sec^2\theta$

$\quad \dfrac{dx}{d\theta} = \dfrac{ds}{d\theta} \times \dfrac{dx}{ds} = \dfrac{T_0}{w}\sec^2\theta \times \cos\theta = \dfrac{T_0}{w}\sec\theta$,

$\quad \dfrac{dy}{d\theta} = \dfrac{ds}{d\theta} \times \dfrac{dy}{ds} = \dfrac{T_0}{w}\sec^2\theta \times \sin\theta = \dfrac{T_0}{w}\sec\theta\tan\theta$

② $s = \dfrac{T_0}{w}\tan\theta = \dfrac{T_0}{w}\dfrac{dy}{dx}$ $\therefore \dfrac{ds}{dx} = \dfrac{T_0}{w}\dfrac{d^2y}{dx^2}$ (1)

$ds^2 = dx^2 + dy^2$ $\therefore \dfrac{ds}{dx} = \sqrt{1+\left(\dfrac{dy}{dx}\right)^2}$ (2)

(1)과 (2)에서 $\dfrac{T_0}{w}\dfrac{d^2y}{dx^2} = \sqrt{1+\left(\dfrac{dy}{dx}\right)^2}$ Let $y' = \dfrac{dy}{dx}$

$\dfrac{T_0}{w}\dfrac{dy'}{dx} = \sqrt{1+(y')^2}$ $dy' = \dfrac{w}{T_0}\sqrt{1+(y')^2}\,dx$ $\displaystyle\int \dfrac{w}{T_0}dx = \int \dfrac{dy'}{\sqrt{1+(y')^2}}$

여기서, $\displaystyle\int \dfrac{du}{\sqrt{1+u^2}} = \sinh^{-1}u$ 이므로 $\dfrac{w}{T_0}x = \sinh^{-1}(y') + C$

$\therefore \; y' = \sinh\left(\dfrac{w}{T_0}x + C\right)$

$\therefore$ Catenary Equation : $y = \dfrac{T_0}{w}\cosh\left(\dfrac{w}{T_0}x + C_1\right) + C_2$

③ 현수선 케이블(Catenary Curve)의 평형 : 케이블만이 늘어진 형상에서 보강형을 가설한 때에 설계 시의 계획한 형상이 얻어지도록 하여야 한다. 이때 케이블의 자중은 케이블 길이 방향으로 일정하다고 가정할 수 있고 미소구간에 대한 연직방향의 평형은 케이블의 위치로부터 다음과 같은 현수곡선으로 표현된다.

$y = \dfrac{T_0}{w}\cosh\left(\dfrac{w}{T_0}x + C_1\right) + C_2$ B.C $x = 0,\; y' = 0 \rightarrow C_1 = 0$

④ 포물선 케이블의 평형 : 보강형의 가설이 완료되어 보강형이 강성을 갖는 시점에서 케이블에 적용하는 고정하중은 케이블 자중이외에 케이블 밴드, 행어, 보강형, 포장 등이며 이 고정하중은 케이블 자중에 비하여 매우 크다. 또한 현수교 고정하중은 한 경간 내에서 등분포한다고 가정할 수 있다. 이 경우 완성 시에 케이블에 재하되는 고정하중 w는 각 경간 내에서는 수평하중으로 일정하다. 이는 보강형의 길이방향으로 일정하며 케이블의 미소요소의 평형은 완성 시 케이블 장력의 수평성분을 T_o라고 하면

$T_0\left(\dfrac{dy}{dx} + \dfrac{d^2y}{dx^2}dx\right) - wd - T_0\dfrac{dy}{dx} = 0$ $y = -\dfrac{w}{2T_0}x(L-x) + \dfrac{y_1-y_2}{L}x + y_0$

$\dfrac{T_0}{w}\dfrac{dy'}{dx} = \sqrt{1+(y')^2}$ $dy' = \dfrac{w}{T_0}\sqrt{1+(y')^2}\,dx$ $\displaystyle\int \dfrac{w}{T_0}dx = \int \dfrac{dy'}{\sqrt{1+(y')^2}}$

여기서, $\displaystyle\int \dfrac{du}{\sqrt{1+u^2}} = \sinh^{-1}u$ 이므로 $\dfrac{w}{T_0}x = \sinh^{-1}(y') + C$

$\therefore \; y' = \sinh\left(\dfrac{w}{T_0}x + C\right)$

$\therefore$ Catenary Equation : $y = \dfrac{T_0}{w}\cosh\left(\dfrac{w}{T_0}x + C_1\right) + C_2$

⑤ 현수선 케이블(Catenary Curve)의 평형 : 케이블만이 늘어진 형상에서 보강형을 가설한 때에 설계 시의 계획한 형상이 얻어지도록 하여야 한다. 이때 케이블의 자중은 케이블 길이 방향으로 일정하다고 가정할 수 있고 미소구간에 대한 연직방향의 평형은 케이블의 위치로부터 다음과 같은 현수곡선으로 표현된다.

$$y = \frac{T_0}{w}\cosh\left(\frac{w}{T_0}x + C_1\right) + C_2 \qquad \text{B.C } x = 0, \ y' = 0 \rightarrow C_1 = 0$$

⑥ 포물선 케이블의 평형 : 보강형의 가설이 완료되어 보강형이 강성을 갖는 시점에서 케이블에 적용하는 고정하중은 케이블 자중이외에 케이블 밴드, 행어, 보강형, 포장 등이며 이 고정하중은 케이블 자중에 비하여 매우 크다. 또한 현수교 고정하중은 한 경간 내에서 등분포한다고 가정할 수 있다. 이 경우 완성 시에 케이블에 재하되는 고정하중 w는 각 경간 내에서는 수평하중으로 일정하다. 이는 보강형의 길이방향으로 일정하며 케이블의 미소요소의 평형은 완성 시 케이블 장력의 수평성분을 T_o라고 하면

$$T_0\left(\frac{dy}{dx} + \frac{d^2y}{dx^2}dx\right) - wd - T_0\frac{dy}{dx} = 0 \qquad y = -\frac{w}{2T_0}x(L-x) + \frac{y_1 - y_2}{L}x + y_0$$

변위계 　　　　　　　　　　　　　　　토목구조기술사 합격 바이블 개정판 1권 제1편 재료 및 구조역학 p.142

강구조물의 정밀진단 시 임의 지점에 45° 스트레인 로제트를 사용하여 변형률을 측정한 결과 $\epsilon_a =$ 680×10^{-6}, $\epsilon_b = 410 \times 10^{-6}$ 그리고 $\epsilon_c = -220 \times 10^{-6}$로 계측되었다. 강재의 탄성계수 $E =$ $200\mathrm{GPa}$, 포아송비 $\mu = 0.3$일 때 스트레인 로제트를 설치한 계측지점의 최대 주변형률 및 주응력을 구하시오.

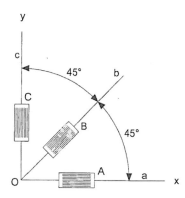

풀 이

▶ (2D) 변형률

$$\epsilon_a = \epsilon_x = 680 \times 10^{-6}, \quad \epsilon_c = \epsilon_y = -220 \times 10^{-6}, \quad \epsilon_b = \epsilon_\theta = 410 \times 10^{-6}$$

$$E = 2.0 \times 10^5 \mathrm{MPa}, \quad G = \frac{E}{2(1+\mu)} = \frac{2.0 \times 10^5}{2(1+0.3)} = 76923.1\mathrm{MPa}$$

$$\epsilon_\theta = \frac{\epsilon_x + \epsilon_y}{2} + \frac{\epsilon_x - \epsilon_y}{2}\cos 2\theta + \frac{\gamma_{xy}}{2}\sin 2\theta \quad \therefore \gamma_{xy} = 360 \times 10^{-6}$$

▶ (2D 별해) 최대 주변형률 및 주응력 산정

$$\epsilon_{1,3} = \frac{\epsilon_x + \epsilon_y}{2} \pm \sqrt{\left(\frac{\epsilon_x - \epsilon_y}{2}\right)^2 + \left(\frac{\gamma_{xy}}{2}\right)^2} \quad \therefore \epsilon_{1,3} = 7.146 \times 10^{-4}, \ -2.547 \times 10^{-4}$$

$$\therefore \sigma_1 = \frac{E}{1-\mu^2}(\epsilon_1 + \mu\epsilon_2) = 140.278\mathrm{MPa}$$

$$\therefore \sigma_3 = \frac{E}{1-\mu^2}(\epsilon_2 + \mu\epsilon_1) = -8.849\mathrm{MPa}$$

➤ (3D 별해) 최대 주변형률 및 주응력 산정

$$\tau_{xy} = G\gamma_{xy} = 27.6923\text{MPa}$$

$$\epsilon_x = \frac{\sigma_x}{E} - \frac{\nu}{E}(\sigma_y + \sigma_z), \quad \epsilon_y = \frac{\sigma_y}{E} - \frac{\nu}{E}(\sigma_z + \sigma_x), \quad \epsilon_z = \frac{\sigma_z}{E} - \frac{\nu}{E}(\sigma_x + \sigma_y), \quad \sigma_z = 0$$

$$\begin{bmatrix} 680 \times 10^{-6} \\ -220 \times 10^{-6} \\ \epsilon_z \end{bmatrix} = \frac{1}{E} \begin{bmatrix} 1 & -0.3 & -0.3 \\ -0.3 & 1 & -0.3 \\ -0.3 & -0.3 & 1 \end{bmatrix} \begin{bmatrix} \sigma_x \\ \sigma_y \\ \sigma_z \end{bmatrix}$$

$$\therefore \sigma_x = 134.945\text{MPa}, \ \sigma_y = -3.516\text{MPa}, \ \epsilon_z = -0.000197$$

1) 최대 주변형률 산정

$$\gamma_{xz} = \gamma_{yz} = 0$$

$$\begin{vmatrix} \epsilon_x - \epsilon_p & \dfrac{\gamma_{xy}}{2} & \dfrac{\gamma_{xz}}{2} \\[2mm] \dfrac{\gamma_{xy}}{2} & \epsilon_y - \epsilon_p & \dfrac{\gamma_{yz}}{2} \\[2mm] \dfrac{\gamma_{xz}}{2} & \dfrac{\gamma_{yz}}{2} & \epsilon_z - \epsilon_p \end{vmatrix} = 0 \qquad \therefore \epsilon_{1,2,3} = 0.000715, \ -0.000197, \ -0.000255$$

2) 최대 전단 변형률 산정

$$\frac{\gamma_{\max}}{2} = \frac{0.000255 + 0.000715}{2} = 0.000485 \qquad \therefore \gamma_{\max} = 0.00097$$

3) 최대 주응력 산정

$$\tau_{xz} = \tau_{yz} = 0$$

$$\begin{vmatrix} \sigma_x - \sigma_p & \tau_{xy} & \tau_{xz} \\ \tau_{xy} & \sigma_y - \sigma_p & \tau_{yz} \\ \tau_{xz} & \tau_{yz} & \sigma_z - \sigma_p \end{vmatrix} = 0 \qquad \therefore \sigma_{1,2,3} = 140.278, \ 0, \ -8.849\text{MPa}$$

4) 최대 전단력 산정

$$\tau_{\max} = \frac{140.278 + 8.849}{2} = 74.563\text{MPa}$$

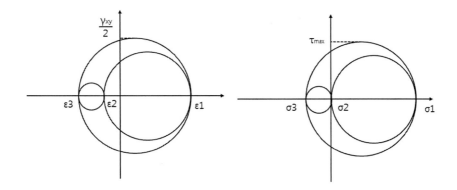

외팔보 해석   토목구조기술사 합격 바이블 개정판 1권 제1편 재료 및 구조역학 p.165

외팔보 AB에 균일분포하중이 작용하기 전에 외팔 보 AB 끝단과 외팔보 CD 끝단 사이에 $\delta_0 = 1.5\,\mathrm{mm}$ 의 간격이 있다. 하중작용 후의 (1) A점의 반력, (2) D점의 반력을 구하시오. 단, $E = 105\,\mathrm{GPa}$, $w = 35\,\mathrm{kN/m}$이다.

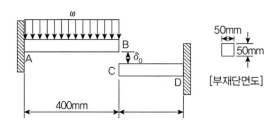

풀 이

➤ 개요

등분포하중을 δ_0까지 하중과 δ_0 이후의 하중으로 구분하여 산정한다.

➤ δ_0에서의 등분포하중 ω_1 산정

$$E = 105 \times 10^3\,\mathrm{MPa}, \quad I = 50^4/12 = 520{,}833\,\mathrm{mm}^4$$

$$\delta_0 = \frac{\omega_1 L_{AB}^4}{8EI} \quad \therefore \omega_1 = 25.634\,\mathrm{N/mm}$$

➤ δ_0 이후 등분포하중 ω_2로 인한 반력 산정

B점이 CD부재에 닿은 후 B점에서 작용하는 하중을 X라고 하면, AB부재에서 ω_2로 인한 하향처짐 과 X하중으로 인한 상향처짐의 합은 CD부재에서 X하중으로 인한 처짐과 같으므로,

$$\omega_2 = 35 - 25.634 = 9.365\,\mathrm{kN/m}$$

$$\frac{\omega_2 L_{AB}^4}{8EI} - \frac{X L_{AB}^3}{3EI} = \frac{X L_{CD}^3}{3EI} \; ; \; \frac{9.365 \times 400^4}{8} - \frac{X \times 400^3}{3} = \frac{X \times 250^3}{3}$$

$$\therefore X = 1129.1N$$

1) A점의 반력 산정

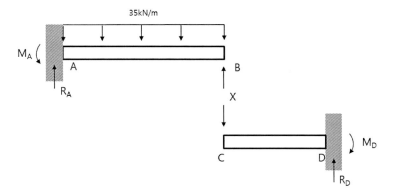

AB부재에서 $\sum F_y = 0$; $R_A = 35 \times 0.4 - 1.129 = 12.871 \text{kN}(\uparrow)$

$$\sum M_A = 0 \; ; \; M_A = \frac{35 \times 0.4^2}{2} - 1.129 \times 0.4 = 2.3484 \text{kNm}(\downarrow)$$

2) D점의 반력 산정

AB부재에서 $\sum F_y = 0$; $R_D = X = 1.129 \text{kN}(\uparrow)$

$\sum M_D = 0$; $M_A = 1.129 \times 0.25 = 0.282 \text{kNm}(\downarrow)$

온도균열지수

온도균열지수에 의한 매스콘크리트의 온도균열 발생 가능성 평가 및 균열 제어 대책에 대하여 설명하시오.

풀 이

> ### 개요

콘크리트 수화열의 화학반응으로 발생되는 온도응력을 제어하는 지수를 온도균열지수라 한다. 수화열에 대한 제어 대책으로 온도균열지수를 적용한다. 일반적으로 매스콘크리트에서 균열 발생 검토 시 쓰이는 것으로 통상 '콘크리트 인장강도(f_{sp})/온도응력($f_t(t)$)'로 표기되며 타설 위치에 따라 다르다.

구분	매스콘크리트 타설	연질지반 타설	암반 위 타설
온도균열지수 $I_{cr}(t)$	$I_{cr} = \dfrac{f_{sp}}{f_t(t)}$	$I_{cr} = \dfrac{15}{\Delta T_i}$	$I_{cr} = \dfrac{10}{R\Delta T_0}$

> ### 매스콘크리트에서 온도균열 지수를 이용한 균열 가능성 평가

온도균열지수가 클수록 균열이 생기기 어렵고, 작을수록 균열이 생기기 쉽고 균열의 수도 많고 폭도 커지는 특성이 있다. 온도응력의 검토를 필요로 하는 구조물의 경우 균열 발생에 대한 안전성의 척도로서 온도균열지수를 이용하며 이때 설계기준은 다음과 같이 구분된다.

① 균열을 방지할 경우 : 1.5 이상
② 균열 발생을 제한할 경우 : 1.2 이상 1.5 미만
③ 유해한 균열을 제한할 경우 : 0.7 이상 1.2 미만

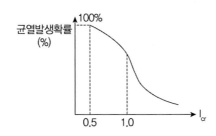

1) 구조물별 온도균열 지수

① 매스콘크리트

$$\text{온도균열지수}: I_{cr}(t) = \frac{f_t(t)}{f_x(t)}\ \text{(응력지수)}$$

여기서, $f_x(t)$: 재령 t에서 수화열에 의해 생긴 부재 내부의 온도응력 최댓값,

$f_t(t)$: 재령 t에서 콘크리트의 인장강도

② 연질의 지반 위에 슬래브를 타설하는 경우(외부 구속응력이 작은 경우)

$$\text{온도균열지수}: I_{cr}(t) = \frac{15}{\Delta T_i}\ \text{(온도지수)}$$

여기서, ΔT_i : 내부온도가 최대일 때 내부와 표면과의 온도차($°C$)

③ 암반이나 매시브한 콘크리트 위에 타설된 슬래브(외부 구속응력이 큰 경우)

$$\text{온도균열지수}: I_{cr}(t) = \frac{10}{R\,\Delta T_o}\ \text{(온도지수)}$$

여기서, ΔT_o : 부재평균최대온도와 외기온도와의 균형 시 온도 차이($°C$),

R : 외부 구속 정도를 나타내는 지수
- 비교적 연약한 암반 위에 콘크리트를 칠 때 $\qquad\qquad R = 0.5$
- 중간 정도의 경도를 가진 암반 위에 콘크리트를 칠 때 $\quad R = 0.65$
- 경암 위에 콘크리트를 칠 때 $\qquad\qquad\qquad\qquad R = 0.8$
- 이미 경화한 콘크리트 위에 칠 때 $\qquad\qquad\qquad R = 0.6$

➤ 매스콘크리트 균열 제어 대책

1) 설계 시

① 콘크리트의 타설량, 균열 발생을 고려하여 균열유발줄눈 설치 : 구조물의 기능을 해치지 않는
범위에서 균열유발줄눈 설치하며 줄눈의 간격은 4~5m 기준. 단면 감소는 20% 이상
② 균열제어철근 배근 : 온도해석을 실시하여 균열제어철근 배근

2) 배합 시

① 설계기준강도와 소정의 Workability를 만족하는 범위에서 콘크리트의 온도 상승이 최소가
되도록 재료 및 배합을 결정
② 최소단위시멘트량 사용(단위시멘트량 10kg/m^3에 대해 $1°C$의 온도 상승)
③ 중용열, 고로, 플라이애쉬, 저열시멘트를 사용

④ 굵은 골재 최대치수를 크게 하고 입도분포를 양호하게 함

⑤ 잔골재율(s/a)을 작게 함

3) 비비기 시 및 치기 시 온도조절

① 냉각한 물, 냉각한 굵은 골재, 얼음을 사용(Pre Cooling)

② 각 재료의 냉각은 비빈 콘크리트의 온도가 현저하지 않도록 균등하게 시행

③ 얼음을 사용하는 경우 얼음은 콘크리트 비비기가 끝나기 전에 완전히 녹아야 함

④ 비벼진 온도는 외기온도보다 10~15℃ 낮게

⑤ 굵은 골재의 냉각은 1~4℃ 냉각공기와 냉각수에 의한 방법

⑥ 얼음 덩어리는 물의 양의 10~40%

4) 타설 시

① 콘크리트 타설의 블록분할 : 발열조건, 구속조건과 공사용 플랜트의 능력에 따라 블록 분할

② 신, 구 콘크리트 타설시간 간격 조정 : 구조물의 형상과 구속조건에 따라 결정

5) 거푸집 재료, 구조 및 존치기간 조정

① 발열성 재료 : 온도 상승을 작게 하기 위한 경우(하절기)

② 보온성 재료 : 치기 후 큰 폭의 온도저하 예상되는 경우, 콘크리트 내부온도와 외부온도의 차가 크다고 예상되는 경우(동절기)

③ 존치기간 : 보온성 재료를 사용하는 경우 존치기간을 길게

④ 거푸집 제거 후 콘크리트 표면이 급랭하는 것을 방지하기 위하여 시트 등으로 표면보호 실시

6) 콘크리트 양생 시

① 온도강하속도가 크지 않도록 콘크리트 표면 보온 및 보호 조치

② 온도 제어 대책으로 파이프 쿨링 실시

PSC 박스

PSC 박스 거더의 손상유형과 원인 및 대책에 대하여 설명하시오.

풀 이

PSC 박스 거더의 손상(한국시설안전공단)

➤ 개요

PSC 박스 거더는 공정이 표준화되어 있어 시공성과 품질이 우수한 특징을 갖는 형식으로 가설공법에 따라 FCM, ILM, MSS, FSM 등의 공법으로 가설되고 있다. PSC 박스 거더교는 시공단계별로 검토하여야 할 사항이 많아 해석이 복잡하고 처짐 관리 등 시공 중에 정밀하게 검토되어야 할 사항이 많다. 국내의 경우 중앙부가 힌지부로 연결된 캔틸레버공법인 원효대교, 상진대교, 청풍교에서 힌지부에 과도한 처짐이 발생하여 보강이 이루어진 바 있으나 현재 이러한 가설공법은 국내에서 시공되고 있지 않다. 일반적으로 PSC 박스 거더교는 비틀림 및 횡방향 강성의 역학적 장점이기 때문에 구조적인 큰 문제점은 도출되고 있지 않으나 문헌에 등장하는 통상적인 비구조적 균열과 상부구조의 신축에 관련된 손상 등은 다수 발견되고 있다.

➤ PSC 박스 거더의 손상유형과 원인

PSC 박스 거더의 손상은 콘크리트 손상으로써 균열과 박락, 백태, 재료분리 등의 손상이 발생되며, 균열에는 사용하중하에서 박스하부플랜지의 휨균열(횡방향), 하부플랜지의 곡률에 의한 종방향 균열과, 변단면 웨브에서의 전단 균열 및 지점부 근처의 전단균열 등과 같은 구조적인 관점에서의 균열이 있으며, 격벽의 개구부에 발생한 수직 및 경사 균열, 정착부 균열, 쉬스를 따라 발생되는 종방향 균열, 온도 및 건조수축 등에 의한 단면 변화부의 균열 등이 있다. 또한 이러한 균열이외에 임의의 경간에 있어서의 처짐, 교축방향의 신축에 의한 받침중심과의 어긋남 등이 종종 발견된다.

1) PSC 박스 거더 균열의 원인

  ① 설계상의 원인

    ㉠ 모멘트재분배로부터 발생되는 응력의 과소평가 및 부적절한 고려

    ㉡ 온도응력(수축, 팽창)의 과소평가 및 온도경사의 미고려

    ㉢ 프리스트레스의 손실고려에 있어서 파상 및 마찰계수, 릴렉세이션의 실제와의 차이

    ㉣ 작업하중, 비구조 하중의 과소평가

    ㉤ 다련 박스의 경우 횡방향 설계에 있어서 실제 횡방향 강성의 유연성의 미고려

    ㉥ 변단면에서의 텐던의 경사효과 미고려

② 시공상의 원인

　　㉠ 텐던 덕트의 위치의 이동, 어긋남 및 파손 또는 강선의 끊어짐

　　㉡ PS 강선의 긴장관리의 부적절 및 불충분한 긴장

　　㉢ 콘크리트 양생 중 거푸집의 이동 및 작업하중의 이동

　　㉣ 정착부 주변의 배근 및 콘크리트 타설 및 다짐의 미흡

③ 기타 원인

　　㉠ 기초의 부등침하

　　㉡ 중차량 통과 및 충격

　　㉢ 받침이 복부로부터 떨어져 있는 경우 웨브에 균열 발생

　　㉣ 직경이 큰 PS 강재가 배치된 경우 압축응력분포 교란에 의한 인장응력 발생에 의하여 강재
　　　를 따라 균열 발생

　　㉤ 구조계산상 모멘트가 영점인 부근의 수직균열

　　㉥ 세그먼트를 이어서 타설할 경우 기존의 콘크리트에 구속되어 발생하거나 쉬스관에 구속되
　　　어 발생하는 상하부플랜지의 종방향 건조수축균열

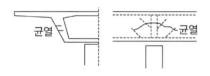

받침이 복부에서 떨어진 경우의 웨브 균열

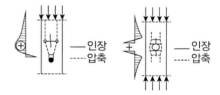

직경이 큰 PS 강재를 따라 발생하는 균열

2) PSC 박스 거더 공용 중 내구성 저하원인

① 포장부와 방호울타리 하단부 접촉면의 방수 미흡

② 방호울타리 시공불량으로 하단부 틈새로 우수가 유입

③ 차륜하중으로 인한 포장의 소성변형, 망상균열로 교면방수층이 손상되어 노면수 침투

④ 교면포장 하면의 콘크리트 상면에 동결융해 및 제설제 영향으로 철근이 부식되어 철근 노출, 박락

단면 감소

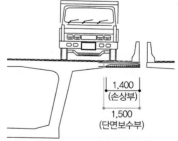

차량통행으로 캔틸레버부 하부 바닥판 파손

➤ **손상 대책**

① 주형의 처짐에 대한 시공 시의 정밀한 캠버관리가 필요하다.

② 크리프, 건조수축, 온도변화에 대한 해석 시 기설계 및 시공 사례를 토대로 설계조건 검토 및 정밀해석을 강구한다.

③ 공용 중 주형 처짐 시 무작정 포장을 덧씌우기 하여 고정하중을 증가시키는 방안을 지양한다.

④ 형고가 변하는 변단면 교량에 있어서는 텐던의 경사를 고려하여 설계하도록 하고, 캔틸레버 텐던의 배치는 정착부와 박스하면과의 거리와 텐던과 세그먼트의 이음부가 교차하는 위치를 일정하게 유지시키도록 하여 텐던의 경사를 매 세그먼트마다 변하게 함으로써 지점부의 전단력이 가장 큰 부분의 전단응력을 감소시킬 수 있도록 한다.

⑤ 일반적으로 PSC 상자형교는 활하중에 비해 고정하중의 비율이 크고, 압출시공 중에는 고정하중 뿐만 아니라 상부의 작업하중, 압출을 위한 Lift하중, 지점침하, 온도하중 및 건조수축, 크리프 영향 등이 작용하기 때문에 균열은 보통 시공 중에 발생하는 것이 대부분이며, 특히 사인장 균열은 압출과정에서 지점부를 가장 많이 거쳐 옴으로써 지점반력을 크게 받는 압출선단지간부에서 많이 발생된다. 따라서 가교각 설치 및 압출 노즈의 강성 확보에 주의를 기울여야 하고 받침중심선과 복부중심선을 일치시켜야 한다. 이것이 불가능한 경우에는 헌치를 크게 하는 등 헌치의 크기, 형상 등을 검토할 필요가 있다.

⑥ 격벽은 상자형 박스 완성 후 박스 내에 massive하게 시공하기 때문에 콘크리트 수화열의 온도하강에 따른 표면부의 수축변형에 대한 내부 구속, 콘크리트 자체의 건조수축 변형에 대한 내부철근의 구속, 복부, 플랜지의 변형구속 등에 따라 인장균열이 발생하기 쉽다. 격벽의 균열은 온도변형 및 건조수축변형이 큰 반면 인장강도가 약한 상태인 시공초기에 주로 발생되는 경우가 많다. 따라서 콘크리트의 시공 시 수화열 저감 대책이 필요하고, 설계 시에도 필요 철근량에 대하여 직경이 작은 철근을 적용토록 하는 것을 권장한다.

⑦ 크리프, 건조수축, 온도변화에 대한 해석 시 기설계 및 시공 사례를 토대로 설계조건 검토 및 정밀해석을 강구한다.

⑧ 철저한 긴장관리가 필요하다.

응답변위법   토목구조기술사 합격 바이블 개정판 2권 제6편 동역학과 내진설계 p.2323

기존의 지중박스구조물에 대한 내진성능평가를 수행하였다. 다음 사항을 설명하시오.

1) 응답변위법에 의한 내진성능평가 절차
2) A, B지점에서 부모멘트와 전단력에 대해 성능이 부족할 때 이에 대한 보강방안

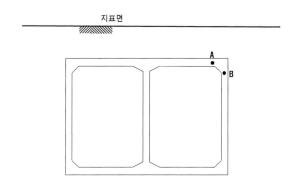

풀 이

기존 시설물(터널) 내진성능평가 및 향상요령(한국시설안전공단, 2011)

➤ **개요**

  지중 구조물의 내진성능평가는 붕괴 방지 수준에 대한 성능평가를 수행하며, 부재의 설계내하력(Capacity)이 설계지진에 대해 각 구성부재에 요구되는 설계부재력(Demand)을 비교하여 평가하는 과정으로 수행된다. 붕괴 방지 수준의 내진성능평가 시 구조물의 비탄성 거동을 고려하기 위해 응답수정계수를 사용하며 보다 정밀한 평가를 위해서는 비선형 동적해석을 수행할 수 있다. 구조물이 비탄성 거동을 하게 되면 탄성거동을 하는 경우보다 부재력이 작아지기 때문에 일반 구조물의 경우 부재의 성능평가 시 탄성해석으로 구한 탄성부재력을 응답수정계수(R값, RC는 $R = 3$, 강 또는 합성부재는 $R = 5$)를 사용하여 수정한다. 지중 구조물의 응답산정 시에는 지반변위를 고려한 응답변위법을 사용하는 것을 기본으로 하고 구조 또는 지반이 복잡한 경우에는 응답진도법 또는 지반-구조물의 동적상호작용을 고려한 동적해석법을 사용할 수 있다.

      내진성능평가기준 : 소요강도(U) ≤ 설계강도(ϕ×공칭강도)

  지중 구조물의 내진설계에서 시공 중 또는 완성 후에 구조물에 작용하는 고정하중, 활하중, 토압 그리고 지진하중 등 각종 하중 및 외적작용의 영향을 고려하여야 한다. 지중 구조물의 모든 구조요소는 서로 다른 하중조건하에서 균일한 안전율을 유지할 수 있도록 설계되어야 한다. 이는 각 구조

부재의 강도가 하중계수를 고려한 예상하중을 지지하는 데 충분하고 사용하중 수준에서 구조의 사용성이 보장되는 것을 요구한다.

강도설계법에서는 구조물의 안전여유를 2가지 방법으로 제시하고 있다.

① 소요강도(U)는 사용성에 예상을 초과한 하중 및 구조해석의 단순화로 인하여 발생되는 초과요인을 고려한 하중계수를 곱함으로써 계산한다.

② 구조부재의 설계강도는 공칭강도에 1.0보다 작은 값인 강도감소계수 ϕ를 고려한다.

고정하중, 활하중 및 지진하중, 횡토압과 횡방향 지하수압이 작용하는 경우 기능 수행 수준과 붕괴방지 수준으로 구분하여 내진성능에 따라 고려하도록 하고 있다.

▶ 응답변위법 내진성능평가 절차

1) **응답변위법** : 지중 구조물은 지상 구조물과 달리 중공된 상태가 많아 단위체적당 중량이 작으며, 지반으로 인해 진동의 제약으로 감쇠가 크고 변위의 형상이 지반의 진동과 유사한 특징을 갖게 된다. 이로 인하여 지진 시 지중 구조물의 응답은 구조물의 질량에 의한 관성력보다는 주변지반에서 발생하는 지반의 상대변위에 영향을 받는다.

   응답변위법(Seismic Deformation Method)은 지중 구조물의 내진설계를 위해 1970년대에 일본에서 고안된 방법으로 지진 시 발생하는 지반의 변위를 구조물에 작용시켜서 지중 구조물에 발생하는 응력을 정적으로 구하며 구조물과 지반의 구조해석모형을 구조물은 프레임 요소, 지반은 스프링 요소로 모델링하며 구조물이 없는 자유장 지반에서의 수평상대변위, 가속도, 응력을 입력하여 구조해석을 수행한다. 관성력을 구하는 것이 아니라 지진운동으로 인한 주변지반의 변위를 먼저 구하고 주변지반의 변위에 의해 지중 구조물에도 거의 같은 변위가 발생한다고 가정하여 이 변위에 의한 구조물의 응력을 구하는 방법이다.

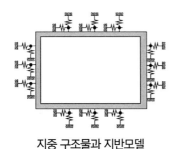

지중 구조물과 지반모델

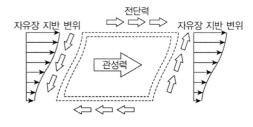

작용하중과 지중 구조물의 거동

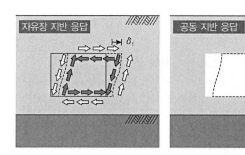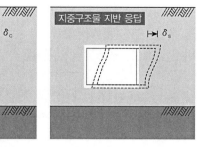

응답변위법의 개념

2) 평가절차

① 단면을 설정한 후 지반조건에 따른 지진계수(가속도계수) 산정

② 지반의 최대 변위진폭 결정(가속도 응답스펙트럼에서 속도응답스펙트럼으로 변환 시 각 성능
수준별 속도응답스펙트럼 산정 주의)

③ 지반조건에 따라 지반반력계수 산정

④ 설정된 단면의 상시하중과 지진 시 하중에 의한 단면력 계산

⑤ 계산된 단면력과 상시하중에 의한 설계단면력 비교하여 성능평가

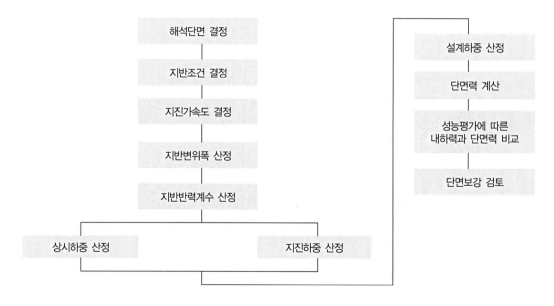

응답변위법의 해석절차

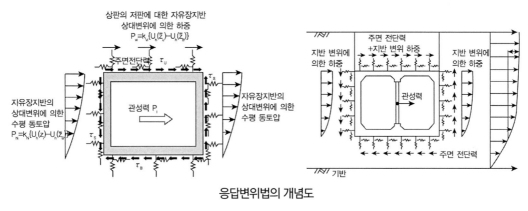

응답변위법의 개념도

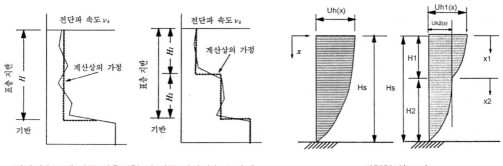

전단파속도에 따른 지층분할 및 평균 전단파속도 산정　　　　변형형상(모드)

> ## 부모멘트와 전단력에 대해 성능이 부족할 때 보강방안

내진성능 부족 시 강도가 약한 부재에 대해 구조물 보강을 실시하며, 구조물의 보수·보강 이력 및 상태, 구조물의 여건, 주변의 환경적 요인을 고려하여 보강방법을 선정한다. 모멘트와 전단력이 부족할 경우 두께를 증가하거나 강판을 부착하는 등의 강성을 확보하는 방법을 고려할 수 있으며, 하중의 분담을 고려해 브레이싱 등을 설치하는 방법도 고려할 수 있다.

주요 부재별 내진성능 향상방법

주요 부재		보강공법	
슬래브	상부	• 슬래브 하부 두께 증가 보강공법 • 부재증설 보강공법	• 강판접착공법(주입법, 압착법) • 브레이싱 증설에 의한 보강공법
	하부	• 슬래브 상부 두께증가 보강공법 • 강판접착공법(주입법, 압착법) • 부재증설 보강공법	
	중간	• 강판접착공법(주입법, 압착법) • 개구부 보강공법(강재기둥 또는 테두리보 추가 증가) • 두께증가 보강공법	
벽체 또는 기둥		• 벽체(기둥) 두께증가 보강공법 • 벽체부 강판 압착공법	• H형강 증설공법 • 기둥의 띠판 보강공법
주변 지반보강		• 지반보강을 통한 지진격리공법	

1) **슬래브 상·하부 두께 증가 보강** : 상부 또는 하부 슬래브의 휨모멘트 및 전단 내하력 등이 부족하여 이에 대한 보강이 필요하고, 구조물의 특성상 부득이 부재하부 또는 상부에서 보강조치가 가능한 경우에 적용하는 공법이다.

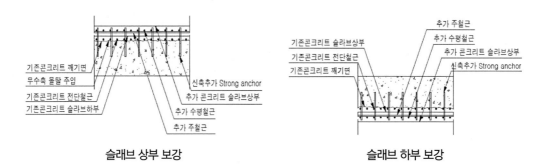

슬래브 상부 보강 · 슬래브 하부 보강

2) **강판접착공법**(주입법, 압착법) : 콘크리트 슬래브(상하부 및 벽체슬래브)의 인장면에 강판을 접착하고 기존 콘크리트 슬래브와 일체화시켜서 지진하중에 대한 부재저항력을 증진시키는 공법이다.

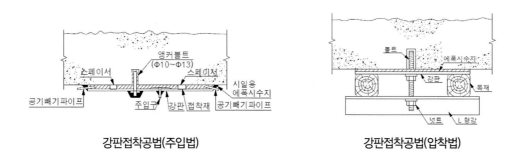

강판접착공법(주입법) · 강판접착공법(압착법)

3) **부재증설 보강공법** : 기존구조물에 기둥 및 벽체를 추가로 설치함으로써 강성증대에 의한 구조물의 내진성능을 향상시키는 공법이다.

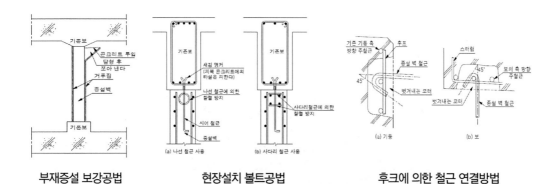

부재증설 보강공법 · 현장설치 볼트공법 · 후크에 의한 철근 연결방법

4) **브레이싱 증설** : 수평부재와 수직부재가 연결되는 우각부에 지진력에 의한 전단력 및 휨모멘트가 크게 발생하므로 이 부분에 H형강 브레이싱을 설치하여 부재 내하력을 증진시키는 공법이다.

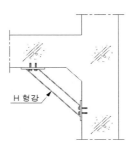

H형강 브레이싱 보강공법

5) **개구부 보강공법**

① 강재기둥 추가 설치 : 기존 내부슬래브 개구부 설치에 따른 구조적 안정성 확보를 위한 개구부 보강이 필요하며, 구조물 특성상 깨기 시의 소음, 진동을 최소화하는 경우 적용하는 공법이다.

② 테두리보 추가 설치 : 기존 내부슬래브 개구부 설치에 따른 구조적 안정성 확보를 위한 개구부 보강이 필요하며, 개구부 하부에 보강기둥을 설치하지 못하는 경우 적용하는 공법이다.

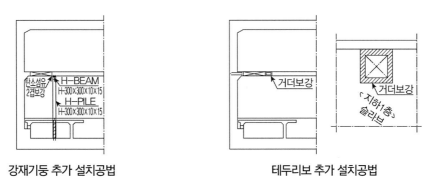

| 강재기둥 추가 설치공법 | 테두리보 추가 설치공법 |

6) **벽체(기둥) 두께 증가** : 기존 구조물의 두께를 증가시킴에 따라 내하력을 증진시키는 공법이다.

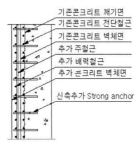

| 기둥 보강공법 | 벽체 보강공법 |

7) **H형강 증설공법** : 벽체 연결부 내부계단 등에 의한 슬래브 개구부 위치의 측벽부 등에 내하력 부족 시 H형강을 추가로 설치하여 부재의 구조적 성능을 향상시키는 공법이다.

 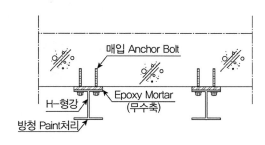

H형강 증설공법

8) **벽체부 강판 압착공법** : 구조물 내 토압을 받는 측벽부 중간 슬래브 개구부 설치에 따른 구조적 안정성 확보를 위하여 측벽슬래브 상하면에 강판을 접착하고 기존 콘크리트와 일체화시켜 내하력을 증진시키는 공법이다.

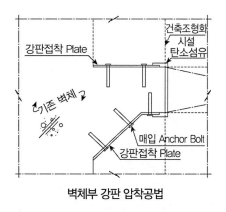 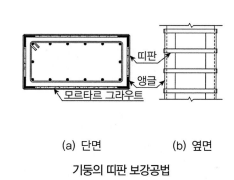

벽체부 강판 압착공법　　　　　　　**기둥의 띠판 보강공법**

9) **기둥의 띠판 보강공법** : 지진에 의해 발생되는 전단력에 대하여 기존 기둥에 급격한 전단파괴가 발생하지 않도록 기둥의 인성(Toughness)을 증진시키는 공법이다.

10) **지진격리공법** : 구조물 주변지반에 시공된 벽체를 지진격리장치로 활용하여 지진력을 감소시키는 공법이다.

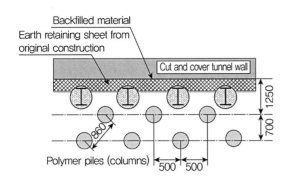

폴리머 내진격리공법 - 일본 사례

회전 모터

토목구조기술사 합격 바이블 개정판 2권 제6편 동역학과 내진설계 p.2158, 2200

3개의 강재 기둥으로 지지하고 있는 강체슬래브 위에 모터가 회전하고 있다. 기둥의 지점 B 경계조건은 힌지단, 지점 A와 지점 C는 고정단이고, 강체 슬래브와는 강결로 이루어져 있다. 모터의 편심질량은 200kg이고 편심이 50mm이며 강체슬래브의 무게(W)는 25kN이다. 기둥의 허용휨응력(f_a)이 200MPa일 때, 모터의 허용회전속도의 구간을 결정하시오. 단, 기둥의 질량은 무시하고 감쇠는 없는 것으로 가정하며, 각각의 기둥간격은 2m이고, 모든 기둥의 단면2차모멘트(I)는 $25.8 \times 10^6 \mathrm{mm}^4$, 단면계수(S)는 $249 \times 10^3 \mathrm{mm}^3$, 탄성계수(E)는 200GPa로 한다.

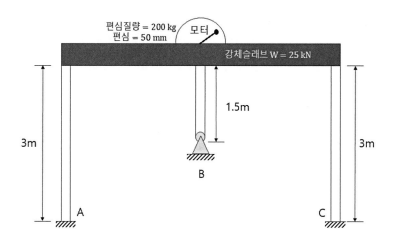

풀 이

> **개요**

조화하중에 의한 진동은 회전편심질량에 의한 진동문제에 대해 고려할 때 적용되며, 다음과 같은 모터의 회전편심질량에 관해서 편심질량을 m_o, 회전반경을 e, 회전편심질량이 ω_e의 일정한 각속도로 회전운동을 한다고 가정하면,

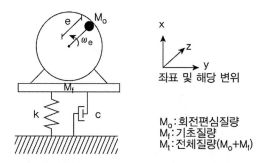

감쇠 강제진동(조화하중) $m\ddot{x} + c\dot{x} + kx = P_0 \sin\omega_e t$

감쇠 조화하중의 해로부터,

$$x_p = \frac{P_0}{k} \frac{1}{\sqrt{(1-\beta^2)^2 + (2\xi\beta)^2}} \sin(\omega_e t - \theta) = \rho\sin(\omega_e t - \theta)$$

여기서, P_0는 일정한 값을 갖지 않고 가진 진동수에 따라 변화 $P_0 = m_0 e\omega_e^2$

$$\rho = \frac{m_0 e\omega_e^2}{k} \frac{1}{\sqrt{(1-\beta^2)^2 + (2\xi\beta)^2}} = \frac{m_0 e\omega_e^2}{m \times \dfrac{k}{m}} \times \frac{1}{\sqrt{(1-\beta^2)^2 + (2\xi\beta)^2}}$$

$$= \frac{m_0 e\omega_e^2}{m \times \omega^2} \times \frac{1}{\sqrt{(1-\beta^2)^2 + (2\xi\beta)^2}} = \frac{em_0}{m} \frac{\beta^2}{\sqrt{(1-\beta^2)^2 + (2\xi\beta)^2}}$$

$$\therefore \ x_p = \rho\sin(\omega_e t - \theta) = \frac{em_0}{m} \frac{\beta^2}{\sqrt{(1-\beta^2)^2 + (2\xi\beta)^2}} \sin(\omega_e t - \theta)$$

증폭비$\left(\rho / \left(\dfrac{em_0}{m}\right)\right)$는 일정한 진폭을 갖는 하중($P_0$)에 대해 구한 동적증폭계수에 β^2만큼 곱한 값으로 표현된다.

$$증폭비\left(\frac{\rho}{\left(\dfrac{em_0}{m}\right)}\right) = \frac{\beta^2}{\sqrt{(1-\beta^2)^2 + (2\xi\beta)^2}}$$

여기서, $\beta = \omega_e/\omega_n$, $\xi = \dfrac{c}{c_{cr}} = \dfrac{c}{2\sqrt{mk}} = \dfrac{c}{2m\omega_n}$ $\quad \therefore \ \dfrac{c}{m} = 2\xi\omega_n$

▶ 편심질량 비감쇠 강제진동

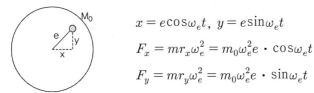

$$x = e\cos\omega_e t, \ y = e\sin\omega_e t$$
$$F_x = mr_x\omega_e^2 = m_0\omega_e^2 e \cdot \cos\omega_e t$$
$$F_y = mr_y\omega_e^2 = m_0\omega_e^2 e \cdot \sin\omega_e t$$

구조물이 수직방향으로 진동한다고 하면,

$$m\ddot{x} + kx = F_y (= m_0\omega_e^2 e \cdot \sin\omega_e t)$$

x_p : Particular Solution($= A\sin\omega_e t$) $\quad x' = A\omega_e\cos\omega_e t, \ x'' = -A\omega_e^2\sin\omega_e t$

$$(-A\omega_e^2\sin\omega_e t)m + k(A\sin\omega_e t) = m_0\omega_e^2 e \cdot \sin\omega_e t$$

$$(k\sin\omega_e t - m\omega_e^2\sin\omega_e t)A = m_0\omega_e^2 e \cdot \sin\omega_e t$$

$$\therefore A = \frac{m_0\omega_e^2 e \cdot}{k - m\omega_e^2} = \frac{\left(\dfrac{m_0}{m}\right)\omega_e^2 e}{\dfrac{k}{m} - \omega_e^2} = \frac{\left(\dfrac{m_0}{m}\right)\omega_e^2 e}{\omega_n^2 - \omega_e^2} = \frac{\left(\dfrac{m_0}{m}\right)\left(\dfrac{\omega_e^2}{\omega_n^2}\right)e}{1 - \left(\dfrac{\omega_e^2}{\omega_n^2}\right)} = \frac{em_0}{m} \times \frac{\beta^2}{\sqrt{(1-\beta^2)^2}}$$

▶ 등가스프링계수(k_e)

고정단-고정단 교각의 스프링 계수 $k_1 = \dfrac{12EI}{L^3}$, 고정단-힌지 교각의 스프링 계수 $k_2 = \dfrac{3EI}{L^3}$

$$k_1 = \frac{12 \times 200,000 \times 25.8 \times 10^6}{3000^3} = 2293.33 \text{N/mm}$$

$$k_2 = \frac{3 \times 200,000 \times 25.8 \times 10^6}{1500^3} = 4586.67 \text{N/mm}$$

병렬구조이므로, $k_e = 2k_1 + k_2 = 9173.33 \text{N/mm}$

▶ 질량 및 고유진동수 산정

$$m = \frac{W}{g} = \frac{25 \times 10^3}{9.81} = 2548.42$$

$$f_n = \frac{1}{2\pi}\sqrt{\frac{k_e}{m}} = 0.302 \text{cycle/sec}, \quad \omega_n = 2\pi f_n = \sqrt{\frac{k_e}{m}} = 1.897 \text{rad/sec}$$

▶ 허용변위

TIP | 강성 또는 스프링 계수 |

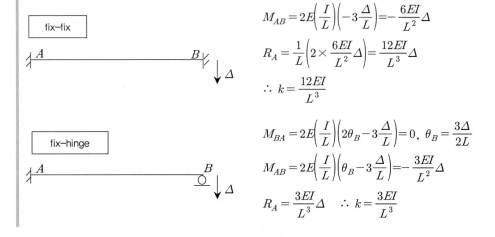

fix–fix

$$M_{AB} = 2E\left(\frac{I}{L}\right)\left(-3\frac{\Delta}{L}\right) = -\frac{6EI}{L^2}\Delta$$

$$R_A = \frac{1}{L}\left(2 \times \frac{6EI}{L^2}\Delta\right) = \frac{12EI}{L^3}\Delta$$

$$\therefore k = \frac{12EI}{L^3}$$

fix–hinge

$$M_{BA} = 2E\left(\frac{I}{L}\right)\left(2\theta_B - 3\frac{\Delta}{L}\right) = 0, \ \theta_B = \frac{3\Delta}{2L}$$

$$M_{AB} = 2E\left(\frac{I}{L}\right)\left(\theta_B - 3\frac{\Delta}{L}\right) = -\frac{3EI}{L^2}\Delta$$

$$R_A = \frac{3EI}{L^3}\Delta \quad \therefore k = \frac{3EI}{L^3}$$

$$M = PL = \frac{\sigma_{all} I}{y} = \sigma_{all} S, \ \Delta_{all} = \frac{ML^2}{6EI} = \frac{L^2}{6EI} \times \sigma_{all} S = \frac{\sigma_{all} S L^2}{6EI} = 14.477\text{mm}$$

▶ 허용진폭

$$y = \frac{em_0}{m} \times \frac{\beta^2}{\sqrt{(1-\beta^2)^2}} \sin\omega_e t = 14.477\text{mm}$$

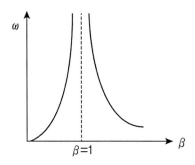

1) $\beta^2 < 1$: $\beta = 0.887$

$\qquad \therefore \ \beta = \dfrac{\omega_e}{\omega_n}, \quad \omega_e = \beta\omega_n = 1.683\text{rad/sec}$

2) $\beta^2 > 1$: $\beta = 1.171$

$\qquad \therefore \ \beta = \dfrac{\omega_e}{\omega_n}, \quad \omega_e = \beta\omega_n = 2.221\text{rad/sec}$

RC 압축강도   토목구조기술사 합격 바이블 개정판 1권 제2편 RC p.785

그림의 철근콘크리트 기둥단면에서 작용하중이 편심($e = 250$mm)을 가지고 있을 때 주어진 단면의 균형단면력을 산정하고 공칭압축강도 P_n을 강도설계법에 따라 구하시오. 단, $f_{ck} = 28$MPa, $f_y = 420$MPa이다.

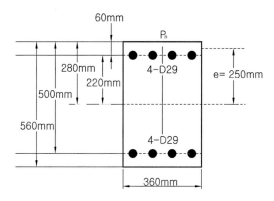

풀 이

➤ 균형단면력

균형단면력은 콘크리트가 극한변형률에 도달할 때 인장부 철근도 극한 변형률에 도달하므로 변형률 관계식을 이용한다.

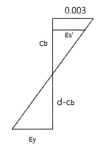

$$\epsilon_y = f_y / E_s = 0.0021$$

$$\frac{\epsilon_{cu}}{c_b} = \frac{\epsilon_s{}'}{c_b - d'} = \frac{\epsilon_{cu} + \epsilon_y}{d}$$

$$\therefore \ c_b = 294.118\text{mm}, \ \epsilon_s{}' = 0.00239 > \epsilon_y$$

$a_b = 0.85 \times c_b = 250\text{mm}$

$C_c = 0.85 f_{ck} ab = 0.85 \times 28 \times 250 \times 360 = 2142\text{kN}$

$C_s = A_s{}' f_y = \pi \times 29^2 / 4 \times 4 \times 420 = 1109.67\text{kN} \ (\because \ \epsilon_s{}' \geq \epsilon_y) \ A_s{}' = 2642.08\text{mm}^2$

$T = A_s f_y = \pi \times 29^2 / 4 \times 4 \times 420 = 1109.67\text{kN}$

$\therefore \ P_b = C_c + C_s - T = 2142\text{kN}$

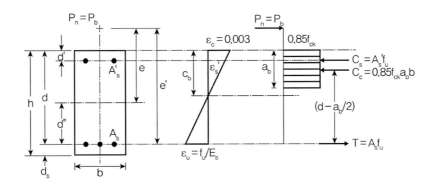

$$M_b = P_b e_b = C_c \times \left(500 - 220 - \frac{250}{2}\right) + C_s \times (500 - 220 - 60) + T \times 60 = 698.201$$

$$e_b = \frac{M_b}{P_b} = 325.96 \text{mm}$$

▶ 공칭 압축강도 산정

$e < e_b$이므로 압축파괴 발생

$$\epsilon_s = \epsilon_{cu} \times \frac{(d-c)}{c} = \frac{500-c}{c} \times 0.003, \ \epsilon_s' = \epsilon_{cu} \times \frac{(c-d')}{c} = \frac{c-60}{c} \times 0.003$$

평형조건으로부터

$$P_n = 0.85 f_{ck}\beta_1 cb + A_s' E_s \epsilon_s' - A_s E_s \epsilon_s = 7282.8c + 1585248 \times \frac{500-c}{c} - 1585248$$

$$\times \frac{c-60}{c}$$

$$M_n = 7282.8c \times \left(500 - 220 - \frac{0.85c}{2}\right) + 1585248 \times \frac{500-c}{c} \times (500 - 220 - 60)$$

$$+ 1585248 \times \frac{c-60}{c} \times 60$$

$M_n = P_n e$의 3차 방정식으로부터

$$\therefore c = 398.952 \text{mm} \, (\because 압축파괴 \ c > c_b, \ e < e_b)$$

$$\epsilon_s = \epsilon_{cu} \times \frac{(d-c)}{c} = 0.00076 < \epsilon_y, \ \epsilon_s' = \epsilon_{cu} \times \frac{(c-d')}{c} = 0.002549 > \epsilon_y \qquad \text{O.K}$$

$$\therefore P_n = 1960.17 \text{kN}, \ M_n = 490.042 \text{kNm}$$

케이블 새들

지름 $d=6$mm인 고강도 강연선이 반지름 $R=600$mm의 새들에 걸쳐 있으며 이 강연선 1개에는 장력 $T=10$kN이 작용하고 있다. 이 강연선의 탄성계수 $E=200$GPa, 항복강도 $f_y=1,600$MPa일 때, 강연선의 굽힘 모멘트를 고려한 최대 발생응력을 구하시오.

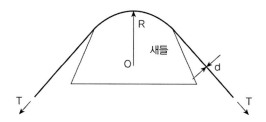

풀 이

➤ 개요

곡률을 고려하여 작용 휨모멘트를 산정하고 장력과 휨모멘트로 인한 최대 발생응력을 산정한다.

➤ 강연선 응력 산정

1) 단면계수 산정

$$A_{st}=\frac{\pi\times 6^2}{4}=28.2743\text{mm}^2,\ I_{st}=\frac{\pi\times 6^4}{64}=63.6173\text{mm}^4$$

2) 작용 휨모멘트 산정

$$\frac{1}{\rho}=\frac{M}{EI}\quad\therefore\ M=\frac{EI}{\rho}=21,205.8\text{Nmm}$$

3) 최대응력 산정

$$f_{\max}=\frac{T}{A}+\frac{M}{I}y=1353.68\text{MPa}<f_y=1,600\text{MPa}\quad\text{O.K}$$

117회 1-1

전단 경간비   토목구조기술사 합격 바이블 개정판 1권 제2편 RC p.635

보의 전단 경간비(Shear Span Ratio)를 설명하시오.

풀 이

▶ 개요

RC보는 하중위치와 보의 높이 간의 비(전단 스팬비, 전단 경간비 a/d)에 따라 보의 파괴형태가 달라진다. 보의 파괴거동은 전단 경간비에 따라서 Deep beam, Short beam, Usual beam, Long beam 으로 구분되며, 각각의 거동 및 파괴특성이 달라진다. 일반적으로 전단지간이 작은 보에서는 Arch Action으로 인해서 그 특성이 달라진다.

▶ 전단 지간비에 따른 거동

1) 전단 경간비 : 전단력과 모멘트 간의 비로써 유도된다.

$$v = k_1 \frac{V}{bd}, \ f = k_2 \frac{M}{bd^2} = k_2 \frac{Va}{bd^2},$$

$$a = \frac{M}{V}, \quad \frac{f}{v} \approx \frac{a}{d}$$

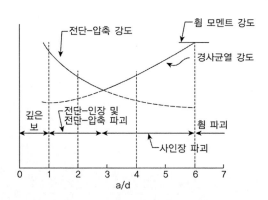

2) 전단 경간비(a/d)에 따른 파괴거동

① $a/d < 1$(Deep Beam, Arch Action) : Strut Tie Model 해석, 전단마찰 해석

    ㉠ 보의 강도가 전단력에 의해 지배되며 <u>수직에 가까운 균열</u>이 발생된다.

    ㉡ 전단 균열 발생 후 타이드 아치와 같이 거동한다.

    ㉢ 하중점과 받침부 사이에 형성되는 압축대에 의해 직접전단이 발생하므로 사인장 균열은 발생하지 않으며 전단강도가 매우 높게 나타난다. 이러한 상태에서의 파괴는 단부 콘크리트의 마찰저항이 작은 경우에는 쪼갬파괴가 되고 그렇지 않은 경우에는 받침부에서의 압축파괴가 나타난다.

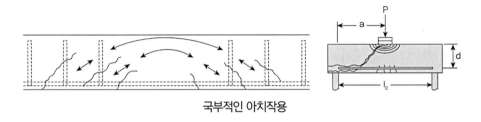

국부적인 아치작용

② $a/d = 1 \sim 2.5$(Short Beam) : 전단강도 ≥ 사인장강도

    ㉠ 보의 전단강도가 사인장강도보다 커서 <u>전단 압축(인장)파괴</u>가 발생된다.

    ㉡ 파괴형태가 압축 분쇄파괴 형태로 발생한다.

    ㉢ 균열은 보 경간의 중간부분에서 약간의 휨균열이 발생하며 받침부 부분에서 콘크리트와 주근의 부착파괴에 의해 휨균열은 멈춘다. 그 후 사인장 균열보다 가파른 균열이 갑자기 발생하고 중립축을 향해 진행된다. 이때 하중점 부근에는 집중하중에 의한 압축파괴가 동반되어 갑작스럽게 파괴된다.

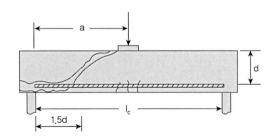

③ $a/d = 2.5 \sim 6.0$(Usual Beam) : 전단강도 ≒ 사인장강도

    ㉠ 보의 전단강도가 사인장강도와 동일하여 <u>사인장 파괴</u>가 발생된다.

    ㉡ 휨전단 균열강도($v_{cr} = 0.16\sqrt{f_{ck}}$)가 복부전단 균열강도($v_{cr} = 0.29\sqrt{f_{ck}}$)보다 작아서 휨전단 균열이 먼저 발생되며 이후 복부전단 균열과 함께 발생되어 사인장 파괴에 이른다.

    ㉢ 외력이 증가함에 따라 사인장 균열의 폭은 넓어지고 상부 압축부까지 진행된다. 사인장 균

열은 일반적으로 단부 가까이에서 발생한 휨균열로 시작되어 중립축 부분에서는 45° 가까운 경사로 진행되고 압축영역에 들어서면 압축응력의 저항을 받아 거의 평탄한 진행을 보이면서 파괴된다.

ㄹ 중앙부의 휨균열은 중립축까지는 진행되지 않으며 파괴 시 비교적 작은 처짐이 발생한다.

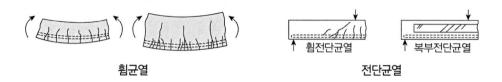

| 휨균열 | 전단균열 |

④ $a/d > 6.0$(Long Beam) : 휨강도에 지배

ㄱ 전단보다는 휨강도에 지배되어 휨파괴가 발생된다.

ㄴ 균열은 보 경간의 중간부터 2/3 정도의 주응력 선의 직각방향으로 발생하며 파괴형태는 매우 미세한 균열이 휨강도 50% 정도에서 보경간의 중간지점에서 발생, 외력이 증가함에 따라 휨균열은 경간 중앙에서 바깥쪽으로 점점 진전한다.

ㄷ 초기균열은 중립축 이상으로 깊어지고 넓어지며 보의 처짐은 증가된다. 매우 연성적인 거동을 한다.

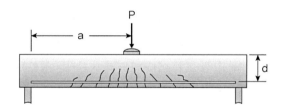

확장앵커

확장앵커(Expansion Anchor)를 설명하시오.

풀 이

▶ 개요

콘크리트용 앵커는 콘크리트 타설 시 함께 설치하는 선설치 앵커(cast-in anchor)와 콘크리트가 굳은 후에 설치하는 후설치 앵커(post-installed anchor)로 대별된다.

대표적인 선설치 앵커는 콘크리트와 강재 밑판 연결에 흔히 사용되는 헤드볼트, L형 갈고리볼트 J형 갈고리볼트 및 헤드스터드이며, 후설치 앵커인 기계적 앵커(mechanical anchor)는 콘크리트가 굳은 후에 구멍을 천공하고 앵커를 설치한 후에 앵커 단부를 확장시켜 앵커 단부와 콘크리트의 기계적 맞물림에 의한 앵커 성능을 발휘하는 확장 앵커(expansion anchor)와 확장 앵커와 유사하지만 특수한 천공 기구를 사용하여 구멍 하부를 미리 크게 천공한 후 앵커를 설치하는 보다 신뢰성이 높은 언더컷 앵커(undercut anchor)로 구분된다.

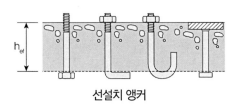
선설치 앵커

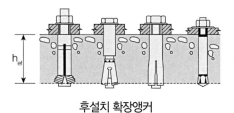
후설치 확장앵커

▶ 콘크리트 앵커의 설계

2012년 콘크리트 구조기준 부록 콘크리트 앵커설계 편에서 콘크리트 설계에 대한 내용을 언급하고 있으며, 이 앵커 설계법은 1995년 발표된 CCD 방법(Concrete Capacity Design Method)에 근간을 둔 것이다.

CCD 방법은 인장을 받는 단일 앵커에 대한 원추형 파괴면의 수평 투영 면적을 그림과 같이 원형에서 정사각형으로 치환해 서로 인접하게 하여 파괴면이 중복되는 다수 앵커의 성능을 효과적으로 예측할 수 있도록 고안되었고, 인장과 전단 및 인장-전단 상관관계가 고려되어 있으며, 파괴역학에 근거하여 크기효과를 포함한 설계식의 계수를 제시한 것이다. 또한 콘크리트의 균열 여부 및 콘크리트 파괴면을 구속하는 보조 철근의 영향에 대한 수정계수도 제시되어 있다.

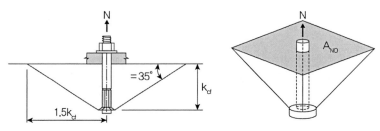

CCD방법에서 가정된 인장을 받는 앵커의 콘크리트 파괴체 형상

2012년 콘크리트 구조기준 앵커 설계법은 강도 설계법에 따르므로 인장, 전단, 인장 및 전단의 조합에 대한 앵커(단일 앵커)와 앵커 그룹(서로 인접한 다수의 앵커)의 설계 강도는 콘크리트구조설계기준의 적용 가능한 하중조합에 의해 결정되는 최대 소요강도 이상이 되도록 설계하여야 한다. 앵커 설계법은 지진하중을 받는 콘크리트 구조물의 소성힌지 구간의 설계에 적용하지 않으며, 중진 또는 강진 지역에 있거나, 중진 또는 강진에 저항하는 성능 또는 설계 범주에 포함되는 구조물에 후설치 앵커를 사용하기 위해서는 모의 지진 실험을 통과하여야 한다.

기타 지진하중이 포함된 경우에는 부록 IV.2(3)의 추가 요구사항을 만족하여야 한다.

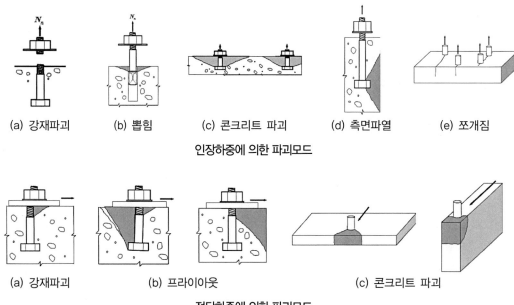

인장하중에 의한 파괴모드

(a) 강재파괴   (b) 뽑힘   (c) 콘크리트 파괴   (d) 측면파열   (e) 쪼개짐

(a) 강재파괴   (b) 프라이아웃   (c) 콘크리트 파괴

전단하중에 의한 파괴모드

➤ 후설치 앵커의 설계법

후설치 앵커의 경우 콘크리트용 앵커 자체에 대한 별도의 시험방법을 필요로 하는데, 이 부분은 구조설계기준 제정 시 반영되지 않았으므로 앞으로도 콘크리트용 앵커에 대한 지속적인 보안이 필요하다.

프리스트레스

최대 도입 프리스트레스(Maximum Induced Prestress)를 설명하시오.

풀 이

▶ 개요

최대 도입 프리스트레스는 긴장력 작용 시에 강재에 가해지는 힘을 의미한다. 긴장력을 높이는 것은 손실에 대비하여 여유를 가질 수 있고, 재료 사용의 효율성이라는 측면에서 경제적일 수 있지만 높은 응력 하에서 피로강도의 감소, 부식 가능성의 증가 등 불리한 측면도 있다. 이 때문에 도로교설계기준(2016)에서는 긴장 시 최대 긴장력을 제한하고 있다.

▶ 최대 도입 프리스트레스(Maximum Induced Prestress) 규정

긴장 작업 시의 최대 긴장력은 정착장치에서의 활동과 마찰손실을 보상하기 전의 짧은 기간에 허용되는 것으로 프리스트레싱 강재의 최대응력으로 $0.8 f_{pu}$ 또는 $0.9 f_{py}$ 중 작은 값으로 하도록 규정하고 있다. 프리스트레싱 강재의 항복점이 뚜렷하지 않은 경우에는 f_{py} 대신 $f_{p0,2k}$(0.2% 오프셋 항복강도)의 값을 쓸 수 있도록 하였다.

$$\text{최대 긴장력 } P_0 = A_p f_{0,\max}, \quad \text{여기서 } f_{0,\max} \text{는 } \min[0.8 f_{pu}, \ 0.9 f_{py}]$$

만일 긴장력을 최종 프리스트레스 힘의 5% 정확도로 예측할 수 있다면 초과 긴장을 할 수 있으며, 이때 최대 프리스트레스 힘 P_0는 $0.95 f_{py} A_p$만큼 증가시킬 수 있다.

긴장력은 긴장장치의 압력과 동시에 프리스트레싱 강재의 신장량을 같이 측정하여 정확성을 기할 수도 있다. 도로교설계기준(2016)에서는 만일 긴장력을 최종 프리스트레스 힘의 5% 정확도로 예측할 수 있는 신뢰도가 있다면 초과 긴장을 할 수 있도록 하였다. 이때 최대 프리스트레스 힘 P_0는 $0.95 f_{py} A_p$만큼 증가시킬 수 있다. 그러나 긴장력을 지나치게 높이면 영구변형이 발생하여 설계에서와 다른 변형의 문제가 발생한다. 따라서 충분한 측정의 정확도를 확보할 수 있을 때 사용될 수 있다. 일반적으로 어떤 경우에도 사용상태 I에서 모든 손실이 발생한 후에 강선의 응력이 $0.65 f_{pu}$를 넘지 않아야 한다.

타이드 아치   토목구조기술사 합격 바이블 개정판 2권 제5편 교량계획 및 설계 p.1823

타이드 아치교(Tied Arch Bridge)를 설명하시오.

풀 이

> **개요**

아치교는 지점을 고정시켜 수직 외부하중에 대해서 지점 수평력이 발생하여 아치의 단면에서 휨모멘트를 감소시키는 특성을 가지는 구조로, 단면을 결정하는 주요인이 수평력에 의한 축방향 압축력이 되도록 한 구조체이다. 이러한 특성으로 아치교는 일반 거더교에 비해 강성이 커서 내풍 및 내진 안정성에 우수하며 미적으로도 수려한 특징을 가진다.

> **타이드 아치교**

타이드 아치교는 아치의 양단을 Tie로 연결하여 1단 고정단 타단 가동단으로 지지하여 수평반력을 Tie로 받게 한 형식으로 아치리브에서의 수평반력을 Tie로 부담시켜 아치 지점부에서는 연직반력만 전달된다. 고차부정정 형식으로 수평력이 크게 작용하지 않아 지반상태가 양호하지 않은 곳에서도 적용이 가능하다. 아치 Rib에는 모멘트 및 축력 작용하며, Tie에는 축력만 작용한다. 지점에서 일어나는 수평반력을 Tie가 받으므로 지점 수평반력이 생기지 않으며, 외적으로 정정구조이므로 반력은 단순보로 해석이 가능하다. 수평반력에 영향이 없으므로 지반상태가 양호하지 않은 곳에서 채택 가능하나 타이의 가설이 어려운 문제가 있다. 또한 아치리브가 과대해지는 경향이 있어 경제적인 측면에서 불리할 수 있으므로 이에 대한 검토와 지점을 고정함으로 인해서 지점침하 등의 기초변위의 발생 시에 이로 인한 영향이 크며, 축방향 압축력의 영향으로 좌굴에 대한 안정성 검토가 필요하다.

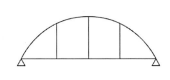

한강대교

워싱톤 Tied-Arch교

Solid Rib Arch

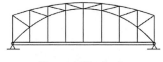

Braced Rib Arch

복합재료

복합재료(Fiber Reinforced Composite Materials)의 특징을 설명하시오.

풀 이

▶ 개요

복합재료는 두 가지 이상의 재료가 각각의 재료의 특성을 살려서 상호 결점을 보완할 수 있게 <u>인위</u>
<u>적으로 만든 재료로 두 가지 이상의 재료를 혼합하여 기존 재료의 약점을 보완하고 새로운 기능을</u>
<u>부여한 재료를 말한다.</u> 섬유로 강화한 복합재료는 고무나 플라스틱을 모재로 한 섬유가 주로 사용
되며, 일반적으로 플라스틱을 모재로 사용한 경우 Composite라고 부르며, 섬유의 종류에 따라
Glass와 Carbon으로 구분된다.

① Fiber Reinforced Ceramic(FRC) : 실용화되지 않음

② Fiber Reinforced Metal(FRM) : 실용화되지 않음

③ Fiber Reinforced Rubber(FRR) : Tire나 Pressure Hose에 이용

④ Fiber Reinforced Plastic(FRP) : Composite으로 통칭

  ㉠ Glass Fiber Reinforced Plastic

  ㉡ Carbon Fiber Reinforced Plastic

▶ 복합재료(Fiber Reinforced Composite Materials)의 특징

1) 복합재료의 특징

장점	단점
• 강도가 높음 • 피로강도 특성이 우수함 • 내식성이 우수함	• 내충격성이 낮음 • 압축강도가 낮음 • 내고온강도가 낮음

2) 거동 특성 : 일반적으로 섬유강화 복합재료는 복합재료내의 섬유가 전체 복합재료의 복잡한 거동
에 상당한 영향을 미치기 때문에 연속성, 등방성, 균질한 재료에 기초를 둔 기존의 연속체 역학
으로는 불균질 재료의 거동 예측이 어렵다. 이 때문에 미세역학적인 방법으로 복합재료 내의 문
제를 구조적으로 접근하고 미세 구조계와 전체 구조계에서의 관계를 규명하기 위해서 미세역학
을 기반으로 한 모델들이 제안되어 탄성거동 예측 및 탄소성 거동 예측에 관한 연구가 많이 수행
되고 있다.

내진설계

기초 구조물의 내진설계 거동한계(기능 수행 수준/붕괴 방지 수준)를 설명하시오.

풀 이

> **개요**

KDS 11 50 25(기초내진 설계기준, 2016)에서는 기초 구조물의 내진성능 수준을 기능 수행 수준과 붕괴 방지 수준으로 구분하며 구조물의 내진성능 수준에 따라 결정하도록 하고 있다. 기능 수행 수준은 지진 시 또는 지진 경과 후에도 구조물의 정상적인 기능을 유지할 수 있도록 심각한 구조적 손상이 발생하지 않게 설계하는 것을 성능목표로 하며, 붕괴 방지 수준은 구조물에 제한적인 구조적 피해는 발생할 수 있으나 긴급보수를 통해 구조물의 기본기능을 발휘하도록 설계하는 것을 성능목표로 한다.

성능목표에 따른 지반운동 수준

성능목표	특등급	1등급	2등급
기능 수행	평균재현주기 200년	평균재현주기 100년	평균재현주기 50년
붕괴 방지	평균재현주기 2400년	평균재현주기 1000년	평균재현주기 500년

> **기초 구조물의 내진설계 거동한계**

1) 기능 수행 수준에 따른 설계거동한계

① 비탈면이나 옹벽과 같은 흙막이 구조물은 부분적인 항복과 소성변형을 허용할 수 있으나, 주변 구조물 및 부속 시설들은 탄성 또는 탄성에 준하는 거동을 허용한다.

② 얕은기초 및 깊은기초는 지진 시 그 주변 지반의 소성거동은 허용할 수 있으나, 기초 구조물 자체와 모든 상부 구조물 및 부속 시설이 탄성 또는 탄성에 준하는 거동을 허용한다.

2) 붕괴 방지 수준에 따른 설계거동한계

① 비탈면이나 옹벽과 같은 흙막이 구조물의 구조적 손상은 경미한 수준으로 허용하며 이로 인한 주변 구조물 및 부속 시설들의 소성거동은 허용하지만, 취성파괴 또는 좌굴이 발생하지 않아야 한다.

② 얕은기초 및 깊은기초는 지진하중 작용 시 소성거동을 허용할 수 있으나, 이로 인하여 기초 구조물 자체와 상부 구조물에는 취성파괴 또는 좌굴이 발생하지 않아야 한다.

③ 기초 구조물과 그 주변의 지반에는 과다한 변형이 발생하지 않아야 하며, 지반의 액상화로 인하여 상부 구조물에 중대한 결함이 발생하지 않아야 한다.

VE   토목구조기술사 합격 바이블 개정판 2권 제5편 교량계획 및 설계 p.1702

설계 VE에 있어 단계별(준비단계, 분석단계, 실행단계) 과업 수행 중 분석단계를 설명하시오.

풀 이

▶ 개요

설계 VE는 수요자가 요구하는 품질, 소정의 성능, 신뢰성, 안전을 유지하면서 적용공법, 설비나 자재, 서비스, 절차 등으로부터 불필요한 COST를 찾아내어 제거하는 과정으로 해당교량의 계획과 설계, 시공, 유지관리, 해체 및 폐기까지 소요되는 전 생애 기간 동안 발생하는 총비용인 생애주기비용(LCC)을 고려하여 경제적인 대안을 선정하는 과학적인 공사관리 기법으로 국내에서는 건설관리법에 따라 100억 원 이상인 공사에 대해 필수적으로 적용하도록 하고 있다.

▶ 설계 VE의 분석단계

분석단계에서는 설계대안에 대한 아이디어 창출과 평가를 통해 대안을 마련하는 단계로 가치에 대한 분석과 평가를 수행하고 AHP기법이나 Matrix 방법 등을 통해 성능 수준에 대한 평가로 대안을 선정하고 구체화하는 단계를 진행한다.

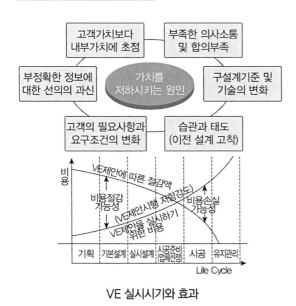

VE 실시시기와 효과

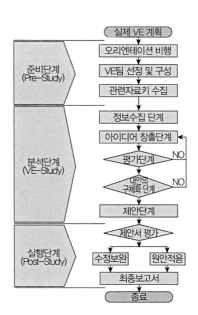

5) 대안별 형식검토

	검토1안	검토2안
생 애 주 기 비 용 (백 만 원)	4,905	3,291
상 대 절 감 액 (백 만 원)	–	1,613
상 대 L C C	1.49	1.00

6) 대안의 VE평가

□ 평가기준

- 항목항목별 비교안의 등급(RANK) 결정은 장단점 분석 및 분야별 전문가 의견조사를 통한 상대적 평가 수행
- 각 평가항목당 등급은 10단계의 등급으로 평가
- 평가항목의 가중평가치를 합산하여 종가중평가치 산정 ⇒ Σ등급×가중치 = 종가중평가치
- 종가중평가치×0.1 = 설계성능점 수(P)

■ Caltrans의 10점 평가

1	2	3	4	5	6	7	8	9	10
치명적임	문제많음	아주불리	불 리	약간문제	이점없음	보 통	우 수	매우우수	탁 월

□ 가중비교 매트릭스(Weighted Comparison Matrix)

평가항목	가중치 (①)	검토1안		검토2안	
		등급(②)	점수(①×②/10)	등급(②)	점수(①×②/10)
계 획 성	12	7	8.4	8	9.6
안 정 성	13	10	13.0	8	10.4
시 공 성	13	10	13.0	8	10.4
유 지 관 리 성	13	10	13.0	8	10.4
내 구 성	13	10	13.0	10	13.0
민 원 성	23	4	9.2	7	16.1
환 경 성	13	10	13.0	9	11.7
Performance DIAGRAM					
설계성능점수(P)	82.6			81.6	
LCC 상대비(C)	1.49			1.00	
가치지수(V=P/C)	55.4			81.6	
최적안				◎	

VE평가 예

1) 가치평가

① 기능의 분석(Fast Diagram) : 설계의 목적을 정확히 파악하기 위한 기능계통도 작성
② 가치의 평가(Function/Cost)

비용 절감형 $V=\dfrac{F\rightarrow}{C\downarrow}$	본래의 기능수준을 유지하면서 대상물에 포함되어 있는 불필요, 중복, 과잉기능을 찾아내 제거함으로써 동일한 기능수준을 유지하면서도 비용을 절감하는 가치향상 유형
기능 향상형 $V=\dfrac{F\uparrow}{C\rightarrow}$	재료 변경, 제작방법의 변경 등을 통해 원가 상승 없이 제품의 기능을 향상시켜 가치를 향상시키는 유형
가치 혁신형 $V=\dfrac{F\uparrow}{C\downarrow}$	기능을 향상시키면서도 비용은 절감시키는 가장 이상적인 가치향상 유형
기능 강조형 $V=\dfrac{F\uparrow}{C\uparrow}$	일부 비용이 증가되더라도 기능을 월등히 향상시킴으로써 가치를 향상시키는 유형

2) 성능분석 : 성능점수(F)의 추정

① 성능 수준 : 정량적인 평가를 위해 Matrix 방법, AHP 기법 등을 활용
② 성능평가 : VE팀을 통해 아이디어 도출하고 각 대안별 성능 달성도를 수치화

변위일치법   토목구조기술사 합격 바이블 개정판 1권 제1편 재료 및 구조역학 p.168

부정정보 해석방법 중 변형일치법(변위일치법)을 설명하시오.

풀 이

▶개요

변위일치법(응력법)은 부정정력을 선택하여 Redundant Force로 가정하여 정정 구조물에 대한 변위와 부정정력에 의한 변위를 평형방정식과 적합조건을 이용하여 연립방정식으로 부정정력을 산정하는 방법이다.

▶변위일치법

부정정력을 미지수로 택하기 때문에 응력법에 속하며 처짐에 대해 겹침의 원리가 적용되어 보, 라멘, 트러스, 아치 등의 부정정 구조물의 해석이 적용되며, 하중, 지점침하, 온도변화, 부재제작 및 조립 시 발생오차 등 모든 원인에 의한 구조물의 내력을 해석하는 데 적용된다.

1) 1차 부정정 구조물 $\Delta_b = \Delta_{b0} + R_b\delta_{bb} = 0$

2) 부정정력 선택 원칙

① 가능하다면 구조물의 대칭을 이용하여야 한다.

② 가능한 한 하중으로 인한 영향이 구조물의 좁은 범위에 국한되도록 기본구조물을 선정한다.

처짐 방정식 토목구조기술사 합격 바이블 개정판 1권 제1편 재료 및 구조역학 p.40

휨강성(EI)과 보의 처짐의 상관관계를 설명하시오.

풀 이

▶개요

보의 처짐 방정식은 탄성해석상에서 미소변위 이론을 적용하여 $EIy'' = -M$로 유도된다. 따라서 처짐 y''은 휨강성(EI)와 반비례 관계에 있다.

▶휨강성(EI)과 보의 처짐의 상관관계 유도

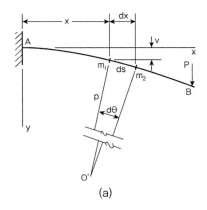
(a)

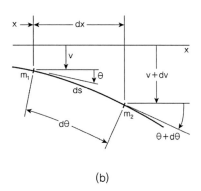
(b)

$$\text{Let, } \kappa = \frac{1}{\rho} \quad dx \approx ds = \rho d\theta \quad \therefore \kappa = \frac{1}{\rho} = \frac{d\theta}{dx}$$

중립축에서 y만큼 떨어진 임의의 위치에서 부재의 원래 길이를 l_1, 변형 후의 길이를 l_2라 하면,

$$l_1 = dx$$

$$l_2 = (\rho - y)d\theta = \rho d\theta - y d\theta = dx - y\left(\frac{dx}{\rho}\right)$$

$$\therefore \epsilon_x = \frac{l_2 - l_1}{l_1} = -y\left(\frac{dx}{\rho}\right)\frac{1}{dx} = -\frac{y}{\rho} = -\kappa y$$

$\sigma_x = E\epsilon_x = -E\kappa y$이므로,

$$\therefore M = \int \sigma_x y dA = \int y(-E\kappa y)dA = -\kappa E \int y^2 dA = -\kappa EI = -\frac{EL}{\rho}$$

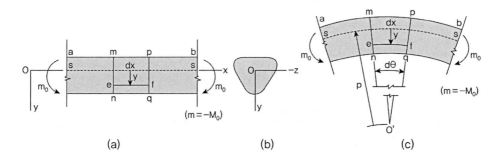

(a)   (b)   (c)

$\theta \approx \tan\theta = \dfrac{dv}{dx}$ 이므로,

$\kappa = \dfrac{1}{\rho} = \dfrac{d\theta}{dx} = \dfrac{d^2 v}{dx^2}$ (여기서 v는 처짐)

$\therefore M = - EI\dfrac{d^2 v}{dx^2} = - EIv''$ (보의 처짐곡선의 기본 지배 미분방정식)

따라서 보에서는 동일한 하중이 작용할 때 휨강성(EI)이 클수록 처짐이 작아지는 특성을 가진다.

설계압축강도

도로교설계기준(한계상태설계법)에서 규정하고 있는 설계압축강도를 설명하시오.

풀 이

➤ 개요

도로교설계기준(한계상태설계법)에서는 기존의 콘크리트의 압축강도에 재료의 계수 ϕ_c를 고려하여 설계압축강도를 정하도록 하고 있다.

➤ 도로교설계기준(한계상태설계법) 설계압축강도

휨부재의 극한한계상태에서 압축응력의 분포를 등가의 압축응력블록으로 환산할 때 사용되며, ϵ_{cu}에 해당하는 설계압축강도를 f_{cd}로 한다. 이때 콘크리트의 설계압축강도는 콘크리트의 재료계수 ϕ_c를 고려하여 정하도록 하고 있다.

$$f_{cd} = 0.85\phi_c f_{ck}$$

여기서 ϕ_c는 재료계수(정상설계상황에서 0.65, 지진 등 극단상황에서 1.0 적용)

0.85는 유효계수(RC 휨부재에 적용 0.85, 무근콘크리트 또는 경량보강콘크리트는 0.80)

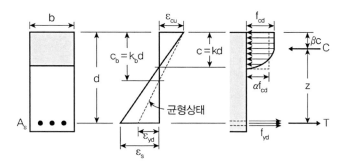

휨부재의 극한한계상태 단면 변형률과 응력분포

따라서 극한한계상태에서 연단응력이 설계압축강도 f_{cd}일 때 압축합력 크기 C는 다음과 같이 산정된다.

$$C = \alpha f_{cd} kbd \quad (\text{여기서 } k = c/d, \text{ 중립축 깊이 비})$$

휨부재의 극한한계상태에서 한계변형률과 합력 무차원 계수 값

f_{ck}(MPa)	보통강도 콘크리트							고강도 콘크리트				
	18	21	24	27	30	35	40	50	60	70	80	90
ϵ_{cu}(‰)				3.3				3.2	3.1	3.0	2.9	2.8
α				0.80				0.78	0.72	0.67	0.63	0.59
β				0.41 (0.4)				0.40	0.38	0.37	0.36	0.35
γ				0.97 (1.0)				0.97	0.95	0.91	0.87	0.84

내부 모멘트 팔길이 z는 $\quad z = d - \beta c = d - \beta k d = (1 - \beta k)d$

따라서 설계휨강도 M_d는

$$M_d = Cz = \alpha f_{cd} k (1 - \beta k) b d^2 = \alpha (0.85 \phi_c f_{ck}) k (1 - \beta k) b d^2$$

교명판

교명판(설명판 포함)에 기재할 내용을 설명하시오.

풀 이

▶ **개요**

교명판은 장래의 교량에 관해 보수, 보강, 유지보수 등에 참고하기 위해 설치한다. 제목과 내용은 시인성 확보하기 위해 판과 다른 색으로 칠하는 것으로 하며, 교량에 대한 제원과 설계하중, 공사기간 등을 포함한다. 설계, 시공, 감리, 준공 검사자에 대한 기록을 하도록 하고 있다.

▶ **교명판 기재내용(도로교설계기준 2016)**

교명판(설명판)

총 장		교 폭	
설 계 하 중			
공 사 기 간			
발 주 자		시 공 자	
설 계 자		설계책임자	
감 리 원		공사감독자	
현장대리인		준공검사자	

말뚝기초

말뚝기초의 등가정적 해석 시 만족하여야 하는 기본사항을 설명하시오.

풀 이

> **개요**

기초 구조물의 내진해석은 등가정적 해석방법과 동적해석방법 등을 사용한다. 보수적인 결과를 위해 주로 등가정적 해석방법을 사용한다. 등가정적 해석방법은 지진하중을 등가의 정적하중으로 고려한 후 정적 설계법과 동일한 방법을 적용하여 구조물의 내진 안정성을 평가하는 방법이다. 지진하중은 주로 수평방향이 재배적이므로 상부 구조체 도심에 수평하중을 발생시킨다. 이 수평 지진하중에 의해 기초 바닥면에는 전단력과 모멘트가 발생하고 연직하중은 정적하중보다 증가하거나 감소하게 된다. 등가정적 해석을 수행할 경우 지지력 등에 대한 안전율은 정적설계보다 작은 값을 적용한다.

> **등가정적 해석 시 만족하여야 하는 기본사항**

1) 말뚝기초의 등가정적 해석에서는 기초지반과 상부구조물의 특성을 고려하여 지진하중을 말뚝머리에 작용하는 등가정적하중으로 환산한 후 정적 해석을 수행하여야 한다. 이때 구조물의 평형조건을 만족하도록 지진 시 기초의 지진하중, 즉 연직반력, 수평반력 및 모멘트를 결정한다.

2) 등가정적하중을 말뚝머리에 작용시키고 군말뚝 해석을 수행하여 각 말뚝에 작용하는 하중을 산정한다. 이때 가장 큰 하중을 받는 말뚝을 내진성능평가를 위한 말뚝으로 선정하고 등가정적 해석을 수행한다. 무리말뚝 해석 및 단일말뚝 해석을 수행하기 위하여 말뚝의 강성, 말뚝단면 및 무리말뚝의 배열에 대한 정보와 지층구성, 지반강도 변형 특성과 같은 지반정보가 필요하다. 다만 단일말뚝의 경우 등가정적 해석단계를 바로 고려한다.

3) 내진성능평가 대상말뚝에 대해서는 말뚝 본체 및 두부의 응력 또는 단면력, 말뚝의 변위량 및 모멘트를 검토한다. 말뚝에 축직각방향 하중과 휨모멘트가 작용할 때 말뚝에 발생하는 최대 모멘트는 말뚝머리가 자유인 경우에는 말뚝 중간에서 최대 모멘트가 발생하고 고정인 경우에는 말뚝 중간에서 발생한 최대모멘트보다 큰 말뚝머리 모멘트가 발생할 수 있다. 말뚝에 발생한 최대모멘트가 계산되면 말뚝의 응력은 다음과 같다.

$$\sigma = \frac{M_{\max}}{I}r$$

시설물 구분

'시설물의 안전 및 유지관리에 관한 특별법' 및 시행령에서는 1종 시설물 및 2종 시설물에 대하여 규정하고 있다. 다음 도로 교량은 몇 종 시설물에 해당되는지 설명하시오.

1) 지간 L=2@50=100m인 강합성형 교량

2) 지간 L=2@45+3@40+2@45=300m인 개량형 PSC 교량

풀 이

➤ 개요

시특법상에서 1종 시설물과 2종 시설물은 다음과 같이 규정하고 있다.

구분	1종 시설물	2종 시설물
도로 교량	• 교량의 상부구조형식이 현수교·사장교·아치교·트러스교인 교량 • 최대 경간장 50m 이상의 교량(한 경간 교량 제외) • 연장 500m 이상의 교량 • 폭 12m 이상으로서 연장 500m 이상인 복개구조물	• 최대 경간장 50m 이상인 한 경간 교량 • 연장 100m 이상의 교량 • 폭 6m 이상이고 연장 100m 이상인 복개구조물
철도 교량	• 고속철도 교량 • 도시철도의 교량 및 고가교 • 트러스교, 아치교, 연장 500m 이상의 교량	연장 100 m 이상의 교량

➤ 시설물 구분

1) 지간 L=2@50=100m인 강합성형 도로 교량 : 최대 경간장 50m 이상의 교량(한 경간 교량 제외)으로 1종 시설물에 해당된다.

2) 지간 L=2@45+3@40+2@45=300m인 개량형 PSC 도로 교량 : 연장 100m 이상의 교량으로 2종 시설물에 해당된다.

성능평가와 안전진단

성능평가와 안전점검·진단의 차별성과 연계성에 대하여 설명하시오.

풀 이

▶ **개요**

주요 사회기반시설은 구조물의 중요도에 따라 정기점검 및 정밀점검 등 안전점검을 받도록 관련법에서 규정하고 있으며, 안전점검 및 진단 결과에 따라 정밀한 안전진단을 하는 경우 점검결과에 따라 안전등급을 부여하여 보수·보강을 하도록 하고 있다. 성능평가는 안전등급을 부여하는 과정에서 구조물의 성능이 원래 고유의 목적을 유지하기 위해 적절한지 여부를 평가하는 것으로 성능이 부족할 경우 보수·보강을 통해 구조물의 원래 취지에 부합되는 구조물이 되도록 하여야 한다.

▶ **성능평가와 안전점검·진단**

1) **안전점검 및 진단** : 구조물은 시간이 경과함에 따라 여러 원인에 의해 성능 저하가 발생되어 구조물 원래의 기능을 발휘하지 못하는 경우가 있다. 이런 성능이 저하된 구조물의 현재 상태를 점검하고 평가하여 구조물의 잔존수명을 예측하는 등의 작업을 안전진단이라고 한다. 구조물의 안전진단은 기존 구조물의 기능을 보전, 향상시키고 부분적인 기능을 갱신하기 위한 조치를 위하여 필요하다.

시설	교량	터널	하천
중대 결함	• 주요 구조부위 철근량 부족 • 주형(거더)의 균열 심화 • 철근콘크리트 부재의 심한 재료 분리 • 철강재 용접부의 불량 용접 • 교대·교각의 균열 발생	• 벽체균열 심화 및 탈락 • 복공부위 심한 누수 및 변형	수문의 작동 불량

시설	댐	건축물	항만
중대 결함	• 물이 흘러넘치는 부분의 콘크리트 파손 및 누수 • 기초지반 누수, 파이핑 및 세굴 • 수문의 작동 불량	• 조립식 구조체의 연결 부실로 인한 내력 상실 • 주요 구조부재의 과다한 변형 및 균열 심화 • 지반침하 및 이로 인한 활동적인 균열 • 누수·부식 등에 의한 구조물의 기능 상실	• 갑문시설 중 문비작동시설 부식 노후화 • 갑문 충·배수 아키덕트 시설의 부식 노후화 • 잔교·시설 파손 및 결함 • 케이슨구조물의 파손 • 안벽의 법선변위 및 침하

시설	댐	건축물	항만
중대 결함	• 물이 흘러넘치는 부분의 콘크리트 파손 및 누수 • 기초지반 누수, 파이핑 및 세굴 • 수문의 작동 불량	• 조립식 구조체의 연결부실로 인한 내력상 실 • 주요 구조부재의 과다한 변형 및 균열 심화 • 지반침하 및 이로 인한 활동적인 균열 • 누수·부식 등에 의한 구조물의 기능상실	• 갑문시설 중 문비작동시설 부식 노후화 • 갑문 충·배수 아키덕트 시설의 부식 노후화 • 잔교·시설 파손 및 결함 • 케이슨구조물의 파손 • 안벽의 법선변위 및 침하

2) **성능평가** : 구조물의 공용 중에 필요한 성능을 만족하는지 여부에 대한 평가로 교량의 경우 내하력 평가나 내진성능평가 등을 예로 들 수 있으며, 요구 성능을 만족하지 못할 경우에는 보수·보강을 실시한다. 내하력 평가의 경우 외관조사와 설계도서의 검토에서부터 시작하여 재하시험, 비파괴시험 등을 통해 합리적 모델링을 하고 구조해석을 통해 공용 내하력을 결정하게 된다. 산정된 공용 내하력을 통해 구조물의 성능에 대해 평가한다.

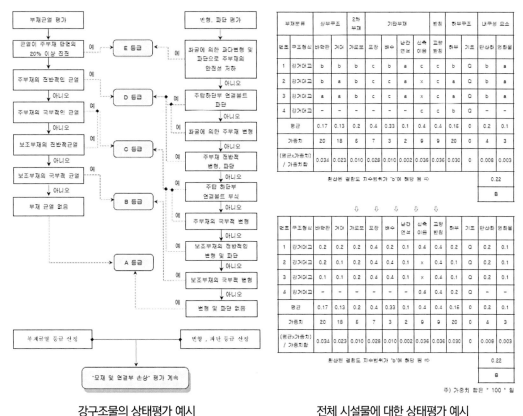

강구조물의 상태평가 예시   전체 시설물에 대한 상태평가 예시

➤ 성능평가결과에 따른 보수·보강

성능평가결과 보수·보강이 필요한 구조물에 대해 즉각적인 보수보강이 어렵거나 한정된 예산으로 활용되어야 하는 경우에는 보수·보강 구조물에 대해 우선순위를 결정하여 실시한다. 내진성능평가의 경우에는 지진도, 취약도, 영향도를 산정하여 기존교량을 '내진보강 핵심교량', '내진보강 중요교량', '내진보강 관찰교량', '내진보강 유보교량'의 내진등급으로 그룹화하고, 성능평가결과에 따라 우선순위를 정해 추진하였다.

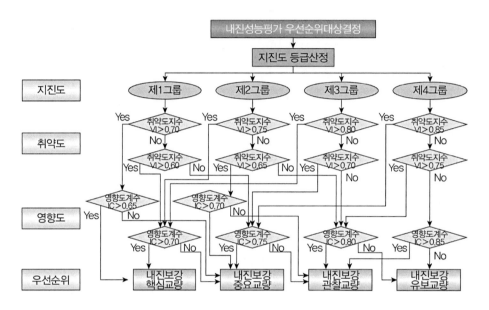

FCM   토목구조기술사 합격 바이블 개정판 2권 제5편 교량계획 및 설계 p.1881

FCM(Free Cantilever Method)교량에 사용되는 교각의 종류와 특징에 대하여 설명하시오.

풀 이

> ## 개요

FCM공법은 기 시공된 교각에 주두부를 시공하고 여기에 작업차를 설치하여 교각을 중심으로 좌우의 균형을 맞추어 가며 3~5m 길이의 세그멘트를 순차적으로 이어 붙여나가는 공법이다. 따라서 FCM공법은 교각을 중심으로 가설되기 때문에 가설 중의 불균형 모멘트에 대한 안전성 확보가 중요하며, 불균형 모멘트에 대해 교각이 저항하는 방식에 따라서 구분된다.

> ## FCM(Free Cantilever Method)교량에 사용되는 교각의 종류와 특징

구분	모멘트 저항교각 (Moment Resisting Pier)	연성 양주교각 (Piers with Twin Flexible Legs)	연성 단주교각 (Single Flexible Pier)
개요	• 캔틸레버 시공 중 불균형 모멘트를 주두부가 위치하는 1개의 교각 강성으로 저항하는 교각 • 교각의 단면이 크며 가장 많이 사용	강성이 비교적 작은 2개의 기둥구조로 된 교각형태로 캔틸레버부의 시공 중 및 시공 후의 교축방향 수평력이 양주의 연성으로 조절되어 교각상단과 상부구조 접합부 응력 집중 방지(강결구조와 받침구조)	강성이 비교적 작은 1개의 교각을 주두부에 설치하는 교량형태
특징	교각의 높이는 낮지만 교각 강성이 큰 모멘트 저항교각을 사용한 연속라멘교의 경우 건조수축, 크리프, 온도변화에 의한 부피변화와 PS에 의한 2차 응력의 영향으로 교각과 상부구조 접합부에 큰 응력 발생(접합부 균열) → 연속거더교 형식(가설고정장치나 가지주 설치 필요)	• 두 개의 지지점이 있으므로 수직하중에 대해서 효과적 • 수평연성이 크므로 연속교의 신축에 보다 효과적으로 대응 • 간단한 브레이싱 등으로 캔틸레버 시공 중 안정성 확보 • 교축방향 이동량에 대하여 교각 연성으로 흡수 • 경사진 양주는 휨모멘트 감소, 힌지구조로 결합되거나 양주의 부재축이 기초면에 수렴하면 휨모멘트 상쇄(아치효과) • 교각의 강성이 비교적 작으므로 전체구조 및 시공 중인 구조에 대한 안정성과 국부좌굴에 대한 검토 필요	• 강성이 작기 때문에 시공 중 불균형 모멘트 저항을 위한 가지주 설치 필요 • 교각 높이가 큰 연속라멘교에 적합 • 미국에서는 속찬단면이 경제적인 것으로 인식하고 있으며 유럽에서는 중공단면이 효과적이고 경제적인 것으로 여김 • I형과 H형 단면 사용 시 비틀강성이 작으므로 가설하중(풍하중)에 대한 상부구조 변형을 제한시켜야 함

FCM은 주두부를 기준으로 균형을 맞추어 나가기 때문에 한쪽 캔틸레버의 고정하중이 너무 크거나 이동식 운반건설장비 하중과 충격하중, 인양순서의 과오, 풍하중 등 불균형 모멘트 하중이 발생되기 쉽기 때문에 불균형 모멘트 저항방식에 따라 교각의 종류를 구분할 수 있다. 저항하는 방식에

따라 모멘트 저항교각, 연성 양주교각, 연성 단주교각으로 구분된다.

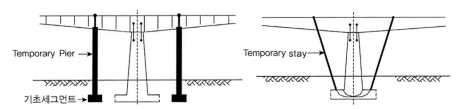

모멘트 저항교각 : 가설고정 지주 설치

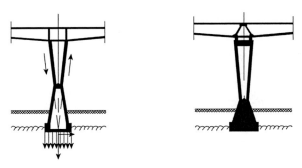

연성 양주 교각 : 강결구조와 받침구조

단주 기둥 토목구조기술사 합격 바이블 개정판 1권 제2편 RC p.785

다음 그림과 같은 단주기둥에서 1) 중립축 위치를 도시하고 2) 최대압축/인장응력을 구하시오. 단, $e_x = 9\text{cm}$, $e_y = 5\text{cm}$이다.

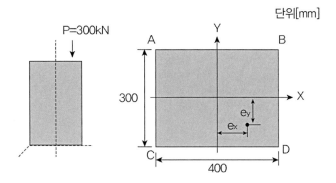

▶ 개요

압축력과 x, y축 편심에 의한 휨모멘트의 합력을 고려한 응력이 0이 되는 중립축을 산정하고 이에 따라 최대 응력을 산정한다.

▶ 단면계수 및 편심모멘트 산정

$$A = 300 \times 400 = 120,000\text{mm}^2$$
$$I_x = 300^3 \times 400/12 = 9 \times 10^8 \text{mm}^4$$
$$I_y = 300 \times 400^3/12 = 16 \times 10^8 \text{mm}^4$$
$$M_x = P \times e_y = 300 \times 50 = 15,000\text{kNmm}$$
$$M_y = P \times e_x = 300 \times 90 = 27,000\text{kNmm}$$

▶ 중립축 산정

$$\sigma_z = \frac{P}{A} + \frac{M_x}{I_x}y - \frac{M_y}{I_y}x = 0 \ ; \ \frac{-300,000}{120,000} + \frac{15,000 \times 1,000}{9 \times 10^8}y - \frac{27,000 \times 1,000}{16 \times 10^8}x = 0$$

$$\therefore \ y = \frac{81}{80}x + 150$$

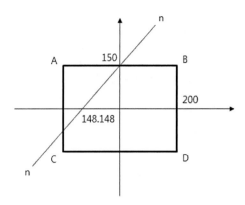

➤ 최대 압축·인장 응력

1) A점

$$\sigma_A = \frac{-300,000}{120,000} + \frac{15,000 \times 1,000}{9 \times 10^8}(150) - \frac{27,000 \times 1,000}{16 \times 10^8}(-200) = 3.375\text{MPa(T)}$$

2) B점

$$\sigma_B = \frac{-300,000}{120,000} + \frac{15000 \times 1000}{9 \times 10^8}(150) - \frac{27,000 \times 1000}{16 \times 10^8}(200) = -3.375\text{MPa(C)}$$

3) C점

$$\sigma_C = \frac{-300,000}{120,000} + \frac{15,000 \times 1,000}{9 \times 10^8}(-150) - \frac{27,000 \times 1,000}{16 \times 10^8}(-200) = -1.625\text{MPa(C)}$$

4) D점

$$\sigma_D = \frac{-300,000}{120,000} + \frac{15,000 \times 1,000}{9 \times 10^8}(-150) - \frac{27,000 \times 1,000}{16 \times 10^8}(200) = -8.375\text{MPa(C)}$$

∴ 최대압축 D점 8.375MPa, 최대인장 A점 3.375MPa

기둥해석

토목구조기술사 합격 바이블 개정판 1권 제2편 RC p.785

그림과 같은 단면의 철근콘크리트 띠철근 기둥(단주)에 축하중 P_u가 편심거리 $e_x = 360mm$인 위치에 작용할 경우, 이 기둥의 설계 축강도 P_d 및 설계휨강도 M_d를 도로교설계기준 한계상태설계법(2012)에 의해 구하시오. 단, $f_{ck} = 30MPa$, $f_y = 400MPa$, D29의 철근 1개의 단면적 $A_s = 642.4mm^2$, $E_s = 2.0 \times 10^5 MPa$, $\phi_c = 0.65$, $\phi_s = 0.95$, $\alpha = 0.8$, $\beta = 0.40$이다.

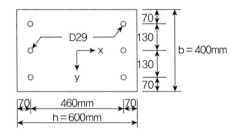

풀 이

➤ **개요**

압축과 인장철근 모두 항복한다고 가정한다.

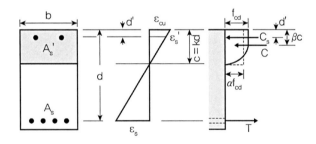

➤ **설계강도 산정**

$$C_c = \phi_c \alpha_{cc} f_{ck} ab = 0.65 \times 0.85 \times 30 \times (2 \times 0.4 \times c) \times 400 = 5304c\,N$$

$$C_s = \phi_s A_s' f_y = 0.95 \times (3 \times 642.4) \times 400 = 732336N$$

$$T = \phi_s A_s f_y = 732336N$$

$$P_d = C_c + C_s - T = C_c = 5304c\,N$$

$$M_d = C_c \times (300 - 0.4c) + C_s \times (300 - 70) + T \times (530 - 300)$$

$$\therefore \ e = \frac{M_d}{P_d} = 360 \ ; \ c = 330.473 \mathrm{mm}$$

$$\epsilon_s = \frac{530 - c}{c} \times 0.0033 = 0.001992 \fallingdotseq \epsilon_y = 0.002 \qquad \mathrm{O.K}$$

$$\epsilon_s' = \frac{c - 70}{c} \times 0.0033 = 0.002601 > \epsilon_y = 0.002 \qquad \mathrm{O.K}$$

$$\therefore \ P_d = 1752.8 \mathrm{kN}, \ M_d = P_d \times e_x = 631.379 \mathrm{kNm}$$

스프링 해석   토목구조기술사 합격 바이블 개정판 1권 제1편 재료 및 구조역학 p.282

그림과 같은 등분포하중을 받는 보에서 A, B, C점에서 같은 반력을 받도록 스프링 계수 k를 구하시오. 단, EI는 일정하다.

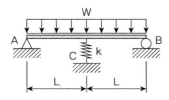

풀 이

▶ 개요

1차 부정정 구조물에 대해서 에너지의 방법(최소일의 원리) 또는 변위일치법을 통해 풀이할 수 있다. 최소일의 원리를 이용하여 풀이한다. 스프링력을 부정정력 F로 치환하여 고려한다.

$$R_A = wL - \frac{F}{2} \ (\uparrow)$$

$$M_x = R_A x - \frac{wx^2}{2} = \left(wL - \frac{F}{2}\right)x - \frac{wx^2}{2}$$

▶ 에너지의 방법

$$U = 2 \times \int_0^L \frac{M^2}{2EI}dx + \frac{F^2}{2k}, \quad \frac{\partial U}{\partial F} = 0 \ ; \quad \therefore F = \frac{5wkL^4}{4(6EI + kL^3)}$$

$$R_A = R_B = F \ ; \ wL - \frac{1}{2}\left(\frac{5wkL^4}{4(6EI + kL^3)}\right) = \frac{5wkL^4}{4(6EI + kL^3)} \quad \therefore k = \frac{48EI}{7L^3}$$

옹벽 해석 　　　　　　　　　　　　　　　토목구조기술사 합격 바이블 개정판 1권 제2편 RC p.826

여름철 집중호우로 인해 옹벽이 전도되면서 무너지는 사고가 발생하고 있다. 다음 물음에 답하시오. 단, 흙의 내부마찰각 $\phi = 30°$, 흙의 단위중량 $\gamma = 18\text{kN/m}^3$, 흙의 포화단위중량 $\gamma_{sat} = 20\text{kN/m}^3$, 물의 단위중량 $\gamma_w = 10\text{kN/m}^3$이다.

1) 그림 (a)에서 옹벽 하단 A점에서의 전도모멘트를 구하시오.
2) 그림 (b)와 같이 지하수위가 지표면까지 올라왔을 때 옹벽하단 A점에서의 전도모멘트를 구하시오.
3) 옹벽의 설계 및 시공 시 유의할 사항을 설명하시오.

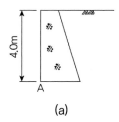

(a)

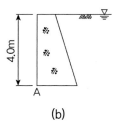

(b)

풀 이

➤ 전도모멘트 산정

1) 그림 (a)

벽체의 자중을 W라 하고, A점에서 W 중심까지 거리를 d라고 한다.

$$K = \frac{1 - \sin\phi}{1 + \sin\phi} = \frac{1}{3}, \quad \sigma_h = K\gamma H = 24\text{kN}, \quad P_H = \frac{1}{2}K\gamma H^2 = 48\text{kN}$$

$$\therefore M_A = P_H \times \frac{H}{3} - W \times d = 64 - Wd$$

2) 그림 (b)

벽체의 자중을 W라 하고, A점에서 W 중심까지 거리를 d라고 한다. 지하수위가 지표면까지 상승하여 포화되었고, 지하수는 배수되지 않아서 구조체에 수압이 작용하는 것으로 가정한다.

$$\sigma_h = K\gamma_{sat}H = 26.67\text{kN}, \quad P_H = \frac{1}{2}K\gamma_{sat}H^2 = 53.33\text{kN}, \quad P_w = \frac{1}{2}\gamma_w H^2 = 80\text{kN}$$

$$\therefore M_A = (P_H + P_w) \times \frac{H}{3} - W \times d = 151.1 - Wd$$

▶ 옹벽의 설계 및 시공 시 유의할 사항

옹벽은 내적인 안정성(Internal stability)인 구조물의 전단(shear force), 휨모멘트(bending moment)에 대한 안정성 확보와 함께, 활동(sliding) 침하(settlement) 전도(overturning) 지지력(bearing capacity)에 대한 외적 안정성(External stability) 확보도 만족되어야 한다. 주어진 문제에서 옹벽 주변에 충분한 배수가 되지 않을 경우에는 단위중량의 상승으로 옹벽이 전도되는 사고가 발생될 수 있으며, 설계 시에는 전도 휨모멘트의 2배 이상 저항하도록 규정하고 있으나, 배수시설이 적절하게 설치될 수 있도록 검토하여야 하며, 시공 시에도 배수시설 주변에 뒷채움재 등이 충분히 배수가 될 수 있도록 처리하고 배수시설 주변이 막히지 않도록 주의해서 시공하여야 한다.

곡선교　　　　　　　　　　　토목구조기술사 합격 바이블 개정판 2권 제5편 교량계획 및 설계 p.1713

교량의 상부구조 형식 중 박스 거더(Box Girder)가 곡선교 적용에 유리한 이유를 설명하시오.

풀 이

▶ **개요**

곡선교의 특성상 비틀림모멘트가 발생하며 편심으로 부반력과 전도 방지 대책에 대한 검토가 수반되어야 한다. 특히 단 경간 곡선교는 Ramp교에 많이 적용되는 사례가 많으며 Ramp교에서는 부반력 및 전도로 인한 문제가 발생되는 사례가 있다. 다음은 일반적으로 곡선교 계획 시에 고려되어야 할 주요 사항이다.

주요 사항	단면형식	비틀림모멘트	부반력	전도 방지	받침 배치
내용	비틀림 강성비	비틀림(Torsion)과 뒤틀림(Warping)	부반력 발생 여부 부반력 대책	전도 방지 대책	부반력과 전도 방지를 위한 받침 배치

▶ **박스 거더(Box Girder)가 유리한 이유**

1) 비틀림 강성비 : 일반적으로 곡선교의 중심각에 따라 요구되는 비틀림 강성비가 다르고 강성비는 I형 병렬거더교 < 박스 거더 병렬교 < 단일박스 거더교 순서로 중심각에 따른 강성비가 증가하는 특성이 있어 박스 거더 형식이 더 유리한 특성을 갖는다.

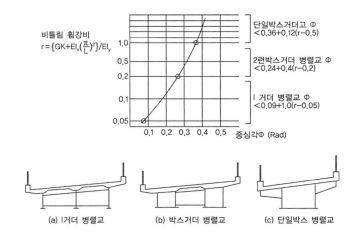

중심각이 5~15°에서는 I형 병렬거더교가 유리하고, 15~20°에서는 단일박스 거더교가 유리하다. 중심각이 25° 초과 시에는 설계에 무리가 있으며 5° 이하에서는 직선교에 가까워 곡률의 영향을 거의 받지 않는다.

2) **뒤틀림 저항력** : 박스형 단면은 큰 뒤틀림 저항성을 갖는 데 반해 I형 거더와 같은 개단면(Open Section)부재는 뒤틀림에 대한 저항성이 작다. 또한 박스형 거더의 경우에는 격벽(Diaphragm)을 일정 간격 설치하여 뒤틀림을 방지하고 있어 큰 문제가 발생하지 않지만 I형 거더와 같은 비틀림 저항력이 작고 플랜지 폭이 넓은 경우에는 무시할 수 없는 응력이 발생할 수 있다. 충실도가 큰 단면이나 박스형처럼 폐단면에서는 순수비틀림모멘트 쪽이 더 크고, I형 단면처럼 개단면의 박판에서는 뒴비틀림모멘트가 크며 그에 따른 응력도 커지게 된다. 이 두 가지 비틀림모멘트의 분담률은 다음의 비틀림 상수비 α의 크기에 의해 지배되며, 설계상에서는 뒤틀림 응력에 대한 고려 여부를 α를 기준으로 확인하도록 하고 있다.

$$\text{비틀림 상수비 } \alpha = l\sqrt{\frac{GK}{EI_w}}$$

여기서, G : 전단탄성계수, K : 순수비틀림 상수, E : 탄성계수, I_w : 뒴비틀림 상수, l : 지점간의 부재길이(mm)

① $\alpha < 0.4$: 뒴비틀림에 의한 전단응력과 수직응력에 대해서 고려한다.
② $0.4 \leq \alpha \leq 10$: 순수비틀림과 뒴비틀림 응력 모두 고려한다.
③ $\alpha > 10$: 순수비틀림 응력에 대해서만 고려한다.

휨모멘트와 순수비틀림 전단응력, 뒴비틀림 전단응력이 발생하는 단면에서는 허용응력설계법에서는 다음과 같이 합성응력을 검산해 안전성을 확보하도록 하고 있다.

$$\text{합성응력 검산 } f = f_b + f_w, \ v = v_b + v_s + v_w, \ f \leq f_a, \ v \leq v_a, \ \left(\frac{f}{f_a}\right)^2 + \left(\frac{v}{v_a}\right)^2 \leq 1.2$$

여기서, f_b : 휨응력, v_b : 휨에 의한 전단응력, v_s : 순수비틀림 전단응력, f_w : 뒴비틀림 수직응력, v_w : 뒴비틀림 전단응력, f_a, v_a : 허용인장응력과 전단응력

일반적으로 I형 단면 주거더에서는 α값이 0.4 이하, 박스 거더의 경우 30~100이다.

3) **부반력** : 곡선교에서는 평면사각이 작은 부분에서 부반력이 발생할 수 있으며 이를 고려하여 받침수 산정 및 받침위치를 선정해야 한다. 박스 거더의 경우 개단면에 비해 슈의 개수가 적어 부반력에 다소 유리하며, 단일 슈 사용이나 Out-rigger, Counter Weight의 사용도 가능하다.

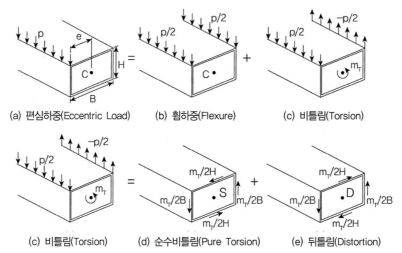

(a) 편심하중(Eccentric Load)　(b) 휨하중(Flexure)　(c) 비틀림(Torsion)

(c) 비틀림(Torsion)　(d) 순수비틀림(Pure Torsion)　(e) 뒤틀림(Distortion)

※ 편심하중((a), 하중 p와 편심 e의 구조물) 은 순수 휨 하중((b), 하중 p/2 양 단부 재하 구조물)와 e만큼의 편심으로 인한 비틀림((c),
양단부 p/2 짝힘, 비틀림)의 합력으로 표현될 수 있으며, 비틀림(c)는 다시 순수비틀림((d), 짝힘(p/2)으로 인해 발생되는 모멘트 m_T를
높이(H)와 폭(B)로 분산하여 전단면에 1/2의 전단력이 분포되는 순수비틀림)과 뒤틀림((e), 상하면은 1/2의 전단력이 순수비틀림 형상
과 상쇄하도록 하고, 벽면에서의 1/2의 전단력은 (d)와 합산되어 (c)와 같도록 분배된 뒤틀림력)으로 표현될 수 있다.

폐단면의 편심하중으로 인한 하중 분배

PSC 시공

하천을 횡단하는 지간 L = 2@45＋4@40＋2@45 = 340m인 개량형 PSC 거더교가 설계되어 교량시공을 하려고 한다. 단, 하천의 유심부에는 교량공사용 가교가 있으며 교각마다 축도가 있다.

1) 개량형 PSC 거더교 시공순서
2) 귀하가 설계책임기술자로서 교량의 안전한 시공을 위해 검토해야 할 사항

풀 이

▶ 개요

하천을 횡단하는 교량은 하천유량을 고려한 경간장과 홍수위를 고려한 교량 밑 다리공간의 확보 등 설계 시 고려사항과 함께 공사 시에는 사전에 하천점용허가를 통해 홍수기 등을 피해 가교의 사용 시기를 결정하고 환경오염이 발생하지 않도록 사전에 방지망 설치 등의 조치가 필요하다.

▶ 개량형 PSC 거더교 시공순서

일반적으로 PSC 교량은 가설구간 인근에 제작대를 설치하여 거더를 제작하여 양생하며, 이후 강연선 설치와 인장작업 및 운반과 가설, 상부 포장, 교면포장의 순서에 따라 거더교를 시공한다. 개량형 PSC 교에서 2차 긴장을 하는 거더교의 경우에는 거더를 거치한 후에 2차로 긴장작업을 실시하기도 한다.

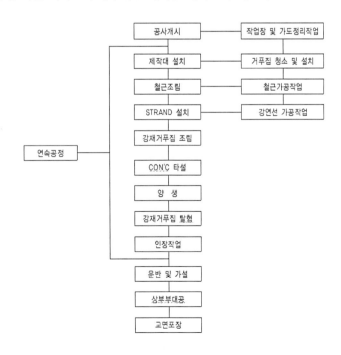

▶ 안전한 시공을 위한 검토사항

1) **제작장 선정** : PSC 거더교 제작 중 지반의 부등침하가 발생하지 않아야 하며, 충분한 지지력을 갖으면서, 제작된 거더의 반출이 용이하고 홍수위 이상의 지형에 설치되어야 한다.

2) **강연선과 철근 등 자재 보관** : 외부나 지면에 강연선과 철근이 직접 노출되면 부식 등이 발생될 수 있으며, 강연선의 경우 높은 응력을 받기 때문에 작은 점식에서도 수소취화 등의 문제점이 발생될 수 있다. 따라서 강연선과 같은 자재는 별도의 보관 장소를 선정하도록 하여야 한다.

3) **양생관리** : 거더의 양생 시에는 온도에 따라 증기양생 등을 고려해 급격한 온도변화로 손상이 발생되지 않도록 해야 한다.

| PSC 제작장 선정 | 증기양생 | 강연선 긴장 |

4) **강연선의 인장** : 급작스럽게 큰 인장력을 줄 경우 파열력, 할렬력 등으로 인해 균열이 발생될 수 있으므로 단계적으로 강연선의 인장을 수행해 콘크리트에 균열이 발생되지 않도록 관리해야 하며 이때 솟음량과 그라우팅관리도 기준 이내에 들도록 해야 한다.

5) **거치 크레인의 용량 등 검토** : 크레인은 용량을 고려하여 선정하여야 하며, 이때 크레인의 붐대의 각도에 따른 용량과 작업 반경 등을 확인하여야 한다. 또한 크레인의 지지력 확보를 위해 충분한 지지력이 나오는 곳에서 크레인을 거취하고 지지면을 확보해 전도되는 사고가 발생되지 않도록 해야 한다.

6) **거더의 전도 방지** : PSC 거더교는 폭에 비해 높이가 크므로 가설 중 전도될 수 있으므로 전도 방지 시설 등을 설치하여 가설 중 거더가 전도되지 않도록 관리해야 한다.

7) **홍수기 하천유량 등** : 가도, 축도, 가교 설치 기간 중 홍수기가 있는 경우 충분한 유수단면적 등을 확보하여 유실 등이 발생되지 않도록 사전에 관리한다.

8) **환경 및 안전관리** : 하천 환경오염 등을 방지하기 위해 오탁방지망 등을 설치하고 공사관계자에 대한 안전교육 등을 관리한다.

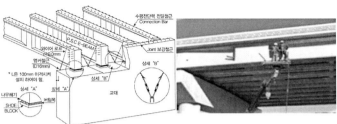

PSC 거더의 거취   PSC 전도 방지 시설   강연선 2차 긴장

트러스   토목구조기술사 합격 바이블 개정판 1권 제1편 재료 및 구조역학 p.405

다음 그림과 같은 트러스 구조물의 DF부재력을 구하시오.

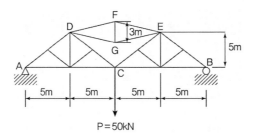

풀 이

▶ 개요

정정구조물이므로 절점법을 이용한다.

▶ 부재력 산정

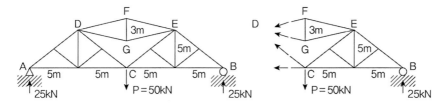

$$\sum M_D = 0 \; ; \; F_{CA} \times 5 + 50 \times 5 - 25 \times 15 = 0 \qquad \therefore F_{CA} = 25\text{kN (T)}$$

C점에서 수직, 수평 합력은 0이므로,

$$F_{CD} = F_{CE}, \; \frac{1}{\sqrt{2}}(F_{CD} + F_{CE}) = 50 \quad \therefore F_{CD} = F_{CE} = 25\sqrt{2}\,\text{kN (T)}$$

왼쪽 트러스에서 수직, 수평 합력은 0이므로,

$$\sum F_x = 0 \; ; \; F_{DF}\left(\frac{5}{\sqrt{5^2 + 1.5^2}}\right) + F_{DG}\left(\frac{5}{\sqrt{5^2 + 1.5^2}}\right) + 25\sqrt{2} \times \left(\frac{1}{\sqrt{2}}\right) + 25 = 0$$

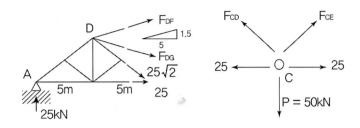

$$\sum F_y = 0 \; ; \; F_{DF}\left(\frac{1.5}{\sqrt{5^2 + 1.5^2}}\right) - F_{DG}\left(\frac{1.5}{\sqrt{5^2 + 1.5^2}}\right) - 25\sqrt{2} \times \left(\frac{1}{\sqrt{2}}\right) + 25 = 0$$

$$\therefore \; F_{DF} = F_{DG} = -26.1\text{kN (C)}$$

스프링 해석 　　　　　　　　　　토목구조기술사 합격 바이블 개정판 1권 제1편 재료 및 구조역학 p.311

다음 그림과 같은 구조물에서 AB부재가 수평이 될 때 다음을 구하여라. 단, k_C=50N/cm, k_D=30N/cm, k_E=20N/cm, CD와 DE의 거리는 각각 1m이다.

1) C, D, E점의 반력

2) P하중의 작용위치 x를 구하시오.

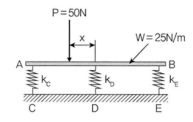

풀 이

> **개요**

1차 부정정 구조물로 변위일치의 방법이나 에너지법을 이용하여 풀이할 수 있다.

> **변위일치의 방법**

$$\delta_1 = \delta_2 = \delta_3,\ \frac{F_1}{k_1} = \frac{F_2}{k_2} = \frac{F_3}{k_3},\ F_1 + F_2 + F_3 = 100$$

$$\therefore F_2 = \frac{k_2}{k_1}F_1 = 0.6F_1,\ F_3 = \frac{k_3}{k_1}F_1 = 0.4F_1 \quad \therefore 2F_1 = 100^{kN}$$

$$\therefore F_1 = 50\text{kN},\ F_2 = 30\text{kN},\ F_3 = 20\text{kN}$$

$$\sum M_D = 0\ :\ Px - F_1(1000) + F_3(1000) = 0 \quad \therefore x = 600\text{mm}$$

좌굴   토목구조기술사 합격 바이블 개정판 1권 제1편 재료 및 구조역학 p.350

그림과 같은 단면을 가진 양단 핀 기둥(장주)의 오일러 좌굴하중과 좌굴응력을 구하시오. 단, 기둥의 길이 $L=10\text{m}$, 강재의 탄성계수 $E=210\text{GPa}$이다.

H-200×200×8×12의 A$=6,353\text{mm}^2$, $I_x=4.72\times10^7\text{mm}^4$, $I_y=1.60\times10^7\text{mm}^4$

H-150×100×6×9의 A$=2,684\text{mm}^2$, $I_x=1.02\times10^7\text{mm}^4$, $I_y=0.151\times10^7\text{mm}^4$

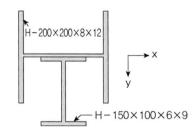

풀 이

▶ 합성단면의 단면상수 산정

  1) 도심 : 단면의 상단으로부터 도심까지 거리를 y_c라고 하면,

$$y_c=\frac{6353\times100+2684\times(100+8/2+150/2)}{6353+2684}=123.463\text{mm}$$

  2) 단면2차 모멘트

$$I_y=I_{y1(강축)}+I_{y2(약축)}=4.72\times10^7+0.151\times10^7=4.871\times10^7\text{mm}^4 \ (\because 대칭 구조)$$
$$I_y=I_{x1(약축)}+I_{x2(강축)}+A_1\times(123.463-100)^2+A_2\times(123.463-100-8/2-150/2)^2$$
$$=1.60\times10^7+1.02\times10^7+6353\times23.463^2+2684\times55.537^2=3.798\times10^7\text{mm}^4$$

▶ 좌굴하중 및 응력 산정

  I_y가 약축이므로,

$$\therefore P_{cr}=\frac{\pi^2EI_y}{(kL)^2}=787.093\text{kN}, \qquad \therefore \sigma_{cr}=\frac{P_{cr}}{\sum A}=87.1\text{MPa}$$

지하차도   토목구조기술사 합격 바이블 개정판 2권 제7편 기타 p.2381

도로가 서로 교차하는 구간에 평면교차로 대신에 지하차도를 계획하였다. 도로의 교차부에는 BOX 구조물로 설계하고 접속부에는 U-Type구조물로 설계하였다. 그림과 같이 U-Type구조물 주변에 지하수가 있을 경우 다음 물음에 답하시오.

1) 지하수위 GL-1m일 때, 부력에 대한 안정성을 검토하시오.
2) 안정성이 확보되지 않을 경우 이에 대한 대책 공법을 설명하시오.

조건

구조물의 단위 중량 $W_c = 25kN/m^3$
물의 단위중량 $\gamma_w = 10kN/m^3$
흙의 단위중량 $\gamma_t = 18kN/m^3$
흙의 포화단위중량 $\gamma_{sat} = 20kN/m^3$
흙의 강도정수 : 점착력 $c = 0kN/m^3$, 내부마찰각 $\phi = 30°$

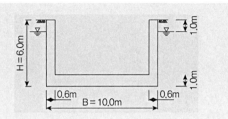

풀 이

> ### 개요

부력에 대한 안정성 검토는 공사 중과 완공 후로 구분하여 산정하도록 되어 있다. 일반적으로 완공 후보다는 공사 중의 안정성검토가 더 큰 문제가 발생하는 경우도 종종 있으나 주어진 문제 조건에 서는 완공 후에 대한 안정성을 대상으로 검토한다.

> ### 부력 검토

1) 부력 산정 : 통상 부력의 산정 시 극한상태로 검토(GL-1.0m)를 통해 검토 수행하거나 실제 지하 수위를 기준으로 부력을 산정한다.

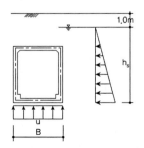

부력에 대한 안전율
   ① 공사 중 : $FS \geq 1.10$
   ② 완공 후 : $FS \geq 1.20$ (실제 조사수위 적용 시)
       $FS \geq 1.05$ (GL-1.0m, 극한상황)

$$U = \gamma_w h_s B = 10 \times 5 \times 10 = 500\text{kN}$$

여기서, γ_w : 물의 단위중량(kN/m), h_s : 지하수의 심도(m), B : 부력의 폭(m)

2) 저항력

① 부력에 대한 저항력(R)은 고정하중인 구체자중 및 상재 고정하중과 측면마찰력(F)의 합으로 한다.

② 구체자중은 구조물 자중만을 고려한다.

③ 상재고정하중은 포장하중과 지하수의 영향을 고려하여 구한다.

④ 지하수위 이하의 토피하중은 지하수위 이하 흙의 단위중량(γ_{sub})을 기준으로 하고 연직수압은 추가로 고려한다.

⑤ 저항력 : 구체자중(W_1)+상재고정하중(W_2)+측면마찰력(F)

$$측면마찰력(F) = 2(양면) \times \left[cD(점착력) + \frac{1}{2}K_u \gamma D^2 \tan\delta(삼각형토압) \right]$$
$$= 2cD + K_u \gamma D^2 \tan\delta$$

여기서, c : 점착력(kN/m^2), D: 적용점의 심도(m), K_u : 토압계수, 흙의 변형생태로부터 발생하는 정지토압계수 K_0에서 수동토압계수 K_p 사이의 값으로 안전을 고려하여 정지토압계수 적용($K_0 = 1-\sin\phi$), γ : 양압력을 고려하는 습윤 상태의 단위중량 (kN/m^3), $\tan\delta$: 파괴면이 비교적 구조물 벽면에 인접하여 있으므로 구조물과 지반의 상태마찰각으로 생각하며 $\delta = \frac{1}{3}\phi$로 적용

$$구체자중(W_1) = 25 \times [5 \times 0.6 \times 2 + 10 \times 1] = 400\text{kN}$$
$$상재고정하중(W_2) = 0$$
$$측면마찰력(F) = (1 - \sin30°) \times 20 \times 6^2 \times \tan(\tfrac{1}{3} \times 30°) = 63.48\text{kN}$$
$$\therefore 저항력(R) = 463.48\text{kN} < 부력(U) = 500\text{kN} \qquad \text{N.G}$$

따라서 부력에 대한 안전성을 확보할 수 없으므로 별도의 부력 방지 대책을 강구하여야 한다.

➤ 부력 방지 대책

부력에 대한 안전율 부족 시에는 전단키 설치로 구조물 자체의 중량 확보 방안, 부력 방지 앵커, 영구배수공법 등과 같은 별도의 필요한 조치를 한다. 영구구조물에서 부력 방지용 인장말뚝 설치 시에는 인장말뚝의 인장 앵커력을 구조 계산 시에 고려해야 한다.

주요 부력 방지 대책 비교

구분	부력 방지 앵커	MASS 콘크리트 타설
단면		
개요	하부슬래브에 PS 스트랜드를 연결하여 부력에 저항하는 형식	무근콘크리트를 사용하여 자중을 증가시켜 부력에 저항하는 형식
특징	• 공사비 다소 고가 • 구조물 앵커끝단의 지지 확인 필요 • 양압력 저항효과 탁월 • 시공성 다소 양호 • 지질조건의 변화에 따른 앵커력의 불확실성 • 가시설 적용 면적 감소 • 앵커부 세심한 방수 관리 필요	• 지지층에서의 지지력 확보 양호 • 지질조건의 변화에 대한 적용성 양호 • 시공성 다소 양호 • 경제성 다소 불리 • 대규모 터파기량 발생 • 노면복공 면적의 감소 • 단면이 두꺼워지므로 콘크리트 양생 시 관리 필요

구분	전단키 설치	지하수 배수
단면		
개요	하부슬래브에 KEY를 설치 자중 및 마찰로 부력에 저항하는 형식	구조물 바닥에 배수구멍을 뚫어 수압을 감소시키는 형식
특징	• Key길이가 길어지면 토압은 커지지만 지하수위가 높아지면 상대적으로 양압력이 증가하므로 효과 감소 • 시공 시 터파기 면적의 증가에 의한 공사비 증가 • 시공성 및 경제성에서 불리 • 굴착면적의 과다로 노면 복공면적 및 가시설량 증가 • 공사 중 교통처리가 상대적으로 곤란	• 시공비 저렴 • 시공성 불량 • 포장층 유지관리 불량 • 유입유량 추정 곤란하여 집수정 용량 증대 • 지하수 배수 시 주변지반 침하 대책 필요

건설사업관리

건설사업관리(Construction Management, CM제도) 운영방식 중 순수형 CM 계약방식(CM for Free)과 위험형 CM 계약방식(CM at Risk)에 대하여 설명하시오.

풀 이

▶ 개요

건설사업관리, CM(Construction Management)은 건설사업을 성공적으로 유도하기 위해서 사업 시작부터 종료에 이르기까지 참여하게 되는 다수 조직의 활동을 합리적으로 계획하고 지휘, 총괄하는 기능 및 활동을 말한다. 건설 프로젝트의 발굴, 기획, 타당성 조사, 자금조달, 기본 및 상세설계, 구매조달, 시공, 시운전 및 유지 및 보수 등을 총괄하는 일련의 과정의 업무를 수행한다.

▶ 건설사업관리(CM)의 계약방식

건설사업관리(CM)은 설계자와 원도급자 사이에 체계하는 전통적인 공사계약 체계와는 달리 계약 형태를 순수형 CM 계약방식(CM for Free)과 위험형 CM 계약방식(CM at Risk)의 두 가지로 구분 하고 있다.

1) 순수형 CM 계약방식

순수형 CM 계약방식은 발주자의 대리인으로 설계자 및 시공자와는 직접적인 계약 관계없이 업무에 대하여 발주자가 관리, 감독할 수 있도록 조언하며, 설계자 및 시공자 선정에 필요한 입찰서류 준비 및 시공자의 시공능력 평가, 입찰내용 평가, 시공단계에서의 복수 시공자 간의 협력업무 등의 대가를 받는 계약 방식이다.

2) 위험형 CM 계약방식

위험형 CM 계약방식은 건설사업관리자가 시공자 또는 설계자와 시공자를 모두 고용하여 책임을 지는 계약형태이다. 경우에 따라 건설프로젝트의 개발에서부터 시공 및 사후관리까지 전 단계에 걸쳐 발주자를 대신하여 관리하며 특정부분에 대하여 책임을 지기도 한다.

순수형 CM 계약방식(CM for Free)	위험형 CM 계약방식(CM at Risk)	
	시공관리	설계·시공관리
• 발주자에 대한 조언 • 참여사에 대한 평가 • 복수시공자간 협력(Coordination) • 공사 책임 없음	시공 책임	설계·시공 모두 책임

부정정보 해석(114회 4-5 참조)　　　　토목구조기술사 합격 바이블 개정판 1권 제1편 재료 및 구조역학 p.165

다음과 같은 1차 부정정보에 대하여 A, B, C점에서의 휨모멘트를 구하고 BMD를 그리시오. 단 EI는 일정하고 지점침하는 없다.

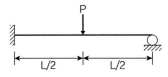

풀 이

➤ 구조물 해석

$$M_A = C_{AB} + \frac{1}{2} C_{BA} = \frac{3}{2} \frac{Pab^2}{L^2} \qquad \therefore M_A = \frac{3}{16} PL$$

$$\therefore R_B = \frac{5}{16} P, \ R_A = \frac{11}{16} P$$

➤ BMD

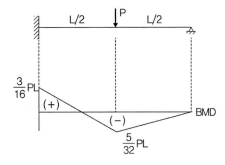

연속보 해석(116회 2-6 참조)   토목구조기술사 합격 바이블 개정판 1권 제1편 재료 및 구조역학 p.165

다음 그림과 같은 연속보에서 A, B점에서의 모멘트와 D점에서의 처짐을 구하시오. 단, EI는 일정하다.

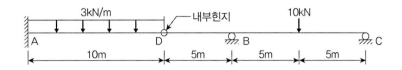

▶ 풀 이

▶ 개요

1차 부정정 구조물이므로 A점의 모멘트를 부정정력으로 놓고 풀이한다.

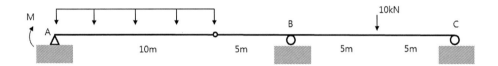

▶ 구조물의 해석

$$\sum F_y = 0 \; ; \; R_A + R_B + R_C = 30 + 10 = 40 \text{kN}$$

$$\sum M_D = 0 (\text{좌측}) \; ; \; R_B \times 5 - 10 \times 10 + R_C \times 15 = 0,$$

$$(\text{우측}) \; ; \; M + R_A \times 10 - 3 \times \frac{10^2}{2} = 0$$

$$\therefore R_A = \frac{150 - M}{10}, \; R_B = \frac{550 + 3M}{20}, \; R_C = \frac{-M - 50}{20}$$

구간	길이(m)	V_x	M_x	$\dfrac{\partial M_x}{\partial M}$
AD	10	$\dfrac{150 - M}{10} - 3x$	$M + \dfrac{150 - M}{10}x - \dfrac{3x^2}{2}$	$1 - \dfrac{x}{10}$
DB	5	$-\dfrac{M}{10} - 15$	$\left(-\dfrac{M}{10} - 15\right)x$	$-\dfrac{x}{10}$
B–P	5	$\dfrac{M}{20} + \dfrac{25}{2}$	$\dfrac{-M - 150}{2} + \left(\dfrac{M}{20} + \dfrac{25}{2}\right)x$	$-\dfrac{1}{2} + \dfrac{x}{20}$
P–C	5	$\dfrac{M}{20} + \dfrac{5}{2}$	$-\dfrac{M}{4} - \dfrac{25}{2} + \left(\dfrac{M}{20} + \dfrac{5}{2}\right)x$	$-\dfrac{1}{4} + \dfrac{x}{20}$

$$\Sigma \frac{1}{EI} \int M_x \left(\frac{\partial M_x}{\partial M} \right) dx = 0 \; ; \quad \therefore \; M = -61.364 \text{kNm}$$

$$\therefore \; R_A = 21.136 \text{kN}, \; R_B = 18.296 \text{kN}, \; R_C = 0.568 \text{kN}, \; M_B = -44.318 \text{kNm}$$

➤ D점의 처짐

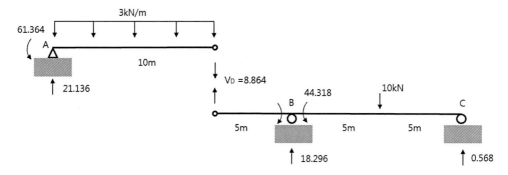

$$\therefore \; \delta_D = -\frac{wL^4}{8EI} - \frac{V_D L^3}{3EI} + \frac{M_A L^2}{2EI} = -\frac{3636.47}{EI} (\downarrow)$$

RC 휨 설계

다음 그림과 같은 단면에서 다음을 구하시오. 단, $f_{ck} = 21$MPa, $f_y = 350$MPa, $A_s = 31.5$cm^2, $E_s = 200,000$MPa, n = 7, $M_u = 370$kNm, $\epsilon_c = 0.003$으로 가정한다.

1) RC보의 파괴상태
2) 강도감소계수 ϕ_f
3) 설계모멘트의 적정 여부를 검토하시오(강도설계법).

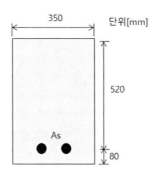

350 단위[mm]

520

As

80

풀 이

➤ 개요

콘크리트가 $\epsilon_c = 0.003$일 때 철근이 항복한다고 가정한다.

➤ RC보의 파괴상태

$$C = T : 0.85 f_{ck} ab = A_s f_y \quad 0.85 \times 21 \times a \times 350 = 3150 \times 350$$

$$\therefore a = 176.471\text{mm} \rightarrow c = 207.612\text{mm}$$

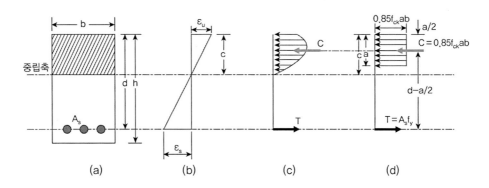

$$\epsilon_t = 0.003\left(\frac{d_t}{c} - 1\right) = 0.004514 > \epsilon_y = 0.00175 \quad \therefore \text{가정 O.K}$$

$f_y \leq 400\text{MPa}$이고 $\epsilon_c = 0.003$에 도달할 때 최외단 인장철근의 순인장변형률 ϵ_t가 $0.002 < \epsilon_t < 0.005$이므로 지배단면은 변화구간 단면이다.

➤ **강도감소계수 ϕ_f**

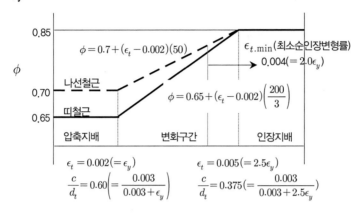

$$\phi_f = 0.65 + (\epsilon_t - 0.002)\left(\frac{200}{3}\right) = 0.8176$$

➤ **설계모멘트 산정**

$$M_d = \phi_f M_n = \phi_f A_s f_y\left(d - \frac{a}{2}\right) = 389.194\text{kNm} > M_u = 370\text{kNm} \quad \text{O.K}$$

트러스 해석 토목구조기술사 합격 바이블 개정판 1권 제1편 재료 및 구조역학 p.455

그림과 같은 트러스에서 D점에 하중 P가 작용할 때 항복하중 P_y를 구하시오. 단, 탄성계수 E는 일정, 부재 AD 및 CD의 단면적은 A, 부재 BD의 단면적은 2A, 항복응력은 f_y이다.

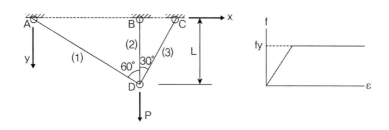

풀 이

▶ 개요

부정정 트러스 구조물의 해석은 에너지 방법을 이용한 최소일의 원리, 변위일치법, Willot Diagram, 매트릭스 해석법 등을 활용하여 산정할 수 있다. BD의 내력을 부정정력 F로 하여 에너지방법을 이용한다.

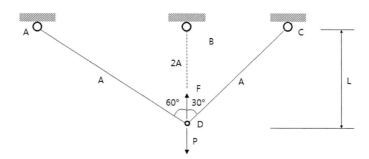

▶ 에너지의 방법에 따른 해석

1) 평형방정식

    BD부재의 축력을 부정정력으로 선택 $F_{BD} = F$

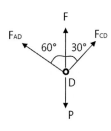

$$\sum F_x = 0 : F_{AD}\sin 60° = F_{DC}\sin 30° \quad \therefore \ F_{DC} = \sqrt{3}\, F_{AD}$$

$$\sum F_y = 0 : F + F_{AD}\cos 60° + F_{DC}\cos 30° = P$$

$$\therefore \ F_{AD} = \frac{1}{2}(P - F), \quad F_{DC} = \frac{\sqrt{3}}{2}(P - F)$$

2) 변형에너지

$$L_{AD} = 2L, \ L_{CD} = \frac{2}{\sqrt{3}}L$$

$$U = \sum \frac{F^2 L}{2EA} = \frac{F_{AD}^2 L_{AD}}{2EA} + \frac{F^2 L_{BD}}{2E(2A)} + \frac{F_{CD}^2 L_{CD}}{2EA}$$

3) 최소일의 원리

$$\frac{\partial U}{\partial F} = 0 \ ; \quad \therefore \ F = F_{BD} = 0.732051P, \ F_{AD} = 0.133975P, \ F_{DC} = 0.232051P$$

▶ 항복하중 산정

$$\sigma_{AD} = \frac{F_{AD}}{A} = 0.133975\frac{P}{A}$$

$$\sigma_{BD} = \frac{F_{BD}}{2A} = 0.366026\frac{P}{A}$$

$$\sigma_{CD} = \frac{F_{CD}}{A} = 0.232051\frac{P}{A}$$

$$\therefore \ f_y = \sigma_{BD} = 0.366026\frac{P}{A} \ \text{이므로}, \quad \therefore \ P_y = 2.7321 f_y A$$

가시설 토목구조기술사 합격 바이블 개정판 2권 제7편 기타 p.2414

그림과 같이 헌치가 있는 RC라멘교를 시공하기 위하여 동바리 설계를 할 때, 콘크리트 타설 시 거푸집 및 동바리에서 콘크리트 압력이 작용하는데, 다음 물음에 답하시오. 단, $W_c = 24kN/m^3$이다.

1) 헌치거푸집(A-B)에 작용하는 수평력을 구하시오.
2) 동바리 설계 및 시공 시 유의할 사항을 설명하시오.

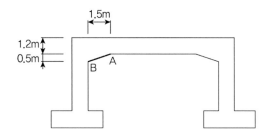

풀 이

▶ 개요

거푸집 및 동바리의 설계 시에는 수평하중(HL=max[설계수직하중의 2%, 동바리상단 수평방향 단위길이당 1.5kN/m])과 함께 횡방향 또는 종방향 기울기에 의해 굳지 않은 콘크리트의 유체압력에 대해서도 수평하중으로 고려하도록 하고 있다.

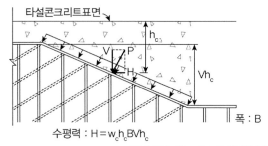

수평력 : H = $w_c h_c B V h_c$

w_c : 굳지 않은 콘크리트 단위중량으로
　　　여기서는 25kN/m³을 취한다.
h_c : 굳지 않은 콘크리트 평균수두
$V h_c$: 횡방향 또는 종방향구배에 의한 높이차

▶ 수평하중 산정

$H = W_c h_c B(Vh_c) = 24 \times (1.2 + 0.25) \times 1 \times 0.5 = 17.4 \text{kN/m}$

$HL = \max[\text{설계수직하중의 2\%, 동바리상단 수평방향 단위길이당 } 1.5 \text{kN/m}] = 1.5 \text{kN/m (가정)}$

∴ 수평하중은 18.9kN/m

▶ 동바리 설계 및 시공 시 유의사항

1) 동바리 사용제한 및 설치 제한사항

① 경사재가 없는 조립형 동바리와 강관틀 동바리는 수평변위가 억제되지 않으므로 시공 시 안전 사고 방지를 위해 콘크리트 교량 가설용 동바리로서의 사용을 제한한다.

② 조립형 동바리 및 강관틀 동바리의 설치높이는 시공성·안전성을 고려해 10m 이내이어야 한다.

③ 조립형 동바리 및 강관틀 동바리는 15m 이내의 지간을 갖는 교량의 가설공사 시에 적용하며 15m를 초과하는 경우에는 발주처의 승인을 받아야 한다. 단, 박스형 거더교의 경우에는 이 제한을 적용하지 않는다.

2) 설계 시 유의사항

① 콘크리트 교량 가설용 동바리는 콘크리트 타설 시 발생되는 수직 및 수평하중에 대해 안전하 도록 설계되어야 한다.

② 콘크리트 교량 가설용 동바리 설계는 허용응력설계법을 따르는 것을 원칙으로 한다.

③ 조립형 동바리와 강관틀 동바리는 수평재 및 경사재를 반드시 설치하여 예상되는 수평하중을 이들 부재가 지지하도록 한다.

④ 동바리 설계는 시공 중과 완성 후의 침하와 변형을 고려하며, 이때 예상되는 전체 침하량은 가설기초의 침하와 동바리 자체의 변형을 포함하여야 한다.

⑤ 조립형 동바리의 수직재 간 간격은 0.9m 이상 1.2m 이하이어야 하며, 0.9m 이하의 경우에는 공사감독자의 승인을 받아야 한다.

⑥ 강관틀 동바리의 수직재 간 간격은 KS 규정을 따른다.

⑦ 조립형 동바리 및 강관틀 동바리의 상하 수평재 간 설치간격에 대한 수직재 간 설치간격의 비 는 0.5/1~1/1의 범위 이내이어야 한다.

⑧ 경사진 교량의 가설용 동바리로서 조립형 동바리 또는 강관틀 동바리를 사용하는 경우에는 다음의 편 경사 및 평면곡선반경에 대한 조건을 만족하여야 한다. 종단경사는 제한을 두지 않는다.

　　㉠ 편경사는 6% 이내이어야 한다.

　　㉡ 평면곡선반경은 최대 편경사 6%일 때의 설계속도에 대응하는 최소곡선반경 규정을 만족하 여야 한다.

기출문제 가이드라인 풀이

118회

118 가이드라인 풀이

최적설계 제116회 1교시 1번

교량의 단면 최적설계(optimum design)에서 설계변수, 목적함수, 제약조건에 대하여 설명하시오.

풀 이

▶ 최적설계 개요

최적설계(Optimum Design)는 주어진 설계요구조건을 만족시키면서 성능을 최대화 또는 원하지 않는 성능을 최소화시킬 수 있는 설계를 찾는 것으로 최적설계를 찾아가는 과정에서 설계의 파라미터, 즉 설계변수를 통해 최적화하고자 하는 목적을 수학적으로 표현한다. 목적함수를 수학적으로 표현하는 과정을 최적설계에서 문제의 정식화라고 하며, 정식화가 잘 될 경우 구체적인 설계치수를 얻을 수 있거나 좋은 설계방향을 제시할 수 있다.

▶ 문제의 정식화 설계변수, 목적함수, 제약조건

교량 단면의 최적설계 설계 시에는 구조물의 치수(Size optimum)와 형상(Shape optimum)에 대한 최적설계를 고려할 수 있으며, 치수최적설계에서의 설계변수는 구조형식, 단면의 크기, 성질, 두께 등을 설계변수로 고려할 수 있다. 전형적인 문제의 정식화는 변위, 응력, 고유진동수 등 역학적인 성능을 만족시키면서도 중량을 최소화할 수 있는 함수를 만들어내는 것으로 볼 수 있다. 형상최적설계에서도 마찬가지로 구조의 형상과 절점의 위치를 설계변수로 하여 역학적 성능을 만족하는 범위에서 중량을 최소화시키는 문제를 정식화할 수 있을 것이다.

예를 들어 강아치교의 최적설계의 과정에서 최적화 문제의 정식화는 목적함수와 제약조건식으로 구분할 수 있으며, 목적함수는 전체중량으로 보고, 제약조건식은 구조시스템의 하중저항능력에 대한 제약조건과 처짐에 대한 제약조건으로 구분해서 정식화할 수 있다.

1) 목적함수

$$OBJ = \rho \sum_{i=1}^{N} V_i \quad \text{여기서 } V_i \text{는 i번째 부재의 체적이며, } \rho \text{는 단위체적당 중량}$$

2) 제약조건식

정식화된 함수에 대해 단면점증법 등과 같이 부재의 단면을 가장 가벼운 단면을 초기단면으로 선택한 후 해석을 수행하면서 단면을 단계별로 하나씩 증가시켜 구조시스템 강도를 만족시키는 설계를 찾아가는 과정을 반복하는 등의 최적화 알고리즘을 통해 원하는 구조물의 최적설계를 수행하여야 한다.

① 하중저항능력 $G(1) = \phi R_n - \eta \sum \gamma_i Q_i \geq 0$

② 처짐 $G(2) = \dfrac{L}{800} - (\Delta_{\max})_l \geq 0$ 여기서 $(\Delta_{\max})_l$ 차량하중에 의한 최대처짐

③ 처짐 $G(3) = \dfrac{L}{1000} - (\Delta_{\max})_d \geq 0$ 여기서 $(\Delta_{\max})_d$ 보도하중에 의한 최대처짐

프라이아웃   토목구조기술사 합격 바이블 개정판 1권 제2편 RC p.735

전단하중을 받는 앵커의 파괴모드 중 프라이아웃(pryout)의 개념도를 그리고 설명하시오.

풀 이

▶ 개요

앵커볼트의 파괴 형태는 강재의 파괴뿐만 아니라 앵커의 묻힘 부분과 연관된 콘크리트 파괴에 대해서도 고려하도록 하고 있다. 강재강도와 관계되는 파괴모드는 인장파괴와 전단파괴이나 의도적으로 연성강재요소가 강도를 지배하도록 한 경우를 제외하면 앵커의 묻힘요소와 관련되는 콘크리트 파괴가 주를 이룬다. 앵커의 묻힘요소와 관계되는 파괴모드에는 콘크리트 파괴(Concrete breakout), 앵커의 뽑힘(Pull-out), 측면파열(Side-face blowout), 콘크리트 프라이아웃(Concrete pryout), 쪼개짐(Splitting) 등이 있다.

▶ 콘크리트의 프라이아웃(Concrete pryout)

전단하중을 받는 앵커의 파괴모드는 강재가 파괴되거나 콘크리트가 지압력에 의해 떨어져 나가는 프라이아웃, 단부 등이 파괴되는 콘크리트 파괴의 형태로 구분된다.

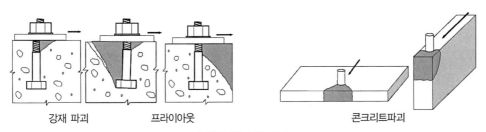

강재 파괴   프라이아웃   콘크리트파괴

전단하중에 의한 파괴모드

1) 프라이아웃의 개념도

앵커가 극한의 전단하중을 받을 때 변위가 발생하게 되고 이로 인해 전단하중을 받는 전면부의 콘크리트에 지압에 저항하는 응력이 발생된다. 또한 앵커의 강성으로 인해 회전하는 지면하단의 하중방향과 반대 측에 들뜸에 저항하는 응력(kick-back)이 발생되며 이로 인해 하중이 작용하는 주응력방향으로 콘크리트 두께가 얇아 균열과 함께 콘크리트가 터져 떨어져 나가는 프라이아웃 파괴가 발생된다.

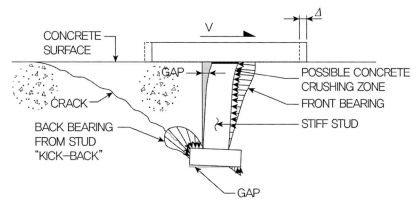

단일 앵커의 프라이아웃 파괴 개념도

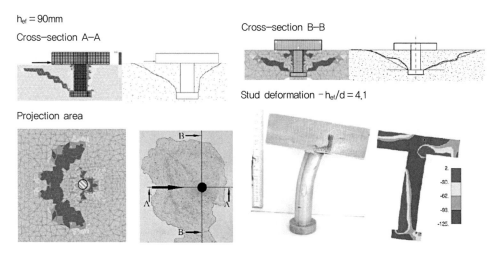

단일 앵커의 프라이아웃 파괴 패턴(FEM과 실험 비교)

2) 프라이아웃을 고려한 설계강도

콘크리트 프라이아웃은 짧고 강성이 큰 앵커가 작용하는 전단력의 반대 방향으로 변위하면서 앵커의 후면 콘크리트를 박리시키는 경우로, 콘크리트 구조기준에서는 전단을 받는 앵커의 파괴형태 중에서 콘크리트 프라이아웃 강도가 지배적인 경우 단일 앵커 또는 앵커 그룹의 공칭 프라이아웃강도 V_{cp}와 V_{cpg}를 다음과 같이 고려하도록 하고 있다.

① 단일 앵커 $V_{cp} = k_{cp}\, N_{cb}$
② 앵커 그룹 $V_{cpg} = k_{cp}\, N_{cbg}$
  ㉠ $h_{ef} < 65\text{mm}$ $k_{cp} = 1.0$
  ㉡ $h_{ef} \geq 65\text{mm}$ $k_{cp} = 2.0$

철도교 횡하중   토목구조기술사 합격 바이블 개정판 2권 제5편 교량계획 및 설계 p.1679

철도교 설계에서 차량 횡하중의 발생 원인과 적용 방법을 설명하시오.

풀 이

▶ 개요

철도는 도로와 달리 궤도상에서만 차량이 이동하기 때문에 궤도에 대한 안정성이 매우 중요하다. 때문에 궤도의 장출(좌굴, Buckling)로 인해 차량이 탈선되는 사고 방지를 위해서 철도교에서는 부하중으로 차량 횡하중과 탈선하중을 추가로 고려하도록 하고 있다.

▶ 철도교 차량 횡하중

1) **차량 횡하중 발생 원인** : 철도교의 차량 횡하중은 철도차량의 이동 시 발생되는 사행운동을 고려하기 위해 적용되며, 도로교에서 등급에 따른 차선하중과 차량하중을 적용되는 것과 달리 철도차량 이동 시 발생하는 시제동하중 및 원심하중과 레일 특성에 따른 장대레일의 종방향 하중 등이 추가적으로 고려된다.

2) **적용방법** : 철도교의 하중 중 차량 횡하중은 운행하중으로 분류되며, 부하중으로 구분되어 적용된다. 일반적으로 철도설계기준에서 운행하중은 열차의 운행속도(시속 200km)에 따라 표준열차하중을 구분하며 차량 횡하중도 시속 200km의 HL하중과 시속 200km 이하의 차량에 대한 횡하중을 구분하여 적용하도록 하고 있다.

철도교 하중의 종류(철도설계기준, 2011)

영구하중	운행하중
• 고정하중(자중) • 2차 고정하중(레일, 침목, 도상, 콘크리트 도상) • 환경적인 작용하중(토압, 수압, 파압, 설하중) • 간접적인 작용하중(PS 하중, 크리프, 건조수축, 지점변위)	• 표준열차하중(HL하중, LS22, EL18) • 충격하중 • 수평하중(차량횡하중, 캔트, 원심하중, 시동하중, 제동하중)
기타하중	특수하중
• 풍하중 • 온도변화의 영향 • 장대레일 종하중 • 2차 구조부분, 장비, 설비 하중 • 기타하중 : 마찰저항하중 등	• 충돌하중 • 탈선하중 • 가설 시의 하중 • 지진의 영향

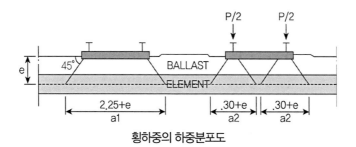

횡하중의 하중분포도

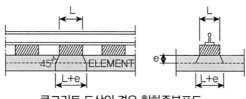

콘크리트 도상의 경우 횡하중분포도

① HL차량의 차량횡하중 : 차축으로부터 레일로 전달되는 차량횡하중은 연행집중이동 하중으로 적용하며, 이 하중은 가장 불리한 위치에서 궤도 중심선과 직각을 이룬 레일의 윗면에 수평하게 작용하는 것으로 한다.

차량횡하중은 레일 체결구와 직접적으로 접촉하는 구조부재(자갈도상이 없는 궤도가 사용될 때)에 고려하며, 자갈도상이 있는 교량상부 설계에는 적용하지 않는다. 그러나 슬래브 궤도구조(콘크리트 도상)인 경우에는 고려한다.

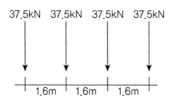

② 시속 200km 이하 차량의 차량횡하중 : 횡하중은 연행집중이동하중으로 하고 레일면의 높이에서 교축에 직각이고 수평으로 작용하는 것으로 한다. 그 크기 Q는 L하중의 1동륜축중의 15%와 EL하중 축중의 20%로 한다. 복선 이상의 선로지지 구조물은 차량횡하중은 1궤도에 대한 것만 고려한다.

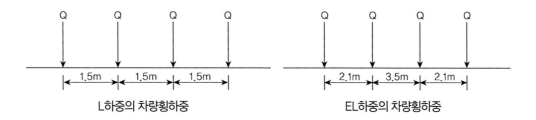

L하중의 차량횡하중   EL하중의 차량횡하중

잔류응력　　　　　　　　　　　　　　　　토목구조기술사 합격 바이블 개정판 2권 제4편 강구조 p.1236

I형 단면을 갖는 구조용 압연강재의 잔류응력 분포에 대하여 설명하시오.

풀 이

▶ 개요

잔류응력은 소성변형의 결과로서 구조용 부재에 형성되는 것으로 외부하중이 가해지기 전에도 이미 부재 단면 내에 존재하는 응력을 말하며, 소성변형은 열연(Hot-rolling) 또는 용접, Framing-utting과 같은 제작과정 또는 Cambering 등에 의해 발생하게 된다. 압연형강에서의 소성변형은 언제나 압연 시 온도로부터 대기 온도로 식는 과정에 발생하게 되는데, 이는 형강의 어떤 부분이 다른 부분에 비해 훨씬 빨리 식게 되기 때문이며, 이때 늦게 식는 부분에 소성변형이 일어나게 된다. 용접과정 중에도 역시 국부적으로 열을 가하게 되므로 소성변형에 의한 잔류응력이 발생하게 된다. 즉, 잔류응력은 재료의 가공 중에 불균질한 항복을 받을 때 발생한다.

▶ 구조용 압연강재의 잔류응력 분포

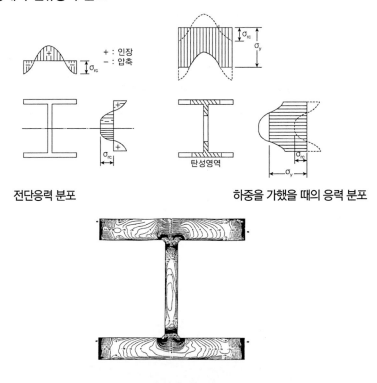

전단응력 분포　　　　　　　　　　하중을 가했을 때의 응력 분포

I형강의 잔류응력 분포

압연강재는 Hot-rolling 과정 이후 열이 식는 과정에서 자유단으로부터 떨어진 구속이 많은 지점에서 가장 늦게 식기 때문에 소성변형으로 인해 잔류응력이 발생되며, I형 단면의 압축잔류응력은 $(0.2\sim0.3)f_y$에 도달하며, 박스형의 경우 $0.3f_y$ 이상이 된다.

잔류응력을 가진 부재에 압축하중을 작용하면 압축잔류응력이 큰 플랜지 끝부분으로부터 항복점 (f_y)에 도달하게 되어 그 분포 폭이 플랜지 안쪽으로 넓어지게 되며 그만큼 유효단면이 감소하게 된다. 이러한 유효단면의 I값은 부재축에 따라 서로 다르게 되므로 좌굴축에 관한 좌굴응력 역시 서로 달라지며, 결국 잔류응력의 영향으로 좌굴응력, 즉 내하력이 저하된다. 또한 압축잔류응력으로 단면의 일부가 먼저 항복점에 도달하여 소성화가 진행되므로 극한강도도 저하되는 특성을 가진다.

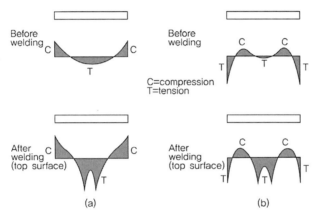

Qualitaive comparison of residual stesses in as-received and center-welded universal mill and oxygen-cut plates: (a) Universal mill plate; (b) oxygen-cut plate.

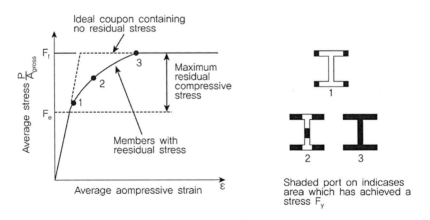

Influence of residual stress on average stress-strain curve.

HSB(High Performance Steel for Bridge)   토목구조기술사 합격 바이블 개정판 2권 제4편 강구조 p.1234

교량구조용 압연강재(HSB재)에 대하여 설명하시오.

풀 이

➤ 개요

교량맞춤형 고성능 강재는 개선된 고성능 강재의 특성을 동시에 보유한 통합 성능 개선형 고성능강재를 지칭하며 고강도, 고용접성, 고인성, 내후성 등을 동시에 보유한 강재로 구조 단순화, 제작성 향상, 초기 건설비용 및 유지관리비용 절감, 장수명화를 도모하기 위해서 제작되었다.

① 강재의 생산자 측면이 아니고 사용자 관점에서 목표성능을 설정하였다.
② TMCP 제조법을 적용하였으며 생산범위인 판 두께 100mm까지 항복강도가 일정하다.
③ 충격흡수에너지 성능을 −20°C에서 47J 이상으로 상향 설정하였다.
④ 용접 예열작업이 불필요하도록 화학성분을 조정하였다.

➤ HSB의 특징

1) 내후성, 인성, 내라밀라테어링, 강도 등을 증진시켜 교량에 적합한 강재이다.
2) 항복특성 및 용접성이 우수하다.
3) 다양한 교량 설계와 제작조건에 대응이 유리하다.
4) 저온인성이 좋다.
5) 고강도, TMCP, 고인성, 저예열, 내라밀라테어링, 내후성 등의 특징을 고루 갖추고 있다.

➤ HSB의 활용

1) 하이브리드(Hybrid) 설계법 적용

강도가 다른 2개의 강재를 한 단면 내에서 최적의 경제성을 확보할 수 있도록 혼용하여 주로 응력이 큰 지점부에서 고강도강을 적용하는 방법

2) 구조의 단순화

경제성 개선을 위해 고성능 강재와 후판을 적용하여 용접이 많은 보강재를 최소화하는 구조 적용

3) 기존 강교량의 합리화

큰 강박스 거더교를 지양하고 고성능 강재를 적용한 개구제형교, 소수거더교와 유사한 세폭의 박스 거더교 등을 적용

4) 이중합성 구조의 도입

강거더의 상부플랜지와 상판을 전단연결재로 결합한 통상의 연속 합성거더교에 대해 압축력이 크게 작용하는 중간지점 영역의 강거더 하부플랜지 및 복부판 일부를 RC판을 연결해 합성시키는 이중합성교의 중간지점 영역의 거더의 강성이 경제적으로 증가시킬 수 있어 형고를 낮출 수 있고 중간지점 부근의 강형 하부 플랜지의 극후판화를 제한할 수 있으며 교량 전체의 강성이 증가하므로 연속합성 박스 거더교 등의 지간을 장대화시킬 수 있다.

도로상 교량의 형하공간   토목구조기술사 합격 바이블 개정판 2권 제5편 교량계획 및 설계 p.1684

도로교설계기준(한계상태설계법, 2016)에 제시된 교량의 위치선정에 대한 규정에 근거하여 도로상 교량의 다리밑 공간에 대하여 설명하시오.

풀 이

▶ 개요

도로교설계기준(한계상태설계법, 2016)에서는 하천, 도로, 철도 등 횡단하는 지역의 특성에 따른 시설물의 한계, 홍수위 및 향후 유지관리 등을 고려한 여유 공간을 고려하여 다리밑 공간을 확보하도록 규정하고 있다.

▶ 다리밑 공간 확보

1) 도로상 교량

도로구조물의 수직 다리밑공간은 도로의 구조·시설기준에 관한 규칙(국토교통부)을 만족하여야 하며 예외사항에 대해서는 그 사유가 정당화되어야 한다. 고가도로의 침하에 의한 수직 다리밑공간의 감소 가능성에 대한 조사가 시행되어야 한다. 침하량이 25mm 이상으로 예측되는 경우는 규정된 다리밑공간에 그 값을 추가해야 한다. 도로의 시설한계는 4.7m 이상을 원칙으로 하며, 장래포장계획을 고려하여 150mm를 추가하도록 하고 있다.

2) 철도상 교량

철로 위를 통과하도록 설계한 구조물은 그 철도의 통상적 사용을 위한 기준에 부합하도록 설계해야 한다. 이러한 구조물에는 관련 법규(국가 및 지방)를 적용해야 한다. 법규, 시방서, 기준은 최소한 도로교설계기준(국토해양부)과 철도설계기준(국토교통부), 철도건설규칙(국토교통부)을 만족하도록 한다. 철도를 횡단하는 철도과선교의 경우 시설한계는 7.01m 이상으로 규정하고 있다. 기타 철도교의 경우 직선구간 및 곡선구간의 건축한계를 고려하도록 하고 있으므로 이에 대한 검토가 수반되어야 한다.

3) 하천 혹은 항로상 교량

하천의 경우 되도록 하천상에 교각 등의 설치를 최소화하여 시설물 설치로 인한 수위 상승 등의 효과가 발생되지 않도록 하고, 하천설계기준에 따라 계획홍수량에 따라 홍수위로부터 교각이나 교대 중 가장 낮은 교각에서 교량 상부구조를 받치고 있는 받침장치 하단부까지의 높이인 여유고를 확보하도록 규정하고 있다.

항로상에 설치되는 교량의 경우 운행되는 선박의 종류와 크기 등을 고려하여 형하고를 확보하여야 하며, 교량의 수평, 수직 다리밑공간은 유관기관과 협의하여 설정하도록 규정하고 있다.

하천설계기준 : 계획홍수위에 따른 교량의 여유고

계획홍수량(m³/sec)	여유고(m)
200 미만	0.6 이상
200~500	0.8 이상
500~2,000	1.0 이상
2,000~5,000	1.2 이상
5,000~10,000	1.5 이상
10,000 이상	2.0 이상

PSC 부식

PS 강연선의 주요 부식 중 메크로셀 부식(Macro-Cell Corrosion)에 대하여 설명하시오.

풀 이

▶ 개요

시간의 경과와 함께 성능이 저하되거나 변질 또는 본래의 상태로 환원되는 현상을 열화라고 하며, 금속의 열화는 부식으로 표현한다. 강재의 열화(부식)은 산화, 중성화(탄산화), 염해, 전기적 부식, 응력변화에 의한 열화 등 여러 종류가 있으며 이 중 전기적 부식에 의한 열화 중 광범위한 범위에서 발생하는 전기부식을 거시적 전지부식(Macro-Cell)이라고 한다.

▶ 메크로셀 부식

강재에 온도, 응력, 습기 등 환경적 불균일에 의해 전위차가 생기면 전자가 움직이게 되고 전자의 요동에 따라 전지가 형성되어 전류가 그리게 된다. 이 전류를 부식전류라 하며, 발생 범위에 따라 국부 전지부식, 거시적 전지부식으로 구분한다.

1) 국부 전지부식(Micro-Cell Corrosion)

부분적인 범위에서 발생하며 내부 불순물, 표면상태, 외부 접촉물질의 불균일 등으로 인해 미소 전지가 형성되어 철근이나 강연선의 국부적 부식을 유발한다.

2) 거시적 전지부식(Macro-Cell Corrosion)

이종토양, 콘크리트 관통, 이종금속, 신구관 접속, 염해 등으로 인한 거대전지가 형성되어 광범위한 범위에서 발생된다. 긴장한 PS 강연선은 금속이 국부적으로 응력을 받으면 금속 내부에 전위차가 발생의 빠르게 확산되는 전기적 부식을 유발하게 된다. 이때에는 강재 내부의 결정립계에 미세균열이 발생되며 설계 기준강도보다 낮은 응력에서 파괴를 유발하는 지연파괴를 유발할 수 있다.

실 예로 염화물에 의해 영향을 받는 경우 PS 강연선은 초기에 콘크리트 표면과 가까운 최외각 강연선의 최상단부이 염화물에 먼저 영향을 주게 되며 이로 인해 강연선의 부식이 진행된다. 강연선에 부식된 녹 등은 강연선간 사이의 공간에 침투하게 되며 전체 공간으로 퍼지게 되는데, 강연선의 가닥은 꼬여 있는 나선형이기 때문에 최상단 강연선 즉 영향을 받는 강연선은 위치에 따라 바뀌게 되고 이로 인해서 각 지점들이 동시에 부식되는 메크로셀 부식이 발생될 수 있다. 이 때문에 강연선은 초기에 부식 여부를 검출하여 관리하는 것이 중요하며, 눈으로 확인하는 것보다는 염화물 프로파일데이터 수집을 통해 부식개시에 대한 잔류시간 추정이나 별도의 비파괴 검사기법 등에 대한 개발이 필요하다.

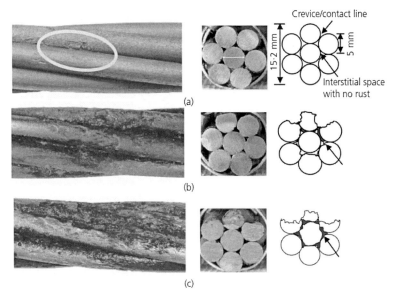

7연선의 부식 패턴 (a) mild (b) moderate (c) severe corrosion

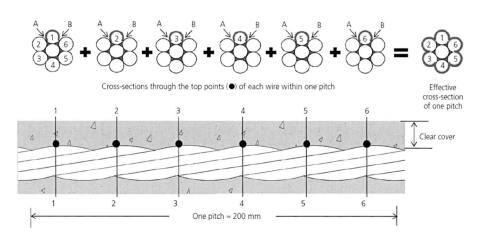

PS 강연선의 부식 전파메커니즘

비파괴 검사

특수교 케이블 점검을 위한 비파괴검사(non-destructive test) 방법 중 음향방출기법(Acoustic Emission, AE)에 대하여 설명하시오.

풀 이

➤ 개요

비파괴 검사는 구조물 용접부나 이음부의 결함상태를 조사하고 결함에 대한 등급분류를 통해 그 영향을 평가하는 데 목적을 둔다. 기본적으로 외관조사(Visual Test, VT)를 통해 적절한 비파괴검사 방법을 선정하여 조사한다.

➤ 음향방출기법(Acoustic Emission, AE)

1) AE현상

일반적으로 물체가 파괴될 때 큰 파괴 음을 내는 경우가 있는데, 이는 내부에 축적된 변형에너지가 파괴 시에 순간적으로 해방되면서 큰 탄성파를 외부로 방출하기 때문이다. 그러나 실제에서는 최종적인 파괴에 도달하기 이전에도 물체 내부에서는 미소한 레벨의 파괴가 진행되고 있기 때문에, 미소 파괴에 의해 변형에너지가 해방되면서 미약한 탄성파가 방출된다.

AE(Acoustic Emission)란 이 같은 일련의 물체 파괴 시 발생하는 변형에너지의 일부가 탄성파(AE파)로 되어 방출되는 현상을 말한다. AE현상에 의해 발생하는 파동은 기본적으로 P파와 S파이지만, 실제로는 표면파인 레일리파 혹은 다른 회절파, 반사파 등이 포함된다. 이 같은 주파수 특성은 그 물체의 재료특성 및 변형규모 등에 의존하기 때문에 수 KHz로부터 수 MHz로 나타낼 수 있다. AE의 발생원도 대상 재료에 따라 약간씩 달라지는데, 암석재료의 경우 새로운 균열의 발생과 더불어 생기는 균열 표면에서의 마찰 등이 주된 AE의 발생원이 된다.

2) 음향방출기법(AE법)

AE현상에 의해 발생한 AE파가 물체의 내부를 전파한 것을 물체의 표면에 부착된 AE 변환자에 의해 수신하여 그 특성을 분석하여 재료의 내부 상태(균열의 위치, 방향, 파괴의 진행)를 추정하기도 하고, 재료나 구조물의 노화도 진단 등을 비파괴적인 방법으로 시행하는 것이 AE법이다. 비파괴검사 중 초음파법과 혼동되기 쉬운데 초음파법은 기지의 초음파를 한쪽에서 발신하고 물체 내를 통과한 초음파를 다른 한편에서 수신하여 도달시간이나 초음파의 변화 등을 조사하여, 그 사이의 거리나 품질의 변화를 조사하는 방법이다. 이 때문에 일정한 시료 샘플 등의 검사에 적합하다. 한편, AE법은 물체에 어떤 하중이 작용할 때 물체 내부에서 생기는 AE를 이용해서 그

재료의 전반적인 상태를 평가하는 방법이다.

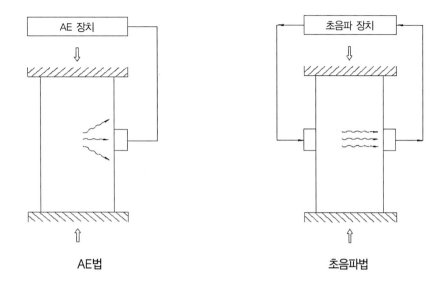

AE법   초음파법

3) AE법의 계측

AE법에서는 통상적으로 재료의 파괴가 진행되는 과정에서 발생하는 AE파를 대상으로 하고 있지만, 이 단계에서 발생하는 AE파는 대단히 미약하기 때문에 계측 자료로 활용하기 위해서는 신호를 상당히 증폭할 필요가 있다. 계측방법은 계측대상이나 목적에 따라 다르지만 그 기본적인 흐름을 요약하면 다음과 같다. 먼저 계측대상 재료에 부착된 AE 변환자에 의해 발생원으로부터 탄성파로 전파되어오는 AE파를 검출해서 전기신호인 AE신호로 변환한다. 그 다음 AE신호는 신호증폭부에서 증폭됨과 동시에 잡음제거 등 약간의 전처리과정을 거쳐 데이터 기록부에 입력된 후 신호처리부로 옮겨진다. 끝으로 AE신호로부터 정보를 인출해내기 위한 여러 가지 해석을 실시하게 된다.

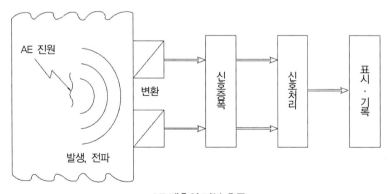

AE 계측의 기본 흐름

RC 지배단면   토목구조기술사 합격 바이블 개정판 1권 제2편 RC p.557

철근콘크리트 부재의 거동과 관련하여 압축지배단면, 변화구간단면, 인장지배단면에 대한 강도감소계수에 대하여 설명하시오.

풀 이

▶ 개요

강도감소계수는 재료 강도와 치수가 변동할 수 있으므로 부재의 강도 저하 확률에 대비한 여유, 부정확한 설계 방정식에 대비한 여유, 주어진 하중조건에 대한 부재의 연성도와 소요 신뢰도, 구조물에서 차지하는 부재의 중요도 등을 반영하기 위해서 적용된다. 도로교설계기준에서는 최외각의 철근의 변형률에 따라서 부재의 거동을 압축지배단면, 변화구간단면, 인장지배단면으로 구분하고 강도감소계수를 다르게 적용하도록 하고 있다. 이때 인장지배단면보다 압축지배단면의 강도감소계수가 더 작은 값을 적용하는데, 이는 압축지배단면의 연성이 더 작고 콘크리트 강도의 변동에 보다 민감하며 일반적으로 인장지배단면 부재보다 더 넓은 영역의 하중을 지지하기 때문이다. 또한 나선철근 부재는 띠철근 기둥보다 더 큰 강도감소계수를 가지는 이유도 연성이나 인성이 더 크기 때문이다.

▶ 지배단면별 강도감소계수

1) 압축지배단면($\epsilon_c = 0.003$일 때, $\epsilon_t \leq \epsilon_y$인 단면) : 취성파괴

　① $\epsilon_c = 0.003$에 도달할 때, 최외단 인장철근의 순인장변형률 ϵ_t가 압축지배 변형률 한계 이하 ($f_y = 400\text{MPa}$일 때 $\epsilon_t < \epsilon_y = 0.002$)

　　또는 $\dfrac{c}{d_t}$가 한계 이상($f_y = 400\text{MPa}$일 때 $\dfrac{c}{d_t} \geq 0.6\left(=\dfrac{\epsilon_c}{\epsilon_c + \epsilon_y}\right)$)인 단면

　② 파괴징후 없이 취성파괴 발생 가능

2) 인장지배단면($\epsilon_c = 0.003$일 때, $\epsilon_t \geq 2.5\epsilon_y$, 0.005인 단면) : 연성파괴

　① $\epsilon_c = 0.003$에 도달할 때, 최외단 인장철근의 순인장변형률 ϵ_t가 $f_y \leq 400\text{MPa}$일 때 $\epsilon_t \geq 0.005$, $f_y > 400\text{MPa}$일 때 $\epsilon_t \geq 2.5\epsilon_y$

　　또는 $\dfrac{c}{d_t}$가 한계 이하($f_y = 400\text{MPa}$일 때 $\dfrac{c}{d_t} \geq 0.375\left(=\dfrac{\epsilon_c}{\epsilon_c + 2.5\epsilon_y}\right)$)인 단면

　② 과도한 처짐이나 균열이 발생하여 파괴징후 파악(연성파괴)

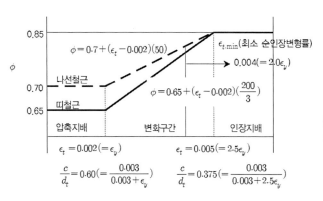

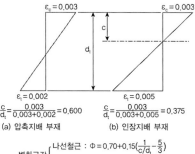

변화구간 $\begin{cases} \text{나선철근} : \Phi = 0.70 + 0.15(\frac{1}{c/d_t} - \frac{5}{3}) \\ \text{띠 철근} : \Phi = 0.65 + 0.20(\frac{1}{c/d_t} - \frac{5}{3}) \end{cases}$

3) 변화구간($\epsilon_c = 0.003$ 일 때, $\epsilon_y < \epsilon_t < 2.5\epsilon_y$ 인 단면) : 최소허용인장변형률 만족 시 연성 확보

① $\epsilon_c = 0.003$ 에 도달할 때, 최외단 인장철근의 순인장변형률 ϵ_t 가

$0.002(= \epsilon_y) < \epsilon_t < 0.005(= 2.5\epsilon_y)$, 괄호 안은 $f_y > 400\text{MPa}$ 인 경우

또는 $\dfrac{c}{d_t}$ 가 $0.375\left(= \dfrac{\epsilon_c}{\epsilon_c + 2.5\epsilon_y}\right) < \dfrac{c}{d_t} < 0.6\left(= \dfrac{\epsilon_c}{\epsilon_c + \epsilon_y}\right)$ 인 단면

② 철근의 최소허용인장변형률($\epsilon_{t.\min}$) : 프리스트레스되지 않은 RC휨부재와 $0.1f_{ck}A_g$ 보다 작은 계수축하중을 받는 RC휨부재의 순인장변형률 ϵ_t 가 최소허용인장변형률 $\epsilon_{t.\min}$ 이상이면 연성파괴를 확보한다.

$\epsilon_{t.\min} = 0.004(f_y \leq 400\text{MPa}), \ 2.0\epsilon_y(f_y > 400\text{MPa})$

4) 변화구간 ϕ값의 보정

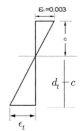

$$\frac{c}{d_t} = \frac{\epsilon_c}{\epsilon_c + \epsilon_t}$$

$$\therefore \epsilon_t = \epsilon_c\left(\frac{d_t - c}{c}\right) = \epsilon_c\left(\frac{d_t}{c} - 1\right)$$

나선철근: $\phi = 0.70 + \dfrac{0.85 - 0.70}{0.005 - 0.002}(\epsilon_t - 0.002) = 0.7 + 50(\epsilon_t - 0.002)$

$\qquad = 0.7 + 50\left(\epsilon_c\left(\dfrac{d_t}{c} - 1\right) - 0.002\right) = 0.7 + 0.15\left[\dfrac{1}{c/d_t} - \dfrac{5}{3}\right]$

띠 철근: $\phi = 0.65 + \dfrac{0.85 - 0.65}{0.005 - 0.002}(\epsilon_t - 0.002) = 0.65 + \dfrac{200}{3}(\epsilon_t - 0.002)$

$\qquad = 0.65 + 0.20\left[\dfrac{1}{c/d_t} - \dfrac{5}{3}\right]$

도로교 온도하중 토목구조기술사 합격 바이블 개정판 2권 제5편 교량계획 및 설계 p.1651

도로교설계기준(한계상태설계법, 2016)에 근거하여, 온도에 의한 변형효과를 고려하기 위하여 설계 시 기준으로 사용하는 온도를 기후 및 교량별로 설명하시오. 단, 온도에 관한 정확한 자료가 없을 경우를 가정한다.

풀이

▶ 개요

도로교설계기준(한계상태설계법, 2016)에서는 온도에 대한 정확한 자료가 없을 때에는 동결일수(평균기온이 0℃ 이하인 날)를 기준으로 한랭한 지역과 보통인 지역으로 기후를 구분하고 강교, 콘크리트교, 합성형교의 교량별에 대한 온도변화 범위를 제시하고 있다. 설계기준에서 제시된 온도의 범위는 온도에 의한 변형효과를 고려하기 위하여 설계 시 기준으로 택했던 온도와 최저 혹은 최고온도와의 차이 값이 사용되어야 한다.

▶ 설계기준 온도

교량의 수직온도의 분포를 실측한 결과 콘크리트 박스 거더의 경우 다음과 같이 분포됨을 확인하고 이때 단면 내에 발생하는 변형 또는 응력의 분포를 축방향변형, 곡률변형, 자기평형응력으로 구분할 수 있다.

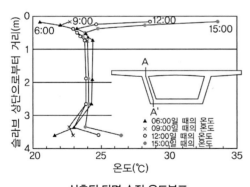

실측된 단면 수직 온도분포

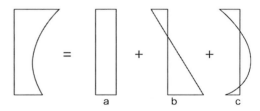

a : Axial deformation (축방향변형)
b : Vertical (or horizontal) curvature (곡률변형)
c : Self-equilibrating stresses (자기평형응력)

수직온도분포에 의한 단면변형 또는 응력의 구분

단면평균온도로 인한 축방향변형:
$$T_0 = \frac{\int T(y)dA}{A} = \frac{\sum_i T_i A_i}{A}$$

수직방향선형온도차로 인한 곡률변형:
$$\Delta T_v = -D\frac{\int T(y)y\,dA}{I_h} = -D\frac{\sum_i T_i \bar{y}_i A_i}{I_h}$$

여기서, T_i, A_i: 절점 i 에서의 온도와 영향단면적, I_h: 중립축에 대한 단면2차모멘트,

$\quad\quad$ D: 단면의 높이, y: 중립축으로부터 거리

온도하중은 크게 단면 평균온도와 온도경사(수직온도분포)하중으로 구분되며, 국내외 연구결과를 반영하여 단면평균온도(TU, ① 온도의 범위)는 기존 도로교설계기준과 동일하게 유지하되 온도경사하중(TG, ② 온도경사)는 다음과 같이 적용토록 하였다.

1) 온도범위(온도에 관한 정확한 자료가 없는 경우)

기후	강교(강바닥판)	합성교(강거더와 콘크리트 바닥판)	콘크리트교
보통	$-10{\sim}50°C$	$-10{\sim}40°C$	$-5{\sim}35°C$
한랭	$-30{\sim}50°C$	$-20{\sim}40°C$	$-15{\sim}35°C$

2) 가설 기준온도 : 교량이나 교량부재의 가설 직전 24시간 평균값을 사용한다.

3) 온도경사 : 바닥판이 콘크리트인 강재나 콘크리트 상부구조

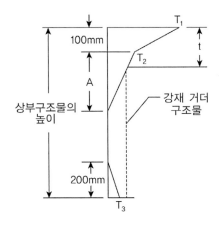

$T_1(°C)=23$, $T_2(°C)=6$, $T_3(°C)=$실측 또는 0

① 두께 400mm 이상 콘크리트 상부구조물: A=300mm
② 두께 400mm 이하 콘크리트 상부구조물: A=실 두께보다 100mm 작은 값
③ 강재로 된 상부구조물: A=300mm

슬래브 하중분담

단면의 길이 S, 장변의 길이 L, 두께 t인 2방향 철근콘크리트 슬래브가 4변 모두 단순지지되어 있다. 이 슬래브의 중앙에 집중하중 P가 작용할 때, 장변 및 단변으로의 하중분담비를 설명하시오. 단, 장변 : 단변=1.5 : 1이다.

풀 이

> ### 개요

1방향 슬래브의 구조적 거동은 표면에 연직분포하중이 작용하면 원통형처럼 휘며, 곡률은 한 방향으로 동일한 반면에 장변 방향으로는 곡률이 발생하지 않는 특징이 있다. 곡률이 발생하지 않으면 휨모멘트도 없기 때문에 장변 방향의 휨모멘트는 발생되지 않고 단변 방향으로만 휨모멘트가 발생하게 된다. 따라서 폭이 매우 넓고 깊이가 있는 사각형 단면과 동일한 거동을 하며, 1방향 슬래브는 나란한 단변 방향 보들의 집합으로 구성되어 있다고 간주할 수 있다.

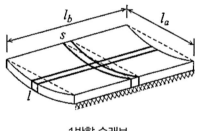
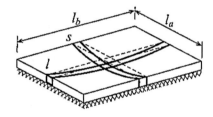

| 1방향 슬래브 | 2방향 슬래브 |

> ### 2방향 RC 슬래브의 하중 분담비

2방향 슬래브를 서로 직교하는 2개의 띠로 고려하면 하중은 각 띠를 통해 받침으로 전달된다. 이 가상의 띠는 실제 일체로 타설된 슬래브의 일부이기 때문에 교차점의 처짐량은 반드시 같아야 한다. 집중하중 P가 작용하는 경우 각 방향 띠의 중앙 처짐이 동일하므로 다음과 같은 관계가 성립된다.

$$\frac{P_a L_a^3}{48EI} = \frac{P_b L_b^3}{48EI}, \quad P_a + P_b = P, \quad \therefore \frac{P_a}{P_b} = \left(\frac{L_b}{L_a}\right)^3$$

여기서 장변과 단변의 비가 1.5 : 1일 경우 $P_a = 3.375 P_b$이므로 다음과 같이 하중을 분담한다.

$$\therefore P_a = 0.7714P, \quad P_b = 0.2286P$$

등분포하중을 받는 경우에는 다음과 같다.

$$\frac{5w_a l_a^4}{384EI} = \frac{5w_b l_b^4}{384EI}, \quad w_a + w_b = w, \quad \therefore \frac{w_a}{w_b} = \left(\frac{L_b}{L_a}\right)^4$$

$$\therefore w_a = 0.835P, \ w_b = 0.165P$$

▶콘크리트 구조기준 고찰

주어진 조건에서 장변과 단변의 비가 1.5 : 1일 경우 집중하중은 약 77%, 등분포하중은 84%가 단변 방향으로 집중되는 것을 알 수 있다. 만약 장변과 단변의 비가 2.0일 경우에는 그 집중도가 더 커지게 되는데, 집중하중은 약 89%, 등분포하중은 약 94%가 단변에 하중분담이 집중된다. 이것은 단변 방향으로 모든 하중이 전달되는 1방향 슬래브와 거의 동일하게 거동한다고 가정할 수 있으며, 이러한 하중 집중 때문에 콘크리트 구조기준(2012)에서는 1방향 슬래브는 장변의 길이가 단변의 길이의 2배를 초과하는 경우로 정의하고 있다.

| 프리캐스트 바닥판 | 토목구조기술사 합격 바이블 개정판 2권 제5편 교량계획 및 설계 p.1735 |

교량에 사용하는 프리캐스트 바닥판의 장점 및 단점에 대하여 설명하시오.

풀 이

▶ 개요

현재 교량에 사용되고 있는 바닥판은, ① 중소 지간용의 현장타설 RC바닥판, ② 장대교 등을 대상으로 한 강바닥판, ③ 품질 향상과 공사의 신속화를 위한 RC 또는 PC 프리캐스트 바닥판 및 ④ 합성 바닥판 등으로 구별될 수 있다.

도로교의 바닥판은 차량하중을 직접 지지하는 등 통상적으로 다른 구조부재보다도 가혹한 사용 환경 하에 있다. 바닥판의 손상은 차량의 대형화 및 통행량의 증가, 피로현상에 대한 사전조치미흡 및 재료의 열화 등이 복합적으로 작용하여 발생된다.

내구성의 증대, 유지 보수 필요성의 감소, 시공의 간편성과 시공기간의 단축 및 교통흐름의 방해 없이 교통을 유지할 수 있다는 점 등이 프리캐스트 콘크리트 바닥판을 이용하는 주요 장점이다. 특히 바닥판과 바닥판의 연결형태가 male-female 형태는 갖는 경우는 이음부의 현장 타설을 최소로 하며, 종방향 내부긴장재를 이용하여 압축상태를 유지함으로써 사용성을 확보하고 피로수명을 대폭 향상시킬 수 있는 장점이 있다.

▶ 프리캐스트 바닥판의 장점

1) 품질 및 공기단축

프리캐스트 바닥판은 공장제작 제품으로 고강도화 및 현장작업의 최소화를 통한 고내구성 바닥판의 시공이 가능하며, 기존의 철근콘크리트 바닥판에서 초기에 발생하는 건조수축량을 대폭 감소시킬 수 있어 교량 바닥판의 초기 균열을 방지할 수 있으며 현장의 여건에 따라 발생할 수 있는 재료적, 구조적 초기 결함을 대폭 줄일 수 있다.

또한 프리캐스트 바닥판의 시공은 기후의 영향을 많이 받지 않고 동바리 설치와 거푸집 제작, 장기간의 양생 기간을 필요로 하지 않기 때문에 시공기간을 현저히 단축시킬 수 있을 뿐만 아니라 산악지형과 같은 고공의 교량 건설 시 더욱 유리하다. 프리캐스트 콘크리트 바닥판의 시공기간은 현장 RC타설 바닥판의 공사기간과 비교해 아래 그림11과 같이 약 50%가량 단축이 가능하다.

2) 기계화 시공

현장에서 콘크리트를 타설 하는 작업 대신에 미리 제작한 규격화된 프리캐스트 바닥판을 현장에서 크레인 등의 가설장비를 이용하여 가설함으로써 기계화 시공을 달성할 수 있고 인력 절감이 가능하며, 교량제원에 따라 바닥판의 제원을 변동하여 제작할 수 있으므로 적응성이 뛰어나다. 현장타설 바닥판의 경우 작업이 기후조건에도 많은 영향을 받게 되는데, 프리캐스트 바닥판을 사용하게 되면 전천후시공이 가능하여 공기지연도 방지할 수 있다. 신설교량의 바닥판 가설은 물론 급속시공 및 교차시공을 통한 노후 교량바닥판 교체에 적용할 수 있으며, 통행량이 증가에 따라 확폭하는 경우에도 기존 바닥판을 철거한 후 거더만 보수하고 고강도 콘크리트 등을 사용하면 사하중 증가 없이 기존 교량의 확폭 및 내하력 증대가 가능하여 바닥판 가설작업에는 그 적용성이 뛰어나다.

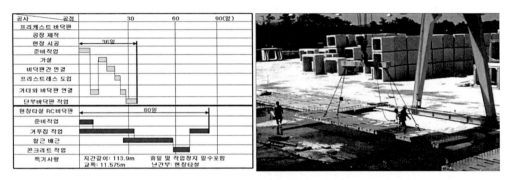

프리캐스트 콘크리트 바닥판의 공장제작 공기

3) 공사비 유리

초기투자비는 통상 현장타설 RC 바닥판에 비해 고가이나 교량바닥판의 내구수명을 기존 현장타설 콘크리트 바닥판보다 약 3배 이상 연장할 수 있어, 고내구성의 특성으로 유지관리비 지출을 최소화할 수 있으므로 전체 교량 바닥판의 생애주기 비용을 비교할 때 기존 공법에 비해 3배 이상의 절감효과를 얻을 수 있다.

또한 기존의 공법으로 노후바닥판을 교체하는 경우 현장 타설로 현장 작업이 많고 콘크리트의 강도발현에 많은 시간이 소요되며, 본 공사와 같이 프리캐스트 바닥판을 이용한 상·하행차선의 교차시공을 통해 공사 중 계속교통소통이 가능하게 되므로 도심지 시공사 및 교통의 전면적 차단 없이 공사가 가능하므로 막대한 사회 간접비용 지출을 방지하고 우회도로 건설비용 등을 절감할 수 있다.

기술적으로는 반폭교체시공인 경우 한쪽차선 교행에 따른 진동문제로 인하여 콘크리트의 양생 시 문제가 야기 될 소지가 많아 향후 교체공사 후에도 바닥판의 초기 손실로 인하여 유지관리 및 바닥판의 수명에 결정적인 영향을 미칠 수 있으므로 구조적으로도 유리하다.

▶ 프리캐스트 바닥판의 단점과 향후과제

프리캐스트콘크리트 바닥판은 품질관리가 확실하고, 현장공정의 생략으로 공기단축 및 인력절감이 가능하며 특히 차선별 교차시공으로 공사 중에도 교통 통제 없이 계속 시공할 수 있다는 점 등의 장점을 가지고 있다.

다만 공장제작으로 현장타설 바닥판에 비해 여건에 따른 표준화가 필요하며, 연결부에 대한 품질확보 등이 요구된다. 특히 곡선교나 사교 등에 적용에 있어서는 하중분배나 편심재하로 인한 둔각부 응력집중, 예각부의 부반력 등에 대한 별도의 적용검토가 필요하다.

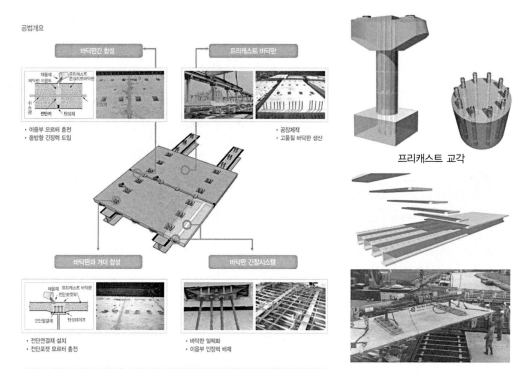

프리캐스트 바닥판 연결

KS 규격

국내의 한국산업표준(KS)에서 규정하는 프리스트레스트 강재의 표준규격에서 다음 기호의 의미를 ①의 예시와 같이 ②~④를 설명하시오.

① ② ③ ④
SWPC 7 [A B C D] [N L]

예시) ① : 프리스트레스트 원형 강연선

풀 이

➤ **기호설명**

KS D 7001에서 규정한 KS PC 강선 및 PC 강연선 규정에 따라 정의되며, SWPC는 PC에 사용되는 강선 및 강연선으로

① 프리스트레스트 원형 강연선을 의미한다. 그 외 SWPD가 있으며 이는 프리스트레스트 이형 강형선을 의미한다.

② 강연선의 수를 의미하며, 주어진 조건에서는 7연선을 의미한다. 그 외 1, 2, 3, 19연선이 있다.

③ A, B, C, D는 인장강도의 크기를 의미하며, 일반적으로 원형선에서 A에서 D로 한 단계씩 변화할 때마다 인장강도가 $100N/mm^2$ 이상 증가한다. SWPC 7연선의 경우 A는 인장강도가 $1720N/mm^2$ 이며, B는 $1860N/mm^2$, C는 $2160N/mm^2$, D는 $2360N/mm^2$이다.

④ N과 L은 릴렉세이션 표준값에 따라 보통선의 경우 N, 낮은선의 경우 L로 표기한다.

종류			기호	단면
PC강선	원형선	A종	SWPC1AN, SWPC1AL	○
		B종	SWPC1BN, SWPC1BL	○
	이형선		SWPD1N, SWPD1L	○
PC강연선	2연선		SWPC2N, SWPC2L	8
	이형 3연선		SWPD3N, SWPD3L	∞
	7연선	A종	SWPC7AN, SWPC7AL	⊛
		B종	SWPC7BN, SWPC7AL	⊛
		C종	SWPC7CL	⊛
		D종	SWPC7DL	⊛
	19연선		SWPC19N, SWPC19L	⊛ ⊛

연속압출공법(ILM)을 이용한 교량 설계 시 고려사항에 대하여 설명하시오.

풀 이

▶ 개요

연속압출공법(ILM)은 교대 후방에 설치된 작업장에서 한 세그멘트씩 제작, 연결한 후 교축으로 밀어내어 점진적으로 교량을 가설하는 공법으로 교량의 평면 선형이 직선 또는 단일 원호일 경우에만 적용 가능하며 교량의 선단부에 추진코를 설치하여 가설시의 단면을 감소시킴과 동시에 가설용 강재를 별도로 설치하여 이에 저항토록 한다. 이 공법은 작업조건이 좋은 작업장에서 제작하므로 품질에 대한 신뢰도가 높고 공기가 빠르며 교각의 높이가 높을 경우에는 경제성이 매우 높다. 압출방식에 따라 Pushing System, Pulling System, Lifting & Pushing System으로 분류되며, 또한 압출잭의 위치에 따라 집중압출방식과 분산압출방식으로 분류된다.

▶ 설계 및 시공 시 고려할 사항

설계, 시공 시 주요 사항으로는 압출 시 안정검토(전도 및 활동), 압출 노즈의 설계검토(연장 및 강성), 하부플랜지의 펀칭파괴 검토 등이 있다.

1) 압출 시 안정검토

① **전도에 대한 검토** : 압출 노즈 선단이 제2지점인 교각1에 도달하기 직전에 제1지점에 관한 안전율을 검토하여 전방으로 전도되지 않도록 안전율 1.3을 적용한다.

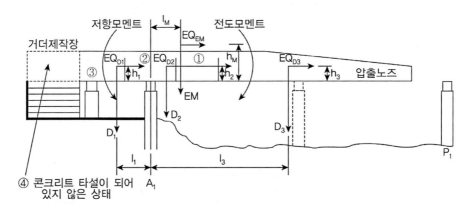

② **활동**에 대한 검토 : 압출작업의 초기단계에서 주형이 활동하게 되면 전도할 위험이 있으므로 충분한 안정성을 갖도록 검토한다.

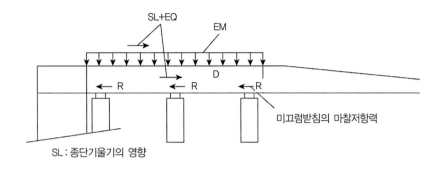

SL+EQ
EM
D
R R R
미끄럼받침의 마찰저항력
SL : 종단기울기의 영향

2) **압출 노즈 설계 시 유의사항** : ILM 시공 시 주형은 정 부모멘트를 번갈아 받아 교번응력이 발생한다. 이를 위해 1차 강재로 축방향 압축력을 도입하는 데 도입하는 축방향 압축력은 한계가 있으므로 통상적으로 응력 경감을 위해 압출 노즈를 사용한다. 압출 노즈의 길이는 시공 시 주형의 응력에 영향을 주는 주요한 요인으로 최대 경간장 통과 시에 발생하는 주형의 단면력, 한 번에 압출시켜야 하는 경간장 등을 고려하여 결정한다.

① 교량의 종단 및 평면선형(직선, 곡선) : 평면상의 곡선교의 경우 압출 노즈도 곡선이 바람직하나 압출 노즈의 제작 및 전용이 곤란하므로 압출 노즈 Shift 양이 100mm 미만인 경우 응력에 문제가 없을 것으로 예상되어 직선형으로 사용해도 무방하다.

② 압출 노즈 길이와 주형의 단면력 관계 : 압출 노즈의 길이와 박스 거더 단면력과의 관계는 일반적으로 압출 노즈 길이를 시공 시 최대 경간장의 0.6~0.7배 정도로 하는 것이 적당하다(부모멘트 크기와 연관).

③ 압출 노즈의 단위 길이당 중량과 길이에 따른 휨모멘트 : 상대 휨강성계수(압출 노즈 휨강성/박스 거더 휨강성)도 박스 거더 단면력 변화에 큰 영향을 미치는 인자로 압출 시공 시 박스 거더에 과대한 단면력이 생기지 않도록 수직 휨, 수평 휨, 좌굴에 대하여 소요강성을 가져야 한다. 지진 시에도 수평력에 필요한 횡강성을 가져야 한다.

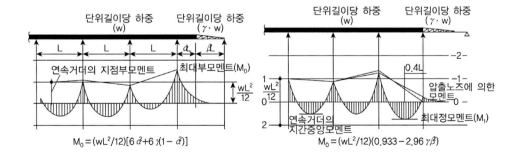

단위길이당 하중 (w) 단위길이당 하중 ($\gamma \cdot w$)
L L L α β
연속거더의 지점부모멘트 최대부모멘트(M_0)
$\dfrac{wL^2}{12}$
$M_0 = (wL^2/12)[6\,\hat{\alpha} + 6\,\gamma(1-\hat{\alpha})]$

단위길이당 하중 (w) 단위길이당 하중 ($\gamma \cdot w$)
-2-
0.4L
1 압출노즈에 의한 모멘트
$\dfrac{wL^2}{12}$ -1-
0
연속거더의 지간중앙모멘트 최대정모멘트(M_1)
2-
$M_0 = (wL^2/12)(0.933 - 2.96\,\gamma\beta)$

④ 비틀림 강성 : ILM교량 단면의 비틀림 강성은 상당히 커서 제작 등에 의한 오차가 압출 노즈에 작용하는 반력의 불균형을 증가시키므로 압출 노즈의 수직 휨 및 복부판의 좌굴에 대하여 충분한 보강을 하여야 한다.

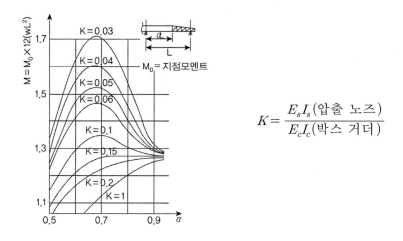

$$K = \frac{E_s I_s (\text{압출 노즈})}{E_c I_c (\text{박스 거더})}$$

⑤ 압출 노즈와 박스 거더의 연결부 설계 : 연결부는 휨모멘트와 전단력에 대하여 안전하도록 설계하여야 한다. 휨모멘트에 의하여 연결부 접합면에서 발생하는 휨압축응력은 콘크리트 허용 휨압축응력 이하여야 한다.

⑥ 압출 단계별 박스 거더의 응력 변화 검토 : 프리스트레스 도입 직후, 압출시공 시의 상태, 2차 프리스트레스 도입 직후, 건조수축, 크리프 등이 완료된 상태 등에 대하여 응력을 검토한다.

⑦ 받침 : 압출 시공 시 사용되는 미끄럼 받침은 가설받침으로만 사용되는 형식과 가설받침과 영구받침을 겸하는 형식이 있으므로 두 형식 모두 하중으로부터 안전하게 설계되어야 한다.

3) **하부플랜지의 편칭 보강** : 받침의 위치가 계속 변하므로 지점의 반력에 의하여 하부 플랜지에 편칭파괴가 발생할 수 있으므로 하부플랜지의 보강철근 배치 및 헌치 단면 증대, 받침 배치 위치 선정 등에 대한 검토가 수반되어야 한다.

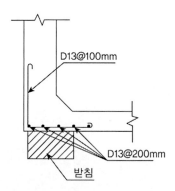

PSC 정착구역   토목구조기술사 합격 바이블 개정판 1권 제3편 PSC p.1112

포스트텐션 공법이 적용된 프리스트레스트 콘크리트 부재의 정착구역 중 국소구역에 대하여 설명하고, 지압응력에 대한 안전검토 방법에 대하여 설명하시오.

풀 이

▶ 개요

PSC 정착구에서는 프리스트레스 힘의 작용방향으로 매우 큰 파열응력(Bursting stress)이 단부 안쪽 짧은 거리에 작용하고 하중면 가까이에는 매우 큰 할렬응력(spalling stress)이 작용한다. 일반적으로 구조물의 일부구간에 하중의 집중이나 단면형상이 변화가 있을 경우 그 근처에서 응력상태의 교란이 발생하여 응력피크(Stress peak)를 일으킨다.

PSC에서도 정착구역(anchorage zone)에서도 이로 인하여 균열, 박리, 국부적 파괴를 야기할 수 있다. St. Vernant의 원리에 따라 부재 단부로부터 안쪽으로 보의 높이 h만큼 들어간 구역에서부터 응력분포가 선형적이 되며, 이전 구역에서는 비탄성거동을 하는 D구역으로 PSC 보(포스트텐션)에서 긴장재를 정착시키는 부재의 단부부분을 단블록(end block)이라고 한다. PSC 정착구역은 국소구역과 일반구역으로 구분되며, 다음과 같이 정의한다.

① 국소구역(local zone) : 정착장치 및 이와 일체가 되는 구속철근과 이들을 둘러싸고 있는 콘크리트 사각기둥(rectangular prism)을 말하며 국소구역의 길이는 국소구역의 최대폭과 정착길이 중 큰 값으로 취한다.
② 일반구역(general zone) : 국소구역을 포함하는 정착구역

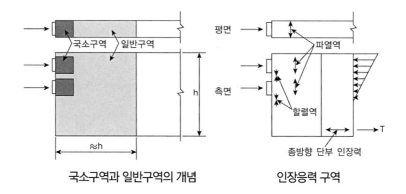

국소구역과 일반구역의 개념   **인장응력 구역**

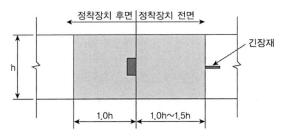

부재단부에서 떨어진 위치의 정착장치에 대한 일반구역

▶ 지압응력에 대한 안전검토 방법

정착구역에서는 프리스트레스 힘으로 인한 높은 응력집중 때문에 비교적 낮은 하중상태에서도 콘크리트는 비탄성 거동을 나타내어 단부의 보강철근이 유효하게 작용하기 전에 콘크리트는 균열을 일으킨다.

단블록에서는 파열인장과 할렬인장에 대비한 폐쇄스터럽의 배치와 폐쇄스터럽 정착을 위한 모서리 종방향 철근이 필요하며 이들을 구속철근이라고 한다.

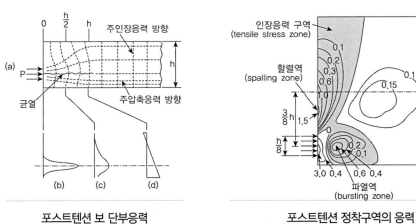

포스트텐션 보 단부응력

포스트텐션 정착구역의 응력

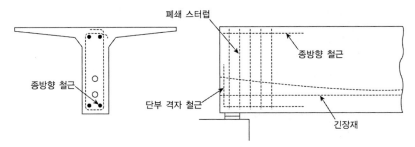

포스트텐션 보 정착구역의 보강

PSC 정착구역은 압축응력, 파열응력, 할렬응력, 종방향 단부인장력을 고려하여 설계한다. 정착구역에 대한 해석방법은 선형응력 해석이나 STM 모델, 간이계산법을 통해 수행한다.

1) 해석응력

  ① 압축응력 : 특수 정착장치의 앞부분 콘크리트, 정착구역 내부나 앞부분의 기하학적 또는 하중의 불연속이 응력집중을 유발할 수 있는 곳 등에 대해 검토한다.

  ② 파열응력 : 정착장치 앞부분에 긴장재 축에 횡방향으로 작용하는 정착구역 내의 인장력으로, 파열력에 대한 저항력, $\phi A_s f_y$ 또는 $\phi A_p f_{py}$은 나선형이나 폐쇄된 원 또는 사각띠의 형태로 된 철근 또는 PS 강재에 의해 지탱된다. 이들 보강재는 전체 계수파열력에 저항할 수 있도록 설치

  ③ 할렬응력 : 중앙에 집중하여 힘이 작용하거나 편심으로 힘이 작용하는 정착구역 그리고 여러 개의 정착구를 사용하는 정착구역에서 발생한다.

  ④ 종방향 단부 인장력은 정착하중의 합력이 정착구역에 편심 재하를 야기할 때 발생한다. 단부 인장력은 탄성 응력 해석, 스트럿-타이 모델, 간이 계산법에 의해 계산한다.

2) 정착구역 해석방법

  ① 선형응력 해석(linear stress analysis) : 선형탄성해석과 함께 유한요소해석을 포함한다. 유한요소법은 콘크리트 균열에 대한 정확한 모델개발의 어려움에 의해 제약받는다.

    ㉠ 보강철근 산정

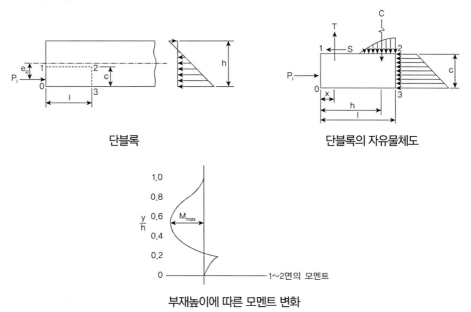

단블록

단블록의 자유물체도

부재높이에 따른 모멘트 변화

$$T = \frac{M_{\max}}{h-x}, \quad A_t = \frac{T}{f_{sa}}$$

ⓛ 콘크리트의 지압응력(f_b)

긴장재 정착 직후: $f_b = 0.7f_{ci}\sqrt{\dfrac{A_b{'}}{A_b} - 0.2} \leq 1.1f_{ci}$

프리스트레스 손실 후: $f_b = 0.5f_{ck}\sqrt{\dfrac{A_b{'}}{A_b}} \leq 0.9f_{ck}$

여기서, A_b : 정착판의 면적, $A_b{'}$: 정착판의 도심과 동일한 도심을 가지도록 정착판의 닮은꼴 을 부재단부에 가장 크게 그렸을 때 그 도형의 면적

② 평형조건에 근거한 소성모델(STM) : 평형의 원리에 따라 프리스트레스 힘을 트러스구조로 이 상화하여 해석하는 방법이다. 콘크리트 구조물이나 부재의 저항능력은 구조물의 소성이론 중 하부한계정리(Lower bound theorem)를 적용하여 보수적으로 추정할 수 있다. 만약 충분한 연성이 구조계 내에 존재한다면 스트럿-타이 모델은 정착구역의 설계조건을 만족시킬 수 있 다. 다음 그림은 Schlaich가 제안한 두 개의 편심된 정착구를 갖는 정착구역의 경우에 대한 선 형 탄성응력장과 이에 적용되는 STM 모델이다. 콘크리트의 제한된 연성 때문에 응력분포를 고려한 탄성해와 크게 차이나지 않는 STM 모델이 적용되어야 하며, 이 방법은 정착구역에서 요구되는 응력의 재분배를 줄이며 균열이 가장 발생하기 쉬운 곳에 철근을 보강하도록 해준다.

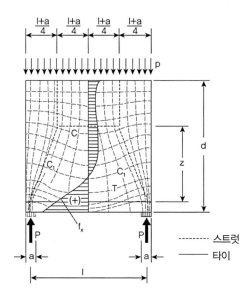

다음은 몇 개의 전형적인 정착구역에 대한 하중상태에서의 STM 모델이다.

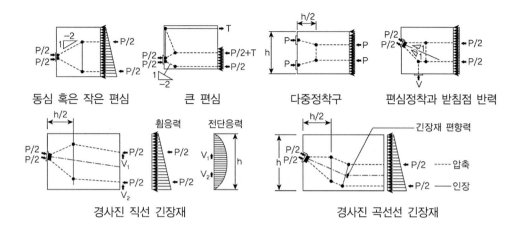

| 동심 혹은 작은 편심 | 큰 편심 | 다중정착구 | 편심정착과 받침점 반력 |

경사진 직선 긴장재   경사진 곡선선 긴장재

㉠ 정착구역에서 전체 국소구역은 가장 중요한 절점 또는 절점그룹으로 구성되어 있다. 정착장치 하의 지압응력을 제한함으로써 국소지역의 적합성을 보장하므로 정착장치의 승인시험에 의해 검증되면 무시할 수 있다. 따라서 STM 모델 시 국소구역의 절점들은 정착판의 앞 a/4만큼 떨어진 곳을 선택해도 좋도록 규정한다.

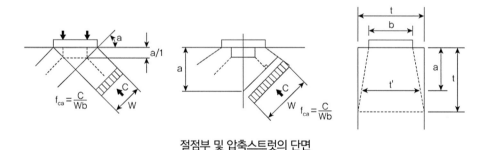

절점부 및 압축스트럿의 단면

㉡ STM 모델은 탄성응력분포에 기초하여 구성할 수 있다. 그러나 적용한 STM 모델이 탄성응력분포와 비교하여 차이가 많을 경우 큰 소성변형이 예상되며 콘크리트의 사용강도를 감소시켜야 한다. 또한 다른 하중의 영향으로 콘크리트에 균열이 발생해도 콘크리트 강도를 감소시켜야 한다.

㉢ 인장하에서 콘크리트 강도를 신뢰할 수 없기 때문에 인장력을 저항하는 데 콘크리트의 인장강도를 완전히 무시한다.

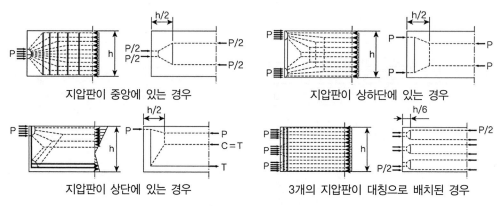

지압판이 중앙에 있는 경우   지압판이 상하단에 있는 경우

지압판이 상단에 있는 경우   3개의 지압판이 대칭으로 배치된 경우

정착구역의 STM 모델

③ 간이계산법(simplified equation) : 근사해법으로 불연속부 없이 직사각형 단면에 안전측의 결과를 보여주는 방식이다. 다만 부재의 단면이 직사각형이 아니거나, 일반구역 내부 또는 인접한 부위의 불연속으로 인하여 힘의 흐름경로에 변화를 유발하는 경우, 최소 단부거리가 단부 방향의 정착장치 치수의 1.5배 미만인 경우, 여러 개의 정착장치가 서로 근접되지 않아 한 개의 정착그룹으로 볼 수 없는 경우에는 간이계산법을 사용할 수 없다.

㉠ 압축응력의 계산

㉡ 파열력의 계산 : 정착장치가 1개 이상인 경우 긴장순서를 고려하여야 한다.

$$T_{burst} = 0.25 \sum P_{pu}\left(1 - \frac{h_{anc}}{h}\right), \; d_{burst} = 0.5\left(h - 2e_{anc}\right)$$

여기서, $\sum P_{pu}$: 개개의 긴장재에 대한 P_{pu} 의 합,

　　　 h_{anc} : 검토 방향에서 하나의 정착장치 또는 가까운 정착장치 그룹의 깊이(mm),

　　　 e_{anc} : 정착장치 또는 근접한 정착장치 그룹의 단면중심에 대한 편심(mm)

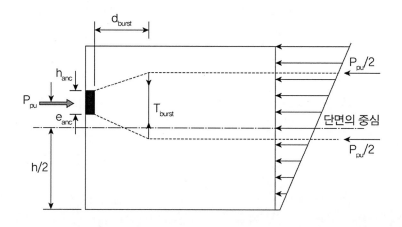

강재의 취성파괴 　　　　　　　토목구조기술사 합격 바이블 개정판 2권 제4편 강구조 p.1209

강재의 취성파괴 원인과 대책에 대하여 설명하시오.

풀 이

▶ 개요

강재의 취성파괴는 저온하의 충격하중 재하 시에 주로 발생되며, 강구조물의 부재에서 노치(Notch), 리벳 구멍, 용접 결함 등의 응력집중부에서 발생하기 쉬우며, 저온에서 냉각 또는 충격적인 하중이 작용하는 경우 그 강재의 인장강도 또는 항복강도 이내에서 소성변형 없이 갑작스럽게 파괴되는 현상을 말한다.

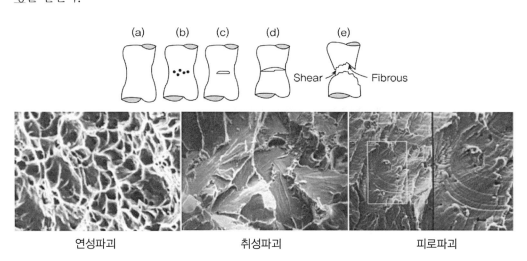

연성파괴　　　　　　　취성파괴　　　　　　　피로파괴

▶ 강재의 취성파괴 원인과 대책

강재의 취성파괴는 연성파괴에 비교되며, 소성변형 발생 전에 갑작스런 파괴가 발생되는 특성을 가진다. 비교적 저온에서 발생되며 낮은 응력에서 파괴되고 강재의 절취부나 용접결함부에서 유발되는 특성이 있다. 취성파괴의 원인으로는 주로 재료의 인성부족이나 강재결함에 의한 응력집중, 반복하중에 의한 피로가 있다. 도로교설계기준에서는 취성파괴 방지를 위해서 강재의 인성요구조건을 만족하도록 하고 있으며 특히 최근 2015 도로교설계기준(한계상태설계법)에서는 취성파괴 방지를 위해 전국을 최저 공용온도에 따라 3개 지역으로 구분하고 강도등급 및 인성규격에 따라 강종별로 교량이 건설되는 지역의 최저 공용온도에 따라 최대허용 판 두께를 제시하였다. 전 기준에서는 강종 선정 시 강도에 따른 소요 판 두께를 결정하여 판 두께 40mm 이하에서는 B재를 40~100mm 이하에서는 C재를 적용하였으며, KS규격에서는 A는 인정에 대한 보증이 없고, B재는 0°C에서 27J의 샤르피 흡수에너지를 C재는 0°C에서 47J의 샤르피 흡수에너지를 보증하고 있다. 국내 온도구역

별 최소 공용온도 $T_{\min}$

- I 온도구역(남해안 및 동해안일부 지역) : $-15°C$
- II 온도구역(내륙과 해안 접경지역) : $-25°C$
- III 온도구역(내륙지역) : $-35°C$

1) 강재 취성파괴 특징

구분	취성파괴	연성파괴
특성 비교	• 소성변형 발생 전 급작스런 파괴 발생 • 결정구조 경계면에서 파괴 • 파괴면이 결정모양 • 비교적 저온에서 발생 • 비교적 낮은 응력에서 파괴(항복점 이전) • 강재의 절취부나 용접결함부에서 유발	• 소성변형 발생 후 연성거동 파괴 • 결정구조 면 내에서 파괴 • 파괴면이 섬유모양 • 비교적 상온에서 발생 • 비교적 높은 응력에서 파괴(극한점) • 일반적인 강재의 파괴 형태

2) 강재 취성파괴 피해의 특징

① 파괴의 진행속도가 빠르다.
② 비교적 저온에서 발생한다.
③ 강재의 절취부나 용접결함부에서 유발되기 쉽다.
④ 낮은 평균응력에서 파괴된다.

3) 강재 취성파괴의 발생 원인

구분	상세원인
재료의 인성부족	• 재료의 화학성분 불량으로 금속조직 결함 • 과도한 잔류응력 • 설계응력이상의 인장응력이 발생 • 취성파괴에 저항이 낮은 강재 사용 • 온도저하로 인한 인성 감소 • 경도가 너무 큰 고강도 강재 사용
강재결함에 의한 응력집중	• 용접열 영향으로 재료의 이상 경화 • 용접결함으로 응력집중 • 응력부식 진행 • 강재단면의 급격한 변화 • 볼트 및 리벳구멍, Notch와 같은 응력집중부
반복하중에 의한 피로	

4) 강재의 취성 방지 대책

① 부재설계 시 응력집중(확대)계수 최소화(도로교설계기준 교량용 강재의 인성 요구조건)
② 고강도 강재 선택 시 충격흡수 에너지 점검
③ 동절기 강재 용접 시 예열 등의 열처리 실시

④ 구조물 설치 시 과도한 외력작용 방지

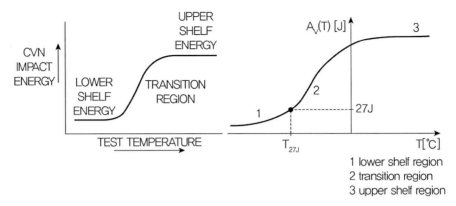

충격에너지와 온도와의 관계

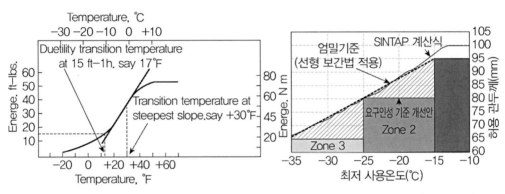

Charpy V-Notch 실험에 의한 탄소강 전이온도 곡선   교량용 강재 요구인성기준(HSB600L)

부정정 구조물 해석

그림과 같이 등분포하중(w=30kN/m)을 받고 있는 3경간 연속보에 지점침하가 A에서 10mm, B에서 50mm, C에서 20mm, D에서 40mm 발생하였다. 각 지점의 반력을 구하시오. 단, EI는 일정, E= 200GPa, I=700×106mm⁴이다.

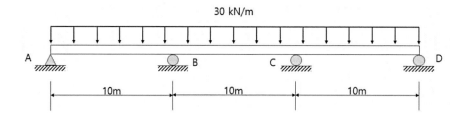

풀 이

➤ 개요

각 지간 내에서 단면이 균일한 연속보이고 지점침하가 발생하는 3경간 연속 교량의 부재력은 3연모멘트법을 이용하여 풀이할 수 있다. 주어진 조건에서 자중은 무시한다.

$$M_L \frac{L_L}{I_L} + 2M_C\left(\frac{L_L}{I_L} + \frac{L_R}{I_R}\right) + M_R \frac{L_R}{I_R}$$

$$= -\frac{1}{I_L}\left(\frac{6A_L\overline{x_L}}{L_L}\right) - \frac{1}{I_R}\left(\frac{6A_R\overline{x_R}}{L_R}\right) + 6E\left[\frac{\Delta_L}{L_L} - \Delta_C\left(\frac{1}{L_L} + \frac{1}{L_R}\right) + \frac{\Delta_R}{L_R}\right]$$

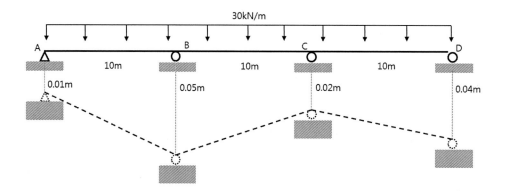

➤ 반력산정

1) ABC 구간

$$EI = 200,000\,(\text{N/mm}^2) \times 700 \times 10^6\,(\text{mm}^4) = 1.4 \times 10^{14}\,\text{N} \cdot \text{mm}^2 = 140,000\,\text{kN} \cdot \text{m}^2$$

$$C_{AB} = C_{CB} = \frac{wL^3}{4} = \frac{30 \times 10^3}{4} = 7,500$$

$$2M_B(10+10) + M_C(10) = -(7,500+7,500) + 6EI\left(-\frac{0.01}{10} + 0.05\left(\frac{2}{10}\right) - \frac{0.02}{10}\right)$$

$$40M_B + 10M_C = -9,120$$

2) BCD 구간

$$C_{BC} = C_{DC} = \frac{wL^3}{3} = \frac{30 \times 10^3}{3} = 7,500$$

$$M_B(10) + 2M_C(10+10) + = -(7,500+7,500) + 6EI\left(-\frac{0.05}{10} + 0.02\left(\frac{2}{10}\right) - \frac{0.04}{10}\right)$$

$$10M_B + 40M_C = -19,200$$

$$\therefore\ M_B = -115.2\,\text{kNm}\ ,\quad M_C = -451.2\,\text{kNm}$$

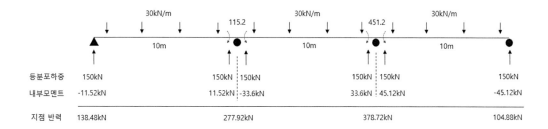

$$\therefore\ R_A = 138.48\,\text{kN},\ R_B = 277.92\,\text{kN},\ R_C = 378.72\,\text{kN},\ R_D = 104.88\,\text{kN}$$

PSC 변형률 적합조건   토목구조기술사 합격 바이블 개정판 1권 제3편 PSC p.1068

등가직사각형 응력분포와 강연선의 항복 후 직선관계식을 이용한 변형률 적합조건을 이용하여, 폭이 400mm, 높이가 600mm인 직사각형단면 보의 공칭휨강도 M_n을 구하시오. 단, 긴장재 위치의 콘크리트 변형률이 0인 상태에서 추가로 프리스트레싱 강재에 발생될 것으로 예상되는 최초 변형률 $\epsilon_3 = 0.01634$로 가정한다.

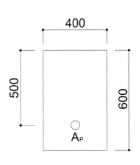

〈콘크리트〉
- $f_{ck} = 35\,\mathrm{MPa}$, $E_c = 28{,}800\,\mathrm{MPa}$, $\epsilon_{cu} = 0.003$, $\beta_1 = 0.8$
- $A_c = 240{,}000\,\mathrm{mm}^2$, $I_c = 7.2 \times 10^9\,\mathrm{mm}^4$, $r^2 = 30{,}000\,\mathrm{mm}^2$

〈강연선〉
- SWPC7BL 15.2mm-3가닥($A_p = 138.7\,\mathrm{mm}^2 \times 3 = 416.1\,\mathrm{mm}^2$)
- $E_p = 200{,}000\,\mathrm{MPa}$, $e_p = 200\,\mathrm{mm}$, $d_p = 500\,\mathrm{mm}$
- 유효긴장력 $P_e = 500\,\mathrm{kN}$

강연선기호	항복강도	인장강도	항복변형률	극한변형률	항복후 직선관계식
SWPC7BL	1680MPa	1860MPa	0.0084	0.035	$f_{ps} = 6767\epsilon_{ps} + 1623$

풀 이

▶ 개요

PSC의 휨강도 산정은 변형률 적합식에 의한 방법과 실험식에 의한 방법으로 구분하여 적용할 수 있다. PS 강재의 인장응력 f_{ps}는 보가 파괴될 때의 PS 강재의 응력으로서 그 크기는 f_{py}와 f_{pu} 사이에 존재하며 정확한 값을 알지 못하며, f_{ps}의 정확한 값은 변형률 적합조건에 의해서 구할 수 있다. 그렇지 못할 경우에는 설계기준에서 주어지는 근사식을 사용할 수 있다.

▶ 변형률 적합조건(Strain compatibility analysis)을 이용한 방법

1) ϵ_1(PS 모든 손실 후의 변형량)

$$\epsilon_1 = \epsilon_{pe} = \frac{f_{pe}}{E_p} = \frac{P_e}{A_p E_p} = \frac{500 \times 10^3}{416.1 \times 200000} = 0.00601$$

2) ϵ_2(PS 강재도심에서 콘크리트 응력 0일 때 하중단계)

❶→❷일 때, 강재 변형률 증가량 ϵ_2는 콘크리트 변형률 감소율과 같으므로,

$$f_c = \frac{P_e}{A_c} + \frac{P_e e_p}{I}y = \frac{P_e}{A_c} + \frac{P_e e_p}{r^2 A_c}e_p = \frac{P_e}{A_c}\left(1 + \frac{e_p^2}{r_c^2}\right) \quad \therefore r^2 = \frac{I}{A}$$

$$\therefore \epsilon_2 = \frac{P_e}{E_c A_c}\left(1 + \frac{e_p^2}{r_c^2}\right) = \frac{500 \times 10^3}{28,800 \times 240,000}\left(1 + \frac{200^2}{30,000}\right) = 0.00017$$

3) ϵ_3(극한하중, 부재의 파괴단계)

$$c \ : \ \epsilon_{cu} = (d_p - c) \ : \ \epsilon_3$$

$$\therefore \epsilon_3 = \epsilon_{cu} \times \frac{(d_p - c)}{c} \fallingdotseq 0.01634 \text{(주어진 조건에서 가정한 값)}$$

4) 공칭 휨강도 산정

$$\epsilon_{ps} = \epsilon_1 + \epsilon_2 + \epsilon_3 = 0.00601 + 0.00017 + 0.01634 = 0.02252$$

$$\therefore f_{ps} = 6,767\,\epsilon_{ps} + 1,623 = 1775.4\text{MPa}$$

$$a = \frac{A_p f_{ps}}{0.85 f_{ck} b} = \frac{416.1 \times 1775.4}{0.85 \times 35 \times 400} = 62.08\text{mm}$$

$$\therefore M_n = A_p f_{ps}\left(d - \frac{a}{2}\right) = 416.1 \times 1775.4 \times \left(500 - \frac{62.08}{2}\right) = 346.4\text{kNm}$$

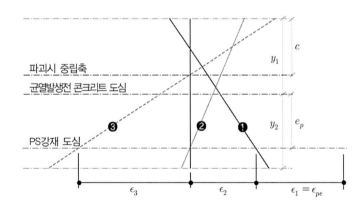

신뢰성 지수 　　　　　　　　　　토목구조기술사 합격 바이블 개정판 2권 제5편 교량계획 및 설계 p.1657

그림과 같은 지간 10m 단순보에서 고정하중은 등분포하중(w1=1kN/m)으로 작용하고 있고 활하중은 집중하중(P=10kN)으로 작용하고 있다. 보의 중앙부(B)에서 고정하중 모멘트(D), 활하중모멘트(L)가 발생할 때 다음 물음에 답하시오. 단, 보의 중앙에서 발생하는 최대모멘트가 저항모멘트를 초과하면 파괴된다고 가정한다.

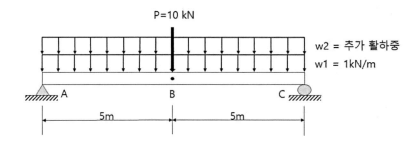

확률변수	고정하중모멘트(D)	활하중 모멘트(L)	저항모멘트(R)
분포특성	표준정규분포	표준정규분포	표준정규분포
불확실량(C.O.V)	0.11	0.25	0.15
평균공칭비	1.05	1.15	1.05

파괴확률(P_f)	신뢰성 지수(β)
1/100	2.33
1/1,000	3.10
1/10,000	3.75
1/100,000	4.25

(1) 보 중앙에서 고정하중모멘트의 평균값과 활하중모멘트의 평균값을 각각 구하시오.

(2) 고정하중모멘트와 활하중모멘트의 표준편차를 각각 구하시오.

(3) 저항모멘트1(R_1)이 80kN·m일 때 신뢰성지수(β)를 구하시오(단, $w_2=0$).

(4) 구조물의 파괴확률(P_f)이 10^{-4}이 되기 위한 저항모멘트2(R_2)를 구하시오(단, $w_2=0$).

(5) 저항모멘트2(R_2)로 설계된 보에서 파괴확률(P_f)이 10^{-3}을 만족하는 추가활하중(w_2)을 구하시오.

풀 이

➤ 개요

불확실량(변동계수, Coefficient of Variation) : $\mathrm{CoV} = \dfrac{\sigma_X}{\mu_X}$

신뢰성 지수(β) : $\beta = \dfrac{\mu_z}{\sigma_z} = \dfrac{\mu_R - \mu_Q}{\sqrt{\sigma_R^2 + \sigma_Q^2}}$

평균공칭비 : 공칭값과 평균값의 비

▶ 보 중앙의 고정하중 모멘트와 활하중 모멘트의 평균값

활하중에 의한 계수모멘트는 $M_L = \dfrac{w_2 L^2}{8} + \dfrac{PL}{4} = 12.5\,w_2 + 25\text{kNm}$

고정하중에 의한 계수모멘트는 $M_D = \dfrac{w_1 L^2}{8} = 12.5\text{kNm}$

활하중 모멘트의 평균값 $\mu_L = 1.15 \times (12.5 w_2 + 25) = 14.375\,w_2 + 28.75\text{kNm}$

고정하중 모멘트의 평균값 $\mu_D = 1.05 \times 12.5 = 13.125\text{kNm}$

▶ 고정하중 모멘트와 활하중 모멘트의 표준편차

$\sigma_X = \text{COV} \times \mu_X$

$\sigma_L = 0.25 \times (14.375 w_2 + 28.75) = 3.594\,w_2 + 7.188$

$\sigma_D = 0.11 \times 13.125 = 1.444$

▶ 저항모멘트1(R_1)이 80kN·m일 때 신뢰성지수(β), w₂=0

$\mu_Q = \mu_L + \mu_D = 14.375\,w_2 + 28.75 + 13.125 = 14.375\,w_2 + 41.875$

$\quad = 41.875\text{kNm} \;(\because\, w_2 = 0)$

$\mu_R = 1.05 \times 80 = 84\text{kNm}$

$\sigma_Q = \sqrt{\sigma_L^2 + \sigma_D^2} = 7.331 \;(\because\, w_2 = 0)$

$\therefore\ \beta = \dfrac{\mu_z}{\sigma_z} = \dfrac{\mu_R - \mu_Q}{\sqrt{\sigma_R^2 + \sigma_Q^2}} = \dfrac{84 - 41.875}{\sqrt{(0.15 \times 84)^2 + 7.331^2}} = 2.89$

▶ 구조물의 파괴확률(P_f)이 10⁻⁴이 되기 위한 저항모멘트2(R_2), w₂=0

P_f가 $1/10,000$일 때 신뢰성 지수(β)는 3.75이므로

$\beta = \dfrac{\mu_z}{\sigma_z} = \dfrac{\mu_{R2} - \mu_Q}{\sqrt{\sigma_{R2}^2 + \sigma_Q^2}} = \dfrac{\mu_{R2} - 41.875}{\sqrt{(0.15 \times \mu_{R2})^2 + 7.331^2}} = 3.75$

$\therefore\ \mu_{R2} = 109.141\text{kNm}$

$\therefore\ R_2 = \mu_{R2}/1.05 = 103.94\text{kNm}$

➤ 저항모멘트2(R_2)로 설계된 보에서 파괴확률(P_f)이 10^{-3}을 만족하는 추가활하중(w_2)

P_f가 $1/1,000$일 때 신뢰성 지수(β)는 3.10이므로

$$\sigma_Q = \sqrt{\sigma_L^2 + \sigma_D^2} = \sqrt{(3.594w_2 + 7.188)^2 + 1.444^2}$$

$$\mu_Q = \mu_L + \mu_D = 14.375w_2 + 41.875$$

$$\beta = \frac{\mu_z}{\sigma_z} = \frac{\mu_{R2} - \mu_Q}{\sqrt{\sigma_{R2}^2 + \sigma_Q^2}} = \frac{109.141 - 41.875}{\sqrt{(0.15 \times 109.141)^2 + \sigma_Q^2}} = 3.10$$

$$\therefore\ \sigma_Q^2 = 202.819$$

$$\therefore\ w_2 = 1.942\text{kN/m}$$

기존 교각의 내진성능 향상　　　토목구조기술사 합격 바이블 개정판 2권 제6편 동역학과 내진설계 p.2343

기존 교각의 내진성능 향상방법을 나열하고 각각에 대하여 설명하시오.

풀 이

> ## 개요

내진성 확보를 위한 보강 개념은 기본적으로 작용하는 지진력을 저항할 수 있도록 <u>구조물에 직접적인 구속을 주거나 강성을 증가시키는 방안(개별적인 보강에 의한 내진성능 향상방법)과 외부 지진력이 구조물에 주는 영향이 작아지도록 별도의 장치 등을 사용하는 방안(지진보호장치에 의한 교량 시스템의 내진성능 향상방법)으로 구분</u>할 수 있다. 교량의 내진성능은 교량의 전체적인 기하학적 형상과 지점조건, 상하부 구조 간의 연결 형식, 교각과 기초 간의 연결형식, 각 부재의 연결상태 및 강성상태, 내진 관련 장치의 적용과 부분적인 상세처리 등으로 결정된다.

1) 내진보강 방향

　① 하중 개념 : 내진 개념으로 단면으로 저항

　　㉠ 작용 외력에 저항할 수 있는 개념

　　㉡ 예상 수명 동안 1~2회 발생 가능성이 있는 지진규모에 대해 설계

　　㉢ 보강방향 : 단면 강도의 확보

　② 변위 개념 : 면진 개념, 지진력의 소산

　　㉠ 비탄성 거동을 허용하되 붕괴를 방지하는 개념

　　㉡ 상당히 큰 규모의 지진에 대해서 설계

　　㉢ 보강방향 : 단면강도 및 변형 성능의 확보 요망

2) 내진공법 선정 시 주의사항

　① 지진 후의 보수성

　　㉠ 약한 부재를 보강하면 다른 부재에 피해를 유발할 수 있음

　　㉡ 지진 하중이 연성부재에서 비연성 부재 및 취성부재로 전달되면 연성부재는 보강하지 않음

　② 보강부재의 유지관리 : 지진 시 효과를 기대하기 위해서는 유지관리가 가능하여야 함

3) 대표적 내진보강 공법

　① 작은 규모의 보강

　　㉠ 보강방안 : 받침장치의 보수, 보강 및 낙교 방지 장치의 설치

　　㉡ 보강효과 : 받침 수평저항력 증대 및 낙교 방지

② 중간 규모의 보강

　　㉠ 보강방안 : 받침장치의 교체, RC교각의 보강, 지진 저감 장치의 설치

　　㉡ 보강효과 : 받침 수평저항력 증대, 교각의 강도 및 변형능력 증대, 지진수평력 감소

③ 큰 규모의 보강

　　㉠ 보강방안 : 기초의 보강, 지반보강

　　㉡ 보강효과 : 기초 강도 증대, 액상화에 따른 지지력, 수평 저항력 증대

➤ 기존 교각의 내진성능 향상방법

1) 부재 단면 증가

① 콘크리트 피복공법 : 기존 부재에 철근을 배근하고 콘크리트를 보완타설하며, 단면을 증가시켜 보강하는 공법이다. 비교적 큰 단면의 교각을 보강하는 데 적용되고 있다. 철근 대신에 PC 강봉을 이용하는 경우도 있다.

② 모르타르 부착공법 : 기존 부재에 띠철근이나 나선철근을 배근하고 모르타르를 뿜어 붙여 일체화하는 공법이다. 일반적으로 콘크리트 피복공법보다 부재단면의 증가를 줄일 수 있어 라멘교 등에 적용하기 쉽다. PC강선을 이용하는 경우도 있다.

③ 프리캐스트 패널 조립공법 : 내부에 띠철근을 배근한 프리캐스트 패널을 기둥 주위에 배치시켜 접합기로 폐합한다. 기둥과 패널의 공극에 그라우트를 주입하여 일체화시키는 공법이다.

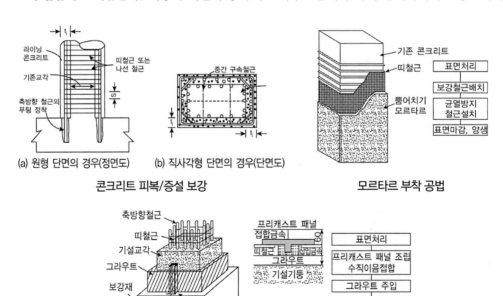

(a) 원형 단면의 경우(정면도)　　(b) 직사각형 단면의 경우(단면도)

콘크리트 피복/증설 보강　　　　　　　　　**모르타르 부착 공법**

프리캐스트 패널 부착

2) 보강재 피복

① 강판피복 공법 : 기설부재에 강판을 씌워 강판과 교각 사이에 무수축 모르타르나 에폭시를 충전하여 전단 및 연성도를 보강한다. 휨에 대한 보강도 기대하는 경우에는 부재접합부나 기초부에 강판을 정착한다.

② FRP(탄소섬유 아라미드 섬유) 쉬트 접착공법 : 탄소섬유 쉬트 또는 아라미드 섬유쉬트 등의 신소재를 이용하여 부재 표면에 접착시켜 보강하는 공법이다. 크레인과 같은 증기가 필요치 않고 보강 두께도 얇아 건축한계 등의 지장이 작다.

③ FRP 부착공법 : 유리섬유와 수지를 스프레이 건으로 직접 부재표면에 뿜어 붙여 보강하는 공법이다. 보강두께가 얇아 건축한계에 지장이 없다. 스틸크로스 등을 병용하여 보강효과를 높일 수 있다.

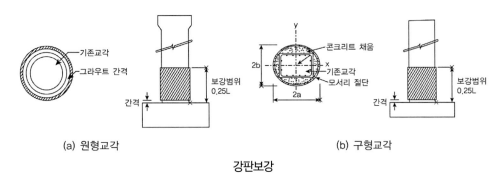

(a) 원형교각　　　　　　　　　　(b) 구형교각

강판보강

3) 보강재 삽입

① 철근삽입 공법 : 기설 교각에 천공을 한 다음 철근을 삽입하고 모르타르 등을 충전하여 구체단면 내에 소요 철근량을 증가시켜 전단강도 및 연성도를 보강한다.

② PC 강봉 삽입 공법 : 상기의 철근 대신에 PC 강봉을 삽입한다. 필요에 따라 프리스트레스를 도입한다.

4) 부재 증설

① 벽 증설 : 라멘교 등의 교각 사이에 벽을 증설하여 휨 및 전단강도를 대폭적으로 증가시키는 공법이다.

② 브레이스 증설 : 라멘교 등의 교각 사이에 브레이스를 증설하여 기존 교각 부재에 작용하는 지진 시의 수평력을 줄이는 공법이다.

5) 병용 공법

① 콘크리트 피복 + 강판피복 : 대단면의 교각에 있어서 휨 보강은 주로 철근 콘크리트 피복에 의해 전단 및 연성도는 강판 피복에 의해 보강한다.

② 철근 삽입 + 콘크리트 피복 : 대단면의 교각에 있어서 콘크리트의 구속효과를 향상시키기 위해 철근 콘크리트 증설공법에 철근 삽입공법을 병용하는 경우이다.

③ PC 강봉 삽입 + 강판 피복 : 대단면의 교각에 있어서 강판 피복공법에 의한 콘크리트의 구속효과를 높이기 위해 PC 강봉을 삽입하여 강판을 연결하는 경우이다.

6) 하중전달 저감 공법(지진저감 장치)

① 충격전달 장치

　㉠ 댐퍼(Damper) : 감쇠기를 이용하여 에너지를 흡수하는 장치로 납, 점성유체 등을 이용

　㉡ 스토퍼(Stopper) : 댐퍼와 비슷한 원리로 일본에서 주로 사용. 원리는 에너지의 흡수 없이 상시에는 작동하지 않으나, 급격한 하중이 작용할 시에는 고정단으로 작용하는 장치(STU)

② 지진격리 받침

　㉠ 탄성고무받침(Rubber Bearing, RB) : 원형이나 사각형의 고무에 철판을 보강한다. 주요 기능은 주기의 이동으로서 자체적으로는 감쇠능력이 적다.

　㉡ 납 고무받침(Lead Rubber Bearing, LRB) : 탄성고무받침의 중앙에 원통형 납을 넣어 추가적인 에너지 분산장치로 사용한다. 고무에 의해 중앙 복원력이 제공되고 납으로 에너지를 흡수한다. 단점은 지진 후 내부의 손상을 외부에서 확인하기 어렵고, 강진 후 모든 받침을 교체할 수도 있다.

　㉢ 고감쇠 고무받침(High Damping Rubber Bearing, HDRB) : 에너지흡수능력을 증가시킨 고무를 이용한 지진격리장치, 초기비용과 유지관리비용이 적게 들고 비교적 쉽게 관리검사가 가능하며 내구성이 좋다. 지진 발생 후 교체할 필요가 없어 반영구적으로 사용 가능하며 온도변화에도 능력을 충분히 발휘할 수 있다.

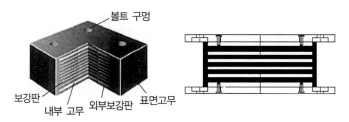

탄성고무받침

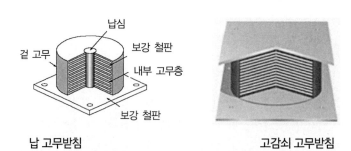

납 고무받침　　　　　　　　**고감쇠 고무받침**

  ㉣ 마찰받침(Friction Bearing) : 구조물과 기초 지반력과의 마찰을 이용하여 구조물을 지진
    으로부터 보호하는 장치이다.
  ㉤ 마찰진자 지진격리장치(Friction Pendulem System, FPS)

마찰받침

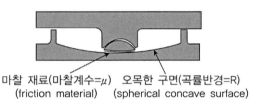

마찰 재료(마찰계수=μ) 오목한 구면(곡률반경=R)
(friction material) (spherical concave surface)

마찰진자 지진격리장치

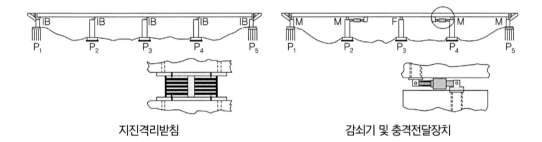

지진격리받침   **감쇠기 및 충격전달장치**

※ 지진격리받침의 기본 개념은 주기의 이동으로 지진력을 감소시키는 것으로 지진수평력을 제어하기 위해서 다음 3가지 기
 본 요소를 갖추어야 한다.
 • 유연도(Flexibility) : 지진격리받침은 진동주기를 증가시켜 지진수평력을 줄이기 위해 충분한 유연성, 즉 수평변형능력을
  갖추어야 한다.
 • 에너지 소산 : 지진격리받침의 변위는 그 자체의 에너지 소산능력 또는 부가되는 감쇠장치에 의하여 적절한 범위 내로
  제어되어야 한다.
 • 안정성 : 상시 수평력 안정성과 수직력 안정성을 가져야 한다.

1. 교각 : 내진성능평가를 먼저 시행한 후 평가결과를 바탕으로 필요한 경우 교각의 휨연성 향상, 전단 강도 및 휨강도 향상, 축방향 철근 겹침이음 보강 등 내진성능을 향상시켜야 한다.

① 휨연성 성능 향상방법 : 철근콘크리트 교각이 휨파괴에 의하여 소요 휨연성을 확보하고 있지 않 은 경우에 콘크리트에 횡방향 구속효과를 증진시켜서 소요 휨연성을 확보하도록 한다.

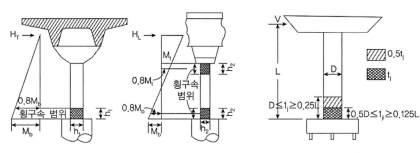

교각의 횡방향 구속을 위한 소성단 영역   단일교각의 횡방향 구속범위

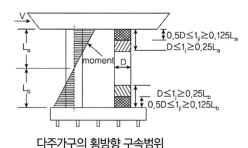

다주가구의 횡방향 구속범위

② 강판보강공법 : 휨연성 향상에 필요한 강판 두께는 교각의 단면형상, 콘크리트의 소요압축변형 률 및 구속콘크리트의 압축강도를 고려하여 소요 휨연성을 충분히 확보하도록 결정하여야 한다. (기존교각에 강판을 씌우고 강판과 교각 사이에 무수축 모르타르 또는 에폭시 충진하는 방법)

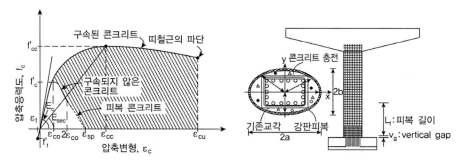

압축상태에 있는 콘크리트의 응력-변형률 모형   휨에 대해 강판보강된 직사각형 단면 교각

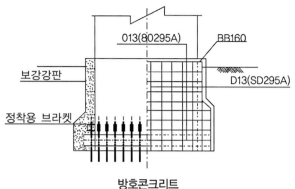

방호콘크리트

③ FRP(Fiber Reinforced Polymer) 보강공법 : 교각의 전단성능 향상을 위해 FRP두께는 교각의 단면형상 및 소요전단강도를 고려하여 산출한다.

④ 축방향 철근 겹침이음부의 내진성능 향상 : 소성힌지 영역에서 축방향 철근이 겹침이음된 교각은 횡구속력을 가하여 겹침이음부를 보강하여야 한다.

⑤ 기타 휨내하력 향상 방법 : 콘크리트 피복공법, 모르타르 부착공법, 프리캐스트 패널 부착공법, 철근 삽입공법, PS 강봉 삽입공법, 벽 증설공법, 프레이스 증설공법, 콘크리트 피복공법과 강판 피복공법의 병행시공, 철근 삽입공법과 콘크리트 피복공법의 병행시공, PS 강봉 삽입공법과 강판 피복공법의 병행시공

사장교 측경간 부반력　　　　　토목구조기술사 합격 바이블 개정판 2권 제5편 교량계획 및 설계 p.1942

사장교 측경간 교각부에 부반력이 발생할 경우, 설계 시 고려사항에 대하여 설명하시오.

풀 이

▶ 개요

일반적으로 사장교는 케이블의 장력이나 중앙경간의 처짐 등을 고려하여 측경간비가 중앙 경간장에 비해 짧도록 구성되어 있다. 사장교의 지간비는 시스템의 처짐 양상을 결정할 뿐만 아니라 앵커 케이블의 장력 및 변화폭에 영향을 주므로 케이블 피로설계에 중요 변수가 되기 때문에 일반적으로 사하중의 비율이 높은 콘크리트 도로교의 경우 0.42 정도의 지간비를 적용하고 활하중 비율이 높은 철도교의 경우에는 0.34까지 적용한다. 또한 사장교는 외부하중이 보강형에서 Stay cable을 통해 주탑과 Anchor cable에 이르는 하중전달 구조에서 앵커 케이블이 인장상태에 있어야만 안정성을 유지할 수 있으며 앵커 케이블이 인장상태를 유지하기 위한 조건은 활하중 p가 전혀 없는 상태일 때 측경간이 주경간장의 1/2이어야 하며 활하중을 고려할 때는 주경간장이 더 커지게 된다.

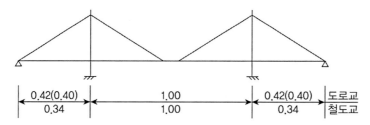

| 0.42(0.40) | 1.00 | 0.42(0.40) | 도로교 |
| 0.34 | 1.00 | 0.34 | 철도교 |

콘크리트 사장교의 측경간비. 괄호 안은 강사장교인 경우

따라서 사장교에서는 단부교각에서 정반력의 수직력보다는 앵커케이블에 의한 부반력이 발생될 가능성이 매우 크며, 이러한 부반력이 발생될 경우에 이에 대한 대책을 마련하는 것이 필요하다.

▶ 설계 시 고려사항

1) 부반력 설계기준

　　도로교설계기준에서는 다음의 값 중 불리한 값을 사용하여 설계하도록 하고 있다.

$$Max\left(2R_{L+i} + R_D, \ R_D + R_W\right)$$

　　그러나 지침에서는 별도의 부반력 조합이 존재하는 것이 아니라 사용하중조합과 극한강도조합에서의 부반력 값을 그대로 적용하고 있어 별도의 조합을 수행하지 않는다. 이러한 내용은 초과하중이라는 개념을 도입한 케이블 강교량 설계지침과는 또 다르며 케이블 강교량 설계지침에서 정의하고 있는 초과하중 조합에 의한 부반력 산정식은 다음과 같다.

① 활하중과 충격계수 100% 증가시킨 하중조합에서 산출된 부반력 100%
② 사용하중조합에서 산출된 부반력의 150%

2) 부반력 제어 대책

<u>부반력의 제어는 자중을 늘이거나 줄이는 방법이나 다른 구조물의 자중을 이용하는 방법</u>이 주로 사용된다. 상부구조물의 자중을 증가하는 방법에는 Counterweight를 재하하는 방법이 있으며, 상부구조물의 중앙경간부의 자중을 경감시키기 위해 복합사장교를 이용하는 방법이 있다. 또한 하부구조물의 자중을 이용하는 방법에는 서해대교에서 사용한 방법인 접속교의 자중을 이용하는 방법, Tie-Down Cable이나 Link Shoe, Anchor Cable을 이용하여 교대나 지반의 자중을 이용하는 방법으로 구분된다.

① <u>Counterweight 재하방법</u> : 박스교와 같은 상부구조물에 측경간의 보강형 내부에 구조적인 또는 비구조적인 중량물을 설치하여 하중을 증가시키는 방법이다. 이 방법의 경우 공간적인 제약이 있을 수 있으며, 하중의 증가로 인하여 보강형의 단면의 증대나 측경간 케이블의 단면 증대, 질량증대로 내진설계 시 하중증가, 유지관리 불리 등의 문제가 있을 수 있다.
② <u>복합 사장교의 적용</u> : 중앙지간의 보강형을 중량이 가벼운 강재로 치환하고 측경간은 콘크리트 단면을 이용하는 방법이다. 이 방법의 경우 콘크리트와 강재의 접합부에 대한 설계에 주의를 요한다.
③ <u>접속교의 자중을 재하</u> : 서해대교에 적용된 방법으로 접속교의 자중을 이용하여 보강형의 자중을 증가시키는 방법이다. 가설 시의 접속교 설치방법에 주의를 요구된다. 서해대교의 경우 가설브래킷과 크레인을 이용하여 설치하였다.

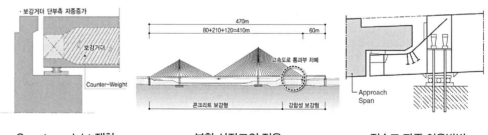

| Counterweight 재하 | 복합 사장교의 적용 | 접속교 자중 이용방법 |

④ <u>Tie-Down Cable</u> : 교각과 보강형을 케이블로 연결하여 부반력을 교각에 전달하는 방법으로 일반적으로 가장 많이 쓰이는 방법이다. 보강형의 이동량이 크면 케이블이 꺾이는 문제가 발

생할 수 있으며 교각이 낮은 교량의 경우 케이블이 짧아 2차 응력이 과도하게 발생되는 문제가 발생할 수 있다.

⑤ Link Shoe : 보강형과 교대에 Link Shoe를 설치하여 교대의 자중으로 부반력에 저항하는 방법으로 교대부 쪽에 이동량이 크거나 회전각이 클 때 적합하다. 다만 교체가 어려우므로 유지관리 시 불리한 단점이 있다.

⑥ Anchor Cable : 교대 밑으로 설치된 지중 앵커와 보강형을 케이블로 연결하여 하부 지반과 교대의 자중으로 저항하는 방법이다. 지반조건에 따라 설치 여부가 결정되므로 이에 대한 고려가 필요하다.

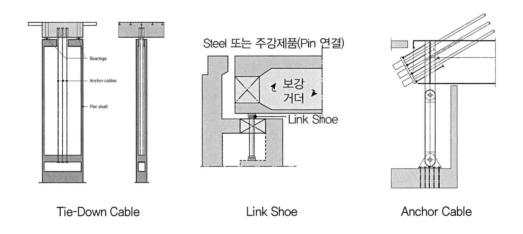

| Tie-Down Cable | Link Shoe | Anchor Cable |

3) 주요 부반력 제어 방법의 비교

구분	Counter-Weight	Tie-Down 케이블	Link-Shoe
개요도	·보강거더 단부측 자중증가	·케이블에 Presstressing 도입	·Steel 또는 주강제품(Pin 연결)
특징	•보강거더 내에 콘크리트 내부채움으로 부반력 제어 •내부점검통로 공간을 고려한 콘크리트 타설부위 결정 필요 •구조상세가 단순하고 거동이 명확 •유지관리 단순화	•교대측에 발생되는 부반력을 케이블로 제어하는 시스템 •규모가 작아 보강거더 내부 등 협소한 공간에 배치 및 접근 용이 •Tie-Down 케이블의 꺾임 현상에 대한 대책 필요	•Link Shoe 본체 강성으로 부반력에 대응하는 시스템 •규모가 커 공간 확보가 불리하고, 단일부재로 저항하므로 교체 곤란 •Link Shoe 설치지점부 단부 보강거더 보강 필요

도로배수

도로교설계기준(한계상태설계법, 2016)에 제시된 도로배수에 대하여 설명하시오.

풀 이

▶ **개요**

교량 노후의 주원인 중 하나는 배수불량으로 인한 누수 및 체수이다. 교량 노면의 체수와 수막현상을 최소화하는 적절한 배수 시스템의 설계 및 유지관리 활동은 대형 교통사고의 발생을 방지하고, 교량의 내구성을 증진시키는 역할을 하기 때문에 매우 중요하다. 또한 교면포장과 슬래브 내구성 저하에 결정정인 영향을 미치고 있어서 배수시스템의 정비, 보수는 교량의 유지관리 활동에 있어서 기본적인 항목이다. 이 때문에 도로교 설계기준에서는 교량 노면의 체수와 수막현상을 최소화하는 적절한 배수 시스템의 설계 및 유지관리 활동을 통해 대형 교통사고의 발생을 방지하고, 교량의 내구성을 증진시키도록 하고 있다.

배수시설 미관불량   막힘부 식물생육   배수구 오염

▶ **도로교설계기준(한계상태설계법, 2016) 도로배수**

통과차량의 안전을 최대화하고 교량의 파손을 최소화하기 위하여 교량바닥판과 진입로는 통행로로부터의 노면수를 효과적이고 안전하게 배수할 수 있도록 설계해야 한다. 차도, 자전거 이용도, 보도를 포함한 바닥판의 횡단배수는 충분히 자연배수가 되도록 횡단경사 또는 편경사를 제공하여야 한다. 각 방향 3차선 이상의 광폭교량은 바닥판배수의 특별설계 또는 특별한 거친 노면처리로 수막현상의 발생가능성을 감소시켜야 할 필요가 있는 경우도 있다. 측구로 배수되는 물은 교량 위로 흘러들지 않도록 차단해야 한다. 교량 양단에서의 배수는 모든 유출량을 충분히 감당할 수 있는 용량이 되어야 한다.

교량 아래의 수로로 배출할 수 없는 특수한 환경 민감조건의 경우, 교량 하부에 부착한 종방향 배수로를 사용하여 교량 단부의 지상에 위치한 적절한 시설로 배수하거나 불가피한 경우 환경을 저감시킬 수 있는 별도의 방안을 수립하여야 한다.

1) 설계강우강도

교량바닥판 배수에 적용하는 설계 강우강도는 인접도로의 포장 배수설계에 적용하는 설계 강우강도보다 작지 않아야 한다.

2) 배수시설의 형식, 규격 및 개수

바닥판배수시설의 개수는 수리조건을 만족시키는 범위에서 최소로 하며, 편경사가 변하는 곳에서는 배수흐름을 고려한 등고선을 작성하여 신속하게 교면수를 유도할 수 있도록 교면배수시설을 설치하여야 한다. 바닥판 배수시설의 집수구는 수리학적으로 효과적이고 청소를 위한 접근이 가능해야 한다.

3) 바닥판 배수시설로부터의 유출

바닥판 배수시설은 바닥판이나 노면의 지표수가 교량 상부구조부재와 하부구조로부터 원활히 제거될 수 있도록 설계하고 위치해야 하며, 다음의 사항을 고려하고 바닥판과 배수시설로부터의 유출은 환경 및 안전요구조건에 부합하도록 처리해야 한다.

① 인접한 상부구조요소의 최저부 아래로 최소 100mm의 돌출부

② 45°경사의 원추형 분사가 구조요소에 접촉하지 않는 관로 유출구의 위치

③ 실제적으로 허용되는 경우 난간의 개구부 또는 자유 낙하이용

④ 45°를 초과하지 않는 굴곡부 사용

⑤ 청소

4) 구조물의 배수

구조물에 물이 고일 수 있는 공간이 있는 경우는 가장 낮은 위치에서 배수시키도록 조치하여야 한다. 바닥판과 포장면 특히 바닥판 이음부는 물이 고이지 않도록 설계해야 한다. 포장면이 일체로 시공되지 않거나 현장거치 거푸집을 사용하는 교량바닥판의 경우 접합부에 고이는 물의 제거를 고려해야 한다.

감쇠비, 진동, 감쇠 　　　　　토목구조기술사 합격 바이블 개정판 2권 제6편 동역학과 내진설계 p.2165

구조물을 그림과 같이 무게가 없는 탄성기둥과 무게가 있는 강체거더로 모델링하였다. 이 구조물의 동특성을 산정하기 위하여 강체거더에 유압잭을 이용하여 수평방향으로 변위를 가한 후 놓아서 자유진동이 발생하도록 하였다. 이때 유압잭으로 발생시킨 변위($u1$)는 20mm이고 3cycle 후 최대변위($u4$)는 16mm이였다. 다음을 구하시오. 단, 지점 B는 힌지단, 지점 A 및 C는 고정단이며, 내부힌지는 마찰이 없고, 강체거더와 기둥은 강결로 이루어져 있고, 강체거더의 무게(W)는 500kN, 모든 기둥의 단면2차모멘트(I)는 $25.8 \times 10^6 \mathrm{mm}^4$, 탄성계수($E$)는 200GPa로 한다.

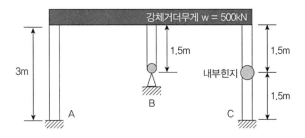

1) 구조물의 강성
2) 감쇠비
3) 고유진동수 및 감쇠고유진동수
4) 임계감쇠 및 감쇠계수
5) 10cycle 후 최대변위($u11$)

풀 이

▶ **구조물의 강성**

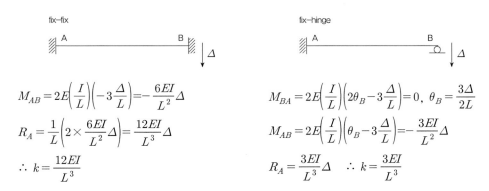

fix-fix

$$M_{AB} = 2E\left(\frac{I}{L}\right)\left(-3\frac{\Delta}{L}\right) = -\frac{6EI}{L^2}\Delta$$

$$R_A = \frac{1}{L}\left(2 \times \frac{6EI}{L^2}\Delta\right) = \frac{12EI}{L^3}\Delta$$

$$\therefore k = \frac{12EI}{L^3}$$

fix-hinge

$$M_{BA} = 2E\left(\frac{I}{L}\right)\left(2\theta_B - 3\frac{\Delta}{L}\right) = 0, \ \theta_B = \frac{3\Delta}{2L}$$

$$M_{AB} = 2E\left(\frac{I}{L}\right)\left(\theta_B - 3\frac{\Delta}{L}\right) = -\frac{3EI}{L^2}\Delta$$

$$R_A = \frac{3EI}{L^3}\Delta \quad \therefore k = \frac{3EI}{L^3}$$

$EI = 5,160,000 \text{kNm}$

A기둥(fix-fix)의 강성은 $k_A = \dfrac{12EI}{L_A^3} = \dfrac{12 \times 5,160,000}{3^3} = 2,293,333 \text{kN/m}$

B기둥(fix-hinge)의 강성은 $k_B = \dfrac{3EI}{L_B^3} = \dfrac{3 \times 5,160,000}{1.5^3} = 4,586,667 \text{kN/m}$

C기둥(fixed-hinge-fix)의 강성은 fixed-hing된 두 개의 기둥이 직렬연결 구조이므로

$\dfrac{1}{k_C} = \dfrac{1}{k} + \dfrac{1}{k} = \dfrac{2}{k} = 2 \times \dfrac{(0.5L_C)^3}{3EI} \quad \therefore \ k_C = \dfrac{12EI}{L_C^3} = 2,293,333 \text{kN/m}$

병렬구조이므로 구조물 전체의 등가 강성계수 $k_e = k_A + k_B + k_C = 9.173 \times 10^6 \text{kN/m (N/mm)}$

▶ 구조물의 감쇠비

$$\text{대수감쇠율}(\delta) = \ln\left(\frac{x_1}{x_4}\right) = \ln\left(\frac{\rho e^{-\xi\omega_n t_1}}{\rho e^{-\xi\omega_n t_4}}\right) = \xi\omega_n(t_4 - t_1) = \xi\omega_n(3T_d) = 3 \times \frac{2\pi\xi\omega_n}{\omega_d}$$

$$= 3 \times \frac{2\pi\xi}{\sqrt{1-\xi^2}} \fallingdotseq 3 \times 2\pi\xi$$

$$\therefore \ 6\pi\xi = \ln\left(\frac{20}{16}\right) = 0.223$$

$$\therefore \ \xi = 0.01184$$

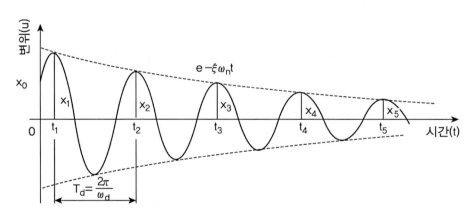

▶ 구조물의 고유진동수 및 감쇠고유진동수

$$\text{고유진동수} \ w_n = \sqrt{\frac{k_e g}{W}} = \sqrt{\frac{9.17 \times 10^6 \times 10}{500 \times 10^3}} = 13.5425$$

$$\text{감쇠 고유진동수} \ w_e = w_n\sqrt{1-\xi^2} = 13.5416$$

▶ 구조물의 임계감쇠 및 감쇠계수

임계감쇠 $c_{cr} = 2\sqrt{mk_e} = 2\sqrt{50000 \times 9.173 \times 10^6} = 1.354 \times 10^6 \, \text{N/mm} \cdot \text{sec}$

감쇠계수 $c = c_{cr} \times \xi = 2\xi\sqrt{mk_e} = 16{,}037 \, \text{N/mm} \cdot \text{sec}$

▶ 구조물의 10cycle 후 최대변위(u_{11})

$$\ln\left(\frac{x_1}{x_{11}}\right) = \ln\left(\frac{\rho e^{-\xi\omega_n t_1}}{\rho e^{-\xi\omega_n t_{11}}}\right) = \xi\omega_n(t_{11} - t_1) = \xi\omega_n(10\,T_d) = 10 \times \frac{2\pi\xi\omega_n}{\omega_d}$$

$$= 10 \times \frac{2\pi\xi}{\sqrt{1-\xi^2}} \fallingdotseq 10 \times 2\pi\xi = 0.743929$$

$$\ln\left(\frac{20}{x_{11}}\right) = 0.743929$$

$$\therefore \ x_{11} = 9.5\,\text{mm}$$

PSC 손실과 긴장 　　　　　　　　　　　토목구조기술사 합격 바이블 개정판 1권 제3편 PSC p.1029

다음 그림과 같이 경간장 30m의 포스트텐션 보에서 곡선으로 배치된 긴장재를 왼쪽 지점(A)의 단부에서 인장력을 도입할 때 다음을 구하시오. 단, 텐던의 배치는 원호 형상으로 가정한다.

1) 쐐기 정착 전 긴장재의 신장량
2) 쐐기 정착 후 중앙부(B점)의 즉시 손실량
3) 쐐기 정착 후 긴장력 분포도(A점, B점, C점)

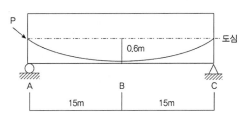

- 연장 : $L = 30.0$m, 편심거리 : 0.6m
- 사용텐던 : SWPC7BL 15.2mm
  ($A_{ps} = 138.7$mm^2, $f_{pu} = 1860$MPa) – 22가닥 강연선
- 도입 긴장력 : 4,250kN
- 탄성계수 : $E_p = 200$GPa
- 곡률마찰계수 : $\mu = 0.2$/radian, 파상마찰계수 $K = 0.002$/m
- 쐐기 정착장치의 활동량 : 6mm

풀 이

➤ 쐐기 정착 전 긴장재의 신장량

도입긴장력 P_0 작용 시 긴장재의 신장량 $\delta = \dfrac{P_0 L}{A_p E_p}$ 로부터 산정

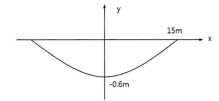

$y = ax^2 - 0.6$ 으로부터

$y = 0.002667x^2 - 0.6$

$\therefore \dfrac{\partial y}{\partial x} = 0.00533x$

$$L = \int_{-15}^{15} \sqrt{dx^2 + dy^2} = \int_{-15}^{15} \sqrt{1 + \left(\frac{dy}{dx}\right)^2} = 30.0319\text{m}$$

$$\therefore \delta = \frac{P_0 L}{A_p E_p} = \frac{4250 \times 10^3 \times 30.0319 \times 10^3}{138.7 \times 22 \times 200 \times 10^3} = 209.143\text{mm}$$

▶ 쐐기 정착 후 중앙부(B점)의 즉시 손실량과 긴장력 분포도

1) 마찰손실 : 곡률과 파상마찰 모두 고려하는 경우

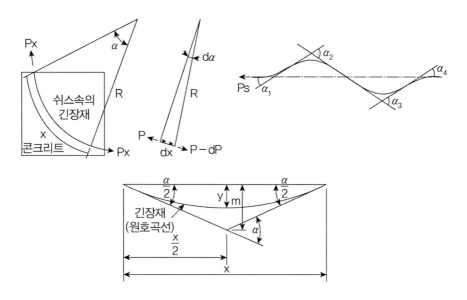

긴장재는 포물선으로 배치되어 있지만, 이것을 원호로 보고 각 변화를 계산하면,

$$\tan\frac{\alpha}{2}=\frac{m}{x/2}=\frac{2m}{x}, \qquad m \fallingdotseq 2y \ \& \ \tan\frac{\alpha}{2}\fallingdotseq\frac{\alpha}{2}$$

$$\frac{\alpha}{2}=\frac{4y}{x} \qquad\qquad \therefore \ \alpha=\frac{8y}{x}=\frac{8\times 0.6}{30}=0.16\,(radian)$$

$$\mu\alpha+kl=0.2\times 0.16+0.002\times 30=0.092\leq 0.3$$

$\mu\alpha+kl \leq 0.3$이므로, 마찰로 인하여 보 전 길이에 걸쳐 일어날 긴장재 응력의 손실량은

$$\therefore \ \Delta P = P_0 - P_x = P_0\,(\mu\alpha+kl) = 391\text{kN}$$

따라서 지간 중앙단면에서의 마찰손실은 보의 전 길이에 일어나는 마찰손실의 1/2이므로 중앙에서의 손실량은 $\Delta P_B = 391/2 = 195.5\text{kN}$

2) 정착장치의 활동 : PS 강재와 쉬스 사이에 마찰이 있는 경우

$$p=\frac{195,500}{15,000}=13.03\text{N/mm}\,(\text{kN/m})$$

$$\therefore \ l_{set}=\sqrt{\frac{A_p E_p \Delta l}{p}}=\sqrt{\frac{138.7\times 22\times 200\times 10^3\times 6}{13.03}}$$

$$=16763.6\text{mm} > \text{L}/2\,(=15\text{m})$$

따라서 정착장치의 활동의 영향이 지간 중앙단면 너머까지 영향을 미친다.

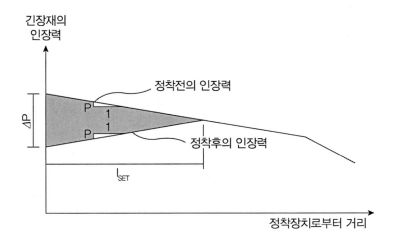

긴장재의
인장력

정착전의 인장력

ΔP

P

1

P

1

정착후의 인장력

l_{SET}

정착장치로부터 거리

삼각형 면적 $0.5\Delta P l_{set} = l_{set} \times \left(A_p E_p \dfrac{\Delta l}{l_{set}} \right)$

$1 : p = l_{set} : 0.5\Delta P \rightarrow \Delta P = 2pl_{set} = 2 \times 13.03 \times 16763.6 = 436.86\text{kN}$

$\therefore$ 인장단에서의 긴장재의 인장력 $P_{iA} = P_j - \Delta P = 4250 - 436.86 = 3813.14\text{kN}$

따라서 쐐기 정착 후 B점의 즉시 손실량은

$\therefore P_{iB} = 3813.14 + 13.03 \times 15 = 4008.59\text{kN}$

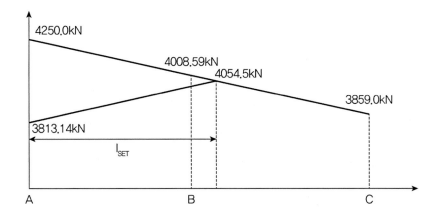

4250.0kN

4008.59kN

4054.5kN

3859.0kN

3813.14kN

l_{SET}

A

B

C

단주 기둥의 설계 토목구조기술사 합격 바이블 개정판 1권 제2편 RC p.794

다음과 같은 사각기둥(단주)이 균형상태일 때, P_b, M_b 및 e_b를 강도설계법으로 구하시오. 단, $f_{ck}=$ 24MPa, $f_y=300$MPa, $A_s=3,000$mm², $A_s{}'=1,000$mm², $E_s=200,000$MPa, $\epsilon_c=0.003$이다.

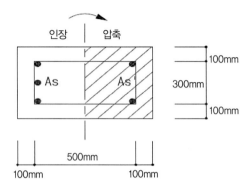

풀 이

➤ 균형상태 : 소성중심이 도심과 같다고 가정할 경우

$$\epsilon_y = \frac{f_y}{E_s} = 0.0015, \quad c_b = \frac{0.003}{0.003+\epsilon_y}d = 400\text{mm}, \quad a_b = \beta_1 c_b = 0.85 \times 400 = 340\text{mm}$$

$$\epsilon_s{}' = \epsilon_{cu} \times \frac{(c-d')}{c} = 0.00225 > \epsilon_y(=0.0015)$$

$$C_s = A_s{}'f_y = 1,000 \times 300 = 300\text{kN}$$

$$C_c = 0.85f_{ck}ab = 0.85 \times 24 \times 500 \times 340 = 3,468\text{kN}$$

$$T = A_s f_y = 3,000 \times 300 = 900\text{kN}$$

$$\therefore P_b = C_c + C_s - T = 3468 + 300 - 900 = 2,868\text{kN}$$

소성중심이 단면의 도심과 같다고 가정하면,

$$M_b = P_b e_b = C_c\left(d - d'' - \frac{a_b}{2}\right) + C_s\left(d - d'' - d'\right) + Td'' \text{ (소성중심 기준)}$$

$$= 3468 \times \left(600 - 250 - \frac{340}{2}\right) + 300 \times (600 - 250 - 100) + 900 \times 250 = 924.240\text{kNm}$$

$$e_b = \frac{M_b}{P_b} = 322.26^{mm}$$

➤ 균형상태 : 소성중심을 별도로 산정할 경우

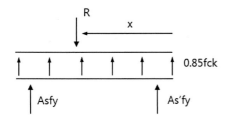 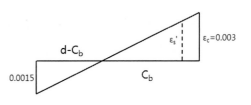

$$\overline{x} = \frac{0.85f_{ck}\times700\times500\times350 + A_s(f_y - 0.85f_{ck})\times600 + A_s{'}(f_y - 0.85f_{ck})\times100}{0.85f_{ck}700\times500 + A_s(f_y - 0.85f_{ck}) + A_s{'}(f_y - 0.85f_{ck})}$$

$$= 366.9\text{mm}$$

$0.003 : c_b = 0.0015 : d - c_b \quad \therefore c_b = 400\text{mm}, \ a_b = 340\text{mm}$

$$\therefore \epsilon_s{'} = \frac{0.003}{400}\times300 = 0.00225 > \epsilon_y = \frac{f_y}{E_s} = 0.0015$$

$C_c = 0.85f_{ck}ab = 0.85\times24\times500\times340 = 3,468\text{kN}$

$C_s = A_s{'}(f_y - 0.85f_{ck}) = 1,000\times(300 - 0.85\times24) = 279.6\text{kN}$

$T_s = A_s f_y = 3,000\times300 = 900\text{kN}$

$\therefore P_b = C_c + C_s - T = 2,847.6\text{kN}$

$$\therefore M_b = P_b e_b = C_c\left(\overline{x} - \frac{a_b}{2}\right) + C_s(\overline{x} - d{'}) + T(d - \overline{x}) \ (\text{소성중심 기준})$$

$$= 3468\times\left(366.9 - \frac{340}{2}\right) + 279.6\times(339.6 - 100) + 900\times(600 - 366.9)$$

$$= 959634.4\text{kN}\cdot\text{mm} = 959.6\text{kN}\cdot\text{m}$$

$$\therefore e_b = \frac{M_b}{P_b} = 337.0\text{mm}$$

RC의 유지관리

철근콘크리트 교량의 유지관리에서 철근 위치와 부식상태를 조사하는 방법과 그 특징을 설명하시오.

풀 이

▶ 개요

철근콘크리트 구조물에서 철근의 위치와 배근 상태, 부식상태의 조사는 구조물의 안전성 평가에 영향을 크게 미치는 중요한 요소이다. 철근 위치를 조사하는 방법은 주로 구조체를 깨내고 철근을 노출시켜 직접조사하거나 비파괴검사를 실시하는 방법으로 구분된다. 철근의 부식은 콘크리트 구조물의 외부환경 또는 구조물 자체의 원인으로 인해 발생되는 콘크리트 내의 철근 부식의 유무를 평가하기 위해 실시되며 자연전위측정법이 가장 널리 사용된다.

▶ 철근 위치 조사 방법

철근탐사 방법에는 전자기 유도, 전자파레이더, 자기 유도, 방사선을 이용한 탐사방식이 있으며 현재 사용되고 있는 철근 탐사방식은 보편적으로 전자기유도(자기감응) 방식과 전자파레이더 방식이 있다. 전자기유도 및 전자파레이더 방식에 의한 철근탐사 장비를 사용하여 철근 콘크리트 구조물에 배근된 철근의 위치, 지름, 콘크리트 피복 두께의 탐사하는 데 사용된다. 철근의 위치, 지름, 콘크리트 피복 두께는 철근 콘크리트 구조물의 내력을 평가하는 데 이용될 수 있으며, 콘크리트 강도, 품질 및 내구성 조사에 앞서 철근의 위치를 탐사하는 예비시험 방법으로 사용될 수 있다. 탐사한 철근 위치, 지름, 콘크리트 피복 두께는 콘크리트 타설 후의 각 부재 배근의 적절성 여부를 판단하는 근거로 활용할 수 있다.

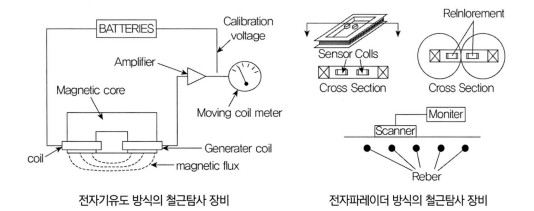

전자기유도 방식의 철근탐사 장비　　　전자파레이더 방식의 철근탐사 장비

1) 전자기유도 방식

전자기유도 방식을 이용한 장비는 기본적으로 평행 공진(共振)회로의 전압진폭 감소에 기초를 두고 있으며, Probe나 Scanner에서 만들어진 코일에 전류를 흘려 교류자장을 만들어 내고, 코일 전압의 변화는 자장 내 자성체의 특성 및 거리에 의해 변하기 때문에 콘크리트 내부에 철근의 위치 및 직경 등을 구하는 방법으로 이용되고 있다.

2) 전자파레이더 방식

해당 물체 내의 송신된 전자파가 전기적 특성(유전율 및 전도율)이 다른 물질(철근, 매설물, 공동 등)의 경계에서 반사파를 일으키는 성질을 이용해 콘크리트 표면으로부터 내부를 향해 전자파를 안테나로부터 방사하여 목표물에서 반사해온 신호를 안테나로 수신한 후 콘크리트 내부의 상태를 수직 단면도로 본체 표시기에 나타내준다. 이 방식은 철근 배근 간격 및 피복두께는 비교적 정확하게 구할 수 있으나 철근의 직경은 정확하게 측정하기 곤란한 특성을 가진다.

▶ 철근 부식상태 조사

철근콘크리트에 매입되어 있는 철근부식은 전기화학적 반응에 의거하여 진행하므로 철근부식시험은 전기화학적 방법을 적용한다. 정상적인 콘크리트는 강알칼리성으로 철근은 부동태로 전위는 −100~−200mV(CSE)를 나타내지만, 염화물의 침투와 탄산화(중성화)로 철근이 활성상태로 되어 부식이 진행하면 전위는 부(−)방향으로 진행한다. 철근의 전위는 철근부식 장소의 검출과 상태를 파악하는 데 효과적이나, 현장 구조물에서 철근부식은 위치와 진행 속도 등 불균일하게 발생하기 쉬워 현장시험 상의 제약으로 시험방법과 결과의 분석에서 여러 가지의 곤란한 문제가 따른다는 것을 유의해야 한다. 철근의 부식진단을 위한 전기화학적 비파괴시험 방법은 자연전위법, 표면전위차법, 분극저항법이 있으며 주로 자연전위법이 사용된다.

조사방법	측정내용	적용성		부식의 유무
		실험실	현장	
자연전위법	자연전위 측정으로 철근 부식상태 판정	높음	높음	정성적
표면전위차법	전위 기울기의 측정으로 철근 부식상태 판정	높음	높음	정성적
분극저항법	미소 직류의 인가로 분극저항 측정으로 철근부식 속도 측정	높음	보통	정량적

1) 자연전위측정법

가장 널리 이용되는 콘크리트 속의 철근부식진단법의 하나로 콘크리트 구조물 내에 강재가 부식하는 경우에는 부식전지가 형성되어 양극반응을 나타내는 부분(부식부)과 음극반응을 나타내는 부분(비부식부)으로 구분되지만, 이때 자연전위도 변화하므로 이 전위를 계측함으로써 콘크리트 내에 함유된 강재의 부식 유무를 판정하는 원리다. 자연전위법은 조사지점에서 부식 가능성을 진단하는 것으로 구조물 내에서 철근 부식 가능성이 높은 장소를 찾아내며, 공용 중에 내부철근이 부식되고 이로 인해 콘크리트에 균열이 발생할 때까지 철근이 부식하는 초기 단계를 파악하는 것에 유효하다. 보다 정확한 철근부식의 진단을 위해서는 철근의 피복두께, 콘크리트 중의 염화물 함유량, 콘크리트의 탄산화(중성화) 깊이, 콘크리트의 저항률 측정, 콘크리트 구조물의 균열상황 등의 관찰 등을 종합하여 철근의 부식 정도를 판정하는 것이 바람직하다.

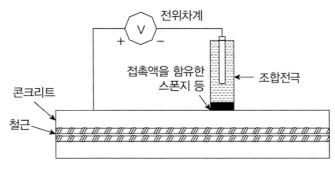

자연전위 측정 개념도

항복기준   토목구조기술사 합격 바이블 개정판 2권 제4편 강구조 p.1219

평면응력상태에서 Tresca와 von Mises 항복기준을 도식적으로 비교하고 각각의 배경 이론을 설명하시오.

풀 이

> ## 개요

물체는 외부로부터 힘이나 모멘트를 받게 되면 어느 정도까지는 견디지만 얼마 이상의 크기가 되면 외력을 지탱하지 못하고 파괴된다. 이러한 파괴를 예측하는 기준이 되는 조건을 항복조건(Yield Criterion)이라고 부른다.

이러한 항복조건의 대표적이 기준으로 von Mises 항복조건과 Tresca 항복조건이 있으며, von Mises 응력이란 von Mises 항복조건에 사용되는 응력으로 하중을 받고 있는 물체의 각 지점에서의 비틀림 에너지(Maximum Distortion Energy)를 나타내는 값이다.

물체는 수학적으로 세 개의 주응력 또는 6개의 독립된 응력들로 정의될 수 있으며 이러한 독립된 응력만을 가지고는 외부하중에 의해 파괴 여부를 판단하지 못하기 때문에 응력 성분들의 조합으로 각 성분들이 파괴 여부를 확인하기 위한 방법으로 파괴기준이 정립되었다.

von Mises응력은 물체의 각 지점에서 응력성분들에 대한 비틀림 에너지를 표현한 것으로 연성재료인 강재에서 파괴를 예측하는 기준으로 많이 사용된다. 다만 Von Mises는 주응력 간의 차이에 대한 RMS(Root Mean Square)값이고 Principal Stress는 Mohr Cirle상의 주응력 값이므로 주응력과 Von Mises의 결과는 다르다. Von Mises는 RMS(Root Mean Square)값이므로 항상 0보다 크며, 압축과 인장에 상관없이 어느 부분의 응력이 많이 작용하는지를 알 수 있고, 주응력은 응력의 크기와 함께 인장과 압축을 알 수 있다. 통상 응력의 크기와 인장과 압축의 부호에 관심이 있을 경우에는 주응력을 기준으로 하고 재료의 파괴에 관심이 있을 경우에는 Von Mises 응력을 사용한다. Von Mises 응력은 구조물 내의 임의지점에서의 응력으로부터 계산되는 값으로 '유효응력'이라고도 하며, 구조물의 항복 여부를 판정할 때 사용된다.

일반적으로 알고 있는 물성값은 항복강도(σ_y)이다. 이 값은 특정 소재에서 인장시편을 채취하여 단축 인장실험을 통해서 획득되기 때문에 1차원적 응력을 받는 시편으로부터 구해진다. 하지만 실제로 구조물은 3차원 응력으로 X축, Y축, Z축의 응력이 모두 존재하며. 따라서 이 값을 단축인장실험을 통한 항복강도와 비교하기 위해서는 대푯값인 등가응력(Effective Stress)이라는 것이 필요하다. 이러한 등가응력의 개념이 Von Mises 응력이다.

연성재료의 파괴기준은 크게 다음의 3가지로 정리된다.

① 최대 수직응력 이론(Maximum Normal stress)

② 최대 전단응력 이론(Tresca의 파괴기준)

③ 최대 비틀림 에너지 이론(Von mises의 재료파괴기준)

▶ 항복기준의 배경 이론

1) 파괴의 종류 : 일반적으로 재료파괴에 대한 기본적인 개념은 2가지로 정리된다.

  ① 취성파괴(Brittle Failure or Fracture) : 분필이나 콘크리트와 같은 물질처럼 작은 소성변형이 발생한 후에 2개로 분리되는 취성파괴

  ② 연성파괴나 항복(Ductile Failure or Yielding) : 알루미늄이나 철, 구리와 같이 탄성범위를 지나서 영구 소성변형이 나타날 때 연성파괴

2) 연성파괴 이론

  ① Maximum Normal stress : 최대 수직응력 파괴이론은 취성재료 내의 임의의 방향의 최대 수직응력이 재료의 강도에 도달하여 재료의 파괴가 발생하며 이에 따라 위험단면에서의 주응력을 찾는 문제가 중요하다. 수학적으로 파괴가 발생하는 때는

$$\sigma_1 > f_u \ \text{ 또는 } \ \sigma_2 > f_u \ \text{(인장)} \quad |\sigma_1| > |f_c| \ \text{ 또는 } \ |\sigma_2| > |f_c| \ \text{(압축)}$$

여기서, $f_u(f_c)$: 인장(압축)의 극한강도(취성재료는 통상 $f_c > f_u$)

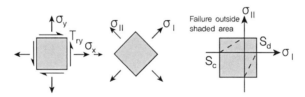

max normal stress failure surface

  ② Tresca의 파괴기준(Maximum Shear stress criterion : Maximum Shear stress reaches to the yield shear stress in uniaxial stress) : Tresca의 항복조건은 연성재료를 기준으로 최대 전단응력이 전단강도(τ_y)를 초과할 때 재료가 항복하며, 이는 주어진 평면에서 최대 면내 전단응력이 평균 면내 주응력을 뜻한다. 이는 연성재료의 항복이 경사면에 따른 재료의 전단에 의해 발생하므로 전단응력에 기인한다는 관점에 기초를 둔 파괴기준이다.

$$\tau_{\max} = \frac{\sigma_{\max} - \sigma_{\min}}{2}$$

Tresca의 기준이 Von Mises 기준의 안쪽에 위치하여 좀 더 보수적이다.

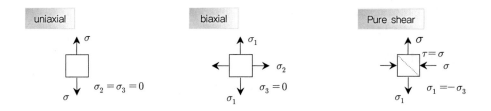

㉠ uniaxial($\sigma_1 = \sigma_y$, $\sigma_2 = \sigma_3 = 0$) : $\tau_{\max} = \dfrac{\sigma}{2}$

$$\tau_y = \frac{\sigma_y}{2} \; f = \tau_{\max} = \tau_{\max} - \frac{\sigma_y}{2} = \sigma_e - \frac{\sigma_y}{2}$$

㉡ biaxial($\sigma_3 = 0$, $\sigma_2 = \pm Y$, $\sigma_1 = \pm Y$, $\sigma_1 - \sigma_2 = \pm Y$)

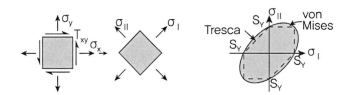

㉢ Maximum Shear stress

$$\tau_1 = \left| \frac{\sigma_2 - \sigma_3}{2} \right|, \; \tau_2 = \left| \frac{\sigma_3 - \sigma_1}{2} \right|, \; \tau_3 = \left| \frac{\sigma_1 - \sigma_2}{2} \right|$$

$$\tau_{\max} = \max[\tau_1, \; \tau_2, \; \tau_3]$$

$$\therefore \sigma_2 - \sigma_3 = \pm Y, \; \sigma_3 - \sigma_1 = \pm Y, \; \sigma_1 - \sigma_2 = \pm Y$$

$$\tau_{\max} = \left| \frac{\sigma_1 - \sigma_2}{2} \right| \leq \sigma_y (\text{2차원}), \; \tau_{\max} = \left| \frac{\sigma_1 - \sigma_3}{2} \right| \leq \sigma_y (\text{3차원})$$

세 개의 전단응력이 전단항복응력에 도달할 때 파괴 발생

- σ_1과 σ_2의 부호가 같을 경우 : $|\sigma_1| < \sigma_y$ & $|\sigma_2| < \sigma_y$
- σ_1과 σ_2의 부호가 다를 경우 : $|\sigma_1 - \sigma_2| < \sigma_y$

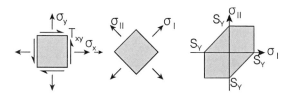

③ Von mises의 재료파괴기준(Maximum Distortional energy : Yielding begins when the distortional strain energy density reaches to the distortional strain energy density at yield in uniaxial tension(compression)) : Von mises의 재료파괴기준은 연성의 재료에 사용되는 파괴기준으로 재료의 단위체적당 뒤틀림 변형에너지가 항복응력상태에서의 단위체적당 뒤틀림 변형에너지를 초과하면 파괴되는 것으로 본다.

Strain energy density

$$U_0 = \frac{1}{2}[\sigma_x \epsilon_x + \sigma_y \epsilon_y + \sigma_z \epsilon_z + \tau_{xy}\gamma_{xy} + \tau_{yz}\gamma_{yz} + \tau_{zx}\gamma_{zx}]$$

$$= \frac{1}{2E}[\sigma_x^2 + \sigma_y^2 + \sigma_z^2 - 2\nu(\sigma_x\sigma_y + \sigma_y\sigma_z + \sigma_z\sigma_x)] + \frac{1}{2G}[\tau_{xy}^2 + \tau_{yz}^2 + \tau_{zx}^2]$$

주응력 축에서는 σ_1, σ_2, σ_3만 존재하므로

$$U_0 = \frac{1}{2E}[\sigma_1^2 + \sigma_2^2 + \sigma_3^2 - 2\nu(\sigma_1\sigma_2 + \sigma_2\sigma_3 + \sigma_3\sigma_1)]$$

체적변화에 대한 변형에너지 밀도 U_V와 비틀림에 대한 변형에너지 밀도 U_D로 구분하면,

$$U_0 = U_V + U_D = \frac{(\sigma_1 + \sigma_2 + \sigma_3)^2}{18K} + \frac{(\sigma_1 - \sigma_2)^2 + (\sigma_2 - \sigma_3)^2 + (\sigma_3 - \sigma_1)^2}{12G}$$

여기서, $K = \dfrac{E}{3(1-2\nu)}$, $G = \dfrac{E}{2(1+\nu)}$

$$U_V = \frac{(\sigma_1 + \sigma_2 + \sigma_3)^2}{18K} : \text{Volumetric change associated with Volumn change}$$

$$U_D = \frac{(\sigma_1 - \sigma_2)^2 + (\sigma_2 - \sigma_3)^2 + (\sigma_3 - \sigma_1)^2}{12G} : \text{distortional strain energy density}$$

㉠ 3차원 응력상태 : 시편은 항복 시 1차원 응력상태이고, $\sigma_1 = \sigma_Y$, $\sigma_2 = \sigma_3 = 0$이므로,

$$U_{DY} = \frac{1}{12}(\sigma_Y^2 + \sigma_Y^2) = \frac{\sigma_Y^2}{6G}$$

$$U_D = \frac{1}{12G}[(\sigma_1 - \sigma_2)^2 + (\sigma_2 - \sigma_3)^2 + (\sigma_3 - \sigma_1)^2] \leq U_{DY} = \frac{\sigma_Y^2}{6G}$$

$$\therefore \frac{1}{6}[(\sigma_1 - \sigma_2)^2 + (\sigma_2 - \sigma_3)^2 + (\sigma_3 - \sigma_1)^2] \leq \frac{\sigma_Y^2}{3}$$

파괴기준을 함수로 표현하면,

$$f = \sigma_e^2 - \sigma_Y^2, \quad \sigma_e = \sqrt{\frac{1}{2}\left[(\sigma_1 - \sigma_2)^2 + (\sigma_2 - \sigma_3)^2 + (\sigma_3 - \sigma_1)^2\right]} = \sqrt{3J_2}$$

ⓛ 2차원 응력상태

$\sigma_3 = 0$이므로, $\quad \frac{1}{6}[(\sigma_1 - \sigma_2)^2 + \sigma_2^2 + \sigma_1^2] \leq \frac{\sigma_Y^2}{3} \qquad \therefore \sigma_1^2 - \sigma_1\sigma_2 + \sigma_2^2 \leq \sigma_Y^2$

2차원 응력상태에서 순수전단의 경우 $\sigma_1 = -\sigma_2$, $\sigma_3 = 0$이고 $\tau_{\max} = \frac{|\sigma_1 - \sigma_2|}{2} = \sigma_1$

$3\sigma_1^2 = 3\tau_Y^2 \leq \sigma_Y^2 \qquad \therefore \tau_Y = \frac{\sigma_Y}{\sqrt{3}}$

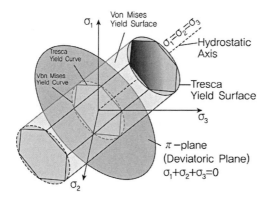

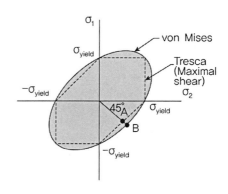

RC 휨모멘트 재분배   토목구조기술사 합격 바이블 개정판 1권 제2편 RC p.614

철근콘크리트 연속보 구조의 휨모멘트 재분배에 대하여 설명하고, 콘크리트구조기준(2012)과 도로교설계기준(한계상태설계법, 2016)을 비교 설명하시오.

풀 이

▶ 하중의 산정

철근 콘크리트에서는 콘크리트의 크리프나 건조수축에 의해서 정정구조물의 경우에는 단면 구성요소의 내부에서 하중의 재분배가 발생하며 부정정 구조물의 경우에는 크리프와 건조수축에 의해서 단면력과 반력의 변화가 발생하게 된다. 부정정보나 라멘, 연속교 등 RC구조물에서의 하나의 단면의 항복은 곧 붕괴(Collapse)를 가져오는 것이 아니며 항복과 붕괴사이에는 상당한 강도의 여유가 있다. 즉 파괴에 이르기 전까지 하중이 증가하면 높은 응력을 받는 단면에서 소성힌지(Plastic hinge)가 발생되고 이로 인하여 모멘트가 재분배되는 현상이 발생하게 된다.

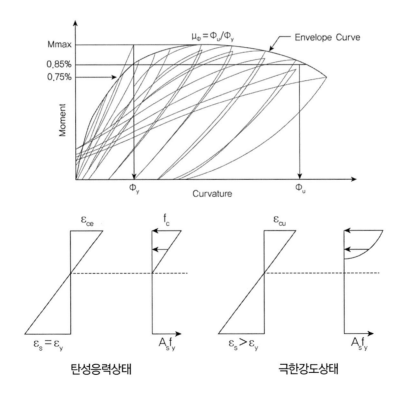

➤ 설계기준의 휨모멘트 재분배

우리나라 설계기준 및 ACI기준에 따르면 연성이 충분한 경우에 연속 휨부재에서 부모멘트를 재분배할 수 있도록 제시하고 있다(Redistribution of Negative Moment). 최대의 부모멘트가 발생하는 하중조합을 고려하는 경우에 이 규정은 설계에서 초대의 부모멘트 값을 감소시키거나 또는 증가시킬 수 있도록 하고 이런 최대 부모멘트의 감소나 증가는 동시에 경간 중앙에서의 정모멘트를 증가 또는 감소되도록 한다. 이를 통해서 경제적인 설계가 되도록 한다.

1) 콘크리트 구조기준

근사해법에 의한 휨모멘트를 계산하는 경우를 제외하고 어떠한 가정의 하중을 적용하여 탄성이론에 의하여 산정된 연속 휨부재 받침부의 부모멘트는 20% 이내에서 $1000\epsilon_t$(%)만큼 증가 또는 감소시킬 수 있도록 규정하고 있다. 이때 경간내의 단면에 대한 휨모멘트의 계산은 수정된 부모멘트를 사용하여야 하며, 부모멘트의 재분배는 휨모멘트를 감소시킬 단면에서 최외단 인장철근의 순인장 변형률 ϵ_t가 0.0075 이상인 경우에만 가능하다. 프리스트레스트 콘크리트 휨부재의 경우에는 최소 부착철근량($A_s = 0.004A_{ct}$) 이상이 받침부에 배치된 경우 가정된 하중배치에 따라 탄성이론으로 계산된 부모멘트는 증가시키거나 감소시킬 수 있다. 콘크리트 구조기준에 따라 모멘트 재분배를 실시할 경우에는 다음의 제한사항을 만족하여야 한다.

① PS가 도입되거나 안 된 연속 휨부재에 적용
② 근사해법으로 구한 휨모멘트에는 적용 불가
③ 최외단 인장철근의 순인장 변형률 $\epsilon_t \geq 0.0075$인 경우에만 적용
④ 부모멘트의 조정은 고려하는 각 하중조합에 대하여 수행하고 설계는 모든 하중조합에서 최댓값에 대해 수행함
⑤ 부모멘트를 재분배한 경우 그 경간의 정모멘트도 조정
⑥ 모멘트 재분배가 수행되기 전·후에 모든 절점에서 정적인 평형이 유지되어야 함
⑦ 받침부를 사이에 두고 경간의 길이가 서로 달라서 부모멘트가 양면에서 다른 경우에 한쪽 또는 양쪽의 부모멘트를 모두 재분배하여야 하고 이를 받침부 설계에 고려함
⑧ 부모멘트의 증가나 감소에 대한 최대허용 재분배율은 $\delta = 1,000\epsilon_t$(%) $\leq 20\%$

2) 도로교설계기준

연속 거더교에서 비탄성 휨 거동에 의하여 발생하는 하중영향의 재분배를 고려할 수 있도록 규정하고 있다. 보와 거더의 휨에 대한 비탄성 거동만을 고려할 수 있으며, 전단 및 좌굴 거동에 대한 비탄성 해석은 허용되지 않는다. 하중영향의 횡방향 재분배를 고려하지 않는다. RC 구조물의 경우 극한한계상태의 검증에서 한정된 재분배를 하는 선형해석을 구조물 부재 해석에 적용할 수 있으며 휨이 지배적이며, 인접한 부재와의 지간비가 0.5와 2.0 범위 안에 있을 때 다음의 비율로

휨모멘트 재분배를 할 수 있도록 규정하고 있다.

$$\eta \le 1 - \frac{0.0033}{\epsilon_{cu}}\left(0.6 + \frac{c}{d}\right) \le 0.15$$

여기서, $\eta = 1 - \delta$(탄성해석으로 구한 휨모멘트에서 재분배할 수 있는 휨모멘트의 비율), δ : 모멘트 재분배 후의 계수휨모멘트/탄성휨모멘트 비율, 모멘트를 재분배하지 않는 경우에는 1.0, c : 극한 한계상태에서의 중립축의 깊이, d : 단면의 유효깊이, ϵ_{cu} : 단면의 극한한계변형률

BIM

강교량의 설계에 적용되는 BIM(Building Information Modeling)에 대하여 설명하시오.

풀 이

모듈러 강교량 상부모듈 구성파트의 3차원 조립설계를 위한 파라메트릭 모델링 방법(토목학회, 이상호, 2013)

▶ 개요

BIM(Building Information Modeling)은 초기 설계에서 유지관리 단계에까지 구조물의 전 주기 동안 다양한 분야에서 적용되는 모든 정보를 생산하고 관리하는 기술이라 할 수 있다. 파라메트릭 을 적용하여 구조물의 속성을 표현하고 모든 부재들의 특성, 관계, 정보가 모델 데이터를 이용한 시뮬레이션에 반영하여 프로젝트 진행에 있어 신속한 의사결정과 물량, 비용, 일정 및 자재 목록에 대한 정보제공뿐만 아니라 구조 및 환경을 고려한 데이터 분석도 가능하게 한다. 교량구조물에서는 시공성이 우려되는 부재 및 위치에 대해 상세모델을 통해 부재 간 간섭 및 시공성 저해요인을 확인 하거나, 시공순서 결정, 장비운영 시뮬레이션 등 여러 분야에서 활용되고 있다.

▶ 설계에 적용되는 BIM

1) 3차원 조립설계에 활용

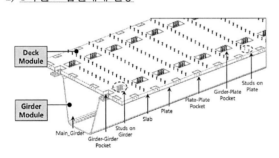

강교의 3차원 모듈러

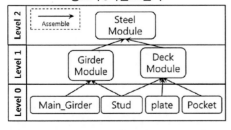

강교의 모듈 조합

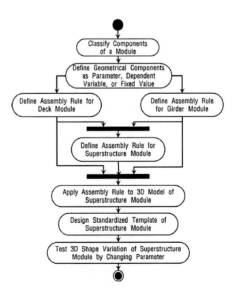

강교 모듈의 파라메틱 조합 프로세스

레고와 같이 사전에 제작된 표준 부재들을 조립하여 전체 교량 시스템을 구성하는 모듈러 교량에 적용이 가능하며 현재 모듈러 교량 기술개발을 위해 강교량 및 콘크리트 교량을 대상으로 표준화된 모듈을 개발을 진행하고 있다. 정보기술을 활용하여 모듈의 파트 라이브러리 제작 및 웹(web) 기반 3차원 조립설계와 시공 시뮬레이션을 지원하기 위한 통합 정보시스템으로 3차원 기반의 구조물 설계가 활성화됨에 따라 기존의 2차원 기반에서는 쉽지 않았던 구조물 설계 시의 구성요소들 간 간섭체크나 가상 시뮬레이션 등과 같은 시각적 효과 제공이 보다 용이해지고 있으며, 이를 통하여 설계오류를 줄이고 시공성을 향상시켜 건설 프로젝트에서 많은 경제적 효과를 보고 있다.

2) 각 단계별 간섭사항 상세검토

기존의 2D 설계도면은 분야별로 각각 설계되며 분야 간 인터페이스 협의가 이루어지는 경우가 드물어 구조물끼리의 간섭이 많은 반면 BIM을 통한 3D 모델링은 분야별 구조물 간섭에 대한 즉각적인 검토와 확인이 가능하여 불합리한 설계와 오류를 수정할 수 있어 세부검토와 활용된다.

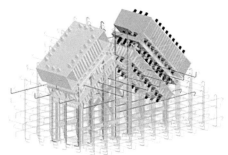

가교와 아치리브의 간섭 검토   아치 기초부 간섭 검토

3) 최적부재 선정

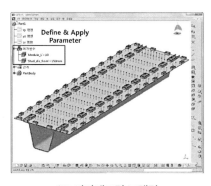
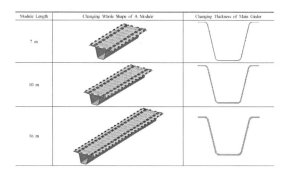

3D 파라메트릭 모델링   부재 변경에 따른 최적부재 선정 검토

부재 간 충돌 여부와 간섭사항을 검토하고, 매개변수를 변경을 통해 모듈 길이 변경, 스터드의 배치간격 조정, 주형두께, 포켓홀, 포켓, 스터드의 교축방향 배치수의 변화 등 부재의 최적설계

를 검토할 수 있다. 3D 파라메트릭 모델을 통해 단시간에 최적부재를 선정하는 데 활용이 가능하다.

4) 물량산출 및 VE

BIM을 운영하고 활용하는 목적은 3차원 모델을 활용한 시각적 검토와 자동간섭 검토 기능을 통한 시공 전 사전 오류제거 및 정확한 물량산출이다. 또한 2D를 3D 구조물 모델로 전환설계하면서 설계에 오류가 있는지 검토하고 다른 문제점도 찾아 개선하는 VE(Value Engineering)과정에도 활용하게 된다.

5) 현장 작업 여건과 작업자 안전검토

BIM 운영을 통해 강교 등 거취 전 작업상황과 변수들을 예측하고 잠재적 위험요소를 사전에 제거할 수 있다. 시공 시 지반의 기울기, 풍속, 작동상태, 인양물의 조건, 장비상태 등을 시뮬레이션하여 안전성 확보에 함께 작업과정 시뮬레이션을 통해 시공이 난해하거나 장비 운영이 제한된 현장에서 설계단계부터 가설시간 등을 확인이 가능하다.

| 단계별 인양하중 검토 | 장비운영 시뮬레이션 | 작업자 동선 등 안전검토 |

RC 강도설계법 　　　　　　　　　　　토목구조기술사 합격 바이블 개정판 1권 제2편 RC p.593

다음의 복철근 직사각형보의 설계휨모멘트(ϕM_n)를 강도설계법으로 구하시오. 단, $f_{ck} = 21$MPa, $f_y = 300$MPa, $A_s = 6$-D25(3040mm²), $A_s' = 3$-D19(860mm²), $d' = 65$mm이다.

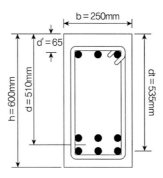

풀 이

▶ 항복 여부 검토

압축, 인장철근 모두 항복한다고 가정한다.

$$C = T \quad Cc + Cs = T$$

$$\therefore a = \frac{(A_s - A_s')f_y}{0.85 f_{ck} b} = \frac{(3040 - 860) \times 300}{0.85 \times 21 \times 250} = 146.55\text{mm}, \quad c = 172.4\text{mm}$$

1) 인장철근

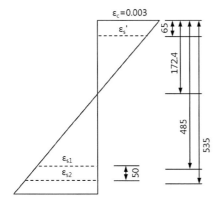

① 최외각 철근

$$c : 0.003 = (535 - 172.4) : \epsilon_{s2}$$

$$\therefore \epsilon_{s2} = 0.0063 > \epsilon_y$$

② 상단 철근

$$c : 0.003 = (485 - 172.4) : \epsilon_{s1}$$

$$\therefore \epsilon_{s1} = 0.0054 > \epsilon_y$$

$$\therefore \text{인장철근 모두 항복한다.}$$

2) 압축 철근

$$c : 0.003 = (172.4 - 65) : \epsilon_s' \quad \therefore \ \epsilon_s' = 0.00189 > \epsilon_y (= 0.0015)$$

∴ 압축 철근 항복한다.

▶ 설계휨모멘트 ϕM_n 산정

$$\epsilon_t = \epsilon_{s2} = 0.0063, \ \epsilon_t \geq 0.005 \quad \therefore \ \phi = 0.85$$

$$M_n = A_s' f_y (d - d') + (A_s - A_s') f_y \left(d - \frac{a}{2} \right)$$

$$= 860 \times 300 \times (510 - 65) + (3040 - 860) \times 300 \times (510 - 146.55/2) = 400.428 \text{kNm}$$

$$\therefore \ \phi M_n = 340.36 \text{kNm}$$

▶ 철근비 검토

1) 최대 철근비 검토

$$\rho_s = \frac{A_s}{bd} = \frac{3040}{250 \times 510} = 0.02384, \ \rho_s' = \frac{A_s'}{bd} = 0.006745$$

$$\overline{\rho_{\max}} = 0.85 \beta_1 \frac{f_{ck}}{f_y} \left(\frac{\epsilon_{cu}}{\epsilon_{cu} + \epsilon_{t.\min}} \right) + \rho' = 0.85^2 \times \frac{21}{300} \left(\frac{0.003}{0.007} \right) + 0.006745 = 0.02842$$

$$\therefore \ \rho < \overline{\rho_{\max}}$$

2) 최소 철근량 검토

$$A_{s,\min} = \max \left[\frac{1.4}{f_y} b_w d, \ \frac{0.25 \sqrt{f_{ck}}}{f_y} b_w d \right] = \max[595, \ 486.9] = 595 \text{mm}^2 < A_s$$

$$\therefore \ A_s > A_{s,\min}$$

PSC 휨응력   토목구조기술사 합격 바이블 개정판 3권 제3편 PSC p.1049

다음 그림과 같이 지간이 12.0m인 단순보이고, 자중 외에 8,180N/m가 작용하는 프리텐션 보가 있다. PS 강재는 7연선을 사용하였으며 편심거리(e_p)는 130mm이다. 프리스트레스 도입 직후의 프리스트레스 힘 P_i는 766 kN이다. 콘크리트의 건조수축, 크리프 및 PS 강재의 릴랙세이션에 의한 프리스트레스의 시간적 손실이 15%일 때, 보의 중앙 단면에서 상·하연의 휨응력을 구하시오.

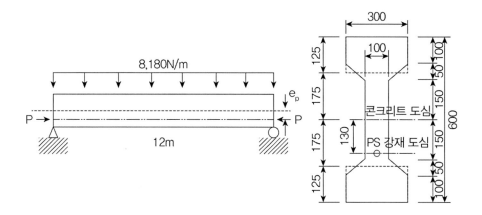

풀 이

▶ **단면계수 산정**

$$A = 300 \times 125 \times 2 + 175 \times 2 \times 100 = 110{,}000 \text{mm}^2$$

$$I = \frac{300 \times 600^3}{12} - \frac{200 \times 350^3}{12} = 4.685 \times 10^9 \text{mm}^4$$

▶ **유효 프리스트레스력과 부재력**

1) 유효 프리스트레스

$$P_e = (1 - 0.15)P_i = 0.85 \times 766 = 651.1 \text{kN}$$

2) 자중에 의한 중앙부 휨모멘트

$$w_{d1} = 25 \text{kN/m}^3 \times A = 2.75 \text{kN/m}$$

$$M_{d1} = \frac{w_{d1}L^2}{8} = \frac{2.75 \times 12^2}{8} = 49.5 \text{kNm}$$

3) 자중외 하중에 의한 중앙부 휨모멘트

$$M_{d2} = \frac{w_{d2}L^2}{8} = \frac{8.18 \times 12^2}{8} = 147.24 \text{kNm}$$

▶ 보의 중앙 단면에서 상, 하연의 휨응력

1) 상연 응력

$$\begin{aligned}
f_t &= \frac{P_e}{A} - \frac{P_e e_p}{I} y_t + \frac{(M_{d1} + M_{d2})}{I} y_t \\
&= \frac{651.1 \times 10^3}{110,000} - \frac{651.1 \times 10^3 \times 130}{4.685 \times 10^9} \times 300 + \frac{(49.5 + 147.24) \times 10^6}{4.685 \times 10^9} \times 300 \\
&= 13.10 \text{MPa(C)}
\end{aligned}$$

2) 하연 응력

$$\begin{aligned}
f_t &= \frac{P_e}{A} + \frac{P_e e_p}{I} y_t - \frac{(M_{d1} + M_{d2})}{I} y_t \\
&= \frac{651.1 \times 10^3}{110,000} + \frac{651.1 \times 10^3 \times 130}{4.685 \times 10^9} \times 300 - \frac{(49.5 + 147.24) \times 10^6}{4.685 \times 10^9} \times 300 \\
&= -1.26 \text{MPa(T)}
\end{aligned}$$

기출문제 가이드라인 풀이

119회

119 가이드라인 풀이

내진, 제진, 면진   토목구조기술사 합격 바이블 개정판 2권 제6편 동역학과 내진설계 p.2262

구조물의 내진, 제진, 면진에 대하여 설명하시오.

풀 이

➤ 개요

넓은 의미에서의 내진설계는 내진, 면진, 제진을 모두 포함하지만 국소적인 의미에서의 내진(Seismic resistance)은 구조물이 지진력에 저항할 수 있도록 튼튼하게 설계하는 것을 의미한다. 면진(Seismic isolation)은 지진력을 흡수하지 않고 오히려 구조물의 동적 특성을 통해 지진력을 반사할 수 있도록 구조물을 설계하는 것이며, 제진(Vibration control)은 입사하는 지진에 대항하여 반대의 하중을 가하거나 감쇠장치를 사용하여 지진에너지를 소산하는 능동적 개념의 구조물 설계를 말한다.

➤ 내진, 제진, 면진의 개념

1) 내진구조

내진구조란 구조물을 아주 튼튼히 건설하여 지진 시 구조물에 지진력이 작용하면 이 지진력에 대항하여 구조물이 감당하도록 하는 개념이다. 즉, 부재의 강성 및 강도의 증가 그리고 연성도의 증가를 통해 구조물에 작용하는 지진력에 대한 내성을 높이는 개념이다. 많은 연구를 통하여 내진설계 시 소성설계(plastic design) 개념이 도입되어 구조물의 강성이나 인성을 적절히 적용하여 경제성을 도모토록 발전되었다. 교량의 고정단이 배치된 교각의 경우에 해당되며 최근 연성도 내진설계 기법이 도입되고 있다.

2) 면진 구조

내진설계에 사용할 지진에 대해서 그 특성을 정확히 파악할 수 없으나 지금까지 관측된 지진파를 통계적으로 분석하여 일반적인 경향을 파악하게 되었으며 관측된 지진특성은 단주기 성분이 강하고 장주기 성분은 약하다는 특성이 있다. 또한 지진과 구조물의 진동수가 같거나 비슷할 경우에는 공진현상이 발생할 수 있으므로 구조물의 고유주기가 입력지진의 주기성분과 비슷한 경우에 구조물 응답이 증폭하여 큰 피해가 발생할 수 있어 이러한 입력지진의 특성을 이용하여 구조물의 고유주기를 지진의 탁월주기(Perdominant Period) 대역과 어긋나게 하여 지진과 구조물에 상대적으로 적게 전달되도록 설계하는 개념이다. 예를 들어 초고층건물이나 교각이 높은 교량의 경우 구조물 자체의 고유주기가 충분히 길기 때문에 자동으로 면진구조물의 역할을 하게 되지만 저층건물이나 교각의 강성이 큰 교량의 경우 지반과의 연결부에 적층고무 등을 삽입하여 구조물의 고유주기를 강제적으로 늘리기도 한다. 탄성받침, LRB 등이 적용된 교량이 이에 해당된다.

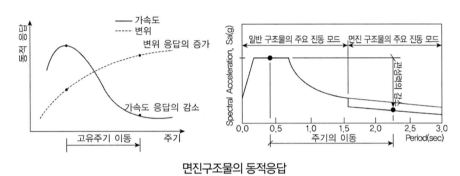

면진구조물의 동적응답

3) 제진 구조

제진구조는 수동적(Passive) 제진과 능동적(Active) 제진으로 크게 구분할 수 있으며 수동적 제진은 외부에서 힘을 더하는 일이 없이 구조물의 진동을 억제하는 것으로 일반적으로 구조물이 진동에너지를 흡수하기 위한 감쇠(Damper) 장치를 구조물의 어딘가에 설치하는 것이다. 이에 비해 능동적 제진은 외부에서 공급되는 에너지를 이용하여 진동을 저감하는 것으로 전기식 또는 유압식 등의 가력장치(Actuator)를 사용하여 구조물에 힘을 더하는 것이다.

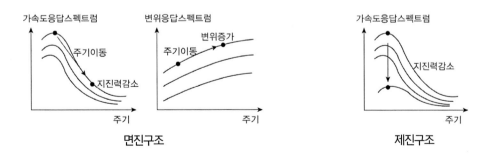

면진구조   제진구조

완전 및 부분 프리스트레싱 　　　　　　　　토목구조기술사 합격 바이블 개정판 1권 제3편 PSC p.1070

완전 프리스트레싱과 부분 프리스트레싱에 대하여 설명하시오.

풀 이

▶ 개요

PSC는 프리스트레스력이 가하졌을 때 사용하중하에서 또는 초과하중하에서 콘크리트에 휨 인장응력의 작용을 허용하지 않고 이에 따라 <u>균열을 허용하지 않는 완전 프리스트레싱 보(Fully Prestressed Beam)와 부분적으로 휨인장응력을 허용하고 일부 균열이 발생하나 일반적으로 작고 잘 분포되며 균열을 발생시킨 하중이 제거되면 그 균열이 폐합되는 부분 프리스트레싱 보(Partially Prestressed Beam)로 구분</u>된다. 부분 프리스트레싱 보는 사용하중하에서 부재에 얼마간의 인장응력이 일어나는 것을 허용하며, 부분 프리스트레싱에 대해서는 인장을 받는 부분에 추가적인 철근을 배근하여 사용한다.

▶ 완전프리스트레싱과 부분프리스트레싱

균열 발생은 RC 부재에서는 용인된 특징이며, PSC에서는 허용하지 않음으로써 설계를 불리하게할 이유가 없다는 사유로 설득력이 있게 주장되고 있다. 인장응력의 작용이 없는 PSC 구조는 거의없으며 전단과 비틀림의 조합된 영향을 생각한 주인장응력은 콘크리트의 인장응력을 초과한다. 집중하중을 받는 구역이나 긴장재를 정착하는 곳에서는 인장응력의 작용을 피할 수 없기 때문에 이러한 관점에서 휨 균열 발생을 배제하는 완전 프리스트레스트 보 구조의 성립은 어려운 일이다. 사용하중 하에서 일반적으로 콘크리트의 휨인장응력은 $0.50\sqrt{f_{ck}}$ 까지 허용하고 있다. 이는 콘크리트의 파괴계수 $0.63\sqrt{f_{ck}}$ 보다는 작은 값이며 따라서 콘크리트의 인장응력을 이 값 이하로 제한하면 균열은 일어나지 않는 비균열 단면인 완전 프리스트레싱이 된다. 환산균열 단면과 모멘트-처짐관계를 기초로 해석하면 처짐과 피복두께가 소정의 규정을 만족하는 경우 콘크리트의 인장응력을 $1.0\sqrt{f_{ck}}$ 까지 허용하는데, 이는 콘크리트의 파괴계수 이상으로 콘크리트에 균열이 발생되며 이는 부분 균열단면으로 부분 프리스트레싱이 된다. 부분 프리스트레싱 보는 보다 작은 프리스트레스 힘으로 성립되기 때문에 긴장재의 수와 정착장치의 수를 줄일 수 있고 철근을 배치함으로써 긴장재와 철근의 조합된 힘으로 휨강도를 얻는 특징을 가진다.

실제로 Full Prestressing과 Partial Prestressing을 분명하게 구분하기는 어렵다. 이것은 설계에 사용된 하중에 의한 구분이지 실제로 설계하중보다 큰 하중이 작용할 때에는 인장응력을 받기 때문이다. 부분 프리스트레스 보는 연성을 나타내므로 보의 파괴 형태상 유리하고 충격에너지 흡수에도 우수하나 균열이 발생하여 휨강성 저하나 텐던의 부식 등의 나쁜 영향을 미칠 수 있다.

부분 프리스트레싱 보의 구조적 특징

장점	단점
• 솟음의 조정이 용이하다. • 텐던이 절약된다. • 긴장 정착비가 절약된다. • 구조물의 탄력이 증가한다(연성, Toughness 증가). • 철근이 경제적으로 이용된다.	• 균열이 조기에 발생할 수 있다. • 과대하중에 의해 처짐량이 크다. • 설계하중에 주인장응력이 크게 발생할 수 있다. • 동일 강재량에 비해 극한 휨강도가 감소한다.

TIP | 부분 프리스트레싱 보 유형 |

1) 파셜 프리스트레스 보의 프리스트레스 힘 조절방법
① 텐던을 적게 사용하는 방법 : 강재절약, 극한강도 감소
② 텐던의 일부를 긴장하지 않는 방법 : 정착비 절약, 극한강도 감소
③ 모든 텐던을 약간 낮게 긴장하는 방법 : 정착비 절약 없음, 극한강도 감소
④ 텐던의 양을 적세 사용하고 완전히 긴장하되 일부는 철근으로 보강하는 방법 : 극한강도 증가, 균열 전 큰 탄력

2) 철근에 의해 보강된 파셜 프리스트레스 보 : 텐던을 긴장하여 하중의 대부분을 분담케 하고, 하중의 일부에 의해서 생기는 인장응력을 철근이 부담하게 한다. PSC보에 배치된 철근의 역할은 다음과 같다.
① 프리스트레스 전달 직후의 보의 강도를 보강한다.
② 보의 취급, 운반 및 가설도중에 발생하는 과대하중에 대한 안전성을 높인다.
③ 설계하중이 작용할 때 보의 소요강도를 보강한다.

설계평가기준

현재 설계평가기준인 PQ(Pre-Qualification), SOQ(Statement Of Qualification), TP(Technical Proposal)에 대하여 설명하시오.

풀 이

▶ 개요

현재의 설계평가기준은 건설기술진흥법에 따라 수주경쟁에 따른 입찰부담 경감과 공정성 확보를 위해서 참여사의 입찰참가자격사전심사(Pre-Qualification, PQ)를 통과방식으로 운영하고 용역금액과 용역규모와 특성에 따라 기술자평가(Statement Of Qualification, SOQ)와 기술제안서 (Technical Proposal, TP) 평가를 실시하도록 하고 있다.

▶ 설계평가기준 비교

건설기술용역의 기본계획, 기본설계, 실시설계 및 건축설계의 경우 건설사업용역의 금액규모에 따라서 구분하여 적용하도록 하고 있다. 적은 금액의 용역의 경우 PQ 혹은 PQ와 SOQ를 혼용하여 참여사의 자격요건과 기술자에 대한 평가를 중시하고 있으며, 금액이 큰 설계용역의 경우 기술제안을 통해 효율적인 설계가 이루어질 수 있도록 유도하고 있다.

건설기술용역사업 규모별 적용기준

용역비	기본계획/기본설계/건축계획	실시설계	
2.1~10억 원	PQ & SOQ	PQ	
10~15억 원			
15~25억 원		PQ & SOQ	
25억 원 이상	PQ & TP		

SOQ 및 TP 평가 대상용역의 결정기준은 용역의 금액규모와 함께 사업의 난이도를 고려하고 있으며, 난이도는 공공의 안전 확보, 역사문화 보전 등을 위하여 기술자의 특별한 경험과 기술력이 필요하다고 인정되거나 국내 실적이 많지 않고 복합공종, 입지, 지반조건 및 인접시설 등에 대한 특별한 고려가 필요한 경우, 신기술·신공법 및 친환경건설기법 등 기술발전을 도모하기 위해 필요하다고 인정된 경우로 한정하고 있다. 일반적으로 도로와 철도의 경우 장대교, 현수교, 사장교 등 특수교량을 포함하거나 3km 이상의 터널이나 해저터널, 도시부 장대지하터널 등이 포함된 경우이며 저수량 1천만 톤 이상의 댐이나 갑문시설이 포함된 항만 설계가 이에 해당된다.

강재의 인성 토목구조기술사 합격 바이블 개정판 1권 제1편 재료 및 구조역학 p.11

강재의 인성에 대하여 설명하시오.

풀 이

▶ 개요

강재의 인성(Material Toughness)은 파괴에 저항하는 강재의 능력을 의미하며, 재료가 파괴될 때까지 견디는 변형에 대한 수용능력으로 평가될 수 있다. 축방향 인장을 받는 부재의 인성은 응력변형률 곡선의 하부 면적에 해당한다. 노치의 인성은 샤르피노치 테스트를 통해서 측정한다.

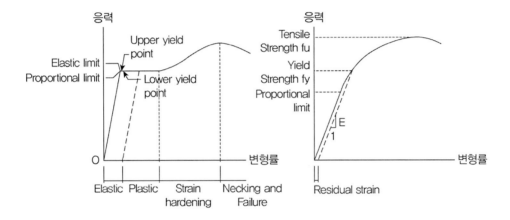

▶ 강재의 인성요구 조건

일반적으로 강재는 타 재료에 비해 고강도로 우수한 연성을 가지며 극한 내하력이 높고 인성이 커 충격에 강하며 조립이 용이한 특징을 가진다. 그러나 강재는 저온에서 취성파괴의 특성이 있기 때문에 국내 도로교설계기준에서는 강재의 인성요구조건을 별도로 제시하기도 하였다. 강재의 인성은 연성파괴를 유도하는 중요한 인자이기 때문에 별도의 고인성강으로 제작하기도 한다. 일반강의 경우 냉간 휨가공 시 인성저하를 방지하기 위해서 내측 휨반경이라는 제약조건을 두고 있고 저온상태에서의 취성파괴의 위험성 때문에 한냉 지역에서의 사용이 제한된다. 국내 도로교설계기준에서는 강재의 인성요구조건을 국내 강재의 인성기준이 사용 환경에 대한 고려가 없던 것을 전국을 최저 공용온도에 따라 3개 지역으로 구분하고 강도등급 및 인성규격에 따라 강종별로 교량이 건설되는 지역의 최저 공용온도에 따라 최대허용 판 두께를 제시하고 있다.

역량 스펙트럼 　　　　　　　　　　토목구조기술사 합격 바이블 개정판 2권 제6편 동역학과 내진설계 p.2340

내진성능평가 시 소요역량과 공급역량에 대하여 설명하시오.

풀 이

➤ 개요

내진성 평가는 교량이 큰 손상을 받거나 붕괴하여 라이프 라인(Life Line)의 기능을 상실하는 리스크(Risk)의 대소를 결정하기 위해서 실시한다. 리스크를 정량화할 수 있다면 교량을 내진 보강해야 하는지 재구축해야 하는지 또는 그에 상당하는 리스크를 받아들여 그대로 계속 사용하는지를 합리적으로 판단한다. 내진성능평가 방법은 보유 내력과 요구 내력비에 의거한 해석방법(Capacity/Demand method, C/D method), 역량 스펙트럼 해석방법(Capacity Spectrum, Push-Over Analysis, 소성붕괴해석, 횡강도법), 비탄성 시간 응답 해석(Inelastic Time History Analysis) 등이 있으며, 이중 역량 스펙트럼 해석법은 소요역량과 공급역량을 하나의 그래프상에 도식하여 비교, 평가하는 방법이다.

➤ 역량 스펙트럼 해석법의 소요역량과 공급역량

1) 역량 스펙트럼 해석법(Capacity Spectrum, Push-Over Analysis, 소성붕괴해석, 횡강도법)

비선형 해석(Push-over analysis)으로 얻을 수 있는 대상 구조물 전체의 공급역량곡선(Capacity Curve)과 구조물의 설계지진레벨에 대한 소요응답스펙트럼(Demand Curve)을 동일한 그래프상에 도식적으로 비교하여 내진성능을 비교, 평가하는 방법으로 구조물 비선형 거동에 따른 소요 역량 스펙트럼과 구조물 성능곡선을 가속도 변위 응답스펙트럼(Acceleration Displacement Response Spectrum)상에 함께 도시하여 성능점을 도식적으로 찾는 방법이다.

① 탄성이론에 의한 평가기법의 부족함을 보완하기 위해 쓰이는 방법으로 교량 전체 또는 일정구간을 하나의 시스템으로 간주하여 횡강도를 구하고 점증적으로 붕괴해석을 통해 교량이 붕괴될 때까지의 하중-변형 특성을 조사하는 방법으로 횡강도법이라고도 한다.
② 구조물의 전체적인 하중-변위(Capacity Curve)와 설계지진력에 대한 응답 스펙트럼을 동일한 그래프, 즉 역량 스펙트럼상에 변환시켜 비교함으로써 내진성능을 평가한다.
③ 하중변위곡선으로부터 얻어지는 소요역량 스펙트럼을 상회하면 대상구조물이 내진성능을 확보하는 것으로 간주한다.

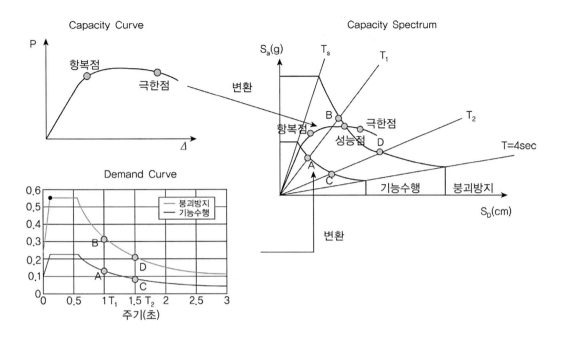

2) **공급역량** 스펙트럼 : 교각의 단면강도와 수평변위를 응답가속도(S_a)와 응답변위(S_d)의 식으로 변환한다.

$$S_a = P_n/W(P_n : 단면강도, \ W : 유효중량) \qquad S_d = \triangle_{상부}(\triangle_{상부} : 교각상부 위치의 변위)$$

3) **소요역량** 스펙트럼 : 응답가속도–주기 관계식으로 표현되는 설계응답스펙트럼을 응답가속도(S_a)와 응답변위(S_d)의 관계식으로 변환한다. 이때 원점을 통과하는 방사형태의 직선상의 점은 주기가 동일하며 주기 T는 $T = 2\pi\sqrt{S_d/S_a}$ 의 관계식으로 표현된다.

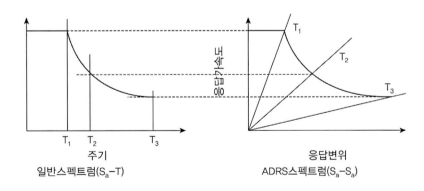

$$일반스펙트럼(S_a - T) : S_d = \frac{1}{4\pi^2}S_a T^2$$

$$\text{ADRS스펙트럼}(S_a - S_d) : \quad T = 2\pi\sqrt{\frac{S_d}{S_a}}$$

4) 내진성능의 평가

① 공급역량 스펙트럼상에 항복점, 극한점, 성능점을 결정한다.

② 소요역량 스펙트럼은 기능 수행 수준과 붕괴 방지 수준으로 나타낸다.

③ 성능점은 공급역량곡선과 소요역량 스펙트럼의 교차점이며, 이 점에서는 공급역량의 이력 감쇠비와 소요역량의 감쇠비가 같게 된다. 안전측 평가를 위해서는 소요역량의 감쇠비를 공급역량의 이력감쇠비보다 작게 선정하여 성능점을 결정할 수도 있다.

④ 기능 수행 수준 : 공급역량곡선의 항복점의 위치가 기능 수행 수준 스펙트럼의 외부에 놓이면 내진성능을 만족하는 것으로 한다(내측인 경우 강도증가를 위한 내진성능 향상 요구).

⑤ 붕괴 방지 수준 : 공급역량곡선의 극한점의 위치가 붕괴 방지 수준 스펙트럼의 외부에 놓이면 내진성능을 만족하는 것으로 한다(내측인 경우 연성도 증가를 위한 내진성능 향상 요구).

⑥ 붕괴 방지 수준의 소요스펙트럼과 공급역량곡선의 교차점이 성능점이 되고 이는 붕괴 방지 수준의 설계지진하중 시 교각의 응답변위크기를 나타낸다(성능점에서의 최대 응답변위와 받침 지지길이와 비교하여 낙교 등의 검토 수행).

RC의 물-시멘트 비   토목구조기술사 합격 바이블 개정판 1권 제2편 RC p.518

콘크리트 배합 시 물-시멘트비(w/c)가 콘크리트 압축강도에 미치는 영향에 대하여 설명하시오.

풀 이

▶ 개요

물-시멘트(w/c)비는 콘크리트의 압축강도 및 배합강도, 크리프, 건조수축, 내구성(열화, 탄산화, 염해 등)뿐만 아니라 워커빌리티와 같은 시공성 등 여러 분야의 주요 영향인자이다. 이는 기본적으로 시멘트 페이스트를 구성하는 인자가 물과 시멘트이기 때문에 잔골재, 굵은 골재와의 단단한 결합 등 압축강도에 큰 영향을 미친다.

▶ 콘크리트 압축강도와 물-시멘트비

일반적으로 콘크리트의 강도는 압축강도를 의미하며 설계 시에 중요한 변수로 고려된다. 콘크리트의 압축강도에 영향을 미치는 요인으로는 ① 물-시멘트 비 ② 시멘트의 종류 및 시멘트량 ③ 다짐(진동) ④ 골재의 종류, 강도 및 입도 ⑤ 재령 ⑥ 하중 재해속도 ⑦ 양생방법 및 조건 ⑧ 온도 등이 있다. 일반적으로 물-시멘트 비는 소요의 강도와 내구성을 기준으로 결정하게 되며 콘크리트 표준시방서에서 제시하는 물-시멘트비와 압축강도 간의 관계는 선형으로 다음과 같은 식으로 표현된다. 상황에 따라 내구성 위주의 설계를 할 때에는 55~60%의 W/C를 사용하기도 하며, 수밀성 위주의 설계를 할 때에는 무근 및 철근콘크리트에 대하여 W/C가 55% 이하가 되게 하는 것이 보통이다.

$$f_{28} = -21 + 21.5 \, C/W \, (MPa)$$

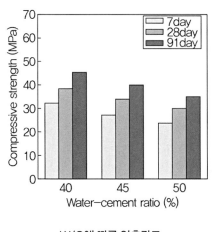

W/C에 따른 압축강도

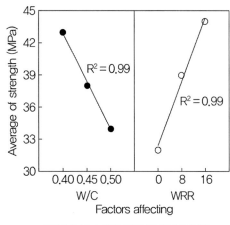

W/C와 감수율에 따른 압축강도 영향

RC 성립이유   토목구조기술사 합격 바이블 개정판 1권 제2편 RC p.517

철근콘크리트의 성립 이유에 대하여 설명하시오.

풀 이

> ## 개요

철근콘크리트는 철근과 콘크리트가 서로 다른 재료로 다른 특성을 가짐에도 불구하고 서로의 장단점을 보완하여 일체로 거동하는 특성을 가지기 때문에 건설용 재료로 많이 사용되고 있다. 콘크리트의 인장력에 취약한 부분을 철근이 보완하고 강재의 경제성 보완과 강성을 확보할 수 있도록 하기 때문이다. 이러한 철근 콘크리트가 성립될 수 있는 가장 큰 이유는 두 재료가 일체로 거동하면서도 일정한 강성을 확보하기 때문이다.

> ## 철근콘크리트의 성립 이유

철근콘크리트의 가장 큰 성립이유는 ① 철근과 콘크리트 사이의 부착강도가 크고 ② 콘크리트와 강재의 열팽창계수가 0.00001/℃로 거의 같아서 때문에 일체거동하기 때문이다. 또한 ③ 콘크리트 속에 묻힌 철근은 녹슬지 않기 때문에 철근 부식 등을 방지할 수 있다.

1) 철근콘크리트의 장점

    ① 철근과 콘크리트의 온도팽창률은 서로 비슷하다(0.00001/℃).

    ② 콘크리트는 강알칼리성(pH=13)을 띠고 이로 인해 철근 주위에 부동태 피막으로 인해 오랜 시간 철근이 녹슬지 않는다(CO_2 유입 → 콘크리트 중성화 → 철근 녹 발생).

    ③ 콘크리트 점탄성(viscoelastic) 성질로 건조수축, 크리프 등의 장기거동으로 균열이 발생한다.

    ④ 철근과 콘크리트 사이의 부착강도가 비교적 크다.

    ⑤ 콘크리트는 내화성이 좋고 열전도율이 낮아 내부 철근을 열로부터 보호한다.

    ⑥ 내구성이 좋고 유지관리 비용이 적어 경제적이다.

    ⑦ 방음효과가 크고 에너지 효율적인 재료이다.

    ⑧ 현장타설이 가능하고 원하는 모양으로 제조할 수 있다.

    ⑨ 콘크리트 중량이 커서 진동, 지진, 외부하중에 대한 저항성이 크다.

2) 철근콘크리트의 단점

    ① 인장강도가 낮다(압축강도의 10%).

    ② 연성이 낮다.

    ③ 체적이 안정적으로 유지되지 않는다.

④ 무게에 비해 강도가 낮다.

⑤ 개조, 보강 등이 어려운 경우가 많고 내부 결함을 검사하기 어렵다.

장점	단점
• 구조물의 형상과 치수의 제약이 없다. • 구조물을 일체적으로 제조할 수 있다. • 구조물 제작 시 경제적이다. • 내구성/ 내화성이 좋다. • 진동이 적고 소음이 덜 난다.	• 중량이 비교적 크다. • 콘크리트에 균열이 발생한다. • 부분적 파손이 일어나기 쉽다. • 검사가 어렵다. • 개조하거나 보강하기 어렵다. • 시공이 조잡해지기 쉽다.
철근 콘크리트 성립 이유	• 철근과 콘크리트 사이의 부착강도가 크다. • 콘크리트 속에 묻힌 철근은 녹슬지 않는다. • 콘크리트와 강재의 열팽창계수가 거의 같다.

PSC 도입방법　　　　　　　　　　　　토목구조기술사 합격 바이블 개정판 1권 제3편 PSC p.1026

프리스트레싱 도입방법에 대하여 설명하시오.

풀 이

> ### 개요

프리스트레싱 도입방법은 크게 프리텐션 방식과 포스트텐션 방식으로 구분된다. 또한 각각의 PSC를 도입하는 방식은 개발한 회사별로 조금씩 차이를 가지고 있다.

> ### 프리스트레싱 도입방법

1) PS 강재의 긴장방법

긴장방법	특징
기계적 방법	Jack을 사용하여 텐던을 긴장하여 정착하는 방법으로 Pretension, Post-tension방식이 가장 보편적으로 쓰이는 방법으로 실제로 가장 많이 쓰이는 방법이다.
화학적 방법	팽창시멘트를 사용하여 콘크리트가 팽창하므로 강재를 구속하면 강재는 긴장되고 콘크리트는 압축되는 방법으로서 실용상 문제점이 많다.
전기적 방법	PSC 강재에 전기를 흘려서 그 저항으로 가열되어 늘어난 텐던을 콘크리트에 정착하는 방법이다.
Pre-Flex 방법	벨기에에서 개발된 방법으로 고강도 강재의 보에 실제로 작용할 하중보다 작은 하중을 가해서 휨을 받게 한 다음 고강도의 콘크리트를 쳐서 경화시키면 보가 원래의 상태로 돌아가려고 하기 때문에 콘크리트 압축응력이 작용하게 하는 방법이다.

2) PS 강재의 정착방법

정착방법	특징
쐐기식 공법	PS 강재와 정착장치 사이의 마찰력을 이용한 쐐기 작용으로 PS 강재를 정착하는 방법으로 PS 강선, PS 강연선의 정착에 주로 쓰인다. • 프레시네 공법(Freyssinet 공법, 프랑스) : 12개의 PS 강선을 같은 간격의 다발로 만들어 하나의 긴장재를 구성, 한 번에 긴장하여 1개의 쐐기로 정착하는 공법 • VSL 공법(Vorspann System Losiger 공법, 독일) : 지름 12.4mm 또는 지름 12.7mm의 7연선 PS 스트랜드를 앵커헤드의 구멍에서 하나씩 쐐기로 정착하는 공법, 접속장치에 의해 PC케이블을 이어나갈 수 있고 재긴장도 가능하다. • CCL공법(영국) • Magnel공법(벨기에)

정착방법	특징
	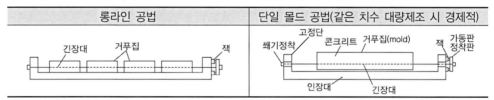
지압식 공법	① 리벳머리식 : PS 강선 끝을 못머리와 같이 제두가공하여 이것을 지압판으로 지지하는 방법 　• BBRV공법(스위스) : 리벳머리식 정착의 대표적인 공법으로 보통 지름 7mm의 PS 강선 끝을 제두기라는 특수한 기계로 냉간 가공하여 리벳머리를 만들고 이것을 앵커헤드로 지지 ② 너트식 : PS 강봉 끝의 전조된 나사에 너트를 끼워서 정착판에 정착하는 방법으로 PS 강봉의 정착에 주로 쓰임. Dywidag공법, Lee-McCall공법이 대표적 　• 디비닥공법(Dywidag공법, 독일) : PS 강봉 단부의 전조나사에 특수 강재 너트를 끼워 정착판에 정착하는 방법으로 커플러(coupler)를 사용하여 PS 강봉을 쉽게 이어나갈 수 있다. 장대교 가설에 많이 이용되며 캔틸레버 가설공법 적용이 가능하다.
루프식 공법	루프(Loop)모양으로 가공한 PS 강선 또는 강연선을 콘크리트 속에 묻어 넣어 콘크리트와 부착 또는 지압에 의해 정착하는 방법 • Leoba공법, Baur-Leonhardt 공법(정착용 가동 블록 이용)

3) 프리스트레싱 도입방법과 정착장치

① 프리텐션 방식 : PS 강재를 긴장하여 인장대 양쪽의 지주에 고정하는 작업 → 콘크리트를 치는 작업 → PS 강재의 인장응력을 콘크리트에 전달하는 작업 순으로 프리스트레싱 도입

롱라인 공법	단일 몰드 공법(같은 치수 대량제조 시 경제적)
긴장대　거푸집　잭	고정단　쐐기정착　콘크리트　거푸집(mold)　잭　가동판 정착판 인장대　긴장대

② 포스트텐션 방식 : 쉬스를 배치하고 콘크리트를 치는 작업 → PS 강재를 긴장하여 정착하는 작업 → 부착시키는 부재에서는 그라우팅을 주입하는 작업 순으로 프리스트레싱 도입

구분	형상	특징
프레시네 공법 (프랑스)	쐐기　PS강연선　쉬스　지압판　정착판 그림 5.1 mono-group system 일시적 구멍(temporary jaws)　정착블록　쉬스　긴장재　원추형 구멍(jaws)　압력관　잭 피스톤　PS 강연선 그림 5.2 Freyssinet K-Range System	mono-group system 특징 • 7~27개 다발의 PS 강연선(PS스트랜드)을 사용 • PS 강연선 다발은 잭(Jack)에 의하여 한 번에 긴장 • 각각의 PS 강연선은 정착판의 구멍에 개개의 쐐기로 정착 • 최근에는 mono-jack을 이용하여 각각의 PS 강연선을 긴장하고 정착하는 방법도 사용 • coupler 또는 tension ring을 이용하여 긴장재를 이어나갈 수 있음 －이 시스템을 이용하여 프리캐스트 세그먼트 공법으로 서울의 강변 도시고속도로 건설

구분	형상	특징
VSL (Vorspann System Losiger) 공법 (독일)		• 12.7mm 7연선 PS 스트랜드(7개 소선이 꼬여 있는 강연선)를 앵커 헤드의 구멍에서 1개씩 쐐기로 정착 • 강연선의 개수는 3개, 7개, 12개, 19개, 22개, 31개, 55개 등으로 구멍의 개수가 다양한 앵커헤드가 제작 가능 • 모든 강연선을 동시에 긴장하고 긴장이 완료된 후에 잭을 풀면, 자동적으로 모든 쐐기가 PS 강연선을 정착(노량대교, 올림픽대교)
BBRV 공법 (스위스)		• 리벳머리 정착의 대표적 공법(거의 사용되지 않음) • PS 강선 끝을 못머리와 같이 제두가공하여 이것을 앵커헤드에 지지 • 이 앵커헤드는 둘레의 바깥나사에 끼운 앵커너트를 죄어서 지압판에 지지
디비닥 (Dywidag) 공법 (독일)		• 너트식 정착의 대표적 공법 : 원효대교 FCM 공법에 사용 • PS 강봉 끝에 전조하여 너트를 끼워서 지압판으로 지지 • 연결 시공이 가능하므로 FCM 공법에 적용하면 유리함(최근에는 PS 강연선을 접속장치로 연결하면서 FCM 시공을 함)
PF공법		• 소정의 솟음을 갖도록 미리 제작된 강재 보에 프리플랙션 하중 재하 • 재하상태에서 콘크리트 타설 및 양생 후 하중 제거 시 콘크리트 프리스트레스 도입 • 보통의 PSC 보에 비하여 l/h를 크게 할 수 있어 보의 높이가 제한될 경우 Clearance 확보가 필요한 over bridge 등에 유용하게 이용

철근의 응력-변형률 곡선　　　　　　　토목구조기술사 합격 바이블 개정판 1권 제2편 RC p.536

철근의 응력-변형률 곡선에 대하여 설명하시오.

풀 이

> ### ▶ 철근의 응력-변형률 곡선

RC구조에서 사용하는 철근은 탄성계수가 일정하고 항복 이후에는 소성으로 거동하는 가정에 따라 이상화된 응력-변형률 곡선을 이용한다. 일반적으로 400MPa 이상의 고강도 철근에 대해서는 항복고원 길이가 점점 짧아지다가 분명하지 않거나 항복고원(항복마루, Yield Plateau) 없이 변형률 경화를 나타내기 때문에 설계기준에서는 변형률 0.0035에 해당하는 값을 항복강도로 규정한다.

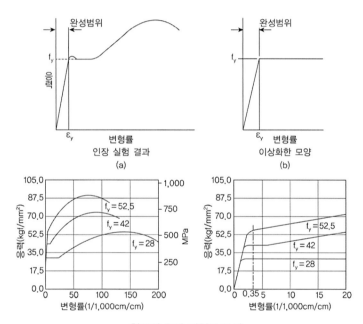

철근의 응력-변형률 곡선

> ### ▶ 고강도 철근의 강도와 변형률

콘크리트 구조기준(2012)에서 고강도 철근인 설계기준항복강도 f_y가 400MPa을 초과하여 항복마루가 없는 경우에 f_y값을 변형률 0.0035에 상응하는 응력의 값으로 사용하도록 규정하고 있으며, 긴장재를 제외한 철근의 설계기준항복강도 f_y는 600MPa을 초과하지 않도록 규정하였으며 고강선 긴장재 등의 경우에는 변형률 0.007~0.01에 해당하는 응력을 설계기준항복강도로 정하였다. 일반적으로 설계기준항복강도 f_y가 300MPa 이상인 철근이 주로 사용되고 있으며, 고강도 철근을 사용하면 강도상의 문제는 없더라도 균열의 폭이 크게 발생하는 등의 문제가 야기될 수 있고 고강도 철근일수록 항복고원(yield plateau)이 뚜렷하게 나타나지 않고 취성적인 성향을 보여서 파괴 시 변형률이 저강도 철근보다 작은 변형률에서 파괴되기 때문에 일정한 변형률(0.0035)을 기준으로 설계기준항복강도를 규정하였다.

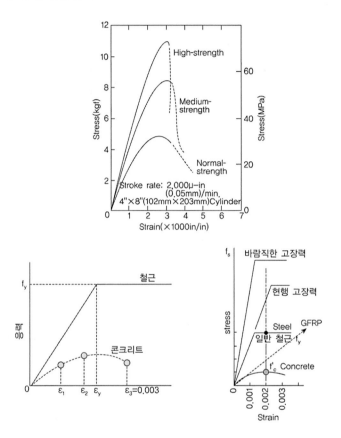

PSC 기본 개념 　　　　　　　　　　토목구조기술사 합격 바이블 개정판 1권 제3편 PSC p.1023

프리스트레스트콘크리트의 하중평형의 개념에 대하여 설명하시오.

풀 이

➤ 개요

프리스트레스트콘크리트의 기본 개념은 크게 3가지로 구분한다. 탄성거동을 기본으로 하는 균등질 보의 개념, RC보처럼 생각하여 콘크리트는 압축력을 긴장재는 인장력을 받게 하여 우력 휨모멘트로 외력에 저항하는 내력 모멘트 개념 그리고 PS에 의해 부재에 작용하는 힘과 부재에 작용하는 외력이 평행하다는 하중평형의 개념이다.

➤ PSC의 기본 개념

1) 균등질 보의 개념(Homogeneous Beam Concept, 응력 개념 Stress Concept) : 콘크리트에 프리스트레스를 도입하면 소성재료인 콘크리트가 탄성체로 전환된다는 개념으로 프리스트레스로 인하여 콘크리트에 인장력이 작용하지 않으므로 균열 발생이 없어 탄성재료로 거동한다는 개념이다. 하중은 프리스트레스로 인한 힘과 하중에 의한 힘이 존재한다.

　① 하중에 의한 인장응력을 PS에 의한 압축응력으로 상쇄된다.
　② 콘크리트에 균열이 발생되지 않는 한 하중과 PS에 의한 응력, 변형도, 처짐을 각각 계산하여 Superposition으로 합산할 수 있다.

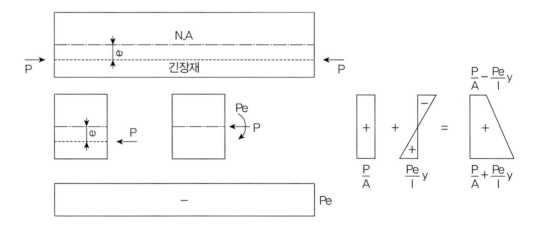

2) 내력모멘트의 개념(Internal Force Concept, 강도 개념 Strength Concept)

　PSC보를 RC보처럼 생각하여 콘크리트는 압축력을 받고 긴장재는 인장력을 받게 하여 두 힘의 우력 모멘트로 외력에 의한 휨모멘트에 저항한다는 개념이다.

① PSC는 고강도 강재를 사용하여 균열의 발생을 방지할 수 있게 한 RC의 일종으로 보고 이 개념을 이용하여 극한강도를 결정한다.
② 다만 RC와 달리 균열이 없어 전단면이 유효하므로 인장부의 콘크리트 단면도 유효하다고 보며, 하중의 증가에 따라 팔길이(jd)가 증가하여 저항모멘트가 커진다.

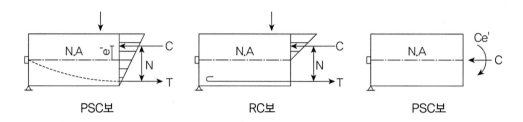

3) 하중평형의 개념(Load Balancing Concept, 등가하중의 개념 Equivalent Transverse Loading)
PS에 의해 부재에 작용하는 힘과 부재에 작용하는 외력이 평행이 되게 한다는 개념이다.

① PS의 작용이 연직하중과 비긴다면 휨부재는 주어진 작용 하에서 휨응력을 받지 않는다.
② 수직응력만 받는 부재로 전환되어 복잡한 구조물의 설계와 해석을 단순화시킨다.

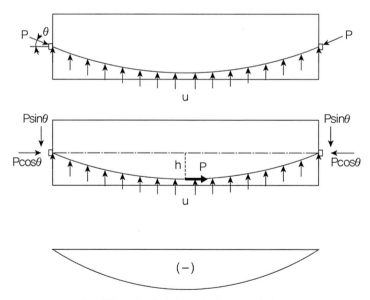

하중평형 개념 : 긴장재를 포물선으로 배치한 경우

| 한계상태설계법 | 토목구조기술사 합격 바이블 개정판 1권 제2편 RC p.547 |

한계상태설계법에 대하여 설명하시오.

풀 이

➤ 한계상태설계법

한계상태설계법은 신뢰성이론에 근거하여 안전성과 사용성을 하나의 개념으로 보고 각각의 한계상 태에서 확률론적으로 안전성을 확보하는 설계로 이전의 탄성이론에 근거한 허용응력설계법이나 극한 강도를 기초로 설계하중이 단면 저항력 이내가 되도록 설계하는 강도설계법과 구분된다. 국내에 도입된 도로교설계기준 한계상태설계법의 경우 한계상태를 극한한계상태, 사용한계상태, 피로한계상태, 극 단상황한계상태의 총 4가지의 한계상태를 규정하고 있으며 교량의 부재들과 연결부들에 대하여 각 한 계상태에서 규정된 극한하중효과의 조합들에 대하여 검토하도록 하고 있다.

구분	허용응력설계법(ASD, WSD)	강도설계법(USD, PD)	한계상태설계법(LSD, LRFD)
정의	철근콘크리트를 탄성체로 가정하고 탄성이론에 의해 재료의 허용응력 이내로 설계	철근과 콘크리트의 비탄성 거동인 극한강도를 기초로 설계하중이 단면저항력 이내가 되도록 설계	신뢰성이론에 근거하여 안전성과 사용성을 하나의 개념으로 보고 각각의 한계상태에서 확률론적으로 안전성을 확보하는 설계
기본 가정	• Bernoulli의 정리 성립 • 변형률은 중립축 거리 비례 • 콘크리트 탄성계수는 정수 • 콘크리트 휨인장응력 무시	• Bernoulli의 정리 성립 • 변형률은 중립축 기리 비례 • 압축 con 최대변형률은 0.003 • 콘크리트 휨인장응력 무시 • 등가압축응력블록 가정 • 철근은 선형탄성–완전소성	한계상태 구분 • 극한한계상태 • 사용한계상태 • 피로 및 파단 한계상태 • 극한상황한계상태
설계 개념	• 콘크리트 $f_c \leq f_{ca}$ • 철근 $f_s \leq f_{sa}$ • 안전율 : 극한응력/허용응력	소요강도 ≤ 설계강도 $\sum \gamma_i L_i \leq \phi S_n$	각각의 한계상태에 대하여 소요강도 ≤ 설계강도 $\sum \gamma_i Q_i \leq \phi R_n$
장점	전통성, 친근성, 단순성, 경험, 편리성	안전도 확보, 하중특성 반영, 재료특성반영	신뢰성, 안전율 조정성, 거동 재료무관시방서, 경제성
단점	신뢰도, 임의성, 보유내력 설계 형식	사용성 별도 검토, 경제성, LSD에 비해 비합리적	변화, S/W, 이론에 치중, 보정

특히, 한계상태설계법은 USD와 PD와 다르게 하중계수(γ_i)와 강도감소계수(ϕ_i)를 경험에 의해서 확정적으로 결정하는 것이 아니라 하중과 구조저항과 관련된 불확실성을 확률통계적으로 처리하는 구조 신뢰성 이론에 따라 다중 하중계수와 저항계수를 보정함으로써 구조물의 일관성 있는 적정수 준의 안전율을 갖도록 하고 있다.

지진 가속도와 관성력　　　　　토목구조기술사 합격 바이블 개정판 2권 제6편 동역학과 내진설계 p.2274

도로구조물 설계에 적용되는 지진 가속도 계수와 관성력의 관계에 대하여 설명하시오.

풀 이

▶ 개요

국내 도로교설계기준에서는 지진구역계수와 구조물에 따른 위험도 계수를 평균재현주기 500년과 1000년으로 구분하여 가속도 계수를 산정하도록 하고 있으며, 지표면 아래의 지반에 따라 지반계 수도 고려하여 내진설계 시 탄성지진 응답계수 C_s 를 산정해 지진력으로 활용하도록 있다.

▶ 지진 가속도 계수와 관성력

국내 설계기준에서 적용되는 가속도 계수는 위험도 계수와 지진구역계수를 곱한 값으로 표현되며 다음과 같이 산정된다.

- 가속도 계수($A = I \times Z$) = 위험도 계수 × 지진구역계수
- 지진구역계수(Z) : 평균재현주기 500년 지진지반운동에 해당, I구역(0.11), 2구역(0.07)
- 위험도계수(I) : 평균재현주기별 최대 유효지반가속도의 비, 재현주기 500년(1.0), 1000년(1.4)

이때 설계기준에서 사용되는 위험도 계수와 지역계수를 고려한 가속도 계수는 구조물의 응답의 크 기와 연관된 유효최대지반가속도(EPA)이며, 경험식에서의 지진파의 크기와 연관된 최대지반가속 도(PGA)와는 다르다. 일반적으로 유효최대지반가속도는 응답스펙트럼의 기본이 되는 단주기 구조 물의 가속도 응답을 2.5로 나눈 값이다.

관성력은 뉴턴 법칙에 따라 물체의 질량에 가속도를 곱한 힘의 값으로 도로 구조물의 경우 가속도 계수와 지반계수를 고려하여 물체의 고유주기에 따라 결정된 탄성지진응답계수 등이 고려된다. 즉, 지진 발생 시 구조물에 작용하는 탄성지진력은 구조물의 탄성주기를 계산하여 설계응답 스펙트럼 으로부터 응답가속도의 크기를 구하여 결정되며, 이때 설계응답 스펙트럼으로부터 구한 응답가속 도의 크기를 탄성지진 응답계수(C_s)라 하며 무차원량으로 표기된다. 단일보드 스펙트럼 해석 시 탄성지진 응답계수의 경우에는 다음과 같이 계산된다.

$$C_s = \frac{1.2AS}{T^{2/3}} \leq 2.5A$$

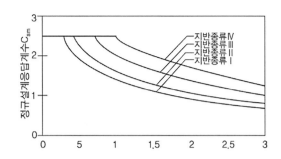

도로구조물의 내진 설계 시에는 산정된 구조물의 가속도로 대변되는 탄성지진응답계수가 물체의 질량 등이 고려된 관성력인 지진하중으로 고려되게 되며 설계기준에서는 다음과 같이 등가정적 지진하중 산정방법을 규정하고 있다.

등가정적 지진하중 $p_e(x) = \dfrac{\beta C_s}{\gamma} w(x) v_s(x)$

여기서, 정적처짐 $v_s(x)$: 상부 슬래브 단위길이당 1.0kN/m 하중재하

등가정적 지진하중 $w(x) = \dfrac{1}{L}\left(w_{상부} + w_{coping} + \dfrac{w_{colunm}}{2}\right)$

$\alpha = \displaystyle\int_0^L v_s(y)dy, \quad \int_0^L v_s(x)dx, \quad \beta = \int_0^L w(y)v_s(y)dy, \quad \int_0^L w(x)v_s(x)dx$

$\gamma = \displaystyle\int_0^L w(y)v_s^2(y)dy, \quad \int_0^L w(x)v_s^2(x)dx$

교량의 고유주기 $T = 2\pi\sqrt{\dfrac{\gamma}{p_0 g \alpha}} \quad (p_0 = 1.0\text{kN/m})$

설계기준풍속　　　　　토목구조기술사 합격 바이블 개정판 2권 제5편 교량계획 및 설계 p.2033

도로교설계기준의 설계기준풍속에 대하여 설명하시오.

풀 이

▶ **개요**

교량 등 구조물에서 일반적으로 내풍안정성 확보를 위하여 내풍 설계를 수행하게 되며, 내풍 설계 시 교량의 안정성 검토를 위해 설계기준풍속 등을 도로교설계기준 등에서 규정하고 있다. 설계기준풍속은 지역의 기본풍속 V_{10}을 기준으로 산정하고 있다.

▶ **설계기준풍속**

1) 기본 풍속(V_{10})

기본 풍속 V_{10}는 지표조도구분 II인 개활지에서 지상 10m 높이에서의 재현주기 T년에 해당하는 10분 평균풍속으로 정의한다. 재현주기 T년은 대상 교량의 사용기간 N년을 고려하여 비초과확률 P_{NE}가 37%에 해당하도록 다음의 식에 의해 결정할 수 있다.

$$T = \frac{1}{1 - (P_{NE})^{1/N}} \qquad T(재현기간),\ P_{NE}(비초과확률),\ N(공사기간)$$

기본 풍속은 대상 교량 가설 지역에서 가까운 지역의 기상관측소에서의 장기 관측 풍속 기록의 연 최대풍속 시계열을 극치분석한 결과와 그 인근 지역을 통과한 태풍 기록을 이용한 합리적인 태풍시뮬레이션 기법을 통해 예측한 결과를 비교하여 안전측의 풍속으로 결정한다.

장기 관측 풍속기록을 이용하는 경우 기상관측소 주변 지형, 지표조도와 풍속계의 설치 높이 등을 고려하여 합리적인 방법에 의해 지표조도구분 II인 개활지에서 지상고도 10m의 풍속으로 관측 풍속을 보정하여야 한다. 이때 지형 및 지표에 의한 영향을 고려한 관측 풍속의 보정은 적합한 국내외 기준에서 이용되는 방법에 준하여 수행되어야 하며, 관측 기간의 지표 변화, 관측 위치의 변화, 풍향 등을 고려하여야 한다.

관측 풍속계 설치 높이에 따른 보정은 풍속계 설치고도 z_1에서의 관측 풍속 V_1을 지표조도구분 II, 지상고도 10m에서의 풍속 V_2로의 변환으로 정의한다.

$$V_2 = C_t V_1 \left(\frac{z_2}{z_{G2}}\right)_2^\alpha,\ z_2 \geq z_b \qquad\qquad V_2 = C_t V_1 \left(\frac{z_b}{z_{G2}}\right)_2^\alpha,\ z_2 < z_b$$

이때 지표조도계수 α_1, 경도풍 고도 z_{G1}, 대기 경계층 최소높이 z_{b1}, 지표조도길이 z_{01}는 관측소 지역에 해당되는 지표조도구분에 대하여 다음의 표를 이용하여 결정하며 C_t는 고도 및 조도 보정계수로 α_2, z_{G2}, z_{b2}는 지표조도구분 II, 지상고도 10m에 해당하는 값을 이용한다.

$$C_t = \left(\frac{z_{G1}}{z_1}\right)_1^\alpha$$

	지표조도구분	α	z_G	z_b	z_0
I	해상, 해안	0.12	500	5	0.01
II	개활지, 농지, 전원 수목과 저층건축물이 산재하여 있는 지역	0.16	600	10	0.05
III	수목과 저층건축물이 밀집하여 있는 지역, 중·고층 건물이 산재하여 있는 지역, 완만한 구릉지	0.22	700	15	0.3
IV	중·고층 건물이 밀집하여 있는 지역, 기복이 심한 구릉지	0.29	700	30	1.0

교량 가설지역의 지표조도는 교축방향의 양쪽 풍향과 교축직각방향의 양쪽 풍향을 모두 고려하여야 한다. 교축직각방향의 경우 그림 (a) 교축직각방향에서와 같이 교량 상부구조 높이의 100배 범위(최소 500m)에서의 평균 지표상황으로 결정하며, 교축방향의 경우 그림 (b) 교축방향에서와 같이 주탑 높이의 100배 범위에서의 평균 지표상황으로 결정한다.

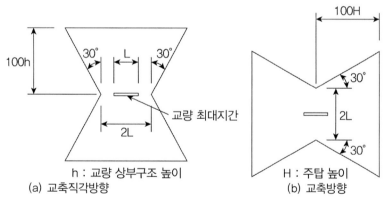

지표조도구분을 위한 참조지역

태풍시뮬레이션 기법은 국제적으로 공인된 과거 태풍의 경로, 중심기압 등의 자료를 이용하여야 하며, 대상 교량 가설 지역을 중심으로 합당한 영역을 설정하여 해당 영역으로의 태풍 진입률, 중심기압, 이동속도, 이동방향, 최대풍속반경 등에 대한 통계적 모형을 포함하여야 한다.

2) 설계기준풍속(V_D)

설계기준풍속 V_D는 대상 지역의 기본풍속과 교량의 고도, 주변의 지형과 환경 등을 고려하여 합리적인 방법으로 결정한다. 대상 교량 가설 지역이나 설계기준고도에서 풍속자료가 가용치 못한 경우에는 위에서 산정한 기본풍속 V_{10}을 이용하여 대상 교량 가설 지역의 설계기준고도에서의 설계기준 풍속을 산정한다. 풍동실험이나 풍진동 검토를 위한 독립주탑의 풍속 설계기준고도는 주탑높이의 65%로 간주한다. 설계 풍하중 재하 시에는 주탑 하단에서 최상단까지 주탑 단면 및 풍속의 연직분포를 고려하여야 한다. 일반적으로 케이블 교량 이외의 중소지간교량의 설계풍압은 다음의 값을 적용한다.

① 박스 거더교, 플레이트 거더교, 슬래브교

$$1 \leq B/D < 8 \qquad P(kPa) = 4.0 - 0.2(B/D)$$
$$B/D \geq 8 \qquad P(kPa) = 2.4$$

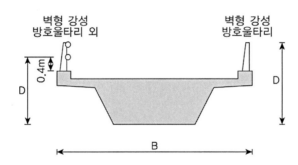

② 풍상측 트러스 활하중 비재하 시 $2.4/\sqrt{\phi}$, 풍하측 트러스는 $0.5 \times 2.4/\sqrt{\phi}$ (ϕ : 충실률)
③ 기타 교량부재 원형[풍상측(1.5), 풍하측(1.5)], 각형[풍상측(3.0), 풍하측(1.5)]
④ 병렬거더는 영향을 고려하여 보정(2008기준. 보정계수 1.3, $S_V \leq 2.5D$, $S_h \leq 1.5B$)
⑤ 활하중 재하 시는 풍압을 절반만 재하할 수 있다.
⑥ 태풍이나 돌풍에 취약한 지역 중대지간의 설계풍압은 다음의 식을 이용하여 산정할 수 있다.

$$p(Pa) = \frac{1}{2}\rho V_D^2 C_d G$$

강체구조물($G = G_r$, $f_1 > 1Hz$) $G_r = K_p \dfrac{1 + 5.78 I_z Q}{1 + 5.78 I_z}$

유연구조물($G = G_f$, $f_1 \leq 1Hz$) $G_r = K_p \dfrac{1 + 1.7 I_z \sqrt{11.56 Q^2 + g_R^2 R^2}}{1 + 5.78 I_z}$

여기서, f_1 : 구조물의 바람방향 1차 모드 고유진동수, C_d : 항력계수, 기존문헌, 실험, 해석 등의 합리적인 방법으로 산정, G : 거스트계수, 풍속의 순간적인 변동의 영향을 보정하기 위한 계수

$$I_z = c\left(\frac{10}{z_D}\right)^{1/6} : \text{난류강도}, \quad L_z = l\left(\frac{z_D}{10}\right)^c : \text{난류길이}$$

$$z_5 : z\text{와 5m 중 큰 값}, \quad K_p = 2.01\beta^2\left(\frac{10z_5}{z_D z_G}\right)_2^\alpha : \text{풍압보정계수}$$

$$Q = \sqrt{\frac{1}{1 + 0.63\left(\dfrac{L+D}{L_z}\right)^{0.63}}}$$

3) 시공기준풍속(V_C)

교량의 공사기간 동안에 필요시 별도의 시공기준풍속 V_c를 정하여 시공 중 발생할 수 있는 문제를 검토할 수 있다. 케이블 교량의 시공기준풍속은 공사기간 동안 최대풍속의 비초과확률 60%에 해당하는 재현주기의 풍속을 교량의 고도, 주변 지형 등을 고려하여 보정한 10분 평균 풍속이다. 이때 고도 보정에는 기본풍속 V_{10}에서 적용한 식을 사용할 수 있으며, 비초과확률 P_{NE}, 사용기간 N, 재현주기 T의 관계도 기본풍속 V_{10}에서 적용한 식을 사용할 수 있다.

T형보의 설계

철근콘크리트 T형보에서 플랜지의 유효폭 b=1,400mm, 복부폭 b_w=400mm, 플랜지 두께 t_f= 100mm, 유효깊이 d=640mm, h=750mm인 단면에 M=1,460kNm가 작용할 때 T형보를 설계하시오. 단, f_{ck}=21MPa, f_y=420MPa이다.

풀 이

➤ T형보의 설계

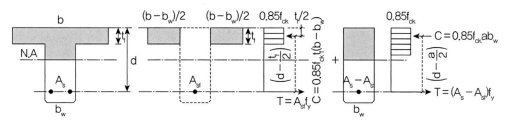

$\phi = 0.85$ 로 가정하면, $M_n = \dfrac{M_u}{\phi} = 1717.65 \text{kNm}$

1) T형보 적용 여부 검토

Assume $a = 100\text{mm}$, 등가 응력사각형의 깊이 a를 플랜지 두께 t_f와 같다고 가정하면,

$$A_s f_y \left(d - \frac{a}{2} \right) = \frac{M_u}{\phi} \quad \therefore \ A_s = 6931.6 \text{mm}^2$$

$$a = \frac{A_s f_y}{0.85 f_{ck} b} = 116.497 \text{mm} > t_f \qquad \therefore \ \text{T형보로 계산한다.}$$

2) T형보 플랜지 부담 모멘트

$$0.85 f_{ck} t_f (b_e - b_w) = A_{sf} f_y$$

$$\therefore \ A_{sf} = \frac{0.85 f_{ck} t_f (b_e - b_w)}{f_y} = \frac{0.85 \times 21 \times 100 \times (1400 - 400)}{420} = 4,250 \text{mm}^2$$

$$\therefore \ M_{nf} = A_{sf} f_y \left(d - \frac{t_f}{2} \right) = 4,250 \times 420 \times (640 - 50) = 1053.15 \text{kNm} < M_n \ (\because \ \text{T형보})$$

3) 철근량 산정 : $M_{nw} = M_n - M_{nf} = 664.5 \text{kNm}$

$$a = \frac{(A_s - A_{sf})f_y}{0.85f_{ck}b_w} \text{이므로,}$$

$$M_{nw} = (A_s - A_{sf})f_y\left(d - \frac{a}{2}\right) = (A_s - A_{sf})f_y\left(d - \frac{1}{2}\left(\frac{(A_s - A_{sf})f_y}{0.85f_{ck}b_w}\right)\right)$$

2차 방정식에 대해 풀이하면, $\therefore A_s = 7093.74 \text{mm}^2$

4) Check

$$0.85f_{ck}ab_w = (A_s - A_{sf})f_y \quad \therefore a = \frac{(A_s - A_{sf})f_y}{0.85f_{ck}b_w} = 167.279 \text{mm}$$

$$c = 196.80 \text{mm}, \ \epsilon_t = \epsilon_{cu}\left(\frac{d_t}{c} - 1\right) = 0.0067 > 0.005 \qquad \therefore \phi = 0.85 \qquad \text{O.K}$$

$\therefore$ 철근량 $A_s = 7093.74 \text{mm}^2$ 로 배근된 T형보로 설계한다.

압축부재의 안전성 　　　　　　　　　　　토목구조기술사 합격 바이블 개정판 2권 제4편 강구조 p.1465

양단이 단순 지지되어 있는 압축부재(H-400×400×13×21)의 중심축에 고정하중 900kN, 활하중 700kN이 작용할 때 압축부재의 안전성을 검토하시오. 단, LRFD 강구조설계기준을 적용하고 압축부재의 길이는 4,500mm이고 강재의 A=21,870mm², F_y=234N/mm²이다.

풀 이

▶ 단면 검토

강축, 약축 모두 좌굴 유효길이계수 $k = 1.0$

$$A_g = 2 \times 400 \times 21 + (400 - 21 \times 2) \times 13 = 21,454\text{mm}^2$$

$$I_x = \frac{400 \times 400^3}{12} - \frac{387 \times 358^3}{12} = 6.53616 \times 10^8\text{mm}^4, \ r_x = \sqrt{\frac{I_x}{A}} = 174.545\text{mm},$$

$$\frac{kL}{r_x} = 25.78$$

$$I_y = \frac{400 \times 400^3}{12} - \frac{358 \times 387^3}{12} = 4.04175 \times 10^8\text{mm}^4, \ r_y = \sqrt{\frac{I_y}{A}} = 137.256\text{mm},$$

$$\frac{kL}{r_y} = 32.78$$

$$F_e = \frac{\pi^2 E}{\left(\dfrac{kL}{r_y}\right)^2} = 1837.01$$

▶ 판 폭두께비 검토

Flange : $b/t_f = (400/2)/21 = 9.524$

$$\lambda_r = 0.56\sqrt{E/F_y} = 0.56\sqrt{2.0 \times 10^5/234} = 16.37 \qquad \therefore \ b/t_f < \lambda_r$$

Web　 : $h/t_w = 358/13 = 27.54$

$$\lambda_r = 1.49\sqrt{E/F_y} = 1.49\sqrt{2.0 \times 10^5/234} = 43.56 \qquad \therefore \ h/t_w < \lambda_r$$

∴ 비조밀(비세장) 단면($\lambda < \lambda_r$)

➤ 압축강도 검토

1) 세장비 제한

주부재 $\dfrac{kL}{r_y} = 32.78 \leq 120$ O.K

2) 휨좌굴 압축강도

비세장단면 $\dfrac{kL}{r_y} = 32.78 \leq 4.71\sqrt{\dfrac{E}{F_y}} = 137.698$

$F_{cr} = \left(0.658^{\left(\frac{F_y}{F_e}\right)}\right)F_y = \left(0.658^{\left(\frac{234}{1837.01}\right)}\right) \times 234 = 221.85\mathrm{MPa}$

➤ 설계압축강도 산정

$\phi_c P_n = \phi_c F_{cr} A_s = 0.9 \times 221.85 \times 21454 = 4283.63\mathrm{kN}$

➤ 안정성 검토

소요압축강도 $P_u = 1.2 N_D + 1.6 N_L = 2200\mathrm{kN} > 1.4 N_D$ $\therefore \; P_u < \phi_c P_n$ 안전함

RC 전단강도 　　　　　　　　　　　　　　토목구조기술사 합격 바이블 개정판 1권 제2편 RC p.639

다음 설계조건을 갖는 단면의 전단강도를 한계상태설계법과 강도설계법으로 각각 구하고 두 설계방법의 차이점을 비교 설명하시오.

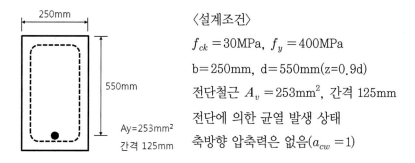

〈설계조건〉

$f_{ck} = 30MPa$, $f_y = 400MPa$

b= 250mm, d=550mm(z=0.9d)

전단철근 $A_v = 253mm^2$, 간격 125mm

전단에 의한 균열 발생 상태

축방향 압축력은 없음($a_{cw} = 1$)

250mm

550mm

Ay=253mm²
간격 125mm

풀 이

▶ **강도설계법에 따른 전단강도**

1) 콘크리트의 전단강도

$$V_c = \frac{1}{6}\sqrt{f_{ck}}\,b_w d = \frac{1}{6} \times \sqrt{30} \times 250 \times 550 = 125.52kN$$

2) 전단철근의 강도

$$V_s = A_v f_y \frac{d}{s} = 253 \times 400 \times \frac{500}{125} = 404.8kN \leq \frac{2}{3}\sqrt{f_{ck}}\,b_w d \; (= 502.079kN)$$

3) 강도설계법에 따른 전단강도

$$V_n = V_c + V_s = 530.32kN$$

▶ **한계상태설계법에 따른 전단강도**

전단보강철근이 배치된 부재의 설계전단강도 V_d는 전단보강철근의 항복을 기준으로 정한 다음의 설계전단강도 V_{sd}값으로 정한다. $\theta = 45°$, $\alpha = 90°$(수직스트럽)로 가정하면,

$$V_{sd} = \frac{f_{vy}A_v z}{s}\cot\theta = \frac{400 \times 253 \times 0.9 \times 550}{125} = 400.75kN$$

$$\leq V_{d,\max} = \frac{\nu f_{ck} b_w z}{\cot\theta + \tan\theta} = 980.1\text{kN} \qquad \because \nu f_{ck} = 0.6\left[1 - \frac{f_{ck}}{250}\right]f_{ck} = 15.84\text{MPa}$$

➤ 전단강도 차이점 비교

콘크리트구조기준의 강도설계법에서는 경사각을 45° 고정각으로 가정하고 콘크리트 기여 전단강도 V_c와 전단철근의 기여 전단강도 V_s의 합으로 설계전단강도를 산정한다. 즉,

$$V_d = \phi\left(V_c + \frac{f_y A_v d}{s}\right), \ \ V_c = \frac{1}{6}\sqrt{f_{ck}}\, b_w d \ \ \text{또는} \ \ \left(0.16\sqrt{f_{ck}} + 17.6\frac{\rho_v V_u d}{M_u}\right)b_w d$$

이때 강도설계법에서는 어떠한 경우라도 사용한 전단철근량에 상관없이 V_s는 $\frac{2}{3}\sqrt{f_{ck}}\,b_w d$를 초과할 수 없다고 제한하고 있으며 동시에 복부에 지나치게 폭이 큰 균열이 발생하는 것을 방지하기 위해 전단철근의 항복강도를 $f_y = 500\text{MPa}$ 이하로 제한하고 있다. 이에 반해 한계상태설계법에서는 전단철근이 있는 경우와 없는 경우를 구분하여 적용하며, 상대적으로 복부 폭이 크고 복부 철근량이 적은 부재에서는 철근의 파단에 의해 복부가 파괴되는 특성을 전단강도 V_{sd}로 반영하고, 복부 폭이 얇고 복부 철근량이 많은 부재에서는 복부 콘크리트의 압축 취성파괴가 먼저 발생하여 극한 한계상태에 도달하는 경우는 $V_{d,\max}$로 고려하도록 하고 있다. 이러한 배경으로 한계상태설계법에서는 설계자가 경사각 θ를 결정하여야 하며, 복부 콘크리트 압축 파괴와 복부 균열폭 한계상태를 검증해야 하는 절차를 추가하였다.

ED교와 사장교 　　　　　　토목구조기술사 합격 바이블 개정판 2권 제5편 교량계획 및 설계 p.1891

Extradosed교와 콘크리트 사장교를 비교하여 설명하시오.

풀 이

▶ 개요

ED교는 부모멘트 구간에서 PS 강재로 인해 단면에 도입되는 축력과 모멘트를 증가시키기 위해서 PS 강재의 편심량을 인위적으로 증가시킨 형태로 일반적인 PSC교량의 단면 내에 위치하던 PS 강재를 낮은 주탑의 정부에 External tendon 형태로 부재의 유효높이 이상으로 텐던을 배치한 형태의 교량을 말한다.

▶ ED교 특성

1) ED교의 분류

　① 주거더의 지지형식에 따른 분류 : 라멘형식, 연속거더 형식

　② 주탑의 형식에 따른 분류 : 독립 1~3본, H형, V형

　③ 사재의 형식에 따른 분류

　　㉠ 사재배치면수 : 1~3면 케이블

　　㉡ 사재배치형태 : 하프형, 팬형, 방사형

　　㉢ 사재처리방식 : 사판식, Trough식, 사장 외케이블식

　④ 가설공법에 따른 분류 : FSM, FCM, ILM 등

2) ED교 상부구조계획 절차 및 검토사항

　① 지간장과 형고 : (중간지점 형고) L/30~L/35 (경간 중앙부 형고) L/50~L/60

　② 지간장과 탑고비 : L/8~L/15

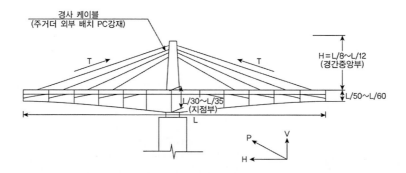

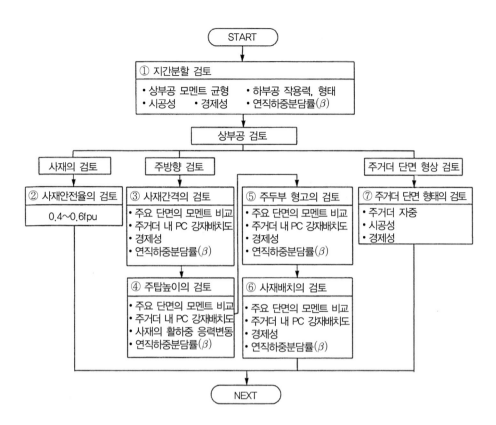

➤ ED교와 사장교의 비교

ED교는 사재에 의해 보강된 교량이라는 점에서 사장교와 유사하나 주거더의 강성으로 단면력에 저항하고 사재에 의한 대편심 모멘트를 도입, 거동을 개선한 구조형식이므로 ED교의 주거더는 거더교에 가까운 특징을 가진다. 또한 거더 유효높이 이상으로 PS 강재의 편심을 확보할 수 있어 PSC 거더교에 비해 경량화 및 장지간화가 가능하며 PSC 사장교에 비해 사재의 응력 변동폭이 작고 주탑 높이를 낮출 수 있어 100~200m 정도의 지간에서 시공성과 경제성이 탁월하다.

PSC교	ED교	사장교
Internal Prestressing으로 기존 하중에 저항	주거더의 강성과 External Prestressing으로 저항	추가하중을 대편심 케이블의 도입으로 보완
형고 : L/16~L/40		
• 상징성 적음 • 높은 교면 • 교면 아래가 중후함(무거움)	• 상징성 있음 • 중간 형고 • 상하부 일체감(상하부 균형)	• 상징성 높음 • 낮은 교면 • 교면 위가 번잡함

구분		PSC교	ED교	사장교
구조특성	주형	• 형고비가 지간에 따라 변화 L/15~L/17 • 높은 교각이 설치되는 지역에서는 연성 확보가 가능하므로 경제성 및 미관을 증진시킬 수 있는 중소지간의 경우에 적합 • 경간장의 증대시 형고 현저히 증가	• 형고비가 지간에 따라 변화 L/30~L/35(지점), L/50~L/60 (지간) • 상부에 작용하는 대부분의 하중을 분담 • 사장교와 거더의 중간 형태로 거더교에 비해 형고 낮음	• 형고비가 2.0~2.5m로 지간에 비례하지 않음 • 케이블 지지점 간의 하중을 분담하는 보강형 역할 • 형고를 낮게 하여 형하공간 최대 확보 가능
구조특성	주탑	–	• 탑고비 : L/8~L/12 • 주로 관통구조에 의한 새들 정착	• 탑고비 : L/3~L/5 • 주로 분리구조에 의한 앵커 정착
구조특성	케이블		• 주거더인 PSC 거더의 보조역할 • 부모멘트가 크게 작용하는 지점부 단면에 압축력과 정모멘트 도입(케이블이 수평에 가깝게 유지하는 것이 유리) • 활하중에 의한 응력 변동 폭이 작아 피로가 비교적 작음 • 응력 변동 폭 15~38MPa • 허용응력도 $f_{fa} = 0.6f_{pu}$ • Relaxation에 의한 긴장력 손실 검토	• 케이블이 보강형을 탄성지지 • 상부에 작용하는 하중의 상당부분을 케이블의 연직분력으로 분담 (케이블 연직도가 클수록 효율적) • 활하중에 의한 응력 변동 폭이 커서 피로에 대한 검토 필요 • 응력 변동 폭 50~130MPa • 허용응력도 $f_{fa} = 0.4f_{pu}$ • 별도의 자체적인 긴장력 손실 없음
시공성	주형		• 주거더의 강성이 크기 때문에 변형이 작고 시공관리 용이 • 지점부 단면이 변단면이 되는 경우 Form에 의한 시공복잡	• 주거더의 강성이 작기 때문에 변형이 쉽고 정밀한 시공관리가 필요 • 주거더 높이가 일정하여 Form에 의한 시공이 유리
시공성	케이블		• 시공 중 사재의 장력조정이 어려움 • 사재 재긴장에 의한 거더응력 및 변위의 개선이 어려움	• 주거더 응력의 제한 값을 확보하기 위해 시공 중 장력조정 • 사재 재긴장에 의한 주거더 응력 및 변위의 개선이 용이
공사비	주형	장지간 채택 시 형고의 증가로 공사비 증가	100~200m 정도 지간에서 경제적	형고가 작으므로 장지간 경제적
공사비	주탑	–	주탑이 낮으므로 경제적	주탑의 높아 공사비 증대
공사비	케이블	–	• 사재량이 적고 일반적인 정착구를 가진 PS강재 사용으로 경제적 • 주탑이 낮아 가설비용 절감	• 사재량이 많고 피로를 고려한 고가의 사재 이용으로 공사비 증가 • 주탑이 높이 가설비 증대
공사비	기초	경간장의 증대 시 형고 및 자중이 현저하게 증가하여 하부공의 하중부담 증대로 기초공 규모 증대	상부공의 중심위치기 낮아서 기초공 규모가 작고 경제적	주탑이 높고 중심위치가 높으므로 내진상에 기초공 규모가 증대

하천교량   토목구조기술사 합격 바이블 개정판 2권 제5편 교량계획 및 설계 p.1690

하천교량의 여유고 및 경간장 결정기준을 하천설계기준에 준용하여 설명하시오.

풀 이

▶ 개요

하천교량의 경우 되도록 하천 상에 교각 등의 설치를 최소화하여 시설물 설치로 인한 수위 상승 등의 효과가 발생되지 않도록 하고, 하천설계기준에 따라 계획홍수량에 따라 홍수위로부터 교각이나 교대 중 가장 낮은 교각에서 교량 상부구조를 받치고 있는 받침장치 하단부까지의 높이인 여유고를 확보하도록 규정하고 있다.

▶ 하천교량의 여유고 및 경간장 결정기준

1) 하천교량의 여유고

하천설계기준에서는 계획홍수량에 따라 하천교량의 여유고를 결정하도록 하고 있으며 이는 홍수 시 교량의 피해를 최소화하고 안전한 통행이 가능하도록 하기 위해서이다. 이와 별도로 항로 상에 설치되는 교량의 경우 운행되는 선박의 종류와 크기 등을 고려하여 형하고를 확보하여야 하며, 교량의 수평, 수직 다리밑공간은 유관기관과 협의하여 설정하도록 규정하고 있다.

하천설계기준: 계획홍수위에 따른 교량의 여유고

계획홍수량(m³/sec)	여유고(m)
200 미만	0.6 이상
200~500	0.8 이상
500~2,000	1.0 이상
2,000~5,000	1.2 이상
5,000~10,000	1.5 이상
10,000 이상	2.0 이상

2) 경간장 결정기준

하천을 횡단하는 교량의 경간분할은 유속이 급변하거나 하상이 급변하는 지역에는 교각설치 배제하고, 저수로 지역에서는 경간을 크게 분할하며, 하천 단면을 줄이지 않도록 하고 교각설치로 인한 수위 상승과 배수를 검토하고, 유목, 유빙이 있는 하천, 하천 협소부에서는 교각수를 최소화하고, 유로가 일정하지 않은 하천에서는 가급적 장경간을 선택해야 한다. 기존교량에 근접하여 신설교량을 건설할 때는 경간분할을 같게 하거나 하나씩 건너뛰는 교각배치를 검토해야 한다. 하천설계기준에 따른 경간장 결정기준은 다음과 같다.

① 교량의 길이는 하천폭 이상으로 한다.

② 경간장은 치수상 지장이 없다고 인정되는 특별한 경우를 제외하고 다음의 값 이상으로 한다. 다만 70m 이상인 경우는 70m로 한다.

$$L = 20 + 0.005\,Q\,(Q : 계획홍수량\ \mathrm{m^3/sec})$$

③ 다음 항목에 해당하는 교량의 경간장은 하천관리상 큰 지장이 없을 경우 ②와 관계없이 다음의 값 이상으로 할 수 있다.
　　㉠ $Q < 500\mathrm{m^3/sec}$, $B(하천폭) < 30.0^m$ 인 경우 : $L \geq 12.5^m$
　　㉡ $Q < 500\mathrm{m^3/sec}$, $B(하천폭) \geq 30.0^m$ 인 경우 : $L \geq 15.0^m$
　　㉢ $Q = 500\sim3,000\mathrm{m^3/sec}$ 인 경우 : $L \geq 20.0^m$

④ 하천의 상황 및 지형학적 특성상 위의 경간장 확보가 어려운 경우 치수에 지장이 없다면 교각 설치에 따른 하천폭 감소율(교각 폭의 합계/설계홍수위 시 수면의 폭)이 5%를 초과하지 않는 범위 내에서 경간장을 조정할 수 있다.

3) 교대 및 교각 설치의 위치

교대, 교각은 부득이한 경우를 제외하고 제체 내에 설치하지 않아야 한다. 제방 정규단면에 설치 시에는 제체 접속부의 누수 발생으로 인한 제방 안정성을 저해할 수 있으며 통수능이 감소로 인한 치수의 어려움이 발생할 수 있다. 따라서 교대 및 교각의 위치는 제방의 제외지측 비탈 끝으로부터 10m 이상 떨어져야 하며, 계획홍수량이 $500\mathrm{m^3/sec}$ 미만인 경우 5m 이상 이격하도록 하고 있다.

응력법과 변위법   토목구조기술사 합격 바이블 개정판 1권 제1편 재료 및 구조역학 p.165

부정정 구조해석 방법 중 응력법과 변위법에 대하여 해석순서를 고려하여 비교 설명하시오.

풀 이

➤ 개요

정정구조물은 평형방정식만으로 그 해가 가능하지만, 부정정 구조물은 평형방정식, 적합방정식 및 힘-변형 관계식이 필요하다. 고전적인 구조물의 해석방법은 강성도법과 유연도법의 두 가지 방법으로 구분할 수 있다. 강성도법(Stiffness Method, 변위법 Displacement Method)의 해석은 변위를 미지수로 하여 해석하는 방법으로 통상적으로 강성도(k)로 표현되며, 유연도법(Flexibility Method, 응력법 Force Method)의 해석은 유연도(f)로 표현된다.

구분	강성도법(변위법)	유연도법(응력법)
해석 방법	처짐각법, 모멘트 분배법, 매트릭스 변위법	가상일의 방법(단위하중법), 최소일의 방법, 3연 모멘트법, 매트릭스 응력법
특징	• 변위가 미지수 • 평형방정식에 의해 미지변위 구함 • 평형방정식의 계수가 강성도(EI/L) • 한 절점의 변위의 개수가 한정적(일반적으로 자유도 6개; u_x, u_y, u_z, θ_x, θ_y, θ_z)이어서 컴퓨터를 이용한 계산방법인 매트릭스 변위법에 많이 사용	• 힘이 미지수 • 적합조건(변형일치법)에 의해 과잉력을 구함 • 적합조건식의 계수가 유연도(L/EI) • 미지의 과잉력이 다수 있을 수 있으므로 각 구조물별로 별도의 매트릭스를 산정하여야 하는 다소 불편이 있음

➤ 응력법과 변위법의 해석순서 비교 설명

유연도 Matrix와 강성도 Matrix 사이에는 역의 관계가 성립하기 때문에 어느 방법을 선택하든지 기본적으로 방법상의 차이는 없으나 다만 방정식의 수가 달라지기 때문에 컴퓨터를 활용한 계산의 방법에 차이가 있다. 변위법은 기본적으로 격점의 변위를 미지수로 하기 때문에 미지수가 한정적이나 응력법에서는 부정정력이 미지수이므로 부정정력의 수가 부정정 차수에 따라 달라지는 차이가 있다. 따라서 수치해석프로그램의 대부분은 변위법을 이용한 방법이 주로 적용되고 있다.

1) 변위법(강성도법)

격점 변위를 미지수로 택한 후 평형조건, 힘-변형관계식 및 적합조건을 적용하여 구조물의 격점 변위, 부재력 및 반력 등을 구한다.

① 평형조건 $[P] = [A][Q]$, $[A]$: Static Matrix(평형 Matrix)
② 힘-변형관계식 $[Q] = [S][e]$ $[S]$: Element Stiffness Matrix(부재강도 Matrix)

$$(\text{보, 라멘})\ [S] = \begin{bmatrix} \dfrac{4EI}{L} & \dfrac{2EI}{L} \\ \dfrac{2EI}{L} & \dfrac{4EI}{L} \end{bmatrix} \qquad (\text{트러스})\ [S] = \begin{bmatrix} \dfrac{EA}{L} \end{bmatrix}$$

③ 적합조건 $[e] = [B][d]$　　　$[B] = [A]^T$: Deformed Shape Matrix(적합 Matrix)

$[P] = [A][Q] \to [Q] = [S][e] \to [e] = [B][d]\ ([B] = [A]^T)$

$$\to [P] = [A][S][B][d] = [A][S][A]^T[d]$$

④ Global Stiffness Matrix $[K] = [A][S][A]^T$ 산정

⑤ Displacement $[d] = [K]^{-1}[P]$ 산정

⑥ Internal Force $[Q] = [Q_0] + [S][A]^T[d]$ 산정

2) 응력법(유연도법)

변위 일치의 방법과 동일하게 부정정력을 미지수로 하여 이를 구한 다음 평형관계로부터 격점 변위, 부재력 및 반력 등을 구한다.

① 외적 격점 하중, 부재 내력를 정의하고, 부정정력 지정한다.
② 평형조건으로부터 평형 방정식 수립한다.

　　Load-Force Matrix $[S] = [B][W]$

③ 요소 유연도 매트릭스를 구한 후 구조물 유연도 매트릭스를 구한다.

　　Force-Deformation Matrix $[U] = [FM][S] \to [U] = [FM][B][W]$

④ 격점 변위를 격점 하중의 힘으로 표시한다.

　　Deformation-Displacement Matrix$[\varDelta] = [D][U] = [B]^T[U] = [B]^T[FM][B][W]$

　　여기서, $[F] = [B]^T[FM][B]$; Structure Flexibility Matrix
　　$\therefore [\varDelta] = [F][W]$

중력식 옹벽

기출문제풀이집 1판 107회 4-1 p.375

다음 그림과 같은 중력식 옹벽의 벽면에 작용하는 토압에 저항할 수 있는 P_a를 쐐기법을 이용하여 구하시오. 단, 흙의 내부마찰각은 ϕ, 벽면경사각은 α, 배면 흙 경사각은 β, 콘크리트와 흙의 벽면 마찰각은 δ, 흙 쐐기의 활동각은 ω이다.

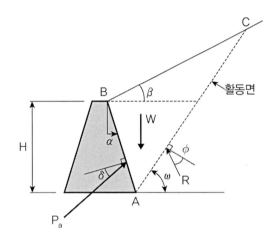

풀 이

> **시행쐐기법**

시행쐐기법(Trial Wedge Method)은 Coulomb 토압 유도 시와 같이 흙 쐐기부분에 수평면과 임의의 경사를 이루는 여러 개의 활동 파괴면을 가정하여 이 파괴면에 대한 흙 쐐기 힘의 균형에서 토압을 시행적으로 구하고 그중 최대치를 주동토압으로 하는 토압계산방법이다.

① 가상파괴면 $\omega = 45 + \dfrac{\phi}{2}$ 를 기준으로 내·외측으로 2~3°씩 가감하여 여러 활동면을 가정한다.

② 토압계산은 시행쐐기에 의거 최대가 되는 토압을 구한다.

③ 도해법 계산 시 W는 힘과 방향을 알고 있으며, R, P_a는 힘은 모르나 방향은 알고 있는 것으로 한다.

일반적으로 도로교설계기준에서는 Coulomb의 방법을 이용하여 산정하며, 다만 강널말뚝과 같이 변형하기 쉬운 구조물에 작용하는 토압은 Coulomb의 방법을 사용하지 않는다. 역 T형 옹벽 또는 부벽식 옹벽과 같이 토압이 뒷굽에서부터 위로 연직하게 세운 가상면에 작용할 때에는 Rankine의 방법을 사용하는데, 이는 옹벽구조물이 회전하거나 밀려나는 경우에도 이 가상면을 따라서 전단이 일어나지 않기 때문이다. 시행쐐기법은 Rankine이나 Coulomb의 토압방법보다 실제 작용 토압에 근사한 것으로 알려져 있으며, 옹벽 배면지표의 경사가 불규칙한 경우나 배면의 지층이 토사와 암 등으로 구분 혼재된 층의 토압도 구할 수 있다는 장점이 있다. 배면경사각이 전단저항각(ϕ)에 근접하면 Rankine 또는 Coulomb 토압이 과대해지므로 시행쐐기법을 적용한다. 다만 가상배면에서의 토압 작용각으로 내부마찰각을 적용하고 있고 뒷굽을 가지는 구조물에서 벽면을 향하는 제2활동면을 고려하지 않았기 때문에 뒷굽길이에 따른 영향은 정확하게 고려할 수 없다. 시행쐐기법은 도로·철도 등의 성토부 옹벽이나 뒷채움공간이 좁은 지하철, 건물의 벽체, 절토부옹벽, 터널갱문 옹벽에 많이 적용한다.

Rankine Theory

Conceptual diagram	Lateral earth pressure
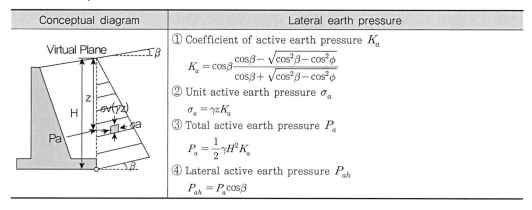	① Coefficient of active earth pressure K_a $$K_a = \cos\beta \frac{\cos\beta - \sqrt{\cos^2\beta - \cos^2\phi}}{\cos\beta + \sqrt{\cos^2\beta - \cos^2\phi}}$$ ② Unit active earth pressure σ_a $$\sigma_a = \gamma z K_a$$ ③ Total active earth pressure P_a $$P_a = \frac{1}{2}\gamma H^2 K_a$$ ④ Lateral active earth pressure P_{ah} $$P_{ah} = P_a \cos\beta$$

Coulomb Theory

Conceptual diagram	Lateral earth pressure
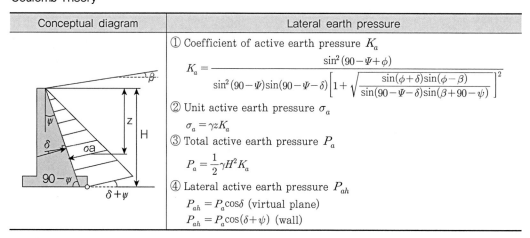	① Coefficient of active earth pressure K_a $$K_a = \frac{\sin^2(90 - \Psi + \phi)}{\sin^2(90 - \Psi)\sin(90 - \Psi - \delta)\left[1 + \sqrt{\dfrac{\sin(\phi + \delta)\sin(\phi - \beta)}{\sin(90 - \Psi - \delta)\sin(\beta + 90 - \psi)}}\right]^2}$$ ② Unit active earth pressure σ_a $$\sigma_a = \gamma z K_a$$ ③ Total active earth pressure P_a $$P_a = \frac{1}{2}\gamma H^2 K_a$$ ④ Lateral active earth pressure P_{ah} $P_{ah} = P_a \cos\delta$ (virtual plane) $P_{ah} = P_a \cos(\delta + \psi)$ (wall)

Trial wedge theory

Conceptual diagram	Lateral earth pressure
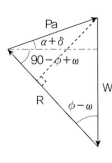	① Coefficient of active earth pressure K_a $$K_a = \frac{2P_a}{\gamma H^2}$$ ② Unit active earth pressure σ_a $$\sigma_a = \gamma z K_a$$ ③ Total active earth pressure P_a $$P_a = \frac{W\sin(S-\phi)}{\cos(S-\phi-\delta)}$$ ④ Lateral active earth pressure P_{ah} $P_{ah} = P_a\cos\delta = P_a\cos\phi$ (virtual plane) $P_{ah} = P_a\cos(\delta+\psi)$ (wall)

▶ **주동토압계수**

$$P_a = \frac{1}{2}\gamma H^2 K_a \qquad \therefore \ K_a = \frac{2P_a}{\gamma H^2}$$

주어진 그림으로부터 힘의 다각형을 그려보면,

$W\sin(\phi-\omega) = P_a\sin(90-\phi+\omega+\alpha+\delta)$

$\because \ \sin(90-\theta) = \cos\theta,\ \alpha \approx 0$ 이므로

$W\sin(\phi-\omega) = P_a\cos(\phi-\omega-\delta)$

$$\therefore \ P_a = \frac{W\sin(\phi-\omega)}{\cos(\phi-\omega-\delta)}, \quad K_a = \frac{2}{\gamma H^2} \times \frac{W\sin(\phi-\omega)}{\cos(\phi-\omega-\delta)}$$

신·구교량 확장 강결   토목구조기술사 합격 바이블 개정판 2권 제5편 교량계획 및 설계 p.1730

교량 확장 계획 시 기존교량에 차량을 통행시키면서 신·구교량을 강결시켜 확장하는 경우 발생 가능한 문제점과 대책을 설명하시오.

풀 이

▶ 개요

기존 교량을 확장하는 방법은 크게 독립교량을 분리 신설하거나 종방향 조인트로 분리 신설하는 방법 기존교량과 신설교량을 맞대어 일체 접합하는 방법이 있다. 신구 교량을 강결하여 일체로 거동시키는 방법의 경우에는 단경간이나 교량의 지간이 짧아 확장부로 인해서 기존교량에 미치는 영향이 적은 경우에 주로 적용되며, 부지 확보가 어렵거나 제약이 있는 경우에 적용된다. 이 경우에는 차량진동으로 인한 진동의 영향으로 철근에 공동이 발생하거나 시공단차, 부등 처짐으로 인한 영향이 발생할 수 있다. 별도의 교량을 분리하여 시공하는 경우 시공은 용이하나 하부 부지 확보 및 공사비가 증가하는 단점이 있으며, 종방향 조인트를 설치하는 경우는 기존교량과 신설교량이 분리되어 거동하므로 구조적으로 유리하나 부등 처짐으로 인한 단차가 발생할 수 있고 종방향 조인트의 유지보수에 문제가 발생할 수 있다.

▶ 신·구교량 강결 확장 공법

1) 발생 가능한 문제점

신·구교량을 강결시켜 확장하는 경우 신설부에 부등침하가 발생할 경우 기존 교량에 2차 하중 증가를 고려하여야 하며, 내진해석 시에는 질량증가로 인한 수평력 증가, 하부구조물에 하중 증가도 고려되어야 한다. 또한 타설 시기의 차이로 인해 크리프, 건조수축 등으로 인한 단차 발생을 고려하여 설계 시부터 캠버 조절 등을 검토해두어야 하며 다음의 사항을 검토하여야 한다.

① 부착강도 감소 : 기존교량 차량 통행 시 신설부의 콘크리트에 진동이 전달되므로 콘크리트 타설시 철근 연결부의 진동으로 인한 공동 현상 발생 우려 공동 발생 시 철근과 콘크리트의 부착강도 감소, 콘크리트 타설 중 신설 확장부 처짐은 지속적으로 발생하므로 이로 인하여 기존교량 철근과 상대적 변위로 인한 철근 주위의 공동현상이 촉진된다.

② 2차응력 유발 : 크리프, 건조수축 변형이 거의 정지된 기존교량에 비해 신설교량의 콘크리트는 크리프, 건조수축 변형이 활발히 발생하므로 이로 인하여 기존교량에 2차응력을 유발한다. 종방향변형은 기존교량과 신설교량이 서로 분담하나 횡방향변형은 기존교량에 압축응력으로 작용되고 신설교량부에는 인장응력으로 작용, 또한 부등침하 발생 시 기존교량과 신설교량 연결부에 변형으로 인한 2차응력이 유발된다.

③ 종방향 균열 유발 : 접합부가 종방향으로 연속되어 한 위치에 집중되므로 접합면 부위에 균열 발생이 쉽고, 부등침하나 단차로 인한 응력집중으로 종방향 균열전진 우려된다.

④ 강교의 경우 2차 부재 연결부 : 시공오차 등으로 인한 단차가 발생되고 쉽고 이로 인하여 접합부의 시공이나 2차 부재의 연결부 단차로 인한 연결이 어렵다.

⑤ 받침 배치 : 신설 교량설치로 인한 수평력 추가로 기존교량부 고정받침의 받침용량 검토가 필요하며 기존교량의 받침방향을 고려하여 신설부 받침 배치부 배치 고려가 필요하다.

2) 강결접합 시 대책 : 중간 콘크리트에 의한 접합시공

확장교량부와 기존교량부 간의 일체접합 시 차량통행 등으로 인한 철근 이음부 공동현상의 방지와 크리프, 건조수축 등의 영향 최소화, 시공오차 등으로 인한 교량 캠버 조정 등을 위하여 신설교량을 철근의 겹이음 길이만큼 기존교량과 간격을 두고 선 시공하고 그 사이를 중간콘크리트로 접합하는 방법을 이용할 수 있으며 다음과 같은 특징을 가진다.

① 철근의 겹이음부에 기존 교량과 간격을 두고 시공하므로 차량진동에 의한 철근의 진동의 영향을 다소 줄일 수 있다.

② 확장신설부 교량의 콘크리트를 선 타설하여 미리 처짐을 발생시킨 후 중간콘크리트를 타설하므로 상대변위로 인한 철근 주위의 공동을 방지할 수 있다.

③ 시공오차 등에 의한 단차를 중간콘크리트 타설시 조정할 수 있으며 추후의 잔여 단차는 아스콘 두께변화로 조절하여 평탄성을 확보할 수 있다.

④ 중간 타설 콘크리트를 수축성이 작은 무수축 콘크리트 또는 팽창콘크리트를 사용하여 건조수축, 크리프 변형을 최소화할 수 있어 직접 접합보다 유리하다.

⑤ 다만 2번의 타설로 인한 시공성이 떨어지며, 상판의 접합면이 2개소가 발생하므로 접합면의 시공결함에 의한 파손 가능성이 큰 단점이 있다.

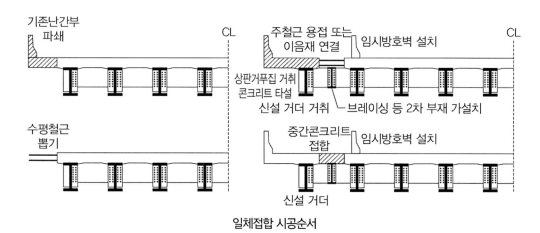

일체접합 시공순서

3) 교량확장공법별 특징 비교

구분	분리시공	중간콘크리트 접합	직접접합시공
개요	두 교량 사이에 종방향의 조인트를 설치하여 두 교량이 구조적으로 독립된 교량으로 작용	두 교량을 서로 분리하여 독립적으로 완료한 후 두 교량 사이의 상하부 접합부를 중간콘크리트에 의해 접합하는 방식으로 차량의 고속주행, 안전성 및 공용중의 유지관리에 유리하며 고속도로 교량의 확폭시공에 적합	기설부와 신설부 교량을 직접 맞대어 시공하여 일체구조로 작용
구조안전성	• 콘크리트 타설 시 동바리의 처짐, 솟음량의 제작오차, 차량하중에 의한 부등처짐, 장기처짐의 영향으로 두 교량 사이에 필연적으로 단차 발생 • 제설작업에 의한 염화물 유입으로 조인트 부식 및 주형과 하부구조에 손상 가중	• 상부슬래브 시공 시 신설부 교량의 동바리를 제거하여도 신설부 교량의 사하중이 기설부 교량의 추가처짐 및 응력 유발 안 함 • 신설부 교량의 상부구조가 완성된 뒤 두 교량의 상하부구조의 접합부를 중간콘크리트로 접합시공하면 신설부 교량의 상부하중은 기설부 교량의 하부구조에 추가처짐 및 응력 유발 안함 • 게르버보의 경우 두 교량 사이에 발생한 처짐 단차는 중간콘크리트로 쉽게 조정하여 급격한 단차를 완만한 경사가 되도록 함 • 신설부 교량의 방치 기간 동안 신설부 콘크리트의 건조수축 및 크리프 변형에 의해서 기설부 교량에는 추가처짐 및 응력 유발 안 함	• 신설부의 상부구조를 시공하기 전에 두 교량의 하부구조를 접합 후 시공되는 상부하중은 기설부 하부구조에 추가하중으로 작용 • 기설교량에 차량통행 시 신설교량과의 접합부가 차량진동으로 강도저하 우려
시공성	분리시공으로 시공성 양호	2번의 시공으로 시공이 다소 복잡	일체시공으로 시공양호
사용성	• 조인트부 단차 발생으로 승차감 및 교통사고 유발 • 조인트 보수 시 사고위험성과 교통지체 유발	• 구조물이 일체가 되어 주행성이 양호 • 유지관리에 대한 우려 없음	• 구조물이 일체되어 주행성 양호 • 유지관리에 대한 우려 없음
경제성	조인트 시공 및 보수 유지비 과다	2번의 시공으로 공사비 다소 증가	공사비 저렴

콘크리트 아치교　　　　　　　　토목구조기술사 합격 바이블 개정판 2권 제5편 교량계획 및 설계 p.1823

콘크리트 아치교의 설계 시 검토사항에 대하여 설명하시오.

풀 이

➤ 개요

콘크리트 아치교는 아치의 특성상 좌굴에 대한 검토가 선행되어야 하며 특히 가설 중 가장 중요한 아치리브에 대한 가설방법을 설계부터 고려하여 안전성을 확보하여야 한다.

➤ 콘크리트 아치교 설계 시 주요 검토사항

1) 콘크리트 아치교 설계 일반사항

　① 아치의 축선은 아치 리브의 단면 도심을 연결하는 선으로 할 수 있다.

　② 단면력을 산정할 때에는 콘크리트의 수축과 온도변화의 영향을 고려하여야 한다.

　③ 부정정력을 계산할 때에는 아치 리브 단면변화를 고려하여야 한다.

　④ 기초의 침하가 예상되는 경우에는 그 영향을 고려하여야 한다.

　⑤ 아치 리브에 발생하는 단면력은 축선 이동의 영향을 받지만 일반적인 경우 그 영향이 작아서 무시할 수 있으므로 미소변형이론에 기초하여 단면력을 계산할 수 있다.

　⑥ 아치 리브의 세장비가 35를 초과하는 경우에는 유한변형이론 등에 의해 아치 축선 이동의 영향을 고려하여 단면력을 계산하여야 한다.

$$\text{아치 리브의 세장비} : \lambda = l_{tr}\sqrt{\frac{A_{l/4}\cos\theta_{l/4}}{I_m}}$$

여기서, l_{tr} : 환산부재 길이

　　　$l_{tr} = \delta l\,(\text{mm})$, $A_{l/4}$: 경간 $l/4$ 위치에서 아치리브의 단면적(mm^2)

　　　$\theta_{l/4}$: 경간 $l/4$ 위치에서 아치축선의 경사각

　　　I_m : 아치리브의 평균단면2차모멘트(mm^4)

　　　δ : f/l에 따른 계수

f/l	0.1	0.15	0.2	0.25	0.3	0.35	0.4	0.45	0.5
고정	0.360	0.375	0.396	0.422	0.453	0.495	0.544	0.596	0.648
1힌지	0.484	0.498	0.514	0.536	0.562	0.591	0.623	0.662	0.706
2힌지	0.524	0.553	0.594	0.647	0.711	0.781	0.855	0.915	1.059
3힌지	0.591	0.610	0.635	0.670	0.711	0.781	0.855	0.956	1.059

l : 기초의 고정도를 고려한 경간(mm)

- 2힌지 또는 3힌지 아치의 경우는 아치 경간
- 고정아치의 경우는 아치경간+2× 최하단 아치리브 깊이 × $\cos\theta$ (θ는 받침부에서 아치축선의 경사각)

2) 콘크리트 아치교 가설공법

콘크리트 아치교의 가설 중 가장 중요한 것은 아치리브의 가설방법이다. 아치리브와 연직재, 상부바닥판의 가설방법에 따라서 가설공법을 구분할 수 있다. 크게 지보공을 이용하거나 캔틸레버 형식으로 가설하는 방법, 병용해서 가설하는 방법으로 구분할 수 있다.

① 지보공 : 동바리공법, 강재아치 선행공법, 철골구조-Melan 공법, 합성아치 공법 등이 있다.

   ㉠ 동바리 공법 : 비교적 평탄한 지형의 중·소 경간의 콘크리트 아치교에 적용되며, 전면적에 지보공을 설치하고 아치리브 콘크리트를 현장 타설하는 공법이다.

   ㉡ 강재아치 선행공법(합성 아치공법) : 콘크리트의 아치리브를 직접 타설하지 않고 먼저 콘크리트보다 가벼운 철골 또는 강관을 아치로 가설한 다음 이동작업차 등을 이용하여 양측의 아치교대에서 크라운부를 향해 강재 아치를 콘크리트로 둘러싸 마감하는 공법이다. 강재 아치용으로 철골 부재를 사용하는 공법을 Melan 공법이라 하고, 강관과 강관내부를 콘크리트로 충진시킨 합성부재를 사용하는 공법을 합성 아치공법이라 한다.

Clos Moreau Bridge - 강재동바리 지지공법

Juscelion Kubitsch - 벤트 지지식 가설공법

② 캔틸레버 가설공법 : Pylon 공법, Truss 공법, Pylon-Melan 병용, Truss-Melan 병용공법 등

   ㉠ Pylon 공법 : 아치Abut상의 연직재 또는 Pylon에 경사케이블을 설치하고 케이블에 의해 아치리브 콘크리트를 지지하면서 캔틸레버로 가설하는 공법이다. 아치리브의 콘크리트 타설은 이동작업차로 수 미터의 블록을 제작 타설하고, 타설 완료 후에는 완료된 블록선단까지 작업차를 이동시킨 후 다음 블록을 시공하는 것을 반복한다.

Colorado River Bridge - Pylon 공법   Svinesund Bridge - Pylon 공법

ⓒ Truss 공법 : 아치리브상의 연직재와 보강형의 교점에 경사 Cable을 설치하여 아치리브를
결합시킨 캔틸레버 트러스 형태로 아치리브 콘크리트를 가설하는 공법이다.

Creza Bridge - Truss 공법   Tilo Bridge - Truss 공법

ⓒ Pylon-Melan 병용 공법 : Pylon 공법과 Melan 공법의 병용한 공법으로 아치리브 단부 양측
은 Pylon 공법에 의해 캔틸레버식으로 시공하고, 중앙부는 철골부재(Melan)로 임시 폐합시
킨 다음 콘크리트를 덧씌워 완성하는 공법이다. 아치경간이 길어 Pylon 공법으로 시공 시 경
사 Cable의 경사각이 작아져 가설 시 안정성이 감소되어 효율이 떨어질 경우에 적용되기 위
해 고안된 공법이다.

ⓔ Truss-Melan 병용 공법 : 트러스 공법과 Melan 공법의 병용 공법으로 아치리브 양측에서
트러스공법으로 가설하다 중앙부에 와서는 철골부재로 임시 폐합시킨 후 콘크리트로 마감시
키는 공법이다.

3) 콘크리트 아치교의 좌굴 검토

① 면내좌굴 : 세장비에 따라 면내좌굴 검토 수행

ㄱ) $\lambda \leq 20$: 좌굴검사 필요 없음

ⓛ $20 < \lambda \leq 70$: 유한변형을 편심하중에 의한 휨모멘트로 치환하여 극한 휨모멘트의 안정성 검토

$$\text{소규모 아치 간략식 } H_{cr} = \left[4\pi^2 \left(1 - 8 \left(\frac{f}{L} \right)^2 \right) \right] \frac{EI_y}{L^2}$$

ⓒ $70 < \lambda \leq 200$: 유한변형에 의한 영향에 더하여 콘크리트 재료 비선형성까지 고려하여 좌굴 안정성 검토

ⓔ $200 < \lambda$: 구조물로 적당하지 않음

② 면외좌굴 : 아치리브를 직선기둥으로 보고 단부의 수평력을 축방향력으로 좌굴검토

$$\text{소규모 아치의 간략식 } H_{cr} = \gamma \times \frac{EI}{L^2} \quad (\gamma: \text{면내좌굴에 관한 파라미터})$$

트러스 2차 응력　　　　　　　　　　토목구조기술사 합격 바이블 개정판 2권 제5편 교량계획 및 설계 p.1853

트러스 구조에서 2차 응력 발생 원인과 2차 응력을 줄이기 위한 방안에 대하여 설명하시오.

풀 이

▶ 개요

구조의 각 부재는 부재의 편심, 격점의 강성, 단면의 급변, 가로보의 처짐, 부재 길이의 변화에 의한 바닥틀의 변형, 자중에 의한 부재의 처짐 등의 영향으로 2차 응력이 발생될 수 있으며 될 수 있는 한 이 응력이 작아지도록 설계하여야 한다. 특히 트러스교의 경우 격점에서 거세트 플레이트에 의한 부재 강결합, 부재의 중심에 대해 축방향력의 편심작용, 부재의 자중에 의한 영향, 횡연결재 변형에 의한 영향으로 발생될 수 있다. 일반적으로 교량이 구조에 있어서는 각종 원인에 의해 다소의 2차 응력이 생기는 것은 부득이 하나, 응력계산을 할 때 이를 무시하는 것이 보통이다. 따라서 구조의 각 부분을 설계할 때는 다음과 같은 점을 유의해서 2차 응력을 가급적 작게 설계하는 것이 바람직하다.

▶ 2차 응력 발생 원인

1) **부재의 편심** : 구조의 세부를 설계할 때 부재의 편심은 가급적 작아야 한다.

2) **격점의 강성** : 하나의 격점에 모이는 부재조합의 강성에 비해 격점의 강성이 너무 크면 2차 응력이 커질 수 있으므로 격점의 강성을 부재에 알맞게 설계하여야 한다(회전구속).

3) **단면의 급변** : 부재가 변단면을 갖는 경우 단면을 너무 급격하게 변화시키면 변단면부에서 응력집중 현상이 발생할 수 있으므로 변단면을 적용할 때는 가급적 완만하게 단면이 변하도록 설계하여야 한다.

4) **가로보의 처짐** : 가로보의 처짐이 크면 그 단부에 연결방법에 따라 차이는 있지만, 가로보와 주형 연결부의 주거더면을 변형시켜서 2차 응력이 증가하므로 가로보의 처짐은 가급적 작게 설계하도록 하여야 한다.

5) **부재길이의 변화에 의한 바닥틀의 변형** : 긴 지간의 타이드 아치(Tied Arch) 등에서 큰 인장력이 작용하는 타이에 바닥틀이 강결되어 있으면 이 바닥틀은 일부 타이와 더불어 늘어나서 예기치 않은 변형을 발생시킬 수도 있다. 이와 같은 경우에는 세로보의 일부에 신축장치를 설치하는 등의 배려를 하는 것이 좋다.

6) **자중에 의한 부재의 처짐** : 트러스 부재와 같이 축방향력만 기준으로 설계하는 부재에서는 부재의 자중에 의한 휨응력을 작게 하기 위하여 폭에 비해 높이를 크게 하는 편이 좋다. 그러나 폭에 비해 높이가 너무 커지면 격점의 강성이 불필요하게 커져서 2차 응력이 커지므로 이 점을 주의하

여야 한다.

7) 보의 가동단의 마찰, 지점침하, 온도변화 등의 영향에 의한 2차 응력이나 단면의 급변, 부식 등의 응력집중을 일으키는 원인에 대한 고려를 하고 이러한 2차 응력이나 응력집중을 가급적 작게 설계하는 것이 좋다. 보 높이가 매우 작은 가로보에 고강도강을 사용하는 경우에는 보통강을 사용하는 경우에 비해 강성이 작으므로 가로보의 처짐이 커지며 하로 플레이트 거더교에서는 주거더의 진동이 더 크게 발생된다. 트러스에서는 복부재에 고강도강을 사용하고 2차 부재로 연강을 사용하는 경우 또는 주거더에 고강도강을 사용하고 보강재로 연강을 사용하는 경우에는 여러 가지의 2차적인 변형이나 응력이 발생되므로 주의하는 것이 바람직하다.

▶ 2차 응력 대처방안

트러스의 격점은 강결의 영향으로 인한 2차 응력이 가능한 한 작게 되도록 설계하여야 하며, 이를 위해서는 주트러스 부재의 부재높이는 부재 길이의 1/10보다 작게 하는 것이 좋다. 또한 편심이 발생되지 않도록 주의, 또는 편심이 최소화되도록 부재의 폭을 최소화하고 격점의 강성(Gusset Plate)으로 인한 영향을 최소화할 수 있도록 Compact하게 설계하여야 하며 일반적으로 부재의 2차 응력의 값은 무시할 정도로 작지만, 2차 응력으로 인한 영향이 무시할 수 없을 정도일 경우에는 2차 응력을 고려한 부재의 응력검토를 수행하도록 하여야 한다.

1) 편심 최소 : 단면의 구성에 있어 단면의 도심이 되도록 단면의 중심과 일치하고 골조선과 일치하도록 한다.

2) 격점의 강성영향 최소 : 격점의 강성이 격점에 모이는 각 부재에 비해 너무 크지 않게 한다.

3) 가로보 처짐 억제 : 가로보의 처짐을 적게 하여 주형면의 변형을 최소화한다.

4) 바닥틀 변형 억제 : 세로보의 일부에 신축장치를 설치하여 바닥틀의 변형을 방지한다(타이드 아치).

5) 자중에 의한 처짐 억제 : 강성 증가를 위해 폭에 비해 높이를 가급적 크게 한다. 다만 높이가 너무 크면 격점의 강성의 증가로 2차 응력이 추가로 발생되므로 이에 유의하여야 한다(트러스 $h/l < 1/10$).

부정정 구조해석   토목구조기술사 합격 바이블 개정판 1권 제2편 RC p.329, 394

캔틸레버보의 자유단에 스프링 지점이 연결되어 있는 1차 부정정 구조물이다. 보의 휨강성이 EI이고 스프링 상수가 k_s일 때, Castigliano의 정리(최소일의 방법)을 이용하여 B점의 반력을 구하고 스프링 지점 대신 가동 지점일 경우의 반력을 구하시오.

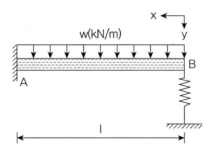

풀이

> **개요**

스프링력과 가동 지점일 경우의 반력을 X로 치환하여 최소일의 방법으로 반력을 구한다.

> **반력 산정**

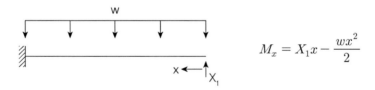

$$M_x = X_1 x - \frac{wx^2}{2}$$

1) 변형에너지

$$U = \sum \int \frac{M^2}{EI} dx + \frac{X_1^2}{2k_s} = \sum \int \frac{1}{EI} \left[X_1 x - \frac{wx^2}{2} \right]^2 dx + \frac{X_1^2}{2k_s}$$

2) 최소일의 원리

$$\frac{\partial U}{\partial X} = 0 \; ; \; \frac{4X(3EI + 2k_s L^3) - 3wkL^4}{12k_s EI} = 0 \quad \therefore \text{ 스프링의 반력 } X = \frac{3wk_s L^4}{4(3EI + 2k_s L^3)}$$

3) 가동 지점일 경우의 반력

가동 지점일 경우 스프링의 강성이 $\propto$ 이므로

$$\therefore \text{가동 지점의 반력 } \lim_{k_s \to \infty} X = \frac{3wL^4}{8L^3} = \frac{3wL}{8}$$

블록전단강도

다음 그림과 같은 L-150×150×12를 인장재로 하여 고장력볼트로 연결할 때 강구조 설계기준에 의하여 블록전단강도를 구하시오. 단, 형강의 강도는 $F_y = 235$MPa, $F_u = 400$MPa이며, 고장력볼트는 M24(F10T)이다.

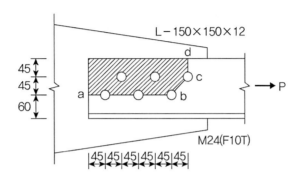

풀 이

> ### 개요

고력볼트의 사용 증가에 따라 접합부 설계는 보다 적은 개수의 그리고 보다 큰 직경의 볼트를 사용하려는 경향이 되었다. 이로 인하여 전단파괴와 인장파단에 의해 접합부의 일부분이 찢겨나가는 파괴형태인 블록전단파괴(Block shear rupture) 양상이 일어날 확률이 크게 되었다. 그림(a)에서와 같이 a-b 부분의 전단파괴와 b-c 부분의 인장파괴에 의해 접합부의 일부분이 찢겨서 나가는 파괴형태이다.

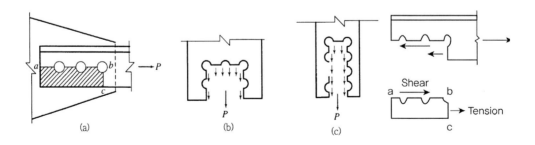

1) 블록전단파단의 설계강도 산정

허용응력설계법에서는 이러한 블록전단파괴를 순전단면적과 순인장면적을 강재의 인장강도와 함께 표현하여 1개의 식으로 고려하였으나 LRFD(한계상태설계법, 하중저항계수설계법)에서는 전단파괴강도와 인장파괴강도를 구한 뒤 그 값에 따라 식을 구분하여 산정토록 하였다.

2) 인장파괴강도에 지배되는 경우(전단영역의 항복과 인장영역의 파괴에 관한 것)

$$F_u A_{nt} \geq 0.6 F_u A_{nv} : \phi R_n = \phi [0.6 F_y A_{gv} + F_u A_{nt}]$$

3) 전단파괴강도에 지배되는 경우(전단영역의 파괴와 인장영역의 항복에 관한 것)

$$F_u A_{nt} < 0.6 F_u A_{nv} : \phi R_n = \phi [0.6 F_u A_{nv} + F_y A_{gt}]$$

여기서, $\phi = 0.75$

➤ 블록전단강도 산정

1) 전단이 일어나는 면의 단면적

전단저항 총 단면적 $A_{gv} = ($ a–c 경로길이$) \times$ 두께 $= 6 \times 45 \times 12 = 3{,}240 \text{mm}^2$

전단저항 순 단면적 $A_{nv} = ($ a–c 경로길이 $- 3.5 \times$ 볼트 구멍$) \times$ 두께

$$= [6 \times 45 - 3.5 \times (24 + 3)] \times 12 = 2{,}106 \text{mm}^2$$

2) 인장이 일어나는 면의 단면적

인장저항 총 단면적 $A_{gt} = ($ b–d 경로길이$) \times$ 두께 $= 2 \times 45 \times 12 = 1{,}080 \text{mm}^2$

인장저항 순 단면적 $A_{nt} = ($ b–d 경로길이 $- 1.5 \times$ 볼트 구멍$) \times$ 두께

$$= [2 \times 45 - 1.5 \times (24 + 3)] \times 12 = 59 \text{mm}^2$$

3) 블록전단강도 산정

$$F_u A_{nt} = 400 \times 594 = 237{,}600 \text{N} < 0.6 F_u A_{nv} = 0.6 \times 400 \times 2{,}106 = 505{,}440 \text{N}$$

$$\therefore \ \phi R_n = \phi [0.6 F_u A_{nv} + F_y A_{gt}]$$

$$= 0.75 \times [0.6 \times 400 \times 2{,}106 + 235 \times 1{,}080] = 569.43 \text{kN}$$

모멘트-변위관계 유도 　　　　토목구조기술사 합격 바이블 개정판 1권 제1편 재료 및 구조역학 p.190

단순보의 양단에 모멘트가 작용할 때 모멘트-변위 간의 관계를 $\{M\}2\times1=[K]2\times2\{\theta\}2\times1$ 형태로 유도하시오.

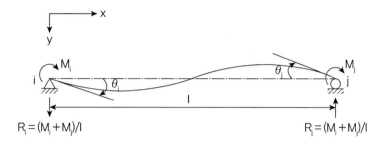

풀 이

▶ 개요

부재에 축력, 모멘트, 처짐이 모두 있다고 가정하고, 축방향변위는 u_A, u_B, 수직변위는 v_A, v_B, 처짐각은 θ_A, θ_B이고 R은 부재회전각으로 정의한다.

- 부호규약 : 모멘트, 부재 회전각, 처짐 모두 시계방향 (+)
- 부재의 회전각 $R_{ij} = \Delta/l$, 상대처짐 $\Delta = \Delta y = v_B - v_A$

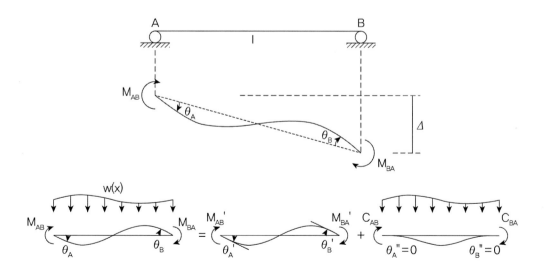

① 힘의 평형방정식 : $M_{AB} = M_{AB}{}' + C_{AB}, \quad M_{BA} = M_{BA}{}' + C_{BA}$

② 적합조건 : $\theta_A = \theta_A{}' + \theta_A{}'' = \theta_A{}', \quad \theta_B = \theta_B{}' + \theta_B{}'' = \theta_B{}'$

➤ 축력과 변위와의 관계

N_{AB}가 작용할 때, $N_{AB} = \dfrac{AE}{L}u_A, \quad N_{BA} = -\dfrac{AE}{L}u_B$

N_{BA}가 작용할 때, $N_{AB} = -\dfrac{AE}{L}u_A, \quad N_{BA} = \dfrac{AE}{L}u_B$

➤ 모멘트, 전단력과 변위와의 관계 산정

1) 하중에 의한 모멘트 관계(상대처짐이 없는 경우)

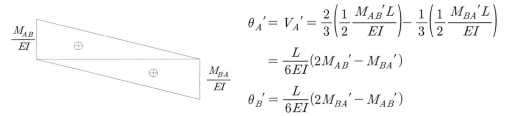

$$\theta_A{}' = V_A{}' = \frac{2}{3}\left(\frac{1}{2}\frac{M_{AB}{}'L}{EI}\right) - \frac{1}{3}\left(\frac{1}{2}\frac{M_{BA}{}'L}{EI}\right)$$

$$= \frac{L}{6EI}(2M_{AB}{}' - M_{BA}{}')$$

$$\theta_B{}' = \frac{L}{6EI}(2M_{BA}{}' - M_{AB}{}')$$

$\theta_A = \theta_A{}', \ \theta_B = \theta_B{}'$ 이므로,

$$\therefore \ M_{AB}{}' = \frac{2EI}{L}(2\theta_A + \theta_B), \quad M_{BA}{}' = \frac{2EI}{L}(2\theta_B + \theta_A)$$

2) 상대처짐에 의한 모멘트 관계

상대처짐 Δ가 있을 경우 $R_{AB} = \Delta/L = \dfrac{v_B}{L} - \dfrac{v_A}{L}$

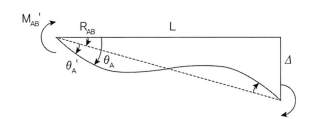

$\theta_A{}' = \theta_A - R_{AB}$ 이므로,

$$M_{AB}{}' = \frac{2EI}{L}(2\theta_A{}' + \theta_B{}') = \frac{2EI}{L}[2(\theta_A - R_{AB}) + (\theta_B - R_{AB})] = \frac{2EI}{L}(2\theta_A + \theta_B - 3R_{AB})$$

$$\therefore \ M_{AB}{}' = \frac{4EI}{L}\theta_A + \frac{2EI}{L}\theta_B + \frac{6EI}{L^2}v_A - \frac{6EI}{L^2}v_B$$

$$M_{BA}' = \frac{2EI}{L}(2\theta_B' + \theta_A') = \frac{2EI}{L}[2(\theta_B - R_{BA}) + (\theta_A - R_{BA})] = \frac{2EI}{L}(2\theta_B + \theta_A - 3R_{BA})$$

$$\therefore\ M_{BA}' = \frac{2EI}{L}\theta_A + \frac{4EI}{L}\theta_B + \frac{6EI}{L^2}v_A - \frac{6EI}{L^2}v_B$$

$$\therefore\ Q_{AB} = \frac{1}{L}(M_{AB}' + M_{BA}') = \frac{6EI}{L^2}\theta_A + \frac{6EI}{L^2}\theta_B + \frac{12EI}{L^3}v_A - \frac{12EI}{L^3}v_B$$

$$\therefore\ Q_{BA} = \frac{1}{L}(M_{AB}' + M_{BA}') = \frac{6EI}{L^2}\theta_A + \frac{6EI}{L^2}\theta_B + \frac{12EI}{L^3}v_A - \frac{12EI}{L^3}v_B$$

▶ 강성매트릭스 산정

1) 6 × 6 매트릭스

$$\therefore\ [k]_{6\times6} = \begin{array}{c} N_{AB} \\ V_{AB} \\ M_{AB} \\ N_{BA} \\ V_{BA} \\ M_{BA} \end{array}\overset{\displaystyle\begin{array}{cccccc} u_A & v_A & \theta_A & u_B & v_B & \theta_B \end{array}}{\begin{bmatrix} AE/L & 0 & 0 & -AE/L & 0 & 0 \\ 0 & 12EI/L^3 & 6EI/L^2 & 0 & -12EI/L^3 & 6EI/L^2 \\ 0 & 6EI/L^2 & 4EI/L & 0 & -6EI/L^2 & 2EI/L \\ -AE/L & 0 & 0 & AE/L & 0 & 0 \\ 0 & -12EI/L^3 & -6EI/L^2 & 0 & 12EI/L^3 & -6EI/L^2 \\ 0 & 6EI/L^2 & 2EI/L & 0 & -6EI/L^2 & 4EI/L \end{bmatrix}}$$

2) 4 × 4 매트릭스

$$\therefore\ [k]_{4\times4} = \begin{array}{c} V_{AB} \\ M_{AB} \\ V_{BA} \\ M_{BA} \end{array}\overset{\displaystyle\begin{array}{cccc} v_A & \theta_A & v_B & \theta_B \end{array}}{\begin{bmatrix} 12EI/L^3 & 6EI/L^2 & -12EI/L^3 & 6EI/L^2 \\ 6EI/L^2 & 4EI/L & -6EI/L^2 & 2EI/L \\ -12EI/L^3 & -6EI/L^2 & 12EI/L^3 & -6EI/L^2 \\ 6EI/L^2 & 2EI/L & -6EI/L^2 & 4EI/L \end{bmatrix}}$$

(4×4 행렬은 처짐 등의 경우에 적용)

3) 2 × 2 매트릭스(요구 답)

$$\therefore\ [k]_{2\times2} = \begin{array}{c} M_{AB} \\ M_{BA} \end{array}\overset{\displaystyle\begin{array}{cc} \theta_A & \theta_B \end{array}}{\begin{bmatrix} 4EI/L & 2EI/L \\ 2EI/L & 4EI/L \end{bmatrix}} \qquad\qquad \therefore\ \begin{bmatrix} M_{AB} \\ M_{BA} \end{bmatrix} = \frac{EI}{L}\begin{bmatrix} 4 & 2 \\ 2 & 4 \end{bmatrix}\begin{bmatrix} \theta_A \\ \theta_B \end{bmatrix}$$

(2×2 행렬을 사용할 때는 FEM 등의 하중을 포함하여야 함)

파괴확률과 안전지수　　　　　　　　　　토목구조기술사 합격 바이블 개정판 2권 제5편 교량계획 및 설계 p.1658

공항진입교량 설계에 있어 적용할 파괴확률 P_f(Probability of Failure)와 안전지수 β(Safety Index)
와의 상관관계를 설명하고 다음 교량의 안전지수 β를 구하시오.

대표거더의 휨모멘트 통계자료(지간 30m, 간격 2.4m의 단순 PSC거더)			
하중영향(정규분포로 가정)		저항모멘트(대수정규분포로 가정)	
계수모멘트의 평균값 $\overline{S}$	5000kNm	공칭저항모멘트 R_n	8000kNm
계수모멘트의 표준편차 σ_S	400kNm	저항모멘트에 대한 편심계수 λ_R	1.05
		저항모멘트의 변동계수 V_R	0.075

풀 이

▶ 개요

LRFD에서는 하중계수(γ_i)와 강도감소계수(ϕ_i)를 경험에 의해서 확정적으로 결정하는 것이 아니라
하중과 구조저항과 관련된 불확실성을 확률통계적으로 처리하는 구조 신뢰성 이론에 따라 다중 하
중계수와 저항계수를 보정함으로써 구조물의 일관성 있는 적정 수준의 안전율을 갖도록 하고 있다.
또한 구조물의 신뢰도는 하중, 재료성질, 해석이론 등의 설계변수가 갖는 불확실성을 확률과 통계
이론을 사용하여 구하며, 기본자료의 정확도, 해석의 복잡성 등에 따라 4가지 단계로 나뉜다. 통상
적으로 다음의 2단계의 신뢰도 해석방법을 사용하여 설계법에 적용하고 있다.

① 각 기본변수의 불확실성을 하나의 특성값(Characteristic Value)으로 표현(예, 하중계수 $D = 1.25$)
② 각각의 기본변수가 갖는 불확실성을 두 개의 특성값(평균과 변동계수)으로 표현(예, 하중 발생의
　확률이 90%, 변동계수가 0.1인 변수로 표현하여 신뢰도 해석하는 단계)
③ 각각의 불확실 변수의 분포함수를 이용하여 파괴확률을 계산
④ 각 변수들의 상호분포함수, 경제성을 고려

▶ 파괴확률과 안전지수(신뢰성 지수, 안전도 지수)의 정의

1) 구조물의 파괴확률(Probability of Failure)

확률적인 개념에 의한 구조안전도는 구조물의 신뢰도 P_r 또는 한계상태확률 또는 파괴확률 P_f
에 의해 정의된다. 작용외력 S와 저항 R은 기지의 확률밀도 함수 $f_S(x)$와 $f_R(x)$라 하면 구조
부재의 안전도는 랜덤변량인 안전여유 $Z = R - S$에 의해 좌우되며 $Z \le 0$일 때 안전성을 상실
한 파손 또는 파괴 상태가 된다.

$$P_f = P(R \leq S) = P(R - S \leq 0) \quad \text{또는} \quad P_f = P(R/S \leq 1) = P(\ln R - \ln S \leq 0)$$

$$P_f = P(R - S \leq 0) = \iint_D f_{R,S}(r,s) dr ds$$

여기서, $f_{R,S}(r,s) dr ds$: R, S의 결합밀도 함수, D : 파괴영역

R과 S가 독립일 때 $f_{R,S}(r,s) dr ds = f_R(r) f_S(s)$

$$P_f = P(R - S \leq 0) = \int_{-\infty}^{\infty} \int_{-\infty}^{s \geq r} f_R(r) f_S(s) dr ds = \int_{-\infty}^{\infty} f_R(x) f_S(x) dx$$

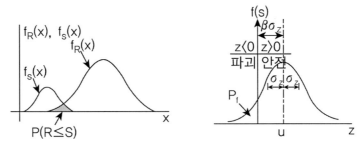

파괴확률과 안전여유의 분포

2) 신뢰성 지수 (safety index)

확률적인 안전도의 정의로 전술한 파괴확률 대신에 상대적인 안전여유를 나타내는 신뢰성 지수 (reliability index), 즉 안전도지수(safety index)를 사용하는데, 기본적인 정의는 다음과 같다. R과 S의 각각의 평균 μ_R, μ_S, 분산을 σ_R^2, σ_S^2을 갖는 정규분포일 경우 안전여유 $Z = R - S$는 다음과 같은 평균과 분산을 가진다.

$$\mu_Z = \mu_R - \mu_S, \ \sigma_Z^2 = \sigma_R^2 + \sigma_S^2, \ \beta = \frac{\mu_Z}{\sigma_Z} = \frac{(\mu_R - \mu_S)}{\sqrt{\sigma_R^2 + \sigma_S^2}}$$

$$P_f = P(R - S \leq 0) = P(Z \leq 0) = \phi \left[\frac{-(\mu_R - \mu_S)}{\sqrt{\sigma_R^2 + \sigma_S^2}} \right] = \phi(-\beta), \ \beta : \text{신뢰성지수}$$

또는 $Z = \ln(R/Q)$ 확률분포도에서 $\ln(R/Q)$의 평균으로부터 한계상태점은 $Z = 0$까지의 거리를 표준편차 $\sigma_{\ln R/Q}$의 β배로 나타내는 경우 β를 신뢰성 지수로 정의한다.

$$P_f = P[Z \leq 0] = P[\ln R/Q \leq 0]$$

이때 $\beta = \dfrac{\ln R_m - \ln Q_m}{\sqrt{V_R^2 + V_Q^2}}$

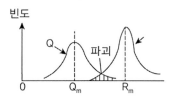

R, Q의 확률분포

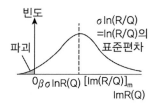

신뢰성 지수 β

3) 목표신뢰성 지수(β)

강구조 부재의 신뢰성 지수 β는 부재 형식별로 상이하지만 통상적으로 전형적인 강재보의 β는 3내외이며, 전형적인 연결부의 β는 4~5의 범위에 있다. LRFD 설계기준의 보정에 사용된 신뢰성 방법에 기초한 보정방법의 특징은 구 설계기준에 의해 설계된 전형적인 강구조물의 신뢰성지수에 기초를 두고 부재별로 합리적인 대표치를 사용하여 목표 신뢰성지수를 선정함으로써 이들 목표신뢰성 지수에 맞는 다중하중 및 저항계수를 2차 모멘트 신뢰성 방법에 의해 결정한다.

하중조합	목표신뢰성 지수 β_0	비고
고정하중+활하중	3.0	부재
	4.5	연결부
고정하중+활하중+풍하중	2.5	부재
고정하중+활하중+지진	1.75	부재

▶ 안전지수(신뢰성지수, 안전도 지수, β) 산정

저항모멘트의 평균값 $\mu_R = \lambda_R \times R_n = 1.05 \times 8,000 = 8,400 \text{kNm}$

저항모멘트의 표준편차 $\sigma_R = \text{COV(변동계수)} \times \mu_R = 0.075 \times 8,400 = 630 \text{kNm}$

$\therefore \beta = \dfrac{\mu_z}{\sigma_z} = \dfrac{\mu_R - \mu_S}{\sqrt{\sigma_R^2 + \sigma_Q^2}} = \dfrac{8,400 - 5,000}{\sqrt{630^2 + 400^2}} = 4.56$

지간이 20m이고 b=400mm, h=900mm인 프리스트레스트 콘크리트 보에 긴장재를 포물선 형상으로 배치한 경우 P=3,300kN이 작용할 때 보의 지간 중앙에서 콘크리트의 상연과 하연의 응력을 응력 개념으로 계산하시오. 또한 강도 개념으로 계산하고 그 결과를 비교 분석하여 설명하시오. 단, 보의 중앙에서 편심량은 250mm이고 보의 자중 이외에 등분포 활하중 $w_l = 17.4$kN/m가 작용하고 프리스트레스트콘크리트의 단위질량은 25kN/m^{3}이다.

풀 이

> ## 개요

프리스트레스트콘크리트의 기본 개념은 크게 3가지로 구분한다. 탄성거동을 기본으로 하는 균등질 보의 개념(응력 개념), RC보처럼 생각하여 콘크리트는 압축력을 긴장재는 인장력을 받게 하여 우력 휨모멘트로 외력에 저항하는 내력 모멘트 개념(강도 개념) 그리고 PS에 의해 부재에 작용하는 힘과 부재에 작용하는 외력이 평행하다는 하중평형의 개념이다.

> ## 응력 개념과 강도 개념의 비교

1) 응력 개념 : 콘크리트에 프리스트레스를 도입하면 소성재료인 콘크리트가 탄성체로 전환된다는 개념으로 프리스트레스로 인하여 콘크리트에 인장력이 작용하지 않으므로 균열 발생이 없어 탄성재료로 거동한다는 개념이다. 하중은 프리스트레스로 인한 힘과 하중에 의한 힘이 존재한다.

① 하중에 의한 인장응력을 PS에 의한 압축응력으로 상쇄된다.
② 콘크리트에 균열이 발생되지 않는 한 하중과 PS에 의한 응력, 변형도, 처짐을 각각 계산하여 Superposition으로 합산할 수 있다.

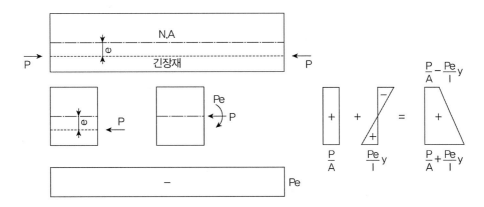

2) 응력 개념 상하연응력 : 사용하중 모멘트로 고려하고 계수하중 모멘트를 고려하지 않는다.

① 자중에 의한 모멘트(M_d)

$A_c = 400 \times 900 = 360,000 \text{mm2}, \quad w_d = 25 \times 360,000 \times 10 - 6 = 9\text{kN/m}$

$$\therefore M_d = \frac{w_{d1}l^2}{8} = \frac{9 \times 20^2}{8} = 450\text{kNm}$$

② 활하중에 의한 모멘트(M_l)

$w_l = 17.4\text{kN/m}$

$$M_l = \frac{w_l l^2}{8} = \frac{17.4 \times 20^2}{8} = 870\text{kNm}$$

③ 지간 중앙부 응력 산정

$$I = \frac{bh^3}{12} = \frac{400 \times 900^3}{12} = 24,300,000,000\text{mm}^4, \; y_t = y_b = 450, \; e_p = 250\text{mm}$$

$$Z_t = Z_b = \frac{I}{y_{t(b)}} = 54,000,000\text{mm}^3$$

(상부) $f_t = \dfrac{P_i}{A} - \dfrac{P_i e}{Z_t} + \dfrac{M_{d+l}}{Z_t} = \dfrac{3300 \times 10^3}{360000} - \dfrac{3300 \times 10^3 \times 250}{54000000} + \dfrac{(450 + 870) \times 10^6}{54000000}$

$\qquad = 18.33\text{MPa}$

(하부) $f_b = \dfrac{P_i}{A} + \dfrac{P_i e}{Z_b} - \dfrac{M_{d+l}}{Z_b} = 0\text{MPa}$

3) 강도 개념 : PSC보를 RC보처럼 생각하여 콘크리트는 압축력을 받고 긴장재는 인장력을 받게 하여 두 힘의 우력 모멘트로 외력에 의한 휨모멘트에 저항한다는 개념이다.

① PSC는 고강도 강재를 사용하여 균열의 발생을 방지할 수 있게 한 RC의 일종으로 보고 이 개념을 이용하여 극한강도를 결정한다.

② 다만 RC와 달리 균열이 없어 전단면이 유효하므로 인장부의 콘크리트 단면도 유효하다고 보며, 하중의 증가에 따라 팔길이(jd)가 증가하여 저항모멘트가 커진다.

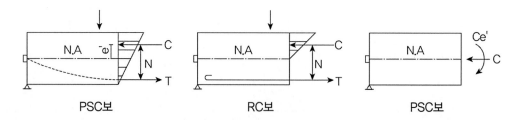

| PSC보 | RC보 | PSC보 |

4) 강도 개념 상하연 응력

하중에 의한 휨모멘트 $M = M_d + M_l = 1{,}320\text{kNm}$, PS 강재에 작용하고 있는 인장력을 P라고 하면, (a)의 그림에서와 같이 $C = T = P$이고, 이때 $M = Cz = Tz = Pz$이 성립된다. 이때 프리스트레스 힘 P는 일정하므로 하중에 의한 휨모멘트 M이 커질수록 z가 커지게 되고 따라서 e'도 커지게 된다.

$$T = P = 3{,}300\text{kN} \quad \therefore z = \frac{M}{P} = 400\text{mm}$$

여기서, 중앙단면에서 $e = 250\text{mm}$이고, $h = 900\text{mm}$이므로 보의 하단으로부터 P의 작용점까지의 거리는 200mm에 위치한다. 따라서 C의 작용점은 보의 하단으로부터

$$200 + z = 200 + 400 = 600\text{mm}$$

따라서 콘크리트 C의 편심거리 $e' = 600 - 450 = 150\text{mm}$이므로 편심모멘트는

$$Ce' = 3{,}300 \times 0.15 = 495\text{kNm}$$

중앙단면의 콘크리트의 응력은 다음과 같이 산정된다.

$$f_c = \frac{C}{A} \pm \frac{Ce'}{Z} = \frac{3{,}300 \times 10^3}{360{,}000} \pm \frac{495 \times 10^6}{54{,}000{,}000} = 9.167 \pm 9.167$$

$$\therefore (\text{상부})f_t = 18.33\text{MPa}, \ (\text{하부})f_b = 0\text{MPa}$$

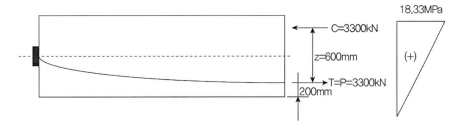

$\therefore$ 응력 개념과 강도 개념으로 산정한 중앙단면의 상하연 응력은 같다.

강교량의 피로균열   토목구조기술사 합격 바이블 개정판 2권 제5편 교량계획 및 설계 p.1800

강교량의 피로균열 발생 원인을 설명하고, S-N 곡선의 특성에 대하여 설명하시오.

풀 이

➤ 피로균열의 원인

강교량에서 피로균열, 또는 피로파괴는 부재에 일정하중이나 반복하중이 지속적인 외력으로 작용하면 부재의 구조적인 응력집중부 또는 용접이음형상이나 용접결함 등의 응력집중부에서 소성변형이 발생하고 이로 인하여 허용응력 이하의 작은 하중에서도 균열이 발생하며 이 균열이 성장하여 최종적으로 설계 강도보다 낮은 응력에서 파단되는 현상을 말한다.

응력집중이 발생하는 지점에서 작은 크기의 반복응력에도 피로에 의한 균열이 발생할 수 있으며 대략적인 경험에 의하면 금속재료의 경우 이러한 균열이 발생하기 위해서는 응력집중이 발생하는 곳에서 이 응력이 항복응력의 50% 이상이 되어야 하지만 사전 균열이나 결함이 있는 경우 작은 크기의 응력에도 균열이 발생하여 성장할 수 있다. 일단 균열이 발생하면 주로 하중이 작용하는 방향과 직교하는 방향으로 균열은 성장하며 이에 따라 유효단면은 감소하고 결국 부재는 취성 또는 연성파괴에 이른다.

강교량에서 주로 발생되는 피로균열의 원인은 다음과 같이 구분될 수 있다.

1) 실하중이 설계하중보다 크고 그 빈도 또한 높다.
2) 설계계산 이상의 응력이 발생하고 있다.
3) 구조상세가 적절하지 못했다.
4) 용접부에 허용치 이상의 결함이 있다.

➤ 피로균열의 대책

1) 방지 대책

    ① 설계 시 허용반복하중과 피로수명 결정

    ② 피로허용응력 범위 결정

    ③ S-N Curve를 고려한 허용압축 응력 저감

    ④ 각종 세부구조 보강

2) 피로균열에 대한 보수

    피로손상의 평가결과 보수가 필요하다고 판단될 경우에는 발생 원인에 대비한 적절한 방법을 선택하여야 하며 보수가 부적절하면 다른 손상의 원인이 될 수도 있다. 피로에 대한 안전성은 해당

부위의 피로강도를 높이거나 발생응력을 저하시킴으로써 개선될 수 있다.

① 피로균열 선단에 스톱홀 설치
② 용접보수공법(TIG처리 병용)
③ 보강부재를 사용하는 용접 보수
④ 접합부재와 강력 볼트를 쓴 기계적 보수
⑤ PC강재를 사용한 외부 케이블 프리스트레스 방식의 보수 등

➤ S-N 곡선의 특성

강재는 피로 파괴될 때까지 일정한 크기 또는 일정한 범위의 응력 S를 N회 반복하여 받는다. S와 N을 log 도표에 나타낸 것을 S-N 선도(Wohber 곡선)라고 하며 이 선도는 재료와 응력 평균 등에 따라 영향을 받는다. 일반적으로 피로시험에서 구한 결과의 중앙값보다는 안전성을 고려하여 작은 값을 사용한다.

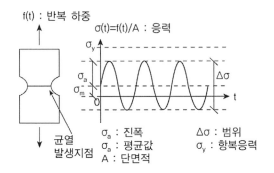
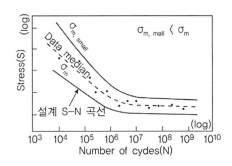

① 구조물에 반복하중 작용 시 구조물의 응력집중부에 소성변형으로 균열이 발생, 진전, 파괴되는 현상을 피로파괴라 하며, 상대적으로 아주 작은 하중에서 파괴된다. 또한 피로 발생에는 응력의 반복, 인장응력, 소성변형이 동시에 존재하는 것이 필요조건이 된다.
② S-N 선도란 재료의 피로에 대한 저항능력을 나타내며 작용응력과 파괴 때까지의 하중의 반복횟수의 관계를 직교 좌표면에 표시한 선을 말한다.
③ S-N 선도의 특성
　㉠ 종축 : 재료에 가해진 최대 응력
　㉡ 횡축 : 파괴 도달하는 하중의 반복횟수(N)
　㉢ S-N을 대수의 눈금으로 표시
　㉣ 또한 파괴확률까지 포함시켜 피로의 상하한을 나타낸 것을 P-S-N 선도(Probability-Stress-Number)라 한다.

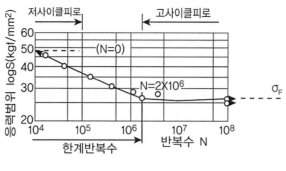

S-N 선도

④ 피로강도를 나타내기 위해서는 응력 기반 모델, 변형률 기반 모델, 파괴 역학 모델을 주로 사용한다. 응력 기반 모델(Stress based model)은 반복응력을 받는 재료는 탄성영역에 있고 응력집중이 발생하는 지점에서의 응력(S)을 피로강도(N)와 함께 S-N선도로 나타낸다. 통상 N이 10^5을 초과하며 이러한 파괴를 고사이클 파괴(High cycle fatigue)라고 한다. 변형률 기반 모델(Strain based model)은 피로파괴가 일어날 것 같은 지점에서의 응력과 변형률을 추정하고 이 지점에서 국부항복이 발생한다고 가정한다. 이 모델은 국부항복과 재료의 응력-변형률 이력관계도 고려되므로 국부변형률 해석(Local strain analysis)라고도 한다. 랜덤 응력을 부재에 가하였을 때 고려된 지점은 랜덤 이력 프로세스를 거쳐 N회 사이클 후에 균열이 생성된다. 균열이 발생하는 데 필요한 사이클 수는 통상 10^5 미만이므로 이러한 파괴를 저 사이클 피로(Low cycle fatigue)라 한다. 파괴역학 모델은 용접결함 등을 포함한 부재에 존재하는 사전균열이나 결함으로 인해 피로균열이 발생한다고 가정한다.

⑤ 피로 파괴는 지속적인 반복하중으로 강재의 내하응력이 감소되어 낮은 응력에서도 강재가 소성변형을 일으켜 파괴되는 파괴 형태로 강재의 피로수명 결정, 반복하중 횟수 결정, S-N 선도를 이용한 허용응력 등을 결정하여 강재의 피로파괴에 대한 설계가 필요하다.

종합심사낙찰제

최근 시행 중인 건설기술용역 종합심사낙찰제에 대하여 설명하시오.

풀 이

▶ 개요

종합심사낙찰제도는 가격뿐만 아니라 공사의 수행능력, 사회적 책임을 종합 평가하여 낙찰자를 선정하는 방식으로 가격 경쟁 위주의 입찰방식에 따른 문제점을 개선하여 최저가 낙찰제를 대신해 시행되고 있는 건설공사의 입찰제도이다.

▶ 종합심사낙찰제 제도

국가계약법에 따라 국가 및 공공기관에서 발주하는 추정공사 300억 원 이상인 공사를 대상으로 하며 공사수행능력(50점), 입찰금액(50점), 사회적 책임(가점 1점)의 평가를 통해 낙찰자를 결정한다. 기존의 최저가낙찰제의 문제점이었던 덤핑 입찰에 따른 부실공사 및 품질 저하, 불필요한 설계변경을 통한 공사비 부당 증액, 유지관리비 증대로 인한 예산 낭비, 저가 하도급 및 임금체불, 산업재해 증가, 건설시장의 불안정 등을 개선하여 공사품질 향상, 생애주기측면의 재정 효율성 증대, 하도급 관행 등 건설산업 생태계 개선, 기술경쟁력 촉진, 건설산업 경쟁력 강화 등을 꾀하기 위하여 도입되었다. 자치단체나 지방공사에서는 종합심사낙찰제와 유사한 종합평가낙찰제도를 운영하고 있다. 다만 기술이행능력의 한계로 대형건설사에 유리하고 공사수행능력 중 시공실적과 시공평가결과 비중이 다소 높다는 문제점이 지적되고 있다.

▶ 종합심사낙찰제 주요 평가항목

심사 분야	배점	세부평가항목
공사수행능력	50	시공실적, 동일공종 전문성 비중, 배치기술자, 시공평가결과, 규모별 시공역량, 공동수급체 구성
입찰금액	50	가격점수, 단가심사, 하도급계획 심사, 물량심사, 시공계획심사
사회적 책임	가점(1)	고용, 건설안전, 공정거래, 지역경제 기여도

연성보강 적용범위

내진설계가 적용되지 않은 지중 구조물(2련박스)의 중앙기둥부에 적용하는 콘크리트 구조기준의 특별고려사항에 대하여 설명하고 연성보강(띠철근) 적용범위를 설명하시오.

풀 이

➤ 개요

콘크리트 구조기준 특별고려사항에서는 지진력에 저항하지 않을 것으로 가정하여 내진설계가 적용되지 않은 지중 구조물의 중앙기둥부와 같은 골조부재에 대하여 설계변위가 발생할 때 부재에서 계산한 휨모멘트에 대해 검토하고 설계 부재력과 단면력을 비교하여 띠철근 등을 보강하도록 규정하고 있다.

➤ 지중 구조물(2련박스) 중앙기둥부의 연성보강

1) 설계변위 때의 단면력이 설계 부재력 이내인 경우 : 설계변위와 함께 중력 휨모멘트와 전단력에 따른 조합력이 골조부재의 설계 휨강도와 설계전단강도를 초과하지 않는 경우에는 다음에 따라 연성보강을 실시한다.

① 계수 축력이 $A_g f_{ck}/10$을 초과하지 않는 부재들 : 스트럽의 간격은 부재의 전 길이에 걸쳐서 $d/2$ 이하가 되도록 한다.

② 계수 축력이 $A_g f_{ck}/10$을 초과하는 부재들 : 띠철근의 최대 간격은 기둥의 전 높이에 걸쳐서 s_o가 되도록 하고, 간격 s_o는 띠철근으로 둘러싸인 종방향 철근 중 가장 작은 지름의 6배 이하, 또는 150mm 이하이어야 한다.

③ 계수 축력이 $0.35P_o$를 초과하는 부재의 횡방향 철근량은 다음에 규정된 값의 1/2이어야 하고, 기둥의 전체 높이에 걸쳐 간격은 s_o를 초과하지 않아야 한다.

㉠ 나선 또는 원형후프철근의 용적 철근비 $\rho_s = 0.12 f_{ck}/f_{yh}$

㉡ 사각형 후프철근의 전체 단면적은 다음의 값 중 큰 값 이상으로 한다.

$$A_{sh} = 0.3(sh_c f_{ck}/f_{yh})[(A_g/A_{ch})-1], \ A_{sh} = 0.09 sh_c f_{ck}/f_{yh}$$

㉢ 횡방향 철근 간격은 부재의 최소 단면치수의 1/4, 축방향 철근 지름의 6배, 또는 다음의 s_x의 값 중 작은 값 이하로 한다.

$$s_x = 100 + [(350 - h_x)/3]$$

2) 설계변위 때의 단면력이 설계 부재력을 초과하는 경우 : 설계변위와 함께 중력 휨모멘트와 전단력에 따른 조합력이 골조부재의 설계 휨강도와 설계전단강도를 초과하거나 휨모멘트 계산을 하지 않을 경우에는 다음에 따라 연성보강을 실시한다.

① 철근의 기계적 또는 용접이음은 설계기준에서 요구하는 조건에 만족하여야 한다.

② 계수 축력이 $A_g f_{ck}/10$을 초과하지 않는 부재들 : 스트럽의 간격은 부재의 전 길이에 걸쳐서 d/2 이하가 되도록 한다.

③ 계수 축력이 $A_g f_{ck}/10$을 초과하는 부재들

ㄱ) 나선 또는 원형후프철근의 용적 철근비 $\rho_s = 0.12 f_{ck}/f_{yh}$

ㄴ) 사각형 후프철근의 전체 단면적은 다음의 값 중 큰 값 이상으로 한다.

$$A_{sh} = 0.3(sh_c f_{ck}/f_{yh})[(A_g/A_{ch})-1], \ A_{sh} = 0.09 sh_c f_{ck}/f_{yh}$$

ㄷ) 횡방향 철근 간격은 부재의 최소 단면치수의 1/4, 축방향 철근 지름의 6배 또는 다음의 s_x의 값 중 작은 값 이하로 한다.

$$s_x = 100 + [(350 - h_x)/3]$$

여기서, A_g : 전체 단면적, A_{ch} : 횡방향 철근의 외곽으로 측정한 구조부재의 단면적,

$\quad\quad\quad f_{yh}$: 횡방향 철근의 설계기준 항복강도,

$\quad\quad\quad h_c$: 구속보강철근 중심 간의 거리로 측정한 기둥 내부의 단면치수,

$\quad\quad\quad h_x$: 후프철근이나 기둥 띠철근의 최대수평간격,

$\quad\quad\quad s_o$: 횡방향 철근의 최대간격

저자 소개

안흥환

학력 및 경력

고려대학교 토목환경공학과 학사

고려대학교 구조공학 석사

토목구조기술사(99회, 2013년)

활동 조직 및 단체

행정안전부 재난안전관리본부 사무관

한국토지주택공사 과장

국토교통부 중앙건설기술심의위원

대전지방국토관리청 자문위원

한국토지주택공사 기술심의위원

국토교통과학기술진흥원 건설신기술 심사위원 및 R&D평가위원

한국철도시설공단 자문위원

한국환경공단 기술자문위원

최성진

학력 및 경력

고려대학교 토목환경공학과 학사

한양대학교 공학대학원 첨단건설구조 공학석사

토목구조기술사(57회, 1999년)

활동 조직 및 단체

한국토지주택공사 부장

한국토지주택공사 기술심사평가위원

대한토목학회 편집위원

국토교통과학기술진흥원 건설신기술 심사위원 및 R&D평가위원

국토교통부 중앙건설기술심의위원

토목구조기술사 합격 바이블
기출문제 풀이집 제2판

초 판 발 행 2016년 4월 18일
2판 1쇄 2020년 1월 28일

저　　　자 안흥환, 최성진
펴 낸 이 김성배
펴 낸 곳 도서출판 씨아이알

책 임 편 집 박영지, 최장미
디 자 인 윤지환, 윤미경
제 작 책 임 김문갑

등 록 번 호 제2-3285호
등 록 일 2001년 3월 19일
주　　　소 (04626) 서울특별시 중구 필동로8길 43(예장동 1-151)
전 화 번 호 02-2275-8603(대표)
팩 스 번 호 02-2265-9394
홈 페 이 지 www.circom.co.kr

I S B N 979-11-5610-814-6 (93530)
정　　　가 55,000원